现 代 数 学 丛 书

Linear Algebra and Its Applications

Sixth Edition

线性代数及其应用

（原书第6版）

[美] 戴维·C. 雷（David C. Lay） 史蒂文·R. 雷（Steven R. Lay） 朱迪·J. 麦克唐纳（Judi J. McDonald） 著

刘深泉 陈玉珍 张万芹 包东娥 陆博 于雪 译

机械工业出版社
CHINA MACHINE PRESS

图书在版编目（CIP）数据

线性代数及其应用：原书第 6 版 /(美）戴维・C. 雷（David C. Lay),（美）史蒂文・R. 雷（Steven R. Lay),（美）朱迪・J. 麦克唐纳（Judi J. McDonald）著；刘深泉等译．—北京：机械工业出版社，2023.4（2024.12 重印）

（现代数学丛书）

书名原文：Linear Algebra and Its Applications, Sixth Edition

ISBN 978-7-111-72803-0

Ⅰ. ①线…　Ⅱ. ①戴… ②史… ③朱… ④刘…　Ⅲ. ①线性代数－教材　Ⅳ. ① O151.2

中国国家版本馆 CIP 数据核字（2023）第 047817 号

机械工业出版社（北京市百万庄大街 22 号　邮政编码 100037）
策划编辑：刘　慧　　　　责任编辑：刘　慧
责任校对：张晓蓉　卢志坚　　责任印制：单爱军
保定市中画美凯印刷有限公司印刷
2024 年 12 月第 1 版第 4 次印刷
186mm × 240mm・40 印张・963 千字
标准书号：ISBN 978-7-111-72803-0
定价：119.00 元

电话服务	网络服务
客服电话：010-88361066	机　工　官　网：www.cmpbook.com
010-88379833	机　工　官　博：weibo.com/cmp1952
010-68326294	金　书　网：www.golden-book.com
封底无防伪标均为盗版	机工教育服务网：www.cmpedu.com

译 者 序

现代科学技术的迅猛发展，使得数学的重要性成为共识。随着计算机技术的发展和计算能力的增强，人们对高维空间的认知越来越深刻，对线性代数知识的需求越来越广泛。现在，线性代数中的向量、矩阵、空间和变换等抽象概念已经成为理工科大学生最基本的数学工具。

一本好的教材是完成教学任务的基础。目前国内流行的线性代数教材，内容与学时要求匹配度高，课后习题与教学内容紧密配合，可很好地满足教学需要。这些教材的优越性显而易见，但其缺点也有目共睹：忽略抽象数学概念的产生背景，不讲矩阵理论和空间变换等概念的广泛实际应用，学生很难理解代数概念的真谛。

《线性代数及其应用》是一本畅销的现代线性代数经典教材，内容丰富，案例、习题新颖，既包含线性代数的基本概念、基础理论和现代理论，又包含典型例题和新的案例。本书内容包括线性方程组、矩阵代数、行列式、向量空间、特征值与特征向量、正交性和最小二乘法、对称矩阵和二次型、向量空间的几何学等，第6版还增加了博弈论等有关内容，体现了线性代数在智能时代的广泛应用。大量的练习题、习题、例题和应用案例，以及习题答案和教学课件等教学辅导内容，使得本书在美国重点大学得到普遍认可，也成为我国很多大学线性代数教学的推荐教材。

本书的主要译者有华南理工大学的刘深泉教授、河南科技学院的张万芹教授以及陈玉珍、包东娥、陆博和于雪等老师。原著水平高，译者尽力展示原著风采，但限于水平，本书难免存在不足，欢迎广大读者交流切磋，大家共同进步，一起推动线性代数教材的建设。

刘深泉教授
华南理工大学数学学院
2022年12月13日

前　言

学生和教师对本书前五版的反响十分令人满意．第 6 版在第 5 版的基础上为教学和软件技术应用提供了更多支持.像以前一样，本书涵盖线性代数的基础知识以及一些有趣的经典和前沿应用，使得已完成大学两个学期数学课程（如微积分）的学生容易接受.

本书的主要目的是帮助学生掌握后续课程学习所需要的基本概念和基本技能．教材的主题是根据线性代数课程研究小组（LACSG）的建议选择的，该建议是基于对学生真实需求的认真调查以及使用线性代数的许多学科的专业人士的共识提出的.线性代数课程研究小组 2.0（LACSG 2.0）的最新想法也包括在内.我们希望这门课程将成为大学生最有用、最有趣的数学课程之一.

新增内容

第 6 版有许多令人兴奋的新材料、示例和在线资源.在与应用领域的高科技行业研究人员和同行交谈后，我们增加了新的主题、介绍性实例和应用，旨在向学生和教师重点展示机器学习、人工智能、数据科学和数字信号处理的线性代数基础知识.

内容变化

由于矩阵乘法是一项非常有用的技能，我们在第 2 章中添加了新的示例，以展示矩阵乘法如何用于模式识别和数据清理.我们还创建了相应的练习，使得学生可以用各种方式探索如何使用矩阵乘法.

在与工业和电气工程领域的同行的对话中，我们反复听到理解抽象向量空间对他们的工作有多么重要.在阅读了第 4 章审阅者的评论之后，我们重新组织了这一章，缩减了关于列、行和零空间的材料，将马尔可夫链移至第 5 章末尾，并且新增了关于信号处理的一节.我们将信号视为一个无限维的向量空间，并说明了线性变换在滤除不需要的“向量”（也称为噪声）、分析数据和增强信号方面的作用.

通过将马尔可夫链移到第 5 章的末尾，我们现在可以将稳态向量作为特征向量进行讨论.我们还重新整理了一些关于行列式和基变换的概括性材料，以便更具体地说明它们在本章中的使用方式.

在第 6 章中，我们将模式识别作为正交性的一个应用，有关线性模型的一节说明了机器学习与曲线拟合的关系.

关于优化的第 9 章以前仅作为在线文件提供，现在，它已被纳入常规教科书，这样教师和学生更容易获得.第 9 章以寻找两人零和博弈的最优策略作为开始，然后介绍线性规划——从可以用几何方法求解的二维问题到使用单纯形法求解的高维问题.

其他变化

在高科技行业，大多数计算都是在计算机上进行的，判断信息和计算的有效性是准备和分析数据的重要步骤.在本版中，我们鼓励学生学会分析自己的计算，以查看它们是否与手头的数据和所问的问题一致.因此，我们增加了“合理答案”的建议和练习来引导学生.

我们在每一章的末尾添加了一个课题研究列表（可在线访问 bit.ly/30IM8gT），其中一些可以在线获得.这些课题研究主题广泛，从使用线性变换创造艺术到探索数学中的其他想法，可以用于小组工作或个别学生的加强学习.

PowerPoint 幻灯片[㊀]已更新，全面涵盖本书的所有章节.

鲜明特色

提前介绍重要概念

本书的前七章介绍了许多建立在 $\mathbb{R}^n$ 上的线性代数基本概念，然后从不同的观点逐步深入讨论.接下来，通过第 1 章建立的几何直觉，我们扩展了一些熟悉的思想，从而泛化了这些概念.我们认为，本书的主要特色是全书的难度一样.

矩阵乘法的现代观点

有效的数学记号是关键，本书反映了科学家和工程师实际应用线性代数的方式. 书中的定义和证明都基于矩阵的列，而不是矩阵的元素，一个核心思想是将矩阵向量乘积 $\boldsymbol{Ax}$ 作为关于 $\boldsymbol{A}$ 的列的一个线性组合.这种现代方法简化了许多论述，且将向量空间思想和线性方程组的研究联系在了一起.

线性变换

线性变换是贯穿全书的一条主线，这增强了本书的几何色彩. 例如，在第 1 章中，线性变换给出一个动态的、几何观点下的矩阵向量乘法.

特征值和动力系统

特征值的概念出现在第 5 章和第 7 章. 由于这一内容分散在数周的教学中，学生会比平常更容易吸收和复习这些关键概念. 特征值来源并应用于离散动力系统和连续动力系统，相关内

㊀ 关于教辅资源，仅提供给采用本书作为教材的教师用作课堂教学、布置作业、发布考试等.如有需要的教师，请直接联系 Pearson 北京办公室查询并填表申请.联系邮箱：Copub.Hed@pearson.com.——编辑注

容出现在 1.10 节、4.8 节以及第 5 章的五节中．授课时可以选择不讲授第 4 章，而是在讲完 2.8 节和 2.9 节的内容以后直接进入第 5 章．这两节可选内容给出了第 4 章中出现的向量空间的概念，为第 5 章奠定了基础.

正交性和最小二乘法

与普通入门教材相比，本书对这些主题的讨论更全面．最初的线性代数课题研究小组强调需要正交性和最小二乘法的内容，这是由于正交性在计算机计算和线性代数的数值计算中起着重要作用，且实际工作中经常会出现不相容的线性方程组.

教学特色

应用

广泛选取的应用说明了线性代数的作用，线性代数可以用于工程学、计算机科学、数学、物理学、生物学、经济学和统计学中以解释基本原理和简化计算．一些应用出现在单独的章节中，其他应用是作为例题或习题而引入的．此外，每一章开头都会给出一个线性代数应用的简短介绍，由此引出数学理论的发展．然后，在该章结束的部分又回到开始提到的应用.

重点强调几何特点

由于许多学生更容易接受形象化的概念，所以我们对书中的每个主要概念都给出几何解释. 本书包含较多的几何图形，且一些图形是以前的线性代数教材中没有出现过的．这些图形的交互版本出现在本书的电子版中.

例题

与大多数线性代数教材相比，本书包含更多的例题，超出平常课堂教学所需的例题量.由于例题清晰且步骤详细，因此学生可以自学.

定理和证明

重要的结果以定理的形式给出．其他有用的事实放在方框中，便于参考．大多数定理有正式证明，写法易于理解.在少数情形中，仔细选取的例题证明中展示了基本计算过程.一些常规的验证保留在习题中，这对学生是有益的.

练习题

在每节习题之前都有一些精心选取的练习题，其解答在习题之后给出．这些练习题或者关注习题中的潜在难点，或者为做习题做好铺垫，且解答中常包含有用的提示.

习题

本书提供大量的习题，包含平常的计算题和需要深入思考的概念题，一些习题针对多年来我们在学生作业中发现的概念难点.所有习题都按照课本中内容的顺序仔细编排，这样当每节的一部分内容讲授完成之后，就可以安排家庭作业.习题的一个显著特色是数值计算不复杂，问题迅速“展开”，学生在数值计算上花费的时间很少——习题主要是为了让学生理解教学内容而不是进行机械计算.第 6 版的习题保持了前一版习题的完整性，同时为学生和教师提供了新的习题.

标有符号[M]的习题说明该题需要借助“矩阵软件”(计算机软件，如 MATLAB、Maple、Mathematica、Mathcad、Derive，或者有矩阵功能的可编程计算器)完成.

判断题

为了鼓励学生阅读全部内容且深入思考，本书设计了 300 多道贯穿全书的简单判断题.这些判断题可以通过阅读书中内容来直接回答，从而使学生准备好回答随后的概念题.学生在习惯了仔细阅读书中内容之后，会喜欢这类题目.基于课堂测验以及与学生进行的探讨，我们决定不将答案放在书中.(《学习指导》(*Study Guide*)将指出在哪里有奇数编号的习题的答案.)补充的 150 道判断题（大部分在每章末尾）用于检验学生对内容的理解程度.对这类问题，书中提供了简单的 T/F 回答，但是省略了答案的验证（通常需要进一步思考才可完成）.

写作题

写出严谨的数学论述，对希望成为数学系研究生的学生和所有学习线性代数的学生都十分必要.本书中包含的证明大多是习题答案的一部分.需要简短证明的概念题，常包含可以帮助学生开始解题的提示.对所有奇数编号的写作题，或者在本书最后给出解答或提示，或者在《学习指导》中给出解答.

课题研究

在每一章的末尾增加了课题研究列表（可在线访问 bit.ly/30IM8gT 获得)，可安排学生独立或小组完成.这些课题研究为学生提供了更详细地探索基本概念和应用的机会.其中两个课题研究甚至鼓励学生参与创作，使用线性变换来构建艺术品.

合理答案

我们的许多学生将进入需要基于计算机和其他机器提供的答案做出重要决策的工作岗位.合理答案和习题帮助学生认识到需要分析答案的正确性和准确性.

计算主题

本书强调计算机对科学和工程中线性代数的发展和实践的影响，书中有许多“数值计算的注解”，用于指出数值计算中出现的问题，以及理论概念(如矩阵求逆)和计算机实现(如 LU 分解)之间的区别.

致谢

David C.Lay 真诚地感谢多年来在本书的各个方面帮助过他的许多人.他特别感谢 Israel Gohberg 和 Robert Ellis 长达 15 年的合作研究，这极大地影响了他对线性代数的看法.他有幸与 David Carlson、Charles Johnson 以及 Duane Porter 一起成为线性代数课程研究小组的成员，他们关于线性代数教学的创造性思想对本书产生了重要影响.他常常亲切地谈到三位好朋友——出版人 Greg Tobin、以前的编辑 Laurie Rosatone 和现在的编辑 William Hoffman, 对于本书的写作和出版，他们几乎从一开始就给予了明智的建议和极大的鼓励.

Judi 和 Steven 有幸参与了新版本的编写工作.在这一版的修订过程中，我们尽力保持学生和教师所熟悉的之前版本的叙述方法和写作风格.我们感谢 Eric Schulz 在交互式电子书的制作过程中分享了他的专业技术知识和专业教学经验.正是有了他的帮助和鼓励，本书 Wolfram Cloud 版本中的图和示例才能如此生动形象.

Mathew Hudelson 是编写第 6 版的重要合作者，他总是愿意对概念或想法进行头脑风暴，并测试新的写作题和习题.他为第 3 章和增加的课题研究提供了新的思路，并为整本书的新习题提供了帮助.多年来，Harley Weston 为 Judi 提供了良好建议，讨论了当我们以不同的方式呈现数学材料时，如何吸引读者，为什么吸引读者，以及吸引谁.当我们需要艺术作品来实现变换，更新介绍性实例，或者从大学生的角度来看信息时，Katerina Tsatsomeros 的艺术专长一直是一笔巨大的财富.

感谢 Nella Ludlow、Thomas Fischer、Amy Johnston、Cassandra Seubert 和 Mike Manzano 的鼓励及分享.他们提供了关于线性代数的重要应用的信息，以及关于新例子和习题的想法.特别是，第 4 章和第 6 章的新介绍性实例和材料受到了他们的启发.

感谢 Sepideh Stewart 和其他新的线性代数课程研究小组（LACSG 2.0）成员 Sheldon Axler、Rob Beezer、Eugene Boman、Minerva Catral、Guerson Harel、David Strong 和 Megan Wawro 的鼓励.该小组的首次会议为修订本书第 6 版提供了宝贵的指导意见.

我们衷心感谢以下审阅者的认真分析和建设性建议：

Maila C. Brucal-Hallare, *Norfolk State University*
Kristen Campbell, *Elgin Community College*
Charles Conrad, *Volunteer State Community College*
R. Darrell Finney, *Wilkes Community College*
Xiaofeng Gu, *University of West Georgia*
Jeong Mi- Yoon, *University of Houston- Downtown*
Michael T. Muzheve, *Texas A &M U.- Kingsville*
Iason Rusodimos, *Perimeter C. at Georgia State U.*
Rebecca Swanson, *Colorado School of Mines*
Casey Wynn, *Kenyon College*
Taoye Zhang, *Penn State U.- Worthington Scranton*
Steven Burrow, *Central Texas College*
J. S. Chahal, *Brigham Young University*
Kevin Farrell, *Lyndon State College*
Chris Fuller, *Cumberland University*
Jeffrey Jauregui, *Union College*
Christopher Murphy, *Guilford Tech. C.C.*
Charles I. Odion, *Houston Community College*
Desmond Stephens, *Florida Ag. and Mech. U.*
Jiyuan Tao, *Loyola University-Maryland*
Amy Yielding, *Eastern Oregon University*
Houlong Zhuang, *Arizona State University*

感谢 John Samons 和 Jennifer Blue 的校对和建议.他们的仔细检查有助于减少本版中的错误.

感谢 Kristina Evans、Phil Oslin 和 Jean Choe 在建立和维护本书的 MyLab Math 在线作业方面所做的工作,并感谢他们继续与我们合作.非常感谢 Joan Saniuk、Robert Pierce、Doron Lubinsky 和 Adriana Corinaldesi 对在线作业的审阅.还要感谢加州大学圣巴巴拉分校、阿尔伯塔大学、华盛顿州立大学和佐治亚理工学院的教师对 MyLab Math 数学课程的反馈.Joe Vetere 为《学习指导》和《教师解题手册》提供了非常有益的技术帮助.

感谢我们的内容经理 Jeff Weidenaar，感谢他持续提供认真的、深思熟虑的建议.项目经理 Ron Hampton 在整个生产过程中为我们提供了巨大的帮助.我们还要感谢营销人员 Stacey Sveum 和 Rosemary Morton，以及编辑助理 Jon Krebs，他们也为本版的成功修订做出了贡献.

给学生的注释

线性代数可能是非常有趣、非常有价值的大学数学课程. 事实上，一些学生在毕业以后告诉我们，他们在大公司的工作或工程研究生院的学习中还使用本教材作为参考书. 下面的注释给出一些建议和信息，它们有助于你掌握书中内容并且从中得到乐趣.

在线性代数中，概念和计算同样重要.习题中开始的几个简单数值练习仅仅帮助你检查对基本步骤的理解. 以后虽然可以用计算机进行数值计算，但你必须选取计算方法，知道如何解释结果，分析结果是否合理，并且向其他人解释结果. 因此，书中的许多习题要求你解释或验证计算. 书面解释经常是习题答案的一部分. 如果你想解决 MyLab Math 中提供的问题，准备好笔记本，记录下你正在学习的内容. 对奇数编号的习题，我们会提供有帮助的解释或者提示. 在独立写出答案之前应尽量避免查阅参考答案，否则，你会认为自己理解了实际上并不懂的问题.

为掌握线性代数的概念，你必须仔细地反复阅读本书. 新的术语用黑体标示，有时写在定义框中. 书的最后给出一个术语表，便于参考. 重要的命题以定理的形式给出或放在方框中. 最好阅读一下前言中对本书结构的介绍，以对课程的框架有初步的理解.

实际上，线性代数是一种语言，必须用学习外语的方法每天学习这种语言. 理解每一节的内容并不容易，除非你已透彻地学习本书且完成了前一节的所有练习，跟上课程的进度会帮助你节约很多时间和解决很多困惑！

数值计算的注解

希望你阅读书中的“数值计算的注解”，即使你现在没有在学习过程中使用计算机或图形计算器. 在实际生活中，线性代数的大多数应用涉及一定数值误差限制下的数值计算，即使误差相当小.“数值计算的注解”会指出你在以后的工作中使用线性代数的潜在困难，如果现在学习了这些注解，以后就会容易记起这些内容.

如果你对“数值计算的注解”有兴趣，以后可以学习一门线性代数的数值计算课程. 由于对计算机处理能力的更高需求，计算机科学家和数学家需要给出更快、更可靠的线性代数的数值算法，电子工程师需要设计出更快、更小的计算机去运行这些算法. 这是一个令人激动的领域，线性代数的第一门课程有助于你做好准备.

学习指导

为帮助你成功学习这门课程，我们写了一本配合本书的《学习指导》（ISBN 9780135851234），它不仅有助于你学习线性代数，而且说明了如何学习数学.

《学习指导》包含多于 1/3 的奇数编号的习题的详细解答，以及答案中仅有提示的奇数编号的写作题的附加答案. 需要注意的是，之所以将《学习指导》与教材分开，是因为你必须在没有太多帮助的前提下独立完成作业. 多年的经验告诉我们，太容易查到教材后面的解答会妨碍对学生数学能力的开发.《学习指导》中还包含对常见错误的警告、重点习题的有用提示和备选考试题.

《学习指导》还介绍了如何使用 MATLAB、Octave、Maple、Mathematica 和 TI 图形计算器，使用这些工具可以节约完成作业的时间. 《学习指导》是你的“实验手册”，解释了如何使用这些矩阵程序. 在需要用到新命令时，《学习指导》将给出简单的介绍.你还会发现，大多数软件命令都可以通过在线搜索引擎轻松找到.可以用特殊矩阵命令进行计算！

前几周的学习会培养出整个学期的学习习惯，并影响到学习效果. 请先阅读《学习指导》中的“如何学习线性代数”. 许多学生认为这些建议很有帮助，希望你也有同感.

关 于 作 者

David C. Lay

作为美国国家科学基金资助项目“线性代数课程研究小组”（LACSG）的创始成员，David C.Lay 是线性代数课程现代化运动的领导者，并通过撰写本书的前五版与学生和教师分享了这些思想.他在奥罗拉大学（伊利诺伊州）获得学士学位，在加州大学洛杉矶分校获得硕士和博士学位.40 多年来，他一直从事数学研究和数学教学工作，主要在马里兰大学帕克学院工作.他还是阿姆斯特丹大学、阿姆斯特丹自由大学和德国凯泽斯劳滕大学的客座教授.他发表了 30 多篇关于泛函分析和线性代数的研究文章.他是几本数学著作的合著者，包括与 Angus E. Taylor 合著的 *Introduction to Functional Analysis*，与 L. J. Goldstein 和 D. I. Schneider 合著的 *Calculus and Its Applications*，以及与 D. Carlson、C. R. Johnson 和 A. D. Porter 合著的 *Linear Algebra Gems—Assets for Undergraduate Mathematics*.

David C. Lay 获得过四项卓越教学奖，包括 1996 年获得马里兰大学杰出学者-教师称号.1994 年，他获得美国数学协会颁发的著名大学数学教学奖.他被大学生选为 Alpha Lambda Delta 国家学术荣誉学会和金钥匙国家荣誉学会会员.1989 年，奥罗拉大学授予他杰出校友奖.他是美国数学学会、加拿大数学学会、国际线性代数学会、美国数学协会、Sigma Xi 以及美国工业和应用数学学会的会员.

David C. Lay 已于 2018 年 10 月去世，但当学生用这部广受好评的教材学习线性代数时，他的“遗产”让一届又一届的学生继续受益.

Steven R. Lay

Steven R. Lay 在加州大学洛杉矶分校获得数学硕士和博士学位后，于 1971 年在奥罗拉大学开始了教学生涯. 1998 年，他加入李大学（田纳西州）数学系，此后一直在那里从事教学工作. 从那时起，他一直为他的哥哥 David 改进和扩展这本著名的线性代数教材提供帮助，包括撰写第 8 章和第 9 章的大部分内容. 他还写了三本大学本科数学教科书：*Convex Sets and Their Applications*、*Analysis with an Introduction to Proof*、*Principles of Algebra*.

1985 年，他获得了奥罗拉大学的卓越教学奖. Steven、David 和他们的父亲 Clark Lay 博士都是杰出的数学家，1989 年他们共同获得了母校奥罗拉大学的杰出校友奖. 2006 年，Steven 荣获李大学的学术卓越奖. 他是美国数学学会和美国数学协会的会员.

Judi J. McDonald

Judi J. McDonald 在撰写本书第 4 版时与 David 有密切合作，她也是本书第 5 版的合著者.

她拥有阿尔伯塔大学数学学士学位以及威斯康星大学硕士和博士学位.作为数学教授，她发表了40多篇关于线性代数研究的论文，在她的指导下，20多名学生获得了线性代数方向的研究生学位.她目前是华盛顿州立大学研究生院副院长，曾任学院教务委员会主席.她曾与数学推广项目数学中心（http://mathcentral.uregina.ca/）合作，是线性代数课程研究小组2.0的成员.

Judi 曾获得三项教学奖：里贾纳大学的两项启发式教学奖和华盛顿州立大学托马斯·卢茨艺术与科学学院教学奖.她还获得过华盛顿州立大学艺术与科学学院机构服务奖.在她的职业生涯中，她一直活跃在国际线性代数学会和女性数学协会.她还曾是加拿大数学学会、美国数学学会、美国数学协会以及工业和应用数学学会的成员.

目　录

第 1 章　线性代数中的线性方程组

介绍性实例　经济学与工程中的线性模型

1949 年夏末，哈佛大学教授瓦西里·列昂惕夫（Wassily Leontief）正在小心地将最后一部分穿孔卡片插入大学的 Mark Ⅱ 计算机. 这些卡片包含关于美国经济的信息，包括美国劳动统计局两年紧张工作所得到的总共 25 万多条信息. 列昂惕夫把美国经济分解为 500 个部门，例如煤炭工业、汽车工业、交通系统，等等. 对每个部门，他写出了一个描述该部门的产出如何分配给其他经济部门的线性方程. 由于当时的大型计算机 Mark Ⅱ 还不能处理所得到的包含 500 个未知数的 500 个方程的方程组，列昂惕夫只好把问题简化为包含 42 个未知数的 42 个方程的方程组.

为解列昂惕夫的 42 个方程，编写 Mark Ⅱ 计算机程序需要几个月的工作，他急于知道计算机解这个问题需要多长时间. Mark Ⅱ 计算机运算了 56 个小时，才得到最后的答案. 我们将在 1.6 节和 2.6 节中讨论这个解的性质.

列昂惕夫获得了 1973 年诺贝尔经济学奖，他打开了经济领域数学建模的新时代的大门. 1949 年在哈佛的工作标志着应用计算机分析大规模数学模型的开始. 从那以后，许多其他领域的研究者应用计算机来分析数学模型. 由于所涉及的数据数量庞大，这些模型通常是线性的，即它们是用线性方程组描述的.

线性代数在应用中的重要性随着计算机功能的增强而迅速增加，而每一代新的硬件和软件引发了对计算机能力的更大需求. 因此，计算机科学就通过并行处理和大规模计算的爆炸性增长与线性代数密切联系在一起.

科学家和工程师正在研究大量极其复杂的问题，这在几十年前是不可想象的. 今天，线性代数对许多科学技术和商科领域中的学生的重要性可以说超过了大学其他数学课程. 本书中的材料为许多有趣领域的进一步研究奠定基础. 这里举出几个例子，以后将列举其他一些领域的例子.

- *石油探测*. 当勘探船寻找海底石油储藏时，它的计算机每天要解几千个线性方程组. 方程组的数据从气喷枪的爆炸引起的水下冲击波获得. 这些冲击波引起海底岩石的震动，并通过拖在船后的几英里长的电缆上的检波器采集数据.
- *线性规划*. 许多重要的管理决策是在线性规划模型的基础上做出的，这些模型包含几百个变量，例如，航运业使用线性规划调度航班、监视飞机的飞行位置，或计划维修和机场运作.
- *电路*. 工程师使用仿真软件来设计电路和微芯片，它们包含数百万个晶体管. 这样的软件技术依赖于线性代数方法与线性方程组.

- 人工智能. 从数据清洗到人脸识别，线性代数都起到了关键作用，可以说在人工智能中线性代数无处不在.
- 信号和信号处理. 从一张数码照片到每日股票的价格，重要的信息以信号的形式记录并使用线性变换进行处理.
- 机器学习. 利用机器（特别是计算机）了解人们的网上购物偏好和进行语音识别，均离不开线性代数.

线性方程组是线性代数的核心，本章在简单而具体的设置中使用它来引入线性代数的许多重要概念. 1.1 节和 1.2 节介绍求解线性方程组的一个系统方法，这个算法在全书的计算中都会用到. 1.3 节和 1.4 节指出线性方程组等价于*向量方程*与*矩阵方程*. 这种等价性把向量的线性组合问题化为线性方程组的问题. 生成、线性无关和线性变换的基本概念将在本章后半部分研究，它们在整本书中起着关键作用，并使我们体会到线性代数的魅力和威力.

1.1 线性方程组

包含变量 $x_1, x_2, \cdots, x_n$ 的**线性方程**是形如

$$a_1x_1 + a_2x_2 + \cdots + a_nx_n = b \tag{1}$$

的方程，其中 b 与**系数** $a_1, a_2, \cdots, a_n$ 是实数或复数，通常是已知数. 下标 n 可以是任意正整数. 在本书的例题和习题中，n 通常在 2 与 5 之间. 在实际问题中，n 可以是 50、5 000 或更大.

方程

$$4x_1 - 5x_2 + 2 = x_1 \text{ 和 } x_2 = 2(\sqrt{6} - x_1) + x_3$$

都是线性方程，因为它们可以化为

$$3x_1 - 5x_2 = -2 \text{ 和 } 2x_1 + x_2 - x_3 = 2\sqrt{6}$$

方程

$$4x_1 - 5x_2 = x_1x_2 \text{ 和 } x_2 = 2\sqrt{x_1} - 6$$

都不是线性方程，因为第一个方程中包含 x_1x_2，第二个方程中包含 $\sqrt{x_1}$.

线性方程组是由一个或几个包含相同变量 $x_1, x_2, \cdots, x_n$ 的线性方程组成的. 例如，

$$\begin{aligned} 2x_1 - x_2 + 1.5x_3 &= 8 \\ x_1 \qquad - 4x_3 &= -7 \end{aligned} \tag{2}$$

线性方程组的**解**是一组数 $(s_1, s_2, \cdots, s_n)$，用这组数分别代替 $x_1, x_2, \cdots, x_n$ 时所有方程的两边相等. 例如，方程组（2）有一组解(5，6.5，3)，这是因为，在（2）中用这些值代替 x_1, x_2, x_3 时，方程组变成等式 8=8 和 $-7 = -7$.

方程组所有可能的解的集合称为线性方程组的**解集**. 若两个线性方程组有相同的解集，则这两个线性方程组称为**等价的**. 也就是说，第一个方程组的每个解都是第二个方程组的解，第二个方程组的每个解都是第一个方程组的解.

求包含两个变量的两个线性方程组成的方程组的解，等价于求两条直线的交点. 一个典型的例子是

$$\begin{aligned} x_1 - 2x_2 &= -1 \\ -x_1 + 3x_2 &= 3 \end{aligned}$$

这两个方程的图形都是直线，分别用 l_1 和 l_2 表示，数对 (x_1,x_2) 满足这两个方程当且仅当点 (x_1,x_2) 是这两条直线的交点. 容易验证，这个方程组有唯一的解(3，2)，如图 1-1 所示.

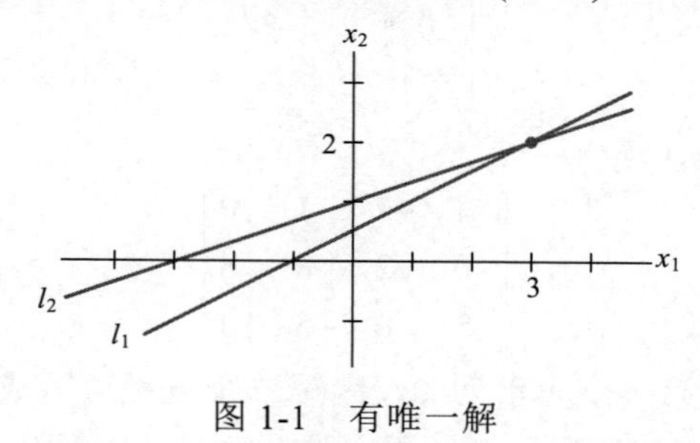

图 1-1　有唯一解

当然，两条直线不一定交于一个点，它们可能平行，也可能重合，重合的两条直线上的每个点都是交点. 图 1-2 是与下面两个方程组对应的图形：

a) $\begin{aligned} x_1-2x_2&=-1\\ -x_1+2x_2&=\ \ 3\end{aligned}$　　　　b) $\begin{aligned} x_1-2x_2&=-1\\ -x_1+2x_2&=\ \ 1\end{aligned}$

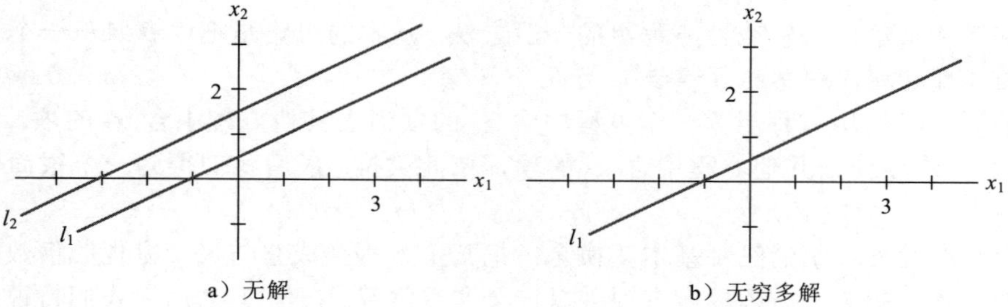

a）无解　　　　b）无穷多解

图　1-2

图 1-1 和图 1-2 说明线性方程组的下列一般事实，这将在 1.2 节证明.

> 线性方程组的解有下列三种情况：
> 1. 无解.
> 2. 有唯一解.
> 3. 有无穷多解.

我们称一个线性方程组是**相容的**，若它有一个解或无穷多个解；称它是**不相容的**，若它无解.

矩阵记号

一个线性方程组包含的主要信息可以用一个称为**矩阵**的紧凑的矩形阵列表示. 给出方程组

$$\begin{aligned} x_1-2x_2+\ \ x_3&=\ \ 0\\ 2x_2-8x_3&=\ \ 8\\ 5x_1\qquad\ \ -5x_3&=10\end{aligned}\tag{3}$$

把每一个变量的系数写在对齐的一列中，矩阵

$$\begin{bmatrix} 1 & -2 & 1 \\ 0 & 2 & -8 \\ 5 & 0 & -5 \end{bmatrix}$$

称为方程组（3）的**系数矩阵**，而

$$\begin{bmatrix} 1 & -2 & 1 & 0 \\ 0 & 2 & -8 & 8 \\ 5 & 0 & -5 & 10 \end{bmatrix} \tag{4}$$

称为它的**增广矩阵**.（第二行第一个元素为 0，因第二个方程可写成 $0.\ x_1+2x_2-8x_3=8$.）方程组的增广矩阵是把它的系数矩阵添上一列所得，这一列是由方程组右边的常数组成的.

矩阵的**大小**说明它包含的行数和列数. 上面的增广矩阵（4）有 3 行 4 列，称为 3×4（读作 3 行 4 列）矩阵. 若 m, n 是正整数，$m\times n$ **矩阵**是一个有 m 行 n 列的数的矩形阵列.（行数写在前面.）矩阵记号为解方程组带来方便.

解线性方程组

本节和下一节给出了解线性方程组的一般方法. 基本的思路是把方程组用一个更容易解的等价方程组（即有相同解集的方程组）代替.

粗略地说，我们用方程组第一个方程中含 x_1 的项消去其他方程中含 x_1 的项. 然后用第二个方程中含 x_2 的项消去其他方程中含 x_2 的项，依此类推. 最后我们得到一个很简单的等价方程组.

用来化简线性方程组的三种基本变换是：把某个方程换成它与另一方程的倍数的和；交换两个方程的位置；把某一方程的所有项乘以一个非零常数. 在例 1 之后，我们将说明经过这三种变换为什么不改变方程组的解集.

例 1 解方程组（3）.

解 我们将消去未知数的过程同时用方程组与相应的矩阵形式表示出来以便比较.

$$\begin{aligned} x_1-2x_2+x_3&=0 \\ 2x_2-8x_3&=8 \\ 5x_1\qquad-5x_3&=10 \end{aligned} \qquad \begin{bmatrix} 1 & -2 & 1 & 0 \\ 0 & 2 & -8 & 8 \\ 5 & 0 & -5 & 10 \end{bmatrix}$$

保留第一个方程中的 x_1，把其他方程中的 x_1 消去. 为此，把第一个方程乘以 −5，加到第三个方程上. 熟练之后可以通过心算完成：

$$\begin{aligned} -5\cdot[\text{方程}1]&: & -5x_1+10x_2-5x_3&=0 \\ +[\text{方程}3]&: & 5x_1\qquad\quad-5x_3&=10 \\ \hline [\text{新方程}3]&: & 10x_2-10x_3&=10 \end{aligned}$$

把原来的第三个方程用所得新方程代替：

$$\begin{aligned} x_1-2x_2+x_3&=0 \\ 2x_2-8x_3&=8 \\ 10x_2-10x_3&=10 \end{aligned} \qquad \begin{bmatrix} 1 & -2 & 1 & 0 \\ 0 & 2 & -8 & 8 \\ 0 & 10 & -10 & 10 \end{bmatrix}$$

其次，把方程 2 乘以 1/2，使 x_2 的系数变成 1.（这步计算可以简化下一步的运算.）

$$\begin{aligned} x_1 - 2x_2 + x_3 &= 0 \\ x_2 - 4x_3 &= 4 \\ 10x_2 - 10x_3 &= 10 \end{aligned} \qquad \begin{bmatrix} 1 & -2 & 1 & 0 \\ 0 & 1 & -4 & 4 \\ 0 & 10 & -10 & 10 \end{bmatrix}$$

利用方程 2 中的 x_2 项消去方程 3 中的项 $10x_2$，用心算计算如下：

$$\begin{array}{rr} -10\cdot[\text{方程}2]: & -10x_2 + 40x_3 = -40 \\ +[\text{方程}3]: & 10x_2 - 10x_3 = 10 \\ \hline [\text{新方程}3]: & 30x_3 = -30 \end{array}$$

计算结果可以代替之前的第三个方程（行）：

$$\begin{aligned} x_1 - 2x_2 + x_3 &= 0 \\ x_2 - 4x_3 &= 4 \\ 30x_3 &= -30 \end{aligned} \qquad \begin{bmatrix} 1 & -2 & 1 & 0 \\ 0 & 1 & -4 & 4 \\ 0 & 0 & 30 & -30 \end{bmatrix}$$

现在，将方程 3 乘以 $\dfrac{1}{30}$ 以得到 1 作为 x_3 的系数.（这步计算可以简化下一步的运算.）

$$\begin{aligned} x_1 - 2x_2 + x_3 &= 0 \\ x_2 - 4x_3 &= 4 \\ x_3 &= -1 \end{aligned} \qquad \begin{bmatrix} 1 & -2 & 1 & 0 \\ 0 & 1 & -4 & 4 \\ 0 & 0 & 1 & -1 \end{bmatrix}$$

新的方程组是三角形形式（直观的术语三角形将在下一节中用更精确的词替代）：

$$\begin{aligned} x_1 - 2x_2 + x_3 &= 0 \\ x_2 - 4x_3 &= 4 \\ x_3 &= -1 \end{aligned} \qquad \begin{bmatrix} 1 & -2 & 1 & 0 \\ 0 & 1 & -4 & 4 \\ 0 & 0 & 1 & -1 \end{bmatrix}$$

现在我们想消去第一个方程中的项 $-2x_2$，不过先利用方程 3 中的 x_3 消去第一个方程中的项 x_3 和第二个方程中的项 $-4x_3$ 更为有效. 这两个运算如下：

$$\begin{array}{rr} 4\cdot[\text{方程}3]: & 4x_3 = -4 \\ +[\text{方程}2]: & x_2 - 4x_3 = 4 \\ \hline [\text{新方程}2]: & x_2 \qquad = 0 \end{array} \qquad \begin{array}{rr} -1\cdot[\text{方程}3]: & -x_3 = 1 \\ +[\text{方程}1]: & x_1 - 2x_2 + x_3 = 0 \\ \hline [\text{新方程}1]: & x_1 - 2x_2 \qquad = 1 \end{array}$$

这两次变换的结果如下：

$$\begin{aligned} x_1 - 2x_2 \qquad &= 1 \\ x_2 \qquad &= 0 \\ x_3 &= -1 \end{aligned} \qquad \begin{bmatrix} 1 & -2 & 0 & 1 \\ 0 & 1 & 0 & 0 \\ 0 & 0 & 1 & -1 \end{bmatrix}$$

现在，只有方程 3 有 x_3 一列，我们回头来用第二个方程中的 x_2 项消去它上面的$-2x_2$ 项. 因为之前处理了 x_3，故现在的运算不再包含 x_3. 把方程 2 的 2 倍加到方程 1 上，得到方程组：

$$\begin{aligned} x_1 \qquad\qquad &= 1 \\ x_2 \qquad &= 0 \\ x_3 &= -1 \end{aligned} \qquad \begin{bmatrix} 1 & 0 & 0 & 1 \\ 0 & 1 & 0 & 0 \\ 0 & 0 & 1 & -1 \end{bmatrix}$$

我们已经得出结果：原方程组的唯一解是(1, 0, −1)，我们做了这么多计算，最好还是检验一下结果. 为证明(1, 0, −1)是方程组的解，把这些值代入原方程组的左边并做计算：

$$\begin{aligned} 1(1)-2(0)+1(-1) &= 1-0-1 = 0 \\ 2(0)-8(-1) &= 0+8 = 8 \\ 5(1) \quad\quad -5(-1) &= 5 \quad +5 = 10 \end{aligned}$$

结果与原方程组右边相同，所以(1, 0, −1)是原方程组的解（见图 1-3）.

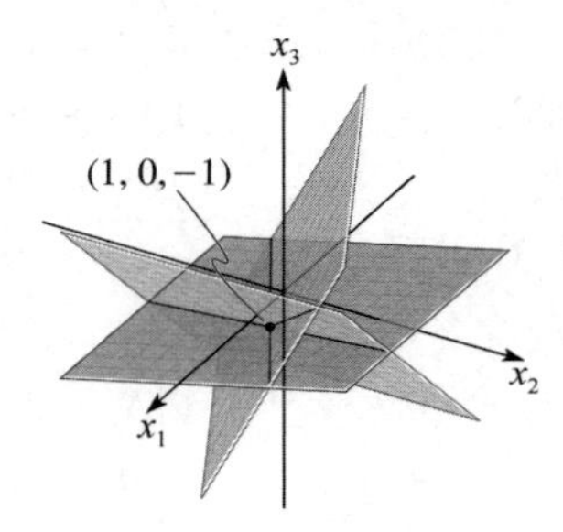

图 1-3　每个方程确定三维空间中的一个平面. 点(1, 0, −1)落在三个平面上 ■

例 1 说明了线性方程的变换对应于增广矩阵的行变换. 前面所讲的三种基本变换对应于增广矩阵的下列变换.

初等行变换

1.（倍加变换）把某一行换成它本身与另一行的倍数的和.[㊀]
2.（对换变换）把两行对换.
3.（倍乘变换）把某一行的所有元素乘以同一个非零数.

行变换可应用于任何矩阵，不仅仅是线性方程组的增广矩阵. 我们称两个矩阵为**行等价的**，若其中一个矩阵可以经一系列初等行变换成为另一个矩阵.

重要的一点是行变换是可逆的. 若两行被对换，则再次对换它们就会还原为原来的状态. 若某行乘以非零常数 c，则将所得的行乘以 $1/c$ 就得出原来的行. 最后，考虑涉及两行的倍加变换，例如第一行和第二行. 假设把第一行的 c 倍加到第二行得到新的第二行，那么“逆”变换就是把第一行的 $-c$ 倍加到（新的）第二行上得到原来的第二行. 见本节末的习题 39~42.

此时，我们更关注对一个线性方程组的增广矩阵进行行变换. 假设一个线性方程组经过行变换变成另一个新的方程组，考虑每一种行变换，容易看出，原方程组的任何一个解仍是新的方程组的一个解. 反之，因原方程组也可由新方程组经行变换得出，故新方程组的每个解也是原方程组的解. 这就证明了下列事实.

若两个线性方程组的增广矩阵是行等价的，则它们具有相同的解集.

虽然例 1 看起来很长，但经过一些练习你还是可以很快掌握的. 本书中习题的行变换通常是很简单的，因而你可以集中精力理解其中的思想和概念. 当然你必须熟练掌握这些行变换，

㊀ 通常把倍加变换说成：“把某一行的倍数加到另一行上.”

因为整本书都要用到它们.

本节的其他部分将介绍如何利用行变换来确定线性方程组解集的情况，而无须完全求出解来.

存在性与唯一性问题

在 1.2 节中，我们将会知道为什么一个线性方程组的解集可能不包含任何解、包含一个解或无穷多个解. 为确定某个线性方程组的解集属于哪种情况，我们提出以下两个问题.

> **线性方程组的两个基本问题**
>
> 1. 方程组是否相容，即它是否至少有一个解?
> 2. 若它有解，它是否只有一个解，即解是否唯一?

这两个问题将在整本书中以各种形式出现. 本节与下节中，我们将说明如何通过增广矩阵的行变换来回答这些问题.

例 2　确定下列方程组是否有解:

$$\begin{aligned} x_1 - 2x_2 + x_3 &= 0 \\ 2x_2 - 8x_3 &= 8 \\ 5x_1 \qquad - 5x_3 &= 10 \end{aligned}$$

解　这就是例 1 中的方程组. 假设我们已把方程组通过行变换变成三角形

$$\begin{aligned} x_1 - 2x_2 + x_3 &= 0 \\ x_2 - 4x_3 &= 4 \\ x_3 &= -1 \end{aligned} \qquad \begin{bmatrix} 1 & -2 & 1 & 0 \\ 0 & 1 & -4 & 4 \\ 0 & 0 & 1 & -1 \end{bmatrix}$$

这时我们已经确定了 x_3，若把 x_3 的值代入方程 2，就会确定 x_2，因而可由方程 1 确定 x_1，所以解是存在的，即该方程组是相容的.（事实上，因为 x_3 只有一个可能的值，所以 x_2 由方程 2 唯一确定，而 x_1 由方程 1 唯一确定，所以解是唯一的.）■

例 3　确定下列方程组是否相容:

$$\begin{aligned} x_2 - 4x_3 &= 8 \\ 2x_1 - 3x_2 + 2x_3 &= 1 \\ 4x_1 - 8x_2 + 12x_3 &= 1 \end{aligned} \tag{5}$$

解　增广矩阵为

$$\begin{bmatrix} 0 & 1 & -4 & 8 \\ 2 & -3 & 2 & 1 \\ 4 & -8 & 12 & 1 \end{bmatrix}$$

为从第一个方程得到 x_1，对换第 1 行与第 2 行:

$$\begin{bmatrix} 2 & -3 & 2 & 1 \\ 0 & 1 & -4 & 8 \\ 4 & -8 & 12 & 1 \end{bmatrix}$$

为消去第三个方程的项 $4x_1$，把第 1 行的-2 倍加到第 3 行上:

$$\begin{bmatrix} 2 & -3 & 2 & 1 \\ 0 & 1 & -4 & 8 \\ 0 & -2 & 8 & -1 \end{bmatrix} \tag{6}$$

接下来，用第二个方程的 x_2 项消去第三个方程的 $-2x_2$ 项，把第 2 行的 2 倍加到第 3 行上：

$$\begin{bmatrix} 2 & -3 & 2 & 1 \\ 0 & 1 & -4 & 8 \\ 0 & 0 & 0 & 15 \end{bmatrix} \tag{7}$$

现在增广矩阵已成为三角形形式. 为理解这个矩阵，将其转化为方程表示：

$$\begin{aligned} 2x_1 - 3x_2 + 2x_3 &= 1 \\ x_2 - 4x_3 &= 8 \\ 0 &= 15 \end{aligned} \tag{8}$$

方程 $0=15$ 是 $0x_1 + 0x_2 + 0x_3 = 15$ 的简写. 这个三角形线性方程组显然是矛盾的，所以满足（8）的未知数 x_1, x_2, x_3 的值是不可能存在的，因等式 $0=15$ 不可能成立. 由于（8）和（5）有同样的解集，故原方程组是不相容的（即无解），见图 1-4.

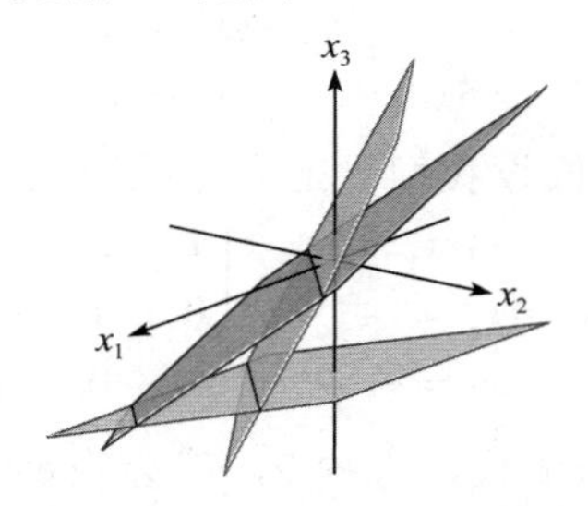

图 1-4　该方程组是不相容的，因为没有同时落在三个平面上的点　■

注意（7）的增广矩阵，它的最后一行在三角形不相容方程组中是典型的.

合理答案

当方程组有一个或多个解时，必须把解代入原方程组进行检验. 例如你求得（2,1,−1）是方程组

$$\begin{cases} x_1 - 2x_2 + x_3 = 2 \\ x_1 \qquad - 2x_3 = -2 \\ \qquad x_2 + x_3 = 3 \end{cases}$$

的一组解，把求得的解代入原始方程组，得到

$$\begin{cases} 2 - 2(1) + (-1) = -1 \neq 2 \\ 2 \qquad - 2(-1) = 4 \neq -2 \\ \qquad 1 + (-1) = 0 \neq 3 \end{cases}$$

很显然，你最初的计算一定有错误. 如果重新检查得到新的答案是（2,1,2），你会发现：

$$\begin{cases} 2 - 2(1) + (2) = 2 = 2 \\ 2 \qquad - 2(2) = -2 = -2 \\ \qquad 1 + 2 = 3 = 3 \end{cases}$$

现在你可以确信得到了方程组的一个正确解.

数值计算的注解　在实际问题中，线性方程组是通过计算机求解的. 对于方阵，计算机程序基本上是应用这里以及1.2节的消去法，稍做修正以改进精确度.

工商业中的大量线性代数问题运用浮点运算求解，数表示为小数形式：$\pm 0.d_1d_2\cdots d_p\times 10^r$，其中$r$是整数，而小数点右边的数位$p$通常为8至16位. 这种数的算术运算一般是有误差的，因为其结果必须四舍五入（或舍去）为存储时需要的数位. “舍入误差”在输入像1/3这样的数时也会产生，因为它必须用近似的有限位小数表示. 幸运的是，浮点运算中的不精确性很少引起严重问题. 本书中关于数值计算的注解将会提醒你注意这些问题.

练习题

本书中的练习题应该在做习题之前完成，它们的解答在每一节习题之后给出.

1. 用语言叙述解每个方程组时下一步应做的初等行变换（a中可能有不止一个答案）.

a.
$$\begin{aligned} x_1+4x_2-2x_3+8x_4&=12\\ x_2-7x_3+2x_4&=-4\\ 5x_3-\ \ x_4&=7\\ x_3+3x_4&=-5 \end{aligned}$$

b.
$$\begin{aligned} x_1-3x_2+5x_3-2x_4&=0\\ x_2+8x_3\qquad\ &=-4\\ 2x_3\qquad\ &=3\\ x_4&=1 \end{aligned}$$

2. 某线性方程组的增广矩阵已经由行变换化为以下形式. 确定方程组是否是相容的.

$$\begin{bmatrix} 1 & 5 & 2 & -6\\ 0 & 4 & -7 & 2\\ 0 & 0 & 5 & 0 \end{bmatrix}$$

3. (3，4，−2)是否为下列方程组的解？

$$\begin{aligned} 5x_1-\ \ x_2+2x_3&=7\\ -2x_1+6x_2+9x_3&=0\\ -7x_1+5x_2-3x_3&=-7 \end{aligned}$$

4. 当h和k取何值时下列方程组相容？

$$\begin{aligned} 2x_1-\ \ x_2&=h\\ -6x_1+3x_2&=k \end{aligned}$$

习题 1.1

利用对方程或增广矩阵的初等行变换解习题1~4中的方程组. 依照本节中给出的消去过程.

1. $$\begin{aligned} x_1+5x_2&=7\\ -2x_1-7x_2&=-5 \end{aligned}$$

2. $$\begin{aligned} 2x_1+4x_2&=-4\\ 5x_1+7x_2&=11 \end{aligned}$$

3. 求在直线$x_1+5x_2=7$和$x_1-2x_2=-2$上的点(x_1, x_2)，见右图.

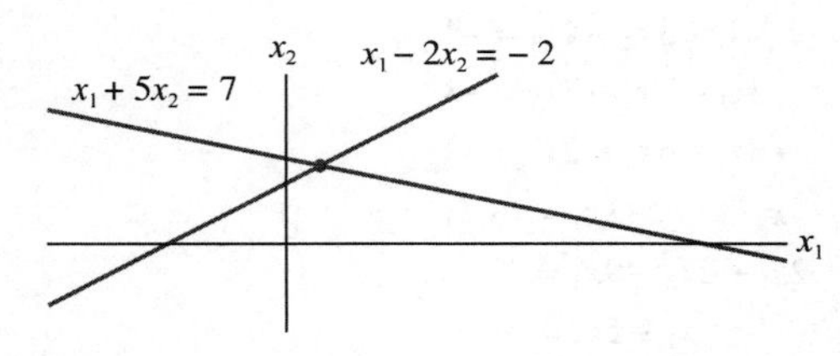

4. 求直线$x_1-5x_2=1$与$3x_1-7x_2=5$的交点.

习题5和6中的矩阵是某个线性方程组的增广矩阵. 说明在解方程组时下一步应进行的初等行变换.

5. $\begin{bmatrix} 1 & -4 & 5 & 0 & 7 \\ 0 & 1 & -3 & 0 & 6 \\ 0 & 0 & 1 & 0 & 2 \\ 0 & 0 & 0 & 1 & -5 \end{bmatrix}$

6. $\begin{bmatrix} 1 & -6 & 4 & 0 & -1 \\ 0 & 2 & -7 & 0 & 4 \\ 0 & 0 & 1 & 2 & -3 \\ 0 & 0 & 3 & 1 & 6 \end{bmatrix}$

习题 7~10 中某个线性方程组的增广矩阵已由行变换化成如下形式，继续进行适当的行变换并说明原方程组的解集.

7. $\begin{bmatrix} 1 & 7 & 3 & -4 \\ 0 & 1 & -1 & 3 \\ 0 & 0 & 0 & 1 \\ 0 & 0 & 1 & -2 \end{bmatrix}$

8. $\begin{bmatrix} 1 & 1 & 2 & 0 \\ 0 & 1 & 7 & 0 \\ 0 & 0 & 2 & -2 \end{bmatrix}$

9. $\begin{bmatrix} 1 & -1 & 0 & 0 & -4 \\ 0 & 1 & -3 & 0 & -7 \\ 0 & 0 & 1 & -3 & -1 \\ 0 & 0 & 0 & 0 & 4 \end{bmatrix}$

10. $\begin{bmatrix} 1 & -2 & 0 & 3 & 0 \\ 0 & 1 & 0 & -4 & 0 \\ 0 & 0 & 1 & 0 & 0 \\ 0 & 0 & 0 & 1 & 0 \end{bmatrix}$

解习题 11~14 的方程组.

11. $\begin{aligned} x_2 + 4x_3 &= -4 \\ x_1 + 3x_2 + 3x_3 &= -2 \\ 3x_1 + 7x_2 + 5x_3 &= 6 \end{aligned}$

12. $\begin{aligned} x_1 - 3x_2 + 4x_3 &= -4 \\ 3x_1 - 7x_2 + 7x_3 &= -8 \\ -4x_1 + 6x_2 - 2x_3 &= 4 \end{aligned}$

13. $\begin{aligned} x_1 \quad - 3x_3 &= 8 \\ 2x_1 + 2x_2 + 9x_3 &= 7 \\ x_2 + 5x_3 &= -2 \end{aligned}$

14. $\begin{aligned} x_1 - 3x_2 \quad &= 5 \\ -x_1 + x_2 + 5x_3 &= 2 \\ x_2 + x_3 &= 0 \end{aligned}$

15. 通过将求得的方程组的解代回原始方程，验证你在习题 11 中求得的解是否正确.

16. 通过将求得的方程组的解代回原始方程，验证你在习题 12 中求得的解是否正确.

17. 通过将求得的方程组的解代回原始方程，验证你在习题 13 中求得的解是否正确.

18. 通过将求得的方程组的解代回原始方程，验证你在习题 14 中求得的解是否正确.

确定习题 19、20 中的方程组是否相容，不必解出方程组.

19. $\begin{aligned} x_1 \quad + 3x_3 \quad &= 2 \\ x_2 \quad - 3x_4 &= 3 \\ -2x_2 + 3x_3 + 2x_4 &= 1 \\ 3x_1 \quad + 7x_4 &= -5 \end{aligned}$

20. $\begin{aligned} x_1 \quad - 2x_4 &= -3 \\ 2x_2 + 2x_3 \quad &= 0 \\ x_3 + 3x_4 &= 1 \\ -2x_1 + 3x_2 + 2x_3 + x_4 &= 5 \end{aligned}$

21. 三条直线 $x_1 - 4x_2 = 1$，$2x_1 - x_2 = -3$ 和 $-x_1 - 3x_2 = 4$ 是否有一个交点？请解释.

22. 三个平面 $x_1 + 2x_2 + x_3 = 4$，$x_2 - x_3 = 1$ 和 $x_1 + 3x_2 = 0$ 是否至少有一个交点？请解释.

在习题 23~26 中，确定 h 的值使矩阵是某个相容线性方程组的增广矩阵：

23. $\begin{bmatrix} 1 & h & 4 \\ 3 & 6 & 8 \end{bmatrix}$

24. $\begin{bmatrix} 1 & h & -3 \\ -2 & 4 & 6 \end{bmatrix}$

25. $\begin{bmatrix} 1 & 3 & -2 \\ -4 & h & 8 \end{bmatrix}$

26. $\begin{bmatrix} 2 & -3 & h \\ -6 & 9 & 5 \end{bmatrix}$

在习题 27~34 中，本节的重要命题或被直接引用，略做改述（但依然成立），或被错误修改. 判断每个命题的真假并给出理由.（若判断为真，指出本书中相似命题的出处，或者参考定义或定理. 若判断为假，指出引用或用错的命题的出处，或举例说明.）类似的真/假问题会在本书的许多章节中出现，在问题的开头用一个(T/F)标记.

27. (T/F)初等行变换都是可逆的.
28. (T/F)对增广矩阵进行初等行变换就是对其对应线性方程组进行同解变形.
29. (T/F)一个 5×6 矩阵有 6 行.
30. (T/F)如果两个矩阵的行数相同，则它们是行等价的.
31. (T/F)包含 n 个变量 $x_1,x_2,\cdots,x_n$ 的线性方程组的解集是一组数 $(s_1,s_2,\cdots,s_n)$，当用这组数代替 $x_1,x_2,\cdots,x_n$ 时，方程组中的每个方程成为恒等式.
32. (T/F)不相容方程组的解多于一个.
33. (T/F)存在性和唯一性是线性方程组的两个基本问题.
34. (T/F)如果两个线性方程组有相同的解集，则它们是等价的.
35. 求出包含 g，h 和 k 的方程，使以下矩阵是相容方程组的增广矩阵.

$$\begin{bmatrix} 1 & -4 & 7 & g \\ 0 & 3 & -5 & h \\ -2 & 5 & -9 & k \end{bmatrix}$$

36. 给解集为 $x_1=-2, x_2=1, x_3=0$ 的线性方程组构造三个不同的增广矩阵.
37. 设下面的方程组对所有 f 和 g 的可能取值都是相容的，则系数 c 和 d 有何特性？给出理由.

$$\begin{aligned} x_1+3x_2&=f \\ cx_1+dx_2&=g \end{aligned}$$

38. 设 a,b,c,d 为常数，a 不为零，下面的方程组对所有 f 和 g 的可能取值都是相容的，则系数 a,b,c,d 有何特性？给出理由.

$$\begin{aligned} ax_1+bx_2&=f \\ cx_1+dx_2&=g \end{aligned}$$

在习题 39~42 中，求出把第一个矩阵变为第二个矩阵的初等行变换，并求出把第二个矩阵变为第一个矩阵的逆行变换.

39. $\begin{bmatrix} 0 & -2 & 5 \\ 1 & 4 & -7 \\ 3 & -1 & 6 \end{bmatrix}, \begin{bmatrix} 1 & 4 & -7 \\ 0 & -2 & 5 \\ 3 & -1 & 6 \end{bmatrix}$

40. $\begin{bmatrix} 1 & 3 & -4 \\ 0 & -2 & 6 \\ 0 & -5 & 9 \end{bmatrix}, \begin{bmatrix} 1 & 3 & -4 \\ 0 & 1 & -3 \\ 0 & -5 & 9 \end{bmatrix}$

41. $\begin{bmatrix} 1 & -2 & 1 & 0 \\ 0 & 5 & -2 & 8 \\ 4 & -1 & 3 & -6 \end{bmatrix}, \begin{bmatrix} 1 & -2 & 1 & 0 \\ 0 & 5 & -2 & 8 \\ 0 & 7 & -1 & -6 \end{bmatrix}$

42. $\begin{bmatrix} 1 & 2 & -5 & 0 \\ 0 & 1 & -3 & -2 \\ 0 & -3 & 9 & 5 \end{bmatrix}, \begin{bmatrix} 1 & 2 & -5 & 0 \\ 0 & 1 & -3 & -2 \\ 0 & 0 & 0 & -1 \end{bmatrix}$

热传导研究中的一个重要问题是确定某块平板的稳态温度分布，假设已知边界上的温度分布. 假设右图中的平板代表一个金属梁的截面，忽略垂直于该截面方向上的热传导，设 T_1,T_2,T_3,T_4 表示图中 4 个内部结点的温度. 某一结点的温度近似地等于 4 个与它最接近的结点（上、下、左、右）的平均值[㊀]，例如

$$T_1=(10+20+T_2+T_4)/4 \text{ 或 } 4T_1-T_2-T_4=30$$

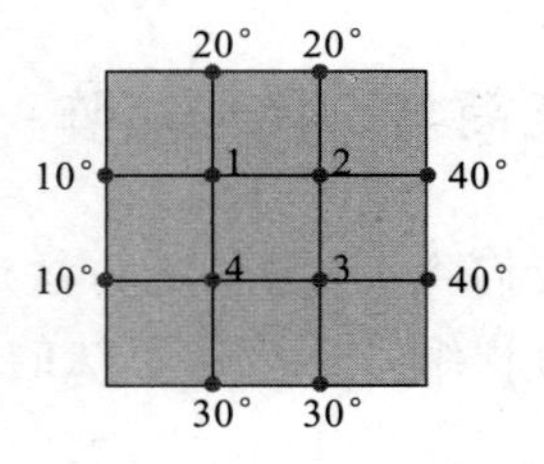

43. 写出温度 T_1,T_2,T_3,T_4 所满足的方程组.
44. 解习题 43 中写出的方程组.（提示：为快速计算，在进行倍加之前先对换第 1 行和第 4 行.）

练习题答案

1. a. 手工计算时，最好把方程 3 与方程 4 对换. 另一种办法是把方程 3 乘以 1/5，或把方程 4 化为它与方

㊀ 参阅 F. M. White, *Heat and Mass Transfer*（Addison- Wesley Publishing, 1991）, pp. 145-149.

程 3 的−1/5 倍的和（不要利用方程 2 中的 x_2 项消去方程 1 中的 $4x_2$，而要等到得到三角形矩阵且 x_3, x_4 项已从前两个方程消去之后）.

b. 方程组是三角形. 进一步的简化可利用第四个方程中的 x_4 项消去它上面的各个 x_4 项，现在适当的步骤是把方程 4 的 2 倍加到方程 1 上（此后把方程 3 乘以 1/2，再消去其他的 x_3 项）.

2. 对应于该增广矩阵的方程组是

$$\begin{aligned} x_1 + 5x_2 + 2x_3 &= -6 \\ 4x_2 - 7x_3 &= 2 \\ 5x_3 &= 0 \end{aligned}$$

由第三个方程得到 $x_3 = 0$，这当然是允许的. 消去前两个方程中的 x_3 项，我们可以继续求出方程组关于 x_1 和 x_2 的唯一解. 因此解是存在且唯一的. 注意比较本题与例 3.

3. 容易检验一组数是否是方程组的解. 把 $x_1 = 3$，$x_2 = 4$ 和 $x_3 = -2$ 代入方程组，求得

$$\begin{aligned} 5(3) - (4) + 2(-2) &= 15 - 4 - 4 = 7 \\ -2(3) + 6(4) + 9(-2) &= -6 + 24 - 18 = 0 \\ -7(3) + 5(4) - 3(-2) &= -21 + 20 + 6 = 5 \end{aligned}$$

虽然满足前两个方程，但不满足第三个，所以 (3，4，−2) 不是方程组的解. 注意代入时使用了括号. 建议你这么做是为了避免错误，见图 1-5.

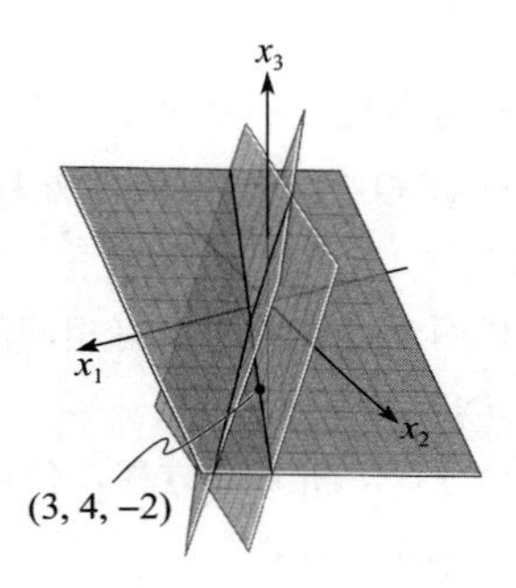

图 1-5　因为(3,4,−2)满足前两个方程，所以它落在前两个平面的交线上. 因为(3,4,−2)不满足所有三个方程，所以它没有落在三个平面上

4. 第二个方程代以它与第一个方程的 3 倍的和，方程组化为

$$\begin{aligned} 2x_1 - x_2 &= h \\ 0 &= k + 3h \end{aligned}$$

若 $k + 3h$ 非零，该方程组无解. 所以方程组对任意满足 $k + 3h = 0$ 的 h 和 k 的值有解.

1.2　行化简与阶梯形矩阵

本节我们将 1.1 节中的方法进一步精化，变成行化简算法（也称行消去法），它可用来解任意线性方程组.[⊖] 而应用算法的第一部分，我们可以回答 1.1 节中提出的基本的存在性与唯一性问题.

这种算法可用于任意矩阵，不管它是否为某一线性方程组的增广矩阵. 所以本节的第一部分讨论任意矩阵. 首先我们引入两类重要的矩阵，包含 1.1 节中的“三角形”矩阵. 在以下定义中，矩阵中的非零行或列指矩阵中至少包含一个非零元素的行或列，非零行的**先导元素**是指该行中最左边的非零元素.

⊖ 我们的算法通常称为*高斯消去法*，类似的消去法大约在公元前 250 年由中国数学家应用. 这种方法在西方直到 19 世纪才由著名德国数学家 C. F. 高斯发现. 德国工程师 W. 若尔当把它写在 1888 年的一本测地学著作中，这种方法才被普及.

定义　一个矩阵称为**阶梯形**（或**行阶梯形**），若它有以下三个性质：

1. 所有非零行都在零行之上.
2. 每一行的先导元素所在的列位于前一行先导元素的右边.
3. 先导元素所在列下方的元素都是零.

若一个阶梯形矩阵还满足以下性质，则称它为**简化阶梯形**（或**简化行阶梯形**）：

4. 非零行的先导元素是 1.
5. 先导元素 1 是该元素所在列的唯一非零元素.

若一个矩阵具有阶梯形（简化阶梯形），就称它为**阶梯形**（**简化阶梯形**）矩阵. 性质 2 说明先导元素构成阶梯形. 性质 3 其实是性质 2 的推论，不过我们把它列出来以示强调.

1.1 节中的“三角形”矩阵，如

$$\begin{bmatrix} 2 & -3 & 2 & 1 \\ 0 & 1 & -4 & 8 \\ 0 & 0 & 0 & 5/2 \end{bmatrix} \text{和} \begin{bmatrix} 1 & 0 & 0 & 29 \\ 0 & 1 & 0 & 16 \\ 0 & 0 & 1 & 3 \end{bmatrix}$$

都是阶梯形的，第二个矩阵是简化阶梯形的. 下面再举一些例子.

例 1　下列矩阵都是阶梯形的. 先导元素用 ■ 表示，它们可取任意的非零值，在∗位置的元素可取任意值，包括零值.

解

$$\begin{bmatrix} \blacksquare & * & * & * \\ 0 & \blacksquare & * & * \\ 0 & 0 & 0 & 0 \\ 0 & 0 & 0 & 0 \end{bmatrix} \quad \begin{bmatrix} 0 & \blacksquare & * & * & * & * & * & * & * & * \\ 0 & 0 & 0 & \blacksquare & * & * & * & * & * & * \\ 0 & 0 & 0 & 0 & \blacksquare & * & * & * & * & * \\ 0 & 0 & 0 & 0 & 0 & \blacksquare & * & * & * & * \\ 0 & 0 & 0 & 0 & 0 & 0 & 0 & 0 & \blacksquare & * \end{bmatrix}$$

■

下列矩阵是简化阶梯形的，因为先导元素都是 1，且在每个先导元素 1 的上、下各元素都是 0.

$$\begin{bmatrix} 1 & 0 & * & * \\ 0 & 1 & * & * \\ 0 & 0 & 0 & 0 \\ 0 & 0 & 0 & 0 \end{bmatrix} \quad \begin{bmatrix} 0 & 1 & * & 0 & 0 & 0 & * & * & 0 & * \\ 0 & 0 & 0 & 1 & 0 & 0 & * & * & 0 & * \\ 0 & 0 & 0 & 0 & 1 & 0 & * & * & 0 & * \\ 0 & 0 & 0 & 0 & 0 & 1 & * & * & 0 & * \\ 0 & 0 & 0 & 0 & 0 & 0 & 0 & 0 & 1 & * \end{bmatrix}$$

■

任何非零矩阵都可以**行化简**（即用初等行变换）为阶梯形矩阵，但用不同的方法可化为不同的阶梯形矩阵. 然而，一个矩阵只能化为唯一的简化阶梯形矩阵. 下列定理将在书末附录 A 中给出证明.

定理 1　（简化阶梯形矩阵的唯一性）

每个矩阵行等价于唯一的简化阶梯形矩阵.

若矩阵 $\boldsymbol{A}$ 行等价于阶梯形矩阵 $\boldsymbol{U}$，则称 $\boldsymbol{U}$ 为 $\boldsymbol{A}$ 的**阶梯形**（或行阶梯形）；若 $\boldsymbol{U}$ 是简化阶梯形，则称 $\boldsymbol{U}$ 为 $\boldsymbol{A}$ 的**简化阶梯形**. 大部分矩阵程序用 RREF 作为简化（行）阶梯形的缩写，有些用 REF 作为（行）阶梯形的缩写.

主元位置

当矩阵经行变换化为阶梯形后，经进一步的行变换将矩阵化为简化阶梯形时，先导元素的位置并不改变. 因简化阶梯形是唯一的，故当给定矩阵化为任何一个阶梯形时，先导元素总是在相同的位置上. 这些先导元素对应于简化阶梯形中的先导元素 1.

定义　矩阵中的**主元位置**是 $\boldsymbol{A}$ 中对应于它的简化阶梯形中先导元素 1 的位置. **主元列**是 $\boldsymbol{A}$ 的含有主元位置的列.

在例 1 中，符号（■）对应主元位置. 前四章中的许多基本概念都与矩阵中的主元位置有联系.

例 2　把下列矩阵 $\boldsymbol{A}$ 用行变换化为阶梯形，并确定主元列.

$$\boldsymbol{A}=\begin{bmatrix} 0 & -3 & -6 & 4 & 9 \\ -1 & -2 & -1 & 3 & 1 \\ -2 & -3 & 0 & 3 & -1 \\ 1 & 4 & 5 & -9 & -7 \end{bmatrix}$$

解　利用 1.1 节的方法. 最左边的非零列的第一个元素就是第一个主元位置. 这个位置必须放一个非零元，即主元. 最好将第一行与第四行对换，这样可以避免分数运算.

主元

$$\begin{bmatrix} 1 & 4 & 5 & -9 & -7 \\ -1 & -2 & -1 & 3 & 1 \\ -2 & -3 & 0 & 3 & -1 \\ 0 & -3 & -6 & 4 & 9 \end{bmatrix}$$

主元列

把第一行的倍数加到其他各行，使主元 1 下面的各元素变成 0. 第二行的主元位置必须尽量靠左，即在第二列. 我们选择这里的 2 作为第二个主元.

主元

$$\begin{bmatrix} 1 & 4 & 5 & -9 & -7 \\ 0 & 2 & 4 & -6 & -6 \\ 0 & 5 & 10 & -15 & -15 \\ 0 & -3 & -6 & 4 & 9 \end{bmatrix} \tag{1}$$

新的主元列

把第二行的$-5/2$倍加到第三行，$3/2$ 倍加到第四行.

$$\begin{bmatrix} 1 & 4 & 5 & -9 & -7 \\ 0 & 2 & 4 & -6 & -6 \\ 0 & 0 & 0 & 0 & 0 \\ 0 & 0 & 0 & -5 & 0 \end{bmatrix} \tag{2}$$

式（2）中的矩阵与 1.1 节所遇到的不同，这里没有办法在第三列中找到先导元素！我们不能利用第一行或第二行，否则会破坏已产生的阶梯形的先导元素的排列. 然而若我们对换第三行和第四行，则可在第四列产生先导元素.

主元

$$\begin{bmatrix} 1 & 4 & 5 & -9 & -7 \\ 0 & 2 & 4 & -6 & -6 \\ 0 & 0 & 0 & -5 & 0 \\ 0 & 0 & 0 & 0 & 0 \end{bmatrix} \qquad \text{一般形式：} \begin{bmatrix} \blacksquare & * & * & * & * \\ 0 & \blacksquare & * & * & * \\ 0 & 0 & 0 & \blacksquare & * \\ 0 & 0 & 0 & 0 & 0 \end{bmatrix}$$

主元列

此矩阵已是阶梯形，第一、二、四列是主元列.

主元位置

$$A = \begin{bmatrix} 0 & -3 & -6 & 4 & 9 \\ -1 & -2 & -1 & 3 & 1 \\ -2 & -3 & 0 & 3 & -1 \\ 1 & 4 & 5 & -9 & -7 \end{bmatrix} \tag{3}$$

主元列

■

如例 2 所示，**主元**就是在主元位置上的非零元素，用来通过行变换把下面的元素化为 0. 例 2 中的主元是 1，2 和−5. 注意这些元素与矩阵 A 中同一位置的元素不相同，如（3）式所示.

根据例 2，我们给出一个有效的算法，变换矩阵成阶梯形或简化阶梯形. 认真掌握这一算法将使你获益匪浅.

行化简算法

下列算法包含四个步骤，产生一个阶梯形矩阵，第五步产生简化阶梯形矩阵. 我们用一个实例来说明这一算法.

例 3　用初等行变换把下列矩阵先化为阶梯形，再化为简化阶梯形.

$$\begin{bmatrix} 0 & 3 & -6 & 6 & 4 & -5 \\ 3 & -7 & 8 & -5 & 8 & 9 \\ 3 & -9 & 12 & -9 & 6 & 15 \end{bmatrix}$$

解

第一步，由最左的非零列开始. 这是一个主元列. 主元位置在该列顶端.

$$\begin{bmatrix} 0 & 3 & -6 & 6 & 4 & -5 \\ 3 & -7 & 8 & -5 & 8 & 9 \\ 3 & -9 & 12 & -9 & 6 & 15 \end{bmatrix}$$

主元列

第二步，在主元列中选取一个非零元素作为主元. 若有必要的话，对换两行将这个元素移到主元位置上.

对换第一行和第三行（也可对换第一行和第二行）：

主元

$$\begin{bmatrix} 3 & -9 & 12 & -9 & 6 & 15 \\ 3 & -7 & 8 & -5 & 8 & 9 \\ 0 & 3 & -6 & 6 & 4 & -5 \end{bmatrix}$$

第三步，用倍加行变换将主元下面的元素变成 0.

我们当然可以把第一行除以主元 3. 但这里第一列有两个 3，我们只需把第一行的-1倍加到第二行.

主元

$$\begin{bmatrix} 3 & -9 & 12 & -9 & 6 & 15 \\ 0 & 2 & -4 & 4 & 2 & -6 \\ 0 & 3 & -6 & 6 & 4 & -5 \end{bmatrix}$$

第四步，暂时不管包含主元位置的行以及它上面的各行，对剩下的子矩阵使用上述的三个步骤直到没有非零行需要处理为止.

暂时不看第一行，第一步指出，第二列是下一个主元列；第二步，我们选择该列中“顶端”的元素作为主元.

主元

$$\begin{bmatrix} 3 & -9 & 12 & -9 & 6 & 15 \\ 0 & 2 & -4 & 4 & 2 & -6 \\ 0 & 3 & -6 & 6 & 4 & -5 \end{bmatrix}$$

新主元列

对第三步，我们可先把子矩阵的“顶行”除以主元 2. 不过也可以把这一行的$-3/2$倍加到下面的一行. 这就得到

$$\begin{bmatrix} 3 & -9 & 12 & -9 & 6 & 15 \\ 0 & 2 & -4 & 4 & 2 & -6 \\ 0 & 0 & 0 & 0 & 1 & 4 \end{bmatrix}$$

暂时不看第二个主元所在的行，我们剩下一个只有一行的新子矩阵.

$$\begin{bmatrix} 3 & -9 & 12 & -9 & 6 & 15 \\ 0 & 2 & -4 & 4 & 2 & -6 \\ 0 & 0 & 0 & 0 & 1 & 4 \end{bmatrix}$$

主元

新的子矩阵已不需要处理了，我们已得到整个矩阵的阶梯形. 若需要简化阶梯形，则进行下一个步骤.

第五步，由最右边的主元开始，把每个主元上方的各元素变成 0. 若某个主元不是 1，用倍乘变换将它变成 1.

最右边的主元在第三行. 将它上面的各元素变成 0,这可通过将第三行的适当倍数加到第二行和第一行来实现.

$$\begin{bmatrix} 3 & -9 & 12 & -9 & 0 & -9 \\ 0 & 2 & -4 & 4 & 0 & -14 \\ 0 & 0 & 0 & 0 & 1 & 4 \end{bmatrix} \begin{matrix} \leftarrow \text{行}1+(-6)\cdot\text{行}3 \\ \leftarrow \text{行}2+(-2)\cdot\text{行}3 \\ \end{matrix}$$

下一个主元在第二行，将这行除以这个主元.

$$\begin{bmatrix} 3 & -9 & 12 & -9 & 0 & -9 \\ 0 & 1 & -2 & 2 & 0 & -7 \\ 0 & 0 & 0 & 0 & 1 & 4 \end{bmatrix} \begin{matrix} \\ \leftarrow \text{行乘以}1/2 \\ \end{matrix}$$

将第二行的 9 倍加到第一行.

$$\begin{bmatrix} 3 & 0 & -6 & 9 & 0 & -72 \\ 0 & 1 & -2 & 2 & 0 & -7 \\ 0 & 0 & 0 & 0 & 1 & 4 \end{bmatrix} \begin{matrix} \leftarrow \text{行}1+9\cdot\text{行}2 \\ \\ \end{matrix}$$

最后将第一行除以主元 3.

$$\begin{bmatrix} 1 & 0 & -2 & 3 & 0 & -24 \\ 0 & 1 & -2 & 2 & 0 & -7 \\ 0 & 0 & 0 & 0 & 1 & 4 \end{bmatrix} \begin{matrix} \\ \leftarrow \text{行乘以}1/3 \\ \end{matrix}$$

这就是原矩阵的简化阶梯形. ■

第一至四步称为行化简算法的**向前步骤**，产生唯一的简化阶梯形的第五步称为**向后步骤**.

数值计算的注解　在第二步中，计算机程序通常选择一列中绝对值最大的元素作为主元. 这种方法通常称为**列主元法**，可以减少计算中的舍入误差.

线性方程组的解

行化简算法应用于方程组的增广矩阵时，可以得出线性方程组解集的一种显式表示法. 例如，设某个线性方程组的增广矩阵已经化为等价的简化阶梯形

$$\begin{bmatrix} 1 & 0 & -5 & 1 \\ 0 & 1 & 1 & 4 \\ 0 & 0 & 0 & 0 \end{bmatrix}$$

因为增广矩阵有 4 列，所以有 3 个变量，对应的线性方程组是

$$\begin{aligned} x_1 \qquad - 5x_3 &= 1 \\ x_2 + \ \ x_3 &= 4 \\ 0 &= 0 \end{aligned} \tag{4}$$

对应于主元列的变量 x_1 和 x_2 称为**基本变量**[㊀]. 其他变量（如 x_3）称为**自由变量**.

只要一个线性方程组是相容的，如方程组（4），其解集就可以显式表示，只需把方程的简

㊀ 某些书称为先导变量，因为它们对应于包含先导元素的主元列.

化形式解出来再用自由变量表示基本变量即可. 由于简化阶梯形使每个基本变量仅包含在一个方程中，因此这是很容易的. 在方程组（4）中，我们可由第1个方程解出x_1，由第2个方程解出x_2（第3个方程对未知数没有任何限制，可以不管它）.

$$\begin{cases} x_1 = 1 + 5x_3 \\ x_2 = 4 - x_3 \\ x_3\text{是自由变量} \end{cases} \tag{5}$$

我们说x_3是自由变量，是指它可取任意的值. 当x_3的值选定后，由（5）中的前两个方程就可以确定x_1和x_2的值. 例如，当$x_3 = 0$时，得出解（1，4，0）；当$x_3 = 1$时，得出解（6，3，1）. x_3的不同选择确定了方程组的不同的解，方程组的每个解由x_3的值的选择来确定.

式（5）给出的解称为方程组的**通解**，因为它给出了所有解的显式表示.

例4　求线性方程组的通解，该方程组的增广矩阵已经化为

$$\begin{bmatrix} 1 & 6 & 2 & -5 & -2 & -4 \\ 0 & 0 & 2 & -8 & -1 & 3 \\ 0 & 0 & 0 & 0 & 1 & 7 \end{bmatrix}$$

解　该矩阵已是阶梯形，但我们在解出基本变量前仍需把它化为简化阶梯形. 记号"~"表示它前面和后面的两个矩阵是行等价的（译者注：该记号在中文教科书中并不通用）.

$$\begin{bmatrix} 1 & 6 & 2 & -5 & -2 & -4 \\ 0 & 0 & 2 & -8 & -1 & 3 \\ 0 & 0 & 0 & 0 & 1 & 7 \end{bmatrix} \sim \begin{bmatrix} 1 & 6 & 2 & -5 & 0 & 10 \\ 0 & 0 & 2 & -8 & 0 & 10 \\ 0 & 0 & 0 & 0 & 1 & 7 \end{bmatrix}$$

$$\sim \begin{bmatrix} 1 & 6 & 2 & -5 & 0 & 10 \\ 0 & 0 & 1 & -4 & 0 & 5 \\ 0 & 0 & 0 & 0 & 1 & 7 \end{bmatrix} \sim \begin{bmatrix} 1 & 6 & 0 & 3 & 0 & 0 \\ 0 & 0 & 1 & -4 & 0 & 5 \\ 0 & 0 & 0 & 0 & 1 & 7 \end{bmatrix}$$

因为增广矩阵有6列，所以原方程组有5个变量，对应的方程组为

$$\begin{aligned} x_1 + 6x_2 \quad + 3x_4 \quad &= 0 \\ x_3 - 4x_4 \quad &= 5 \\ x_5 &= 7 \end{aligned} \tag{6}$$

矩阵的主元列是第1、3、5列，所以基本变量为x_1，x_3，x_5，剩下的变量x_2和x_4为自由变量. 解出基本变量，我们得到通解为

$$\begin{cases} x_1 = -6x_2 - 3x_4 \\ x_2\text{是自由变量} \\ x_3 = 5 + 4x_4 \\ x_4\text{是自由变量} \\ x_5 = 7 \end{cases} \tag{7}$$

注意，由方程组（6）的第3个方程，x_5的值是确定的.　■

解集的参数表示

解集的表示式（5）和（7）称为解集的参数表示，其中自由变量作为参数. 解方程组就是要求出解集的这种参数表示或确定它无解.

当一个方程组是相容的且具有自由变量时，它的解集具有多种参数表示. 例如，在方程组（4）中，我们可以把方程 2 的 5 倍加到方程 1，得等价方程组

$$\begin{aligned} x_1 + 5x_2 \qquad &= 21 \\ x_2 + x_3 &= 4 \end{aligned}$$

这时可把 x_2 看作参数，用 x_2 表示 x_1 和 x_3，得到解集的第一种表示法. 不过，我们总是约定使用自由变量作为参数来表示解集（本书末尾的习题解答也采用这一约定）.

当方程组不相容时，解集是空集，而无论方程组是否有自由变量. 此时，解集无参数表示.

回代法

考虑下列方程组，它的增广矩阵已是阶梯形，但还不是简化阶梯形：

$$\begin{aligned} x_1 - 7x_2 + 2x_3 - 5x_4 + 8x_5 &= 10 \\ x_2 - 3x_3 + 3x_4 + x_5 &= -5 \\ x_4 - x_5 &= 4 \end{aligned}$$

计算机程序通常用回代法解此方程组，而不是求它的简化阶梯形. 也就是说，程序先解第 3 个方程，用 x_5 表示 x_4，并把此表达式代入第 2 个方程，从中解出 x_2，最后把 x_2 和 x_4 的表达式代入第 1 个方程解出 x_1.

我们的矩阵算法（即行化简算法的向后步骤，它求出简化阶梯形）与回代法所需的算术运算次数相同. 但矩阵算法通常减少了手算时出错的可能性.强烈建议你仅使用简化阶梯形来解方程组！本书配备的《学习指导》中给出了一些好的建议来帮助你更快、更准确地解方程组.

数值计算的注解　一般地，行化简算法的向前步骤比向后步骤需要更多运算. 解方程组的算法通常用浮算来衡量. 一个浮算（flop 或浮点运算）就是对两个浮点实数进行一次算术运算（+，−，*，/）.[⊖] 对一个 $n\times(n+1)$ 矩阵，化简为阶梯形大约需要 $2n^3/3+n^2/2-7n/6$ 次浮算（当 n 相当大，比如说 $n\geqslant 30$ 时，大约是 $2n^3/3$ 次浮算），而进一步化为简化阶梯形大约最多只需 n^2 次浮算.

存在性与唯一性问题

虽然未简化的阶梯形并不适于解线性方程组，但这种形式对于回答 1.1 节中提出的两个基本问题已经足够了.

例 5　确定下列线性方程组的解是否存在且唯一.

$$\begin{aligned} 3x_2 - 6x_3 + 6x_4 + 4x_5 &= -5 \\ 3x_1 - 7x_2 + 8x_3 - 5x_4 + 8x_5 &= 9 \\ 3x_1 - 9x_2 + 12x_3 - 9x_4 + 6x_5 &= 15 \end{aligned}$$

⊖　传统意义上，浮算仅表示一次乘法或除法，因为加法和减法耗时很短，可以忽略. 这里定义的浮算现在使用较多，这是由于计算机算术运算能力的提高. 见 Golub and Van Loan, *Matrix Computations*, 2nd ed (Baltimore: The Johns Hopkins Press, 1989), pp. 19-20.

解 该方程组的增广矩阵在例 3 中化简为

$$\begin{bmatrix} 3 & -9 & 12 & -9 & 6 & 15 \\ 0 & 2 & -4 & 4 & 2 & -6 \\ 0 & 0 & 0 & 0 & 1 & 4 \end{bmatrix} \tag{8}$$

基本变量是 x_1, x_2和 x_5，自由变量是 x_3和x_4. 这里没有类似 0=1 的造成不相容方程组的方程，所以可用回代法求解. 但解的存在性在方程（8）中已经清楚了. 同时，解不是唯一的，因为有自由变量存在. x_3和x_4的每一种选择都确定一组解，所以此方程组有无穷多组解. ■

当一个方程组化为阶梯形且不包含形如 $0=b$（其中 $b\neq 0$）的方程时，每个非零方程包含一个基本变量，它的系数非零. 或者这些基本变量已完全确定（此时无自由变量），或者至少有一个基本变量可用一个或多个自由变量表示. 对前一种情况，有唯一的解；对后一种情况，有无穷多个解（对应于自由变量的每一种选择都有一个解）.

上述讨论证明了以下定理.

定理 2 （存在性与唯一性定理）

线性方程组相容的充要条件是增广矩阵的最右列不是主元列. 也就是说，增广矩阵的阶梯形没有形如

$$[0 \ \cdots \ 0 \ b], \ b\neq 0$$

的行. 若线性方程组相容，则它的解集可能有两种情况：（ⅰ）没有自由变量时，有唯一解；（ⅱ）若至少有一个自由变量，则有无穷多解.

以下是求解线性方程组的步骤.

应用行化简算法解线性方程组

1. 写出方程组的增广矩阵.
2. 应用行化简算法把增广矩阵化为阶梯形. 确定方程组是否相容. 如果没有解则停止；否则进行下一步.
3. 继续行化简算法得到它的简化阶梯形.
4. 写出由第 3 步所得矩阵对应的方程组.
5. 把第 4 步所得的每个非零方程改写为用任意自由变量表示其基本变量的形式.

合理答案

请记住，每个增广矩阵对应于一个方程组. 如果对增广矩阵

$$\begin{pmatrix} 1 & -2 & 1 & 2 \\ 1 & -1 & 2 & 5 \\ 0 & 1 & 1 & 3 \end{pmatrix}$$

进行行化简，得到简化行阶梯矩阵：

$$\begin{pmatrix} 1 & 0 & 3 & 8 \\ 0 & 1 & 1 & 3 \\ 0 & 0 & 0 & 0 \end{pmatrix}$$

方程组的通解为：

$$\begin{cases} x_1 = 8 - x_3 \\ x_2 = 3 - x_3 \\ x_3\text{是自由未知量} \end{cases}$$

对应于原始增广矩阵的方程组为：

$$\begin{cases} x_1 - 2x_2 + \ \ x_3 = 2 \\ x_1 - \ \ x_2 + 2x_3 = 5 \\ \qquad\ \ x_2 + \ \ x_3 = 3 \end{cases}$$

现在，你可以通过将其代入原始方程来检验解的正确性.注意，你可以将自由变量保留在解中.

$$\begin{cases} (8-3x_3) - 2(3-x_3) + \ (x_3) = 8 - 3x_3 - 6 + 2x_3 + x_3 = 2 \\ (8-3x_3) - \ (3-x_3) + 2(x_3) = 8 - 3x_3 - 3 + x_3 + 2x_3 = 5 \\ \qquad\qquad\quad (3-x_3) + \ (x_3) = 3 - x_3 + x_3 = 3 \end{cases}$$

现在，你可以确信获得了由增广矩阵表示的方程组的正确解.

练习题

1. 求出下列增广矩阵对应的方程组的通解.

$$\begin{bmatrix} 1 & -3 & -5 & 0 \\ 0 & 1 & -1 & -1 \end{bmatrix}$$

2. 求出下列方程组的通解.

$$\begin{aligned} x_1 - 2x_2 - \ x_3 + 3x_4 &= 0 \\ -2x_1 + 4x_2 + 5x_3 - 5x_4 &= 3 \\ 3x_1 - 6x_2 - 6x_3 + 8x_4 &= 2 \end{aligned}$$

3. 假设一个方程组的 4×7 系数矩阵有 4 个主元. 这个方程组是相容的吗？如果它是相容的，有多少解？

习题 1.2

在习题 1~2 中，确定哪些矩阵是简化阶梯形，哪些仅是阶梯形.

1. a. $\begin{bmatrix} 1 & 0 & 0 & 0 \\ 0 & 1 & 0 & 0 \\ 0 & 0 & 1 & 1 \end{bmatrix}$　b. $\begin{bmatrix} 1 & 0 & 1 & 0 \\ 0 & 0 & 1 & 0 \\ 0 & 0 & 0 & 1 \end{bmatrix}$

   c. $\begin{bmatrix} 1 & 0 & 0 & 0 \\ 0 & 1 & 1 & 0 \\ 0 & 0 & 0 & 0 \\ 0 & 0 & 0 & 0 \end{bmatrix}$　d. $\begin{bmatrix} 1 & 1 & 0 & 1 & 1 \\ 0 & 2 & 0 & 2 & 2 \\ 0 & 0 & 0 & 3 & 3 \\ 0 & 0 & 0 & 0 & 4 \end{bmatrix}$

2. a. $\begin{bmatrix} 1 & 1 & 0 & 1 \\ 0 & 0 & 1 & 1 \\ 0 & 0 & 0 & 0 \end{bmatrix}$　b. $\begin{bmatrix} 1 & 0 & 0 & 0 \\ 0 & 1 & 0 & 0 \\ 0 & 0 & 1 & 1 \end{bmatrix}$

   c. $\begin{bmatrix} 1 & 0 & 0 & 0 \\ 1 & 0 & 0 & 0 \\ 0 & 1 & 0 & 0 \\ 0 & 0 & 1 & 1 \end{bmatrix}$　d. $\begin{bmatrix} 0 & 1 & 1 & 1 & 1 \\ 0 & 0 & 2 & 2 & 2 \\ 0 & 0 & 0 & 0 & 3 \\ 0 & 0 & 0 & 0 & 0 \end{bmatrix}$

行化简习题 3~4 中的矩阵为简化阶梯形. 在最终的矩阵和原始矩阵中圈出主元位置，指出主元列.

3. $\begin{bmatrix} 1 & 2 & 3 & 4 \\ 4 & 5 & 6 & 7 \\ 6 & 7 & 8 & 9 \end{bmatrix}$ 4. $\begin{bmatrix} 1 & 3 & 5 & 7 \\ 3 & 5 & 7 & 9 \\ 5 & 7 & 9 & 1 \end{bmatrix}$

5. 给出一个非零 2×2 矩阵可能的阶梯形，用例 1 中的符号■，*和 0 表示.

6. 对一个非零 3×2 矩阵，重复习题 5.

在习题 7~14 中，给出线性方程组的增广矩阵，求其通解.

7. $\begin{bmatrix} 1 & 3 & 4 & 7 \\ 3 & 9 & 7 & 6 \end{bmatrix}$ 8. $\begin{bmatrix} 1 & 4 & 0 & 7 \\ 2 & 7 & 0 & 11 \end{bmatrix}$

9. $\begin{bmatrix} 0 & 1 & -6 & 5 \\ 1 & -2 & 7 & -4 \end{bmatrix}$ 10. $\begin{bmatrix} 1 & -2 & -1 & 3 \\ -3 & -6 & -2 & 2 \end{bmatrix}$

11. $\begin{bmatrix} 3 & -4 & 2 & 0 \\ -9 & 12 & -6 & 0 \\ -6 & 8 & -4 & 0 \end{bmatrix}$

12. $\begin{bmatrix} 1 & -7 & 0 & 6 & 5 \\ 0 & 0 & 1 & -2 & -3 \\ -1 & 7 & -4 & 2 & 7 \end{bmatrix}$

13. $\begin{bmatrix} 1 & -3 & 0 & -1 & 0 & -2 \\ 0 & 1 & 0 & 0 & -4 & 1 \\ 0 & 0 & 0 & 1 & 9 & -4 \\ 0 & 0 & 0 & 0 & 0 & 0 \end{bmatrix}$

14. $\begin{bmatrix} 1 & 2 & -5 & -4 & 0 & -5 \\ 0 & 1 & -6 & -4 & 0 & 2 \\ 0 & 0 & 0 & 0 & 1 & 0 \\ 0 & 0 & 0 & 0 & 0 & 0 \end{bmatrix}$

在回答习题 15~18 之前，你可能会发现查看本节“合理答案”中的信息很有帮助.

15. 在习题 9 中写下与增广矩阵对应的方程组，并通过将求得的解代入原始方程组的方式检验解的正确性.

16. 在习题 10 中写下与增广矩阵对应的方程组，并通过将求得的解代入原始方程组的方式检验解的正确性.

17. 在习题 11 中写下与增广矩阵对应的方程组，并通过将求得的解代入原始方程组的方式检验解的正确性.

18. 在习题 12 中写下与增广矩阵对应的方程组，并通过将求得的解代入原始方程组的方式检验解的正确性.

习题 19、20 使用例 1 中阶梯形矩阵的符号给出线性方程组的增广矩阵，判断每个矩阵对应的方程组是否相容. 如果方程组相容，判断解是否唯一.

19. a. $\begin{bmatrix} \blacksquare & * & * & * \\ 0 & \blacksquare & * & * \\ 0 & 0 & \blacksquare & 0 \end{bmatrix}$ b. $\begin{bmatrix} 0 & \blacksquare & * & * & * \\ 0 & 0 & \blacksquare & * & * \\ 0 & 0 & 0 & 0 & \blacksquare \end{bmatrix}$

20. a. $\begin{bmatrix} \blacksquare & * & * \\ 0 & \blacksquare & * \\ 0 & 0 & 0 \end{bmatrix}$ b. $\begin{bmatrix} \blacksquare & * & * & * & * \\ 0 & 0 & \blacksquare & * & * \\ 0 & 0 & 0 & \blacksquare & * \end{bmatrix}$

在习题 21~22 中，确定 h 的值，使得所给矩阵是一个相容线性方程组的增广矩阵.

21. $\begin{bmatrix} 2 & 3 & h \\ 4 & 6 & 7 \end{bmatrix}$ 22. $\begin{bmatrix} 1 & -3 & -2 \\ 5 & h & -7 \end{bmatrix}$

在习题 23~24 中，确定 h 和 k 的值，使得方程组（a）无解，（b）有唯一解，（c）有多解，给出每种情况的答案.

23. $\begin{aligned} x_1 + hx_2 &= 2 \\ 4x_1 + 8x_2 &= k \end{aligned}$ 24. $\begin{aligned} x_1 + 3x_2 &= 2 \\ 3x_1 + hx_2 &= k \end{aligned}$

在习题 25~34 中，判断每个命题的真假(T/F)，给出理由.[㊀]

25. (T/F)某些矩阵只要用不同的行变换次序就可行化简为不止一个简化阶梯形矩阵.

26. (T/F) 一个矩阵的阶梯形是唯一的.

27. (T/F) 行化简方法只能用于线性方程组的增广矩阵.

28. (T/F) 矩阵的主元位置取决于在行化简过程中是否用了行代换.

29. (T/F) 线性方程组中的基本变量是系数矩阵中主元列对应的变量.

㊀ 判断命真假在许多章节中出现，论证的方法在 1.1 节的判断真假题之前的说明中已经指出.

30. (T/F) 将一个矩阵化简为阶梯形称为行化简过程的向前步骤.
31. (T/F) 当线性方程组的解含有自由变量时，该解就是这个线性方程组的通解.
32. (T/F) 当线性方程组的解含有自由变量时，该线性方程组的解唯一.
33. (T/F) 若某个增广矩阵的阶梯形的一行是 $\begin{bmatrix}0 & 0 & 0 & 5 & 0\end{bmatrix}$，则对应的线性方程组是不相容的.
34. (T/F)方程组的通解是所有解的一个显式表示.
35. 设一个方程组的 3×5 系数矩阵有 3 个主元列. 该方程组是否相容，为什么？
36. 设一个线性方程组的 3×5 增广矩阵的第 5 列是主元列. 该方程组是否相容，为什么？
37. 设一个线性方程组的系数矩阵每行有一个主元位置，说明为什么该方程组是相容的.
38. 设包含 3 个变量的 3 个方程的线性方程组的系数矩阵每列有一个主元. 说明为什么该方程组有唯一解.
39. 利用主元列的概念重述定理 2 的最后一句:“若线性方程组是相容的，则解是唯一的当且仅当______.”
40. 为了知道一个方程组是相容的且具有唯一解，你需要知道它的增广矩阵的主元列的哪些信息？
41. 若线性方程组的方程个数少于未知数个数，则有时称之为*欠定方程组*. 设一个欠定方程组是相容的，说明它为什么会有无穷多解.
42. 给出一个含有 3 个未知数和 2 个方程的不相容的欠定方程组的例子.
43. 若线性方程组的方程个数多于未知数个数，则有时称之为*超定方程组*. 这样的方程组是否是相容的？用一个含 2 个未知数和 3 个方程的方程组说明你的答案.
44. 设一个 $n\times(n+1)$ 矩阵用行化简算法化为简化阶梯形. 当 $n=30$ 和 $n=300$ 时总的运算（浮算）次数中向后步骤占了多少比例？

设实验数据用平面上的一些点表示. 这些数据的**插值多项式**是其图像通过这些点的一个多项式. 在科学工作中，这样的多项式可用来估计已知数据点之间的一些数值. 另一个应用是在计算机屏幕上绘制图形图像. 求这种插值多项式的一种方法是解线性方程组.

45. 求数据（1,12），（2,15），（3,16）的插值多项式 $p(t)=a_0+a_1t+a_2t^2$. 即求 a_0,a_1,a_2 使下式成立.
$$\begin{aligned}a_0+a_1(1)+a_2(1)^2&=12\\a_0+a_1(2)+a_2(2)^2&=15\\a_0+a_1(3)+a_2(3)^2&=16\end{aligned}$$
46. [M]在一次风洞实验中，空气对飞机的阻力在不同速度下为

速度 (100ft / s)	0	2	4	6	8	10
空气阻力 (100lb)	0	2.90	14.8	39.6	74.3	119

求这些数据的插值多项式，估计飞机速度为 750ft / s 时的空气阻力. 用
$$p(t)=a_0+a_1t+a_2t^2+a_3t^3+a_4t^4+a_5t^5$$
若用低于 5 次的多项式去计算，结果如何？（例如，试用 3 次多项式.）[⊖]

练习题答案

1. 增广矩阵的简化阶梯形和相应的方程组是
$$\begin{bmatrix}1 & 0 & -8 & -3\\0 & 1 & -1 & -1\end{bmatrix} \quad 和 \quad \begin{aligned}x_1 \quad -8x_3&=-3\\x_2-\ \ x_3&=-1\end{aligned}$$
基本变量是 x_1 与 x_2，通解为（见图 1-6）：

⊖ 标有记号[M]的习题是设计为利用“矩阵程序”来求解的，例如 MATLAB、Maple、Mathematica、MathCad、Octave、Derive 或有矩阵计算功能的计算器.

$$\begin{cases} x_1 = -3 + 8x_3 \\ x_2 = -1 + x_3 \\ x_3\text{是自由变量} \end{cases}$$

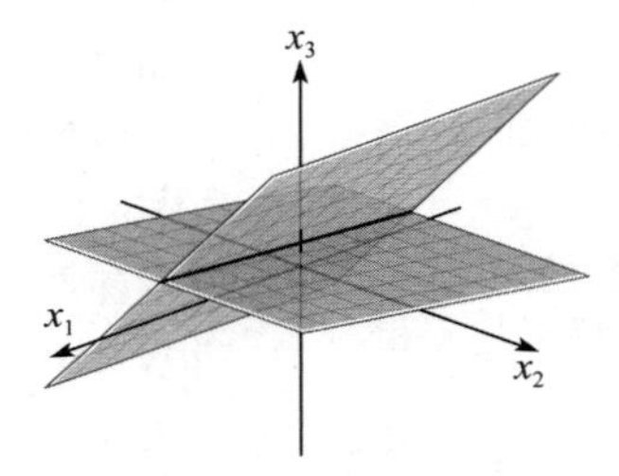

图 1-6　方程组的通解是空间中两个平面相交的直线

注意：一般解要描述每个变量，参数要明显标出. 下面的写法是不正确的：

$$\begin{cases} x_1 = -3 + 8x_3 \\ x_2 = -1 + x_3 \\ x_3 = 1 + x_2 \quad \text{不正确的解} \end{cases}$$

在这种写法中，x_2 和 x_3 似乎都是自由变量，这当然是不对的.

2. 行化简方程组的增广矩阵，得

$$\begin{bmatrix} 1 & -2 & -1 & 3 & 0 \\ -2 & 4 & 5 & -5 & 3 \\ 3 & -6 & -6 & 8 & 2 \end{bmatrix} \sim \begin{bmatrix} 1 & -2 & -1 & 3 & 0 \\ 0 & 0 & 3 & 1 & 3 \\ 0 & 0 & -3 & -1 & 2 \end{bmatrix} \sim \begin{bmatrix} 1 & -2 & -1 & 3 & 0 \\ 0 & 0 & 3 & 1 & 3 \\ 0 & 0 & 0 & 0 & 5 \end{bmatrix}$$

所得阶梯形矩阵说明方程组是不相容的，因它的最右列是主元列，第 3 行对应于方程 0=5.因此不必再进行任何行变换. 注意，自由变量在此问题中并不起作用，因为方程组是不相容的.

3. 由于系数矩阵有 4 个主元，因此系数矩阵的每行有一个主元. 这意味着系数矩阵是行简化的，它没有 0 行，因此相应的行简化增广矩阵没有形如［0 0 … 0 b］的行，其中 b 是一个非零数. 由定理 2 知，方程组是相容的. 此外，因为系数矩阵有 7 列且仅有 4 个主元列，所以将有 3 个自由变量构成的无穷多解.

1.3　向量方程

线性方程组的重要性质都可用向量概念与符号来描述. 本节把通常的方程组与向量方程联系起来.向量出现在各种数学和物理教科书中，在第 4 章我们将讨论“向量空间”. 在此之前，我们用向量表示一组有序数. 这种简单的思想使得我们能够尽快地将它们应用于有趣和重要的问题.

$\mathbb{R}^2$ 中的向量

仅含一列的矩阵称为**列向量**，或简称**向量**. 包含两个元素的向量如下所示.

$$\boldsymbol{u} = \begin{bmatrix} 3 \\ -1 \end{bmatrix}, \quad \boldsymbol{v} = \begin{bmatrix} 0.2 \\ 0.3 \end{bmatrix}, \quad \boldsymbol{w} = \begin{bmatrix} w_1 \\ w_2 \end{bmatrix}$$

其中，w_1 和 w_2 是任意实数. 所有两个元素的向量的集记为 $\mathbb{R}^2$，$\mathbb{R}$ 表示向量中的元素是实数，

而指数 2 表示每个向量包含两个元素.[㊀]

$\mathbb{R}^2$ 中两个向量**相等**当且仅当其对应元素相等. 因此，$\begin{bmatrix}4\\7\end{bmatrix}$ 和 $\begin{bmatrix}7\\4\end{bmatrix}$ 是不相等的，因为 $\mathbb{R}^2$ 中的向量是实数的有序对.

给定 $\mathbb{R}^2$ 中两个向量 $\boldsymbol{u}$ 和 $\boldsymbol{v}$，它们的**和** $\boldsymbol{u}+\boldsymbol{v}$ 是把 $\boldsymbol{u}$ 和 $\boldsymbol{v}$ 对应元素相加所得的向量. 例如，

$$\begin{bmatrix}1\\-2\end{bmatrix}+\begin{bmatrix}2\\5\end{bmatrix}=\begin{bmatrix}1+2\\-2+5\end{bmatrix}=\begin{bmatrix}3\\3\end{bmatrix}$$

给定向量 $\boldsymbol{u}$ 和实数 c，$\boldsymbol{u}$ 与 c 的**标量乘法**（或**数乘**）是把 $\boldsymbol{u}$ 的每个元素乘以 c，所得向量记为 $c\boldsymbol{u}$. 例如，

$$\text{若 } \boldsymbol{u}=\begin{bmatrix}3\\-1\end{bmatrix},\ c=5,\ \text{则 } c\boldsymbol{u}=5\begin{bmatrix}3\\-1\end{bmatrix}=\begin{bmatrix}15\\-5\end{bmatrix}$$

$c\boldsymbol{u}$ 中的数 c 称为**标量**（或**数**）.

向量加法与标量乘法也可以组合起来，如下例所示.

例 1　给定 $\boldsymbol{u}=\begin{bmatrix}1\\-2\end{bmatrix}$ 和 $\boldsymbol{v}=\begin{bmatrix}2\\-5\end{bmatrix}$，求 $4\boldsymbol{u}$，$(-3)\boldsymbol{v}$ 以及 $4\boldsymbol{u}+(-3)\boldsymbol{v}$.

解

$$4\boldsymbol{u}=\begin{bmatrix}4\\-8\end{bmatrix},\quad (-3)\boldsymbol{v}=\begin{bmatrix}-6\\15\end{bmatrix}$$

$$4\boldsymbol{u}+(-3)\boldsymbol{v}=\begin{bmatrix}4\\-8\end{bmatrix}+\begin{bmatrix}-6\\15\end{bmatrix}=\begin{bmatrix}-2\\7\end{bmatrix}$$

■

有时为了方便（以及节省篇幅），我们把列向量 $\begin{bmatrix}3\\-1\end{bmatrix}$ 写成（3, −1）的形式. 这时，用圆括弧表示向量，并在两个元素之间加上逗号，以便区别向量（3, −1）与 1×2 行矩阵 $[3\ \ -1]$，后者使用方括号且两元素之间无逗号. 于是

$$\begin{bmatrix}3\\-1\end{bmatrix}\neq[3\ \ -1]$$

因为这两个矩阵的维数不同，尽管它们有相同的元素.

$\mathbb{R}^2$ 的几何表示

考虑平面上的直角坐标系. 因为平面上的每个点由实数的有序对确定，所以可把几何点 (a,b) 与列向量 $\begin{bmatrix}a\\b\end{bmatrix}$ 等同. 因此我们可把 $\mathbb{R}^2$ 看作平面上所有点的集合，见图 1-7.

向量 $\begin{bmatrix}3\\-1\end{bmatrix}$ 的几何表示是一条由原点（0, 0）指向点（3, −1）的有向线段（用箭头画出），见

㊀ 本书大部分内容讨论元素为实数的向量与矩阵. 然而，第 1~5 章的所有定义和定理以及本书其他部分的大部分内容在元素是复数时也成立，复向量与矩阵应用于电气工程和物理中.

图 1-8. 在这种情况下，在箭头方向上的单个点本身并不重要[㊀].

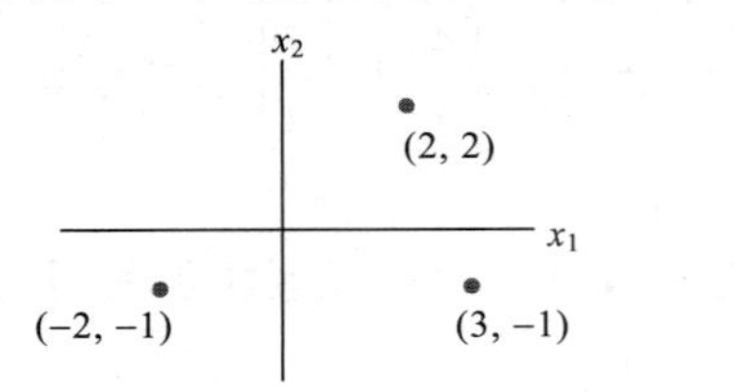

图 1-7 用点表示向量

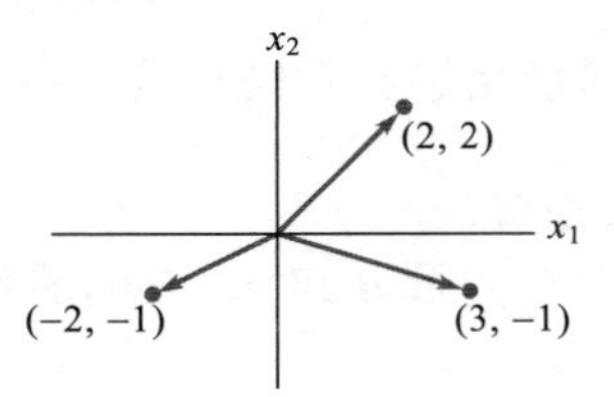

图 1-8 用箭头表示向量

两个向量的和也有很有用的几何意义. 下列规则可用解析几何的知识证明.

向量加法的平行四边形法则

若 $\mathbb{R}^2$ 中的向量 $\boldsymbol{u}$ 和 $\boldsymbol{v}$ 用平面上的点表示，则 $\boldsymbol{u}+\boldsymbol{v}$ 对应于以 $\boldsymbol{u}$, $\mathbf{0}$ 和 $\boldsymbol{v}$ 为三个顶点的平行四边形的第 4 个顶点，见图 1-9.

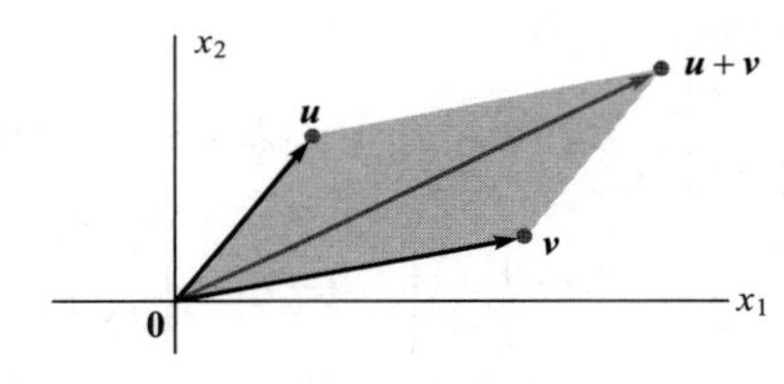

图 1-9 平行四边形法则

例 2 向量 $\boldsymbol{u}=\begin{bmatrix}2\\2\end{bmatrix}$, $\boldsymbol{v}=\begin{bmatrix}-6\\1\end{bmatrix}$ 和 $\boldsymbol{u}+\boldsymbol{v}=\begin{bmatrix}-4\\3\end{bmatrix}$，如图 1-10 所示. ■

解

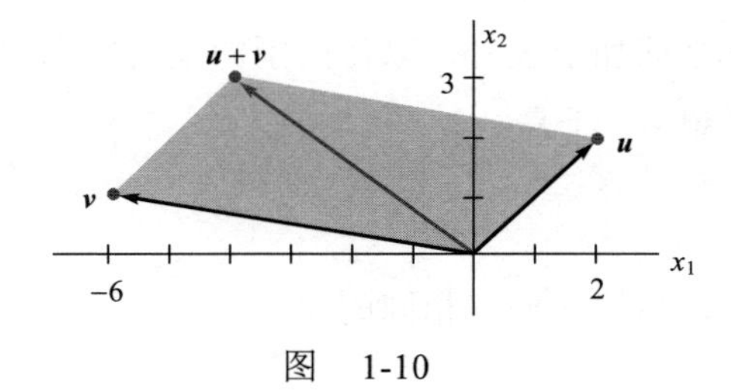

图 1-10

例 3 设 $\boldsymbol{u}=\begin{bmatrix}3\\-1\end{bmatrix}$，在图上表示向量 $\boldsymbol{u}, 2\boldsymbol{u}$ 和 $-\frac{2}{3}\boldsymbol{u}$.

解 图 1-11 中表示出了向量 $\boldsymbol{u}$，$2\boldsymbol{u}=\begin{bmatrix}6\\-2\end{bmatrix}$ 和 $-\frac{2}{3}\boldsymbol{u}=\begin{bmatrix}-2\\2/3\end{bmatrix}$. $2\boldsymbol{u}$ 表示的箭头长度是 $\boldsymbol{u}$ 表示的箭头长度的 2 倍，指向相同的方向；$-\frac{2}{3}\boldsymbol{u}$ 表示的箭头长度是 $\boldsymbol{u}$ 表示的箭头长度的 2/3 倍且指向相反的方向. 一般地，$c\boldsymbol{u}$ 表示的箭头长度是 $\boldsymbol{u}$ 表示的箭头长度的 $|c|$ 倍. [回忆由 (0,0) 到 (a,b) 的线段长度为 $\sqrt{a^2+b^2}$，我们将在第 6 章做进一步的讨论.]

㊀ 在物理中，“箭头”可表示力，通常可在空间中自由移动，向量的这种解释将在 4.1 节讨论.

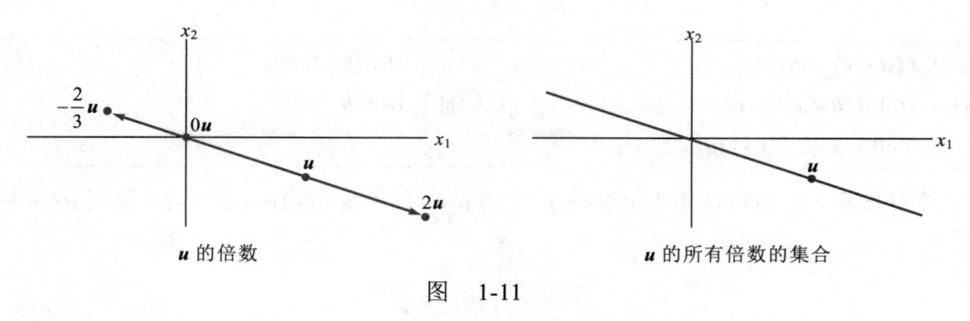

图 1-11 ■

$\mathbb{R}^3$ 中的向量

$\mathbb{R}^3$ 中的向量是 3×1 列矩阵，有 3 个元素. 它们表示三维坐标空间中的点，或起点为原点的箭头. 图 1-12 表示向量 $\boldsymbol{a}=\begin{bmatrix}2\\3\\4\end{bmatrix}$ 与 $2\boldsymbol{a}$.

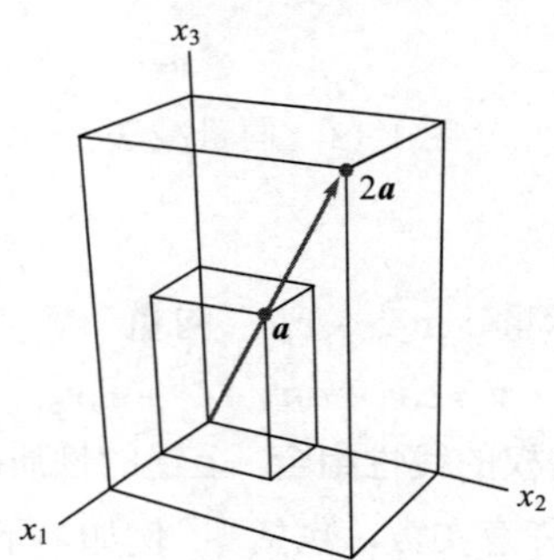

图 1-12 $\mathbb{R}^3$ 中向量的标量乘法

$\mathbb{R}^n$ 中的向量

若 n 是正整数，则 $\mathbb{R}^n$ 表示所有 n 个实数（或有序 n 元组）的集合，通常写成 $n\times1$ 列矩阵的形式，如

$$\boldsymbol{u}=\begin{bmatrix}u_1\\u_2\\\vdots\\u_n\end{bmatrix}$$

所有元素都是零的向量称为**零向量**，用 $\mathbf{0}$ 表示（$\mathbf{0}$ 中元素的个数可由上下文确定）.

$\mathbb{R}^n$ 中向量相等以及向量加法与标量乘法运算类似于 $\mathbb{R}^2$ 中的定义. 向量运算有下列性质，它们可直接由实数的相应性质证明. 见本节末的练习题 1 与习题 41 和 42.

> **$\mathbb{R}^n$ 中向量的代数性质**
>
> 对 $\mathbb{R}^n$ 中一切向量 $\boldsymbol{u},\boldsymbol{v},\boldsymbol{w}$ 以及标量 c 和 d：
>
> （i）$\boldsymbol{u}+\boldsymbol{v}=\boldsymbol{v}+\boldsymbol{u}$　　（iii）$\boldsymbol{u}+\mathbf{0}=\mathbf{0}+\boldsymbol{u}=\boldsymbol{u}$
>
> （ii）$(\boldsymbol{u}+\boldsymbol{v})+\boldsymbol{w}=\boldsymbol{u}+(\boldsymbol{v}+\boldsymbol{w})$　　（iv）$\boldsymbol{u}+(-\boldsymbol{u})=-\boldsymbol{u}+\boldsymbol{u}=\mathbf{0}$

（ⅴ）$c(\boldsymbol{u}+\boldsymbol{v})=c\boldsymbol{u}+c\boldsymbol{v}$	（ⅶ）$c(d\boldsymbol{u})=(cd)\boldsymbol{u}$
（ⅵ）$(c+d)\boldsymbol{u}=c\boldsymbol{u}+d\boldsymbol{u}$	（ⅷ）$1\boldsymbol{u}=\boldsymbol{u}$
其中$-\boldsymbol{u}$表示$(-1)\boldsymbol{u}$	

为了简单起见，我们也使用“向量减法”，用$\boldsymbol{u}-\boldsymbol{v}$代替$\boldsymbol{u}+(-1)\boldsymbol{v}$，图1-13说明$\boldsymbol{u}-\boldsymbol{v}$是$\boldsymbol{u}$和$-\boldsymbol{v}$的和.

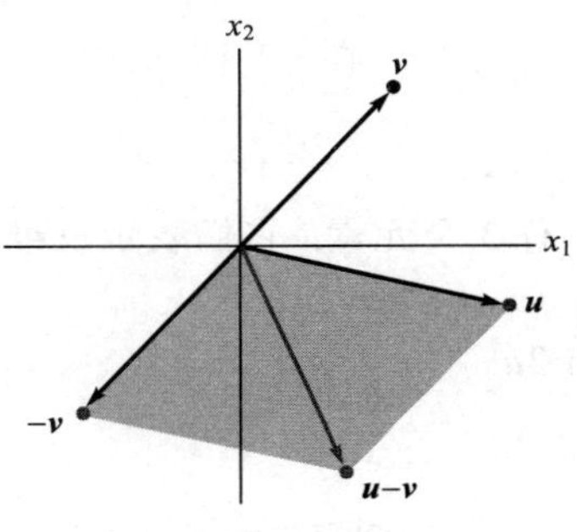

图1-13　向量减法

线性组合

给定$\mathbb{R}^n$中向量$\boldsymbol{v}_1,\boldsymbol{v}_2,\cdots,\boldsymbol{v}_p$和标量$c_1,c_2,\cdots,c_p$，向量

$$\boldsymbol{y}=c_1\boldsymbol{v}_1+c_2\boldsymbol{v}_2+\cdots+c_p\boldsymbol{v}_p$$

称为向量$\boldsymbol{v}_1,\boldsymbol{v}_2,\cdots,\boldsymbol{v}_p$以$c_1,c_2,\cdots,c_p$为**权**的**线性组合**. 上述的性质(ⅱ)使我们在计算这样的线性组合时不必加上括号. 线性组合中的权可为任意实数，包括零. 例如，下列向量都是$\boldsymbol{v}_1$和$\boldsymbol{v}_2$的线性组合：

$$\sqrt{3}\boldsymbol{v}_1+\boldsymbol{v}_2,\ \frac{1}{2}\boldsymbol{v}_1\left(=\frac{1}{2}\boldsymbol{v}_1+0\boldsymbol{v}_2\right),\ \boldsymbol{0}\,(=0\boldsymbol{v}_1+0\boldsymbol{v}_2)$$

例4　图1-14选择性地给出向量$\boldsymbol{v}_1=\begin{bmatrix}-1\\1\end{bmatrix}$和$\boldsymbol{v}_2=\begin{bmatrix}2\\1\end{bmatrix}$的某些线性组合.（注：图中平行网格线是通过$\boldsymbol{v}_1$和$\boldsymbol{v}_2$的整数倍画出的.）估计由$\boldsymbol{v}_1$和$\boldsymbol{v}_2$的线性组合生成的向量$\boldsymbol{u}$和$\boldsymbol{w}$.

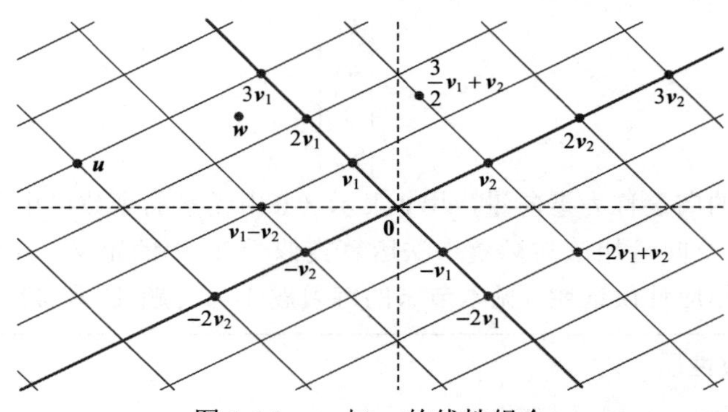

图1-14　$\boldsymbol{v}_1$与$\boldsymbol{v}_2$的线性组合

解　平行四边形法则说明$\boldsymbol{u}$是$3\boldsymbol{v}_1$与$-2\boldsymbol{v}_2$的和，即

$$\boldsymbol{u}=3\boldsymbol{v}_1-2\boldsymbol{v}_2$$

这个 $\boldsymbol{u}$ 的表达式可以解释为沿着两条直线从原点到达 $\boldsymbol{u}$ 的移动指令. 首先在 $\boldsymbol{v}_1$ 方向移动 3 个单元到达 $3\boldsymbol{v}_1$，然后在 $\boldsymbol{v}_2$ 方向（平行于经过 $\boldsymbol{v}_2$ 和 $\boldsymbol{0}$ 的直线）移动-2 个单元. 虽然向量 $\boldsymbol{w}$ 不在网格线上，但它在两条线的正中间，在由 $(5/2)\boldsymbol{v}_1$ 和 $(-1/2)\boldsymbol{v}_2$ 所确定的平行四边形的顶点处（见图 1-15），因此

$$\boldsymbol{w}=\frac{5}{2}\boldsymbol{v}_1-\frac{1}{2}\boldsymbol{v}_2$$

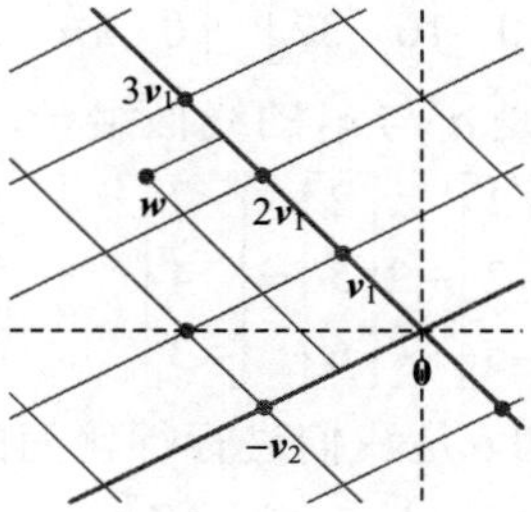

图　1-15

■

下面的例子把线性组合与 1.1 节、1.2 节的存在性问题联系起来.

例 5　设 $\boldsymbol{a}_1=\begin{bmatrix}1\\-2\\-5\end{bmatrix}$，$\boldsymbol{a}_2=\begin{bmatrix}2\\5\\6\end{bmatrix}$，$\boldsymbol{b}=\begin{bmatrix}7\\4\\-3\end{bmatrix}$，确定 $\boldsymbol{b}$ 能否写成 $\boldsymbol{a}_1$ 和 $\boldsymbol{a}_2$ 的线性组合，也就是说，确定是否存在权 x_1 和 x_2 使

$$x_1\boldsymbol{a}_1+x_2\boldsymbol{a}_2=\boldsymbol{b} \tag{1}$$

若向量方程（1）有解，求它的解.

解　根据向量加法和标量乘法的定义把向量方程

$$x_1\underset{\substack{\uparrow\\ \boldsymbol{a}_1}}{\begin{bmatrix}1\\-2\\-5\end{bmatrix}}+x_2\underset{\substack{\uparrow\\ \boldsymbol{a}_2}}{\begin{bmatrix}2\\5\\6\end{bmatrix}}=\underset{\substack{\uparrow\\ \boldsymbol{b}}}{\begin{bmatrix}7\\4\\-3\end{bmatrix}}$$

写成

$$\begin{bmatrix}x_1\\-2x_1\\-5x_1\end{bmatrix}+\begin{bmatrix}2x_2\\5x_2\\6x_2\end{bmatrix}=\begin{bmatrix}7\\4\\-3\end{bmatrix}$$

或

$$\begin{bmatrix}x_1+2x_2\\-2x_1+5x_2\\-5x_1+6x_2\end{bmatrix}=\begin{bmatrix}7\\4\\-3\end{bmatrix} \tag{2}$$

（2）式左右两边的向量相等当且仅当它们的对应元素相等. 即 x_1 和 x_2 满足向量方程（1）当且仅当 x_1 和 x_2 满足方程组

$$\begin{aligned} x_1+2x_2 &= 7 \\ -2x_1+5x_2 &= 4 \\ -5x_1+6x_2 &= -3 \end{aligned} \tag{3}$$

我们用行化简算法将上述线性方程组的增广矩阵化简，以此解方程组[⊖]：

$$\begin{bmatrix} 1 & 2 & 7 \\ -2 & 5 & 4 \\ -5 & 6 & -3 \end{bmatrix} \sim \begin{bmatrix} 1 & 2 & 7 \\ 0 & 9 & 18 \\ 0 & 16 & 32 \end{bmatrix} \sim \begin{bmatrix} 1 & 2 & 7 \\ 0 & 1 & 2 \\ 0 & 16 & 32 \end{bmatrix} \sim \begin{bmatrix} 1 & 0 & 3 \\ 0 & 1 & 2 \\ 0 & 0 & 0 \end{bmatrix}$$

式（3）的解是 $x_1=3, x_2=2$，因此 $\boldsymbol{b}$ 是 $\boldsymbol{a}_1$ 与 $\boldsymbol{a}_2$ 的线性组合，权为 $x_1=3$ 和 $x_2=2$，即

$$3\begin{bmatrix} 1 \\ -2 \\ -5 \end{bmatrix} + 2\begin{bmatrix} 2 \\ 5 \\ 6 \end{bmatrix} = \begin{bmatrix} 7 \\ 4 \\ -3 \end{bmatrix}$$

■

注意例 5 中原来的向量 $\boldsymbol{a}_1$，$\boldsymbol{a}_2$ 和 $\boldsymbol{b}$ 是我们进行行化简的增广矩阵的列：

$$\begin{bmatrix} 1 & 2 & 7 \\ -2 & 5 & 4 \\ -5 & 6 & -3 \end{bmatrix}$$
$$\begin{matrix} \uparrow & \uparrow & \uparrow \\ \boldsymbol{a}_1 & \boldsymbol{a}_2 & \boldsymbol{b} \end{matrix}$$

为简洁起见，我们将此矩阵写成另一形式，即

$$[\boldsymbol{a}_1 \quad \boldsymbol{a}_2 \quad \boldsymbol{b}] \tag{4}$$

这样，由向量方程（1）可以直接写出增广矩阵而不必经过例 5 中的中间步骤. 按它们在（1）中出现的次序排列，就得到矩阵（4）.

由上述讨论可以得到以下结论.

> 向量方程
>
> $$x_1\boldsymbol{a}_1 + x_2\boldsymbol{a}_2 + \cdots + x_n\boldsymbol{a}_n = \boldsymbol{b}$$
>
> 和增广矩阵为
>
> $$[\boldsymbol{a}_1 \quad \boldsymbol{a}_2 \quad \cdots \quad \boldsymbol{a}_n \quad \boldsymbol{b}] \tag{5}$$
>
> 的线性方程组有相同的解集. 特别地，$\boldsymbol{b}$ 可表示为 $\boldsymbol{a}_1, \boldsymbol{a}_2, \cdots, \boldsymbol{a}_n$ 的线性组合当且仅当对应于（5）式的线性方程组有解.

线性代数的一个主要思想是研究可以表示为某一固定向量集合 $\{\boldsymbol{v}_1, \boldsymbol{v}_2, \cdots, \boldsymbol{v}_p\}$ 的线性组合的所有向量.

定义　若 $\boldsymbol{v}_1, \boldsymbol{v}_2, \cdots, \boldsymbol{v}_p$ 是 $\mathbb{R}^n$ 中的向量，则 $\boldsymbol{v}_1, \boldsymbol{v}_2, \cdots, \boldsymbol{v}_p$ 的所有线性组合所成的集合用记号 $\text{Span}\{\boldsymbol{v}_1, \boldsymbol{v}_2, \cdots, \boldsymbol{v}_p\}$ 表示，称为**由** $\boldsymbol{v}_1, \boldsymbol{v}_2, \cdots, \boldsymbol{v}_p$ **所生成（或张成）的** $\mathbb{R}^n$ **的子集**. 也就是说，$\text{Span}\{\boldsymbol{v}_1, \boldsymbol{v}_2, \cdots, \boldsymbol{v}_p\}$ 是所有形如

$$c_1\boldsymbol{v}_1 + c_2\boldsymbol{v}_2 + \cdots + c_p\boldsymbol{v}_p$$

⊖ 记号“~”表示矩阵行等价（见 1.2 节）.

的向量的集合，其中 $c_1, c_2, \cdots, c_p$ 为标量.

要判断向量 $\boldsymbol{b}$ 是否属于 $\text{Span}\{\boldsymbol{v}_1, \boldsymbol{v}_2, \cdots, \boldsymbol{v}_p\}$，就是判断向量方程

$$x_1\boldsymbol{v}_1 + x_2\boldsymbol{v}_2 + \cdots + x_p\boldsymbol{v}_p = \boldsymbol{b}$$

是否有解，或等价地，判断增广矩阵为 $[\boldsymbol{v}_1\ \boldsymbol{v}_2 \cdots \boldsymbol{v}_p\ \boldsymbol{b}]$ 的线性方程组是否有解.

注意 $\text{Span}\{\boldsymbol{v}_1, \boldsymbol{v}_2, \cdots, \boldsymbol{v}_p\}$ 包含 $\boldsymbol{v}_1$ 的所有倍数，这是因为 $c\boldsymbol{v}_1 = c\boldsymbol{v}_1 + 0\boldsymbol{v}_2 + \cdots + 0\boldsymbol{v}_p$. 特别地，它一定包含零向量.

Span{v} 与 Span{u, v} 的几何解释

设 $\boldsymbol{v}$ 是 $\mathbb{R}^3$ 中的向量，那么 $\text{Span}\{\boldsymbol{v}\}$ 就是 $\boldsymbol{v}$ 的所有标量倍数的集合，也就是 $\mathbb{R}^3$ 中通过 $\boldsymbol{v}$ 和 $\boldsymbol{0}$ 的直线上所有点的集合，见图 1-16.

若 $\boldsymbol{u}$ 和 $\boldsymbol{v}$ 是 $\mathbb{R}^3$ 中的非零向量，$\boldsymbol{v}$ 不是 $\boldsymbol{u}$ 的倍数，则 $\text{Span}\{\boldsymbol{u}, \boldsymbol{v}\}$ 是 $\mathbb{R}^3$ 中包含 $\boldsymbol{u}$，$\boldsymbol{v}$ 和 $\boldsymbol{0}$ 的平面. 特别地，$\text{Span}\{\boldsymbol{u}, \boldsymbol{v}\}$ 包含 $\mathbb{R}^3$ 中通过 $\boldsymbol{u}$ 与 $\boldsymbol{0}$ 的直线，也包含通过 $\boldsymbol{v}$ 与 $\boldsymbol{0}$ 的直线（见图 1-17）.

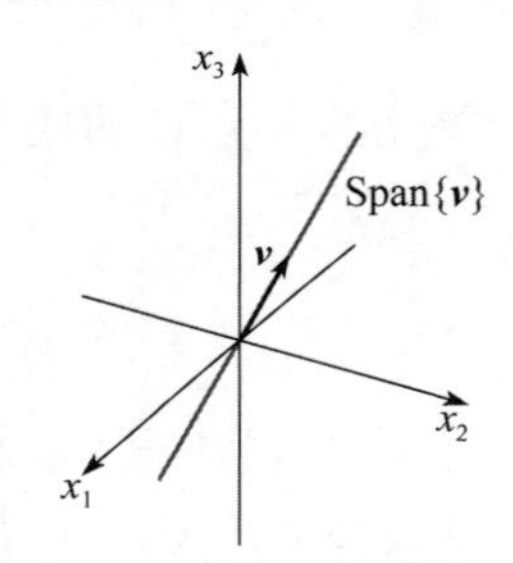

图 1-16　Span{v} 是通过原点的直线

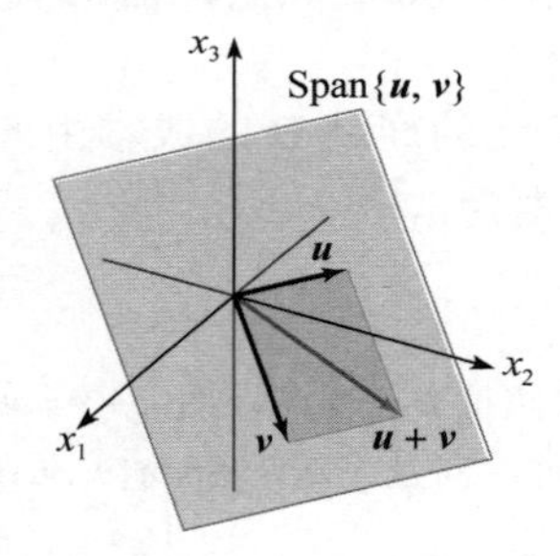

图 1-17　Span{u, v} 是通过原点的平面

例 6　设 $\boldsymbol{a}_1 = \begin{bmatrix} 1 \\ -2 \\ 3 \end{bmatrix}$，$\boldsymbol{a}_2 = \begin{bmatrix} 5 \\ -13 \\ -3 \end{bmatrix}$，$\boldsymbol{b} = \begin{bmatrix} -3 \\ 8 \\ 1 \end{bmatrix}$，则 $\text{Span}\{\boldsymbol{a}_1, \boldsymbol{a}_2\}$ 是 $\mathbb{R}^3$ 中通过原点的一个平面，问 $\boldsymbol{b}$ 是否在该平面内？

解　方程 $x_1\boldsymbol{a}_1 + x_2\boldsymbol{a}_2 = \boldsymbol{b}$ 是否有解？为回答此问题，把增广矩阵 $[\boldsymbol{a}_1\ \ \boldsymbol{a}_2\ \ \boldsymbol{b}]$ 进行行化简：

$$\begin{bmatrix} 1 & 5 & -3 \\ -2 & -13 & 8 \\ 3 & -3 & 1 \end{bmatrix} \sim \begin{bmatrix} 1 & 5 & -3 \\ 0 & -3 & 2 \\ 0 & -18 & 10 \end{bmatrix} \sim \begin{bmatrix} 1 & 5 & -3 \\ 0 & -3 & 2 \\ 0 & 0 & -2 \end{bmatrix}$$

第 3 个方程为 $0 = -2$，它说明方程组无解. 向量方程 $x_1\boldsymbol{a}_1 + x_2\boldsymbol{a}_2 = \boldsymbol{b}$ 无解，故 $\boldsymbol{b}$ 不属于 $\text{Span}\{\boldsymbol{a}_1, \boldsymbol{a}_2\}$. ■

应用中的线性组合

本节最后一个例子说明标量乘法与线性组合在某个量（例如“成本”）被分解成若干部分时的应用. 这个例子的基本原理是，当生产某种产品的单位成本已知时，可求出生产若干个单位的成本.

$$\{\text{单位数量}\} \times \{\text{每单位成本}\} = \{\text{总成本}\}$$

例 7　某公司生产两种产品，对 1 美元价值的产品 B，公司需耗费 0.45 美元材料、0.25 美元劳动、0.15 美元管理费用. 对 1 美元价值的产品 C，公司耗费 0.40 美元材料、0.30 美元劳动、

0.15 美元管理费用. 设

$$\boldsymbol{b}=\begin{bmatrix}0.45\\0.25\\0.15\end{bmatrix},\boldsymbol{c}=\begin{bmatrix}0.40\\0.30\\0.15\end{bmatrix}$$

则 $\boldsymbol{b}$ 和 $\boldsymbol{c}$ 称为两种产品的“单位美元产出成本”.

a. 向量 $100\boldsymbol{b}$ 的经济解释是什么?

b. 设公司希望生产 x_1 美元产品 B 和 x_2 美元产品 C. 给出描述该公司花费的各部分成本（材料、劳动和管理费用）的向量.

解 a. 我们有

$$100\boldsymbol{b}=100\begin{bmatrix}0.45\\0.25\\0.15\end{bmatrix}=\begin{bmatrix}45\\25\\15\end{bmatrix}$$

向量 $100\boldsymbol{b}$ 列出生产 100 美元的产品 B 需要的各种成本，即 45 美元材料、25 美元劳动、15 美元管理费用.

b. 生产 x_1 美元的产品 B 的成本由向量 $x_1\boldsymbol{b}$ 给出，生产 x_2 美元的产品 C 的成本由向量 $x_2\boldsymbol{c}$ 给出. 因此总的成本为 $x_1\boldsymbol{b}+x_2\boldsymbol{c}$. ■

练习题

1. 对 $\mathbb{R}^n$ 中的任意向量 $\boldsymbol{u}$ 与 $\boldsymbol{v}$ ，证明 $\boldsymbol{u}+\boldsymbol{v}=\boldsymbol{v}+\boldsymbol{u}$.
2. 当 h 取什么值时，向量 $\boldsymbol{y}$ 属于 $\text{Span}\{\boldsymbol{v}_1,\boldsymbol{v}_2,\boldsymbol{v}_3\}$? 设

$$\boldsymbol{v}_1=\begin{bmatrix}1\\-1\\-2\end{bmatrix},\ \boldsymbol{v}_2=\begin{bmatrix}5\\-4\\-7\end{bmatrix},\ \boldsymbol{v}_3=\begin{bmatrix}-3\\1\\0\end{bmatrix},\ \boldsymbol{y}=\begin{bmatrix}-4\\3\\h\end{bmatrix}$$

3. 假设 $\boldsymbol{w}_1,\boldsymbol{w}_2,\boldsymbol{w}_3$, $\boldsymbol{u}$ ， $\boldsymbol{v}\in\mathbb{R}^n$ ，并且 $\boldsymbol{u},\boldsymbol{v}\in\text{Span}\{\boldsymbol{w}_1,\boldsymbol{w}_2,\boldsymbol{w}_3\}$. 证明 $\boldsymbol{u}+\boldsymbol{v}\in\text{Span}\{\boldsymbol{w}_1,\boldsymbol{w}_2,\boldsymbol{w}_3\}$.（提示：此问题要求使用向量集合张成的定义. 做练习之前可先复习前面的定义. ）

习题 1.3

在习题 1 和 2 中，计算 $\boldsymbol{u}+\boldsymbol{v}$ 与 $\boldsymbol{u}-2\boldsymbol{v}$.

1. $\boldsymbol{u}=\begin{bmatrix}-1\\2\end{bmatrix}$, $\boldsymbol{v}=\begin{bmatrix}-3\\3\end{bmatrix}$

2. $\boldsymbol{u}=\begin{bmatrix}3\\2\end{bmatrix}$, $\boldsymbol{v}=\begin{bmatrix}2\\3\end{bmatrix}$

在习题 3 和 4 中，用箭头在 xy 平面上表示下列向量： $\boldsymbol{u},\boldsymbol{v},-\boldsymbol{v},-2\boldsymbol{v},\boldsymbol{u}+\boldsymbol{v},\boldsymbol{u}-\boldsymbol{v},\boldsymbol{u}-2\boldsymbol{v}$. 注意 $\boldsymbol{u}-\boldsymbol{v}$ 是三个顶点为 $\boldsymbol{u},\boldsymbol{0}$ 和 $-\boldsymbol{v}$ 的平行四边形的另一个顶点.

3. $\boldsymbol{u}$ 与 $\boldsymbol{v}$ 如习题 1.
4. $\boldsymbol{u}$ 与 $\boldsymbol{v}$ 如习题 2.

在习题 5 和 6 中，写出等价于所给向量方程的线性方程组.

5. $x_1\begin{bmatrix}6\\-1\\5\end{bmatrix}+x_2\begin{bmatrix}-3\\4\\0\end{bmatrix}=\begin{bmatrix}1\\-7\\-5\end{bmatrix}$

6. $x_1\begin{bmatrix}-2\\3\end{bmatrix}+x_2\begin{bmatrix}8\\5\end{bmatrix}+x_3\begin{bmatrix}1\\-6\end{bmatrix}=\begin{bmatrix}0\\0\end{bmatrix}$

利用下图把习题 7 和 8 中的向量用 $\boldsymbol{u}$ 和 $\boldsymbol{v}$ 的线性组合表示. $\mathbb{R}^2$ 中的任意向量是否一定是向量 $\boldsymbol{u}$ 和 $\boldsymbol{v}$ 的线性组合？

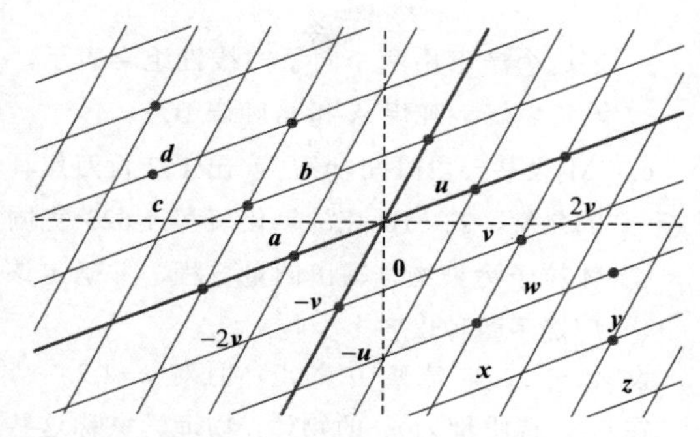

7. 向量 $\boldsymbol{a},\boldsymbol{b},\boldsymbol{c},\boldsymbol{d}$　　8. 向量 $\boldsymbol{w},\boldsymbol{x},\boldsymbol{y},\boldsymbol{z}$

在习题 9 和 10 中写出等价于给出的方程组的向量方程.

9. $\begin{aligned} x_2+5x_3&=0\\ 4x_1+6x_2-x_3&=0\\ -x_1+3x_2-8x_3&=0\end{aligned}$　　10. $\begin{aligned} 4x_1+x_2+3x_3&=9\\ x_1-7x_2+2x_3&=2\\ 8x_1+6x_2-5x_3&=15\end{aligned}$

在习题 11 和 12 中，确定 $\boldsymbol{b}$ 是否是 $\boldsymbol{a}_1,\boldsymbol{a}_2,\boldsymbol{a}_3$ 的线性组合.

11. $\boldsymbol{a}_1=\begin{bmatrix}1\\-2\\0\end{bmatrix}$, $\boldsymbol{a}_2=\begin{bmatrix}0\\1\\2\end{bmatrix}$, $\boldsymbol{a}_3=\begin{bmatrix}5\\-6\\8\end{bmatrix}$, $\boldsymbol{b}=\begin{bmatrix}2\\-1\\6\end{bmatrix}$

12. $\boldsymbol{a}_1=\begin{bmatrix}1\\-2\\2\end{bmatrix}$, $\boldsymbol{a}_2=\begin{bmatrix}0\\5\\5\end{bmatrix}$, $\boldsymbol{a}_3=\begin{bmatrix}2\\0\\8\end{bmatrix}$, $\boldsymbol{b}=\begin{bmatrix}-5\\11\\-7\end{bmatrix}$

在习题 13 和 14 中，确定 $\boldsymbol{b}$ 是否是矩阵 $\boldsymbol{A}$ 的各列向量的线性组合.

13. $\boldsymbol{A}=\begin{bmatrix}1&-4&2\\0&3&5\\-2&8&-4\end{bmatrix}$, $\boldsymbol{b}=\begin{bmatrix}3\\-7\\-3\end{bmatrix}$

14. $\boldsymbol{A}=\begin{bmatrix}1&-2&-6\\0&3&7\\1&-2&5\end{bmatrix}$, $\boldsymbol{b}=\begin{bmatrix}11\\-5\\9\end{bmatrix}$

在习题 15 和 16 中，写出属于 $\mathrm{Span}\{\boldsymbol{v}_1,\boldsymbol{v}_2\}$ 的 5 个向量以及用来生成这些向量的 $\boldsymbol{v}_1,\boldsymbol{v}_2$ 的权，并写出这些向量的 3 个元素. 不用画图.

15. $\boldsymbol{v}_1=\begin{bmatrix}7\\1\\-6\end{bmatrix}$, $\boldsymbol{v}_2=\begin{bmatrix}-5\\3\\0\end{bmatrix}$

16. $\boldsymbol{v}_1=\begin{bmatrix}3\\0\\2\end{bmatrix}$, $\boldsymbol{v}_2=\begin{bmatrix}-2\\0\\3\end{bmatrix}$

17. 设 $\boldsymbol{a}_1=\begin{bmatrix}1\\4\\-2\end{bmatrix}$, $\boldsymbol{a}_2=\begin{bmatrix}-2\\-3\\7\end{bmatrix}$, $\boldsymbol{b}=\begin{bmatrix}4\\1\\h\end{bmatrix}$，当 h 取何值时 $\boldsymbol{b}$ 在 $\boldsymbol{a}_1$ 和 $\boldsymbol{a}_2$ 生成的平面内？

18. 设 $\boldsymbol{v}_1=\begin{bmatrix}1\\0\\-2\end{bmatrix}$, $\boldsymbol{v}_2=\begin{bmatrix}-3\\1\\8\end{bmatrix}$, $\boldsymbol{y}=\begin{bmatrix}h\\-5\\-3\end{bmatrix}$，当 h 取何值时 $\boldsymbol{y}$ 在 $\boldsymbol{v}_1$ 和 $\boldsymbol{v}_2$ 生成的平面内？

19. 对下面的向量，给出 $\mathrm{Span}\{\boldsymbol{v}_1,\boldsymbol{v}_2\}$ 的几何解释.

$$\boldsymbol{v}_1=\begin{bmatrix}8\\2\\-6\end{bmatrix},\ \boldsymbol{v}_2=\begin{bmatrix}12\\3\\-9\end{bmatrix}$$

20. 对习题 16 中的向量，给出 $\mathrm{Span}\{\boldsymbol{v}_1,\boldsymbol{v}_2\}$ 的几何解释.

21. 设 $\boldsymbol{u}=\begin{bmatrix}2\\-1\end{bmatrix}$, $\boldsymbol{v}=\begin{bmatrix}2\\1\end{bmatrix}$，证明：对所有 h 和 k，$\begin{bmatrix}h\\k\end{bmatrix}$ 属于 $\mathrm{Span}\{\boldsymbol{u},\boldsymbol{v}\}$.

22. 构造一 3×3 无零元素的矩阵 $\boldsymbol{A}$ 和 $\mathbb{R}^3$ 中的一个向量 $\boldsymbol{b}$，使得 $\boldsymbol{b}$ 不属于 $\boldsymbol{A}$ 的列向量的生成集.

在习题 23~32 中，判断下列命题的真假(T/F)，给出理由.

23. (T/F)向量 $\begin{bmatrix}-4\\3\end{bmatrix}$ 的另一种写法是 $[-4\quad 3]$.

24. 任意 5 个实数组成的数列是 $\mathbb{R}^5$ 中的一个向量.

25. (T/F)平面上对应于 $\begin{bmatrix}-2\\5\end{bmatrix}$ 和 $\begin{bmatrix}-5\\2\end{bmatrix}$ 的两点位于通过原点的一条直线上.

26. 向量 $\boldsymbol{u}$ 等于向量 $\boldsymbol{u}-\boldsymbol{v}$ 和向量 $\boldsymbol{v}$ 之和.

27. (T/F)向量 $\frac{1}{2}\boldsymbol{v}_1$ 是向量 $\boldsymbol{v}_1$ 和 $\boldsymbol{v}_2$ 的线性组合.

28. 在线性组合 $c_1\boldsymbol{v}_1+c_2\boldsymbol{v}_2+\cdots+c_p\boldsymbol{v}_p$ 中，权 $c_1,c_2,\cdots,c_p$ 不能全为 0.

29. (T/F)增广矩阵为 $[\boldsymbol{a}_1\quad \boldsymbol{a}_2\quad \boldsymbol{a}_3\quad \boldsymbol{b}]$ 的线性方程组的解集与向量方程 $x_1\boldsymbol{a}_1+x_2\boldsymbol{a}_2+x_3\boldsymbol{a}_3=\boldsymbol{b}$ 的解集相同.

30. 当 $\boldsymbol{u}$ 和 $\boldsymbol{v}$ 是非零向量时， $\mathrm{Span}\{\boldsymbol{u},\boldsymbol{v}\}$ 包含通过 $\boldsymbol{u}$ 与原点的直线.

31. 集合 $\mathrm{Span}\{\boldsymbol{u},\boldsymbol{v}\}$ 总是表示通过原点的一个平面.

32. 对应于增广矩阵$\begin{bmatrix} \boldsymbol{a}_1 & \boldsymbol{a}_2 & \boldsymbol{a}_3 & \boldsymbol{b} \end{bmatrix}$的线性方程组是否有解的问题等价于$\boldsymbol{b}$是否属于$\text{Span}\{\boldsymbol{a}_1,\boldsymbol{a}_2,\boldsymbol{a}_3\}$的问题.

33. 设$A=\begin{bmatrix} 1 & 0 & -4 \\ 0 & 3 & -2 \\ -2 & 6 & 3 \end{bmatrix}$，$\boldsymbol{b}=\begin{bmatrix} 4 \\ 1 \\ -4 \end{bmatrix}$. 以$\boldsymbol{a}_1,\boldsymbol{a}_2,\boldsymbol{a}_3$表示$A$的各列，并设$W=\text{Span}\{\boldsymbol{a}_1,\boldsymbol{a}_2,\boldsymbol{a}_3\}$.
   a. $\boldsymbol{b}$是否属于$\{\boldsymbol{a}_1, \boldsymbol{a}_2, \boldsymbol{a}_3\}$？ $\{\boldsymbol{a}_1, \boldsymbol{a}_2, \boldsymbol{a}_3\}$中有多少个向量？
   b. $\boldsymbol{b}$是否属于W？W中有多少个向量?
   c. 证明：$\boldsymbol{a}_1$属于W（提示：不必做行变换）.

34. 设$A=\begin{bmatrix} 2 & 0 & 6 \\ -1 & 8 & 5 \\ 1 & -2 & 1 \end{bmatrix}$，$\boldsymbol{b}=\begin{bmatrix} 10 \\ 3 \\ 3 \end{bmatrix}$，$W$为$A$的列向量的所有线性组合的集合.
   a. $\boldsymbol{b}$是否属于W？
   b. 证明A的第3列属于W.

35. 某矿业公司有两个矿，#1矿每天生产20吨铜和550千克银，#2矿每天生产30吨铜和500千克银. 设$\boldsymbol{v}_1=\begin{bmatrix} 20 \\ 550 \end{bmatrix}$，$\boldsymbol{v}_2=\begin{bmatrix} 30 \\ 500 \end{bmatrix}$，则$\boldsymbol{v}_1$和$\boldsymbol{v}_2$分别表示#1矿与#2矿的“日产出”.
   a. 向量$5\boldsymbol{v}_1$有什么实际意义?
   b. 设该公司的#1矿生产x_1天，#2矿生产x_2天，写出表示该公司生产150吨铜与2825千克银时各矿生产天数的向量方程. 不必解方程.
   c. [M]解（b）中的方程.

36. 某蒸汽厂烧两种煤：无烟煤（A）和烟煤（B）. 每吨煤A燃烧产生27.6百万焦耳的热量、3 100克二氧化硫和250克固体粒子污染物. 每吨煤B燃烧产生30.2百万焦耳的热量、6 400克二氧化硫和360克固体粒子污染物.
   a. 若该厂燃烧x_1吨煤A和x_2吨煤B，它产出多少热量?
   b. 设该厂的产出可用它产出的热量、二氧化硫和固体粒子污染物的量构成的向量表示. 把这个产出用两个向量的线性组合表示，设它燃烧x_1吨煤A和x_2吨煤B.
   c. [M]设某一段时间，该厂产出162百万焦耳的热量、23 610克二氧化硫和1 623克固体粒子污染物，写出向量方程，并确定该厂烧了两种煤各多少吨.

37. 设$\boldsymbol{v}_1,\boldsymbol{v}_2,\cdots,\boldsymbol{v}_k$是$\mathbb{R}^3$中的点，且对$j=1,2,\cdots,k$在点$\boldsymbol{v}_j$有质量为$m_j$的物体. 物理学家称这些物体为*质点*. 这个质点系的总质量为

$$m=m_1+m_2+\cdots+m_k$$

质点系的*质心*（或*重心*）是

$$\overline{\boldsymbol{v}}=\frac{1}{m}(m_1\boldsymbol{v}_1+m_2\boldsymbol{v}_2+\cdots+m_k\boldsymbol{v}_k)$$

计算由下列质点组成的质点系的重心（见下图）：

点	质量
$\boldsymbol{v}_1=(5,-4,3)$	2克
$\boldsymbol{v}_2=(4,3,-2)$	5克
$\boldsymbol{v}_3=(-4,-3,-1)$	2克
$\boldsymbol{v}_4=(-9,8,6)$	1克

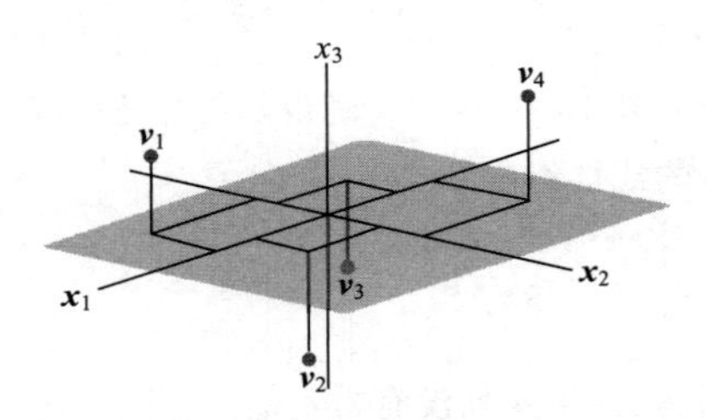

38. 设$\boldsymbol{v}$为习题37中的一组质点$\boldsymbol{v}_1,\boldsymbol{v}_2,\cdots,\boldsymbol{v}_k$的质心，$\boldsymbol{v}$是否属于$\text{Span}\{\boldsymbol{v}_1,\boldsymbol{v}_2,\cdots,\boldsymbol{v}_k\}$？给出理由.

39. 一块密度和厚度均匀的三角形薄板，其三个顶点分别是$\boldsymbol{v}_1=(0,1),\boldsymbol{v}_2=(8,1),\boldsymbol{v}_3=(2,4)$，如下图所示，且其质量为3克.

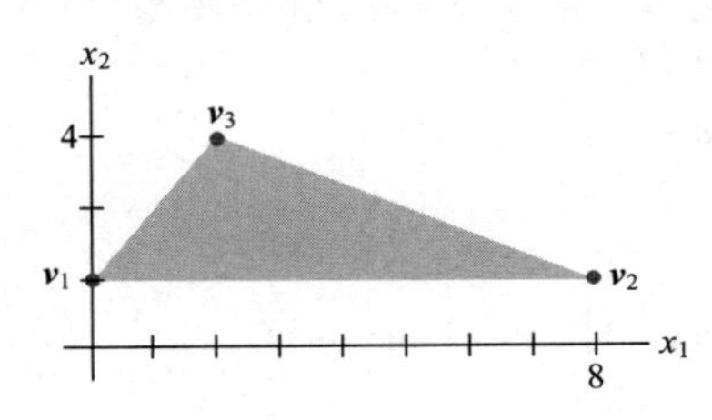

a. 求这块薄板的质心坐标 (x, y). 这块薄板的“平衡点”与在三个顶点上有 1 克质量的薄板的质心相重合.

b. 如何在三个顶点上分配额外的 6 克质量，使得薄板的平衡点定位在点（2,2）上？（提示：设 w_1, w_2, w_3 分别表示加在三个顶点上的质量，则 $w_1 + w_2 + w_3 = 6$.）

40. 考虑 $\mathbb{R}^2$ 中的向量 $\boldsymbol{v}_1$, $\boldsymbol{v}_2$, $\boldsymbol{v}_3$和$\boldsymbol{b}$，如右图所示. 方程 $x_1\boldsymbol{v}_1 + x_2\boldsymbol{v}_2 + x_3\boldsymbol{v}_3 = \boldsymbol{b}$ 是否有解？解是否唯一？使用图形给出解释.

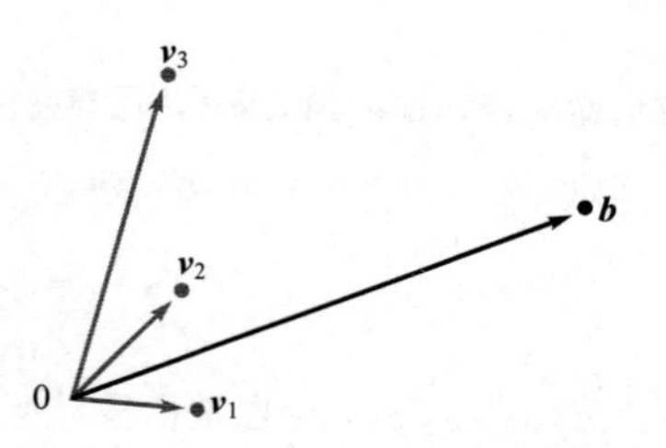

41. 设 $\boldsymbol{u} = (u_1, u_2, \cdots, u_n)$, $\boldsymbol{v} = (v_1, v_2, \cdots, v_n)$, $\boldsymbol{w} = (w_1, w_2, \cdots, w_n)$，证明 $\mathbb{R}^n$ 的下列代数性质：

a. $(\boldsymbol{u}+\boldsymbol{v})+\boldsymbol{w} = \boldsymbol{u}+(\boldsymbol{v}+\boldsymbol{w})$.

b. $c(\boldsymbol{u}+\boldsymbol{v}) = c\boldsymbol{u}+c\boldsymbol{v}$, 其中$c$ 为任意数.

42. 设 $\boldsymbol{u} = (u_1, u_2, \cdots, u_n)$，证明 $\mathbb{R}^n$ 的下列代数性质：

a. $\boldsymbol{u}+(-\boldsymbol{u}) = (-\boldsymbol{u})+\boldsymbol{u} = \boldsymbol{0}$.

b. $c(d\boldsymbol{u}) = (cd)\boldsymbol{u}$, 其中$c, d$ 为任意数.

练习题答案

1. 取 $\mathbb{R}^n$ 中任意向量 $\boldsymbol{u} = (u_1, u_2, \cdots, u_n)$, $\boldsymbol{v} = (v_1, v_2, \cdots, v_n)$,

$$
\begin{aligned}
\boldsymbol{u}+\boldsymbol{v} &= (u_1+v_1, u_2+v_2, \cdots, u_n+v_n) && \text{向量加法的定义} \\
&= (v_1+u_1, v_2+u_2, \cdots, v_n+u_n) && \mathbb{R}\text{中加法交换律} \\
&= \boldsymbol{v}+\boldsymbol{u} && \text{向量加法的定义}
\end{aligned}
$$

2. 向量 $\boldsymbol{y}$ 属于 $\mathrm{Span}\{\boldsymbol{v}_1, \boldsymbol{v}_2, \boldsymbol{v}_3\}$ 当且仅当存在数 x_1, x_2, x_3，使得

$$
x_1\begin{bmatrix}1\\-1\\-2\end{bmatrix} + x_2\begin{bmatrix}5\\-4\\-7\end{bmatrix} + x_3\begin{bmatrix}-3\\1\\0\end{bmatrix} = \begin{bmatrix}-4\\3\\h\end{bmatrix}
$$

该向量方程等价于含 3 个未知数的 3 个方程组成的方程组. 化简这个方程组的增广矩阵，得

$$
\begin{bmatrix}1&5&-3&-4\\-1&-4&1&3\\-2&-7&0&h\end{bmatrix} \sim \begin{bmatrix}1&5&-3&-4\\0&1&-2&-1\\0&3&-6&h-8\end{bmatrix} \sim \begin{bmatrix}1&5&-3&-4\\0&1&-2&-1\\0&0&0&h-5\end{bmatrix}
$$

当且仅当第 4 列没有主元时，方程组是相容的，也就是说，$h-5$ 必须为 0. 因此当且仅当 $h=5$ 时，$\boldsymbol{y}$ 属于 $\mathrm{Span}\{\boldsymbol{v}_1, \boldsymbol{v}_2, \boldsymbol{v}_3\}$. 见图 1-18.

记住：方程组中有自由变量并不能保证方程组有解.

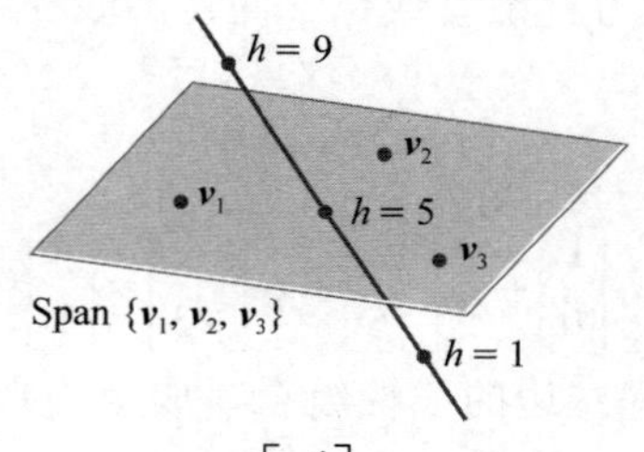

图 1-18　当 h=5 时，点 $\begin{bmatrix}-4\\3\\h\end{bmatrix}$ 位于与平面相交的直线上

3. 由于向量 $\boldsymbol{u},\boldsymbol{v}\in\mathrm{Span}\{\boldsymbol{w}_1,\boldsymbol{w}_2,\boldsymbol{w}_3\}$，故存在标量 c_1,c_2,c_3 和 d_1,d_2,d_3，使得

$$\boldsymbol{u}=c_1\boldsymbol{w}_1+c_2\boldsymbol{w}_2+c_3\boldsymbol{w}_3,\quad \boldsymbol{v}=d_1\boldsymbol{w}_1+d_2\boldsymbol{w}_2+d_3\boldsymbol{w}_3$$

有

$$\begin{aligned}\boldsymbol{u}+\boldsymbol{v}&=c_1\boldsymbol{w}_1+c_2\boldsymbol{w}_2+c_3\boldsymbol{w}_3+d_1\boldsymbol{w}_1+d_2\boldsymbol{w}_2+d_3\boldsymbol{w}_3\\&=(c_1+d_1)\boldsymbol{w}_1+(c_2+d_2)\boldsymbol{w}_2+(c_3+d_3)\boldsymbol{w}_3\end{aligned}$$

因为 c_1+d_1,c_2+d_2,c_3+d_3 也是标量，所以 $\boldsymbol{u}+\boldsymbol{v}\in\mathrm{Span}\{\boldsymbol{w}_1,\boldsymbol{w}_2,\boldsymbol{w}_3\}$.

1.4　矩阵方程 $A\boldsymbol{x}=\boldsymbol{b}$

线性代数中的一个基本思想是把向量的线性组合看作矩阵与向量的积. 下列定义允许我们将 1.3 节的某些概念用新的方法表述出来.

定义　若 A 是 $m\times n$ 矩阵，它的列为 $\boldsymbol{a}_1,\boldsymbol{a}_2,\cdots,\boldsymbol{a}_n$. 若 $\boldsymbol{x}$ 是 $\mathbb{R}^n$ 中的向量，则 **A 与 $\boldsymbol{x}$ 的积**（记为 $A\boldsymbol{x}$）就是 **A 的各列以 $\boldsymbol{x}$ 中对应元素为权的线性组合**，即

$$A\boldsymbol{x}=[\boldsymbol{a}_1\ \ \boldsymbol{a}_2\ \ \cdots\ \ \boldsymbol{a}_n]\begin{bmatrix}x_1\\x_2\\\vdots\\x_n\end{bmatrix}=x_1\boldsymbol{a}_1+x_2\boldsymbol{a}_2+\cdots+x_n\boldsymbol{a}_n$$

注意 $A\boldsymbol{x}$ 仅当 A 的列数等于 $\boldsymbol{x}$ 中的元素个数时才有定义.

例 1

解

a. $\begin{bmatrix}1&2&-1\\0&-5&3\end{bmatrix}\begin{bmatrix}4\\3\\7\end{bmatrix}=4\begin{bmatrix}1\\0\end{bmatrix}+3\begin{bmatrix}2\\-5\end{bmatrix}+7\begin{bmatrix}-1\\3\end{bmatrix}=\begin{bmatrix}4\\0\end{bmatrix}+\begin{bmatrix}6\\-15\end{bmatrix}+\begin{bmatrix}-7\\21\end{bmatrix}=\begin{bmatrix}3\\6\end{bmatrix}$

b. $\begin{bmatrix}2&-3\\8&0\\-5&2\end{bmatrix}\begin{bmatrix}4\\7\end{bmatrix}=4\begin{bmatrix}2\\8\\-5\end{bmatrix}+7\begin{bmatrix}-3\\0\\2\end{bmatrix}=\begin{bmatrix}8\\32\\-20\end{bmatrix}+\begin{bmatrix}-21\\0\\14\end{bmatrix}=\begin{bmatrix}-13\\32\\-6\end{bmatrix}$ ■

例 2　对 $\mathbb{R}^m$ 中的 $\boldsymbol{v}_1,\boldsymbol{v}_2,\boldsymbol{v}_3$，把线性组合 $3\boldsymbol{v}_1-5\boldsymbol{v}_2+7\boldsymbol{v}_3$ 表示为矩阵乘向量的形式.

解　把 $\boldsymbol{v}_1,\boldsymbol{v}_2,\boldsymbol{v}_3$ 排列成矩阵 A，把数 3，−5，7 排列成向量 $\boldsymbol{x}$，即

$$3\boldsymbol{v}_1-5\boldsymbol{v}_2+7\boldsymbol{v}_3=[\boldsymbol{v}_1\ \ \boldsymbol{v}_2\ \ \boldsymbol{v}_3]\begin{bmatrix}3\\-5\\7\end{bmatrix}=A\boldsymbol{x}$$ ■

在 1.3 节中我们学习了将线性方程组写成包含向量的线性组合的向量方程. 例如，方程组

$$\begin{aligned}x_1+2x_2-x_3&=4\\-5x_2+3x_3&=1\end{aligned}\tag{1}$$

等价于

$$x_1\begin{bmatrix}1\\0\end{bmatrix}+x_2\begin{bmatrix}2\\-5\end{bmatrix}+x_3\begin{bmatrix}-1\\3\end{bmatrix}=\begin{bmatrix}4\\1\end{bmatrix}\tag{2}$$

如例 2 所示，我们也可将方程左边的线性组合写成矩阵乘向量的形式，（2）成为

$$\begin{bmatrix}1&2&-1\\0&-5&3\end{bmatrix}\begin{bmatrix}x_1\\x_2\\x_3\end{bmatrix}=\begin{bmatrix}4\\1\end{bmatrix}\tag{3}$$

方程（3）有形式 $\boldsymbol{Ax}=\boldsymbol{b}$，我们称这样的方程为**矩阵方程**，以区别于（2）式那样的向量方程.

注意（3）式中的矩阵仅是方程（1）中的系数矩阵. 类似的计算说明，任何线性方程组或类似于（2）式的向量方程都可以写成等价的形式为 $\boldsymbol{Ax}=\boldsymbol{b}$ 的矩阵方程，这一简单的观点将在本书中重复使用.

下面是正式的结果.

定理 3　若 $\boldsymbol{A}$ 是 $m\times n$ 矩阵，它的列为 $\boldsymbol{a}_1,\boldsymbol{a}_2,\cdots,\boldsymbol{a}_n$，而 $\boldsymbol{b}$ 属于 $\mathbb{R}^m$，则矩阵方程

$$\boldsymbol{Ax}=\boldsymbol{b} \tag{4}$$

与向量方程

$$x_1\boldsymbol{a}_1+x_2\boldsymbol{a}_2+\cdots+x_n\boldsymbol{a}_n=\boldsymbol{b} \tag{5}$$

有相同的解集. 它又与增广矩阵为

$$[\boldsymbol{a}_1\ \ \boldsymbol{a}_2\ \ \cdots\ \ \boldsymbol{a}_n\ \ \boldsymbol{b}] \tag{6}$$

的线性方程组有相同的解集.

定理 3 给出了研究线性代数问题的一个有力工具，使我们现在可将线性方程组用三种不同但彼此等价的观点来研究：作为矩阵方程、作为向量方程或作为线性方程组. 当构造实际生活中某个问题的数学模型时，我们可自由地选择任何一种最自然的观点. 于是我们可在方便的时候由一种观点转向另一种观点. 任何情况下，矩阵方程（4）、向量方程（5）以及线性方程组都用相同方法来解——用行化简算法来化简增广矩阵（6）. 其他解法将在以后讨论.

解的存在性

$\boldsymbol{Ax}$ 的定义直接导致下列有用的事实.

方程 $\boldsymbol{Ax}=\boldsymbol{b}$ 有解当且仅当 $\boldsymbol{b}$ 是 $\boldsymbol{A}$ 的各列的线性组合.

在 1.3 节中，我们考虑了存在性问题，即" $\boldsymbol{b}$ 是否属于 $\mathrm{Span}\{\boldsymbol{a}_1,\boldsymbol{a}_2,\cdots,\boldsymbol{a}_n\}$？"，等价地，" $\boldsymbol{Ax}=\boldsymbol{b}$ 是否相容？". 一个更困难的问题是要确定方程 $\boldsymbol{Ax}=\boldsymbol{b}$ 对任意的 $\boldsymbol{b}$ 是否有解.

例 3　设 $\boldsymbol{A}=\begin{bmatrix}1&3&4\\-4&2&-6\\-3&-2&-7\end{bmatrix}$，$\boldsymbol{b}=\begin{bmatrix}b_1\\b_2\\b_3\end{bmatrix}$. 方程 $\boldsymbol{Ax}=\boldsymbol{b}$ 是否对一切可能的 b_1,b_2,b_3 有解？

解　把 $\boldsymbol{Ax}=\boldsymbol{b}$ 的增广矩阵进行行化简：

$$\begin{bmatrix}1&3&4&b_1\\-4&2&-6&b_2\\-3&-2&-7&b_3\end{bmatrix}\sim\begin{bmatrix}1&3&4&b_1\\0&14&10&b_2+4b_1\\0&7&5&b_3+3b_1\end{bmatrix}\sim\begin{bmatrix}1&3&4&b_1\\0&14&10&b_2+4b_1\\0&0&0&b_3+3b_1-\frac{1}{2}(b_2+4b_1)\end{bmatrix}$$

第 4 列的第 3 个元素为 $b_1-\frac{1}{2}b_2+b_3$. 方程 $\boldsymbol{Ax}=\boldsymbol{b}$ 并不是对一切的 $\boldsymbol{b}$ 都相容，因为 $b_1-\frac{1}{2}b_2+b_3$ 可能不为零. ■

例 3 中的简化矩阵描述了使方程 $\boldsymbol{Ax}=\boldsymbol{b}$ 相容的所有 $\boldsymbol{b}$ 的集合：$\boldsymbol{b}$ 必须满足

$$b_1 - \frac{1}{2}b_2 + b_3 = 0$$

这是 $\mathbb{R}^3$ 中一个通过原点的平面,这个平面就是 $\boldsymbol{A}$ 的 3 列的所有线性组合的集合,见图 1-19.

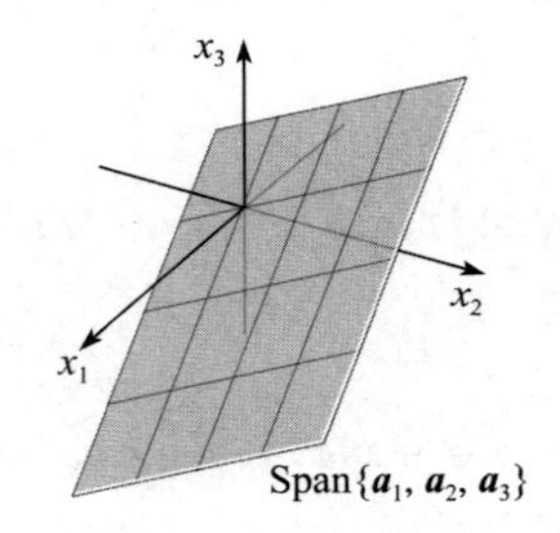

图 1-19 $\boldsymbol{A} = [\boldsymbol{a}_1 \quad \boldsymbol{a}_2 \quad \boldsymbol{a}_3]$ 的各列生成通过原点的平面

例 3 中的方程 $\boldsymbol{Ax} = \boldsymbol{b}$ 并非对所有的 $\boldsymbol{b}$ 都相容,这是因为 $\boldsymbol{A}$ 的阶梯形含有零行. 假如 $\boldsymbol{A}$ 在所有三行都有主元,我们就不必注意增广列的计算,因为这时增广矩阵的阶梯形不可能产生如 $[0 \quad 0 \quad 0 \quad 1]$ 的行.

在下一定理中,当我们说"$\boldsymbol{A}$ 的列生成 $\mathbb{R}^m$"时,意思是说 $\mathbb{R}^m$ 中的每个向量 $\boldsymbol{b}$ 都是 $\boldsymbol{A}$ 的列的线性组合. 一般地,$\mathbb{R}^m$ 中向量集 $\{\boldsymbol{v}_1, \boldsymbol{v}_2, \cdots, \boldsymbol{v}_p\}$ **生成** $\mathbb{R}^m$ 的意思是说,$\mathbb{R}^m$ 中的每个向量都是 $\boldsymbol{v}_1, \boldsymbol{v}_2, \cdots, \boldsymbol{v}_p$ 的线性组合,即 $\text{Span}\{\boldsymbol{v}_1, \boldsymbol{v}_2, \cdots, \boldsymbol{v}_p\} = \mathbb{R}^m$.

定理 4 设 $\boldsymbol{A}$ 是 $m \times n$ 矩阵,则下列命题是逻辑上等价的. 也就是说,对某个 $\boldsymbol{A}$,它们都成立或者都不成立.

a. 对 $\mathbb{R}^m$ 中每个 $\boldsymbol{b}$,方程 $\boldsymbol{Ax} = \boldsymbol{b}$ 有解.

b. $\mathbb{R}^m$ 中的每个 $\boldsymbol{b}$ 都是 $\boldsymbol{A}$ 的列的一个线性组合.

c. $\boldsymbol{A}$ 的各列生成 $\mathbb{R}^m$.

d. $\boldsymbol{A}$ 在每一行都有一个主元位置.

定理 4 是本章中最有用的定理之一. 命题 a、b 和 c 等价是根据 $\boldsymbol{Ax}$ 的定义和一组向量生成 $\mathbb{R}^m$ 空间的含义而得到的. 再根据例 3 后面的讨论得到命题 a 和 d 等价. 定理的完整证明在本节末尾给出. 在习题中给出应用定理 4 的例子.

警告 定理 4 讨论的是系数矩阵,而非增广矩阵. 若增广矩阵 $[\boldsymbol{A} \quad \boldsymbol{b}]$ 在每一行都有主元位置,那么方程 $\boldsymbol{Ax} = \boldsymbol{b}$ 可能相容,也可能不相容.

$\boldsymbol{Ax}$ 的计算

例 1 中的计算是根据矩阵 $\boldsymbol{A}$ 与向量 $\boldsymbol{x}$ 的乘积的定义. 下面的例子给出手工计算 $\boldsymbol{Ax}$ 的元素的一种更有效的方法.

例 4 计算 $\boldsymbol{Ax}$,其中 $\boldsymbol{A} = \begin{bmatrix} 2 & 3 & 4 \\ -1 & 5 & -3 \\ 6 & -2 & 8 \end{bmatrix}$, $\boldsymbol{x} = \begin{bmatrix} x_1 \\ x_2 \\ x_3 \end{bmatrix}$.

解 由定义,

$$\begin{bmatrix} 2 & 3 & 4 \\ -1 & 5 & -3 \\ 6 & -2 & 8 \end{bmatrix}\begin{bmatrix} x_1 \\ x_2 \\ x_3 \end{bmatrix} = x_1\begin{bmatrix} 2 \\ -1 \\ 6 \end{bmatrix} + x_2\begin{bmatrix} 3 \\ 5 \\ -2 \end{bmatrix} + x_3\begin{bmatrix} 4 \\ -3 \\ 8 \end{bmatrix}$$

$$= \begin{bmatrix} 2x_1 \\ -x_1 \\ 6x_1 \end{bmatrix} + \begin{bmatrix} 3x_2 \\ 5x_2 \\ -2x_2 \end{bmatrix} + \begin{bmatrix} 4x_3 \\ -3x_3 \\ 8x_3 \end{bmatrix} = \begin{bmatrix} 2x_1 + 3x_2 + 4x_3 \\ -x_1 + 5x_2 - 3x_3 \\ 6x_1 - 2x_2 + 8x_3 \end{bmatrix} \tag{7}$$

矩阵 $\boldsymbol{Ax}$ 的第一个元素是 $\boldsymbol{A}$ 的第一行与 $\boldsymbol{x}$ 中相应元素乘积之和（有时称为点积），即

$$\begin{bmatrix} 2 & 3 & 4 \\ & & \\ & & \end{bmatrix}\begin{bmatrix} x_1 \\ x_2 \\ x_3 \end{bmatrix} = \begin{bmatrix} 2x_1 + 3x_2 + 4x_3 \\ \\ \end{bmatrix}$$

此矩阵说明如何直接计算 $\boldsymbol{Ax}$ 中的第一个元素，而不必像（7）中那样写出所有运算步骤. 类似地，$\boldsymbol{Ax}$ 中的第二个元素可以直接把 $\boldsymbol{A}$ 的第二行各元素与 $\boldsymbol{x}$ 中对应元素相乘再求和得出：

$$\begin{bmatrix} & & \\ -1 & 5 & -3 \\ & & \end{bmatrix}\begin{bmatrix} x_1 \\ x_2 \\ x_3 \end{bmatrix} = \begin{bmatrix} \\ -x_1 + 5x_2 - 3x_3 \\ \\ \end{bmatrix}$$

类似地，$\boldsymbol{Ax}$ 中的第三个元素可由 $\boldsymbol{A}$ 的第三行与 $\boldsymbol{x}$ 的元素算出. ■

计算 $\boldsymbol{Ax}$ 的行-向量规则

若乘积 $\boldsymbol{Ax}$ 有定义，则 $\boldsymbol{Ax}$ 中的第 i 个元素是 $\boldsymbol{A}$ 的第 i 行元素与 $\boldsymbol{x}$ 的相应元素乘积之和.

例 5

a. $\begin{bmatrix} 1 & 2 & -1 \\ 0 & -5 & 3 \end{bmatrix}\begin{bmatrix} 4 \\ 3 \\ 7 \end{bmatrix} = \begin{bmatrix} 1\cdot 4 + 2\cdot 3 + (-1)\cdot 7 \\ 0\cdot 4 + (-5)\cdot 3 + 3\cdot 7 \end{bmatrix} = \begin{bmatrix} 3 \\ 6 \end{bmatrix}$

b. $\begin{bmatrix} 2 & -3 \\ 8 & 0 \\ -5 & 2 \end{bmatrix}\begin{bmatrix} 4 \\ 7 \end{bmatrix} = \begin{bmatrix} 2\cdot 4 + (-3)\cdot 7 \\ 8\cdot 4 + 0\cdot 7 \\ (-5)\cdot 4 + 2\cdot 7 \end{bmatrix} = \begin{bmatrix} -13 \\ 32 \\ -6 \end{bmatrix}$

c. $\begin{bmatrix} 1 & 0 & 0 \\ 0 & 1 & 0 \\ 0 & 0 & 1 \end{bmatrix}\begin{bmatrix} r \\ s \\ t \end{bmatrix} = \begin{bmatrix} 1\cdot r + 0\cdot s + 0\cdot t \\ 0\cdot r + 1\cdot s + 0\cdot t \\ 0\cdot r + 0\cdot s + 1\cdot t \end{bmatrix} = \begin{bmatrix} r \\ s \\ t \end{bmatrix}$ ■

由定义，例 5c 中的矩阵的主对角线上元素为 1，其他位置上元素为 0，这个矩阵称为**单位矩阵**，并记为 $\boldsymbol{I}$. c 中的计算说明，对任意 $\mathbb{R}^3$ 中的 $\boldsymbol{x}$，$\boldsymbol{Ix} = \boldsymbol{x}$. 类似地，有 $n\times n$ 单位矩阵，有时记为 $\boldsymbol{I}_n$，如 c 中所示，对任意 $\mathbb{R}^n$ 中的 $\boldsymbol{x}$，$\boldsymbol{I}_n\boldsymbol{x} = \boldsymbol{x}$.

矩阵-向量积 $\boldsymbol{Ax}$ 的性质

下面定理中的事实是重要的，在本书里经常使用，它们的证明依赖于 $\boldsymbol{Ax}$ 的定义及 $\mathbb{R}^n$ 的代数性质.

定理 5　若 $\boldsymbol{A}$ 是 $m\times n$ 矩阵，$\boldsymbol{u}$ 和 $\boldsymbol{v}$ 是 $\mathbb{R}^n$ 中向量，c 是标量，则

a. $\boldsymbol{A}(\boldsymbol{u}+\boldsymbol{v})=\boldsymbol{A}\boldsymbol{u}+\boldsymbol{A}\boldsymbol{v}$.

b. $\boldsymbol{A}(c\boldsymbol{u})=c(\boldsymbol{A}\boldsymbol{u})$.

证　为简单起见，取 $n=3$，$\boldsymbol{A}=[\boldsymbol{a}_1\ \ \boldsymbol{a}_2\ \ \boldsymbol{a}_3]$，$\boldsymbol{u},\boldsymbol{v}$ 为 $\mathbb{R}^3$ 中的向量（一般情况的证明类似）. 对 $i=1,2,3$，设 u_i 和 v_i 分别为 $\boldsymbol{u}$ 和 $\boldsymbol{v}$ 的第 i 个元素. 为证明 a，把 $\boldsymbol{A}(\boldsymbol{u}+\boldsymbol{v})$ 作为 $\boldsymbol{A}$ 的各列以 $\boldsymbol{u}+\boldsymbol{v}$ 的各元素为权的线性组合来计算.

$$\boldsymbol{A}(\boldsymbol{u}+\boldsymbol{v})=[\boldsymbol{a}_1\quad \boldsymbol{a}_2\quad \boldsymbol{a}_3]\begin{bmatrix}u_1+v_1\\u_2+v_2\\u_3+v_3\end{bmatrix}$$

$\boldsymbol{u}+\boldsymbol{v}$ 的元素

$$=(u_1+v_1)\boldsymbol{a}_1+(u_2+v_2)\boldsymbol{a}_2+(u_3+v_3)\boldsymbol{a}_3$$

$\boldsymbol{A}$ 的各列

$$=(u_1\boldsymbol{a}_1+u_2\boldsymbol{a}_2+u_3\boldsymbol{a}_3)+(v_1\boldsymbol{a}_1+v_2\boldsymbol{a}_2+v_3\boldsymbol{a}_3)$$

$$=\boldsymbol{A}\boldsymbol{u}+\boldsymbol{A}\boldsymbol{v}$$

为证明 b，把 $\boldsymbol{A}(c\boldsymbol{u})$ 作为 $\boldsymbol{A}$ 的各列以 $c\boldsymbol{u}$ 的各元素为权的线性组合来计算.

$$\boldsymbol{A}(c\boldsymbol{u})=[\boldsymbol{a}_1\quad \boldsymbol{a}_2\quad \boldsymbol{a}_3]\begin{bmatrix}cu_1\\cu_2\\cu_3\end{bmatrix}=(cu_1)\boldsymbol{a}_1+(cu_2)\boldsymbol{a}_2+(cu_3)\boldsymbol{a}_3$$

$$=c(u_1\boldsymbol{a}_1)+c(u_2\boldsymbol{a}_2)+c(u_3\boldsymbol{a}_3)$$

$$=c(u_1\boldsymbol{a}_1+u_2\boldsymbol{a}_2+u_3\boldsymbol{a}_3)$$

$$=c(\boldsymbol{A}\boldsymbol{u})$$

■

数值计算的注解　为优化计算 $\boldsymbol{A}\boldsymbol{x}$ 的计算机算法，一系列的计算对存储在相连的存储单元中的数据进行. 矩阵计算中最广泛运用的算法是用 Fortran 语言写成的，它把矩阵作为若干列来存储，这样的算法把 $\boldsymbol{A}\boldsymbol{x}$ 作为 $\boldsymbol{A}$ 的列的线性组合来计算. 对比而言，若程序用通用的 C 语言来写，它把矩阵按行存储，$\boldsymbol{A}\boldsymbol{x}$ 就必须用另一种规则计算，这种算法使用 $\boldsymbol{A}$ 的行.

定理 4 的证明　如定理 4 后面所指出的，命题 a、b 和 c 逻辑上等价. 因此，这里只需证明（对任意矩阵 $\boldsymbol{A}$）命题 a 和 d 同时为真，或同时为假，就可以建立四个命题的等价性.

设 $\boldsymbol{U}$ 为 $\boldsymbol{A}$ 的阶梯形. 给定 $\mathbb{R}^m$ 中的 $\boldsymbol{b}$，我们可把增广矩阵 $[\boldsymbol{A}\quad \boldsymbol{b}]$ 行化简为增广矩阵 $[\boldsymbol{U}\quad \boldsymbol{d}]$，这里 $\boldsymbol{d}$ 是 $\mathbb{R}^m$ 中的某个向量.

$$[\boldsymbol{A}\quad \boldsymbol{b}]\sim\cdots\sim[\boldsymbol{U}\quad \boldsymbol{d}]$$

若 d 成立，则 $\boldsymbol{U}$ 的每一行包含一个主元位置而在增广列中不可能有主元. 故对任意 $\boldsymbol{b}$，$\boldsymbol{A}\boldsymbol{x}=\boldsymbol{b}$ 有解，a 成立. 若 d 不成立，则 $\boldsymbol{U}$ 的最后一行都是 0. 设 $\boldsymbol{d}$ 是最后一个元素为 1 的向量，于是 $[\boldsymbol{U}\quad \boldsymbol{d}]$ 代表一个不相容的方程组. 因行变换是可逆的，故 $[\boldsymbol{U}\quad \boldsymbol{d}]$ 可变换为形如 $[\boldsymbol{A}\quad \boldsymbol{b}]$ 的矩阵，所得方程组 $\boldsymbol{A}\boldsymbol{x}=\boldsymbol{b}$ 也是不相容的，a 也不成立.　■

练习题

1. 设 $A=\begin{bmatrix}1&5&-2&0\\-3&1&9&-5\\4&-8&-1&7\end{bmatrix}$，$p=\begin{bmatrix}3\\-2\\0\\-4\end{bmatrix}$，$b=\begin{bmatrix}-7\\9\\0\end{bmatrix}$，可以证明 p 是 $Ax=b$ 的一个解. 应用这个事实把 b 表示为 A 的列的线性组合.

2. 设 $A=\begin{bmatrix}2&5\\3&1\end{bmatrix}$，$u=\begin{bmatrix}4\\-1\end{bmatrix}$，$v=\begin{bmatrix}-3\\5\end{bmatrix}$，通过计算 $A(u+v)$ 和 $Au+Av$ 来验证定理 5a.

3. 构造一个 3×3 的矩阵 A 且向量 b 和 $c\in\mathbb{R}^3$，使得 $Ax=b$ 有一个解，但 $Ax=c$ 无解.

习题 1.4

计算习题 1~4 中的乘积：(a) 像例 1 那样使用定义，(b) 使用计算 Ax 的行-向量规则. 若某个乘积没有定义，加以说明.

1. $\begin{bmatrix}-4&2\\1&6\\0&1\end{bmatrix}\begin{bmatrix}3\\1\\7\end{bmatrix}$

2. $\begin{bmatrix}2\\6\\-1\end{bmatrix}\begin{bmatrix}1\\-1\end{bmatrix}$

3. $\begin{bmatrix}6&5\\-4&-3\\7&6\end{bmatrix}\begin{bmatrix}1\\-3\end{bmatrix}$

4. $\begin{bmatrix}8&3&1\\5&1&2\end{bmatrix}\begin{bmatrix}1\\1\\1\end{bmatrix}$

在习题 5~8 中，使用 Ax 的定义把矩阵方程写成向量方程，反之亦然.

5. $\begin{bmatrix}5&1&-8&4\\-2&-7&3&-5\end{bmatrix}\begin{bmatrix}5\\-1\\3\\-2\end{bmatrix}=\begin{bmatrix}-8\\16\end{bmatrix}$

6. $\begin{bmatrix}7&-3\\2&1\\9&-6\\-3&2\end{bmatrix}\begin{bmatrix}-2\\-5\end{bmatrix}=\begin{bmatrix}1\\-9\\12\\-4\end{bmatrix}$

7. $x_1\begin{bmatrix}4\\-1\\7\\-4\end{bmatrix}+x_2\begin{bmatrix}-5\\3\\-5\\1\end{bmatrix}+x_3\begin{bmatrix}7\\-8\\0\\2\end{bmatrix}=\begin{bmatrix}6\\-8\\0\\-7\end{bmatrix}$

8. $z_1\begin{bmatrix}4\\-2\end{bmatrix}+z_2\begin{bmatrix}-4\\5\end{bmatrix}+z_3\begin{bmatrix}-5\\4\end{bmatrix}+z_4\begin{bmatrix}3\\0\end{bmatrix}=\begin{bmatrix}4\\13\end{bmatrix}$

在习题 9~10 中，将方程组写成向量方程和矩阵方程.

9. $\begin{aligned}3x_1+x_2-5x_3&=9\\x_2+4x_3&=0\end{aligned}$

10. $\begin{aligned}8x_1-\ \ x_2&=4\\5x_1+4x_2&=1\\x_1-\ 3x_2&=2\end{aligned}$

在习题 11~12 中，给定 A 和 b，写出对应于矩阵方程 $Ax=b$ 的增广矩阵并求解，将解表示成向量形式.

11. $A=\begin{bmatrix}1&2&4\\0&1&5\\-2&-4&-3\end{bmatrix}$，$b=\begin{bmatrix}-2\\2\\9\end{bmatrix}$

12. $A=\begin{bmatrix}1&2&1\\-3&-1&2\\0&5&3\end{bmatrix}$，$b=\begin{bmatrix}0\\1\\-1\end{bmatrix}$

13. 设 $u=\begin{bmatrix}0\\4\\4\end{bmatrix}$，$A=\begin{bmatrix}3&-5\\-2&6\\1&1\end{bmatrix}$，$u$ 是否在由 A 的列所生成的 $\mathbb{R}^3$ 的子集中？（见图 1-20.）为什么？

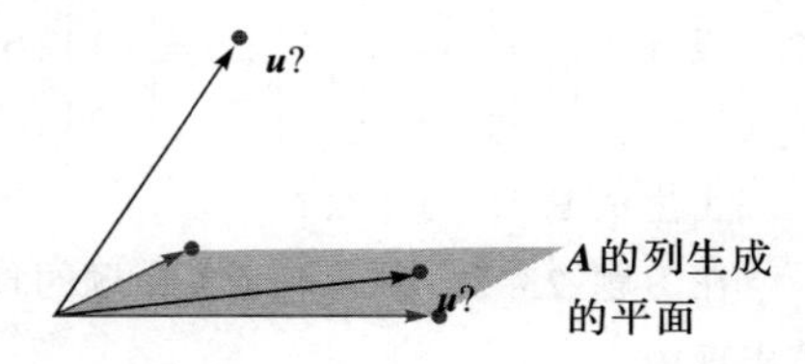

图 1-20　u 在何处

14. 设 $u=\begin{bmatrix}2\\-3\\2\end{bmatrix}$，$A=\begin{bmatrix}5&8&7\\0&1&-1\\1&3&0\end{bmatrix}$，$u$ 是否在由 A 的列所生成的 $\mathbb{R}^3$ 的子集中？ 为什么？

15. 设 $A=\begin{bmatrix}2&-1\\-6&3\end{bmatrix}$，$b=\begin{bmatrix}b_1\\b_2\end{bmatrix}$，证明方程 $Ax=b$ 不是

对一切 $\boldsymbol{b}$ 都相容，并说明使 $A\boldsymbol{x}=\boldsymbol{b}$ 相容的所有向量 $\boldsymbol{b}$ 的集合.

16. 设 $A=\begin{bmatrix}1&-3&-4\\-3&2&6\\5&-1&-8\end{bmatrix}$，$\boldsymbol{b}=\begin{bmatrix}b_1\\b_2\\b_3\end{bmatrix}$，重复 15 题.

习题 17~20 用到下面的矩阵 A 和 B，给出答案并说明用到的定理.

$$A=\begin{bmatrix}1&3&0&3\\-1&-1&-1&1\\0&-4&2&-8\\2&0&3&-1\end{bmatrix}\quad B=\begin{bmatrix}1&3&-2&2\\0&1&1&-5\\1&2&-3&7\\-2&-8&2&-1\end{bmatrix}$$

17. A 中有多少行包含主元位置？方程 $A\boldsymbol{x}=\boldsymbol{b}$ 是否对 $\mathbb{R}^4$ 中的每个 $\boldsymbol{b}$ 都有解？

18. B 的列是否可以生成 $\mathbb{R}^4$？方程 $B\boldsymbol{x}=\boldsymbol{y}$ 是否对 $\mathbb{R}^4$ 中的每个 $\boldsymbol{y}$ 都有解？

19. $\mathbb{R}^4$ 中的每个向量都可以写成矩阵 A 的列的线性组合吗？ A 的列是否可以生成 $\mathbb{R}^4$？

20. $\mathbb{R}^4$ 中的每个向量都可以写成矩阵 B 的列的线性组合吗？ B 的列是否可以生成 $\mathbb{R}^3$？

21. 设 $\boldsymbol{v}_1=\begin{bmatrix}1\\0\\-1\\0\end{bmatrix},\boldsymbol{v}_2=\begin{bmatrix}0\\-1\\0\\1\end{bmatrix},\boldsymbol{v}_3=\begin{bmatrix}1\\0\\0\\-1\end{bmatrix},\{\boldsymbol{v}_1,\boldsymbol{v}_2,\boldsymbol{v}_3\}$ 是否生成 $\mathbb{R}^4$？为什么？

22. 设 $\boldsymbol{v}_1=\begin{bmatrix}0\\0\\-2\end{bmatrix},\boldsymbol{v}_2=\begin{bmatrix}0\\-3\\8\end{bmatrix},\boldsymbol{v}_3=\begin{bmatrix}4\\-1\\-5\end{bmatrix},\{\boldsymbol{v}_1,\boldsymbol{v}_2,\boldsymbol{v}_3\}$ 是否生成 $\mathbb{R}^3$？为什么？

在习题 23~34 中，判断各命题的真假(T/F)，给出理由.

23. (T/F)方程 $A\boldsymbol{x}=\boldsymbol{b}$ 称为向量方程.

24. (T/F)每个矩阵方程 $A\boldsymbol{x}=\boldsymbol{b}$ 对应一个有相同解集的向量方程.

25. (T/F)若方程 $A\boldsymbol{x}=\boldsymbol{b}$ 不相容，则 $\boldsymbol{b}$ 不属于 A 的列生成的集合.

26. (T/F)向量 $\boldsymbol{b}$ 是矩阵 A 的列的线性组合，当且仅当 $A\boldsymbol{x}=\boldsymbol{b}$ 至少有一个解.

27. (T/F)若增广矩阵 $\begin{bmatrix}A&\boldsymbol{b}\end{bmatrix}$ 的每一行有一个主元位置，则方程 $A\boldsymbol{x}=\boldsymbol{b}$ 相容.

28. (T/F)如果 A 是一个 $m\times n$ 矩阵，并且它的列不生成 $\mathbb{R}^m$，则对 $\mathbb{R}^m$ 中的某个 $\boldsymbol{b}$，方程 $A\boldsymbol{x}=\boldsymbol{b}$ 不相容.

29. (T/F)乘积 $A\boldsymbol{x}$ 的第一个元素是乘积的和.

30. (T/F)向量的任何线性组合总可以写成 $A\boldsymbol{x}$ 的形式，其中 A 是适当的矩阵，$\boldsymbol{x}$ 是适当的向量.

31. (T/F)若 $m\times n$ 矩阵 A 的列生成 $\mathbb{R}^m$，则对 $\mathbb{R}^m$ 中任意的 $\boldsymbol{b}$，方程 $A\boldsymbol{x}=\boldsymbol{b}$ 相容.

32. (T/F)增广矩阵为 $[\boldsymbol{a}_1\ \ \boldsymbol{a}_2\ \ \boldsymbol{a}_3\ \ \boldsymbol{b}]$ 的线性方程组的解集与方程 $A\boldsymbol{x}=\boldsymbol{b}$ 的解集相同，其中 $A=[\boldsymbol{a}_1\ \ \boldsymbol{a}_2\ \ \boldsymbol{a}_3]$.

33. (T/F)若 A 是 $m\times n$ 矩阵，且方程 $A\boldsymbol{x}=\boldsymbol{b}$ 对 $\mathbb{R}^m$ 中某个 $\boldsymbol{b}$ 是不相容的，则 A 不能在每一行都有一个主元位置.

34. (T/F)若增广矩阵 $\begin{bmatrix}A&\boldsymbol{b}\end{bmatrix}$ 的每一行有一个主元位置，则方程 $A\boldsymbol{x}=\boldsymbol{b}$ 不相容.

35. 由等式 $\begin{bmatrix}4&-3&1\\5&-2&5\\-6&2&-3\end{bmatrix}\begin{bmatrix}-3\\-1\\2\end{bmatrix}=\begin{bmatrix}-7\\-3\\10\end{bmatrix}$ 求出标量 c_1,c_2,c_3（不用行变换），使得

$$\begin{bmatrix}-7\\-3\\10\end{bmatrix}=c_1\begin{bmatrix}4\\5\\-6\end{bmatrix}+c_2\begin{bmatrix}-3\\-2\\2\end{bmatrix}+c_3\begin{bmatrix}1\\5\\-3\end{bmatrix}$$

36. 设 $\boldsymbol{u}=\begin{bmatrix}7\\2\\5\end{bmatrix},\boldsymbol{v}=\begin{bmatrix}3\\1\\3\end{bmatrix},\boldsymbol{w}=\begin{bmatrix}6\\1\\0\end{bmatrix}$，已知 $3\boldsymbol{u}-5\boldsymbol{v}-\boldsymbol{w}=\boldsymbol{0}$，解方程（不用行变换）$\begin{bmatrix}7&3\\2&1\\5&3\end{bmatrix}\begin{bmatrix}x_1\\x_2\end{bmatrix}=\begin{bmatrix}6\\1\\0\end{bmatrix}$.

37. 设 $\boldsymbol{q}_1,\boldsymbol{q}_2,\boldsymbol{q}_3$ 和 $\boldsymbol{v}$ 是 $\mathbb{R}^5$ 中的向量，x_1,x_2,x_3 是标量，将向量方程 $x_1\boldsymbol{q}_1+x_2\boldsymbol{q}_2+x_3\boldsymbol{q}_3=\boldsymbol{v}$ 写成一个矩阵方程，注意你选用的符号.

38. 使用符号 $\boldsymbol{v}_1,\boldsymbol{v}_2,\cdots$ 表示向量，$c_1,c_2,\cdots$ 表示标量，重写下面的（数值）矩阵方程为向量方程. 给出每个符号表示的意义. 矩阵方程如下：

$$\begin{bmatrix} -3 & 5 & -4 & 9 & 7 \\ 5 & 8 & 1 & -2 & -4 \end{bmatrix}\begin{bmatrix} -3 \\ 2 \\ 4 \\ -1 \\ 2 \end{bmatrix}=\begin{bmatrix} 8 \\ -1 \end{bmatrix}$$

39. 构造一个 3×3 非阶梯形矩阵，使得矩阵的列可以生成 $\mathbb{R}^3$. 说明你构造的矩阵具有这种性质.
40. 构造一个 3×3 非阶梯形矩阵，使得矩阵的列不可以生成 $\mathbb{R}^3$. 说明你构造的矩阵具有这种性质.
41. 设 $\boldsymbol{A}$ 是 3×2 矩阵，说明为什么方程 $\boldsymbol{Ax}=\boldsymbol{b}$ 不可能对所有 $\mathbb{R}^3$ 中的向量 $\boldsymbol{b}$ 都是相容的. 推广你的结论到任意行数多于列数的矩阵 $\boldsymbol{A}$.
42. $\mathbb{R}^4$ 中的 3 个向量能否生成整个 $\mathbb{R}^4$？说明理由. 当 $n<m$ 时，$\mathbb{R}^m$ 中的 n 个向量能否生成 $\mathbb{R}^m$？
43. 设 $\boldsymbol{A}$ 是 4×3 矩阵，$\boldsymbol{b}$ 是 $\mathbb{R}^4$ 中的一个向量，且 $\boldsymbol{Ax}=\boldsymbol{b}$ 有唯一解. 由此可知 $\boldsymbol{A}$ 的简化阶梯形是怎样的？给出理由.
44. 设 $\boldsymbol{A}$ 是 3×3 矩阵，$\boldsymbol{b}$ 是 $\mathbb{R}^3$ 中的一个向量，且 $\boldsymbol{Ax}=\boldsymbol{b}$ 有唯一解. 说明为什么 $\boldsymbol{A}$ 的列一定可以生成 $\mathbb{R}^3$.
45. 设 $\boldsymbol{A}$ 是 3×4 矩阵，$\boldsymbol{y}_1,\boldsymbol{y}_2$ 为 $\mathbb{R}^3$ 中的向量，$\boldsymbol{w}=\boldsymbol{y}_1+\boldsymbol{y}_2$. 设对 $\mathbb{R}^4$ 中的向量 $\boldsymbol{x}_1$ 和 $\boldsymbol{x}_2$，$\boldsymbol{y}_1=\boldsymbol{Ax}_1$，$\boldsymbol{y}_2=\boldsymbol{Ax}_2$. 为什么方程 $\boldsymbol{Ax}=\boldsymbol{w}$ 相容？（注：$\boldsymbol{x}_1$ 和 $\boldsymbol{x}_2$ 是向量而不是向量中的数值元素.）
46. 设 $\boldsymbol{A}$ 是 5×3 矩阵，$\boldsymbol{y}$ 是 $\mathbb{R}^3$ 中的向量，$\boldsymbol{z}$ 是 $\mathbb{R}^5$ 中的向量. 又设 $\boldsymbol{Ay}=\boldsymbol{z}$，什么事实使你断定方程 $\boldsymbol{Ax}=4\boldsymbol{z}$ 是相容的？

[M]习题 47~50 中，确定矩阵各列能否生成 $\mathbb{R}^4$.

47. $\begin{bmatrix} 7 & 2 & -5 & 8 \\ -5 & -3 & 4 & -9 \\ 6 & 10 & -2 & 7 \\ -7 & 9 & 2 & 15 \end{bmatrix}$

48. $\begin{bmatrix} 5 & -7 & -4 & 9 \\ 6 & -8 & -7 & 5 \\ 4 & -4 & -9 & -9 \\ -9 & 11 & 16 & 7 \end{bmatrix}$

49. $\begin{bmatrix} 12 & -7 & 11 & -9 & 5 \\ -9 & 4 & -8 & 7 & -3 \\ -6 & 11 & -7 & 3 & -9 \\ 4 & -6 & 10 & -5 & 12 \end{bmatrix}$

50. $\begin{bmatrix} 8 & 11 & -6 & -7 & 13 \\ -7 & -8 & 5 & 6 & -9 \\ 11 & 7 & -7 & -9 & -6 \\ -3 & 4 & 1 & 8 & 7 \end{bmatrix}$

51. [M]在习题 49 中去掉矩阵的某一列，使剩下的各列仍然可以生成 $\mathbb{R}^4$.
52. [M]在习题 50 中去掉矩阵的某一列，使剩下的各列仍然可以生成 $\mathbb{R}^4$. 能否去掉更多的列？

练习题答案

1. 矩阵方程 $\begin{bmatrix} 1 & 5 & -2 & 0 \\ -3 & 1 & 9 & -5 \\ 4 & -8 & -1 & 7 \end{bmatrix}\begin{bmatrix} 3 \\ -2 \\ 0 \\ -4 \end{bmatrix}=\begin{bmatrix} -7 \\ 9 \\ 0 \end{bmatrix}$ 等价于向量方程 $3\begin{bmatrix} 1 \\ -3 \\ 4 \end{bmatrix}-2\begin{bmatrix} 5 \\ 1 \\ -8 \end{bmatrix}+0\begin{bmatrix} -2 \\ 9 \\ -1 \end{bmatrix}-4\begin{bmatrix} 0 \\ -5 \\ 7 \end{bmatrix}=\begin{bmatrix} -7 \\ 9 \\ 0 \end{bmatrix}$，它表示 $\boldsymbol{b}$ 是 $\boldsymbol{A}$ 的各列的线性组合.

2. $\boldsymbol{u}+\boldsymbol{v}=\begin{bmatrix} 4 \\ -1 \end{bmatrix}+\begin{bmatrix} -3 \\ 5 \end{bmatrix}=\begin{bmatrix} 1 \\ 4 \end{bmatrix}$

$$\boldsymbol{A}(\boldsymbol{u}+\boldsymbol{v})=\begin{bmatrix} 2 & 5 \\ 3 & 1 \end{bmatrix}\begin{bmatrix} 1 \\ 4 \end{bmatrix}=\begin{bmatrix} 2+20 \\ 3+4 \end{bmatrix}=\begin{bmatrix} 22 \\ 7 \end{bmatrix}$$

$$\boldsymbol{Au}+\boldsymbol{Av}=\begin{bmatrix} 2 & 5 \\ 3 & 1 \end{bmatrix}\begin{bmatrix} 4 \\ -1 \end{bmatrix}+\begin{bmatrix} 2 & 5 \\ 3 & 1 \end{bmatrix}\begin{bmatrix} -3 \\ 5 \end{bmatrix}=\begin{bmatrix} 3 \\ 11 \end{bmatrix}+\begin{bmatrix} 19 \\ -4 \end{bmatrix}=\begin{bmatrix} 22 \\ 7 \end{bmatrix}$$

注：事实上，练习题3有无穷多正确的解. 当创建满足特定准则的矩阵时，经常直接创建简化阶梯形的矩阵. 下面是一个可能的解：

3. 设$A=\begin{bmatrix}1&0&1\\0&1&1\\0&0&0\end{bmatrix},b=\begin{bmatrix}3\\2\\0\end{bmatrix},c=\begin{bmatrix}3\\2\\1\end{bmatrix}$. 对应于$Ax=b$的增广矩阵的简化阶梯形为$\begin{bmatrix}1&0&1&3\\0&1&1&2\\0&0&0&0\end{bmatrix}$. 它是相容的，因此$Ax=b$有解. 对应于$Ax=c$的增广矩阵的简化阶梯形为$\begin{bmatrix}1&0&1&3\\0&1&1&2\\0&0&0&1\end{bmatrix}$. 它是不相容的，因此$Ax=c$无解.

1.5 线性方程组的解集

线性方程组的解集是线性代数研究的重要对象，它们出现在许多不同的问题中. 本节使用向量符号给出这样的解集的显式表示以及几何解释.

齐次线性方程组

线性方程组称为**齐次的**，若它可写成$Ax=\mathbf{0}$的形式，其中A是$m\times n$矩阵而$\mathbf{0}$是$\mathbb{R}^m$中的零向量. 这样的方程组至少有一个解，即$x=\mathbf{0}$（$\mathbb{R}^n$中的零向量），这个解称为它的**平凡解**. 对给定方程$Ax=\mathbf{0}$，重要的是它是否有**非平凡解**，即满足$Ax=\mathbf{0}$的非零向量x. 由1.2节解的存在性和唯一性定理（定理2）得出以下事实.

> 齐次方程$Ax=\mathbf{0}$有非平凡解当且仅当方程至少有一个自由变量.

例1 确定下列齐次方程组是否有非平凡解，并描述它的解集.

$$\begin{aligned}3x_1+5x_2-4x_3&=0\\-3x_1-2x_2+4x_3&=0\\6x_1+\ x_2-8x_3&=0\end{aligned}$$

解 令A为该方程组的系数矩阵，用行化简法把增广矩阵$[A\quad \mathbf{0}]$化为阶梯形：

$$\begin{bmatrix}3&5&-4&0\\-3&-2&4&0\\6&1&-8&0\end{bmatrix}\sim\begin{bmatrix}3&5&-4&0\\0&3&0&0\\0&-9&0&0\end{bmatrix}\sim\begin{bmatrix}3&5&-4&0\\0&3&0&0\\0&0&0&0\end{bmatrix}$$

因x_3是自由变量，故$Ax=\mathbf{0}$有非平凡解（对x_3的每一选择都有一个解）. 为描述解集，继续把$[A\quad \mathbf{0}]$化为简化阶梯形：

$$\begin{bmatrix}1&0&-\frac{4}{3}&0\\0&1&0&0\\0&0&0&0\end{bmatrix}\qquad\begin{aligned}x_1\quad -\frac{4}{3}x_3&=0\\x_2\qquad\quad&=0\\0&=0\end{aligned}$$

解出基本变量x_1和x_2得$x_1=\frac{4}{3}x_3,x_2=0,x_3$是自由变量. $Ax=\mathbf{0}$的通解有向量形式

$$\boldsymbol{x}=\begin{bmatrix}x_1\\x_2\\x_3\end{bmatrix}=\begin{bmatrix}\frac{4}{3}x_3\\0\\x_3\end{bmatrix}=x_3\begin{bmatrix}\frac{4}{3}\\0\\1\end{bmatrix}=x_3\boldsymbol{v},\text{ 其中 }\boldsymbol{v}=\begin{bmatrix}\frac{4}{3}\\0\\1\end{bmatrix}$$

这里 x_3 是从通解向量的表达式中作为公因子提出来的. 这说明本例中 $A\boldsymbol{x}=\boldsymbol{0}$ 的每一个解都是 $\boldsymbol{v}$ 的倍数. 平凡解可由 $x_3=0$ 得到. 在几何意义下，解集是 $\mathbb{R}^3$ 中通过 $\boldsymbol{0}$ 的直线，见图 1-21. ■

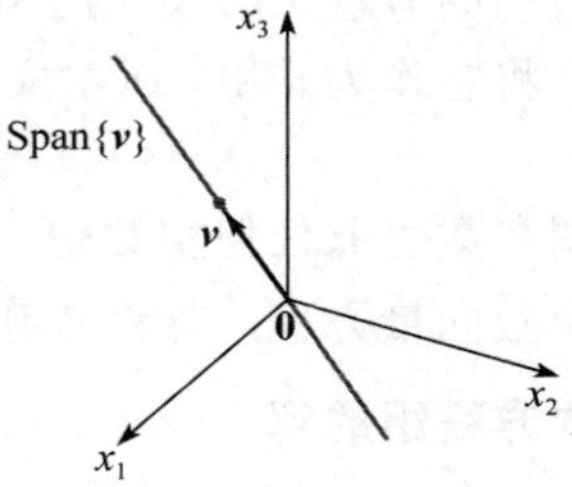

图　1-21

注意，非平凡解向量 $\boldsymbol{x}$ 可能有些零元素，只要不是所有元素都是 0 就行.

例 2　单一方程也可看作简单的方程组. 描述下列齐次“方程组”的解集.

$$10x_1-3x_2-2x_3=0 \tag{1}$$

解　这里无需矩阵记号. 用自由变量表示基本变量 x_1. 通解为

$$x_1=0.3x_2+0.2x_3$$

x_2 和 x_3 为自由变量. 写成向量形式，通解为

$$\boldsymbol{x}=\begin{bmatrix}x_1\\x_2\\x_3\end{bmatrix}=\begin{bmatrix}0.3x_2+0.2x_3\\x_2\\x_3\end{bmatrix}=\begin{bmatrix}0.3x_2\\x_2\\0\end{bmatrix}+\begin{bmatrix}0.2x_3\\0\\x_3\end{bmatrix}$$

$$=x_2\underset{\uparrow\atop\boldsymbol{u}}{\begin{bmatrix}0.3\\1\\0\end{bmatrix}}+x_3\underset{\uparrow\atop\boldsymbol{v}}{\begin{bmatrix}0.2\\0\\1\end{bmatrix}}\quad(x_2,x_3\text{ 是自由变量}) \tag{2}$$

计算表明，方程(1)的每个解都是向量 $\boldsymbol{u}$ 和 $\boldsymbol{v}$ 的线性组合，如(2)式所示. 即解集为 $\mathrm{Span}\{\boldsymbol{u},\boldsymbol{v}\}$. 因为 $\boldsymbol{u}$ 和 $\boldsymbol{v}$ 都不是对方的倍数，故解集是通过原点的一个平面. 见图 1-22.

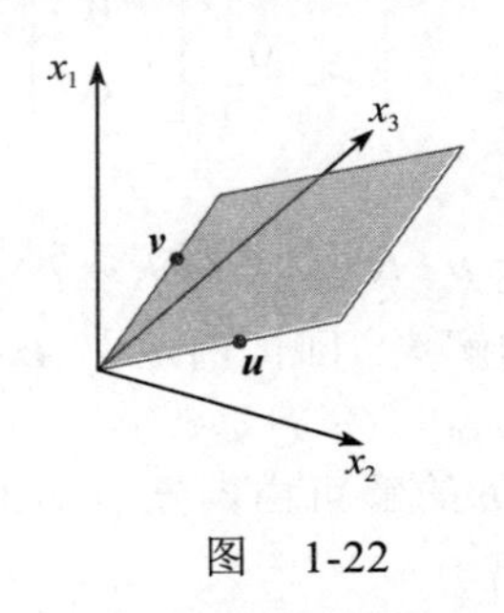

图　1-22 ■

例 1 和例 2 以及后面的习题说明齐次方程 $A\boldsymbol{x}=\boldsymbol{0}$ 总可表示为 $\mathrm{Span}\{\boldsymbol{v}_1,\boldsymbol{v}_2,\cdots,\boldsymbol{v}_p\}$，其中 $\boldsymbol{v}_1,\boldsymbol{v}_2,\cdots,\boldsymbol{v}_p$ 是适当的解向量. 若唯一解是零向量，则解集就是 $\mathrm{Span}\{\boldsymbol{0}\}$. 若方程 $A\boldsymbol{x}=\boldsymbol{0}$ 仅有一个自由变量，

则解集是通过原点的一条直线，见图 1-21. 若有两个或更多个自由变量，那么图 1-22 中通过原点的平面就给出 $\boldsymbol{Ax}=\boldsymbol{0}$ 的解集的一个很好的图形说明. 注意，类似的图可用来解释 $\mathrm{Span}\{\boldsymbol{u},\boldsymbol{v}\}$，即使 $\boldsymbol{u},\boldsymbol{v}$ 并不是 $\boldsymbol{Ax}=\boldsymbol{0}$ 的解，见 1.3 节图 1-17.

参数向量形式

最初的方程（1）是例 2 中的平面的隐式描述，解此方程就是要找这个平面的显式描述，就是说，将它作为 $\boldsymbol{u}$ 和 $\boldsymbol{v}$ 所生成的子集. 方程（2）称为平面的**参数向量方程**，有时也可写为

$$\boldsymbol{x}=s\boldsymbol{u}+t\boldsymbol{v}\quad（s,t\text{ 为实数}）$$

来强调参数可取任何实数值. 例 1 中，方程 $\boldsymbol{x}=x_3\boldsymbol{v}$（$x_3$ 是自由变量）或 $\boldsymbol{x}=t\boldsymbol{v}$（$t$ 为实数）是直线的参数向量方程. 当解集用向量显式表示为如例 1 和例 2 时，我们称之为解的**参数向量形式**.

非齐次方程组的解

当非齐次线性方程组有许多解时，通解一般可表示为参数向量形式，即由一个向量加上满足对应的齐次方程的一些向量的任意线性组合的形式.

例 3　描述 $\boldsymbol{Ax}=\boldsymbol{b}$ 的解，其中

$$\boldsymbol{A}=\begin{bmatrix}3&5&-4\\-3&-2&4\\6&1&-8\end{bmatrix},\ \boldsymbol{b}=\begin{bmatrix}7\\-1\\-4\end{bmatrix}$$

解　这里 $\boldsymbol{A}$ 就是例 1 的系数矩阵. 对 $[\boldsymbol{A}\quad\boldsymbol{b}]$ 做行变换得

$$\begin{bmatrix}3&5&-4&7\\-3&-2&4&-1\\6&1&-8&-4\end{bmatrix}\sim\begin{bmatrix}1&0&-\frac{4}{3}&-1\\0&1&0&2\\0&0&0&0\end{bmatrix}\qquad\begin{aligned}x_1\qquad-\tfrac{4}{3}x_3&=-1\\x_2\qquad\quad&=2\\0&=0\end{aligned}$$

所以 $x_1=-1+\frac{4}{3}x_3,x_2=2,x_3$ 为自由变量，$\boldsymbol{Ax}=\boldsymbol{b}$ 的通解可写成向量形式

$$\boldsymbol{x}=\begin{bmatrix}x_1\\x_2\\x_3\end{bmatrix}=\begin{bmatrix}-1+\frac{4}{3}x_3\\2\\x_3\end{bmatrix}=\begin{bmatrix}-1\\2\\0\end{bmatrix}+\begin{bmatrix}\frac{4}{3}x_3\\0\\x_3\end{bmatrix}=\underset{\uparrow\atop\boldsymbol{p}}{\begin{bmatrix}-1\\2\\0\end{bmatrix}}+x_3\underset{\uparrow\atop\boldsymbol{v}}{\begin{bmatrix}\frac{4}{3}\\0\\1\end{bmatrix}}$$

方程 $\boldsymbol{x}=\boldsymbol{p}+x_3\boldsymbol{v}$，或用 t 表示一般参数，

$$\boldsymbol{x}=\boldsymbol{p}+t\boldsymbol{v}\quad（t\text{ 为实数}）\tag{3}$$

就是用参数向量形式表示的 $\boldsymbol{Ax}=\boldsymbol{b}$ 的解集. 回忆例 1 中 $\boldsymbol{Ax}=\boldsymbol{0}$ 的解集有参数向量形式

$$\boldsymbol{x}=t\boldsymbol{v}\quad（t\text{ 为实数}）\tag{4}$$

（$\boldsymbol{v}$ 与（3）式中的 $\boldsymbol{v}$ 相同），故 $\boldsymbol{Ax}=\boldsymbol{b}$ 的解可由向量 $\boldsymbol{p}$ 加上 $\boldsymbol{Ax}=\boldsymbol{0}$ 的解得到，向量 $\boldsymbol{p}$ 本身也是 $\boldsymbol{Ax}=\boldsymbol{b}$ 的一个特解（在（3）中对应 $t=0$）. ■

为了从几何上描述 $\boldsymbol{Ax}=\boldsymbol{b}$ 的解集，我们可以把向量加法解释为平移. 给定 $\mathbb{R}^2$ 或 $\mathbb{R}^3$ 中的向量 $\boldsymbol{v}$ 与 $\boldsymbol{p}$，把 $\boldsymbol{p}$ 加上 $\boldsymbol{v}$ 的结果就是把 $\boldsymbol{v}$ 沿着平行于通过 $\boldsymbol{p}$ 与 $\boldsymbol{0}$ 的直线移动，我们称 $\boldsymbol{v}$ 被**平移** $\boldsymbol{p}$ 到 $\boldsymbol{v}+\boldsymbol{p}$，

见图 1-23. 若 $\mathbb{R}^2$ 或 $\mathbb{R}^3$ 中直线 L 上每一点被平移 $\boldsymbol{p}$，就得到一条平行于 L 的直线，见图 1-24.

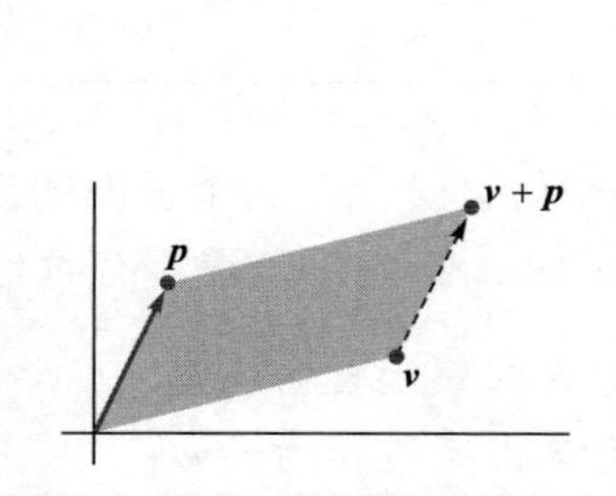

图 1-23 $\boldsymbol{v}$ 加上 $\boldsymbol{p}$，使 $\boldsymbol{v}$ 平移到 $\boldsymbol{v}+\boldsymbol{p}$

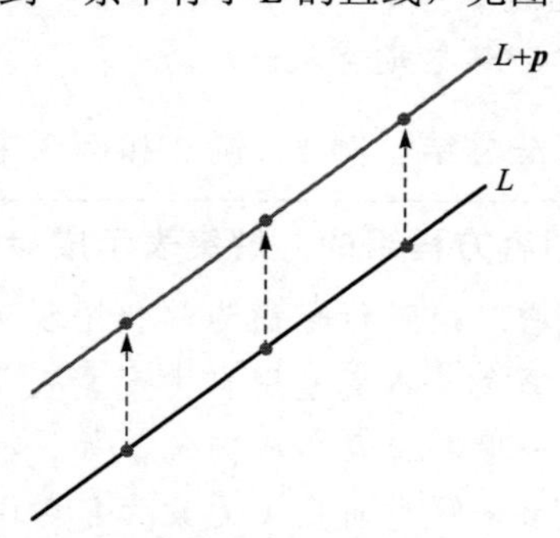

图 1-24 直线的平移

设 L 是通过 $\mathbf{0}$ 与 $\boldsymbol{v}$ 的直线，由方程（4）表示. L 的每个点加上 $\boldsymbol{p}$ 得到由方程（3）表示的平移后的直线. 注意 $\boldsymbol{p}$ 也在方程（3）中的直线上. 称（3）式为**通过 $\boldsymbol{p}$ 平行于 $\boldsymbol{v}$ 的直线方程**. 于是 $A\boldsymbol{x}=\boldsymbol{b}$ 的解集是一条通过 $\boldsymbol{p}$ 而平行于 $A\boldsymbol{x}=\mathbf{0}$ 的解集的直线. 图 1-25 说明了这一结论.

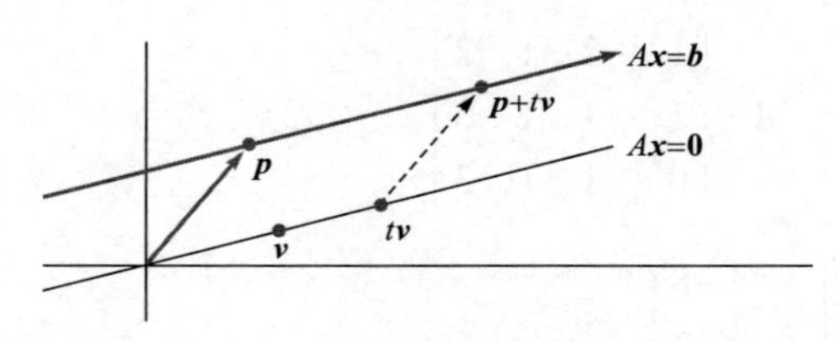

图 1-25 $A\boldsymbol{x}=\boldsymbol{b}$ 与 $A\boldsymbol{x}=\mathbf{0}$ 的解集平行

图 1-25 中 $A\boldsymbol{x}=\boldsymbol{b}$ 和 $A\boldsymbol{x}=\mathbf{0}$ 的解集之间的关系可以推广到任意相容的方程 $A\boldsymbol{x}=\boldsymbol{b}$，虽然当自由变量有多个时解集将多于一条直线. 下列定理给出了这一结论，证明见习题 37.

定理 6 设方程 $A\boldsymbol{x}=\boldsymbol{b}$ 对某个 $\boldsymbol{b}$ 是相容的，$\boldsymbol{p}$ 为一个特解，则 $A\boldsymbol{x}=\boldsymbol{b}$ 的解集是所有形如 $\boldsymbol{w}=\boldsymbol{p}+\boldsymbol{v}_h$ 的向量的集合，其中 $\boldsymbol{v}_h$ 是齐次方程 $A\boldsymbol{x}=\mathbf{0}$ 的任意一个解.

定理 6 说明若 $A\boldsymbol{x}=\boldsymbol{b}$ 有解，则解集可由 $A\boldsymbol{x}=\mathbf{0}$ 的解集平移向量 $\boldsymbol{p}$ 得到，$\boldsymbol{p}$ 是 $A\boldsymbol{x}=\boldsymbol{b}$ 的任意一个特解，图 1-26 说明了当有两个自由变量时的情形. 即使当 $n>3$ 时，相容方程组 $A\boldsymbol{x}=\boldsymbol{b}$（$\boldsymbol{b}\neq\mathbf{0}$）的解集也可想象为一个非零点或一条不通过原点的线或平面.

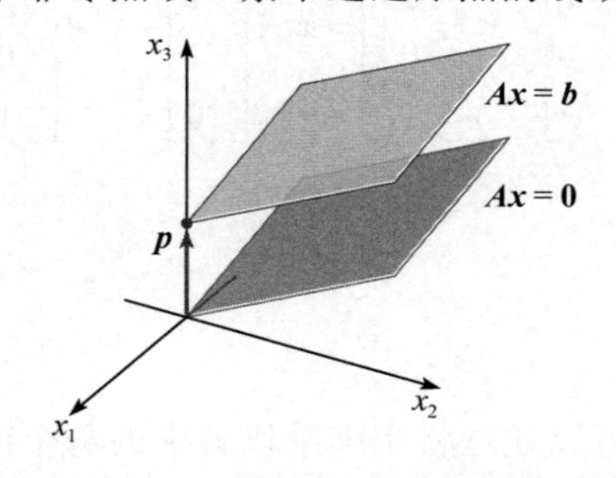

图 1-26 $A\boldsymbol{x}=\boldsymbol{b}$ 与 $A\boldsymbol{x}=\mathbf{0}$ 的解集平行

警告　定理 6 与图 1-26 仅适用于方程 $\boldsymbol{Ax}=\boldsymbol{b}$ 至少有一个非零解 $\boldsymbol{p}$ 的前提下．当 $\boldsymbol{Ax}=\boldsymbol{b}$ 无解时，解集是空集．

下列算法总结了例 1、例 2 和例 3 中的计算．

把（相容方程组的）解集表示成参数向量形式

1. 把增广矩阵行化简为简化阶梯形．
2. 把每个基本变量用自由变量表示．
3. 把一般解 $\boldsymbol{x}$ 表示成向量，如果有自由变量，其元素依赖于自由变量．
4. 把 $\boldsymbol{x}$ 分解为向量（元素为常数）的线性组合，用自由变量作为参数．

合理答案

为了验证找到的解确实是齐次方程 $\boldsymbol{Ax}=\boldsymbol{0}$ 的解，只需将矩阵乘以解中的每个向量，并检查结果是否为零向量.例如，设

$$\boldsymbol{A}=\begin{bmatrix}1 & -2 & 1 & 2\\ 1 & -1 & 2 & 5\\ 0 & 1 & 1 & 3\end{bmatrix}$$

则齐次方程的解是：$x_3\begin{bmatrix}-3\\ -1\\ 1\\ 0\end{bmatrix}+x_4\begin{bmatrix}-8\\ -3\\ 0\\ 1\end{bmatrix}$，

检验 $\begin{bmatrix}1 & -2 & 1 & 2\\ 1 & -1 & 2 & 5\\ 0 & 1 & 1 & 3\end{bmatrix}\begin{bmatrix}-3\\ -1\\ 1\\ 0\end{bmatrix}=\begin{bmatrix}0\\ 0\\ 0\end{bmatrix}$ 和 $\begin{bmatrix}1 & -2 & 1 & 2\\ 1 & -1 & 2 & 5\\ 0 & 1 & 1 & 3\end{bmatrix}\begin{bmatrix}-8\\ -3\\ 0\\ 1\end{bmatrix}=\begin{bmatrix}0\\ 0\\ 0\end{bmatrix}$

则

$$\boldsymbol{A}\left(x_3\begin{bmatrix}-3\\ -1\\ 1\\ 0\end{bmatrix}+x_4\begin{bmatrix}-8\\ -3\\ 0\\ 1\end{bmatrix}\right)=x_3\boldsymbol{A}\begin{bmatrix}-3\\ -1\\ 1\\ 0\end{bmatrix}+x_4\boldsymbol{A}\begin{bmatrix}-8\\ -3\\ 0\\ 1\end{bmatrix}$$

这就等价于 $x_3\begin{bmatrix}0\\ 0\\ 0\end{bmatrix}+x_4\begin{bmatrix}0\\ 0\\ 0\end{bmatrix}=\begin{bmatrix}0\\ 0\\ 0\end{bmatrix}$.

如果要求解 $\boldsymbol{Ax}=\boldsymbol{b}$，那么可以通过将矩阵乘以解中的每个向量再次验证解是否正确．$\boldsymbol{A}$ 与第一个向量（不属于齐次方程解的一部分）的乘积应该是 $\boldsymbol{b}$．$\boldsymbol{A}$ 与其余向量（属于齐次方程解的

一部分）的乘积当然应该是 0.

例如，为了验证 $\begin{bmatrix}2\\1\\1\\2\end{bmatrix}+x_3\begin{bmatrix}-3\\-1\\1\\0\end{bmatrix}+x_4\begin{bmatrix}-8\\-3\\0\\1\end{bmatrix}$ 是方程 $\boldsymbol{A}\boldsymbol{x}=\begin{bmatrix}5\\13\\8\end{bmatrix}$ 的解，只需使用上面的计算，并检验

$\begin{bmatrix}1&-2&1&2\\1&-1&2&5\\0&1&1&3\end{bmatrix}\begin{bmatrix}2\\1\\1\\2\end{bmatrix}=\begin{bmatrix}5\\13\\8\end{bmatrix}$ 成立即可.

注意，$\boldsymbol{A}\left(\begin{bmatrix}2\\1\\1\\2\end{bmatrix}+x_3\begin{bmatrix}-3\\-1\\1\\0\end{bmatrix}+x_4\begin{bmatrix}-8\\-3\\0\\1\end{bmatrix}\right)=\boldsymbol{A}\begin{bmatrix}2\\1\\1\\2\end{bmatrix}+x_3\boldsymbol{A}\begin{bmatrix}-3\\-1\\1\\0\end{bmatrix}+x_4\boldsymbol{A}\begin{bmatrix}-8\\-3\\0\\1\end{bmatrix}$，等价于 $\begin{bmatrix}5\\13\\8\end{bmatrix}+x_3\begin{bmatrix}0\\0\\0\end{bmatrix}+x_4\begin{bmatrix}0\\0\\0\end{bmatrix}=\begin{bmatrix}5\\13\\8\end{bmatrix}$，

即得证.

练习题

1. 下列两个方程都确定了 $\mathbb{R}^3$ 中的一个平面，这两个平面是否相交？如果相交的话，描述它们的交集.

$$\begin{aligned}x_1+4x_2-5x_3&=0\\2x_1-x_2+8x_3&=9\end{aligned}$$

2. 写出方程 $10x_1-3x_2-2x_3=7$ 的参数向量形式的通解，讨论这个解集与例 2 中的解集的关系.
3. 证明定理 6 的第一部分：假设 $\boldsymbol{p}$ 是 $\boldsymbol{A}\boldsymbol{x}=\boldsymbol{b}$ 的一个解，因此 $\boldsymbol{A}\boldsymbol{p}=\boldsymbol{b}$. 令 $\boldsymbol{v}_h$ 是齐次方程 $\boldsymbol{A}\boldsymbol{x}=\boldsymbol{0}$ 的任意解，$\boldsymbol{w}=\boldsymbol{p}+\boldsymbol{v}_h$. 证明 $\boldsymbol{w}$ 也是 $\boldsymbol{A}\boldsymbol{x}=\boldsymbol{b}$ 的一个解.

习题 1.5

在习题 1~4 中，确定方程组是否有非平凡解，使用尽可能少的行运算.

1. $\begin{aligned}2x_1-5x_2+8x_3&=0\\-2x_1-7x_2+x_3&=0\\4x_1+2x_2+7x_3&=0\end{aligned}$

2. $\begin{aligned}x_1-3x_2+7x_3&=0\\-2x_1+x_2-4x_3&=0\\x_1+2x_2+9x_3&=0\end{aligned}$

3. $\begin{aligned}-3x_1+5x_2-7x_3&=0\\-6x_1+7x_2+x_3&=0\end{aligned}$

4. $\begin{aligned}-5x_1+7x_2+9x_3&=0\\x_1-2x_2+6x_3&=0\end{aligned}$

在习题 5~6 中，用例 1、例 2 的方法把给出的各线性方程组的解集用参数向量形式表示出来.

5. $\begin{aligned}x_1+3x_2+x_3&=0\\-4x_1-9x_2+2x_3&=0\\-3x_2-6x_3&=0\end{aligned}$

6. $\begin{aligned}x_1+3x_2-5x_3&=0\\x_1+4x_2-8x_3&=0\\-3x_1-7x_2+9x_3&=0\end{aligned}$

在习题 7~12 中，把方程 $\boldsymbol{A}\boldsymbol{x}=\boldsymbol{0}$ 的解用参数向量形式表示出来，其中 $\boldsymbol{A}$ 行等价于给定的矩阵.

7. $\begin{bmatrix}1&3&-3&7\\0&1&-4&5\end{bmatrix}$

8. $\begin{bmatrix}1&-2&-9&5\\0&1&2&-6\end{bmatrix}$

9. $\begin{bmatrix}3&-9&6\\-1&3&-2\end{bmatrix}$

10. $\begin{bmatrix}1&3&0&-4\\2&6&0&-8\end{bmatrix}$

11. $\begin{bmatrix} 1 & -4 & -2 & 0 & 3 & -5 \\ 0 & 0 & 1 & 0 & 0 & -1 \\ 0 & 0 & 0 & 0 & 1 & -4 \\ 0 & 0 & 0 & 0 & 0 & 0 \end{bmatrix}$

12. $\begin{bmatrix} 1 & 5 & 2 & -6 & 9 & 0 \\ 0 & 0 & 1 & -7 & 4 & -8 \\ 0 & 0 & 0 & 0 & 0 & 1 \\ 0 & 0 & 0 & 0 & 0 & 0 \end{bmatrix}$

在回答习题13~16之前，你可能会发现复习本节的“合理答案”很有帮助.

13. 验证你在习题9中得到的解是否确实正确.
14. 验证你在习题10中得到的解是否确实正确.
15. 验证你在习题11中得到的解是否确实正确.
16. 验证你在习题12中得到的解是否确实正确.
17. 设某线性方程组的解集表示为$x_1 = 5 + 4x_3$，$x_2 = -2 - 7x_3$，x_3为自由变量. 用向量把它表示成$\mathbb{R}^3$中的直线.
18. 设某线性方程组的解集表示为$x_1 = 3x_4$，$x_2 = 8 + x_4$，$x_3 = 2 - 5x_4$，x_4为自由变量. 用向量把它表示成$\mathbb{R}^4$中的直线.
19. 用例3的方法以参数向量形式表示下列方程组的解. 给出该解集的几何解释并与习题5的解集做比较.

$$\begin{aligned} x_1 + 3x_2 + x_3 &= 1 \\ -4x_1 - 9x_2 + 2x_3 &= -1 \\ -3x_2 - 6x_3 &= -3 \end{aligned}$$

20. 和习题19一样，把下列方程组的解集表示为参数向量形式，给出几何解释并与习题6的解集做比较.

$$\begin{aligned} x_1 + 3x_2 - 5x_3 &= 4 \\ x_1 + 4x_2 - 8x_3 &= 7 \\ -3x_1 - 7x_2 + 9x_3 &= -6 \end{aligned}$$

21. 说明和比较$x_1 + 9x_2 - 4x_3 = 0$与$x_1 + 9x_2 - 4x_3 = -2$的解集.
22. 说明和比较$x_1 - 3x_2 + 5x_3 = 0$与$x_1 - 3x_2 + 5x_3 = 4$的解集.

在习题23和24中，求出通过$\boldsymbol{a}$且平行于$\boldsymbol{b}$的直线的参数方程.

23. $\boldsymbol{a} = \begin{bmatrix} -2 \\ 0 \end{bmatrix}, \boldsymbol{b} = \begin{bmatrix} -5 \\ 3 \end{bmatrix}$　　24. $\boldsymbol{a} = \begin{bmatrix} 3 \\ -4 \end{bmatrix}, \boldsymbol{b} = \begin{bmatrix} -7 \\ 8 \end{bmatrix}$

在习题25和26中，求出通过$\boldsymbol{p}$与$\boldsymbol{q}$的直线M的方程.（提示：M平行于向量$\boldsymbol{q} - \boldsymbol{p}$. 见图1-27.）

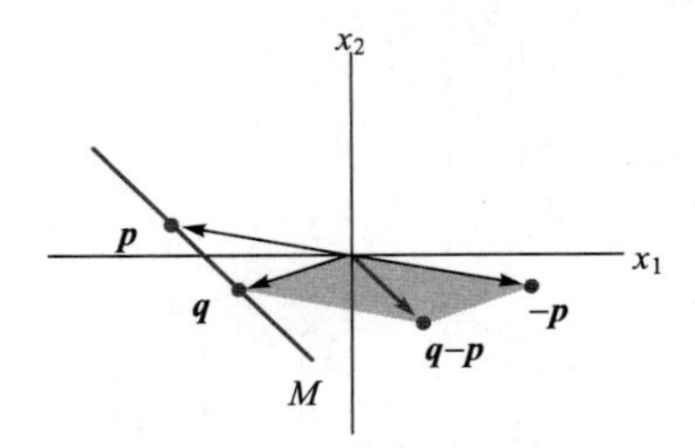

图1-27　通过$\boldsymbol{p}$与$\boldsymbol{q}$的直线

25. $\boldsymbol{p} = \begin{bmatrix} 2 \\ -5 \end{bmatrix}, \boldsymbol{q} = \begin{bmatrix} -3 \\ 1 \end{bmatrix}$　　26. $\boldsymbol{p} = \begin{bmatrix} -6 \\ 3 \end{bmatrix}, \boldsymbol{q} = \begin{bmatrix} 0 \\ -4 \end{bmatrix}$

在习题27~36中，判断每个命题的真假(T/F)，并给出理由.

27. (T/F)齐次方程总是相容的.
28. (T/F)若$\boldsymbol{x}$是$A\boldsymbol{x} = \boldsymbol{0}$的非平凡解，则$\boldsymbol{x}$的每个元素都不等于0.
29. (T/F)给出方程$A\boldsymbol{x} = \boldsymbol{0}$的解集的显式表达式.
30. (T/F)方程$\boldsymbol{x} = x_2\boldsymbol{u} + x_3\boldsymbol{v}$表示经过原点的平面，其中$x_2, x_3$是自由变量；$\boldsymbol{u}$和$\boldsymbol{v}$没有倍数关系.
31. (T/F)齐次方程$A\boldsymbol{x} = \boldsymbol{0}$当且仅当方程至少有一个自由变量时有平凡解.
32. (T/F)方程$A\boldsymbol{x} = \boldsymbol{b}$是齐次的当且仅当零向量是它的解.
33. (T/F)方程$\boldsymbol{x} = \boldsymbol{p} + t\boldsymbol{v}$描述了一条通过$\boldsymbol{v}$且平行于$\boldsymbol{p}$的直线.
34. (T/F)给一个向量加上$\boldsymbol{p}$就是将向量沿着平行于$\boldsymbol{p}$的方向移动.
35. (T/F)方程$A\boldsymbol{x} = \boldsymbol{b}$的解集是所有形如$\boldsymbol{w} = \boldsymbol{p} + \boldsymbol{v}_h$的向量的集合，其中$\boldsymbol{v}_h$是方程$A\boldsymbol{x} = \boldsymbol{0}$的任意一个解.
36. (T/F)方程$A\boldsymbol{x} = \boldsymbol{b}$的解集可以通过平移$A\boldsymbol{x} = \boldsymbol{0}$的解集得到.

37. 证明定理 6 的第二部分：假设 $\boldsymbol{w}$ 是 $\boldsymbol{Ax}=\boldsymbol{b}$ 的任意解. 定义 $\boldsymbol{v}_h=\boldsymbol{w}-\boldsymbol{p}$. 证明 $\boldsymbol{v}_h$ 是 $\boldsymbol{Ax}=\boldsymbol{0}$ 的一个解. 这说明 $\boldsymbol{Ax}=\boldsymbol{b}$ 的任何解有 $\boldsymbol{w}=\boldsymbol{p}+\boldsymbol{v}_h$ 的形式，其中 $\boldsymbol{p}$ 是 $\boldsymbol{Ax}=\boldsymbol{b}$ 的特解，$\boldsymbol{v}_h$ 是 $\boldsymbol{Ax}=\boldsymbol{0}$ 的解.
38. 设 $\boldsymbol{Ax}=\boldsymbol{b}$ 有解，说明为什么当 $\boldsymbol{Ax}=\boldsymbol{0}$ 仅有平凡解时，$\boldsymbol{Ax}=\boldsymbol{b}$ 的解是唯一的.
39. 设 $\boldsymbol{A}$ 是 3×3 零矩阵（所有元素都是零），求方程 $\boldsymbol{Ax}=\boldsymbol{0}$ 的解集.
40. 若 $\boldsymbol{b}\neq\boldsymbol{0}$，方程 $\boldsymbol{Ax}=\boldsymbol{b}$ 的解集是否可能是通过原点的平面？说明理由.

在习题 41~44 中，(a) 方程 $\boldsymbol{Ax}=\boldsymbol{0}$ 是否有非平凡解？(b) 方程 $\boldsymbol{Ax}=\boldsymbol{b}$ 是否对每个 $\boldsymbol{b}$ 都至少有一个解？

41. $\boldsymbol{A}$ 是 3×3 矩阵，有 3 个主元位置.
42. $\boldsymbol{A}$ 是 3×3 矩阵，有 2 个主元位置.
43. $\boldsymbol{A}$ 是 3×2 矩阵，有 2 个主元位置.
44. $\boldsymbol{A}$ 是 2×4 矩阵，有 2 个主元位置.
45. 给定 $\boldsymbol{A}=\begin{bmatrix}-2&-6\\7&21\\-3&-9\end{bmatrix}$，用观察法求 $\boldsymbol{Ax}=\boldsymbol{0}$ 的一个非平凡解.（提示：把方程 $\boldsymbol{Ax}=\boldsymbol{0}$ 写成向量方程形式.）
46. 给定 $\boldsymbol{A}=\begin{bmatrix}4&-6\\-8&12\\6&-9\end{bmatrix}$，用观察法求 $\boldsymbol{Ax}=\boldsymbol{0}$ 的一个非平凡解.
47. 构造一 3×3 非零矩阵 $\boldsymbol{A}$，使向量 $\begin{bmatrix}1\\1\\1\end{bmatrix}$ 是 $\boldsymbol{Ax}=\boldsymbol{0}$ 的一个解.
48. 构造一 3×3 非零矩阵 $\boldsymbol{A}$，使向量 $\begin{bmatrix}1\\-2\\1\end{bmatrix}$ 是 $\boldsymbol{Ax}=\boldsymbol{0}$ 的一个解.
49. 构造一 2×2 矩阵 $\boldsymbol{A}$，使方程 $\boldsymbol{Ax}=\boldsymbol{0}$ 的解集是一条经过点 (4, 1) 和原点的 $\mathbb{R}^2$ 中的直线. 随后，在 $\mathbb{R}^2$ 中找一向量 $\boldsymbol{b}$ 使 $\boldsymbol{Ax}=\boldsymbol{b}$ 的解集不是 $\mathbb{R}^2$ 中平行于 $\boldsymbol{Ax}=\boldsymbol{0}$ 的解集的直线. 为什么这与定理 6 没有矛盾？
50. 设 $\boldsymbol{A}$ 是 3×3 矩阵，$\boldsymbol{y}$ 是 $\mathbb{R}^3$ 中的一个向量，且方程 $\boldsymbol{Ax}=\boldsymbol{y}$ 无解. 讨论是否存在 $\mathbb{R}^3$ 中的一个向量 $\boldsymbol{z}$，使方程 $\boldsymbol{Ax}=\boldsymbol{z}$ 有唯一解.
51. 设 $\boldsymbol{A}$ 是 $m\times n$ 矩阵，$\boldsymbol{u}$ 是 $\mathbb{R}^n$ 中满足 $\boldsymbol{Ax}=\boldsymbol{0}$ 的向量. 证明对任一数 c，向量 $c\boldsymbol{u}$ 也满足 $\boldsymbol{Ax}=\boldsymbol{0}$.（即证明 $\boldsymbol{A}(c\boldsymbol{u})=\boldsymbol{0}$.）
52. 设 $\boldsymbol{A}$ 是 $m\times n$ 矩阵，$\boldsymbol{u}$和$\boldsymbol{v}$ 是 $\mathbb{R}^n$ 中满足 $\boldsymbol{Av}=\boldsymbol{0}$ 和 $\boldsymbol{Au}=\boldsymbol{0}$ 的向量. 解释为什么 $\boldsymbol{A}(\boldsymbol{u}+\boldsymbol{v})$ 一定是零向量，以及对每一对标量 c 和 d，为什么 $\boldsymbol{A}(c\boldsymbol{v}+d\boldsymbol{u})=\boldsymbol{0}$.

练习题答案

1. 行化简增广矩阵：

$$\begin{bmatrix}1&4&-5&0\\2&-1&8&9\end{bmatrix}\sim\begin{bmatrix}1&4&-5&0\\0&-9&18&9\end{bmatrix}\sim\begin{bmatrix}1&0&3&4\\0&1&-2&-1\end{bmatrix}$$

$$\begin{aligned}x_1\qquad+3x_3&=4\\x_2-2x_3&=-1\end{aligned}$$

因此 $x_1=4-3x_3, x_2=-1+2x_3$，x_3 为自由变量. 通解的向量形式为

$$\begin{bmatrix}x_1\\x_2\\x_3\end{bmatrix}=\begin{bmatrix}4-3x_3\\-1+2x_3\\x_3\end{bmatrix}=\underset{\boldsymbol{p}}{\underset{\uparrow}{\begin{bmatrix}4\\-1\\0\end{bmatrix}}}+x_3\underset{\boldsymbol{v}}{\underset{\uparrow}{\begin{bmatrix}-3\\2\\1\end{bmatrix}}}$$

两个平面的交是通过 $\boldsymbol{p}$ 平行于 $\boldsymbol{v}$ 的直线.

2. 增广矩阵 $[10 \quad -3 \quad -2 \quad 7]$ 行等价于 $[1 \quad -0.3 \quad -0.2 \quad 0.7]$，故通解为 $x_1 = 0.7 + 0.3x_2 + 0.2x_3$，$x_2$ 和 x_3 是自由变量. 即

$$\boldsymbol{x} = \begin{bmatrix} x_1 \\ x_2 \\ x_3 \end{bmatrix} = \begin{bmatrix} 0.7 + 0.3x_2 + 0.2x_3 \\ x_2 \\ x_3 \end{bmatrix} = \begin{bmatrix} 0.7 \\ 0 \\ 0 \end{bmatrix} + x_2 \begin{bmatrix} 0.3 \\ 1 \\ 0 \end{bmatrix} + x_3 \begin{bmatrix} 0.2 \\ 0 \\ 1 \end{bmatrix}$$
$$= \quad \boldsymbol{p} \quad + \quad x_2\boldsymbol{u} \quad + \quad x_3\boldsymbol{v}$$

非齐次方程 $A\boldsymbol{x} = \boldsymbol{b}$ 的解集是平移过的平面 $\boldsymbol{p} + \text{Span}\{\boldsymbol{u}, \boldsymbol{v}\}$，它经过 $\boldsymbol{p}$ 且平行于例 2 中的齐次方程的解集.

3. 利用 1.4 节的定理 5，知 $A(\boldsymbol{p} + \boldsymbol{v}_h) = A\boldsymbol{p} + A\boldsymbol{v}_h = \boldsymbol{b} + \boldsymbol{0} = \boldsymbol{b}$，因此 $\boldsymbol{p} + \boldsymbol{v}_h$ 是 $A\boldsymbol{x} = \boldsymbol{b}$ 的一个解.

1.6 线性方程组的应用

你也许希望现实生活中涉及线性代数的问题只有唯一解，或者可能无解. 本节的意图是要说明有多个解的线性方程组是如何自然产生的. 这里的实例来自经济学、化学和网络流.

经济学中的齐次线性方程组

本章介绍性实例中提到的 500 个变量的 500 个方程组成的方程组现称为列昂惕夫“投入–产出”（或“生产”）模型.[㊀] 2.6 节将详细讨论这个模型，那时我们有更多的理论和更好的符号. 目前，我们先看一个简单的“交易模型”，这个模型也是由列昂惕夫提出的.

假设一个国家的经济体系可以划分为许多部门，如制造、通信、娱乐和服务业等. 假设我们知道每个部门的年度总产出，并精确知道该总产出是如何在其他经济部门进行分配或“交易”的. 称一个部门产出的总货币价值为该产出的**价格**. 列昂惕夫证明了下面的结论.

存在能够指派给各个部门总产出的平衡价格，使得每个部门的总收入恰等于它的总支出.

下面的例子说明如何求平衡价格.

例 1 假设一个经济体系由煤炭、电力（电源）和钢铁三个部门组成，各部门之间的分配如表 1-1 所示，其中每一列中的数表示该部门总产出所占的比例.

表 1-1 一个简单的经济问题

部门的产出分配			采购部门
煤炭	电力	钢铁	
0.0	0.4	0.6	煤炭
0.6	0.1	0.2	电力
0.4	0.5	0.2	钢铁

如表 1-1 的第二列，将电力的总产出分配如下：40%给煤炭部门，50%给钢铁部门，剩下 10%给电力部门.（电力部门把这 10%作为运转费用.）因所有产出都必须分配，故每一列的百分比之和等于 1.

用符号 $p_{\text{C}}, p_{\text{E}}, p_{\text{S}}$ 分别表示煤炭、电力和钢铁部门年度总产出的价格（即货币价值）. 如果可能，求出平衡价格使每个部门的收支平衡.

㊀ 见 Wassily W. Leontief, “Input-Output Economics”, *Scientific American*, October 1951, pp.15-21.

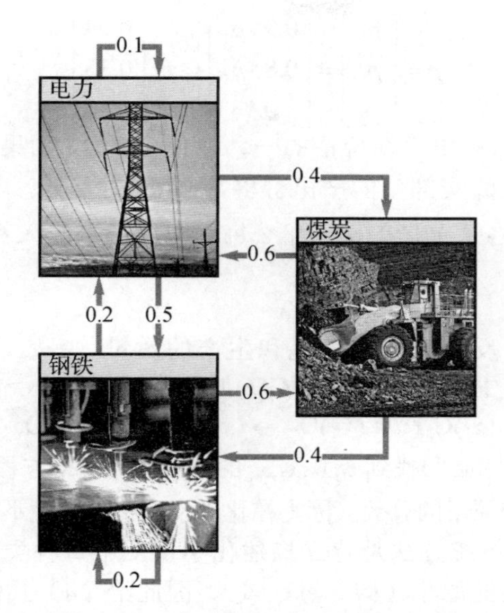

解　某一部门所在的一列表示它的产出的去向，它所在的一行表示它从哪些部门获得了投入. 例如，表 1-1 的第一行说明煤炭部门接受（采购）40%的电力产出和 60%的钢铁产出. 因为相应部门的总产出价格为 p_E和p_S，故煤炭部门必须支付电力部门 $0.4p_E$ 美元，支付钢铁部门 $0.6p_S$ 美元. 因此煤炭部门的总支出是 $0.4p_E+0.6p_S$ 美元. 为使煤炭部门的总收入 p_C 等于它的总支出，有

$$p_C = 0.4p_E + 0.6p_S \tag{1}$$

交易表的第二行说明电力部门的支出有 $0.6p_C$ 美元采购煤炭，$0.1p_E$ 美元采购电力，$0.2p_S$ 美元采购钢铁. 因此电力部门的收支平衡条件是

$$p_E = 0.6p_C + 0.1p_E + 0.2p_S \tag{2}$$

最后，交易表的第三行导出最后的条件：

$$p_S = 0.4p_C + 0.5p_E + 0.2p_S \tag{3}$$

为求解方程（1）、（2）、（3），将所有未知量移到方程的左边并合并同类项.（例如，在方程（2）的左边将 $p_E - 0.1p_E$ 写成 $0.9p_E$.）

$$\begin{aligned} p_C - 0.4p_E - 0.6p_S &= 0 \\ -0.6p_C + 0.9p_E - 0.2p_S &= 0 \\ -0.4p_C - 0.5p_E + 0.8p_S &= 0 \end{aligned}$$

接下来进行行化简. 为简明起见，数值舍入到小数点后两位.

$$\begin{bmatrix} 1 & -0.4 & -0.6 & 0 \\ -0.6 & 0.9 & -0.2 & 0 \\ -0.4 & -0.5 & 0.8 & 0 \end{bmatrix} \sim \begin{bmatrix} 1 & -0.4 & -0.6 & 0 \\ 0 & 0.66 & -0.56 & 0 \\ 0 & -0.66 & 0.56 & 0 \end{bmatrix} \sim \begin{bmatrix} 1 & -0.4 & -0.6 & 0 \\ 0 & 0.66 & -0.56 & 0 \\ 0 & 0 & 0 & 0 \end{bmatrix}$$

$$\sim \begin{bmatrix} 1 & -0.4 & -0.60 & 0 \\ 0 & 1 & -0.85 & 0 \\ 0 & 0 & 0 & 0 \end{bmatrix} \sim \begin{bmatrix} 1 & 0 & -0.94 & 0 \\ 0 & 1 & -0.85 & 0 \\ 0 & 0 & 0 & 0 \end{bmatrix}$$

通解是 $p_C = 0.94p_S, p_E = 0.85p_S$， p_S 为自由变量. 这个经济问题的平衡价格向量为

$$\boldsymbol{p}=\begin{bmatrix}p_C\\p_E\\p_S\end{bmatrix}=\begin{bmatrix}0.94p_S\\0.85p_S\\p_S\end{bmatrix}=p_S\begin{bmatrix}0.94\\0.85\\1\end{bmatrix}$$

任意（非负）p_S取值可以算出平衡价格的一种取值. 例如，如果取 p_S为 100（或 1 亿美元），那么 $p_C=94, p_E=85$. 即如果煤炭部门的产出价格是 9400 万美元，电力部门的产出价格是 8500 万美元，钢铁部门的产出价格是 1 亿美元，那么每个部门的总收入和总支出将会相等. ■

配平化学方程式

化学方程式描述了化学反应的物质消耗和生产的数量. 例如，当丙烷气体燃烧时，丙烷（C_3H_8）与氧气（O_2）结合生成二氧化碳（CO_2）和水（H_2O），化学方程式如下所示：

$$(x_1)C_3H_8+(x_2)O_2\rightarrow(x_3)CO_2+(x_4)H_2O \tag{4}$$

为“配平”这个方程式，化学家必须找到x_1,x_2,x_3,x_4的整数值，使得方程式左边碳（C）、氢（H）、氧（O）原子的总数等于右边相应原子的总数（因为在化学反应中原子既不会被破坏，也不会被创造）.

配平化学方程式的一个系统方法是建立描述化学反应中每种类型原子数目的向量方程. 由于方程式（4）包含三种类型的原子（碳、氢、氧），因此给（4）式的每一种反应物和生成物构造一个属于 $\mathbb{R}^3$ 的向量，列出“组成每个分子的原子”数目如下：

$$C_3H_8:\begin{bmatrix}3\\8\\0\end{bmatrix},\ O_2:\begin{bmatrix}0\\0\\2\end{bmatrix},\ CO_2:\begin{bmatrix}1\\0\\2\end{bmatrix},\ H_2O:\begin{bmatrix}0\\2\\1\end{bmatrix}\begin{matrix}\leftarrow \text{碳}\\ \leftarrow \text{氢}\\ \leftarrow \text{氧}\end{matrix}$$

要配平方程式（4），系数 x_1,x_2,x_3,x_4 必须满足

$$x_1\begin{bmatrix}3\\8\\0\end{bmatrix}+x_2\begin{bmatrix}0\\0\\2\end{bmatrix}=x_3\begin{bmatrix}1\\0\\2\end{bmatrix}+x_4\begin{bmatrix}0\\2\\1\end{bmatrix}$$

将全部项移到等式左边（修改第三个和第四个向量的符号），得到：

$$x_1\begin{bmatrix}3\\8\\0\end{bmatrix}+x_2\begin{bmatrix}0\\0\\2\end{bmatrix}+x_3\begin{bmatrix}-1\\0\\-2\end{bmatrix}+x_4\begin{bmatrix}0\\-2\\-1\end{bmatrix}=\begin{bmatrix}0\\0\\0\end{bmatrix}$$

行化简该方程组的增广矩阵得到通解

$$x_1=\frac{1}{4}x_4, x_2=\frac{5}{4}x_4, x_3=\frac{3}{4}x_4, x_4\text{是自由变量}$$

因为化学方程式的系数应为整数，故取 $x_4=4$, 那么$x_1=1, x_2=5, x_3=3$. 配平的方程式为

$$C_3H_8+5O_2\rightarrow 3CO_2+4H_2O$$

如果对方程式中的每个系数乘 2（比如说），该方程式仍然是配平的. 然而在一般情形下，化学家倾向于使用全体系数尽可能小的数来配平方程式.

网络流

当科学家、工程师或经济学家研究一些网络中的流时自然会推导出线性方程组. 例如，城市规划和交通工程人员监控一个网格状的市区道路的交通流量模式；电气工程师计算流经电路的电流；经济学家分析通过分销商和零售商的网络从制造商到顾客的产品销售. 许多网络中的

方程组涉及成百甚至上千的变量和方程.

一个网络包含一组称为接合点或节点的点集，并由称为分支的线或弧连接部分或全部的节点. 流的方向在每个分支上有标示，流量（速度）也有显示或用变量标记.

网络流的基本假设是网络的总流入量等于总流出量，且流经一个节点的总输入等于总输出. 例如，图 1-28 显示 30 单位的流量经过一个分支流入一个节点，x_1和x_2标记该节点经过其他分支的流出. 因为流量在每个节点中是守恒的，我们有 $x_1+x_2=30$. 类似地，每个节点的流量可以用一个线性方程描述. 网络分析的问题就是确定当局部信息（如网络的输入和输出）已知时每一分支的流量.

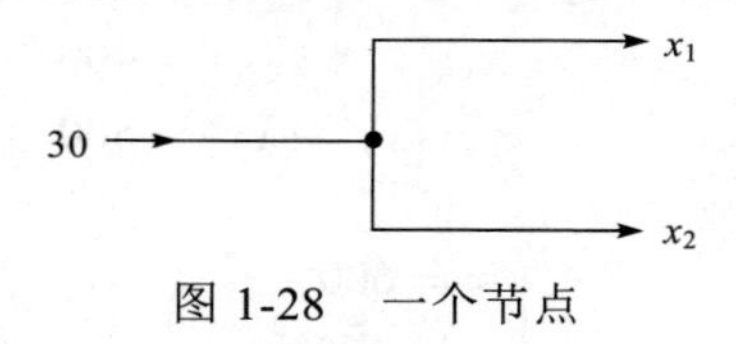

图 1-28　一个节点

例 2　图 1-29 中的网络是巴尔的摩市区一些单行道在一个下午早些时候（以每小时车辆数目计算）的交通流量. 计算该网络的车流量.

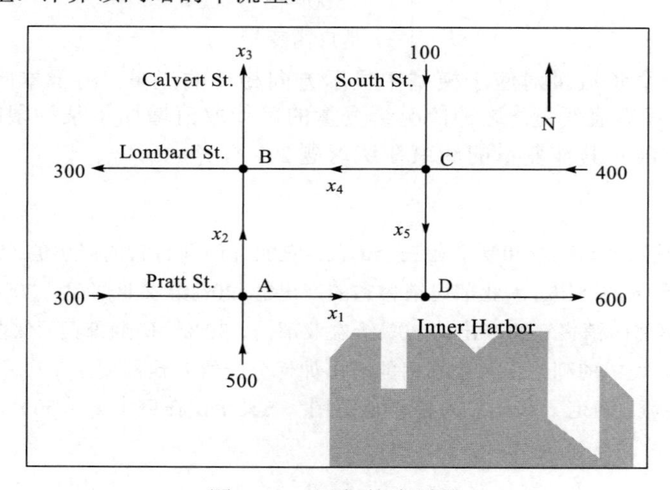

图 1-29　巴尔的摩道路

解　写出描述该流量的方程组，并求其通解. 如图 1-29 所示，标记道路交叉口（节点）和未知的分支流量. 在每个交叉口，令其车辆驶入数目等于车辆驶出数目.

交叉口	车辆驶入数目		车辆驶出数目
A	300+500	=	x_1+x_2
B	x_2+x_4	=	$300+x_3$
C	100+400	=	x_4+x_5
D	x_1+x_5	=	600

并且，网络中的总流入量（500+300+100+400）等于总流出量（300+ x_3 +600），经简化得 $x_3=400$. 该方程与上面四个方程联立并重排后得到下面的方程组：

$$\begin{aligned} x_1 + x_2 \quad\quad\quad\quad &= 800 \\ x_2 - x_3 + x_4 \quad &= 300 \\ x_4 + x_5 &= 500 \\ x_1 \quad\quad\quad\quad + x_5 &= 600 \\ x_3 \quad\quad\quad &= 400 \end{aligned}$$

行化简相应的增广矩阵得到

$$\begin{aligned} x_1 \quad\quad\quad + x_5 &= 600 \\ x_2 \quad\quad - x_5 &= 200 \\ x_3 \quad\quad &= 400 \\ x_4 + x_5 &= 500 \end{aligned}$$

该网络的车流量为

$$\begin{cases} x_1 = 600 - x_5 \\ x_2 = 200 + x_5 \\ x_3 = 400 \\ x_4 = 500 - x_5 \\ x_5 \text{ 是自由变量} \end{cases}$$

网络分支中的一个负流量对应于模型中显示方向相反的流量. 由于本问题中的道路是单行线，因此这里不允许有负值变量. 这种情况给变量的可能取值增加了某种限制. 例如，因为 x_4 不能取负值，因此 $x_5 \leqslant 500$. 其他变量的约束在练习题 2 中有考虑. ■

练习题

1. 假设一个经济体系有农业、矿业和制造业三个部门. 农业部门销售它的产出的 5%给矿业部门，30%给制造业部门，保留余下的产出. 矿业部门销售它的产出的 20%给农业部门，70%给制造业部门，保留余下的产出. 制造业部门销售它的产出的 20%给农业部门，30%给矿业部门，保留余下的产出. 构建该经济体系的交易表，表中的列给出各个部门的产出如何分配给其他部门.
2. 考虑例 2 中的网络流. 确定 x_1 和 x_2 的可能取值范围. （提示：在例中 $x_5 \leqslant 500$. 这对 x_1 和 x_2 意味着什么？同时 $x_5 \geqslant 0$.）

习题 1.6

1. 假设一个经济体系只有商品和服务两个部门. 在每一年中，商品部门销售它的总产出的 80% 给服务部门，而保留余下的产出，而服务部门销售它的总产出的 70%给商品部门，保留余下的产出. 找出商品和服务部门的年度产出的平衡价格，使得每一部门的收支平衡.

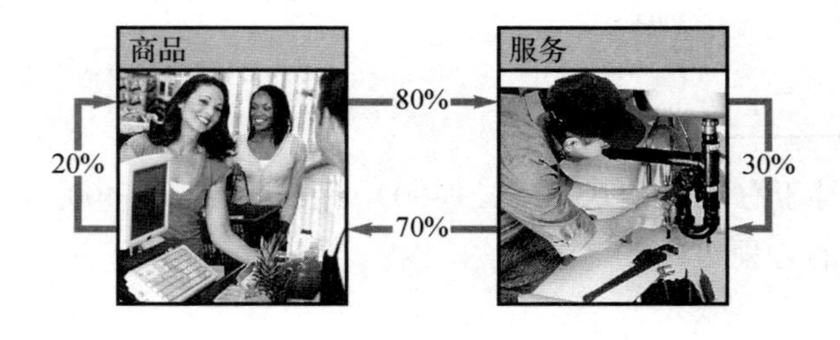

2. 找出例 1 中经济的另一组平衡价格. 假设同样的经济体系中使用日元而不是美元来衡量各部门的产出值，讨论这个问题会有什么变化.
3. 考虑一个由化学金属、燃料动力和机器三个部门构成的经济体系. 化学金属部门销售 30%的产出给燃料动力部门和50%的产出给机器部门，保留余下的产出. 燃料动力部门销售 80%的产出给化学金属部门和 10%的产出给机器部门，

保留余下的产出. 机器部门销售 40%的产出给化学金属部门和 40%的产出给燃料动力部门，保留余下的产出.

a. 构建该经济体系的交易表.

b. 建立方程组表示各部门收支平衡的条件. 写出对应的增广矩阵以便行化简求平衡价格.

c. [M]找出当机器部门产出的价格是 100 个单位时的一组平衡价格.

4. 假设一个经济体系有四个部门，分别是农业（A）、能源（E）、制造（M）和运输（T）部门. 部门 A 销售产出的 10%给部门 E、25%给部门 M，并保留余下的产出. 部门 E 销售产出的 30%给部门 A、35%给部门 M 和 25%给部门 T 并保留余下的产出. 部门 M 销售产出的 30%给部门 A、15%给部门 E 和 40%给部门 T 并保留余下的产出. 部门 T 销售产出的 20%给部门 A、10%给部门 E 和 30%给部门 M 并保留余下的产出.

a. 写出该经济体系的交易表.

b. [M]找出该经济体系的一组平衡价格.

习题 5~10 使用本节讨论的向量方程的方法配平化学方程式.

5. 三硫化二硼与水剧烈反应生成硼酸和硫化氢气体（臭蛋味）. 未配平的化学反应式为

$$B_2S_3 + H_2O \rightarrow H_3BO_3 + H_2S$$

（对每一种化合物，构建一向量列出硼、硫、氢和氧的原子数.）

6. 磷酸钠和硝酸钡反应生成磷酸钡和硝酸钠的未配平方程为

$$Na_3PO_4 + Ba(NO_3)_2 \rightarrow Ba_3(PO_4)_2 + NaNO_3$$

（对每一种化合物，构造一向量列出钠、磷、氧、钡和氮的原子数.）

7. Alka-Seltzer 碱性苏打包含碳酸氢钠($NaHCO_3$)和柠檬酸($H_3C_6H_5O_7$). 当一颗药片溶解在水中时，会发生化学反应生成柠檬酸钠、水和二氧化碳（气体）:

$$NaHCO_3 + H_3C_6H_5O_7 \rightarrow Na_3C_6H_5O_7 + H_2O + CO_2$$

8. 高锰酸钾和硫酸锰在水中反应生成二氧化锰、硫酸钾和硫酸的反应为

$$KMnO_4 + MnSO_4 + H_2O \rightarrow MnO_2 + K_2SO_4 + H_2SO_4$$

（对每一种化合物，构造一向量列出钾、锰、氧、硫和氢的原子数.）

9. [M]如果可能，使用精确的算术或合理的计算格式配平如下的化学反应方程式:

$$PbN_6 + CrMn_2O_8 \rightarrow Pb_3O_4 + Cr_2O_3 + MnO_2 + NO$$

10. [M]下面的化学反应可以在工业过程中应用，如砷（ AsH_3 ）的生产. 配平下面的方程式.

$$MnS + As_2Cr_{10}O_{35} + H_2SO_4 \rightarrow HMnO_4 + AsH_3 + CrS_3O_{12} + H_2O$$

11. 求下图中网络流量的通解. 假设流量都是非负的，x_3 可能的最大值是什么？

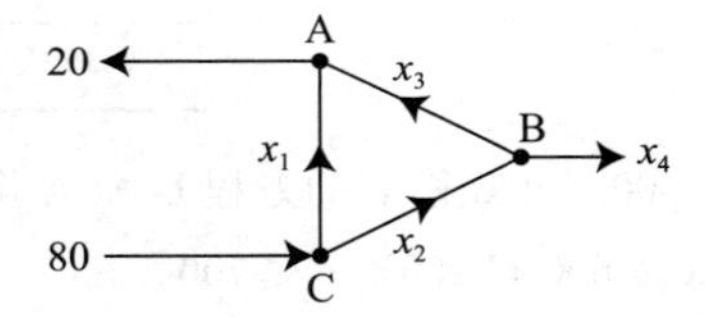

12. a. 求下图中高速公路网络的交通流量的通解.（流量以车辆数/分钟计算.）

b. 求 x_4 交通封闭时的交通流量的通解.

c. 当 $x_4 = 0$ 时，x_1 的最小值是什么？

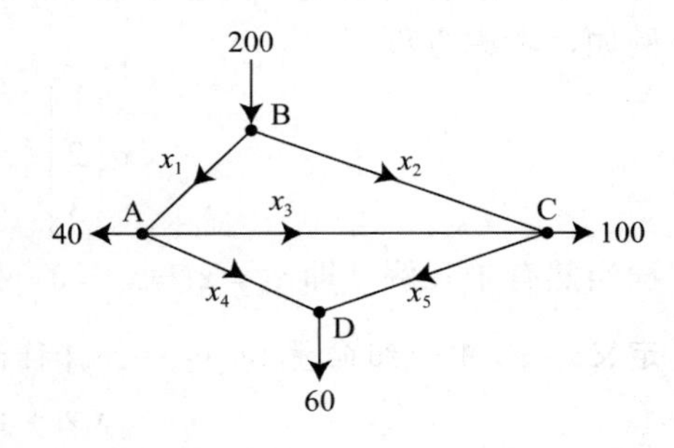

13. a. 求下图中网络流量的通解.

b. 假设流量必须以标示的方向流动，求分支 x_2, x_3, x_4, x_5 的流量的最小值.

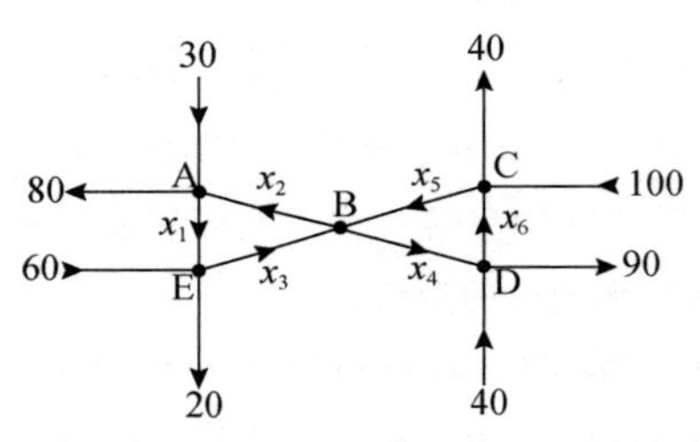

14. 英格兰的交叉路通常被设计成单行的“环行路”，如下图所示．假设流量必须以标示的方向流动，求网络流量的通解并求 x_6 的最小可能值．

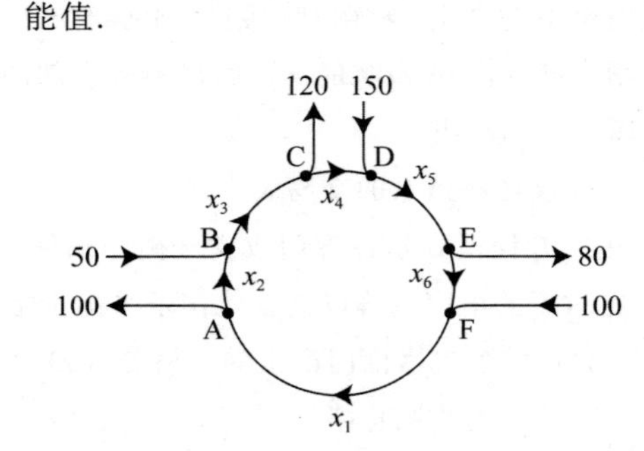

练习题答案

1. 将比例用小数表示．由于要考虑所有的产出，故每列的元素之和等于 1．这种情况有助于填补空缺的元素．

部门的产出分配			采购部门
农业	矿业	制造业	
0.65	0.20	0.20	农业
0.05	0.10	0.30	矿业
0.30	0.70	0.50	制造业

2. 因 $x_5 \leqslant 500$，由 x_1 和 x_2 的方程 D 和 A 得到 $x_1 \geqslant 100$ 和 $x_2 \leqslant 700$．由 $x_5 \geqslant 0$ 得到 $x_1 \leqslant 600$ 和 $x_2 \geqslant 200$．因此 $100 \leqslant x_1 \leqslant 600$ 和 $200 \leqslant x_2 \leqslant 700$．

1.7　向量的线性相关性

1.5 节的齐次线性方程组也可从另一观点研究，即把它们写成向量方程．这时，重点从 $\boldsymbol{A}\boldsymbol{x}=\boldsymbol{0}$ 的未知解转向出现在向量方程中的向量．

例如，考虑方程

$$x_1\begin{bmatrix}1\\2\\3\end{bmatrix}+x_2\begin{bmatrix}4\\5\\6\end{bmatrix}+x_3\begin{bmatrix}2\\1\\0\end{bmatrix}=\begin{bmatrix}0\\0\\0\end{bmatrix} \tag{1}$$

此方程当然有平凡解，即 $x_1=x_2=x_3=0$．如 1.5 节，主要问题是平凡解是否是唯一解．

定义　$\mathbb{R}^n$ 中一组向量 $\{\boldsymbol{v}_1,\boldsymbol{v}_2,\cdots,\boldsymbol{v}_p\}$ 称为**线性无关的**，若向量方程

$$x_1\boldsymbol{v}_1+x_2\boldsymbol{v}_2+\cdots+x_p\boldsymbol{v}_p=\boldsymbol{0}$$

仅有平凡解．向量组（集）$\{\boldsymbol{v}_1,\boldsymbol{v}_2,\cdots,\boldsymbol{v}_p\}$ 称为**线性相关的**，若存在不全为零的权 $c_1,c_2,\cdots,c_p$，使

$$c_1\boldsymbol{v}_1+c_2\boldsymbol{v}_2+c_3\boldsymbol{v}_3+\cdots+c_p\boldsymbol{v}_p=\boldsymbol{0} \tag{2}$$

则方程（2）称为向量 $\boldsymbol{v}_1,\boldsymbol{v}_2,\cdots,\boldsymbol{v}_p$ 之间的**线性相关关系**.一组向量线性相关当且仅当它不是线

性无关的. 为简单起见，我们也可说 $\boldsymbol{v}_1,\boldsymbol{v}_2,\cdots,\boldsymbol{v}_p$ 线性相关，意思是向量组（集）$\{\boldsymbol{v}_1,\boldsymbol{v}_2,\cdots,\boldsymbol{v}_p\}$ 是线性相关组. 对线性无关组也使用类似的术语.

例 1　设

$$\boldsymbol{v}_1=\begin{bmatrix}1\\2\\3\end{bmatrix},\ \boldsymbol{v}_2=\begin{bmatrix}4\\5\\6\end{bmatrix},\ \boldsymbol{v}_3=\begin{bmatrix}2\\1\\0\end{bmatrix}$$

a. 确定向量组 $\{\boldsymbol{v}_1,\boldsymbol{v}_2,\boldsymbol{v}_3\}$ 是否线性相关.

b. 可能的话，求出 $\boldsymbol{v}_1,\boldsymbol{v}_2,\boldsymbol{v}_3$ 的一个线性相关关系.

解　a. 我们需要确定方程（1）是否有非平凡解. 把相应的增广矩阵进行行变换，得

$$\begin{bmatrix}1&4&2&0\\2&5&1&0\\3&6&0&0\end{bmatrix}\sim\begin{bmatrix}1&4&2&0\\0&-3&-3&0\\0&0&0&0\end{bmatrix}$$

显然，x_1 和 x_2 为基本变量，x_3 为自由变量. x_3 的每个非零值确定（1）的一组非平凡解，因此 $\boldsymbol{v}_1,\boldsymbol{v}_2,\boldsymbol{v}_3$ 线性相关.

b. 为求出 $\boldsymbol{v}_1,\boldsymbol{v}_2,\boldsymbol{v}_3$ 的线性相关关系，继续行化简增广矩阵，写出新的方程组：

$$\begin{bmatrix}1&0&-2&0\\0&1&1&0\\0&0&0&0\end{bmatrix}\qquad\begin{aligned}x_1\quad\ \ -2x_3&=0\\x_2+\ x_3&=0\\0&=0\end{aligned}$$

故 $x_1=2x_3$，$x_2=-x_3$，x_3 为自由变量. 选取 x_3 的一个非零值，比如 $x_3=5$，则 $x_1=10$，$x_2=-5$，把这些值代入（1）得

$$10\boldsymbol{v}_1-5\boldsymbol{v}_2+5\boldsymbol{v}_3=\boldsymbol{0}$$

这是 $\boldsymbol{v}_1$，$\boldsymbol{v}_2$ 和 $\boldsymbol{v}_3$ 的一个（无穷多个之中的一个）可能的线性相关关系. ■

矩阵各列的线性无关性

设我们不考虑向量组而是考虑矩阵 $A=[\boldsymbol{a}_1\boldsymbol{a}_2\cdots\boldsymbol{a}_n]$，矩阵方程 $A\boldsymbol{x}=\boldsymbol{0}$ 可以写成

$$x_1\boldsymbol{a}_1+x_2\boldsymbol{a}_2+\cdots+x_n\boldsymbol{a}_n=\boldsymbol{0}$$

A 的各列之间的每一个线性相关关系对应于方程 $A\boldsymbol{x}=\boldsymbol{0}$ 的一个非平凡解. 因此我们有下列重要事实.

> 矩阵 A 的各列线性无关，当且仅当方程 $A\boldsymbol{x}=\boldsymbol{0}$ 仅有平凡解.　（3）

例 2　确定矩阵 $A=\begin{bmatrix}0&1&4\\1&2&-1\\5&8&0\end{bmatrix}$ 的各列是否线性无关.

解　为研究 $A\boldsymbol{x}=\boldsymbol{0}$，把增广矩阵进行行化简：

$$\begin{bmatrix}0&1&4&0\\1&2&-1&0\\5&8&0&0\end{bmatrix}\sim\begin{bmatrix}1&2&-1&0\\0&1&4&0\\0&-2&5&0\end{bmatrix}\sim\begin{bmatrix}1&2&-1&0\\0&1&4&0\\0&0&13&0\end{bmatrix}$$

此时，方程显然有 3 个基本变量，没有自由变量，因此方程 $\boldsymbol{A}\boldsymbol{x}=\boldsymbol{0}$ 仅有平凡解，$\boldsymbol{A}$ 的各列是线性无关的. ■

一个或两个向量的集合

仅含一个向量（比如说 $\boldsymbol{v}$）的集合线性无关当且仅当 $\boldsymbol{v}$ 不是零向量. 这是因为当 $\boldsymbol{v}\neq\boldsymbol{0}$ 时向量方程 $x_1\boldsymbol{v}=\boldsymbol{0}$ 仅有平凡解. 零向量是线性相关的，因 $x_1\boldsymbol{0}=\boldsymbol{0}$ 有许多非平凡解.

下列例子说明两个向量线性相关的情况.

例 3　确定下列向量组是否线性无关.

a. $\boldsymbol{v}_1=\begin{bmatrix}3\\1\end{bmatrix}$，$\boldsymbol{v}_2=\begin{bmatrix}6\\2\end{bmatrix}$　　　　b. $\boldsymbol{v}_1=\begin{bmatrix}3\\2\end{bmatrix}$，$\boldsymbol{v}_2=\begin{bmatrix}6\\2\end{bmatrix}$

解　a. 注意 $\boldsymbol{v}_2$ 是 $\boldsymbol{v}_1$ 的倍数，即 $\boldsymbol{v}_2=2\boldsymbol{v}_1$. 因此 $-2\boldsymbol{v}_1+\boldsymbol{v}_2=\boldsymbol{0}$，这表明 $\{\boldsymbol{v}_1,\boldsymbol{v}_2\}$ 线性相关.

b. $\boldsymbol{v}_1$ 和 $\boldsymbol{v}_2$ 中的任意一个不是另一个的倍数. 它们能否线性相关？设 c 和 d 满足

$$c\boldsymbol{v}_1+d\boldsymbol{v}_2=\boldsymbol{0}$$

若 $c\neq 0$，则可用 $\boldsymbol{v}_2$ 表示 $\boldsymbol{v}_1$，即 $\boldsymbol{v}_1=(-d/c)\boldsymbol{v}_2$，这是不可能的，因 $\boldsymbol{v}_1$ 不是 $\boldsymbol{v}_2$ 的倍数. 故 c 必是零. 类似地 d 必是 0，于是 $\{\boldsymbol{v}_1,\boldsymbol{v}_2\}$ 是线性无关组. ■

例 3 中的讨论说明，总可以用观察法来确定两个向量是否线性相关. 行变换是不必要的，只要看一个向量是否是另一个向量的倍数即可（这个方法只能用于两个向量的情况）.

> 两个向量的集合 $\{\boldsymbol{v}_1,\boldsymbol{v}_2\}$ 线性相关，当且仅当其中一个向量是另一个向量的倍数. 这个集合线性无关，当且仅当其中任一个向量都不是另一个向量的倍数.

从几何意义上看，两个向量线性相关，当且仅当它们落在通过原点的同一条直线上. 图 1-30 表示例 3 中两组向量的情况.

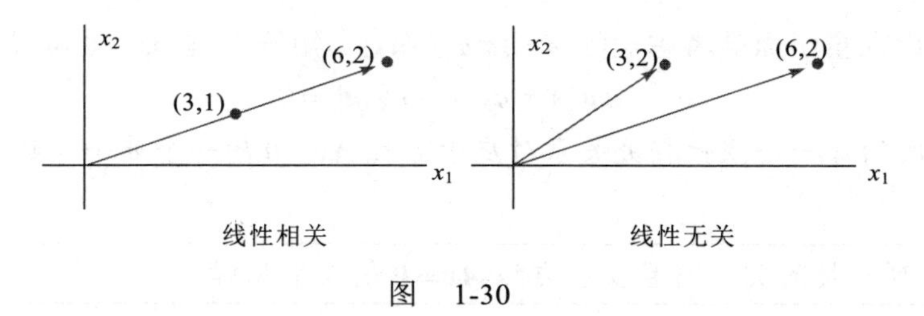

图　1-30

两个或更多个向量的集合

下面定理的证明类似于例 3 的思路. 详细的证明在本节末给出.

定理 7　（线性相关集的特征）

两个或更多个向量的集合 $S=\{\boldsymbol{v}_1,\boldsymbol{v}_2,\cdots,\boldsymbol{v}_p\}$ 线性相关，当且仅当 S 中至少有一个向量是其他向量的线性组合. 事实上，若 S 线性相关，且 $\boldsymbol{v}_1\neq 0$，则某个 $\boldsymbol{v}_j(j>1)$ 是它前面向量 $\boldsymbol{v}_1,\boldsymbol{v}_2,\cdots,\boldsymbol{v}_{j-1}$ 的线性组合.

警告　定理 7 没有说在线性相关集中每一个向量都是它前面的向量的线性组合. 线性相关集中某个向量可能不是其他向量的线性组合. 见练习题 1c.

例 4　设 $\boldsymbol{u}=\begin{bmatrix}3\\1\\0\end{bmatrix},\boldsymbol{v}=\begin{bmatrix}1\\6\\0\end{bmatrix}$，描述由 $\boldsymbol{u}$ 和 $\boldsymbol{v}$ 生成的集合，并说明向量 $\boldsymbol{w}$ 属于 $\text{Span}\{\boldsymbol{u},\boldsymbol{v}\}$ 当且仅当 $\{\boldsymbol{u},\boldsymbol{v},\boldsymbol{w}\}$ 线性相关.

解　向量 $\boldsymbol{u}$ 和 $\boldsymbol{v}$ 是线性无关的，因为它们之中任何一个都不是另一个的倍数，所以它们生成 $\mathbb{R}^3$ 中一个平面（见 1.3 节）. 事实上，$\text{Span}\{\boldsymbol{u},\boldsymbol{v}\}$ 就是 x_1x_2 平面（即 $x_3=0$）. 若 $\boldsymbol{w}$ 是 $\boldsymbol{u}$ 和 $\boldsymbol{v}$ 的线性组合，则由定理 7 知 $\{\boldsymbol{u},\boldsymbol{v},\boldsymbol{w}\}$ 线性相关. 反之，设 $\{\boldsymbol{u},\boldsymbol{v},\boldsymbol{w}\}$ 线性相关，则由定理 7 知，$\{\boldsymbol{u},\boldsymbol{v},\boldsymbol{w}\}$ 中某一向量是它前面向量的线性组合（因 $\boldsymbol{u}\neq\boldsymbol{0}$），这个向量必是 $\boldsymbol{w}$，因为 $\boldsymbol{v}$ 不是 $\boldsymbol{u}$ 的倍数. 因而 $\boldsymbol{w}$ 属于 $\text{Span}\{\boldsymbol{u},\boldsymbol{v}\}$，见图 1-31.

线性相关，$\boldsymbol{w}$ 属于 $\text{Span}\{\boldsymbol{u},\boldsymbol{v}\}$　　线性无关，$\boldsymbol{w}$ 不属于 $\text{Span}\{\boldsymbol{u},\boldsymbol{v}\}$

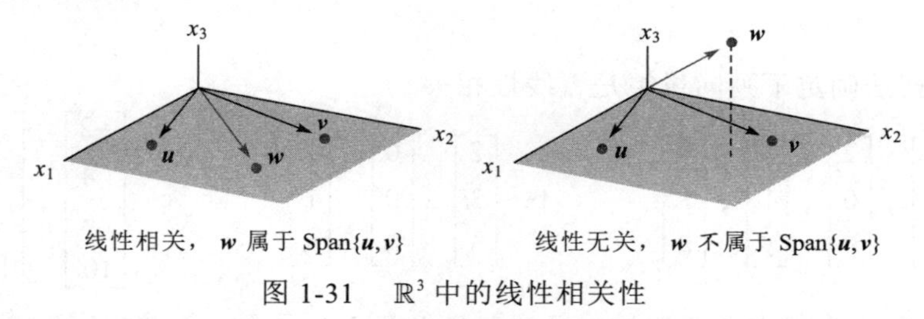

图 1-31　$\mathbb{R}^3$ 中的线性相关性　■

例 4 可推广到 $\mathbb{R}^3$ 中任意集合 $\{\boldsymbol{u},\boldsymbol{v},\boldsymbol{w}\}$，其中 $\boldsymbol{u}$ 与 $\boldsymbol{v}$ 线性无关. 这时集合 $\{\boldsymbol{u},\boldsymbol{v},\boldsymbol{w}\}$ 线性相关当且仅当 $\boldsymbol{w}$ 在 $\boldsymbol{u}$ 和 $\boldsymbol{v}$ 所生成的平面上.

下面两个定理说明了线性相关的一些条件. 定理 8 在今后各章中是一个关键的结果.

定理 8　若一个向量组的向量个数超过每个向量的元素个数，那么这个向量组线性相关. 就是说，$\mathbb{R}^n$ 中任意向量组 $\{\boldsymbol{v}_1,\boldsymbol{v}_2,\cdots,\boldsymbol{v}_p\}$ 当 $p>n$ 时线性相关.

证　设 $\boldsymbol{A}=[\boldsymbol{v}_1\boldsymbol{v}_2\cdots\boldsymbol{v}_p]$，则 $\boldsymbol{A}$ 是 $n\times p$ 矩阵，方程 $\boldsymbol{Ax}=\boldsymbol{0}$ 对应于 p 个未知量的 n 个方程. 若 $p>n$，则未知量比方程多，所以必定有自由变量. 因此 $\boldsymbol{Ax}=\boldsymbol{0}$ 必有非平凡解，所以 $\boldsymbol{A}$ 的各列线性相关. 图 1-32 给出了这个定理的矩阵说明.

$$n\overset{p}{\begin{bmatrix}*&*&*&*&*\\ *&*&*&*&*\\ *&*&*&*&*\end{bmatrix}}$$

图 1-32　若 $p>n$，矩阵各列线性相关　■

警告　定理 8 没有涉及向量组中向量个数不超过每个向量中元素个数的情形.

例 5　由定理 8，向量 $\begin{bmatrix}2\\1\end{bmatrix},\begin{bmatrix}4\\-1\end{bmatrix},\begin{bmatrix}-2\\2\end{bmatrix}$ 线性相关，这是因为每个向量仅有 2 个元素而向量组

有3个向量. 注意：其中任何一个向量并不是另一向量的倍数. 见图1-33.

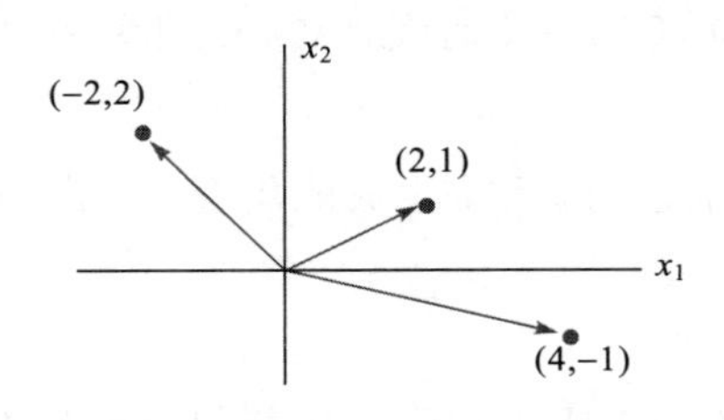

图1-33　$\mathbb{R}^2$中的线性相关集 ■

定理9　若$\mathbb{R}^n$中向量组$S=\{\boldsymbol{v}_1,\boldsymbol{v}_2,\cdots,\boldsymbol{v}_p\}$包含零向量，则它线性相关.

证　把这些向量重新编号，我们可设$\boldsymbol{v}_1=0$，于是方程$1\cdot\boldsymbol{v}_1+0\cdot\boldsymbol{v}_2+\cdots+0\cdot\boldsymbol{v}_p=\mathbf{0}$证明了$S$线性相关. ■

例6　用观察法确定下列向量组是否线性相关.

a. $\begin{bmatrix}1\\7\\6\end{bmatrix},\begin{bmatrix}2\\0\\9\end{bmatrix},\begin{bmatrix}3\\1\\5\end{bmatrix},\begin{bmatrix}4\\1\\8\end{bmatrix}$　b. $\begin{bmatrix}2\\3\\5\end{bmatrix},\begin{bmatrix}0\\0\\0\end{bmatrix},\begin{bmatrix}1\\1\\8\end{bmatrix}$　c. $\begin{bmatrix}-2\\4\\6\\10\end{bmatrix},\begin{bmatrix}3\\-6\\-9\\15\end{bmatrix}$

解　a. 这个向量组包含4个向量，每个向量仅有3个元素，因此由定理8它们线性相关.

b. 定理8不能应用，因为向量个数不超过每个向量中的元素个数. 因该组中有零向量，故根据定理9，它们线性相关.

c. 比较两个向量的对应元素，第2个向量似乎是第一个向量的−3/2倍. 这个关系对前三对元素成立，但对第4对元素不成立. 因此，这两个向量中任意一个不是另一个的倍数，因此是线性无关的. ■

一般地，必须把每一节完整地读几遍才能理解像线性相关这样的重要概念. “学习指导”中这一节的注解有助于你掌握线性代数中的这一重要思想. 例如，下面的证明值得一读，因为它指出如何应用线性无关的定义.

定理10（线性相关集的特征）的证明　若S中某个$\boldsymbol{v}_j$是其他向量的线性组合，那么把方程两边减去$\boldsymbol{v}_j$就产生一个线性相关关系，其中$\boldsymbol{v}_j$的权为（−1）. 例如，若$\boldsymbol{v}_1=c_2\boldsymbol{v}_2+c_3\boldsymbol{v}_3$，那么

$$\mathbf{0}=(-1)\boldsymbol{v}_1+c_2\boldsymbol{v}_2+c_3\boldsymbol{v}_3+0\boldsymbol{v}_4+\cdots+0\boldsymbol{v}_p$$

于是S线性相关.

反之，设S线性相关. 若$\boldsymbol{v}_1$为零，则它是S中其他向量的一个（平凡）线性组合. 若$\boldsymbol{v}_1$不为零，存在$c_1,c_2,\cdots,c_p$不全为零，使得

$$c_1\boldsymbol{v}_1+c_2\boldsymbol{v}_2+\cdots+c_p\boldsymbol{v}_p=\mathbf{0}$$

设j是使$c_j\neq0$的最大下标. 若$j=1$，则$c_1\boldsymbol{v}_1=\mathbf{0}$，这是不可能的，因为$\boldsymbol{v}_1\neq\mathbf{0}$. 故$j>1$，且

$$c_1\boldsymbol{v}_1+\cdots+c_j\boldsymbol{v}_j+0\boldsymbol{v}_{j+1}+\cdots+0\boldsymbol{v}_p=\boldsymbol{0}$$

$$c_j\boldsymbol{v}_j=-c_1\boldsymbol{v}_1-\cdots-c_{j-1}\boldsymbol{v}_{j-1}$$

$$\boldsymbol{v}_j=\left(-\frac{c_1}{c_j}\right)\boldsymbol{v}_1+\cdots+\left(-\frac{c_{j-1}}{c_j}\right)\boldsymbol{v}_{j-1}$$ ■

练习题

1. 设 $\boldsymbol{u}=\begin{bmatrix}3\\2\\-4\end{bmatrix}$，$\boldsymbol{v}=\begin{bmatrix}-6\\1\\7\end{bmatrix}$，$\boldsymbol{w}=\begin{bmatrix}0\\-5\\2\end{bmatrix}$，$\boldsymbol{z}=\begin{bmatrix}3\\7\\-5\end{bmatrix}$.
   a. 集合 $\{\boldsymbol{u},\boldsymbol{v}\},\{\boldsymbol{u},\boldsymbol{w}\},\{\boldsymbol{u},\boldsymbol{z}\},\{\boldsymbol{v},\boldsymbol{w}\},\{\boldsymbol{v},\boldsymbol{z}\}$ 和 $\{\boldsymbol{w},\boldsymbol{z}\}$ 都是线性无关的吗？为什么？
   b. 上面（a）的答案是否蕴涵着 $\{\boldsymbol{u},\boldsymbol{v},\boldsymbol{w},\boldsymbol{z}\}$ 也线性无关？
   c. 为确定 $\{\boldsymbol{u},\boldsymbol{v},\boldsymbol{w},\boldsymbol{z}\}$ 是否线性相关，是否有必要验证 $\boldsymbol{w}$ 是 $\boldsymbol{u},\boldsymbol{v},\boldsymbol{z}$ 的线性组合？
   d. $\{\boldsymbol{u},\boldsymbol{v},\boldsymbol{w},\boldsymbol{z}\}$ 是否线性相关？
2. 假设 $\{\boldsymbol{v}_1,\boldsymbol{v}_2,\boldsymbol{v}_3\}$ 是 $\mathbb{R}^n$ 中向量的线性相关集，并且 $\boldsymbol{v}_4\in\mathbb{R}^n$. 证明 $\{\boldsymbol{v}_1,\boldsymbol{v}_2,\boldsymbol{v}_3,\boldsymbol{v}_4\}$ 是线性相关集.

习题 1.7

在习题 1~4 中，确定向量组是否线性相关，给出理由.

1. $\begin{bmatrix}5\\1\\0\end{bmatrix},\begin{bmatrix}7\\2\\-6\end{bmatrix},\begin{bmatrix}-2\\-1\\6\end{bmatrix}$
2. $\begin{bmatrix}0\\0\\2\end{bmatrix},\begin{bmatrix}0\\5\\-8\end{bmatrix},\begin{bmatrix}-3\\4\\1\end{bmatrix}$
3. $\begin{bmatrix}1\\-3\end{bmatrix},\begin{bmatrix}-3\\6\end{bmatrix}$
4. $\begin{bmatrix}-1\\4\end{bmatrix},\begin{bmatrix}-2\\8\end{bmatrix}$

在习题 5~8 中，确定给定矩阵的各列是否构成线性无关集，给出理由.

5. $\begin{bmatrix}0&-8&5\\3&-7&4\\-1&5&-4\\1&-3&2\end{bmatrix}$
6. $\begin{bmatrix}-4&-3&0\\0&-1&4\\1&0&3\\5&4&6\end{bmatrix}$
7. $\begin{bmatrix}1&4&-3&0\\-2&-7&5&1\\-4&-5&7&5\end{bmatrix}$
8. $\begin{bmatrix}1&-3&3&-2\\-3&7&-1&2\\0&1&-4&3\end{bmatrix}$

在习题 9 和 10 中，（a）对 h 的什么值，$\boldsymbol{v}_3$ 属于 $\mathrm{Span}\{\boldsymbol{v}_1,\boldsymbol{v}_2\}$？（b）对 h 的什么值，$\{\boldsymbol{v}_1,\boldsymbol{v}_2,\boldsymbol{v}_3\}$ 线性相关？给出理由.

9. $\boldsymbol{v}_1=\begin{bmatrix}1\\-3\\2\end{bmatrix},\boldsymbol{v}_2=\begin{bmatrix}-3\\10\\-6\end{bmatrix},\boldsymbol{v}_3=\begin{bmatrix}2\\-7\\h\end{bmatrix}$
10. $\boldsymbol{v}_1=\begin{bmatrix}1\\-5\\-3\end{bmatrix},\boldsymbol{v}_2=\begin{bmatrix}-2\\10\\6\end{bmatrix},\boldsymbol{v}_3=\begin{bmatrix}2\\-10\\h\end{bmatrix}$

在习题 11~14 中，求出 h 的值，使向量组线性相关. 给出理由.

11. $\begin{bmatrix}1\\-1\\4\end{bmatrix},\begin{bmatrix}3\\-5\\7\end{bmatrix},\begin{bmatrix}-1\\5\\h\end{bmatrix}$
12. $\begin{bmatrix}2\\-4\\1\end{bmatrix},\begin{bmatrix}-6\\7\\-3\end{bmatrix},\begin{bmatrix}8\\h\\4\end{bmatrix}$
13. $\begin{bmatrix}1\\5\\-3\end{bmatrix},\begin{bmatrix}-2\\-9\\6\end{bmatrix},\begin{bmatrix}3\\h\\-9\end{bmatrix}$
14. $\begin{bmatrix}1\\-1\\3\end{bmatrix},\begin{bmatrix}-5\\7\\8\end{bmatrix},\begin{bmatrix}1\\1\\h\end{bmatrix}$

在习题 15~20 中，通过观察判断向量组是否线性无关，给出理由.

15. $\begin{bmatrix}5\\1\end{bmatrix},\begin{bmatrix}2\\8\end{bmatrix},\begin{bmatrix}1\\3\end{bmatrix},\begin{bmatrix}-1\\7\end{bmatrix}$
16. $\begin{bmatrix}4\\-2\\6\end{bmatrix},\begin{bmatrix}6\\-3\\9\end{bmatrix}$
17. $\begin{bmatrix}3\\5\\-1\end{bmatrix},\begin{bmatrix}0\\0\\0\end{bmatrix},\begin{bmatrix}-6\\5\\4\end{bmatrix}$
18. $\begin{bmatrix}4\\4\end{bmatrix},\begin{bmatrix}-1\\3\end{bmatrix},\begin{bmatrix}2\\5\end{bmatrix},\begin{bmatrix}8\\1\end{bmatrix}$
19. $\begin{bmatrix}-8\\12\\-4\end{bmatrix},\begin{bmatrix}2\\-3\\-1\end{bmatrix}$
20. $\begin{bmatrix}1\\4\\-7\end{bmatrix},\begin{bmatrix}-2\\5\\3\end{bmatrix},\begin{bmatrix}0\\0\\0\end{bmatrix}$

在习题 21~28 中，判断每个命题的真假(T/F). 仔细读题，说明你的理由.

21. (T/F)若方程 $A\boldsymbol{x}=\boldsymbol{0}$ 有平凡解，则矩阵 A 的各列线性无关.

22. (T/F)两个向量是线性相关的当且仅当它们位于过原点的一条直线上.

23. (T/F)若 S 是线性相关向量组，则 S 中每个向量是其余向量的线性组合.

24. (T/F)某个向量组包含的向量个数少于每个向量中元素的个数.则这个向量组线性无关.

25. (T/F)任意 4×5 矩阵的列向量组线性相关.

26. (T/F)若 $\boldsymbol{x}$ 和 $\boldsymbol{y}$ 线性无关，而 $\boldsymbol{z}$ 属于 $\text{Span}\{\boldsymbol{x},\boldsymbol{y}\}$，则 $\{\boldsymbol{x},\boldsymbol{y},\boldsymbol{z}\}$ 线性相关.

27. (T/F)若 $\boldsymbol{x}$ 和 $\boldsymbol{y}$ 线性无关，而 $\{\boldsymbol{x},\boldsymbol{y},\boldsymbol{z}\}$ 线性相关，则 $\boldsymbol{z}$ 属于 $\text{Span}\{\boldsymbol{x},\boldsymbol{y}\}$.

28. (T/F)若 $\mathbb{R}^n$ 中的一个向量组线性相关，则此向量组包含的向量个数大于每个向量元素的个数.

习题 29~32 中，给出矩阵可能的阶梯形. 使用 1.2 节例 1 中的记号.

29. A 是 3×3 矩阵，各列线性无关.

30. A 是 2×2 矩阵，两列线性相关.

31. A 是 4×2 矩阵，$A=[\boldsymbol{a}_1 \quad \boldsymbol{a}_2]$，$\boldsymbol{a}_2$ 不是 $\boldsymbol{a}_1$ 的倍数.

32. A 是 4×3 矩阵，$A=[\boldsymbol{a}_1 \quad \boldsymbol{a}_2 \quad \boldsymbol{a}_3]$，$\{\boldsymbol{a}_1,\boldsymbol{a}_2\}$ 线性无关，$\boldsymbol{a}_3$ 不属于 $\text{Span}\{\boldsymbol{a}_1,\boldsymbol{a}_2\}$.

33. 一 7×5 矩阵如果各列线性无关，则它有多少个主元列？为什么？

34. 一 5×7 矩阵如果其列生成 $\mathbb{R}^5$，则它有多少个主元列？为什么？

35. 构造 3×2 矩阵 A 和 B，使 $A\boldsymbol{x}=\boldsymbol{0}$ 仅有平凡解，$B\boldsymbol{x}=\boldsymbol{0}$ 有非平凡解.

36. a. 填空："若 A 是 $m\times n$ 矩阵，则 A 的各列线性无关，当且仅当 A 有________个主元列."

b. 说明命题（a）为什么是真的.

习题 37~38 中，不使用行变换求解.（提示：将 $A\boldsymbol{x}=\boldsymbol{0}$ 写成向量方程.）

37. 给定 $A=\begin{bmatrix} 2 & 3 & 5 \\ -5 & 1 & -4 \\ -3 & -1 & -4 \\ 1 & 0 & 1 \end{bmatrix}$，观察到第 3 列是前两列之和. 求出 $A\boldsymbol{x}=\boldsymbol{0}$ 的一个非平凡解.

38. 给定 $A=\begin{bmatrix} 4 & 1 & 6 \\ -7 & 5 & 3 \\ 9 & -3 & 3 \end{bmatrix}$，观察到第 1 列加上第 2 列的两倍等于第 3 列. 求 $A\boldsymbol{x}=\boldsymbol{0}$ 的一个非平凡解.

习题 39~44 的每个命题是（在任何情形下）真或（至少一种情形下）假. 若是假，举例说明该命题不是永远为真. 这样的例子称为该命题的一个*反例*. 若是真，给出理由（一个特例不能说明该命题总是真的）. 这里你必须做比习题 21~28 更多的工作.

39.（T/F-C）若 $\boldsymbol{v}_1,\boldsymbol{v}_2,\boldsymbol{v}_3,\boldsymbol{v}_4$ 属于 $\mathbb{R}^4$，$\boldsymbol{v}_3=2\boldsymbol{v}_1+\boldsymbol{v}_2$，则 $\{\boldsymbol{v}_1,\boldsymbol{v}_2,\boldsymbol{v}_3,\boldsymbol{v}_4\}$ 线性相关.

40.（T/F-C）若 $\boldsymbol{v}_1,\boldsymbol{v}_2,\boldsymbol{v}_3,\boldsymbol{v}_4$ 属于 $\mathbb{R}^4$，且 $\boldsymbol{v}_3=\boldsymbol{0}$，则 $\{\boldsymbol{v}_1,\boldsymbol{v}_2,\boldsymbol{v}_3,\boldsymbol{v}_4\}$ 线性相关.

41.（T/F-C）若 $\boldsymbol{v}_1$ 与 $\boldsymbol{v}_2$ 属于 $\mathbb{R}^4$，$\boldsymbol{v}_2$ 不是 $\boldsymbol{v}_1$ 的倍数，则 $\{\boldsymbol{v}_1,\boldsymbol{v}_2\}$ 线性无关.

42.（T/F-C）若 $\boldsymbol{v}_1,\boldsymbol{v}_2,\boldsymbol{v}_3,\boldsymbol{v}_4$ 属于 $\mathbb{R}^4$，而 $\boldsymbol{v}_3$ 不是 $\boldsymbol{v}_1,\boldsymbol{v}_2,\boldsymbol{v}_4$ 的线性组合，则 $\{\boldsymbol{v}_1,\boldsymbol{v}_2,\boldsymbol{v}_3,\boldsymbol{v}_4\}$ 线性无关.

43.（T/F-C）若 $\boldsymbol{v}_1,\boldsymbol{v}_2,\boldsymbol{v}_3,\boldsymbol{v}_4$ 属于 $\mathbb{R}^4$，$\{\boldsymbol{v}_1,\boldsymbol{v}_2,\boldsymbol{v}_3\}$ 线性相关，则 $\{\boldsymbol{v}_1,\boldsymbol{v}_2,\boldsymbol{v}_3,\boldsymbol{v}_4\}$ 也线性相关.

44.（T/F-C）若 $\boldsymbol{v}_1,\cdots,\boldsymbol{v}_4$ 是 $\mathbb{R}^4$ 中线性无关向量，则 $\{\boldsymbol{v}_1,\boldsymbol{v}_2,\boldsymbol{v}_3\}$ 也线性无关.（提示：考虑方程 $x_1\boldsymbol{v}_1+x_2\boldsymbol{v}_2+x_3\boldsymbol{v}_3+0\cdot\boldsymbol{v}_4=\boldsymbol{0}$.）

45. 设 A 是 $m\times n$ 矩阵，且对 $\mathbb{R}^m$ 中所有 $\boldsymbol{b}$，方程 $A\boldsymbol{x}=\boldsymbol{b}$ 至多只有一个解. 应用线性无关的定义说明 A 的各列必定线性无关.

46. 设 $m\times n$ 矩阵 A 有 n 个主元列. 说明为什么对 $\mathbb{R}^m$ 中每个 $\boldsymbol{b}$，方程 $A\boldsymbol{x}=\boldsymbol{b}$ 至多有一个解.（提示：说明为什么 $A\boldsymbol{x}=\boldsymbol{b}$ 不能有无穷多个解.）

[M]习题 47 和 48 中，用 A 中尽可能多的列构造矩阵 B，使方程 $B\boldsymbol{x}=\boldsymbol{0}$ 仅有平凡解. 解方程 $B\boldsymbol{x}=\boldsymbol{0}$ 来证明你的结论.

47. $A=\begin{bmatrix} 8 & -3 & 0 & -7 & 2 \\ -9 & 4 & 5 & 11 & -7 \\ 6 & -2 & 2 & -4 & 4 \\ 5 & -1 & 7 & 0 & 10 \end{bmatrix}$

48. $A=\begin{bmatrix}12 & 10 & -6 & -3 & 7 & 10\\ -7 & -6 & 4 & 7 & -9 & 5\\ 9 & 9 & -9 & -5 & 5 & -1\\ -4 & -3 & 1 & 6 & -8 & 9\\ 8 & 7 & -5 & -9 & 11 & -8\end{bmatrix}$

49. [M]对习题 47 中的矩阵 $\boldsymbol{A}$ 和 $\boldsymbol{B}$，选择 $\boldsymbol{A}$ 中未在 $\boldsymbol{B}$ 的构造中使用的列 $\boldsymbol{v}$，确定 $\boldsymbol{v}$ 是否属于 $\boldsymbol{B}$ 的各列所生成的集（说明你的计算）.

50. [M]对习题 49 中的矩阵 $\boldsymbol{A}$ 和 $\boldsymbol{B}$ 重复习题 48 中的工作，说明你发现了什么.

练习题答案

1. a. 是，每一种情况下，任一个向量都不是另一个的倍数. 所以每个向量组都线性无关.
   b. 否，(a) 中的观察并不说明 $\{\boldsymbol{u},\boldsymbol{v},\boldsymbol{w},\boldsymbol{z}\}$ 线性无关.
   c. 否，检验线性无关性时，去检验某个特定向量是否是其他向量的线性组合不是好方法. 有可能某一向量不是其他向量的线性组合而整个向量组仍然线性相关. 本题中，$\boldsymbol{w}$ 不是 $\boldsymbol{u},\boldsymbol{v},\boldsymbol{z}$ 的线性组合.
   d. 是，由定理 8，向量个数（4）超过元素的个数（3）.

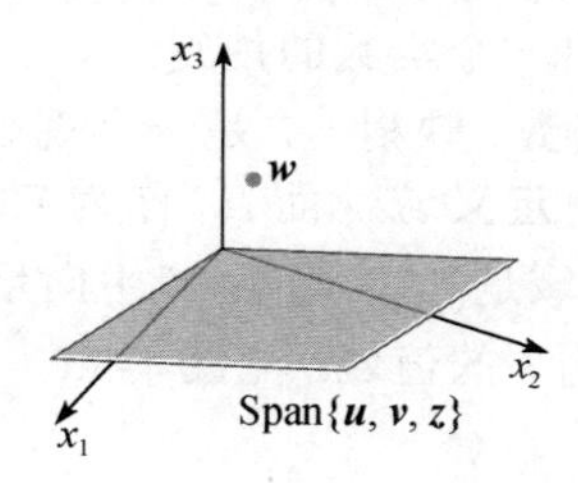

2. 对集合 $\{\boldsymbol{v}_1,\boldsymbol{v}_2,\boldsymbol{v}_3\}$ 应用线性相关的定义意味着存在非零标量 c_1,c_2,c_3，使得 $c_1\boldsymbol{v}_1+c_2\boldsymbol{v}_2+c_3\boldsymbol{v}_3=0$. 添加 $0\boldsymbol{v}_4=\boldsymbol{0}$ 到方程两边.

$$c_1\boldsymbol{v}_1+c_2\boldsymbol{v}_2+c_3\boldsymbol{v}_3+0\boldsymbol{v}_4=\boldsymbol{0}$$

因为 c_1,c_2,c_3 和 0 不全为零，所以 $\{\boldsymbol{v}_1,\boldsymbol{v}_2,\boldsymbol{v}_3,\boldsymbol{v}_4\}$ 满足线性相关集的定义.

1.8　线性变换简介

矩阵方程 $A\boldsymbol{x}=\boldsymbol{b}$ 和对应的向量方程 $x_1\boldsymbol{a}_1+x_2\boldsymbol{a}_2+\cdots+x_n\boldsymbol{a}_n=\boldsymbol{b}$ 之间的差别仅仅是记号上的不同. 然而，矩阵方程 $A\boldsymbol{x}=\boldsymbol{b}$ 出现在线性代数和应用（例如计算机图形、信号传递等）中并不仅仅是直接与向量的线性组合问题有关. 通常的情况是把矩阵 A 当作一种对象，它通过乘法"作用"于向量 $\boldsymbol{x}$，产生的新向量称为 $A\boldsymbol{x}$.

例如，方程

$$\underset{\uparrow\atop A}{\begin{bmatrix}4 & -3 & 1 & 3\\ 2 & 0 & 5 & 1\end{bmatrix}}\underset{\uparrow\atop \boldsymbol{x}}{\begin{bmatrix}1\\1\\1\\1\end{bmatrix}}=\underset{\uparrow\atop \boldsymbol{b}}{\begin{bmatrix}5\\8\end{bmatrix}}\text{和}\underset{\uparrow\atop A}{\begin{bmatrix}4 & -3 & 1 & 3\\ 2 & 0 & 5 & 1\end{bmatrix}}\underset{\uparrow\atop \boldsymbol{u}}{\begin{bmatrix}1\\4\\-1\\3\end{bmatrix}}=\underset{\uparrow\atop \boldsymbol{0}}{\begin{bmatrix}0\\0\end{bmatrix}}$$

乘以矩阵 $\boldsymbol{A}$ 后，将 $\boldsymbol{x}$ 变成 $\boldsymbol{b}$，将 $\boldsymbol{u}$ 变成零向量，见图 1-34.

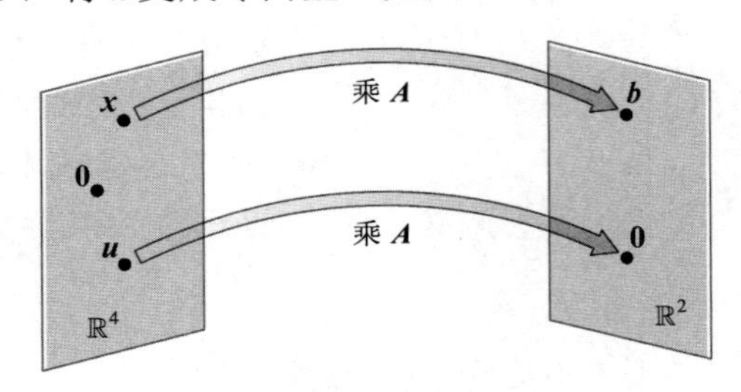

图 1-34 通过矩阵乘法变换向量

由这个新观点，解方程 $\boldsymbol{Ax}=\boldsymbol{b}$ 就是要求出 $\mathbb{R}^4$ 中所有经过乘以 $\boldsymbol{A}$ 的“作用”后变为 $\mathbb{R}^2$ 中 $\boldsymbol{b}$ 的向量 $\boldsymbol{x}$.

由 $\boldsymbol{x}$ 到 $\boldsymbol{Ax}$ 的对应是由一个向量集到另一个向量集的函数. 这个概念推广了通常的函数概念，通常的函数是把一个实数变为另一个实数的规则.

由 $\mathbb{R}^n$ 到 $\mathbb{R}^m$ 的一个**变换**（或称**函数**、**映射**）T 是一个规则，它把 $\mathbb{R}^n$ 中每个向量 x 对应以 $\mathbb{R}^m$ 中的一个向量 $T(\boldsymbol{x})$. 集 $\mathbb{R}^n$ 称为 T 的**定义域**，而 $\mathbb{R}^m$ 称为 T 的**上域**（或取值空间）. 符号 $T:\mathbb{R}^n\to\mathbb{R}^m$ 说明 T 的定义域是 $\mathbb{R}^n$ 而上域是 $\mathbb{R}^m$. 对于 $\mathbb{R}^n$ 中向量 $\boldsymbol{x}$，$\mathbb{R}^m$ 中向量 $T(\boldsymbol{x})$ 称为 $\boldsymbol{x}$（在 T 作用下）的**像**. 所有像 $T(\boldsymbol{x})$ 的集合称为 T 的**值域**. 见图 1-35.

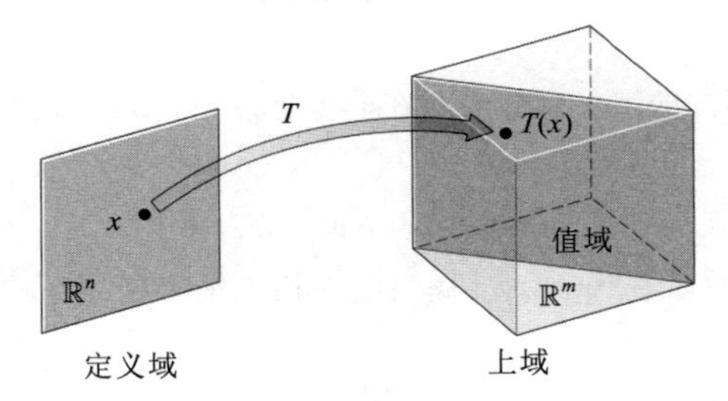

图 1-35 $T:\mathbb{R}^n\to\mathbb{R}^m$ 的定义域、上域和值域

本节的新名词是非常重要的，因为矩阵乘法的动态观点对理解线性代数和建立时变物理系统的数学模型起着关键作用. 这样的动力系统将在 1.10 节、4.8 节、4.9 节以及第 5 章进行讨论.

矩阵变换

本节余下的内容研究有关矩阵乘法的映射. 对 $\mathbb{R}^n$ 中每个 $\boldsymbol{x}$，$T(\boldsymbol{x})$ 由 $\boldsymbol{Ax}$ 计算得到，其中 $\boldsymbol{A}$ 是 $m\times n$ 矩阵. 为简单起见，有时将这样一个矩阵变换记为 $\boldsymbol{x}\to\boldsymbol{Ax}$. 注意当 $\boldsymbol{A}$ 有 n 列时，T 的定义域为 $\mathbb{R}^n$，而当 $\boldsymbol{A}$ 的每个列有 m 个元素时，T 的上域为 $\mathbb{R}^m$. T 的值域为 $\boldsymbol{A}$ 的列的所有线性组合的集合，因为每个像 $T(\boldsymbol{x})$ 有 $\boldsymbol{Ax}$ 的形式.

例 1 设 $\boldsymbol{A}=\begin{bmatrix}1&-3\\3&5\\-1&7\end{bmatrix},\boldsymbol{u}=\begin{bmatrix}2\\-1\end{bmatrix},\boldsymbol{b}=\begin{bmatrix}3\\2\\-5\end{bmatrix},\boldsymbol{c}=\begin{bmatrix}3\\2\\5\end{bmatrix}$，定义变换 $T:\mathbb{R}^2\to\mathbb{R}^3$ 为 $T(\boldsymbol{x})=\boldsymbol{Ax}$，于是

$$T(\boldsymbol{x}) = A\boldsymbol{x} = \begin{bmatrix} 1 & -3 \\ 3 & 5 \\ -1 & 7 \end{bmatrix} \begin{bmatrix} x_1 \\ x_2 \end{bmatrix} = \begin{bmatrix} x_1 - 3x_2 \\ 3x_1 + 5x_2 \\ -x_1 + 7x_2 \end{bmatrix}$$

a. 求 $\boldsymbol{u}$ 在变换 T 下的像 $T(\boldsymbol{u})$.

b. 求 $\mathbb{R}^2$ 中的向量 $\boldsymbol{x}$，使它在 T 下的像是向量 $\boldsymbol{b}$.

c. 是否有其他向量在 T 下的像也是 $\boldsymbol{b}$？

d. 确定 $\boldsymbol{c}$ 是否属于变换 T 的值域.

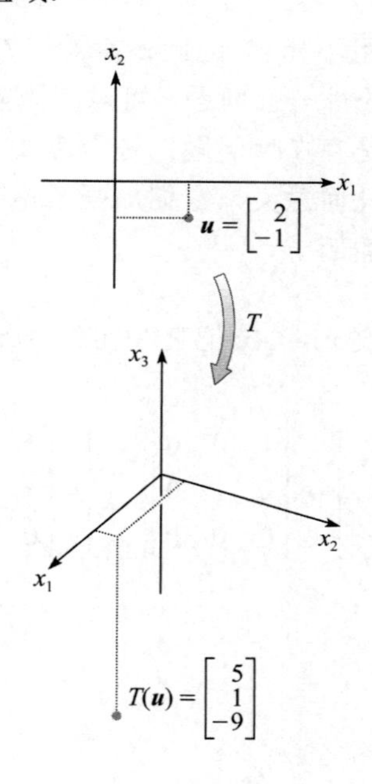

解　a. 计算

$$T(\boldsymbol{u}) = A\boldsymbol{u} = \begin{bmatrix} 1 & -3 \\ 3 & 5 \\ -1 & 7 \end{bmatrix} \begin{bmatrix} 2 \\ -1 \end{bmatrix} = \begin{bmatrix} 5 \\ 1 \\ -9 \end{bmatrix}$$

b. 解 $T(\boldsymbol{x}) = \boldsymbol{b}$，即解 $A\boldsymbol{x} = \boldsymbol{b}$，或

$$\begin{bmatrix} 1 & -3 \\ 3 & 5 \\ -1 & 7 \end{bmatrix} \begin{bmatrix} x_1 \\ x_2 \end{bmatrix} = \begin{bmatrix} 3 \\ 2 \\ -5 \end{bmatrix} \tag{1}$$

应用 1.4 节的方法，把增广矩阵进行行化简：

$$\begin{bmatrix} 1 & -3 & 3 \\ 3 & 5 & 2 \\ -1 & 7 & -5 \end{bmatrix} \sim \begin{bmatrix} 1 & -3 & 3 \\ 0 & 14 & -7 \\ 0 & 4 & -2 \end{bmatrix} \sim \begin{bmatrix} 1 & -3 & 3 \\ 0 & 1 & -0.5 \\ 0 & 0 & 0 \end{bmatrix} \sim \begin{bmatrix} 1 & 0 & 1.5 \\ 0 & 1 & -0.5 \\ 0 & 0 & 0 \end{bmatrix} \tag{2}$$

因此 $x_1 = 1.5, x_2 = -0.5, \boldsymbol{x} = \begin{bmatrix} 1.5 \\ -0.5 \end{bmatrix}$，这个向量 $\boldsymbol{x}$ 在 T 下的像是给定的向量 $\boldsymbol{b}$.

c. 对任意 $\boldsymbol{x}$，若它在 T 下的像是 $\boldsymbol{b}$，它必满足（1）. 由（2）知方程（1）的解是唯一的，所以仅有一个 $\boldsymbol{x}$ 使它的像是 $\boldsymbol{b}$.

d. 若向量 $\boldsymbol{c}$ 是 $\mathbb{R}^2$ 中某个 $\boldsymbol{x}$ 在 T 下的像，则它属于 T 的值域，也就是说，对某个 $\boldsymbol{x}$，$\boldsymbol{c}=T(\boldsymbol{x})$. 这就是说，要问方程组 $A\boldsymbol{x}=\boldsymbol{c}$ 是否相容. 为找出答案，把增广矩阵进行行化简：

$$\begin{bmatrix}1&-3&3\\3&5&2\\-1&7&5\end{bmatrix}\sim\begin{bmatrix}1&-3&3\\0&14&-7\\0&4&8\end{bmatrix}\sim\begin{bmatrix}1&-3&3\\0&1&2\\0&14&-7\end{bmatrix}\sim\begin{bmatrix}1&-3&3\\0&1&2\\0&0&-35\end{bmatrix}$$

第 3 个方程是 $0=-35$，说明方程组不相容，因此 $\boldsymbol{c}$ 不属于 T 的值域. ■

例 1 中 c 的问题是线性方程组的唯一性问题，可以用矩阵变换的语言表述：$\boldsymbol{b}$ 是否是 $\mathbb{R}^n$ 中唯一的 $\boldsymbol{x}$ 的像？类似地，例 1 中 d 是存在性问题：是否存在 $\mathbb{R}^n$ 中的 $\boldsymbol{x}$ 使它的像为 $\boldsymbol{c}$？

下面两个矩阵变换有很明确的几何意义，它们加强了矩阵作为向量变换的动态观点. 2.7 节包含了其他有关计算机图形学的有趣例子.

例 2　若 $A=\begin{bmatrix}1&0&0\\0&1&0\\0&0&0\end{bmatrix}$，则变换 $\boldsymbol{x}\mapsto A\boldsymbol{x}$ 把 $\mathbb{R}^3$ 中的点投影到 x_1x_2 坐标平面上，因为

$$\begin{bmatrix}x_1\\x_2\\x_3\end{bmatrix}\mapsto\begin{bmatrix}1&0&0\\0&1&0\\0&0&0\end{bmatrix}\begin{bmatrix}x_1\\x_2\\x_3\end{bmatrix}=\begin{bmatrix}x_1\\x_2\\0\end{bmatrix}$$

见图 1-36.

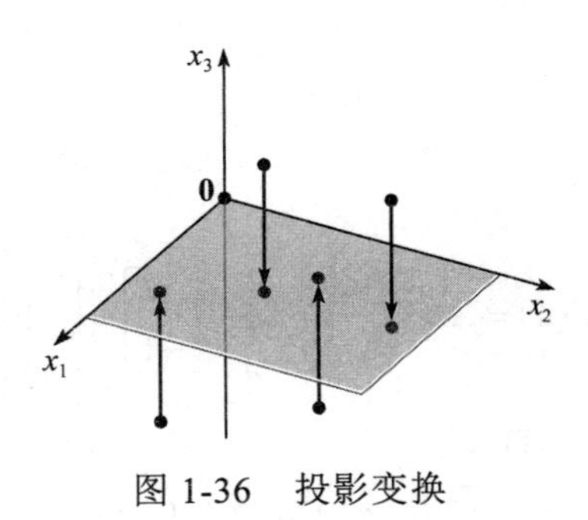

图 1-36　投影变换 ■

例 3　设 $A=\begin{bmatrix}1&2\\0&1\end{bmatrix}$，变换 $T:\mathbb{R}^2\to\mathbb{R}^2$ 定义为 $T(\boldsymbol{x})=A\boldsymbol{x}$，称为**剪切变换**. 可以说明，若 T 作用于图 1-37 的 2×2 正方形的各点，则像的集构成带阴影的平行四边形. 关键的思想是证明 T 将线段映射成为线段（如习题 35 所示），然后验证正方形的 4 个顶点映射成平行四边形的 4 个顶点. 例如，点 $\boldsymbol{u}=\begin{bmatrix}0\\2\end{bmatrix}$ 的像为 $T(\boldsymbol{u})=\begin{bmatrix}1&2\\0&1\end{bmatrix}\begin{bmatrix}0\\2\end{bmatrix}=\begin{bmatrix}4\\2\end{bmatrix}$，$\begin{bmatrix}2\\2\end{bmatrix}$ 的像为 $\begin{bmatrix}1&2\\0&1\end{bmatrix}\begin{bmatrix}2\\2\end{bmatrix}=\begin{bmatrix}6\\2\end{bmatrix}$. T 将正方形变形，正方形的底保持不变，而正方形的顶拉向右边. 剪切变换出现在物理学、地质学与晶体学中.

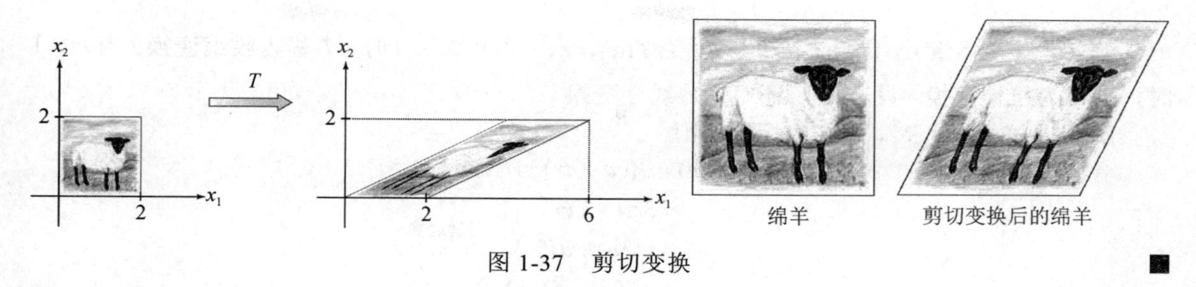

图 1-37 剪切变换 ■

线性变换

1.4 节定理 5 表明，若 $\boldsymbol{A}$ 是 $m\times n$ 矩阵，则变换 $\boldsymbol{x}\mapsto\boldsymbol{A}\boldsymbol{x}$ 有以下性质：

$$\boldsymbol{A}(\boldsymbol{u}+\boldsymbol{v})=\boldsymbol{A}\boldsymbol{u}+\boldsymbol{A}\boldsymbol{v},\ \boldsymbol{A}(c\boldsymbol{u})=c\boldsymbol{A}\boldsymbol{u}$$

$\boldsymbol{u},\boldsymbol{v}$ 是 $\mathbb{R}^n$ 中任意向量，c 是任意标量. 这些性质若用函数记号来表示，就得到线性代数中最重要的一类变换.

定义 变换（或映射）T 称为**线性**的，若

（i）对 T 的定义域中一切 $\boldsymbol{u},\boldsymbol{v}$，$T(\boldsymbol{u}+\boldsymbol{v})=T(\boldsymbol{u})+T(\boldsymbol{v})$.

（ii）对 T 的定义域中一切 $\boldsymbol{u}$ 和标量 c，$T(c\boldsymbol{u})=cT(\boldsymbol{u})$.

每个矩阵变换都是线性变换. 非矩阵变换的线性变换的重要例子将在第 4、5 章中讨论.

线性变换保持向量的加法运算与标量乘法运算. 性质（i）说明先将 $\mathbb{R}^n$ 中的 $\boldsymbol{u}$ 和 $\boldsymbol{v}$ 相加然后再作用以 T 的结果 $T(\boldsymbol{u}+\boldsymbol{v})$ 等于先把 T 作用于 $\boldsymbol{u}$ 和 $\boldsymbol{v}$ 然后将 $\mathbb{R}^m$ 中的 $T(\boldsymbol{u})$ 和 $T(\boldsymbol{v})$ 相加. 由这两个性质容易推出下列性质：

> 若 T 是线性变换，则
>
> $$T(\mathbf{0})=\mathbf{0} \tag{3}$$
>
> 且对 T 的定义域中一切向量 $\boldsymbol{u}$ 和 $\boldsymbol{v}$ 以及标量 c 和 d 有：
>
> $$T(c\boldsymbol{u}+d\boldsymbol{v})=cT(\boldsymbol{u})+dT(\boldsymbol{v}) \tag{4}$$

性质（3）式由定义中的条件（ii）得出，因 $T(\mathbf{0})=T(0\boldsymbol{u})=0T(\boldsymbol{u})=\mathbf{0}$.性质（4）由（i）和（ii）推出：

$$T(c\boldsymbol{u}+d\boldsymbol{v})=T(c\boldsymbol{u})+T(d\boldsymbol{v})=cT(\boldsymbol{u})+dT(\boldsymbol{v})$$

对于所有 $\boldsymbol{u},\boldsymbol{v}$ 和 c,d，若一个变换满足（4），它必是线性的.（取 $c=d=1$ 可得（i），取 $d=0$ 可得（ii）.） 重复应用（4）式得出有用的推广：

$$T(c_1\boldsymbol{v}_1+c_2\boldsymbol{v}_2+\cdots+c_p\boldsymbol{v}_p)=c_1T(\boldsymbol{v}_1)+c_2T(\boldsymbol{v}_2)+\cdots+c_pT(\boldsymbol{v}_p) \tag{5}$$

在工程和物理中，（5）式称为叠加原理. 设想 $\boldsymbol{v}_1,\boldsymbol{v}_2,\cdots,\boldsymbol{v}_p$ 为进入某个系统的信号，$T(\boldsymbol{v}_1),T(\boldsymbol{v}_2),\cdots,T(\boldsymbol{v}_p)$ 为系统对这些信号的响应. 系统满足叠加原理，若某一输入可表示为这些信号的线性组合，则系统的响应是对各个信号的响应的同样的线性组合. 我们将在第 4 章研究这一思想.

例 4　给定标量 r，定义 $T:\mathbb{R}^2 \to \mathbb{R}^2$ 为 $T(\boldsymbol{x}) = r\boldsymbol{x}$. 当 $0 \leqslant r \leqslant 1$ 时，T 称为**收缩变换**；当 $r > 1$ 时，T 称为**拉伸变换**. 设 $r=3$，证明 T 是线性变换.

解　设 $\boldsymbol{u},\boldsymbol{v}$ 属于 $\mathbb{R}^2$，c,d 为标量，则

$$\begin{aligned} T(c\boldsymbol{u}+d\boldsymbol{v}) &= 3(c\boldsymbol{u}+d\boldsymbol{v}) && T\text{ 的定义} \\ &= 3c\boldsymbol{u}+3d\boldsymbol{v} && \\ &= c(3\boldsymbol{u})+d(3\boldsymbol{v}) && \text{向量运算} \\ &= cT(\boldsymbol{u})+dT(\boldsymbol{v}) \end{aligned}$$

因满足（4）式，于是 T 是线性变换. 见图 1-38.

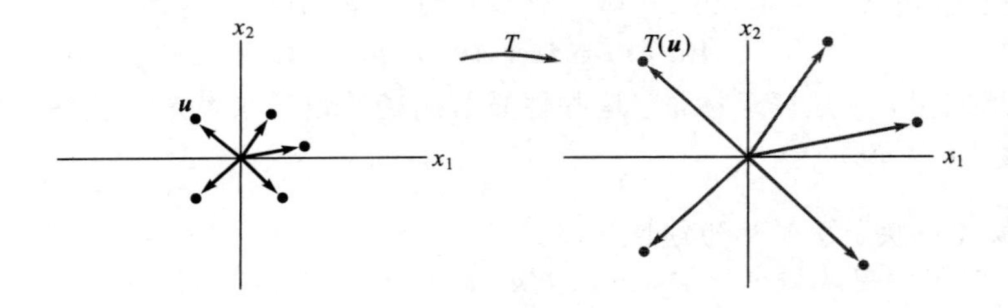

图 1-38　拉伸变换　■

例 5　定义线性变换 $T:\mathbb{R}^2 \to \mathbb{R}^2$ 为

$$T(\boldsymbol{x}) = \begin{bmatrix} 0 & -1 \\ 1 & 0 \end{bmatrix} \begin{bmatrix} x_1 \\ x_2 \end{bmatrix} = \begin{bmatrix} -x_2 \\ x_1 \end{bmatrix}$$

求出 $\boldsymbol{u} = \begin{bmatrix} 4 \\ 1 \end{bmatrix}, \boldsymbol{v} = \begin{bmatrix} 2 \\ 3 \end{bmatrix}$ 和 $\boldsymbol{u}+\boldsymbol{v} = \begin{bmatrix} 6 \\ 4 \end{bmatrix}$ 在 T 下的像.

解

$$T(\boldsymbol{u}) = \begin{bmatrix} 0 & -1 \\ 1 & 0 \end{bmatrix} \begin{bmatrix} 4 \\ 1 \end{bmatrix} = \begin{bmatrix} -1 \\ 4 \end{bmatrix}, T(\boldsymbol{v}) = \begin{bmatrix} 0 & -1 \\ 1 & 0 \end{bmatrix} \begin{bmatrix} 2 \\ 3 \end{bmatrix} = \begin{bmatrix} -3 \\ 2 \end{bmatrix}, T(\boldsymbol{u}+\boldsymbol{v}) = \begin{bmatrix} 0 & -1 \\ 1 & 0 \end{bmatrix} \begin{bmatrix} 6 \\ 4 \end{bmatrix} = \begin{bmatrix} -4 \\ 6 \end{bmatrix}$$

注意 $T(\boldsymbol{u}+\boldsymbol{v})$ 等于 $T(\boldsymbol{u})+T(\boldsymbol{v})$. 由图 1-39 可知，$T$ 把 $\boldsymbol{u},\boldsymbol{v}$ 和 $\boldsymbol{u}+\boldsymbol{v}$ 绕原点逆时针旋转 90°. 事实上，T 把由 $\boldsymbol{u}$ 和 $\boldsymbol{v}$ 确定的平行四边形变换成由 $T(\boldsymbol{u}),T(\boldsymbol{v})$ 确定的平行四边形（见习题 36）.

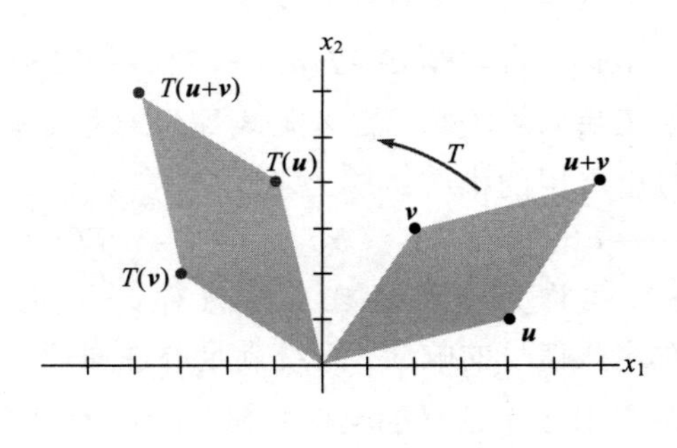

图 1-39　旋转变换　■

最后的例子不是几何的，它说明线性变换如何把某一类型的数据变成另一种类型的数据.

例 6 某公司生产两种产品 B 和 C. 使用 1.3 节例 7 中的数据，我们构造“单位成本”矩阵 $\boldsymbol{U}=[\boldsymbol{b}\quad \boldsymbol{c}]$，它的各列描述“每美元产出成本”：

$$\begin{matrix} & \text{产品 B} & \text{产品 C} & \\ \boldsymbol{U}= & \left[\begin{matrix} 0.45 \\ 0.25 \\ 0.15 \end{matrix}\right. & \left.\begin{matrix} 0.40 \\ 0.30 \\ 0.15 \end{matrix}\right] & \begin{matrix} \text{材料} \\ \text{劳动} \\ \text{管理} \end{matrix} \end{matrix}$$

设 $\boldsymbol{x}=(x_1,x_2)$ 为“产出”向量，对应于产品 B 的 x_1 美元及产品 C 的 x_2 美元，定义 $T:\mathbb{R}^2\to\mathbb{R}^3$ 为

$$T(\boldsymbol{x})=\boldsymbol{U}\boldsymbol{x}=x_1\begin{bmatrix}0.45\\0.25\\0.15\end{bmatrix}+x_2\begin{bmatrix}0.40\\0.30\\0.15\end{bmatrix}=\begin{bmatrix}\text{材料总成本}\\\text{劳动总成本}\\\text{管理总成本}\end{bmatrix}$$

变换 T 将一列产出数量（以美元计算）变换为一列总成本. 该变换是线性的，体现在两方面：

1．若产量增加 4 倍，由 $\boldsymbol{x}$ 增加到 $4\boldsymbol{x}$，则成本也乘以同一因子，由 $T(\boldsymbol{x})$ 增加到 $4T(\boldsymbol{x})$.

2．若 $\boldsymbol{x}$ 和 $\boldsymbol{y}$ 为产出向量，则对应于产出向量 $\boldsymbol{x}+\boldsymbol{y}$ 的总成本恰好等于成本向量 $T(\boldsymbol{x})$ 和 $T(\boldsymbol{y})$ 之和. ■

练习题

1. 设 $T:\mathbb{R}^5\to\mathbb{R}^2, T(\boldsymbol{x})=\boldsymbol{A}\boldsymbol{x}, \boldsymbol{A}$ 为某个矩阵，$\boldsymbol{x}$ 属于 $\mathbb{R}^5$，$\boldsymbol{A}$ 应有几行几列？
2. 设 $\boldsymbol{A}=\begin{bmatrix}1&0\\0&-1\end{bmatrix}$，给出变换 $\boldsymbol{x}\mapsto\boldsymbol{A}\boldsymbol{x}$ 的几何解释.
3. 由 $\boldsymbol{0}$ 到向量 $\boldsymbol{u}$ 的线段是形如 $t\boldsymbol{u}$ 的点的集合，其中 $0\leqslant t\leqslant 1$. 证明线性变换 T 把这个线段变为 $\boldsymbol{0}$ 到 $T(\boldsymbol{u})$ 的线段.

习题 1.8

1. 设 $\boldsymbol{A}=\begin{bmatrix}2&0\\0&2\end{bmatrix}$，定义 $T:\mathbb{R}^2\to\mathbb{R}^2$ 为 $T(\boldsymbol{x})=\boldsymbol{A}\boldsymbol{x}$，求出 $\boldsymbol{u}=\begin{bmatrix}1\\-3\end{bmatrix}$ 与 $\boldsymbol{v}=\begin{bmatrix}a\\b\end{bmatrix}$ 在 T 下的像.
2. 设 $\boldsymbol{A}=\begin{bmatrix}\frac{1}{2}&0&0\\0&\frac{1}{2}&0\\0&0&\frac{1}{2}\end{bmatrix}, \boldsymbol{u}=\begin{bmatrix}1\\0\\-4\end{bmatrix}, \boldsymbol{v}=\begin{bmatrix}a\\b\\c\end{bmatrix}$，定义 $T:\mathbb{R}^3\to\mathbb{R}^3$ 为 $T(\boldsymbol{x})=\boldsymbol{A}\boldsymbol{x}$，求 $T(\boldsymbol{u})$ 和 $T(\boldsymbol{v})$.

在习题 3~6 中，定义 $T(\boldsymbol{x})=\boldsymbol{A}\boldsymbol{x}$，求出向量 $\boldsymbol{x}$ 使它在 T 下的像为 $\boldsymbol{b}$，并判断 $\boldsymbol{x}$ 是否唯一.

3. $\boldsymbol{A}=\begin{bmatrix}1&0&-2\\-2&1&6\\3&-2&-5\end{bmatrix}, \boldsymbol{b}=\begin{bmatrix}-1\\7\\-3\end{bmatrix}$
4. $\boldsymbol{A}=\begin{bmatrix}1&-3&2\\0&1&-4\\3&-5&-9\end{bmatrix}, \boldsymbol{b}=\begin{bmatrix}6\\-7\\-9\end{bmatrix}$
5. $\boldsymbol{A}=\begin{bmatrix}1&-5&-7\\-3&7&5\end{bmatrix}, \boldsymbol{b}=\begin{bmatrix}-2\\-2\end{bmatrix}$
6. $\boldsymbol{A}=\begin{bmatrix}1&-2&1\\3&-4&5\\0&1&1\\-3&5&-4\end{bmatrix}, \boldsymbol{b}=\begin{bmatrix}1\\9\\3\\-6\end{bmatrix}$

7. 设 A 是 6×5 矩阵,为了定义 $T:\mathbb{R}^a\to\mathbb{R}^b$, $T(\boldsymbol{x})=A\boldsymbol{x}$, a 与 b 应为多少?

8. 为了定义从 $\mathbb{R}^4$ 到 $\mathbb{R}^5$ 的映射 $T(\boldsymbol{x})=A\boldsymbol{x}$,矩阵 A 应有几行几列?

在习题 9 和 10 中,对于给定矩阵 A,求出 $\mathbb{R}^4$ 中所有 $\boldsymbol{x}$,它在变换 $\boldsymbol{x}\mapsto A\boldsymbol{x}$ 下映射为零向量.

9. $A=\begin{bmatrix}1&-4&7&-5\\0&1&-4&3\\2&-6&6&-4\end{bmatrix}$ 10. $A=\begin{bmatrix}1&3&9&2\\1&0&3&-4\\0&1&2&3\\-2&3&0&5\end{bmatrix}$

11. 设 $\boldsymbol{b}=\begin{bmatrix}-1\\1\\0\end{bmatrix}$, A 为习题 9 中的矩阵,$\boldsymbol{b}$ 是否属于线性变换 $\boldsymbol{x}\mapsto A\boldsymbol{x}$ 的值域?为什么?

12. 设 $\boldsymbol{b}=\begin{bmatrix}-1\\3\\-1\\4\end{bmatrix}$, A 为习题 10 中的矩阵,$\boldsymbol{b}$ 是否属于线性变换 $\boldsymbol{x}\mapsto A\boldsymbol{x}$ 的值域?为什么?

在习题 13~16 中,在直角坐标系下标出向量 $\boldsymbol{u}=\begin{bmatrix}5\\2\end{bmatrix}$, $\boldsymbol{v}=\begin{bmatrix}-2\\4\end{bmatrix}$ 和它们在变换 T 下的像(每题画一个图),给出变换 T 对 $\mathbb{R}^2$ 中向量 $\boldsymbol{x}$ 的作用的几何描述.

13. $T(\boldsymbol{x})=\begin{bmatrix}-1&0\\0&-1\end{bmatrix}\begin{bmatrix}x_1\\x_2\end{bmatrix}$

14. $T(\boldsymbol{x})=\begin{bmatrix}\frac{1}{2}&0\\0&\frac{1}{2}\end{bmatrix}\begin{bmatrix}x_1\\x_2\end{bmatrix}$

15. $T(\boldsymbol{x})=\begin{bmatrix}0&0\\0&1\end{bmatrix}\begin{bmatrix}x_1\\x_2\end{bmatrix}$

16. $T(\boldsymbol{x})=\begin{bmatrix}0&1\\1&0\end{bmatrix}\begin{bmatrix}x_1\\x_2\end{bmatrix}$

17. 设 $T:\mathbb{R}^2\to\mathbb{R}^2$ 是线性变换,把 $\boldsymbol{u}=\begin{bmatrix}5\\2\end{bmatrix}$ 变为 $\begin{bmatrix}2\\1\end{bmatrix}$,把 $\boldsymbol{v}=\begin{bmatrix}1\\3\end{bmatrix}$ 变为 $\begin{bmatrix}-1\\3\end{bmatrix}$. 利用 T 是线性变换的事实求出向量 $3\boldsymbol{u}$, $2\boldsymbol{v}$, $3\boldsymbol{u}+2\boldsymbol{v}$ 在 T 下的像.

18. 下图给出向量 $\boldsymbol{u},\boldsymbol{v},\boldsymbol{w}$ 以及在线性变换 $T:\mathbb{R}^2\to\mathbb{R}^2$ 的作用下的像 $T(\boldsymbol{u})$ 和 $T(\boldsymbol{v})$. 画出 $T(\boldsymbol{w})$ 的像.(提示:首先将 $\boldsymbol{w}$ 写成 $\boldsymbol{u}$ 和 $\boldsymbol{v}$ 的线性组合.)

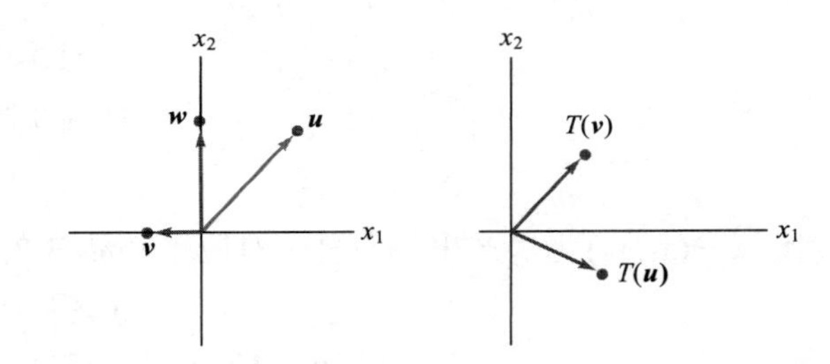

19. 设 $\boldsymbol{e}_1=\begin{bmatrix}1\\0\end{bmatrix}$, $\boldsymbol{e}_2=\begin{bmatrix}0\\1\end{bmatrix}$, $\boldsymbol{y}_1=\begin{bmatrix}2\\5\end{bmatrix}$, $\boldsymbol{y}_2=\begin{bmatrix}-1\\6\end{bmatrix}$, $T:\mathbb{R}^2\to\mathbb{R}^2$ 是线性变换,把 $\boldsymbol{e}_1$ 变为 $\boldsymbol{y}_1$,把 $\boldsymbol{e}_2$ 变为 $\boldsymbol{y}_2$. 求 $\begin{bmatrix}5\\-3\end{bmatrix}$ 和 $\begin{bmatrix}x_1\\x_2\end{bmatrix}$ 的像.

20. 设 $\boldsymbol{x}=\begin{bmatrix}x_1\\x_2\end{bmatrix}$, $\boldsymbol{v}_1=\begin{bmatrix}-2\\5\end{bmatrix}$, $\boldsymbol{v}_2=\begin{bmatrix}7\\-3\end{bmatrix}$, $T:\mathbb{R}^2\to\mathbb{R}^2$ 是线性变换,把 $\boldsymbol{x}$ 映射为 $x_1\boldsymbol{v}_1+x_2\boldsymbol{v}_2$. 求矩阵 A,使得对每个 $\boldsymbol{x}$, $T(\boldsymbol{x})=A\boldsymbol{x}$.

在习题 21~30 中,判断每个命题的真假(T/F),并说明理由.

21. (T/F)线性变换是一种特殊的函数.

22. (T/F)所有矩阵变换都是线性变换.

23. (T/F)若 A 是 3×5 矩阵,T 是由 $T(\boldsymbol{x})=A\boldsymbol{x}$ 定义的变换,则 T 的定义域是 $\mathbb{R}^3$.

24. (T/F)变换 $\boldsymbol{x}\to A\boldsymbol{x}$ 的上域是 A 的列的所有线性组合所构成的集合.

25. (T/F)若 A 是 $m\times n$ 矩阵,则线性变换 $\boldsymbol{x}\to A\boldsymbol{x}$ 的值域是 $\mathbb{R}^m$.

26. (T/F)若 $T:\mathbb{R}^n\to\mathbb{R}^m$ 是线性变换,$\boldsymbol{c}$ 在 $\mathbb{R}^m$ 中,则唯一性问题是:"$\boldsymbol{c}$ 是否在 T 的值域中?"

27. (T/F)所有线性变换都是矩阵变换.

28. (T/F)线性变换保持向量加法和标量乘法运算.

29. (T/F)变换 T 是线性的,当且仅当对任意 T 的定义域中的 $\boldsymbol{v}_1$, $\boldsymbol{v}_2$ 和所有标量 c_1, c_2 都有

$$T(c_1\boldsymbol{v}_1+c_2\boldsymbol{v}_2)=c_1T(\boldsymbol{v}_1)+c_2T(\boldsymbol{v}_2)$$

30. (T/F)叠加原理是线性变换的物理描述.

31. 设 $T:\mathbb{R}^2\to\mathbb{R}^2$ 是把点映射为它关于 x_1 轴的对称点的线性变换（参见练习题 2）. 画出类似图 1-39 的两个图，说明线性变换的性质（i）和（ii）.

32. 设向量 $\boldsymbol{v}_1,\boldsymbol{v}_2,\cdots,\boldsymbol{v}_p$ 生成 $\mathbb{R}^n$，$T:\mathbb{R}^n\to\mathbb{R}^n$ 是一线性变换，$T(\boldsymbol{v}_i)=0,\ i=1,2,\cdots,p$. 证明 T 是零变换，即若 $\boldsymbol{x}$ 是 $\mathbb{R}^n$ 中的任一向量，则 $T(\boldsymbol{x})=\boldsymbol{0}$.

33. 给定 $\mathbb{R}^n$ 中向量 $\boldsymbol{v}\neq\boldsymbol{0}$ 和 $\boldsymbol{p}$，通过 $\boldsymbol{p}$ 方向为 $\boldsymbol{v}$ 的直线有参数方程 $\boldsymbol{x}=\boldsymbol{p}+t\boldsymbol{v}$. 证明线性变换 $T:\mathbb{R}^n\to\mathbb{R}^n$ 把此直线映射到另一条直线或一点（称为*退化直线*）上.

34. 设 $\boldsymbol{u},\boldsymbol{v}$ 为 $\mathbb{R}^3$ 中线性无关向量，P 是通过 $\boldsymbol{u},\boldsymbol{v}$ 和 $\boldsymbol{0}$ 的平面，P 的参数方程为

$$\boldsymbol{x}=s\boldsymbol{u}+t\boldsymbol{v}(s,t\text{为实数}).$$

证明任意线性变换 $T:\mathbb{R}^3\to\mathbb{R}^3$ 把 P 映射到通过 $\boldsymbol{0}$ 的一个平面，或通过 $\boldsymbol{0}$ 的一条直线，或仅是 $\mathbb{R}^3$ 中的原点. 为了使平面 P 的像是平面，$T(\boldsymbol{u})$ 和 $T(\boldsymbol{v})$ 应满足什么条件？

35. a. 证明通过 $\mathbb{R}^n$ 中向量 $\boldsymbol{p}$ 和 $\boldsymbol{q}$ 的直线可写成参数方程 $\boldsymbol{x}=(1-t)\boldsymbol{p}+t\boldsymbol{q}$.（参阅 1.5 节的习题 25 和 26 中的图.）

    b. 由 $\boldsymbol{p}$ 到 $\boldsymbol{q}$ 的线段可表示为所有形如 $(1-t)\boldsymbol{p}+t\boldsymbol{q}$ $(0\leqslant t\leqslant 1)$ 的点的集合（如下图所示）. 证明任意一个线性变换 T 把此线段映射为一条线段或一个单独的点.

$(t=1)\boldsymbol{q}$　$(1-t)\boldsymbol{p}+t\boldsymbol{q}$
x
$(t=0)\ \boldsymbol{p}$

36. 设 $\boldsymbol{u}$ 和 $\boldsymbol{v}$ 是 $\mathbb{R}^n$ 中的向量，可以证明，由 $\boldsymbol{u}$ 和 $\boldsymbol{v}$ 所确定的平行四边形内所有点的集 P 可表示为 $a\boldsymbol{u}+b\boldsymbol{v},\ 0\leqslant a\leqslant 1,\ 0\leqslant b\leqslant 1$. 设 $T:\mathbb{R}^n\to\mathbb{R}^m$ 为线性变换，说明为什么 P 内一点在 T 下的像是在由 $T(\boldsymbol{u})$ 和 $T(\boldsymbol{v})$ 确定的平行四边形内.

37. 定义 $f:\mathbb{R}\to\mathbb{R}$为$f(x)=mx+b$.

    a. 证明当 $b=0$ 时，f 是线性变换.

    b. 求出线性变换的一个性质，使得当 $b\neq 0$ 时，f 不满足该性质.

    c. 为什么称 f 为线性函数？

38. 仿射变换 $T:\mathbb{R}^n\to\mathbb{R}^m$ 有形式 $T(\boldsymbol{x})=\boldsymbol{A}\boldsymbol{x}+\boldsymbol{b},\boldsymbol{A}$ 为 $m\times n$ 矩阵，$\boldsymbol{b}$ 属于 $\mathbb{R}^m$. 证明当 $\boldsymbol{b}\neq\boldsymbol{0}$ 时，T 不是线性变换（仿射变换在计算机图形学中很重要）.

39. 设 $T:\mathbb{R}^n\to\mathbb{R}^m$ 为线性变换，设 $\{\boldsymbol{v}_1,\boldsymbol{v}_2,\boldsymbol{v}_3\}$ 为 $\mathbb{R}^n$ 中线性相关集，说明为什么集 $\{T(\boldsymbol{v}_1),T(\boldsymbol{v}_2),T(\boldsymbol{v}_3)\}$ 线性相关.

在习题 40~44 中，将列向量写成行的形式，如 $\boldsymbol{x}=(x_1,x_2)$，$T(\boldsymbol{x})=T(x_1,x_2)$.

40. 证明由 $T(x_1,x_2)=(4x_1-2x_2,3|x_2|)$ 定义的变换 T 不是线性的.

41. 证明由 $T(x_1,x_2)=(2x_1-3x_2,\ x_1+4,\ 5x_2)$ 定义的变换 T 不是线性的.

42. 设 $T:\mathbb{R}^n\to\mathbb{R}^m$ 为线性变换. 证明:若 T 把两个线性无关向量映射为线性相关集，则方程 $T(\boldsymbol{x})=\boldsymbol{0}$ 有非平凡解.（提示：设 $\mathbb{R}^n$ 中 $\boldsymbol{u}$ 和 $\boldsymbol{v}$ 线性无关，但 $T(\boldsymbol{u})$和$T(\boldsymbol{v})$ 线性相关. 则 $c_1T(\boldsymbol{u})+c_2T(\boldsymbol{v})=\boldsymbol{0}$ 对某个不全为零的权 c_1 和 c_2 成立，然后使用这一方程.）

43. 设 $T:\mathbb{R}^3\to\mathbb{R}^3$ 为一变换，它将向量 $\boldsymbol{x}=(x_1,x_2,x_3)$ 映射为关于平面 $x_3=0$ 对称的点 $T(\boldsymbol{x})=T(x_1,x_2,-x_3)$，证明 T 是一线性变换.（思路参见例 4.）

44. 设 $T:\mathbb{R}^3\to\mathbb{R}^3$ 为一变换，它将向量 $\boldsymbol{x}=(x_1,x_2,x_3)$ 映射到平面 $x_2=0$ 上，即 $T(\boldsymbol{x})=T(x_1,0,x_3)$，证明 T 是一线性变换.

[M]在习题 45 和 46 中，给定矩阵确定了一个线性变换 T. 求出使 $T(\boldsymbol{x})=\boldsymbol{0}$ 的所有 $\boldsymbol{x}$.

45. $\begin{bmatrix}4&-2&5&-5\\-9&7&-8&0\\-6&4&5&3\\5&-3&8&-4\end{bmatrix}$

46. $\begin{bmatrix}-9&-4&-9&4\\5&-8&-7&6\\7&11&16&-9\\9&-7&-4&5\end{bmatrix}$

47. [M]设 $\boldsymbol{b}=\begin{bmatrix}7\\5\\9\\7\end{bmatrix}$，$\boldsymbol{A}$ 为习题45中的矩阵，$\boldsymbol{b}$ 是否属于变换 $\boldsymbol{x}\mapsto\boldsymbol{Ax}$ 的值域？若是，求出在变换 T 下像为 $\boldsymbol{b}$ 的 $\boldsymbol{x}$.

48. [M]设 $\boldsymbol{b}=\begin{bmatrix}-7\\-7\\13\\-5\end{bmatrix}$，$\boldsymbol{A}$ 为习题46中的矩阵，$\boldsymbol{b}$ 是否属于变换 $\boldsymbol{x}\mapsto\boldsymbol{Ax}$ 的值域？若是，求出在变换 T 下像为 $\boldsymbol{b}$ 的 $\boldsymbol{x}$.

练习题答案

1. $\boldsymbol{A}$ 必须有5列，$\boldsymbol{Ax}$ 才有定义. $\boldsymbol{A}$ 必须有2行，T 的上域才能是 $\mathbb{R}^2$.
2. 在坐标系中任意取一点（向量）看看会发生什么. 例如（4，1）映射为（4，−1）. 变换 $\boldsymbol{x}\mapsto\boldsymbol{Ax}$ 把点映射为它关于 x 轴（或 x_1 轴）的对称点. 见图1-40.

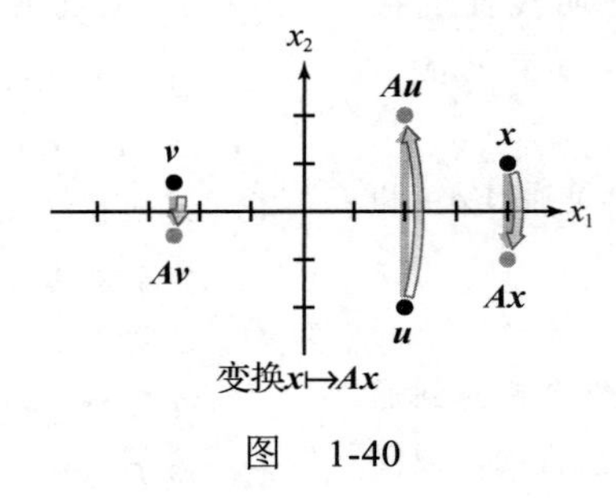

图　1-40

3. 设 $\boldsymbol{x}=t\boldsymbol{u}$, $0\leqslant t\leqslant 1$. 因 T 是线性变换，故 $T(t\boldsymbol{u})=tT(\boldsymbol{u})$，它是连接 $\boldsymbol{0}$ 和 $T(\boldsymbol{u})$ 的线段上的点.

1.9　线性变换的矩阵

当一个线性变换 T 是由几何中提出来或用语言叙述时，我们通常希望有关于 $T(\boldsymbol{x})$ 的公式. 下面的讨论指出，从 $\mathbb{R}^n$ 到 $\mathbb{R}^m$ 的每一个线性变换实际上都是一个矩阵变换 $\boldsymbol{x}\mapsto\boldsymbol{Ax}$，而且变换 T 的重要性质都归结为 $\boldsymbol{A}$ 的性质. 寻找矩阵 $\boldsymbol{A}$ 的关键是了解 T 完全由它对 $n\times n$ 单位矩阵 $\boldsymbol{I}_n$ 的各列的作用所决定.

例1　$\boldsymbol{I}_2=\begin{bmatrix}1&0\\0&1\end{bmatrix}$ 的两列是 $\boldsymbol{e}_1=\begin{bmatrix}1\\0\end{bmatrix}$ 和 $\boldsymbol{e}_2=\begin{bmatrix}0\\1\end{bmatrix}$，设 T 是 $\mathbb{R}^2$ 到 $\mathbb{R}^3$ 的线性变换，满足

$$T(\boldsymbol{e}_1)=\begin{bmatrix}5\\-7\\2\end{bmatrix},\ T(\boldsymbol{e}_2)=\begin{bmatrix}-3\\8\\0\end{bmatrix}$$

在此条件下求出 $\mathbb{R}^2$ 中任意向量 $\boldsymbol{x}$ 的像的公式.

解　写出

$$\boldsymbol{x}=\begin{bmatrix}x_1\\x_2\end{bmatrix}=x_1\begin{bmatrix}1\\0\end{bmatrix}+x_2\begin{bmatrix}0\\1\end{bmatrix}=x_1\boldsymbol{e}_1+x_2\boldsymbol{e}_2 \tag{1}$$

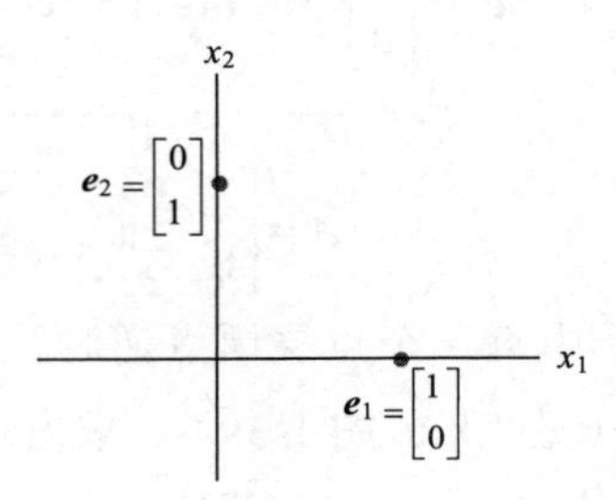

因为T是线性变换，所以

$$T(\boldsymbol{x}) = x_1T(\boldsymbol{e}_1) + x_2T(\boldsymbol{e}_2) = x_1\begin{bmatrix}5\\-7\\2\end{bmatrix} + x_2\begin{bmatrix}-3\\8\\0\end{bmatrix} = \begin{bmatrix}5x_1-3x_2\\-7x_1+8x_2\\2x_1+0\end{bmatrix} \quad (2)$$

■

由方程（1）到方程（2）的步骤说明为什么只要知道$T(\boldsymbol{e}_1)$和$T(\boldsymbol{e}_2)$就可由任意$\boldsymbol{x}$确定$T(\boldsymbol{x})$. 此外，因（2）式把$T(\boldsymbol{x})$表示为$T(\boldsymbol{e}_1)$和$T(\boldsymbol{e}_2)$的线性组合，所以可把这些向量作为矩阵$\boldsymbol{A}$的各列，而把（2）式写成

$$T(\boldsymbol{x}) = [T(\boldsymbol{e}_1) \quad T(\boldsymbol{e}_2)]\begin{bmatrix}x_1\\x_2\end{bmatrix} = \boldsymbol{A}\boldsymbol{x}$$

定理10 设$T:\mathbb{R}^n \to \mathbb{R}^m$为线性变换，则存在唯一的矩阵$\boldsymbol{A}$，使得对$\mathbb{R}^n$中一切$\boldsymbol{x}$，

$$T(\boldsymbol{x}) = \boldsymbol{A}\boldsymbol{x}$$

事实上，$\boldsymbol{A}$是$m\times n$矩阵，它的第j列是向量$T(\boldsymbol{e}_j)$，其中$\boldsymbol{e}_j$是$\mathbb{R}^n$中单位矩阵$\boldsymbol{I}_n$的第j列：

$$\boldsymbol{A} = [T(\boldsymbol{e}_1)T(\boldsymbol{e}_2) \quad \cdots \quad T(\boldsymbol{e}_n)] \quad (3)$$

证 记$\boldsymbol{x} = \boldsymbol{I}_n\boldsymbol{x} = [\boldsymbol{e}_1 \quad \boldsymbol{e}_2 \quad \cdots \quad \boldsymbol{e}_n]\boldsymbol{x} = x_1\boldsymbol{e}_1 + x_2\boldsymbol{e}_2 + \cdots + x_n\boldsymbol{e}_n$，由$T$是线性变换知

$$\begin{aligned}T(\boldsymbol{x}) &= T(x_1\boldsymbol{e}_1 + x_2\boldsymbol{e}_2 + \cdots + x_n\boldsymbol{e}_n) = x_1T(\boldsymbol{e}_1) + x_2T(\boldsymbol{e}_2) + \cdots + x_nT(\boldsymbol{e}_n)\\ &= [T(\boldsymbol{e}_1) \quad T(\boldsymbol{e}_2) \quad \cdots \quad T(\boldsymbol{e}_n)]\begin{bmatrix}x_1\\x_2\\\vdots\\x_n\end{bmatrix} = \boldsymbol{A}\boldsymbol{x}\end{aligned}$$

$\boldsymbol{A}$的唯一性在习题41中研究. ■

（3）式中的矩阵$\boldsymbol{A}$称为**线性变换$\boldsymbol{T}$的标准矩阵**.

现在我们知道，由$\mathbb{R}^n$到$\mathbb{R}^m$的每个线性变换都可看作矩阵变换，反之亦然. 术语线性变换强调映射的性质，而矩阵变换描述这样的映射如何实现. 如下面两例所示.

例2 对拉伸变换$T(\boldsymbol{x}) = 3\boldsymbol{x}$，其中$\boldsymbol{x}\in\mathbb{R}^2$，求标准矩阵$\boldsymbol{A}$.

解 写出

$$T(\boldsymbol{e}_1)=3\boldsymbol{e}_1=\begin{bmatrix}3\\0\end{bmatrix} \text{ 和 } T(\boldsymbol{e}_2)=3\boldsymbol{e}_2=\begin{bmatrix}0\\3\end{bmatrix}$$

$$\boldsymbol{A}=\begin{bmatrix}3&0\\0&3\end{bmatrix}$$

■

例 3　设$T:\mathbb{R}^2\to\mathbb{R}^2$为把$\mathbb{R}^2$中每一个点绕原点逆时针旋转正角度$\varphi$的变换. 我们可以从几何上证明这个变换是线性变换（见1.8节图1-39）. 求出这个变换的标准矩阵.

解　$\begin{bmatrix}1\\0\end{bmatrix}$旋转成为$\begin{bmatrix}\cos\varphi\\\sin\varphi\end{bmatrix}$，$\begin{bmatrix}0\\1\end{bmatrix}$旋转成为$\begin{bmatrix}-\sin\varphi\\\cos\varphi\end{bmatrix}$，见图1-41.

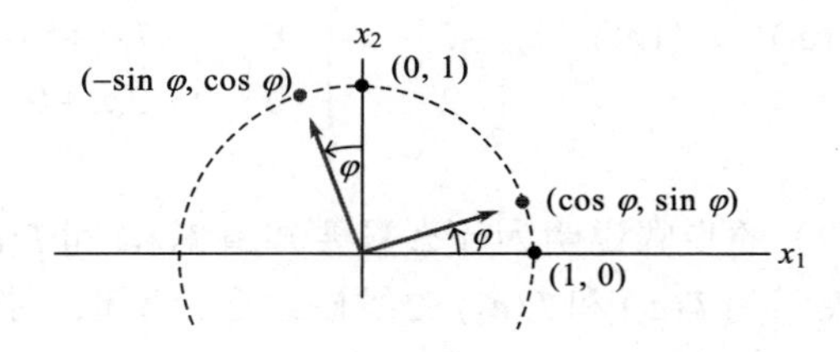

图1-41　旋转变换

由定理10，

$$\boldsymbol{A}=\begin{bmatrix}\cos\varphi&-\sin\varphi\\\sin\varphi&\cos\varphi\end{bmatrix}$$

1.8节例5是这个变换的特殊情形，其中$\varphi=\pi/2$. ■

$\mathbb{R}^2$中的几何线性变换

例2和例3说明了几何中的线性变换，表1-2~表1-5说明了其他常见的平面几何线性变换. 因这些变换都是线性的，故它们完全由它们对$\boldsymbol{I}_2$的各列的作用确定，而不是仅表示$\boldsymbol{e}_1$和$\boldsymbol{e}_2$的像，下列各表说明了这些变换对单位正方形的作用（见图1-42）.

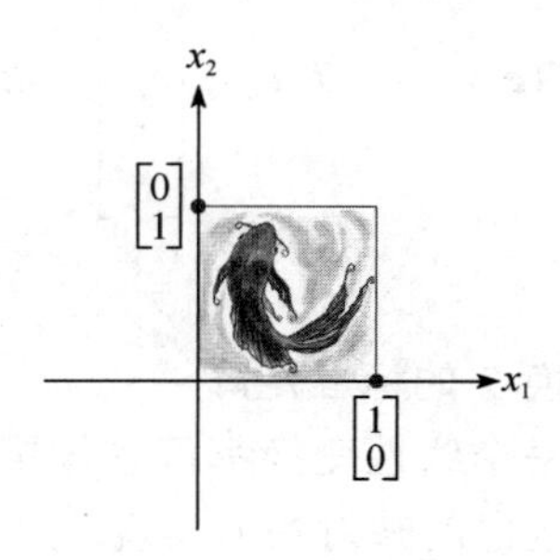

图1-42　单位正方形

其他的变换可以通过表1-2~表1-5所列出的变换通过复合构造出来，即一个变换之后再做另一个变换. 例如，做一个水平剪切变换后再做一个关于x_2轴的对称变换. 2.1节将证明，线性变换的复合仍是线性的（见习题 44）.

表 1-2　对称

变　换	单位正方形的像	标准矩阵
关于 x_1 轴的对称	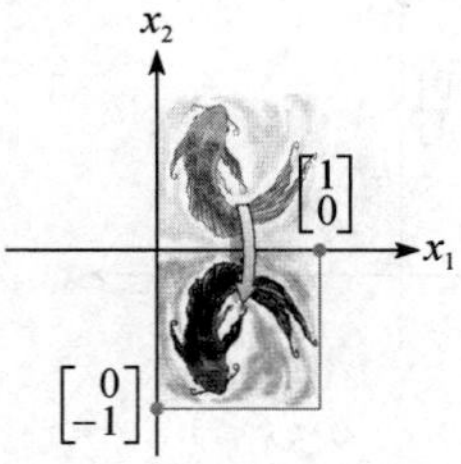	$\begin{bmatrix} 1 & 0 \\ 0 & -1 \end{bmatrix}$
关于 x_2 轴的对称	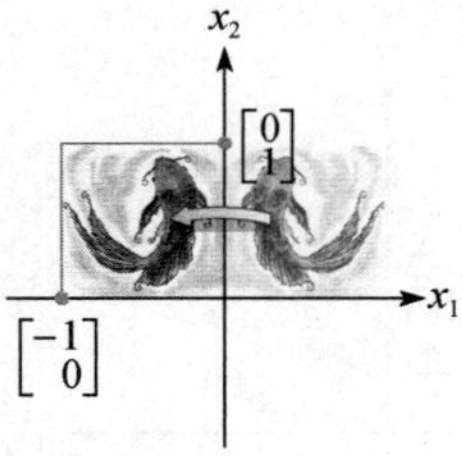	$\begin{bmatrix} -1 & 0 \\ 0 & 1 \end{bmatrix}$
关于直线 $x_2 = x_1$ 的对称	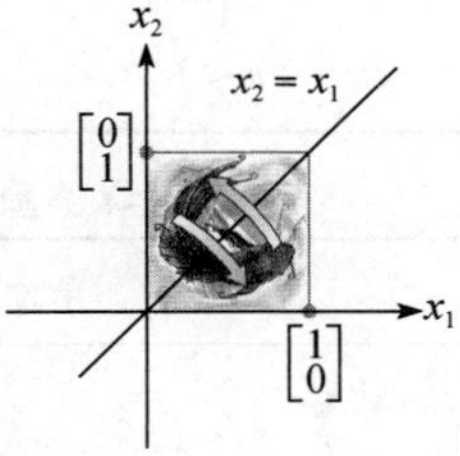	$\begin{bmatrix} 0 & 1 \\ 1 & 0 \end{bmatrix}$
关于直线 $x_2 = -x_1$ 的对称	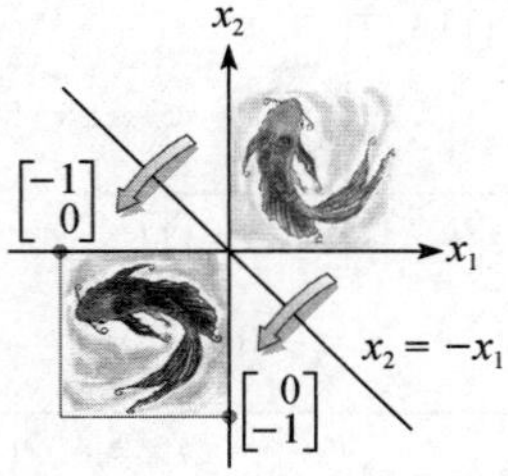	$\begin{bmatrix} 0 & -1 \\ -1 & 0 \end{bmatrix}$
关于原点的对称	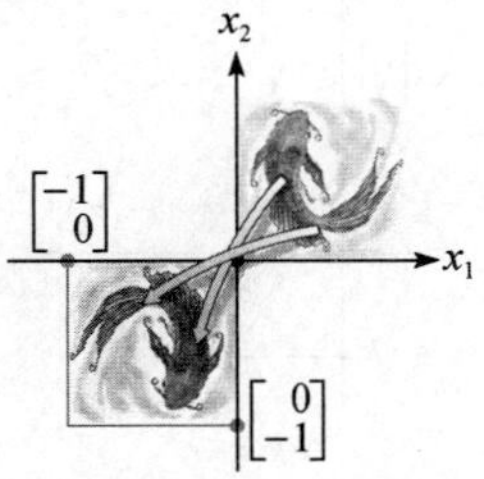	$\begin{bmatrix} -1 & 0 \\ 0 & -1 \end{bmatrix}$

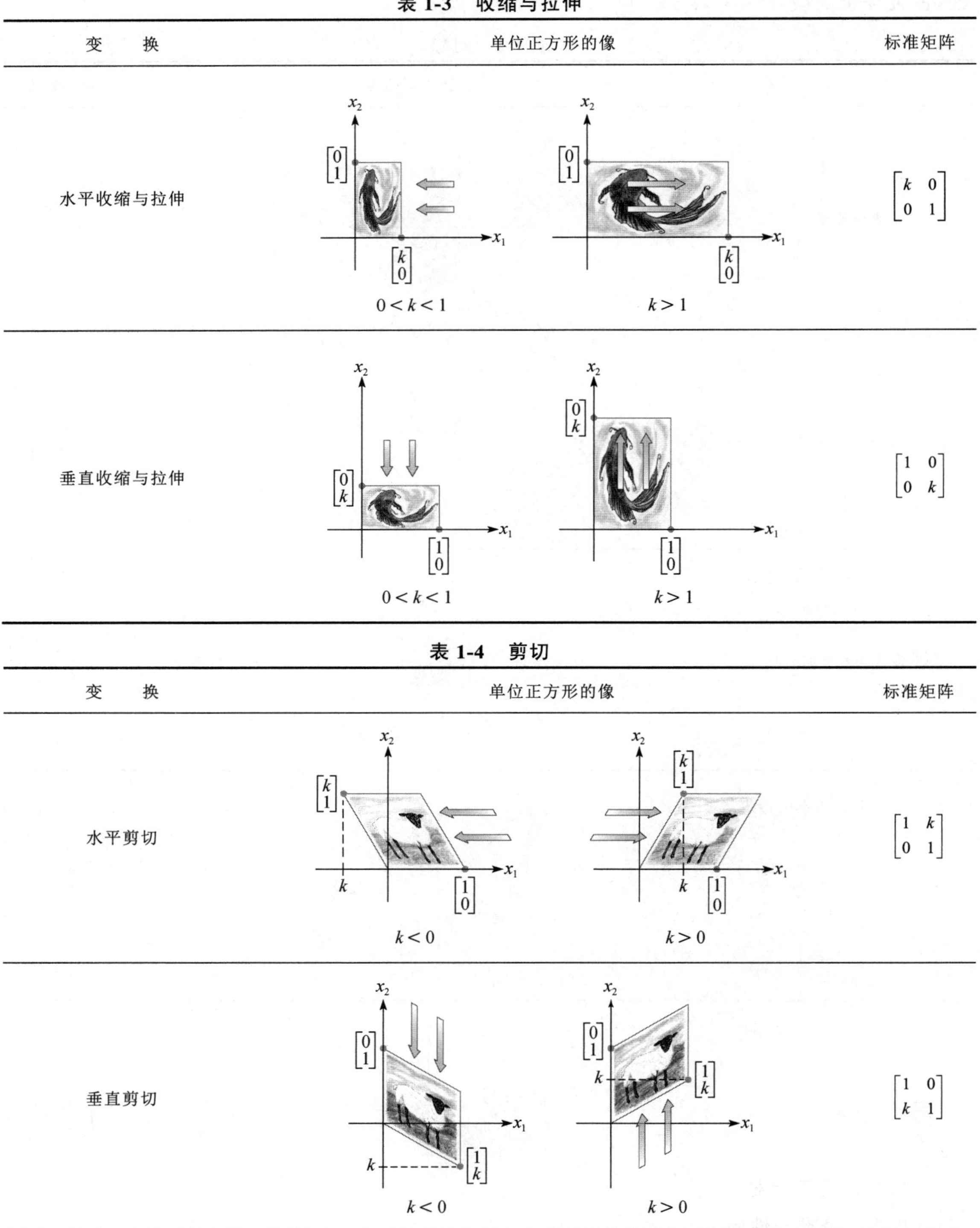

表 1-3　收缩与拉伸

变　换	单位正方形的像		标准矩阵
水平收缩与拉伸	$0<k<1$	$k>1$	$\begin{bmatrix} k & 0 \\ 0 & 1 \end{bmatrix}$
垂直收缩与拉伸	$0<k<1$	$k>1$	$\begin{bmatrix} 1 & 0 \\ 0 & k \end{bmatrix}$

表 1-4　剪切

变　换	单位正方形的像		标准矩阵
水平剪切	$k<0$	$k>0$	$\begin{bmatrix} 1 & k \\ 0 & 1 \end{bmatrix}$
垂直剪切	$k<0$	$k>0$	$\begin{bmatrix} 1 & 0 \\ k & 1 \end{bmatrix}$

表 1-5　投影

变　换	单位正方形的像	标准矩阵
投影到 x_1 轴上	x_2, x_1, $\begin{bmatrix}0\\0\end{bmatrix}$, $\begin{bmatrix}1\\0\end{bmatrix}$	$\begin{bmatrix}1 & 0\\0 & 0\end{bmatrix}$
投影到 x_2 轴上	x_2, x_1, $\begin{bmatrix}0\\1\end{bmatrix}$, $\begin{bmatrix}0\\0\end{bmatrix}$	$\begin{bmatrix}0 & 0\\0 & 1\end{bmatrix}$

存在性与唯一性问题

线性变换的概念给出一种新的了解以前提到的存在性与唯一性问题的观点，下列两个定义给出与变换有关的术语.

定义 1　映射 $T:\mathbb{R}^n \to \mathbb{R}^m$ 称为到 $\mathbb{R}^m$ 上的映射，若 $\mathbb{R}^m$ 中每个 $\boldsymbol{b}$ 是 $\mathbb{R}^n$ 中至少一个 $\boldsymbol{x}$ 的像.（也称为**满射**.）

等价地，当 T 的值域是整个上域 $\mathbb{R}^m$ 时，T 是到 $\mathbb{R}^m$ 上的. 也就是说，若对 $\mathbb{R}^m$ 中每个 $\boldsymbol{b}$，方程 $T(\boldsymbol{x})=\boldsymbol{b}$ 至少有一个解. “T 是否把 $\mathbb{R}^n$ 映射到 $\mathbb{R}^m$ 上？”是存在性问题. 映射 T 不是到 $\mathbb{R}^m$ 上的，若 $\mathbb{R}^m$ 中有某个 $\boldsymbol{b}$ 使方程 $T(\boldsymbol{x})=\boldsymbol{b}$ 无解. 见图 1-43.

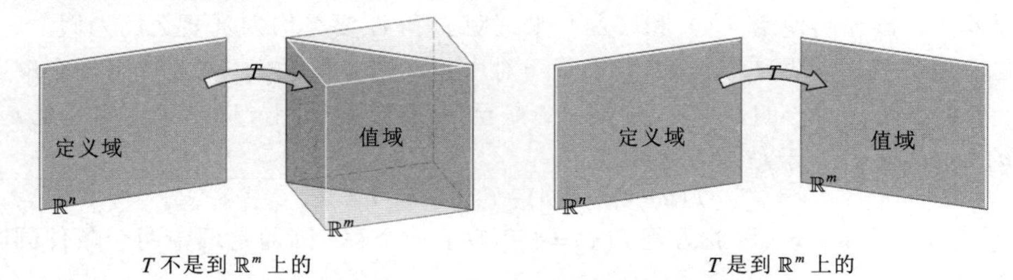

图 1-43　T 的值域是否是整个 $\mathbb{R}^m$

定义 2　映射 $T:\mathbb{R}^n \to \mathbb{R}^m$ 称为**一对一**映射，若 $\mathbb{R}^m$ 中每个 $\boldsymbol{b}$ 是 $\mathbb{R}^n$ 中至多一个 $\boldsymbol{x}$ 的像.（也称为**单射**.）

等价地，T 是一对一的，若对 $\mathbb{R}^m$ 中每个 $\boldsymbol{b}$，方程 $T(\boldsymbol{x})=\boldsymbol{b}$ 有唯一的解或没有解.“T 是否是一对一的？”是唯一性问题. 映射 T 不是一对一的，若 $\mathbb{R}^m$ 中某个 $\boldsymbol{b}$ 是 $\mathbb{R}^n$ 中多个向量的像. 若没

有这样的 $\boldsymbol{b}$，T 就是一对一的. 见图 1-44.

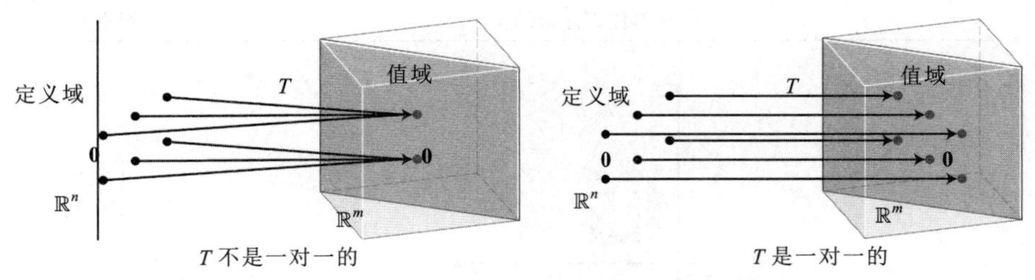

图 1-44　每个 $\boldsymbol{b}$ 是否是至多一个向量的像

表 1-5 中的投影变换不是一对一的，也不能将 $\mathbb{R}^2$ 映射到 $\mathbb{R}^2$ 上. 表 1-2、1-3 和 1-4 中的变换是一对一的，能将 $\mathbb{R}^2$ 映射到 $\mathbb{R}^2$ 上. 其他可能性在下面的两个例子中给出.

例 4 及随后的定理说明了关于一对一映射与到上映射的函数性质是如何与本章以前的一些概念关联起来的.

例 4　设 T 是线性变换，它的标准矩阵为

$$A=\begin{bmatrix}1&-4&8&1\\0&2&-1&3\\0&0&0&5\end{bmatrix}$$

T 是否把 $\mathbb{R}^4$ 映射到 $\mathbb{R}^3$ 上？T 是否是一对一映射？

解　因 $\boldsymbol{A}$ 已经是阶梯形，故可以立即看出，$\boldsymbol{A}$ 在每一行有主元位置，由 1.4 节定理 4，对 $\mathbb{R}^3$ 中每个 $\boldsymbol{b}$，方程 $\boldsymbol{Ax}=\boldsymbol{b}$ 相容. 换句话说，线性变换 T 将 $\mathbb{R}^4$（它的定义域）映射到 $\mathbb{R}^3$ 上. 然而因方程 $\boldsymbol{Ax}=\boldsymbol{b}$ 有一个自由变量（因为有 4 个变量，而仅有 3 个基本变量），每个 $\boldsymbol{b}$ 都有多个 $\boldsymbol{x}$ 的像，所以 T 不是一对一的. ■

定理 11　设 $T:\mathbb{R}^n\to\mathbb{R}^m$ 为线性变换，则 T 是一对一的当且仅当方程 $\boldsymbol{Ax}=\mathbf{0}$ 仅有平凡解.

注：要证明定理“P 为真当且仅当 Q 为真”，必须明确两点：（1）若 P 为真，则 Q 为真.（2）若 Q 为真，则 P 为真. 第二个要求也需通过证明（2a）来满足：若 P 为假，则 Q 为假（这称作换位推理）. 该证明使用（1）和（2a）来证明 P 和 Q 要么均为真要么均为假.

证　因 T 是线性的，故 $T(\mathbf{0})=\mathbf{0}$. 若 T 是一对一的，则方程 $T(\boldsymbol{x})=\mathbf{0}$ 至多有一个解，因此仅有平凡解. 若 T 不是一对一的，则 $\mathbb{R}^m$ 中某个 $\boldsymbol{b}$ 是至少 $\mathbb{R}^n$ 中两个相异向量（比如说是 $\boldsymbol{u}$ 和 $\boldsymbol{v}$）的像，即 $T(\boldsymbol{u})=\boldsymbol{b},T(\boldsymbol{v})=\boldsymbol{b}$. 于是因 T 是线性的，

$$T(\boldsymbol{u}-\boldsymbol{v})=T(\boldsymbol{u})-T(\boldsymbol{v})=\boldsymbol{b}-\boldsymbol{b}=\mathbf{0}$$

向量 $\boldsymbol{u}-\boldsymbol{v}$ 不是零，因 $\boldsymbol{u}\neq\boldsymbol{v}$. 因此方程 $T(\boldsymbol{x})=\mathbf{0}$ 有多于一个解. 因而定理中两个条件同时成立或同时不成立. ■

定理 12　设 $T:\mathbb{R}^n\to\mathbb{R}^m$ 是线性变换，设 $\boldsymbol{A}$ 为 T 的标准矩阵，则

a. T 把 $\mathbb{R}^n$ 映射到 $\mathbb{R}^m$ 上，当且仅当 $\boldsymbol{A}$ 的列生成 $\mathbb{R}^m$.

b. T 是一对一的，当且仅当 $\boldsymbol{A}$ 的列线性无关.

注：“当且仅当”语句可以关联在一起. 例如，若知“P 当且仅当 Q”和“Q 当且仅当 R”，

则可推出“ P 当且仅当 R ”．该策略在本证明中反复运用．

证　a. 由 1.4 节定理 4，$\boldsymbol{A}$ 的列生成 $\mathbb{R}^m$ 当且仅当方程 $\boldsymbol{Ax}=\boldsymbol{b}$ 对每个 $\boldsymbol{b}$ 都相容，换句话说，当且仅当对每个 $\boldsymbol{b}$，方程 $T(\boldsymbol{x})=\boldsymbol{b}$ 至少有一个解．这就是说，T 将 $\mathbb{R}^n$ 映射到 $\mathbb{R}^m$ 上．

b. 方程 $T(\boldsymbol{x})=\boldsymbol{0}$ 和 $\boldsymbol{Ax}=\boldsymbol{0}$ 仅是记法不同．所以由定理 11，T 是一对一的当且仅当 $\boldsymbol{Ax}=\boldsymbol{0}$ 仅有平凡解．这在 1.7 节命题（3）中已说明，这等价于 $\boldsymbol{A}$ 的各列线性无关．■

定理 12 的命题 a 等价于命题“ T 把 $\mathbb{R}^n$ 映射到 $\mathbb{R}^m$ 上，当且仅当 $\mathbb{R}^m$ 中的任一向量都是 $\boldsymbol{A}$ 的列的一个线性组合.”参见 1.4 节定理 4.

下例以及习题中，我们把列向量写成行的形式，如 $\boldsymbol{x}=(x_1,x_2)$，将 $T(\boldsymbol{x})$ 写成 $T(x_1,x_2)$，以代替更正式的 $T((x_1,x_2))$．

例 5　设 $T(x_1,x_2)=(3x_1+x_2,5x_1+7x_2,x_1+3x_2)$，证明 T 是一对一线性变换．T 是否将 $\mathbb{R}^2$ 映射到 $\mathbb{R}^3$ 上？

解　当 $\boldsymbol{x}$ 和 $T(\boldsymbol{x})$ 写成列向量时，容易通过检查 $\boldsymbol{Ax}$ 中每个元素的行向量计算看出 T 的标准矩阵．

$$T(\boldsymbol{x})=\begin{bmatrix}3x_1+\ \ x_2\\5x_1+7x_2\\x_1+3x_2\end{bmatrix}=\underbrace{\begin{bmatrix}?&?\\?&?\\?&?\end{bmatrix}}_{\boldsymbol{A}}\begin{bmatrix}x_1\\x_2\end{bmatrix}=\begin{bmatrix}3&1\\5&7\\1&3\end{bmatrix}\begin{bmatrix}x_1\\x_2\end{bmatrix}\tag{4}$$

故 T 的确是线性变换，它的标准矩阵如（4）式所示．$\boldsymbol{A}$ 的列是线性无关的，因为它们互相之间不是倍数关系．由定理 12b，T 是一对一的．为确定 T 是否是从 $\mathbb{R}^2$ 到 $\mathbb{R}^3$ 的到上映射，观察 $\boldsymbol{A}$ 的各列生成的向量集．因 $\boldsymbol{A}$ 是 3×2 矩阵，由定理 4 可知，$\boldsymbol{A}$ 的列生成 $\mathbb{R}^3$ 当且仅当 $\boldsymbol{A}$ 有 3 个主元位置．这是不可能的，因 $\boldsymbol{A}$ 仅有 2 列．所以 $\boldsymbol{A}$ 的各列不能生成 $\mathbb{R}^3$，对应的线性变换不是映射到 $\mathbb{R}^3$ 上的．如图 1-45 所示．

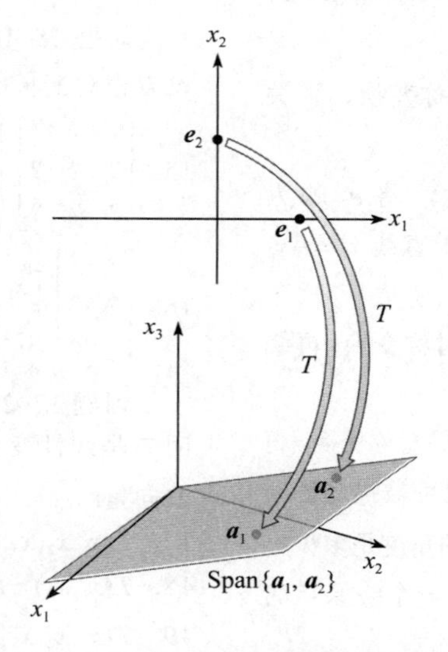

图 1-45　变换 T 不是映射到 $\mathbb{R}^3$ 上的　■

练习题

1. 设$T:\mathbb{R}^2\to\mathbb{R}^2$为一个线性变换，先做水平剪切变换，将$\boldsymbol{e}_2$映射为$\boldsymbol{e}_2-0.5\boldsymbol{e}_1$（但$\boldsymbol{e}_1$不变），然后再作关于$x_2$轴的对称变换. 假设$T$是线性的，求它的标准矩阵.（提示：确定$\boldsymbol{e}_1$和$\boldsymbol{e}_2$的像的最终位置.）
2. 若$\boldsymbol{A}$是有5个主元的7×5矩阵. 设$T(\boldsymbol{x})=\boldsymbol{A}\boldsymbol{x}$是一个$\mathbb{R}^5$到$\mathbb{R}^7$的线性变换. T是一个一对一线性变换吗？是映射到$\mathbb{R}^7$上的吗？

习题 1.9

在习题1~10中，设T是线性变换，求出T的标准矩阵.

1. $T:\mathbb{R}^2\to\mathbb{R}^4$，$T(\boldsymbol{e}_1)=(2,1,2,1)$，$T(\boldsymbol{e}_2)=(-5,2,0,0)$，其中$\boldsymbol{e}_1=(1,0),\boldsymbol{e}_2=(0,1)$.
2. $T:\mathbb{R}^3\to\mathbb{R}^2$，$T(\boldsymbol{e}_1)=(1,3)$，$T(\boldsymbol{e}_2)=(4,2)$，$T(\boldsymbol{e}_3)=(-5,4)$，其中$\boldsymbol{e}_1,\boldsymbol{e}_2,\boldsymbol{e}_3$是$3\times3$单位矩阵的列.
3. $T:\mathbb{R}^2\to\mathbb{R}^2$将点绕原点逆时针旋转$3\pi/2$弧度.
4. $T:\mathbb{R}^2\to\mathbb{R}^2$将点绕原点顺时针旋转$\dfrac{\pi}{4}$弧度.（提示：$T(\boldsymbol{e}_1)=(1/\sqrt{2},-1/\sqrt{2})$.）
5. $T:\mathbb{R}^2\to\mathbb{R}^2$是垂直剪切变换，将$\boldsymbol{e}_1$映射为$\boldsymbol{e}_1-2\boldsymbol{e}_2$而保持向量$\boldsymbol{e}_2$不变.
6. $T:\mathbb{R}^2\to\mathbb{R}^2$是水平剪切变换，将$\boldsymbol{e}_2$映为$\boldsymbol{e}_2+3\boldsymbol{e}_1$而保持向量$\boldsymbol{e}_1$不变.
7. $T:\mathbb{R}^2\to\mathbb{R}^2$先绕原点顺时针旋转$3\pi/4$弧度，再关于水平$x_1$轴做对称变换.（提示：$T(\boldsymbol{e}_1)=(-1/\sqrt{2},1/\sqrt{2})$.）
8. $T:\mathbb{R}^2\to\mathbb{R}^2$先关于水平$x_1$轴做对称变换，再关于直线$x_2=x_1$做对称变换.
9. $T:\mathbb{R}^2\to\mathbb{R}^2$先做水平剪切变换，将$\boldsymbol{e}_2$映为$\boldsymbol{e}_2-3\boldsymbol{e}_1$而保持向量$\boldsymbol{e}_1$不变，再关于直线$x_2=-x_1$做对称变换.
10. $T:\mathbb{R}^2\to\mathbb{R}^2$先关于垂直$x_2$轴做对称变换，再绕原点逆时针旋转$3\pi/2$弧度.
11. 线性变换$T:\mathbb{R}^2\to\mathbb{R}^2$先关于$x_1$轴做对称变换，再关于$x_2$轴做对称变换. 证明$T$也可被描述为一个绕原点旋转的线性变换. 旋转的角度是多少？
12. 证明：习题8中的变换只不过是一个绕原点的旋转. 旋转的角度是多少？
13. 由线性变换$T:\mathbb{R}^2\to\mathbb{R}^2$得到的$T(\boldsymbol{e}_1)$，$T(\boldsymbol{e}_2)$向量如下图所示，画出向量$T(2,1)$的示意图.

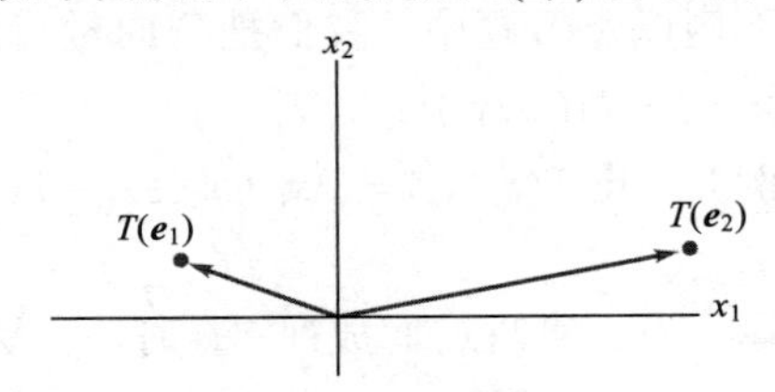

14. 线性变换$T:\mathbb{R}^2\to\mathbb{R}^2$的标准矩阵是$\boldsymbol{A}=[\boldsymbol{a}_1\quad\boldsymbol{a}_2]$，其中$\boldsymbol{a}_1$和$\boldsymbol{a}_2$如下图所示，画出$\begin{bmatrix}-1\\3\end{bmatrix}$在变换$T$下的像.

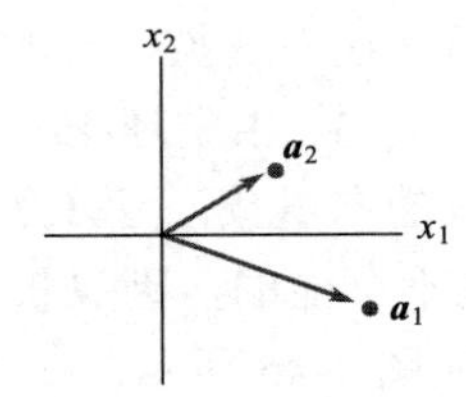

习题15~16中，填上矩阵中未写出的元素，假设方程对变量的所有值都成立.

15. $\begin{bmatrix}? & ? & ?\\ ? & ? & ?\\ ? & ? & ?\end{bmatrix}\begin{bmatrix}x_1\\x_2\\x_3\end{bmatrix}=\begin{bmatrix}2x_1-3x_3\\4x_1\\x_1-x_2+x_3\end{bmatrix}$
16. $\begin{bmatrix}? & ?\\ ? & ?\\ ? & ?\end{bmatrix}\begin{bmatrix}x_1\\x_2\end{bmatrix}=\begin{bmatrix}x_1-3x_2\\-2x_1+x_2\\x_1\end{bmatrix}$

习题17~20中，通过求出映射相应的矩阵，证明T是线性变换. 注意$x_1,x_2,\cdots$是向量中的元素而非向量.

17. $T(x_1,x_2,x_3,x_4)=(0,x_1+x_2,x_2+x_3,x_3+x_4)$
18. $T(x_1,x_2)=(2x_2-3x_1,x_1-4x_2,0,x_2)$
19. $T(x_1,x_2,x_3)=(x_1-5x_2+4x_3,x_2-6x_3)$
20. $T(x_1,x_2,x_3,x_4)=2x_1+3x_3-4x_4\qquad(T:\mathbb{R}^4\to\mathbb{R})$

21. 设 $T:\mathbb{R}^2 \to \mathbb{R}^2$ 为使 $T(x_1,x_2)=(x_1+x_2,4x_1+5x_2)$ 的线性变换，求出 $\boldsymbol{x}$，使 $T(\boldsymbol{x})=(3,8)$.

22. 设 $T:\mathbb{R}^2 \to \mathbb{R}^3$ 为线性变换，$T(x_1,x_2)=(x_1-2x_2, -x_1+3x_2, 3x_1-2x_2)$，求出 $\boldsymbol{x}$，使 $T(\boldsymbol{x})=(-1,4,9)$.

习题23~32中，判断各个命题的真假(T/F)，给出理由.

23. (T/F)线性变换 T：$\mathbb{R}^n \to \mathbb{R}^m$ 完全由它对 $n\times n$ 单位矩阵的列的作用确定.

24. (T/F)映射 T：$\mathbb{R}^n \to \mathbb{R}^m$ 是一对一的，若 $\mathbb{R}^n$ 中每个向量映射成为 $\mathbb{R}^m$ 中唯一的向量.

25. (T/F)若 T：$\mathbb{R}^2 \to \mathbb{R}^2$ 把向量绕原点旋转一角度 ϕ，则 T 是线性变换.

26. (T/F)从 $\mathbb{R}^n$ 到 $\mathbb{R}^m$ 的线性变换 T 的标准矩阵的各列是 $n\times n$ 单位矩阵的各列的像.

27. (T/F)两个线性变换的复合不一定是线性变换.

28. (T/F)每一个从 $\mathbb{R}^n$ 映射到 $\mathbb{R}^m$ 的线性变换不都是矩阵变换.

29. (T/F)映射 T：$\mathbb{R}^n \to \mathbb{R}^m$ 是把 $\mathbb{R}^n$ 映射到 $\mathbb{R}^m$ 上的，若 $\mathbb{R}^n$ 中每个向量 $\boldsymbol{x}$ 映射到 $\mathbb{R}^m$ 中的某个向量.

30. (T/F)从 $\mathbb{R}^2$ 映射到 $\mathbb{R}^2$ 的线性变换对点做关于水平轴、垂直轴或原点的对称变换，则其标准矩阵的形式为 $\begin{bmatrix} a & 0 \\ 0 & d \end{bmatrix}$，其中 a 和 d 等于±1.

31. (T/F)设 $\boldsymbol{A}$ 是 3×2 矩阵，则变换 $\boldsymbol{x} \to \boldsymbol{Ax}$ 不是一对一的.

32. (T/F)若 $\boldsymbol{A}$ 是 3×2 矩阵，则变换 $\boldsymbol{x} \to \boldsymbol{Ax}$ 不可能是将 $\mathbb{R}^2$ 映射到 $\mathbb{R}^3$ 上.

习题 33~36 中，判断给定的线性变换是否是（a）一对一的，（b）满射，给出理由.

33. 习题17中的线性变换.

34. 习题2中的线性变换.

35. 习题19中的线性变换.

36. 习题14中的线性变换.

习题37~38中，使用1.2节例1的符号给出线性变换 T 的标准矩阵可能的阶梯形.

37. $T:\mathbb{R}^3 \to \mathbb{R}^4$ 是一对一的.

38. $T:\mathbb{R}^4 \to \mathbb{R}^3$ 是满射.

39. 设 $T:\mathbb{R}^n \to \mathbb{R}^m$ 为线性变换，$\boldsymbol{A}$ 为它的标准矩阵，完成下面的命题：“T 是一对一的当且仅当 $\boldsymbol{A}$ 有________个主元列”. 说明该命题为何是真的.（提示：参看1.7节的习题.）

40. 设 $T:\mathbb{R}^n \to \mathbb{R}^m$ 为线性变换，$\boldsymbol{A}$ 为它的标准矩阵，完成下列命题：“T 把 $\mathbb{R}^n$ 映射到 $\mathbb{R}^m$ 上，当且仅当 $\boldsymbol{A}$ 有________个主元列”. 根据哪些定理可以确定此命题为真？

41. 证明定理10中 $\boldsymbol{A}$ 的唯一性. 设 $T:\mathbb{R}^n \to \mathbb{R}^m$ 为线性变换，对某个 $m\times n$ 矩阵 $\boldsymbol{B}$，有 $T(\boldsymbol{x})=\boldsymbol{Bx}$. 证明若 $\boldsymbol{A}$ 是 T 的标准矩阵，则 $\boldsymbol{A}=\boldsymbol{B}$.（提示：证明 $\boldsymbol{A}$ 和 $\boldsymbol{B}$ 有相同的列.）

42. 问题“线性变换 T 是否是满射？”为什么就是存在性问题？

43. 若线性变换 $T:\mathbb{R}^n \to \mathbb{R}^m$ 把 $\mathbb{R}^n$ 映射到 $\mathbb{R}^m$ 上，你能否给出 m 和 n 之间的一个关系？若 T 是一对一的，你能否给出 m 和 n 之间的关系？

44. 设 $S:\mathbb{R}^p \to \mathbb{R}^n$，$T:\mathbb{R}^n \to \mathbb{R}^m$ 都是线性变换. 证明映射 $\boldsymbol{x} \mapsto T(S(\boldsymbol{x}))$ 是(从 $\mathbb{R}^p$ 到 $\mathbb{R}^m$ 的)线性变换.（提示：计算 $T(S(c\boldsymbol{u}+d\boldsymbol{v}))$，$\boldsymbol{u},\boldsymbol{v}$ 属于 $\mathbb{R}^p$，c,d 为数. 给出每一步计算的理由，说明为何这一计算给出所需的结论.）

[M]习题45~48中，设 T 是给定的标准矩阵的线性变换.在习题45~46中，判断 T 是否是一对一映射，在习题47~48中，判断 T 是否把 $\mathbb{R}^5$ 映射到 $\mathbb{R}^5$ 上，给出理由.

45. $\begin{bmatrix} -5 & 10 & -5 & 4 \\ 8 & 3 & -4 & 7 \\ 4 & -9 & 5 & -3 \\ -3 & -2 & 5 & 4 \end{bmatrix}$

46. $\begin{bmatrix} 7 & 5 & 4 & -9 \\ 10 & 6 & 16 & -4 \\ 12 & 8 & 12 & 7 \\ -8 & -6 & -2 & 5 \end{bmatrix}$

47. $\begin{bmatrix} 4 & -7 & 3 & 7 & 5 \\ 6 & -8 & 5 & 12 & -8 \\ -7 & 10 & -8 & -9 & 14 \\ 3 & -5 & 4 & 2 & -6 \\ -5 & 6 & -6 & -7 & 3 \end{bmatrix}$

48. $\begin{bmatrix} 9 & 13 & 5 & 6 & -1 \\ 14 & 15 & -7 & -6 & 4 \\ -8 & -9 & 12 & -5 & -9 \\ -5 & -6 & -8 & 9 & 8 \\ 13 & 14 & 15 & 2 & 11 \end{bmatrix}$

练习题答案

1. 看看 e_1 和 e_2 变成什么. 见图 1-46. 首先，e_1 不受剪切变换的影响，而后它被对称变换变为 $-e_1$，所以 $T(e_1)=-e_1$. 其次，e_2 被剪切变换变为 $e_2-0.5e_1$. 因为关于 x_2 轴的对称变换把 e_1 变为 $-e_1$，而 e_2 不变，所以向量 $e_2-0.5e_1$ 变为 $e_2+0.5e_1$. 所以 $T(e_2)=e_2+0.5e_1$，于是 T 的标准矩阵为

$$[T(e_1)\ \ T(e_2)]=[-e_1\ \ e_2+0.5e_1]=\begin{bmatrix}-1 & 0.5\\ 0 & 1\end{bmatrix}$$

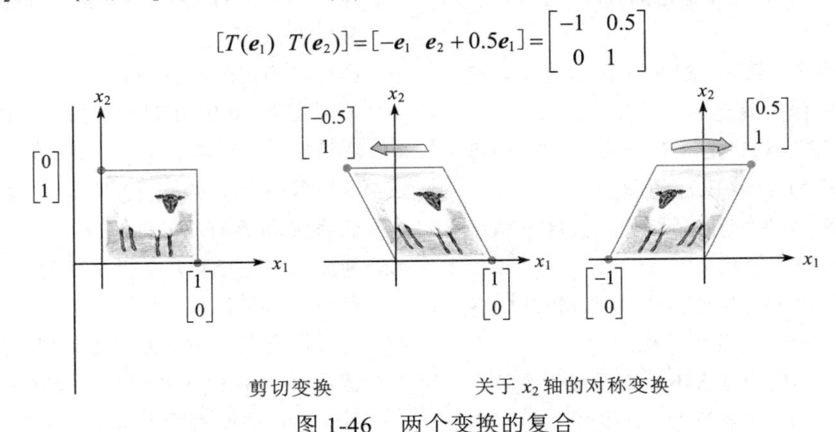

图 1-46 两个变换的复合

2. T 的标准矩阵表示是矩阵 A. 因为 A 有 5 列且有 5 个主元，每列有一个主元，所以各列是线性无关的. 由定理 12，T 是一对一的. 因为 A 有 7 行且只有 5 个主元，每行没有一个主元. 因此 A 的列不能生成 $\mathbb{R}^7$. 由定理 12，T 不是满射.

1.10 商业、科学和工程中的线性模型

本节中的数学模型是线性的，也就是说，借助线性方程（通常利用向量或矩阵形式）来描述一个问题. 第一个模型讨论营养，实际上代表线性规划问题的一般技术. 第二个模型来自电学. 第三个模型引进*线性差分方程*的概念，此概念是研究动力系统的有力工具，在工程、生态学、经济学、通信和管理科学中都有广泛应用. 线性模型的重要性在于当涉及的变量保持在合理的范围时，自然现象通常是线性或接近线性的. 同时，线性模型比复杂的非线性模型更容易使用计算机运算来处理.

在阅读每一个模型时，注意线性模型如何体现所研究问题的相关性质.

构造有营养的减肥食谱

一种在 20 世纪 80 年代很流行的食谱称为剑桥食谱，是经过多年研究编制出来的. 这是由 Alan H. Howard 博士领导的科学家团队经过 8 年对过度肥胖病人的临床研究[⊖]，在剑桥大学完成的. 这种低热量的粉状食品精确地平衡了碳水化合物、高质量的蛋白质和脂肪，并配合维生素、矿物质、微量元素和电解质. 近年来，数百万人应用这一食谱实现了快速和有效的减肥.

为得到所希望的数量和比例的营养，Howard 博士在食谱中加入了多种食品. 每种食品供应

⊖ 这种迅速减肥的方法首先发表在 *International Journal of Obesity*（1978）2, 321-332.

了多种人体所需要的成分，然而没有按正确的比例. 例如，脱脂牛奶是蛋白质的主要来源但包含过多的钙，因此大豆粉用来作为部分蛋白质的来源，因为它包含较少量的钙. 然而，大豆粉包含过多的脂肪，因而加上乳清，因它含脂肪较少. 然而乳清又含有过多的碳水化合物……

下例小规模说明这个问题. 表 1-6 是该食谱中的 3 种食物以及 100 克每种食物含有某些营养素的量.[㊀]

表 1-6

营养素（克）	每 100 克食物所含营养素			剑桥食谱每天所提供营养素量（克）
	脱脂牛奶	大豆粉	乳清	
蛋白质	36	51	13	33
碳水化合物	52	34	74	45
脂肪	0	7	1.1	3

例 1 求出脱脂牛奶、大豆粉和乳清的某种组合，使该食谱每天能提供表 1-6 中规定的蛋白质、碳水化合物和脂肪的量.

解 设 x_1, x_2 和 x_3 分别表示这些食物的数量（以 100 克为单位）. 导出方程的一种方法是对每种营养素分别列出方程. 例如，乘积

$$\{x_1 \text{ 单位的脱脂牛奶}\}\{\text{每单位脱脂牛奶所含蛋白质}\}$$

给出 x_1 单位脱脂牛奶提供的蛋白质. 类似地加上大豆粉和乳清所含蛋白质，就应该等于我们所需的蛋白质.类似的计算对每种食物都可进行.

更有效的方法（概念上更为简单）是考虑每种食物的“营养素向量”而建立向量方程. x_1 单位的脱脂牛奶提供的营养素是下列标量乘法：

$$\overset{\text{标量}}{\begin{Bmatrix} x_1 \text{ 单位的} \\ \text{脱脂牛奶} \end{Bmatrix}} \cdot \overset{\text{向量}}{\begin{Bmatrix} \text{每单位脱脂} \\ \text{牛奶的营养素} \end{Bmatrix}} = x_1\boldsymbol{a}_1 \tag{1}$$

其中 $\boldsymbol{a}_1$ 是表 1-6 的第一列. 设 $\boldsymbol{a}_2$ 和 $\boldsymbol{a}_3$ 分别为大豆粉和乳清的对应向量，$\boldsymbol{b}$ 为表示所需要的营养素总量的向量（表中最后一列）. 则 $x_2\boldsymbol{a}_2$ 和 $x_3\boldsymbol{a}_3$ 分别给出 x_2 单位大豆粉和 x_3 单位乳清能提供的营养素. 所以相应的方程为

$$x_1\boldsymbol{a}_1 + x_2\boldsymbol{a}_2 + x_3\boldsymbol{a}_3 = \boldsymbol{b} \tag{2}$$

把对应的方程组的增广矩阵行化简得

$$\begin{bmatrix} 36 & 51 & 13 & 33 \\ 52 & 34 & 74 & 45 \\ 0 & 7 & 1.1 & 3 \end{bmatrix} \sim \cdots \sim \begin{bmatrix} 1 & 0 & 0 & 0.277 \\ 0 & 1 & 0 & 0.392 \\ 0 & 0 & 1 & 0.233 \end{bmatrix}$$

精确到 3 位小数，该食谱需要 0.277 单位脱脂牛奶、0.392 单位大豆粉、0.233 单位乳清，这样就可提供所需要的蛋白质、碳水化合物与脂肪. ■

重要的是，求出的 x_1, x_2 和 x_3 的值是非负的，这使求出的解有实际意义.（你如何用−0.233

㊀ 1984 年食谱中的食物；食物中的营养素数据取自 USDA 农业手册，No.8-1 和 8-6，1976.

单位乳清？）由于对许多营养素都有要求，因此可能使用多种食物，以得到有“非负解”的方程组. 因而为了得到这样的解，需要观察各种方程. 事实上，剑桥食谱的制造者用 33 种食物来提供 31 种营养素.

由食谱构造问题产生线性方程（2），是因为由食物供给的营养素可写成一个向量的数量倍，如（1）式所示. 也就是说，某种食物供给的营养素与加入食谱中的此种食物的数量成比例，同时，混合物中的营养素是各种食物中营养素之和.

为人类或牲畜设计某种特殊的食谱问题是经常遇到的，这通常被看作线性规划技术. 我们构造向量方程的方法常常可以使这些问题的求解得到简化.

线性方程与电路网络

电路网络中的电流可由线性方程组描述. 电源（例如电池）促使电荷在网络中流动. 当电流通过电阻（例如灯泡、电动机等），一部分电压被“用掉”；由欧姆定律，这种“电压降”等于

$$V = RI$$

其中，V 以伏特度量，电阻 R 以欧姆度量（用Ω表示），电流 I 用安培度量.

图 1-47 中的网络包含 3 条闭合回路. 在回路 1,2,3 中流过的电流分别用 I_1, I_2 和 I_3 表示. 回路电流的指定方向是任意取定的. 若某一电流求出来是负值，则表示实际电流方向与图中所选择的方向相反. 若所示的电流方向是由电池（┤├）的正极（长边）指向负极（短边），则电压为正，否则电压为负.

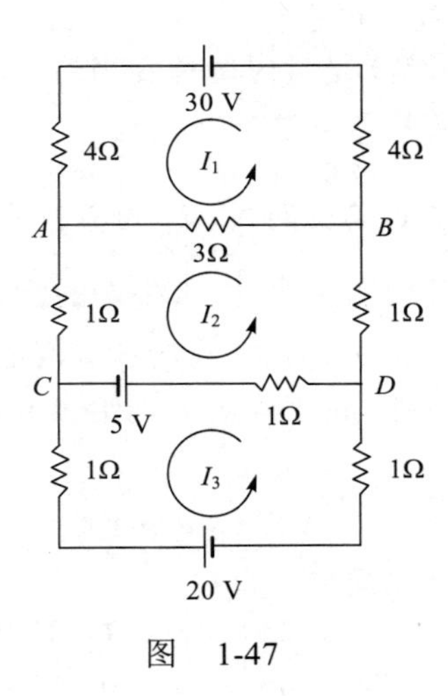

图 1-47

回路中电流服从下列定律.

> **基尔霍夫电压定律**
> 围绕一条回路同一方向的电压降 RI 的代数和等于围绕该回路的同一方向电动势的代数和.

例 2 确定图 1-47 中网络中的回路电流.

解 对回路 1，电流 I_1 通过 3 个电阻，总电压降为

$$4I_1 + 4I_1 + 3I_1 = (4+4+3)I_1 = 11I_1$$

回路 2 的电流流过回路 1 的一部分，即 A 与 B 之间的短分支，对应的 RI 电压降为 $3I_2$ 伏特. 然而，回路 1 中分支 AB 之间的电流方向与回路 2 中该分支的电流方向相反，因此回路 1 中总的 RI 电压降为 $11I_1-3I_2$. 因回路 1 中的电动势为 +30 伏特，故基尔霍夫电压定律给出

$$11I_1-3I_2=30$$

对回路 2，方程为

$$-3I_1+6I_2-I_3=5$$

项 $-3I_1$ 来自回路 1 通过分支 AB（电流方向与回路 2 的电流方向相反，故电压取负值）的电流，项 $6I_2$ 是回路 2 中所有电阻的和乘以回路电流. 项 $-I_3=-1\cdot I_3$ 是由回路 3 的电流通过 CD 分支 1 欧姆电阻引起的，与回路 2 电流方向相反. 回路 3 的方程为

$$-I_2+3I_3=-25$$

注意分支 CD 上的 5 伏特电池同时属于回路 2 与回路 3，但对回路 3，它是−5 伏特，因它的方向与回路 3 所选择的方向相反.

所以这些电流可由解下列方程组得出：

$$\begin{aligned} 11I_1-3I_2\qquad &= 30 \\ -3I_1+6I_2-\ I_3 &= 5 \\ -\ I_2+3I_3 &= -25 \end{aligned} \tag{3}$$

对增广矩阵作行变换得到解为 $I_1=3$ 安培，$I_2=1$ 安培，$I_3=-8$ 安培，I_3 的负值表示回路 3 的实际电流方向与图 1-47 中所示相反. ■

把方程组（3）看作向量方程是有启发性的：

$$I_1\underset{\substack{\uparrow\\ \boldsymbol{r}_1}}{\begin{bmatrix}11\\-3\\0\end{bmatrix}}+I_2\underset{\substack{\uparrow\\ \boldsymbol{r}_2}}{\begin{bmatrix}-3\\6\\-1\end{bmatrix}}+I_3\underset{\substack{\uparrow\\ \boldsymbol{r}_3}}{\begin{bmatrix}0\\-1\\3\end{bmatrix}}=\underset{\substack{\uparrow\\ \boldsymbol{v}}}{\begin{bmatrix}30\\5\\-25\end{bmatrix}} \tag{4}$$

每个向量的第一个元素是在第一个回路中的电阻，类似地第二个、第三个元素分别是在第二、第三个回路中的电阻. 第一个电阻向量 $\boldsymbol{r}_1$ 列出各个回路中电流 I_1 流过的电阻. 当 I_1 流过该电阻的方向与另一回路方向相反时，该电阻取负值. 观察图 1-47，看看如何计算 $\boldsymbol{r}_1$ 中的元素；然后同样求出 $\boldsymbol{r}_2$ 和 $\boldsymbol{r}_3$.（4）式的矩阵形式为

$$\boldsymbol{Ri}=\boldsymbol{v},\ \text{其中}\ \boldsymbol{R}=[\boldsymbol{r}_1\ \boldsymbol{r}_2\ \ \boldsymbol{r}_3],\quad \boldsymbol{i}=\begin{bmatrix}I_1\\I_2\\I_3\end{bmatrix}$$

该形式给出欧姆定律的矩阵形式. 若所有回路电流都选取同一方向，则 $\boldsymbol{R}$ 的非主对角线元素全部都是负值.

矩阵方程 $\boldsymbol{Ri}=\boldsymbol{v}$ 表明这个模型的线性. 例如，若电压向量加倍，则电流向量也加倍；同时，叠加原理也成立. 即方程（4）的解是下列方程的解的和：

$$Ri=\begin{bmatrix}30\\0\\0\end{bmatrix}, Ri=\begin{bmatrix}0\\5\\0\end{bmatrix}, Ri=\begin{bmatrix}0\\0\\-25\end{bmatrix}$$

这三个方程中的每一个对应于回路仅包含一个电源的网络（其他电源代以封闭该回路的导线）. 电流模型是线性的，这是因为欧姆定律与基尔霍夫定律都是线性的：通过某一电阻的电压降与通过它的电流成正比（欧姆定律），而回路中的电压降的和等于回路中电动势的和（基尔霍夫定律）.

网络中回路电流可以决定电路中每一个分支通过的电流. 若仅有一个回路电流通过该分支，例如图1-47中从B到D的分支，则通过该分支的电流等于回路电流. 若有多个回路电流通过该分支，如从A到B的分支，则通过该分支的电流是各回路电流的代数和（基尔霍夫电流定律）. 例如，通过分支AB的电流为$I_1-I_2=3-1=2$安培，方向与I_1相同. 分支CD中的电流为$I_2+I_3=9$安培.

差分方程

在生态学、经济学和工程技术等领域中，需要研究随时间变化的动力系统，这种系统通常在离散的时刻测量，得到一个向量序列$\boldsymbol{x}_0,\boldsymbol{x}_1,\boldsymbol{x}_2,\cdots$. 向量$\boldsymbol{x}_k$的各个元素给出该系统在第$k$次测量中的状态的信息.

如果有矩阵$\boldsymbol{A}$使$\boldsymbol{x}_1=\boldsymbol{A}\boldsymbol{x}_0,\boldsymbol{x}_2=\boldsymbol{A}\boldsymbol{x}_1$, 一般地，

$$\boldsymbol{x}_{k+1}=\boldsymbol{A}\boldsymbol{x}_k,\quad k=0,1,2,\cdots \tag{5}$$

则（5）式称为**线性差分方程**（或**递归关系**）. 给定这样一种关系，我们可由已知的$\boldsymbol{x}_0$计算$\boldsymbol{x}_1,\boldsymbol{x}_2$，等等. 4.8节以及第5章的若干节将推导求$\boldsymbol{x}_k$的公式，并确定$k$无限增大时$\boldsymbol{x}_k$的变化情况. 下列讨论说明导致差分方程问题产生的原因.

人口统计学家对人口的迁移很有兴趣. 这里我们考虑人口在某一城市与它的周边地区之间迁移的简单模型.

固定一个初始年，例如2020年，用r_0和s_0分别表示该年城市和郊区的人口数. 令$\boldsymbol{x}_0$表示人口向量

$$\boldsymbol{x}_0=\begin{bmatrix}r_0\\s_0\end{bmatrix}\begin{matrix}\text{2020年城市人口}\\\text{2020年郊区人口}\end{matrix}$$

对2021年与以后各年，将人口向量表示为

$$\boldsymbol{x}_1=\begin{bmatrix}r_1\\s_1\end{bmatrix},\ \boldsymbol{x}_2=\begin{bmatrix}r_2\\s_2\end{bmatrix},\ \boldsymbol{x}_3=\begin{bmatrix}r_3\\s_3\end{bmatrix},\cdots$$

我们的目的是在数学上表示出这些向量的关系.

设人口统计学的研究说明每年约有0.05的城市人口移居郊区（其他0.95留在城市），而0.03的郊区人口移居城市（其他0.97留在郊区）. 见图1-48.

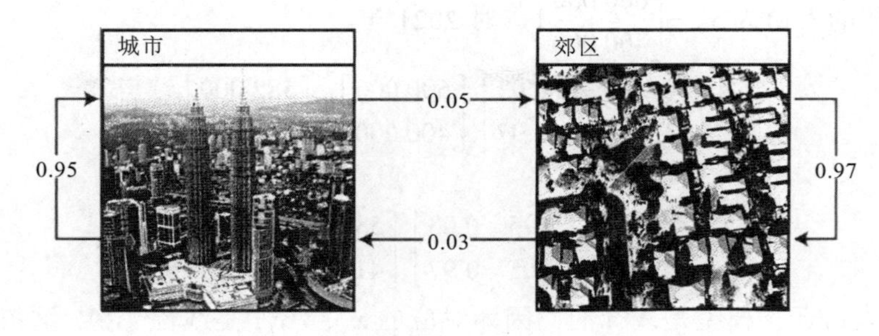

图 1-48　每年城市与郊区人口迁移的百分比

一年后，原来城市中的人口 r_0 在城市和郊区的分布为

$$\begin{bmatrix}0.95r_0\\0.05r_0\end{bmatrix}=r_0\begin{bmatrix}0.95\\0.05\end{bmatrix}\begin{matrix}\text{留在城市}\\\text{移到郊区}\end{matrix}\tag{6}$$

郊区 2020 年的人口 s_0 一年后的分布为

$$s_0\begin{bmatrix}0.03\\0.97\end{bmatrix}\begin{matrix}\text{移到城市}\\\text{留在郊区}\end{matrix}\tag{7}$$

（6）式和（7）式中的向量组成 2020 年的全部人口[㊀]，于是

$$\begin{bmatrix}r_1\\s_1\end{bmatrix}=r_0\begin{bmatrix}0.95\\0.05\end{bmatrix}+s_0\begin{bmatrix}0.03\\0.97\end{bmatrix}=\begin{bmatrix}0.95 & 0.03\\0.05 & 0.97\end{bmatrix}\begin{bmatrix}r_0\\s_0\end{bmatrix}$$

即

$$\boldsymbol{x}_1=\boldsymbol{M}\boldsymbol{x}_0\tag{8}$$

其中 $\boldsymbol{M}$ **是迁移矩阵**，由下表确定：

$$\begin{matrix}\text{由：城市} & \text{郊区} & \text{移到：}\end{matrix}$$

$$\begin{bmatrix}0.95 & 0.03\\0.05 & 0.97\end{bmatrix}\begin{matrix}\text{城市}\\\text{郊区}\end{matrix}$$

方程（8）表示 2020 年到 2021 年人口的变化情况．若迁移比例保持常数，则 2021 年到 2022 年的变化为

$$\boldsymbol{x}_2=\boldsymbol{M}\boldsymbol{x}_1$$

由 2022 年到 2023 年以及以后各年的变化都是类似的．一般地

$$\boldsymbol{x}_{k+1}=\boldsymbol{M}\boldsymbol{x}_k,\quad k=0,1,2,\cdots\tag{9}$$

向量序列 $\{\boldsymbol{x}_0,\boldsymbol{x}_1,\boldsymbol{x}_2,\cdots\}$ 描述了若干年中城市、郊区人口变化的状况．

例 3　设 2020 年城市人口为 600 000，郊区人口为 400 000，求上述区域 2021 年和 2022 年的人口．

㊀ 为简单起见，我们忽略出生、死亡、迁移等对城市、郊区人口的影响．

解　2020 年的人口为 $\boldsymbol{x}_0=\begin{bmatrix}600\,000\\400\,000\end{bmatrix}$，对 2021 年，

$$\boldsymbol{x}_1=\begin{bmatrix}0.95 & 0.03\\0.05 & 0.97\end{bmatrix}\begin{bmatrix}600\,000\\400\,000\end{bmatrix}=\begin{bmatrix}582\,000\\418\,000\end{bmatrix}$$

对 2022 年，

$$\boldsymbol{x}_2=\boldsymbol{M}\boldsymbol{x}_1=\begin{bmatrix}0.95 & 0.03\\0.05 & 0.97\end{bmatrix}\begin{bmatrix}582\,000\\418\,000\end{bmatrix}=\begin{bmatrix}565\,440\\434\,560\end{bmatrix}$$ ■

式（9）的人口迁移模型是线性的，因为对应的 $\boldsymbol{x}_k\mapsto\boldsymbol{x}_{k+1}$ 是线性变换. 这依赖于两个事实：从一个地区迁往另一个地区的人口与该地区原有的人口成正比，如（6）式和（7）式所示，而这些人口迁移选择的累积效果是不同区域的人口迁移的叠加.

练习题

求出矩阵 $\boldsymbol{A}$ 以及向量 $\boldsymbol{x}$ 和 $\boldsymbol{b}$，使例 1 中的问题转化为解方程 $\boldsymbol{A}\boldsymbol{x}=\boldsymbol{b}$.

习题 1.10

1. 一种早餐麦片的包装罐通常列出每份食用量包含的卡路里、蛋白质、碳水化合物与脂肪的量. 两种常见的麦片的营养素含量如下表所示.

每份食物营养素含量

营养素	General Mills Cheerios	Quaker 100%天然麦片
卡路里	110	130
蛋白质（克）	4	3
碳水化合物（克）	20	18
脂肪（克）	2	5

设这两种麦片的混合物要求含热量 295 卡路里、9 克蛋白质、48 克碳水化合物和 8 克脂肪.

a. 建立这个问题的一个向量方程，并给出方程中变量表示的含义.

b. 写出等价的矩阵方程，并判断所希望的两种麦片的混合物是否可以制作出来.

2. 一份脆燕麦片含有 160 卡路里热量、5 克蛋白质、6 克膳食纤维和 1 克脂肪，一份脆片含有 110 卡路里热量、2 克蛋白质、0.1 克膳食纤维和 0.4 克脂肪.

a. 列出矩阵 $\boldsymbol{B}$ 及向量 $\boldsymbol{u}$，使 $\boldsymbol{B}\boldsymbol{u}$ 给出 3 份脆燕麦片和 2 份脆片所含热量、蛋白质、膳食纤维与脂肪的量.

b. [M]设你希望一种麦片含蛋白质多于脆片但含脂肪少于脆燕麦片. 是否可能混合两种麦片，使它含有 130 卡路里热量、3.20 克蛋白质、2.46 克膳食纤维、0.64 克脂肪？如果可能，如何混合？

3. 上过营养课后，一个芝士通心粉的爱好者决定改善午餐，增加西兰花和鸡肉罐头来提高蛋白质和膳食纤维的含量. 这道习题的食物营养信息在下表中给出.

每份食物营养素含量

营养素	芝士通心粉	西兰花	鸡肉罐头	贝类
卡路里	270	51	70	260
蛋白质（克）	10	5.4	15	9
膳食纤维（克）	2	5.2	0	5

a. [M]如果他希望午餐含有 400 卡路里，但要获取 30 克蛋白质、10 克膳食纤维，求芝士通心粉、西兰花和鸡肉罐头之间的比例.

b. [M]他发现 a 中西兰花的比例过高，于是决定用全麦面和白芝士取代传统的芝士通心粉，每种食物的比例为多少能达到和 a 一样的结果？

4. 剑桥食谱除例 1 中列出的营养素外，每天还提供 0.8 克钙. 在剑桥食谱中的三种食物每单位（100 克）提供的钙为：脱脂牛奶 1.26 克，大豆粉 0.19 克，乳清 0.8 克. 该食谱中的另一种食物是大豆蛋白质，它每单位供给的营养素为：80 克蛋白质，0 克碳水化合物，3.4 克脂肪和 0.18 克钙.

a. 列出矩阵方程，它的解确定脱脂牛奶、大豆粉、乳清与大豆蛋白质的量，使得这种混合物正好含剑桥食谱中所需各种营养素的量. 叙述方程中各个变量表示的含义.

b. [M]解（a）中的方程，讨论你的答案.

[M]在习题 5~8 中，写出矩阵方程以确定回路电流.若能使用 MATLAB 或其他矩阵程序，则解出这些方程.

5.

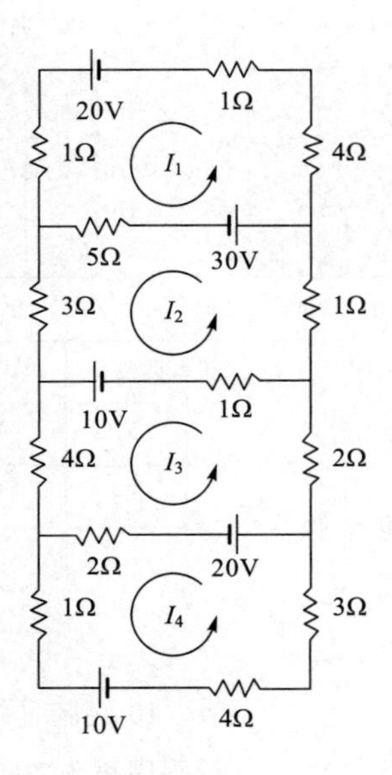

6.

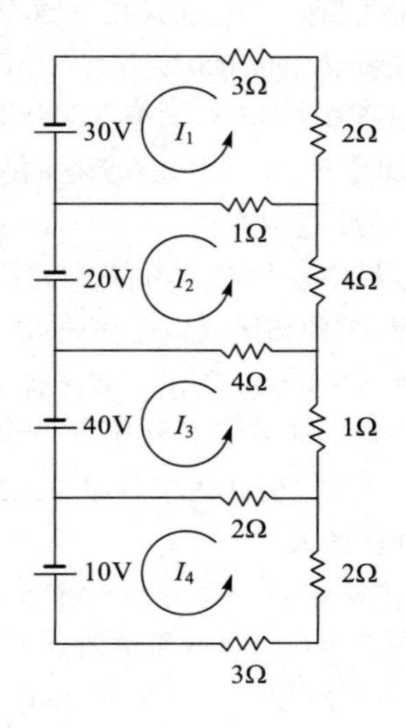

7.

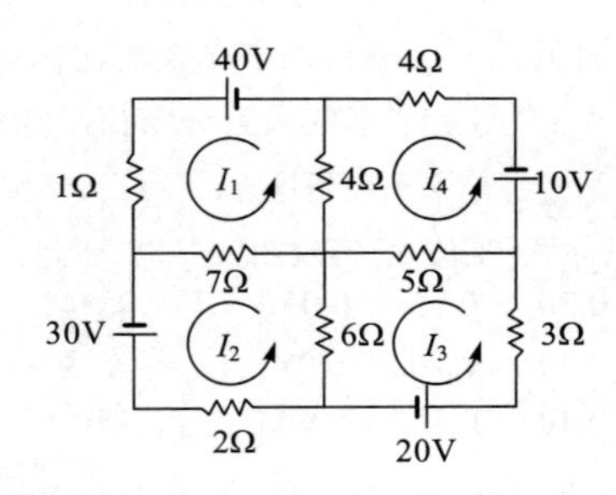

8.

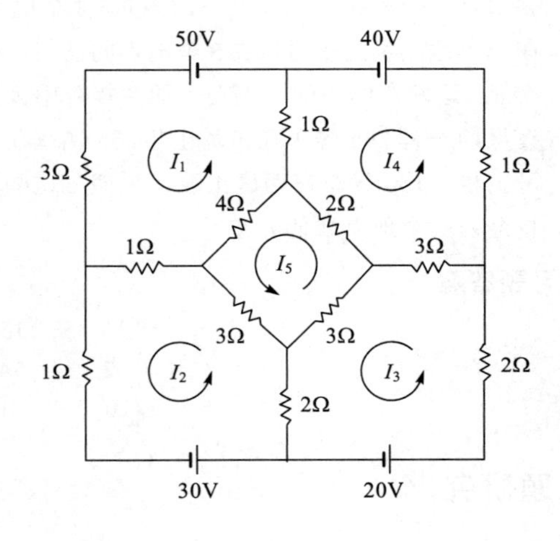

9. 在某区域中，每年有大约 7%的城市人口迁往郊区，大约 5%的郊区人口迁往城市. 2020 年，有 800 000 人居住在城市，500 000 人居住在郊区. 列出差分方程描述这些情况，以 $\boldsymbol{x}_0$ 表示 2020 年的初始人口，然后估计 2022 年居住在城市和郊区的人口（忽略影响居民人口的其他因素）.
10. 在某区域中，每年大约有 6%的城市人口迁往郊区而 4%的郊区人口迁往城市. 在 2020 年，城市有 1 000 000 居民，郊区有 800 000 居民. 列出差分方程描述这些情况，其中 $\boldsymbol{x}_0$ 是 2020 年初始人口. 估计两年后即 2022 年居住在城市和郊区的人口.
11. [M]某卡车租赁公司分别在普尔曼、斯波坎和西雅图三个城市设有租赁地点，三个城市拥有的车辆数分别为 20、100 和 200. 在一个城市租赁的卡车可以在三个城市中的任何一个城市还车.每月返回三个城市的卡车数的比例如下矩阵所示. 三个月后卡车的大致分布情况如何？

卡车租赁地点：

普尔曼　斯波坎　西雅图　　归还到:

$$\begin{bmatrix} 0.30 & 0.15 & 0.05 \\ 0.30 & 0.70 & 0.05 \\ 0.40 & 0.15 & 0.90 \end{bmatrix} \begin{matrix} \text{机场} \\ \text{东区} \\ \text{西区} \end{matrix}$$

12. [M]堪萨斯州 Wichita 市的 Budget Rent a Car 公司有一个车队共 500 辆车，分布在 3 个地点. 在一个地点租的车可以在 3 个地点的任何一个交还. 这些车归还的比例在下面的矩阵中列出. 设星期一有 295 辆车在机场出租，55 辆车在东区出租，150 辆车在西区出租，星期三这些车将会在三个地点如何分布？

出租地：　机场　东区　西区　　归还到：

$$\begin{bmatrix} 0.97 & 0.05 & 0.10 \\ 0.00 & 0.90 & 0.05 \\ 0.03 & 0.05 & 0.85 \end{bmatrix} \begin{matrix} \text{机场} \\ \text{东区} \\ \text{西区} \end{matrix}$$

13. [M]设 $\boldsymbol{M}$ 与 $\boldsymbol{x}_0$ 如例 3.
    a. 计算人口向量 $\boldsymbol{x}_k, k = 1,2,\cdots,20$，你发现了什么规律？
    b. 对初始人口城市 350 000，郊区 650 000，重复 a，你发现了什么规律？
14. [M]研究钢板上边界温度的变化如何影响钢板内部区域的温度.
    a. 首先，估计图中钢板的 4 个点处的温度 T_1, T_2, T_3, T_4. 每种情况下 T_k 的值近似等于最靠近它的 4 个点处温度的平均值. 参阅 1.1 节的习题 43 和 44，在那里求得相应的温度值为（20，27.5，30，22.5）（以度为单位），这些数据与你在图 a 和 b 中求出的值有什么关系？
    b. 不做计算，猜想当 a 中的边界温度都乘以 3 时钢板内部 4 个点的温度. 检验你的猜想.
    c. 最后，猜想边界上 8 个温度与内部 4 个点的温度的相应关系.

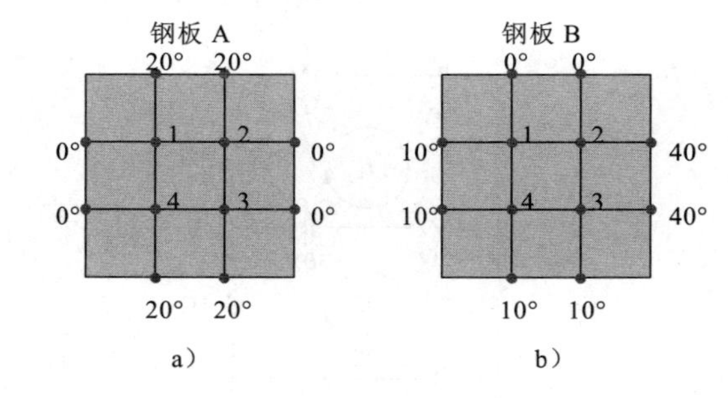

a)　　b)

练习题答案

$$\boldsymbol{A} = \begin{bmatrix} 36 & 51 & 13 \\ 52 & 34 & 74 \\ 0 & 7 & 1.1 \end{bmatrix}, \quad \boldsymbol{x} = \begin{bmatrix} x_1 \\ x_2 \\ x_3 \end{bmatrix}, \quad \boldsymbol{b} = \begin{bmatrix} 33 \\ 45 \\ 3 \end{bmatrix}$$

课题研究

A. 插值多项式：展示如何使用线性方程组通过一组点拟合多项式.

B. 样条插值：展示如何使用线性方程组通过一组点拟合分段多项式曲线.

C. 网络流：目的是展示如何使用线性方程组对网络中的流进行建模.

D. 线性变换的艺术：在这个课题中，演示了如何绘制多边形，然后使用线性变换以改变其形状并创建设计.

E. 回路电流：本课题的目的是提供更多和更大的回路电流示例.

F. 饮食：本课题的目的是通过平衡饮食中的营养素提供向量方程的例子.

补充习题

标出每个命题的真假(T/F)，给出理由.（若是真的，举出适当的事实或定理；若是假的，说明原因或举出反例.）

1. (T/F)每个矩阵行等价于唯一的阶梯形矩阵.
2. (T/F)含有 n 个未知数的 n 个方程至多有 n 个解.
3. (T/F)若线性方程组有两个不同的解，则它必有无穷多个解.
4. (T/F)若线性方程组没有自由变量，则它有唯一解.
5. (T/F)若增广矩阵 $[\boldsymbol{A}\quad \boldsymbol{b}]$ 由初等行变换变为 $[\boldsymbol{C}\quad \boldsymbol{d}]$，则方程 $\boldsymbol{Ax}=\boldsymbol{b}$ 与 $\boldsymbol{Cx}=\boldsymbol{d}$ 有相同解集.
6. (T/F)若方程组 $\boldsymbol{Ax}=\boldsymbol{b}$ 有多于一个解，则 $\boldsymbol{Ax}=\boldsymbol{0}$ 也是.
7. (T/F)若 $\boldsymbol{A}$ 是 $m\times n$ 矩阵，且对某个 $\boldsymbol{b}$，方程 $\boldsymbol{Ax}=\boldsymbol{b}$ 相容，则 $\boldsymbol{A}$ 的各列生成 $\mathbb{R}^m$.
8. (T/F)若增广矩阵 $[\boldsymbol{A}\quad \boldsymbol{b}]$ 可由初等行变换化为简化阶梯形，则方程 $\boldsymbol{Ax}=\boldsymbol{b}$ 相容.
9. (T/F)若矩阵 $\boldsymbol{A}$ 和 $\boldsymbol{B}$ 行等价，则它们有相同的简化阶梯形.
10. (T/F)方程 $\boldsymbol{Ax}=\boldsymbol{0}$ 有平凡解当且仅当它没有自由变量.
11. (T/F)若 $\boldsymbol{A}$ 是 $m\times n$ 矩阵，方程 $\boldsymbol{Ax}=\boldsymbol{b}$ 对 $\mathbb{R}^m$ 中任意 $\boldsymbol{b}$ 都相容，则 $\boldsymbol{A}$ 有 m 个主元列.
12. (T/F)若 $m\times n$ 矩阵 $\boldsymbol{A}$ 在每一行都有一个主元位置，则对 $\mathbb{R}^m$ 中任意 $\boldsymbol{b}$，方程 $\boldsymbol{Ax}=\boldsymbol{b}$ 有唯一解.
13. (T/F)若 $n\times n$ 矩阵 $\boldsymbol{A}$ 有 n 个主元位置，则 $\boldsymbol{A}$ 的简化阶梯形是 $n\times n$ 单位矩阵.
14. (T/F)若 3×3 矩阵 $\boldsymbol{A}$ 和 $\boldsymbol{B}$ 都有 3 个主元位置，则通过初等行变换可以将 $\boldsymbol{A}$ 变换为 $\boldsymbol{B}$.
15. (T/F)若 $\boldsymbol{A}$ 是 $m\times n$ 矩阵，方程 $\boldsymbol{Ax}=\boldsymbol{b}$ 有至少两个不同的解，且如果方程 $\boldsymbol{Ax}=\boldsymbol{c}$ 相容，则方程 $\boldsymbol{Ax}=\boldsymbol{c}$ 有多个解.
16. (T/F)若 $\boldsymbol{A}$ 和 $\boldsymbol{B}$ 是行等价的 $m\times n$ 矩阵，且 $\boldsymbol{A}$ 的列生成 $\mathbb{R}^m$，则 $\boldsymbol{B}$ 的列也生成 $\mathbb{R}^m$.
17. (T/F)若 $\mathbb{R}^3$ 中向量集 $S=\{\boldsymbol{v}_1,\boldsymbol{v}_2,\boldsymbol{v}_3\}$ 中任意一个向量都不是其他向量的倍数，则 S 线性无关.
18. (T/F)若 $\{\boldsymbol{u},\boldsymbol{v},\boldsymbol{w}\}$ 是线性无关集，则 $\boldsymbol{u},\boldsymbol{v}$和$\boldsymbol{w}$ 不在 $\mathbb{R}^2$ 中.
19. (T/F)在某些情况下，4 个向量可能生成 $\mathbb{R}^5$.
20. (T/F) $\boldsymbol{u}$ 和 $\boldsymbol{v}$ 属于 $\mathbb{R}^m$，则 $-\boldsymbol{u}$ 属于 $\mathrm{Span}\{\boldsymbol{u},\boldsymbol{v}\}$.
21. (T/F)若 $\boldsymbol{u},\boldsymbol{v}$和$\boldsymbol{w}$ 是 $\mathbb{R}^2$ 中的非零向量，则 $\boldsymbol{w}$ 是 $\boldsymbol{u}$和 $\boldsymbol{v}$ 的线性组合.
22. (T/F)若 $\boldsymbol{w}$ 是 $\mathbb{R}^n$ 中 $\boldsymbol{u}$和 $\boldsymbol{v}$ 的线性组合，则 $\boldsymbol{u}$ 是 $\boldsymbol{v}$和$\boldsymbol{w}$ 的线性组合.
23. (T/F)设 $\boldsymbol{v}_1,\boldsymbol{v}_2,\boldsymbol{v}_3$ 是 $\mathbb{R}^5$ 中的向量，$\boldsymbol{v}_2$ 不是 $\boldsymbol{v}_1$ 的倍数，$\boldsymbol{v}_3$ 不是 $\boldsymbol{v}_1$和$\boldsymbol{v}_2$ 的线性组合，则 $\{\boldsymbol{v}_1,\boldsymbol{v}_2,\boldsymbol{v}_3\}$ 线性无关.
24. (T/F)线性变换是函数.
25. (T/F)若 $\boldsymbol{A}$ 是 6×5 矩阵，则线性变换 $\boldsymbol{x}\mapsto \boldsymbol{Ax}$ 不能将 $\mathbb{R}^5$ 映射到 $\mathbb{R}^6$ 上.
26. 设 a 和 b 表示实数. 叙述（线性）方程 $ax=b$ 的解集的各种可能情况.（提示：解的数目依赖于 a 和 b.）
27. 一个线性方程 $ax+by+cz=d$ 的解 (x,y,z) 可以表示为 $\mathbb{R}^3$ 中的一个平面，其中 a,b,c 不全为零. 构造有三个线性方程的方程组表示图 a 相交于一条直线，图 b 相交于一点，图 c 没有交点. 图形如下所示.

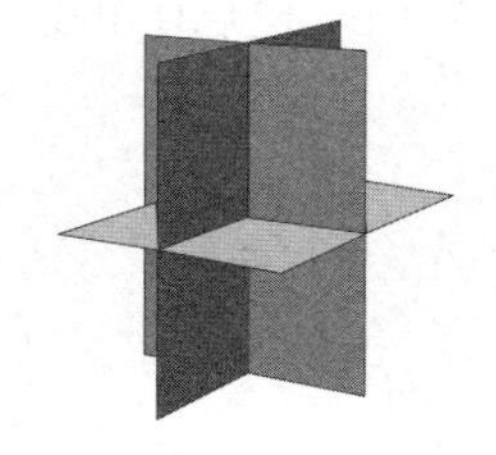

a）三个平面交于一条直线　b）三个平面交于一点

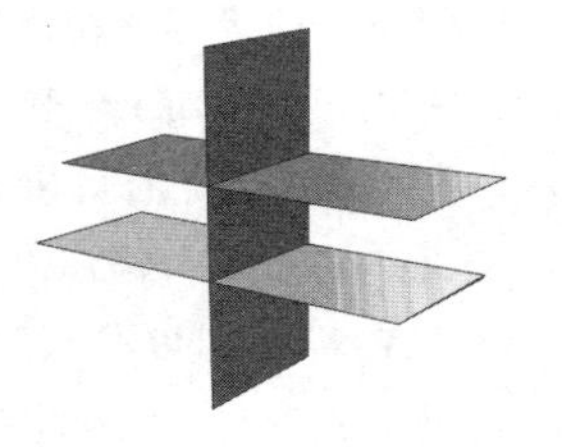

c）三个平面没有交点　c′）三个平面没有交点

28. 三个未知量三个方程的线性方程组的系数矩阵的每一列都有一个主元位置，说明方程组为什么有唯一解.

29. 确定 h 和 k 的值，使下列方程组的解集（i）是空集，（ii）包含唯一的解，（iii）包含无穷多个解.

a. $\begin{aligned} x_1+3x_2&=k \\ 4x_1+hx_2&=8 \end{aligned}$　　b. $\begin{aligned} -2x_1+hx_2&=1 \\ 6x_1+kx_2&=-2 \end{aligned}$

30. 确定下列方程组是否相容：

$$\begin{aligned} 4x_1-2x_2+\ 7x_3&=-5 \\ 8x_1-3x_2+10x_3&=-3 \end{aligned}$$

a. 定义适当的向量，把问题重述为线性组合的形式，再解此问题.

b. 定义适当的矩阵，用“ $\boldsymbol{A}$ 的列”重述此问题.

c. 利用（b）中矩阵定义适当的线性变换 T，用 T 的术语重述此问题.

31. 考虑下列问题，确定方程组是否对任意的 b_1,b_2,b_3 相容.

$$\begin{aligned} 2x_1-4x_2-2x_3&=b_1 \\ -5x_1+\ \ x_2+\ \ x_3&=b_2 \\ 7x_1-5x_2-3x_3&=b_3 \end{aligned}$$

a. 定义适当的向量，用 $\mathrm{Span}\{\boldsymbol{v}_1,\boldsymbol{v}_2,\boldsymbol{v}_3\}$ 的术语重述此问题，然后解此问题.

b. 定义适当的矩阵 $\boldsymbol{A}$，用“ $\boldsymbol{A}$ 的列”重述此问题.

c. 用（b）中矩阵定义适当的线性变换 T，用 T 的术语重述此问题.

32. 使用 1.2 节例 1 的记号描述矩阵 $\boldsymbol{A}$ 可能的阶梯形.

a. $\boldsymbol{A}$ 是 2×3 矩阵，其列生成 $\mathbb{R}^2$.

b. $\boldsymbol{A}$ 是 3×3 矩阵，其列生成 $\mathbb{R}^3$.

33. 将向量 $\begin{bmatrix}5\\6\end{bmatrix}$ 表示为两个向量的和，其中一个在直线 $\{(x,y):y=2x\}$ 上，另一个在直线 $\{(x,y):y=x/2\}$ 上.

34. 设 $\boldsymbol{a}_1,\boldsymbol{a}_2$ 和 $\boldsymbol{b}$ 是 $\mathbb{R}^2$ 中的向量，如下图所示，令 $\boldsymbol{A}=[\boldsymbol{a}_1\ \ \boldsymbol{a}_2]$. 方程 $\boldsymbol{Ax}=\boldsymbol{b}$ 是否有解？如果有解，解是否唯一？给出解释.

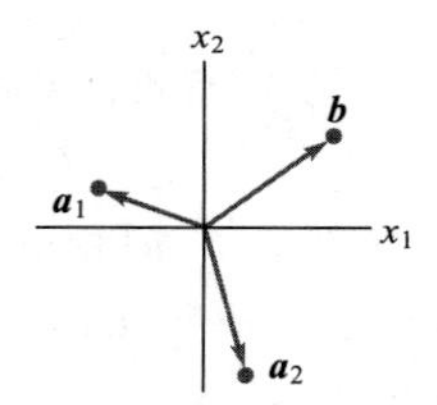

35. 构造一个 2×3 矩阵 $\boldsymbol{A}$，不是阶梯形，使得 $\boldsymbol{Ax}=\boldsymbol{0}$ 的解是 $\mathbb{R}^3$ 中的一条直线.

36. 构造一个 2×3 矩阵 $\boldsymbol{A}$，不是阶梯形，使得 $\boldsymbol{Ax}=\boldsymbol{0}$ 的解是 $\mathbb{R}^3$ 中的一个平面.

37. 写出一个 3×3 矩阵 $\boldsymbol{A}$ 的简化阶梯形，使得 $\boldsymbol{A}$ 的前两列是主元列，且 $\boldsymbol{A}\begin{bmatrix}3\\-2\\1\end{bmatrix}=\begin{bmatrix}0\\0\\0\end{bmatrix}$.

38. 求 a 的值使得 $\left\{\begin{bmatrix}1\\a\end{bmatrix},\begin{bmatrix}a\\a+2\end{bmatrix}\right\}$ 是线性无关集.

39. 设（a）和（b）中的向量线性无关，数 $a,b,\cdots,f$ 有何特征？给出理由.（提示：对（b）使用一个定理.）

a. $\begin{bmatrix}a\\0\\0\end{bmatrix},\begin{bmatrix}b\\c\\0\end{bmatrix},\begin{bmatrix}d\\e\\f\end{bmatrix}$　　b. $\begin{bmatrix}a\\1\\0\\0\end{bmatrix},\begin{bmatrix}b\\c\\1\\0\end{bmatrix},\begin{bmatrix}d\\e\\f\\1\end{bmatrix}$

40. 使用 1.7 节定理 7 解释为什么矩阵 $\boldsymbol{A}$ 的列线性无关.

$$\boldsymbol{A}=\begin{bmatrix}1&0&0&0\\2&5&0&0\\3&6&8&0\\4&7&9&10\end{bmatrix}$$

41. 说明为什么 $\mathbb{R}^5$ 中的向量集 $\{\boldsymbol{v}_1,\boldsymbol{v}_2,\boldsymbol{v}_3,\boldsymbol{v}_4\}$ 一定是线性无关的，其中 $\{\boldsymbol{v}_1,\boldsymbol{v}_2,\boldsymbol{v}_3\}$ 线性无关，且 $\boldsymbol{v}_4$ 不属于 $\mathrm{Span}\{\boldsymbol{v}_1,\boldsymbol{v}_2,\boldsymbol{v}_3\}$.

42. 设 $\{\boldsymbol{v}_1,\boldsymbol{v}_2\}$ 是 $\mathbb{R}^n$ 中的线性无关向量集，证明 $\{\boldsymbol{v}_1,\boldsymbol{v}_1+\boldsymbol{v}_2\}$ 也线性无关.

43. 设 $\boldsymbol{v}_1,\boldsymbol{v}_2,\boldsymbol{v}_3$ 是 $\mathbb{R}^3$ 中一条直线上的三个不同点，这条直线不一定经过原点，证明 $\{\boldsymbol{v}_1,\boldsymbol{v}_2,\boldsymbol{v}_3\}$ 线性相关.

44. 设 $T:\mathbb{R}^n\to\mathbb{R}^m$ 是线性变换，$T(\boldsymbol{u})=\boldsymbol{v}$，证明 $T(-\boldsymbol{u})=-\boldsymbol{v}$.

45. 设 $T:\mathbb{R}^3\to\mathbb{R}^3$ 为线性变换，把每个向量变为它关于平面 $x_2=0$ 的对称点，即 $T(x_1,x_2,x_3)=(x_1,-x_2,x_3)$，求出变换 T 的标准矩阵.

46. 设 $\boldsymbol{A}$ 是 3×3 矩阵，线性变换 $\boldsymbol{x}\mapsto\boldsymbol{A}\boldsymbol{x}$ 把 $\mathbb{R}^3$ 映上到 $\mathbb{R}^3$，说明为什么这个变换是一对一的.

47. 吉温斯旋转是由 $\mathbb{R}^n\to\mathbb{R}^n$ 的一种线性变换，在计算机程序里用来在一个向量中产生一个零元素（通常是矩阵的一列）. $\mathbb{R}^2$ 中的一个吉温斯旋转（见图 1-49）的标准矩阵有形式

$$\begin{bmatrix}a&-b\\b&a\end{bmatrix},\quad a^2+b^2=1$$

求出 a 与 b 把 $\begin{bmatrix}4\\3\end{bmatrix}$ 旋转到 $\begin{bmatrix}5\\0\end{bmatrix}$.

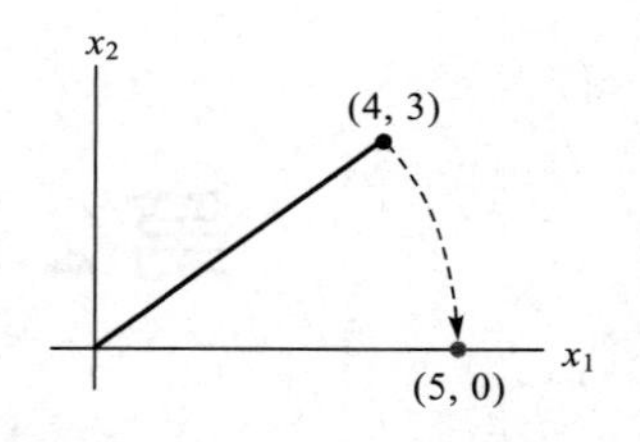

图 1-49 $\mathbb{R}^2$ 中的吉温斯旋转

48. 下列方程是 $\mathbb{R}^3$ 中的吉温斯旋转，求出 a 和 b.

$$\begin{bmatrix}a&0&-b\\0&1&0\\b&0&a\end{bmatrix}\begin{bmatrix}2\\3\\4\end{bmatrix}=\begin{bmatrix}2\sqrt{5}\\3\\0\end{bmatrix},\ a^2+b^2=1$$

49. 一幢大的公寓建筑使用模块建筑技术. 每层楼的建筑设计从 3 种设计中选择. A 设计每层有 18 个公寓，包括 3 个三室单元、7 个两室单元和 8 个一室单元；B 设计每层有 4 个三室单元、4 个两室单元和 8 个一室单元；C 设计每层有 5 个三室单元、3 个两室单元和 9 个一室单元. 设该建筑有 x_1 层采取 A 设计，x_2 层采取 B 设计，x_3 层采取 C 设计.

a. 向量 $x_1\begin{bmatrix}3\\7\\8\end{bmatrix}$ 的实际意义是什么？

b. 写出向量的线性组合表示该建筑所包含的三室、两室和一室单元的总数.

c. [M]是否可能设计该建筑物，使其恰有 66 个三室单元、74 个两室单元和 136 个一室单元？若可能的话，是否有多种方法？说明你的答案.

第2章 矩阵代数

介绍性实例 飞机设计中的计算机模型

为了设计下一代商业和军用飞机，波音公司幻影工作室的工程师们使用三维建模和计算流体力学. 他们在建造实际的模型之前，研究一个虚拟的模型周围的空气流动，这样做可以很大程度地缩短设计周期，降低成本，而线性代数在这个过程中起了关键的作用.

虚拟的飞机模型的设计从数学的“线形轮廓”模型开始，它仅存储在计算机内存中，并可显示在图形显示终端.（波音 747 的模型如右图所示.）这个数学模型组织和影响设计及制造飞机外部和内部的每一个过程. 计算流体力学分析主要考虑的是飞机外部表层的设计.

虽然飞机精巧的外表看上去是光滑的，但其表面的几何曲面是十分复杂的. 除了机翼和机身，飞机上还有引擎机舱、水平尾翼、狭板、襟翼、副翼. 空气在这些结构上的流动决定了飞机在天空中如何运动. 描述气流的方程很复杂，它们必须考虑引擎的吸气量、引擎的排气量和机翼留下的尾迹. 为了研究气流，工程师们需要飞机表面的精确描述.

用计算机建立飞机外表的模型首先在原来的线形轮廓模型上添加三维的立方体格子. 这些立方体有的处于飞机的内部，有的在外部，有的和飞机的表面相交. 计算机选出这些相交的立方体，并进一步细分，保留仍然和飞机表面相交的立方体. 这种细分过程一直进行下去，直到立方体非常精细. 一个典型的网格可以含有 400 000 多个立方体.

研究飞机表面的气流的过程包含反复求解大型的线性方程组 $\boldsymbol{Ax}=\boldsymbol{b}$，涉及的方程和变量个数达到 200 万个. 向量 $\boldsymbol{b}$ 随来自网格的数据和前面的方程的解而改变. 利用现在商业上买得到的最快的计算机，幻影工作组求解一个气流问题要用数小时至数天的时间. 工作组分析方程组的解之后，会对飞机的外表稍微进行修改，整个过程又再重新开始，计算流体力学的分析有可能要进行数千遍.

本章给出协助求解这样大规模方程组的两个重要的概念：

- **分块矩阵**：一个典型的计算流体力学的方程组会有“稀疏”的系数矩阵，矩阵中有许多零元素. 将变量正确地分组会产生有许多零方块的分块矩阵. 2.4 节将介绍这种矩阵及其应用.
- **矩阵分解**：即使使用分块矩阵，这样的方程组还是相当复杂. 为了进一步简化计算，波音的计算流体力学软件使用了对系数矩阵进行 LU 分解的方法. 2.5 节将讨论 LU 和其他有用的矩阵分解. 关于分解的更详细内容在本书后面出现.

为了分析气流问题的解，工程师们希望将飞机表面的气流显示出来. 他们利用计算机图形以及线性代数作为图形的引擎. 飞机外表的线框轮廓模型作为许多矩阵数据存储. 图像在计算机屏幕上被渲染显示后，工程师们可以改变图像的大小，对局部区域进行缩放，以及对图像进行旋转以看到在视图中被隐藏的部位. 这里的每个操作都是通过适当的矩阵乘法运算来实现的. 2.7 节解释了其中的基本思想.图 2-1 为波音公司为机翼做设计.

图 2-1 TU-Delft 航空公司和法荷航空正在研究的 V 型飞机设计，因为这种设计具有显著提高燃油经济性的潜力

当学会矩阵的代数运算后，我们分析和解方程的能力将会大大提高. 本章中的定义和定理给出一些基本的工具来处理涉及两个或更多个矩阵的线性代数问题. 对方阵而言，2.3 节的逆矩阵定理把许多以前学过的概念联系在一起. 2.4 节与 2.5 节研究分块矩阵和矩阵分解，它们在线性代数中的应用很广. 2.6 节和 2.7 节给出了矩阵代数在经济学和计算机图形学中的两个有趣应用. 2.8节和 2.9节为读者提供了有关子空间的足够信息，读者可以直接进入第 5章、第 6章和第 7章，而跳过第 4章. 如果你打算在转到第 5章之前先了解第 4章，则你可以略去这两小节.

2.1 矩阵运算

若 $\boldsymbol{A}$ 是 $m\times n$ 矩阵，即有 m 行 n 列的矩阵，则 $\boldsymbol{A}$ 的第 i 行第 j 列的元素用 a_{ij} 表示，称为 $\boldsymbol{A}$ 的 (i,j) 元素，见图 2-2. 例如，(3,2) 元素是在第 3 行第 2 列的数 a_{32}. $\boldsymbol{A}$ 的各列是 $\mathbb{R}^m$ 中的向量，用黑体字母 $\boldsymbol{a}_1,\boldsymbol{a}_2,\cdots,\boldsymbol{a}_n$ 表示，写作 $\boldsymbol{A}=[\boldsymbol{a}_1\ \ \boldsymbol{a}_2\ \ \cdots\ \ \boldsymbol{a}_n]$. 注意 a_{ij} 是第 j 个列向量 $\boldsymbol{a}_j$（从上面算起）的第 i 个元素.

$m\times n$ 矩阵 $\boldsymbol{A}=[a_{ij}]$ 的**对角线元素**是 $a_{11},a_{22},a_{33},\cdots$, 它们组成 A 的**主对角线**. **对角矩阵**是一个方阵，它的非对角线元素全是 0，例如 $n\times n$ 单位矩阵 $\boldsymbol{I}_n$. 元素全是零的 $m\times n$ 矩阵称为**零矩阵**，用 $\boldsymbol{0}$ 表示. 零矩阵的维数通常可由上下文知道，否则我们就用 $\boldsymbol{0}_{m\times n}$ 表示.

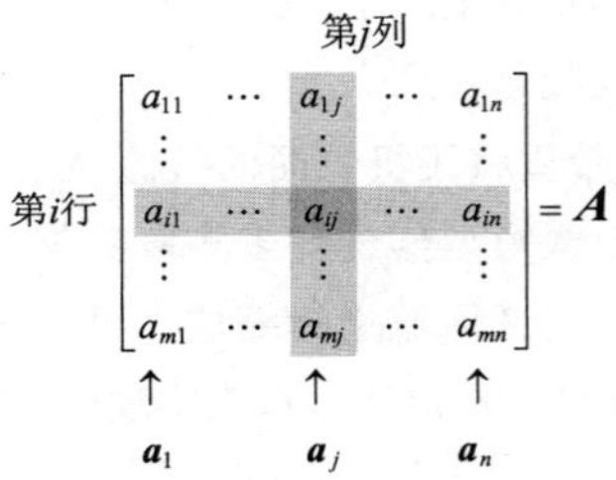

$$\text{第}i\text{行}\quad\begin{bmatrix} a_{11} & \cdots & a_{1j} & \cdots & a_{1n} \\ \vdots & & \vdots & & \vdots \\ a_{i1} & \cdots & a_{ij} & \cdots & a_{in} \\ \vdots & & \vdots & & \vdots \\ a_{m1} & \cdots & a_{mj} & \cdots & a_{mn} \end{bmatrix} = A$$

第 j 列；$\uparrow$ $\boldsymbol{a}_1$　$\uparrow$ $\boldsymbol{a}_j$　$\uparrow$ $\boldsymbol{a}_n$

图 2-2　矩阵记号

和与标量乘法

前面叙述过的向量运算可以自然地推广到矩阵. 我们称两个矩阵**相等**，若它们有相同的维数（即有相同的行数和列数），而且对应元素相等. 若 $\boldsymbol{A}$ 与 $\boldsymbol{B}$ 都是 $m\times n$ 矩阵，则**和** $\boldsymbol{A}+\boldsymbol{B}$ 也是 $m\times n$ 矩阵，它的各列是 $\boldsymbol{A}$ 与 $\boldsymbol{B}$ 对应列之和. 因列的向量加法是对应元素相加，故 $\boldsymbol{A}+\boldsymbol{B}$ 的每个元素也就是 $\boldsymbol{A}$ 与 $\boldsymbol{B}$ 的对应元素相加. 仅当 $\boldsymbol{A}$ 与 $\boldsymbol{B}$ 有相同维数，$\boldsymbol{A}+\boldsymbol{B}$ 才有定义.

例 1　设

$$\boldsymbol{A}=\begin{bmatrix}4&0&5\\-1&3&2\end{bmatrix},\ \boldsymbol{B}=\begin{bmatrix}1&1&1\\3&5&7\end{bmatrix},\ \boldsymbol{C}=\begin{bmatrix}2&-3\\0&1\end{bmatrix}$$

则

$$\boldsymbol{A}+\boldsymbol{B}=\begin{bmatrix}5&1&6\\2&8&9\end{bmatrix}$$

但 $\boldsymbol{A}+\boldsymbol{C}$ 没有定义，因为 $\boldsymbol{A}$ 与 $\boldsymbol{C}$ 的维数不同. ■

若 r 是标量而 $\boldsymbol{A}$ 是矩阵，则**标量乘法** $r\boldsymbol{A}$ 是一个矩阵，它的每一列是 $\boldsymbol{A}$ 的对应列的 r 倍. 与向量相同，定义 $-\boldsymbol{A}$ 为 $(-1)\boldsymbol{A}$ 而 $\boldsymbol{A}-\boldsymbol{B}$ 为 $\boldsymbol{A}+(-1)\boldsymbol{B}$.

例 2　设 $\boldsymbol{A}$ 与 $\boldsymbol{B}$ 如例 1，则

$$2\boldsymbol{B}=2\begin{bmatrix}1&1&1\\3&5&7\end{bmatrix}=\begin{bmatrix}2&2&2\\6&10&14\end{bmatrix}$$

$$\boldsymbol{A}-2\boldsymbol{B}=\begin{bmatrix}4&0&5\\-1&3&2\end{bmatrix}-\begin{bmatrix}2&2&2\\6&10&14\end{bmatrix}=\begin{bmatrix}2&-2&3\\-7&-7&-12\end{bmatrix}$$
■

在例 2 中，计算 $\boldsymbol{A}-2\boldsymbol{B}$ 时，不必化为 $\boldsymbol{A}+(-1)2\boldsymbol{B}$，因为通常的代数法则对矩阵的和与标量乘法仍适用，如下列定理所示.

定理 1　*设 $\boldsymbol{A},\boldsymbol{B},\boldsymbol{C}$ 是相同维数的矩阵，r 与 s 为数，则有*

a. $\boldsymbol{A}+\boldsymbol{B}=\boldsymbol{B}+\boldsymbol{A}$

b. $(\boldsymbol{A}+\boldsymbol{B})+\boldsymbol{C}=\boldsymbol{A}+(\boldsymbol{B}+\boldsymbol{C})$

c. $\boldsymbol{A}+0=\boldsymbol{A}$

d. $r(\boldsymbol{A}+\boldsymbol{B})=r\boldsymbol{A}+r\boldsymbol{B}$

e. $(r+s)\boldsymbol{A}=r\boldsymbol{A}+s\boldsymbol{A}$

f. $r(s\boldsymbol{A})=(rs)\boldsymbol{A}$

为证明定理 1 的各个等式，只需证明左端矩阵和右端矩阵有相同维数且对应各列相等. 维数是无问题的，因 $\boldsymbol{A},\boldsymbol{B},\boldsymbol{C}$ 的维数相同. 而由向量的类似性质，立即知道两端的对应各列相等. 例如，若 $\boldsymbol{A},\boldsymbol{B},\boldsymbol{C}$ 的第 j 列分别是 $\boldsymbol{a}_j,\boldsymbol{b}_j,\boldsymbol{c}_j$，则 $(\boldsymbol{A}+\boldsymbol{B})+\boldsymbol{C}$ 与 $\boldsymbol{A}+(\boldsymbol{B}+\boldsymbol{C})$ 的第 j 列分别是

$$(\boldsymbol{a}_j+\boldsymbol{b}_j)+\boldsymbol{c}_j \text{ 与 } \boldsymbol{a}_j+(\boldsymbol{b}_j+\boldsymbol{c}_j)$$

因对每个 j，这两个向量和相等，这就证明了（b）.

由于加法的结合律，我们将和写为 $\boldsymbol{A}+\boldsymbol{B}+\boldsymbol{C}$ 即可，无论按 $(\boldsymbol{A}+\boldsymbol{B})+\boldsymbol{C}$ 或 $\boldsymbol{A}+(\boldsymbol{B}+\boldsymbol{C})$ 计算都得同一结果. 同样，对四个或更多矩阵也可定义加法.

矩阵乘法

当矩阵 $\boldsymbol{B}$ 乘以向量 $\boldsymbol{x}$，它将 $\boldsymbol{x}$ 变换为向量 $\boldsymbol{Bx}$. 若这个向量又乘以矩阵 $\boldsymbol{A}$，则得到的向量是 $\boldsymbol{A}(\boldsymbol{Bx})$，见图 2-3.

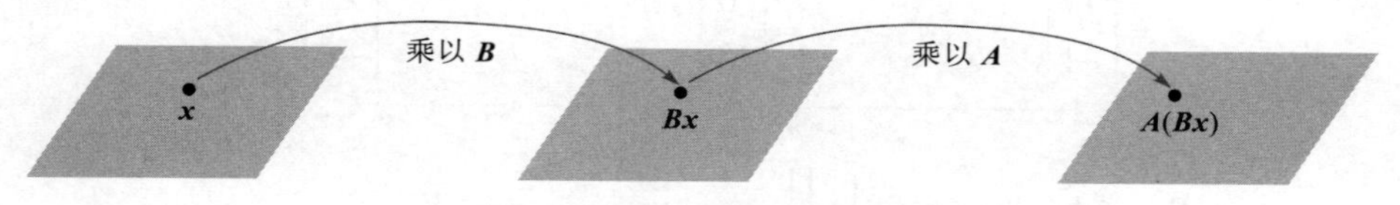

图 2-3　先乘以 $\boldsymbol{B}$ 再乘以 $\boldsymbol{A}$

于是 $\boldsymbol{A}(\boldsymbol{Bx})$ 是由 $\boldsymbol{x}$ 经复合映射变换所得，此映射是 1.8 节所研究的线性变换. 我们的目的是将此复合映射表示为乘以一个矩阵的变换，此矩阵记为 $\boldsymbol{AB}$，即

$$\boldsymbol{A}(\boldsymbol{Bx})=(\boldsymbol{AB})\boldsymbol{x} \tag{1}$$

见图 2-4.

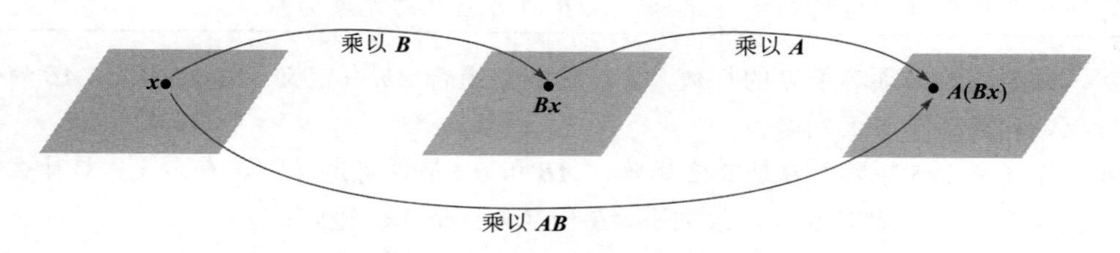

图 2-4　乘以 $\boldsymbol{AB}$

若 $\boldsymbol{A}$ 是 $m\times n$ 矩阵，$\boldsymbol{B}$ 是 $n\times p$ 矩阵，$\boldsymbol{x}$ 属于 $\mathbb{R}^p$，用 $\boldsymbol{b}_1,\boldsymbol{b}_2,\cdots,\boldsymbol{b}_p$ 表示 B 的各列，而 $\boldsymbol{x}$ 的元素为 $x_1,x_2,\cdots,x_p$，则

$$\boldsymbol{Bx}=x_1\boldsymbol{b}_1+x_2\boldsymbol{b}_2+\cdots+x_p\boldsymbol{b}_p$$

由乘以 $\boldsymbol{A}$ 的线性性质，

$$\boldsymbol{A}(\boldsymbol{Bx})=\boldsymbol{A}(x_1\boldsymbol{b}_1)+\boldsymbol{A}(x_2\boldsymbol{b}_2)+\cdots+\boldsymbol{A}(x_p\boldsymbol{b}_p)=x_1\boldsymbol{Ab}_1+x_2\boldsymbol{Ab}_2+\cdots+x_p\boldsymbol{Ab}_p$$

向量 $\boldsymbol{A}(\boldsymbol{Bx})$ 是向量 $\boldsymbol{Ab}_1,\boldsymbol{Ab}_2,\cdots,\boldsymbol{Ab}_p$ 的线性组合，以 $\boldsymbol{x}$ 的元素为权. 若我们把这些向量表示成一个矩阵的各列，就有

$$\boldsymbol{A}(\boldsymbol{Bx})=[\boldsymbol{Ab}_1\quad \boldsymbol{Ab}_2\quad \cdots\quad \boldsymbol{Ab}_p]\boldsymbol{x}$$

于是乘以矩阵 $[\boldsymbol{Ab}_1\quad \boldsymbol{Ab}_2\quad \cdots\quad \boldsymbol{Ab}_p]$ 把 $\boldsymbol{x}$ 变换为 $\boldsymbol{A}(\boldsymbol{Bx})$，这便找到了所需要的矩阵.

定义　若 $\boldsymbol{A}$ 是 $m\times n$ 矩阵，$\boldsymbol{B}$ 是 $n\times p$ 矩阵，$\boldsymbol{B}$ 的列是 $\boldsymbol{b}_1,\boldsymbol{b}_2,\cdots,\boldsymbol{b}_p$，则乘积 $\boldsymbol{AB}$ 是 $m\times p$ 矩阵，它的各列是 $\boldsymbol{Ab}_1,\boldsymbol{Ab}_2,\cdots,\boldsymbol{Ab}_p$，即

$$AB = A[\boldsymbol{b}_1 \quad \boldsymbol{b}_2 \quad \cdots \quad \boldsymbol{b}_p] = [A\boldsymbol{b}_1 \quad A\boldsymbol{b}_2 \quad \cdots \quad A\boldsymbol{b}_p]$$

这个定义使（1）式对 $\mathbb{R}^p$ 中所有 $\boldsymbol{x}$ 成立. 方程（1）证明图 2-4 中的复合映射是线性变换，它的标准矩阵是 AB. 矩阵乘法对应于线性变换的复合.

例 3　计算 AB，其中 $A=\begin{bmatrix}2 & 3\\ 1 & -5\end{bmatrix}$，　$B=\begin{bmatrix}4 & 3 & 6\\ 1 & -2 & 3\end{bmatrix}$.

解　写 $B=[\boldsymbol{b}_1 \quad \boldsymbol{b}_2 \quad \boldsymbol{b}_3]$，计算

$$A\boldsymbol{b}_1=\begin{bmatrix}2 & 3\\ 1 & -5\end{bmatrix}\begin{bmatrix}4\\ 1\end{bmatrix},\quad A\boldsymbol{b}_2=\begin{bmatrix}2 & 3\\ 1 & -5\end{bmatrix}\begin{bmatrix}3\\ -2\end{bmatrix},\quad A\boldsymbol{b}_3=\begin{bmatrix}2 & 3\\ 1 & -5\end{bmatrix}\begin{bmatrix}6\\ 3\end{bmatrix}$$

$$=\begin{bmatrix}11\\ -1\end{bmatrix}\qquad\qquad =\begin{bmatrix}0\\ 13\end{bmatrix}\qquad\qquad =\begin{bmatrix}21\\ -9\end{bmatrix}$$

因此

$$AB = A[\boldsymbol{b}_1 \quad \boldsymbol{b}_2 \quad \boldsymbol{b}_3] = \begin{bmatrix}11 & 0 & 21\\ -1 & 13 & -9\end{bmatrix}$$

$$\uparrow \quad \uparrow \quad \uparrow$$

$$A\boldsymbol{b}_1 \; A\boldsymbol{b}_2 \; A\boldsymbol{b}_3$$

■

注意，由 AB 的定义，它的第一列 $A\boldsymbol{b}_1$ 是 A 的各列用 $\boldsymbol{b}_1$ 的各元素为权的线性组合. 其他各列也是这样.

> AB 的每一列都是 A 的各列的线性组合，以 B 的对应列的元素为权.

显然，A 的列数必须等于 B 的行数，才能使线性组合 $A\boldsymbol{b}_1$ 有定义. 由定义知，AB 的行数等于 A 的行数，列数等于 B 的列数.

例 4　若 A 是 3×5 矩阵，B 是 5×2 矩阵，AB 和 BA 是否有定义？若有定义，是什么矩阵？

解　因 A 有 5 列，B 有 5 行，故乘积 AB 有定义且是 3×2 矩阵：

$$\underset{3\times5}{\overset{A}{\begin{bmatrix}* & * & * & * & *\\ * & * & * & * & *\\ * & * & * & * & *\end{bmatrix}}}\underset{5\times2}{\overset{B}{\begin{bmatrix}* & *\\ * & *\\ * & *\\ * & *\\ * & *\end{bmatrix}}}=\underset{3\times2}{\overset{AB}{\begin{bmatrix}* & *\\ * & *\\ * & *\end{bmatrix}}}$$

相同

AB 的维数

乘积 BA 没有定义，因 B 有 2 列，A 有 3 行. ■

AB 的定义对理论与应用是重要的，但下列法则给出了更有效的计算 AB 的各元素的方法.

> **计算 AB 的行列法则**
>
> 若乘积 AB 有定义，则 AB 的第 i 行第 j 列的元素是 A 的第 i 行与 B 的第 j 列对应元素乘积之

和. 若 $(AB)_{ij}$ 表示 AB 的 (i,j) 元素，A 为 $m\times n$ 矩阵，则

$$(AB)_{ij}=a_{i1}b_{1j}+a_{i2}b_{2j}+\cdots+a_{in}b_{nj}$$

为证明这一法则，设 $B=[b_1 b_2\cdots b_p]$，AB 的第 j 列是 Ab_j，我们可用 1.4 节的计算 Ax 的行向量法则计算 Ab_j. Ab_j 的第 i 个元素是 A 的第 i 行与向量 b_j 的对应元素之积，这恰好是上述规则中计算 AB 的 (i,j) 元素的方法.

例 5 使用行列法则计算例 3 中矩阵 AB 的两个元素，观察其中涉及的数会使你更好地理解计算 AB 的两种方法的结果相同.

解 要找出 AB 的第 1 行第 3 列的元素，考虑 A 的第 1 行和 B 的第 3 列，把对应元素相乘再加起来，如下所示：

$$AB=\begin{matrix}\rightarrow\\ \\\end{matrix}\begin{bmatrix}2 & 3\\ 1 & -5\end{bmatrix}\begin{bmatrix}4 & 3 & \overset{\downarrow}{6}\\ 1 & -2 & 3\end{bmatrix}=\begin{bmatrix}\square & \square & 2(6)+3(3)\\ \square & \square & \square\end{bmatrix}=\begin{bmatrix}\square & \square & 21\\ \square & \square & \square\end{bmatrix}$$

对 AB 第 2 行第 2 列的元素，用 A 的第 2 行和 B 的第 2 列：

$$\begin{matrix} \\ \rightarrow\end{matrix}\begin{bmatrix}2 & 3\\ 1 & -5\end{bmatrix}\begin{bmatrix}4 & \overset{\downarrow}{3} & 6\\ 1 & -2 & 3\end{bmatrix}=\begin{bmatrix}\square & \square & 21\\ \square & 1(3)+-5(-2) & \square\end{bmatrix}=\begin{bmatrix}\square & \square & 21\\ \square & 13 & \square\end{bmatrix}$$

■

例 6 求 AB 的第 2 行，其中

$$A=\begin{bmatrix}2 & -5 & 0\\ -1 & 3 & -4\\ 6 & -8 & -7\\ -3 & 0 & 9\end{bmatrix},\quad B=\begin{bmatrix}4 & -6\\ 7 & 1\\ 3 & 2\end{bmatrix}$$

解 由行列法则，AB 的第 2 行是由 A 的第 2 行和 B 的各列相乘所得：

$$\begin{matrix} \\ \rightarrow\\ \\ \\\end{matrix}\begin{bmatrix}2 & -5 & 0\\ -1 & 3 & -4\\ 6 & -8 & -7\\ -3 & 0 & 9\end{bmatrix}\begin{bmatrix}\overset{\downarrow}{4} & \overset{\downarrow}{-6}\\ 7 & 1\\ 3 & 2\end{bmatrix}=\begin{bmatrix}\square & \square\\ -4+21-12 & 6+3-8\\ \square & \square\\ \square & \square\end{bmatrix}=\begin{bmatrix}\square & \square\\ 5 & 1\\ \square & \square\\ \square & \square\end{bmatrix}$$

■

注意，由例 6 可知，计算 AB 的第 2 行时，我们仅需把 A 的第 2 行写在 B 的左边，得

$$\begin{bmatrix}-1 & 3 & -4\end{bmatrix}\begin{bmatrix}4 & -6\\ 7 & 1\\ 3 & 2\end{bmatrix}=\begin{bmatrix}5 & 1\end{bmatrix}$$

这在一般情况下也是正确的，可由计算 AB 的行列法则得出. 记 $\mathrm{row}_i(A)$ 表示矩阵 A 的第 i 行，则

$$\mathrm{row}_i(AB)=\mathrm{row}_i(A)\cdot B \tag{2}$$

矩阵乘法的性质

下列定理列出了矩阵乘法的重要性质，其中 I_m 表示 $m\times m$ 单位矩阵，对 $\mathbb{R}^m$ 中的一切 x，$I_m x=x$.

定理 2　设 A 为 $m\times n$ 矩阵，B 和 C 的维数使下列各式的乘积有定义．

a. $A(BC)=(AB)C$　（乘法结合律）

b. $A(B+C)=AB+AC$　（乘法左分配律）

c. $(B+C)A=BA+CA$　（乘法右分配律）

d. $r(AB)=(rA)B=A(rB)$，r 为任意数

e. $I_mA=A=AI_n$　（矩阵乘法的恒等式）

证　性质（b）~（e）在习题中证明．性质（a）是由于矩阵乘法对应于线性变换（函数）的复合，而函数的复合是可结合的．这里给出（a）的另一个基于矩阵乘积的“列定义”的证明．设

$$C=[c_1c_2\quad\cdots\quad c_p]$$

由矩阵乘法的定义，

$$BC=[Bc_1Bc_2\quad\cdots\quad Bc_p]$$

$$A(BC)=[A(Bc_1)A(Bc_2)\quad\cdots\quad A(Bc_p)]$$

由（1）式知，AB 的定义使得对一切 x 有 $A(Bx)=(AB)x$，所以

$$A(BC)=[(AB)c_1(AB)c_2\quad\cdots\quad(AB)c_p]=(AB)C$$

■

定理 1 和定理 2 中的结合律和分配律说明，基本上矩阵表达式中的括号可像实数运算中那样插入和删除．特别地，我们可把乘积写成 ABC，不管按 $A(BC)$ 还是 $(AB)C$[㊀] 计算都相同．类似地，四个矩阵 $ABCD$ 的乘积可按 $A(BCD)$，$(ABC)D$ 和 $A(BC)D$ 等计算．计算乘积时不管怎样结合都行，但左右顺序必须保持不变．

乘积中的左右顺序是重要的，因为一般来说 AB 与 BA 并不相同．这并不奇怪，因 AB 的列是 A 的各列的线性组合，而 BA 的各列是 B 的各列的线性组合．乘积 AB 的因子的位置需要这样强调，即 A 被 B *右乘*，或 B 被 A *左乘*．若 $AB=BA$，我们称 A 和 B 乘积**可交换**．

例 7　设 $A=\begin{bmatrix}5&1\\3&-2\end{bmatrix}$ 和 $B=\begin{bmatrix}2&0\\4&3\end{bmatrix}$，证明它们乘积不可交换，即证明 $AB\neq BA$．

解

$$AB=\begin{bmatrix}5&1\\3&-2\end{bmatrix}\begin{bmatrix}2&0\\4&3\end{bmatrix}=\begin{bmatrix}14&3\\-2&-6\end{bmatrix}$$

$$BA=\begin{bmatrix}2&0\\4&3\end{bmatrix}\begin{bmatrix}5&1\\3&-2\end{bmatrix}=\begin{bmatrix}10&2\\29&-2\end{bmatrix}$$

■

例 7 表明乘法一般不可交换是矩阵代数与普通实数代数的重要差别，具体例子参阅习题 9~12.

警告

1．一般情况下，$AB\neq BA$．

2．消去律对矩阵乘法不成立，即若 $AB=AC$，一般情况下，$B=C$ 并不成立．（见习题 10.）

3．若乘积 AB 是零矩阵，一般情况下，不能断定 $A=0$ 或 $B=0$．（见习题 12.）

㊀ 当 B 是方阵而 C 的列数较 A 的行数少时，计算 $A(BC)$ 比 $(AB)C$ 更方便．

矩阵的乘幂

若 $\boldsymbol{A}$ 是 $n\times n$ 矩阵，k 是正整数，则 $\boldsymbol{A}^k$ 表示 k 个 $\boldsymbol{A}$ 的乘积：

$$\boldsymbol{A}^k=\underbrace{\boldsymbol{A}\ \boldsymbol{A}\cdots\ \boldsymbol{A}}_{k\text{个}}$$

若 $\boldsymbol{A}$ 不是零矩阵，且 $\boldsymbol{x}$ 属于 $\mathbb{R}^n$，则 $\boldsymbol{A}^k\boldsymbol{x}$ 表示 $\boldsymbol{x}$ 被 $\boldsymbol{A}$ 连续左乘 k 次. 若 $k=0$，则 $\boldsymbol{A}^0\boldsymbol{x}$ 就是 $\boldsymbol{x}$ 本身. 因此 $\boldsymbol{A}^0$ 被解释为单位矩阵. 矩阵乘幂在理论和应用中都很有用处（见 2.6 节、5.9 节及本书后面的内容）.

矩阵的转置

给定 $m\times n$ 矩阵 $\boldsymbol{A}$，则 $\boldsymbol{A}$ 的**转置**是一个 $n\times m$ 矩阵，用 $\boldsymbol{A}^{\mathrm{T}}$ 表示，它的列是由 $\boldsymbol{A}$ 的对应行构成的.

例 8 设

$$\boldsymbol{A}=\begin{bmatrix} a & b \\ c & d \end{bmatrix},\quad \boldsymbol{B}=\begin{bmatrix} -5 & 2 \\ 1 & -3 \\ 0 & 4 \end{bmatrix},\quad \boldsymbol{C}=\begin{bmatrix} 1 & 1 & 1 & 1 \\ -3 & 5 & -2 & 7 \end{bmatrix}$$

则

$$\boldsymbol{A}^{\mathrm{T}}=\begin{bmatrix} a & c \\ b & d \end{bmatrix},\quad \boldsymbol{B}^{\mathrm{T}}=\begin{bmatrix} -5 & 1 & 0 \\ 2 & -3 & 4 \end{bmatrix},\quad \boldsymbol{C}^{\mathrm{T}}=\begin{bmatrix} 1 & -3 \\ 1 & 5 \\ 1 & -2 \\ 1 & 7 \end{bmatrix}$$

■

定理 3 设 $\boldsymbol{A}$ 与 $\boldsymbol{B}$ 表示矩阵，其维数使下列和与积有定义，则

a. $(\boldsymbol{A}^{\mathrm{T}})^{\mathrm{T}}=\boldsymbol{A}$.

b. $(\boldsymbol{A}+\boldsymbol{B})^{\mathrm{T}}=\boldsymbol{A}^{\mathrm{T}}+\boldsymbol{B}^{\mathrm{T}}$.

c. 对任意数 r，$(r\boldsymbol{A})^{\mathrm{T}}=r\boldsymbol{A}^{\mathrm{T}}$.

d. $(\boldsymbol{A}\boldsymbol{B})^{\mathrm{T}}=\boldsymbol{B}^{\mathrm{T}}\boldsymbol{A}^{\mathrm{T}}$.

a~c 的证明是直接的，这里省略. d 的证明见习题 41. 通常 $(\boldsymbol{A}\boldsymbol{B})^{\mathrm{T}}$ 不等于 $\boldsymbol{A}^{\mathrm{T}}\boldsymbol{B}^{\mathrm{T}}$，即使乘积 $\boldsymbol{A}^{\mathrm{T}}\boldsymbol{B}^{\mathrm{T}}$ 是有定义的. 定理 3d 可推广到多于两个矩阵的乘积，叙述如下：

> 矩阵的乘积的转置等于它们的转置的乘积，但相乘的顺序相反.

习题中包括说明这些性质的例子.

人工智能（AI）涉及让计算机学会识别任何可以以数字化格式呈现的重要信息. 人工智能的一个重要领域是识别图片中的对象是否与所选对象匹配，例如数字、指纹或人脸.

在下一个例子中，使用矩阵转置和矩阵乘法来判断 2×2 的由有色正方形组成的块是否与图 2-5 中选择的棋盘模式匹配.

例 9 为了将一个 2×2 色块输入计算机，它首先被转换成一个 4×1 向量，方法是为每个灰色

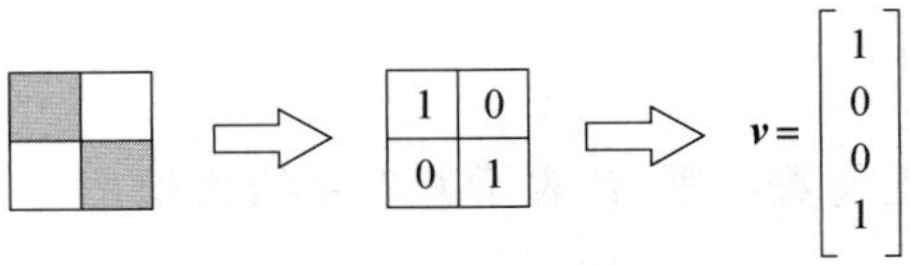

$$\boldsymbol{v}=\begin{bmatrix}1\\0\\0\\1\end{bmatrix}$$

图 2-5

正方形指定一个1，为每个白色正方形指定一个0. 然后，计算机将每列中的数字放在左边列中数字的下方，从而将数字块转换为向量.

设 $\boldsymbol{M}=\begin{bmatrix}1&0&0&-1\\0&1&0&0\\0&0&1&0\\-1&0&0&1\end{bmatrix}$. 注意 $\boldsymbol{v}^{\mathrm{T}}\boldsymbol{M}\boldsymbol{v}=\begin{bmatrix}1&0&0&1\end{bmatrix}\begin{bmatrix}1&0&0&-1\\0&1&0&0\\0&0&1&0\\-1&0&0&1\end{bmatrix}\begin{bmatrix}1\\0\\0\\1\end{bmatrix}=0$，

且 $\boldsymbol{w}^{\mathrm{T}}\boldsymbol{M}\boldsymbol{w}=\begin{bmatrix}0&0&0&0\end{bmatrix}\begin{bmatrix}1&0&0&-1\\0&1&0&0\\0&0&1&0\\-1&0&0&1\end{bmatrix}\begin{bmatrix}0\\0\\0\\0\end{bmatrix}=0$，其中 $\boldsymbol{w}$ 为一个由 2×2 全白色正方形块生成的向量. 可以验证，对于一个由 2×2 的白色正方形和灰色正方形块生成的任何其他向量 $\boldsymbol{x}$，如果 $\boldsymbol{x}$ 不是 $\boldsymbol{v}$ 或 $\boldsymbol{w}$，那么乘积 $\boldsymbol{x}^{\mathrm{T}}\boldsymbol{M}\boldsymbol{x}$ 是非零的（如图2-6a所示）. 因此，如果计算机检查 $\boldsymbol{x}^{\mathrm{T}}\boldsymbol{M}\boldsymbol{x}$ 的值并发现它不是零，那么计算机就知道与 $\boldsymbol{x}$ 对应的图案不是左上角有灰色正方形的棋盘.

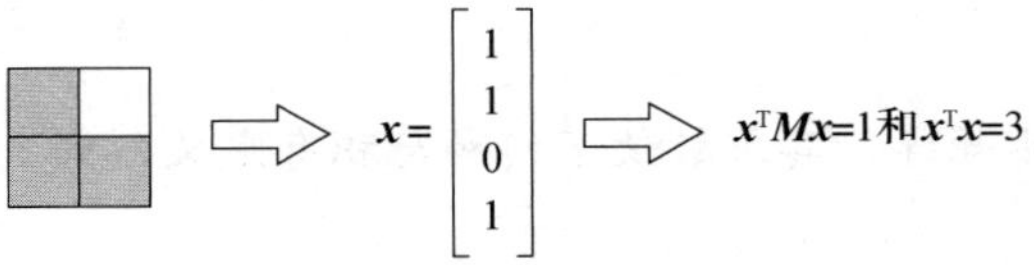

$$\boldsymbol{x}=\begin{bmatrix}1\\1\\0\\1\end{bmatrix} \Rightarrow \boldsymbol{x}^{\mathrm{T}}\boldsymbol{M}\boldsymbol{x}=1 \text{和} \boldsymbol{x}^{\mathrm{T}}\boldsymbol{x}=3$$

a）因为 $\boldsymbol{x}^{\mathrm{T}}\boldsymbol{M}\boldsymbol{x}\neq0$，所以这种模式不是棋盘模式

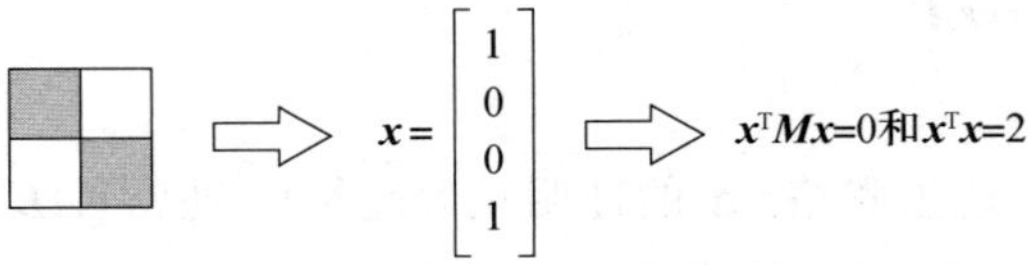

$$\boldsymbol{x}=\begin{bmatrix}1\\0\\0\\1\end{bmatrix} \Rightarrow \boldsymbol{x}^{\mathrm{T}}\boldsymbol{M}\boldsymbol{x}=0 \text{和} \boldsymbol{x}^{\mathrm{T}}\boldsymbol{x}=2$$

b）因为 $\boldsymbol{x}^{\mathrm{T}}\boldsymbol{M}\boldsymbol{x}=0$ 且 $\boldsymbol{x}^{\mathrm{T}}\boldsymbol{x}\neq0$，所以这种模式是棋盘模式

图 2-6

然而，如果计算机发现 $\boldsymbol{x}^{\mathrm{T}}\boldsymbol{M}\boldsymbol{x}=0$（如图2-6b所示），那么 $\boldsymbol{x}$ 可以是 $\boldsymbol{v}$ 或 $\boldsymbol{w}$. 为了区分两者，计算机可以计算乘积 $\boldsymbol{x}^{\mathrm{T}}\boldsymbol{x}$，因为 $\boldsymbol{x}^{\mathrm{T}}\boldsymbol{x}$ 为零，当且仅当 $\boldsymbol{x}$ 为 $\boldsymbol{w}$.[⊖] 因此，要得出 $\boldsymbol{x}$ 等于 $\boldsymbol{v}$ 的结论，必须有 $\boldsymbol{x}^{\mathrm{T}}\boldsymbol{M}\boldsymbol{x}=0$ 且 $\boldsymbol{x}^{\mathrm{T}}\boldsymbol{x}\neq0$. ■

⊖ 要了解为什么 $\boldsymbol{x}^{\mathrm{T}}\boldsymbol{x}$ 为零，当且仅当 $\boldsymbol{x}$ 为 $\boldsymbol{w}$，令 $\boldsymbol{x}^{\mathrm{T}}=\begin{bmatrix}x_1&x_2&x_3&x_4\end{bmatrix}$，则 $\boldsymbol{x}^{\mathrm{T}}\boldsymbol{x}=x_1^2+x_2^2+x_3^2+x_4^2$，和为零当且仅当 $\boldsymbol{x}$ 的坐标都为零. 也就是说，当且仅当 $\boldsymbol{x}=\boldsymbol{w}$.

6.3 节的例 5 说明了选择矩阵 $\boldsymbol{M}$ 的一种方法，以便可以使用矩阵乘法和转置来识别正方形的特定模式.

人工智能的另一个重要方面甚至在数据输入机器之前就开始了. 在 1.9 节中，说明了如何使用矩阵乘法在空间中移动向量. 在下一个例子中，矩阵乘法用于清理数据并为处理数据做好准备.

例 10 分别用矩阵 $\boldsymbol{T}$ 和矩阵 $\boldsymbol{C}$ 的列表示多伦多皮尔逊机场和芝加哥奥黑尔机场 2020 年 1 月和 2 月地勤人员事故的日期：

多伦多：$\boldsymbol{T}=\begin{bmatrix}1 & 12 & 14 & 15 & 21 & 22 & 23 & 1 & 2 & 3 & 12 & 15 & 17 & 19 & 26\\ 1 & 1 & 1 & 1 & 1 & 1 & 1 & 2 & 2 & 2 & 2 & 2 & 2 & 2 & 2\end{bmatrix}$

芝加哥：$\boldsymbol{C}=\begin{bmatrix}1 & 1 & 1 & 1 & 1 & 2 & 2 & 2 & 2 & 2\\ 1 & 11 & 22 & 23 & 24 & 1 & 2 & 5 & 20 & 21\end{bmatrix}$

显然，两个矩阵中列出的数据不同. 在写日期时，无论是月还是日，加拿大和美国有不同的传统. 在矩阵 $\boldsymbol{T}$ 中，日期列在第一行，月份列在第二行. 在矩阵 $\boldsymbol{C}$ 中，月份列在第一行，日期列在第二行. 为了使用这些数据，需要交换其中一个矩阵的第一行和第二行. 回顾 1.9 节表 1-2 中矩阵乘法的影响，注意矩阵 $\boldsymbol{A}=\begin{bmatrix}0 & 1\\ 1 & 0\end{bmatrix}$ 交换任何向量 $\boldsymbol{x}=\begin{bmatrix}x_1\\ x_2\end{bmatrix}$ 的坐标 x_1 和 x_2.应用 $\boldsymbol{A}$，确实可得到

$$\boldsymbol{AT}=\begin{bmatrix}1 & 1 & 1 & 1 & 1 & 1 & 1 & 2 & 2 & 2 & 2 & 2 & 2 & 2 & 2\\ 1 & 12 & 14 & 15 & 21 & 22 & 23 & 1 & 2 & 3 & 12 & 15 & 17 & 19 & 26\end{bmatrix}$$

的数据与矩阵 $\boldsymbol{C}$ 中列出的顺序相同. 现在，矩阵 $\boldsymbol{AT}$ 和 $\boldsymbol{C}$ 可以输入同一台机器中了. ■

在习题 51 和 52 中，需要进一步清理该项目的数据.[⊖]

数值计算的注解

1. 在计算机上求出 $\boldsymbol{AB}$ 的最快方法依赖于计算机在内存中存储矩阵的方式. 标准的高性能算法（如 LAPACK）中按列计算 $\boldsymbol{AB}$，正如我们所定义的那样.（一个用 C++ 语言写成的 LAPACK 版本按行计算 $\boldsymbol{AB}$.）

2. $\boldsymbol{AB}$ 的定义使我们可以在计算机上用并行算法计算，$\boldsymbol{B}$ 的列可单独或分组分配给不同的处理器，因此可以同时计算 $\boldsymbol{AB}$ 的各列.

练习题

1. 因 $\mathbb{R}^n$ 中向量可以看作 $n\times1$ 矩阵，故转置矩阵的性质也适用于向量. 令

$$\boldsymbol{A}=\begin{bmatrix}1 & -3\\ -2 & 4\end{bmatrix} \text{ 和 } \boldsymbol{x}=\begin{bmatrix}5\\ 3\end{bmatrix}$$

计算 $(\boldsymbol{Ax})^{\mathrm{T}},\boldsymbol{x}^{\mathrm{T}}\boldsymbol{A}^{\mathrm{T}},\boldsymbol{xx}^{\mathrm{T}}$ 和 $\boldsymbol{x}^{\mathrm{T}}\boldsymbol{x}$. $\boldsymbol{A}^{\mathrm{T}}\boldsymbol{x}^{\mathrm{T}}$ 是否有定义？

⊖ 尽管本例中的数据和相应的习题都是虚构的，但华盛顿州立大学的数据分析专业的学生认为，在他们对美国三个主要机场的地勤人员事故进行实际分析时，清理他们收集到的数据是重要的第一步.

2. 设 $\boldsymbol{A}$ 为 4×4 矩阵，$\boldsymbol{x}$ 是 $\mathbb{R}^4$ 中向量. 计算 $\boldsymbol{A}^2\boldsymbol{x}$ 的最快方法是什么？计算乘法的次数.
3. 假设 $\boldsymbol{A}$ 是一个 $m\times n$ 矩阵，所有行是相同的. $\boldsymbol{B}$ 是一个 $n\times p$ 矩阵，所有列是相同的. $\boldsymbol{AB}$ 中的元素是怎样的呢？

习题 2.1

在习题 1~2 中，计算矩阵的和或乘积. 若乘积没有定义，则说明理由. 设

$$\boldsymbol{A}=\begin{bmatrix}2&0&-1\\4&-3&2\end{bmatrix},\boldsymbol{B}=\begin{bmatrix}7&-5&1\\1&-4&-3\end{bmatrix},$$

$$\boldsymbol{C}=\begin{bmatrix}1&2\\-2&1\end{bmatrix},\boldsymbol{D}=\begin{bmatrix}3&5\\-1&4\end{bmatrix},\boldsymbol{E}=\begin{bmatrix}-5\\3\end{bmatrix}$$

1. $-2\boldsymbol{A},\ \boldsymbol{B}-2\boldsymbol{A},\ \boldsymbol{AC},\ \boldsymbol{CD}$
2. $\boldsymbol{A}+2\boldsymbol{B},\ 3\boldsymbol{C}-\boldsymbol{E},\ \boldsymbol{CB},\ \boldsymbol{EB}$

在下面的习题中，假设每个矩阵表达式是有定义的，即矩阵（和向量）的维数是相匹配的.

3. 设 $\boldsymbol{A}=\begin{bmatrix}4&-1\\5&-2\end{bmatrix}$，计算 $3\boldsymbol{I}_2-\boldsymbol{A}$ 及 $(3\boldsymbol{I}_2)\boldsymbol{A}$.
4. 计算 $\boldsymbol{A}-5\boldsymbol{I}_3$ 及 $(5\boldsymbol{I}_3)\boldsymbol{A}$，其中
$$\boldsymbol{A}=\begin{bmatrix}9&-1&3\\-8&7&-3\\-4&1&8\end{bmatrix}$$

在习题 5~6 中，用两种方法计算乘积 $\boldsymbol{AB}$：(a) 根据定义分别计算 $\boldsymbol{Ab}_1$ 及 $\boldsymbol{Ab}_2$；(b) 利用计算 $\boldsymbol{AB}$ 的行列法则.

5. $\boldsymbol{A}=\begin{bmatrix}-1&2\\5&4\\2&-3\end{bmatrix}$，$\boldsymbol{B}=\begin{bmatrix}3&-4\\-2&1\end{bmatrix}$
6. $\boldsymbol{A}=\begin{bmatrix}4&-2\\-3&0\\3&5\end{bmatrix}$，$\boldsymbol{B}=\begin{bmatrix}1&3\\4&-1\end{bmatrix}$
7. 若 $\boldsymbol{A}$ 是 5×3 矩阵，乘积 $\boldsymbol{AB}$ 是 5×7 矩阵，$\boldsymbol{B}$ 的维数是多少？
8. 若 $\boldsymbol{BC}$ 是 3×4 矩阵，$\boldsymbol{B}$ 有几行？
9. 设 $\boldsymbol{A}=\begin{bmatrix}2&5\\-3&1\end{bmatrix}$ 和 $\boldsymbol{B}=\begin{bmatrix}4&-5\\3&k\end{bmatrix}$，$k$ 取什么值时 $\boldsymbol{AB}=\boldsymbol{BA}$？
10. 设 $\boldsymbol{A}=\begin{bmatrix}2&-3\\-4&6\end{bmatrix},\boldsymbol{B}=\begin{bmatrix}8&4\\5&5\end{bmatrix},\boldsymbol{C}=\begin{bmatrix}5&-2\\3&1\end{bmatrix}$，证明 $\boldsymbol{AB}=\boldsymbol{AC}$ 但 $\boldsymbol{B}\neq\boldsymbol{C}$.
11. 设 $\boldsymbol{A}=\begin{bmatrix}1&1&1\\1&2&3\\1&4&5\end{bmatrix},\boldsymbol{D}=\begin{bmatrix}2&0&0\\0&3&0\\0&0&5\end{bmatrix}$，计算 $\boldsymbol{AD}$ 和 $\boldsymbol{DA}$，说明当 $\boldsymbol{A}$ 右乘或左乘以 $\boldsymbol{D}$ 时，$\boldsymbol{A}$ 的行或列如何变化. 求 3×3 矩阵 $\boldsymbol{B}$，不是单位矩阵或零矩阵，使 $\boldsymbol{AB}=\boldsymbol{BA}$.
12. 设 $\boldsymbol{A}=\begin{bmatrix}3&-6\\-1&2\end{bmatrix}$，求 2×2 矩阵 $\boldsymbol{B}$ 使 $\boldsymbol{AB}=\boldsymbol{0}$，要求 $\boldsymbol{B}$ 有两个不相同的非零列.
13. 设 $\boldsymbol{r}_1,\boldsymbol{r}_2,\cdots,\boldsymbol{r}_p$ 为 $\mathbb{R}^n$ 中向量，$\boldsymbol{Q}$ 为 $m\times n$ 矩阵，把矩阵 $[\boldsymbol{Qr}_1\ \ \boldsymbol{Qr}_2\ \ \cdots\ \ \boldsymbol{Qr}_p]$ 写成两个矩阵的乘积（任何一个矩阵都不是单位矩阵）.
14. 设 $\boldsymbol{U}$ 是 1.8 节例 6 所描述的 3×2 成本矩阵. $\boldsymbol{U}$ 的第一列给出产品 B 每美元产出的成本，而第二列给出产品 C 每美元产出的成本.（成本分为材料、劳动和管理.）设 $\boldsymbol{q}_1$ 是 $\mathbb{R}^2$ 中向量，给出第一季度产品 B 和 C（以美元计算）的产出，$\boldsymbol{q}_2,\boldsymbol{q}_3,\boldsymbol{q}_4$ 是类似的向量，分别给出第二、三和四季度产品 B 和 C 的产出.给出矩阵 $\boldsymbol{UQ}$ 中的数据的经济解释，其中 $\boldsymbol{Q}=[\boldsymbol{q}_1\ \ \boldsymbol{q}_2\ \ \boldsymbol{q}_3\ \ \boldsymbol{q}_4]$.

习题 15~24 中的矩阵 A,B,C 使所说的加法和乘法运算能够进行. 标出每个命题的真假(T/F)，给出理由.

15. (T/F)若 $\boldsymbol{A},\boldsymbol{B}$ 为 2×2 矩阵，它们的列分别为 $\boldsymbol{a}_1$，$\boldsymbol{a}_2$ 和 $\boldsymbol{b}_1,\boldsymbol{b}_2$，则 $\boldsymbol{AB}=[\boldsymbol{a}_1\boldsymbol{b}_1\ \ \boldsymbol{a}_2\boldsymbol{b}_2]$.
16. (T/F)若 $\boldsymbol{A}$，$\boldsymbol{B}$ 为 3×3 矩阵，且 $\boldsymbol{B}=[\boldsymbol{b}_1\ \ \boldsymbol{b}_2\ \ \boldsymbol{b}_3]$，则 $\boldsymbol{AB}=[\boldsymbol{Ab}_1\ \ \boldsymbol{Ab}_2\ \ \boldsymbol{Ab}_3]$.
17. (T/F) $\boldsymbol{AB}$ 的每一列是 $\boldsymbol{B}$ 的列的线性组合，并以 $\boldsymbol{A}$ 的对应列作为权.
18. (T/F) $\boldsymbol{AB}$ 的第二行是 $\boldsymbol{A}$ 的第二行被 $\boldsymbol{B}$ 右乘.
19. (T/F) $\boldsymbol{AB}+\boldsymbol{AC}=\boldsymbol{A}(\boldsymbol{B}+\boldsymbol{C})$.

20. (T/F) $A^{\mathrm{T}}+B^{\mathrm{T}}=(A+B)^{\mathrm{T}}$.

21. (T/F) $(AB)C=AC(B)$.

22. (T/F) $(AB)^{\mathrm{T}}=A^{\mathrm{T}}B^{\mathrm{T}}$.

23. (T/F)矩阵的乘积的转置等于相同顺序它们的转置的乘积.

24. (T/F) 矩阵和的转置等于它们的转置的和.

25. 若 $A=\begin{bmatrix}1 & -2\\ -2 & 5\end{bmatrix}$ 和 $AB=\begin{bmatrix}-1 & 2 & -1\\ 6 & -9 & 3\end{bmatrix}$，确定 B 的第一列与第二列.

26. 设 B 的前两列 b_1 和 b_2 相等. 那么 AB 的各列如何（设 AB 有定义）？为什么？

27. 设 B 的第3列是前2列的和，那么 AB 的第3列如何？为什么？

28. 设 B 的第2列全是零，那么 AB 的第2列如何？

29. 设 AB 的最后一列全是零，但 B 本身没有零列，那么 A 的各列如何？

30. 若 B 的各列线性相关，证明 AB 的各列也线性相关.

31. 设 $CA=I_n$（$n\times n$ 单位矩阵），证明方程 $Ax=\mathbf{0}$ 只有平凡解.解释为什么 A 的列数不可以多于行数.

32. 设 $AD=I_m$（$m\times m$ 单位矩阵），证明：对任意 $\mathbb{R}^m$ 中的 b，方程 $Ax=b$ 有解.（提示：利用方程 $ADb=b$.）解释为什么 A 的行数不可以多于列数.

33. 设 A 是 $m\times n$ 矩阵，存在 $n\times m$ 矩阵 C 和 D，使 $CA=I_n$ 和 $AD=I_m$. 证明 $m=n$ 和 $C=D$.（提示：利用乘积 CAD.）

34. 设 A 是 $3\times n$ 矩阵，其列生成 $\mathbb{R}^3$，解释如何构造一个 $n\times 3$ 矩阵 D，使得 $AD=I_3$

在习题35和36中，把 $\mathbb{R}^n$ 中的向量看作 $n\times 1$ 矩阵，对 $\mathbb{R}^n$ 中的 u,v，矩阵乘积 $u^{\mathrm{T}}v$ 是 1×1 矩阵，称为 u 和 v 的**数量积**或**内积**，它通常写作实数而省略括号. 矩阵乘积 uv^{T} 是 $n\times n$ 矩阵，称为 u 和 v 的**外积**. 这些乘积 $u^{\mathrm{T}}v$ 和 uv^{T} 以后将用到.

35. 设 $u=\begin{bmatrix}-2\\ 3\\ -4\end{bmatrix}, v=\begin{bmatrix}a\\ b\\ c\end{bmatrix}$，计算 $u^{\mathrm{T}}v, v^{\mathrm{T}}u, uv^{\mathrm{T}}$ 和 vu^{T}.

36. 若 u 和 v 属于 $\mathbb{R}^n$，$u^{\mathrm{T}}v$ 和 $v^{\mathrm{T}}u$ 有什么关系？uv^{T} 和 vu^{T} 有什么关系？

37. 证明定理2（b）和2（c）. 应用行列法则，$A(B+C)$ 的 (i,j) 元素可写成
$a_{i1}(b_{1j}+c_{1j})+a_{i2}(b_{2j}+c_{2j})+\cdots+a_{in}(b_{nj}+c_{nj})$ 或
$\sum_{k=1}^{n}a_{ik}(b_{kj}+c_{kj})$

38. 证明定理2（d）.（提示：$(rA)B$ 的 (i,j) 元素是 $(ra_{i1})b_{1j}+(ra_{i2})b_{2j}+\cdots+(ra_{in})b_{nj}$.）

39. 证明 $I_mA=A, A$ 为 $m\times n$ 矩阵. 假设对所有 $\mathbb{R}^m$ 中的 x，有 $I_mx=x$.

40. 证明 $AI_n=A, A$ 为 $m\times n$ 矩阵.（提示：应用 AI_n 的（列）定义.）

41. 证明定理3（d）.（提示：考虑 $(AB)^{\mathrm{T}}$ 的第 j 行.）

42. 给出 $(ABx)^{\mathrm{T}}$ 的公式，其中 x 是向量，A 和 B 是适当维数的矩阵.

43. [M]运用互联网引擎搜索读矩阵程序的文件，写出产生下列矩阵的命令（不要键入矩阵的任何一个元素）.

a. 5×6 的零矩阵.

b. 3×5 的矩阵，其元素都是 1.

c. 6×6 单位矩阵.

d. 5×5 对角矩阵，对角元素是 3，5，7，2，4.

检验矩阵代数的新思想或做猜想的一个有用的方法是使用随机选择的矩阵进行计算. 用一些矩阵验证一个性质并不能证明在一般情况下这个性质是成立的，但这样做有助于对性质的理解. 如果该性质是假的，你会在一些计算之后发现.

44. [M]写出生成 6×4 矩阵且其元素为随机数的命令，这些随机数在什么范围内？说出如何生成随机 3×3 矩阵，它的元素为整数且在−9 和 9 之间.（若 x 是随机数，满足 $0<x<1$，则 $-9.5<19(x-0.5)<9.5$.）

45. [M]构造一个 4×4 随机矩阵 A，检验 $(A+I)(A-I)=A^2-I$ 是否成立. 最好的办法是计算 $(A+I)(A-I)-(A^2-I)$ 并证明它等于零矩阵. 对三个随机矩阵进行检验. 然后对三对随机 4×4 矩阵用同样方法检验 $(A+B)(A-B)=A^2-B^2$ 是否成立.

46. [M]用至少三对随机 4×4 矩阵 A 和 B 检验等式

$(\boldsymbol{A}+\boldsymbol{B})^{\mathrm{T}}=\boldsymbol{A}^{\mathrm{T}}+\boldsymbol{B}^{\mathrm{T}}$ 和 $(\boldsymbol{A}\boldsymbol{B})^{\mathrm{T}}=\boldsymbol{A}^{\mathrm{T}}\boldsymbol{B}^{\mathrm{T}}$ 是否成立.（见习题45.）（注：多数矩阵程序用 $\boldsymbol{A}'$ 表示 $\boldsymbol{A}^{\mathrm{T}}$.）

47. [M]设

$$\boldsymbol{S}=\begin{bmatrix}0&1&0&0&0\\0&0&1&0&0\\0&0&0&1&0\\0&0&0&0&1\\0&0&0&0&0\end{bmatrix}$$

对 $k=2,3,\cdots,6$，计算 $\boldsymbol{S}^k$.

48. [M]叙述当你计算 $\boldsymbol{A}^5$, $\boldsymbol{A}^{10}$, $\boldsymbol{A}^{20}$ 和 $\boldsymbol{A}^{30}$ 时发生的情况：

$$\boldsymbol{A}=\begin{bmatrix}1/6&1/2&1/3\\1/2&1/4&1/4\\1/3&1/4&5/12\end{bmatrix}$$

49. [M]矩阵 $\boldsymbol{M}$ 可以检测特定的 2×2 图案，如例 9 所示. 通过选择每个元素为 0 或 1，创建一个非零的 4×1 向量 $\boldsymbol{x}$. 通过计算 $\boldsymbol{x}^{\mathrm{T}}\boldsymbol{M}\boldsymbol{x}$ 来测试 $\boldsymbol{x}$ 是否对应于正确的模式. 如果 $\boldsymbol{x}^{\mathrm{T}}\boldsymbol{M}\boldsymbol{x}=0$，那么 $\boldsymbol{x}$ 是由 $\boldsymbol{M}$ 标识的模式. 如果 $\boldsymbol{x}^{\mathrm{T}}\boldsymbol{M}\boldsymbol{x}\neq 0$，则尝试使用不同的元素为0和1的非零向量. 为了避免对同一个向量进行两次测试，你可能需要系统地选择每个 $\boldsymbol{x}$. 你正在使用“猜测并检查”来确定矩阵 $\boldsymbol{M}$ 检测到的 2×2 正方形的模式.

$$\boldsymbol{M}=\begin{bmatrix}1&0&-1&0\\0&1&0&0\\-1&0&1&0\\0&0&0&1\end{bmatrix}$$

50. [M]用矩阵 $\boldsymbol{M}=\begin{bmatrix}1&0&0&-1\\0&1&0&-1\\0&0&1&0\\-1&-1&0&2\end{bmatrix}$ 重复习题 49.

51. [M]使用矩阵 $\boldsymbol{A}=\begin{bmatrix}0&1\\1&0\end{bmatrix}$ 交换包含蒙特利尔特鲁多机场事故日期的矩阵 $\boldsymbol{M}$ 的第一行和第二行.

$$\boldsymbol{M}=\begin{bmatrix}2&3&16&24&25&26&6&7&19&26\\1&1&1&1&1&1&2&2&2&2\end{bmatrix}$$

矩阵 $\boldsymbol{M}$ 中的数据已在矩阵 $\boldsymbol{A}\boldsymbol{M}$ 中被整理，并可与例 10 中的其他数据一起输入同一台机器.

52. [M]使用矩阵 $\boldsymbol{B}=\begin{bmatrix}1&0&0\\0&1&0\end{bmatrix}$ 删除包含纽约肯尼迪机场事故日期的矩阵 $\boldsymbol{N}$ 的最后一行.

$$\boldsymbol{N}=\begin{bmatrix}1&1&1&1&2&2&2\\1&12&21&22&3&20&21\\2020&2020&2020&2020&2020&2020&2020\end{bmatrix}$$

矩阵 $\boldsymbol{N}$ 中的数据已在矩阵 $\boldsymbol{B}\boldsymbol{N}$ 中被整理，并可与来自例 10 的其他数据一起输入同一台机器.

练习题答案

1. $\boldsymbol{A}\boldsymbol{x}=\begin{bmatrix}1&-3\\-2&4\end{bmatrix}\begin{bmatrix}5\\3\end{bmatrix}=\begin{bmatrix}-4\\2\end{bmatrix}$，所以 $(\boldsymbol{A}\boldsymbol{x})^{\mathrm{T}}=[-4\quad 2]$. 同样

$$\boldsymbol{x}^{\mathrm{T}}\boldsymbol{A}^{\mathrm{T}}=[5\quad 3]\begin{bmatrix}1&-2\\-3&4\end{bmatrix}=[-4\quad 2]$$

如定理 3（d）所说，$(\boldsymbol{A}\boldsymbol{x})^{\mathrm{T}}$ 和 $\boldsymbol{x}^{\mathrm{T}}\boldsymbol{A}^{\mathrm{T}}$ 相等. 其次，

$$\boldsymbol{x}\boldsymbol{x}^{\mathrm{T}}=\begin{bmatrix}5\\3\end{bmatrix}[5\quad 3]=\begin{bmatrix}25&15\\15&9\end{bmatrix}$$

$$\boldsymbol{x}^{\mathrm{T}}\boldsymbol{x}=[5\quad 3]\begin{bmatrix}5\\3\end{bmatrix}=[25+9]=34$$

如果 $\boldsymbol{x}^{\mathrm{T}}\boldsymbol{x}$ 的 1×1 矩阵通常不写括号. 最后，$\boldsymbol{A}^{\mathrm{T}}\boldsymbol{x}^{\mathrm{T}}$ 没有定义，因 $\boldsymbol{x}^{\mathrm{T}}$ 没有 2 行与 $\boldsymbol{A}^{\mathrm{T}}$ 的 2 列配合.

2. 最快的方法是按 $\boldsymbol{A}(\boldsymbol{A}\boldsymbol{x})$ 计算 $\boldsymbol{A}^2\boldsymbol{x}$. 计算 $\boldsymbol{A}\boldsymbol{x}$ 需要 16 次乘法，每个元素需要 4 次. 计算 $\boldsymbol{A}(\boldsymbol{A}\boldsymbol{x})$ 还需 16 次. 计算 $\boldsymbol{A}^2$ 需要 64 次乘法，因 $\boldsymbol{A}^2$ 有 16 个元素，每个需 4 次. 之后 $\boldsymbol{A}^2\boldsymbol{x}$ 还需 16 次乘法，总共需 80 次.

3. 通过矩阵乘法定义知 $\boldsymbol{A}\boldsymbol{B}=[\boldsymbol{A}\boldsymbol{b}_1\quad \boldsymbol{A}\boldsymbol{b}_2\quad\cdots\quad \boldsymbol{A}\boldsymbol{b}_n]=[\boldsymbol{A}\boldsymbol{b}_1\quad \boldsymbol{A}\boldsymbol{b}_1\quad\cdots\quad \boldsymbol{A}\boldsymbol{b}_1]$，因此 $\boldsymbol{A}\boldsymbol{B}$ 各列是相同的. 回忆

$\text{row}_i(\boldsymbol{AB}) = \text{row}_i(\boldsymbol{A}) \cdot \boldsymbol{B}$. 因 $\boldsymbol{A}$ 的所有行相同，故 $\boldsymbol{AB}$ 的所有行相同. 综上所述，$\boldsymbol{AB}$ 的所有元素是相同的.

2.2 矩阵的逆

矩阵代数提供了对矩阵方程进行运算的工具以及许多与普通的实数代数相似的有用公式. 本节研究矩阵中与非零数的倒数（即乘法逆）类似的问题.

回顾实数 5 的乘法逆是 1/5 或 5^{-1}，它满足方程

$$5^{-1} \cdot 5 = 1 \text{ 和 } 5 \cdot 5^{-1} = 1$$

矩阵对逆的一般化也要求两个方程同时成立，并避免使用斜线记号表示除法，因为矩阵乘法不是可交换的. 进一步，完全的一般化是可能的，仅当有关矩阵是方阵.[㊀]

一个 $n \times n$ 矩阵 $\boldsymbol{A}$ 是**可逆**的，若存在一个 $n \times n$ 矩阵 $\boldsymbol{C}$ 使

$$\boldsymbol{CA} = \boldsymbol{I} \quad \text{且} \quad \boldsymbol{AC} = \boldsymbol{I}$$

其中 $\boldsymbol{I} = \boldsymbol{I}_n$ 是 $n \times n$ 单位矩阵. 这时称 $\boldsymbol{C}$ 是 $\boldsymbol{A}$ 的**逆**. 实际上，$\boldsymbol{C}$ 由 $\boldsymbol{A}$ 唯一确定，因为若 $\boldsymbol{B}$ 是 $\boldsymbol{A}$ 的另一个逆，那么将有 $\boldsymbol{B}=\boldsymbol{BI}=\boldsymbol{B}(\boldsymbol{AC})=(\boldsymbol{BA})\boldsymbol{C}=\boldsymbol{IC}=\boldsymbol{C}$. 于是，若 $\boldsymbol{A}$ 可逆，它的逆是唯一的，我们将它记为 $\boldsymbol{A}^{-1}$，于是

$$\boldsymbol{A}^{-1}\boldsymbol{A} = \boldsymbol{I} \quad \text{且} \quad \boldsymbol{AA}^{-1} = \boldsymbol{I}$$

不可逆矩阵有时称为**奇异矩阵**，而可逆矩阵也称为**非奇异矩阵**.

例 1 若 $\boldsymbol{A} = \begin{bmatrix} 2 & 5 \\ -3 & -7 \end{bmatrix}$，$\boldsymbol{C} = \begin{bmatrix} -7 & -5 \\ 3 & 2 \end{bmatrix}$，则

$$\boldsymbol{AC} = \begin{bmatrix} 2 & 5 \\ -3 & -7 \end{bmatrix}\begin{bmatrix} -7 & -5 \\ 3 & 2 \end{bmatrix} = \begin{bmatrix} 1 & 0 \\ 0 & 1 \end{bmatrix}$$

$$\boldsymbol{CA} = \begin{bmatrix} -7 & -5 \\ 3 & 2 \end{bmatrix}\begin{bmatrix} 2 & 5 \\ -3 & -7 \end{bmatrix} = \begin{bmatrix} 1 & 0 \\ 0 & 1 \end{bmatrix}$$

所以 $\boldsymbol{C} = \boldsymbol{A}^{-1}$. ■

这里给出 2×2 矩阵可逆的检验方法，同时给出一个简单的公式给出它的逆矩阵.

定理 4 *设* $\boldsymbol{A} = \begin{bmatrix} a & b \\ c & d \end{bmatrix}$. *若* $ad - bc \neq 0$，*则* $\boldsymbol{A}$ *可逆且*

$$\boldsymbol{A}^{-1} = \frac{1}{ad - bc}\begin{bmatrix} d & -b \\ -c & a \end{bmatrix}$$

若 $ad - bc = 0$，*则* $\boldsymbol{A}$ *不可逆*.

定理 4 的简单证明见习题 35 与 36. $ad - bc$ 称为 $\boldsymbol{A}$ 的**行列式**，记为

$$\det \boldsymbol{A} = ad - bc$$

定理 4 说明，2×2 矩阵 $\boldsymbol{A}$ 可逆，当且仅当 $\det \boldsymbol{A} \neq 0$.

㊀ 也许有人会说一个 $m \times n$ 矩阵 $\boldsymbol{A}$ 是可逆的，如果存在 $n \times m$ 矩阵 $\boldsymbol{C}$ 和 $\boldsymbol{D}$ 使 $\boldsymbol{CA} = \boldsymbol{I}_n$ 且 $\boldsymbol{AD} = \boldsymbol{I}_m$. 但是，这两个方程可推出 $\boldsymbol{A}$ 是方阵，且 $\boldsymbol{C} = \boldsymbol{D}$. 因此 $\boldsymbol{A}$ 是可逆的定义同上. 见 2.1 节习题 31~33.

例 2 求 $A=\begin{bmatrix}3 & 4\\ 5 & 6\end{bmatrix}$ 的逆.

解 因为 $\det A=3(6)-4(5)=-2\neq 0$，所以 A 可逆且

$$A^{-1}=\frac{1}{-2}\begin{bmatrix}6 & -4\\ -5 & 3\end{bmatrix}=\begin{bmatrix}6/(-2) & -4/(-2)\\ -5/(-2) & 3/(-2)\end{bmatrix}=\begin{bmatrix}-3 & 2\\ 5/2 & -3/2\end{bmatrix}$$ ■

可逆矩阵在线性代数中是很重要的——主要用在代数计算和公式推导中，如下述定理所示. 有时逆矩阵在实际应用中也会出现，如下面例 3 所示.

定理 5 *若 A 是可逆 $n\times n$ 矩阵，则对 $\mathbb{R}^n$ 中的每一 b，方程 $Ax=b$ 有唯一解 $x=A^{-1}b$.*

证 取 $\mathbb{R}^n$ 中任意一个 b，方程 $Ax=b$ 有解，这是因为若以 $A^{-1}b$ 代替 x，有 $Ax=A(A^{-1}b)=(AA^{-1})b=Ib=b$，所以 $A^{-1}b$ 是解. 为证明解是唯一的，我们证明若 u 是任意一个解，则 u 必是 $A^{-1}b$.事实上，若 $Au=b$，则两边同乘 A^{-1} 得

$$A^{-1}Au=A^{-1}b,\quad Iu=A^{-1}b,\quad u=A^{-1}b$$ ■

例 3 一个两端支撑的水平弹性梁在点 1，2，3 受力作用，如图 2-7 所示. 设 $\mathbb{R}^3$ 中的 f 表示它在这三点受的力，y 为梁在这三点的形变. 利用物理学中的胡克定律，可以证明

$$y=Df$$

其中 D 称为*柔度矩阵*. 它的逆称为*刚度矩阵*. 说明 D 与 D^{-1} 各列的物理意义.

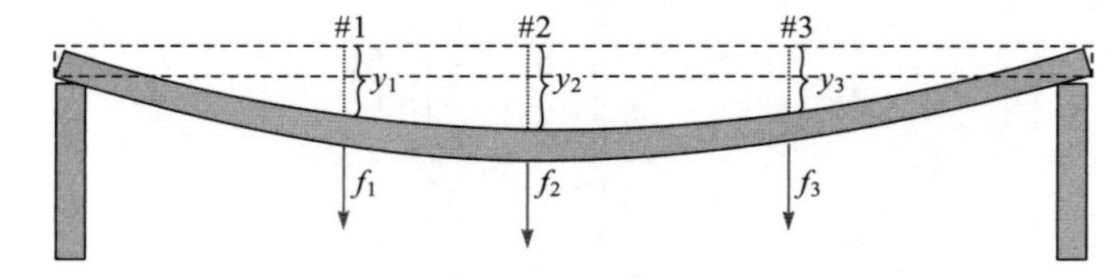

图 2-7 弹性梁的形变

解 记 $I_3=[e_1\quad e_2\quad e_3]$，有 $D=DI_3=[De_1\quad De_2\quad De_3]$. 向量 $e_1=(1,0,0)$ 表示 1 单位力向下作用于点 1（其他两点的力为零），De_1（即 D 的第一列）表示在点 1 处施加 1 单位力产生的梁的形变. 类似地，可以说明 D 的第二列和第三列.

为研究刚度矩阵 D^{-1}，注意方程 $f=D^{-1}y$ 计算形变向量 y 给定时的力向量 f. 记 $D^{-1}=D^{-1}I_3=\begin{bmatrix}D^{-1}e_1 & D^{-1}e_2 & D^{-1}e_3\end{bmatrix}$. 现把 e_1 作为形变向量，于是 $D^{-1}e_1$ 给出产生这个形变的力. 因此，D^{-1} 的第一列表示为了使点 1 的形变为 1 单位而其他两点形变为 0 所需要作用的力. 类似地，D^{-1} 的第二列和第三列分别表示为了在点 2 和点 3 产生 1 单位的形变所需要作用的力. 在每一列中，其中一点或两点作用的力必须为负值（指向上），以在指定的点产生单位形变而其他点没有形变. 若弹性用每磅力产生的形变的英寸数衡量，则刚度矩阵的元素是每英寸形变所需力的磅数. ■

定理 5 的公式很少用来解方程 $Ax=b$，因为 $[A\quad b]$ 的行化简通常更快（当计算有舍入误差时，行化简也更精确）. 一个可能的例外是 2×2 矩阵. 这时用 A^{-1} 的公式进行心算会更容易，如下例所示.

例 4　用例 2 中矩阵 $\boldsymbol{A}$ 的逆矩阵解方程组

$$3x_1+4x_2=3$$
$$5x_1+6x_2=7$$

解　该方程组就是 $\boldsymbol{Ax}=\boldsymbol{b}$，所以

$$\boldsymbol{x}=\boldsymbol{A}^{-1}\boldsymbol{b}=\begin{bmatrix}-3 & 2\\ 5/2 & -3/2\end{bmatrix}\begin{bmatrix}3\\7\end{bmatrix}=\begin{bmatrix}5\\-3\end{bmatrix}$$ ■

下列定理给出可逆矩阵的三个有用事实.

定理 6

a. *若 $\boldsymbol{A}$ 是可逆矩阵，则 $\boldsymbol{A}^{-1}$ 也可逆而且 $(\boldsymbol{A}^{-1})^{-1}=\boldsymbol{A}$.*

b. *若 $\boldsymbol{A}$ 和 $\boldsymbol{B}$ 都是 $n\times n$ 可逆矩阵，则 $\boldsymbol{AB}$ 也可逆，且其逆是 $\boldsymbol{A}$ 和 $\boldsymbol{B}$ 的逆矩阵按相反顺序的乘积，即*

$$(\boldsymbol{AB})^{-1}=\boldsymbol{B}^{-1}\boldsymbol{A}^{-1}$$

c. *若 $\boldsymbol{A}$ 可逆，则 $\boldsymbol{A}^{\mathrm{T}}$ 也可逆，且其逆是 $\boldsymbol{A}^{-1}$ 的转置，即 $(\boldsymbol{A}^{\mathrm{T}})^{-1}=(\boldsymbol{A}^{-1})^{\mathrm{T}}$.*

证　为证明 a，我们需要找矩阵 $\boldsymbol{C}$ 使

$$\boldsymbol{A}^{-1}\boldsymbol{C}=\boldsymbol{I}\quad 且\quad \boldsymbol{CA}^{-1}=\boldsymbol{I}$$

显然 $\boldsymbol{A}$ 满足这些方程. 因此 $\boldsymbol{A}^{-1}$ 可逆且 $\boldsymbol{A}$ 是它的逆. 下一步，为证明 b，我们应用乘法结合律：

$$(\boldsymbol{AB})(\boldsymbol{B}^{-1}\boldsymbol{A}^{-1})=\boldsymbol{A}(\boldsymbol{BB}^{-1})\boldsymbol{A}^{-1}=\boldsymbol{AIA}^{-1}=\boldsymbol{AA}^{-1}=\boldsymbol{I}$$

类似地，可以证明 $(\boldsymbol{B}^{-1}\boldsymbol{A}^{-1})(\boldsymbol{AB})=\boldsymbol{I}$，因此 $\boldsymbol{AB}$ 是可逆的，且其逆为 $\boldsymbol{B}^{-1}\boldsymbol{A}^{-1}$. 对于 c，利用定理 3d，公式从右向左，有 $(\boldsymbol{A}^{-1})^{\mathrm{T}}\boldsymbol{A}^{\mathrm{T}}=(\boldsymbol{AA}^{-1})^{\mathrm{T}}=\boldsymbol{I}^{\mathrm{T}}=\boldsymbol{I}$. 类似地，$\boldsymbol{A}^{\mathrm{T}}(\boldsymbol{A}^{-1})^{\mathrm{T}}=\boldsymbol{I}^{\mathrm{T}}=\boldsymbol{I}$. 因此 $\boldsymbol{A}^{\mathrm{T}}$ 是可逆的，其逆是 $(\boldsymbol{A}^{-1})^{\mathrm{T}}$. ■

注：b 说明定义在证明中的重要性. 定理表明 $\boldsymbol{B}^{-1}\boldsymbol{A}^{-1}$ 是 $\boldsymbol{AB}$ 的逆，这一点通过证明 $\boldsymbol{B}^{-1}\boldsymbol{A}^{-1}$ 满足 $\boldsymbol{AB}$ 的逆的定义来明确. 现在，$\boldsymbol{AB}$ 的逆是左乘（或右乘）$\boldsymbol{AB}$ 的矩阵，乘积是单位矩阵 $\boldsymbol{I}$. 因此证明由 $\boldsymbol{B}^{-1}\boldsymbol{A}^{-1}$ 具有这种性质来完成.

定理 6b 的下列推广以后要用到.

> *若干个 $n\times n$ 可逆矩阵的积也是可逆的，其逆等于这些矩阵的逆按相反顺序的乘积.*

在可逆矩阵与矩阵的行变换之间有一种重要的联系，它引出了计算逆矩阵的一种方法. 可以看到，可逆矩阵行等价于单位矩阵，而我们可通过观察 $\boldsymbol{A}$ 行化简为 $\boldsymbol{I}$ 这一过程求出 $\boldsymbol{A}^{-1}$.

初等矩阵

把单位矩阵进行一次初等行变换，就得到**初等矩阵**. 下列例子说明三种初等矩阵.

例 5　设

$$\boldsymbol{E}_1=\begin{bmatrix}1&0&0\\0&1&0\\-4&0&1\end{bmatrix},\ \boldsymbol{E}_2=\begin{bmatrix}0&1&0\\1&0&0\\0&0&1\end{bmatrix},\ \boldsymbol{E}_3=\begin{bmatrix}1&0&0\\0&1&0\\0&0&5\end{bmatrix},\boldsymbol{A}=\begin{bmatrix}a&b&c\\d&e&f\\g&h&i\end{bmatrix}$$

计算 E_1A, E_2A 与 E_3A，说明这些乘积可由 A 进行初等行变换得到.

解　我们有

$$E_1A=\begin{bmatrix} a & b & c \\ d & e & f \\ g-4a & h-4b & i-4c \end{bmatrix},\ E_2A=\begin{bmatrix} d & e & f \\ a & b & c \\ g & h & i \end{bmatrix},\ E_3A=\begin{bmatrix} a & b & c \\ d & e & f \\ 5g & 5h & 5i \end{bmatrix}$$

把 A 的第 1 行的–4 倍加到第 3 行得 E_1A（这是倍加行变换），交换 A 的第 1 行与第 2 行得 E_2A，把 A 的第 3 行乘以 5 得 E_3A. ■

对于任意 $3\times n$ 矩阵，左乘（即在左边相乘）例 5 中的 E_1 也有相同的结果，即把第 1 行的–4 倍加到第 3 行. 特别地，$E_1I=E_1$，我们看到，E_1 本身是把单位矩阵以同一行变换作用所得. 于是例 5 说明了下列关于初等矩阵的一般事实，见习题 37 和 38.

> 若对 $m\times n$ 矩阵 A 进行某种初等行变换，所得矩阵可写成 EA，其中 E 是 $m\times m$ 矩阵，是由 I_m 进行同一行变换所得.

因为行变换是可逆的，如在 1.1 节所示，故初等矩阵也是可逆的. 若 E 是由 I 进行行变换所得，则有同一类型的另一行变换把 E 变回 I. 因此，有初等矩阵 F 使 $FE=I$. 因为 E 和 F 对应于互逆的变换，所以也有 $EF=I$.

> 每个初等矩阵 E 是可逆的，E 的逆是一个同类型的初等矩阵，它把 E 变回 I.

例 6　求 $E_1=\begin{bmatrix} 1 & 0 & 0 \\ 0 & 1 & 0 \\ -4 & 0 & 1 \end{bmatrix}$ 的逆.

解　为把 E_1 变成 I，把第 1 行的 4 倍加到第 3 行，这相应于初等矩阵

$$E_1^{-1}=\begin{bmatrix} 1 & 0 & 0 \\ 0 & 1 & 0 \\ 4 & 0 & 1 \end{bmatrix}$$ ■

下列定理给出了判断矩阵可逆的方法，也给出计算逆矩阵的方法.

定理 7　$n\times n$ 矩阵 A 是可逆的，当且仅当 A 行等价于 I_n，这时，把 A 化简为 I_n 的一系列初等行变换同时把 I_n 变成 A^{-1}.

注：第 1 章中关于定理 11 的证明的注释“ P 当且仅当 Q ”等价于两个语句：“若 P 则 Q ”和“若 Q 则 P ”. 第二个语句称为第一个语句的逆，并解释了本证明第二段中的词语反之.

证　设 A 是可逆矩阵，则对任意 $\boldsymbol{b}$，方程 $A\boldsymbol{x}=\boldsymbol{b}$ 有解（定理 5），A 在每一行有一个主元位置（1.4 节定理 4）. 因 A 是方阵，故这 n 个主元位置必在对角线上，就是说 A 的简化阶梯形是 I_n，即 $A\sim I_n$.

反之，若 $A\sim I_n$，则因为每一步行化简对应于左乘一个初等矩阵，所以存在初等矩阵 $E_1,E_2,\cdots,E_p$ 使

$$A \sim E_1A \sim E_2(E_1A) \sim \cdots \sim E_p(E_{p-1}\cdots E_1A) = I_n$$

即

$$E_pE_{p-1}\cdots E_1A = I_n \tag{1}$$

因为 $E_pE_{p-1}\cdots E_1$ 是可逆矩阵的乘积，因此也是可逆矩阵，由（1）式推出

$$(E_pE_{p-1}\cdots E_1)^{-1}(E_pE_{p-1}\cdots E_1)A = (E_pE_{p-1}\cdots E_1)^{-1}I_n$$
$$A = (E_pE_{p-1}\cdots E_1)^{-1}$$

于是 A 是可逆的，它是可逆矩阵的逆（定理 6）. 同样有

$$A^{-1} = [(E_pE_{p-1}\cdots E_1)^{-1}]^{-1} = E_pE_{p-1}\cdots E_1$$

于是 $A^{-1} = E_pE_{p-1}\cdots E_1\cdot I_n$，这就是说，$A^{-1}$ 可由依次以 $E_1, E_2, \cdots, E_p$ 作用于 I_n 而得到，它们就是（1）式中把 A 变为 I_n 的同一行变换序列. ■

求 A^{-1} 的算法

若我们把 A 和 I 排在一起构成增广矩阵 $[A \quad I]$，则对此矩阵进行行变换时，A 和 I 受到同一变换. 由定理 7，要么有一系列的行变换把 A 变成 I，同时把 I 变成 A^{-1}，要么 A 是不可逆的.

求 A^{-1} 的算法

把增广矩阵 $[A \quad I]$ 进行行化简. 若 A 行等价于 I，则 $[A \quad I]$ 行等价于 $[I \quad A^{-1}]$，否则 A 没有逆.

例 7 求矩阵 $A = \begin{bmatrix} 0 & 1 & 2 \\ 1 & 0 & 3 \\ 4 & -3 & 8 \end{bmatrix}$ 的逆，假如它存在.

解

$$[A \quad I] = \begin{bmatrix} 0 & 1 & 2 & 1 & 0 & 0 \\ 1 & 0 & 3 & 0 & 1 & 0 \\ 4 & -3 & 8 & 0 & 0 & 1 \end{bmatrix} \sim \begin{bmatrix} 1 & 0 & 3 & 0 & 1 & 0 \\ 0 & 1 & 2 & 1 & 0 & 0 \\ 4 & -3 & 8 & 0 & 0 & 1 \end{bmatrix}$$

$$\sim \begin{bmatrix} 1 & 0 & 3 & 0 & 1 & 0 \\ 0 & 1 & 2 & 1 & 0 & 0 \\ 0 & -3 & -4 & 0 & -4 & 1 \end{bmatrix} \sim \begin{bmatrix} 1 & 0 & 3 & 0 & 1 & 0 \\ 0 & 1 & 2 & 1 & 0 & 0 \\ 0 & 0 & 2 & 3 & -4 & 1 \end{bmatrix}$$

$$\sim \begin{bmatrix} 1 & 0 & 3 & 0 & 1 & 0 \\ 0 & 1 & 2 & 1 & 0 & 0 \\ 0 & 0 & 1 & 3/2 & -2 & 1/2 \end{bmatrix} \sim \begin{bmatrix} 1 & 0 & 0 & -9/2 & 7 & -3/2 \\ 0 & 1 & 0 & -2 & 4 & -1 \\ 0 & 0 & 1 & 3/2 & -2 & 1/2 \end{bmatrix}$$

因为 $A \sim I$，由定理 7 知 A 可逆，且

$$A^{-1} = \begin{bmatrix} -9/2 & 7 & -3/2 \\ -2 & 4 & -1 \\ 3/2 & -2 & 1/2 \end{bmatrix}$$

■

合理答案

一旦找到了一个矩阵逆的候选者，可以通过求 A 与 A^{-1} 的乘积来检验你的答案是否正确. 对于例 7 中矩阵 A 的逆矩阵，请注意

$$AA^{-1}=\begin{bmatrix}0&1&2\\1&0&3\\4&-3&8\end{bmatrix}\begin{bmatrix}-9/2&7&-3/2\\-2&4&-1\\3/2&-2&1/2\end{bmatrix}=\begin{bmatrix}1&0&0\\0&1&0\\0&0&1\end{bmatrix}$$

确认答案正确。因为 A 可逆，故不必验证 $A^{-1}A=I$.

有关逆矩阵的另一个观点

用 $e_1,e_2,\cdots,e_n$ 表示 I_n 的各列. 则把 $[A\quad I]$ 行化简为 $[I\quad A^{-1}]$ 的过程可看作解 n 个方程组

$$Ax=e_1,\quad Ax=e_2,\quad \cdots,Ax=e_n \tag{2}$$

将这些方程组的"增广列"都放在 A 的右边，构成矩阵

$$[A\quad e_1\quad e_2\ \cdots\ e_n]=[A\quad I]$$

等式 $AA^{-1}=I$ 及矩阵乘法的定义说明 A^{-1} 的列正好是方程组（2）的解. 这一点是很有用的，因为在某些应用问题中，只需要 A^{-1} 的一列或两列. 这时只需要解（2）中的相应方程组即可.

数值计算的注解　在实际应用中，很少计算 A^{-1}，除非需要 A^{-1} 的元素. 计算 A^{-1} 和 $A^{-1}b$ 总共需要的运算次数大约是用行化简解方程 $Ax=b$ 的 3 倍，而且行化简可能更为精确.

练习题

1. 应用行列式判断以下矩阵是否可逆：

a. $\begin{bmatrix}3&-9\\2&6\end{bmatrix}$　　b. $\begin{bmatrix}4&-9\\0&5\end{bmatrix}$　　c. $\begin{bmatrix}6&-9\\-4&6\end{bmatrix}$

2. 求 $A=\begin{bmatrix}1&-2&-1\\-1&5&6\\5&-4&5\end{bmatrix}$ 的逆矩阵，假如它存在.

3. 若 A 是可逆矩阵，证明 $5A$ 是可逆矩阵.

习题 2.2

求习题 1~4 中矩阵的逆.

1. $\begin{bmatrix}8&3\\5&2\end{bmatrix}$

2. $\begin{bmatrix}3&1\\7&2\end{bmatrix}$

3. $\begin{bmatrix}8&3\\-7&-3\end{bmatrix}$

4. $\begin{bmatrix}3&-2\\7&-4\end{bmatrix}$

5. 验证在习题 1 中找到的逆是正确的.

6. 验证在习题 2 中找到的逆是正确的.

7. 用习题 1 求出的逆矩阵解下列方程组：

$$\begin{aligned}8x_1+3x_2&=2\\5x_1+2x_2&=-1\end{aligned}$$

8. 用习题 2 求出的逆矩阵解下列方程组：

$$\begin{aligned}3x_1+x_2&=-2\\7x_1+2x_2&=3\end{aligned}$$

9. 设 $A=\begin{bmatrix}1&2\\5&12\end{bmatrix}$, $b_1=\begin{bmatrix}-1\\3\end{bmatrix}$, $b_2=\begin{bmatrix}1\\-5\end{bmatrix}$, $b_3=\begin{bmatrix}2\\6\end{bmatrix}$,

$\boldsymbol{b}_4=\begin{bmatrix}3\\5\end{bmatrix}$.

a. 求 $\boldsymbol{A}^{-1}$ 且用它解下列四个方程组：

$\boldsymbol{Ax}=\boldsymbol{b}_1,\quad \boldsymbol{Ax}=\boldsymbol{b}_2,\quad \boldsymbol{Ax}=\boldsymbol{b}_3,\quad \boldsymbol{Ax}=\boldsymbol{b}_4$

b. （a）中的四个方程可利用同样的行变换求解，这是因为系数矩阵是相同的. 利用对增广矩阵 $[\boldsymbol{A}\ \ \boldsymbol{b}_1\ \ \boldsymbol{b}_2\ \ \boldsymbol{b}_3\ \ \boldsymbol{b}_4]$ 做行化简的方法，解（a）中的四个方程.

10. 利用矩阵代数证明：若 $\boldsymbol{A}$ 是可逆矩阵，且矩阵 $\boldsymbol{D}$ 满足 $\boldsymbol{AD}=\boldsymbol{I}$，则 $\boldsymbol{D}=\boldsymbol{A}^{-1}$.

习题 11~20 中，标出命题的真假(T/F)，给出理由.

11. (T/F)为了使矩阵 $\boldsymbol{B}$ 为 $\boldsymbol{A}$ 的逆，$\boldsymbol{AB}=\boldsymbol{I}$ 及 $\boldsymbol{BA}=\boldsymbol{I}$ 都必须为真.
12. (T/F)若干个可逆 $n\times n$ 矩阵之积可逆，且其逆为这些矩阵的逆按相同顺序的乘积.
13. (T/F)若 $\boldsymbol{A}$ 和 $\boldsymbol{B}$ 是可逆 $n\times n$ 矩阵，则 $\boldsymbol{A}^{-1}\boldsymbol{B}^{-1}$ 是 $\boldsymbol{AB}$ 的逆.
14. (T/F)若 $\boldsymbol{A}$ 可逆，则 $\boldsymbol{A}^{-1}$ 的逆就是 $\boldsymbol{A}$ 本身.
15. (T/F)若 $\boldsymbol{A}=\begin{bmatrix}a & b\\ c & d\end{bmatrix}$, 且 $ad-bc\neq 0$，则 $\boldsymbol{A}$ 可逆.
16. (T/F)若 $\boldsymbol{A}=\begin{bmatrix}a & b\\ c & d\end{bmatrix}$, 且 $ad=bc$，则 $\boldsymbol{A}$ 不可逆.
17. (T/F)若 $\boldsymbol{A}$ 是可逆 $n\times n$ 矩阵，则方程 $\boldsymbol{Ax}=\boldsymbol{b}$ 对 $\mathbb{R}^n$ 中的任意 $\boldsymbol{b}$ 相容.
18. (T/F)若 $\boldsymbol{A}$ 可经行变换化为单位矩阵，则 $\boldsymbol{A}$ 可逆.
19. (T/F)每个初等矩阵都可逆.
20. (T/F)若 $\boldsymbol{A}$ 可逆，则把矩阵 $\boldsymbol{A}$ 化为 $\boldsymbol{I}_n$ 的行变换将 $\boldsymbol{A}^{-1}$ 化为 $\boldsymbol{I}_n$.
21. 设 $\boldsymbol{A}$ 为可逆 $n\times n$ 矩阵，$\boldsymbol{B}$ 为 $n\times p$ 矩阵，证明方程 $\boldsymbol{AX}=\boldsymbol{B}$ 有唯一解 $\boldsymbol{A}^{-1}\boldsymbol{B}$.
22. 设 $\boldsymbol{A}$ 为可逆 $n\times n$ 矩阵，$\boldsymbol{B}$ 为 $n\times p$ 矩阵，解释为什么 $\boldsymbol{A}^{-1}\boldsymbol{B}$ 可由行化简求得：

    若 $[\boldsymbol{A}\ \ \boldsymbol{B}]\sim\cdots\sim[\boldsymbol{I}\ \ \boldsymbol{X}]$，则 $\boldsymbol{X}=\boldsymbol{A}^{-1}\boldsymbol{B}$

    若 $\boldsymbol{A}$ 是大于 2×2 的矩阵，则 $[\boldsymbol{A}\ \ \boldsymbol{B}]$ 的行化简比计算 $\boldsymbol{A}^{-1}$ 和 $\boldsymbol{A}^{-1}\boldsymbol{B}$ 要快得多.
23. 设 $\boldsymbol{AB}=\boldsymbol{AC}$，其中 $\boldsymbol{B}$ 与 $\boldsymbol{C}$ 为 $n\times p$ 矩阵，$\boldsymbol{A}$ 可逆. 证明 $\boldsymbol{B}=\boldsymbol{C}$. 若 $\boldsymbol{A}$ 不可逆，是否仍有 $\boldsymbol{B}=\boldsymbol{C}$？
24. 设 $(\boldsymbol{B}-\boldsymbol{C})\boldsymbol{D}=0$，其中 $\boldsymbol{B}$ 与 $\boldsymbol{C}$ 为 $m\times n$ 矩阵，$\boldsymbol{D}$ 可逆. 证明 $\boldsymbol{B}=\boldsymbol{C}$.
25. 设 $\boldsymbol{A},\boldsymbol{B},\boldsymbol{C}$ 为可逆 $n\times n$ 矩阵，找一个矩阵 $\boldsymbol{D}$ 满足 $(\boldsymbol{ABC})\boldsymbol{D}=\boldsymbol{I}$ 及 $\boldsymbol{D}(\boldsymbol{ABC})=\boldsymbol{I}$ 从而证明 $\boldsymbol{ABC}$ 也可逆.
26. 设 $\boldsymbol{A},\boldsymbol{B}$ 是 $n\times n$ 矩阵，$\boldsymbol{B}$ 可逆，$\boldsymbol{AB}$ 也可逆. 证明 $\boldsymbol{A}$ 可逆.（提示：令 $\boldsymbol{C}=\boldsymbol{AB}$，从此式求出 $\boldsymbol{A}$.）
27. 设 $\boldsymbol{A},\boldsymbol{B},\boldsymbol{C}$ 是方阵，$\boldsymbol{B}$ 可逆，解方程 $\boldsymbol{AB}=\boldsymbol{BC}$ 求 $\boldsymbol{A}$.
28. 设 $\boldsymbol{P}$ 可逆，$\boldsymbol{A}=\boldsymbol{PBP}^{-1}$，用 $\boldsymbol{A}$ 表示 $\boldsymbol{B}$.
29. 设 $\boldsymbol{A},\boldsymbol{B},\boldsymbol{C}$ 是 $n\times n$ 可逆矩阵，方程 $\boldsymbol{C}^{-1}(\boldsymbol{A}+\boldsymbol{X})\boldsymbol{B}^{-1}=\boldsymbol{I}_n$ 是否有解 $\boldsymbol{X}$？若有，求解.
30. 设 $\boldsymbol{A},\boldsymbol{B},\boldsymbol{X}$ 是 $n\times n$ 矩阵，$\boldsymbol{A},\boldsymbol{X},\boldsymbol{A}-\boldsymbol{AX}$ 可逆，假设

$$(\boldsymbol{A}-\boldsymbol{AX})^{-1}=\boldsymbol{X}^{-1}\boldsymbol{B}\qquad(3)$$

    a. 说明为什么 $\boldsymbol{B}$ 是可逆的.

    b. 由（3）式求 $\boldsymbol{X}$. 如果需要对矩阵求逆，请说明为什么该矩阵是可逆的.
31. 说明若 $n\times n$ 矩阵 $\boldsymbol{A}$ 为可逆的，则它的各列线性无关.
32. 说明若 $n\times n$ 矩阵 $\boldsymbol{A}$ 为可逆，则它的各列生成 $\mathbb{R}^n$.（提示：复习 1.4 节中的定理 4.）
33. 设 $\boldsymbol{A}$ 为 $n\times n$ 矩阵，方程 $\boldsymbol{Ax}=\boldsymbol{0}$ 仅有平凡解，说明为什么 $\boldsymbol{A}$ 有 n 个主元列且 $\boldsymbol{A}$ 行等价于 $\boldsymbol{I}_n$. 由定理 7，这说明 $\boldsymbol{A}$ 必定可逆（本题与 34 题将在 2.3 节用到）.
34. 设 $\boldsymbol{A}$ 为 $n\times n$ 矩阵，方程 $\boldsymbol{Ax}=\boldsymbol{b}$ 对任意 $\mathbb{R}^n$ 中的 $\boldsymbol{b}$ 有解，证明 $\boldsymbol{A}$ 必可逆.（提示：$\boldsymbol{A}$ 是否行等价于 $\boldsymbol{I}_n$？）

习题 35 和习题 36 对 $\boldsymbol{A}=\begin{bmatrix}a & b\\ c & d\end{bmatrix}$ 证明定理 4.

35. 若 $ad-bc=0$，则方程 $\boldsymbol{Ax}=\boldsymbol{0}$ 有多于一个解. 为什么这说明 $\boldsymbol{A}$ 不可逆？（提示：首先考虑 $a=b=0$. 其次，若 a,b 不全为 0，考虑向量

$x = \begin{bmatrix} -b \\ a \end{bmatrix}$.）

36. 证明：若 $ad - bc \neq 0$，则计算 A^{-1} 的公式成立.

习题 37 和习题 38 证明例 5 下面的框中有关初等矩阵的命题的特殊情况. 此处 A 是 3×3 矩阵，$I = I_3$.（一般的证明将需要更多的符号.）

37. a. 利用 2.1 节方程（1）证明对 $i = 1,2,3$，有 $\text{row}_i(A) = \text{row}_i(I)\cdot A$.

b. 证明：若交换 A 的第 1 行和第 2 行，则结果可以写成 EA，其中 E 是由 I 交换第 1 行和第 2 行所得的初等矩阵.

c. 证明：若 A 的第 3 行乘以 5，则结果可以写成 EA，其中 E 是由 I 的第 3 行乘以 5 所得的初等矩阵.

38. 证明：若 A 的第 3 行换成 $\text{row}_3(A) - 4\cdot\text{row}_1(A)$，则结果可以写成 EA，其中 E 是由 I 的第 3 行换成 $\text{row}_3(I) - 4\cdot\text{row}_1(A)$ 所得的初等矩阵.

求出习题 39~42 的矩阵的逆，若它们存在. 使用本节介绍的算法.

39. $\begin{bmatrix} 1 & 2 \\ 4 & 7 \end{bmatrix}$

40. $\begin{bmatrix} 5 & 10 \\ 4 & 7 \end{bmatrix}$

41. $\begin{bmatrix} 1 & 0 & -2 \\ -3 & 1 & 4 \\ 2 & -3 & 4 \end{bmatrix}$

42. $\begin{bmatrix} 1 & -2 & 1 \\ -4 & -7 & 3 \\ -2 & 6 & -4 \end{bmatrix}$

43. 利用本节的算法求矩阵 $\begin{bmatrix} 1 & 0 & 0 \\ 1 & 1 & 0 \\ 1 & 1 & 1 \end{bmatrix}$ 和 $\begin{bmatrix} 1 & 0 & 0 & 0 \\ 1 & 1 & 0 & 0 \\ 1 & 1 & 1 & 0 \\ 1 & 1 & 1 & 1 \end{bmatrix}$ 的逆. 设 A 是相应的 $n\times n$ 矩阵，B 是它的逆，猜想 B 的形式，然后证明 $AB = I$ 和 $BA = I$.

44. 重复 43 题的方法猜想 $A = \begin{bmatrix} 1 & 0 & 0 & \cdots & 0 \\ 1 & 2 & 0 & & 0 \\ 1 & 2 & 3 & & 0 \\ \vdots & & & \ddots & \vdots \\ 1 & 2 & 3 & \cdots & n \end{bmatrix}$ 的逆 B，证明你的猜想是正确的.

45. 设 $A = \begin{bmatrix} -2 & -7 & -9 \\ 2 & 5 & 6 \\ 1 & 3 & 4 \end{bmatrix}$，求出 A^{-1} 的第 3 列而不计算其他列.

46. [M]设 $A = \begin{bmatrix} -25 & -9 & -27 \\ 546 & 180 & 537 \\ 154 & 50 & 149 \end{bmatrix}$，求出 A^{-1} 的第 2 列和第 3 列而不计算第 1 列.

47. 设 $A = \begin{bmatrix} 1 & 2 \\ 1 & 3 \\ 1 & 5 \end{bmatrix}$，只使用 1，−1 和 0 作为元素（通过试错）构造一个 2×3 矩阵 C，使得 $CA = I_2$，计算 AC 并使 $AC \neq I_3$.

48. 设 $A = \begin{bmatrix} 1 & 1 & 1 & 0 \\ 0 & 1 & 1 & 1 \end{bmatrix}$，只使用 1 和 0 作为元素构造一个 4×2 矩阵 D，使得 $AD = I_2$. 是否存在 4×2 矩阵 C，使得 $CA = I_4$？为什么？

49. 设 $D = \begin{bmatrix} 0.005 & 0.002 & 0.001 \\ 0.002 & 0.004 & 0.002 \\ 0.001 & 0.002 & 0.005 \end{bmatrix}$ 是一个弹性矩阵，弹性的单位是英寸/磅. 设在例 3 的图 2-7 中，在点 1，2，3 分别有 30，50 和 20 磅的力作用，求相应的形变.

50. [M]计算习题 49 中 D 的刚性矩阵 D^{-1}，求出在点 3 处引起 0.04 英寸[⊖]形变所需要的作用力，设其他两点处的形变为 0.

51. [M]设 $D = \begin{bmatrix} 0.0040 & 0.0030 & 0.0010 & 0.0005 \\ 0.0030 & 0.0050 & 0.0030 & 0.0010 \\ 0.0010 & 0.0030 & 0.0050 & 0.0030 \\ 0.0005 & 0.0010 & 0.0030 & 0.0040 \end{bmatrix}$ 为一个有四个受力点的弹性梁的弹性矩阵，单位为厘米/牛顿. 在四个受力点处测得形变分别为 0.08, 0.12, 0.16 与 0.12 厘米，确定在这四个点上的作用力.

⊖ 1 英寸= 0.0254 米.

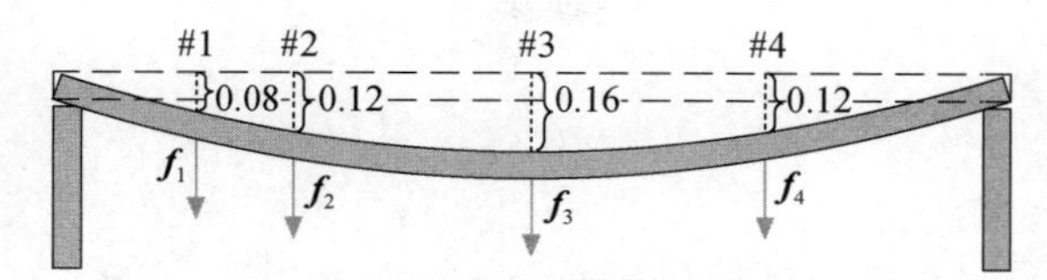

习题 51 和习题 52 中弹性梁的形变

52. [M]对习题 51 中的 $\boldsymbol{D}$，确定一组力，它在梁的第 2 个点上引起形变 0.24 厘米，在其他三个点上引起的形变为 0. 这个答案与 $\boldsymbol{D}^{-1}$ 的元素有什么关系？（提示：先考虑在第 2 个点上引起 1 厘米形变的问题.）

练习题答案

1. a. $\det\begin{bmatrix}3 & -9\\ 2 & 6\end{bmatrix}=3\times6-(-9)\times2=18+18=36$，行列式不等于零，故矩阵可逆.

   b. $\det\begin{bmatrix}4 & -9\\ 0 & 5\end{bmatrix}=4\times5-(-9)\times0=20\neq0$，矩阵可逆.

   c. $\det\begin{bmatrix}6 & -9\\ -4 & 6\end{bmatrix}=6\times6-(-9)\times(-4)=36-36=0$，矩阵不可逆.

2. $[\boldsymbol{A}\quad \boldsymbol{I}]\sim\begin{bmatrix}1 & -2 & -1 & 1 & 0 & 0\\ -1 & 5 & 6 & 0 & 1 & 0\\ 5 & -4 & 5 & 0 & 0 & 1\end{bmatrix}\sim\begin{bmatrix}1 & -2 & -1 & 1 & 0 & 0\\ 0 & 3 & 5 & 1 & 1 & 0\\ 0 & 6 & 10 & -5 & 0 & 1\end{bmatrix}\sim\begin{bmatrix}1 & -2 & -1 & 1 & 0 & 0\\ 0 & 3 & 5 & 1 & 1 & 0\\ 0 & 0 & 0 & -7 & -2 & 1\end{bmatrix}$

   故 $[\boldsymbol{A}\quad \boldsymbol{I}]$ 是行等价于 $[\boldsymbol{B}\quad \boldsymbol{D}]$ 形式的矩阵，其中 $\boldsymbol{B}$ 是方阵，有一个零行. 进一步的行变换不可能将 $\boldsymbol{B}$ 变为 $\boldsymbol{I}$，因此我们停止，$\boldsymbol{A}$ 没有逆.

3. 因为 $\boldsymbol{A}$ 可逆，故存在一个矩阵 $\boldsymbol{C}$ 使得 $\boldsymbol{AC}=\boldsymbol{I}=\boldsymbol{CA}$. 我们的目的是找矩阵 $\boldsymbol{D}$ 使得 $(5\boldsymbol{A})\boldsymbol{D}=\boldsymbol{I}=\boldsymbol{D}(5\boldsymbol{A})$. 设 $\boldsymbol{D}=\frac{1}{5}\boldsymbol{C}$. 通过 2.1 节定理 2 知 $(5\boldsymbol{A})\cdot\left(\frac{1}{5}\boldsymbol{C}\right)=(5)\cdot\left(\frac{1}{5}\right)\cdot(\boldsymbol{AC})=1\cdot\boldsymbol{I}=\boldsymbol{I}$，$\left(\frac{1}{5}\boldsymbol{C}\right)(5\boldsymbol{A})=\left(\frac{1}{5}\right)(5)(\boldsymbol{CA})=1\cdot\boldsymbol{I}=\boldsymbol{I}$. 所以 $\frac{1}{5}\boldsymbol{C}$ 是 5 $\boldsymbol{A}$ 的逆，即证明 5 $\boldsymbol{A}$ 可逆.

2.3 可逆矩阵的特征

本节复习第 1 章引入的大部分重要概念，并且与 n 个未知量 n 个方程的方程组以及方阵联系起来，主要结论是定理 8.

定理 8（可逆矩阵定理）

设 $\boldsymbol{A}$ 为 $n\times n$ 矩阵，则下列命题是等价的，即对某一特定的 $\boldsymbol{A}$，它们同时为真或同时为假.

a. $\boldsymbol{A}$ 是可逆矩阵.

b. $\boldsymbol{A}$ 行等价于 $n\times n$ 单位矩阵.

c. $\boldsymbol{A}$ 有 n 个主元位置.

d. 方程 $\boldsymbol{Ax}=\boldsymbol{0}$ 仅有平凡解.

e. $\boldsymbol{A}$ 的各列线性无关.

f. 线性变换 $\boldsymbol{x}\mapsto\boldsymbol{Ax}$ 是一对一的.

g. 对 $\mathbb{R}^n$ 中任意 $\boldsymbol{b}$，方程 $\boldsymbol{Ax}=\boldsymbol{b}$ 至少有一个解.

h. $\boldsymbol{A}$ 的各列生成 $\mathbb{R}^n$.

i. 线性变换 $\boldsymbol{x}\mapsto\boldsymbol{Ax}$ 把 $\mathbb{R}^n$ 映射到 $\mathbb{R}^n$ 上.

j. 存在 $n\times n$ 矩阵 $\boldsymbol{C}$ 使 $\boldsymbol{CA}=\boldsymbol{I}$.

k. 存在 $n\times n$ 矩阵 $\boldsymbol{D}$ 使 $\boldsymbol{AD}=\boldsymbol{I}$.

l. $\boldsymbol{A}^{\mathrm{T}}$ 是可逆矩阵.

首先，我们需要某些记号. 若命题 a 为真蕴涵命题 j 也真，则称 a 蕴涵 j，记为 a⇒j. 我们将按图 2-8 中蕴涵的“循环”来证明这些命题的等价性，即这五个命题之一为真可推出其他命题也真，然后把其他命题链接进这个循环.

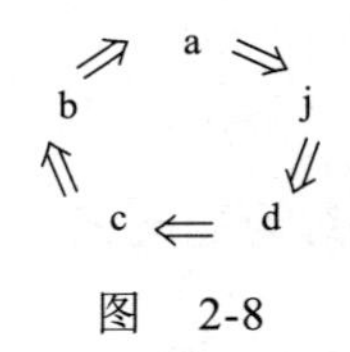

图　2-8

证　若 a 为真，则 $\boldsymbol{A}^{-1}$ 可作为 j 中的 $\boldsymbol{C}$，故 a⇒j. 其次，由 2.1 节习题 31（请参阅该习题），j⇒d. 又由 2.2 节习题 33 可知 d⇒c. 若 $\boldsymbol{A}$ 是方阵且有 n 个主元位置，则主元必定在主对角线上，在这种情况下，$\boldsymbol{A}$ 的简化阶梯形是 $\boldsymbol{I}_n$，因此 c⇒b. 同时由 2.2 节定理 7 知 b⇒a. 至此完成图 2-8 中的证明循环.

其次，由于 $\boldsymbol{A}^{-1}$ 可作为 $\boldsymbol{D}$，故 a⇒k. 又由 2.1 节习题 32 知 k⇒g，而由 2.2 节习题 34 有 g⇒a，因此 g 和 k 被链接进这个循环. 再根据 1.4 节定理 4 和 1.9 节定理 12a，对任一矩阵来说，g、h 和 i 是等价的. 因此，通过 g 使 h 和 i 被链接进这个循环.

因 d、e、f 对任一矩阵 $\boldsymbol{A}$ 是等价的（参见 1.7 节及 1.9 节定理 12b），而 d 在这个循环之中，所以 e 和 f 也在这个循环中. 最后，由 2.2 节定理 6c 有 a⇒l，再根据同一个定理，将 $\boldsymbol{A}$ 和 $\boldsymbol{A}^{\mathrm{T}}$ 互换后得到 l⇒a. 见图 2-9. 这就完成了定理 8 的证明. ■

由 2.2 节定理 5，定理 8 中命题 g 也可写成“方程 $\boldsymbol{Ax}=\boldsymbol{b}$ 对任意 $\mathbb{R}^n$ 中的 $\boldsymbol{b}$ 有唯一解”. 这个命题当然也蕴涵 b，因此也蕴涵 $\boldsymbol{A}$ 为可逆阵.

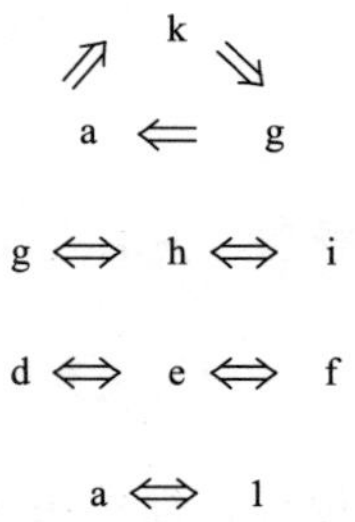

k

⇗　　⇘

a　⇐　g

g ⇔ h ⇔ i

d ⇔ e ⇔ f

a ⇔ l

图　2-9

下列事实由定理 8 及 2.2 节习题 8 推出.

设 $\boldsymbol{A}$ 和 $\boldsymbol{B}$ 为方阵，若 $\boldsymbol{AB}=\boldsymbol{I}$，则 $\boldsymbol{A}$ 和 $\boldsymbol{B}$ 都是可逆的，且 $\boldsymbol{B}=\boldsymbol{A}^{-1}$，$\boldsymbol{A}=\boldsymbol{B}^{-1}$.

可逆矩阵定理将所有 $n\times n$ 矩阵分为两个不相交集合：可逆（非奇异）矩阵和不可逆（奇异）矩阵. 定理中每个命题给出了 $n\times n$ 可逆矩阵的一个性质. 定理中每个命题的否命题给出了 $n\times n$ 奇异矩阵的一个性质. 例如，每个 $n\times n$ 奇异矩阵不行等价于 $\boldsymbol{I}_n$，没有 n 个主元位置，它的各列线性相关. 其他的否命题在习题中考虑.

例 1 应用可逆矩阵定理来判断 $\boldsymbol{A}$ 是否可逆：

$$\boldsymbol{A}=\begin{bmatrix}1 & 0 & -2\\ 3 & 1 & -2\\ -5 & -1 & 9\end{bmatrix}$$

解

$$\boldsymbol{A}\sim\begin{bmatrix}1 & 0 & -2\\ 0 & 1 & 4\\ 0 & -1 & -1\end{bmatrix}\sim\begin{bmatrix}1 & 0 & -2\\ 0 & 1 & 4\\ 0 & 0 & 3\end{bmatrix}$$

所以 $\boldsymbol{A}$ 有 3 个主元位置，根据可逆矩阵定理命题（c），$\boldsymbol{A}$ 是可逆的. ■

可逆矩阵定理的作用在于它给出了许多重要概念间的联系，例如，将矩阵 $\boldsymbol{A}$ 的列的线性无关性与形如 $\boldsymbol{Ax}=\boldsymbol{b}$ 的解的存在性关联起来. 但是必须强调，可逆矩阵定理仅能用于方阵. 例如，若一个 4×3 矩阵的列线性无关，我们不能用可逆矩阵定理断定形如 $\boldsymbol{Ax}=\boldsymbol{b}$ 的方程的解的存在性或不存在性.

可逆线性变换

回忆 2.1 节矩阵乘法对应于线性变换的复合. 当矩阵 $\boldsymbol{A}$ 可逆时，方程 $\boldsymbol{A}^{-1}\boldsymbol{Ax}=\boldsymbol{x}$ 可看作关于线性变换的一个命题，见图 2-10.

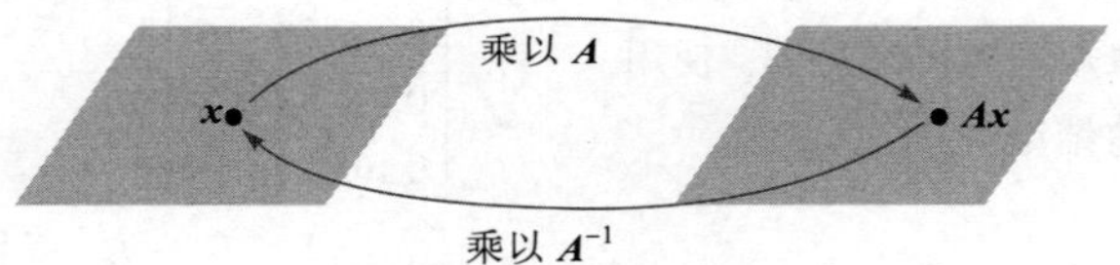

图 2-10 $\boldsymbol{A}^{-1}$ 把 $\boldsymbol{Ax}$ 变回 $\boldsymbol{x}$

线性变换 $T:\mathbb{R}^n\to\mathbb{R}^n$ 称为**可逆**的，若存在函数 $S:\mathbb{R}^n\to\mathbb{R}^n$ 使得

$$\text{对所有 } \mathbb{R}^n \text{ 中的 } \boldsymbol{x},\quad S(T(\boldsymbol{x}))=\boldsymbol{x} \tag{1}$$

$$\text{对所有 } \mathbb{R}^n \text{ 中的 } \boldsymbol{x},\quad T(S(\boldsymbol{x}))=\boldsymbol{x} \tag{2}$$

下列定理说明若这样的 S 存在，则它是唯一的而且必是线性变换. 我们称 S 是 T 的**逆**，把它写成 T^{-1}.

定理 9 *设 $T:\mathbb{R}^n\to\mathbb{R}^n$ 为线性变换，$\boldsymbol{A}$ 为 T 的标准矩阵. 则 T 可逆当且仅当 $\boldsymbol{A}$ 是可逆矩阵. 这时由 $S(\boldsymbol{x})=\boldsymbol{A}^{-1}\boldsymbol{x}$ 定义的线性变换 S 是满足（1）式和（2）式的唯一函数.*

注：参见定理 7 的证明的注释.

证 设 T 是可逆的，则（2）式说明 T 是从 $\mathbb{R}^n$ 映射到 $\mathbb{R}^n$ 上的映射，因若 $\boldsymbol{b}$ 属于 $\mathbb{R}^n$，$\boldsymbol{x}=S(\boldsymbol{b})$，则 $T(\boldsymbol{x})=T(S(\boldsymbol{b}))=\boldsymbol{b}$，所以每个 $\boldsymbol{b}$ 属于 T 的值域. 于是由可逆矩阵定理命题（i），$\boldsymbol{A}$ 为可逆的.

反之，若 $\boldsymbol{A}$ 是可逆的，令 $S(\boldsymbol{x})=\boldsymbol{A}^{-1}\boldsymbol{x}$，则 S 是线性变换，且显然 S 满足（1）式和（2）式. 例如

$$S(T(\boldsymbol{x}))=S(\boldsymbol{Ax})=\boldsymbol{A}^{-1}(\boldsymbol{Ax})=\boldsymbol{x}$$

于是 T 是可逆的. S 的唯一性的证明见习题 47. ■

例 2 设 $T:\mathbb{R}^n\to\mathbb{R}^n$ 是一对一线性变换，则 T 会如何？

解 T 的标准矩阵 $\boldsymbol{A}$ 的列是线性无关的（根据 1.9 节定理 12），所以根据可逆矩阵定理，$\boldsymbol{A}$ 是可逆的，而且 T 把 $\mathbb{R}^n$ 映射到 $\mathbb{R}^n$ 上. 同时，根据定理 9，T 为可逆. ■

数值计算的注解　在实际工作中，你将会遇到“接近奇异的”或者**病态**矩阵——一个可逆矩阵，当它的某些元素稍微改变就变成奇异矩阵. 在这种情况下，行化简可能由于舍入误差产生少于 n 个主元位置. 另外，有时舍入误差也可能使奇异矩阵变成是可逆的.

某些矩阵程序会对一个方阵计算它的**条件数**，条件数越大，矩阵越接近于奇异. 单位矩阵的条件数是 1，奇异矩阵的条件数为无穷大. 在极端情况下，矩阵程序可能无法区别奇异矩阵与病态矩阵.

习题 49~53 说明当条件数大时，矩阵计算可能产生明显的错误.

练习题

1. 确定 $A=\begin{bmatrix}2&3&4\\2&3&4\\2&3&4\end{bmatrix}$ 是否可逆.
2. 设对某个 $n\times n$ 矩阵 A，可逆矩阵定理命题（g）不成立. 那么形如 $Ax=b$ 的方程会如何？
3. 设 A,B 是 $n\times n$ 矩阵，方程 $ABx=\mathbf{0}$ 有非平凡解，那么矩阵 AB 会如何？

习题 2.3

除非另有说明，本习题中的矩阵都是 $n\times n$ 矩阵. 确定习题 1~10 中哪些矩阵为可逆矩阵. 使用尽可能少的计算. 验证你的结论.

1. $\begin{bmatrix}5&7\\-3&-6\end{bmatrix}$
2. $\begin{bmatrix}-4&6\\6&-9\end{bmatrix}$
3. $\begin{bmatrix}5&0&0\\-3&-7&0\\8&5&-1\end{bmatrix}$
4. $\begin{bmatrix}-7&0&4\\3&0&-1\\2&0&9\end{bmatrix}$
5. $\begin{bmatrix}0&3&-5\\1&0&2\\-4&-9&7\end{bmatrix}$
6. $\begin{bmatrix}1&-5&-4\\0&3&4\\-3&6&0\end{bmatrix}$
7. $\begin{bmatrix}-1&-3&0&1\\3&5&8&-3\\-2&-6&3&2\\0&-1&2&1\end{bmatrix}$
8. $\begin{bmatrix}1&3&7&4\\0&5&9&6\\0&0&2&8\\0&0&0&10\end{bmatrix}$
9. [M] $\begin{bmatrix}4&0&-7&-7\\-6&1&11&9\\7&-5&10&19\\-1&2&3&-1\end{bmatrix}$
10. [M] $\begin{bmatrix}5&3&1&7&9\\6&4&2&8&-8\\7&5&3&10&9\\9&6&4&-9&-5\\8&5&2&11&4\end{bmatrix}$

习题 11~20 中，矩阵都是 $n\times n$ 的. 习题的每个部分都是形如“若<命题 1>，则<命题 2>”的蕴涵式，如果当<命题 1>为真时<命题 2>总是为真，标记该蕴涵式为真. 如果有一个例子给出<命题 2>为假但<命题 1>为真，则标记该蕴涵式为假. 验证你的结论.

11. (T/F)若方程 $Ax=\mathbf{0}$ 仅有平凡解，则 A 行等价于 $n\times n$ 单位矩阵.
12. (T/F)若存在 $n\times n$ 矩阵 D 使得 $AD=I$，则也存在 $n\times n$ 矩阵 C 满足 $CA=I$.

13. (T/F)若 A 的各列生成 $\mathbb{R}^n$，则它的列线性无关.
14. (T/F)若 A 的各列线性无关，则 A 的各列生成 $\mathbb{R}^n$.
15. (T/F)若 A 是 $n\times n$ 矩阵，则对 $\mathbb{R}^n$ 中每个 $\boldsymbol{b}$，方程 $A\boldsymbol{x}=\boldsymbol{b}$ 至少有一解.
16. (T/F)若对 $\mathbb{R}^n$ 中每个 $\boldsymbol{b}$，方程 $A\boldsymbol{x}=\boldsymbol{b}$ 至少有一个解，则对每个 b，解是唯一的.
17. (T/F)若方程 $A\boldsymbol{x}=0$ 有非平凡解，则 A 的主元位置少于 n 个.
18. (T/F)若线性变换 $\boldsymbol{x}\to A\boldsymbol{x}$ 是 $\mathbb{R}^n\to\mathbb{R}^n$ 的满射，则 A 有 n 个主元位置.
19. (T/F)若 A^{T} 不可逆，则 A 也不可逆.
20. (T/F)若存在 $\mathbb{R}^n$ 中的 $\boldsymbol{b}$，使得方程 $A\boldsymbol{x}=\boldsymbol{b}$ 不相容，则 $\boldsymbol{x}\to A\boldsymbol{x}$ 不是一对一的.
21. 若一个 $n\times n$ 矩阵的主对角线以下元素全为 0，则称之为**上三角形矩阵**（如习题 8）. 什么时候一个上三角矩阵是可逆的？验证你的答案.
22. 若一个 $n\times n$ 矩阵的主对角线以上元素全为 0，则称之为**下三角形矩阵**（如习题 3）. 什么时候一个下三角矩阵是可逆的？验证你的答案.
23. 有两列相同的方阵是否可逆？为什么？
24. 一个 5×5 矩阵的各列不生成 $\mathbb{R}^5$，它是否可能可逆？为什么？
25. 若 $n\times n$ 矩阵 A 可逆，则 A^{-1} 的各列线性无关，说明为什么.
26. 若 C 是 6×6 矩阵，对 $\mathbb{R}^6$ 中的每一 $\boldsymbol{v}$，方程 $C\boldsymbol{x}=\boldsymbol{v}$ 相容，是否可能对某个 $\boldsymbol{v}$，方程 $C\boldsymbol{x}=\boldsymbol{v}$ 有多个解？为什么？
27. 若 7×7 矩阵 D 的各列线性无关，关于方程 $D\boldsymbol{x}=\boldsymbol{b}$ 的解会如何？为什么？
28. 若 $n\times n$ 矩阵 E和F 满足性质 $EF=I$，则 E和F 是可交换的. 说明这是为什么.
29. 若方程 $G\boldsymbol{x}=\boldsymbol{y}$ 对 $\mathbb{R}^n$ 中某个 $\boldsymbol{y}$ 有多个解，$n\times n$ 矩阵 G 的各列能否生成 $\mathbb{R}^n$？为什么？
30. 设 H 是 $n\times n$ 矩阵. 若方程 $H\boldsymbol{x}=\boldsymbol{c}$ 对 $\mathbb{R}^n$ 中的某个 $\boldsymbol{c}$ 不相容，方程 $H\boldsymbol{x}=\boldsymbol{0}$ 会如何？为什么？
31. 若 $n\times n$ 矩阵 K 不能行化简为 I_n，K 的列会如何？为什么？
32. 若 L 是 $n\times n$ 矩阵且方程组 $L\boldsymbol{x}=\boldsymbol{0}$ 有平凡解，L 的各列可以张成 $\mathbb{R}^n$ 吗？为什么？
33. 验证例 1 前面框内的命题.
34. 说明为什么当 A 的各列线性无关时，A^2 的各列可以生成 $\mathbb{R}^n$.
35. 设 A 和 B 是 $n\times n$ 矩阵. 证明：若 AB 可逆，则 A 也可逆. 不能使用定理 6（b），因为不能假定 A 和 B 是可逆的.（提示：存在一个矩阵 W 使得 $ABW=I$. 为什么？）
36. 设 A 和 B 是 $n\times n$ 矩阵. 证明：若 AB 可逆，则 B 也可逆.
37. 若 A 是 $n\times n$ 矩阵，方程 $A\boldsymbol{x}=\boldsymbol{b}$ 对 $\mathbb{R}^n$ 中的某些 $\boldsymbol{b}$ 有多个解，则变换 $\boldsymbol{x}\mapsto A\boldsymbol{x}$ 不是一对一的. 其他关于这个变换的结论会如何？验证你的答案.
38. 若 A 是 $n\times n$ 矩阵，变换 $\boldsymbol{x}\mapsto A\boldsymbol{x}$ 是一对一的，其他关于这个变换的结论会如何？验证你的答案.
39. 设 A 是 $n\times n$ 矩阵，对 $\mathbb{R}^n$ 中的每个 $\boldsymbol{b}$，方程 $A\boldsymbol{x}=\boldsymbol{b}$ 至少有一个解.不用定理 5 或定理 8，说明为什么每个方程 $A\boldsymbol{x}=\boldsymbol{b}$ 事实上恰好有一个解.
40. 设 A 是 $n\times n$ 矩阵，方程 $A\boldsymbol{x}=\boldsymbol{0}$ 仅有平凡解. 不用可逆矩阵定理，说明对 $\mathbb{R}^n$ 中的每个 $\boldsymbol{b}$，方程 $A\boldsymbol{x}=\boldsymbol{b}$ 必有一个解.

习题 41 和习题 42 中，T 是由 $\mathbb{R}^2$ 到 $\mathbb{R}^2$ 内的线性变换，说明 T 可逆并求出 T^{-1}.

41. $T(x_1,x_2)=(-5x_1+9x_2,4x_1-7x_2)$
42. $T(x_1,x_2)=(6x_1-8x_2,-5x_1+7x_2)$
43. 设 $T:\mathbb{R}^n\to\mathbb{R}^n$ 为可逆线性变换，说明为什么 T 既是一对一的又是映射到 $\mathbb{R}^n$ 上的. 利用方程（1）和（2），运用一个或多个定理给出第二种解释.
44. 设 T 是将 $\mathbb{R}^n$ 映射到 $\mathbb{R}^n$ 上的线性变换，证明 T^{-1} 存在且它将 $\mathbb{R}^n$ 映射到 $\mathbb{R}^n$ 上. T^{-1} 是否是一对一的？
45. 设 T和U 是 $\mathbb{R}^n$ 到 $\mathbb{R}^n$ 的线性变换，对 $\mathbb{R}^n$ 中的所有 $\boldsymbol{x}$，有 $T(U(\boldsymbol{x}))=\boldsymbol{x}$. 对 $\mathbb{R}^n$ 中的所有 $\boldsymbol{x}$，$U(T(\boldsymbol{x}))=\boldsymbol{x}$ 是否成立？为什么？
46. 设 $T:\mathbb{R}^n\to\mathbb{R}^n$ 为线性变换，对 $\mathbb{R}^n$ 中一对不同

的 $\boldsymbol{u}$ 和 $\boldsymbol{v}$，有 $T(\boldsymbol{u})=T(\boldsymbol{v})$．$T$ 能否将 $\mathbb{R}^n$ 映射到 $\mathbb{R}^n$ 上？为什么？

47. 设 $T:\mathbb{R}^n\to\mathbb{R}^n$ 为可逆线性变换，设 S 和 U 为 $\mathbb{R}^n$ 到 $\mathbb{R}^n$ 的函数，对一切 $\mathbb{R}^n$ 中的 $\boldsymbol{x}$，有 $S(T(\boldsymbol{x}))=\boldsymbol{x}$ 和 $U(T(\boldsymbol{x}))=\boldsymbol{x}$．证明对 $\mathbb{R}^n$ 中一切 $\boldsymbol{v}$，有 $U(\boldsymbol{v})=S(\boldsymbol{v})$．这将证明 T 有唯一的逆，如定理 9 所说的那样．（提示：给定 $\mathbb{R}^n$ 中任意 $\boldsymbol{v}$，我们说对某个 $\boldsymbol{x}$ 有 $\boldsymbol{v}=T(\boldsymbol{x})$．为什么？计算 $S(\boldsymbol{v})$和$U(\boldsymbol{v})$．）
48. 设 T 和 S 满足可逆方程（1）和（2），其中 T 是线性变换．直接证明 S 是线性变换．（提示：给定 $\mathbb{R}^n$ 中的 $\boldsymbol{u},\boldsymbol{v}$，设 $\boldsymbol{x}=S(\boldsymbol{u})$，$\boldsymbol{y}=S(\boldsymbol{v})$，则 $T(\boldsymbol{x})=\boldsymbol{u}$，$T(\boldsymbol{y})=\boldsymbol{v}$．为什么？把 S 作用于方程 $T(\boldsymbol{x})+T(\boldsymbol{y})=T(\boldsymbol{x}+\boldsymbol{y})$ 的两边．同样，证明 $T(c\boldsymbol{x})=cT(\boldsymbol{x})$．）
49. [M]设某一实验得出下列方程组：

$$\begin{aligned}4.5x_1+3.1x_2&=19.249\\1.6x_1+1.1x_2&=6.843\end{aligned}\qquad(3)$$

   a. 解方程组（3），同时解下面的方程组（4），它是由（3）式的右边四舍五入到 2 位小数所得．在每种情形下，求出准确解．

$$\begin{aligned}4.5x_1+3.1x_2&=19.25\\1.6x_1+1.1x_2&=6.84\end{aligned}\qquad(4)$$

   b. （4）式的各元素与（3）式的对应元素的误差不超过 0.05%．求把（4）式的解作为（3）式的解的近似值时的相对误差．

   c. 用你的矩阵程序求出（3）式中系数矩阵的条件数．

习题 50~52 说明如何使用矩阵 $\boldsymbol{A}$ 的条件数来估计方程 $\boldsymbol{Ax}=\boldsymbol{b}$ 的解的精确度．若 $\boldsymbol{A}$ 和 $\boldsymbol{b}$ 的元素大约精确到 r 位有效数字，而 $\boldsymbol{A}$ 的条件数约为 10^k（k 为正整数），则 $\boldsymbol{Ax}=\boldsymbol{b}$ 的计算解大约精确到至少 $r-k$ 位有效数字．

50. [M]求出习题 9 中矩阵 $\boldsymbol{A}$ 的条件数．构造 $\mathbb{R}^4$ 中随机向量 $\boldsymbol{x}$，计算 $\boldsymbol{b}=\boldsymbol{Ax}$，然后用你的矩阵程序计算方程 $\boldsymbol{Ax}=\boldsymbol{b}$ 的解 $\boldsymbol{x}_1$．$\boldsymbol{x}_1$ 和 $\boldsymbol{x}$ 有几位数字相同？找出你的矩阵程序准确存储的数字位数，用 $\boldsymbol{x}_1$ 代替准确解 $\boldsymbol{x}$ 时有多少位精确数字丢失？
51. [M]对习题 10 中的矩阵重复习题 50.
52. [M]对适当的 $\boldsymbol{b}$ 解 $\boldsymbol{Ax}=\boldsymbol{b}$，以求得五阶希尔伯特（Hilbert）矩阵的逆的第 5 列．

$$\boldsymbol{A}=\begin{bmatrix}1&1/2&1/3&1/4&1/5\\1/2&1/3&1/4&1/5&1/6\\1/3&1/4&1/5&1/6&1/7\\1/4&1/5&1/6&1/7&1/8\\1/5&1/6&1/7&1/8&1/9\end{bmatrix}$$

   你希望求出的解 $\boldsymbol{x}$ 的元素有多少位准确数字？请说明．（注：准确解为（630，−12 600，56 700，−88 200，44 100）．）
53. [M]某些矩阵程序（如 MATLAB）有命令可生成各阶希尔伯特矩阵．若可能，用求逆命令求出 12 阶或更高阶的希尔伯特矩阵 $\boldsymbol{A}$ 的逆，计算 $\boldsymbol{AA}^{-1}$ 并报告你的结果．

练习题答案

1. $\boldsymbol{A}$ 的各列显然线性相关，因为第 2 列与第 3 列是第 1 列的倍数．因此由可逆矩阵定理，$\boldsymbol{A}$ 不是可逆的．
2. 若 g 不成立，则方程 $\boldsymbol{Ax}=\boldsymbol{b}$ 对 $\mathbb{R}^n$ 中至少一个 $\boldsymbol{b}$ 不相容．
3. 应用可逆矩阵定理于矩阵 $\boldsymbol{AB}$，假设 $\boldsymbol{AB}$ 可逆，则由命题 d 得到：$\boldsymbol{ABx}=\boldsymbol{0}$ 仅有平凡解，这与所给条件相矛盾，因此 $\boldsymbol{AB}$ 不是可逆的．

2.4　分块矩阵

我们可以把矩阵看作一组列向量，而非仅仅是一个数的矩形表.这种观点非常有用，因此，我们希望考虑 $\boldsymbol{A}$ 的其他**分块**，把它用水平线和竖直线分成几块，如下面例 1 所示．分块矩阵也出现在线性代数的现代应用中，因为这些记号简化了许多讨论，并使矩阵分析中许多本质的结构显露出来，如本章关于飞机设计的介绍性示例所示. 本节提供一个复习矩阵代数和使用可逆矩阵定理的机会.

例 1 矩阵

$$A=\left[\begin{array}{ccc|cc|c} 3 & 0 & -1 & 5 & 9 & -2 \\ -5 & 2 & 4 & 0 & -3 & 1 \\ \hline -8 & -6 & 3 & 1 & 7 & -4 \end{array}\right]$$

也可写成 2×3 **分块矩阵**

$$A=\begin{bmatrix} A_{11} & A_{12} & A_{13} \\ A_{21} & A_{22} & A_{23} \end{bmatrix}$$

它的元素是分块（或子矩阵）

$$A_{11}=\begin{bmatrix} 3 & 0 & -1 \\ -5 & 2 & 4 \end{bmatrix}, \quad A_{12}=\begin{bmatrix} 5 & 9 \\ 0 & -3 \end{bmatrix}, \quad A_{13}=\begin{bmatrix} -2 \\ 1 \end{bmatrix}$$

$$A_{21}=[-8 \quad -6 \quad 3], \quad A_{22}=[1 \quad 7], \quad A_{23}=[-4]$$

■

图 2-11

例 2 当某一矩阵 A 出现在物理问题的数学模型中时，例如，电子网络、传输系统或大公司等，会很自然地把 A 看作一个分块矩阵. 例如，若一个微型计算机电路板主要由 3 块超大规模的集成电路芯片组成，如图 2-11 所示，那么该电路板的矩阵可以写成一般形式

$$A=\left[\begin{array}{c|c|c} A_{11} & A_{12} & A_{13} \\ \hline A_{21} & A_{22} & A_{23} \\ \hline A_{31} & A_{32} & A_{33} \end{array}\right]$$

A 的“对角”线上的子矩阵（即 A_{11}, A_{22} 和 A_{33}）是有关三块超大规模集成电路本身的矩阵，而其他子矩阵则与这三块芯片之间的相互联系有关. ■

加法与标量乘法

若矩阵 A 与 B 有相同维数且以同样方式分块，则自然有矩阵的和 $A+B$ 也以同样方式分块. 这时 $A+B$ 的每一块恰好是 A 和 B 对应分块的（矩阵）和. 分块矩阵乘以一个数也可以逐块计算.

分块矩阵的乘法

分块矩阵也可用通常的行列法则进行乘法运算，就如每一块都是数一样.对于乘积 AB，只要 A 的列的分法与 B 的行的分法一致.

例 3 设

$$A=\left[\begin{array}{ccc|cc} 2 & -3 & 1 & 0 & -4 \\ 1 & 5 & -2 & 3 & -1 \\ \hline 0 & -4 & -2 & 7 & -1 \end{array}\right]=\begin{bmatrix} A_{11} & A_{12} \\ A_{21} & A_{22} \end{bmatrix}, \quad B=\left[\begin{array}{cc} 6 & 4 \\ -2 & 1 \\ -3 & 7 \\ \hline -1 & 3 \\ 5 & 2 \end{array}\right]=\begin{bmatrix} B_1 \\ B_2 \end{bmatrix}$$

解　A 的 5 列被分成 3 列一组和 2 列一组. B 的 5 行按同样方法分块——被分成 3 行一组和 2 行一组. 我们称 A 和 B 的分块是**与分块乘法相一致**的. AB 的乘积可以被写成

$$AB=\begin{bmatrix}A_{11} & A_{12}\\ A_{21} & A_{22}\end{bmatrix}\begin{bmatrix}B_1\\ B_2\end{bmatrix}=\begin{bmatrix}A_{11}B_1+A_{12}B_2\\ A_{21}B_1+A_{22}B_2\end{bmatrix}=\left[\begin{array}{cc}-5 & 4\\ -6 & 2\\ \hline 2 & 1\end{array}\right]$$

重要的是，对于 AB 的表达式中的小乘积，每一项应把来自 A 的子矩阵写在左边，因矩阵乘法是不可交换的. 例如

$$A_{11}B_1=\begin{bmatrix}2 & -3 & 1\\ 1 & 5 & -2\end{bmatrix}\begin{bmatrix}6 & 4\\ -2 & 1\\ -3 & 7\end{bmatrix}=\begin{bmatrix}15 & 12\\ 2 & -5\end{bmatrix}$$

$$A_{12}B_2=\begin{bmatrix}0 & -4\\ 3 & -1\end{bmatrix}\begin{bmatrix}-1 & 3\\ 5 & 2\end{bmatrix}=\begin{bmatrix}-20 & -8\\ -8 & 7\end{bmatrix}$$

因此 AB 的最上面一块是

$$A_{11}B_1+A_{12}B_2=\begin{bmatrix}15 & 12\\ 2 & -5\end{bmatrix}+\begin{bmatrix}-20 & -8\\ -8 & 7\end{bmatrix}=\begin{bmatrix}-5 & 4\\ -6 & 2\end{bmatrix}$$ ■

分块矩阵乘法的行列法则给出了两个矩阵乘积的最一般观点. 下面有关矩阵乘积的观点已经使用简单的矩阵分块的思想讨论过：（1）使用 A 的列来给出 Ax 的定义；（2）AB 的列的定义；（3）计算 AB 的行列法则；（4）A 的行与矩阵 B 的乘积作为 AB 的行. 在下面的定理 10 中仍然应用分块的思想给出 AB 的第 5 种观点.

下面的例子为定理 10 做准备. 符号 $\mathrm{col}_k(A)$表示 A 的第 k 列，$\mathrm{row}_k(B)$表示 B 的第 k 行.

例 4　设 $A=\begin{bmatrix}-3 & 1 & 2\\ 1 & -4 & 5\end{bmatrix}$和 $B=\begin{bmatrix}a & b\\ c & d\\ e & f\end{bmatrix}$. 验证

$$AB=\mathrm{col}_1(A)\mathrm{row}_1(B)+\mathrm{col}_2(A)\mathrm{row}_2(B)+\mathrm{col}_3(A)\mathrm{row}_3(B)$$

解　上面的每一项都是外积（见 2.1 节习题 35 和 36），由计算矩阵乘积的行列法则，有

$$\mathrm{col}_1(A)\mathrm{row}_1(B)=\begin{bmatrix}-3\\ 1\end{bmatrix}\begin{bmatrix}a & b\end{bmatrix}=\begin{bmatrix}-3a & -3b\\ a & b\end{bmatrix}$$

$$\mathrm{col}_2(A)\mathrm{row}_2(B)=\begin{bmatrix}1\\ -4\end{bmatrix}\begin{bmatrix}c & d\end{bmatrix}=\begin{bmatrix}c & d\\ -4c & -4d\end{bmatrix}$$

$$\mathrm{col}_3(A)\mathrm{row}_3(B)=\begin{bmatrix}2\\ 5\end{bmatrix}\begin{bmatrix}e & f\end{bmatrix}=\begin{bmatrix}2e & 2f\\ 5e & 5f\end{bmatrix}$$

于是

$$\sum_{k=1}^{3}\mathrm{col}_k(A)\mathrm{row}_k(B)=\begin{bmatrix}-3a+c+2e & -3b+d+2f\\ a-4c+5e & b-4d+5f\end{bmatrix}$$

这个矩阵恰好就是 AB. 注意 AB 的（1, 1）元素是三个外积的（1, 1）元素之和，AB 的（1, 2）元素是三个外积的（1, 2）元素之和，等等. ■

定理 10　（AB 的列行展开）

若 A 是 $m\times n$ 矩阵，B 是 $n\times p$ 矩阵，则

$$AB = [\mathrm{col}_1(A) \quad \mathrm{col}_2(A) \quad \cdots \quad \mathrm{col}_n(A)]\begin{bmatrix} \mathrm{row}_1(B) \\ \mathrm{row}_2(B) \\ \vdots \\ \mathrm{row}_n(B) \end{bmatrix} \tag{1}$$

$$= \mathrm{col}_1(A)\mathrm{row}_1(B) + \mathrm{col}_2(A)\mathrm{row}_2(B) + \cdots + \mathrm{col}_n(A)\mathrm{row}_n(B)$$

证 对每个行指标 i 和列指标 j，乘积 $\mathrm{col}_k(A)\mathrm{row}_k(B)$ 的 (i,j) 元素是 $\mathrm{col}_k(A)$ 中元素 a_{ik} 与 $\mathrm{row}_k(B)$ 中元素 b_{kj} 的积. 因此在（1）式的和中，(i,j) 元素为

$$\underset{(k=1)}{a_{i1}b_{1j}} + \underset{(k=2)}{a_{i2}b_{2j}} + \cdots + \underset{(k=n)}{a_{in}b_{nj}}$$

根据行列法则，该和恰好是 AB 的 (i,j) 元素. ■

分块矩阵的逆

下例说明分块矩阵的逆的求法.

例 5 形如 $A = \begin{bmatrix} A_{11} & A_{12} \\ 0 & A_{22} \end{bmatrix}$ 的矩阵称为分块上三角矩阵. 设 A_{11} 是 $p \times p$ 矩阵，A_{22} 是 $q \times q$ 矩阵，且 A 为可逆矩阵. 求 A^{-1} 的表达式.

解 用 B 表示 A^{-1} 且把 B 分块，使得

$$\begin{bmatrix} A_{11} & A_{12} \\ 0 & A_{22} \end{bmatrix}\begin{bmatrix} B_{11} & B_{12} \\ B_{21} & B_{22} \end{bmatrix} = \begin{bmatrix} I_p & 0 \\ 0 & I_q \end{bmatrix} \tag{2}$$

这个矩阵方程包含了 4 个有关未知子矩阵 $B_{11}, B_{12}, B_{21}, B_{22}$ 的方程. 计算（2）式左边的乘积，使每一项与右边单位矩阵中相应的块相等，得

$$A_{11}B_{11} + A_{12}B_{21} = I_p \tag{3}$$

$$A_{11}B_{12} + A_{12}B_{22} = 0 \tag{4}$$

$$A_{22}B_{21} = 0 \tag{5}$$

$$A_{22}B_{22} = I_q \tag{6}$$

方程（6）本身并不能说明 A_{22} 可逆. 但应用可逆矩阵定理及 A_{22} 是方阵的事实，可以断定 A_{22} 可逆且 $B_{22} = A_{22}^{-1}$. 现在我们利用（5）式求得

$$B_{21} = A_{22}^{-1}0 = 0$$

因此（3）式简化为

$$A_{11}B_{11} + 0 = I_p$$

因 A_{11} 是方阵，这说明 A_{11} 是可逆的，且 $B_{11} = A_{11}^{-1}$. 最后由（4），

$$A_{11}B_{12} = -A_{12}B_{22} = -A_{12}A_{22}^{-1} \quad 和 \quad B_{12} = -A_{11}^{-1}A_{12}A_{22}^{-1}$$

于是

$$A^{-1} = \begin{bmatrix} A_{11} & A_{12} \\ 0 & A_{22} \end{bmatrix}^{-1} = \begin{bmatrix} A_{11}^{-1} & -A_{11}^{-1}A_{12}A_{22}^{-1} \\ 0 & A_{22}^{-1} \end{bmatrix}$$ ■

分块对角矩阵是一个分块矩阵，除了主对角线上各分块外，其余全是零分块. 这样的一个矩阵是可逆的当且仅当主对角线上各分块都是可逆的. 见习题 15 和 16.

数值计算的注解

1. 当矩阵太大时，不适于存储在高速计算机内存中，分块矩阵允许计算机一次处理两到三块子矩阵. 例如，在最近关于线性规划的工作中，一个研究团队把矩阵分为837行和51列以简化问题.解这个问题在Cray超级计算机上大约需要4分钟[㊀].

2. 对于某些高速计算机，特别是具有向量传输技术的计算机，当把矩阵分块后再进行矩阵运算更有效[㊁].

3. 高性能数值计算的线性代数专业软件LAPACK广泛使用分块矩阵进行计算.

下面的习题给出了运用矩阵代数的练习，展示了应用中的典型计算.

练习题

1. 证明$\begin{bmatrix} I & 0 \\ A & I \end{bmatrix}$可逆并求出它的逆.

2. 计算X^TX，其中X分块为$[X_1 \quad X_2]$.

习题 2.4

在习题1~9中，假设这些矩阵的分块适于分块乘法，计算习题1~4的乘积.

1. $\begin{bmatrix} I & 0 \\ E & I \end{bmatrix}\begin{bmatrix} A & B \\ C & D \end{bmatrix}$

2. $\begin{bmatrix} E & 0 \\ 0 & F \end{bmatrix}\begin{bmatrix} A & B \\ C & D \end{bmatrix}$

3. $\begin{bmatrix} 0 & I \\ I & 0 \end{bmatrix}\begin{bmatrix} W & X \\ Y & Z \end{bmatrix}$

4. $\begin{bmatrix} I & 0 \\ -X & I \end{bmatrix}\begin{bmatrix} A & B \\ C & D \end{bmatrix}$

在习题5~8中，用A,B,C求出X,Y,Z的表达式，写出你的理由. 在这当中你需要对矩阵的维数做假设以得到一个公式.（提示：计算左边的乘积并使它等于右边.）

5. $\begin{bmatrix} A & B \\ C & 0 \end{bmatrix}\begin{bmatrix} I & 0 \\ X & Y \end{bmatrix}=\begin{bmatrix} 0 & I \\ Z & 0 \end{bmatrix}$

6. $\begin{bmatrix} X & 0 \\ Y & Z \end{bmatrix}\begin{bmatrix} A & 0 \\ B & C \end{bmatrix}=\begin{bmatrix} I & 0 \\ 0 & I \end{bmatrix}$

7. $\begin{bmatrix} X & 0 & 0 \\ Y & 0 & I \end{bmatrix}\begin{bmatrix} A & Z \\ 0 & 0 \\ B & I \end{bmatrix}=\begin{bmatrix} I & 0 \\ 0 & I \end{bmatrix}$

8. $\begin{bmatrix} A & B \\ 0 & I \end{bmatrix}\begin{bmatrix} X & Y & Z \\ 0 & 0 & I \end{bmatrix}=\begin{bmatrix} I & 0 & 0 \\ 0 & 0 & I \end{bmatrix}$

9. 设A_{11}是可逆矩阵，求出矩阵X和Y使下列乘积有所说的形式，并计算B_{22}.（提示：计算左边的乘积使它等于右边.）

$$\begin{bmatrix} I & 0 & 0 \\ X & I & 0 \\ Y & 0 & I \end{bmatrix}\begin{bmatrix} A_{11} & A_{12} \\ A_{21} & A_{22} \\ A_{31} & A_{32} \end{bmatrix}=\begin{bmatrix} B_{11} & B_{12} \\ 0 & B_{22} \\ 0 & B_{32} \end{bmatrix}$$

10. 设$\begin{bmatrix} I & 0 & 0 \\ C & I & 0 \\ A & B & I \end{bmatrix}$的逆为$\begin{bmatrix} I & 0 & 0 \\ Z & I & 0 \\ X & Y & I \end{bmatrix}$，求$X,Y,Z$.

在习题11~14中，标出各个命题的真假（T/F）. 验证你的结论.

11. (T/F)若$A=[A_1 \quad A_2]$，$B=[B_1 \quad B_2]$，A_1和A_2的维数分别与B_1和B_2的维数相同，则

㊀ 若你不知道这51个分块的列每个包含大约250 000列，也许不觉得解题时间很短. 原来的问题有837个方程，包含12 750 000个变量. 矩阵中100亿个元素中大约有1亿个不等于0，参阅Robert E. Bixby,et al. "Very Large-Scale Linear Programming: A Case Study in Combining Interior Point and Simplex Methods." *Operations Research*, 40, no. 5（1992）: 885-897.

㊁ 分块矩阵算法对计算机的重要性见*Matrix Computations*,3rd ed., Gene H. Golub and Charles F. van Loan （Baltimore: Johns Hopkins University Press, 1996）.

$$A+B=[A_1+B_1 \quad A_2+B_2].$$

12. (T/F)矩阵向量的乘积 Ax 的定义是分块乘积的特殊情况.

13. (T/F)若 $A=\begin{bmatrix} A_{11} & A_{12} \\ A_{21} & A_{22} \end{bmatrix}, B=\begin{bmatrix} B_1 \\ B_2 \end{bmatrix}$，则 A 和 B 的分块适合于分块乘法.

14. (T/F)若 A_1, A_2, B_1 和 B_2 是 $n\times n$ 矩阵，$A=\begin{bmatrix} A_1 \\ A_2 \end{bmatrix}$，且 $B=[B_1 \quad B_2]$，则乘积 BA 有定义，但 AB 无定义.

15. 设 $A=\begin{bmatrix} B & 0 \\ 0 & C \end{bmatrix}$，其中 B 和 C 是方阵，证明 A 可逆当且仅当 B 和 C 都可逆.

16. 证明：例 5 中的分块上三角形矩阵 A 可逆，当且仅当 A_{11} 和 A_{22} 都可逆.（提示：若 A_{11} 和 A_{22} 都可逆，例 5 中 A^{-1} 的表达式给出 A 的逆矩阵.）这个事实对许多估计矩阵特征值的计算机程序是很重要的. 特征值在第 5 章讨论.

17. 设 A_{11} 可逆. 求出 X 与 Y 使得

$$\begin{bmatrix} A_{11} & A_{12} \\ A_{21} & A_{22} \end{bmatrix}=\begin{bmatrix} I & 0 \\ X & I \end{bmatrix}\begin{bmatrix} A_{11} & 0 \\ 0 & S \end{bmatrix}\begin{bmatrix} I & Y \\ 0 & I \end{bmatrix} \qquad (7)$$

其中矩阵 $S=A_{22}-A_{21}A_{11}^{-1}A_{12}$ 称为 A_{11} 的舒尔补. 类似地，若 A_{22} 可逆，则矩阵 $A_{11}-A_{12}A_{22}^{-1}A_{21}$ 称为 A_{22} 的舒尔补. 这样的表达式在系统工程理论或其他地方经常出现.

18. 设（7）式左边的分块矩阵 A 可逆，而 A_{11} 可逆. 证明 A_{11} 的舒尔补 S 也是可逆的.（提示：（7）的右边的外面两个因子总是可逆的，证明这一点.）当 A 和 A_{11} 都可逆时，（7）式导出用 S^{-1}, A_{11}^{-1} 及 A 的其他元素计算 A^{-1} 的一个公式.

19. 当太空卫星发射之后，为使卫星在精确计算过的轨道上运行，需要校正它的位置. 如图 2-12 所示. 雷达屏幕给出一组向量 $x_1, x_2, \cdots, x_k$，它们给出在不同时间卫星的位置与计划轨道的比较. 设 X_k 表示矩阵 $[x_1 x_2 \cdots x_k]$，在雷达分析数据时需要计算出 $G_k=X_k X_k^{\mathrm{T}}$. 当 x_{k+1} 到达时，必须计算出新的 G_{k+1}. 因数据向量高速到达，所以计算负担很重. 分块矩阵运算起了很大作用. 计算 G_k 和 G_{k+1} 的列行展开，并叙述从 G_k 如何计算 G_{k+1}.

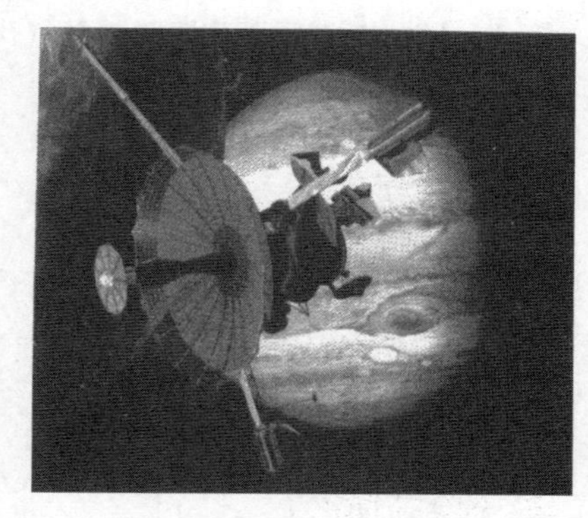

图 2-12　伽利略探测卫星于 1989 年 10 月 18 日发射，在 1995 年 11 月初到达接近木星的轨道

20. 设 X 是 $m\times n$ 矩阵，且 $X^{\mathrm{T}}X$ 可逆，又设 $M=I_m-X(X^{\mathrm{T}}X)^{-1}X^{\mathrm{T}}$. 增加一列 x_0 于这组数据，构成矩阵 $W=[X \quad x_0]$，计算 $W^{\mathrm{T}}W$. 它的（1,1）元素是 $X^{\mathrm{T}}X$，证明 $X^{\mathrm{T}}X$ 的舒尔补（习题 17）是 $x_0^{\mathrm{T}}Mx_0$. 可以证明数 $(x_0^{\mathrm{T}}Mx_0)^{-1}$ 是 $(W^{\mathrm{T}}W)^{-1}$ 的（2,2）元素. 在适当假设下，这个数有一个有用的统计解释.

在物理系统的工程控制研究中，一组标准的微分方程用拉普拉斯变换转成下列线性方程组：

$$\begin{bmatrix} A-sI_n & B \\ C & I_m \end{bmatrix}\begin{bmatrix} x \\ u \end{bmatrix}=\begin{bmatrix} 0 \\ y \end{bmatrix} \qquad (8)$$

其中，A, B, C 分别为 $n\times n, n\times m, m\times n$ 矩阵，s 是一个变量. $\mathbb{R}^m$ 中的向量 u 是系统“输入”，$\mathbb{R}^m$ 中的向量 y 是“输出”，$\mathbb{R}^n$ 中的向量 x 是“状态”向量.（实际上，向量 x, u, y 都是 s 的函数，但忽略这一事实并不影响习题 21 和 22 的代数计算.）

21. 假设 $A-sI_n$ 是可逆的，把（8）式看作两个矩阵方程的方程组. 把第一个方程的解 x 代入第二个方程，结果是形如 $W(s)u=y$ 的方程，其中 $W(s)$ 是依赖于 s 的矩阵，称为系统的*传递函数*，因为它把输入 u 变换成输出 y. 求出 $W(s)$，叙述它如何与（8）式左边分块的*系统矩阵*相关联. 见习题 17.

22. 设习题21中的传递函数 $\boldsymbol{W}(s)$ 对某个 s 可逆，可以证明，逆传递函数 $\boldsymbol{W}(s)^{-1}$ 把输出转换为输入，是 $\boldsymbol{A}-\boldsymbol{BC}-s\boldsymbol{I}_n$ 对于下列矩阵的舒尔补. 求出此舒尔补，见习题17.

$$\begin{bmatrix} \boldsymbol{A}-\boldsymbol{BC}-s\boldsymbol{I}_n & \boldsymbol{B} \\ -\boldsymbol{C} & \boldsymbol{I}_m \end{bmatrix}$$

23. a. 证明 $\boldsymbol{A}^2=\boldsymbol{I}$，其中 $\boldsymbol{A}=\begin{bmatrix} 1 & 0 \\ 3 & -1 \end{bmatrix}$.

b. 利用分块矩阵证明 $\boldsymbol{M}^2=\boldsymbol{I}$，其中

$$\boldsymbol{M}=\begin{bmatrix} 1 & 0 & 0 & 0 \\ 3 & -1 & 0 & 0 \\ 1 & 0 & -1 & 0 \\ 0 & 1 & -3 & 1 \end{bmatrix}$$

24. 推广习题23a的思想，构造一个5×5矩阵 $\boldsymbol{M}=\begin{bmatrix} \boldsymbol{A} & \boldsymbol{0} \\ \boldsymbol{C} & \boldsymbol{D} \end{bmatrix}$，使得 $\boldsymbol{M}^2=\boldsymbol{I}$. 令 $\boldsymbol{C}$ 是2×3非零矩阵，验证你构造的矩阵满足要求.

25. 应用分块矩阵和归纳法证明两个下三角矩阵的乘积仍是下三角矩阵.（提示：一个 $(k+1)\times(k+1)$ 下三角矩阵 $\boldsymbol{A}_1$ 可以写成以下形式，其中 a 是标量，$\boldsymbol{v}$ 是 $\mathbb{R}^k$ 中的向量，$\boldsymbol{A}$ 是 $k\times k$ 下三角矩阵，参见“学习指导”.）

$$\boldsymbol{A}_1=\begin{bmatrix} a & \boldsymbol{0}^{\mathrm{T}} \\ \boldsymbol{v} & \boldsymbol{A} \end{bmatrix}$$

26. 用分块矩阵归纳证明对 $n=2,3,\cdots$，下面的 $n\times n$ 矩阵 $\boldsymbol{A}$ 是可逆的，其逆为 $\boldsymbol{B}$.

$$\boldsymbol{A}=\begin{bmatrix} 1 & 0 & 0 & \cdots & 0 \\ 1 & 1 & 0 & & 0 \\ 1 & 1 & 1 & & 0 \\ \vdots & & & \ddots & \\ 1 & 1 & 1 & \cdots & 1 \end{bmatrix},\quad \boldsymbol{B}=\begin{bmatrix} 1 & 0 & 0 & & \cdots & 0 \\ -1 & 1 & 0 & & & 0 \\ 0 & -1 & 1 & & & 0 \\ \vdots & & \ddots & \ddots & & \\ 0 & & & \cdots & -1 & 1 \end{bmatrix}$$

归纳证明时，首先假设 $\boldsymbol{A}$ 和 $\boldsymbol{B}$ 是 $(k+1)\times(k+1)$ 矩阵，将 $\boldsymbol{A}$ 和 $\boldsymbol{B}$ 按类似习题25的方式进行分块.

27. 不使用行化简，求矩阵 $\boldsymbol{A}=\begin{bmatrix} 1 & 2 & 0 & 0 & 0 \\ 3 & 5 & 0 & 0 & 0 \\ 0 & 0 & 2 & 0 & 0 \\ 0 & 0 & 0 & 7 & 8 \\ 0 & 0 & 0 & 5 & 6 \end{bmatrix}$ 的逆.

28. [M]对于分块运算，必须能够访问或录入大矩阵的子矩阵. 叙述你的矩阵程序中实现下列功能的命令. 设 $\boldsymbol{A}$ 是20×30矩阵.

a. 显示 $\boldsymbol{A}$ 的从第5行到第10行和第15列到第20列的子矩阵.

b. 把5×10矩阵 $\boldsymbol{B}$ 从第10行第20列开始插入 $\boldsymbol{A}$.

c. 建立形如 $\boldsymbol{B}=\begin{bmatrix} \boldsymbol{A} & 0 \\ 0 & \boldsymbol{A}^{\mathrm{T}} \end{bmatrix}$ 的50×50矩阵.（注：有可能不需要用命令说明 $\boldsymbol{B}$ 中的零分块矩阵.）

29. [M]设由于内存或维数限制，矩阵程序不可能存储多于32行32列的矩阵，假设某个项目涉及50×50矩阵 $\boldsymbol{A}$ 和 $\boldsymbol{B}$，叙述你的矩阵程序中需要完成下列功能的命令.

a. 计算 $\boldsymbol{A}+\boldsymbol{B}$.

b. 计算 $\boldsymbol{AB}$.

c. 对 $\mathbb{R}^{50}$ 中某个向量 $\boldsymbol{b}$，解方程 $\boldsymbol{Ax}=\boldsymbol{b}$，假设 $\boldsymbol{A}$ 可分块为2×2分块矩阵 $[\boldsymbol{A}_{ij}]$，其中 $\boldsymbol{A}_{11}$ 是可逆20×20矩阵，$\boldsymbol{A}_{22}$ 是可逆30×30矩阵，$\boldsymbol{A}_{12}$ 是零矩阵.（提示：用适当的小方程组来解，不使用矩阵的逆.）

练习题答案

1. 若 $\begin{bmatrix} \boldsymbol{I} & \boldsymbol{0} \\ \boldsymbol{A} & \boldsymbol{I} \end{bmatrix}$ 可逆，则它的逆有 $\begin{bmatrix} \boldsymbol{W} & \boldsymbol{X} \\ \boldsymbol{Y} & \boldsymbol{Z} \end{bmatrix}$ 的形式. 计算

$$\begin{bmatrix} \boldsymbol{I} & \boldsymbol{0} \\ \boldsymbol{A} & \boldsymbol{I} \end{bmatrix}\begin{bmatrix} \boldsymbol{W} & \boldsymbol{X} \\ \boldsymbol{Y} & \boldsymbol{Z} \end{bmatrix}=\begin{bmatrix} \boldsymbol{W} & \boldsymbol{X} \\ \boldsymbol{AW}+\boldsymbol{Y} & \boldsymbol{AX}+\boldsymbol{Z} \end{bmatrix}$$

所以 $\boldsymbol{W},\boldsymbol{X},\boldsymbol{Y},\boldsymbol{Z}$ 满足 $\boldsymbol{W}=\boldsymbol{I},\boldsymbol{X}=\boldsymbol{0},\boldsymbol{AW}+\boldsymbol{Y}=\boldsymbol{0},\boldsymbol{AX}+\boldsymbol{Z}=\boldsymbol{I}$. 由此 $\boldsymbol{Y}=-\boldsymbol{A}$ 及 $\boldsymbol{Z}=\boldsymbol{I}$，因此

$$\begin{bmatrix} I & 0 \\ A & I \end{bmatrix} \begin{bmatrix} I & 0 \\ -A & I \end{bmatrix} = \begin{bmatrix} I & 0 \\ 0 & I \end{bmatrix}$$

将左边两个矩阵对调，等式仍成立，所以所给分块矩阵为可逆阵，它的逆是 $\begin{bmatrix} I & 0 \\ -A & I \end{bmatrix}$（也可以用可逆矩阵定理）.

2. $X^{T}X = \begin{bmatrix} X_1^{T} \\ X_2^{T} \end{bmatrix} [X_1, X_2] = \begin{bmatrix} X_1^{T}X_1 & X_1^{T}X_2 \\ X_2^{T}X_1 & X_2^{T}X_2 \end{bmatrix}$. X^{T} 的分块和 X 的分块是适于乘法的，因 X^{T} 的列数等于 X 的行数. $X^{T}X$ 的分块常用于矩阵计算的计算机算法.

2.5 矩阵分解

矩阵 A 的分解是把 A 表示为两个或更多个矩阵的乘积. 矩阵乘法是数据的综合（把两个或更多个线性变换的作用结合成一个矩阵），矩阵分解是数据的分解. 在计算机科学的语言中，将 A 表示为矩阵的乘积是对 A 中数据的预处理，把这些数据分成两个或更多部分，这种结构可能更有用，或者更便于计算.

矩阵分解以及以后的线性变换的分解将在文中许多关键地方出现. 本节主要讨论一种在许多重要的计算机程序的核心部分出现的分解，例如在本章的介绍性示例中描述的气流问题. 某些其他的分解在习题中介绍.

LU 分解

下面所述的 LU 分解在一些工业与商业问题中很常见，用于求解一系列具有相同系数矩阵的线性方程（见习题 32）：

$$Ax = b_1, Ax = b_2, \cdots, Ax = b_p \tag{1}$$

在 5.8 节中，逆幂法通过逐个求解一系列形如（1）中的方程来估计矩阵的特征值.

当 A 可逆时，可计算 A^{-1}，然后计算 $A^{-1}b_1$，$A^{-1}b_2$，等等. 然而，在实践中，（1）式中第一个方程是由行化简解出的，并同时得出 A 的 LU 分解，因而（1）式中剩下的方程由 LU 分解求解.

首先，设 A 是 $m\times n$ 矩阵，它可以行化简为阶梯形而不必行对换（此后，我们将处理一般情形），则 A 可写成形式 $A = LU$，L 是 $m\times m$ 下三角形矩阵，主对角线元素全是 1，U 是 A 的一个 $m\times n$ 阶梯形矩阵. 例如，见图 2-13. 这样一个分解称为 **LU 分解**，矩阵 L 是可逆的，称为单位下三角形矩阵.

$$A = \underbrace{\begin{bmatrix} 1 & 0 & 0 & 0 \\ * & 1 & 0 & 0 \\ * & * & 1 & 0 \\ * & * & * & 1 \end{bmatrix}}_{L} \underbrace{\begin{bmatrix} \blacksquare & * & * & * & * \\ 0 & \blacksquare & * & * & * \\ 0 & 0 & 0 & \blacksquare & * \\ 0 & 0 & 0 & 0 & 0 \end{bmatrix}}_{U}$$

图 2-13 LU 分解

在研究如何构造 L 和 U 之前，我们将看看它们为什么这么有用. 当 $A = LU$ 时，方程 $Ax = b$

可写成 $L(Ux)=b$. 把 Ux 写成 y，可以由解下面一对方程来求解 x：

$$\boxed{\begin{aligned}Ly&=b\\Ux&=y\end{aligned}} \tag{2}$$

首先解 $Ly=b$ 求得 y，然后解 $Ux=y$ 求得 x，见图 2-14. 每个方程都比较容易解，因 L 和 U 都是三角矩阵.

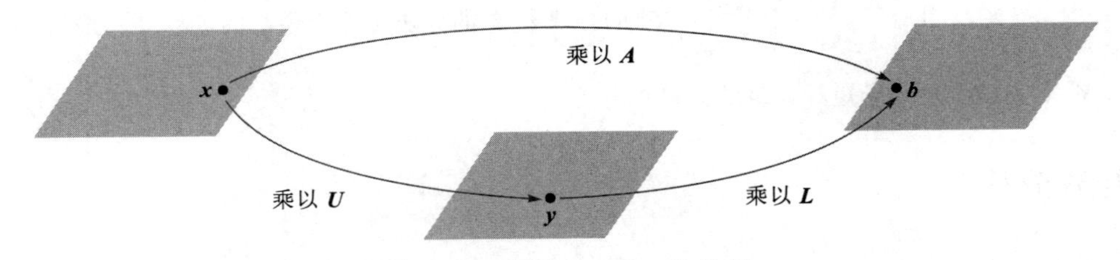

图 2-14 映射 $x\mapsto Ax$ 的分解

例 1 可以证明

$$A=\begin{bmatrix}3&-7&-2&2\\-3&5&1&0\\6&-4&0&-5\\-9&5&-5&12\end{bmatrix}=\begin{bmatrix}1&0&0&0\\-1&1&0&0\\2&-5&1&0\\-3&8&3&1\end{bmatrix}\begin{bmatrix}3&-7&-2&2\\0&-2&-1&2\\0&0&-1&1\\0&0&0&-1\end{bmatrix}=LU$$

应用 A 的 LU 分解来解 $Ax=b$，其中 $b=\begin{bmatrix}-9\\5\\7\\11\end{bmatrix}$.

解 解 $Ly=b$ 仅需 6 次乘法和 6 次加法，因为这些运算仅需对第 5 列进行.（在 L 的每个主元下的零会在行变换的选取中自动产生.）

$$[L\quad b]=\begin{bmatrix}1&0&0&0&-9\\-1&1&0&0&5\\2&-5&1&0&7\\-3&8&3&1&11\end{bmatrix}\sim\begin{bmatrix}1&0&0&0&-9\\0&1&0&0&-4\\0&0&1&0&5\\0&0&0&1&1\end{bmatrix}=[I\quad y]$$

对 $Ux=y$，行化简的“向后”步骤需要 4 次除法、6 次乘法和 6 次加法.（例如，把 $[U\quad y]$ 的第 4 列变成零需要对第 4 行作 1 次除法和 3 次乘法-加法，以把第 4 行的倍数加到上面各行.）

$$[U\quad y]=\begin{bmatrix}3&-7&-2&2&-9\\0&-2&-1&2&-4\\0&0&-1&1&5\\0&0&0&-1&1\end{bmatrix}\sim\begin{bmatrix}1&0&0&0&3\\0&1&0&0&4\\0&0&1&0&-6\\0&0&0&1&-1\end{bmatrix},\quad x=\begin{bmatrix}3\\4\\-6\\-1\end{bmatrix}$$

为求 x 需 28 次算术运算，或“浮算”（浮点运算），不包括求 L 和 U 的运算在内. 相反，$[A\quad b]$ 行化简为 $[I\quad x]$ 需 62 次运算. ■

LU 分解的计算效率依赖于如何求 L 和 U. 下面的算法证明，把 A 行化简为阶梯形 U 的运

算同时也求出 $\boldsymbol{L}$，基本上不需要额外的运算，因而也求出LU分解. 在第一次行化简后，$\boldsymbol{L}$ 和 $\boldsymbol{U}$ 就可用来解系数矩阵为 $\boldsymbol{A}$ 的其他方程.

LU 分解算法

设 $\boldsymbol{A}$ 可以化为阶梯形 $\boldsymbol{U}$，化简过程中仅用行倍加变换，即把一行的倍数加于它下面的另一行. 这样，存在单位下三角初等矩阵 $\boldsymbol{E}_1,\boldsymbol{E}_2,\cdots,\boldsymbol{E}_p$ 使

$$\boldsymbol{E}_p\boldsymbol{E}_{p-1}\cdots\boldsymbol{E}_1\boldsymbol{A}=\boldsymbol{U} \tag{3}$$

于是

$$\boldsymbol{A}=(\boldsymbol{E}_p\boldsymbol{E}_{p-1}\cdots\boldsymbol{E}_1)^{-1}\boldsymbol{U}=\boldsymbol{L}\boldsymbol{U}$$

其中

$$\boldsymbol{L}=(\boldsymbol{E}_p\boldsymbol{E}_{p-1}\cdots\boldsymbol{E}_1)^{-1} \tag{4}$$

可以证明，单位下三角形矩阵的乘积和逆也是单位下三角形矩阵. （例如见习题 19. ）于是 $\boldsymbol{L}$ 是单位下三角形矩阵.

注意，(3) 式中的行变换把 $\boldsymbol{A}$ 化为 $\boldsymbol{U}$，所以也把 (4) 式中的 $\boldsymbol{L}$ 化为 $\boldsymbol{I}$，这是因为

$$\boldsymbol{E}_p\boldsymbol{E}_{p-1}\cdots\boldsymbol{E}_1\boldsymbol{L}=(\boldsymbol{E}_p\boldsymbol{E}_{p-1}\cdots\boldsymbol{E}_1)(\boldsymbol{E}_p\boldsymbol{E}_{p-1}\cdots\boldsymbol{E}_1)^{-1}=\boldsymbol{I}$$

这一点是构造 $\boldsymbol{L}$ 的关键.

LU 分解的算法

1. 如果可能的话，用一系列的行倍加变换把 $\boldsymbol{A}$ 化为阶梯形 $\boldsymbol{U}$.
2. $\boldsymbol{L}$ 的元素满足用相同的一系列行变换把 $\boldsymbol{L}$ 变为 $\boldsymbol{I}$.

第 1 步并不总是可能的，但当它可能时，上述讨论指出LU分解存在. 例 2 将说明如何实现第 2 步. 根据上面的说明，与 (3) 中相同的 $\boldsymbol{E}_1,\boldsymbol{E}_2,\cdots,\boldsymbol{E}_p$，$\boldsymbol{L}$ 要满足

$$(\boldsymbol{E}_p\boldsymbol{E}_{p-1}\cdots\boldsymbol{E}_1)\boldsymbol{L}=\boldsymbol{I}$$

于是，根据可逆矩阵定理，$\boldsymbol{L}$ 是可逆的，$(\boldsymbol{E}_p\boldsymbol{E}_{p-1}\cdots\boldsymbol{E}_1)=\boldsymbol{L}^{-1}$. 由 (3)，$\boldsymbol{L}^{-1}\boldsymbol{A}=\boldsymbol{U}$，且 $\boldsymbol{A}=\boldsymbol{L}\boldsymbol{U}$，所以步骤 2 可求出所要的 $\boldsymbol{L}$.

例 2 求下列矩阵的LU分解：

$$\boldsymbol{A}=\begin{bmatrix}2&4&-1&5&-2\\-4&-5&3&-8&1\\2&-5&-4&1&8\\-6&0&7&-3&1\end{bmatrix}$$

解 因 $\boldsymbol{A}$ 有 4 行，故 $\boldsymbol{L}$ 应为 4×4 矩阵. $\boldsymbol{L}$ 的第一列应该是 $\boldsymbol{A}$ 的第一列除以它的第一行主元元素：

$$\boldsymbol{L}=\begin{bmatrix}1&0&0&0\\-2&1&0&0\\1&&1&0\\-3&&&1\end{bmatrix}$$

比较 $\boldsymbol{A}$ 和 $\boldsymbol{L}$ 的第一列. 把 $\boldsymbol{A}$ 的第一列的后三个元素变成 0 的行变换同时也将 L 的第一列的后三

个元素变成0，同样的道理对$\boldsymbol{L}$的其他各列也是成立的，让我们看一下$\boldsymbol{A}$行化简为阶梯形$\boldsymbol{U}$的过程. 也就是说，每个矩阵中标出的元素用于确定把$\boldsymbol{A}$变成$\boldsymbol{U}$的行变换顺序.（见（5）中标出的元素.）

$$\boldsymbol{A}=\begin{bmatrix}2&4&-1&5&-2\\-4&-5&3&-8&1\\2&-5&-4&1&8\\-6&0&7&-3&1\end{bmatrix}\sim\begin{bmatrix}2&4&-1&5&-2\\0&3&1&2&-3\\0&-9&-3&-4&10\\0&12&4&12&-5\end{bmatrix}=\boldsymbol{A}_1 \tag{5}$$

$$\sim\boldsymbol{A}_2=\begin{bmatrix}2&4&-1&5&-2\\0&3&1&2&-3\\0&0&0&2&1\\0&0&0&4&7\end{bmatrix}\sim\begin{bmatrix}2&4&-1&5&-2\\0&3&1&2&-3\\0&0&0&2&1\\0&0&0&0&5\end{bmatrix}=\boldsymbol{U}$$

上式中标出的元素确定了将$\boldsymbol{A}$化为$\boldsymbol{U}$的行化简. 在每个主元列，把标出的元素除以主元后将结果放入$\boldsymbol{L}$：

$$\begin{bmatrix}2\\-4\\2\\-6\end{bmatrix}\quad\begin{bmatrix}3\\-9\\12\end{bmatrix}\quad\begin{bmatrix}2\\4\end{bmatrix}\quad\begin{bmatrix}5\end{bmatrix}$$

$$\div 2\qquad\div 3\qquad\div 2\qquad\div 5$$

$$\downarrow\qquad\downarrow\qquad\downarrow\qquad\downarrow$$

$$\begin{bmatrix}1&&&\\-2&1&&\\1&-3&1&\\-3&4&2&1\end{bmatrix},\ \boldsymbol{L}=\begin{bmatrix}1&0&0&0\\-2&1&0&0\\1&-3&1&0\\-3&4&2&1\end{bmatrix}$$

容易证明，所求出的$\boldsymbol{L}$和$\boldsymbol{U}$满足$\boldsymbol{LU}=\boldsymbol{A}$. ■

在实际工作中，行对换几乎总是必要的，因为部分主元法可以用来提高精确度.（回忆这种算法总是选择一列中可以作为主元的元素中绝对值最大的一个作为主元.）为了处理行对换，上述的LU分解可以稍做改变，以产生一个置换下三角形矩阵$\boldsymbol{L}$，就是说经过行的置换后它成为（单位）下三角形矩阵. 所得的置换LU分解可通过与前面一样的途径解方程$\boldsymbol{Ax}=\boldsymbol{b}$，只要在把$[\boldsymbol{L}\quad\boldsymbol{b}]$化简为$[\boldsymbol{I}\quad\boldsymbol{y}]$时按照$\boldsymbol{L}$中主元的顺序从左到右进行，并从第一列的主元开始. 介绍LU分解的参考书通常包含$\boldsymbol{L}$为置换下三角形矩阵的可能性. 详见“学习指导”书.

数值计算的注解　下列运算次数的计算适用于$n\times n$稠密矩阵$\boldsymbol{A}$（大部分元素非零），n相当大，例如$n\geqslant 30$. ㊀

1. 计算$\boldsymbol{A}$的LU分解大约需要$2n^3/3$次浮算（大约与把$[\boldsymbol{A}\quad\boldsymbol{b}]$行化简的次数相同），而求$\boldsymbol{A}^{-1}$大约需要$2n^3$次浮算.

㊀ 见*Applied Linear Algebra*, 3rd ed. 3. 8节, Ben Noble and James W. Daniel（Englewood Cliffs, NJ: Prentice-Hall, 1988）. 记住，我们所说的浮算是指+，−，×，÷.

2. 解 $\boldsymbol{L}\boldsymbol{y}=\boldsymbol{b}$ 和 $\boldsymbol{U}\boldsymbol{x}=\boldsymbol{y}$ 大约需要 $2n^2$ 次浮算，因任意 $n\times n$ 三角方程组可以用大约 n^2 次浮算解出.

3. 把 $\boldsymbol{b}$ 乘以 A^{-1} 也需要 $2n^2$ 次浮算，但结果可能不如由 $\boldsymbol{L}$ 和 $\boldsymbol{U}$ 得出的精确（由于计算 A^{-1} 及 $A^{-1}\boldsymbol{b}$ 的舍入误差）.

4. 若 A 是稀疏矩阵（大部分元素为 0），则 $\boldsymbol{L}$ 和 $\boldsymbol{U}$ 可能也是稀疏的，然而 A^{-1} 很可能是稠密的. 这时，用 LU 分解来解方程 $A\boldsymbol{x}=\boldsymbol{b}$ 很可能比用 A^{-1} 快很多，见习题 31.

电子工程中的矩阵分解

矩阵分解会在构造具有某些性质的电子网络中碰到. 下列讨论仅是矩阵分解与电路设计之间联系的一个大概.

设图 2-15 中的方框表示某种电路，具有输入与输出. 用 $\begin{bmatrix} v_1 \\ i_1 \end{bmatrix}$ 表示输入电压与电流（电压 v 以伏特为单位，电流 i 以安培为单位），输出电压与电流为 $\begin{bmatrix} v_2 \\ i_2 \end{bmatrix}$. 通常，变换 $\begin{bmatrix} v_1 \\ i_1 \end{bmatrix}\mapsto\begin{bmatrix} v_2 \\ i_2 \end{bmatrix}$ 为线性的，也就是说，存在矩阵 A，称为传递矩阵，使得

$$\begin{bmatrix} v_2 \\ i_2 \end{bmatrix}=A\begin{bmatrix} v_1 \\ i_1 \end{bmatrix}$$

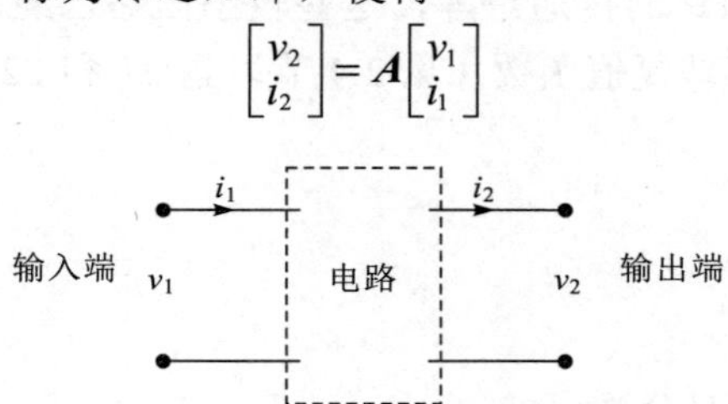

图 2-15　具有输入端与输出端的电路

图 2-16 表示梯级电路，它有两个回路（也可以更多）串联起来，所以第一个电路的输出是第二个电路的输入. 图 2-16 左边的电路称为串联电路，电阻为 R_1（单位为欧姆），右端电路称为并联电路，电阻为 R_2. 应用欧姆定律，可以证明串联电路与并联电路的传递矩阵分别为

$$\begin{bmatrix} 1 & -R_1 \\ 0 & 1 \end{bmatrix} \qquad \begin{bmatrix} 1 & 0 \\ -1/R_2 & 1 \end{bmatrix}$$

串联电路的传递矩阵　　　　并联电路的传递矩阵

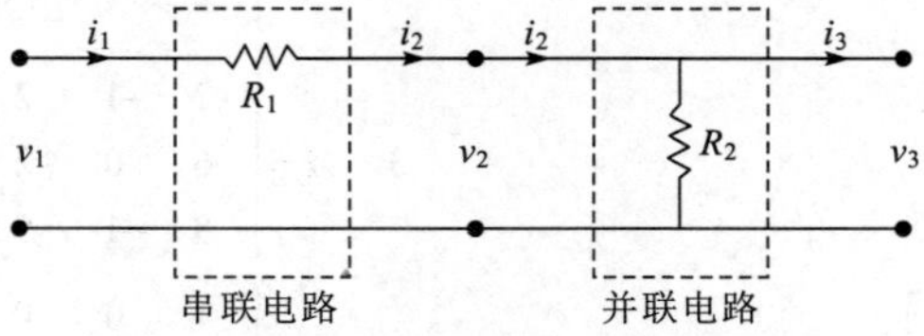

图 2-16　梯级电路

例 3

a. 计算图 2-16 中梯级网络的传递矩阵.

b. 设计一个传递矩阵为 $\begin{bmatrix} 1 & -8 \\ -0.5 & 5 \end{bmatrix}$ 的梯级网络.

解

a. 设 A_1 和 A_2 分别为串联电路与并联电路的传递矩阵，则输入向量 x 首先变换为 A_1x，然后变为 $A_2(A_1x)$. 两个电路的串联对应于线性变换的复合，所以梯级网络的传递矩阵为（注意顺序）

$$A_2A_1=\begin{bmatrix}1 & 0\\ -1/R_2 & 1\end{bmatrix}\begin{bmatrix}1 & -R_1\\ 0 & 1\end{bmatrix}=\begin{bmatrix}1 & -R_1\\ -1/R_2 & 1+R_1/R_2\end{bmatrix} \tag{6}$$

b. 为把矩阵 $\begin{bmatrix}1 & -8\\ -0.5 & 5\end{bmatrix}$ 分解成两个传递矩阵的乘积，如（6）式，我们让图 2-16 中的 R_1 和 R_2 满足

$$\begin{bmatrix}1 & -R_1\\ -1/R_2 & 1+R_1/R_2\end{bmatrix}=\begin{bmatrix}1 & -8\\ -0.5 & 5\end{bmatrix}$$

由（1,2）元素，$R_1=8$ 欧姆，由（2,1）元素，$1/R_2=0.5$，而 $R_2=2$ 欧姆. 对电阻的这些值，图 2-16 中的网络有所需的传递矩阵. ■

网络的传递矩阵总结了网络的输入-输出行为（设计规范），而不必去了解内部电路. 为了在物理上建立网络，并使它有特定性质，工程师首先确定这样的网络是否可实现. 然后尝试把传递矩阵分解为对应于较小回路的传递矩阵，这些较小回路已经制造出来了. 在交流电的情况下，传递矩阵的元素通常是有理复值函数（见 2.4 节习题 21 和 22）. 标准问题是要找一个使用最少电子元件的最小实现.

练习题

求矩阵 $A=\begin{bmatrix}2 & -4 & -2 & 3\\ 6 & -9 & -5 & 8\\ 2 & -7 & -3 & 9\\ 4 & -2 & -2 & -1\\ -6 & 3 & 3 & 4\end{bmatrix}$ 的 LU 分解.

（注：A 仅有 3 个主元列，故例 2 的方法将仅产生 L 的前三列. L 的余下两列由 I_5 得到.）

习题 2.5

在习题 1~6 中，用所给的 A 的 LU 分解来解方程 $Ax=b$. 在习题 1 和 2 中，用通常的行化简解方程 $Ax=b$.

1. $A=\begin{bmatrix}3 & -7 & -2\\ -3 & 5 & 1\\ 6 & -4 & 0\end{bmatrix}, b=\begin{bmatrix}-7\\ 5\\ 2\end{bmatrix}$

$$A=\begin{bmatrix}1 & 0 & 0\\ -1 & 1 & 0\\ 2 & -5 & 1\end{bmatrix}\begin{bmatrix}3 & -7 & -2\\ 0 & -2 & -1\\ 0 & 0 & -1\end{bmatrix}$$

2. $A=\begin{bmatrix}4 & 3 & -5\\ -4 & -5 & 7\\ 8 & 6 & -8\end{bmatrix}, b=\begin{bmatrix}2\\ -4\\ 6\end{bmatrix}$

$$A=\begin{bmatrix}1 & 0 & 0\\ -1 & 1 & 0\\ 2 & 0 & 1\end{bmatrix}\begin{bmatrix}4 & 3 & -5\\ 0 & -2 & 2\\ 0 & 0 & 2\end{bmatrix}$$

3. $A=\begin{bmatrix}2 & -1 & 2\\ -6 & 0 & -2\\ 8 & -1 & 5\end{bmatrix}, b=\begin{bmatrix}1\\ 0\\ 4\end{bmatrix}$

$$A=\begin{bmatrix}1 & 0 & 0\\ -3 & 1 & 0\\ 4 & -1 & 1\end{bmatrix}\begin{bmatrix}2 & -1 & 2\\ 0 & -3 & 4\\ 0 & 0 & 1\end{bmatrix}$$

4. $A=\begin{bmatrix}2 & -2 & 4\\ 1 & -3 & 1\\ 3 & 7 & 5\end{bmatrix}, b=\begin{bmatrix}0\\ -5\\ 7\end{bmatrix}$

$$A=\begin{bmatrix}1&0&0\\1/2&1&0\\3/2&-5&1\end{bmatrix}\begin{bmatrix}2&-2&4\\0&-2&-1\\0&0&-6\end{bmatrix}$$

5. $A=\begin{bmatrix}1&-2&-4&-3\\2&-7&-7&-6\\-1&2&6&4\\-4&-1&9&8\end{bmatrix},b=\begin{bmatrix}1\\7\\0\\3\end{bmatrix}$

$$A=\begin{bmatrix}1&0&0&0\\2&1&0&0\\-1&0&1&0\\-4&3&-5&1\end{bmatrix}\begin{bmatrix}1&-2&-4&-3\\0&-3&1&0\\0&0&2&1\\0&0&0&1\end{bmatrix}$$

6. $A=\begin{bmatrix}1&3&4&0\\-3&-6&-7&2\\3&3&0&-4\\-5&-3&2&9\end{bmatrix},b=\begin{bmatrix}1\\-2\\-1\\2\end{bmatrix}$

$$A=\begin{bmatrix}1&0&0&0\\-3&1&0&0\\3&-2&1&0\\-5&4&-1&1\end{bmatrix}\begin{bmatrix}1&3&4&0\\0&3&5&2\\0&0&-2&0\\0&0&0&1\end{bmatrix}$$

求习题 7~16 中矩阵的 LU 分解（L 为单位下三角形矩阵）. 注意 MATLAB 通常给出置换 LU 分解，因为它用部分主元法来提高精确度.

7. $\begin{bmatrix}2&5\\-3&-4\end{bmatrix}$

8. $\begin{bmatrix}6&9\\4&5\end{bmatrix}$

9. $\begin{bmatrix}3&-1&2\\-3&-2&10\\9&-5&6\end{bmatrix}$

10. $\begin{bmatrix}-5&3&4\\10&-8&-9\\15&1&2\end{bmatrix}$

11. $\begin{bmatrix}3&-6&3\\6&-7&2\\-1&7&0\end{bmatrix}$

12. $\begin{bmatrix}2&-4&2\\1&5&-4\\-6&-2&4\end{bmatrix}$

13. $\begin{bmatrix}1&3&-5&-3\\-1&-5&8&4\\4&2&-5&-7\\-2&-4&7&5\end{bmatrix}$

14. $\begin{bmatrix}1&4&-1&5\\3&7&-2&9\\-2&-3&1&-4\\-1&6&-1&7\end{bmatrix}$

15. $\begin{bmatrix}2&-4&4&-2\\6&-9&7&-3\\-1&-4&8&0\end{bmatrix}$

16. $\begin{bmatrix}2&-6&6\\-4&5&-7\\3&5&-1\\-6&4&-8\\8&-3&9\end{bmatrix}$

17. 当 A 可逆时，MATLAB 利用分解 $A=LU$（L 可能是置换下三角形矩阵）来求 A^{-1}，即 $A^{-1}=U^{-1}L^{-1}$.用这种方法求习题 2 中 A 的逆（对 L 和 U 应用 2.2 节求逆的算法）.

18. 如 17 题，求习题 3 中 A 的逆.

19. 设 A 为下三角 $n\times n$ 矩阵，对角线上元素非零. 证明 A 可逆且 A^{-1} 是下三角形矩阵. [提示：说明为什么 A 可仅用倍加变换和倍乘变换变为 I .（主元在何处？）接着说明为什么化简 A 的行变换把 A 变为 I 的同时把 I 变为下三角形矩阵.]

20. 设 A 的 LU 分解为 $A=LU$. 说明为什么 A 可仅用行倍加变换行化简为 U .（这里给出的条件是文中所证明的结论，而这里的结论是文中给出的条件.）

21. 设 $A=BC$，B 为可逆. 证明：任意一系列把 B 化为 I 的行变换也将 A 化为 C . 其逆不真，因零矩阵可分解为 $0=B\cdot 0$.

习题 22~26 介绍某些广泛应用的矩阵分解法，有些在本书后面的章节中讨论.

22. （简化 LU 分解）设 A 如练习题，求出 5×3 矩阵 B 及 3×4 矩阵 C，使得 $A=BC$. 推广这一想法到 A 是 $m\times n$ 矩阵的情形，且 $A=LU$, U 仅有 3 个非零行.

23. （秩分解）设 $m\times n$ 矩阵 A 有分解 $A=CD$，其中 C 是 $m\times 4$ 矩阵，D 是 $4\times n$ 矩阵.
    a. 证明 A 是 4 个外积的和.（见 2.4 节.）
    b. 设 $m=400$ 和 $n=100$，说明为什么计算机程序员倾向于用两个矩阵 C 和 D 来存储矩阵 A 的数据.

24. （QR 分解）设 $A=QR$，其中 Q 和 R 都是 $n\times n$ 矩阵，R 是可逆上三角形矩阵，Q 满足 $Q^TQ=I$. 证明对任意属于 $\mathbb{R}^n$ 的 b，方程 $Ax=b$ 有唯一解，并叙述求解的算法.

25. （奇异值分解）设 $A=UDV^T$，其中 U,V 是 $n\times n$ 矩阵，$U^TU=I,V^TV=I$，D 是对角矩阵，主对角线上元素 $\sigma_1,\sigma_2,\cdots,\sigma_n$ 为正数. 证明 A 可逆，并给出 A^{-1} 的一个表达式.

26. （谱分解）设 3×3 矩阵 $\boldsymbol{A}$ 可分解为 $\boldsymbol{A}=\boldsymbol{PDP}^{-1}$，其中 $\boldsymbol{P}$ 是可逆 3×3 矩阵，$\boldsymbol{D}$ 是对角矩阵

$$\boldsymbol{D}=\begin{bmatrix}1 & 0 & 0\\ 0 & 1/2 & 0\\ 0 & 0 & 1/3\end{bmatrix}$$

证明在计算 $\boldsymbol{A}$ 的高次幂时，这种分解是有用的. 使用 $\boldsymbol{P}$ 及 $\boldsymbol{D}$ 的元素求出 $\boldsymbol{A}^2,\boldsymbol{A}^3$ 和 $\boldsymbol{A}^k$（k 为正整数）的较为简单的公式.

27. 设计两个不同的梯级网络，使其输入为 12 伏特与 6 安培时输出为 9 伏特与 4 安培.

28. 证明：若三个并联电路（电阻为 R_1,R_2,R_3）串联在一起，所得网络与一个单一的并联电路有相同的传递矩阵. 求该电路的电阻的表达式.

29. a. 计算下图的网络的传递矩阵.

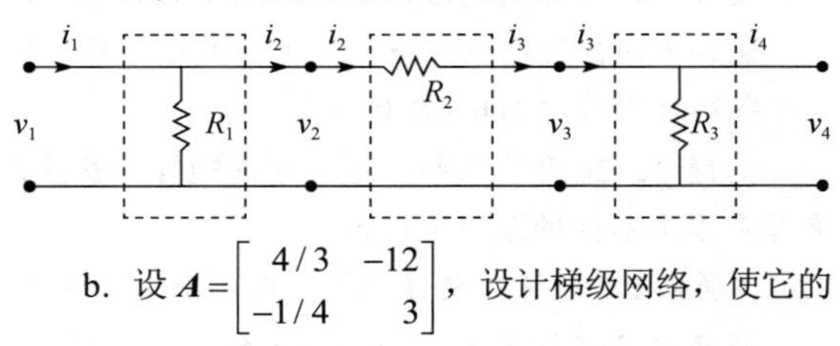

b. 设 $\boldsymbol{A}=\begin{bmatrix}4/3 & -12\\ -1/4 & 3\end{bmatrix}$，设计梯级网络，使它的传递矩阵为 $\boldsymbol{A}$，利用 $\boldsymbol{A}$ 的适当的矩阵分解.

30. 在习题 29 中，求出 $\boldsymbol{A}$ 的另一种分解并用以设计传递矩阵为 $\boldsymbol{A}$ 的另一梯级网络.

31. [M]对下图中平板的稳态传热问题的解可近似地用方程 $\boldsymbol{Ax}=\boldsymbol{b}$ 的解来逼近，其中 $\boldsymbol{b}=(5,15,0,10,0,10,20,30)$.

$$\boldsymbol{A}=\begin{bmatrix}4 & -1 & -1 & & & & & \\ -1 & 4 & 0 & -1 & & & & \\ -1 & 0 & 4 & -1 & -1 & & & \\ & -1 & -1 & 4 & 0 & -1 & & \\ & & -1 & 0 & 4 & -1 & -1 & \\ & & & -1 & -1 & 4 & 0 & -1\\ & & & & -1 & 0 & 4 & -1\\ & & & & & -1 & -1 & 4\end{bmatrix}$$

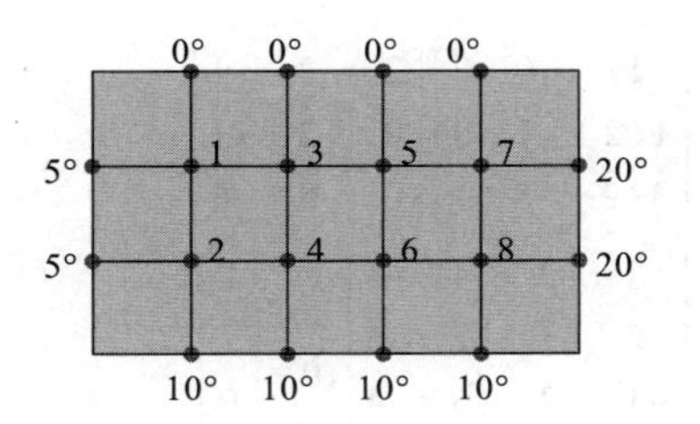

（参阅 1.1 节习题 43.）$\boldsymbol{A}$ 中未写出的元素为 0. $\boldsymbol{A}$ 的非零元素都位于与主对角线相邻的一条带中. 这样的带状矩阵在许多应用中出现，往往非常大（有数千的行和列但相对窄的带）.

a. 使用例 2 的方法求 $\boldsymbol{A}$ 的 LU 分解，注意两个因子都是带状矩阵（有两条非零对角线在主对角线之上或之下）. 计算 $\boldsymbol{LU}-\boldsymbol{A}$ 来检验你的结果.

b. 使用 LU 分解解 $\boldsymbol{Ax}=\boldsymbol{b}$.

c. 求出 $\boldsymbol{A}^{-1}$，注意 $\boldsymbol{A}^{-1}$ 是稠密矩阵，无带状结构. 当 $\boldsymbol{A}$ 很大时，$\boldsymbol{L}$ 和 $\boldsymbol{U}$ 可以存储在比 $\boldsymbol{A}^{-1}$ 小得多的空间内. 这个事实是更多使用 $\boldsymbol{A}$ 的 LU 分解而不用 $\boldsymbol{A}^{-1}$ 本身的一个原因.

32. [M]下列带状矩阵 $\boldsymbol{A}$ 可用来估计一根梁中的非稳态热传导，其中梁上的各点 $p_1,p_2,\cdots,p_5$ 的温度随时间变化.㊀

$$\Delta x \quad \Delta x$$
$$p_1 \quad p_2 \quad p_3 \quad p_4 \quad p_5$$

矩阵中的常数 C 依赖于梁的物理性质，Δx 为各点之间距离，时间间隔 Δt 的长度是两次温度测量的间隔. 设对 $k=0,1,2,\cdots$，$\mathbb{R}^5$ 中向量 $\boldsymbol{t}_k$ 表示在 $k\Delta t$ 时刻各点的温度. 若梁的两端保持在 0°，则温度向量满足方程 $\boldsymbol{At}_{k+1}=\boldsymbol{t}_k$（$k=0,1,\cdots$），其中

$$\boldsymbol{A}=\begin{bmatrix}(1+2C) & -C & & & \\ -C & (1+2C) & -C & & \\ & -C & (1+2C) & -C & \\ & & -C & (1+2C) & -C\\ & & & -C & (1+2C)\end{bmatrix}$$

㊀ 参见 Biswa N. Datta, *Numerical Linear Algebra and Applications* (Pacific Grove, CA: Brooks/Cole, 1994), pp. 200-201.

a. 求出当 $C=1$ 时 $\boldsymbol{A}$ 的 LU 分解. 有三条非零对角线的矩阵称为三对角矩阵，因子 $\boldsymbol{L}$ 和 $\boldsymbol{U}$ 为双对角矩阵.

b. 设 $C=1$ 及 $\boldsymbol{t}_0=(10,12,12,12,10)$，应用 $\boldsymbol{A}$ 的 LU 分解求温度分布 $\boldsymbol{t}_1$，$\boldsymbol{t}_2$，$\boldsymbol{t}_3$ 和 $\boldsymbol{t}_4$.

练习题答案

$$\boldsymbol{A}=\begin{bmatrix}2&-4&-2&3\\6&-9&-5&8\\2&-7&-3&9\\4&-2&-2&-1\\-6&3&3&4\end{bmatrix}\sim\begin{bmatrix}2&-4&-2&3\\0&3&1&-1\\0&-3&-1&6\\0&6&2&-7\\0&-9&-3&13\end{bmatrix}\sim\begin{bmatrix}2&-4&-2&3\\0&3&1&-1\\0&0&0&5\\0&0&0&-5\\0&0&0&10\end{bmatrix}\sim\begin{bmatrix}2&-4&-2&3\\0&3&1&-1\\0&0&0&5\\0&0&0&0\\0&0&0&0\end{bmatrix}=\boldsymbol{U}$$

把每一个标出的列除以它顶端的主元，所得的列构成 $\boldsymbol{L}$ 前三列的下半部分，这就使 $\boldsymbol{L}$ 化为 $\boldsymbol{I}$ 的变换对应于 $\boldsymbol{A}$ 化为 $\boldsymbol{U}$ 的变换. 用 $\boldsymbol{I}_5$ 的后两列作为 $\boldsymbol{L}$ 的后两列，使它成为单位下三角矩阵.

$$\begin{bmatrix}2\\6\\2\\4\\-6\end{bmatrix}\quad\begin{bmatrix}3\\-3\\6\\-9\end{bmatrix}\quad\begin{bmatrix}5\\-5\\10\end{bmatrix}$$

$$\div 2\qquad \div 3\qquad \div 5$$

$$\downarrow\qquad\downarrow\qquad\downarrow$$

$$\begin{bmatrix}1&&&\\3&1&&\\1&-1&1&\cdots\\2&2&-1&\\-3&-3&2&\end{bmatrix},\ \boldsymbol{L}=\begin{bmatrix}1&0&0&0&0\\3&1&0&0&0\\1&-1&1&0&0\\2&2&-1&1&0\\-3&-3&2&0&1\end{bmatrix}$$

2.6 列昂惕夫投入-产出模型

在华西里·列昂惕夫（Wassily Leontief）获得诺贝尔奖的工作中，线性代数起着重要的作用，如第 1 章开始所提到的. 本节所叙述的经济模型是现在世界各国广泛使用的模型的基础.

设某国的经济体系分为 n 个部门，这些部门生产商品和提供服务. 设 $\boldsymbol{x}$ 为 $\mathbb{R}^n$ 中**产出向量**，它列出了每一部门一年中的产出. 同时，设经济体系的另一部分（称为开放部门）不生产商品或提供服务，仅仅消费商品或服务，设 $\boldsymbol{d}$ 为**最终需求向量**（或**最终需求账单**），它列出经济体系中的各种非生产部门所需求的商品或服务. 此向量代表消费者需求、政府消费、超额生产、出口或其他外部需求.

由于各部门生产商品以满足消费者需求，生产者本身创造了**中间需求**，需要一些产品作为生产部门的投入. 部门之间的关系是很复杂的，而生产和最终需求之间的联系也还不清楚. 列昂惕夫思考是否存在某一生产水平 $\boldsymbol{x}$ 恰好满足这一生产水平的总需求（$\boldsymbol{x}$ 称为供给），从而

$$\{\text{总产出 }\boldsymbol{x}\}=\{\text{中间需求}\}+\{\text{最终需求 }\boldsymbol{d}\}\tag{1}$$

列昂惕夫的投入-产出模型的基本假设是，对每个部门，$\mathbb{R}^n$ 中有一个**单位消耗向量**，它列出了该部门的单位产出所需的投入. 所有的投入与产出都以百万美元作为单位，而不用具体的单位（如吨等）（假设商品和服务的价格为常数）.

作为一个简单的例子，设经济体系由三个部门组成——制造业、农业和服务业. 单位消耗向量 $\boldsymbol{c}_1, \boldsymbol{c}_2, \boldsymbol{c}_3$ 如表 2-1 所示.

表 2-1　每单位产出消耗的投入

购买自	制造业	农　业	服务业
制造业	0.50	0.40	0.20
农　业	0.20	0.30	0.10
服务业	0.10	0.10	0.30
	↑ $\boldsymbol{c}_1$	↑ $\boldsymbol{c}_2$	↑ $\boldsymbol{c}_3$

例 1　如果制造业决定生产 100 单位产品，它将消耗多少？

解　计算

$$100\boldsymbol{c}_1 = 100\begin{bmatrix} 0.50 \\ 0.20 \\ 0.10 \end{bmatrix} = \begin{bmatrix} 50 \\ 20 \\ 10 \end{bmatrix}$$

为生产 100 单位产品，制造业需要消耗制造业其他部门的 50 单位产品、农业的 20 单位产品、服务业的 10 单位产品. ■

若制造业决定生产 x_1 单位产出，则在生产的过程中消耗掉的中间需求是 $x_1\boldsymbol{c}_1$. 类似地，若 x_2 和 x_3 表示农业和服务业的计划产出，则 $x_2\boldsymbol{c}_2$ 和 $x_3\boldsymbol{c}_3$ 为它们所对应的中间需求. 三个部门的中间需求为

$$\{中间需求\} = x_1\boldsymbol{c}_1 + x_2\boldsymbol{c}_2 + x_3\boldsymbol{c}_3 = C\boldsymbol{x} \tag{2}$$

其中 C 是**消耗矩阵** $[\boldsymbol{c}_1 \quad \boldsymbol{c}_2 \quad \boldsymbol{c}_3]$，即

$$C = \begin{bmatrix} 0.50 & 0.40 & 0.20 \\ 0.20 & 0.30 & 0.10 \\ 0.10 & 0.10 & 0.30 \end{bmatrix} \tag{3}$$

方程（1）和（2）产生列昂惕夫模型.

> **列昂惕夫投入-产出模型或生产方程**
>
> $$\underset{总产出}{\boldsymbol{x}} = \underset{中间需求}{C\boldsymbol{x}} + \underset{最终需求}{\boldsymbol{d}} \tag{4}$$

可把（4）式重写为

$$\begin{aligned} I\boldsymbol{x} - C\boldsymbol{x} &= \boldsymbol{d} \\ (I - C)\boldsymbol{x} &= \boldsymbol{d} \end{aligned} \tag{5}$$

例 2　考虑消耗矩阵为（3）式的经济体系. 假设最终需求是制造业 50 单位、农业 30 单位、服务业 20 单位，求产出水平 $\boldsymbol{x}$.

解　（5）式中系数矩阵为

$$I-C=\begin{bmatrix}1&0&0\\0&1&0\\0&0&1\end{bmatrix}-\begin{bmatrix}0.5&0.4&0.2\\0.2&0.3&0.1\\0.1&0.1&0.3\end{bmatrix}=\begin{bmatrix}0.5&-0.4&-0.2\\-0.2&0.7&-0.1\\-0.1&-0.1&0.7\end{bmatrix}$$

为解方程（5），对增广矩阵做行变换：

$$\begin{bmatrix}0.5&-0.4&-0.2&50\\-0.2&0.7&-0.1&30\\-0.1&-0.1&0.7&20\end{bmatrix}\sim\begin{bmatrix}5&-4&-2&500\\-2&7&-1&300\\-1&-1&7&200\end{bmatrix}\sim\cdots\sim\begin{bmatrix}1&0&0&226\\0&1&0&119\\0&0&1&78\end{bmatrix}$$

最后一列四舍五入到整数，制造业需生产约 226 单位，农业 119 单位，服务业 78 单位. ■

若矩阵 $I-C$ 可逆，则可应用 2.2 节定理 5，用 $I-C$ 代替 A，由方程 $(I-C)x=d$ 得出 $x=(I-C)^{-1}d$. 下列定理说明，在大部分的实际情况中，$I-C$ 是可逆的，而且产出向量 x 是经济上可行的，亦即 x 中的元素是非负的.

在此定理中，**列的和**表示矩阵中某一列元素的和. 在通常情况下，某一消耗矩阵的列的和是小于 1 的，因为一个部门要生产一单位产出所需投入的总价值应该小于 1.

定理 11 设 C 为某一经济体系的消耗矩阵，d 为最终需求. 若 C 和 d 的元素非负，C 的每一列的和小于 1，则 $(I-C)^{-1}$ 存在，产出向量

$$x=(I-C)^{-1}d$$

有非负元素，且是下列方程的唯一解：

$$x=Cx+d$$

下面的讨论说明定理成立的理由，且给出一种计算 $(I-C)^{-1}$ 的新方法.

$(I-C)^{-1}$ 的公式

假设由 d 表示的需求在年初提供给各个产业，它们制定产出水平为 $x=d$ 的计划，恰好满足最终需求. 由于这些产业准备产出为 d，它们将提出对原料及其他投入的要求. 这就创造出对投入的中间需求 Cd.

为满足中间需求 Cd，这些产业需要另外投入 $C(Cd)=C^2d$，当然，这又创造出第二轮中间需求，当要满足这些需求时，它们又创造出第三轮需求，即 $C(C^2d)=C^3d$，等等.

理论上，这个过程可无限延续下去，虽然实际上这样一系列事件不可能一直发生下去. 我们可把这一假设的情形表示如表 2-2 所示.

表 2-2

	要满足的需求	为满足此需求需要的投入
最终需求	d	Cd
中间需求		
第一轮	Cd	$C(Cd)=C^2d$
第二轮	C^2d	$C(C^2d)=C^3d$
第三轮	C^3d	$C(C^3d)=C^4d$
	⋮	⋮

满足所有这些需求的产出水平 $\boldsymbol{x}$ 是

$$\boldsymbol{x}=\boldsymbol{d}+\boldsymbol{C}\boldsymbol{d}+\boldsymbol{C}^2\boldsymbol{d}+\boldsymbol{C}^3\boldsymbol{d}+\cdots=(\boldsymbol{I}+\boldsymbol{C}+\boldsymbol{C}^2+\boldsymbol{C}^3+\cdots)\boldsymbol{d} \tag{6}$$

为了使（6）式有意义，我们使用下列代数恒等式：

$$(\boldsymbol{I}-\boldsymbol{C})(\boldsymbol{I}+\boldsymbol{C}+\boldsymbol{C}^2+\cdots+\boldsymbol{C}^m)=\boldsymbol{I}-\boldsymbol{C}^{m+1} \tag{7}$$

可以证明，若 $\boldsymbol{C}$ 的列的和都严格小于 1，则 $\boldsymbol{I}-\boldsymbol{C}$ 是可逆的，当 m 趋于无穷时 $\boldsymbol{C}^m$ 趋于 0，而 $\boldsymbol{I}-\boldsymbol{C}^{m+1}\to\boldsymbol{I}$.（这有点类似于当正数 t 小于 1 时，随着 m 增大，$t^m\to 0$.）应用（7）式，我们有

$$\text{当}\,\boldsymbol{C}\,\text{的列的和小于 1 时，}\quad (\boldsymbol{I}-\boldsymbol{C})^{-1}\approx\boldsymbol{I}+\boldsymbol{C}+\boldsymbol{C}^2+\boldsymbol{C}^3+\cdots+\boldsymbol{C}^m \tag{8}$$

我们将（8）式解释为当 m 充分大时，右边可以任意接近于 $(\boldsymbol{I}-\boldsymbol{C})^{-1}$.

在实际的投入-产出模型中，消耗矩阵的幂迅速趋于 0，故（8）式实际上给出一种计算 $(\boldsymbol{I}-\boldsymbol{C})^{-1}$ 的方法. 类似地，对任意 $\boldsymbol{d}$，向量 $\boldsymbol{C}^m\boldsymbol{d}$ 迅速地趋于零向量，而（6）式给出实际解 $(\boldsymbol{I}-\boldsymbol{C})\boldsymbol{x}=\boldsymbol{d}$ 的方法. 若 $\boldsymbol{C}$ 和 $\boldsymbol{d}$ 中的元素是非负的，则（6）式说明 $\boldsymbol{x}$ 中的元素也是非负的.

$(I-C)^{-1}$ 中元素的经济重要性

$(\boldsymbol{I}-\boldsymbol{C})^{-1}$ 中的元素是有意义的，因为它们可用来预计当最终需求 $\boldsymbol{d}$ 改变时，产出向量 $\boldsymbol{x}$ 如何改变. 事实上，$(\boldsymbol{I}-\boldsymbol{C})^{-1}$ 第 j 列的元素表示当第 j 个部门的最终需求增加 1 单位时，各部门需要增加产出的数量. 见习题 8.

数值计算的注解　在任何应用问题中（不仅是经济学），方程 $\boldsymbol{A}\boldsymbol{x}=\boldsymbol{b}$ 总可以写成 $(\boldsymbol{I}-\boldsymbol{C})\boldsymbol{x}=\boldsymbol{b}$ 的形式，其中 $\boldsymbol{C}=\boldsymbol{I}-\boldsymbol{A}$. 若方程组很大而且稀疏（大部分元素为 0），可能 $\boldsymbol{C}$ 的各列元素的绝对值之和小于 1，这时 $\boldsymbol{C}^m\to 0$. 若 $\boldsymbol{C}^m$ 趋向于零足够迅速，则（6）式和（8）式可以用来作为解方程 $\boldsymbol{A}\boldsymbol{x}=\boldsymbol{b}$ 的实际方法，也可用来求 $\boldsymbol{A}^{-1}$.

练习题

设某一经济体系有两个部门：商品和服务. 商品部门的单位产出需要 0.2 单位商品和 0.5 单位服务的投入，服务部门的单位产出需要 0.4 单位商品和 0.3 单位服务的投入. 最终需求是 20 单位商品和 30 单位服务. 列出列昂惕夫投入-产出模型的方程.

习题 2.6

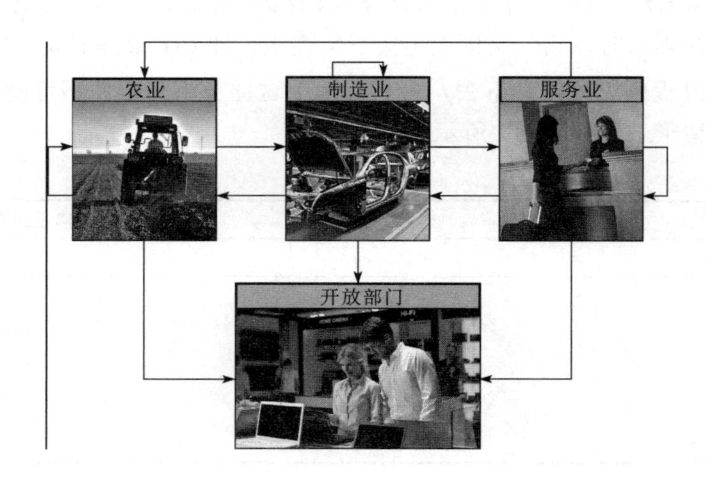

习题1~4讨论一个经济体系，它分为制造业、农业和服务业三个部门，见上图. 制造业每单位产出需要0.10单位制造业产品、0.30单位农业产品和0.30单位服务产品投入. 农业每单位产出需要0.20单位它自己的产出、0.60单位制造业产出和0.10单位服务产出. 服务业每单位产出消耗0.10单位服务和0.60单位制造业产品，但不消耗农业产出.

1. 构造此经济体系的消耗矩阵，若农业要生产100单位产出，产生的中间需求是什么？
2. 为了满足最终需求为18单位农业产品（对其他部门无最终需求），总的产出水平应为多少（不要计算逆矩阵）.
3. 为了满足最终需求为18单位制造业产品（对其他部门无最终需求），总的产出水平应为多少（不要计算逆矩阵）.
4. 为了满足最终需求为18单位制造业产品、18单位农业产品和0单位服务，总的产出水平应为多少.
5. 考虑生产模型 $\boldsymbol{x}=C\boldsymbol{x}+\boldsymbol{d}$，该经济体系有两个部门，其中

$$C=\begin{bmatrix}0.0 & 0.5\\0.6 & 0.2\end{bmatrix},\quad \boldsymbol{d}=\begin{bmatrix}50\\30\end{bmatrix}$$

应用逆矩阵来确定最终需求.

6. 重复习题5，取 $C=\begin{bmatrix}0.1 & 0.6\\0.5 & 0.2\end{bmatrix},\quad \boldsymbol{d}=\begin{bmatrix}18\\11\end{bmatrix}$.
7. 设 C 和 $\boldsymbol{d}$ 如习题5.
   a. 为满足最终需求为部门1的1单位产品，产出水平应为多少？
   b. 用逆矩阵求出最终需求为 $\begin{bmatrix}51\\30\end{bmatrix}$ 时的总产出水平.
   c. 应用事实 $\begin{bmatrix}51\\30\end{bmatrix}=\begin{bmatrix}50\\30\end{bmatrix}+\begin{bmatrix}1\\0\end{bmatrix}$ 说明a和b的答案以及与习题5的答案有何关系.
8. 设 C 为 $n\times n$ 消耗矩阵，它的列的和小于1. 设 $\boldsymbol{x}$ 为满足最终需求 $\boldsymbol{d}$ 的产出向量，$\Delta\boldsymbol{x}$ 为满足不同的最终需求 $\Delta\boldsymbol{d}$ 的产出向量.
   a. 证明：若最终需求由 $\boldsymbol{d}$ 改变为 $\boldsymbol{d}+\Delta\boldsymbol{d}$，则新的产出水平必须为 $\boldsymbol{x}+\Delta\boldsymbol{x}$，于是 $\Delta\boldsymbol{x}$ 给出需求改变 $\Delta\boldsymbol{d}$ 时产出必须改变的量.
   b. 设 $\Delta\boldsymbol{d}$ 为 $\mathbb{R}^n$ 中第1个元素为1其他元素为0的向量，说明为什么对应的产出 $\Delta\boldsymbol{x}$ 是 $(I-C)^{-1}$ 的第1列. 这表明 $(I-C)^{-1}$ 的第1列给出当部门1的最终需求增加1单位时，其他部门需要增加的产出.
9. 设某一经济体系有3个部门，解它的列昂惕夫方程，其中

$$C=\begin{bmatrix}0.2 & 0.2 & 0.0\\0.3 & 0.1 & 0.3\\0.1 & 0.0 & 0.2\end{bmatrix},\quad \boldsymbol{d}=\begin{bmatrix}40\\60\\80\end{bmatrix}$$

10. 美国经济在1972年的消耗矩阵 C 具有下列性质：矩阵 $(I-C)^{-1}$ 的每个元素都是正的. 说明仅增加某一部门的产出的需求对其他部门的影响是什么.[㊀]
11. 列昂惕夫产出方程 $\boldsymbol{x}=C\boldsymbol{x}+\boldsymbol{d}$ 通常与对偶的**价格方程**

$$\boldsymbol{p}=C^{\mathrm{T}}\boldsymbol{p}+\boldsymbol{v}$$

联系在一起，其中 $\boldsymbol{p}$ 为**价格向量**，它的元素列出各部门单位产出的价格，$\boldsymbol{v}$ 是**增值向量**，它的元素是每单位产出附加的价值（增值包括工资、利润、折旧等）. 经济中的一个重要的事实是国内生产总值（GDP），可用两种方式表示：

$$\{国内生产总值\}=\boldsymbol{p}^{\mathrm{T}}\boldsymbol{d}=\boldsymbol{v}^{\mathrm{T}}\boldsymbol{x}$$

证明第二个等式.（提示：用两种方式计算 $\boldsymbol{p}^{\mathrm{T}}\boldsymbol{x}$.）

12. 设 C 为消耗矩阵，当 $m\to\infty$ 时 $C^m\to 0$. 对 $m=1,2,\cdots$，令 $D_m=I+C+\cdots+C^m$，求出把 D_m 和 D_{m+1} 联系起来的差分方程，从而得出由(8)式计算 $(I-C)^{-1}$ 的迭代算法.
13. [M]下面的消耗矩阵 C 是基于1958年美国经济的投入-产出数据，其中把81个部门合并成7个大的部门：(1)非金属家用及个人产品，(2)最终金属产品（如汽车），(3)基础金属产

㊀ Wassily W. Leontief, "The World Economy of the Year 2000." *Scientific American,* September 1980, pp. 206-231.

品及矿业，（4）基础非金属产品与农业，（5）能源，（6）服务业，（7）娱乐与其他产品.[1] 求出满足最终需求 $\boldsymbol{d}$ 的产出水平（单位：百万美元）.

$$\boldsymbol{C}=\begin{bmatrix}0.1588 & 0.0064 & 0.0025 & 0.0304 & 0.0014 & 0.0083 & 0.1594\\0.0057 & 0.2645 & 0.0436 & 0.0099 & 0.0083 & 0.0201 & 0.3413\\0.0264 & 0.1506 & 0.3557 & 0.0139 & 0.0142 & 0.0070 & 0.0236\\0.3299 & 0.0565 & 0.0495 & 0.3636 & 0.0204 & 0.0483 & 0.0649\\0.0089 & 0.0081 & 0.0333 & 0.0295 & 0.3412 & 0.0237 & 0.0020\\0.1190 & 0.0901 & 0.0996 & 0.1260 & 0.1722 & 0.2368 & 0.3369\\0.0063 & 0.0126 & 0.0196 & 0.0098 & 0.0064 & 0.0132 & 0.0012\end{bmatrix},$$

$$\boldsymbol{d}=\begin{bmatrix}74\,000\\56\,000\\10\,500\\25\,000\\17\,500\\196\,000\\5\,000\end{bmatrix}$$

14. [M]习题 13 中的需求向量是 1958 年的数据. 但列昂惕夫在讨论中应用了一个接近 1964 年的数据：

$$\boldsymbol{d}=(99\,640, 75\,548, 14\,444, 33\,501, 23\,527, 263\,985, 6\,526)$$

求出满足此需求的产出水平.

15. [M]用方程(6)解习题 13，设 $\boldsymbol{x}^{(0)}=\boldsymbol{d}$，对 $k=1,2,\cdots$，计算 $\boldsymbol{x}^{(k)}=\boldsymbol{d}+\boldsymbol{C}\boldsymbol{x}^{(k-1)}$. 需要多少步才能得到有 4 位有效数字的答案？

练习题答案

已给下列数据：

购买自	每单位产出所需投入		外部需求
	商　品	服　务	
商品	0.2	0.4	20
服务	0.5	0.3	30

列昂惕夫投入-产出模型为 $\boldsymbol{x}=\boldsymbol{C}\boldsymbol{x}+\boldsymbol{d}$，其中

$$\boldsymbol{C}=\begin{bmatrix}0.2 & 0.4\\0.5 & 0.3\end{bmatrix},\quad \boldsymbol{d}=\begin{bmatrix}20\\30\end{bmatrix}$$

2.7 在计算机图形学中的应用

计算机图形是在计算机屏幕上显示或活动的图像. 计算机图形学的应用广泛，发展迅速. 例如，计算机辅助设计（CAD）是许多工程技术的组成部分之一，比如本章介绍中提到的飞机设计过程. 娱乐行业对计算图形学做了最引人入胜的应用——从《蜘珠侠 2》的特技效果到 PlayStation 4 电脑娱乐系统和 Xbox One 游戏机游戏.

绝大多数工业或商业的交互式计算机软件应用在屏幕上显示的计算机图形以及其他功能，如数据的图形显示、桌面编辑以及商业或教育用的幻灯片等. 因此，任何学习计算机语言的学生至少要学会如何应用二维（2D）图形.

本节考虑用来操纵和显示图形图像的一些基本的数学方法，例如飞机的线框轮廓模型. 这样的一个图像（图片）是由一系列的点、直线和曲线，以及如何填充由直线和曲线所围成的封

[1] Wassily W. Leontief, "The Structure of the U.S.Economy,"*Scientific American*,April 1965, pp. 30-32.

闭区域的信息组成. 通常，曲线用短的直线段逼近，而图形在数学上用一系列的点来定义.

在最简单的二维图形符号中，字母用于在屏幕上做标记. 某些字母作为线框对象存储，其他有弯曲部分的字母还要将曲线的数学公式也存储进去.

例 1 图2-17中的大写字母N由8个点或顶点确定. 这些点的坐标可存储在一个数据矩阵 $\boldsymbol{D}$ 中.

解

$$\begin{array}{r} \text{顶点} \\ x\text{ 坐标} \\ y\text{ 坐标} \end{array} \begin{array}{c} \begin{array}{cccccccc} 1 & 2 & 3 & 4 & 5 & 6 & 7 & 8 \end{array} \\ \begin{bmatrix} 0 & 0.5 & 0.5 & 6 & 6 & 5.5 & 5.5 & 0 \\ 0 & 0 & 6.42 & 0 & 8 & 8 & 1.58 & 8 \end{bmatrix} \end{array} = \boldsymbol{D}$$

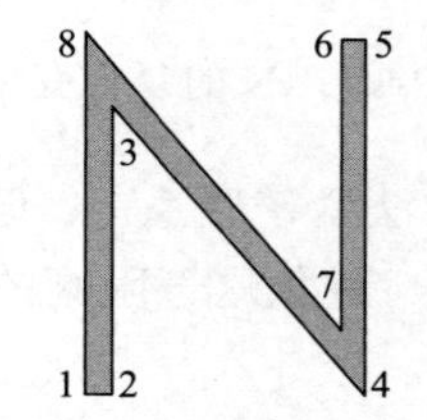

图 2-17 常规的 N

除 $\boldsymbol{D}$ 以外，还要说明哪些顶点用线相连，但我们省略这些细节. ■

图形对象使用一组直线线段描述的主要原因是，计算机图形学中的标准变换把线段映射成为其他线段.（例如，见 1.8 节习题 35.）当描述这些对象的顶点被变换以后，它们的图像可以用适当的直线连接起来以得到原来对象的完整图像.

例 2 给定 $\boldsymbol{A}=\begin{bmatrix} 1 & 0.25 \\ 0 & 1 \end{bmatrix}$，描述剪切变换 $\boldsymbol{x} \mapsto \boldsymbol{A}\boldsymbol{x}$ 对例 1 中字母 N 的作用.

解 由矩阵乘法的定义，乘积 $\boldsymbol{AD}$ 的各列给出字母 N 各顶点的像.

$$\boldsymbol{AD} = \begin{array}{c} \begin{array}{cccccccc} 1 & 2 & 3 & 4 & 5 & 6 & 7 & 8 \end{array} \\ \begin{bmatrix} 0 & 0.5 & 2.105 & 6 & 8 & 7.5 & 5.895 & 2 \\ 0 & 0 & 6.420 & 0 & 8 & 8 & 1.580 & 8 \end{bmatrix} \end{array}$$

变换过的顶点画在图 2-18 中，同时还画出相应于原来图形中连线的线段. ■

图 2-18 中斜体的 N 看来有些太宽，为此，我们用倍乘变换作用于点的 x 坐标使它变窄.

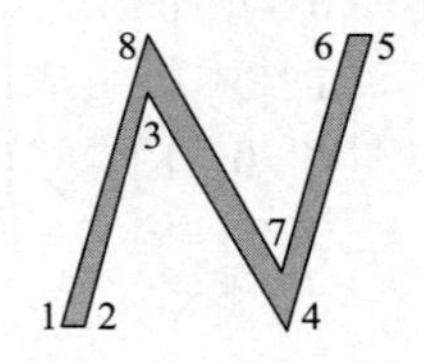

图 2-18 斜体的 N

例 3 先做如例 2 的剪切变换，然后再把 x 坐标乘以一个因子 0.75，求此复合变换的矩阵.

解 把每个点的 x 坐标乘以 0.75 的矩阵为

$$\boldsymbol{S}=\begin{bmatrix} 0.75 & 0 \\ 0 & 1 \end{bmatrix}$$

所以复合变换的矩阵是

$$SA=\begin{bmatrix}0.75 & 0\\0 & 1\end{bmatrix}\begin{bmatrix}1 & 0.25\\0 & 1\end{bmatrix}=\begin{bmatrix}0.75 & 0.1875\\0 & 1\end{bmatrix}$$

复合变换的结果如图 2-19 所示.

图 2-19　N 的复合变换

■

计算机图形学中的数学是与矩阵乘法紧密联系的. 但是，屏幕上的物体的平移并不直接对应于矩阵乘法，因为平移并非线性变换. 避免这一困难的标准办法是引入所谓的齐次坐标.

齐次坐标

$\mathbb{R}^2$ 中的每个点 (x,y) 可以对应于 $\mathbb{R}^3$ 中的点 $(x,y,1)$，它们位于 xy 平面上方 1 单位的平面上. 我们称 (x,y) 有齐次坐标 $(x,y,1)$. 例如，点 $(0,0)$ 的齐次坐标为 $(0,0,1)$. 点的齐次坐标不能相加，也不能乘以数，但它们可以乘以 3×3 矩阵来做变换.

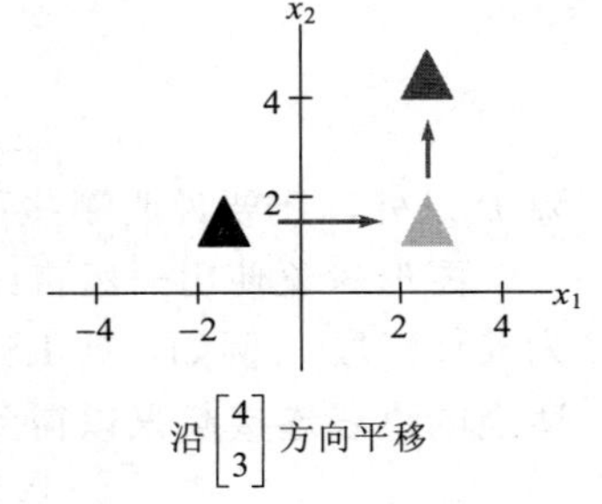

沿 $\begin{bmatrix}4\\3\end{bmatrix}$ 方向平移

例 4　形如 $(x,y)\mapsto(x+h,y+k)$ 的平移可以用齐次坐标写成 $(x,y,1)\mapsto(x+h,y+k,1)$，这个变换可用矩阵乘法来实现：

$$\begin{bmatrix}1 & 0 & h\\0 & 1 & k\\0 & 0 & 1\end{bmatrix}\begin{bmatrix}x\\y\\1\end{bmatrix}=\begin{bmatrix}x+h\\y+k\\1\end{bmatrix}$$

■

例 5　$\mathbb{R}^2$ 中的任意线性变换可以通过齐次坐标乘以分块矩阵 $\begin{bmatrix}A & 0\\0 & 1\end{bmatrix}$ 实现，其中 A 是 2×2 矩阵.典型的例子是：

$$\underset{\text{绕原点逆时针旋转角度}\varphi}{\begin{bmatrix}\cos\varphi & -\sin\varphi & 0\\\sin\varphi & \cos\varphi & 0\\0 & 0 & 1\end{bmatrix}},\quad\underset{\text{关于}y=x\text{的对称}}{\begin{bmatrix}0 & 1 & 0\\1 & 0 & 0\\0 & 0 & 1\end{bmatrix}},\quad\underset{x\text{乘以}s,\ y\text{乘以}t}{\begin{bmatrix}s & 0 & 0\\0 & t & 0\\0 & 0 & 1\end{bmatrix}}$$

■

复合变换

图形在计算机屏幕上的移动通常需要两个或多个基本变换. 这些变换的复合相应于在使用齐次坐标时进行矩阵相乘.

例 6　求出 3×3 矩阵，对应于先乘以 0.3 的倍乘变换，然后旋转 90°，最后对图形的每个点的坐标加上 (−0.5, 2) 做平移. 见图 2-20.

解　当 $\varphi=\pi/2$ 时，$\sin\varphi=1,\cos\varphi=0$. 由例 4 和例 5，我们有

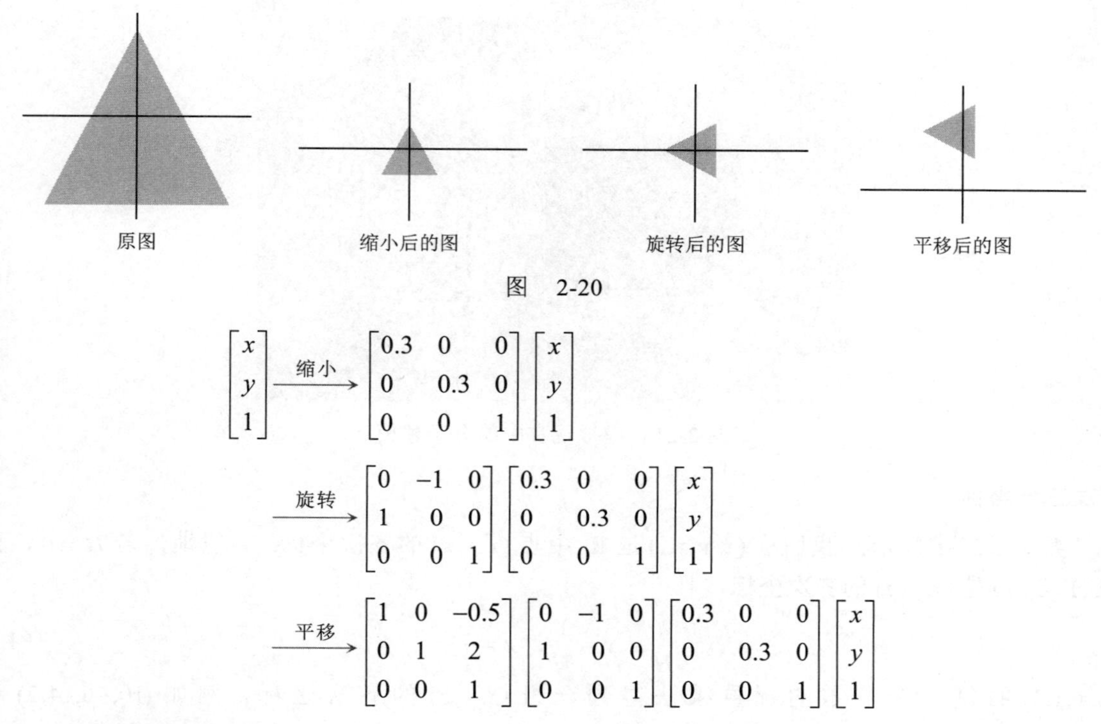

图 2-20

$$\begin{bmatrix} x \\ y \\ 1 \end{bmatrix} \xrightarrow{\text{缩小}} \begin{bmatrix} 0.3 & 0 & 0 \\ 0 & 0.3 & 0 \\ 0 & 0 & 1 \end{bmatrix} \begin{bmatrix} x \\ y \\ 1 \end{bmatrix}$$

$$\xrightarrow{\text{旋转}} \begin{bmatrix} 0 & -1 & 0 \\ 1 & 0 & 0 \\ 0 & 0 & 1 \end{bmatrix} \begin{bmatrix} 0.3 & 0 & 0 \\ 0 & 0.3 & 0 \\ 0 & 0 & 1 \end{bmatrix} \begin{bmatrix} x \\ y \\ 1 \end{bmatrix}$$

$$\xrightarrow{\text{平移}} \begin{bmatrix} 1 & 0 & -0.5 \\ 0 & 1 & 2 \\ 0 & 0 & 1 \end{bmatrix} \begin{bmatrix} 0 & -1 & 0 \\ 1 & 0 & 0 \\ 0 & 0 & 1 \end{bmatrix} \begin{bmatrix} 0.3 & 0 & 0 \\ 0 & 0.3 & 0 \\ 0 & 0 & 1 \end{bmatrix} \begin{bmatrix} x \\ y \\ 1 \end{bmatrix}$$

所以复合变换的矩阵为

$$\begin{bmatrix} 1 & 0 & -0.5 \\ 0 & 1 & 2 \\ 0 & 0 & 1 \end{bmatrix} \begin{bmatrix} 0 & -1 & 0 \\ 1 & 0 & 0 \\ 0 & 0 & 1 \end{bmatrix} \begin{bmatrix} 0.3 & 0 & 0 \\ 0 & 0.3 & 0 \\ 0 & 0 & 1 \end{bmatrix} = \begin{bmatrix} 0 & -1 & -0.5 \\ 1 & 0 & 2 \\ 0 & 0 & 1 \end{bmatrix} \begin{bmatrix} 0.3 & 0 & 0 \\ 0 & 0.3 & 0 \\ 0 & 0 & 1 \end{bmatrix} = \begin{bmatrix} 0 & -0.3 & -0.5 \\ 0.3 & 0 & 2 \\ 0 & 0 & 1 \end{bmatrix}$$ ■

三维计算机图形学

计算机图形学的最新和最激动人心的应用是分子建模. 对三维图形学，生物学家可观察到模拟的蛋白质分子，并用以研究药物分子. 生物学家可以旋转和平移一种实验药物的分子使它们附着于蛋白质分子.形象化潜在的化学反应的能力对现代药物和癌症研究是很重要的. 事实上，药物设计的进展依赖于计算机图形学构造有真实感的分子和它们的交互作用的仿真的能力.[⊖]

现在的分子建模的研究集中于虚拟现实，即一种环境，研究者在其中可以看到并且感觉药物分子渗入蛋白质分子. 在图 2-21 中，这样的有实体感的反馈是由能够将力量可视化的远程控制器提供的. 另一种虚拟现实的设计包括用一个头盔和手套来感觉头、手和手指的运动. 头盔包含两个微型的计算机屏幕，每个眼睛一个.将此可视环境变得更为真实，这是对工程师、科学家与数学家更大的挑战. 我们这里考虑的数学打开了这方面研究的大门.

⊖ Robert Pool, "Computing in Science", *Science* 256, 3 April 1992, p.45.

图 2-21　虚拟现实中的分子建模

齐次三维坐标

类似于二维情形，我们称 $(x,y,z,1)$ 是 $\mathbb{R}^3$ 中点 (x,y,z) 的齐次坐标. 一般地，若 $H\neq 0$，则 (X,Y,Z,H) 是 (x,y,z) 的**齐次坐标**，且

$$x=\frac{X}{H},\quad y=\frac{Y}{H},\quad z=\frac{Z}{H} \tag{1}$$

$(x,y,z,1)$ 的每一个非零的标量乘法得到一组 (x,y,z) 的齐次坐标. 例如 $(10,-6,14,2)$ 和 $(-15,9,-21,-3)$ 都是 $(5,-3,7)$ 的齐次坐标.

下例说明在分子建模中把一个药物分子移入蛋白质分子的变换.

例 7　给出下列变换的 4×4 矩阵.

a. 绕 y 轴旋转 30°（习惯上，正角是从旋转轴（本例中是 y 轴）的正半轴向原点看过去的逆时针方向的角）.

b. 沿向量 $\boldsymbol{p}=(-6,4,5)$ 的方向平移.

解　a. 首先构造 3×3 矩阵用于旋转. 向量 $\boldsymbol{e}_1$ 向负 z 轴旋转到 $(\cos30°,0,-\sin30°)=(\sqrt{3}/2,0,-0.5)$，向量 $\boldsymbol{e}_2$ 不变，$\boldsymbol{e}_3$ 向正 x 轴旋转到 $(\sin30°,0,\cos30°)=(0.5,0,\sqrt{3}/2)$. 见图 2-22. 由 1.9 节，这个旋转变换的标准矩阵为

$$\boldsymbol{A}=\begin{bmatrix}\sqrt{3}/2 & 0 & 0.5\\ 0 & 1 & 0\\ -0.5 & 0 & \sqrt{3}/2\end{bmatrix}$$

所以齐次坐标的旋转矩阵为

$$\boldsymbol{A}=\begin{bmatrix}\sqrt{3}/2 & 0 & 0.5 & 0\\ 0 & 1 & 0 & 0\\ -0.5 & 0 & \sqrt{3}/2 & 0\\ 0 & 0 & 0 & 1\end{bmatrix}$$

b. 我们希望将 $(x,y,z,1)$ 映射到 $(x-6,y+4,z+5,1)$，所需矩阵为

$$\begin{bmatrix}1 & 0 & 0 & -6\\0 & 1 & 0 & 4\\0 & 0 & 1 & 5\\0 & 0 & 0 & 1\end{bmatrix}$$

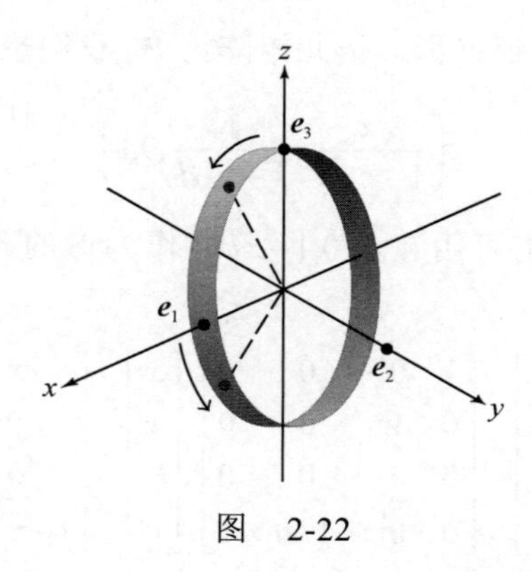

图 2-22

■

透视投影

三维物体在二维计算机屏幕上的表示方法是把它投影在一个可视平面上.（我们忽略其他重要步骤，例如选择可视平面显示在屏幕上的部分.）为简单起见，设 xy 平面表示计算机屏幕，假设某一观察者的眼睛向正 z 轴看去，眼睛的位置是 $(0,0,d)$. 透视投影把每个点 (x,y,z) 映射为点 $(x^*,y^*,0)$，使这两点与观察者的眼睛位置（称为投影中心）在一条直线上，见图 2-23a.

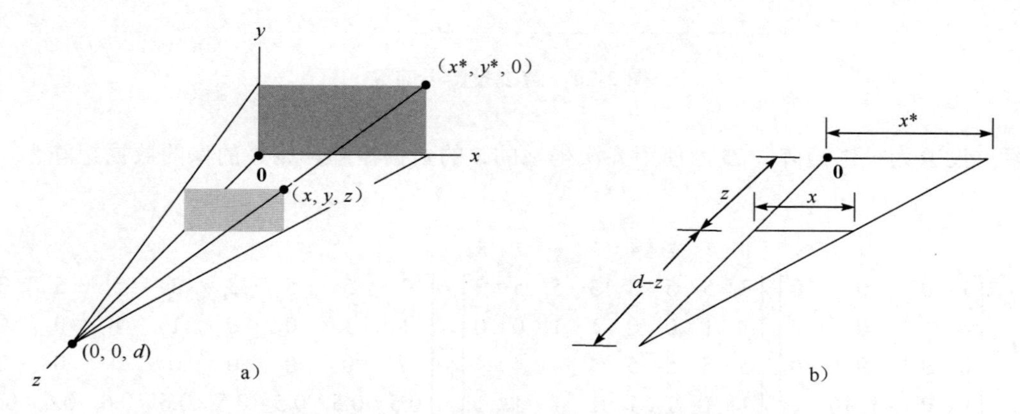

图 2-23　由 (x,y,z) 到 $(x^*,y^*,0)$ 的透视投影

将图 2-23a 中 xz 平面上的三角形画在 b（显示线段长度）中，由相似三角形知

$$\frac{x^*}{d}=\frac{x}{d-z} \quad , \quad x^*=\frac{dx}{d-z}=\frac{x}{1-z/d}$$

类似地，

$$y^*=\frac{y}{1-z/d}$$

使用齐次坐标，可用矩阵表示透视投影，记此矩阵为 $\boldsymbol{P}$. 我们想将 $(x,y,z,1)$ 映射为

$$\left(\frac{x}{1-z/d},\frac{y}{1-z/d},0,1\right)$$

可用 $1-z/d$ 把这个坐标缩放，也可用 $(x,y,0,1-z/d)$ 作为像的齐次坐标. 现在容易求出 $\boldsymbol{P}$. 事实上

$$\boldsymbol{P}\begin{bmatrix}x\\y\\z\\1\end{bmatrix}=\begin{bmatrix}1&0&0&0\\0&1&0&0\\0&0&0&0\\0&0&-1/d&1\end{bmatrix}\begin{bmatrix}x\\y\\z\\1\end{bmatrix}=\begin{bmatrix}x\\y\\0\\1-z/d\end{bmatrix}$$

例 8　设 S 是顶点为(3, 1, 5)，(5, 1, 5)，(5, 0, 5)，(3, 0, 5)，(3, 1, 4)，(5, 1, 4)，(3, 0, 4)的长方体，如图 2-24 所示，求 S 在投影中心为(0, 0, 10)的透视投影下的像.

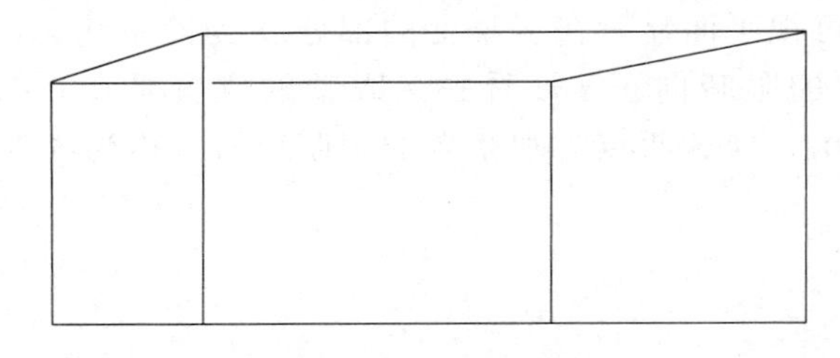

图 2-24　透视投影下的 S

解　设 $\boldsymbol{P}$ 为投影矩阵，$\boldsymbol{D}$ 为使用齐次坐标的 S 的数据矩阵，则 S 的像的数据矩阵为

顶点
1 2 3 4 5 6 7 8

$$\boldsymbol{PD}=\begin{bmatrix}1&0&0&0\\0&1&0&0\\0&0&0&0\\0&0&-1/10&1\end{bmatrix}\begin{bmatrix}3&5&5&3&3&5&5&3\\1&1&0&0&1&1&0&0\\5&5&5&5&4&4&4&4\\1&1&1&1&1&1&1&1\end{bmatrix}=\begin{bmatrix}3&5&5&3&3&5&5&3\\1&1&0&0&1&1&0&0\\0&0&0&0&0&0&0&0\\0.5&0.5&0.5&0.5&0.6&0.6&0.6&0.6\end{bmatrix}$$

为得到 $\mathbb{R}^3$ 坐标，使用例 7 前面的（1）式，把每一列的前 3 个元素除以第 4 行的对应元素，得到

$$\begin{array}{c} \text{顶点} \\ \begin{array}{cccccccc} 1 & 2 & 3 & 4 & 5 & 6 & 7 & 8 \end{array} \\ \begin{bmatrix} 6 & 10 & 10 & 6 & 5 & 8.3 & 8.3 & 5 \\ 2 & 2 & 0 & 0 & 1.7 & 1.7 & 0 & 0 \\ 0 & 0 & 0 & 0 & 0 & 0 & 0 & 0 \end{bmatrix} \end{array}$$

■

本教材的网页上有计算机图形学的有趣应用，包括对透视投影的进一步讨论. 网上的一个计算机项目与简单的动画有关.

数值计算的注解 图形化三维物体的连续移动需要计算大量的 4×4 矩阵，特别地，当渲染曲面使其光滑时，可使它更有实体感，并有适当的光线. 高档图形工作站有 4×4 矩阵运算及并将图形算法嵌入芯片和电路中，这样的工作站可以每秒做数十亿次矩阵乘法以实现三维游戏程序中有真实感的颜色变化.[㊀]

进一步阅读

James D. Foley, Andries van Dam, Steven K. Feiner, and John F. Hughes, *Computer Graphics: Principles and Practice*, 3rd ed. (Boston, MA: Addison-Wesley, 2002), Chapters 5 and 6.

练习题

图形绕 $\mathbb{R}^2$ 中一点 $\boldsymbol{p}$ 的旋转是这样实现的：首先把图形平移 $-\boldsymbol{p}$，然后绕原点旋转，最后平移回去 $\boldsymbol{p}$. 见图 2-25. 使用齐次坐标构造绕点(−2, 6)旋转−30° 的 3×3 矩阵.

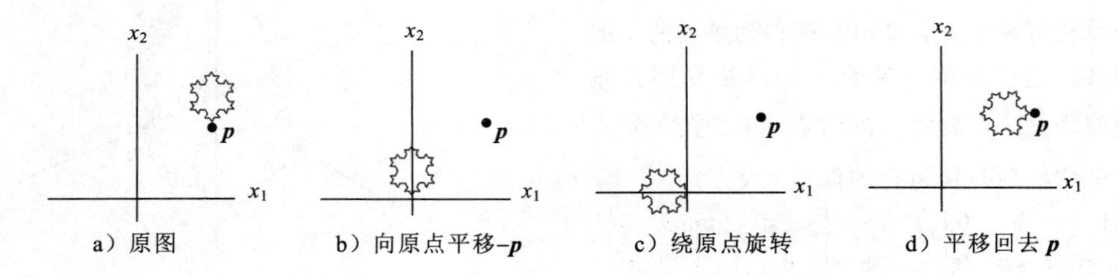

图 2-25 图形绕点 $\boldsymbol{p}$ 旋转

习题 2.7

1. 什么样的 3×3 矩阵对 $\mathbb{R}^2$ 齐次坐标的作用与例 2 中的剪切变换矩阵 A 相同？
2. 用矩阵乘法求出由数据矩阵 $D=\begin{bmatrix} 5 & 2 & 4 \\ 0 & 2 & 3 \end{bmatrix}$ 确定的三角形在关于 y 轴的对称变换下的像. 画出原来的三角形和它的像.

在习题 3~8 中，求出产生所述复合二维变换的 3×3 矩阵，用齐次坐标.

㊀ 见 Jan Ozer, "High-Performance Graphics Boards", *PC Magazine* 19, 1 September 2000, pp. 187-200. 也见"The Ultimate Upgrade Guide: Moving On Up", *PC Magazine* 21, 29 January 2002, pp. 82-91.

3. 先平移(3, 1)，然后绕原点旋转 45°.
4. 先平移(−2, 3)，然后把 x 坐标乘 0.8， y 坐标乘 1.2.
5. 先关于 x 轴对称，然后绕原点旋转 30°.
6. 先绕原点旋转 30°，再关于 x 轴对称.
7. 绕点(6, 8)旋转 60°.
8. 绕点(3, 7)旋转 45°.
9. 2×200 的数据矩阵 $\boldsymbol{D}$ 包含 200 个点的坐标. 要把这些点用 2×2 的任意矩阵 $\boldsymbol{A}$ 和 $\boldsymbol{B}$ 变换，需要多少次乘法？考虑两种方法 $\boldsymbol{A}(\boldsymbol{BD})$ 和 $(\boldsymbol{AB})\boldsymbol{D}$，讨论你的结果对计算机图形学计算的含义.
10. 考虑下列几何二维变换：D 是拉伸变换（x 坐标与 y 坐标乘以同一个数），R 是旋转变换，T 是平移变换. D 是否与 R 可交换？即是否对 $\mathbb{R}^2$ 中一切 $\boldsymbol{x}$ 有 $D(R(\boldsymbol{x}))=R(D(\boldsymbol{x}))$？ D 是否与 T 可交换？R 是否与 T 可交换？
11. 计算机屏幕上的一个旋转变换有时可用两个剪切-拉伸变换的复合来实现，这样可以加快计算从而确定某一图像如何以屏幕像素显示在计算机屏幕上.（屏幕由按行和列排列的小的点组成，这些点称为像素.）第一个变换 A_1 垂直地剪切然后压缩每列的像素；第二个变换 A_2 水平剪切然后拉伸每行的像素. 设

$$\boldsymbol{A}_1=\begin{bmatrix}1&0&0\\ \sin\varphi&\cos\varphi&0\\ 0&0&1\end{bmatrix},\quad \boldsymbol{A}_2=\begin{bmatrix}\sec\varphi&-\tan\varphi&0\\ 0&1&0\\ 0&0&1\end{bmatrix}$$

证明：这两个变换的复合是 $\mathbb{R}^2$ 中的旋转变换.

12. $\mathbb{R}^2$ 中的旋转变换通常需要 4 次乘法，计算下面的乘积，证明：一个旋转矩阵可以分解为三个剪切变换的乘积（每一个剪切变换只需一次乘法）.

$$\begin{bmatrix}1&-\tan\varphi/2&0\\ 0&1&0\\ 0&0&1\end{bmatrix}\begin{bmatrix}1&0&0\\ \sin\varphi&1&0\\ 0&0&1\end{bmatrix}\begin{bmatrix}1&-\tan\varphi/2&0\\ 0&1&0\\ 0&0&1\end{bmatrix}$$

13. 通常二维计算机图形的齐次坐标变换涉及形如 $\begin{bmatrix}\boldsymbol{A}&\boldsymbol{p}\\ \boldsymbol{0}^{\mathrm{T}}&1\end{bmatrix}$ 的 3×3 矩阵，其中 $\boldsymbol{A}$ 为 2×2 矩阵，$\boldsymbol{p}$ 是 $\mathbb{R}^2$ 中的向量. 证明这样一个变换等同于 $\mathbb{R}^2$ 上的一个线性变换之后再做一个平移.（提示：求出关于分块矩阵的一个适当的矩阵分解.）
14. 证明：习题 7 中的变换等价于绕原点的一个旋转之后再平移 $\boldsymbol{p}$，求出向量 $\boldsymbol{p}$.
15. $\mathbb{R}^3$ 中什么向量有齐次坐标 $(1/2,-1/4,1/8,1/24)$？
16. $(1,-2,3,4)$ 与 $(10,-20,30,40)$ 是 $\mathbb{R}^3$ 中同一个点的齐次坐标吗？为什么？
17. 给出一个 4×4 矩阵，它将 $\mathbb{R}^3$ 中的点绕 x 轴逆时针旋转 60°.

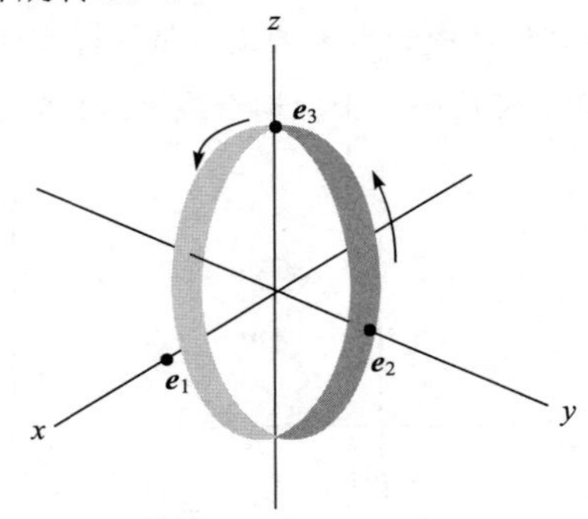

18. 给出 4×4 矩阵，它将 $\mathbb{R}^3$ 中的点绕 z 轴旋转 −30°，然后平移 $\boldsymbol{p}=(5,-2,1)$.
19. 设 S 是顶点为 $(4.2,1.2,4)$，$(6,4,2)$，$(2,2,6)$ 的三角形，求出投影中心为 $(0,0,10)$ 时 S 的透视投影的像.
20. 设 S 是顶点为 $(9,3,-5)$，$(12,8,2)$，$(1.8,2.7,1)$ 的三角形，求出投影中心为 $(0,0,10)$ 时 S 的透视投影的像.

习题 21 和习题 22 考虑在计算机图形学中显示颜色的设置方法. 计算机屏幕上的颜色是由 3 个数

(R,G,B) 确定的，它列出电子枪射击到屏幕上的红、绿、蓝荧光点的能量的大小.（第 4 个数说明颜色的亮度或强度.）

21. [M]观察者在屏幕上看到的实际颜色是由屏幕上荧光点的数量与类型决定的. 每个计算机显示器制造商必须在数据 (R,G,B) 和使用三原色 (X,Y,Z) 的国际 CIE 颜色标准之间转换. 一种对持续时间短暂的荧光的转换是

$$\begin{bmatrix} 0.61 & 0.29 & 0.150 \\ 0.35 & 0.59 & 0.063 \\ 0.04 & 0.12 & 0.787 \end{bmatrix}\begin{bmatrix} R \\ G \\ B \end{bmatrix} = \begin{bmatrix} X \\ Y \\ Z \end{bmatrix}$$

计算机程序使用标准 CIE 数据 (X,Y,Z) 将传送颜色信息流到屏幕上. 求把这些数据转换为屏幕电子枪所需的 (R,G,B) 数据的方程.

22. [M]商业电视的信号广播用向量 (Y,I,Q) 描述每一种颜色. 若屏幕是黑白的，则只使用 Y 坐标.（它给出比用 CIE 颜色数据更好的单色图像.）YIQ 与“标准”的 RGB 颜色的对应关系是

$$\begin{bmatrix} Y \\ I \\ Q \end{bmatrix} = \begin{bmatrix} 0.299 & 0.587 & 0.114 \\ 0.596 & -0.275 & -0.321 \\ 0.212 & -0.528 & 0.311 \end{bmatrix}\begin{bmatrix} R \\ G \\ B \end{bmatrix}$$

（显示器制造商将改变矩阵元素使之适合它的 RGB 屏幕.）求出由电视台发送的 YIQ 数据转换为电视机屏幕所需的 RGB 数据的方程.

练习题答案

从右向左将这三个变换对应的矩阵组合在一起. 使用 $\boldsymbol{p}=(-2,6), \cos(-30°)=\sqrt{3}/2, \sin(-30°)=-0.5$，我们有

$$\underset{\text{平移 }\boldsymbol{p}}{\begin{bmatrix} 1 & 0 & -2 \\ 0 & 1 & 6 \\ 0 & 0 & 1 \end{bmatrix}}\underset{\text{绕原点旋转}}{\begin{bmatrix} \sqrt{3}/2 & 1/2 & 0 \\ -1/2 & \sqrt{3}/2 & 0 \\ 0 & 0 & 1 \end{bmatrix}}\underset{\text{平移}-\boldsymbol{p}}{\begin{bmatrix} 1 & 0 & 2 \\ 0 & 1 & -6 \\ 0 & 0 & 1 \end{bmatrix}} = \begin{bmatrix} \sqrt{3}/2 & 1/2 & \sqrt{3}-5 \\ -1/2 & \sqrt{3}/2 & -3\sqrt{3}+5 \\ 0 & 0 & 1 \end{bmatrix}$$

2.8 $\mathbb{R}^n$ 的子空间

本节讨论 $\mathbb{R}^n$ 中重要的向量子集，称为子空间. 通常子空间与某个矩阵 $\boldsymbol{A}$ 有关，它们提供了关于方程 $\boldsymbol{Ax}=\boldsymbol{b}$ 的有用信息. 本节的概念和术语将在本书以下部分经常出现.[⊖]

定义 $\mathbb{R}^n$ 中的一个子空间是 $\mathbb{R}^n$ 中的集合 H，具有以下三个性质：

a. 零向量属于 H.

b. 对 H 中任意的向量 $\boldsymbol{u}$ 和 $\boldsymbol{v}$，向量 $\boldsymbol{u}+\boldsymbol{v}$ 属于 H.

c. 对 H 中任意向量 $\boldsymbol{u}$ 和数 c，向量 $c\boldsymbol{u}$ 属于 H.

换句话说，子空间对加法和标量乘法运算是封闭的. 你将在以下例子中看到，第 1 章中所讨论的向量集合大部分是子空间. 例如，通过原点的一个平面是一种很典型的子空间，可以看作例 1 中子空间的一种实例. 见图 2-26.

⊖ 将 2.8 节和 2.9 节放在这里，可以使读者跳过接下来的两章的大部分内容直接进入第 5 章. 如果读者计划先读第 3 章和第 4 章，再读第 5 章，则可以跳过这两节.

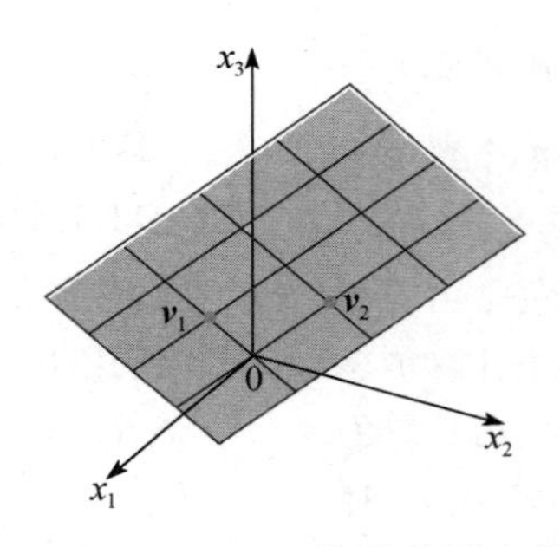

图 2-26　$\text{Span}\{\boldsymbol{v}_1, \boldsymbol{v}_2\}$ 是通过原点的平面

例 1　若 $\boldsymbol{v}_1$ 和 $\boldsymbol{v}_2$ 是 $\mathbb{R}^n$ 中的向量，$H = \text{Span}\{\boldsymbol{v}_1, \boldsymbol{v}_2\}$，则 H 是 $\mathbb{R}^n$ 的子空间. 为证明这一点，注意零向量属于 H（因 $0\boldsymbol{v}_1 + 0\boldsymbol{v}_2$ 是 $\boldsymbol{v}_1$ 和 $\boldsymbol{v}_2$ 的线性组合），现取 H 中任意两个向量，比如说

$$\boldsymbol{u} = s_1\boldsymbol{v}_1 + s_2\boldsymbol{v}_2 \ , \boldsymbol{v} = t_1\boldsymbol{v}_1 + t_2\boldsymbol{v}_2 \ ,$$

那么

$$\boldsymbol{u} + \boldsymbol{v} = (s_1 + t_1)\boldsymbol{v}_1 + (s_2 + t_2)\boldsymbol{v}_2$$

这证明了 $\boldsymbol{u}+\boldsymbol{v}$ 是 $\boldsymbol{v}_1$ 和 $\boldsymbol{v}_2$ 的线性组合，因此属于 H. 同样，对任意数 c，向量 $c\boldsymbol{u}$ 属于 H，因为 $c\boldsymbol{u} = c(s_1\boldsymbol{v}_1 + s_2\boldsymbol{v}_2) = (cs_1)\boldsymbol{v}_1 + (cs_2)\boldsymbol{v}_2$. ■

若 $\boldsymbol{v}_1$ 不等于零而 $\boldsymbol{v}_2$ 是 $\boldsymbol{v}_1$ 的倍数，则 $\boldsymbol{v}_1$ 和 $\boldsymbol{v}_2$ 仅生成通过原点的直线. 所以通过原点的直线是子空间的另一个例子. 见图 2-27.

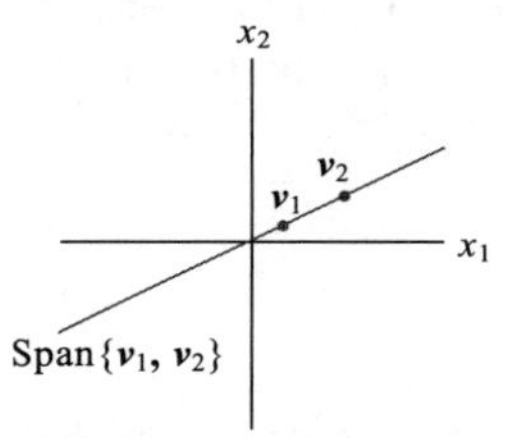

图 2-27　$\boldsymbol{v}_1 \neq 0, \boldsymbol{v}_2 = k\boldsymbol{v}_1$

例 2　不通过原点的一条直线 L 不是子空间，因它不包括原点，同样，图 2-28 说明 L 在加法或标量乘法下不是封闭的.

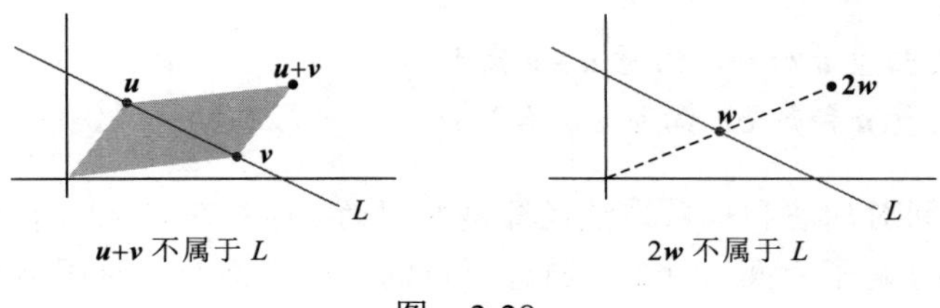

图　2-28 ■

例 3　设 $\boldsymbol{v}_1, \boldsymbol{v}_2, \cdots, \boldsymbol{v}_p$ 属于 $\mathbb{R}^n$，$\boldsymbol{v}_1, \boldsymbol{v}_2, \cdots, \boldsymbol{v}_p$ 的所有线性组合是 $\mathbb{R}^n$ 的子空间，这一结论的证明与例 1 中类似，我们称 $\text{Span}\{\boldsymbol{v}_1, \boldsymbol{v}_2, \cdots, \boldsymbol{v}_p\}$ 为由 $\boldsymbol{v}_1, \boldsymbol{v}_2, \cdots, \boldsymbol{v}_p$ **生成（或张成）的子空间**. ■

注意$\mathbb{R}^n$是它本身的子空间，因为三个性质都满足. 另一个特殊的子空间是仅含零向量的集合，它也满足子空间的条件，称为**零子空间**.

矩阵的列空间与零空间

在应用中，$\mathbb{R}^n$的子空间通常出现在以下两种情况中，它们都与矩阵有关.

定义 矩阵A的**列空间**是A的各列的线性组合的集合，记作Col$A$.

若$A=[a_1\ a_2\cdots a_n]$，它们各列属于$\mathbb{R}^m$，则Col A和Span$\{a_1,a_2,\cdots,a_n\}$相同，例4说明**$m\times n$矩阵的列空间是$\mathbb{R}^m$的子空间**. 注意，仅当A的列生成$\mathbb{R}^m$时，Col A等于$\mathbb{R}^m$. 否则，Col A仅是$\mathbb{R}^m$的一部分.

例4 设$A=\begin{bmatrix}1&-3&-4\\-4&6&-2\\-3&7&6\end{bmatrix}$，$b=\begin{bmatrix}3\\3\\-4\end{bmatrix}$，确定$b$是否属于$A$的列空间.

解 向量b是A的各列的线性组合，当且仅当b可写成Ax的形式，其中x属于$\mathbb{R}^3$，也就是说，当且仅当方程$Ax=b$有解. 把增广矩阵$[A\quad b]$进行行化简：

$$\begin{bmatrix}1&-3&-4&3\\-4&6&-2&3\\-3&7&6&-4\end{bmatrix}\sim\begin{bmatrix}1&-3&-4&3\\0&-6&-18&15\\0&-2&-6&5\end{bmatrix}\sim\begin{bmatrix}1&-3&-4&3\\0&-6&-18&15\\0&0&0&0\end{bmatrix}$$

可知$Ax=b$相容，从而b属于Col A.

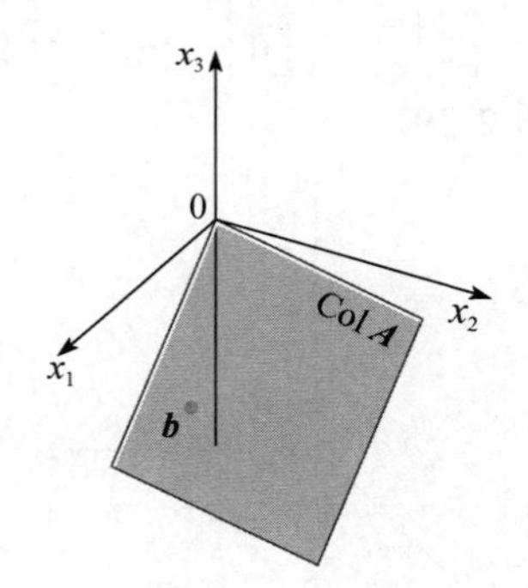

■

例4的解答说明，当线性方程组写成$Ax=b$的形式时，A的列空间是所有使方程组有解的向量b的集合.

定义 矩阵A的**零空间**是齐次方程$Ax=0$的所有解的集合，记为Nul A.

当A有n列时，$Ax=0$的解属于$\mathbb{R}^n$，A的零空间是$\mathbb{R}^n$的子集. 事实上，Nul A具有$\mathbb{R}^n$的子空间的性质.

定理12 *$m\times n$矩阵A的零空间是$\mathbb{R}^n$的子空间. 等价地，n个未知数的m个齐次线性方程的方程组$Ax=0$的所有解的集合是$\mathbb{R}^n$的子空间.*

证 零向量属于Nul A（因$A0=0$）. 为证明Nul A满足其他两个性质，取Nul A中两个向

量 $\boldsymbol{u}$ 和 $\boldsymbol{v}$，即设 $A\boldsymbol{u}=\boldsymbol{0}$ 和 $A\boldsymbol{v}=\boldsymbol{0}$. 那么由矩阵乘法的性质，

$$A(\boldsymbol{u}+\boldsymbol{v})=A\boldsymbol{u}+A\boldsymbol{v}=\boldsymbol{0}+\boldsymbol{0}=\boldsymbol{0}$$

于是 $\boldsymbol{u}+\boldsymbol{v}$ 满足 $A\boldsymbol{x}=\boldsymbol{0}$，所以 $\boldsymbol{u}+\boldsymbol{v}$ 属于 Nul A. 同样，对任意数 c，$A(c\boldsymbol{u})=c(A\boldsymbol{u})=c(\boldsymbol{0})=\boldsymbol{0}$，这就证明了 $c\boldsymbol{u}$ 也属于 Nul A. ■

为检验给定向量 $\boldsymbol{v}$ 是否属于 Nul A，只要计算 $A\boldsymbol{v}$，看它是否为零向量. 因 Nul A 是用其中每个向量必须满足的一个条件来描述的，所以说零空间是隐式定义的. 相反，列空间是显式定义的，因 Col A 中的向量可由 A 的各列（利用线性组合）构造出来. 为了建立 Nul A 的显式描述，解 $A\boldsymbol{x}=0$ 这个方程，把解写成参数向量形式.（见下面的例 6.）[⊖]

子空间的基

因为子空间一般含有无穷多个向量，故子空间中的问题最好能够通过研究生成这个子空间的一个小的有限集合来解决，这个集合越小越好.可以证明，最小的可能生成集合必是线性无关的.

定义 $\mathbb{R}^n$ 中子空间 H 的一组**基**是 H 中一个线性无关集，它生成 H.

例 5 由逆矩阵定理可知，可逆 $n\times n$ 矩阵的各列构成 $\mathbb{R}^n$ 的一组基，因为它们线性无关，而且生成 $\mathbb{R}^n$. 一个这样的矩阵是 $n\times n$ 单位矩阵，它的各列用 $\boldsymbol{e}_1,\boldsymbol{e}_2,\cdots,\boldsymbol{e}_n$ 表示：

$$\boldsymbol{e}_1=\begin{bmatrix}1\\0\\\vdots\\0\end{bmatrix},\ \boldsymbol{e}_2=\begin{bmatrix}0\\1\\\vdots\\0\end{bmatrix},\ \cdots,\ \boldsymbol{e}_n=\begin{bmatrix}0\\\vdots\\0\\1\end{bmatrix}$$

$\{\boldsymbol{e}_1,\boldsymbol{e}_2,\cdots,\boldsymbol{e}_n\}$ 称为 $\mathbb{R}^n$ 的**标准基**. 见图 2-29.

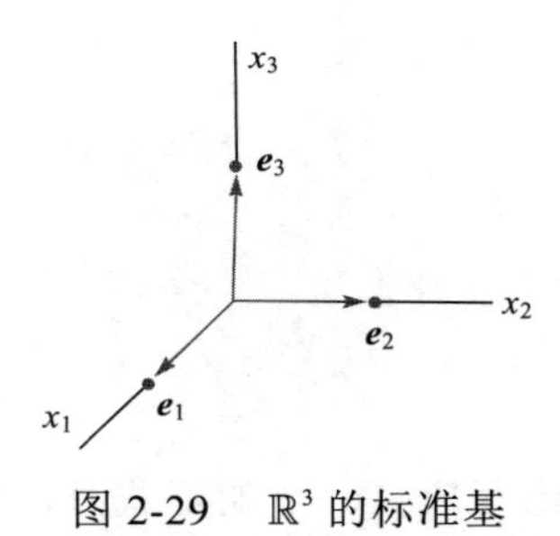

图 2-29 $\mathbb{R}^3$ 的标准基 ■

下例说明，求出方程 $A\boldsymbol{x}=\boldsymbol{0}$ 的解集的参数向量形式实际上就是确定 Nul A 的基，这一事实将在第 5 章大量应用.

例 6 求出下列矩阵的零空间的基.

$$A=\begin{bmatrix}-3&6&-1&1&-7\\1&-2&2&3&-1\\2&-4&5&8&-4\end{bmatrix}$$

⊖ Nul A 与 Col A 的区别将在 4.2 节讨论.

解 首先把方程 $\boldsymbol{Ax}=\boldsymbol{0}$ 的解写成参数向量形式：

$$[\boldsymbol{A}\quad \boldsymbol{0}]\sim\begin{bmatrix}1&-2&0&-1&3&0\\0&0&1&2&-2&0\\0&0&0&0&0&0\end{bmatrix},\quad \begin{aligned}x_1-2x_2\qquad -\ x_4+3x_5&=0\\ x_3+2x_4-2x_5&=0\\ 0&=0\end{aligned}$$

通解为 $x_1=2x_2+x_4-3x_5, x_3=-2x_4+2x_5, x_2,x_4,x_5$ 为自由变量.

$$\begin{bmatrix}x_1\\x_2\\x_3\\x_4\\x_5\end{bmatrix}=\begin{bmatrix}2x_2+x_4-3x_5\\x_2\\-2x_4+2x_5\\x_4\\x_5\end{bmatrix}=x_2\underset{\underset{\boldsymbol{u}}{\uparrow}}{\begin{bmatrix}2\\1\\0\\0\\0\end{bmatrix}}+x_4\underset{\underset{\boldsymbol{v}}{\uparrow}}{\begin{bmatrix}1\\0\\-2\\1\\0\end{bmatrix}}+x_5\underset{\underset{\boldsymbol{w}}{\uparrow}}{\begin{bmatrix}-3\\0\\2\\0\\1\end{bmatrix}}\tag{1}$$

$$=x_2\boldsymbol{u}+x_4\boldsymbol{v}+x_5\boldsymbol{w}$$

方程（1）说明 Nul $\boldsymbol{A}$ 与 $\boldsymbol{u},\boldsymbol{v},\boldsymbol{w}$ 的所有线性组合的集合是一致的，即 $\{\boldsymbol{u},\boldsymbol{v},\boldsymbol{w}\}$ 生成 Nul $\boldsymbol{A}$．事实上，$\boldsymbol{u},\boldsymbol{v},\boldsymbol{w}$ 的构造保证了它们线性无关，因为（1）式说明，

$$\boldsymbol{0}=x_2\boldsymbol{u}+x_4\boldsymbol{v}+x_5\boldsymbol{w}$$

仅当权 x_2,x_4,x_5 等于零时成立.（观察向量 $x_2\boldsymbol{u}+x_4\boldsymbol{v}+x_5\boldsymbol{w}$ 的第 2、第 4、第 5 个元素.）因此 $\{\boldsymbol{u},\boldsymbol{v},\boldsymbol{w}\}$ 是 Nul $\boldsymbol{A}$ 的一组基. ■

求矩阵的列空间的基比求零空间的基容易. 然而，这个方法需要一些说明，我们从一个简单情形开始.

例 7 求下列矩阵的列空间的基：

$$\boldsymbol{B}=\begin{bmatrix}1&0&-3&5&0\\0&1&2&-1&0\\0&0&0&0&1\\0&0&0&0&0\end{bmatrix}$$

解 用 $\boldsymbol{b}_1,\boldsymbol{b}_2,\cdots,\boldsymbol{b}_5$ 表示 $\boldsymbol{B}$ 的列，注意 $\boldsymbol{b}_3=-3\boldsymbol{b}_1+2\boldsymbol{b}_2, \boldsymbol{b}_4=5\boldsymbol{b}_1-\boldsymbol{b}_2$．$\boldsymbol{b}_3$ 和 $\boldsymbol{b}_4$ 是主元列的组合，这意味着 $\boldsymbol{b}_1,\boldsymbol{b}_2,\cdots,\boldsymbol{b}_5$ 的任意组合实际上仅是 $\boldsymbol{b}_1,\boldsymbol{b}_2$ 和 $\boldsymbol{b}_5$ 的组合. 事实上，若 $\boldsymbol{v}$ 是 Col $\boldsymbol{B}$ 的任意向量，比如说，

$$\boldsymbol{v}=c_1\boldsymbol{b}_1+c_2\boldsymbol{b}_2+c_3\boldsymbol{b}_3+c_4\boldsymbol{b}_4+c_5\boldsymbol{b}_5$$

把 $\boldsymbol{b}_3$ 和 $\boldsymbol{b}_4$ 替换掉，可把 $\boldsymbol{v}$ 写成

$$\boldsymbol{v}=c_1\boldsymbol{b}_1+c_2\boldsymbol{b}_2+c_3(-3\boldsymbol{b}_1+2\boldsymbol{b}_2)+c_4(5\boldsymbol{b}_1-\boldsymbol{b}_2)+c_5\boldsymbol{b}_5$$

它是 $\boldsymbol{b}_1,\boldsymbol{b}_2$ 和 $\boldsymbol{b}_5$ 的线性组合，所以 $\{\boldsymbol{b}_1,\boldsymbol{b}_2,\boldsymbol{b}_5\}$ 生成 Col $\boldsymbol{B}$．又因为 $\boldsymbol{b}_1,\boldsymbol{b}_2$ 和 $\boldsymbol{b}_5$ 是单位矩阵的列，线性无关，所以 $\boldsymbol{B}$ 的主元列构成 Col $\boldsymbol{B}$ 的基. ■

例 7 中的矩阵 $\boldsymbol{B}$ 是简化阶梯形. 为处理一个一般的矩阵 $\boldsymbol{A}$，回顾 $\boldsymbol{A}$ 的各列之间的线性相关关系可表示为形式 $\boldsymbol{Ax}=\boldsymbol{0}$（若某些列不含在特殊的线性相关关系中，则 $\boldsymbol{x}$ 中的对应元素为零）. 当 $\boldsymbol{A}$ 行化简为阶梯形 $\boldsymbol{B}$ 时，它的列虽然改变，但方程 $\boldsymbol{Ax}=\boldsymbol{0}$ 和 $\boldsymbol{Bx}=\boldsymbol{0}$ 有相同的解集. 也就是说，$\boldsymbol{A}$ 的列与 $\boldsymbol{B}$ 的列有相同的线性相关关系.

例 8 可以证明矩阵

$$A=[\boldsymbol{a}_1 \quad \boldsymbol{a}_2 \quad \cdots \quad \boldsymbol{a}_5]=\begin{bmatrix}1&3&3&2&-9\\-2&-2&2&-8&2\\2&3&0&7&1\\3&4&-1&11&-8\end{bmatrix}$$

行等价于例 7 中的矩阵 $\boldsymbol{B}$．求 Col $\boldsymbol{A}$ 的一组基．

解 由例 7，$\boldsymbol{A}$ 的主元列是第 1 和第 2 和第 5 列．同时有 $\boldsymbol{b}_3=-3\boldsymbol{b}_1+2\boldsymbol{b}_2$ 和 $\boldsymbol{b}_4=5\boldsymbol{b}_1-\boldsymbol{b}_2$．因行变换不影响矩阵的列之间的线性相关关系，故有

$$\boldsymbol{a}_3=-3\boldsymbol{a}_1+2\boldsymbol{a}_2 \text{ 和 } \boldsymbol{a}_4=5\boldsymbol{a}_1-\boldsymbol{a}_2$$

经验证这是成立的！由例 7 的讨论，生成 $\boldsymbol{A}$ 的列空间不需要用 $\boldsymbol{a}_3$ 和 $\boldsymbol{a}_4$．而且，$\{\boldsymbol{a}_1,\boldsymbol{a}_2,\boldsymbol{a}_5\}$ 必是线性无关的，因 $\boldsymbol{a}_1,\boldsymbol{a}_2,\boldsymbol{a}_5$ 之间的任意线性相关关系必然也使 $\boldsymbol{b}_1,\boldsymbol{b}_2,\boldsymbol{b}_5$ 有同样的关系．因 $\{\boldsymbol{b}_1,\boldsymbol{b}_2,\boldsymbol{b}_5\}$ 线性无关，故 $\{\boldsymbol{a}_1,\boldsymbol{a}_2,\boldsymbol{a}_5\}$ 也线性无关并且是 Col $\boldsymbol{A}$ 的一组基． ■

例 8 的讨论可以用来证明下列定理．

定理 13 *矩阵 $\boldsymbol{A}$ 的主元列构成 $\boldsymbol{A}$ 的列空间的基．*

警告 *用 $\boldsymbol{A}$ 的主元列本身作为 Col $\boldsymbol{A}$ 的基需谨慎．阶梯形 $\boldsymbol{B}$ 的列通常并不在 $\boldsymbol{A}$ 的列空间内．（例如在例 7 和例 8 中，$\boldsymbol{B}$ 的列的最后一行都是零，不可能生成 $\boldsymbol{A}$ 的列．）*

练习题

1. 设 $\boldsymbol{A}=\begin{bmatrix}1&-1&5\\2&0&7\\-3&-5&-3\end{bmatrix}$，$\boldsymbol{u}=\begin{bmatrix}-7\\3\\2\end{bmatrix}$．$\boldsymbol{u}$ 是否属于 Nul $\boldsymbol{A}$？$\boldsymbol{u}$ 是否属于 Col $\boldsymbol{A}$？给出理由．

2. 设 $\boldsymbol{A}=\begin{bmatrix}0&1&0\\0&0&1\\0&0&0\end{bmatrix}$，求 Nul $\boldsymbol{A}$ 中的一个向量和 Col $\boldsymbol{A}$ 中的一个向量．

3. 设一个 $n\times n$ 矩阵 $\boldsymbol{A}$ 是可逆的，则 Nul $\boldsymbol{A}$ 和 Col $\boldsymbol{A}$ 会如何？

习题 2.8

习题 1~4 画的是 $\mathbb{R}^2$ 中的子集．假设这些集合包含边界线，说明这些集合 H 不是 $\mathbb{R}^2$ 的子空间的理由．（例如，找出 H 中两个向量，它们的和不属于 H，或求出 H 中一个向量，它的倍数不属于 H．画出图形．）

1.

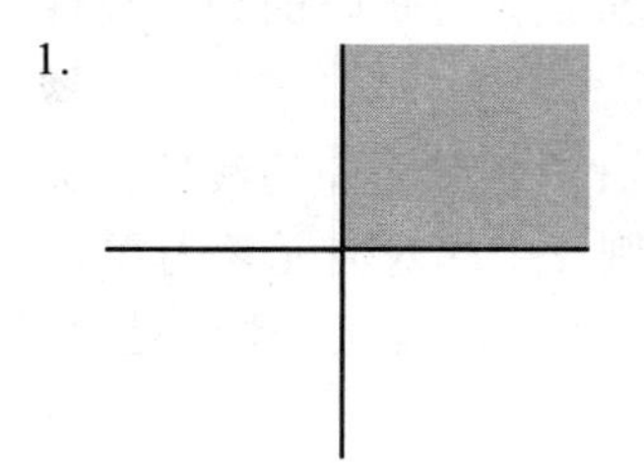

2.

3.

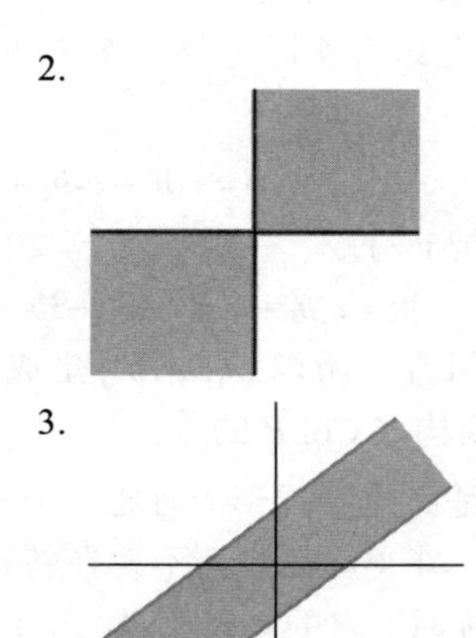

4.

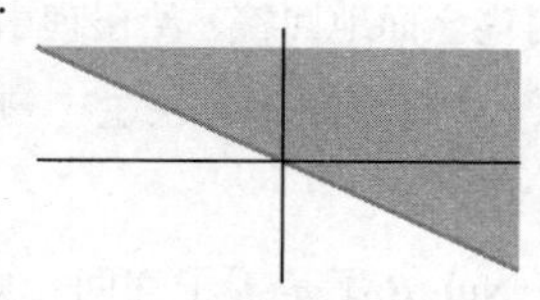

5. $\boldsymbol{v}_1=\begin{bmatrix}2\\3\\-5\end{bmatrix},\boldsymbol{v}_2=\begin{bmatrix}-4\\-5\\8\end{bmatrix},\boldsymbol{w}=\begin{bmatrix}8\\2\\-9\end{bmatrix}$，确定 $\boldsymbol{w}$ 是否属于 $\mathbb{R}^3$ 中由 $\boldsymbol{v}_1$ 和 $\boldsymbol{v}_2$ 生成的子空间.

6. 设 $\boldsymbol{v}_1=\begin{bmatrix}1\\-2\\4\\3\end{bmatrix},\boldsymbol{v}_2=\begin{bmatrix}4\\-7\\9\\7\end{bmatrix},\boldsymbol{v}_3=\begin{bmatrix}5\\-8\\6\\5\end{bmatrix},\boldsymbol{u}=\begin{bmatrix}-4\\10\\-7\\-5\end{bmatrix}$，确定 $\boldsymbol{u}$ 是否属于 $\mathbb{R}^4$ 中由 $\{\boldsymbol{v}_1,\boldsymbol{v}_2,\boldsymbol{v}_3\}$ 生成的子空间.

7. $\boldsymbol{v}_1=\begin{bmatrix}2\\-8\\6\end{bmatrix},\boldsymbol{v}_2=\begin{bmatrix}-3\\8\\-7\end{bmatrix},\boldsymbol{v}_3=\begin{bmatrix}-4\\6\\-7\end{bmatrix},\boldsymbol{p}=\begin{bmatrix}6\\-10\\11\end{bmatrix},\boldsymbol{A}=[\boldsymbol{v}_1\ \boldsymbol{v}_2\ \boldsymbol{v}_3]$.

   a. $\{\boldsymbol{v}_1,\boldsymbol{v}_2,\boldsymbol{v}_3\}$ 中有多少个向量？

   b. Col $\boldsymbol{A}$ 中有多少个向量？

   c. $\boldsymbol{p}$ 是否属于 Col $\boldsymbol{A}$？为什么？

8. 设 $\boldsymbol{v}_1=\begin{bmatrix}-3\\0\\6\end{bmatrix},\boldsymbol{v}_2=\begin{bmatrix}-2\\2\\3\end{bmatrix},\boldsymbol{v}_3=\begin{bmatrix}0\\-6\\3\end{bmatrix},\boldsymbol{p}=\begin{bmatrix}1\\14\\-9\end{bmatrix}$，确定 $\boldsymbol{p}$ 是否属于 Col $\boldsymbol{A}$，其中 $\boldsymbol{A}=[\boldsymbol{v}_1\quad \boldsymbol{v}_2\quad \boldsymbol{v}_3]$.

9. $\boldsymbol{A}$ 和 $\boldsymbol{p}$ 如习题 7，判断 $\boldsymbol{p}$ 是否属于 Nul $\boldsymbol{A}$.

10. $\boldsymbol{u}=\begin{bmatrix}-2\\3\\1\end{bmatrix}$，$\boldsymbol{A}$ 如习题 8，确定 $\boldsymbol{u}$ 是否属于 Nul $\boldsymbol{A}$.

习题 11 和 12 给出整数 p 和 q 使 Nul $\boldsymbol{A}$ 是 $\mathbb{R}^p$ 的子空间，Col $\boldsymbol{A}$ 是 $\mathbb{R}^q$ 的子空间.

11. $\boldsymbol{A}=\begin{bmatrix}3&2&1&-5\\-9&-4&1&7\\9&2&-5&1\end{bmatrix}$

12. $\boldsymbol{A}=\begin{bmatrix}1&2&3\\4&5&7\\-5&-1&0\\2&7&11\end{bmatrix}$

13. $\boldsymbol{A}$ 如习题 11，分别求 Nul $\boldsymbol{A}$ 和 Col $\boldsymbol{A}$ 中的一个非零向量.

14. $\boldsymbol{A}$ 如习题 12，分别求 Nul $\boldsymbol{A}$ 和 Col $\boldsymbol{A}$ 中的一个非零向量.

在习题 15~20 中，确定哪个集是 $\mathbb{R}^2$ 或 $\mathbb{R}^3$ 的基. 验证你的答案.

15. $\begin{bmatrix}5\\-2\end{bmatrix},\begin{bmatrix}10\\-3\end{bmatrix}$

16. $\begin{bmatrix}-4\\6\end{bmatrix},\begin{bmatrix}2\\-3\end{bmatrix}$

17. $\begin{bmatrix}0\\1\\-2\end{bmatrix},\begin{bmatrix}5\\-7\\4\end{bmatrix},\begin{bmatrix}6\\3\\5\end{bmatrix}$

18. $\begin{bmatrix}1\\1\\-2\end{bmatrix},\begin{bmatrix}-5\\-1\\2\end{bmatrix},\begin{bmatrix}7\\0\\-5\end{bmatrix}$

19. $\begin{bmatrix}3\\-8\\1\end{bmatrix},\begin{bmatrix}6\\2\\-5\end{bmatrix}$

20. $\begin{bmatrix}1\\-6\\-7\end{bmatrix},\begin{bmatrix}3\\-4\\7\end{bmatrix},\begin{bmatrix}-2\\7\\5\end{bmatrix},\begin{bmatrix}0\\8\\9\end{bmatrix}$

在习题 21~30 中，标出每个命题的真假(T/F). 验证你的答案.

21. (T/F) $\mathbb{R}^n$ 的一个子空间是任一集合 H 满足：(i) 零向量属于 H，(ii) $\boldsymbol{u},\boldsymbol{v}$ 和 $\boldsymbol{u}+\boldsymbol{v}$ 属于 H，(iii) c 是数，$c\boldsymbol{u}$ 属于 H.

22. (T/F) $\mathbb{R}^n$ 的一个集合 H 是子空间，如果零向量属于 H.

23. (T/F)若 $\boldsymbol{v}_1,\boldsymbol{v}_2,\cdots,\boldsymbol{v}_p$ 属于 $\mathbb{R}^n$，则 $\mathrm{Span}\{\boldsymbol{v}_1,\boldsymbol{v}_2,\cdots,\boldsymbol{v}_p\}$ 等价于矩阵 $[\boldsymbol{v}_1\ \boldsymbol{v}_2\cdots\boldsymbol{v}_p]$ 的列空间.

24. (T/F) 给定 $\mathbb{R}^n$ 中的向量 $\boldsymbol{v}_1,\boldsymbol{v}_2,\cdots,\boldsymbol{v}_p$，这些向量的所有线性组合构成的集合是 $\mathbb{R}^n$ 的子空间.

25. (T/F)一个有 m 个方程的齐次线性方程组有 n 个未知量，其全体解组成的集合是 $\mathbb{R}^m$ 的一个子空间.

26. (T/F)一个 $m\times n$ 矩阵的零空间是 $\mathbb{R}^n$ 的子空间.

27. (T/F)一个 $n\times n$ 可逆矩阵的列构成 $\mathbb{R}^n$ 的一组基.

28. (T/F)矩阵 $\boldsymbol{A}$ 的列空间是 $\boldsymbol{Ax}=\boldsymbol{b}$ 的解的集合.

29. (T/F)行变换不改变矩阵的列向量之间的线性相关关系.

30. (T/F)若 $\boldsymbol{B}$ 是矩阵 $\boldsymbol{A}$ 的阶梯形，则 $\boldsymbol{B}$ 的主元列构成 Col $\boldsymbol{A}$ 的一组基.

在习题 31~34 中，给出矩阵 $\boldsymbol{A}$ 和 $\boldsymbol{A}$ 的阶梯形，求出 Col $\boldsymbol{A}$ 和 Nul $\boldsymbol{A}$ 的基.

31. $A=\begin{bmatrix}4&5&9&-2\\6&5&1&12\\3&4&8&-3\end{bmatrix}\sim\begin{bmatrix}1&2&6&-5\\0&1&5&-6\\0&0&0&0\end{bmatrix}$

32. $A=\begin{bmatrix}-3&9&-2&-7\\2&-6&4&8\\3&-9&-2&2\end{bmatrix}\sim\begin{bmatrix}1&-3&6&9\\0&0&4&5\\0&0&0&0\end{bmatrix}$

33. $A=\begin{bmatrix}1&4&8&-3&-7\\-1&2&7&3&4\\-2&2&9&5&5\\3&6&9&-5&-2\end{bmatrix}\sim\begin{bmatrix}1&4&8&0&5\\0&2&5&0&-1\\0&0&0&1&4\\0&0&0&0&0\end{bmatrix}$

34. $A=\begin{bmatrix}3&-1&7&3&9\\-2&2&-2&7&5\\-5&9&3&3&4\\-2&6&6&3&7\end{bmatrix}\sim\begin{bmatrix}3&-1&7&0&6\\0&2&4&0&3\\0&0&0&1&1\\0&0&0&0&0\end{bmatrix}$

35. 构造一个非零 3×3 矩阵 $\boldsymbol{A}$ 和一个非零向量 $\boldsymbol{b}$，其中 $\boldsymbol{b}$ 属于 Col $\boldsymbol{A}$ 但与 $\boldsymbol{A}$ 的任一列都不同.

36. 构造一个非零 3×3 矩阵 $\boldsymbol{A}$ 和一个非零向量 $\boldsymbol{b}$，其中 $\boldsymbol{b}$ 不属于 Col $\boldsymbol{A}$.

37. 构造一个非零 3×3 矩阵 $\boldsymbol{A}$ 和一个非零向量 $\boldsymbol{b}$，其中 $\boldsymbol{b}$ 属于 Nul $\boldsymbol{A}$.

38. 设矩阵 $\boldsymbol{A}=[\boldsymbol{a}_1\ \boldsymbol{a}_2\ \cdots\ \boldsymbol{a}_p]$ 的各列线性无关，说明为什么 $\{\boldsymbol{a}_1,\boldsymbol{a}_2,\cdots,\boldsymbol{a}_p\}$ 是 Col $\boldsymbol{A}$ 的一组基.

在习题 39~44 中,尽可能全面地回答，给出理由.

39. 设 $\boldsymbol{F}$ 是 5×5 矩阵，其列空间不等于 $\mathbb{R}^5$，则 Nul $\boldsymbol{F}$ 会如何？

40. 若 $\boldsymbol{R}$ 是 6×6 矩阵，Nul $\boldsymbol{R}$ 不是零子空间，则 Col $\boldsymbol{R}$ 会如何？

41. 若 $\boldsymbol{Q}$ 是 4×4 矩阵，Col $\boldsymbol{Q}=\mathbb{R}^4$，$\boldsymbol{b}$ 属于 $\mathbb{R}^4$，则对形如 $\boldsymbol{Qx}=\boldsymbol{b}$ 的方程，其解会如何？

42. 若 $\boldsymbol{P}$ 是 5×5 矩阵，Nul $\boldsymbol{P}$ 是零子空间，$\boldsymbol{b}$ 属于 $\mathbb{R}^5$，则对形如 $\boldsymbol{Px}=\boldsymbol{b}$ 的方程，其解会如何？

43. 若 $\boldsymbol{B}$ 是 5×4 矩阵，有线性无关的列，则 Nul $\boldsymbol{B}$ 会如何？

44. 若 $m\times n$ 矩阵 $\boldsymbol{A}$ 的各列构成 $\mathbb{R}^m$ 的一组基，则该矩阵的形状会如何？

[M]在习题 45 和习题 46 中，求出给定矩阵 $\boldsymbol{A}$ 的列空间和零空间. 验证你的答案.

45. $A=\begin{bmatrix}3&-5&0&-1&3\\-7&9&-4&9&-11\\-5&7&-2&5&-7\\3&-7&-3&4&0\end{bmatrix}$

46. $A=\begin{bmatrix}5&2&0&-8&-8\\4&1&2&-8&-9\\5&1&3&5&19\\-8&-5&6&8&5\end{bmatrix}$

练习题答案

1. 为确定 $\boldsymbol{u}$ 是否属于 Nul $\boldsymbol{A}$，只需计算

$$\boldsymbol{Au}=\begin{bmatrix}1&-1&5\\2&0&7\\-3&-5&-3\end{bmatrix}\begin{bmatrix}-7\\3\\2\end{bmatrix}=\begin{bmatrix}0\\0\\0\end{bmatrix}$$

结果显示 $\boldsymbol{u}$ 属于 Nul $\boldsymbol{A}$. 要确定 $\boldsymbol{u}$ 是否属于 Col $\boldsymbol{A}$ 需要做更多的工作. 化简增广矩阵 $[\boldsymbol{A}\ \ \boldsymbol{u}]$ 为阶梯形来判断方程 $\boldsymbol{Ax}=\boldsymbol{u}$ 是否相容：

$$\begin{bmatrix}1&-1&5&-7\\2&0&7&3\\-3&-5&-3&2\end{bmatrix}\sim\begin{bmatrix}1&-1&5&-7\\0&2&-3&17\\0&-8&12&-19\end{bmatrix}\sim\begin{bmatrix}1&-1&5&-7\\0&2&-3&17\\0&0&0&49\end{bmatrix}$$

方程 $\boldsymbol{Ax}=\boldsymbol{u}$ 无解，因此 $\boldsymbol{u}$ 不属于 Col $\boldsymbol{A}$.

2. 与练习题 1 相比，求 Nul $\boldsymbol{A}$ 的一个向量比判定一个给定的向量是否属于 Nul $\boldsymbol{A}$ 需要做更多的工作. 但是，由于 $\boldsymbol{A}$ 已经是阶梯形，因此方程 $\boldsymbol{Ax}=\boldsymbol{0}$ 给出如果 $\boldsymbol{x}=(x_1,x_2,x_3)$，则 $x_2=0, x_3=0, x_1$ 是自由变量. 因此，Nul $\boldsymbol{A}$ 的一个基是 $\boldsymbol{v}=(1,0,0)$. 求 Col $\boldsymbol{A}$ 的一个向量是简单的，因为 $\boldsymbol{A}$ 中的每一列都属于 Col $\boldsymbol{A}$. 在特殊情况下，同一个向量 $\boldsymbol{v}$ 既属于 Nul $\boldsymbol{A}$，又属于 Col $\boldsymbol{A}$. 对大部分 $n\times n$ 矩阵而言，$\mathbb{R}^n$ 中只有零向量是既属于 Nul $\boldsymbol{A}$，又属于 Col $\boldsymbol{A}$.
3. 如果 $\boldsymbol{A}$ 是可逆的，则根据可逆矩阵定理，$\boldsymbol{A}$ 的各列生成 $\mathbb{R}^n$. 由定义可知，任何矩阵的列总是可以生成该矩阵的列空间，因此这里 Col $\boldsymbol{A}$ 就是全部的 $\mathbb{R}^n$. 用符号表示就是 Col $\boldsymbol{A}=\mathbb{R}^n$. 同时，因为 $\boldsymbol{A}$ 是可逆的，故方程 $\boldsymbol{Ax}=\boldsymbol{0}$ 只有平凡解. 这意味着 Nul $\boldsymbol{A}$ 是零子空间,用符号表示就是 Nul $\boldsymbol{A}=\{\boldsymbol{0}\}$.

2.9 维数与秩

本节从坐标系的概念开始对子空间和子空间的基继续加以讨论. 下面的定义和例子使一个有用的新术语——维数显得非常自然，至少对 $\mathbb{R}^3$ 的子空间是这样.

坐标系

选择子空间 H 的一个基代替一个纯粹生成集的主要原因是，H 中的每个向量可以被表示为基向量的线性组合的唯一形式. 为了明确原因，假设 $\mathcal{B}=\{\boldsymbol{b}_1,\boldsymbol{b}_2,\cdots,\boldsymbol{b}_p\}$ 是 H 的基，并且 H 中的一个向量 $\boldsymbol{x}$ 可以由两种方式生成，即

$$\boldsymbol{x}=c_1\boldsymbol{b}_1+c_2\boldsymbol{b}_2+\cdots+c_p\boldsymbol{b}_p\text{，和 }\boldsymbol{x}=d_1\boldsymbol{b}_1+d_2\boldsymbol{b}_2+\cdots+d_p\boldsymbol{b}_p \tag{1}$$

则相减得到

$$\boldsymbol{0}=\boldsymbol{x}-\boldsymbol{x}=(c_1-d_1)\boldsymbol{b}_1+(c_2-d_2)\boldsymbol{b}_2+\cdots+(c_p-d_p)\boldsymbol{b}_p \tag{2}$$

因为 $\mathcal{B}$ 是线性无关的，故（2）式中的权必全为零. 亦即对 $1\leqslant j\leqslant p$, $c_j=d_j$，（1）式中的两种表示实际上是相同的.

定义 假设 $\mathcal{B}=\{\boldsymbol{b}_1,\boldsymbol{b}_2,\cdots,\boldsymbol{b}_p\}$ 是子空间 H 的一组基. 对 H 中的每一个向量 $\boldsymbol{x}$，**相对于基 $\mathcal{B}$ 的坐标**是使 $\boldsymbol{x}=c_1\boldsymbol{b}_1+c_2\boldsymbol{b}_2+\cdots+c_p\boldsymbol{b}_p$ 成立的权 $c_1,c_2,\cdots,c_p$，且 $\mathbb{R}^p$ 中的向量

$$[\boldsymbol{x}]_{\mathcal{B}}=\begin{bmatrix}c_1\\c_2\\\vdots\\c_p\end{bmatrix}$$

称为 $\boldsymbol{x}$（相对于 $\mathcal{B}$）的**坐标向量**，或 $\boldsymbol{x}$ 的 **$\mathcal{B}$-坐标向量**.[㊀]

㊀ 要注意 $\mathcal{B}$ 中向量的次序，因为 $[\boldsymbol{x}]_{\mathcal{B}}$ 的元素依赖于 $\mathcal{B}$ 中向量的次序.

例 1　设 $\boldsymbol{v}_1=\begin{bmatrix}3\\6\\2\end{bmatrix},\boldsymbol{v}_2=\begin{bmatrix}-1\\0\\1\end{bmatrix},\boldsymbol{x}=\begin{bmatrix}3\\12\\7\end{bmatrix},\mathcal{B}=\{\boldsymbol{v}_1,\boldsymbol{v}_2\}$. 因 $\boldsymbol{v}_1,\boldsymbol{v}_2$ 线性无关，故 $\mathcal{B}$ 是 $H=\mathrm{Span}\{\boldsymbol{v}_1,\boldsymbol{v}_2\}$ 的基. 判断 $\boldsymbol{x}$ 是否在 H 中，如果是，求 $\boldsymbol{x}$ 相对于基 $\mathcal{B}$ 的坐标向量.

解　如果 $\boldsymbol{x}$ 在 H 中，则下面的向量方程是相容的：

$$c_1\begin{bmatrix}3\\6\\2\end{bmatrix}+c_2\begin{bmatrix}-1\\0\\1\end{bmatrix}=\begin{bmatrix}3\\12\\7\end{bmatrix}$$

如果数 c_1,c_2 存在，则它们是 $\boldsymbol{x}$ 的 $\mathcal{B}$-坐标. 由行变换得

$$\begin{bmatrix}3&-1&3\\6&0&12\\2&1&7\end{bmatrix}\sim\begin{bmatrix}1&0&2\\0&1&3\\0&0&0\end{bmatrix}$$

于是 $c_1=2,c_2=3,[\boldsymbol{x}]_{\mathcal{B}}=\begin{bmatrix}2\\3\end{bmatrix}$. 基 $\mathcal{B}$ 确定 $\mathbb{R}^3$ 中平面 H 上的一个“坐标系”，如图 2-30 中的格子所示. ■

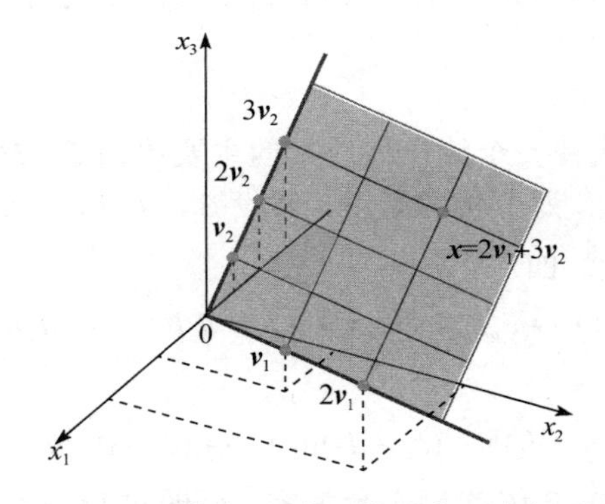

图 2-30　$\mathbb{R}^3$ 中平面 H 的一个“坐标系”

注意，虽然 H 中的点也在 $\mathbb{R}^3$ 中，但它们完全由属于 $\mathbb{R}^2$ 的坐标向量确定. 图 2-30 中的平面上的格子使 H 看起来像 $\mathbb{R}^2$. 映射 $\boldsymbol{x}\mapsto[\boldsymbol{x}]_{\mathcal{B}}$ 是 H 和 $\mathbb{R}^2$ 之间保持线性组合关系的一一映射. 我们称这种映射是同构的，且 H 与 $\mathbb{R}^2$ 同构.

一般地，如果 $\mathcal{B}=\{\boldsymbol{b}_1,\boldsymbol{b}_2,\cdots,\boldsymbol{b}_p\}$ 是 H 的基，则映射 $\boldsymbol{x}\mapsto[\boldsymbol{x}]_{\mathcal{B}}$ 是使 H 和 $\mathbb{R}^p$ 的形态一样的一一映射（尽管 H 中的向量可能有多于 p 个元素）.（详细的讨论见 4.4 节.）

子空间的维数

可以证明，若子空间 H 有一组基包含 p 个向量，则 H 的每个基都正好包含 p 个向量.（见习题 35 和 36.）于是下列定义是有意义的.

定义　非零子空间 H 的**维数**（用 $\dim H$ 表示）是 H 的任意一个基的向量个数. 零子空间 $\{\mathbf{0}\}$

的维数定义为零.[1]

$\mathbb{R}^n$ 空间维数为 n，$\mathbb{R}^n$ 的每个基由 n 个向量组成. $\mathbb{R}^3$ 中的一个经过 $\mathbf{0}$ 的平面是二维的，一条经过 $\mathbf{0}$ 的直线是一维的.

例 2 回忆 2.8 节例 6 中矩阵 A 的零空间有一个基包含 3 个向量. 因此这里 Nul A 的维数为 3. 观察到每个基向量对应于方程 $A\mathbf{x}=\mathbf{0}$ 的一个自由变量. 我们的构造方法总是以这种方式产生一个基. 因此，要确定 Nul A 的维数，只需求出 $A\mathbf{x}=\mathbf{0}$ 中的自由变量个数. ■

定义 矩阵 A 的**秩**（记为 rank A）是 A 的列空间的维数.

因为 A 的主元列形成 Col A 的一个基，故 A 的秩正好是 A 的主元列的个数.

例 3 确定矩阵的秩：

$$A=\begin{bmatrix}2 & 5 & -3 & -4 & 8\\ 4 & 7 & -4 & -3 & 9\\ 6 & 9 & -5 & 2 & 4\\ 0 & -9 & 6 & 5 & -6\end{bmatrix}$$

解 化简 A 成阶梯行：

$$A\sim\begin{bmatrix}2 & 5 & -3 & -4 & 8\\ 0 & -3 & 2 & 5 & -7\\ 0 & -6 & 4 & 14 & -20\\ 0 & -9 & 6 & 5 & -6\end{bmatrix}\sim\cdots\sim\begin{bmatrix}2 & 5 & -3 & -4 & 8\\ 0 & -3 & 2 & 5 & -7\\ 0 & 0 & 0 & 4 & -6\\ 0 & 0 & 0 & 0 & 0\end{bmatrix}$$

主元列（第 1、2、4 列）

矩阵 A 有 3 个主元列，因此 rank $A=3$. ■

从例 3 的行化简可见在 $A\mathbf{x}=\mathbf{0}$ 中有两个自由变量，这是因为 A 的五列中有两列不是主元列.（非主元列对应于 $A\mathbf{x}=\mathbf{0}$ 中的自由变量.）由于主元列的个数加上非主元列的个数正好是 A 的列数，因此 Col A 和 Nul A 的维数有如下有用的关系.（详细内容见 4.6 节的秩定理.）

定理 14 （秩定理）

如果一矩阵 A 有 n 列，则 rank A + dim Nul $A=n$.

下面的定理在应用中很重要，并在第 5 章和第 6 章中用到. 该定理（在 4.5 节中证明）当然是很显明的，若你想到 p 维子空间同构于 $\mathbb{R}^p$. 由可逆矩阵定理知，$\mathbb{R}^p$ 中的 p 个向量线性无关当且仅当这 p 个向量也生成 $\mathbb{R}^p$.

定理 15 （基定理）

设 H 是 $\mathbb{R}^n$ 的 p 维子空间，H 中的任何恰好由 p 个元素组成的线性无关集构成 H 的一个基. 并且，H 中任何生成 H 的 p 个向量集自然也构成 H 的一个基.

[1] 零子空间无基（因为零向量本身构成一个线性相关集）.

秩与可逆矩阵定理

各种与矩阵相关的向量空间的概念为可逆矩阵定理提供了更多的命题．下面给出 2.3 节原定理的后续命题．

定理 16（可逆矩阵定理 8（续））

设 $\boldsymbol{A}$ 是一 $n\times n$ 矩阵，则下面的每个命题与 $\boldsymbol{A}$ 是可逆矩阵的命题等价：

m. $\boldsymbol{A}$ 的列向量构成 $\mathbb{R}^n$ 的一个基．

n. $\text{Col}\,\boldsymbol{A}=\mathbb{R}^n$.

o. $\text{rank}\,\boldsymbol{A}=n$.

p. $\dim \text{Nul}\,\boldsymbol{A}=0$.

q. $\text{Nul}\,\boldsymbol{A}=\{\boldsymbol{0}\}$.

证　根据线性无关和生成的概念，命题 m 逻辑上与命题 e 和 h 等价．其他四个命题通过简单推导以如下关系与定理以前的命题相关联：

$$\text{g}\Rightarrow\text{n}\Rightarrow\text{o}\Rightarrow\text{p}\Rightarrow\text{q}\Rightarrow\text{d}$$

命题 g 认为方程 $\boldsymbol{Ax}=\boldsymbol{b}$ 对每一属于 $\mathbb{R}^n$ 的 $\boldsymbol{b}$ 有至少一个解，由此可以推出 n，因为 $\text{Col}\,\boldsymbol{A}$ 确实是所有 $\boldsymbol{b}$ 的集合，满足方程 $\boldsymbol{Ax}=\boldsymbol{b}$ 相容的条件．命题 n⇒o⇒p 是因为维数和秩的定义．如果 $\boldsymbol{A}$ 的秩是 n，即 $\boldsymbol{A}$ 的列数，则根据秩定理得 $\dim\text{Nul}\,\boldsymbol{A}=0$，因而 $\text{Nul}\,\boldsymbol{A}=\{\boldsymbol{0}\}$．于是有 p⇒q．同时，由命题 q 推出方程 $\boldsymbol{Ax}=\boldsymbol{0}$ 只有平凡解，即命题 d．因为已知命题 d 和 g 与 $\boldsymbol{A}$ 是可逆矩阵的命题等价，从而定理证毕．■

数值计算的注解　本教材中讨论的许多算法有助于概念的理解和手工进行简单的计算．然而，这些算法通常不适于处理现实生活中的大规模问题．

计算秩的算法是一个很好的例子．表面上看将矩阵化简为阶梯形后数主元是很容易的事情．但除非是对元素精确指定的矩阵进行算术运算，行运算可以明显改变一个矩阵的秩．例如，假如矩阵 $\begin{bmatrix}5 & 7\\5 & x\end{bmatrix}$ 中 x 的值在计算机中不是精确存为 7，那么它的秩可能是 1 或 2，这取决于计算机是否视 $x-7$ 为零．

在实际应用中，通常使用 $\boldsymbol{A}$ 的奇异值分解来有效地确定矩阵 $\boldsymbol{A}$ 的秩，在 7.4 节中将会讨论．

练习题

1. 确定由向量 $\boldsymbol{v}_1,\boldsymbol{v}_2,\boldsymbol{v}_3$ 生成的 $\mathbb{R}^3$ 的子空间 H 的维数．（首先找 H 的基．）

$$\boldsymbol{v}_1=\begin{bmatrix}2\\-8\\6\end{bmatrix},\ \boldsymbol{v}_2=\begin{bmatrix}3\\-7\\-1\end{bmatrix},\ \boldsymbol{v}_3=\begin{bmatrix}-1\\6\\-7\end{bmatrix}$$

2. $\mathbb{R}^2$ 的基 $\mathcal{B}=\left\{\begin{bmatrix}1\\0.2\end{bmatrix},\begin{bmatrix}0.2\\1\end{bmatrix}\right\}$，若 $[\boldsymbol{x}]_{\mathcal{B}}=\begin{bmatrix}3\\2\end{bmatrix}$，$\boldsymbol{x}$ 是什么？

3. $\mathbb{R}^3$ 是否可能包含四维子空间？为什么？

习题 2.9

习题 1 和 2 给出坐标向量 $[\boldsymbol{x}]_{\mathcal{B}}$ 和基 $\mathcal{B}$，求向量 $\boldsymbol{x}$. 像练习题 2 一样用图示说明你的答案.

1. $\mathcal{B}=\left\{\begin{bmatrix}1\\1\end{bmatrix}, \begin{bmatrix}2\\-1\end{bmatrix}\right\}$, $[\boldsymbol{x}]_{\mathcal{B}}=\begin{bmatrix}3\\2\end{bmatrix}$

2. $\mathcal{B}=\left\{\begin{bmatrix}-2\\1\end{bmatrix}, \begin{bmatrix}3\\1\end{bmatrix}\right\}$, $[\boldsymbol{x}]_{\mathcal{B}}=\begin{bmatrix}-1\\3\end{bmatrix}$

在习题 3~6 中，向量 $\boldsymbol{x}$ 属于一个基为 $\mathcal{B}=\{\boldsymbol{b}_1,\boldsymbol{b}_2\}$ 的子空间 H，求出 $\boldsymbol{x}$ 相对于 $\mathcal{B}$ 的坐标向量.

3. $\boldsymbol{b}_1=\begin{bmatrix}1\\-4\end{bmatrix},\boldsymbol{b}_2=\begin{bmatrix}-2\\7\end{bmatrix},\boldsymbol{x}=\begin{bmatrix}-3\\7\end{bmatrix}$

4. $\boldsymbol{b}_1=\begin{bmatrix}1\\-3\end{bmatrix},\boldsymbol{b}_2=\begin{bmatrix}-3\\5\end{bmatrix},\boldsymbol{x}=\begin{bmatrix}-7\\5\end{bmatrix}$

5. $\boldsymbol{b}_1=\begin{bmatrix}1\\5\\-3\end{bmatrix}$, $\boldsymbol{b}_2=\begin{bmatrix}-3\\-7\\5\end{bmatrix}$, $\boldsymbol{x}=\begin{bmatrix}4\\10\\-7\end{bmatrix}$

6. $\boldsymbol{b}_1=\begin{bmatrix}-3\\1\\-4\end{bmatrix}$, $\boldsymbol{b}_2=\begin{bmatrix}7\\5\\-6\end{bmatrix}$, $\boldsymbol{x}=\begin{bmatrix}11\\0\\7\end{bmatrix}$

7. 设 $\boldsymbol{b}_1=\begin{bmatrix}3\\0\end{bmatrix},\boldsymbol{b}_2=\begin{bmatrix}-1\\2\end{bmatrix},\boldsymbol{w}=\begin{bmatrix}7\\-2\end{bmatrix},\boldsymbol{x}=\begin{bmatrix}4\\1\end{bmatrix},\mathcal{B}=\{\boldsymbol{b}_1,\boldsymbol{b}_2\}$.
使用图形估算 $[\boldsymbol{w}]_{\mathcal{B}}$ 和 $[\boldsymbol{x}]_{\mathcal{B}}$. 用你估算的 $[\boldsymbol{x}]_{\mathcal{B}}$ 和 $\{\boldsymbol{b}_1,\boldsymbol{b}_2\}$ 计算 $\boldsymbol{x}$ 来验证 $[\boldsymbol{x}]_{\mathcal{B}}$.

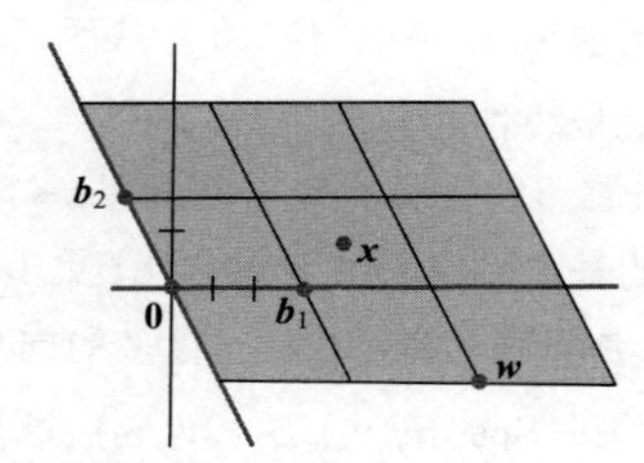

8. 设 $\boldsymbol{b}_1=\begin{bmatrix}0\\2\end{bmatrix},\boldsymbol{b}_2=\begin{bmatrix}2\\1\end{bmatrix},\boldsymbol{x}=\begin{bmatrix}-2\\3\end{bmatrix},\boldsymbol{y}=\begin{bmatrix}2\\4\end{bmatrix},\boldsymbol{z}=\begin{bmatrix}-1\\-2.5\end{bmatrix}$,
$\mathcal{B}=\{\boldsymbol{b}_1,\boldsymbol{b}_2\}$. 使用图形估算 $[\boldsymbol{x}]_{\mathcal{B}},[\boldsymbol{y}]_{\mathcal{B}}$ 和 $[\boldsymbol{z}]_{\mathcal{B}}$. 用你估算的 $[\boldsymbol{y}]_{\mathcal{B}},[\boldsymbol{z}]_{\mathcal{B}}$ 和 $\{\boldsymbol{b}_1,\boldsymbol{b}_2\}$ 计算 $\boldsymbol{y}$ 和 $\boldsymbol{z}$ 来验证 $[\boldsymbol{y}]_{\mathcal{B}}$ 和 $[\boldsymbol{z}]_{\mathcal{B}}$.

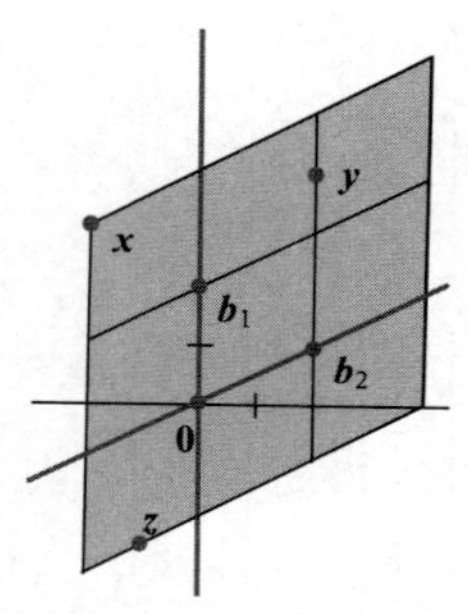

习题 9~12 给出矩阵 $\boldsymbol{A}$ 及其阶梯形，求 $\mathrm{Col}\,\boldsymbol{A}$ 和 $\mathrm{Nul}\,\boldsymbol{A}$ 的基，并求其维数.

9. $\boldsymbol{A}=\begin{bmatrix}1&-3&2&-4\\-3&9&-1&5\\2&-6&4&-3\\-4&12&2&7\end{bmatrix}\sim\begin{bmatrix}1&-3&2&-4\\0&0&5&-7\\0&0&0&5\\0&0&0&0\end{bmatrix}$

10. $\boldsymbol{A}=\begin{bmatrix}1&-2&9&5&4\\1&-1&6&5&-3\\-2&0&-6&1&-2\\4&1&9&1&-9\end{bmatrix}$
$\sim\begin{bmatrix}1&-2&9&5&4\\0&1&-3&0&-7\\0&0&0&1&-2\\0&0&0&0&0\end{bmatrix}$

11. $\boldsymbol{A}=\begin{bmatrix}1&2&-5&0&-1\\2&5&-8&4&3\\-3&-9&9&-7&-2\\3&10&-7&11&7\end{bmatrix}$
$\sim\begin{bmatrix}1&2&-5&0&-1\\0&1&2&4&5\\0&0&0&1&2\\0&0&0&0&0\end{bmatrix}$

12. $\boldsymbol{A}=\begin{bmatrix}1&2&-4&3&3\\5&10&-9&-7&8\\4&8&-9&-2&7\\-2&-4&5&0&-6\end{bmatrix}$
$\sim\begin{bmatrix}1&2&-4&3&3\\0&0&1&-2&0\\0&0&0&0&-5\\0&0&0&0&0\end{bmatrix}$

在习题13~14中，求给定向量生成的子空间的一个基及该子空间的维数.

13. $\begin{bmatrix}1\\-3\\2\\-4\end{bmatrix},\begin{bmatrix}-3\\9\\-6\\12\end{bmatrix},\begin{bmatrix}2\\-1\\4\\2\end{bmatrix},\begin{bmatrix}-4\\5\\-3\\7\end{bmatrix}$

14. $\begin{bmatrix}1\\-1\\-2\\5\end{bmatrix},\begin{bmatrix}2\\-3\\-1\\6\end{bmatrix},\begin{bmatrix}0\\2\\-6\\8\end{bmatrix},\begin{bmatrix}-1\\4\\-7\\7\end{bmatrix},\begin{bmatrix}3\\-8\\9\\-5\end{bmatrix}$

15. 设一 3×5 矩阵 A 有三个主元列. 是否有 $\mathrm{Col}\,A=\mathbb{R}^3$？是否有 $\mathrm{Nul}\,A=\mathbb{R}^2$？解释原因.

16. 设一 4×7 矩阵 A 有三个主元列. 是否有 $\mathrm{Col}\,A=\mathbb{R}^3$？ $\mathrm{Nul}\,A$ 的维数是多少？解释原因.

在习题17~26中，标出每个命题的真假(T/F)，给出理由. 这里 A 是 $m\times n$ 矩阵.

17. (T/F)若 $\mathcal{B}=\{v_1,v_2,\cdots,v_p\}$ 是子空间 H 的一个基且 $x=c_1v_1+c_2v_2+\cdots+c_pv_p$，则 $c_1,c_2,\cdots,c_p$ 是 x 相对于基 $\mathcal{B}$ 的坐标.

18. (T/F)若 $\mathcal{B}$ 是子空间 H 的一个基，则 H 中的每个向量可以写成 $\mathcal{B}$ 中向量的唯一线性组合形式.

19. (T/F) $\mathbb{R}^n$ 中的每一直线都是 $\mathbb{R}^n$ 的一维子空间.

20. (T/F)若 $\mathcal{B}=\{v_1,v_2,\cdots,v_p\}$ 是 $\mathbb{R}^n$ 的子空间 H 的一个基，则映射 $x\mapsto[x]_{\mathcal{B}}$ 使 H 和 $\mathbb{R}^p$ 一样.

21. (T/F) $\mathrm{Col}\,A$ 的维数是 A 的主元列的个数.

22. (T/F) $\mathrm{Nul}\,A$ 的维数是方程 $Ax=0$ 中的变量个数.

23. (T/F) $\mathrm{Col}\,A$ 和 $\mathrm{Nul}\,A$ 的维数之和等于 A 的列数.

24. (T/F) A 的列空间的维数是 $\mathrm{rank}\,A$.

25. (T/F)若 p 个向量生成 $\mathbb{R}^n$ 中的 p 维子空间 H，则这 p 个向量构成 H 的一组基.

26. (T/F)若 H 是 $\mathbb{R}^n$ 中的 p 维子空间，则 H 中的 p 个线性无关向量组成的集合构成 H 的基.

在习题27~32中，验证每个答案或构造.

27. 若 $Ax=0$ 的解空间有一个由3个向量组成的基，A 为 5×7 矩阵，A 的秩是多少？

28. 若 4×5 矩阵的零空间是三维的，它的秩是多少？

29. 一个 7×6 矩阵 A 的秩是4，$Ax=0$ 的解空间维数是多少？

30. 证明：若 $\dim\mathrm{Span}\{v_1, v_2, \cdots, v_5\}=4$，则 $\mathbb{R}^n$ 中的向量集 $\{v_1, v_2,\cdots, v_5\}$ 线性无关.

31. 可能的话，构造一个 $\dim\mathrm{Nul}\,A=2$ 和 $\dim\mathrm{Col}\,A=2$ 的 3×4 矩阵.

32. 构造一个秩等于1的 4×3 矩阵.

33. 设一 $n\times p$ 矩阵 A 的列空间是 p 维的，解释为什么 A 的列向量一定线性无关.

34. 假设矩阵 A 的第1、3、5和6列向量线性无关（但不必是主元列）且 A 的秩是4，解释为什么这4个列向量一定是 A 的列空间的一个基.

35. 假设向量 $b_1,b_2,\cdots,b_p$ 生成一个子空间 W，令 $\{a_1,a_2,\cdots,a_q\}$ 是任一 W 中包含多于 p 个向量的向量集. 完成下面的论述，证明 $\{a_1,a_2,\cdots,a_q\}$ 一定是线性相关的. 首先记 $B=[b_1\ b_2\ \cdots\ b_p]$，$A=[a_1\ a_2\ \cdots\ a_q]$.

    a. 解释为什么对每一向量 a_j，存在一个 $\mathbb{R}^p$ 中的向量 c_j 使得 $a_j=Bc_j$.

    b. 设 $C=[c_1\ c_2\ \cdots\ c_q]$，解释为什么存在一个非零向量 u 使得 $Cu=0$.

    c. 使用 B 和 C 证明 $Au=0$，从而证明 A 的列向量是线性相关的.

36. 使用习题35证明：如果 $\mathcal{A}$ 和 $\mathcal{B}$ 是 $\mathbb{R}^n$ 中一子空间 W 的基，则 $\mathcal{A}$ 不可能包含比 $\mathcal{B}$ 更多的向量，相反，$\mathcal{B}$ 也不可能包含比 $\mathcal{A}$ 更多的向量.

37. [M]设 $H=\mathrm{Span}\{v_1,v_2\},\mathcal{B}=\{v_1,v_2\}$，证明 x 属于 H，并求 x 相对 $\mathcal{B}$ 的坐标向量.

$$v_1=\begin{bmatrix}11\\-5\\10\\7\end{bmatrix},v_2=\begin{bmatrix}14\\-8\\13\\10\end{bmatrix},x=\begin{bmatrix}19\\-13\\18\\15\end{bmatrix}$$

38. [M] 设 $H=\mathrm{Span}\{\boldsymbol{v}_1,\boldsymbol{v}_2,\boldsymbol{v}_3\}$, $\mathcal{B}=\{\boldsymbol{v}_1,\boldsymbol{v}_2,\boldsymbol{v}_3\}$，证明$\mathcal{B}$是 H 的基，$\boldsymbol{x}$ 属于 H，并求 $\boldsymbol{x}$ 相对$\mathcal{B}$的坐标向量.

$$\boldsymbol{v}_1=\begin{bmatrix}-6\\4\\-9\\4\end{bmatrix},\boldsymbol{v}_2=\begin{bmatrix}8\\-3\\7\\-3\end{bmatrix},\boldsymbol{v}_3=\begin{bmatrix}-9\\5\\-8\\3\end{bmatrix},\boldsymbol{x}=\begin{bmatrix}4\\7\\-8\\3\end{bmatrix}$$

练习题答案

1. 构造 $\boldsymbol{A}=\begin{bmatrix}\boldsymbol{v}_1 & \boldsymbol{v}_2 & \boldsymbol{v}_3\end{bmatrix}$，使由 $\boldsymbol{v}_1,\boldsymbol{v}_2,\boldsymbol{v}_3$ 生成的子空间是 $\boldsymbol{A}$ 的列空间. 这一空间的一组基是 $\boldsymbol{A}$ 的主元列.

$$\boldsymbol{A}=\begin{bmatrix}2&3&-1\\-8&-7&6\\6&-1&-7\end{bmatrix}\sim\begin{bmatrix}2&3&-1\\0&5&2\\0&-10&-4\end{bmatrix}\sim\begin{bmatrix}2&3&-1\\0&5&2\\0&0&0\end{bmatrix}$$

由此 $\boldsymbol{A}$ 的前两列是主元列，并构成 H 的基，所以 $\dim H=2$.

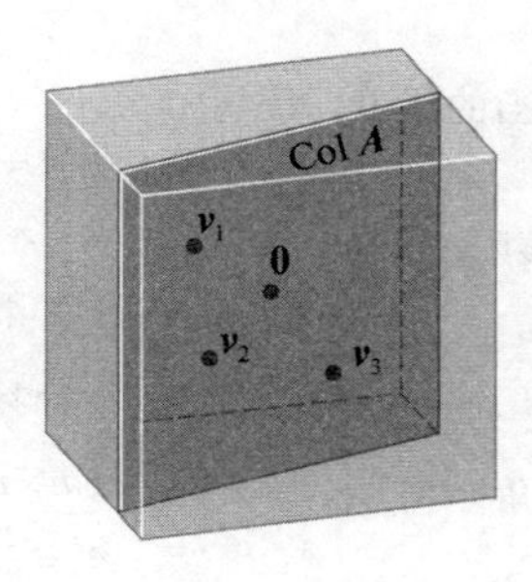

2. 若 $[\boldsymbol{x}]_{\mathcal{B}}=\begin{bmatrix}3\\2\end{bmatrix}$，则 $\boldsymbol{x}$ 是基向量的线性组合，权为 3 和 2.

$$\boldsymbol{x}=3\boldsymbol{b}_1+2\boldsymbol{b}_2=3\begin{bmatrix}1\\0.2\end{bmatrix}+2\begin{bmatrix}0.2\\1\end{bmatrix}=\begin{bmatrix}3.4\\2.6\end{bmatrix}$$

基 $\{\boldsymbol{b}_1,\boldsymbol{b}_2\}$ 确定了 $\mathbb{R}^2$ 的一个坐标系，在图中用格子表示. 注意 $\boldsymbol{x}$ 在 $\boldsymbol{b}_1$ 方向是 3 个单位，在 $\boldsymbol{b}_2$ 方向是 2 个单位.

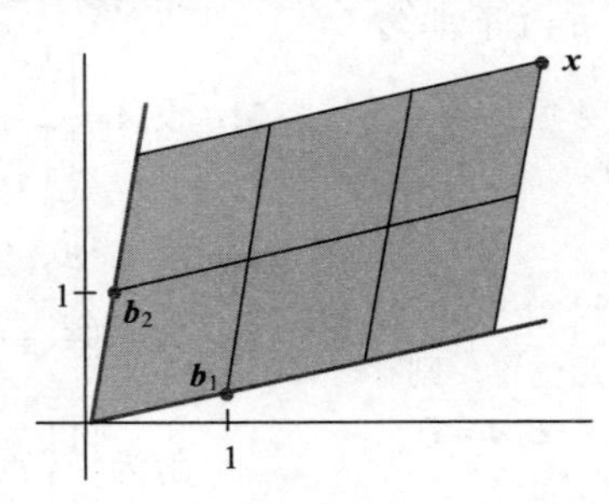

3. 四维子空间包含一个有 4 个线性无关向量的基，这在 $\mathbb{R}^3$ 中是不可能的. 因 $\mathbb{R}^3$ 中任意线性无关集不超过 3 个向量. $\mathbb{R}^3$ 中任意子空间的维数不超过 3，空间 $\mathbb{R}^3$ 本身是 $\mathbb{R}^3$ 仅有的三维子空间. 其他子空间的维数为 2，1 或 0.

课题研究

本章课题研究可在 bit.ly/30IM8gT 处获取.

A. 其他矩阵积：本课题介绍了方阵的两种新运算 Jordan 积和换位子积，并探讨了它们的性质.

B. 邻接矩阵：本课题的目的是展示如何使用矩阵的幂来研究图.

C. 优势矩阵：本课题的目的是将矩阵及其幂应用于有关个体和群体之间各种形式竞争的问题.

D. 条件数：本课题的目的是展示如何定义矩阵 $\boldsymbol{A}$ 的条件数，以及其值如何影响方程组 $\boldsymbol{Ax}=\boldsymbol{b}$ 解的准确性.

E. 平衡温度分布：本课题的目的是讨论需要求解线性方程组的物理情况：确定薄板的平衡温度.

F. LU 和 QR 分解：本课题的目的是探索两种矩阵分解之间的关系：LU 分解和 QR 分解.

G. 列昂惕夫投入-产出模型： 本课题的目的是提供列昂惕夫投入-产出模型的三个实例.

H. 线性变换的艺术： 本课题演示了如何绘制多边形，然后使用线性变换在平面中移动它.

补充习题

设在习题 1~15 中提到的矩阵有适当的维数. 标出各个命题的真假(T/F)，给出理由.

1. (T/F)若 $\boldsymbol{A}$ 和 $\boldsymbol{B}$ 都是 $m\times n$ 矩阵，则 $\boldsymbol{AB}^{\mathrm{T}}$ 和 $\boldsymbol{A}^{\mathrm{T}}\boldsymbol{B}$ 都有定义.
2. (T/F)若 $\boldsymbol{AB}=\boldsymbol{C}$ 而 $\boldsymbol{C}$ 有 2 列，则 $\boldsymbol{A}$ 有 2 列.
3. (T/F)将矩阵 $\boldsymbol{B}$ 以对角元素非零的对角矩阵 $\boldsymbol{A}$ 左乘，等于对 B 的各行进行标量乘法.
4. (T/F)若 $\boldsymbol{BC}=\boldsymbol{BD}$，则 $\boldsymbol{C}=\boldsymbol{D}$.
5. (T/F)若 $\boldsymbol{AC}=\boldsymbol{0}$，则 $\boldsymbol{A}=\boldsymbol{0}$ 或 $\boldsymbol{C}=\boldsymbol{0}$.
6. (T/F)若 $\boldsymbol{A}$、$\boldsymbol{B}$ 都是 $n\times n$ 矩阵，则 $(\boldsymbol{A}+\boldsymbol{B})(\boldsymbol{A}-\boldsymbol{B})=\boldsymbol{A}^2-\boldsymbol{B}^2$.
7. (T/F)一个初等 $n\times n$ 矩阵有 n 或 $n+1$ 个非零元素.
8. (T/F)初等矩阵的转置也是初等矩阵.
9. (T/F)初等矩阵必定是方阵.
10. (T/F)每个方阵是初等矩阵的积.
11. (T/F)若 $\boldsymbol{A}$ 是 3×3 矩阵，有 3 个主元位置，则存在初等方阵 $\boldsymbol{E}_1,\boldsymbol{E}_2,\cdots,\boldsymbol{E}_p$ 使 $\boldsymbol{E}_p\boldsymbol{E}_{p-1}\cdots\boldsymbol{E}_1\boldsymbol{A}=\boldsymbol{I}$.
12. (T/F)若 $\boldsymbol{AB}=\boldsymbol{I}$，则 $\boldsymbol{A}$ 可逆.
13. (T/F)若 $\boldsymbol{A}$ 和 $\boldsymbol{B}$ 是可逆方阵，则 $\boldsymbol{AB}$ 可逆且 $(\boldsymbol{AB})^{-1}=\boldsymbol{A}^{-1}\boldsymbol{B}^{-1}$.
14. (T/F)若 $\boldsymbol{AB}=\boldsymbol{BA}$ 且 $\boldsymbol{A}$ 可逆，则 $\boldsymbol{A}^{-1}\boldsymbol{B}=\boldsymbol{BA}^{-1}$.
15. (T/F)若 $\boldsymbol{A}$ 可逆且 $r\neq 0$，则 $(r\boldsymbol{A})^{-1}=r\boldsymbol{A}^{-1}$.
16. 求矩阵 $\boldsymbol{C}$ 使 $\boldsymbol{C}^{-1}=\begin{bmatrix}4&5\\6&7\end{bmatrix}$.
17. 设 $\boldsymbol{A}=\begin{bmatrix}0&0&0\\1&0&0\\0&1&0\end{bmatrix}$，证明 $\boldsymbol{A}^3=0$. 利用矩阵代数计算乘积 $(\boldsymbol{I}-\boldsymbol{A})(\boldsymbol{I}+\boldsymbol{A}+\boldsymbol{A}^2)$.
18. 设对某个 $n>1$ 有 $\boldsymbol{A}^n=0$，求 $\boldsymbol{I}-\boldsymbol{A}$ 的逆.
19. 设 $n\times n$ 矩阵 $\boldsymbol{A}$ 满足方程 $\boldsymbol{A}^2-2\boldsymbol{A}+\boldsymbol{I}=0$，证明：$\boldsymbol{A}^3=3\boldsymbol{A}-2\boldsymbol{I}$，$\boldsymbol{A}^4=4\boldsymbol{A}-3\boldsymbol{I}$.
20. 设 $\boldsymbol{A}=\begin{bmatrix}1&0\\0&-1\end{bmatrix},\boldsymbol{B}=\begin{bmatrix}0&1\\1&0\end{bmatrix}$，它们是 Pauli 自旋矩阵，在量子力学的电子自旋研究中有应用. 证明: $\boldsymbol{A}^2=\boldsymbol{I}$，$\boldsymbol{B}^2=\boldsymbol{I}$，且 $\boldsymbol{AB}=-\boldsymbol{BA}$. 矩阵满足 $\boldsymbol{AB}=-\boldsymbol{BA}$ 称为负交换的.
21. 设 $\boldsymbol{A}=\begin{bmatrix}1&3&8\\2&4&11\\1&2&5\end{bmatrix},\boldsymbol{B}=\begin{bmatrix}-3&5\\1&5\\3&4\end{bmatrix}$，不通过计算 $\boldsymbol{A}^{-1}$ 求 $\boldsymbol{A}^{-1}\boldsymbol{B}$.（提示：$\boldsymbol{A}^{-1}\boldsymbol{B}$ 是方程 $\boldsymbol{AX}=\boldsymbol{B}$ 的解.）
22. 求矩阵 $\boldsymbol{A}$ 使变换 $\boldsymbol{x}\mapsto\boldsymbol{Ax}$ 把 $\begin{bmatrix}1\\3\end{bmatrix}$ 和 $\begin{bmatrix}2\\7\end{bmatrix}$ 分别映射为 $\begin{bmatrix}1\\1\end{bmatrix}$ 和 $\begin{bmatrix}3\\1\end{bmatrix}$.（提示: 写出一个有关矩阵 $\boldsymbol{A}$ 的方程，并把它解出来.）
23. 设 $\boldsymbol{AB}=\begin{bmatrix}5&4\\-2&3\end{bmatrix},\boldsymbol{B}=\begin{bmatrix}7&3\\2&1\end{bmatrix}$，求 $\boldsymbol{A}$.
24. 设 $\boldsymbol{A}$ 可逆. 说明为什么 $\boldsymbol{A}^{\mathrm{T}}\boldsymbol{A}$ 也可逆，然后证明 $\boldsymbol{A}^{-1}=(\boldsymbol{A}^{\mathrm{T}}\boldsymbol{A})^{-1}\boldsymbol{A}^{\mathrm{T}}$.
25. 设 $x_1,x_2,\cdots,x_n$ 为固定的数. 下列矩阵称为范德蒙德矩阵，在信号处理、纠错码以及多项式插值中都有应用.

$$V=\begin{bmatrix}1 & x_1 & x_1^2 & \cdots & x_1^{n-1}\\ 1 & x_2 & x_2^2 & \cdots & x_2^{n-1}\\ \vdots & \vdots & \vdots & & \vdots\\ 1 & x_n & x_n^2 & \cdots & x_n^{n-1}\end{bmatrix}$$

给定 $\mathbb{R}^n$ 中 $\boldsymbol{y}=(y_1,y_2,\cdots,y_n)$，设 $\mathbb{R}^n$ 中 $\boldsymbol{c}=(c_0,c_1,\cdots,c_{n-1})$ 满足 $V\boldsymbol{c}=\boldsymbol{y}$，定义多项式

$$p(t)=c_0+c_1t+c_2t^2+\cdots+c_{n-1}t^{n-1}$$

a. 证明 $p(x_1)=y_1,p(x_2)=y_2,\cdots,p(x_n)=y_n$. 称 $p(t)$ 为点 $(x_1,y_1),(x_2,y_2),\cdots,(x_n,y_n)$ 的插值多项式，因 $p(t)$ 的图像通过这些点.

b. 设 $x_1,x_2,\cdots,x_n$ 为相异的数，证明 V 的列是线性无关的.（提示：一个 $n-1$ 次多项式有多少个零点？）

c. 证明：若 $x_1,x_2,\cdots,x_n$ 为相异的数，而 $y_1,y_2,\cdots,y_n$ 是任意数，则存在一个过点 $(x_1,y_1),(x_2,y_2),\cdots,(x_n,y_n)$ 且次数 $\leqslant n-1$ 的插值多项式.

26. 设 $A=LU$，其中 L 是可逆下三角矩阵，U 是上三角矩阵，说明为什么 A 的第一列是 L 的第一列的倍数. A 的第二列和 L 的列有何关系?

27. 给定 $\boldsymbol{u}$ 属于 $\mathbb{R}^n$，$\boldsymbol{u}^{\mathrm{T}}\boldsymbol{u}=1$，设 $P=\boldsymbol{u}\boldsymbol{u}^{\mathrm{T}}$(外积)，而 $Q=I-2P$，证明：

a. $P^2=P$　　b. $P^{\mathrm{T}}=P$　　c. $Q^2=I$

变换 $\boldsymbol{x}\mapsto P\boldsymbol{x}$ 称为一个投影，$\boldsymbol{x}\mapsto Q\boldsymbol{x}$ 称为豪斯霍尔德反射. 这样的反射在计算机程序中用来在一个向量（通常是矩阵的列）中产生更多的零.

28. 设 $\boldsymbol{u}=\begin{bmatrix}0\\0\\1\end{bmatrix}$ 和 $\boldsymbol{x}=\begin{bmatrix}1\\5\\3\end{bmatrix}$，确定如习题 27 中的 P 和 Q 并计算 $P\boldsymbol{x}$ 和 $Q\boldsymbol{x}$. 图 2-31 说明 $Q\boldsymbol{x}$ 是 $\boldsymbol{x}$ 关于 x_1x_2 平面的反射.

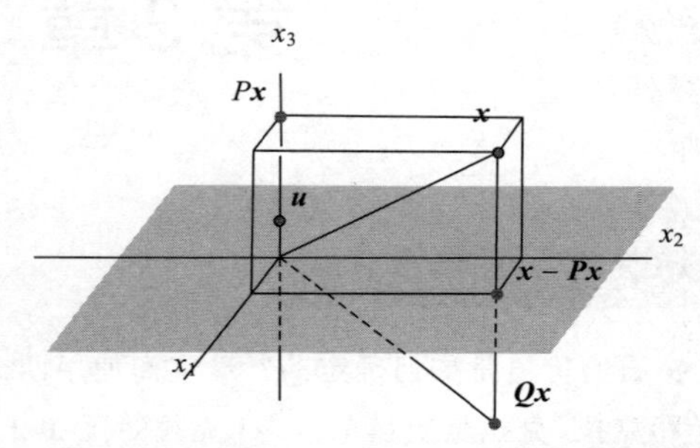

图 2-31　关于平面 $x_3=0$ 的豪斯霍尔德反射

29. 设 $C=E_3E_2E_1B$，其中 E_1,E_2,E_3 是初等矩阵，说明为什么 C 行等价于 B.

30. 设 A 是 $n\times n$ 奇异矩阵，如何构造一个 $n\times n$ 非零矩阵 B 使 $AB=0$？

31. 设 A 是一 6×4 矩阵，B 是一 4×6 矩阵，证明 6×6 矩阵 AB 不可逆.

32. 设 A 是 5×3 矩阵，存在 3×5 矩阵 C 使得 $CA=I_3$. 又设对 $\mathbb{R}^5$ 中某个 $\boldsymbol{b}$，方程 $A\boldsymbol{x}=\boldsymbol{b}$ 有至少一个解，证明方程的解是唯一的.

33. [M]某些动力系统可借助矩阵的幂来研究，如下所示. 对下列矩阵 A 与 B，确定当 k 增加时（例如 $k=2,3,\cdots,16$）A^k 与 B^k 有何变化. 识别 A 和 B 有什么特点.研究类似矩阵的幂，提出关于这类矩阵的猜想.

$$A=\begin{bmatrix}0.4 & 0.2 & 0.3\\ 0.3 & 0.6 & 0.3\\ 0.3 & 0.2 & 0.4\end{bmatrix},\quad B=\begin{bmatrix}0 & 0.2 & 0.3\\ 0.1 & 0.6 & 0.3\\ 0.9 & 0.2 & 0.4\end{bmatrix}$$

34. [M]设 A_n 为 $n\times n$ 矩阵，主对角线各元素为 0 而其他元素为 1. 对 $n=4,5,6$ 计算 A_n^{-1}，对更大的 n，提出关于一般的 A_n^{-1} 的猜想.

第3章 行 列 式

介绍性实例 称钻石

钻石的价值是如何确定的？珠宝商使用四个维度：切工、纯净度、色泽和克拉. 克拉是质量单位，1 克拉等于 0.2 克.当珠宝商收到一批钻石时，需要准确地称重，以确定它们的价值.半克拉的差异对钻石的价值有很大的影响.

当称小物体，如钻石或其他宝石时，一种策略是对物体单个称重，但也有更准确的策略，比如对物件成组称量，然后从结果中进行推断得到单个重量.

假设有 n 个小物体 $s_1,s_2,\cdots,s_n$ 需要称重，一种确定每个小物体重量的方法是使用双盘天平.称重的时候，把一些小物体放在左边的托盘里，其余的放在右边的托盘里.天平记录了两个托盘中物体重量的差异.

珠宝商（或其他称量小而轻的物体的个人）通过创建设计矩阵 $\boldsymbol{D}$ 预先规划他的策略，该矩阵 $\boldsymbol{D}$ 的元素由以下方案确定：如果宝石 s_j 是放在左边的托盘里第 i 次称重，则 $d_{ij}=-1$，如果宝石 s_j 是放在右边的托盘里第 i 次称重，则 $d_{ij}=1$.矩阵 $\boldsymbol{D}$ 的每一行对应一次特定的称重. $\boldsymbol{D}$ 的第 j 列告诉我们每次称重时 s_j 所放的位置.因此，$\boldsymbol{D}$ 是一个 $m\times n$ 矩阵，其中 m 对应称重的次数，n 对应物体的个数.已经证明，当所选择的设计矩阵 $\boldsymbol{D}$ 使得 $\boldsymbol{D}^{\mathrm{T}}\boldsymbol{D}$ 行列式的值最大时，称重设计的精度最高.

例如，考虑用设计矩阵

$$\boldsymbol{D}=\begin{bmatrix}1 & 1 & 1 & 1\\ 1 & -1 & 1 & 1\\ 1 & 1 & -1 & 1\\ 1 & 1 & 1 & -1\end{bmatrix}$$

来称宝石 s_1,s_2,s_3,s_4. 对于这个设计，第一次称重，所有四个宝石都在右边的托盘里（$\boldsymbol{D}$ 的第一行全为正）. 第二次称重，宝石 s_2 在左边的托盘里，其余的宝石在右边的托盘里（$\boldsymbol{D}$ 的第二行第二列是 -1）. 第三次称重，宝石 s_3 在左边的托盘里，其余的宝石在右边的托盘里（$\boldsymbol{D}$ 的第三行第三列是 -1）. 第四次称重，宝石 s_4 在左边的托盘里，其余的宝石在右边的托盘里（$\boldsymbol{D}$ 的第四行第四列是 -1）. $|\boldsymbol{D}^{\mathrm{T}}\boldsymbol{D}|=64$.

然而，这不是通过四次称量来确定四个物体的重量的最好设计.如

$$D=\begin{bmatrix}1 & 1 & 1 & 1\\ 1 & 1 & -1 & -1\\ 1 & -1 & 1 & -1\\ -1 & 1 & 1 & -1\end{bmatrix}$$

则 $|D^{\mathrm{T}}D|=256$，因此，这是一个更好的设计.注意，这个设计的第一次称量与前一个相同，但是剩下的称量每次每个托盘各放两个物体.

计算矩阵的行列式并理解其性质是本章的主题.随着对行列式的了解越来越多，你也可以为称重设计出好的和坏的选择策略.

行列式的另一个重要用途是计算平行四边形的面积或平行六面体的体积.在 1.9 节中，我们看到矩阵乘法可以用来改变正方体或其他物体的形状.矩阵的行列式决定了当乘以矩阵时，面积会发生多大的变化，对任何一个物体我们都可以很夸张地改变它的形状和大小一样.

事实上，行列式有很多应用，比如早在 1900 年，行列式的应用就曾被托马斯・米尔（Thomas Muir）的四卷论著所论述过. 随着矩阵理论的广泛应用，研究的重点发生了变化，行列式在当时的许多很重要的应用在今天好像显得无足轻重了，不过至今行列式本身仍扮演着很重要的角色. 除了在 3.1 节中引入行列式外，本章还将学习两个重要内容：首先是对第 5 章学习起着重要作用的 3.2 节，介绍了方阵可逆性的判别标准；其次是 3.3 节，解释行列式是如何度量一个线性变换对图形面积的改变量的. 当局部地应用时，这一技术回答了两极附近的地图的扩张比例问题. 这种思想以雅可比式的形式在多元微积分中扮演着重要角色.

3.1 行列式简介

回顾 2.2 节，一个 2×2 矩阵是可逆的，当且仅当它的行列式非零. 为了将这个有用的结果推广到更大的矩阵，需要对 $n\times n$ 矩阵的行列式给出一个定义. 我们可以通过观察对一个可逆的 3×3 矩阵 A 做行化简时会出现什么结果来发现 3×3 矩阵的行列式的定义.

考虑 $A=[a_{ij}]$, $a_{11}\neq 0$. A 的第二行和第三行都乘以 a_{11}，然后再分别减去第一行适当的倍数，则 A 行等价于下面两个矩阵：

$$\begin{bmatrix}a_{11} & a_{12} & a_{13}\\ a_{11}a_{21} & a_{11}a_{22} & a_{11}a_{23}\\ a_{11}a_{31} & a_{11}a_{32} & a_{11}a_{33}\end{bmatrix}\sim\begin{bmatrix}a_{11} & a_{12} & a_{13}\\ 0 & a_{11}a_{22}-a_{12}a_{21} & a_{11}a_{23}-a_{13}a_{21}\\ 0 & a_{11}a_{32}-a_{12}a_{31} & a_{11}a_{33}-a_{13}a_{31}\end{bmatrix} \tag{1}$$

由于 A 可逆，故（1）式右边矩阵中（2,2）元素和（3,2）元素不同时为 0. 不妨假设（2,2）元素不等于零（否则，可以做一个行对换变成这种情形）. 第三行乘以 $a_{11}a_{22}-a_{12}a_{21}$，再对这个新的第三行加上第二行乘以 $-(a_{11}a_{32}-a_{12}a_{31})$，这样就有

$$A\sim\begin{bmatrix}a_{11} & a_{12} & a_{13}\\ 0 & a_{11}a_{22}-a_{12}a_{21} & a_{11}a_{23}-a_{13}a_{21}\\ 0 & 0 & a_{11}\Delta\end{bmatrix}$$

其中

$$\Delta = a_{11}a_{22}a_{33} + a_{12}a_{23}a_{31} + a_{13}a_{21}a_{32} - a_{11}a_{23}a_{32} - a_{12}a_{21}a_{33} - a_{13}a_{22}a_{31} \qquad (2)$$

由于 $\boldsymbol{A}$ 可逆，故 Δ 一定不等于零. 反之亦然，我们将在 3.2 节中看到这个结论. 我们称（2）式中的 Δ 为 3×3 矩阵 $\boldsymbol{A}$ 的**行列式**.

回忆 2×2 矩阵 $\boldsymbol{A}=[a_{ij}]$ 的行列式，即 $\det \boldsymbol{A} = a_{11}a_{22}-a_{12}a_{21}$. 对 1×1 矩阵，如 $\boldsymbol{A}=[a_{11}]$，定义 $\det \boldsymbol{A}=a_{11}$. 为了将行列式的定义推广到更大的矩阵，我们将利用 2×2 行列式来重写上面叙述的 3×3 行列式 Δ. 因为 Δ 中的项可以写成

$$(a_{11}a_{22}a_{33} - a_{11}a_{23}a_{32}) - (a_{12}a_{21}a_{33} - a_{12}a_{23}a_{31}) + (a_{13}a_{21}a_{32} - a_{13}a_{22}a_{31})$$

$$\Delta = a_{11}\cdot\det\begin{bmatrix} a_{22} & a_{23} \\ a_{32} & a_{33} \end{bmatrix} - a_{12}\cdot\det\begin{bmatrix} a_{21} & a_{23} \\ a_{31} & a_{33} \end{bmatrix} + a_{13}\cdot\det\begin{bmatrix} a_{21} & a_{22} \\ a_{31} & a_{32} \end{bmatrix}$$

为了简单，可写成

$$\Delta = a_{11}\cdot\det \boldsymbol{A}_{11} - a_{12}\cdot\det \boldsymbol{A}_{12} + a_{13}\cdot\det \boldsymbol{A}_{13} \qquad (3)$$

其中 $\boldsymbol{A}_{11}$，$\boldsymbol{A}_{12}$ 和 $\boldsymbol{A}_{13}$ 由 $\boldsymbol{A}$ 中删去第一行和三列中之一列而得到. 对任意方阵 $\boldsymbol{A}$，令 $\boldsymbol{A}_{ij}$ 表示通过删去 $\boldsymbol{A}$ 中第 i 行和第 j 列而得到的子矩阵，比如，若

$$\boldsymbol{A} = \begin{bmatrix} 1 & -2 & 5 & 0 \\ 2 & 0 & 4 & -1 \\ 3 & 1 & 0 & 7 \\ 0 & 4 & -2 & 0 \end{bmatrix}$$

则 $\boldsymbol{A}_{32}$ 通过删去第三行和第二列而得到

$$\begin{bmatrix} 1 & -2 & 5 & 0 \\ 2 & 0 & 4 & -1 \\ 3 & 1 & 0 & 7 \\ 0 & 4 & -2 & 0 \end{bmatrix}$$

即

$$\boldsymbol{A}_{32} = \begin{bmatrix} 1 & 5 & 0 \\ 2 & 4 & -1 \\ 0 & -2 & 0 \end{bmatrix}$$

现在我们可以给出行列式的一个递归定义. 当 $n=3$ 时，像上面的（3）式，$\det \boldsymbol{A}$ 由 2×2 子矩阵 $\boldsymbol{A}_{1j}$ 的行列式来定义. 当 $n=4$ 时，$\det \boldsymbol{A}$ 由 3×3 子矩阵 $\boldsymbol{A}_{1j}$ 的行列式来定义. 一般情形下，一个 $n\times n$ 行列式由 $(n-1)\times(n-1)$ 子矩阵的行列式来定义.

定义　当 $n\geqslant 2$，$n\times n$ 矩阵 $\boldsymbol{A}=[a_{ij}]$ 的**行列式**是形如 $\pm a_{1j}\det \boldsymbol{A}_{1j}$ 的 n 个项的和，其中加号和减号交替出现，元素 $a_{11}, a_{12}, \cdots, a_{1n}$ 来自 $\boldsymbol{A}$ 的第一行，用符号表示为

$$\begin{aligned} \det \boldsymbol{A} &= a_{11}\cdot\det \boldsymbol{A}_{11} - a_{12}\cdot\det \boldsymbol{A}_{12} + \cdots + (-1)^{1+n} a_{1n}\cdot\det \boldsymbol{A}_{1n} \\ &= \sum_{j=1}^{n} (-1)^{1+j} a_{1j} \det \boldsymbol{A}_{1j} \end{aligned}$$

例 1　计算行列式 $\det \boldsymbol{A}$，其中

$$A=\begin{bmatrix}1 & 5 & 0\\ 2 & 4 & -1\\ 0 & -2 & 0\end{bmatrix}$$

解 计算 $\det A = a_{11}\cdot\det A_{11} - a_{12}\cdot\det A_{12} + a_{13}\cdot\det A_{13}$.

$$\begin{aligned}\det A &= 1\cdot\det\begin{bmatrix}4 & -1\\ -2 & 0\end{bmatrix} - 5\cdot\det\begin{bmatrix}2 & -1\\ 0 & 0\end{bmatrix} + 0\cdot\det\begin{bmatrix}2 & 4\\ 0 & -2\end{bmatrix}\\ &= 1(0-2) - 5(0-0) + 0(-4-0) = -2\end{aligned}$$

■

方阵的行列式的另一个常用记号是用一对竖线代替括号. 这样，例 1 中的运算可以写成

$$\det A = 1\cdot\begin{vmatrix}4 & -1\\ -2 & 0\end{vmatrix} - 5\cdot\begin{vmatrix}2 & -1\\ 0 & 0\end{vmatrix} + 0\cdot\begin{vmatrix}2 & 4\\ 0 & -2\end{vmatrix} = \cdots = -2$$

为了叙述下一个定理，将 $\det A$ 的定义用稍微不同的形式写出更方便. 给定 $A=[a_{ij}]$，A 的 (i, j) **代数余子式** C_{ij} 由下式给出：

$$C_{ij} = (-1)^{i+j}\det A_{ij} \tag{4}$$

则

$$\det A = a_{11}\cdot C_{11} + a_{12}\cdot C_{12} + \cdots + a_{1n}\cdot C_{1n}$$

这个公式称为按 A 的**第一行的代数余子式展开式**. 为了避免冗长的陈述，我们省略下面基本定理的证明.

定理 1 *$n\times n$ 矩阵 A 的行列式可按任意行或列的代数余子式展开式来计算. 按第 i 行展开用(4)式给出的代数余子式写法:*

$$\det A = a_{i1}C_{i1} + a_{i2}C_{i2} + \cdots + a_{in}C_{in}$$

按第 j 列的代数余子式展开式为

$$\det A = a_{1j}C_{1j} + a_{2j}C_{2j} + \cdots + a_{nj}C_{nj}$$

(i, j) 代数余子式中加号或减号取决于 a_{ij} 在矩阵中的位置，而与 a_{ij} 本身的符号无关. 因子 $(-1)^{i+j}$ 确定了下面符号的棋盘模式：

$$\begin{bmatrix}+ & - & + & \cdots\\ - & + & - & \\ + & - & + & \\ \vdots & & & \end{bmatrix}$$

例 2 利用按第三行的代数余子式展开式求 $\det A$，其中

$$A=\begin{bmatrix}1 & 5 & 0\\ 2 & 4 & -1\\ 0 & -2 & 0\end{bmatrix}$$

解 计算

$$\begin{aligned}\det A &= a_{31}C_{31} + a_{32}C_{32} + a_{33}C_{33}\\ &= (-1)^{3+1}a_{31}\det A_{31} + (-1)^{3+2}a_{32}\det A_{32} + (-1)^{3+3}a_{33}\det A_{33}\\ &= 0\begin{vmatrix}5 & 0\\ 4 & -1\end{vmatrix} - (-2)\begin{vmatrix}1 & 0\\ 2 & -1\end{vmatrix} + 0\begin{vmatrix}1 & 5\\ 2 & 4\end{vmatrix} = 0 + 2(-1) + 0 = -2\end{aligned}$$

■

定理 1 有助于计算包含许多零的矩阵行列式. 例如，如果某行多数元素为零，则按此行的代数余子式展开式就会有许多项为零，这些项中的代数余子式就不需计算. 同理对多数元素为零的某列也是这样.

例 3 计算 $\det \boldsymbol{A}$，其中

$$\boldsymbol{A}=\begin{bmatrix}3 & -7 & 8 & 9 & -6\\ 0 & 2 & -5 & 7 & 3\\ 0 & 0 & 1 & 5 & 0\\ 0 & 0 & 2 & 4 & -1\\ 0 & 0 & 0 & -2 & 0\end{bmatrix}$$

解 按 $\boldsymbol{A}$ 的第一列的代数余子式展开式中，除第一项外均为零，从而

$$\det \boldsymbol{A}=3\cdot\begin{vmatrix}2 & -5 & 7 & 3\\ 0 & 1 & 5 & 0\\ 0 & 2 & 4 & -1\\ 0 & 0 & -2 & 0\end{vmatrix}-0\cdot C_{21}+0\cdot C_{31}-0\cdot C_{41}+0\cdot C_{51}$$

接下来在代数余子式展开式中省略零项，再利用第一列零的优势，按第一列展开这个 4×4 行列式，有

$$\det \boldsymbol{A}=3\cdot 2\cdot\begin{vmatrix}1 & 5 & 0\\ 2 & 4 & -1\\ 0 & -2 & 0\end{vmatrix}$$

这个 3×3 行列式已在例 1 中算出，结果为 -2，从而 $\det \boldsymbol{A}=3\cdot 2\cdot(-2)=-12$. ■

例 3 中的矩阵接近三角阵，此例中的方法容易用来证明下面的定理.

定理 2 *若 $\boldsymbol{A}$ 为三角阵，则 $\det \boldsymbol{A}$ 等于 $\boldsymbol{A}$ 的主对角线上元素的乘积.*

当某行或某列全为零时，例 3 中找零的策略效果特别好. 在这种情形下，按这一行或列的代数余子式展开式是一些零的和，从而此行列式为零. 但不幸的是，大多数的代数余子式展开式并不是这样快能求值的.

合理答案

一个行列式可以有多大？设 $\boldsymbol{A}$ 为 $n\times n$ 矩阵，它的行列式由很多项相加或相减组成，其中每一项都是 n 个数的乘积.如果 p 是绝对值最大的 n 个元素的乘积（如果某数作为矩阵元素多次出现，则同一个数可以在乘积中重复出现），那么行列式必在 $-np$ 与 np 之间. 例如，假设

$$\boldsymbol{A}=\begin{bmatrix}6 & 5\\ -7 & 9\end{bmatrix},\quad \boldsymbol{B}=\begin{bmatrix}7 & 6\\ 7 & -9\end{bmatrix}$$

每个矩阵元素的最大绝对值是 9，第二大是 7. 在这两个例子中，$p=7(9)=63,\ np=126$，则这两个矩阵的行列式应在−126和 126之间.注意

$$|\boldsymbol{A}|=6(9)-5(-7)=54+35=89,\quad |\boldsymbol{B}|=7(-9)-6(7)=-63-42=-105$$

由于行列式是这些乘积的相加或相减，所以任何满足这个条件的行列式都在−126和 126之间.

接下来，假设

$$C=\begin{bmatrix}7 & 9\\7 & 9\end{bmatrix}, D=\begin{bmatrix}-9 & 9\\9 & 9\end{bmatrix}$$

在矩阵 C 和 D 中，数字 9 出现两次，所以应该选择两次，$p=9(9)=81$，$np=162$，所以矩阵 C 和 D 的行列式应该介于 -162 和 162 之间.事实上，$|C|=(7)(9)-(7)(9)=0$，$|D|=(-9)(9)-(9)(9)=-162$. 注意，选择矩阵 D 中两个最大的数 9 来确定行列式 D 的取值范围是很重要的.

数值计算的注解 按现在的标准来说，一个 25×25 矩阵还是小的. 然而用代数余子式展开式来计算一个 25×25 行列式是不可行的. 一般对 $n\times n$ 行列式而言，代数余子式展开式需要计算超过 $n!$ 个乘法运算，$25!$ 近似于 1.55×10^{25}.

若一个超级计算机每秒钟能够完成 1 万亿次乘法运算，则用这种方法计算一个 25×25 行列式将需运行 50 万年. 幸运的是，稍候我们就会发现快速计算的方法.

在习题 19~38 中，多数是 2×2 矩阵，揭示了行列式的一些重要性质. 习题 33~36 的结果将用来在下一节导出 $n\times n$ 矩阵的与之相似的性质.

练习题

计算 $\begin{vmatrix}5 & -7 & 2 & 2\\0 & 3 & 0 & -4\\-5 & -8 & 0 & 3\\0 & 5 & 0 & -6\end{vmatrix}$.

习题 3.1

利用第一行的代数余子式展开式计算习题 1~8 中的行列式. 按第二列的代数余子式展开式再次计算习题 1~4 中的行列式.

1. $\begin{vmatrix}3 & 0 & 4\\2 & 3 & 2\\0 & 5 & -1\end{vmatrix}$

2. $\begin{vmatrix}0 & 4 & 1\\5 & -3 & 0\\2 & 4 & 1\end{vmatrix}$

3. $\begin{vmatrix}2 & -2 & 3\\3 & 1 & 2\\1 & 3 & -1\end{vmatrix}$

4. $\begin{vmatrix}1 & 2 & 4\\3 & 1 & 1\\2 & 4 & 2\end{vmatrix}$

5. $\begin{vmatrix}2 & 3 & -3\\4 & 0 & 3\\6 & 1 & 5\end{vmatrix}$

6. $\begin{vmatrix}5 & -2 & 3\\0 & 3 & -3\\2 & -4 & 7\end{vmatrix}$

7. $\begin{vmatrix}4 & 3 & 0\\6 & 5 & 2\\9 & 7 & 3\end{vmatrix}$

8. $\begin{vmatrix}4 & 1 & 2\\4 & 0 & 3\\3 & -2 & 5\end{vmatrix}$

利用代数余子式展开式计算习题 9~14 中的行列式，在每一步，选择使得计算量最少的行和列.

9. $\begin{vmatrix}4 & 0 & 0 & 5\\1 & 7 & 2 & -5\\3 & 0 & 0 & 0\\8 & 3 & 1 & 7\end{vmatrix}$

10. $\begin{vmatrix}1 & -2 & 4 & 2\\0 & 0 & 3 & 0\\2 & -4 & -3 & 5\\2 & 0 & 3 & 5\end{vmatrix}$

11. $\begin{vmatrix}3 & 5 & -6 & 4\\0 & -2 & 3 & -3\\0 & 0 & 1 & 5\\0 & 0 & 0 & 3\end{vmatrix}$

12. $\begin{vmatrix}3 & 0 & 0 & 0\\7 & -2 & 0 & 0\\2 & 6 & 3 & 0\\3 & -8 & 4 & -3\end{vmatrix}$

13. $\begin{vmatrix}4 & 0 & -7 & 3 & -5\\0 & 0 & 2 & 0 & 0\\7 & 3 & -6 & 4 & -8\\5 & 0 & 5 & 2 & -3\\0 & 0 & 9 & -1 & 2\end{vmatrix}$

14. $\begin{vmatrix}6 & 0 & 2 & 4 & 0\\9 & 0 & -4 & 1 & 0\\8 & -5 & 6 & 7 & 1\\2 & 0 & 0 & 0 & 0\\4 & 2 & 3 & 2 & 0\end{vmatrix}$

一个 3×3 行列式的展开式可用下列方法记忆：在矩阵的右边分别再写出矩阵的前两列，通过先算出六个对角线上数字的乘积，然后箭头向下的三个对角线上数字的乘积相加，再减去箭头向上的三个对角线上数字的乘积就算出了这个行列式. 用此法计算习题 15~18 中的行列式.

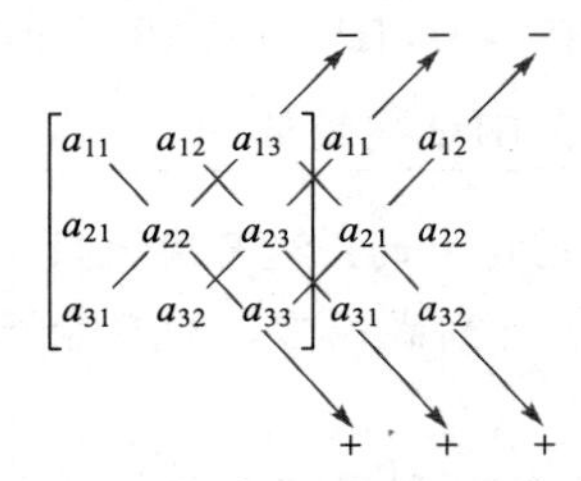

注意：这种方法不能推广到 4×4 或更大的矩阵.

15. $\begin{vmatrix} 1 & 0 & 4 \\ 2 & 3 & 2 \\ 0 & 5 & -2 \end{vmatrix}$

16. $\begin{vmatrix} 0 & 3 & 1 \\ 4 & -5 & 0 \\ 3 & 4 & 1 \end{vmatrix}$

17. $\begin{vmatrix} 2 & -3 & 3 \\ 3 & 2 & 2 \\ 1 & 3 & -1 \end{vmatrix}$

18. $\begin{vmatrix} 1 & 3 & 4 \\ 2 & 3 & 2 \\ 3 & 3 & 2 \end{vmatrix}$

在习题 19~24 中，考察矩阵的行列式在初等行变换下的变化. 对每一个情形，说出是何种行变换，再说出此变换对这个行列式有何影响.

19. $\begin{bmatrix} a & b \\ c & d \end{bmatrix}, \begin{bmatrix} c & d \\ a & b \end{bmatrix}$

20. $\begin{bmatrix} a & b \\ c & d \end{bmatrix}, \begin{bmatrix} a & b \\ kc & kd \end{bmatrix}$

21. $\begin{bmatrix} 3 & 2 \\ 5 & 4 \end{bmatrix}, \begin{bmatrix} 3 & 2 \\ 5+3k & 4+2k \end{bmatrix}$

22. $\begin{bmatrix} a & b \\ c & d \end{bmatrix}, \begin{bmatrix} a+kc & b+kd \\ c & d \end{bmatrix}$

23. $\begin{bmatrix} a & b & c \\ 3 & 2 & 1 \\ 4 & 5 & 6 \end{bmatrix}, \begin{bmatrix} 3 & 2 & 1 \\ a & b & c \\ 4 & 5 & 6 \end{bmatrix}$

24. $\begin{bmatrix} 1 & 0 & 1 \\ -3 & 4 & -4 \\ 2 & -3 & 1 \end{bmatrix}, \begin{bmatrix} k & 0 & k \\ -3 & 4 & -4 \\ 2 & -3 & 1 \end{bmatrix}$

计算习题 25~30 给出的初等矩阵的行列式（见 2.2 节例 5 和例 6）.

25. $\begin{bmatrix} 1 & 0 & 0 \\ 0 & 1 & 0 \\ 0 & k & 1 \end{bmatrix}$

26. $\begin{bmatrix} 0 & 1 & 0 \\ 1 & 0 & 0 \\ 0 & 0 & 1 \end{bmatrix}$

27. $\begin{bmatrix} 1 & 0 & 0 \\ 0 & 1 & 0 \\ k & 0 & 1 \end{bmatrix}$

28. $\begin{bmatrix} 0 & 0 & 1 \\ 0 & 1 & 0 \\ 1 & 0 & 0 \end{bmatrix}$

29. $\begin{bmatrix} 1 & 0 & 0 \\ 0 & k & 0 \\ 0 & 0 & 1 \end{bmatrix}$

30. $\begin{bmatrix} k & 0 & 0 \\ 0 & 1 & 0 \\ 0 & 0 & 1 \end{bmatrix}$

利用习题 25~30 回答习题 31 和习题 32 中的问题，给出答案的理由.

31. 初等矩阵经过行替代（即行倍加），其行列式是什么？
32. 对角线上某元素乘 k 的初等矩阵的行列式是什么？

在习题 33~36 中，证明 $\det \boldsymbol{EA} = (\det \boldsymbol{E})(\det \boldsymbol{A})$，其中 $\boldsymbol{E}$ 为给出的初等矩阵，$\boldsymbol{A} = \begin{bmatrix} a & b \\ c & d \end{bmatrix}$.

33. $\begin{bmatrix} 1 & k \\ 0 & 1 \end{bmatrix}$

34. $\begin{bmatrix} 1 & 0 \\ k & 1 \end{bmatrix}$

35. $\begin{bmatrix} 0 & 1 \\ 1 & 0 \end{bmatrix}$

36. $\begin{bmatrix} 1 & 0 \\ 0 & k \end{bmatrix}$

37. $\boldsymbol{A} = \begin{bmatrix} 3 & 1 \\ 4 & 2 \end{bmatrix}$，写出 $5\boldsymbol{A}$. $\det 5\boldsymbol{A} = 5\det \boldsymbol{A}$ 吗？

38. $\boldsymbol{A} = \begin{bmatrix} a & b \\ c & d \end{bmatrix}$，$k$ 为一个数，找出 $\det k\boldsymbol{A}$ 与 k 和 $\det \boldsymbol{A}$ 相联系的公式.

在习题 39~42 中，$\boldsymbol{A}$ 为 $n \times n$ 矩阵，标出每个命题的真假(T/F)，验证每个回答.

39. (T/F)一个 $n \times n$ 行列式由 $(n-1)\times(n-1)$ 子矩阵的行列式所定义.
40. (T/F)矩阵 $\boldsymbol{A}$ 的 (i, j) 代数余子式是 $\boldsymbol{A}$ 中划掉第 i 行和第 j 列所得到的矩阵 $\boldsymbol{A}_{ij}$.
41. (T/F) $\det \boldsymbol{A}$ 按某列的代数余子式展开式等于其按某行的代数余子式展开式.
42. (T/F)三角形矩阵的行列式等于主对角线上元

素之和.

43. 若 $\boldsymbol{u}=\begin{bmatrix}3\\0\end{bmatrix}$，$\boldsymbol{v}=\begin{bmatrix}1\\2\end{bmatrix}$，计算由 $\boldsymbol{u}$，$\boldsymbol{v}$，$\boldsymbol{u}+\boldsymbol{v}$ 和 $\boldsymbol{0}$ 构成的平行四边形的面积，再计算 $[\boldsymbol{u}\ \ \boldsymbol{v}]$ 的行列式. 二者相比较，结果如何？将 $\boldsymbol{v}$ 的第一个元素换成任意数 x，重复考虑上面的问题，画一个图并解释你的发现.

44. 令 $\boldsymbol{u}=\begin{bmatrix}a\\b\end{bmatrix}$，$\boldsymbol{v}=\begin{bmatrix}c\\0\end{bmatrix}$，其中 a，b，c 是正数（为了简单起见），计算由 $\boldsymbol{u}$，$\boldsymbol{v}$，$\boldsymbol{u}+\boldsymbol{v}$ 和 $\boldsymbol{0}$ 构成的平行四边形的面积，再计算 $[\boldsymbol{u}\ \ \boldsymbol{v}]$ 和 $[\boldsymbol{v}\ \ \boldsymbol{u}]$ 的行列式. 画一个图并解释你的发现.

45. 设 $\boldsymbol{A}$ 是一个 2×2 矩阵，它的所有元素都大于或等于 -10 小于或等于 10，判断下列各项是不是 $\det \boldsymbol{A}$ 的合理值.

a.0　　b.202　　c. −110　　d.555

46. 设 $\boldsymbol{A}$ 是一个 3×3 矩阵，它的所有元素都大于或等于 -5 小于或等于 5，判断下列各项是不是 $\det \boldsymbol{A}$ 的合理值.

a.300　　b. −220　　c.1000　　d.10

47. [M]构造一个元素为从 −9 到 9 的整数的随机 4×4 矩阵. $\det \boldsymbol{A}^{-1}$ 与 $\det \boldsymbol{A}$ 关系如何？用随机的 $n\times n$ 整数矩阵来检验 $(n=4,5,6)$，并做出猜想.

注：万一遇到 $\det \boldsymbol{A}=0$ 的情形，先化简矩阵 $\boldsymbol{A}$ 成阶梯形的情形，再讨论你的发现.

48. [M] $\det \boldsymbol{AB}=(\det \boldsymbol{A})(\det \boldsymbol{B})$ 对吗？为看到结果是否正确，随意给出两个 5×5 矩阵 $\boldsymbol{A}$ 和 $\boldsymbol{B}$，计算 $\det \boldsymbol{AB}-(\det \boldsymbol{A}\ \det \boldsymbol{B})$. 对另外 3 对不同的 $n\times n$ 矩阵，重复上述计算，报告你的结论.

49. [M] $\det(\boldsymbol{A}+\boldsymbol{B})=\det \boldsymbol{A}+\det \boldsymbol{B}$ 对吗？像 48 题一样用 4 对随机矩阵来检验，并给出一个猜想.

50. [M]随意构造一个元素均为从 −9 到 9 的整数的 4×4 矩阵，比较 $\det \boldsymbol{A}$ 与 $\det \boldsymbol{A}^{\mathrm{T}}$，$\det(-\boldsymbol{A})$，$\det(2\boldsymbol{A})$ 和 $\det(10\boldsymbol{A})$. 对另外两个随机的 4×4 整数矩阵重复以上过程，给出这些行列式之间关系的一个猜想.（参考 2.1 节习题 44.）用几个随机的 5×5 和 6×6 整数矩阵来检验你的猜想，若有必要，修正你的猜想，报告你的结果.

51. [M]回想一下介绍性实例中设计的矩阵 $\boldsymbol{D}$，对于小而轻的物体，$\boldsymbol{D}^{\mathrm{T}}\boldsymbol{D}$ 的行列式越大，计算出的称重的精度就越高.以下哪个矩阵是四个物体进行四次称重的最佳设计？根据最佳设计矩阵描述的，在对 s_1,s_2,s_3,s_4 称重过程中，哪些放入左边的托盘，哪些放入右边的托盘？

a. $\boldsymbol{D}=\begin{bmatrix}1&1&1&1\\1&-1&1&1\\-1&-1&1&-1\\1&1&1&-1\end{bmatrix}$

b. $\boldsymbol{D}=\begin{bmatrix}-1&-1&-1&-1\\1&-1&-1&1\\-1&1&-1&1\\-1&-1&1&1\end{bmatrix}$

c. $\boldsymbol{D}=\begin{bmatrix}1&1&-1&-1\\1&-1&-1&1\\-1&1&1&-1\\1&-1&1&-1\end{bmatrix}$

52. [M]对四个物体进行五次称重，运用下列设计矩阵，重复习题 51.

a. $\boldsymbol{D}=\begin{bmatrix}1&1&1&1\\1&-1&1&1\\-1&-1&1&-1\\1&1&1&-1\\-1&-1&-1&1\end{bmatrix}$

b. $\boldsymbol{D}=\begin{bmatrix}-1&-1&-1&-1\\1&-1&-1&1\\-1&1&1&1\\-1&-1&1&1\\1&1&1&-1\end{bmatrix}$

c. $\boldsymbol{D}=\begin{bmatrix}1&1&-1&-1\\1&-1&-1&1\\-1&1&1&-1\\1&-1&1&-1\\-1&-1&-1&-1\end{bmatrix}$

练习题答案

充分利用0.先按第3列的代数余子式展开式得到3×3行列式，再将得到的3×3行列式按第一列展开：

$$\begin{vmatrix} 5 & -7 & 2 & 2 \\ 0 & 3 & 0 & -4 \\ -5 & -8 & 0 & 3 \\ 0 & 5 & 0 & -6 \end{vmatrix} = (-1)^{1+3}\cdot 2\begin{vmatrix} 0 & 3 & -4 \\ -5 & -8 & 3 \\ 0 & 5 & -6 \end{vmatrix} = 2\cdot(-1)^{2+1}(-5)\begin{vmatrix} 3 & -4 \\ 5 & -6 \end{vmatrix} = 20$$

计算中倒数第2步中的$(-1)^{2+1}$是由3×3行列式中-5的(2,1)位置决定的.

3.2　行列式的性质

行列式的奥秘在于进行行变换时它如何变化. 下列定理推广了3.1节中习题19~24的结果，其证明在本节末尾.

定理3　（行变换）

令$\boldsymbol{A}$是一个方阵.

a. 若$\boldsymbol{A}$的某一行的倍数加到另一行得矩阵$\boldsymbol{B}$，则$\det\boldsymbol{B}=\det\boldsymbol{A}$.

b. 若$\boldsymbol{A}$的两行互换得矩阵$\boldsymbol{B}$，则$\det\boldsymbol{B}=-\det\boldsymbol{A}$.

c. 若$\boldsymbol{A}$的某行乘以k倍得到矩阵$\boldsymbol{B}$，则$\det\boldsymbol{B}=k\cdot\det\boldsymbol{A}$.

下列例子展示了如何利用定理3来有效地计算行列式.

例1　计算$\det\boldsymbol{A}$，其中$\boldsymbol{A}=\begin{bmatrix} 1 & -4 & 2 \\ -2 & 8 & -9 \\ -1 & 7 & 0 \end{bmatrix}$.

解　思路是先将$\boldsymbol{A}$化简成阶梯形，再利用三角形矩阵的行列式等于对角线上元素之积的知识. 针对第一列的前两次行倍加均不改变行列式的值：

$$\det\boldsymbol{A}=\begin{vmatrix} 1 & -4 & 2 \\ -2 & 8 & -9 \\ -1 & 7 & 0 \end{vmatrix}=\begin{vmatrix} 1 & -4 & 2 \\ 0 & 0 & -5 \\ -1 & 7 & 0 \end{vmatrix}=\begin{vmatrix} 1 & -4 & 2 \\ 0 & 0 & -5 \\ 0 & 3 & 2 \end{vmatrix}$$

交换第2行与第3行使行列式取反号，即

$$\det\boldsymbol{A}=-\begin{vmatrix} 1 & -4 & 2 \\ 0 & 3 & 2 \\ 0 & 0 & -5 \end{vmatrix}=-(1)(3)(-5)=15$$ ■

手工计算行列式时，通常利用定理3c将某一行的公因子提出来，如

$$\begin{vmatrix} * & * & * \\ 5k & -2k & 3k \\ * & * & * \end{vmatrix}=k\begin{vmatrix} * & * & * \\ 5 & -2 & 3 \\ * & * & * \end{vmatrix}$$

其中用星号标记的元素不变. 在下例中用此方法.

例 2 计算 $\det \boldsymbol{A}$，其中 $\boldsymbol{A}=\begin{bmatrix} 2 & -8 & 6 & 8 \\ 3 & -9 & 5 & 10 \\ -3 & 0 & 1 & -2 \\ 1 & -4 & 0 & 6 \end{bmatrix}$.

解 为简化计算，设法使左上角为 1. 可将第 1 行与第 4 行交换，也可由第 1 行提出因子 2，再对第 1 列做行倍加：

$$\det \boldsymbol{A}=2\begin{vmatrix} 1 & -4 & 3 & 4 \\ 3 & -9 & 5 & 10 \\ -3 & 0 & 1 & -2 \\ 1 & -4 & 0 & 6 \end{vmatrix}=2\begin{vmatrix} 1 & -4 & 3 & 4 \\ 0 & 3 & -4 & -2 \\ 0 & -12 & 10 & 10 \\ 0 & 0 & -3 & 2 \end{vmatrix}$$

然后，可再从第 3 行中提出 2，或利用第 2 列中的 3 作为一个主元. 此处我们用后者，将第 2 行的 4 倍加到第 3 行：

$$\det \boldsymbol{A}=2\begin{vmatrix} 1 & -4 & 3 & 4 \\ 0 & 3 & -4 & -2 \\ 0 & 0 & -6 & 2 \\ 0 & 0 & -3 & 2 \end{vmatrix}$$

最后，将第 3 行的 $-1/2$ 倍加到第 4 行，再计算这个“三角形”行列式得

$$\det \boldsymbol{A}=2\begin{vmatrix} 1 & -4 & 3 & 4 \\ 0 & 3 & -4 & -2 \\ 0 & 0 & -6 & 2 \\ 0 & 0 & 0 & 1 \end{vmatrix}=2\cdot(1)\cdot(3)\cdot(-6)\cdot(1)=-36$$ ■

若一个方阵 $\boldsymbol{A}$ 通过行倍加和行交换化简为阶梯形 $\boldsymbol{U}$（这总是可以做到的，见 1.2 节行化简算法），且此过程经过了 r 次行交换，则定理 3 表明

$$\det \boldsymbol{A}=(-1)^r \det \boldsymbol{U}$$

由于 $\boldsymbol{U}$ 是阶梯形，故它是三角形的，因此 $\det \boldsymbol{U}$ 是主对角线上的元素 $u_{11},u_{22},\cdots,u_{nn}$ 的乘积. 若 $\boldsymbol{A}$ 可逆，则元素 u_{ii} 都是主元（因为 $\boldsymbol{A}\sim \boldsymbol{I}_n$ 且 u_{ii} 没有被倍乘变为 1）. 否则，至少有 u_{nn} 等于零，乘积 $u_{11}u_{22}\cdots u_{nn}$ 为零. 见图 3-1.

$$\boldsymbol{U}=\begin{bmatrix} ■ & * & * & * \\ 0 & ■ & * & * \\ 0 & 0 & ■ & * \\ 0 & 0 & 0 & ■ \end{bmatrix} \qquad \boldsymbol{U}=\begin{bmatrix} ■ & * & * & * \\ 0 & ■ & * & * \\ 0 & 0 & 0 & ■ \\ 0 & 0 & 0 & 0 \end{bmatrix}$$

$\det \boldsymbol{U}\neq 0$ $\qquad$ $\det \boldsymbol{U}=0$

图 3-1 标准的阶梯形方阵

从而有以下公式：

$$\det A=\begin{cases}(-1)^r\cdot(U\text{的主元乘积}) & \text{当}A\text{可逆}\\ 0 & \text{当}A\text{不可逆}\end{cases} \tag{1}$$

注意下列有趣的情形：尽管上述阶梯形 U 是不唯一的（因为它并没有经过完全的行简化），主元也不是唯一的，但除了可能差一个负号外，这些主元的乘积是唯一的.

公式（1）不但给出 $\det A$ 的一个具体的解释，还证明了本节的主要定理：

定理 4　*方阵 A 是可逆的当且仅当 $\det A\neq 0$.*

定理 4 把语句“$\det A\neq 0$”增加到可逆矩阵定理中. 一个有用的推论是若 A 的列是线性相关的，则 $\det A=0$. 而且若 A 的行是线性相关的，则 $\det A=0$.（A 的行是 A^T 的列，由 A^T 的列线性相关可推出 A^T 是奇异的. 当 A^T 是奇异矩阵时，由可逆矩阵定理可知，A 也是奇异的.）在实际问题中，当两行或两列是相同的或者一行或一列是零时，则线性相关是显然的.

例 3　计算 $\det A$，$A=\begin{bmatrix}3&-1&2&-5\\0&5&-3&-6\\-6&7&-7&4\\-5&-8&0&9\end{bmatrix}$.

解　将第 1 行的 2 倍加到第 3 行，得

$$\det A=\det\begin{bmatrix}3&-1&2&-5\\0&5&-3&-6\\0&5&-3&-6\\-5&-8&0&9\end{bmatrix}=0$$

这是因为上面矩阵的第 2 行和第 3 行相等. ■

数值计算的注解

1. 对一般的矩阵 A，许多计算 $\det A$ 的计算机程序使用上面公式（1）的方法.

2. 可以证明用行变换计算一个 $n\times n$ 行列式大约需要 $2n^3/3$ 次算术运算，任何现代微型计算机可以在不到一秒钟内计算一个 25×25 行列式，因为仅需大约 10 000 次运算.

充分利用出现的多个零，利用特别的指令，计算机还可以处理大的“稀疏”矩阵. 当然，零元素可加快手算过程. 下例的计算中结合了行变换的优势和 3.1 节中代数余子式展开中利用零元素的技巧.

例 4　计算 $\det A$，$A=\begin{bmatrix}0&1&2&-1\\2&5&-7&3\\0&3&6&2\\-2&-5&4&-2\end{bmatrix}$.

解　开始最好利用第 1 列中的 2 作为一个主元，消去下面的−2，再利用代数余子式展开式化简成低一阶的行列式，然后再运用行倍加变换. 因此

$$\det \boldsymbol{A}=\begin{vmatrix}0&1&2&-1\\2&5&-7&3\\0&3&6&2\\0&0&-3&1\end{vmatrix}=-2\begin{vmatrix}1&2&-1\\3&6&2\\0&-3&1\end{vmatrix}=-2\begin{vmatrix}1&2&-1\\0&0&5\\0&-3&1\end{vmatrix}$$

交换第 2 行与第 3 行得到一个“三角形行列式”．另一种方法是按第 1 列的代数余子式展开式：

$$\det \boldsymbol{A}=(-2)\cdot(1)\begin{bmatrix}0&5\\-3&1\end{bmatrix}=-2\cdot(15)=-30$$

■

列变换

类似于前面已经考虑过的行变换，我们可以对矩阵的列实行变换，下一个定理证明行列式的列变换与行变换具有相同的效果．

注：数学归纳原理表述为：令 $P(n)$ 对每个自然数 n 成立或不成立．假设 $P(1)$ 成立，则 $P(n)$ 对所有 $n\geqslant 1$ 的情形成立．对每个自然数 k，若 $P(k)$ 成立，则 $P(k+1)$ 成立．用数学归纳原理证明下述定理．

定理 5 若 $\boldsymbol{A}$ 为一个 $n\times n$ 矩阵，则 $\det \boldsymbol{A}^{\mathrm{T}}=\det \boldsymbol{A}$．

证 当 $n=1$ 时，定理显然成立．假设定理对 $k\times k$ 行列式成立．令 $n=k+1$，则 $\boldsymbol{A}$ 中 a_{1j} 的代数余子式等于 A^{T} 中 a_{j1} 的代数余子式，这是因为这些代数余子式是由 $k\times k$ 行列式表示的．所以 $\det \boldsymbol{A}$ 按第一行的代数余子式展开式等于 $\det \boldsymbol{A}^{\mathrm{T}}$ 沿第一列的代数余子式展开式，即 $\det \boldsymbol{A}=\det \boldsymbol{A}^{\mathrm{T}}$．于是定理对 $n=k+1$ 也成立，即定理对 n 成立就可以推出对 $n+1$ 成立．由数学归纳原理，定理对任意 $n\geqslant 1$ 均成立．

■

因为定理 5 成立，所以当把定理 3 中的“行”换成“列”时，定理 3 中每一个命题均成立．为证此性质，只需对 $\boldsymbol{A}^{\mathrm{T}}$ 应用原来的定理 3．对 $\boldsymbol{A}^{\mathrm{T}}$ 的一个行变换相当于对 $\boldsymbol{A}$ 的一个列变换．

列变换对理论和手工计算都是很有用的．然而，为了简单，在数值计算中，我们仅采用行变换．

行列式与矩阵乘积

下列定理很有用，其证明放在本节末尾，其应用放在习题中．

定理 6 （乘法的性质）

若 $\boldsymbol{A}$ 和 $\boldsymbol{B}$ 均为 $n\times n$ 矩阵，则 $\det \boldsymbol{AB}=(\det \boldsymbol{A})(\det \boldsymbol{B})$．

例 5 对 $\boldsymbol{A}=\begin{bmatrix}6&1\\3&2\end{bmatrix}$，$\boldsymbol{B}=\begin{bmatrix}4&3\\1&2\end{bmatrix}$，验证定理 6．

解

$$\boldsymbol{AB}=\begin{bmatrix}6&1\\3&2\end{bmatrix}\begin{bmatrix}4&3\\1&2\end{bmatrix}=\begin{bmatrix}25&20\\14&13\end{bmatrix}$$

$$\det \boldsymbol{AB}=25\cdot 13-20\cdot 14=325-280=45$$

由于 $\det \boldsymbol{A}=9$，$\det \boldsymbol{B}=5$，故

$$(\det \boldsymbol{A})(\det \boldsymbol{B}) = 9 \cdot 5 = 45 = \det \boldsymbol{AB}$$ ■

警告　一个通常的错误观点是定理6对矩阵的和也有类似的结果. 然而，一般而言，$\det(\boldsymbol{A}+\boldsymbol{B})$ 不等于 $\det \boldsymbol{A} + \det \boldsymbol{B}$.

行列式函数的一个线性性质

若 $\boldsymbol{A}$ 为 $n \times n$ 矩阵，可以将 $\det \boldsymbol{A}$ 看作 $\boldsymbol{A}$ 中 n 个列向量的函数. 我们将证明如果 $\boldsymbol{A}$ 中除了一列之外都是固定的向量，则 $\det \boldsymbol{A}$ 是那个可变列向量的线性函数.

假设 $\boldsymbol{A}$ 的第 j 列允许有变化，$\boldsymbol{A}$ 可写成

$$\boldsymbol{A} = [\boldsymbol{a}_1 \ \ \boldsymbol{a}_2 \ \ \cdots \ \ \boldsymbol{a}_{j-1} \ \ \boldsymbol{x} \ \ \boldsymbol{a}_{j+1} \cdots \ \ \boldsymbol{a}_n]$$

定义由 $\mathbb{R}^n$ 到 $\mathbb{R}$ 的变换 T 为

$$T(\boldsymbol{x}) = \det[\boldsymbol{a}_1 \ \ \boldsymbol{a}_2 \ \ \cdots \ \ \boldsymbol{a}_{j-1} \ \ \boldsymbol{x} \ \ \boldsymbol{a}_{j+1} \ \ \cdots \ \ \boldsymbol{a}_n]$$

则有

$$T(c\boldsymbol{x}) = cT(\boldsymbol{x})\text{，对任意常数 } c \text{ 和 } \mathbb{R}^n \text{ 中任意 } \boldsymbol{x} \text{ 成立} \tag{2}$$

$$T(\boldsymbol{u}+\boldsymbol{v}) = T(\boldsymbol{u}) + T(\boldsymbol{v})\text{，对 } \mathbb{R}^n \text{ 中所有 } \boldsymbol{u}, \boldsymbol{v} \text{ 成立} \tag{3}$$

性质（2）即定理3c应用到 $\boldsymbol{A}$ 的列.（3）式的一个证明可由 $\det \boldsymbol{A}$ 按第 j 列的代数余子式展开式来完成（见习题49）. 行列式的这个线性性质有许多有用的推论，将会在高级的课程学习中研究.

定理3和定理6的证明

借助2.2节中讨论的初等矩阵证明定理3很方便. 我们称一个初等矩阵 $\boldsymbol{E}$ 是一个行倍加（矩阵），如果 $\boldsymbol{E}$ 是由单位矩阵 $\boldsymbol{I}$ 经一行加另一行的倍数而得到的；称 $\boldsymbol{E}$ 是一个交换，如果 $\boldsymbol{E}$ 是由交换 $\boldsymbol{I}$ 的两行而得到的；称 E 是一个 r 倍乘，如果 $\boldsymbol{E}$ 是由 $\boldsymbol{I}$ 的某一行乘以一个非零数而得到的. 用这些术语，定理3可重新叙述如下：

若 $\boldsymbol{A}$ 是一个 $n \times n$ 矩阵，$\boldsymbol{E}$ 是一个 $n \times n$ 初等矩阵，则

$$\det \boldsymbol{EA} = (\det \boldsymbol{E})(\det \boldsymbol{A})$$

其中

$$\det \boldsymbol{E} = \begin{cases} 1 & \text{若}\boldsymbol{E}\text{是一个行倍加} \\ -1 & \text{若}\boldsymbol{E}\text{是一个交换} \\ r & \text{若}\boldsymbol{E}\text{是一个}r\text{倍乘} \end{cases}$$

定理3的证明　对 $\boldsymbol{A}$ 的行或列的大小用归纳法. 2×2 矩阵的情形在3.1节的习题33~36中已证. 假设该定理对 $k \times k$ 矩阵的行列式成立，$k \geqslant 2$，令 $n = k+1$，$\boldsymbol{A}$ 为 $n \times n$ 矩阵. $\boldsymbol{E}$ 对 $\boldsymbol{A}$ 的作用涉及两行或一行. 所以我们可以按在 $\boldsymbol{E}$ 的作用下没有被改变的一行展开 $\det \boldsymbol{EA}$，比如说第 i 行. 令 $\boldsymbol{A}_{ij}$（分别地，$\boldsymbol{B}_{ij}$）是由 $\boldsymbol{A}$（分别地，$\boldsymbol{EA}$）中划掉第 i 行第 j 列得到的矩阵，则 $\boldsymbol{B}_{ij}$ 的行由 $\boldsymbol{A}_{ij}$ 的行通过实行与 $\boldsymbol{E}$ 作用于 $\boldsymbol{A}$ 相同类型的初等行变换得到. 由于这些子矩阵仅仅是 $k \times k$ 矩阵，因此归纳假设蕴涵

$$\det \boldsymbol{B}_{ij} = \alpha \cdot \det \boldsymbol{A}_{ij}$$

其中 $\alpha = 1, -1$ 或 r，依 $\boldsymbol{E}$ 的类型而定. $\det \boldsymbol{EA}$ 按第 i 行的代数余子式展开式是

$$\begin{aligned}\det \boldsymbol{EA} &= a_{i1}(-1)^{i+1}\det \boldsymbol{B}_{i1}+\cdots+a_{in}(-1)^{i+n}\det \boldsymbol{B}_{in}\\ &=\alpha\, a_{i1}(-1)^{i+1}\det \boldsymbol{A}_{i1}+\cdots+\alpha\, a_{in}(-1)^{i+n}\det \boldsymbol{A}_{in}\\ &=\alpha\cdot\det \boldsymbol{A}\end{aligned}$$

特别地，取 $\boldsymbol{A}=\boldsymbol{I}_n$，则 $\det \boldsymbol{E}=1,-1$ 或 r 依赖于 E 的类型. 于是定理对 $n=2$ 成立. 定理对 n 成立蕴涵对 $n+1$ 也成立. 由归纳法原理，定理对 $n\geqslant 2$ 均成立. 对 $n=1$，定理显然成立. ■

定理 6 的证明 若 $\boldsymbol{A}$ 不可逆，则由 2.3 节中习题 35，$\boldsymbol{AB}$ 也不可逆. 在此情形下，由定理 4，因 $\det \boldsymbol{A}$ 和 $\det \boldsymbol{A}\cdot\det \boldsymbol{B}$ 均为零，故 $\det \boldsymbol{AB}=(\det \boldsymbol{A})(\det \boldsymbol{B})$ 成立. 若 $\boldsymbol{A}$ 可逆，则由可逆矩阵定理，$\boldsymbol{A}$ 与单位矩阵 $\boldsymbol{I}_n$ 行等价，所以存在初等矩阵 $\boldsymbol{E}_1,\boldsymbol{E}_2,\cdots,\boldsymbol{E}_p$ 使得

$$\boldsymbol{A}=\boldsymbol{E}_p\boldsymbol{E}_{p-1}\cdots\boldsymbol{E}_1\boldsymbol{I}_n=\boldsymbol{E}_p\boldsymbol{E}_{p-1}\cdots\boldsymbol{E}_1$$

为了简单，用 $|\boldsymbol{A}|$ 表示 $\det \boldsymbol{A}$. 反复应用定理 3，如上面所重新描述的那样，得

$$\begin{aligned}|\boldsymbol{AB}| &= |\boldsymbol{E}_p\boldsymbol{E}_{p-1}\cdots\boldsymbol{E}_1\boldsymbol{B}|=|\boldsymbol{E}_p|\cdot|\boldsymbol{E}_{p-1}\cdots\boldsymbol{E}_1\boldsymbol{B}|=\cdots\\ &=|\boldsymbol{E}_p||\boldsymbol{E}_{p-1}|\cdots|\boldsymbol{E}_1|\cdot|\boldsymbol{B}|=\cdots=|\boldsymbol{E}_p\boldsymbol{E}_{p-1}\cdots\boldsymbol{E}_1|\cdot|\boldsymbol{B}|\\ &=|\boldsymbol{A}|\,|\boldsymbol{B}|\end{aligned}$$

■

练习题

1. 用尽可能少的步骤计算 $\begin{vmatrix}1&-3&1&-2\\2&-5&-1&-2\\0&-4&5&1\\-3&10&-6&8\end{vmatrix}$.

2. 用一个行列式来确定向量 $\boldsymbol{v}_1,\boldsymbol{v}_2,\boldsymbol{v}_3$ 是否线性无关，这里

$$\boldsymbol{v}_1=\begin{bmatrix}5\\-7\\9\end{bmatrix},\ \boldsymbol{v}_2=\begin{bmatrix}-3\\3\\-5\end{bmatrix},\ \boldsymbol{v}_3=\begin{bmatrix}2\\-7\\5\end{bmatrix}$$

3. 设 $\boldsymbol{A}$ 是一个 $n\times n$ 矩阵，满足 $\boldsymbol{A}^2=\boldsymbol{I}$. 证明 $\det \boldsymbol{A}=\pm 1$.

习题 3.2

在习题 1~4 中，每个方程说明行列式的一个性质. 叙述这些性质.

1. $\begin{vmatrix}0&5&-2\\1&-3&6\\4&-1&8\end{vmatrix}=-\begin{vmatrix}1&-3&6\\0&5&-2\\4&-1&8\end{vmatrix}$

2. $\begin{vmatrix}3&-6&9\\3&5&-5\\1&3&3\end{vmatrix}=3\begin{vmatrix}1&-2&3\\3&5&-5\\1&3&3\end{vmatrix}$

3. $\begin{vmatrix}1&2&2\\0&3&-4\\2&7&4\end{vmatrix}=\begin{vmatrix}1&2&2\\0&3&-4\\0&3&0\end{vmatrix}$

4. $\begin{vmatrix}1&3&-4\\2&0&-3\\3&-5&2\end{vmatrix}=\begin{vmatrix}1&3&-4\\0&-6&5\\3&-5&2\end{vmatrix}$

在习题 5~10 中，通过行化简成阶梯形求行列式的值.

5. $\begin{vmatrix}1&5&-4\\-1&-4&5\\-2&-8&7\end{vmatrix}$

6. $\begin{vmatrix}2&2&-2\\3&4&-4\\2&-3&-5\end{vmatrix}$

7. $\begin{vmatrix}1&3&0&2\\-2&-5&7&4\\3&5&2&1\\1&-1&2&-3\end{vmatrix}$

8. $\begin{vmatrix} 1 & 3 & 2 & -4 \\ 0 & 1 & 2 & -5 \\ 2 & 7 & 6 & -3 \\ -3 & -10 & -7 & 2 \end{vmatrix}$　9. $\begin{vmatrix} 1 & -1 & -3 & 0 \\ 0 & 1 & 5 & 4 \\ -1 & 0 & 5 & 3 \\ 3 & -3 & -2 & 3 \end{vmatrix}$

10. $\begin{vmatrix} 1 & 3 & -1 & 0 & -2 \\ 0 & 1 & -2 & -1 & -3 \\ -2 & -6 & 2 & 3 & 10 \\ 1 & 5 & -6 & 2 & -3 \\ 0 & 2 & -4 & 5 & 9 \end{vmatrix}$

在习题 11~14 中，结合行化简和代数余子式展开的方法计算行列式.

11. $\begin{vmatrix} 3 & 4 & -3 & -1 \\ 3 & 0 & 1 & -3 \\ -6 & 0 & -4 & 3 \\ 6 & 8 & -4 & -1 \end{vmatrix}$　12. $\begin{bmatrix} -1 & 2 & 3 & 0 \\ 3 & 4 & 3 & 0 \\ 11 & 4 & 6 & 6 \\ 4 & 2 & 4 & 3 \end{bmatrix}$

13. $\begin{vmatrix} 2 & 5 & 4 & 1 \\ 4 & 7 & 6 & 2 \\ 6 & -2 & -4 & 0 \\ -6 & 7 & 7 & 0 \end{vmatrix}$　14. $\begin{bmatrix} 1 & 5 & 4 & 1 \\ 0 & -3 & -6 & 0 \\ 3 & 5 & 4 & 1 \\ -6 & 5 & 5 & 0 \end{bmatrix}$

求习题 15~20 中的行列式，已知 $\begin{vmatrix} a & b & c \\ d & e & f \\ g & h & i \end{vmatrix} = 7$.

15. $\begin{vmatrix} a & b & c \\ d & e & f \\ 3g & 3h & 3i \end{vmatrix}$

16. $\begin{vmatrix} a & b & c \\ d+3g & e+3h & f+3i \\ g & h & i \end{vmatrix}$

17. $\begin{vmatrix} a+d & b+e & c+f \\ d & e & f \\ g & h & i \end{vmatrix}$

18. $\begin{vmatrix} a & b & c \\ 5d & 5e & 5f \\ g & h & i \end{vmatrix}$

19. $\begin{vmatrix} a & b & c \\ 2d+a & 2e+b & 2f+c \\ g & h & i \end{vmatrix}$

20. $\begin{vmatrix} d & e & f \\ a & b & c \\ g & h & i \end{vmatrix}$

在习题 21~23 中，利用行列式检验这些矩阵是否可逆.

21. $\begin{bmatrix} 2 & 6 & 0 \\ 1 & 3 & 2 \\ 3 & 9 & 2 \end{bmatrix}$　22. $\begin{bmatrix} 5 & 1 & -1 \\ 1 & -3 & -2 \\ 0 & 5 & 3 \end{bmatrix}$

23. $\begin{bmatrix} 2 & 0 & 0 & 6 \\ 1 & -7 & -5 & 0 \\ 3 & 8 & 6 & 0 \\ 0 & 7 & 5 & 4 \end{bmatrix}$

在习题 24~26 中，利用行列式判断每组向量是否线性无关.

24. $\begin{bmatrix} 4 \\ 6 \\ 2 \end{bmatrix}, \begin{bmatrix} -6 \\ 0 \\ 6 \end{bmatrix}, \begin{bmatrix} -3 \\ -5 \\ -2 \end{bmatrix}$

25. $\begin{bmatrix} 7 \\ -4 \\ -6 \end{bmatrix}, \begin{bmatrix} -8 \\ 5 \\ 7 \end{bmatrix}, \begin{bmatrix} 7 \\ 0 \\ -5 \end{bmatrix}$

26. $\begin{bmatrix} 3 \\ 5 \\ -6 \\ 4 \end{bmatrix}, \begin{bmatrix} 2 \\ -6 \\ 0 \\ 7 \end{bmatrix}, \begin{bmatrix} -2 \\ -1 \\ 3 \\ 0 \end{bmatrix}, \begin{bmatrix} 0 \\ 0 \\ 0 \\ -2 \end{bmatrix}$

在习题 27~34 中，$\boldsymbol{A}, \boldsymbol{B}$ 均为 $n \times n$ 矩阵，标出每个命题的真假(T/F)，给出理由.

27. (T/F)矩阵的行倍加变换不影响矩阵的行列式.
28. (T/F)若 $\det \boldsymbol{A}$ 为零，则其两行或两列相同，或者一行或一列为零.
29. (T/F)若 $\boldsymbol{A}$ 的列向量是线性相关的，则 $\det \boldsymbol{A} = 0$.
30. (T/F) $\boldsymbol{A}$ 的行列式等于其对角线元素的乘积.
31. (T/F)如果连续进行三次行对换，则行列式不变.
32. (T/F) $\boldsymbol{A}$ 的行列式等于 $\boldsymbol{A}$ 的任意一个阶梯形矩阵 $\boldsymbol{U}$ 的主元之积再乘以 $(-1)^r$，其中 r 是使得 $\boldsymbol{A}$ 化为 $\boldsymbol{U}$ 的行对换的次数.
33. (T/F) $\det(\boldsymbol{A}+\boldsymbol{B}) = \det \boldsymbol{A} + \det \boldsymbol{B}$.
34. (T/F) $\det \boldsymbol{A}^{-1} = (-1)\det \boldsymbol{A}$.
35. 计算 $\det \boldsymbol{B}^4$，其中 $\boldsymbol{B} = \begin{bmatrix} 1 & 0 & 1 \\ 1 & 1 & 2 \\ 1 & 2 & 1 \end{bmatrix}$.

36. 利用定理3（但不用定理4）来证明，若方阵 $\boldsymbol{A}$ 的两行相等，则 $\det\boldsymbol{A}=0$. 此结论对两列相等的情形也成立，为什么？

对习题37~42，在你的解释中指出用到的一个合适的定理.

37. 证明：如果 $\boldsymbol{A}$ 可逆，则 $\det\boldsymbol{A}^{-1}=\dfrac{1}{\det\boldsymbol{A}}$.

38. 假设 $\boldsymbol{A}$ 为方阵，且 $\det\boldsymbol{A}^3=0$，解释为什么 $\boldsymbol{A}$ 不可能是可逆的.

39. 若 $\boldsymbol{A},\boldsymbol{B}$ 均为方阵，证明：即使 $\boldsymbol{AB}$ 与 $\boldsymbol{BA}$ 可能不相等，$\det\boldsymbol{AB}=\det\boldsymbol{BA}$ 也总是成立的.

40. 若 $\boldsymbol{A}$，$\boldsymbol{P}$ 均为方阵，$\boldsymbol{P}$ 可逆，证明 $\det(\boldsymbol{PAP}^{-1})=\det\boldsymbol{A}$.

41. 假设 $\boldsymbol{U}$ 为方阵，满足 $\boldsymbol{U}^{\mathrm{T}}\boldsymbol{U}=\boldsymbol{I}$，证明 $\det\boldsymbol{U}=\pm1$.

42. 若 $\boldsymbol{A}$ 为一个 $n\times n$ 矩阵，试找出一个计算 $\det(r\boldsymbol{A})$ 的公式.

在习题43和习题44中，验证 $\det\boldsymbol{AB}=(\det\boldsymbol{A})(\det\boldsymbol{B})$.（不要使用定理6.）

43. $\boldsymbol{A}=\begin{bmatrix}3&0\\6&1\end{bmatrix}$，$\boldsymbol{B}=\begin{bmatrix}2&0\\5&4\end{bmatrix}$

44. $\boldsymbol{A}=\begin{bmatrix}3&6\\-1&-2\end{bmatrix}$，$\boldsymbol{B}=\begin{bmatrix}4&3\\-1&-3\end{bmatrix}$

45. 若 $\boldsymbol{A},\boldsymbol{B}$ 均为 3×3 矩阵，且 $\det\boldsymbol{A}=-2$，$\det\boldsymbol{B}=3$. 利用（文中或上面习题中的）行列式性质计算

a. $\det\boldsymbol{AB}$　b. $\det5\boldsymbol{A}$　c. $\det\boldsymbol{B}^{\mathrm{T}}$

d. $\det\boldsymbol{A}^{-1}$　e. $\det\boldsymbol{A}^3$

46. 若 $\boldsymbol{A},\boldsymbol{B}$ 均为 4×4 矩阵，$\det\boldsymbol{A}=4$，$\det\boldsymbol{B}=-3$，计算

a. $\det\boldsymbol{AB}$　b. $\det\boldsymbol{B}^5$　c. $\det2\boldsymbol{A}$

d. $\det\boldsymbol{A}^{\mathrm{T}}\boldsymbol{BA}$　e. $\det\boldsymbol{B}^{-1}\boldsymbol{AB}$

47. 验证 $\det\boldsymbol{A}=\det\boldsymbol{B}+\det\boldsymbol{C}$，其中

$$\boldsymbol{A}=\begin{bmatrix}a+e&b+f\\c&d\end{bmatrix},\quad \boldsymbol{B}=\begin{bmatrix}a&b\\c&d\end{bmatrix},\quad \boldsymbol{C}=\begin{bmatrix}e&f\\c&d\end{bmatrix}$$

48. 设 $\boldsymbol{A}=\begin{bmatrix}1&0\\0&1\end{bmatrix}$，$\boldsymbol{B}=\begin{bmatrix}a&b\\c&d\end{bmatrix}$，证明 $\det(\boldsymbol{A}+\boldsymbol{B})=\det\boldsymbol{A}+\det\boldsymbol{B}$，当且仅当 $a+d=0$.

49. 验证 $\det\boldsymbol{A}=\det\boldsymbol{B}+\det\boldsymbol{C}$，其中

$$\boldsymbol{A}=\begin{bmatrix}a_{11}&a_{12}&u_1+v_1\\a_{21}&a_{22}&u_2+v_2\\a_{31}&a_{32}&u_3+v_3\end{bmatrix},$$

$$\boldsymbol{B}=\begin{bmatrix}a_{11}&a_{12}&u_1\\a_{21}&a_{22}&u_2\\a_{31}&a_{32}&u_3\end{bmatrix},\quad \boldsymbol{C}=\begin{bmatrix}a_{11}&a_{12}&v_1\\a_{21}&a_{22}&v_2\\a_{31}&a_{32}&v_3\end{bmatrix}$$

注意 $\boldsymbol{A}$ 与 $\boldsymbol{B}+\boldsymbol{C}$ 并不相同.

50. 矩阵 $\boldsymbol{A}$ 右乘一个初等矩阵 $\boldsymbol{E}$ 对 $\boldsymbol{A}$ 的列的影响与左乘一个初等矩阵对行的影响相同. 使用定理5和定理3以及 $\boldsymbol{E}^{\mathrm{T}}$ 仍为初等矩阵这个明显的事实证明 $\det\boldsymbol{AE}=(\det\boldsymbol{E})(\det\boldsymbol{A})$，要求不能使用定理6.

51. 假设 $\boldsymbol{A}$ 是一个 $n\times n$ 矩阵，计算机给出的结果是 $\det\boldsymbol{A}=5$ 且 $\det(\boldsymbol{A}^{-1})=1$，你能相信这些结论吗？为什么相信或者不相信？

52. 假设 $\boldsymbol{A}$ 和 $\boldsymbol{B}$ 是 $n\times n$ 矩阵，计算机给出的结果是 $\det\boldsymbol{A}=5$，$\det\boldsymbol{B}=2$ 和 $\det\boldsymbol{AB}=7$. 你能相信这些结论吗？为什么相信或者不相信？

53. [M]对几个随机选取的 4×5 矩阵和 5×6 矩阵，计算 $\det\boldsymbol{A}^{\mathrm{T}}\boldsymbol{A}$ 和 $\det\boldsymbol{AA}^{\mathrm{T}}$. 当 $\boldsymbol{A}$ 的列数大于行数时，$\boldsymbol{A}^{\mathrm{T}}\boldsymbol{A}$ 和 $\boldsymbol{AA}^{\mathrm{T}}$ 会怎么样？

54. [M]如果 $\det\boldsymbol{A}$ 接近于零，矩阵 $\boldsymbol{A}$ 是接近奇异的吗？用下面接近奇异的 4×4 矩阵 $\boldsymbol{A}$ 进行实验.

$$\boldsymbol{A}=\begin{bmatrix}4&0&-7&-7\\-6&1&11&9\\7&-5&10&19\\-1&2&3&-1\end{bmatrix}$$

计算 $\boldsymbol{A}$，$10\boldsymbol{A}$，$0.1\boldsymbol{A}$ 的行列式. 作为对比，计算这些矩阵的条件数. 当 $\boldsymbol{A}$ 为 4×4 单位矩阵时，重复这些计算，讨论你的结论.

练习题答案

1. 做行倍加变换，在第一列生成零，接着产生一个零行.

$$\begin{vmatrix} 1 & -3 & 1 & -2 \\ 2 & -5 & -1 & -2 \\ 0 & -4 & 5 & 1 \\ -3 & 10 & -6 & 8 \end{vmatrix} = \begin{vmatrix} 1 & -3 & 1 & -2 \\ 0 & 1 & -3 & 2 \\ 0 & -4 & 5 & 1 \\ 0 & 1 & -3 & 2 \end{vmatrix} = \begin{vmatrix} 1 & -3 & 1 & -2 \\ 0 & 1 & -3 & 2 \\ 0 & -4 & 5 & 1 \\ 0 & 0 & 0 & 0 \end{vmatrix} = 0$$

2. $$\det[\boldsymbol{v}_1\ \ \boldsymbol{v}_2\ \ \boldsymbol{v}_3] = \begin{vmatrix} 5 & -3 & 2 \\ -7 & 3 & -7 \\ 9 & -5 & 5 \end{vmatrix} = \begin{vmatrix} 5 & -3 & 2 \\ -2 & 0 & -5 \\ 9 & -5 & 5 \end{vmatrix} \qquad \text{第 1 行加到第 2 行}$$

$$= -(-3)\begin{vmatrix} -2 & -5 \\ 9 & 5 \end{vmatrix} - (-5)\begin{vmatrix} 5 & 2 \\ -2 & -5 \end{vmatrix} \qquad \text{按第 2 列的代数余子式展开式}$$

$$= 3\cdot(35) + 5\cdot(-21) = 0$$

由定理4，矩阵$[\boldsymbol{v}_1\ \ \boldsymbol{v}_2\ \ \boldsymbol{v}_3]$不可逆．由可逆矩阵定理，这三列是线性相关的．

3. 由$\det \boldsymbol{I} = 1$及定理6，$\det(\boldsymbol{AA}) = (\det \boldsymbol{A})(\det \boldsymbol{A})$．可得

$$1 = \det \boldsymbol{I} = \det \boldsymbol{A}^2 = \det(\boldsymbol{AA}) = (\det \boldsymbol{A})(\det \boldsymbol{A}) = (\det \boldsymbol{A})^2$$

对上式两边开平方得$\det \boldsymbol{A} = \pm 1$．

3.3　克拉默法则、体积和线性变换

本节应用前面几节的理论得到一些重要的理论公式以及行列式的几何解释．

克拉默法则

克拉默法则在各种理论计算中是必需的．例如，它被用来研究$\boldsymbol{Ax} = \boldsymbol{b}$的解受$\boldsymbol{b}$中元素变化的影响．然而，这个公式对手工运算是没有多大效果的，除非是2×2或3×3矩阵：

对任意$n\times n$矩阵$\boldsymbol{A}$和任意的$\mathbb{R}^n$中向量$\boldsymbol{b}$，令$\boldsymbol{A}_i(\boldsymbol{b})$表示$\boldsymbol{A}$中第$i$列由向量$\boldsymbol{b}$替换得到的矩阵：

$$\boldsymbol{A}_i(\boldsymbol{b}) = [\boldsymbol{a}_1\ \ \boldsymbol{a}_2\ \ \cdots\ \ \underset{\substack{\uparrow \\ \text{第 } i \text{ 列}}}{\boldsymbol{b}}\ \ \cdots\ \ \boldsymbol{a}_n]$$

定理 7　（克拉默法则）

设$\boldsymbol{A}$是一个可逆的$n\times n$矩阵，对$\mathbb{R}^n$中任意向量$\boldsymbol{b}$，方程$\boldsymbol{Ax} = \boldsymbol{b}$的唯一解可由下式给出：

$$x_i = \frac{\det \boldsymbol{A}_i(\boldsymbol{b})}{\det \boldsymbol{A}}, i = 1, 2, \cdots, n \tag{1}$$

证　用$\boldsymbol{a}_1, \boldsymbol{a}_2, \cdots, \boldsymbol{a}_n$表示$\boldsymbol{A}$的列，用$\boldsymbol{e}_1, \boldsymbol{e}_2, \cdots, \boldsymbol{e}_n$表示$n\times n$单位阵$\boldsymbol{I}$的列．若$\boldsymbol{Ax} = \boldsymbol{b}$，则由矩阵乘法的定义有

$$\begin{aligned} \boldsymbol{A}\cdot \boldsymbol{I}_i(\boldsymbol{x}) &= \boldsymbol{A}[\boldsymbol{e}_1\ \ \boldsymbol{e}_2\ \ \cdots\ \ \boldsymbol{x}\ \ \cdots \boldsymbol{e}_n] = [\boldsymbol{Ae}_1\ \ \boldsymbol{Ae}_2\ \ \cdots\ \ \boldsymbol{Ax}\ \ \cdots\ \ \boldsymbol{Ae}_n] \\ &= [\boldsymbol{a}_1\ \ \boldsymbol{a}_2 \cdots\ \ \boldsymbol{b}\ \ \cdots \boldsymbol{a}_n] = \boldsymbol{A}_i(\boldsymbol{b}) \end{aligned}$$

由行列式的乘法性质，

$$(\det \boldsymbol{A})(\det \boldsymbol{I}_i(\boldsymbol{x})) = \det \boldsymbol{A}_i(\boldsymbol{b})$$

左边第二个行列式为x_i（沿第i行作代数余子式展开），从而$(\det \boldsymbol{A})x_i = \det \boldsymbol{A}_i(\boldsymbol{b})$．由于$\boldsymbol{A}$可逆，从而$\det \boldsymbol{A} \neq 0$，于是证明了(1)式．■

例 1　利用克拉默法则解方程组

$$\begin{cases} 3x_1 - 2x_2 = 6 \\ -5x_1 + 4x_2 = 8 \end{cases}$$

解 视此方程组为 $\boldsymbol{Ax}=\boldsymbol{b}$ 型，利用上面引入的记号，

$$\boldsymbol{A}=\begin{bmatrix} 3 & -2 \\ -5 & 4 \end{bmatrix},\quad \boldsymbol{A}_1(\boldsymbol{b})=\begin{bmatrix} 6 & -2 \\ 8 & 4 \end{bmatrix},\quad \boldsymbol{A}_2(\boldsymbol{b})=\begin{bmatrix} 3 & 6 \\ -5 & 8 \end{bmatrix}$$

由于 $\det \boldsymbol{A}=2$，故此方程组有唯一解．由克拉默法则，有

$$\begin{cases} x_1 = \dfrac{\det \boldsymbol{A}_1(\boldsymbol{b})}{\det \boldsymbol{A}} = \dfrac{24+16}{2} = 20 \\ x_2 = \dfrac{\det \boldsymbol{A}_2(\boldsymbol{b})}{\det \boldsymbol{A}} = \dfrac{24+30}{2} = 27 \end{cases}$$

■

在工程上的应用

许多工程上的问题（特别是在电子工程和控制论中）能用拉普拉斯变换进行分析．这种技巧将一个适当的线性微分方程组转变为一个线性代数方程组，它的系数含有一个参数.下一个例子说明可能出现的代数方程组类型.

例 2 考虑下列方程组，其中 s 是一个未定的参数．确定 s 的值，使得这个方程组有唯一解，并利用克拉默法则写出这个解.

$$\begin{cases} 3sx_1 - 2x_2 = 4 \\ -6x_1 + sx_2 = 1 \end{cases}$$

解 视此方程组为 $\boldsymbol{Ax}=\boldsymbol{b}$ 型，则

$$\boldsymbol{A}=\begin{bmatrix} 3s & -2 \\ -6 & s \end{bmatrix},\quad \boldsymbol{A}_1(\boldsymbol{b})=\begin{bmatrix} 4 & -2 \\ 1 & s \end{bmatrix},\quad \boldsymbol{A}_2(\boldsymbol{b})=\begin{bmatrix} 3s & 4 \\ -6 & 1 \end{bmatrix}$$

由于 $\det \boldsymbol{A}=3s^2-12=3(s+2)(s-2)$，当 $s\neq\pm2$ 时，这个方程组有唯一解．对这样的 s，方程组的解为 (x_1, x_2)，其中

$$\begin{cases} x_1 = \dfrac{\det \boldsymbol{A}_1(\boldsymbol{b})}{\det \boldsymbol{A}} = \dfrac{4s+2}{3(s+2)(s-2)} \\ x_2 = \dfrac{\det \boldsymbol{A}_2(\boldsymbol{b})}{\det \boldsymbol{A}} = \dfrac{3s+24}{3(s+2)(s-2)} = \dfrac{s+8}{(s+2)(s-2)} \end{cases}$$

■

一个求 $\boldsymbol{A}^{-1}$ 的公式

克拉默法则可以容易地导出一个求 $n\times n$ 矩阵 $\boldsymbol{A}$ 的逆的一般公式． $\boldsymbol{A}^{-1}$ 的第 j 列是一个向量 $\boldsymbol{x}$，满足

$$\boldsymbol{Ax}=\boldsymbol{e}_j$$

其中 $\boldsymbol{e}_j$ 是单位矩阵的第 j 列，$\boldsymbol{x}$ 的第 i 个元素是 $\boldsymbol{A}^{-1}$ 中的 (i, j) 元素．由克拉默法则，

$$\{\boldsymbol{A}^{-1}\text{中}(i, j)\text{元素}\} = x_i = \frac{\det \boldsymbol{A}_i(\boldsymbol{e}_j)}{\det \boldsymbol{A}} \tag{2}$$

回顾 $\boldsymbol{A}_{ji}$ 表示 $\boldsymbol{A}$ 的子矩阵，它由 $\boldsymbol{A}$ 去掉第 j 行和第 i 列得到. $\boldsymbol{A}_i(\boldsymbol{e}_j)$ 按第 i 列的代数余子式展开式为

$$\det A_i(\boldsymbol{e}_j)=(-1)^{i+j}\det A_{ji}=C_{ji} \tag{3}$$

其中 C_{ji} 是 $\boldsymbol{A}$ 的一个代数余子式. 由（2），$\boldsymbol{A}^{-1}$ 的 (i, j) 元素等于代数余子式 C_{ji} 除以 $\det\boldsymbol{A}$.（注意：C_{ji} 的下标是 (i, j) 的颠倒.）于是

$$\boldsymbol{A}^{-1}=\frac{1}{\det\boldsymbol{A}}\begin{bmatrix}C_{11} & C_{21} & \cdots & C_{n1}\\ C_{12} & C_{22} & \cdots & C_{n2}\\ \vdots & \vdots & & \vdots\\ C_{1n} & C_{2n} & \cdots & C_{nn}\end{bmatrix} \tag{4}$$

公式（4）右边的代数余子式的矩阵称为 $\boldsymbol{A}$ 的**伴随矩阵**，记为 $\operatorname{adj}\boldsymbol{A}$.（伴随这个术语在后面的线性变换课程中还有另一层意思.）下一个定理简单复述（4）式.

定理 8 （逆矩阵公式）

设 $\boldsymbol{A}$ 是一个可逆的 $n\times n$ 矩阵，则 $\boldsymbol{A}^{-1}=\dfrac{1}{\det\boldsymbol{A}}\operatorname{adj}\boldsymbol{A}$.

例 3 　求矩阵 $\boldsymbol{A}=\begin{bmatrix}2 & 1 & 3\\ 1 & -1 & 1\\ 1 & 4 & -2\end{bmatrix}$ 的逆.

解 　9 个代数余子式为

$$C_{11}=+\begin{vmatrix}-1 & 1\\ 4 & -2\end{vmatrix}=-2,\quad C_{12}=-\begin{vmatrix}1 & 1\\ 1 & -2\end{vmatrix}=3,\quad C_{13}=+\begin{vmatrix}1 & -1\\ 1 & 4\end{vmatrix}=5$$

$$C_{21}=-\begin{vmatrix}1 & 3\\ 4 & -2\end{vmatrix}=14,\quad C_{22}=+\begin{vmatrix}2 & 3\\ 1 & -2\end{vmatrix}=-7,\quad C_{23}=-\begin{vmatrix}2 & 1\\ 1 & 4\end{vmatrix}=-7$$

$$C_{31}=+\begin{vmatrix}1 & 3\\ -1 & 1\end{vmatrix}=4,\quad C_{32}=-\begin{vmatrix}2 & 3\\ 1 & 1\end{vmatrix}=1,\quad C_{33}=+\begin{vmatrix}2 & 1\\ 1 & -1\end{vmatrix}=-3$$

伴随矩阵是代数余子式的矩阵的转置（例如，C_{12} 去到 $(2, 1)$ 位置），从而

$$\operatorname{adj}\boldsymbol{A}=\begin{bmatrix}-2 & 14 & 4\\ 3 & -7 & 1\\ 5 & -7 & -3\end{bmatrix}$$

我们可以直接计算 $\det\boldsymbol{A}$，但下列计算对上面的结果提供了一个检验并计算出 $\det\boldsymbol{A}$ 的方法：

$$(\operatorname{adj}\boldsymbol{A})\cdot\boldsymbol{A}=\begin{bmatrix}-2 & 14 & 4\\ 3 & -7 & 1\\ 5 & -7 & -3\end{bmatrix}\begin{bmatrix}2 & 1 & 3\\ 1 & -1 & 1\\ 1 & 4 & -2\end{bmatrix}=\begin{bmatrix}14 & 0 & 0\\ 0 & 14 & 0\\ 0 & 0 & 14\end{bmatrix}=14\boldsymbol{I}$$

由于 $(\operatorname{adj}\boldsymbol{A})\cdot\boldsymbol{A}=14\boldsymbol{I}$，由定理 8 得 $\det\boldsymbol{A}=14$，且

$$A^{-1}=\frac{1}{14}\begin{bmatrix}-2 & 14 & 4\\ 3 & -7 & 1\\ 5 & -7 & -3\end{bmatrix}=\begin{bmatrix}-1/7 & 1 & 2/7\\ 3/14 & -1/2 & 1/14\\ 5/14 & -1/2 & -3/14\end{bmatrix}$$ ■

数值计算的注解 定理 8 主要用于理论上的计算. A^{-1} 的公式使我们不用实际计算出 A^{-1} 就可以推导出 A^{-1} 的性质. 如果确实需要求 A^{-1}，除了特殊情形外，2.2 节中的算法给出了一个计算 A^{-1} 的很好的方法.

克拉默法则也是一个理论工具，它可用来研究当 $\boldsymbol{b}$ 或 A 中某元素改变时（可能由于取得 $\boldsymbol{b}$ 或 A 中的元素时存在误差），$A\boldsymbol{x}=\boldsymbol{b}$ 的解如何变化. 当 A 是一个具有复数元素的 3×3 矩阵时，因为涉及复数的四则计算，$[A \quad \boldsymbol{b}]$ 的行化简可能很麻烦，而行列式的计算相对容易，故克拉默法则有时在手算时被选用. 对一个很大的 $n\times n$（实数或复数）矩阵，克拉默法则是无效的. 仅计算一个行列式就大约有与用行化简解 $A\boldsymbol{x}=\boldsymbol{b}$ 相同的工作量.

用行列式表示面积或体积

在下一个应用中，我们证明在本章介绍中阐述的行列式的几何解释. 尽管 $\mathbb{R}^n$ 中长度和距离的一般讨论直到第 6 章才给出，但我们在这里假设 $\mathbb{R}^2$ 和 $\mathbb{R}^3$ 中通常的欧几里得长度、面积、体积已经是清楚的.

定理 9 若 A 是一个 2×2 矩阵，则由 A 的列确定的平行四边形的面积为 $|\det A|$. 若 A 是一个 3×3 矩阵，则由 A 的列确定的平行六面体的体积为 $|\det A|$.

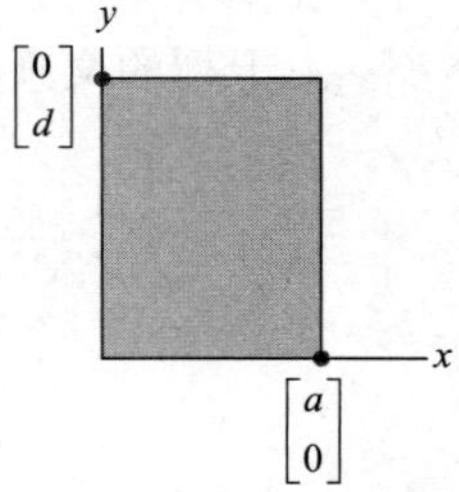

证 若 A 为 2 阶对角矩阵，定理显然成立.

$$\left|\det\begin{bmatrix}a & 0\\ 0 & d\end{bmatrix}\right|=|ad|=\{\text{矩阵的面积}\}$$

见图 3-2. 若 A 不为对角情形，只需证 $A=[\boldsymbol{a}_1 \quad \boldsymbol{a}_2]$ 能变换成一个对角矩阵，变换时既不改变相应的平行四边形面积又不改变 $|\det A|$. 由 3.2 节我们知道，当行列式的两列交换或一列的倍数加到另一列上时，行列式的绝对值不改变. 同时容易看到，这样的运算足以将 A 变换成对角矩阵. 由于列交换不会改变对应的平行四边形，所以只需证明下列应用于 $\mathbb{R}^2$ 和 $\mathbb{R}^3$ 中的向量的简单几何现象就足够了.

y, $\begin{bmatrix}0\\ d\end{bmatrix}$, x, $\begin{bmatrix}a\\ 0\end{bmatrix}$

图 3-2 面积 $=|ad|$

> 设 $\boldsymbol{a}_1$ 和 $\boldsymbol{a}_2$ 为非零向量，则对任意数 c，由 $\boldsymbol{a}_1$ 和 $\boldsymbol{a}_2$ 确定的平行四边形的面积等于由 $\boldsymbol{a}_1$ 和 $\boldsymbol{a}_2+c\boldsymbol{a}_1$ 确定的平行四边形的面积.

为了证明这个结论，我们可以假设 $\boldsymbol{a}_2$ 不是 $\boldsymbol{a}_1$ 的倍数，否则这两个平行四边形将退化成面积为 0. 若 L 是通过 $\boldsymbol{0}$ 和 $\boldsymbol{a}_1$ 的直线，则 $\boldsymbol{a}_2+L$ 是通过 $\boldsymbol{a}_2$ 且平行于 L 的直线，$\boldsymbol{a}_2+c\boldsymbol{a}_1$ 在此直线上，见图 3-3. 点 $\boldsymbol{a}_2$ 和 $\boldsymbol{a}_2+c\boldsymbol{a}_1$ 到直线 L 具有相同的垂直距离，因此图 3-3 中的两个平行四边形具有相同的底边，即由 $\boldsymbol{0}$ 到 $\boldsymbol{a}_1$ 的线段，所以这两个平行四边形具有相同的面积，这就完成了 $\mathbb{R}^2$ 的情形的证明.

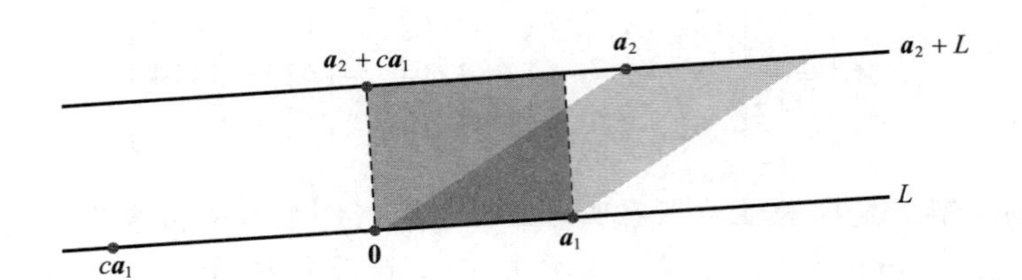

图 3-3　两个等面积的平行四边形

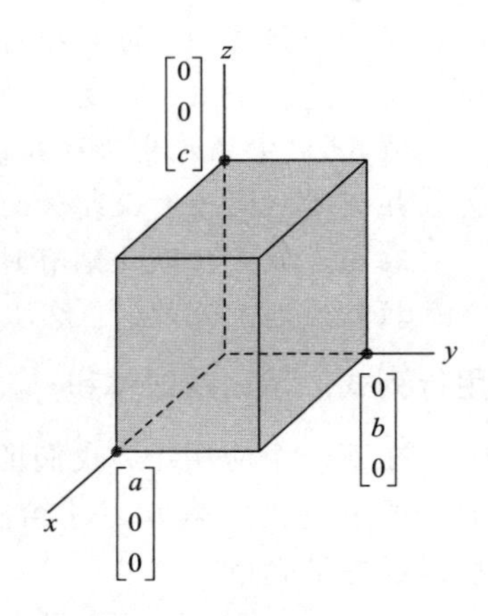

图 3-4　体积=$|abc|$

类似可证明 $\mathbb{R}^3$ 的情形. 定理对 3×3 对角阵显然成立，见图 3-4. 任意一个 3×3 矩阵 $\boldsymbol{A}$ 均可用不改变 $|\det \boldsymbol{A}|$ 的列变换变换成对角矩阵（考虑在 $\boldsymbol{A}^{\mathrm{T}}$ 上做行变换），所以只需证明这些变换不影响由 $\boldsymbol{A}$ 的列确定的平行六面体的体积就行了.

图 3-5 中用阴影给出一个平行六面体，它具有两个倾斜的侧面，其体积等于在平面 $\mathrm{Span}\{\boldsymbol{a}_1,\boldsymbol{a}_3\}$ 上的底面的面积乘以 $\boldsymbol{a}_2$ 到 $\mathrm{Span}\{\boldsymbol{a}_1,\boldsymbol{a}_3\}$ 的垂直距离. 任意向量 $\boldsymbol{a}_2+c\boldsymbol{a}_1$ 到 $\mathrm{Span}\{\boldsymbol{a}_1,\boldsymbol{a}_3\}$ 的距离与 $\boldsymbol{a}_2$ 到 $\mathrm{Span}\{\boldsymbol{a}_1,\boldsymbol{a}_3\}$ 的距离相同，这是因为 $\boldsymbol{a}_2+c\boldsymbol{a}_1$ 位于平行于 $\mathrm{Span}\{\boldsymbol{a}_1,\boldsymbol{a}_3\}$ 的平面 $\boldsymbol{a}_2+\mathrm{Span}\{\boldsymbol{a}_1,\boldsymbol{a}_3\}$ 上，所以当 $[\boldsymbol{a}_1\ \ \boldsymbol{a}_2\ \ \boldsymbol{a}_3]$ 变为 $[\boldsymbol{a}_1\ \ \boldsymbol{a}_2+c\boldsymbol{a}_1\ \ \boldsymbol{a}_3]$ 时，平行六面体的体积不变. 于是列的倍加变换不影响平行六面体的体积. 由于列的交换也不影响体积，所以定理证毕.

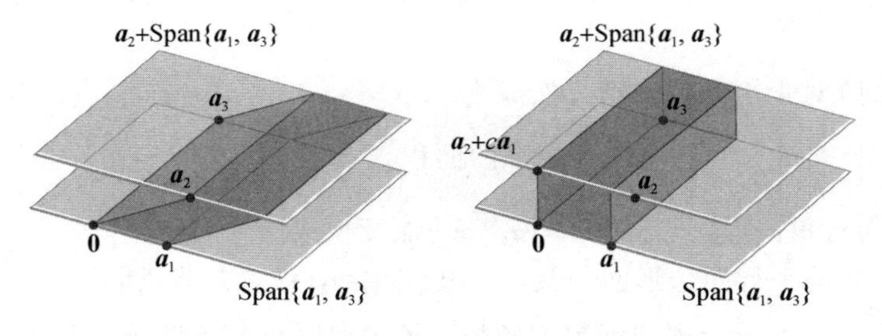

图 3-5　两个等体积的平行六面体　■

例 4　计算由点 (−2 ,−2) ,(0 ,3) ,(4 ,−1)和(6 ,4) 确定的平行四边形的面积. 见图 3-6a.

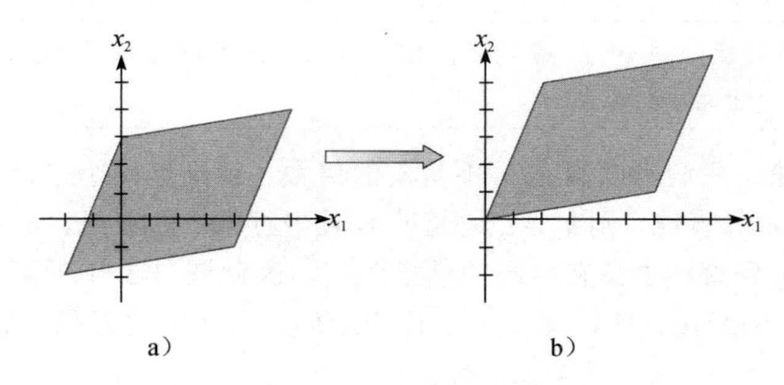

图 3-6　平移一个平行四边形不改变其面积

解 先将此平行四边形平移到使原点作为其某一顶点. 例如，将每个顶点坐标减去顶点 $(-2,-2)$. 这样，新的平行四边形面积与原平行四边形面积相同，其顶点为

$$(0,0),\ (2,5),\ (6,1)\ \text{和}\ (8,6)$$

见图 3-6b. 此平行四边形由 $A=\begin{bmatrix}2 & 6\\ 5 & 1\end{bmatrix}$ 的列所确定. 由于 $|\det A|=|-28|$，所以所求的平行四边形的面积为 28. ■

线性变换

行列式可用于描述平面和 $\mathbb{R}^3$ 中线性变换的一个重要的几何性质. 若 T 是一个线性变换，S 是 T 的定义域内的一个集合，用 $T(S)$ 表示 S 中点的像集. 我们对 $T(S)$ 的面积（体积）与原来的集合 S 的面积（体积）相对比有何变化这件事感兴趣. 为了方便，当 S 是一个边界为平行四边形的区域时，我们就用 S 表示一个平行四边形.

定理 10 设 $T:\mathbb{R}^2\to\mathbb{R}^2$ 是由一个 2×2 矩阵 A 确定的线性变换，若 S 是 $\mathbb{R}^2$ 中一个平行四边形，则

$$\{T(S)\text{的面积}\}=|\det A|\cdot\{S\text{的面积}\} \tag{5}$$

若 T 是一个由 3×3 矩阵 A 确定的线性变换，而 S 是 R^3 中的一个平行六面体，则

$$\{T(S)\text{的体积}\}=|\det A|\cdot\{S\text{的体积}\} \tag{6}$$

证 考虑 2×2 的情形，$A=[\boldsymbol{a}_1\quad \boldsymbol{a}_2]$. 一个顶点在 $\mathbb{R}^2$ 中原点的平行四边形由向量 $\boldsymbol{b}_1$ 和 $\boldsymbol{b}_2$ 确定，具有以下形式：

$$S=\{s_1\boldsymbol{b}_1+s_2\boldsymbol{b}_2:0\leqslant s_1\leqslant1,\ 0\leqslant s_2\leqslant1\}$$

S 在 T 下的像由以下形式的点组成：

$$T(s_1\boldsymbol{b}_1+s_2\boldsymbol{b}_2)=s_1T(\boldsymbol{b}_1)+s_2T(\boldsymbol{b}_2)=s_1A\boldsymbol{b}_1+s_2A\boldsymbol{b}_2$$

其中 $0\leqslant s_1\leqslant1, 0\leqslant s_2\leqslant1$，从而 $T(S)$ 是一个由矩阵 $[A\boldsymbol{b}_1\quad A\boldsymbol{b}_2]$ 的列确定的平行四边形. 这个矩阵可写成 AB，其中 $B=[\boldsymbol{b}_1\quad \boldsymbol{b}_2]$. 由定理 9 和行列式的乘积定理，

$$\begin{aligned}\{T(S)\text{的面积}\}&=|\det AB|=|\det A|\cdot|\det B|\\&=|\det A|\cdot\{S\text{的面积}\}\end{aligned} \tag{7}$$

任意一个平行四边形都具有形式 $\boldsymbol{p}+S$，其中 $\boldsymbol{p}$ 是一个向量，S 是一个和上面一样有一个顶点在原点的平行四边形. 容易看出 T 将 $\boldsymbol{p}+S$ 变换为 $T(\boldsymbol{p})+T(S)$（见习题 26）. 由于平移不改变一个集合的面积，所以

$$\begin{aligned}\{T(\boldsymbol{p}+S)\text{的面积}\}&=\{T(\boldsymbol{p})+T(S)\text{的面积}\}\\&=\{T(S)\text{的面积}\} && \text{平移}\\&=|\det A|\cdot\{S\text{的面积}\} && \text{由(7)}\\&=|\det A|\cdot\{(\boldsymbol{p}+S)\text{的面积}\} && \text{平移}\end{aligned}$$

这表明(5)式对 $\mathbb{R}^2$ 中任意的平行四边形均成立. (6)式 3×3 情形的证明是类似的. ■

当我们尝试把定理 10 推广到 $\mathbb{R}^2$ 和 $\mathbb{R}^3$ 中不是由直线或平面所围的区域时，必须面对如何定

义和计算这个区域的面积或体积的问题．这是一个在微积分中研究的问题，我们仅仅对 $\mathbb{R}^2$ 情形给出基本思想．若 R 是一个有有限面积的平面区域，则 R 可由其内部的小正方形方格来近似．通过使这些正方形充分小，R 的面积可由这些小正方形的面积之和充分地逼近．见图 3-7.

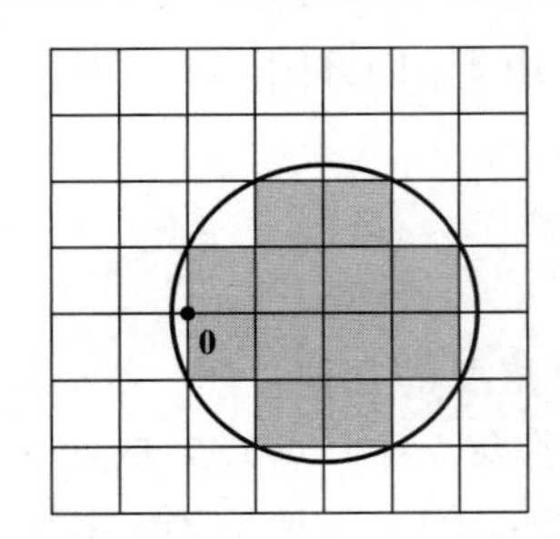

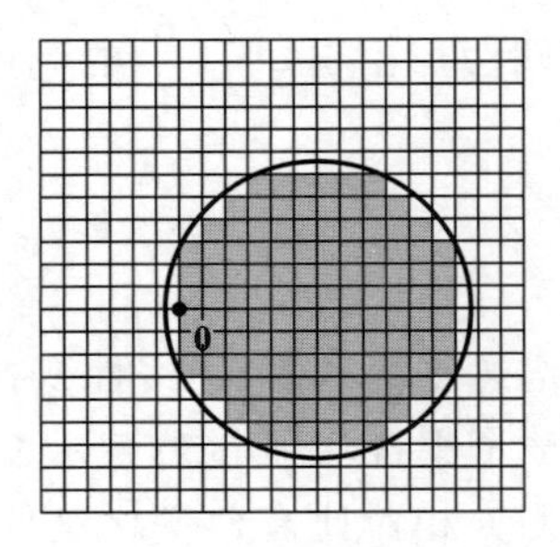

图 3-7　由正方形近似一个平面区域．近似的程度随格子变小而改进

若 T 是一个由 2×2 矩阵 $\boldsymbol{A}$ 确定的线性变换，则平面区域 R 在 T 下的像由 R 中小正方形的像来近似．定理 10 的证明说明每一个这样的像是一个平行四边形，它的面积是 $|\det\boldsymbol{A}|$ 乘以这个正方形的面积．若 R' 是 R 中这些正方形的并集，则 $T(R')$ 的面积是 $|\det\boldsymbol{A}|$ 乘以 R' 的面积，见图 3-8．$T(R')$ 的面积也逼近 $T(R)$ 的面积．当这个过程无限进行下去时，就可以得到下面定理 10 的推广的证明．

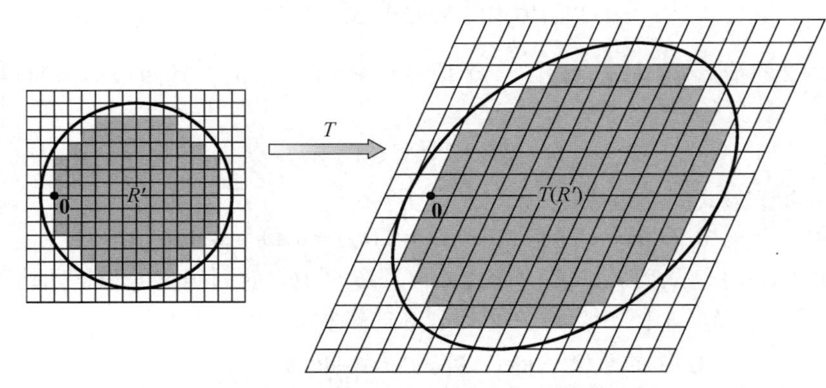

图 3-8　$T(R')$ 由平行四边形的并集近似

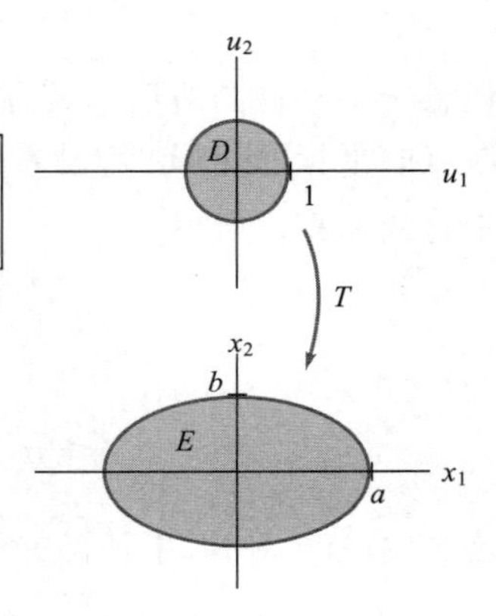

> 定理 10 的结论对 $\mathbb{R}^2$ 中任意具有有限面积的区域或 $\mathbb{R}^3$ 中具有有限体积的区域均成立．

例 5　若 a,b 是正数，求以方程为 $\dfrac{x_1^2}{a^2}+\dfrac{x_2^2}{b^2}=1$ 的椭圆为边界的区域 E 的面积．

解　我们断言 E 是单位圆盘 D 在线性变换 T 下的像．这里 T 由矩阵 $\boldsymbol{A}=\begin{bmatrix}a&0\\0&b\end{bmatrix}$ 确定，这是因为若 $\boldsymbol{u}=\begin{bmatrix}u_1\\u_2\end{bmatrix}$，$\boldsymbol{x}=\begin{bmatrix}x_1\\x_2\end{bmatrix}$，且 $\boldsymbol{x}=\boldsymbol{A}\boldsymbol{u}$，则

$$u_1=\frac{x_1}{a},\quad u_2=\frac{x_2}{b}$$

从而得 $\boldsymbol{u}$ 在此单位圆盘内，即满足 $u_1^2+u_2^2\leqslant 1$，当且仅当 $\boldsymbol{x}$ 在 E 内，即满足 $(x_1/a)^2+(x_2/b)^2\leqslant 1$．由定理 10 的推广，

$$\begin{aligned}\{椭圆的面积\}&=\{T(D)的面积\}\\&=|\det \boldsymbol{A}|\cdot\{D的面积\}\\&=a\cdot b\cdot \pi\cdot(1)^2=\pi ab\end{aligned}$$

■

练习题

设 S 为由向量 $\boldsymbol{b}_1=\begin{bmatrix}1\\3\end{bmatrix}$ 和 $\boldsymbol{b}_2=\begin{bmatrix}5\\1\end{bmatrix}$ 确定的平行四边形，令 $\boldsymbol{A}=\begin{bmatrix}1&-0.1\\0&2\end{bmatrix}$．计算 S 在映射 $\boldsymbol{x}\to\boldsymbol{A}\boldsymbol{x}$ 下的像的面积．

习题 3.3

利用克拉默法则求习题 1~6 中方程组的解．

1. $\begin{aligned}5x_1+7x_2&=3\\2x_1+4x_2&=1\end{aligned}$

2. $\begin{aligned}4x_1+x_2&=6\\3x_1+2x_2&=5\end{aligned}$

3. $\begin{aligned}3x_1-2x_2&=3\\-4x_1+6x_2&=-5\end{aligned}$

4. $\begin{aligned}-5x_1+2x_2&=9\\3x_1-x_2&=-4\end{aligned}$

5. $\begin{aligned}x_1+x_2\quad\quad&=3\\-3x_1\quad\quad+2x_3&=0\\x_2-2x_3&=2\end{aligned}$

6. $\begin{aligned}x_1+3x_2+x_3&=8\\-x_1\quad\quad+2x_3&=4\\3x_1+x_2\quad\quad&=4\end{aligned}$

在习题 7~10 中，确定参数 s 的值，使方程组有唯一解，并求出该解．

7. $\begin{aligned}6sx_1+4x_2&=5\\9x_1+2sx_2&=-2\end{aligned}$

8. $\begin{aligned}3sx_1+5x_2&=3\\12x_1+5sx_2&=2\end{aligned}$

9. $\begin{aligned}sx_1+2sx_2&=-1\\3x_1+6sx_2&=4\end{aligned}$

10. $\begin{aligned}sx_1-2x_2&=1\\4sx_1+4sx_2&=2\end{aligned}$

在习题 11~16 中，求给出矩阵的伴随矩阵，然后利用定理 8 给出矩阵的逆矩阵．

11. $\begin{bmatrix}0&-2&-1\\5&0&0\\-1&1&1\end{bmatrix}$

12. $\begin{bmatrix}1&1&3\\-2&2&1\\0&1&1\end{bmatrix}$

13. $\begin{bmatrix}3&5&4\\1&0&1\\2&1&1\end{bmatrix}$

14. $\begin{bmatrix}1&-1&2\\0&2&1\\3&0&6\end{bmatrix}$

15. $\begin{bmatrix}5&0&0\\-1&1&0\\-2&3&-1\end{bmatrix}$

16. $\begin{bmatrix}1&2&4\\0&-3&1\\0&0&-2\end{bmatrix}$

17. 证明：若 $\boldsymbol{A}$ 是 2×2 矩阵，则对 $\boldsymbol{A}^{-1}$，定理 8 与 2.2 节中定理 4 给出相同的公式．

18. 假设 $\boldsymbol{A}$ 中所有元素均为整数，且 $\det\boldsymbol{A}=1$．解释为什么 $\boldsymbol{A}^{-1}$ 中所有元素也是整数．

在习题 19~22 中，分别求出给定顶点的平行四边形的面积．

19. (0 , 0) , (5 , 2) , (6 , 4) , (11 , 6)

20. (0 , 0) , (−2 , 4) ,(6 , −5) , (4 , −1)

21. (−2 , 0) , (0 , 3) ,(1 , 3) , (−1 , 0)

22. (0 , −2) , (5 , −2) , (−3 , 1) , (2 , 1)

23. 求一个顶点在原点且相邻顶点在 (1 , 0 , −3)，(1 , 2 , 4)，(5 , 1 , 0) 的平行六面体的体积．

24. 求一个顶点在原点且相邻顶点在 (1 , 3 , 0)，(−2 , 0 , 2)，(−1 , 3 , −1) 的平行六面体的体积．

25. 利用体积的概念解释为什么 3×3 矩阵 $\boldsymbol{A}$ 的行列式为零，当且仅当 $\boldsymbol{A}$ 不可逆．要求不利用 3.2 节中的定理 4．（提示：考虑 $\boldsymbol{A}$ 的列．）

26. 令 $T:\mathbb{R}^m\to\mathbb{R}^n$ 为线性变换，$\boldsymbol{p}$ 为 $\mathbb{R}^m$ 中一个向量，S 为 $\mathbb{R}^m$ 中集合，证明：$\boldsymbol{p}+S$ 在 T 下的像等于 $\mathbb{R}^n$ 中平移的集合 $T(\boldsymbol{p})+T(S)$．

27. 令 S 是由向量 $\boldsymbol{b}_1=\begin{bmatrix}-2\\3\end{bmatrix}$ 和 $\boldsymbol{b}_2=\begin{bmatrix}-2\\5\end{bmatrix}$ 确定的平行四边形，$\boldsymbol{A}=\begin{bmatrix}6&-3\\-3&2\end{bmatrix}$，求 S 在映射 $\boldsymbol{x}\to\boldsymbol{A}\boldsymbol{x}$ 下像的面积．

28. 对 $\boldsymbol{b}_1=\begin{bmatrix}4\\-7\end{bmatrix}$，$\boldsymbol{b}_2=\begin{bmatrix}0\\1\end{bmatrix}$，$\boldsymbol{A}=\begin{bmatrix}5&2\\1&1\end{bmatrix}$，重复27题.

29. 求 $\mathbb{R}^2$ 中顶点为 $\mathbf{0}$，$\boldsymbol{v}_1$，$\boldsymbol{v}_2$ 的三角形的面积公式.

30. 令 R 是顶点为 (x_1,y_1)，(x_2,y_2)，(x_3,y_3) 的三角形. 证明：$\{三角形的面积\}=\dfrac{1}{2}\left|\det\begin{bmatrix}x_1&y_1&1\\x_2&y_2&1\\x_3&y_3&1\end{bmatrix}\right|$.

（提示：通过减去一个顶点向量，将 R 平移到原点，再利用习题29.）

31. 令 $T:\mathbb{R}^3\to\mathbb{R}^3$ 是由矩阵 $\boldsymbol{A}=\begin{bmatrix}a&0&0\\0&b&0\\0&0&c\end{bmatrix}$ 确定的线性变换，其中 a,b,c 为正数. 令 S 为单位球体，其边界曲面方程为 $x_1^2+x_2^2+x_3^2=1$.

    a. 证明：$T(S)$ 的边界为椭球面，方程为 $\dfrac{x_1^2}{a^2}+\dfrac{x_2^2}{b^2}+\dfrac{x_3^2}{c^2}=1$.

    b. 利用单位球体体积为 $\dfrac{4}{3}\pi$ 的事实确定边界为(a)中椭球面的区域的体积.

32. 令 S 是 $\mathbb{R}^3$ 中具有顶点 $\mathbf{0}$，$\boldsymbol{e}_1,\boldsymbol{e}_2,\boldsymbol{e}_3$ 的四面体，S' 为具有顶点 $\mathbf{0}$，$\boldsymbol{v}_1$，$\boldsymbol{v}_2$，$\boldsymbol{v}_3$ 的四面体，见下面的图形.

    a. 描述一个将 S 映射到 S' 上的线性变换.

    b. 利用 $\{S的体积\}=\dfrac{1}{3}\{底面积\}\cdot\{高\}$ 这个事实给出一个四面体 S' 的体积公式.

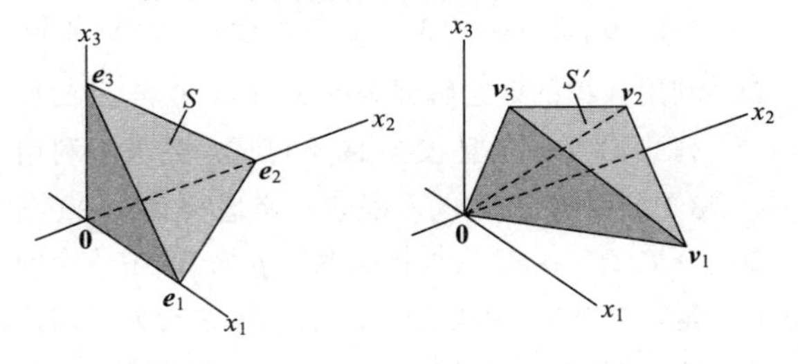

33. 令 $\boldsymbol{A}$ 是一个 $n\times n$ 矩阵. 如果 $\boldsymbol{A}^{-1}=\dfrac{1}{\det\boldsymbol{A}}\operatorname{adj}\boldsymbol{A}$ 已经计算出，为了确认所求出的 $\boldsymbol{A}^{-1}$ 是正确的，那么 $\boldsymbol{A}\boldsymbol{A}^{-1}$ 应该等于什么？

34. 如果一个平行四边形在半径为1的圆里面，矩阵 $\boldsymbol{A}$ 的列向量对应平行四边形的边界向量，且 $\det\boldsymbol{A}=2$. $\boldsymbol{A}$ 的行列式已经被正确地计算出来，它是否对应于这个平行四边形的面积？解释为什么能或为什么不能.

在习题35~38中，判定每个命题的真假(T/F)，并验证你的答案.

35. (T/F) 两个具有相同底边和高度的平行四边形具有相同的面积.

36. (T/F) 应用线性变换不会改变一个区域的面积.

37. (T/F) 如果 $\boldsymbol{A}$ 是一个可逆的 $n\times n$ 矩阵，则 $\boldsymbol{A}^{-1}=\operatorname{adj}\boldsymbol{A}$.

38. (T/F) 克拉默法则只能用于可逆矩阵.

39. [M]任取一个4×4矩阵，检验定理8中的逆矩阵公式. 利用你的矩阵程序计算所有的3×3子矩阵的代数余子式，构造伴随矩阵，令 $\boldsymbol{B}=(\operatorname{adj}\boldsymbol{A})/(\det\boldsymbol{A})$. 计算 $\boldsymbol{B}-\operatorname{inv}(\boldsymbol{A})$，其中 $\operatorname{inv}(\boldsymbol{A})$ 是由矩阵程序计算出的 $\boldsymbol{A}$ 的逆. 使用浮点运算保留最大可能的小数位. 报告你的结论.

40. [M]任取一个4×4矩阵 $\boldsymbol{A}$ 和一个4×1向量 $\boldsymbol{b}$，检验克拉默法则. 求 $\boldsymbol{Ax}=\boldsymbol{b}$ 的解并与 $\boldsymbol{A}^{-1}\boldsymbol{b}$ 中元素相比较. 利用克拉默法则，对你的计算机程序，写出输出 $\boldsymbol{x}$ 中第二个元素的指令.

41. [M]在MATLAB中，对一个任意取的30×30的矩阵 $\boldsymbol{A}$，使用flops命令统计出计算 $\boldsymbol{A}^{-1}$ 所需要的浮点运算的次数. 将这个数与计算 $(\operatorname{adj}\boldsymbol{A})/(\det\boldsymbol{A})$ 所需的浮点运算次数相比较.

练习题答案

S 的面积为 $\left|\det\begin{bmatrix}1&5\\3&1\end{bmatrix}\right|=14$，$\det\boldsymbol{A}=2$. 由定理10，$S$ 在映射 $\boldsymbol{x}\to\boldsymbol{Ax}$ 下的像的面积为

$$|\det\boldsymbol{A}|\cdot\{S的面积\}=2\cdot14=28.$$

课题研究

本章课题研究可以在 bit.ly/30IM8gT 上找到.

A. 称重设计。本课题拓展了称重设计的概念及相应的矩阵，用于称一些小而轻的物体.

B. 雅可比矩阵。这组练习研究了如何使用雅可比行列式对二重积分和三重积分中的变量进行替换.

补充习题

在习题1~15中，标出每个命题的真假(T/F)，给出理由. 假定这里所有矩阵均为方阵.

1. (T/F)若 $\boldsymbol{A}$ 是 2×2 矩阵且其行列式为0，则 $\boldsymbol{A}$ 的一列是另一列的倍数.
2. (T/F)若 3×3 矩阵 $\boldsymbol{A}$ 的两行相等，则 $\det\boldsymbol{A}=0$.
3. (T/F)若 $\boldsymbol{A}$ 是 3×3 矩阵，则 $\det 5\boldsymbol{A}=5\det\boldsymbol{A}$.
4. (T/F)若 $\boldsymbol{A}$，$\boldsymbol{B}$ 均为 $n\times n$ 矩阵，满足 $\det\boldsymbol{A}=2$，$\det\boldsymbol{B}=3$，则 $\det(\boldsymbol{A}+\boldsymbol{B})=5$.
5. (T/F)若 $\boldsymbol{A}$ 为 $n\times n$ 矩阵且 $\det\boldsymbol{A}=2$，则 $\det\boldsymbol{A}^3=6$.
6. (T/F)若 $\boldsymbol{B}$ 由 $\boldsymbol{A}$ 交换两行生成，则 $\det\boldsymbol{B}=\det\boldsymbol{A}$.
7. (T/F)若 $\boldsymbol{B}$ 为由 $\boldsymbol{A}$ 的第 3 行乘以 5 生成，则 $\det\boldsymbol{B}=5\cdot\det\boldsymbol{A}$.
8. (T/F)若 $\boldsymbol{B}$ 为由 $\boldsymbol{A}$ 中任意 $n-1$ 行的线性组合加到另一行生成，则 $\det\boldsymbol{B}=\det\boldsymbol{A}$.
9. (T/F) $\det\boldsymbol{A}^{\mathrm{T}}=-\det\boldsymbol{A}$.
10. (T/F) $\det(-\boldsymbol{A})=-\det\boldsymbol{A}$.
11. (T/F) $\det\boldsymbol{A}^{\mathrm{T}}\boldsymbol{A}\geqslant 0$.
12. (T/F)任意一个 n 个未知数 n 个方程的线性方程组均可由克拉默法则解出.
13. (T/F)若 $\boldsymbol{u},\boldsymbol{v}$ 属于 $\mathbb{R}^2$，且 $\det[\boldsymbol{u}\ \ \boldsymbol{v}]=10$，则平面中顶点为 $\boldsymbol{0}$，$\boldsymbol{u},\boldsymbol{v}$ 的三角形面积为10.
14. (T/F)若 $\boldsymbol{A}^3=\boldsymbol{0}$，则 $\det\boldsymbol{A}=0$.
15. (T/F)若 $\boldsymbol{A}$ 是可逆的，则 $\det\boldsymbol{A}^{-1}=\det\boldsymbol{A}$.

使用行变换证明习题16~18中行列式都等于0.

16. $\begin{vmatrix} 12 & 13 & 14 \\ 15 & 16 & 17 \\ 18 & 19 & 20 \end{vmatrix}$

17. $\begin{vmatrix} 1 & a & b+c \\ 1 & b & a+c \\ 1 & c & a+b \end{vmatrix}$

18. $\begin{vmatrix} a & b & c \\ a+x & b+x & c+x \\ a+y & b+y & c+y \end{vmatrix}$

计算习题19和20中的行列式.

19. $\begin{vmatrix} 9 & 1 & 9 & 9 & 9 \\ 9 & 0 & 9 & 9 & 2 \\ 4 & 0 & 0 & 5 & 0 \\ 9 & 0 & 3 & 9 & 0 \\ 6 & 0 & 0 & 7 & 0 \end{vmatrix}$

20. $\begin{vmatrix} 4 & 8 & 8 & 8 & 5 \\ 0 & 1 & 0 & 0 & 0 \\ 6 & 8 & 8 & 8 & 7 \\ 0 & 8 & 8 & 3 & 0 \\ 0 & 8 & 2 & 0 & 0 \end{vmatrix}$

21. 证明：$\mathbb{R}^2$ 中经过两个不同点 $(x_1,y_1),(x_2,y_2)$ 的直线的方程可以写成

$$\det\begin{bmatrix} 1 & x & y \\ 1 & x_1 & y_1 \\ 1 & x_2 & y_2 \end{bmatrix}=0$$

22. 求一个类似于习题21的3×3行列式方程，描述通过点 (x_1,y_1) 且斜率为 m 的直线.

习题23和24涉及下列范德蒙德(Vandermonde)矩阵的行列式.

$$\boldsymbol{T}=\begin{bmatrix} 1 & a & a^2 \\ 1 & b & b^2 \\ 1 & c & c^2 \end{bmatrix},\quad \boldsymbol{V}(t)=\begin{bmatrix} 1 & t & t^2 & t^3 \\ 1 & x_1 & x_1^2 & x_1^3 \\ 1 & x_2 & x_2^2 & x_2^3 \\ 1 & x_3 & x_3^2 & x_3^3 \end{bmatrix}$$

23. 利用行变换证明 $\det\boldsymbol{T}=(b-a)(c-a)(c-b)$.
24. 令 $f(t)=\det\boldsymbol{V}$，x_1,x_2,x_3 两两不等，解释 $f(t)$ 为什么是一个三次多项式，证明 t^3 的系数非零，并在 f 的图上找三个点.
25. 求由点 $(1,4),(-1,5),(3,9)$ 和 $(5,8)$ 确定的平行四边形的面积. 你如何能判断由这些点确定的四边形刚好是一个平行四边形？
26. 利用平行四边形面积的概念描述一个 2×2 矩阵 $\boldsymbol{A}$ 当且仅当 $\boldsymbol{A}$ 可逆时成立的命题.
27. 若 $\boldsymbol{A}$ 可逆，证明 $\operatorname{adj}\boldsymbol{A}$ 也可逆，且 $(\operatorname{adj}\boldsymbol{A})^{-1}=\dfrac{1}{\det\boldsymbol{A}}\boldsymbol{A}$.

（提示：给定矩阵 $\boldsymbol{B}$和$\boldsymbol{C}$，什么计算能说明 $\boldsymbol{C}$是$\boldsymbol{B}$的逆矩阵？）

28. 令 $\boldsymbol{A}, \boldsymbol{B}, \boldsymbol{C}, \boldsymbol{D}$ 和 $\boldsymbol{I}$ 均为 $n\times n$ 矩阵，利用行列式的定义或性质证明下列公式，公式（c）在特征值（第5章）的应用中是有用的.

a. $\det\begin{bmatrix}\boldsymbol{A} & 0\\ 0 & \boldsymbol{I}\end{bmatrix}=\det\boldsymbol{A}$　b. $\det\begin{bmatrix}\boldsymbol{I} & 0\\ \boldsymbol{C} & \boldsymbol{D}\end{bmatrix}=\det\boldsymbol{D}$

c. $\det\begin{bmatrix}\boldsymbol{A} & 0\\ \boldsymbol{C} & \boldsymbol{D}\end{bmatrix}=(\det\boldsymbol{A})(\det\boldsymbol{D})=\det\begin{bmatrix}\boldsymbol{A} & \boldsymbol{B}\\ 0 & \boldsymbol{D}\end{bmatrix}$

29. 令 $\boldsymbol{A}, \boldsymbol{B}, \boldsymbol{C}, \boldsymbol{D}$ 均为 $n\times n$ 矩阵，$\boldsymbol{A}$ 可逆.

a. 求矩阵 $\boldsymbol{X}$ 和 $\boldsymbol{Y}$，使得生成分块LU分解

$$\begin{bmatrix}\boldsymbol{A} & \boldsymbol{B}\\ \boldsymbol{C} & \boldsymbol{D}\end{bmatrix}=\begin{bmatrix}\boldsymbol{I} & 0\\ \boldsymbol{X} & \boldsymbol{I}\end{bmatrix}\begin{bmatrix}\boldsymbol{A} & \boldsymbol{B}\\ 0 & \boldsymbol{Y}\end{bmatrix}.$$

然后证明

$$\det\begin{bmatrix}\boldsymbol{A} & \boldsymbol{B}\\ \boldsymbol{C} & \boldsymbol{D}\end{bmatrix}=(\det\boldsymbol{A})\cdot\det(\boldsymbol{D}-\boldsymbol{C}\boldsymbol{A}^{-1}\boldsymbol{B})$$

b. 证明：若 $\boldsymbol{AC}=\boldsymbol{CA}$，则

$$\det\begin{bmatrix}\boldsymbol{A} & \boldsymbol{B}\\ \boldsymbol{C} & \boldsymbol{D}\end{bmatrix}=\det(\boldsymbol{AD}-\boldsymbol{CB})$$

30. 设 $\boldsymbol{J}$ 是元素全为1的 $n\times n$ 矩阵，考虑 $\boldsymbol{A}=(a-b)\boldsymbol{I}+b\boldsymbol{J}$，即

$$\boldsymbol{A}=\begin{bmatrix}a & b & b & \cdots & b\\ b & a & b & \cdots & b\\ b & b & a & \cdots & b\\ \vdots & \vdots & \vdots & & \vdots\\ b & b & b & \cdots & a\end{bmatrix}$$

通过下面的计算推出 $\det\boldsymbol{A}=(a-b)^{n-1}[a+(n-1)b]$：

a. 从第1行减去第2行，从第2行减去第3行，如此类推，说明为什么这样的操作不会改变矩阵的行列式.

b. 对（a）中所得的矩阵，将第1列加到第2列，将新得到的第2列加到第3列，如此类推，说明为什么这样的操作不会改变矩阵的行列式.

c. 求由（b）所得到的矩阵的行列式.

31. 设 $\boldsymbol{A}$ 为习题30中的矩阵，并设

$$\boldsymbol{B}=\begin{bmatrix}a-b & b & b & \cdots & b\\ 0 & a & b & \cdots & b\\ 0 & b & a & \cdots & b\\ \vdots & \vdots & \vdots & & \vdots\\ 0 & b & b & \cdots & a\end{bmatrix}$$

$$\boldsymbol{C}=\begin{bmatrix}b & b & b & \cdots & b\\ b & a & b & \cdots & b\\ b & b & a & \cdots & b\\ \vdots & \vdots & \vdots & & \vdots\\ b & b & b & \cdots & a\end{bmatrix}$$

这里 $\boldsymbol{A},\boldsymbol{B},\boldsymbol{C}$ 基本相同，除了 $\boldsymbol{A}$ 的第一列等于 $\boldsymbol{B}$ 和 $\boldsymbol{C}$ 的第一列之和. 在3.2节讨论的行列式函数的线性性质给出 $\det\boldsymbol{A}=\det\boldsymbol{B}+\det\boldsymbol{C}$. 利用这个事实用关于矩阵 $\boldsymbol{A}$ 的大小的归纳法证明习题30给出的公式.

32. [M]运用习题30的结论求下面矩阵的行列式，使用矩阵程序验证你的结果.

$$\begin{bmatrix}3 & 8 & 8 & 8\\ 8 & 3 & 8 & 8\\ 8 & 8 & 3 & 8\\ 8 & 8 & 8 & 3\end{bmatrix}\quad\begin{bmatrix}8 & 3 & 3 & 3 & 3\\ 3 & 8 & 3 & 3 & 3\\ 3 & 3 & 8 & 3 & 3\\ 3 & 3 & 3 & 8 & 3\\ 3 & 3 & 3 & 3 & 8\end{bmatrix}$$

33. [M]使用矩阵程序求下面矩阵的行列式.

$$\begin{bmatrix}1 & 1 & 1\\ 1 & 2 & 2\\ 1 & 2 & 3\end{bmatrix}\quad\begin{bmatrix}1 & 1 & 1 & 1\\ 1 & 2 & 2 & 2\\ 1 & 2 & 3 & 3\\ 1 & 2 & 3 & 4\end{bmatrix}\quad\begin{bmatrix}1 & 1 & 1 & 1 & 1\\ 1 & 2 & 2 & 2 & 2\\ 1 & 2 & 3 & 3 & 3\\ 1 & 2 & 3 & 4 & 4\\ 1 & 2 & 3 & 4 & 5\end{bmatrix}$$

使用上面的计算结果猜测下面矩阵的行列式，用行变换计算其行列式来验证你的猜测.

$$\begin{bmatrix}1 & 1 & 1 & \cdots & 1\\ 1 & 2 & 2 & \cdots & 2\\ 1 & 2 & 3 & \cdots & 3\\ \vdots & \vdots & \vdots & & \vdots\\ 1 & 2 & 3 & \cdots & n\end{bmatrix}$$

34. [M]使用习题33的方法猜测下面矩阵的行列式，验证你的猜测.（提示：利用习题28（c）和习题33的结论.）

$$\begin{bmatrix}1 & 1 & 1 & \cdots & 1\\ 1 & 3 & 3 & \cdots & 3\\ 1 & 3 & 6 & \cdots & 6\\ \vdots & \vdots & \vdots & & \vdots\\ 1 & 3 & 6 & \cdots & 3(n-1)\end{bmatrix}$$

第4章 向量空间

介绍性实例 离散时间信号和数字信号处理

什么是数字信号处理？只要问问Alexa语音助手，它会用信号处理记录你的问题并传送答案. 公元前2500年，埃及人通过将尼罗河洪水泛滥的信息雕成巴勒莫石刻，创造了第一个有记录的离散时间信号. 尽管离散时间信号早就出现，但直到20世纪40年代，克劳德·香农才以他的论文《通信的数学理论》中阐述的思想引发了数字革命.

当一个人对着像Alexa这样的数字处理器说话时，它将声音发出的信号转换为离散时间信号——基本上是一个数字$\{y_k\}$序列，其中k表示记录y_k的时间. 然后使用线性时不变(LTI)变换对信号进行处理，以过滤掉不必要的噪声，如背景中风扇的声音. 然后，将处理后的信号与构成说话人语言的单个声音的录音所产生的信号进行比较. 图4-1显示了“是”和“否”的记录，说明了所产生的信号是非常不同的. 一旦问题中发出的声音被识别出来，机器学习就会被用来对像Alexa这样的数字处理器的预期问题做出最佳猜测. 然后，数字处理器搜索数字化数据，以找到最合适的响应. 最后，对信号进行进一步处理，以产生复制口头声音的虚拟声音.

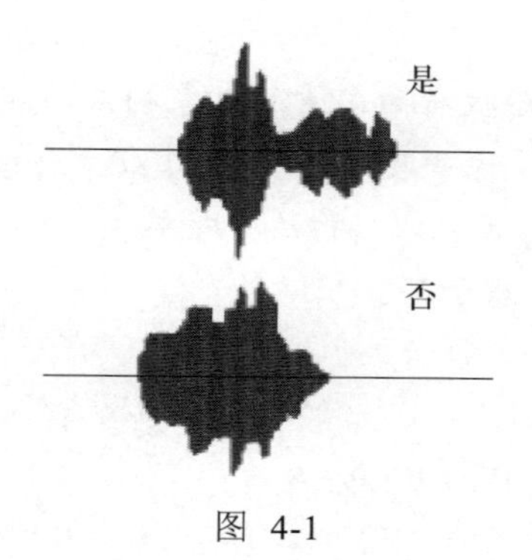

图 4-1

数字信号处理（Digital Signal Processing，DSP）是工程学中的一个分支，在短短几十年的时间里，它已经彻底改变了通信和娱乐行业.通过将电子学、电信学和计算机科学的原理重构成一个统一的范式，DSP成为数字革命的核心.智能手机很容易放在手掌上，它取代了许多其他设备，如相机、录像机、CD播放器、日程表和计算器，并从博尔赫斯想象中的巴别图书馆中去掉了幻想的成分.

离散时间信号和DSP的应用远远超出了系统工程的范围.投资部门采用技术分析方法，通过将DSP应用于记录股票的股价或交易量随时间产生的离散时间信号，来识别交易机会.在4.2节的例11中，价格数据采用线性变换进行平滑处理.在娱乐业中，利用DSP进行虚拟制作和合成音频及视频.在4.7节的例3中，我们将看到如何使用信号处理来增加虚拟声音的丰富性.

离散时间信号和DSP已经成为许多行业和研究领域的重要工具.从数学上讲，离散时间信号可以看作使用线性变换来处理的向量.对信号进行加法、缩放和应用线性变换的操作完全类似于对$\mathbb{R}^n$中向量的相同操作.因此，所有可能信号的集合$\mathbb{S}$被视为一个向量空间. 在4.7节和4.8节中，我们将更详细地研究离散时间信号的向量空间.

第4章的重点是扩展$\mathbb{R}^n$中的向量理论，包括对信号和其他数学结构做类似于向量的一些探讨.在本书的后面，你将看到其他向量空间及其相应的线性变换是如何在工程、物理学、生物学和统计学中出现的.

在第1章和第2章中种植的数学种子在这一章中生长并且开始开花. 当我们把$\mathbb{R}^n$仅仅看作自然地出现在应用问题中的各种向量空间之一时，线性代数的魅力和威力将更清楚地显露出来.

在4.1节中给出一些基本定义之后，一般向量空间的框架逐步建立并贯穿于全章. 4.5~4.6节的一个目标是表明其他向量空间是如何类似于$\mathbb{R}^n$的. 4.7节和4.8节将本章的理论应用到离散时间信号、DSP和差分方程——数字革命背后的数学原理.

4.1 向量空间与子空间

第1章和第2章中的许多内容停留在$\mathbb{R}^n$的一些简单且明显的代数性质上，这些性质列在1.3节中.事实上，许多其他的数学系统具有与$\mathbb{R}^n$相同的性质，这些具体而有趣的性质列在下面的定义中.

定义 一个**向量空间**是由一些被称为向量的对象构成的非空集合V，在这个集合上定义了两种运算，称为加法和标量乘法（标量取实数），服从以下公理（或法则）[⊖]，这些公理必须对V中所有向量$\boldsymbol{u},\boldsymbol{v},\boldsymbol{w}$及所有标量（或数）$c$和$d$均成立.

1. $\boldsymbol{u},\boldsymbol{v}$之和（表示为$\boldsymbol{u}+\boldsymbol{v}$）属于$V$.
2. $\boldsymbol{u}+\boldsymbol{v}=\boldsymbol{v}+\boldsymbol{u}$.
3. $(\boldsymbol{u}+\boldsymbol{v})+\boldsymbol{w}=\boldsymbol{u}+(\boldsymbol{v}+\boldsymbol{w})$.
4. V中存在一个**零**向量$\boldsymbol{0}$，使得$\boldsymbol{u}+\boldsymbol{0}=\boldsymbol{u}$.
5. 对V中每个向量$\boldsymbol{u}$，存在V中一个向量$-\boldsymbol{u}$，使得$\boldsymbol{u}+(-\boldsymbol{u})=\boldsymbol{0}$.

⊖ 更专业地讲，V是一个实数向量空间，本章所有理论对复向量空间（标量取复数）也成立. 在第5章中我们会看到一些例子. 到现在为止，假设所有标量（数）和矩阵元素为实数.

6. $\boldsymbol{u}$与标量c的标量乘法（记为$c\boldsymbol{u}$）属于V.
7. $c(\boldsymbol{u}+\boldsymbol{v})=c\boldsymbol{u}+c\boldsymbol{v}$.
8. $(c+d)\boldsymbol{u}=c\boldsymbol{u}+d\boldsymbol{u}$.
9. $c(d\boldsymbol{u})=(cd)\boldsymbol{u}$.
10. $1\boldsymbol{u}=\boldsymbol{u}$.

只需利用这些公理，就可以证明公理 4 中的零向量是唯一的. 对V中每个向量$\boldsymbol{u}$，公理 5 中向量$-\boldsymbol{u}$称为$\boldsymbol{u}$的**负向量**，也是唯一的，见习题 33 和 34. 下列简单事实的证明也在习题中给出了概要：

> 对V中每个向量$\boldsymbol{u}$和任意标量c，有
> $$0\boldsymbol{u}=\boldsymbol{0} \tag{1}$$
> $$c\boldsymbol{0}=\boldsymbol{0} \tag{2}$$
> $$-\boldsymbol{u}=(-1)\boldsymbol{u} \tag{3}$$

例 1 空间$\mathbb{R}^n$（$n\geqslant 1$）为向量空间的典型例子. $\mathbb{R}^3$的几何直觉可以帮助我们理解和直观化本章的许多概念. ■

例 2 设V是三维空间中所有有向线段的集合，如果其中两个向量方向相同且长度相等，则将二者视为相等. 由平行四边形法则定义加法（见 1.3 节），且对V中每个向量$\boldsymbol{v}$，定义$c\boldsymbol{v}$为长度等于$|c|$乘以$\boldsymbol{v}$的长度的有向线段. 若$c\geqslant 0$，则$c\boldsymbol{v}$与$\boldsymbol{v}$同向，否则与$\boldsymbol{v}$反向（见图 4-2）. 证明V是一个向量空间. 这个空间是各种力的物理问题的一个常用模型.

解 V的定义是按几何方式定义的，只用到长度和方向的概念，没有涉及xyz坐标系. 一个零长度的有向线段就是一个单点，表示零向量. $\boldsymbol{v}$的负向量为$(-1)\boldsymbol{v}$，所以公理 1、公理 4、公理 5、公理 6、公理 10 显然成立. 剩下的可用几何方法证明，比如图 4-3、图 4-4.

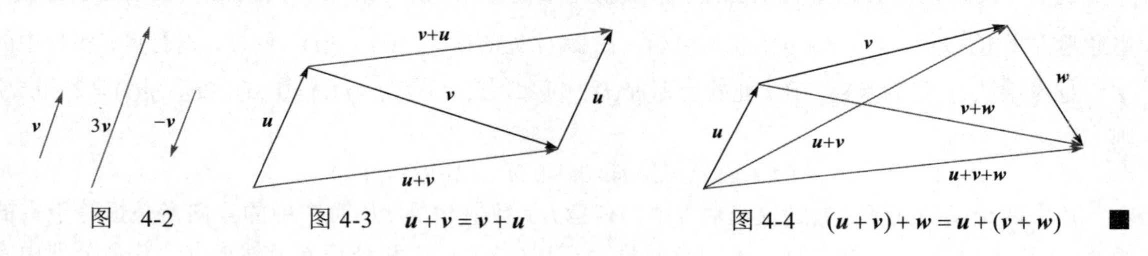

图 4-2　　图 4-3　$\boldsymbol{u}+\boldsymbol{v}=\boldsymbol{v}+\boldsymbol{u}$　　图 4-4　$(\boldsymbol{u}+\boldsymbol{v})+\boldsymbol{w}=\boldsymbol{u}+(\boldsymbol{v}+\boldsymbol{w})$ ■

例 3 设$\mathbb{S}$是数的双向无穷序列空间（通常写成行而不写成列）：

$$\{y_k\}=(\cdots,y_{-2},y_{-1},y_0,y_1,y_2,\cdots)$$

若$\{z_k\}$是$\mathbb{S}$中的另一个元素，则和$\{y_k\}+\{z_k\}$是序列$\{y_k+z_k\}$，它由$\{y_k\}$与$\{z_k\}$对应项之和构成. 数乘$c\{y_k\}$是序列$\{cy_k\}$. 用与$\mathbb{R}^n$中相同的方法可以证明向量空间的那些公理.

$\mathbb{S}$中的元素来源于工程学，例如，每当一个信号在离散时间上被测量（或被采样）时，它就可被看作$\mathbb{S}$中的一个元素. 这样的信号可以是电的、机械的、光的、生物的，等等. 在本章“介

绍性实例”中提到的数字信号处理器就使用离散或“数字”信号. 为了方便，我们称$\mathbb{S}$为（离散时间）**信号**空间. 一个信号可以直观地由图4-5表示.

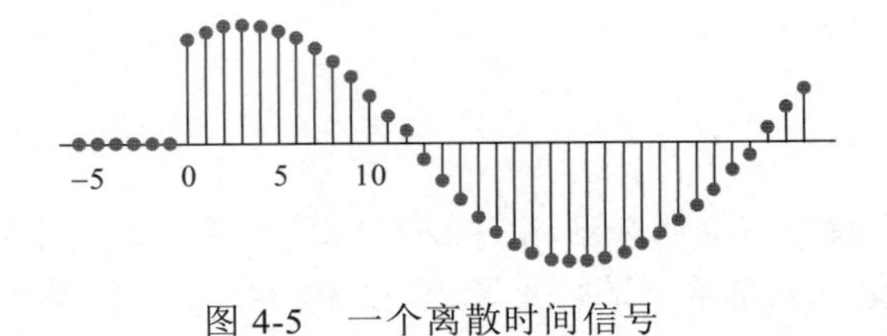

图4-5　一个离散时间信号　■

例4　对$n \geqslant 0$，次数最高为n的多项式集合$\mathbb{P}_n$由形如下式的多项式组成：

$$\boldsymbol{p}(t) = a_0 + a_1 t + a_2 t^2 + \cdots + a_n t^n \tag{4}$$

其中系数$a_0, a_1, \cdots, a_n$和变量t均为实数. $\boldsymbol{p}$的次数是式（4）中系数不为零的项中t的最高幂. 若$\boldsymbol{p}(t) = a_0 \neq 0$，则$\boldsymbol{p}$的次数为零. 若所有系数均为零，则$\boldsymbol{p}$称为零多项式. 零多项式包含在$\mathbb{P}_n$中，尽管它的次数没有定义.

若$\boldsymbol{p}$由（4）式给出，且$\boldsymbol{q}(t) = b_0 + b_1 t + \cdots + b_n t^n$，则$\boldsymbol{p}+\boldsymbol{q}$定义为

$$\begin{aligned}(\boldsymbol{p}+\boldsymbol{q})(t) &= \boldsymbol{p}(t) + \boldsymbol{q}(t)\\ &= (a_0 + b_0) + (a_1 + b_1)t + \cdots + (a_n + b_n)t^n\end{aligned}$$

标量乘法$c\boldsymbol{p}$定义为

$$(c\boldsymbol{p})(t) = c\boldsymbol{p}(t) = ca_0 + (ca_1)t + \cdots + (ca_n)t^n$$

这些定义满足公理1和公理6，这是因为$\boldsymbol{p}+\boldsymbol{q}$和$c\boldsymbol{p}$均为次数不超过$n$的多项式. 公理2、公理3和公理7~10由实数性质验证. 显然，零多项式可以作为公理4中的零向量. 最后，$(-1)\boldsymbol{p}$作为$\boldsymbol{p}$的负向量，所以满足公理5，于是$\mathbb{P}_n$是一个向量空间.

对不同的n，向量空间$\mathbb{P}_n$用于（比如说）统计数据的趋势分析，这在6.8节中讨论.　■

例5　设V是定义在集合$\mathbb{D}$上的全体实值函数的集合（典型地，$\mathbb{D}$为实数集或实轴上的区间）. 用通常方式定义的加法（$\boldsymbol{f}+\boldsymbol{g}$）仍为函数，在$\mathbb{D}$中$t$处的值为$\boldsymbol{f}(t)+\boldsymbol{g}(t)$. 同样，对标量$c$和$V$中的$\boldsymbol{f}$，标量乘法$c\boldsymbol{f}$仍为函数，在$t$处的值为$c\boldsymbol{f}(t)$. 例如，若$\mathbb{D}=\mathbb{R}$，$\boldsymbol{f}(t) = 1 + \sin 2t$，$\boldsymbol{g}(t) = 2 + 0.5t$，则

$$(\boldsymbol{f}+\boldsymbol{g})(t) = 3 + \sin 2t + 0.5t\text{，}(2\boldsymbol{g})(t) = 4 + t$$

V中两个函数相等，当且仅当对$\mathbb{D}$中的任意t函数值相等. 从而V中的零向量是恒等于零的函数，即$\boldsymbol{f}(t) = 0$，任意$t \in D$，$\boldsymbol{f}$的负向量为$(-1)\boldsymbol{f}$. 公理1和公理6显然成立，其余公理由实数性质得证，所以V为一个向量空间.　■

把例5中的向量空间V中每个函数看作一个独立的个体是很重要的，如同在向量空间中的一个“点”或向量那样. 两个向量$\boldsymbol{f}$与$\boldsymbol{g}$的和（$\boldsymbol{f}$与$\boldsymbol{g}$为V中的函数，即向量空间中的元素）可以通过图4-6给予直观解释，因为这样可以帮助你将$\mathbb{R}^n$中建立的几何直觉上升到一般向量空间，《学习指导》可以帮你接受更一般的观点.

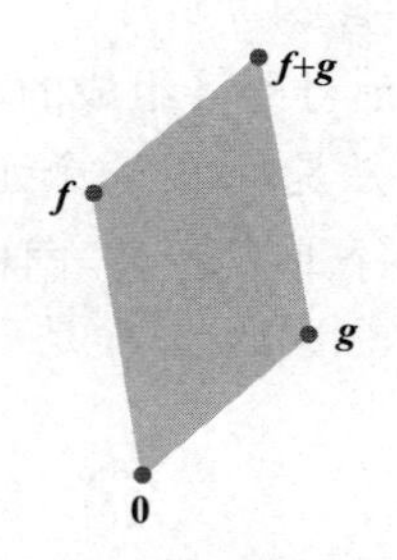

图 4-6　两个向量（函数）之和

子空间

在许多问题中，一个向量空间是由一个大的向量空间中适当的向量的子集所构成的. 在此情形下，向量空间的十个公理中只需要验证三个，其余的自然成立.

定义　向量空间 V 的一个**子空间**是 V 的一个满足以下三个性质的子集 H：

a. V 中的零向量在 H 中.[㊀]

b. H 对向量加法封闭，即对 H 中任意向量 $\boldsymbol{u},\boldsymbol{v}$，和 $\boldsymbol{u}+\boldsymbol{v}$ 仍在 H 中.

c. H 对标量乘法封闭，即对 H 中任意向量 $\boldsymbol{u}$ 和任意标量 c，向量 $c\boldsymbol{u}$ 仍在 H 中.

性质 a、b、c 保证 V 的子空间 H 本身对 V 中定义的向量空间运算而言是一个向量空间. 为证此结论，注意 a、b、c 分别是公理 1、公理 4、公理 6. 公理 2 和公理 3 及公理 7~10 自然成立，这是因为它们对 V 中所有元素均成立，自然包括 H 中的元素. 公理 5 在 H 中也成立，因为若 $\boldsymbol{u}$ 在 H 中，则由 c 知，$(-1)\boldsymbol{u}$ 也在 H 中，同时，从本节等式（3）知，$(-1)\boldsymbol{u}$ 即公理 5 中的 $-\boldsymbol{u}$.

这样每个子空间都是一个向量空间. 反之，每个向量空间是一个子空间（针对本身或其他更大的空间而言）. 对两个向量空间，若其中一个在另一个内部，此时子空间这个词被使用，而 V 的子空间是将 V 看作更大的空间（见图 4-7）.

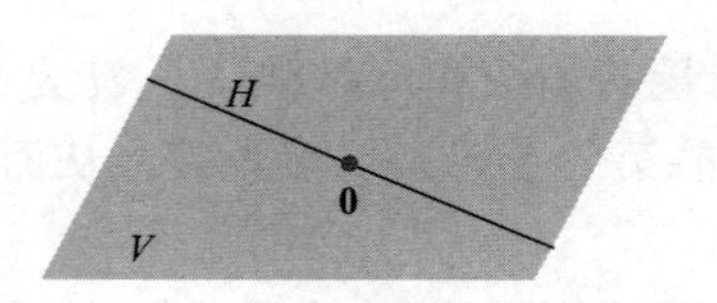

图 4-7　V 的一个子空间

例 6　向量空间 V 中仅由零向量组成的集合是 V 的一个子空间，称为**零子空间**，写成 $\{\mathbf{0}\}$. ■

例 7　令 $\mathbb{P}$ 为全体实系数多项式的集合，$\mathbb{P}$ 中运算的定义与函数运算相同，则 $\mathbb{P}$ 是定义在 $\mathbb{R}$ 上的全体实值函数的空间的一个子空间. 再者，对每个 $n\geqslant 0$，$\mathbb{P}_n$ 是 $\mathbb{P}$ 的子空间，因为 $\mathbb{P}_n$ 是 $\mathbb{P}$ 的子集，它包含零多项式，且 $\mathbb{P}_n$ 中两个多项式之和仍在 $\mathbb{P}_n$ 中，数乘以 $\mathbb{P}_n$ 中一个多项式仍在 $\mathbb{P}_n$ 中. ■

㊀ 有些教材将定义中的 a 替换成 H 非空，则 a 可由 c 推出，且有 $0\boldsymbol{u}=\mathbf{0}$. 但检验子空间最好的方法是首先观察零向量，若零向量在 H 中，则 b、c 必须验证；若零向量不在 H 中，则 H 不是子空间，且其余性质不必检验.

例 8　有限支持信号的集合 $\mathbb{S}_f$ 是由信号 $\{y_k\}$ 组成的，其中只有有限多的 y_k 是非零的.因为零信号 $\mathbf{0}=\{0,0,\cdots,0\}$ 没有非零的元素，它显然是 $\mathbb{S}_f$ 的一个元素. 如果将两个具有有限多个非零元素的信号相加，所得到的信号将有有限多个非零元素. 同样，将一个具有有限多个非零元素的信号放缩，结果仍然会有有限多个非零元素.因此，$\mathbb{S}_f$ 是离散时间信号 $\mathbb{S}$ 的一个子空间. 见图 4-8.

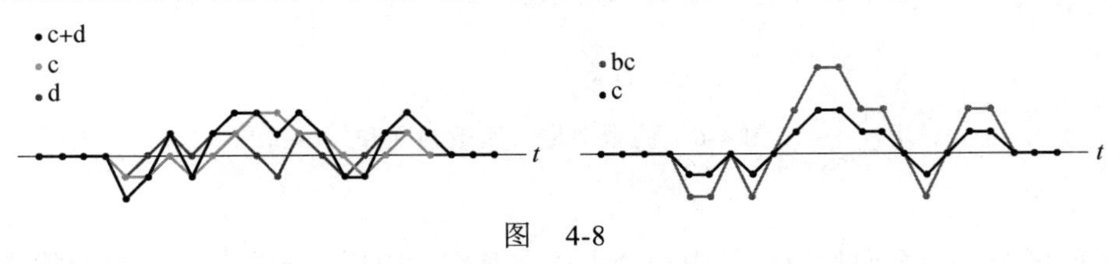

图　4-8

例 9　向量空间 $\mathbb{R}^2$ 不是 $\mathbb{R}^3$ 的子空间，因为 $\mathbb{R}^2$ 甚至不是 $\mathbb{R}^3$ 的一个子集.（$\mathbb{R}^3$ 中的向量都有三个元素，而 $\mathbb{R}^2$ 中的向量仅有两个元素.）集合

$$H=\left\{\begin{bmatrix}s\\t\\0\end{bmatrix}: s\text{和}t\text{是实数}\right\}$$

是 $\mathbb{R}^3$ 的一个子集，它看起来和表现得像 $\mathbb{R}^2$，尽管它在逻辑上是不同于 $\mathbb{R}^2$ 的.见图 4-9.证明 H 是 $\mathbb{R}^3$ 的一个子空间.

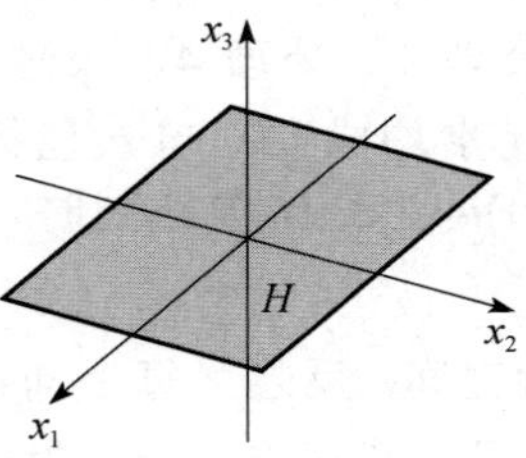

图 4-9　作为 $\mathbb{R}^3$ 子空间的 x_1x_2 平面

解　零向量在 H 中，且对向量的加法和标量乘法，H 是封闭的，这是因为对 H 中的向量而言，这两种运算产生的向量中的第三个元素仍然为零（从而属于 H）.因此，H 是 $\mathbb{R}^3$ 的一个子空间.

例 10　$\mathbb{R}^3$ 中一个不通过原点的平面不是 $\mathbb{R}^3$ 的子空间，这是因为此平面不包含 $\mathbb{R}^3$ 中的零向量.类似地，$\mathbb{R}^2$ 中一条不通过原点的直线（如图 4-10 所示）也不是 $\mathbb{R}^2$ 的子空间.

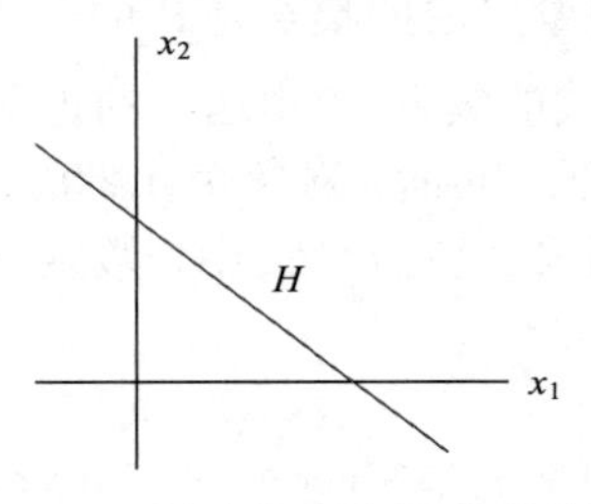

图 4-10　不是向量空间的直线

由一个集合生成的子空间

下一个例子说明了描述子空间的最常用的方法. 与第 1 章中相同，**线性组合**表示一些向量的任意标量乘法之和，$\text{Span}\{\boldsymbol{v}_1,\boldsymbol{v}_2,\cdots,\boldsymbol{v}_p\}$ 表示所有可以表示成 $\boldsymbol{v}_1,\boldsymbol{v}_2,\cdots,\boldsymbol{v}_p$ 的线性组合的向量集合.

例 11　给定向量空间 V 中的向量 $\boldsymbol{v}_1,\boldsymbol{v}_2$，令 $H=\text{Span}\{\boldsymbol{v}_1,\boldsymbol{v}_2\}$，证明 H 是 V 的一个子空间.

解　由于 $\boldsymbol{0}=0\boldsymbol{v}_1+0\boldsymbol{v}_2$，所以零向量在 H 中. 为证 H 对加法封闭，任取 H 中两个向量，比如

$$\boldsymbol{u}=s_1\boldsymbol{v}_1+s_2\boldsymbol{v}_2\ ,\ \boldsymbol{w}=t_1\boldsymbol{v}_1+t_2\boldsymbol{v}_2$$

对向量空间 V，由公理 2、公理 3 和公理 8 知，

$$\begin{aligned}\boldsymbol{u}+\boldsymbol{w}&=(s_1\boldsymbol{v}_1+s_2\boldsymbol{v}_2)+(t_1\boldsymbol{v}_1+t_2\boldsymbol{v}_2)\\&=(s_1+t_1)\boldsymbol{v}_1+(s_2+t_2)\boldsymbol{v}_2\end{aligned}$$

所以 $\boldsymbol{u}+\boldsymbol{w}$ 在 H 中. 进一步，若 c 是任意标量，则由公理 7 和公理 9 知，

$$c\boldsymbol{u}=c(s_1\boldsymbol{v}_1+s_2\boldsymbol{v}_2)=(cs_1)\boldsymbol{v}_1+(cs_2)\boldsymbol{v}_2$$

这证明 $c\boldsymbol{u}$ 在 H 中，从而 H 对标量乘法封闭，从而 H 是 V 的一个子空间. ■

在 4.5 节中，我们将证明 $\mathbb{R}^3$ 的每一个非零子空间除了 $\mathbb{R}^3$ 本身之外，要么是 $\text{Span}\{\boldsymbol{v}_1,\ \boldsymbol{v}_2\}$，这里 $\boldsymbol{v}_1,\boldsymbol{v}_2$ 是线性无关的两个向量，要么是 $\text{Span}\{\boldsymbol{v}\}$，$\boldsymbol{v}\neq\boldsymbol{0}$. 对第一种情形，此子空间是一个通过原点的平面；对第二种情形，子空间是一条通过原点的直线（见图 4-11）. 记住这些几何图形是有好处的，甚至对一个抽象的向量空间也有帮助.

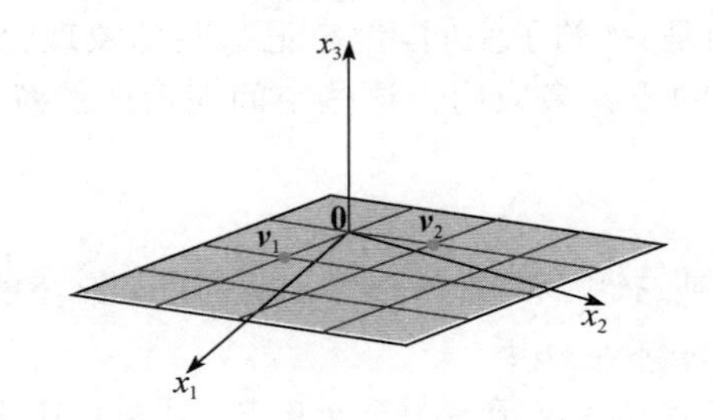

图 4-11　一个子空间的例子

例 11 中的讨论可以很容易地推广，从而证明下面的定理.

定理 1　*若 $\boldsymbol{v}_1,\boldsymbol{v}_2,\cdots,\boldsymbol{v}_p$ 在向量空间 V 中，则 $\text{Span}\{\boldsymbol{v}_1,\boldsymbol{v}_2,\cdots,\boldsymbol{v}_p\}$ 是 V 的一个子空间.*

我们称 $\text{Span}\{\boldsymbol{v}_1,\boldsymbol{v}_2,\cdots,\boldsymbol{v}_p\}$ 是由 $\{\boldsymbol{v}_1,\boldsymbol{v}_2,\cdots,\boldsymbol{v}_p\}$ **生成（或张成）的子空间**. 给定 V 的任一子空间 H，H 的**生成（或张成）集**是集合 $\{\boldsymbol{v}_1,\boldsymbol{v}_2,\cdots,\boldsymbol{v}_p\}\subset H$，满足 $H=\text{Span}\{\boldsymbol{v}_1,\boldsymbol{v}_2,\cdots,\boldsymbol{v}_p\}$.

下例说明如何使用定理 1.

例 12　令 H 是所有形如 $(a-3b,b-a,a,b)$ 的向量的集合，其中 a,b 是任意数，即

$$H=\{(a-3b,b-a,a,b):a,b\in\mathbb{R}\}$$

证明 H 是 $\mathbb{R}^4$ 的一个子空间.

解　将 H 中的向量写成列向量，则 H 中的任意向量具有如下形式：

$$\begin{bmatrix} a-3b \\ b-a \\ a \\ b \end{bmatrix} = a\begin{bmatrix} 1 \\ -1 \\ 1 \\ 0 \end{bmatrix} + b\begin{bmatrix} -3 \\ 1 \\ 0 \\ 1 \end{bmatrix}$$

$$\qquad\qquad\uparrow_{\boldsymbol{v}_1}\qquad\uparrow_{\boldsymbol{v}_2}$$

这个计算表明 $H=\text{Span}\{\boldsymbol{v}_1,\boldsymbol{v}_2\}$，其中 $\boldsymbol{v}_1,\boldsymbol{v}_2$ 标示如上，从而由定理 1 知 H 是 $\mathbb{R}^4$ 的一个子空间. ■

例12 展示了一个有用的技巧，用来表示作为某些向量的线性组合的集合的子空间H. 若 $H=\text{Span}\{\boldsymbol{v}_1,\boldsymbol{v}_2,\cdots,\boldsymbol{v}_p\}$，则可把这个生成集中的向量 $\boldsymbol{v}_1,\boldsymbol{v}_2,\cdots,\boldsymbol{v}_p$ 看作“柄”，它们使我们能够掌握这个子空间 H. H 中无穷多个向量的运算经常被化简成生成集中的有限多个向量的运算.

例 13　h 取何值时，$\boldsymbol{y}$ 在由 $\boldsymbol{v}_1,\boldsymbol{v}_2,\boldsymbol{v}_3$ 生成的 $\mathbb{R}^3$ 的子空间中？其中

$$\boldsymbol{v}_1=\begin{bmatrix} 1 \\ -1 \\ -2 \end{bmatrix},\ \boldsymbol{v}_2=\begin{bmatrix} 5 \\ -4 \\ -7 \end{bmatrix},\ \boldsymbol{v}_3=\begin{bmatrix} -3 \\ 1 \\ 0 \end{bmatrix},\ \boldsymbol{y}=\begin{bmatrix} -4 \\ 3 \\ h \end{bmatrix}$$

解　此问题是 1.3 节中的练习题 2，这里用子空间这个词还不如用 $\text{Span}\{\boldsymbol{v}_1,\boldsymbol{v}_2,\boldsymbol{v}_3\}$. 此处 $\boldsymbol{y}$ 在 $\text{Span}\{\boldsymbol{v}_1,\boldsymbol{v}_2,\boldsymbol{v}_3\}$ 中当且仅当 $h=5$. 这个解法现在值得复习一下，可以复习 1.3 节的习题 11~16 和习题 19~21. ■

虽然本章中许多向量空间是 $\mathbb{R}^n$ 的子空间，但牢记那些抽象理论用在其他向量空间仍成立是很重要的. 函数的向量空间起源于许多应用，这些空间在后面的章节将受到关注.

练习题

1. 通过证明标量乘法不封闭，证明 $\mathbb{R}^2$ 中所有形如 $(3s,2+5s)$ 的点集 H 不能构成一个向量空间.（找出 H 中一个特殊向量 $\boldsymbol{u}$ 和数 c，使 $c\boldsymbol{u}$ 不在 H 中.）
2. 令 $W=\text{Span}\{\boldsymbol{v}_1,\boldsymbol{v}_2,\cdots,\boldsymbol{v}_p\}$，其中 $\boldsymbol{v}_1,\boldsymbol{v}_2,\cdots,\boldsymbol{v}_p$ 在向量空间 V 中，证明 $\boldsymbol{v}_k$ 在 W 中，$1\leqslant k\leqslant p$.（提示：先写一个能证明 $\boldsymbol{v}_1$ 在 W 中的方程，再类似地证明一般情形.）
3. $n\times n$ 矩阵 $\boldsymbol{A}$ 是对称的，如果 $\boldsymbol{A}^{\mathrm{T}}=\boldsymbol{A}$. 设 S 是所有 3×3 对称矩阵的集合. 证明 S 是 $M_{3\times3}$ 的子空间，$M_{3\times3}$ 是 3×3 矩阵的向量空间.

习题 4.1

1. 令 V 是 xy 平面中的第一象限，即

$$V=\left\{\begin{bmatrix} x \\ y \end{bmatrix}: x\geqslant 0, y\geqslant 0\right\}$$

   a. 若 $\boldsymbol{u},\boldsymbol{v}$ 在 V 中，那么 $\boldsymbol{u}+\boldsymbol{v}$ 在 V 中吗？为什么？
   b. 找出 V 中一个特殊向量 $\boldsymbol{u}$ 和一个特殊数 c，使得 $c\boldsymbol{u}$ 不在 V 中.（这足以说明 V 不是一个向量空间.）

2. 令 W 是 xy 平面中第一象限与第三象限的并集，即 $W=\left\{\begin{bmatrix} x \\ y \end{bmatrix}: xy\geqslant 0\right\}$.
   a. 若 $\boldsymbol{u}$ 在 W 中，c 为任意数，$c\boldsymbol{u}$ 在 W 中吗？为什么？
   b. 求 W 中特殊向量 $\boldsymbol{u},\boldsymbol{v}$，使得 $\boldsymbol{u}+\boldsymbol{v}$ 不在 W 中. 这足以说明 W 不是一个向量空间.

3. 令 H 是 xy 平面上所有单位圆内和圆上的点集，即 $H=\left\{\begin{bmatrix}x\\y\end{bmatrix}:x^2+y^2\leqslant 1\right\}$，找出一个特殊的例子，即两个向量或者是一个向量与一个数，证明 H 不是 $\mathbb{R}^2$ 中的一个子空间.
4. 构造一个几何图形说明为什么 $\mathbb{R}^2$ 中一条不过原点的直线对向量的加法不封闭.

在习题5~8中，n 取适当的值，判定给出的集合是否为 $\mathbb{P}_n$ 的子空间，验证你的答案.

5. 所有形如 $\boldsymbol{p}(t)=at^2$ 的多项式，其中 $a\in\mathbb{R}$.
6. 所有形如 $\boldsymbol{p}(t)=a+t^2$ 的多项式，其中 $a\in\mathbb{R}$.
7. 所有次数最多是3的整系数多项式.
8. $\mathbb{P}_n$ 中所有使得 $\boldsymbol{p}(0)=0$ 的多项式.
9. 令 H 为所有形如 $\begin{bmatrix}s\\3s\\2s\end{bmatrix}$ 的向量集，求 $\mathbb{R}^3$ 中一个向量 $\boldsymbol{v}$，使得 $H=\text{Span}\{\boldsymbol{v}\}$. 为什么这样能证明 H 是 $\mathbb{R}^3$ 的一个子空间？
10. 令 H 为所有形如 $\begin{bmatrix}2t\\0\\-t\end{bmatrix}$ 的向量集，其中 t 是任意实数. 证明 H 是 $\mathbb{R}^3$ 的一个子空间. （利用习题9的方法.）
11. 令 W 是所有形如 $\begin{bmatrix}5b+2c\\b\\c\end{bmatrix}$ 的向量集，其中 b,c 是任意数，求向量 $\boldsymbol{u},\boldsymbol{v}$ 使得 $W=\text{Span}\{\boldsymbol{u},\boldsymbol{v}\}$. 为什么这样能证明 W 是 $\mathbb{R}^3$ 的一个子空间？
12. 令 W 是所有形如 $\begin{bmatrix}s+3t\\s-t\\2s-t\\4t\end{bmatrix}$ 的向量集，证明 W 是 $\mathbb{R}^4$ 的一个子空间. （利用习题11的方法.）
13. 令 $\boldsymbol{v}_1=\begin{bmatrix}1\\0\\-1\end{bmatrix}$，$\boldsymbol{v}_2=\begin{bmatrix}2\\1\\3\end{bmatrix}$，$\boldsymbol{v}_3=\begin{bmatrix}4\\2\\6\end{bmatrix}$，$\boldsymbol{w}=\begin{bmatrix}3\\1\\2\end{bmatrix}$.
    a. $\boldsymbol{w}$ 在 $\{\boldsymbol{v}_1,\boldsymbol{v}_2,\boldsymbol{v}_3\}$ 中吗？ $\{\boldsymbol{v}_1,\boldsymbol{v}_2,\boldsymbol{v}_3\}$ 中有多少个向量？
    b. $\text{Span}\{\boldsymbol{v}_1,\boldsymbol{v}_2,\boldsymbol{v}_3\}$ 中有多少个向量？
    c. $\boldsymbol{w}$ 在由 $\{\boldsymbol{v}_1,\boldsymbol{v}_2,\boldsymbol{v}_3\}$ 生成的子空间中吗？为什么？
14. 令 $\boldsymbol{v}_1,\boldsymbol{v}_2,\boldsymbol{v}_3$ 与习题13中相同，$\boldsymbol{w}=\begin{bmatrix}8\\4\\7\end{bmatrix}$. $\boldsymbol{w}$ 在由 $\{\boldsymbol{v}_1,\boldsymbol{v}_2,\boldsymbol{v}_3\}$ 生成的子空间中吗？为什么？

在习题15~18中，令 W 表示已给形式的所有向量的集合，其中 a,b,c 表示任意实数. 在每种情形下，要么给出生成 W 的向量集合 S，要么给出一个例子证明 W 不是一个向量空间.

15. $\begin{bmatrix}3a+b\\4\\a-5b\end{bmatrix}$
16. $\begin{bmatrix}-a+1\\a-6b\\2b+a\end{bmatrix}$
17. $\begin{bmatrix}a-b\\b-c\\c-a\\b\end{bmatrix}$
18. $\begin{bmatrix}4a+3b\\0\\a+b+c\\c-2a\end{bmatrix}$
19. 一个重为 m 的物体挂在弹簧的末端，若向下拉动物体再放开，这个物体-弹簧系统开始振动，物体到其静止位置的位移 y 由下列形式的函数给出：

$$y(t)=c_1\cos\omega t+c_2\sin\omega t \qquad (5)$$

其中 ω 是一个常数，它与弹簧及物体有关.（见下图.）证明由(5)式给出（其中 ω 固定，c_1,c_2 任意）的所有函数的集合是一个向量空间.

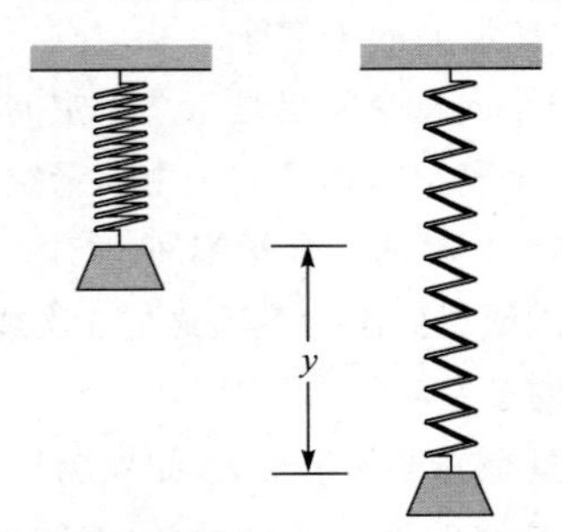

20. 定义在 $\mathbb{R}$ 中闭区间 $[a,b]$ 上的全体实值连续函数的集合记为 $C[a,b]$，此集合是定义在 $[a,b]$ 上的全体实值函数的向量空间的一个子空间.
    a. 关于连续函数，需要证明什么结论才能说明 $C[a,b]$ 如命题所说确实是一个子空间？

（这些结论在微积分中经常讨论.）

b. 证明 $\{\boldsymbol{f} \in C[a,b]: \boldsymbol{f}(a)=\boldsymbol{f}(b)\}$ 是 $C[a,b]$ 的一个子空间.

对固定的正整数 m,n，在通常的矩阵加法运算和实数乘法运算之下，所有 $m\times n$ 矩阵的集合 $M_{m\times n}$ 是一个向量空间.

21. 判断形如 $\begin{bmatrix} a & b \\ 0 & d \end{bmatrix}$ 的全体矩阵的集合 H 是否是 $M_{2\times 2}$ 的一个子空间.

22. 令 $\boldsymbol{F}$ 是一个固定的 3×2 矩阵，令 H 是 $M_{2\times 4}$ 中所有使得 $\boldsymbol{FA}=\boldsymbol{0}$（$M_{3\times 4}$ 中的零矩阵）的矩阵 $\boldsymbol{A}$ 构成的集合，判断 H 是否是 $M_{2\times 4}$ 的一个子空间.

在习题 23~32 中，判断每个命题的真假(T/F)，给出理由.

23. (T/F) 如果 f 是定义在 $\mathbb{R}$ 上的所有实值函数构成的向量空间 V 中的一个函数，并且如果存在某个 t 使得 $f(t)=0$，那么 f 是 V 的零向量.

24. (T/F) 一个向量是一个向量空间中的任意元素.

25. (T/F) 在三维空间中，一个箭头可以看作一个向量.

26. (T/F) 如果 $\boldsymbol{u}$ 是向量空间 V 中的一个向量，那么 $(-1)\boldsymbol{u}$ 与 $\boldsymbol{u}$ 的负向量是相同的.

27. (T/F) 对向量空间 V 的子集 H，如零向量在 H 中，则 H 是 V 的子空间.

28. (T/F) 一个向量空间仍是一个子空间.

29. (T/F) 一个子空间仍是的一个向量空间.

30. (T/F) $\mathbb{R}^2$ 是 $\mathbb{R}^3$ 的一个子空间.

31. (T/F) 2 次或更低次的多项式是 3 次或更低次的多项式的子空间.

32. (T/F)向量空间 V 的子集 H，如果满足下列条件，那么 H 是 V 的一个子空间：(i) V 的零向量在 H 中，(ii) $\boldsymbol{u}$，$\boldsymbol{v}$ 和 $\boldsymbol{u}+\boldsymbol{v}$ 在 H 中，(iii) c 是一个标量，并且 $c\boldsymbol{u}$ 在 H 中.

习题 33~36 给出向量空间 V 的公理如何用来证明向量空间定义后面列出的基本性质，用合适的公理序号填空. 由公理 2、公理 4 和公理 5 可知，对所有 $\boldsymbol{u}$，$\boldsymbol{0}+\boldsymbol{u}=\boldsymbol{u}$ 和 $-\boldsymbol{u}+\boldsymbol{u}=\boldsymbol{0}$ 均成立.

33. 完成下面关于零向量唯一性的证明. 假设 $\boldsymbol{w}$ 在 V 中，具有性质：对 V 中所有 $\boldsymbol{u}$，$\boldsymbol{u}+\boldsymbol{w}=\boldsymbol{w}+\boldsymbol{u}=\boldsymbol{u}$. 特别地，$\boldsymbol{0}+\boldsymbol{w}=\boldsymbol{0}$，但由公理______，$\boldsymbol{0}+\boldsymbol{w}=\boldsymbol{w}$，从而 $\boldsymbol{w}=\boldsymbol{0}+\boldsymbol{w}=\boldsymbol{0}$.

34. 完成下面关于 $-\boldsymbol{u}$ 是 V 中唯一满足 $\boldsymbol{u}+(-\boldsymbol{u})=\boldsymbol{0}$ 的向量的证明. 假设 $\boldsymbol{w}$ 满足 $\boldsymbol{u}+\boldsymbol{w}=\boldsymbol{0}$，将 $-\boldsymbol{u}$ 加到两边，则有

$(-\boldsymbol{u})+[\boldsymbol{u}+\boldsymbol{w}]=(-\boldsymbol{u})+\boldsymbol{0}$

$[(-\boldsymbol{u})+\boldsymbol{u}]+\boldsymbol{w}=(-\boldsymbol{u})+\boldsymbol{0}$ 这是由公理______（a）

$\boldsymbol{0}+\boldsymbol{w}=(-\boldsymbol{u})+\boldsymbol{0}$ 这是由公理______（b）

$\boldsymbol{w}=-\boldsymbol{u}$ 这是由公理______（c）

35. 在下列证明 $0\boldsymbol{u}=\boldsymbol{0}$ 对任意 V 中的 $\boldsymbol{u}$ 成立的过程中，填写漏掉的公理序号.

$0\boldsymbol{u}=(0+0)\boldsymbol{u}=0\boldsymbol{u}+0\boldsymbol{u}$ 这是由公理______（a）

两边加 $0\boldsymbol{u}$ 的负向量：

$0\boldsymbol{u}+(-0\boldsymbol{u})=[0\boldsymbol{u}+0\boldsymbol{u}]+(-0\boldsymbol{u})$

$0\boldsymbol{u}+(-0\boldsymbol{u})=0\boldsymbol{u}+[0\boldsymbol{u}+(-0\boldsymbol{u})]$

这是由公理______（b）

$\boldsymbol{0}=0\boldsymbol{u}+\boldsymbol{0}$ 这是由公理______（c）

$\boldsymbol{0}=0\boldsymbol{u}$ 这是由公理______（d）

36. 在下列证明 $c\boldsymbol{0}=\boldsymbol{0}$ 对任意数 c 成立的过程中，填写漏掉的公理序号：

$c\boldsymbol{0}=c(\boldsymbol{0}+\boldsymbol{0})$ 这是由公理______（a）

$=c\boldsymbol{0}+c\boldsymbol{0}$ 这是由公理______（b）

两边加 $c\boldsymbol{0}$ 的负向量：

$c\boldsymbol{0}+(-c\boldsymbol{0})=[c\boldsymbol{0}+c\boldsymbol{0}]+(-c\boldsymbol{0})$

$c\boldsymbol{0}+(-c\boldsymbol{0})=c\boldsymbol{0}+[c\boldsymbol{0}+(-c\boldsymbol{0})]$

这是由公理______（c）

$\boldsymbol{0}=c\boldsymbol{0}+\boldsymbol{0}$ 这是由公理______（d）

$\boldsymbol{0}=c\boldsymbol{0}$ 这是由公理______（e）

37. 证明 $(-1)\boldsymbol{u}=-\boldsymbol{u}$.（提示：$\boldsymbol{u}+(-1)\boldsymbol{u}=\boldsymbol{0}$，用习题 34 和习题 35 中的某些公理和结论.）

38. 假设对某非零数 $c, c\boldsymbol{u}=\boldsymbol{0}$，证明 $\boldsymbol{u}=\boldsymbol{0}$. 说出你用到的公理和性质.

39. 令 $\boldsymbol{u},\boldsymbol{v}$ 是向量空间 V 中的向量，H 是 V 中任意一个包含 $\boldsymbol{u}$ 和 $\boldsymbol{v}$ 的子空间. 解释为什么 H 也包含 $\text{Span}\{\boldsymbol{u},\boldsymbol{v}\}$，这说明 $\text{Span}\{\boldsymbol{u},\boldsymbol{v}\}$ 是包含 $\boldsymbol{u}$ 和 $\boldsymbol{v}$ 的 V 中最小子空间.

40. 令 H 和 K 是向量空间 V 的子空间，H 和 K 的**交集**写作 $H\cap K$，是 V 中既属于 H 又属于 K 的元素 $\boldsymbol{v}$ 的集合. 证明 $H\cap K$ 是 V 的一个子空间.（见下图.）在 $\mathbb{R}^2$ 中给出一个例子，证明一般而言，两个子空间的并集不是一个子空间.

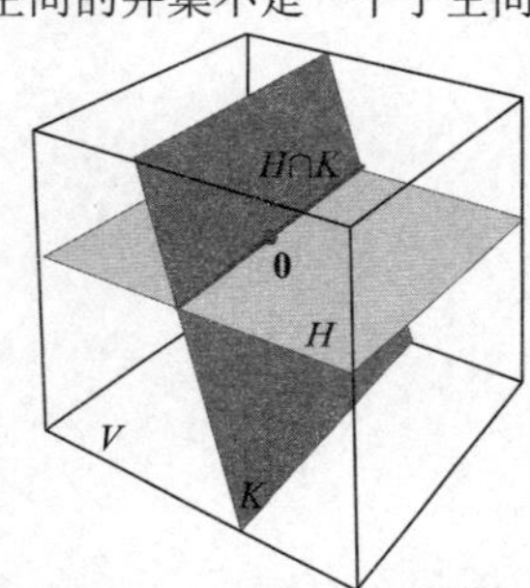

41. 给定向量空间 V 的子空间 H 和 K，H 和 K 的**和**（记为 $H+K$）是 V 中可以写成两个向量（一个向量在 H 中，另一个向量在 K 中）之和的所有向量的集合，即
$$H+K=\{\boldsymbol{w}:\boldsymbol{w}=\boldsymbol{u}+\boldsymbol{v},\ \text{其中}\ \boldsymbol{u}\in H,\boldsymbol{v}\in K\}$$
a. 证明 $H+K$ 是 V 的子空间.
b. 证明 H 是 $H+K$ 的子空间，K 是 $H+K$ 的子空间.

42. 假设 $\boldsymbol{u}_1,\boldsymbol{u}_2,\cdots,\boldsymbol{u}_p$ 和 $\boldsymbol{v}_1,\boldsymbol{v}_2,\cdots,\boldsymbol{v}_q$ 是向量空间 V 中的向量，并设
$$H=\text{Span}\{\boldsymbol{u}_1,\boldsymbol{u}_2,\cdots\boldsymbol{u}_p\},K=\text{Span}\{\boldsymbol{v}_1,\boldsymbol{v}_2,\cdots,\boldsymbol{v}_q\}$$
证明 $H+K=\text{Span}\{\boldsymbol{u}_1,\boldsymbol{u}_2,\cdots,\boldsymbol{u}_p,\boldsymbol{v}_1,\boldsymbol{v}_2,\cdots,\boldsymbol{v}_q\}$.

43. [M] 证明 $\boldsymbol{w}$ 在由 $\boldsymbol{v}_1,\boldsymbol{v}_2,\boldsymbol{v}_3$ 生成的 $\mathbb{R}^4$ 的子空间中，其中
$$\boldsymbol{w}=\begin{bmatrix}9\\-4\\-4\\7\end{bmatrix},\ \boldsymbol{v}_1=\begin{bmatrix}8\\-4\\-3\\9\end{bmatrix},\ \boldsymbol{v}_2=\begin{bmatrix}-4\\3\\-2\\-8\end{bmatrix},\ \boldsymbol{v}_3=\begin{bmatrix}-7\\6\\-5\\-18\end{bmatrix}$$

44. [M] 判定 $\boldsymbol{y}$ 是否在由 $\boldsymbol{A}$ 的列生成的 $\mathbb{R}^4$ 的子空间中，其中
$$\boldsymbol{y}=\begin{bmatrix}-4\\-8\\6\\-5\end{bmatrix},\quad \boldsymbol{A}=\begin{bmatrix}3&-5&-9\\8&7&-6\\-5&-8&3\\2&-2&-9\end{bmatrix}$$

45. [M] 向量空间 $H=\text{Span}\{1,\cos^2 t,\cos^4 t,\cos^6 t\}$ 至少包含两个有趣的函数，它们将在以后的习题中用到：
$$\boldsymbol{f}(t)=1-8\cos^2 t+8\cos^4 t$$
$$\boldsymbol{g}(t)=-1+18\cos^2 t-48\cos^4 t+32\cos^6 t$$
对 $0\leqslant t\leqslant 2\pi$，研究 $\boldsymbol{f}$ 的图像，对 $\boldsymbol{f}(t)$ 推测一个简单的公式. 通过绘图比较 $1+\boldsymbol{f}(t)$ 与你的 $\boldsymbol{f}(t)$ 的公式，验证你的猜测.（你将会看到常函数 1.）对 $\boldsymbol{g}$ 重复你的研究.

46. [M] 对下列函数，重复习题 45：
$$\boldsymbol{f}(t)=3\sin t-4\sin^3 t$$
$$\boldsymbol{g}(t)=1-8\sin^2 t+8\sin^4 t$$
$$\boldsymbol{h}(t)=5\sin t-20\sin^3 t+16\sin^5 t$$
它们均在向量空间 $\text{Span}\{1,\sin t,\sin^2 t,\cdots,\sin^5 t\}$ 中.

练习题答案

1. 任取 H 中的 $\boldsymbol{u}$，比如取 $\boldsymbol{u}=\begin{bmatrix}3\\7\end{bmatrix}$，任取 $c\neq 1$，比如取 $c=2$，则 $c\boldsymbol{u}=\begin{bmatrix}6\\14\end{bmatrix}$. 如果它在 H 中，则存在某个 s 使得
$$\begin{bmatrix}3s\\2+5s\end{bmatrix}=\begin{bmatrix}6\\14\end{bmatrix}$$
则 $s=2$ 且 $s=12/5$，而这是不可能的，所以 $2\boldsymbol{u}$ 不在 H 中，H 不是一个向量空间.

2. $\boldsymbol{v}_1=1\boldsymbol{v}_1+0\boldsymbol{v}_2+\cdots+0\boldsymbol{v}_p$，这表明 $\boldsymbol{v}_1$ 是 $\boldsymbol{v}_1,\boldsymbol{v}_2,\cdots,\boldsymbol{v}_p$ 的一个线性组合，所以 $\boldsymbol{v}_1$ 在 W 中. 一般 $\boldsymbol{v}_k$ 也在 W 中，这是因为 $\boldsymbol{v}_k=0\boldsymbol{v}_1+\cdots+0\boldsymbol{v}_{k-1}+1\boldsymbol{v}_k+0\boldsymbol{v}_{k+1}+\cdots+0\boldsymbol{v}_p$.

3. 子集 S 是 $M_{3\times 3}$ 的一个子空间，因为它满足下面列出的子空间定义中的所有三个要求：
a. 3×3 零矩阵 $\boldsymbol{0}\in M_{3\times 3}$，且 $\boldsymbol{0}^{\mathrm{T}}=\boldsymbol{0}$，零矩阵是对称的，因此 $\boldsymbol{0}\in S$.
b. 设 $\boldsymbol{A},\boldsymbol{B}\in S$. $\boldsymbol{A}$ 和 $\boldsymbol{B}$ 是 3×3 对称矩阵，因此 $\boldsymbol{A}^{\mathrm{T}}=\boldsymbol{A}$，$\boldsymbol{B}^{\mathrm{T}}=\boldsymbol{B}$. 由矩阵转置的性质，$(\boldsymbol{A}+\boldsymbol{B})^{\mathrm{T}}=$

$\boldsymbol{A}^{\mathrm{T}}+\boldsymbol{B}^{\mathrm{T}}=\boldsymbol{A}+\boldsymbol{B}$. 所以 $\boldsymbol{A}+\boldsymbol{B}$ 是对称的，因此 $\boldsymbol{A}+\boldsymbol{B}\in \boldsymbol{S}$.

c. 设 $\boldsymbol{A}\in S$ 且 c 是数. 因为 $\boldsymbol{A}$ 是对称的，故由对称矩阵的性质，$(c\boldsymbol{A})^{\mathrm{T}}=c(\boldsymbol{A}^{\mathrm{T}})=c\boldsymbol{A}$. 于是 $c\boldsymbol{A}$ 也是对称矩阵，因此 $c\boldsymbol{A}\in S$.

4.2　零空间、列空间、行空间和线性变换

在线性代数的应用中，$\mathbb{R}^n$ 的子空间通常由以下两种方式产生：（1）作为齐次线性方程组的解集；（2）作为某些确定向量的线性组合的集合. 在本节中，我们比较和构造这两类子空间，了解子空间的概念. 事实上，正如你将要看到的，我们从 1.3 节以来一直与子空间打交道，这里的主要新特征是术语. 本节包括对线性变换的值域与核的讨论.

矩阵的零空间

考虑下列齐次方程组：

$$\begin{aligned} x_1-3x_2-2x_3&=0\\ -5x_1+9x_2+\ \ x_3&=0 \end{aligned} \tag{1}$$

用矩阵的形式，此方程组可写成 $\boldsymbol{Ax}=\boldsymbol{0}$，其中

$$\boldsymbol{A}=\begin{bmatrix} 1 & -3 & -2\\ -5 & 9 & 1 \end{bmatrix} \tag{2}$$

所有满足(1)式的 $\boldsymbol{x}$ 的集合称为方程组(1)的**解集**，通常将这个解集直接与矩阵 $\boldsymbol{A}$ 和方程 $\boldsymbol{Ax}=\boldsymbol{0}$ 联系起来是方便的. 我们称满足 $\boldsymbol{Ax}=\boldsymbol{0}$ 的所有 $\boldsymbol{x}$ 的集合为矩阵 $\boldsymbol{A}$ 的**零空间**.

定义　矩阵 $\boldsymbol{A}$ 的零空间写成 $\mathrm{Nul}\,\boldsymbol{A}$，是齐次方程 $\boldsymbol{Ax}=\boldsymbol{0}$ 的全体解的集合. 用集合符号表示，即

$$\mathrm{Nul}\,\boldsymbol{A}=\{\boldsymbol{x}:\boldsymbol{x}\in\mathbb{R}^n,\boldsymbol{Ax}=\boldsymbol{0}\}$$

$\mathrm{Nul}\,\boldsymbol{A}$ 的更进一步的描述为 $\mathbb{R}^n$ 中通过线性变换 $\boldsymbol{x}\mapsto\boldsymbol{Ax}$ 映射到 $\mathbb{R}^m$ 中的零向量的全体向量 $\boldsymbol{x}$ 的集合，见图 4-12.

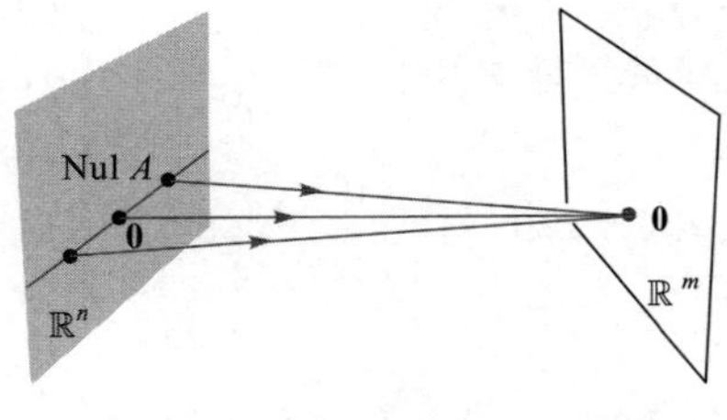

图　4-12

例 1　设 $\boldsymbol{A}$ 为（2）式中所示的矩阵，令 $\boldsymbol{u}=\begin{bmatrix}5\\3\\-2\end{bmatrix}$，确定 $\boldsymbol{u}$ 是否属于 $\boldsymbol{A}$ 的零空间.

解　为验证 $\boldsymbol{u}$ 是否满足 $\boldsymbol{Au}=\boldsymbol{0}$，简单计算

$$\boldsymbol{Au}=\begin{bmatrix} 1 & -3 & -2\\ -5 & 9 & 1 \end{bmatrix}\begin{bmatrix}5\\3\\-2\end{bmatrix}=\begin{bmatrix} 5-\ 9+4\\ -25+27-2 \end{bmatrix}=\begin{bmatrix}0\\0\end{bmatrix}$$

所以 $\boldsymbol{u}\in\mathrm{Nul}\,\boldsymbol{A}$. ■

空间这个词用在零空间上是合适的，因为一个矩阵的零空间是一个向量空间，在下列定理中会见到.

定理 2 $m\times n$ 矩阵 $\boldsymbol{A}$ 的零空间是 $\mathbb{R}^n$ 的一个子空间. 等价地，m 个方程、n 个未知数的齐次线性方程组 $\boldsymbol{A}\boldsymbol{x}=\boldsymbol{0}$ 的全体解的集合是 $\mathbb{R}^n$ 的一个子空间.

证 由于 $\boldsymbol{A}$ 有 n 个列，故 $\mathrm{Nul}\,\boldsymbol{A}$ 当然是 $\mathbb{R}^n$ 的一个子集，我们必须证明 $\mathrm{Nul}\,\boldsymbol{A}$ 满足子空间的 3 个性质. $\boldsymbol{0}$ 当然在 $\mathrm{Nul}\,\boldsymbol{A}$ 中，其次令 $\boldsymbol{u}$ 和 $\boldsymbol{v}$ 表示 $\mathrm{Nul}\,\boldsymbol{A}$ 中任意两个向量，则

$$\boldsymbol{A}\boldsymbol{u}=\boldsymbol{0},\quad \boldsymbol{A}\boldsymbol{v}=\boldsymbol{0}$$

为证 $\boldsymbol{u}+\boldsymbol{v}$ 在 $\mathrm{Nul}\,\boldsymbol{A}$ 中，必须证 $\boldsymbol{A}(\boldsymbol{u}+\boldsymbol{v})=\boldsymbol{0}$. 利用矩阵乘法的性质，有

$$\boldsymbol{A}(\boldsymbol{u}+\boldsymbol{v})=\boldsymbol{A}\boldsymbol{u}+\boldsymbol{A}\boldsymbol{v}=\boldsymbol{0}+\boldsymbol{0}=\boldsymbol{0}$$

从而 $\boldsymbol{u}+\boldsymbol{v}\in\mathrm{Nul}\,\boldsymbol{A}$，于是 $\mathrm{Nul}\,\boldsymbol{A}$ 对向量加法是封闭的. 最后，若 c 是任意一个数，则

$$\boldsymbol{A}(c\boldsymbol{u})=c(\boldsymbol{A}\boldsymbol{u})=c(\boldsymbol{0})=\boldsymbol{0}$$

从而 $c\boldsymbol{u}\in\mathrm{Nul}\,\boldsymbol{A}$，于是 $\mathrm{Nul}\,\boldsymbol{A}$ 是 $\mathbb{R}^n$ 的一个子空间. ■

例 2 令 H 是 $\mathbb{R}^4$ 中坐标 a,b,c,d 满足方程 $a-2b+5c=d$ 且 $c-a=b$ 的所有向量的集合，证明 H 是 $\mathbb{R}^4$ 的一个子空间.

解 通过重新调整描述 H 的元素的方程组，我们发现 H 是下列齐次线性方程组的解集：

$$\begin{aligned}a-2b+5c-d&=0\\-a-b+c&=0\end{aligned}$$

由定理 2，H 是 $\mathbb{R}^4$ 的一个子空间. ■

定义集合 H 的线性方程组是齐次的这个条件是很重要的，否则，其解集不能确定一个子空间（因为零向量不是非齐次方程组的解），而且在某些情形下，解集可能是空集.

Nul *A* 的一个显式刻画

$\mathrm{Nul}\,\boldsymbol{A}$ 中的向量与 $\boldsymbol{A}$ 中的元素之间没有明显的关系. 我们称 $\mathrm{Nul}\,\boldsymbol{A}$ 被隐式地定义，这是由于它被一个必须要检验的条件所定义. 没有明确地列出或描述 $\mathrm{Nul}\,\boldsymbol{A}$ 中的元素. 然而，当我们解出方程 $\boldsymbol{A}\boldsymbol{x}=\boldsymbol{0}$，就得到 $\mathrm{Nul}\,\boldsymbol{A}$ 的显式刻画. 我们先复习一下 1.5 节中已有的解题步骤.

例 3 求矩阵 $\boldsymbol{A}$ 的零空间的生成集，其中

$$\boldsymbol{A}=\begin{bmatrix}-3&6&-1&1&-7\\1&-2&2&3&-1\\2&-4&5&8&-4\end{bmatrix}$$

解 第一步是求 $\boldsymbol{A}\boldsymbol{x}=\boldsymbol{0}$ 的关于自由变量的通解. 通过行化简增广矩阵 $[\boldsymbol{A}\quad\boldsymbol{0}]$ 为简化阶梯形，用自由变量写出基本变量：

$$\begin{bmatrix}1&-2&0&-1&3&0\\0&0&1&2&-2&0\\0&0&0&0&0&0\end{bmatrix}\qquad\begin{aligned}x_1-2x_2\qquad\quad -x_4+3x_5&=0\\x_3+2x_4-2x_5&=0\\0&=0\end{aligned}$$

通解为 $x_1=2x_2+x_4-3x_5,x_3=-2x_4+2x_5,x_2,x_4,x_5$ 是自由变量. 其次，将通解给出的向量分解

为向量的线性组合，用自由变量作权，即

$$\begin{bmatrix} x_1 \\ x_2 \\ x_3 \\ x_4 \\ x_5 \end{bmatrix} = \begin{bmatrix} 2x_2 + x_4 - 3x_5 \\ x_2 \\ -2x_4 + 2x_5 \\ x_4 \\ x_5 \end{bmatrix} = x_2 \underset{\substack{\uparrow \\ \boldsymbol{u}}}{\begin{bmatrix} 2 \\ 1 \\ 0 \\ 0 \\ 0 \end{bmatrix}} + x_4 \underset{\substack{\uparrow \\ \boldsymbol{v}}}{\begin{bmatrix} 1 \\ 0 \\ -2 \\ 1 \\ 0 \end{bmatrix}} + x_5 \underset{\substack{\uparrow \\ \boldsymbol{w}}}{\begin{bmatrix} -3 \\ 0 \\ 2 \\ 0 \\ 1 \end{bmatrix}}$$

$$= x_2\boldsymbol{u} + x_4\boldsymbol{v} + x_5\boldsymbol{w} \tag{3}$$

$\boldsymbol{u},\boldsymbol{v}$ 和 $\boldsymbol{w}$ 的每一个线性组合都是 $\mathrm{Nul}\,\boldsymbol{A}$ 中的一个元素，反之亦然. 从而 $\{\boldsymbol{u},\boldsymbol{v},\boldsymbol{w}\}$ 是 $\mathrm{Nul}\,\boldsymbol{A}$ 的一个生成集. ■

关于例 3 的解应该得到以下两点事实，它们对所有此类问题均适合，我们将在后面用到.

1. 由例 3 中的方法产生的生成集必然是线性无关的，这是因为自由变量是生成向量上的权. 比如，观察（3）式中解向量的第 2、4、5 个元素，注意只有当权 x_2,x_4,x_5 全为零时 $x_2\boldsymbol{u}+x_4\boldsymbol{v}+x_5\boldsymbol{w}$ 为零.

2. $\mathrm{Nul}\,\boldsymbol{A}$ 包含非零向量时，它的生成集中向量的个数等于方程 $\boldsymbol{Ax}=\boldsymbol{0}$ 中自由变量的个数.

矩阵的列空间

与矩阵相关的另一个重要的子空间是它的列空间. 与零空间不同，列空间可以由向量的线性组合显式定义.

定义　$m\times n$ 矩阵 $\boldsymbol{A}$ 的**列空间**（记为 $\mathrm{Col}\,\boldsymbol{A}$）是由 $\boldsymbol{A}$ 的列的所有线性组合组成的集合. 若 $\boldsymbol{A}=[\boldsymbol{a}_1,\boldsymbol{a}_2,\cdots,\boldsymbol{a}_n]$，则 $\mathrm{Col}\,\boldsymbol{A}=\mathrm{Span}\{\boldsymbol{a}_1,\boldsymbol{a}_2,\cdots,\boldsymbol{a}_n\}$.

由于 $\mathrm{Col}\,\boldsymbol{A}=\mathrm{Span}\{\boldsymbol{a}_1,\boldsymbol{a}_2,\cdots,\boldsymbol{a}_n\}$ 是一个子空间，由定理 1 及 $\mathrm{Col}\,\boldsymbol{A}$ 的定义和 $\boldsymbol{A}$ 的列在 $\mathbb{R}^m$ 中这一事实得到以下定理.

定理 3　$m\times n$ 矩阵 $\boldsymbol{A}$ 的列空间是 $\mathbb{R}^m$ 的一个子空间.

注意 $\mathrm{Col}\,\boldsymbol{A}$ 中一个典型向量可写成 $\boldsymbol{Ax}$ 的形式，其中 $\boldsymbol{x}$ 为某向量，这是因为记号 $\boldsymbol{Ax}$ 表示 $\boldsymbol{A}$ 的列向量的一个线性组合，即

$$\mathrm{Col}\,\boldsymbol{A}=\{\boldsymbol{b}:\boldsymbol{b}=\boldsymbol{Ax},\boldsymbol{x}\in\mathbb{R}^n\}$$

代表 $\mathrm{Col}\,\boldsymbol{A}$ 中向量的记号 $\boldsymbol{Ax}$ 也表明 $\mathrm{Col}\,\boldsymbol{A}$ 是线性变换 $\boldsymbol{x}\mapsto\boldsymbol{Ax}$ 的值域，我们将在本节的最后讨论这个问题.

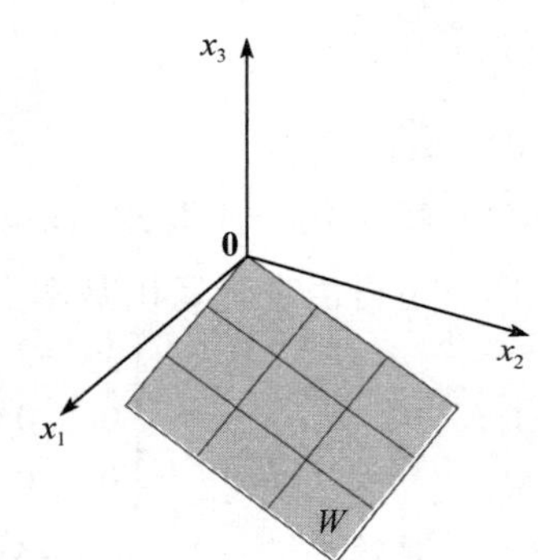

例 4　求一个矩阵 $\boldsymbol{A}$，使得 $W=\mathrm{Col}\,\boldsymbol{A}$.

$$W=\left\{\begin{bmatrix} 6a-b \\ a+b \\ -7a \end{bmatrix}: a,b\in\mathbb{R}\right\}$$

解　首先将 W 写成线性组合的集合：

$$W=\left\{a\begin{bmatrix}6\\1\\-7\end{bmatrix}+b\begin{bmatrix}-1\\1\\0\end{bmatrix}:a,b\in\mathbb{R}\right\}=\text{Span}\left\{\begin{bmatrix}6\\1\\-7\end{bmatrix},\begin{bmatrix}-1\\1\\0\end{bmatrix}\right\}$$

其次，用生成集中的向量作为 $\boldsymbol{A}$ 的列. 令 $\boldsymbol{A}=\begin{bmatrix}6&-1\\1&1\\-7&0\end{bmatrix}$，则 $W=\text{Col}\,\boldsymbol{A}$，$\boldsymbol{A}$ 为所求矩阵. ■

回顾 1.4 节中的定理 4，$\boldsymbol{A}$ 的列生成 $\mathbb{R}^m$ 当且仅当方程 $\boldsymbol{Ax}=\boldsymbol{b}$ 对任一个 $\boldsymbol{b}$ 有解. 我们可以按下列方式重述这一事实.

> $m\times n$ 矩阵 $\boldsymbol{A}$ 的列空间等于 $\mathbb{R}^m$ 当且仅当方程 $\boldsymbol{Ax}=\boldsymbol{b}$ 对 $\mathbb{R}^m$ 中每个 $\boldsymbol{b}$ 有一个解.

行空间

设 $\boldsymbol{A}$ 是一个 $m\times n$ 矩阵，则 $\boldsymbol{A}$ 的每一行有 n 个元素，因此可以看成 $\mathbb{R}^n$ 的一个向量.行向量的所有线性组合的集合称为 $\boldsymbol{A}$ 的行空间，记为 $\text{Row}\,\boldsymbol{A}$.每一行有 n 个元素，所以 $\text{Row}\,\boldsymbol{A}$ 是 $\mathbb{R}^n$ 的一个子空间. 因为 $\boldsymbol{A}$ 的行就是 $\boldsymbol{A}^{\mathrm{T}}$ 的列，所以我们也可以用 $\text{Col}\,\boldsymbol{A}^{\mathrm{T}}$ 代替 $\text{Row}\,\boldsymbol{A}$.

例 5　令

$$\boldsymbol{A}=\begin{bmatrix}-2&-5&8&0&-17\\1&3&-5&1&5\\3&11&-19&7&1\\1&7&-13&5&-3\end{bmatrix},\quad \begin{aligned}\boldsymbol{r}_1&=(-2,-5,8,0,-17)\\\boldsymbol{r}_2&=(1,3,-5,1,5)\\\boldsymbol{r}_3&=(3,11,-19,7,1)\\\boldsymbol{r}_4&=(1,7,-13,5,-3)\end{aligned}$$

$\boldsymbol{A}$ 的行空间是由 $\{\boldsymbol{r}_1,\boldsymbol{r}_2,\boldsymbol{r}_3,\boldsymbol{r}_4\}$ 生成的 $\mathbb{R}^5$ 的一个子空间.也就是说，$\text{Row}\,\boldsymbol{A}=\text{Span}\{\boldsymbol{r}_1,\boldsymbol{r}_2,\boldsymbol{r}_3,\boldsymbol{r}_4\}$. 行向量写成一行是很自然的. 但是，如果为了方便的话，它们也可以写成列向量. ■

Nul A 与 Col A 之间的对比

一个矩阵的零空间和列空间之间的关系如何是一个很自然的问题. 事实上，这两个空间是很不一样的，从例 6~8 中将看到这一点. 然而，这两个空间之间的一个令人感到意外的关联将出现在 4.5 节中，这需要用到更多的理论.

例 6　令 $\boldsymbol{A}=\begin{bmatrix}2&4&-2&1\\-2&-5&7&3\\3&7&-8&6\end{bmatrix}$.

a. 若 $\boldsymbol{A}$ 的列空间是 $\mathbb{R}^k$ 的一个子空间，k 是多少？

b. 若 $\boldsymbol{A}$ 的零空间是 $\mathbb{R}^k$ 的一个子空间，k 是多少？

解　a. $\boldsymbol{A}$ 的每一列含有 3 个数，所以 $\text{Col}\,\boldsymbol{A}$ 是 $\mathbb{R}^3$ 的一个子空间，其中 $k=3$.

b. 使得 $\boldsymbol{Ax}$ 有定义的一个向量 $\boldsymbol{x}$ 必须有 4 个元素，所以 $\text{Nul}\,\boldsymbol{A}$ 是 $\mathbb{R}^4$ 的一个子空间，其中 $k=4$. ■

当一个矩阵不是方阵时，比如例 6 中的矩阵，Nul $\boldsymbol{A}$ 中的向量与 Col $\boldsymbol{A}$ 中的向量分别在完全不同的“域”中．例如，我们已讨论过 $\mathbb{R}^3$ 中向量的线性组合不能产生 $\mathbb{R}^4$ 中的一个向量．当 $\boldsymbol{A}$ 为方阵时，Nul $\boldsymbol{A}$ 和 Col $\boldsymbol{A}$ 确实都具有零向量，并且在特殊情形下它们可能具有一些相同的非零向量．

例 7　对例 6 中的 $\boldsymbol{A}$，分别找出 Col $\boldsymbol{A}$ 和 Nul $\boldsymbol{A}$ 中的一个非零向量．

解　容易找到 Col $\boldsymbol{A}$ 中的一个向量．$\boldsymbol{A}$ 的任一个列都可以，比如 $\begin{bmatrix} 2 \\ -2 \\ 3 \end{bmatrix}$．为了找到 Nul $\boldsymbol{A}$ 中的一个非零向量，将增广矩阵 $[\boldsymbol{A}\quad \boldsymbol{0}]$ 行化简，得

$$[\boldsymbol{A}\quad \boldsymbol{0}] \sim \begin{bmatrix} 1 & 0 & 9 & 0 & 0 \\ 0 & 1 & -5 & 0 & 0 \\ 0 & 0 & 0 & 1 & 0 \end{bmatrix}$$

从而若 $\boldsymbol{x}$ 满足 $\boldsymbol{Ax}=\boldsymbol{0}$，则 $x_1=-9x_3, x_2=5x_3, x_4=0, x_3$ 是自由变量．x_3 取一个非零值，比如 $x_3=1$，我们得到 Nul $\boldsymbol{A}$ 中的一个向量，即 $\boldsymbol{x}=(-9,5,1,0)$．■

例 8　对例 6 中的 $\boldsymbol{A}$，令 $\boldsymbol{u}=\begin{bmatrix} 3 \\ -2 \\ -1 \\ 0 \end{bmatrix}, \boldsymbol{v}=\begin{bmatrix} 3 \\ -1 \\ 3 \end{bmatrix}$．

a. 判定 $\boldsymbol{u}$ 是否在 Nul $\boldsymbol{A}$ 中．$\boldsymbol{u}$ 是否在 Col $\boldsymbol{A}$ 中？

b. 判定 $\boldsymbol{v}$ 是否在 Col $\boldsymbol{A}$ 中．$\boldsymbol{v}$ 是否在 Nul $\boldsymbol{A}$ 中？

解　a. 这里不需要 Nul $\boldsymbol{A}$ 的一个显式刻画，简单地计算乘积 $\boldsymbol{Au}$．

$$\boldsymbol{Au}=\begin{bmatrix} 2 & 4 & -2 & 1 \\ -2 & -5 & 7 & 3 \\ 3 & 7 & -8 & 6 \end{bmatrix}\begin{bmatrix} 3 \\ -2 \\ -1 \\ 0 \end{bmatrix}=\begin{bmatrix} 0 \\ -3 \\ 3 \end{bmatrix} \neq \begin{bmatrix} 0 \\ 0 \\ 0 \end{bmatrix}$$

显然，$\boldsymbol{u}$ 不是 $\boldsymbol{Ax}=\boldsymbol{0}$ 的一个解，所以 $\boldsymbol{u}$ 不在 Nul $\boldsymbol{A}$ 中．由于 Col $\boldsymbol{A}$ 是 $\mathbb{R}^3$ 的一个子空间，$\boldsymbol{u}$ 具有 4 个元素，故 $\boldsymbol{u}$ 不可能在 Col $\boldsymbol{A}$ 中．

b. 将 $[\boldsymbol{A}\quad \boldsymbol{v}]$ 化简成阶梯形：

$$[\boldsymbol{A}\quad \boldsymbol{v}]=\begin{bmatrix} 2 & 4 & -2 & 1 & 3 \\ -2 & -5 & 7 & 3 & -1 \\ 3 & 7 & -8 & 6 & 3 \end{bmatrix} \sim \begin{bmatrix} 2 & 4 & -2 & 1 & 3 \\ 0 & 1 & -5 & -4 & -2 \\ 0 & 0 & 0 & 17 & 1 \end{bmatrix}$$

由此可见，方程 $\boldsymbol{Ax}=\boldsymbol{v}$ 是相容的，所以 $\boldsymbol{v}$ 在 Col $\boldsymbol{A}$ 中．由于 Nul $\boldsymbol{A}$ 是 $\mathbb{R}^4$ 的子空间，$\boldsymbol{v}$ 具有 3 个元素，故 $\boldsymbol{v}$ 不可能在 Nul $\boldsymbol{A}$ 中．■

表 4-1 可以作为我们已经学过的关于 Nul $\boldsymbol{A}$ 与 Col $\boldsymbol{A}$ 的总结．其中的第 8 条是 1.9 节中定理 11 和定理 12a 的另一种形式．

表 4-1　对 $m \times n$ 矩阵 A，Nul A 与 Col A 之间的对比

Nul A	Col A
1. Nul A 是 $\mathbb{R}^n$ 的一个子空间.	1. Col A 是 $\mathbb{R}^m$ 的一个子空间.
2. Nul A 是隐式定义的，即仅给出了一个 Nul A 中向量必须满足的条件 ($A\boldsymbol{x}=\boldsymbol{0}$).	2. Col A 是显式定义的，即明确指出如何构建 Col A 中的向量.
3. 求 Nul A 中的向量需要时间，需要对 $[A \quad \boldsymbol{0}]$ 做行变换.	3. 容易求出 Col A 中的向量. A 的列就是 Col A 中的向量，其余的可由 A 的列表示出来.
4. Nul A 与 A 的元素之间没有明显的关系.	4. Col A 与 A 的元素之间有明显的关系，因为 A 的列就在 Col A 中.
5. Nul A 中的一个典型向量 $\boldsymbol{v}$ 具有 $A\boldsymbol{v}=\boldsymbol{0}$ 的性质.	5. Col A 中一个典型向量 $\boldsymbol{v}$ 满足方程 $A\boldsymbol{x}=\boldsymbol{v}$ 是相容的.
6. 给定一个特定的向量 $\boldsymbol{v}$，容易判断 $\boldsymbol{v}$ 是否在 Nul A 中. 仅需计算 $A\boldsymbol{v}$.	6. 给定一个特定的向量 $\boldsymbol{v}$，弄清 $\boldsymbol{v}$ 是否在 Col A 中需要时间，需要对 $[A \quad \boldsymbol{v}]$ 做行变换.
7. Nul $A=\{\boldsymbol{0}\}$ 当且仅当方程 $A\boldsymbol{x}=\boldsymbol{0}$ 仅有一个平凡解.	7. Col $A=\mathbb{R}^m$ 当且仅当方程 $A\boldsymbol{x}=\boldsymbol{b}$ 对每一个 $\boldsymbol{b}\in\mathbb{R}^m$ 有一个解.
8. Nul $A=\{\boldsymbol{0}\}$ 当且仅当线性变换 $\boldsymbol{x}\mapsto A\boldsymbol{x}$ 是一对一的.	8. Col $A=\mathbb{R}^m$ 当且仅当线性变换 $\boldsymbol{x}\mapsto A\boldsymbol{x}$ 将 $\mathbb{R}^n$ 映射到 $\mathbb{R}^m$ 上.

线性变换的核与值域

我们经常需要用线性变换而不是矩阵来描述除 $\mathbb{R}^n$ 以外的向量空间的子空间. 为了更准确，将 1.8 节中给出的定义进行推广.

定义　由向量空间 V 映射到向量空间 W 内的**线性变换** T 是一个规则，它将 V 中每个向量 $\boldsymbol{x}$ 映射成 W 中唯一向量 $T(\boldsymbol{x})$，且满足:

（i）$T(\boldsymbol{u}+\boldsymbol{v})=T(\boldsymbol{u})+T(\boldsymbol{v})$，对 V 中所有 $\boldsymbol{u},\boldsymbol{v}$ 均成立.

（ii）$T(c\boldsymbol{u})=cT(\boldsymbol{u})$，对 V 中所有 $\boldsymbol{u}$ 及所有数 c 均成立.

线性变换 T 的**核**（或**零空间**）是 V 中所有满足 $T(\boldsymbol{u})=\boldsymbol{0}$ 的向量 $\boldsymbol{u}$ 的集合（$\boldsymbol{0}$ 为 W 中的零向量）. T 的**值域**是 W 中所有具有形式 $T(\boldsymbol{x})$（任意 $\boldsymbol{x}\in V$）的向量的集合. 如果 T 是由一个矩阵变换得到的，比如对某矩阵 $A, T(\boldsymbol{x})=A\boldsymbol{x}$，则 T 的核与值域恰好是前面定义的 A 的零空间和列空间.

不难证明 T 的核是 V 的一个子空间. 证明在本质上与定理 2 相同. T 的值域也是 W 的一个子空间.见图 4-13 和习题 42.

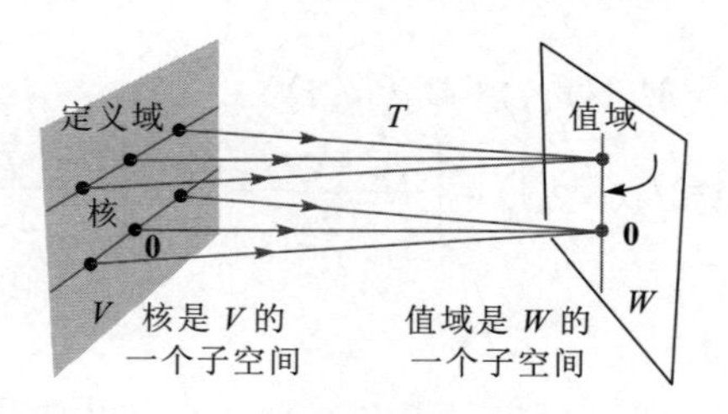

图 4-13　与线性变换相关的子空间

在应用中，一个子空间往往由一个适当的线性变换的核或值域产生. 比如，一个齐次线性微分方程的全部解的集合最终是一个线性变换的核. 典型地，这样一个线性变换用关于一个函数的一阶或高阶导数描述. 解释这个结论将使我们远离主题，所以我们仅给出两个例子，第一

个例子解释微分运算为什么是一个线性变换.

例 9（需要微积分的知识）　令 V 是定义在区间 $[a,b]$ 上的所有连续可导的实函数 f 构成的向量空间，令 W 是 $[a,b]$ 上所有连续函数构成的向量空间 $C[a,b]$，且令 $D:V\to W$ 是将 V 中 f 变为其导数 f' 的变换. 由微积分中两个简单的微分法则有

$$D(f+g)=D(f)+D(g),\quad D(cf)=cD(f)$$

于是，D 是一个线性变换. 可以证明 D 的核是 $[a,b]$ 上的常函数的集合，D 的值域是 $[a,b]$ 上所有连续函数的集合 W. ■

例 10（需要微积分的知识）　微分方程

$$y''+\omega^2 y=0 \tag{4}$$

其中 ω 是常数，常常用来描述物理系统的一个变化过程，比如负重弹簧的振动、摆的运动以及电感-电容电路中的电压. 式（4）的解集恰好是将函数 $y=f(t)$ 映成函数 $f''(t)+\omega^2 f(t)$ 的线性变换的核. 寻找这个向量空间的一个显式刻画是微分方程中的一个问题. 其解集是 4.1 节习题 19 中所说的空间. ■

技术分析经常用于股票市场中，从股票交易活动中收集的如价格变动和成交量等数据可用于统计趋势的分析. 技术分析师通过关注股价走势模式、交易信号和其他各种分析图表工具来评估证券市场的强弱. 移动平均是技术分析中常用的指标，它通过过滤掉随机价格波动的影响来平滑价格波动. 在本节的最后一个例子中，我们将研究从每日股价的“信号”中创建两天移动平均的线性变换. 我们将在 4.7 节中查看在较长时间内的移动平均转换.

例 11　$\{p_k\}\in\mathbb{S}$ 表示在很长一段时期内每天记录的股票价格的集合.注意，我们可以对不在研究时间段内的 k 假设 $p_k=0$.要创建一个两天的移动平均，映射 $M_2:\mathbb{S}\to\mathbb{S}$ 定义为：$M_2(\{p_k\})=\left\{\dfrac{p_k+p_{k-1}}{2}\right\}$，证明 M_2 是一个线性变换，并求出它的核.

证　为了证明 M_2 是一个线性变换，观察 $\mathbb{S}$ 中的两个信号 $\{p_k\},\{q_k\}$ 以及任意一个标量 c，有

$$\begin{aligned}M_2(\{p_k\}+\{q_k\})=M_2(\{p_k+q_k\})&=\left\{\frac{p_k+q_k+p_{k-1}+q_{k-1}}{2}\right\}\\&=\left\{\frac{p_k+p_{k-1}}{2}\right\}+\left\{\frac{q_k+q_{k-1}}{2}\right\}\\&=M_2(\{p_k\})+M_2(\{q_k\})\end{aligned}$$

$$M_2(c\{p_k\})=M_2(\{cp_k\})=\left\{\frac{cp_k+cp_{k-1}}{2}\right\}=c\left\{\frac{p_k+p_{k-1}}{2}\right\}=cM_2(\{p_k\})$$

所以 M_2 是一个线性变换. ■

要求 M_2 的核，注意，$\{p_k\}$ 是核当且仅当对任意 k，有 $\dfrac{p_k+p_{k-1}}{2}=0$. 于是 $p_k=-p_{k-1}$，因为这个等式对任意 k 都成立，它可以递归地应用，从而得到

$$p_k=-p_{k-1}=(-1)^2 p_{k-2}=(-1)^3 p_{k-3}\cdots$$

从 k=0 开始，核中的任意信号都可以写成 $p_k=(-1)^k p_0$，一个由 $(-1)^k$ 描述的交替信号. 由于两天移动平均函数的核由所有交替序列的倍数组成，它平滑了每天的波动，而没有趋平总体趋势. 见图 4-14.

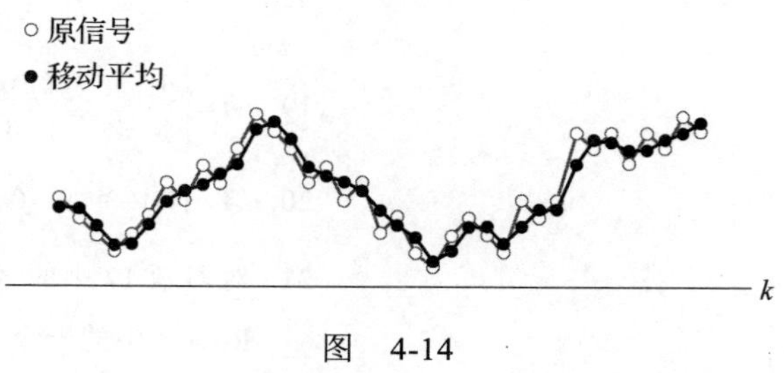

图 4-14

练习题

1. 令 $W=\left\{\begin{bmatrix}a\\b\\c\end{bmatrix}: a-3b-c=0\right\}$，用两种不同的方法证明 W 是 $\mathbb{R}^3$ 的一个子空间. （用两个定理.）

2. 令 $\boldsymbol{A}=\begin{bmatrix}7&-3&5\\-4&1&-5\\-5&2&-4\end{bmatrix}$，$\boldsymbol{v}=\begin{bmatrix}2\\1\\-1\end{bmatrix}$，$\boldsymbol{w}=\begin{bmatrix}7\\6\\-3\end{bmatrix}$，假设已知方程 $\boldsymbol{Ax}=\boldsymbol{v}$ 和 $\boldsymbol{Ax}=\boldsymbol{w}$ 都是相容的，关于方程 $\boldsymbol{Ax}=\boldsymbol{v}+\boldsymbol{w}$，你能得出什么结论？

3. 设 $\boldsymbol{A}$ 是一个 $n\times n$ 矩阵. 如果 $\text{Col}\,\boldsymbol{A}=\text{Nul}\,\boldsymbol{A}$. 证明 $\text{Nul}\,\boldsymbol{A}^2=\mathbb{R}^n$.

习题 4.2

1. 判定 $\boldsymbol{w}=\begin{bmatrix}1\\3\\-4\end{bmatrix}$ 是否在 Nul $\boldsymbol{A}$ 中，其中

$$\boldsymbol{A}=\begin{bmatrix}3&-5&-3\\6&-2&0\\-8&4&1\end{bmatrix}$$

2. 判定 $\boldsymbol{w}=\begin{bmatrix}5\\-3\\2\end{bmatrix}$ 是否在 Nul $\boldsymbol{A}$ 中，其中

$$\boldsymbol{A}=\begin{bmatrix}5&21&19\\13&23&2\\8&14&1\end{bmatrix}$$

在习题 3~6 中，通过求出张成零空间的向量，求出 Nul $\boldsymbol{A}$ 的一个显式表示.

3. $\boldsymbol{A}=\begin{bmatrix}1&3&5&0\\0&1&4&-2\end{bmatrix}$

4. $\boldsymbol{A}=\begin{bmatrix}1&-6&4&0\\0&0&2&0\end{bmatrix}$

5. $\boldsymbol{A}=\begin{bmatrix}1&-2&0&4&0\\0&0&1&-9&0\\0&0&0&0&1\end{bmatrix}$

6. $\boldsymbol{A}=\begin{bmatrix}1&5&-4&-3&1\\0&1&-2&1&0\\0&0&0&0&0\end{bmatrix}$

在习题 7~14 中，或者利用一个适当的定理证明给出的集合 W 是一个向量空间，或者举例说明它不是一个向量空间.

7. $\left\{\begin{bmatrix}a\\b\\c\end{bmatrix}: a+b+c=2\right\}$

8. $\left\{\begin{bmatrix}r\\s\\t\end{bmatrix}: 5r-1=s+2t\right\}$

9. $\left\{\begin{bmatrix} a \\ b \\ c \\ d \end{bmatrix} : \begin{matrix} a-2b=4c \\ 2a=c+3d \end{matrix}\right\}$

10. $\left\{\begin{bmatrix} a \\ b \\ c \\ d \end{bmatrix} : \begin{matrix} a+3b=c \\ b+c+a=d \end{matrix}\right\}$

11. $\left\{\begin{bmatrix} b-2d \\ 5+d \\ b+3d \\ d \end{bmatrix} : b,d \text{为实数}\right\}$

12. $\left\{\begin{bmatrix} b-5d \\ 2b \\ 2d+1 \\ d \end{bmatrix} : b,d \text{ 为实数}\right\}$

13. $\left\{\begin{bmatrix} c-6d \\ d \\ c \end{bmatrix} : c,d \text{ 为实数}\right\}$

14. $\left\{\begin{bmatrix} -a+2b \\ a-2b \\ 3a-6b \end{bmatrix} : a,b \text{为实数}\right\}$

在习题 15 和习题 16 中，求 $\boldsymbol{A}$ 使得给出的集合为 $\mathrm{Col}\,\boldsymbol{A}$.

15. $\left\{\begin{bmatrix} 2s+3t \\ r+s-2t \\ 4r+s \\ 3r-s-t \end{bmatrix} : r,s,t \text{ 为实数}\right\}$

16. $\left\{\begin{bmatrix} b-c \\ 2b+c+d \\ 5c-4d \\ d \end{bmatrix} : b,c,d \text{ 为实数}\right\}$

对习题 17~20 中的矩阵，（a）求 k 使得 $\mathrm{Nul}\,\boldsymbol{A}$ 是 $\mathbb{R}^k$ 的一个子空间，（b）求 k 使得 $\mathrm{Col}\,\boldsymbol{A}$ 是 $\mathbb{R}^k$ 的一个子空间.

17. $\boldsymbol{A}=\begin{bmatrix} 2 & -6 \\ -1 & 3 \\ -4 & 12 \\ 3 & -9 \end{bmatrix}$

18. $\boldsymbol{A}=\begin{bmatrix} 7 & -2 & 0 \\ -2 & 0 & -5 \\ 0 & -5 & 7 \\ -5 & 7 & -2 \end{bmatrix}$

19. $\boldsymbol{A}=\begin{bmatrix} 4 & 5 & -2 & 6 & 0 \\ 1 & 1 & 0 & 1 & 0 \end{bmatrix}$

20. $\boldsymbol{A}=\begin{bmatrix} 1 & -3 & 9 & 0 & -5 \end{bmatrix}$

21. 对习题 17 中的 $\boldsymbol{A}$，分别求出 $\mathrm{Nul}\,\boldsymbol{A}$、$\mathrm{Col}\,\boldsymbol{A}$ 和 $\mathrm{Row}\,\boldsymbol{A}$ 中的一个非零向量.

22. 对习题 3 中的 $\boldsymbol{A}$，分别求出 $\mathrm{Nul}\,\boldsymbol{A}$、$\mathrm{Col}\,\boldsymbol{A}$ 和 $\mathrm{Row}\,\boldsymbol{A}$ 中的一个非零向量.

23. 令 $\boldsymbol{A}=\begin{bmatrix} -6 & 12 \\ -3 & 6 \end{bmatrix}, \boldsymbol{w}=\begin{bmatrix} 2 \\ 1 \end{bmatrix}$，判断 $\boldsymbol{w}$ 是否在 $\mathrm{Col}\,\boldsymbol{A}$ 中以及 $\boldsymbol{w}$ 是否在 $\mathrm{Nul}\,\boldsymbol{A}$ 中.

24. 令 $\boldsymbol{A}=\begin{bmatrix} -8 & -2 & -9 \\ 6 & 4 & 8 \\ 4 & 0 & 4 \end{bmatrix}, \boldsymbol{w}=\begin{bmatrix} 2 \\ 1 \\ -2 \end{bmatrix}$，判定 $\boldsymbol{w}$ 是否在 $\mathrm{Col}\,\boldsymbol{A}$ 中以及 $\boldsymbol{w}$ 是否在 $\mathrm{Nul}\,\boldsymbol{A}$ 中.

在习题 25~38 中，$\boldsymbol{A}$ 表示一个 $m\times n$ 矩阵. 对每个命题判断真假（T/F），给出理由.

25. (T/F) $\boldsymbol{A}$ 的零空间是方程 $\boldsymbol{Ax}=\boldsymbol{0}$ 的解的集合.

26. (T/F) 零空间是向量空间.

27. (T/F) $m\times n$ 矩阵的零空间包含在 $\mathbb{R}^m$ 中.

28. (T/F) $m\times n$ 矩阵的列空间包含在 $\mathbb{R}^m$ 中.

29. (T/F) $\boldsymbol{A}$ 的列空间是映射 $\boldsymbol{x}\to\boldsymbol{Ax}$ 的值域.

30. (T/F) $\mathrm{Col}\,\boldsymbol{A}$ 是方程 $\boldsymbol{Ax}=\boldsymbol{b}$ 的所有解的集合.

31. (T/F) 如果方程 $\boldsymbol{Ax}=\boldsymbol{b}$ 是相容的，那么 $\mathrm{Col}\,\boldsymbol{A}=\mathbb{R}^m$.

32. (T/F) $\mathrm{Nul}\,\boldsymbol{A}$ 是映射 $\boldsymbol{x}\to\boldsymbol{Ax}$ 的核.

33. (T/F) 一个线性变换的核是向量空间.

34. (T/F) 一个线性变换的值域是向量空间.

35. (T/F) $\mathrm{Col}\,\boldsymbol{A}$ 是对某些 $\boldsymbol{x}$ 能写成 $\boldsymbol{Ax}$ 形式的向量的集合.

36. (T/F) 一个齐次线性微分方程的所有解的集合是一个线性变换的核.

37. (T/F) $\boldsymbol{A}$ 的行空间与 $\boldsymbol{A}^{\mathrm{T}}$ 的列空间是相同的.

38. (T/F) $\boldsymbol{A}$ 的零空间与 $\boldsymbol{A}^{\mathrm{T}}$ 的行空间是相同的.

39. 可以证明下列方程组的一组解为 $x_1=3, x_2=2, x_3=-1$. 利用本节中的理论解释为什么 $x_1=30, x_2=20, x_3=-10$ 是另一组解（观察这两组解之间的关系，不要做额外的计算）.

$$\begin{aligned} x_1-3x_2-3x_3&=0\\ -2x_1+4x_2+2x_3&=0\\ -x_1+5x_2+7x_3&=0 \end{aligned}$$

40. 考察下列两个方程组:

$$\begin{aligned} 5x_1+\ x_2-3x_3&=0 \\ -9x_1+2x_2+5x_3&=1 \\ 4x_1+\ x_2-6x_3&=9 \end{aligned} \qquad \begin{aligned} 5x_1+\ x_2-3x_3&=0 \\ -9x_1+2x_2+5x_3&=5 \\ 4x_1+\ x_2-6x_3&=45 \end{aligned}$$

可以证明第一个方程组有解，利用这个事实和本节中的理论解释为什么第二个方程组一定也有解.（不要做行变换.）

41. 定理 3 的证明如下：给定一个 $m\times n$ 矩阵 $\boldsymbol{A}$，$\operatorname{Col}\boldsymbol{A}$ 中任一元素均有 $\boldsymbol{Ax}$，$\boldsymbol{x}\in\mathbb{R}^n$ 的形式.令 $\boldsymbol{Ax}$ 和 $\boldsymbol{Aw}$ 分别为 $\operatorname{Col}\boldsymbol{A}$ 中任意两个向量.
   a. 解释为什么零向量在 $\operatorname{Col}\boldsymbol{A}$ 中.
   b. 证明向量 $\boldsymbol{Ax}+\boldsymbol{Aw}$ 在 $\operatorname{Col}\boldsymbol{A}$ 中.
   c. 给定一个数 c，证明 $c(\boldsymbol{Ax})$ 在 $\operatorname{Col}\boldsymbol{A}$ 中.

42. 令 $T:V\to W$ 是一个从向量空间 V 到向量空间 W 中的线性变换，证明 T 的值域是 W 的一个子空间.（提示：值域中的典型元素具有形式 $T(\boldsymbol{x})$ 和 $T(\boldsymbol{w})$，其中 $\boldsymbol{x},\boldsymbol{w}$ 属于 V.）

43. 定义 $T:\mathbb{P}_2\to\mathbb{R}^2$为$T(\boldsymbol{p})=\begin{bmatrix}\boldsymbol{p}(0)\\ \boldsymbol{p}(1)\end{bmatrix}$. 比如，若 $\boldsymbol{p}(t)=3+5t+7t^2$, 则 $T(\boldsymbol{p})=\begin{bmatrix}3\\15\end{bmatrix}$.
   a. 证明 T 是一个线性变换.（提示：对 $\mathbb{P}_2$ 中的任意多项式 $\boldsymbol{p},\boldsymbol{q}$，计算 $T(\boldsymbol{p}+\boldsymbol{q})$ 和 $T(c\boldsymbol{p})$.）
   b. 求 $\mathbb{P}_2$ 中的一个多项式 $\boldsymbol{p}$ 使之生成 T 的核并刻画 T 的值域.

44. 由 $T(\boldsymbol{p})=\begin{bmatrix}\boldsymbol{p}(0)\\ \boldsymbol{p}(0)\end{bmatrix}$ 定义一个线性变换 $T:\mathbb{P}_2\to\mathbb{R}^2$. 求 $\mathbb{P}_2$ 中多项式 $\boldsymbol{p}_1$ 和 $\boldsymbol{p}_2$，使之生成 T 的核并刻画 T 的值域.

45. 令 $M_{2\times2}$ 是所有 2×2 矩阵组成的向量空间，定义 $T:M_{2\times2}\to M_{2\times2}$为$T(\boldsymbol{A})=\boldsymbol{A}+\boldsymbol{A}^{\mathrm{T}}$，其中

$$\boldsymbol{A}=\begin{bmatrix}a & b\\ c & d\end{bmatrix}$$

   a. 证明 T 是一个线性变换.
   b. 设 $\boldsymbol{B}$ 是 $M_{2\times2}$ 中任一个满足 $\boldsymbol{B}^{\mathrm{T}}=\boldsymbol{B}$ 的矩阵，求 $M_{2\times2}$ 中的矩阵 $\boldsymbol{A}$ 使得 $T(\boldsymbol{A})=\boldsymbol{B}$.
   c. 证明 T 的值域是 $M_{2\times2}$ 中满足性质 $\boldsymbol{B}^{\mathrm{T}}=\boldsymbol{B}$ 的 $\boldsymbol{B}$ 的集合.
   d. 给出 T 的核.

46.（需要微积分的知识）定义 $T:C[0,1]\to C[0,1]$ 如下：对 $\boldsymbol{f}\in C[0,1]$，令 $T(\boldsymbol{f})$ 是 $\boldsymbol{f}$ 的满足 $\boldsymbol{F}(0)=0$ 的原函数 $\boldsymbol{F}$. 证明 T 是一个线性变换并刻画 T 的核.（见 4.1 节习题 20 的记号.）

47. 令 V 和 W 为向量空间，令 $T:V\to W$ 是一个线性变换. 给定 V 的一子空间 U，令 $T(U)$ 表示所有形如 $T(\boldsymbol{x})$ 的像的集合，其中 $\boldsymbol{x}$ 在 U 中. 证明 $T(U)$ 是 W 的一个子空间.

48. 已知 $T:V\to W$ 与习题 47 中相同，给定 W 的一子空间 Z，令 U 是 V 中所有使得 $T(\boldsymbol{x})$ 在 Z 中的 $\boldsymbol{x}$ 的集合. 证明 U 是 V 的一个子空间.

49. [M]判定 $\boldsymbol{w}$ 是否在 $\boldsymbol{A}$ 的列空间中，是否在 $\boldsymbol{A}$ 的零空间中，或同时在两个空间中，其中

$$\boldsymbol{w}=\begin{bmatrix}1\\1\\-1\\-3\end{bmatrix},\quad \boldsymbol{A}=\begin{bmatrix}7 & 6 & -4 & 1\\ -5 & -1 & 0 & -2\\ 9 & -11 & 7 & -3\\ 19 & -9 & 7 & 1\end{bmatrix}$$

50. [M]判定 $\boldsymbol{w}$ 是否在 $\boldsymbol{A}$ 的列空间中，是否在 $\boldsymbol{A}$ 的零空间中，或同时在两个空间中，其中

$$\boldsymbol{w}=\begin{bmatrix}1\\2\\1\\0\end{bmatrix},\quad \boldsymbol{A}=\begin{bmatrix}-8 & 5 & -2 & 0\\ -5 & 2 & 1 & -2\\ 10 & -8 & 6 & -3\\ 3 & -2 & 1 & 0\end{bmatrix}$$

51. [M]令 $\boldsymbol{a}_1,\boldsymbol{a}_2,\cdots,\boldsymbol{a}_5$ 表示矩阵 $\boldsymbol{A}$ 的列，其中

$$A=\begin{bmatrix}5&1&2&2&0\\3&3&2&-1&-12\\8&4&4&-5&12\\2&1&1&0&-2\end{bmatrix},\quad B=[a_1\quad a_2\quad a_4]$$

a. 解释为什么a_3和a_5在B的列空间中.

b. 求生成 Nul A 的向量的集合.

c. 令$T:\mathbb{R}^5\to\mathbb{R}^4$定义为$T(x)=Ax$，解释为什么$T$既不是一一的又不是映上的.

52. [M]令$H=\text{Span}\{v_1,v_2\}$, $K=\text{Span}\{v_3,v_4\}$，其中

$$v_1=\begin{bmatrix}5\\3\\8\end{bmatrix},\ v_2=\begin{bmatrix}1\\3\\4\end{bmatrix},\ v_3=\begin{bmatrix}2\\-1\\5\end{bmatrix},\ v_4=\begin{bmatrix}0\\-12\\-28\end{bmatrix}$$

则H和K是$\mathbb{R}^3$的子空间. 事实上，H和K是$\mathbb{R}^3$中通过原点的平面，二者相交于一条过原点的直线. 求一个非零向量w，使之生成这条直线.（提示：w可写成$c_1v_1+c_2v_2$，也可写成$c_3v_3+c_4v_4$. 为求w，对未知的c_j $(j=1,2,3,4)$，解方程$c_1v_1+c_2v_2=c_3v_3+c_4v_4$.）

练习题答案

1. *方法 1*：因为W是一个齐次线性方程组的全部解的集合，故由定理 2，W是$\mathbb{R}^3$的一子空间（其中方程组仅有一个方程）. 等价地，W是1×3矩阵$A=[1\quad -3\quad -1]$的零空间.

   方法 2：以b,c为自由变量解方程$a-3b-c=0$. 任意解具有形式$\begin{bmatrix}3b+c\\b\\c\end{bmatrix}$，其中$b,c$是任意常数，且

$$\begin{bmatrix}3b+c\\b\\c\end{bmatrix}=b\begin{bmatrix}3\\1\\0\end{bmatrix}+c\begin{bmatrix}1\\0\\1\end{bmatrix}$$

$$\qquad\qquad\uparrow v_1\qquad \uparrow v_2$$

   计算表明$W=\text{Span}\{v_1,v_2\}$，从而由定理 1 知W是$\mathbb{R}^3$的一个子空间. 我们还可以以a,c或a,b为自由变量解方程$a-3b-c=0$，得到W作为两个向量的线性组合的集合的不同刻画.

2. v和w都在 Col A 中. 因 Col A 是一个向量空间，故$v+w$一定在 Col A 中，即方程$Ax=v+w$是相容的.
3. 设任一向量$x\in\mathbb{R}^n$. $Ax\in\text{Col}\,A$，这是因为它是A的列的线性组合. 因为$\text{Col}\,A=\text{Nul}\,A$，故向量$Ax$也属于 Nul A. 因此$A^2x=A(Ax)=\mathbf{0}$，即$\forall x\in\mathbb{R}^n$，$x\in\text{Nul}\,A^2$.

4.3 线性无关集和基

本节我们找出并研究尽可能“有效地”生成一个向量空间V或一个子空间H的子集. 关键是线性无关，这与定义在$\mathbb{R}^n$中的一样.

V中的向量集$\{v_1,v_2,\cdots,v_p\}$称为是**线性无关**的，如果向量方程

$$c_1v_1+c_2v_2+\cdots+c_pv_p=\mathbf{0}\qquad(1)$$

只有平凡解，即$c_1=0,c_2=0,\cdots,c_p=0$.[㊀]

集合$\{v_1,v_2,\cdots,v_p\}$称为**线性相关**，如果（1）有一个非平凡的解，即存在某些权$c_1,c_2,\cdots,c_p$不全为零，使得（1）式成立. 此时（1）式称为$v_1,v_2,\cdots,v_p$之间的一个**线性相关关系**.

㊀ 在（1）中用$c_1,c_2,\cdots,c_p$表示标量（或数），代替如第 1 章中用过的$x_1,x_2,\cdots,x_p$，这样更为方便.

与 $\mathbb{R}^n$ 中一样，一个仅含一个向量 $\boldsymbol{v}$ 的集合是线性无关的当且仅当 $\boldsymbol{v}\neq\boldsymbol{0}$；一个仅含两个向量的集合是线性相关的当且仅当其中一个向量是另一个的倍数；任何含有零向量的集合是线性相关的. 下列定理与 1.7 节中定理 7 的证法相同.

定理 4　两个或多个向量组成的向量集合 $\{\boldsymbol{v}_1,\boldsymbol{v}_2,\cdots,\boldsymbol{v}_p\}$（如果 $\boldsymbol{v}_1\neq\boldsymbol{0}$）是线性相关的，当且仅当某 $\boldsymbol{v}_j(j>1)$ 是其前面向量 $\boldsymbol{v}_1,\boldsymbol{v}_2,\cdots,\boldsymbol{v}_{j-1}$ 的线性组合.

一般向量空间中的线性相关与 $\mathbb{R}^n$ 中的线性相关的主要不同点在于当向量不是 n 元组时，齐次方程（1）通常不能写为一个 n 个方程的线性方程组. 换句话说，为了研究方程 $A\boldsymbol{x}=\boldsymbol{0}$，向量不能从一个矩阵 A 的列中得到，我们反而必须要依靠线性相关的定义和定理 4.

例 1　令 $\boldsymbol{p}_1(t)=1,\boldsymbol{p}_2(t)=t,\boldsymbol{p}_3(t)=4-t$，则由于 $\boldsymbol{p}_3=4\boldsymbol{p}_1-\boldsymbol{p}_2$，从而 $\{\boldsymbol{p}_1,\boldsymbol{p}_2,\boldsymbol{p}_3\}$ 是线性相关的. ■

例 2　集合 $\{\sin t,\cos t\}$ 在 $C[0,1]$ 中是线性无关的，这是因为作为 $C[0,1]$ 中的向量，$\sin t$ 和 $\cos t$ 中任一个均不是另一个的倍数. 即不存在数 c 使得 $\cos t=c\cdot\sin t$ 对任意 $t\in[0,1]$ 成立（见 $\sin t$ 和 $\cos t$ 的图像）. 然而，$\{\sin t\cos t,\sin 2t\}$ 是线性相关的，这是因为 $\sin 2t=2\sin t\cos t$ 对任意 $t\in[0,1]$ 均成立. ■

定义　令 H 是向量空间 V 的一个子空间. V 中向量的指标集 $\mathcal{B}$ 称为 H 的一个**基**，如果

（i）$\mathcal{B}$ 是一线性无关集.

（ii）由 $\mathcal{B}$ 生成的子空间与 H 相同，即 $H=\mathrm{Span}\mathcal{B}$.

因为任一个向量空间都是其自身的子空间，所以基的定义也可用在 $H=V$ 的情形，因而 V 的一个基是生成 V 的一个线性无关集. 注意当 $H\neq V$ 时，条件（ii）蕴涵 $\mathcal{B}$ 中每个向量都属于 H，因为正如 4.1 节中所见，$\mathrm{Span}\mathcal{B}$ 包含 $\mathcal{B}$ 中的每个向量.

例 3　令 A 是一个可逆的 $n\times n$ 矩阵，比如 $A=[\boldsymbol{a}_1\ \boldsymbol{a}_2\ \cdots\ \boldsymbol{a}_n]$，则由可逆矩阵定理，$A$ 的列组成 $\mathbb{R}^n$ 的一个基，这是因为它们是线性无关的且它们可以生成 $\mathbb{R}^n$. ■

例 4　令 $\boldsymbol{e}_1,\boldsymbol{e}_2,\cdots,\boldsymbol{e}_n$ 是 $n\times n$ 单位矩阵 I_n 的列，即

$$\boldsymbol{e}_1=\begin{bmatrix}1\\0\\\vdots\\0\end{bmatrix},\boldsymbol{e}_2=\begin{bmatrix}0\\1\\\vdots\\0\end{bmatrix},\cdots,\boldsymbol{e}_n=\begin{bmatrix}0\\\vdots\\0\\1\end{bmatrix}$$

集合 $\{\boldsymbol{e}_1,\boldsymbol{e}_2,\cdots,\boldsymbol{e}_n\}$ 称为 $\mathbb{R}^n$ 的**标准基**（图 4-15）.

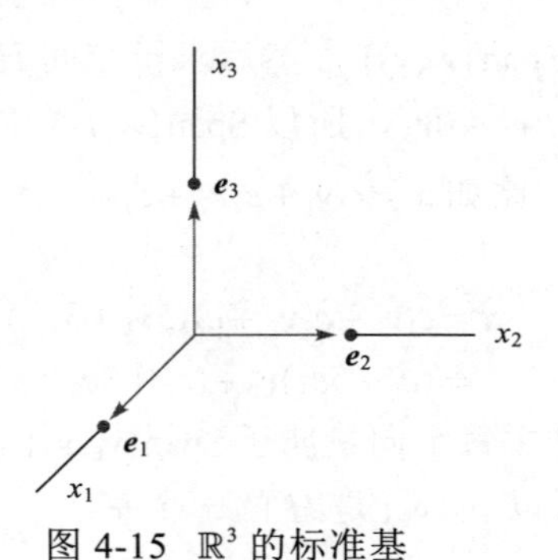

图 4-15　$\mathbb{R}^3$ 的标准基 ■

例 5　令 $\boldsymbol{v}_1=\begin{bmatrix}3\\0\\-6\end{bmatrix},\boldsymbol{v}_2=\begin{bmatrix}-4\\1\\7\end{bmatrix},\boldsymbol{v}_3=\begin{bmatrix}-2\\1\\5\end{bmatrix}$，判断 $\{\boldsymbol{v}_1,\boldsymbol{v}_2,\boldsymbol{v}_3\}$ 是否是 $\mathbb{R}^3$ 的一个基.

解　因 $\boldsymbol{v}_1,\boldsymbol{v}_2,\boldsymbol{v}_3$ 恰是 $\mathbb{R}^3$ 中的 3 个向量，所以可以用几种方法判定矩阵 $\boldsymbol{A}=[\boldsymbol{v}_1\quad\boldsymbol{v}_2\quad\boldsymbol{v}_3]$ 是否可逆. 比如通过简单计算得 $\det\boldsymbol{A}=6\neq0$，从而 $\boldsymbol{A}$ 可逆. 如例 3 中所示，$\boldsymbol{A}$ 的列是 $\mathbb{R}^3$ 的一个基. ■

例 6　令 $S=\{1,t,t^2,\cdots,t^n\}$，证明 S 是 $\mathbb{P}_n$ 的一个基，此基称为 $\mathbb{P}_n$ 的**标准基**.

解　显然 S 生成 $\mathbb{P}_n$. 为证 S 是线性无关的，假设 $c_0,c_1,c_2,\cdots,c_n$ 满足

$$c_0\cdot1+c_1t+c_2t^2+\cdots+c_nt^n=\mathbf{0}(t)\tag{2}$$

此式表明左边的多项式与右边的零多项式具有相同的值. 由代数的基本定理知，$\mathbb{P}_n$ 中的多项式若有多于 n 个根，则此多项式一定为零多项式，即对任意 t，只有当 $c_0=c_1=c_2=\cdots=c_n=0$ 时（2）成立，于是证明 S 是线性无关的且是 $\mathbb{P}_n$ 的一个基，见图 4-16.

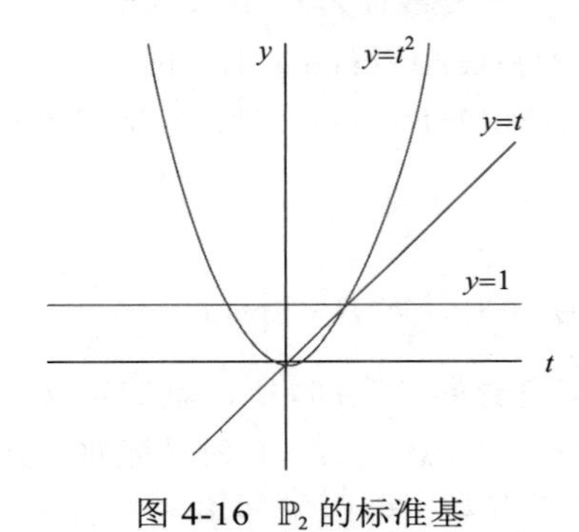

图 4-16　$\mathbb{P}_2$ 的标准基 ■

涉及 $\mathbb{P}_n$ 中线性无关和生成的问题用 4.4 节中讨论的技巧处理最合适.

生成集定理

正如将要看到的，一个基是一个不包含不必要向量的“高效率”的生成集. 事实上，一个基可以通过从一个生成集中去掉不需要的向量构造出来.

例 7　令 $\boldsymbol{v}_1=\begin{bmatrix}0\\2\\-1\end{bmatrix},\boldsymbol{v}_2=\begin{bmatrix}2\\2\\0\end{bmatrix},\boldsymbol{v}_3=\begin{bmatrix}6\\16\\-5\end{bmatrix},H=\operatorname{Span}\{\boldsymbol{v}_1,\boldsymbol{v}_2,\boldsymbol{v}_3\}$. 注意 $\boldsymbol{v}_3=5\boldsymbol{v}_1+3\boldsymbol{v}_2$，证明 $\operatorname{Span}\{\boldsymbol{v}_1,\boldsymbol{v}_2,\boldsymbol{v}_3\}=\operatorname{Span}\{\boldsymbol{v}_1,\boldsymbol{v}_2\}$，然后求子空间 H 的一个基.

解　因为 $c_1\boldsymbol{v}_1+c_2\boldsymbol{v}_2=c_1\boldsymbol{v}_1+c_2\boldsymbol{v}_2+0\boldsymbol{v}_3$，所以 $\operatorname{Span}\{\boldsymbol{v}_1,\boldsymbol{v}_2\}$ 中每个向量都在 H 中. 现令 $\boldsymbol{x}$ 为 H 中任一向量，比如 $\boldsymbol{x}=c_1\boldsymbol{v}_1+c_2\boldsymbol{v}_2+c_3\boldsymbol{v}_3$. 因 $\boldsymbol{v}_3=5\boldsymbol{v}_1+3\boldsymbol{v}_2$，代入得

$$\begin{aligned}\boldsymbol{x}&=c_1\boldsymbol{v}_1+c_2\boldsymbol{v}_2+c_3(5\boldsymbol{v}_1+3\boldsymbol{v}_2)\\&=(c_1+5c_3)\boldsymbol{v}_1+(c_2+3c_3)\boldsymbol{v}_2\end{aligned}$$

于是 $\boldsymbol{x}$ 在 $\operatorname{Span}\{\boldsymbol{v}_1,\boldsymbol{v}_2\}$ 中，从而 H 中每个向量属于 $\operatorname{Span}\{\boldsymbol{v}_1,\boldsymbol{v}_2\}$，于是 H 与 $\operatorname{Span}\{\boldsymbol{v}_1,\boldsymbol{v}_2\}$ 相同. 又由于 $\{\boldsymbol{v}_1,\boldsymbol{v}_2\}$ 显然是线性无关的，所以 $\{\boldsymbol{v}_1,\boldsymbol{v}_2\}$ 是 H 的一个基. ■

下一个定理推广了例 7.

定理 5 （生成集定理）

令 $S=\{\boldsymbol{v}_1,\boldsymbol{v}_2,\cdots,\boldsymbol{v}_p\}$ 是向量空间 V 中的向量集，$H=\mathrm{Span}\{\boldsymbol{v}_1,\boldsymbol{v}_2,\cdots,\boldsymbol{v}_p\}$.

a. 若 S 中某一个向量（比如说 $\boldsymbol{v}_k$）是 S 中其余向量的线性组合，则 S 中去掉 $\boldsymbol{v}_k$ 后形成的集合仍然可以生成 H.

b. 若 $H\neq\{\boldsymbol{0}\}$，则 S 的某一子集是 H 的一个基.

证

a. 若必要的话，可以重排 S 中向量的顺序，这样可以假设 $\boldsymbol{v}_p$ 是 $\boldsymbol{v}_1,\boldsymbol{v}_2,\cdots,\boldsymbol{v}_{p-1}$ 的线性组合，即

$$\boldsymbol{v}_p=a_1\boldsymbol{v}_1+a_2\boldsymbol{v}_2+\cdots+a_{p-1}\boldsymbol{v}_{p-1} \tag{3}$$

任给 H 中向量 $\boldsymbol{x}$，取适当的数 $c_1,c_2,\cdots,c_{p-1},c_p$，$\boldsymbol{x}$ 可写成

$$\boldsymbol{x}=c_1\boldsymbol{v}_1+a_2\boldsymbol{v}_2+\cdots+c_{p-1}\boldsymbol{v}_{p-1}+c_p\boldsymbol{v}_p \tag{4}$$

将（3）式中 $\boldsymbol{v}_p$ 的表达式代入（4）式，易见 $\boldsymbol{x}$ 是 $\boldsymbol{v}_1,\boldsymbol{v}_2,\cdots,\boldsymbol{v}_{p-1}$ 的线性组合. 由于 $\boldsymbol{x}$ 是 H 中任一元素，所以 $\{\boldsymbol{v}_1,\boldsymbol{v}_2,\cdots,\boldsymbol{v}_{p-1}\}$ 生成 H.

b. 若原来的生成集 S 是线性无关的，则它已经是 H 的一个基. 若不然，S 中某一个向量可表示成其余向量的线性组合，且由（a）该向量可去掉. 这样生成集中只要还有两个或更多的向量，我们就可以重复上述过程，直到这个生成集是线性无关的，从而是 H 的一个基. 假如生成集最终被缩减到一个向量，则该向量是非零向量（从而是线性无关的），这是因为 $H\neq\{\boldsymbol{0}\}$. ■

Nul *A*、Col *A* 和 Row ***A*** 的基

我们已经知道如何求生成一个矩阵 $\boldsymbol{A}$ 的零空间的向量了. 4.2 节中的讨论指出当 Nul $\boldsymbol{A}$ 包含非零向量时，我们的方法总可以产生一个线性无关集，从而由该方法可以得到 Nul $\boldsymbol{A}$ 的一个基.

下面两个例子给出对列空间求基的简单算法.

例 8 求 Col $\boldsymbol{B}$ 的一个基，其中

$$\boldsymbol{B}=[\boldsymbol{b}_1\quad\boldsymbol{b}_2\quad\cdots\quad\boldsymbol{b}_5]=\begin{bmatrix}1&4&0&2&0\\0&0&1&-1&0\\0&0&0&0&1\\0&0&0&0&0\end{bmatrix}$$

解 $\boldsymbol{B}$ 的每个非主元列是主元列的线性组合，事实上，$\boldsymbol{b}_2=4\boldsymbol{b}_1,\boldsymbol{b}_4=2\boldsymbol{b}_1-\boldsymbol{b}_3$. 由生成集定理，可以去掉 $\boldsymbol{b}_2$ 和 $\boldsymbol{b}_4$，$\{\boldsymbol{b}_1,\boldsymbol{b}_3,\boldsymbol{b}_5\}$ 仍可以生成 Col $\boldsymbol{B}$. 令

$$\boldsymbol{S}=\{\boldsymbol{b}_1,\boldsymbol{b}_3,\boldsymbol{b}_5\}=\left\{\begin{bmatrix}1\\0\\0\\0\end{bmatrix},\begin{bmatrix}0\\1\\0\\0\end{bmatrix},\begin{bmatrix}0\\0\\1\\0\end{bmatrix}\right\}$$

因为 $\boldsymbol{b}_1\neq 0$，同时 S 中的向量都不是其前面向量的线性组合，所以 S 是线性无关的（定理 4），从而 S 是 Col $\boldsymbol{B}$ 的一个基. ■

一个矩阵 $\boldsymbol{A}$ 若不是简化阶梯形将如何？回顾 $\boldsymbol{A}$ 的列中任何线性相关关系都可以用 $\boldsymbol{Ax}=\boldsymbol{0}$ 的

形式刻画，其中 $\boldsymbol{x}$ 是一个加权的列.（若某些列没有被包括在一特殊的相关关系中，则它们的权为零.）当 $\boldsymbol{A}$ 被行化简成矩阵 $\boldsymbol{B}$ 时，$\boldsymbol{B}$ 的列通常与 $\boldsymbol{A}$ 的列完全不同，然而，方程 $\boldsymbol{Ax}=\boldsymbol{0}$ 与 $\boldsymbol{Bx}=\boldsymbol{0}$ 有完全相同的解集. 若 $\boldsymbol{A}=[\boldsymbol{a}_1\ \boldsymbol{a}_2\cdots\boldsymbol{a}_n]$和$\boldsymbol{B}=[\boldsymbol{b}_1\ \boldsymbol{b}_2\cdots\boldsymbol{b}_n]$，则向量方程 $x_1\boldsymbol{a}_1+x_2\boldsymbol{a}_2+\cdots+x_n\boldsymbol{a}_n=0$和$x_1\boldsymbol{b}_1+x_2\boldsymbol{b}_2+\cdots+x_n\boldsymbol{b}_n=0$ 也有相同的解集. 即 $\boldsymbol{A}$ 的列与 $\boldsymbol{B}$ 的列具有完全相同的线性相关关系.

例 9　可以证明矩阵

$$\boldsymbol{A}=[\boldsymbol{a}_1\quad \boldsymbol{a}_2\quad \cdots\quad \boldsymbol{a}_5]=\begin{bmatrix}1 & 4 & 0 & 2 & -1\\ 3 & 12 & 1 & 5 & 5\\ 2 & 8 & 1 & 3 & 2\\ 5 & 20 & 2 & 8 & 8\end{bmatrix}$$

行等价于例 8 中的矩阵 $\boldsymbol{B}$，求 $\mathrm{Col}\,\boldsymbol{A}$ 的一个基.

解　在例 8 中，易见

$$\boldsymbol{b}_2=4\boldsymbol{b}_1\ ,\ \boldsymbol{b}_4=2\boldsymbol{b}_1-\boldsymbol{b}_3$$

所以可以得到

$$\boldsymbol{a}_2=4\boldsymbol{a}_1\ ,\quad \boldsymbol{a}_4=2\boldsymbol{a}_1-\boldsymbol{a}_3$$

经检验，这是对的，从而在挑选 $\mathrm{Col}\,\boldsymbol{A}$ 的最小生成集时，可以去掉 $\boldsymbol{a}_2$ 和 $\boldsymbol{a}_4$. 事实上，$\{\boldsymbol{a}_1,\boldsymbol{a}_3,\boldsymbol{a}_5\}$ 一定是线性无关的，这是因为 $\boldsymbol{a}_1,\boldsymbol{a}_3,\boldsymbol{a}_5$ 之间的任何线性相关关系都蕴涵 $\boldsymbol{b}_1,\boldsymbol{b}_3,\boldsymbol{b}_5$ 之间的一个线性相关关系. 但我们已知 $\{\boldsymbol{b}_1,\boldsymbol{b}_3,\boldsymbol{b}_5\}$ 是一个线性无关集，于是 $\{\boldsymbol{a}_1,\boldsymbol{a}_3,\boldsymbol{a}_5\}$ 是 $\mathrm{Col}\,\boldsymbol{A}$ 的一个基，此基中我们选取的列是 $\boldsymbol{A}$ 的主元列. ■

例 8 和例 9 说明了下列有用的事实.

定理 6　*矩阵 $\boldsymbol{A}$ 的主元列构成 $\mathrm{Col}\,\boldsymbol{A}$ 的一个基.*

证　一般的证明用到上面讨论的论证. 令 $\boldsymbol{B}$ 是 $\boldsymbol{A}$ 的简化阶梯形，由于 $\boldsymbol{B}$ 的主元列中的任一个向量都不是其前面主元列的线性组合，故 $\boldsymbol{B}$ 中的主元列是线性无关的. 又由 $\boldsymbol{A}$ 行等价于 $\boldsymbol{B}$，$\boldsymbol{A}$ 中列的任何线性相关关系对应于 $\boldsymbol{B}$ 中列的线性相关关系，所以 $\boldsymbol{A}$ 中的主元列也是线性无关的. 同理，$\boldsymbol{A}$ 中每个非主元列是 $\boldsymbol{A}$ 中主元列的线性组合，由生成集定理，$\boldsymbol{A}$ 中非主元列可以从 $\mathrm{Col}\,\boldsymbol{A}$ 的生成集中去掉，剩下的 $\boldsymbol{A}$ 的主元列是 $\mathrm{Col}\,\boldsymbol{A}$ 的一个基. ■

警告　当矩阵 $\boldsymbol{A}$ 仅被化简为简化阶梯形时，$\boldsymbol{A}$ 的主元列是明显的. 对 $\mathrm{Col}\,\boldsymbol{A}$ 的基，要慎重使用 $\boldsymbol{A}$ 本身的主元列. 行变换可以改变矩阵的列空间. 阶梯形 $\boldsymbol{B}$ 的主元列通常不在 $\boldsymbol{A}$ 的列空间中，比如，例 8 中 $\boldsymbol{B}$ 的列最后一个元素均为零，所以它们不能生成例 9 中 $\boldsymbol{A}$ 的列空间.

相反，下面的定理说明了行化简不会改变一个矩阵的行空间.

定理 7　*如果矩阵 $\boldsymbol{A}$ 行等价于矩阵 $\boldsymbol{B}$，那么它们的行空间是相同的. 如果 $\boldsymbol{B}$ 是阶梯形，那么 $\boldsymbol{B}$ 的非零行构成了 $\boldsymbol{A}$ 的行空间的基，也是 $\boldsymbol{B}$ 的行空间的基.*

证　如果对 $\boldsymbol{A}$ 做变换得到 $\boldsymbol{B}$，则 $\boldsymbol{B}$ 的任意一行向量是 $\boldsymbol{A}$ 的行向量的线性组合. 从而，$\boldsymbol{B}$ 的行向量的任何线性组合自然都是 $\boldsymbol{A}$ 的行向量的线性组合. 因此，$\boldsymbol{B}$ 的行空间包含在 $\boldsymbol{A}$ 的行空间中. 由于行变换是可逆的，同理，$\boldsymbol{A}$ 的行空间是 $\boldsymbol{B}$ 的行空间的子集. 所以这两个行空间是相同的. 如果 $\boldsymbol{B}$ 是阶梯形，则它的非零行是线性无关的，因为没有一个非零行是它下面的非零行的线性组合.（将定理 4 以相反的次序应用于 $\boldsymbol{B}$ 的非零行，直到第一行.）因此，$\boldsymbol{B}$ 的非零行构成了 $\boldsymbol{B}$ 和 $\boldsymbol{A}$（共同的）行空间的基.

例 10 求出例 9 中矩阵 $\boldsymbol{A}$ 的行空间的基.

解 要求行空间的基，回顾例 9 中的矩阵 $\boldsymbol{A}$ 与例 8 中的矩阵 $\boldsymbol{B}$ 行等价：

$$\boldsymbol{A}=\begin{bmatrix}1&4&0&2&-1\\3&12&1&5&5\\2&8&1&3&2\\5&20&2&8&8\end{bmatrix}\sim\boldsymbol{B}=\begin{bmatrix}1&4&0&2&0\\0&0&1&-1&0\\0&0&0&0&0\\0&0&0&0&0\end{bmatrix}$$

根据定理 7，$\boldsymbol{B}$ 的前三行构成了 $\boldsymbol{A}$ 的行空间(也是 $\boldsymbol{B}$ 的行空间)的基.因此

$$\text{Row}\,\boldsymbol{A}\text{ 的基：}\{(1\quad 4\quad 0\quad 2\quad 0),(0\quad 0\quad 1\quad -1\quad 0),(0\quad 0\quad 0\quad 0\quad 1)\}$$

请注意，与 Col $\boldsymbol{A}$ 的基不同，Row $\boldsymbol{A}$ 和 Nul $\boldsymbol{A}$ 的基与 $\boldsymbol{A}$ 本身的元素没有简单的联系[㊀]. ■

关于基的两点观察

使用生成集定理时，从生成集中删除向量在集合变成线性无关时必须停止. 如果再多删一个向量，该向量将不是剩下向量的线性组合，从而这个较小的集合将不再生成 V，所以基是一个尽可能小的生成集.

基还是尽可能大的线性无关集. 若 S 是 V 的一个基，在 S 中再添加进一个新的向量，比如从 V 中取的一个 $\boldsymbol{w}$，则新的集合不再是线性无关了，这是因为 S 生成 V，因此 $\boldsymbol{w}$ 是 S 中元素的线性组合.

例 11 下列 $\mathbb{R}^3$ 中的三个集合说明一个线性无关集如何被扩充为一个基，同时进一步的扩充如何破坏这个集合的线性无关性. 再者，一个生成集可以收缩成一个基，但进一步的收缩就破坏了生成性.

$$\left\{\begin{bmatrix}1\\0\\0\end{bmatrix},\begin{bmatrix}2\\3\\0\end{bmatrix}\right\}\qquad\left\{\begin{bmatrix}1\\0\\0\end{bmatrix},\begin{bmatrix}2\\3\\0\end{bmatrix},\begin{bmatrix}4\\5\\6\end{bmatrix}\right\}\qquad\left\{\begin{bmatrix}1\\0\\0\end{bmatrix},\begin{bmatrix}2\\3\\0\end{bmatrix},\begin{bmatrix}4\\5\\6\end{bmatrix},\begin{bmatrix}7\\8\\9\end{bmatrix}\right\}$$

线性无关，但不能生成 $\mathbb{R}^3$　　　$\mathbb{R}^3$ 的一个基　　　生成 $\mathbb{R}^3$，但线性相关

■

练习题

1. 令 $\boldsymbol{v}_1=\begin{bmatrix}1\\-2\\3\end{bmatrix}$，$\boldsymbol{v}_2=\begin{bmatrix}-2\\7\\-9\end{bmatrix}$，判断 $\{\boldsymbol{v}_1,\boldsymbol{v}_2\}$ 是否是 $\mathbb{R}^3$ 的一个基，$\{\boldsymbol{v}_1,\boldsymbol{v}_2\}$ 是否是 $\mathbb{R}^2$ 的一个基.

㊀ 有可能找到行向量空间 Row $\boldsymbol{A}$ 用 $\boldsymbol{A}$ 的行构成的一个基. 首先找到 $\boldsymbol{A}^{\mathrm{T}}$，然后行化简直到找到 $\boldsymbol{A}^{\mathrm{T}}$ 的主元列.这些主元列是 $\boldsymbol{A}$ 的行向量，并且形成 $\boldsymbol{A}$ 的行空间的一个基.

2. 令 $\boldsymbol{v}_1=\begin{bmatrix}1\\-3\\4\end{bmatrix}$，$\boldsymbol{v}_2=\begin{bmatrix}6\\2\\-1\end{bmatrix}$，$\boldsymbol{v}_3=\begin{bmatrix}2\\-2\\3\end{bmatrix}$，$\boldsymbol{v}_4=\begin{bmatrix}-4\\-8\\9\end{bmatrix}$，求由 $\{\boldsymbol{v}_1,\boldsymbol{v}_2,\boldsymbol{v}_3,\boldsymbol{v}_4\}$ 生成的子空间 W 的一个基.

3. 令 $\boldsymbol{v}_1=\begin{bmatrix}1\\0\\0\end{bmatrix}$，$\boldsymbol{v}_2=\begin{bmatrix}0\\1\\0\end{bmatrix}$，$H=\left\{\begin{bmatrix}s\\s\\0\end{bmatrix}:s\in\mathbb{R}\right\}$. 因为 $\begin{bmatrix}s\\s\\0\end{bmatrix}=s\begin{bmatrix}1\\0\\0\end{bmatrix}+s\begin{bmatrix}0\\1\\0\end{bmatrix}$，故 H 中每一个向量都是 $\boldsymbol{v}_1$ 和 $\boldsymbol{v}_2$ 的线性组合. 问 $\{\boldsymbol{v}_1,\boldsymbol{v}_2\}$ 是 H 的一个基吗？

4. 设 V 和 W 是向量空间，且 $T:V\to W$，$U:V\to W$ 是线性变换. 令 $\{\boldsymbol{v}_1,\boldsymbol{v}_2,\cdots,\boldsymbol{v}_p\}$ 是 V 的一个基. 如果 $T(\boldsymbol{v}_j)=U(\boldsymbol{v}_j)$，$j\in[1,p]$，证明 $T(\boldsymbol{x})=U(\boldsymbol{x})$，$\boldsymbol{x}\in V$.

习题 4.3

判断习题 1~8 中哪一个集合是 $\mathbb{R}^3$ 的基. 在不是基的集合中，判断哪一个是线性无关的，哪一个能生成 $\mathbb{R}^3$，证明你的答案.

1. $\begin{bmatrix}1\\0\\0\end{bmatrix},\begin{bmatrix}1\\1\\0\end{bmatrix},\begin{bmatrix}1\\1\\1\end{bmatrix}$

2. $\begin{bmatrix}1\\0\\1\end{bmatrix},\begin{bmatrix}0\\0\\0\end{bmatrix},\begin{bmatrix}0\\1\\0\end{bmatrix}$

3. $\begin{bmatrix}1\\0\\-2\end{bmatrix},\begin{bmatrix}3\\2\\-4\end{bmatrix},\begin{bmatrix}-3\\-5\\1\end{bmatrix}$

4. $\begin{bmatrix}2\\-2\\1\end{bmatrix},\begin{bmatrix}1\\-3\\2\end{bmatrix},\begin{bmatrix}-7\\5\\4\end{bmatrix}$

5. $\begin{bmatrix}1\\-3\\0\end{bmatrix},\begin{bmatrix}-2\\9\\0\end{bmatrix},\begin{bmatrix}0\\0\\0\end{bmatrix},\begin{bmatrix}0\\-3\\5\end{bmatrix}$

6. $\begin{bmatrix}1\\2\\-3\end{bmatrix},\begin{bmatrix}-4\\-5\\6\end{bmatrix}$

7. $\begin{bmatrix}-2\\3\\0\end{bmatrix},\begin{bmatrix}6\\-1\\5\end{bmatrix}$

8. $\begin{bmatrix}1\\-4\\3\end{bmatrix},\begin{bmatrix}0\\3\\-1\end{bmatrix},\begin{bmatrix}3\\-5\\4\end{bmatrix},\begin{bmatrix}0\\2\\-2\end{bmatrix}$

对习题 9~10 中的矩阵，求其零空间的基，参考 4.2 节中例 3 后面的讨论.

9. $\begin{bmatrix}1&0&-3&-2\\0&1&-5&4\\3&-2&1&-2\end{bmatrix}$

10. $\begin{bmatrix}1&0&-5&1&4\\-2&1&6&-2&-2\\0&2&-8&1&9\end{bmatrix}$

11. 求 $\mathbb{R}^3$ 中平面 $x+2y+z=0$ 中向量的集合的一个基.（提示：将该方程视为一个齐次线性方程组.）

12. 求 $\mathbb{R}^2$ 中直线 $y=5x$ 上向量的集合的一个基.

在习题 13~14 中，假设 $\boldsymbol{A}$ 行等价于 $\boldsymbol{B}$，求 $\mathrm{Nul}\,\boldsymbol{A}$、$\mathrm{Col}\,\boldsymbol{A}$ 和 $\mathrm{Row}\ \boldsymbol{A}$ 的基.

13. $\boldsymbol{A}=\begin{bmatrix}-2&4&-2&-4\\2&-6&-3&1\\-3&8&2&-3\end{bmatrix}$，$\boldsymbol{B}=\begin{bmatrix}1&0&6&5\\0&2&5&3\\0&0&0&0\end{bmatrix}$

14. $\boldsymbol{A}=\begin{bmatrix}1&2&-5&11&-3\\2&4&-5&15&2\\1&2&0&4&5\\3&6&-5&19&-2\end{bmatrix}$，$\boldsymbol{B}=\begin{bmatrix}1&2&0&4&5\\0&0&5&-7&8\\0&0&0&0&-9\\0&0&0&0&0\end{bmatrix}$

在习题 15~18 中，求由给定向量 $\boldsymbol{v}_1,\boldsymbol{v}_2,\cdots,\boldsymbol{v}_5$ 生成的空间的一个基.

15. $\begin{bmatrix}1\\0\\-3\\2\end{bmatrix},\begin{bmatrix}0\\1\\2\\-3\end{bmatrix},\begin{bmatrix}-3\\-4\\1\\6\end{bmatrix},\begin{bmatrix}1\\-3\\-8\\7\end{bmatrix},\begin{bmatrix}2\\1\\-6\\9\end{bmatrix}$

16. $\begin{bmatrix}1\\0\\0\\1\end{bmatrix},\begin{bmatrix}-2\\1\\-1\\1\end{bmatrix},\begin{bmatrix}6\\-1\\2\\-1\end{bmatrix},\begin{bmatrix}5\\-3\\3\\-4\end{bmatrix},\begin{bmatrix}0\\3\\-1\\1\end{bmatrix}$

17. [M] $\begin{bmatrix}8\\9\\-3\\-6\\0\end{bmatrix},\begin{bmatrix}4\\5\\1\\-4\\4\end{bmatrix},\begin{bmatrix}-1\\-4\\-9\\6\\-7\end{bmatrix},\begin{bmatrix}6\\8\\4\\-7\\10\end{bmatrix},\begin{bmatrix}-1\\4\\11\\-8\\-7\end{bmatrix}$

18. [M] $\begin{bmatrix}-8\\7\\6\\5\\-7\end{bmatrix},\begin{bmatrix}8\\-7\\-9\\-5\\7\end{bmatrix},\begin{bmatrix}-8\\7\\4\\5\\-7\end{bmatrix},\begin{bmatrix}1\\4\\9\\6\\-7\end{bmatrix},\begin{bmatrix}-9\\3\\-4\\-1\\0\end{bmatrix}$

19. 令 $\boldsymbol{v}_1=\begin{bmatrix}4\\-3\\7\end{bmatrix}$，$\boldsymbol{v}_2=\begin{bmatrix}1\\9\\-2\end{bmatrix}$，$\boldsymbol{v}_3=\begin{bmatrix}7\\11\\6\end{bmatrix}$，$H=\mathrm{Span}\{\boldsymbol{v}_1,\boldsymbol{v}_2,\boldsymbol{v}_3\}$．可以证明 $4\boldsymbol{v}_1+5\boldsymbol{v}_2-3\boldsymbol{v}_3=\boldsymbol{0}$．利用这个信息求 H 的一个基，答案不唯一．

20. 令 $\boldsymbol{v}_1=\begin{bmatrix}7\\4\\-9\\-5\end{bmatrix}$，$\boldsymbol{v}_2=\begin{bmatrix}4\\-7\\2\\5\end{bmatrix}$，$\boldsymbol{v}_3=\begin{bmatrix}1\\-5\\3\\4\end{bmatrix}$，可以证明 $\boldsymbol{v}_1-3\boldsymbol{v}_2+5\boldsymbol{v}_3=\boldsymbol{0}$，利用此信息求 $H=\mathrm{Span}\{\boldsymbol{v}_1,\boldsymbol{v}_2,\boldsymbol{v}_3\}$ 的一个基．

在习题 21~32 中，标出每个命题的真假（T/F），给出理由．

21. (T/F) 单独一个向量是线性相关的．
22. (T/F) 子空间 H 中的一个线性无关集是 H 的一个基．
23. (T/F) 如果 $H=\mathrm{Span}\{\boldsymbol{b}_1,\boldsymbol{b}_2,\cdots,\boldsymbol{b}_p\}$，则 $\{\boldsymbol{b}_1,\boldsymbol{b}_2,\cdots,\boldsymbol{b}_p\}$ 是 H 的一个基．
24. (T/F) 如果非零向量的一个有限集合 S 生成一个向量空间 V，则 S 的某个子集是 V 的一个基．
25. (T/F)一个 $n\times n$ 可逆矩阵的列向量构成 $\mathbb{R}^n$ 的一个基．
26. (T/F)基是一个尽可能大的线性无关集．
27. (T/F)基就是一个尽可能大的生成集．
28. (T/F)4.2 节中描述的构造 $\mathrm{Nul}\,\boldsymbol{A}$ 的一个生成集的标准方法，有时对构造 $\mathrm{Nul}\,\boldsymbol{A}$ 的基不起作用．
29. (T/F)在某些情况中，矩阵列向量之间的线性相关关系会受到某些初等行变换的影响．
30. (T/F)如果 $\boldsymbol{B}$ 是矩阵 $\boldsymbol{A}$ 的阶梯矩阵，则 $\boldsymbol{B}$ 的主列元构成 $\mathrm{Col}\,\boldsymbol{A}$ 的一个基．
31. (T/F)行变换保持了 $\boldsymbol{A}$ 的行之间的线性相关关系．
32. (T/F)如果矩阵 $\boldsymbol{A}$ 和 $\boldsymbol{B}$ 是行等价的，那么它们的行空间是相同的．
33. 设 $\mathbb{R}^4=\mathrm{Span}\{\boldsymbol{v}_1,\boldsymbol{v}_2,\boldsymbol{v}_3,\boldsymbol{v}_4\}$，解释为什么 $\{\boldsymbol{v}_1,\boldsymbol{v}_2,\boldsymbol{v}_3,\boldsymbol{v}_4\}$ 是 $\mathbb{R}^4$ 的一个基．
34. 令 $\mathcal{B}=\{\boldsymbol{v}_1,\boldsymbol{v}_2,\cdots,\boldsymbol{v}_n\}$ 是 $\mathbb{R}^n$ 中的一个线性无关集，解释为什么 $\{\boldsymbol{v}_1,\boldsymbol{v}_2,\cdots,\boldsymbol{v}_n\}$ 是 $\mathbb{R}^n$ 的一个基．
35. 令 $\boldsymbol{v}_1=\begin{bmatrix}1\\0\\1\end{bmatrix}$，$\boldsymbol{v}_2=\begin{bmatrix}0\\1\\1\end{bmatrix}$，$\boldsymbol{v}_3=\begin{bmatrix}0\\1\\0\end{bmatrix}$，令 H 是 $\mathbb{R}^3$ 中第二和第三个元素相同的向量的集合．由于 $\begin{bmatrix}s\\t\\t\end{bmatrix}=s\begin{bmatrix}1\\0\\1\end{bmatrix}+(t-s)\begin{bmatrix}0\\1\\1\end{bmatrix}+s\begin{bmatrix}0\\1\\0\end{bmatrix}$ 对任意 s 和 t 均成立，故 H 中每个向量有 $\boldsymbol{v}_1,\boldsymbol{v}_2,\boldsymbol{v}_3$ 线性组合的唯一表达式．$\{\boldsymbol{v}_1,\boldsymbol{v}_2,\boldsymbol{v}_3\}$ 是 H 的基吗？为什么是或为什么不是？
36. 在所有实值函数的向量空间中，求由 $\{\sin t,\sin 2t,\sin t\cos t\}$ 生成的子空间的一个基．
37. 令 V 是刻画物体-弹簧系统振动的函数的向量空间（参考 4.1 节中习题 19），求 V 的一个基．
38. （*RLC* 电路）下图中的电路由一个电阻器[R，欧姆]、一个电感[L，亨]、一个电容器[C，法拉]和一个初始电源组成．令 $b=R/(2L)$，同时假设 R，L，C 已经选好使得 b 也等于 $1/\sqrt{LC}$．（这是可以做到的，比如，在一个伏特计中使用该电路时．）令 $v(t)$ 表示时间 t 时的电压（伏特），它由电容器的两端测得．可以证明 v 在将 $v(t)$ 映到 $Lv''(t)+Rv'(t)+(1/C)v(t)$ 的线性变换的零空间 H 中，H 由所有形如 $v(t)=\mathrm{e}^{-bt}(c_1+c_2t)$ 的函数构成．求 H 的一个基．

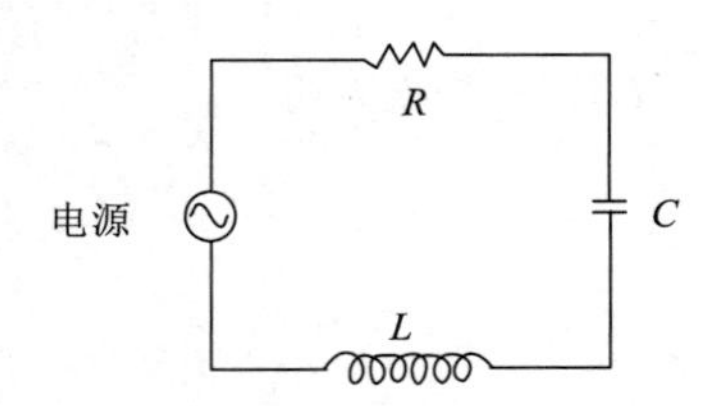

习题 39 和 40 表明 $\mathbb{R}^n$ 中每一个基一定恰好由 n 个向量构成．

39. 令 $S=\{\boldsymbol{v}_1,\boldsymbol{v}_2,\cdots,\boldsymbol{v}_k\}$ 是 $\mathbb{R}^n$ 中 k 个向量的集合，$k<n$．利用 1.4 节中的一个定理解释为什么 S 不能是 $\mathbb{R}^n$ 的一个基．

40. 令 $S=\{\boldsymbol{v}_1,\boldsymbol{v}_2,\cdots,\boldsymbol{v}_k\}$ 是 $\mathbb{R}^n$ 中 k 个向量的集合，$k>n$．利用第 1 章中的一个定理解释为什么 S 不能是 $\mathbb{R}^n$ 的一个基.

习题41和习题42表明线性无关和线性变换之间的一个重要联系，同时提供了使用线性相关定义的练习. 令 V 和 W 是向量空间，$T:V\to W$ 是一个线性变换，$\{\boldsymbol{v}_1,\boldsymbol{v}_2,\cdots,\boldsymbol{v}_p\}$ 是 V 的一个子集.

41. 证明：若 $\{\boldsymbol{v}_1,\boldsymbol{v}_2,\cdots,\boldsymbol{v}_p\}$ 在 V 中是线性相关的，则其像集 $\{T(\boldsymbol{v}_1),T(\boldsymbol{v}_2),\cdots,T(\boldsymbol{v}_p)\}$ 在 W 中也是线性相关的. 这个事实表明如果一个线性变换将集 $\{\boldsymbol{v}_1,\boldsymbol{v}_2,\cdots,\boldsymbol{v}_p\}$ 映射到线性无关集 $\{T(\boldsymbol{v}_1),T(\boldsymbol{v}_2),\cdots,T(\boldsymbol{v}_p)\}$ 上，则原来的集合也是线性无关的.（因为它不能是线性相关的.）

42. 假设 T 是一个一对一的变换，使得方程 $T(\boldsymbol{u})=T(\boldsymbol{v})$ 总是蕴涵 $\boldsymbol{u}=\boldsymbol{v}$．证明：如果像集 $\{T(\boldsymbol{v}_1),T(\boldsymbol{v}_2),\cdots,T(\boldsymbol{v}_p)\}$ 是线性相关的，则 $\{\boldsymbol{v}_1,\boldsymbol{v}_2,\cdots,\boldsymbol{v}_p\}$ 也线性相关. 这个事实表明一个一对一的线性变换将线性无关集映射到一个线性无关集上.（因为在此种情形下，像集合不能是线性相关的.）

43. 考虑多项式 $\boldsymbol{p}_1(t)=1+t^2$，$\boldsymbol{p}_2(t)=1-t^2$．$\{\boldsymbol{p}_1,\boldsymbol{p}_2\}$ 是 $\mathbb{P}_3$ 中的线性无关集吗？为什么？

44. 考虑多项式 $\boldsymbol{p}_1(t)=1+t$，$\boldsymbol{p}_2(t)=1-t$，$\boldsymbol{p}_3(t)=2$（对所有的 t）．检查 $\boldsymbol{p}_1$，$\boldsymbol{p}_2$，$\boldsymbol{p}_3$ 之间的线性相关关系，然后求 $\text{Span}\{\boldsymbol{p}_1,\boldsymbol{p}_2,\boldsymbol{p}_3\}$ 的一个基.

45. 设 V 是一个包含线性无关向量集 $\{\boldsymbol{u}_1,\boldsymbol{u}_2,\boldsymbol{u}_3,\boldsymbol{u}_4\}$ 的向量空间，说明如何构造 V 中的一个向量集 $\{\boldsymbol{v}_1,\boldsymbol{v}_2,\boldsymbol{v}_3,\boldsymbol{v}_4\}$，使得 $\{\boldsymbol{v}_1,\boldsymbol{v}_3\}$ 是 $\text{Span}\{\boldsymbol{v}_1,\boldsymbol{v}_2,\boldsymbol{v}_3,\boldsymbol{v}_4\}$ 的一组基.

46. [M]设 $H=\text{Span}\{\boldsymbol{u}_1,\boldsymbol{u}_2,\boldsymbol{u}_3\}$，$K=\text{Span}\{\boldsymbol{v}_1,\boldsymbol{v}_2,\boldsymbol{v}_3\}$，其中

$$\boldsymbol{u}_1=\begin{bmatrix}1\\2\\0\\-1\end{bmatrix},\ \boldsymbol{u}_2=\begin{bmatrix}0\\2\\-1\\1\end{bmatrix},\ \boldsymbol{u}_3=\begin{bmatrix}3\\4\\1\\-4\end{bmatrix},$$
$$\boldsymbol{v}_1=\begin{bmatrix}-2\\-2\\-1\\3\end{bmatrix},\ \boldsymbol{v}_2=\begin{bmatrix}2\\3\\2\\-6\end{bmatrix},\ \boldsymbol{v}_3=\begin{bmatrix}-1\\4\\6\\-2\end{bmatrix}$$

求 H,K 和 $H+K$ 的基.（参见 4.1 节的习题 41 和习题 42.）

47. [M]证明：$\{t,\sin t,\cos 2t,\sin t\cos t\}$ 是定义在 $\mathbb{R}$ 上的函数的一个线性无关集. 开始先假设

$$c_1\cdot t+c_2\cdot\sin t+c_3\cdot\cos 2t+c_4\cdot\sin t\cos t=0 \quad (5)$$

方程（5）对所有实数 t 一定成立，选几个特殊的 t 值（比如 $t=0,0.1,0.2$）直到得到由足够多的方程构成的方程组以便确定所有 c_j 一定为零.

48. [M]证明：$\{1,\cos t,\cos^2 t,\cdots,\cos^6 t\}$ 是定义在 $\mathbb{R}$ 上的函数的一个线性无关集. 利用 47 题中的方法.（此结果在 4.5 节中的习题 54 中用到.）

练习题答案

1. 令 $\boldsymbol{A}=[\boldsymbol{v}_1\quad \boldsymbol{v}_2]$，行变换表明

$$\boldsymbol{A}=\begin{bmatrix}1&-2\\-2&7\\3&-9\end{bmatrix}\sim\begin{bmatrix}1&-2\\0&3\\0&0\end{bmatrix}$$

$\boldsymbol{A}$ 中并不是每一行都含有一个主元位置，因而由 1.4 节中的定理 4，$\boldsymbol{A}$ 的列不能生成 $\mathbb{R}^3$，从而 $\{\boldsymbol{v}_1,\boldsymbol{v}_2\}$ 不是 $\mathbb{R}^3$ 的一个基. 由于 $\boldsymbol{v}_1$ 和 $\boldsymbol{v}_2$ 不在 $\mathbb{R}^2$ 中，故它们不可能是 $\mathbb{R}^2$ 的一个基. 然而，由于 $\boldsymbol{v}_1$ 和 $\boldsymbol{v}_2$ 显然是线性无关的，故它们是 $\mathbb{R}^3$ 的子空间 $\text{Span}\{\boldsymbol{v}_1,\boldsymbol{v}_2\}$ 的一个基.

2. 构造矩阵 $\boldsymbol{A}$，使它的列空间由 $\{\boldsymbol{v}_1,\boldsymbol{v}_2,\boldsymbol{v}_3,\boldsymbol{v}_4\}$ 生成，然后行化简 $\boldsymbol{A}$ 从而找到它的主元列.

$$A=\begin{bmatrix}1&6&2&-4\\-3&2&-2&-8\\4&-1&3&9\end{bmatrix}\sim\begin{bmatrix}1&6&2&-4\\0&20&4&-20\\0&-25&-5&25\end{bmatrix}\sim\begin{bmatrix}1&6&2&-4\\0&5&1&-5\\0&0&0&0\end{bmatrix}$$

A 的前两列是主元列，因而构成 $\text{Col}\,A=W$ 的一个基，从而 $\{\boldsymbol{v}_1,\boldsymbol{v}_2\}$ 是 W 的一个基.

注意：为了确定主元列，不需要将 A 化成简化阶梯形.

3. $\boldsymbol{v}_1$ 和 $\boldsymbol{v}_2$ 均不在 H 中，所以 $\{\boldsymbol{v}_1,\boldsymbol{v}_2\}$ 不能是 H 的一个基. 事实上，$\{\boldsymbol{v}_1,\boldsymbol{v}_2\}$ 是所有形如 $(c_1,c_2,0)$ 的向量构成的平面的一个基，而 H 仅仅是一条直线.
4. 由于 $\{\boldsymbol{v}_1,\boldsymbol{v}_2,\cdots,\boldsymbol{v}_p\}$ 是 V 的一个基，对任一向量 $\boldsymbol{x}\in V$，存在标量 $c_1,c_2,\cdots,c_p$，使得 $\boldsymbol{x}=c_1\boldsymbol{v}_1+c_2\boldsymbol{v}_2+\cdots+c_p\boldsymbol{v}_p$. 则因 T 和 U 是线性变换，故

$$T(\boldsymbol{x})=T(c_1\boldsymbol{v}_1+c_2\boldsymbol{v}_2+\cdots+c_p\boldsymbol{v}_p)=c_1T(\boldsymbol{v}_1)+c_2T(\boldsymbol{v}_2)+\cdots+c_pT(\boldsymbol{v}_p)=$$
$$c_1U(\boldsymbol{v}_1)+c_2U(\boldsymbol{v}_2)+\cdots+c_pU(\boldsymbol{v}_p)=U(c_1\boldsymbol{v}_1+c_2\boldsymbol{v}_2+\cdots+c_p\boldsymbol{v}_p)=U(\boldsymbol{x})$$

4.4 坐标系

对一个向量空间 V，明确指定基 $\mathcal{B}$ 的一个重要原因是在 V 上强加一个“坐标系”. 本节将证明如果 $\mathcal{B}$ 包含 n 个向量，则坐标系将使 V 像 $\mathbb{R}^n$ 一样便于操作. 若 V 就是 $\mathbb{R}^n$ 本身，则 $\mathcal{B}$ 将确定一个坐标系，它给 V 以一个新的“视角”.

坐标系的存在性依靠下列基本结果.

定理 8 （唯一表示定理）
令 $\mathcal{B}=\{\boldsymbol{b}_1,\boldsymbol{b}_2,\cdots,\boldsymbol{b}_n\}$ 是向量空间 V 的一个基，则对 V 中每个向量 $\boldsymbol{x}$，存在唯一的一组数 $c_1,c_2,\cdots,c_n$ 使得

$$\boldsymbol{x}=c_1\boldsymbol{b}_1+c_2\boldsymbol{b}_2+\cdots+c_n\boldsymbol{b}_n \tag{1}$$

证 由于 $\mathcal{B}$ 生成 V，故存在一组数 $c_1,c_2,\cdots,c_n$ 使得（1）式成立，假设 $\boldsymbol{x}$ 还有表示

$$\boldsymbol{x}=d_1\boldsymbol{b}_1+d_2\boldsymbol{b}_2+\cdots+d_n\boldsymbol{b}_n$$

$d_1,d_2,\cdots,d_n$ 为数，则二式相减有

$$\boldsymbol{0}=\boldsymbol{x}-\boldsymbol{x}=(c_1-d_1)\boldsymbol{b}_1+(c_2-d_2)\boldsymbol{b}_2+\cdots+(c_n-d_n)\boldsymbol{b}_n \tag{2}$$

由于 $\mathcal{B}$ 是线性无关的，故（2）式中的权一定为零，即 $c_j=d_j$ 对 $1\leqslant j\leqslant n$ 成立. ■

定义 假设 $\mathcal{B}=\{\boldsymbol{b}_1,\boldsymbol{b}_2,\cdots,\boldsymbol{b}_n\}$ 是向量空间 V 的一个基，$\boldsymbol{x}$ 在 V 中，**$\boldsymbol{x}$ 相对于基 $\mathcal{B}$ 的坐标**（或 **$\boldsymbol{x}$ 的 $\mathcal{B}-$坐标**）是使得 $\boldsymbol{x}=c_1\boldsymbol{b}_1+c_2\boldsymbol{b}_2+\cdots+c_n\boldsymbol{b}_n$ 的权 $c_1,c_2,\cdots,c_n$.

若 $c_1,c_2,\cdots,c_n$ 是 $\boldsymbol{x}$ 的 $\mathcal{B}-$坐标，则 $\mathbb{R}^n$ 中的向量

$$[\boldsymbol{x}]_{\mathcal{B}}=\begin{bmatrix}c_1\\c_2\\\vdots\\c_n\end{bmatrix}$$

是 $\boldsymbol{x}$（相对于 $\mathcal{B}$）的**坐标向量**或 **$\boldsymbol{x}$ 的 $\mathcal{B}-$坐标向量**，映射 $\boldsymbol{x}\mapsto[\boldsymbol{x}]_{\mathcal{B}}$ 称为（由 $\mathcal{B}$ 确定的）**坐标映射**.[㊀]

㊀ 在坐标映射的概念中假定基 $\mathcal{B}$ 是一组有编号的向量集，其向量以预先指定的次序排列. 这个性质使得 $[\boldsymbol{x}]_{\mathcal{B}}$ 的定义无歧义.

例 1 考虑$\mathbb{R}^2$的一个基$\mathcal{B}=\{\boldsymbol{b}_1,\boldsymbol{b}_2\}$，其中$\boldsymbol{b}_1=\begin{bmatrix}1\\0\end{bmatrix},\boldsymbol{b}_2=\begin{bmatrix}1\\2\end{bmatrix}$，假设$\mathbb{R}^2$中一向量$\boldsymbol{x}$具有坐标向量$[\boldsymbol{x}]_{\mathcal{B}}=\begin{bmatrix}-2\\3\end{bmatrix}$，求$\boldsymbol{x}$.

解 $\boldsymbol{x}$的$\mathcal{B}-$坐标揭示如何由$\mathcal{B}$中的向量求$\boldsymbol{x}$，即$\boldsymbol{x}=(-2)\boldsymbol{b}_1+3\boldsymbol{b}_2=(-2)\begin{bmatrix}1\\0\end{bmatrix}+3\begin{bmatrix}1\\2\end{bmatrix}=\begin{bmatrix}1\\6\end{bmatrix}$. ■

例 2 向量$\boldsymbol{x}=\begin{bmatrix}1\\6\end{bmatrix}$中的元素是$\boldsymbol{x}$相对于标准基$\mathcal{E}=\{\boldsymbol{e}_1,\boldsymbol{e}_2\}$的坐标，这是由于

$$\begin{bmatrix}1\\6\end{bmatrix}=1\cdot\begin{bmatrix}1\\0\end{bmatrix}+6\cdot\begin{bmatrix}0\\1\end{bmatrix}=1\cdot\boldsymbol{e}_1+6\cdot\boldsymbol{e}_2$$

若$\mathcal{E}=\{\boldsymbol{e}_1,\boldsymbol{e}_2\}$，则$[\boldsymbol{x}]_{\mathcal{E}}=\boldsymbol{x}$. ■

坐标的几何意义

一个集合上的坐标系由此集合中点到$\mathbb{R}^n$中的一对一映射组成. 例如，当选取垂直的轴同时在每个轴上取一个相同的度量单位时，通常的图纸给出了平面上的一个坐标系. 图 4-17 展示了标准基$\{\boldsymbol{e}_1,\boldsymbol{e}_2\}$、例 1 中的向量$\boldsymbol{b}_1(=\boldsymbol{e}_1)$和$\boldsymbol{b}_2$以及向量$\boldsymbol{x}=\begin{bmatrix}1\\6\end{bmatrix}$. 坐标 1 和 6 给出$\boldsymbol{x}$相对于标准基的位置：在$\boldsymbol{e}_1$方向上有 1 个单位，在$\boldsymbol{e}_2$方向上有 6 个单位.

图 4-18 展示了来自图 4-15 的向量$\boldsymbol{b}_1,\boldsymbol{b}_2$和$\boldsymbol{x}$.（从几何上看，这三个向量在这两个图中均位于一条垂线上.）然而，标准坐标的格子被去掉，同时被特别适合例 1 中的坐标$\mathcal{B}$的格子所取代. 坐标向量$[\boldsymbol{x}]_{\mathcal{B}}=\begin{bmatrix}-2\\3\end{bmatrix}$给出$\boldsymbol{x}$在新的坐标系中的位置：在$\boldsymbol{b}_1$方向上有$-2$个单位，在$\boldsymbol{b}_2$方向上有 3 个单位.

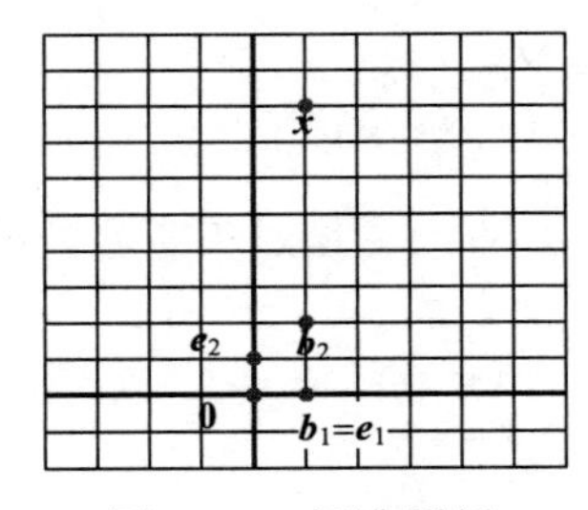

图 4-17 标准图纸

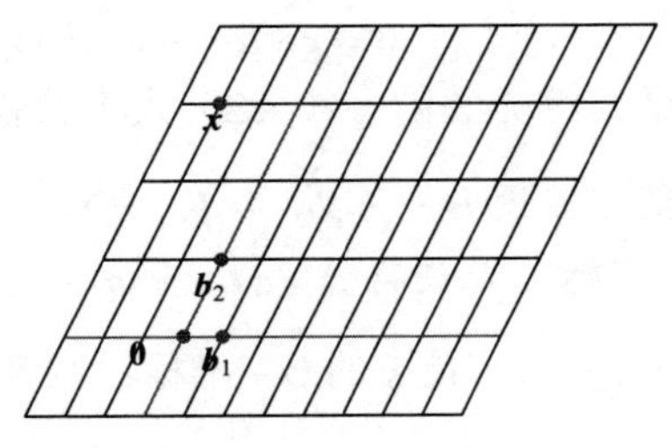

图 4-18 $\mathcal{B}-$图纸

例 3 在结晶学中，晶体格的刻画可由选取$\mathbb{R}^3$中的一个基$\{\boldsymbol{u},\boldsymbol{v},\boldsymbol{w}\}$而得到帮助，这个基对应于晶体的“单位方格”的三个相邻的棱. 一个完整的格子框架可以通过将许多个单位方格的复制品堆积在一起而构造. 有 14 种类型的单位方格，图 4-19 中展示了其中的 3 种.㊀

㊀ 参见 Donald R.Askeland，*The Science and Engineering of Materials*,4th Ed (Boston:Prindle, Weber & Schmidt, 2002), p.36.

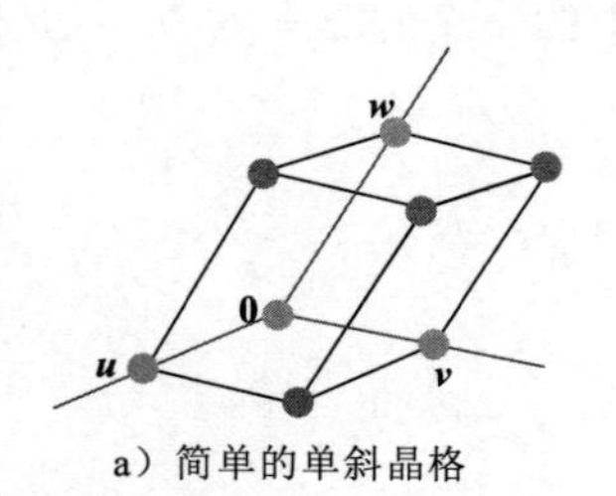

a）简单的单斜晶格

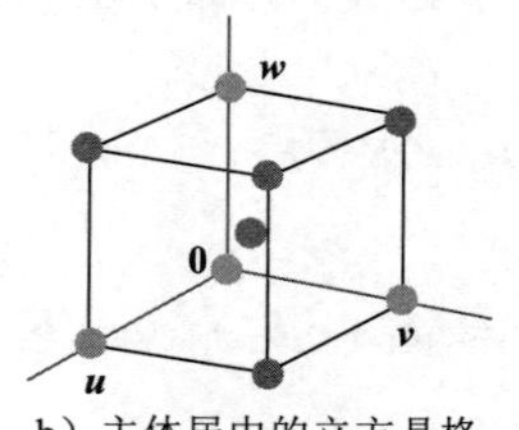

b）主体居中的立方晶格

c）表面居中的正交晶格

图 4-19　单位方格的例子

相对于晶体格的基，可以给出晶体中原子的坐标. 例如 $\begin{bmatrix}1/2\\1/2\\1\end{bmatrix}$ 标识图 4-19c 中最上面的中心原子. ■

$\mathbb{R}^n$ 中的坐标

当 $\mathbb{R}^n$ 中的一组基 $\mathcal{B}$ 固定时，容易求出任一指定的向量 $\boldsymbol{x}$ 的 $\mathcal{B}-$坐标向量，如下面例子所示.

例 4　令 $\boldsymbol{b}_1=\begin{bmatrix}2\\1\end{bmatrix},\boldsymbol{b}_2=\begin{bmatrix}-1\\1\end{bmatrix},\boldsymbol{x}=\begin{bmatrix}4\\5\end{bmatrix},\mathcal{B}=\{\boldsymbol{b}_1,\boldsymbol{b}_2\}$，求出 $\boldsymbol{x}$ 相对于 $\mathcal{B}$ 的坐标向量 $[\boldsymbol{x}]_{\mathcal{B}}$.

解　$\boldsymbol{x}$ 的 $\mathcal{B}-$坐标 c_1,c_2 满足

$$\underset{\boldsymbol{b}_1}{c_1\begin{bmatrix}2\\1\end{bmatrix}}+\underset{\boldsymbol{b}_2}{c_2\begin{bmatrix}-1\\1\end{bmatrix}}=\underset{\boldsymbol{x}}{\begin{bmatrix}4\\5\end{bmatrix}}$$

或

$$\begin{bmatrix}2&-1\\1&1\end{bmatrix}\begin{bmatrix}c_1\\c_2\end{bmatrix}=\begin{bmatrix}4\\5\end{bmatrix} \tag{3}$$

$$\boldsymbol{b}_1\quad\boldsymbol{b}_2\qquad\qquad\boldsymbol{x}$$

这个方程可以通过在增广矩阵上做行变换或利用左边矩阵的逆解出. 不论哪种解法，其解均为 $c_1=3,c_2=2$，从而 $\boldsymbol{x}=3\boldsymbol{b}_1+2\boldsymbol{b}_2$，于是有

$$[\boldsymbol{x}]_{\mathcal{B}}=\begin{bmatrix}c_1\\c_2\end{bmatrix}=\begin{bmatrix}3\\2\end{bmatrix}$$

见图 4-20.

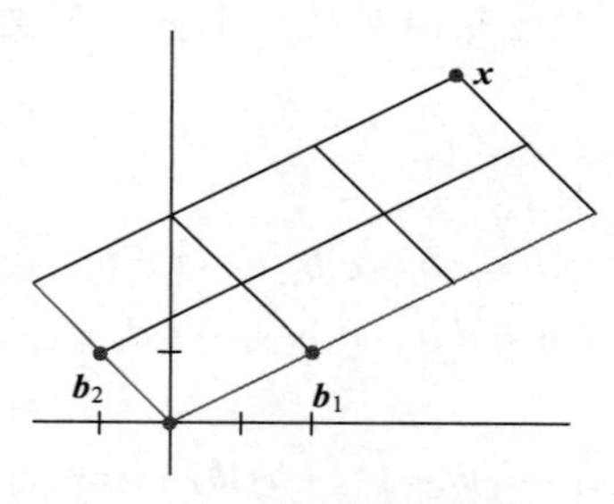

图 4-20　$\boldsymbol{x}$ 的 $\mathcal{B}-$坐标向量为（3,2） ■

（3）式中的矩阵将向量 $\boldsymbol{x}$ 的 $\mathcal{B}$－坐标变为 $\boldsymbol{x}$ 的标准坐标．对 $\mathbb{R}^n$ 中的一个基 $\mathcal{B}=\{\boldsymbol{b}_1,\boldsymbol{b}_2,\cdots,\boldsymbol{b}_n\}$，可以实施类似的坐标变换．令

$$\boldsymbol{P}_{\mathcal{B}}=[\boldsymbol{b}_1\quad \boldsymbol{b}_2\quad \cdots\quad \boldsymbol{b}_n]$$

则向量方程

$$\boldsymbol{x}=c_1\boldsymbol{b}_1+c_2\boldsymbol{b}_2+\cdots+c_n\boldsymbol{b}_n$$

等价于

$$\boxed{\boldsymbol{x}=\boldsymbol{P}_{\mathcal{B}}[\boldsymbol{x}]_{\mathcal{B}}} \tag{4}$$

我们称 $\boldsymbol{P}_{\mathcal{B}}$ 为从 $\mathcal{B}$ 到 $\mathbb{R}^n$ 中标准基的**坐标变换矩阵**．通过左乘 $\boldsymbol{P}_{\mathcal{B}}$ 将坐标向量 $[\boldsymbol{x}]_{\mathcal{B}}$ 变换到 $\boldsymbol{x}$．坐标变换方程（4）很重要，将在第5章和第7章的多个地方用到．

由于 $\boldsymbol{P}_{\mathcal{B}}$ 的列构成 $\mathbb{R}^n$ 的一个基，故 $\boldsymbol{P}_{\mathcal{B}}$ 是可逆的（由可逆矩阵定理）．通过左乘 $\boldsymbol{P}_{\mathcal{B}}^{-1}$ 可将 $\boldsymbol{x}$ 变回 $\mathcal{B}$－坐标向量：

$$\boldsymbol{P}_{\mathcal{B}}^{-1}\boldsymbol{x}=[\boldsymbol{x}]_{\mathcal{B}}$$

这里由 $\boldsymbol{P}_{\mathcal{B}}^{-1}$ 产生的映射 $\boldsymbol{x}\mapsto[\boldsymbol{x}]_{\mathcal{B}}$ 是前面提到的坐标映射．因为 $\boldsymbol{P}_{\mathcal{B}}^{-1}$ 是可逆矩阵，故由可逆矩阵定理（也可参见1.9节定理12），此坐标映射是一个由 $\mathbb{R}^n$ 到 $\mathbb{R}^n$ 上的一对一的线性变换．我们将会看到，坐标映射的这个性质对具有一个基的一般向量空间也成立．

坐标映射

对向量空间 V 选定一个基 $\mathcal{B}=\{\boldsymbol{b}_1,\boldsymbol{b}_2,\cdots,\boldsymbol{b}_n\}$，它引出 V 中一个坐标系．坐标映射 $\boldsymbol{x}\mapsto[\boldsymbol{x}]_{\mathcal{B}}$ 将可能不熟悉的空间 V 与熟悉的空间 $\mathbb{R}^n$ 联系了起来，见图4-21．V 中的点现在可以由它们的新"名字"来确定．

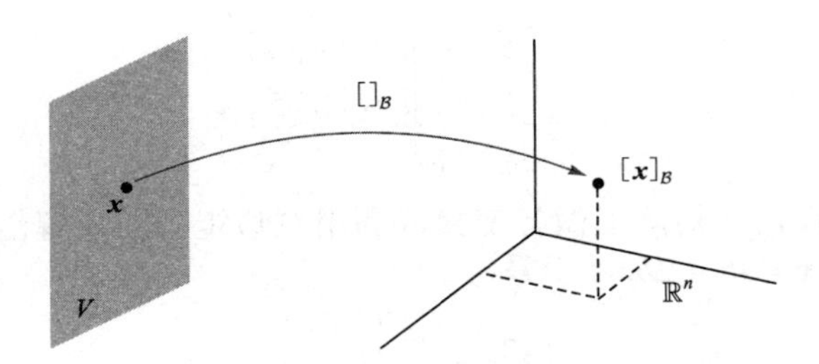

图4-21　由 V 映射到 $\mathbb{R}^n$ 上的坐标映射

定理9　令 $\mathcal{B}=\{\boldsymbol{b}_1,\boldsymbol{b}_2,\cdots,\boldsymbol{b}_n\}$ 是向量空间 V 的一个基，则坐标映射 $\boldsymbol{x}\mapsto[\boldsymbol{x}]_{\mathcal{B}}$ 是一个由 V 映射到 $\mathbb{R}^n$ 上的一对一的线性变换．

证　取 V 中两个典型的向量，比如

$$\boldsymbol{u}=c_1\boldsymbol{b}_1+c_2\boldsymbol{b}_2+\cdots+c_n\boldsymbol{b}_n$$
$$\boldsymbol{w}=d_1\boldsymbol{b}_1+d_2\boldsymbol{b}_2+\cdots+d_n\boldsymbol{b}_n$$

利用向量运算，

$$\boldsymbol{u}+\boldsymbol{w}=(c_1+d_1)\boldsymbol{b}_1+(c_2+d_2)\boldsymbol{b}_2+\cdots+(c_n+d_n)\boldsymbol{b}_n$$

于是

$$[\boldsymbol{u}+\boldsymbol{w}]_{\mathcal{B}}=\begin{bmatrix}c_1+d_1\\c_2+d_2\\\vdots\\c_n+d_n\end{bmatrix}=\begin{bmatrix}c_1\\c_2\\\vdots\\c_n\end{bmatrix}+\begin{bmatrix}d_1\\d_2\\\vdots\\d_n\end{bmatrix}=[\boldsymbol{u}]_{\mathcal{B}}+[\boldsymbol{w}]_{\mathcal{B}}$$

从而坐标映射保持加法封闭. 若 r 是任一数，则

$$r\boldsymbol{u}=r(c_1\boldsymbol{b}_1+c_2\boldsymbol{b}_2+\cdots+c_n\boldsymbol{b}_n)=(rc_1)\boldsymbol{b}_1+(rc_2)\boldsymbol{b}_2+\cdots+(rc_n)\boldsymbol{b}_n$$

于是

$$[r\boldsymbol{u}]_{\mathcal{B}}=\begin{bmatrix}rc_1\\rc_2\\\vdots\\rc_n\end{bmatrix}=r\begin{bmatrix}c_1\\c_2\\\vdots\\c_n\end{bmatrix}=r[\boldsymbol{u}]_{\mathcal{B}}$$

从而坐标映射也保持标量乘法封闭，于是坐标映射是一个线性变换. 坐标映射是一对一的并将 V 映射到 $\mathbb{R}^n$ 上，证明留作习题 27 和 28. ■

正如 1.8 节那样，坐标映射的线性性质可推广到线性组合. 若 $\boldsymbol{u}_1,\boldsymbol{u}_2,\cdots,\boldsymbol{u}_p$ 在 V 中，$c_1,c_2,\cdots,c_p$ 是数，则

$$[c_1\boldsymbol{u}_1+c_2\boldsymbol{u}_2+\cdots+c_p\boldsymbol{u}_p]_{\mathcal{B}}=c_1[\boldsymbol{u}_1]_{\mathcal{B}}+c_2[\boldsymbol{u}_2]_{\mathcal{B}}+\cdots+c_p[\boldsymbol{u}_p]_{\mathcal{B}} \tag{5}$$

换句话说，（5）式说明 $\boldsymbol{u}_1,\boldsymbol{u}_2,\cdots,\boldsymbol{u}_p$ 的一个线性组合的 $\mathcal{B}$ – 坐标向量等于它们坐标向量的相同的线性组合.

定理 9 中的坐标映射是一个由 V 到 $\mathbb{R}^n$ 上同构的重要例子. 一般而言，从一个向量空间 V 映射到另一个向量空间 W 上的一对一线性变换称为从 V 到 W 上的一个**同构**（isomorphism）.（在希腊语中 iso 表示相同，morph 表示形状或结构.）V 和 W 的记号和术语可能不同，但这两个空间作为向量空间则不加以区分. *每一个在 V 中的向量空间的计算可以完全相同地出现在 W 中，反之亦然.* 见习题 29 和 30.

例 5 令 $\mathcal{B}$ 是多项式空间 $\mathbb{P}_3$ 的标准基，即 $\mathcal{B}=\{1,t,t^2,t^3\}$. $\mathbb{P}_3$ 中的一个典型元素 $\boldsymbol{p}$ 具有形式

$$\boldsymbol{p}(t)=a_0+a_1t+a_2t^2+a_3t^3$$

因 $\boldsymbol{p}$ 已经给出了标准基向量的一个线性组合，我们断定

$$[\boldsymbol{p}]_{\mathcal{B}}=\begin{bmatrix}a_0\\a_1\\a_2\\a_3\end{bmatrix}$$

于是坐标映射 $\boldsymbol{p}\mapsto[\boldsymbol{p}]_{\mathcal{B}}$ 是一个 $\mathbb{P}_3$ 到 $\mathbb{R}^4$ 上的同构. $\mathbb{P}_3$ 中所有向量空间运算都对应着 $\mathbb{R}^4$ 中的运算. ■

如果我们考虑将 $\mathbb{P}_3$ 和 $\mathbb{R}^4$ 分别展现在两个计算机的显示屏上，两个显示屏由坐标变换相联系，则一个显示屏中 $\mathbb{P}_3$ 的每一个向量空间的运算被正确地复制到另一个显示屏中 $\mathbb{R}^4$ 的一个对应的向量运算. $\mathbb{P}_3$ 显示屏上的向量看起来与 $\mathbb{R}^4$ 显示屏上的向量不同，但它们作为向量的“作用”

是完全相同的，见图 4-22.

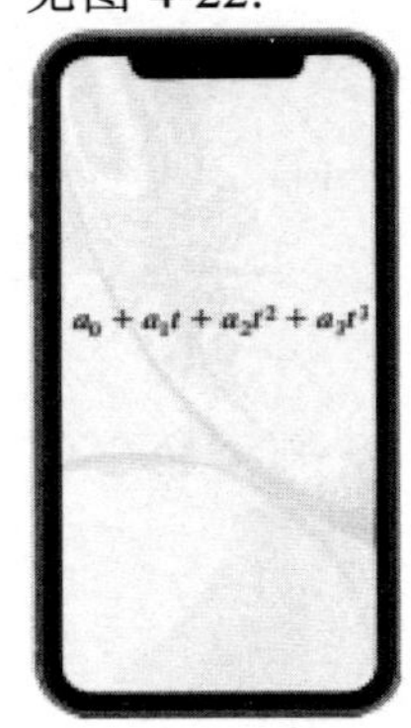

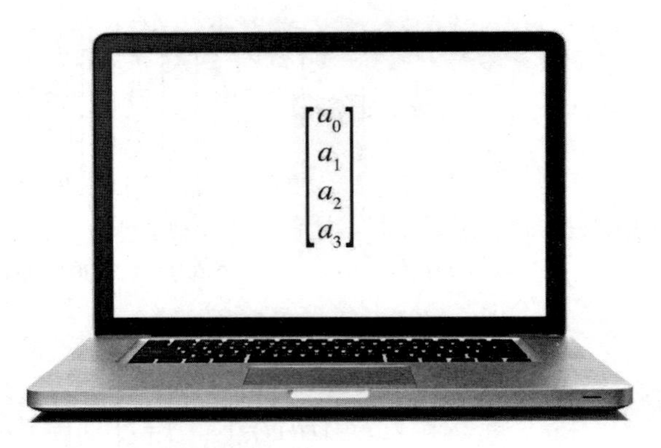

图 4-22　空间 $\mathbb{P}_3$ 与 $\mathbb{R}^4$ 同构

例 6　利用坐标向量证明在 $\mathbb{P}_2$ 中多项式 $1+2t^2, 4+t+5t^2, 3+2t$ 是线性相关的.

解　由例 5 中的坐标映射可分别产生坐标向量（1,0,2），（4,1,5），（3,2,0）. 将这些向量写成一个矩阵 $\boldsymbol{A}$ 的列，可以通过行化简 $\boldsymbol{Ax}=\boldsymbol{0}$ 的增广矩阵来断定它们的线性相关性：

$$\begin{bmatrix}1 & 4 & 3 & 0\\0 & 1 & 2 & 0\\2 & 5 & 0 & 0\end{bmatrix}\sim\begin{bmatrix}1 & 4 & 3 & 0\\0 & 1 & 2 & 0\\0 & 0 & 0 & 0\end{bmatrix}$$

$\boldsymbol{A}$ 的列是线性相关的，所以对应的多项式也是线性相关的. 事实上，容易检查 $\boldsymbol{A}$ 的第 3 列是 2 倍的第 2 列减去 5 倍的第 1 列. 多项式的对应关系是

$$3+2t=2(4+t+5t^2)-5(1+2t^2)$$ ■

最后一个例子是关于 $\mathbb{R}^3$ 中一个与 $\mathbb{R}^2$ 同构的平面.

例 7　令 $\boldsymbol{v}_1=\begin{bmatrix}3\\6\\2\end{bmatrix}, \boldsymbol{v}_2=\begin{bmatrix}-1\\0\\1\end{bmatrix}, \boldsymbol{x}=\begin{bmatrix}3\\12\\7\end{bmatrix}, \mathcal{B}=\{\boldsymbol{v}_1,\boldsymbol{v}_2\}$，则 $\mathcal{B}$ 是 $H=\text{Span}\{\boldsymbol{v}_1,\boldsymbol{v}_2\}$ 的一个基. 判定 $\boldsymbol{x}$ 是否在 H 中，若在，求 $\boldsymbol{x}$ 相对于 $\mathcal{B}$ 的坐标向量.

解　若 $\boldsymbol{x}$ 在 H 中，则下列向量方程是相容的：

$$c_1\begin{bmatrix}3\\6\\2\end{bmatrix}+c_2\begin{bmatrix}-1\\0\\1\end{bmatrix}=\begin{bmatrix}3\\12\\7\end{bmatrix}$$

数 c_1, c_2 若存在的话，它们就是 $\boldsymbol{x}$ 的 $\mathcal{B}-$坐标. 利用行变换，得到

$$\begin{bmatrix}3 & -1 & 3\\6 & 0 & 12\\2 & 1 & 7\end{bmatrix}\sim\begin{bmatrix}1 & 0 & 2\\0 & 1 & 3\\0 & 0 & 0\end{bmatrix}$$

于是 $c_1=2, c_2=3, [\boldsymbol{x}]_{\mathcal{B}}=\begin{bmatrix}2\\3\end{bmatrix}$，由 $\mathcal{B}$ 确定的 $\mathbb{R}^3$ 中的平面 H 上的坐标系如图 4-23 所示.

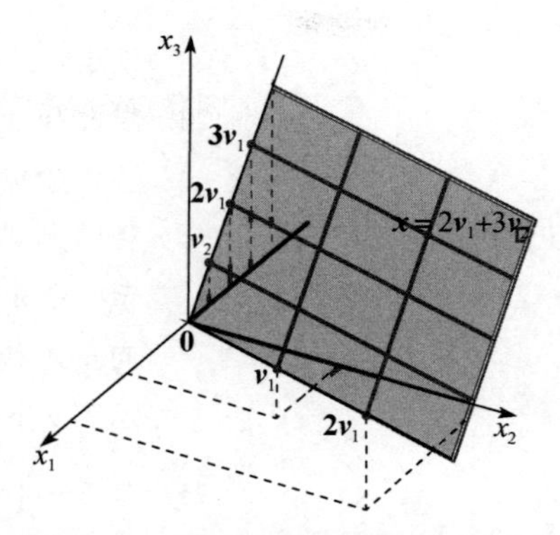

图 4-23 $\mathbb{R}^3$ 中平面 H 上的坐标系 ■

若选一个 H 的不同基，那么相应的坐标系也使 H 与 $\mathbb{R}^2$ 同构吗？这一定是正确的，下节中我们将证明这一结论.

练习题

1. 令 $\boldsymbol{b}_1=\begin{bmatrix}1\\0\\0\end{bmatrix},\boldsymbol{b}_2=\begin{bmatrix}-3\\4\\0\end{bmatrix},\boldsymbol{b}_3=\begin{bmatrix}3\\-6\\3\end{bmatrix},\boldsymbol{x}=\begin{bmatrix}-8\\2\\3\end{bmatrix}$.
   a. 证明集合 $\mathcal{B}=\{\boldsymbol{b}_1,\boldsymbol{b}_2,\boldsymbol{b}_3\}$ 是 $\mathbb{R}^3$ 的一个基.
   b. 求由 $\mathcal{B}$ 到标准基的坐标变换矩阵.
   c. 写出 $\mathbb{R}^3$ 中 $\boldsymbol{x}$ 与 $[\boldsymbol{x}]_{\mathcal{B}}$ 相关联的方程.
   d. 对上面给出的 $\boldsymbol{x}$，求 $[\boldsymbol{x}]_{\mathcal{B}}$.
2. 集合 $\mathcal{B}=\{1+t,1+t^2,t+t^2\}$ 是 $\mathbb{P}_2$ 的一个基. 求 $\boldsymbol{p}(t)=6+3t-t^2$ 关于 $\mathcal{B}$ 的坐标向量.

习题 4.4

在习题 1~4 中，已知基 $\mathcal{B}$ 和坐标向量 $[\boldsymbol{x}]_{\mathcal{B}}$，求向量 $\boldsymbol{x}$.

1. $\mathcal{B}=\left\{\begin{bmatrix}3\\-5\end{bmatrix},\begin{bmatrix}-4\\6\end{bmatrix}\right\},[\boldsymbol{x}]_{\mathcal{B}}=\begin{bmatrix}5\\3\end{bmatrix}$
2. $\mathcal{B}=\left\{\begin{bmatrix}4\\5\end{bmatrix},\begin{bmatrix}6\\7\end{bmatrix}\right\},[\boldsymbol{x}]_{\mathcal{B}}=\begin{bmatrix}8\\-5\end{bmatrix}$
3. $\mathcal{B}=\left\{\begin{bmatrix}1\\-4\\3\end{bmatrix},\begin{bmatrix}5\\2\\-2\end{bmatrix},\begin{bmatrix}4\\-7\\0\end{bmatrix}\right\},[\boldsymbol{x}]_{\mathcal{B}}=\begin{bmatrix}3\\0\\-1\end{bmatrix}$
4. $\mathcal{B}=\left\{\begin{bmatrix}-1\\2\\0\end{bmatrix},\begin{bmatrix}3\\-5\\2\end{bmatrix},\begin{bmatrix}4\\-7\\3\end{bmatrix}\right\},[\boldsymbol{x}]_{\mathcal{B}}=\begin{bmatrix}-4\\8\\-7\end{bmatrix}$

在习题 5~8 中，求 $\boldsymbol{x}$ 关于给定基 $\mathcal{B}=\{\boldsymbol{b}_1,\boldsymbol{b}_2,\cdots,\boldsymbol{b}_n\}$ 的坐标向量 $[\boldsymbol{x}]_{\mathcal{B}}$.

5. $\boldsymbol{b}_1=\begin{bmatrix}1\\-3\end{bmatrix},\boldsymbol{b}_2=\begin{bmatrix}2\\-5\end{bmatrix},\boldsymbol{x}=\begin{bmatrix}-2\\1\end{bmatrix}$
6. $\boldsymbol{b}_1=\begin{bmatrix}1\\-2\end{bmatrix},\boldsymbol{b}_2=\begin{bmatrix}5\\-6\end{bmatrix},\boldsymbol{x}=\begin{bmatrix}4\\0\end{bmatrix}$
7. $\boldsymbol{b}_1=\begin{bmatrix}1\\-1\\-3\end{bmatrix},\boldsymbol{b}_2=\begin{bmatrix}-3\\4\\9\end{bmatrix},\boldsymbol{b}_3=\begin{bmatrix}2\\-2\\4\end{bmatrix},\boldsymbol{x}=\begin{bmatrix}8\\-9\\6\end{bmatrix}$
8. $\boldsymbol{b}_1=\begin{bmatrix}1\\0\\3\end{bmatrix},\boldsymbol{b}_2=\begin{bmatrix}2\\1\\8\end{bmatrix},\boldsymbol{b}_3=\begin{bmatrix}1\\-1\\2\end{bmatrix},\boldsymbol{x}=\begin{bmatrix}3\\-5\\4\end{bmatrix}$

在习题 9 和 10 中，求由 $\mathcal{B}$ 到 $\mathbb{R}^n$ 中标准基的坐标变换矩阵.

9. $\mathcal{B}=\left\{\begin{bmatrix}2\\-9\end{bmatrix},\begin{bmatrix}1\\8\end{bmatrix}\right\}$

10. $\mathcal{B}=\left\{\begin{bmatrix}3\\-1\\4\end{bmatrix},\begin{bmatrix}2\\0\\-5\end{bmatrix},\begin{bmatrix}8\\-2\\7\end{bmatrix}\right\}$

在习题11、12中，对给出的 $\boldsymbol{x}$ 和 $\mathcal{B}$，利用逆矩阵求 $[\boldsymbol{x}]_{\mathcal{B}}$.

11. $\mathcal{B}=\left\{\begin{bmatrix}3\\-5\end{bmatrix},\begin{bmatrix}-4\\6\end{bmatrix}\right\},\boldsymbol{x}=\begin{bmatrix}2\\-6\end{bmatrix}$

12. $\mathcal{B}=\left\{\begin{bmatrix}4\\5\end{bmatrix},\begin{bmatrix}6\\7\end{bmatrix}\right\},\boldsymbol{x}=\begin{bmatrix}2\\0\end{bmatrix}$

13. 集 $\mathcal{B}=\{1+t^2,t+t^2,1+2t+t^2\}$ 是 $\mathbb{P}_2$ 的一个基，求 $\boldsymbol{p}(t)=1+4t+7t^2$ 关于 $\mathcal{B}$ 的坐标向量.

14. 集 $\mathcal{B}=\{1-t^2,t-t^2,2-2t+t^2\}$ 是 $\mathbb{P}_2$ 的一个基，求 $\boldsymbol{p}(t)=3+t-6t^2$ 关于 $\mathcal{B}$ 的坐标向量.

在习题15~20中，标出每个命题的真假(T/F)，验证每个答案. 除非另外说明，$\mathcal{B}$ 均指向量空间 V 的一个基.

15. (T/F) 若 $\boldsymbol{x}$ 在 V 中且 $\mathcal{B}$ 包含 n 个向量，则 $\boldsymbol{x}$ 的 $\mathcal{B}$-坐标向量在 $\mathbb{R}^n$ 中.

16. (T/F) 若 $\mathcal{B}$ 是 $\mathbb{R}^n$ 的标准基，则 $\mathbb{R}^n$ 中 $\boldsymbol{x}$ 的 $\mathcal{B}$-坐标向量是 $\boldsymbol{x}$ 本身.

17. (T/F) 如果 $P_{\mathcal{B}}$ 是坐标变换矩阵，则 $[\boldsymbol{x}]_{\mathcal{B}}=P_{\mathcal{B}}\boldsymbol{x}$, $\boldsymbol{x}\in V$.

18. (T/F) 对应 $[\boldsymbol{x}]_{\mathcal{B}}\mapsto\boldsymbol{x}$ 称为坐标映射.

19. (T/F) 向量空间 $\mathbb{P}_3$ 与 $\mathbb{R}^3$ 同构.

20. (T/F) 在某种情形下，$\mathbb{R}^3$ 中的平面可以与 $\mathbb{R}^2$ 同构.

21. 向量 $\boldsymbol{v}_1=\begin{bmatrix}1\\-3\end{bmatrix},\boldsymbol{v}_2=\begin{bmatrix}2\\-8\end{bmatrix},\boldsymbol{v}_3=\begin{bmatrix}-3\\7\end{bmatrix}$ 生成 $\mathbb{R}^2$ 但不构成一个基，用两种不同的方法将 $\begin{bmatrix}1\\1\end{bmatrix}$ 表为 $\boldsymbol{v}_1,\boldsymbol{v}_2,\boldsymbol{v}_3$ 的线性组合.

22. 令 $\mathcal{B}=\{\boldsymbol{b}_1,\boldsymbol{b}_2,\cdots,\boldsymbol{b}_n\}$ 是向量空间 V 的一个基，解释为什么 $\boldsymbol{b}_1,\boldsymbol{b}_2,\cdots,\boldsymbol{b}_n$ 的 $\mathcal{B}$-坐标向量是 $n\times n$ 单位矩阵的列 $\boldsymbol{e}_1,\boldsymbol{e}_2,\cdots,\boldsymbol{e}_n$.

23. 令 S 是向量空间 V 中的有限集，具有如下性质：V 中每个 $\boldsymbol{x}$ 均可表示为 S 中元素的唯一线性组合. 证明 S 是 V 的一个基.

24. 假设 $\{\boldsymbol{v}_1,\boldsymbol{v}_2,\boldsymbol{v}_3,\boldsymbol{v}_4\}$ 是向量空间 V 的一个线性相关生成集，证明 V 中每一个 $\boldsymbol{w}$ 都可用多于一种的方式表示成 $\boldsymbol{v}_1,\boldsymbol{v}_2,\boldsymbol{v}_3,\boldsymbol{v}_4$ 的线性组合.（提示：令 $\boldsymbol{w}=k_1\boldsymbol{v}_1+k_2\boldsymbol{v}_2+k_3\boldsymbol{v}_3+k_4\boldsymbol{v}_4$ 是 V 中一任意向量，利用 $\{\boldsymbol{v}_1,\boldsymbol{v}_2,\boldsymbol{v}_3,\boldsymbol{v}_4\}$ 的线性相关性将 $\boldsymbol{w}$ 表示为 $\boldsymbol{v}_1,\boldsymbol{v}_2,\boldsymbol{v}_3,\boldsymbol{v}_4$ 的另一个线性组合.）

25. 令 $\mathcal{B}=\left\{\begin{bmatrix}1\\-4\end{bmatrix},\begin{bmatrix}-2\\9\end{bmatrix}\right\}$. 因为由 $\mathcal{B}$ 确定的坐标映射是一个从 $\mathbb{R}^2$ 映射到 $\mathbb{R}^2$ 的线性变换，故此映射一定可由某 2×2 矩阵 $\boldsymbol{A}$ 来实现，求出 $\boldsymbol{A}$.（提示：用 $\boldsymbol{A}$ 去乘可使向量 $\boldsymbol{x}$ 变换到它的坐标向量 $[\boldsymbol{x}]_{\mathcal{B}}$.）

26. 令 $\mathcal{B}=\{\boldsymbol{b}_1,\boldsymbol{b}_2,\cdots,\boldsymbol{b}_n\}$ 是 $\mathbb{R}^n$ 的一个基，给出一个 $n\times n$ 矩阵 $\boldsymbol{A}$ 的描述，使得坐标映射 $\boldsymbol{x}\mapsto[\boldsymbol{x}]_{\mathcal{B}}$ 得以实现.（见习题25.）

习题27~30涉及一个向量空间 V、一个基 $\mathcal{B}=\{\boldsymbol{b}_1,\boldsymbol{b}_2,\cdots,\boldsymbol{b}_n\}$ 和坐标映射 $\boldsymbol{x}\mapsto[\boldsymbol{x}]_{\mathcal{B}}$.

27. 证明：坐标映射是一对一的.（提示：假设对 V 中某向量 $\boldsymbol{u}$ 和 $\boldsymbol{w}$，满足 $[\boldsymbol{u}]_{\mathcal{B}}=[\boldsymbol{w}]_{\mathcal{B}}$，证明 $\boldsymbol{u}=\boldsymbol{w}$.）

28. 证明：坐标映射是映射到 $\mathbb{R}^n$ 上的，即任给 $\mathbb{R}^n$ 中向量 $\boldsymbol{y}$，具有元素 $y_1,y_2,\cdots,y_n$，存在 V 中的向量 $\boldsymbol{u}$，使得 $[\boldsymbol{u}]_{\mathcal{B}}=\boldsymbol{y}$.

29. 证明：V 中子集 $\{\boldsymbol{u}_1,\boldsymbol{u}_2,\cdots,\boldsymbol{u}_p\}$ 是线性无关的，当且仅当坐标向量 $\{[\boldsymbol{u}_1]_{\mathcal{B}},[\boldsymbol{u}_2]_{\mathcal{B}},\cdots,[\boldsymbol{u}_p]_{\mathcal{B}}\}$ 在 $\mathbb{R}^n$ 中也是线性无关的.（提示：因为坐标映射是一对一的，下列方程具有相同的解 $c_1,c_2,\cdots,c_p$.）

$$c_1\boldsymbol{u}_1+c_2\boldsymbol{u}_2+\cdots+c_p\boldsymbol{u}_p=\boldsymbol{0}\qquad V\text{ 中的零向量}$$

$$[c_1\boldsymbol{u}_1+c_2\boldsymbol{u}_2+\cdots+c_p\boldsymbol{u}_p]_{\mathcal{B}}=[\boldsymbol{0}]_{\mathcal{B}}\qquad \mathbb{R}^n\text{ 中的零向量}$$

30. 给定 V 中向量 $\boldsymbol{u}_1,\boldsymbol{u}_2,\cdots,\boldsymbol{u}_p$ 和 $\boldsymbol{w}$，证明：$\boldsymbol{w}$ 是 $\boldsymbol{u}_1,\boldsymbol{u}_2,\cdots,\boldsymbol{u}_p$ 的线性组合，当且仅当 $[\boldsymbol{w}]_{\mathcal{B}}$ 是坐标向量 $[\boldsymbol{u}_1]_{\mathcal{B}},[\boldsymbol{u}_2]_{\mathcal{B}},\cdots,[\boldsymbol{u}_p]_{\mathcal{B}}$ 的线性组合.

在习题31~34中，利用坐标向量检验多项式集合的线性无关性.

31. $\{1+2t^3, 2+t-3t^2, -t+2t^2-t^3\}$

32. $\{1-2t^2-t^3, t+2t^3, 1+t-2t^2\}$

33. $\{(1-t)^2, t-2t^2+t^3, (1-t)^3\}$

34. $\{(2-t)^3, (3-t)^2, 1+6t-5t^2+t^3\}$

35. 利用坐标向量检验下面的多项式集合是否生成 $\mathbb{P}_2$，验证你的结论.

 a. $\{1-3t+5t^2, -3+5t-7t^2, -4+5t-6t^2, 1-t^2\}$

 b. $\{5t+t^2, 1-8t-2t^2, -3+4t+2t^2, 2-3t\}$

36. 设 $\boldsymbol{p}_1(t)=1+t^2$，$\boldsymbol{p}_2(t)=t-3t^2$，$\boldsymbol{p}_3(t)=1+t-3t^2$.

 a. 利用坐标向量说明这些多项式集合是 $\mathbb{P}_2$ 的一组基.

 b. 考虑 $\mathbb{P}_2$ 的一组基 $\mathcal{B}=\{\boldsymbol{p}_1, \boldsymbol{p}_2, \boldsymbol{p}_3\}$. 给定 $[\boldsymbol{q}]_{\mathcal{B}}=\begin{bmatrix}-1\\1\\2\end{bmatrix}$，求 $\mathbb{P}_2$ 中的 $\boldsymbol{q}$.

在习题37和38中，利用坐标向量检验下面的多项式集合是否构成 $\mathbb{P}_3$ 的一组基，验证你的结论.

37. [M] $3+7t, 5+t-2t^3, t-2t^2, 1+16t-6t^2+2t^3$

38. [M] $5-3t+4t^2+2t^3, 9+t+8t^2-6t^3, 6-2t+5t^2, t^3$

39. [M] 令 $H=\mathrm{Span}\{\boldsymbol{v}_1,\boldsymbol{v}_2\}, \mathcal{B}=\{\boldsymbol{v}_1,\boldsymbol{v}_2\}$，证明 $\boldsymbol{x}$ 在 H 中并求 $\boldsymbol{x}$ 的 $\mathcal{B}$-坐标向量，其中

$$\boldsymbol{v}_1=\begin{bmatrix}11\\-5\\10\\7\end{bmatrix}, \boldsymbol{v}_2=\begin{bmatrix}14\\-8\\13\\10\end{bmatrix}, \boldsymbol{x}=\begin{bmatrix}19\\-13\\18\\15\end{bmatrix}$$

40. [M] 令 $H=\mathrm{Span}\{\boldsymbol{v}_1,\boldsymbol{v}_2,\boldsymbol{v}_3\}, \mathcal{B}=\{\boldsymbol{v}_1,\boldsymbol{v}_2,\boldsymbol{v}_3\}$，证明：$\mathcal{B}$ 是 H 的一个基并且 $\boldsymbol{x}$ 在 H 中，再求 $\boldsymbol{x}$ 的 $\mathcal{B}$-坐标向量，其中

$$\boldsymbol{v}_1=\begin{bmatrix}-6\\4\\-9\\4\end{bmatrix}, \boldsymbol{v}_2=\begin{bmatrix}8\\-3\\7\\-3\end{bmatrix}, \boldsymbol{v}_3=\begin{bmatrix}-9\\5\\-8\\3\end{bmatrix}, \boldsymbol{x}=\begin{bmatrix}4\\7\\-8\\3\end{bmatrix}$$

习题41和42涉及钛的晶体格，它具有六边形结构，见图4-24左图. $\mathbb{R}^3$ 中向量 $\begin{bmatrix}2.6\\-1.5\\0\end{bmatrix}, \begin{bmatrix}0\\3\\0\end{bmatrix}, \begin{bmatrix}0\\0\\4.8\end{bmatrix}$ 构成右图所示单位方格的一组基. 这里的数字是以埃（1埃 $=10^{-8}$ 厘米）为单位的. 在钛合金中，一些添加的原子可能在"八面体的"和"四面体的"位置的单位方格内.（这样命名是由于这些位置的原子所形成的几何对象.）

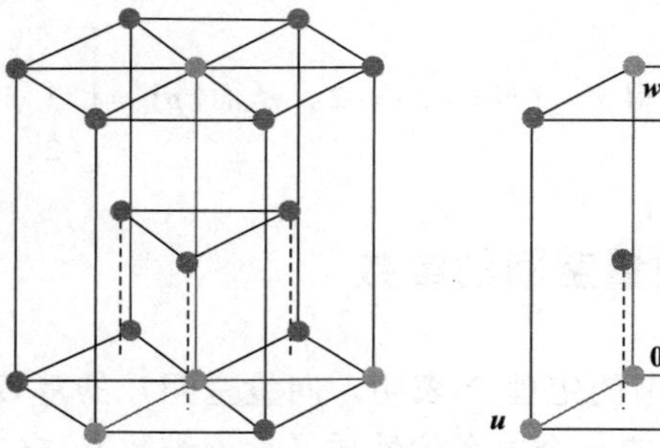

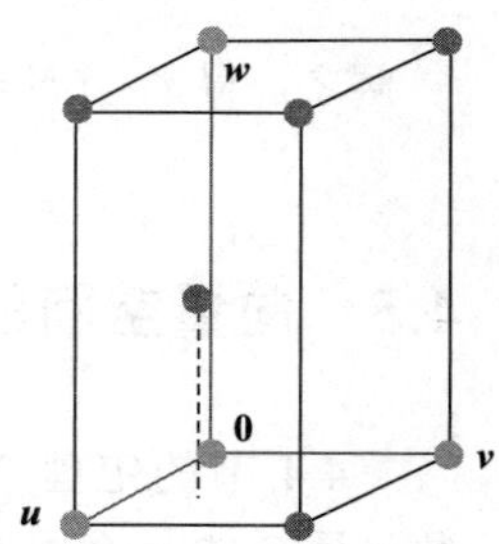

图4-24 六边形的封装晶格和它的单位方格

41. 相对于格的基，八面体中一个位置为 $\begin{bmatrix}1/2\\1/4\\1/6\end{bmatrix}$. 相对于 $\mathbb{R}^3$ 的标准基，确定这个位置的坐标.

42. 四面体中一个点的位置为 $\begin{bmatrix}1/2\\1/2\\1/3\end{bmatrix}$. 相对于 $\mathbb{R}^3$ 的标准基，确定这个位置的坐标.

练习题答案

1. a. 矩阵 $\boldsymbol{P}_{\mathcal{B}}=[\boldsymbol{b}_1\quad \boldsymbol{b}_2\quad \boldsymbol{b}_3]$ 行等价于单位矩阵是明显的. 由可逆矩阵定理，$\boldsymbol{P}_{\mathcal{B}}$ 是可逆的，且它的列构成 $\mathbb{R}^3$ 的一个基.

 b. 由（a）知，坐标变换矩阵为 $\boldsymbol{P}_{\mathcal{B}}=\begin{bmatrix}1&-3&3\\0&4&-6\\0&0&3\end{bmatrix}$.

c. $\boldsymbol{x}=P_{\mathcal{B}}[\boldsymbol{x}]_{\mathcal{B}}$.

d. 为解（c）中方程，行化简增广矩阵而不计算 $\boldsymbol{P}_{\mathcal{B}}^{-1}$ 可能更容易一些：

$$\underset{\boldsymbol{P}_{\mathcal{B}}\qquad\qquad \boldsymbol{x}}{\begin{bmatrix}1&-3&3&-8\\0&4&-6&2\\0&0&3&3\end{bmatrix}}\sim\underset{\boldsymbol{I}\qquad\qquad [\boldsymbol{x}]_{\mathcal{B}}}{\begin{bmatrix}1&0&0&-5\\0&1&0&2\\0&0&1&1\end{bmatrix}}$$

从而

$$[\boldsymbol{x}]_{\mathcal{B}}=\begin{bmatrix}-5\\2\\1\end{bmatrix}$$

2. $\boldsymbol{p}(t)=6+3t-t^2$ 相对于 $\mathcal{B}$ 的坐标满足 $c_1(1+t)+c_2(1+t^2)+c_3(t+t^2)=6+3t-t^2$. 对比 t 的同次幂项的系数有

$$\begin{aligned}c_1+c_2\qquad &= 6\\ c_1\qquad +c_3 &= 3\\ c_2+c_3 &= -1\end{aligned}$$

解之，得 $c_1=5,c_2=1,c_3=-2$，从而 $[\boldsymbol{p}]_{\mathcal{B}}=\begin{bmatrix}5\\1\\-2\end{bmatrix}$.

4.5 向量空间的维数

4.4 节的定理 9 表明，向量空间 V 的基 $\mathcal{B}$ 若含有 n 个向量，则 V 与 $\mathbb{R}^n$ 同构. 本节我们证明数 n 是 V 的一个内在的性质（称为维数），它不依赖基的选择. 维数的讨论将使我们对基的性质有更深入的理解.

第一个定理推广了关于向量空间 $\mathbb{R}^n$ 的一个著名的结果.

定理 10 若向量空间 V 具有一组基 $\mathcal{B}=\{\boldsymbol{b}_1,\boldsymbol{b}_2,\cdots,\boldsymbol{b}_n\}$，则 V 中任意包含多于 n 个向量的集合一定线性相关.

证 令 $\{\boldsymbol{u}_1,\boldsymbol{u}_2,\cdots,\boldsymbol{u}_p\}$ 是 V 中一个含有多于 n 个向量的集合. 因为坐标向量 $[\boldsymbol{u}_1]_{\mathcal{B}},[\boldsymbol{u}_2]_{\mathcal{B}},\cdots,[\boldsymbol{u}_p]_{\mathcal{B}}$ 的个数（p）多于每个向量中元素的个数（n），所以 $[\boldsymbol{u}_1]_{\mathcal{B}},[\boldsymbol{u}_2]_{\mathcal{B}},\cdots,[\boldsymbol{u}_p]_{\mathcal{B}}$ 线性相关. 于是存在数 $c_1,c_2,\cdots,c_p$ 不全为 0，使得

$$c_1[\boldsymbol{u}_1]_{\mathcal{B}}+c_2[\boldsymbol{u}_2]_{\mathcal{B}}+\cdots+c_p[\boldsymbol{u}_p]_{\mathcal{B}}=\begin{bmatrix}0\\\vdots\\0\end{bmatrix}\qquad \mathbb{R}^n \text{ 中的零向量}$$

因为坐标映射是线性变换，故

$$[c_1\boldsymbol{u}_1+c_2\boldsymbol{u}_2+\cdots+c_p\boldsymbol{u}_p]_{\mathcal{B}}=\begin{bmatrix}0\\\vdots\\0\end{bmatrix}$$

上式右边的零向量展示了从 $\mathcal{B}$ 中的基向量构建向量 $c_1\boldsymbol{u}_1+c_2\boldsymbol{u}_2+\cdots+c_p\boldsymbol{u}_p$ 所需的 n 个权，即 $c_1\boldsymbol{u}_1+$

$c_2\boldsymbol{u}_2+\cdots+c_p\boldsymbol{u}_p=0\cdot\boldsymbol{b}_1+0\cdot\boldsymbol{b}_2+\cdots+0\cdot\boldsymbol{b}_n=\boldsymbol{0}$. 因为 c_i 不全为零，所以 $\{\boldsymbol{u}_1,\boldsymbol{u}_2,\cdots,\boldsymbol{u}_p\}$ 是线性相关的.[⊖] ■

由定理 10 可推出如果一向量空间 V 有一组基 $\mathcal{B}=\{\boldsymbol{b}_1,\boldsymbol{b}_2,\cdots,\boldsymbol{b}_n\}$，则 V 的每个线性无关集由多于 n 个向量组成.

定理 11 若向量空间 V 有一组基含有 n 个向量，则 V 的每一组基一定恰好含有 n 个向量.

证 令 $\mathcal{B}_1$ 是一个含 n 个向量的基，$\mathcal{B}_2$ 是 V 的任一另外的基. 因为 $\mathcal{B}_1$ 是一个基，$\mathcal{B}_2$ 是线性无关的，故由定理 10，$\mathcal{B}_2$ 不能含有多于 n 个向量. 同理由于 $\mathcal{B}_2$ 是一个基，$\mathcal{B}_1$ 线性无关，故 $\mathcal{B}_2$ 至少含有 n 个向量，于是 $\mathcal{B}_2$ 恰好含有 n 个向量. ■

如果一个非零向量空间 V 由有限集 S 生成，则由生成集定理，S 的一个子集是 V 的一个基. 由此，定理 11 保证下列定义有意义.

定义 若向量空间 V 由一个有限集生成，则 V 称为**有限维的**，V 的维数写成 $\dim V$，是 V 的基中向量的个数. 零向量空间 $\{\boldsymbol{0}\}$ 的维数定义为零. 如果 V 不能由一有限集生成，则 V 称为**无穷维的**.

例 1 $\mathbb{R}^n$ 的标准基含有 n 个向量，所以 $\dim\mathbb{R}^n=n$. 标准的多项式基 $\{1,t,t^2\}$ 表明 $\dim\mathbb{P}_2=3$. 一般而言，$\dim\mathbb{P}_n=n+1$. 所有多项式的空间 $\mathbb{P}$ 是无穷维的. ■

例 2 令 $H=\mathrm{Span}\{\boldsymbol{v}_1,\boldsymbol{v}_2\}$，其中 $\boldsymbol{v}_1=\begin{bmatrix}3\\6\\2\end{bmatrix},\boldsymbol{v}_2=\begin{bmatrix}-1\\0\\1\end{bmatrix}$，则 H 是 4.4 节的例 7 中研究过的平面. H 的一个基为 $\{\boldsymbol{v}_1,\boldsymbol{v}_2\}$，这是由于 $\boldsymbol{v}_1$ 和 $\boldsymbol{v}_2$ 不是倍数关系从而线性无关，于是 $\dim H=2$. ■

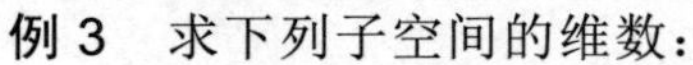

例 3 求下列子空间的维数：

$$H=\left\{\begin{bmatrix}a-3b+6c\\5a+4d\\b-2c-d\\5d\end{bmatrix}:a,b,c,d\in\mathbb{R}\right\}$$

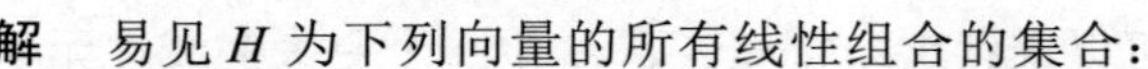

解 易见 H 为下列向量的所有线性组合的集合：

$$\boldsymbol{v}_1=\begin{bmatrix}1\\5\\0\\0\end{bmatrix},\boldsymbol{v}_2=\begin{bmatrix}-3\\0\\1\\0\end{bmatrix},\boldsymbol{v}_3=\begin{bmatrix}6\\0\\-2\\0\end{bmatrix},\boldsymbol{v}_4=\begin{bmatrix}0\\4\\-1\\5\end{bmatrix}$$

显然 $\boldsymbol{v}_1\neq\boldsymbol{0}$，$\boldsymbol{v}_2$ 不是 $\boldsymbol{v}_1$ 的倍数，但 $\boldsymbol{v}_3$ 是 $\boldsymbol{v}_2$ 的倍数. 由生成集定理，去掉 $\boldsymbol{v}_3$ 仍可生成 H. 最后由于 $\boldsymbol{v}_4$ 不是 $\boldsymbol{v}_1$ 和 $\boldsymbol{v}_2$ 的线性组合，所以 $\{\boldsymbol{v}_1,\boldsymbol{v}_2,\boldsymbol{v}_4\}$ 是线性无关的（由 4.3 节中定理 4），进而是 H 的一个

⊖ 定理 10 也可应用到 V 的无限集中. 一个无限集称为线性相关的，如果其中某一有限集是线性相关的，否则这个无限集是线性无关的. 若 S 是 V 中一个无限集，任取 S 的子集 $\{\boldsymbol{u}_1,\boldsymbol{u}_2,\cdots,\boldsymbol{u}_p\}$，$p>n$，上面的证明表明这个子集是线性相关的，从而 S 也是线性相关的.

基，于是 $\dim H = 3$. ■

例 4　$\mathbb{R}^3$ 的子空间可用维数分类，见图 4-25.

零维子空间．只有零子空间是零维子空间.

一维子空间．任一由单一非零向量生成的子空间，这样的子空间是经过原点的直线.

二维子空间．任一由两个线性无关向量生成的子空间，这样的子空间是通过原点的平面.

三维子空间．只有 $\mathbb{R}^3$ 本身是三维子空间．由可逆矩阵定理，$\mathbb{R}^3$ 中任意 3 个线性无关向量生成整个 $\mathbb{R}^3$.

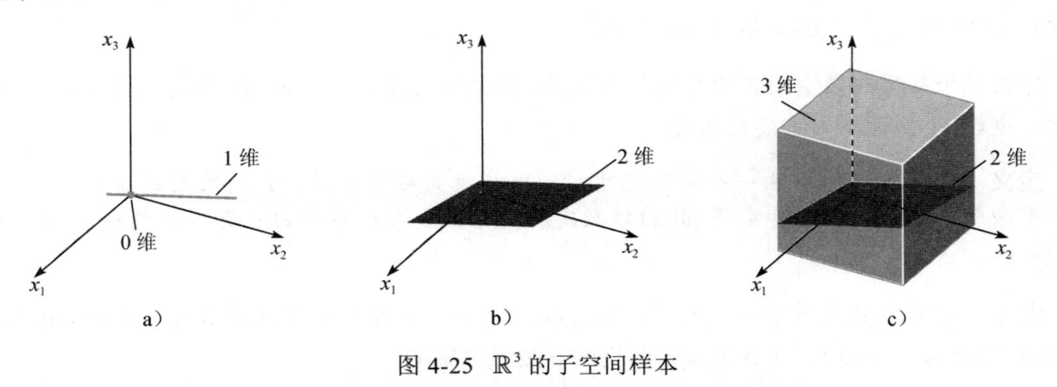

图 4-25　$\mathbb{R}^3$ 的子空间样本 ■

有限维空间的子空间

下一个定理是生成集定理的一个自然配对.

定理 12　*令 H 是有限维向量空间 V 的子空间，若有必要的话，H 中任一个线性无关集均可以扩充成为 H 的一个基．H 也是有限维的并且*

$$\dim H \leqslant \dim V$$

证　若 $H = \{\mathbf{0}\}$，必然有 $\dim H = 0 \leqslant \dim V$．否则，令 $S = \{\boldsymbol{u}_1, \boldsymbol{u}_2, \cdots, \boldsymbol{u}_k\}$ 是 H 中任一线性无关集．若 S 生成 H，则 S 是 H 的一个基．否则，存在 H 中某向量 $\boldsymbol{u}_{k+1}$ 不在 $\text{Span}\ S$ 中．但 $\{\boldsymbol{u}_1, \boldsymbol{u}_2, \cdots, \boldsymbol{u}_k, \boldsymbol{u}_{k+1}\}$ 将会是线性无关的，这是因为此集中没有一个向量可以表示为其前面向量的线性组合（由定理 4）.

只要这个新集合不能生成 H，我们就可以继续这个扩充 S 到 H 中一个更大的线性无关集的过程．但由定理 10，S 的线性无关扩充中向量的个数永远不能超过 V 的维数，所以 S 的扩充最终会生成 H 而且将成为 H 的一个基，同时 $\dim H \leqslant \dim V$. ■

当一个线性空间或子空间的维数已知后，通过下一个定理，求一个基就简单了．即如果一个集合有适当个数的元素，则我们仅需要证明这个集合是线性无关的或者它生成这个空间．这个定理在许多应用问题（例如微分方程或差分方程）中均具有非常重要的意义，其中线性无关性比生成性更容易验证.

定理 13　（基定理）

令 V 是一个 p 维向量空间，$p \geqslant 1$，V 中任意含有 p 个元素的线性无关集必然是 V 的一个基．任意含有 p 个元素且生成 V 的集合自然是 V 的一个基.

证 由定理 12，含 p 个元素的线性无关集 S 可以扩充为 V 的一个基. 但由于 $\dim V = p$，因此基必须恰好包含 p 个向量. 所以 S 已经是 V 的一个基. 现假设 S 含有 p 个元素且生成 V. 因为 V 是非零的，故生成集定理表明 S 的一个子集 S' 是 V 的一个基. 因为 $\dim V = p$, 故 S' 一定包含 p 个向量，从而 $S = S'$. ■

Nul *A*、Col *A* 和 Row *A* 的维数

由于 $m \times n$ 矩阵的零空间和列空间的维数被经常用到，所以它们有特定的名称.

定义 *$m \times n$ 矩阵 $\boldsymbol{A}$ 的秩是列空间的维数，$\boldsymbol{A}$ 的零维是零空间的维数.*

矩阵 $\boldsymbol{A}$ 的主元列构成 Col $\boldsymbol{A}$ 的一个基，因此 $\boldsymbol{A}$ 的秩就是主元列的个数. 由于 Row $\boldsymbol{A}$ 的一个基可以从 $\boldsymbol{A}$ 的行最简阶梯形的主元行中找到，所以 Row $\boldsymbol{A}$ 的维数也等于 $\boldsymbol{A}$ 的秩.

求 Nul $\boldsymbol{A}$ 的维数似乎需要做更多的工作，因为求 Nul $\boldsymbol{A}$ 的一个基通常比求 Col $\boldsymbol{A}$ 的一个基要复杂.但是这里却有个捷径：令 $\boldsymbol{A}$ 是一个 $m \times n$ 矩阵，假设方程 $\boldsymbol{Ax} = \boldsymbol{0}$ 有个 k 自由变量.由 4.2 节我们知道，求 Nul $\boldsymbol{A}$ 的生成集的标准方法将恰好产生 k 个线性无关的向量，也就是 $\boldsymbol{u}_1, \boldsymbol{u}_2, \cdots, \boldsymbol{u}_k$，每一个向量都对应一个自由变量. 所以 $\{\boldsymbol{u}_1, \boldsymbol{u}_2, \cdots, \boldsymbol{u}_k\}$ 是 Nul $\boldsymbol{A}$ 的一个基，且自由变量的个数决定了基的大小.

为了后面的参考，我们总结一下这些事实.

一个 $m \times n$ 矩阵 $\boldsymbol{A}$ 的秩是主元列的数量，$\boldsymbol{A}$ 的零维是自由变量的数量.由于行空间的维数是主元行的数量，所以它也等于 $\boldsymbol{A}$ 的秩.

把这些观察结论放在一起，就得到了秩定理.

定理 14 （秩定理）

一个 $m \times n$ 矩阵 $\boldsymbol{A}$ 的列空间的维数和 $\boldsymbol{A}$ 的零空间的维数满足下面的方程：

$$\text{rank}\ \boldsymbol{A} + \dim \text{Nul}\ \boldsymbol{A} = \boldsymbol{A}\text{ 的列数}$$

证 根据 4.3 节的定理 6，rank $\boldsymbol{A}$ 是 $\boldsymbol{A}$ 中主元列的个数. Nul $\boldsymbol{A}$ 的维数等于方程 $\boldsymbol{Ax} = \boldsymbol{0}$ 中自由变量的个数.换句话说，Nul $\boldsymbol{A}$ 的维数是 $\boldsymbol{A}$ 中非主元列的个数.（与 Nul $\boldsymbol{A}$ 相关的是这些列的数目，而不是列本身.）显然有

$$\{\text{主元列个数}\} + \{\text{非主元列个数}\} = \{\text{列的个数}\}$$

这就完成了证明.

例 5 求 $\boldsymbol{A}$ 的零维和秩.

$$\boldsymbol{A} = \begin{bmatrix} -3 & 6 & -1 & 1 & -7 \\ 1 & -2 & 2 & 3 & -1 \\ 2 & -4 & 5 & 8 & -4 \end{bmatrix}$$

解 通过行化简将增广矩阵 $\begin{bmatrix} \boldsymbol{A} & \boldsymbol{0} \end{bmatrix}$ 化成阶梯形：

$$\boldsymbol{B} = \begin{bmatrix} 1 & -2 & 2 & 3 & -1 & 0 \\ 0 & 0 & 1 & 2 & -2 & 0 \\ 0 & 0 & 0 & 0 & 0 & 0 \end{bmatrix}$$

这里有 3 个自由变量 x_2, x_4 和 x_5，因此 Nul $\boldsymbol{A}$ 的维数是 3. 此外，因为 $\boldsymbol{A}$ 有两个主元列，所以 rank $\boldsymbol{A}$=2.

定理14后面的思想在例5的计算中可以看到．$\boldsymbol{A}$的阶梯形$\boldsymbol{B}$的两个主元位置确定了基本变量，同时也确定了Col $\boldsymbol{A}$和Row $\boldsymbol{A}$的基向量．

例 6　a．若$\boldsymbol{A}$是一个7×9矩阵，具有二维零空间，$\boldsymbol{A}$的秩是多少？

b．一个6×9矩阵能有二维零空间吗？

解　a．因为$\boldsymbol{A}$有9列，故$(\text{rank}\,\boldsymbol{A})+2=9$，从而$\text{rank}\,\boldsymbol{A}=7$．

b．不能．若$\boldsymbol{B}$为一个6×9矩阵，具有二维零空间，则它的秩一定等于7（由秩定理）．但$\boldsymbol{B}$的列是$\mathbb{R}^6$中的向量，从而Col $\boldsymbol{B}$的维数不能超过6，即rank $\boldsymbol{B}$不能超过6．■

下一个例子为我们一直研究的子空间的直观化提供了一个好的方法．在第6章中，我们将学习Row $\boldsymbol{A}$和Nul $\boldsymbol{A}$的公共向量只有零向量，并且事实上二者是相互“垂直”的．此结果对Row $\boldsymbol{A}^{\mathrm{T}}$(= Col $\boldsymbol{A}$)和Nul $\boldsymbol{A}^{\mathrm{T}}$同样适用．所以例7中的图4-26对一般情形建立了一个易于理解的图像．

例 7　令$\boldsymbol{A}=\begin{bmatrix}3&0&-1\\3&0&-1\\4&0&5\end{bmatrix}$，容易检验Nul $\boldsymbol{A}$是x_2轴，Row $\boldsymbol{A}$是x_1x_3平面，Col $\boldsymbol{A}$是方程为$x_1-x_2=0$的平面，Nul $\boldsymbol{A}^{\mathrm{T}}$是所有$(1,-1,0)$的倍数构成的集合．图4-26展示出在线性变换$\boldsymbol{x}\mapsto\boldsymbol{A}\boldsymbol{x}$的定义域中的Nul $\boldsymbol{A}$和Row $\boldsymbol{A}$，这个映射的值域Col $\boldsymbol{A}$连同Nul $\boldsymbol{A}^{\mathrm{T}}$展示在另一个$\mathbb{R}^3$中．

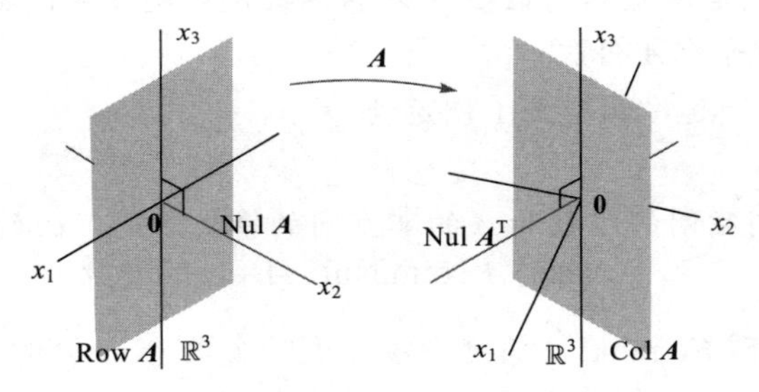

图4-26　由矩阵$\boldsymbol{A}$确定的子空间　■

应用到方程组

秩定理是处理线性方程组的信息的一个有力工具．下一个例子模拟一个可能利用线性方程陈述的现实问题，例中没有直接用到线性代数的术语（如矩阵、子空间、维数等）．

例 8　一个科学家对一个40个方程42个变量的齐次方程组求出了两个解，这两个解不是倍数关系，而且其他所有解均能表示为这两个解的适当倍数之和．这个科学家能确定一个相应的非齐次方程组（与此齐次方程组有相同的系数）有解吗？

解　有解．令$\boldsymbol{A}$是这个方程组的40×42系数矩阵，已给的条件蕴涵这两个解是线性无关的且能生成Nul $\boldsymbol{A}$，所以$\dim\text{Nul}\,\boldsymbol{A}=2$．由秩定理，$\text{rank}\,\boldsymbol{A}=42-2=40$．由于$\mathbb{R}^{40}$是$\mathbb{R}^{40}$唯一的维数是40的子空间，故Col $\boldsymbol{A}$一定等于$\mathbb{R}^{40}$，这表明每个非齐次方程$\boldsymbol{A}\boldsymbol{x}=\boldsymbol{b}$有一个解．■

秩和可逆矩阵定理

与矩阵相关的各种线性空间的概念为可逆矩阵定理提供了更多的命题，这里仅列出新的命题，但我们把它们接在2.3节中原可逆矩阵定理和已添加到其中的命题的后面．

定理　（可逆矩阵定理（续））

令 $\boldsymbol{A}$ 是一个 $n\times n$ 矩阵，则下列命题中的每一个均等价于 $\boldsymbol{A}$ 是可逆矩阵：

m. $\boldsymbol{A}$ 的列构成 $\mathbb{R}^n$ 的一个基.

n. $\mathrm{Col}\,\boldsymbol{A}=\mathbb{R}^n$.

o. $\mathrm{rank}\,\boldsymbol{A}=n$.

p. $\dim\mathrm{Nul}\,\boldsymbol{A}=0$.

q. $\mathrm{Nul}\,\boldsymbol{A}=\{\boldsymbol{0}\}$.

证　从线性无关和生成的角度看，命题 m 与命题 e、h 是逻辑上等价的. 至于上面其他四个命题，可由下列常见的蕴涵关系将它们与这个定理早期的一些命题连接起来：

$$g\Rightarrow n\Rightarrow o\Rightarrow p\Rightarrow q\Rightarrow d$$

命题 g 称对 $\mathbb{R}^n$ 中的每个 $\boldsymbol{b}$，方程 $\boldsymbol{Ax}=\boldsymbol{b}$ 至少有一个解，由此可以推出 n，因为 $\mathrm{Col}\,\boldsymbol{A}$ 实际上就是使方程 $\boldsymbol{Ax}=\boldsymbol{b}$ 相容的所有 $\boldsymbol{b}$ 的集合. 蕴涵式 n⇒o 由维数和秩的定义可以推出. 如果 $\boldsymbol{A}$ 的秩等于 n，即等于 $\boldsymbol{A}$ 的列的个数，则由秩定理有 $\dim\mathrm{Nul}\,\boldsymbol{A}=0$，也就是 $\mathrm{Nul}\,\boldsymbol{A}=\{\boldsymbol{0}\}$. 于是(o)⇒ p ⇒q. 而且由 q 可以推出方程 $\boldsymbol{Ax}=\boldsymbol{0}$ 只有平凡解，即命题 d. 因为已经知道命题 d 和 g 与 $\boldsymbol{A}$ 是可逆的命题是等价的，于是定理证毕. ■

我们没有将关于 $\boldsymbol{A}$ 的行空间的命题添加到可逆矩阵定理中，这是因为行空间是 $\boldsymbol{A}^{\mathrm{T}}$ 的列空间. 回顾可逆矩阵定理的(1)，即 $\boldsymbol{A}$ 可逆当且仅当 $\boldsymbol{A}^{\mathrm{T}}$ 可逆，从而可逆矩阵定理的每个命题也适合 $\boldsymbol{A}^{\mathrm{T}}$，这样做将定理的长度加倍，从而产生一串超过 30 个的命题！

数值计算的注解　本书中讨论的许多算法对理解概念和进行简单的手工运算是有用的. 然而，这些算法通常不适合大规模的现实问题.

秩的确定是一个很好的例子. 将矩阵简化为阶梯形然后再数主元个数似乎很容易，但是除非在一个元素被明确指定的矩阵上执行精确的算法，否则行变换可能改变一个矩阵表面上的秩. 比如，若矩阵 $\begin{bmatrix}5 & 7\\ 5 & x\end{bmatrix}$ 中的 x 值在计算机中不是精确地存储为 7，那么秩可能是 1 或 2，这依赖于计算机是否将 $x-7$ 当作零处理.

在实际应用中，矩阵 $\boldsymbol{A}$ 的有效秩常由 $\boldsymbol{A}$ 的奇异值分解来确定，这将在 7.4 节中讨论.这种分解也是求 $\mathrm{Col}\,\boldsymbol{A}$, $\mathrm{Row}\,\boldsymbol{A}$, $\mathrm{Nul}\,\boldsymbol{A}$ 和 $\mathrm{Nul}\,\boldsymbol{A}^{\mathrm{T}}$ 基的可靠来源.

练习题

1. 判定各命题的真假，并说明理由. 这里 V 是一个非零的有限维向量空间.
   a. 如果 $\dim V=p$，S 是 V 的线性相关子集，则 S 包含多于 p 个向量.
   b. 如果 S 生成 V，T 是 V 的子集，且 T 中的向量个数多于 S 中的向量个数，则 T 线性相关.
2. 设 H 和 K 是向量空间 V 的子空间，在 4.1 节习题 40 中说明了 $H\cap K$ 也 V 的子空间.证明：$\dim(H\cap K)\leqslant\dim H$.

习题 4.5

对习题 1~8 中的每个子集，(a)求它的一个基，(b)求出它的维数.

1. $\left\{\begin{bmatrix} s-2t \\ s+t \\ 3t \end{bmatrix}: s, t \in \mathbb{R}\right\}$

2. $\left\{\begin{bmatrix} 4s \\ -3s \\ -t \end{bmatrix}: s, t \in \mathbb{R}\right\}$

3. $\left\{\begin{bmatrix} 2c \\ a-b \\ b-3c \\ a+2b \end{bmatrix}: a, b, c \in \mathbb{R}\right\}$

4. $\left\{\begin{bmatrix} a+b \\ 2a \\ 3a-b \\ -b \end{bmatrix}: a, b \in \mathbb{R}\right\}$

5. $\left\{\begin{bmatrix} a-4b-2c \\ 2a+5b-4c \\ -a+2c \\ -3a+7b+6c \end{bmatrix}: a, b, c \in \mathbb{R}\right\}$

6. $\left\{\begin{bmatrix} 3a+6b-c \\ 6a-2b-2c \\ -9a+5b+3c \\ -3a+b+c \end{bmatrix}: a, b, c \in \mathbb{R}\right\}$

7. $\{(a,b,c): a-3b+c=0, b-2c=0, 2b-c=0\}$

8. $\{(a,b,c,d): a-3b+c=0\}$

在习题 9 和 10 中，求由给定的向量生成的子空间的维数.

9. $\begin{bmatrix} 1 \\ 0 \\ 2 \end{bmatrix}, \begin{bmatrix} 3 \\ 1 \\ 1 \end{bmatrix}, \begin{bmatrix} 9 \\ 4 \\ -2 \end{bmatrix}, \begin{bmatrix} -7 \\ -3 \\ 1 \end{bmatrix}$

10. $\begin{bmatrix} 1 \\ -2 \\ 0 \end{bmatrix}, \begin{bmatrix} -3 \\ 4 \\ 0 \end{bmatrix}, \begin{bmatrix} -8 \\ 6 \\ 5 \end{bmatrix}, \begin{bmatrix} -3 \\ 0 \\ 7 \end{bmatrix}$

确定习题 11~16 中给出的矩阵的 Nul $\boldsymbol{A}$，Col $\boldsymbol{A}$ 和 Row $\boldsymbol{A}$ 的维数.

11. $\boldsymbol{A} = \begin{bmatrix} 1 & -6 & 9 & 0 & -2 \\ 0 & 1 & 2 & -4 & 5 \\ 0 & 0 & 0 & 5 & 1 \\ 0 & 0 & 0 & 0 & 0 \end{bmatrix}$

12. $\boldsymbol{A} = \begin{bmatrix} 1 & 3 & -4 & 2 & -1 & 6 \\ 0 & 0 & 1 & -3 & 7 & 0 \\ 0 & 0 & 0 & 1 & 4 & -3 \\ 0 & 0 & 0 & 0 & 0 & 0 \end{bmatrix}$

13. $\boldsymbol{A} = \begin{bmatrix} 1 & 0 & 9 & 5 \\ 0 & 0 & 1 & -4 \end{bmatrix}$

14. $\boldsymbol{A} = \begin{bmatrix} 3 & 4 \\ -6 & 10 \end{bmatrix}$

15. $\boldsymbol{A} = \begin{bmatrix} 1 & -1 & 0 \\ 0 & 4 & 7 \\ 0 & 0 & 5 \end{bmatrix}$

16. $\boldsymbol{A} = \begin{bmatrix} 1 & 4 & -1 \\ 0 & 7 & 0 \\ 0 & 0 & 0 \end{bmatrix}$

在习题 17~26 中，V 是一个向量空间，$\boldsymbol{A}$ 是一个 $m \times n$ 矩阵.判定各命题的真假(T/F)，并说明理由.

17. (T/F) 矩阵的主元列个数等于列空间的维数.

18. (T/F) 方程 $\boldsymbol{Ax} = \boldsymbol{0}$ 中变量的个数等于 Nul $\boldsymbol{A}$ 的维数.

19. (T/F) $\mathbb{R}^3$ 中的平面是 $\mathbb{R}^3$ 的二维子空间.

20. (T/F) 向量空间 $\mathbb{P}_4$ 的维数是 4.

21. (T/F) 信号的向量空间 $\mathbb{S}$ 的维数是 10.

22. (T/F) 矩阵 $\boldsymbol{A}$ 的行空间与列空间具有相同的维数，即使 $\boldsymbol{A}$ 不是方阵，此结论也成立.

23. (T/F) 如 $\boldsymbol{B}$ 是 $\boldsymbol{A}$ 的任一阶梯形，则 $\boldsymbol{B}$ 的主元列构成 $\boldsymbol{A}$ 的列空间的一个基.

24. (T/F) $\boldsymbol{A}$ 的零空间的维数等于 $\boldsymbol{A}$ 的非主元列个数.

25. (T/F) 如果集合 $\{\boldsymbol{v}_1, \boldsymbol{v}_2, \cdots, \boldsymbol{v}_p\}$ 生成一个有限维向量空间 V, T 是 V 中一个多于 p 个向量的集合，则 T 是线性相关的.

26. (T/F) 如果一个向量空间是由一个无限集合生成的，则它是无限维的.

27. 前四个埃尔米特多项式是 $1, 2t, -2+4t^2$ 和 $-12t+8t^2$，这些多项式来自数学物理学中的某些重要的微分方程的研究[⊖]. 证明：前四个埃尔米特多项式构成 $\mathbb{P}_3$ 的一个基.

⊖ 参见 *Introduction to Functional Analysis*, 2nd ed., by A. E. Taylor and David C. Lay (New York: John Wiley& Sons, 1980), pp. 92-93. 多项式的其他集合在该书中也有讨论.

28. 前四个拉盖尔多项式是$1, 1-t, 2-4t+t^2$ 和$6-18t+9t^2-t^3$.证明：这些多项式构成$\mathbb{P}_3$的一个基.
29. 设$\mathcal{B}$是$\mathbb{P}_3$的一个基，它由习题27中的埃尔米特多项式组成，令$\boldsymbol{p}(t)=7-12t-8t^2+12t^3$.求$\boldsymbol{p}$关于$\mathcal{B}$的向量坐标.
30. 设$\mathcal{B}$是$\mathbb{P}_2$的一个基，它由习题28中的拉盖尔多项式组成，令$\boldsymbol{p}(t)=7-8t+3t^2$，求$\boldsymbol{p}$关于$\mathcal{B}$的向量坐标.
31. 设S是n维向量空间V的一个子集，假设S中向量的个数小于n，解释S为什么不能生成V.
32. 设H是n维向量空间V的一个n维子空间，证明$H=V$.
33. 若一个3×8矩阵$\boldsymbol{A}$的秩为3，求$\dim \operatorname{Nul} \boldsymbol{A}$，$\operatorname{rank} \boldsymbol{A}$和$\operatorname{rank} \boldsymbol{A}^{\mathrm{T}}$.
34. 若一个6×3矩阵$\boldsymbol{A}$的秩为3，求$\dim \operatorname{Nul} \boldsymbol{A}$，$\operatorname{rank} \boldsymbol{A}$和$\operatorname{rank} \boldsymbol{A}^{\mathrm{T}}$.
35. 假设4×7矩阵$\boldsymbol{A}$有4个主元列，$\operatorname{Col} \boldsymbol{A}=\mathbb{R}^4$成立吗？$\operatorname{Nul} \boldsymbol{A}=\mathbb{R}^3$成立吗？解释你的答案.
36. 假设5×6矩阵$\boldsymbol{A}$有4个主元列，$\dim \operatorname{Nul} \boldsymbol{A}$是多少？$\operatorname{Col} \boldsymbol{A}=\mathbb{R}^4$吗？解释你的答案.
37. 若5×6矩阵$\boldsymbol{A}$的零空间是4维的，$\boldsymbol{A}$的列空间和行空间的维数是多少？
38. 若7×6矩阵$\boldsymbol{A}$的零空间是5维的，$\boldsymbol{A}$的列空间和行空间的维数是多少？
39. 若$\boldsymbol{A}$是7×5矩阵，$\boldsymbol{A}$的秩最大可能为多少？若$\boldsymbol{A}$是5×7矩阵，$\boldsymbol{A}$的秩最大可能为多少？解释你的答案.
40. 若$\boldsymbol{A}$是4×3矩阵，$\boldsymbol{A}$的行空间的维数最大可能为多少？若$\boldsymbol{A}$是3×4矩阵，$\boldsymbol{A}$的行空间的维数最大可能为多少？解释你的答案.
41. 解释为什么所有多项式构成的空间$\mathbb{P}$是一个无限维空间.
42. 证明：定义在实数轴上的所有连续函数构成的空间$C(\mathbb{R})$是无限维空间.

在习题43~48中，V是一个非零有限维向量空间，所列出的向量属于V，判断各命题的真假(T/F)，并说明理由.（这些问题比习题17~26更难.）

43. (T/F) 若存在一个集合$\{\boldsymbol{v}_1, \boldsymbol{v}_2, \cdots, \boldsymbol{v}_p\}$生成$V$，则$\dim V \leqslant p$.
44. (T/F) 若V中存在一个线性相关集合$\{\boldsymbol{v}_1, \cdots, \boldsymbol{v}_p\}$，则$\dim V \leqslant p$.
45. (T/F) 若V中存在一个线性无关集合$\{\boldsymbol{v}_1, \boldsymbol{v}_2, \cdots, \boldsymbol{v}_p\}$，则$\dim V \geqslant p$.
46. (T/F) 若$\dim V=p$，则V中存在一个含$p+1$个向量的生成集.
47. (T/F)若V中任意由p个元素组成的集合都不能生成V，则$\dim V>p$.
48. (T/F)若$p \geqslant 2$且$\dim V=p$，则每个由$p-1$个非零向量构成的集合是线性无关的.
49. 验证等式：$\dim \operatorname{Row} \boldsymbol{A}+\dim \operatorname{Nul} \boldsymbol{A}=n$，$n$为$\boldsymbol{A}$的列数.
50. 验证等式：$\dim \operatorname{Row} \boldsymbol{A}+\dim \operatorname{Nul} \boldsymbol{A}^{\mathrm{T}}=m$，$m$为$\boldsymbol{A}$的行数.

在习题51和52中，涉及有限维向量空间V, W和线性变换$T: V \rightarrow W$.

51. 设H是V的非零子空间，$T(H)$是H中向量的像的集合，则由4.2节习题47可知，$T(H)$是W的一个子空间. 证明：$\dim T(H) \leqslant \dim H$.
52. 设H是V的非零子空间，T是一个由V到W内的一对一（线性）映射. 证明$\dim T(H)=\dim H$.如果T还是满射，那么$\dim V=\dim W$.同构的有限维向量空间具有相同的维数.
53. [M]根据定理12，$\mathbb{R}^n$中的线性无关集$\{\boldsymbol{v}_1, \boldsymbol{v}_2, \cdots, \boldsymbol{v}_k\}$可以扩充为$\mathbb{R}^n$的一个基.一个方法就是构造$\boldsymbol{A}=\left[\boldsymbol{v}_1\ \boldsymbol{v}_2 \cdots \boldsymbol{v}_k\ \boldsymbol{e}_1\ \boldsymbol{e}_2 \cdots \boldsymbol{e}_n\right]$，其中$\boldsymbol{e}_1, \boldsymbol{e}_2, \cdots, \boldsymbol{e}_n$是单位矩阵的列，则$\boldsymbol{A}$的主元列构成$\mathbb{R}^n$的一个基.

    a. 利用上面介绍的方法来将下列向量扩充成$\mathbb{R}^5$的基：

$$v_1=\begin{bmatrix}-9\\-7\\8\\-5\\7\end{bmatrix},v_2=\begin{bmatrix}9\\4\\1\\6\\-7\end{bmatrix},v_3=\begin{bmatrix}6\\7\\-8\\5\\-7\end{bmatrix}$$

b. 解释为什么该方法在一般情况下也适用：为什么初始向量 $v_1,v_2,\cdots,v_k$ 包含在所求的 $\mathrm{Col}\,A$ 的基中？为什么 $\mathrm{Col}\,A=\mathbb{R}^n$？

54. [M]设 $\mathcal{B}=\{1,\cos t,\cos^2 t,\cdots,\cos^6 t\}$，$\mathcal{C}=\{1,\cos t,\cos 2t,\cdots,\cos 6t\}$.假设下列三角恒等式成立（见 4.1 节习题 45）.

$$\cos 2t=-1+2\cos^2 t$$
$$\cos 3t=-3\cos t+4\cos^3 t$$
$$\cos 4t=1-8\cos^2 t+8\cos^4 t$$
$$\cos 5t=5\cos t-20\cos^3 t+16\cos^5 t$$
$$\cos 6t=-1+18\cos^2 t-48\cos^4 t+32\cos^6 t$$

设 H 是由 $\mathcal{B}$ 中的函数生成的函数子空间，则由 4.3 节习题 48 知，$\mathcal{B}$ 是 H 的基.

a. 写出 $\mathcal{C}$ 中向量的 $\mathcal{B}-$坐标向量，并利用它们证明：$\mathcal{C}$ 是 H 的线性无关集.

b. 解释为什么 $\mathcal{C}$ 是 H 的基.

练习题答案

1. a. 错. 考虑集合 $\{0\}$.

b. 对. 根据生成集定理，S 包含 V 的一个基，此基记为 S'.那么，T 中的向量多于 S'.由定理 10 可知，T 是线性相关的.

2. 设 $\{v_1,v_2,\cdots,v_p\}$ 是 $H\cap K$ 的一组基，则 $\{v_1,v_2,\cdots,v_p\}$ 是 H 的线性无关子集，由定理 12，$\{v_1,v_2,\cdots,v_p\}$ 能被扩充为 H 的一组基.由于子空间的维数等于基的向量数，故 $\dim(H\cap K)\leqslant\dim H$.

4.6 基的变换

对一个 n 维向量空间 V，当一个基 $\mathcal{B}$ 取定后，与之相关的映射到 $\mathbb{R}^n$ 上的坐标映射为 V 提供了一个坐标系. V 中每个向量 x 由它的 $\mathcal{B}-$坐标向量 $[x]_{\mathcal{B}}$ 唯一确定.[㊀]

在某些应用中，一个问题开始是用一个基 $\mathcal{B}$ 描述，但问题的解可通过将 $\mathcal{B}$ 变为一个新的基 $\mathcal{C}$ 得到帮助（例子将在第 5 章和第 7 章中给出）. 每个向量被确定为一个新的 $\mathcal{C}-$坐标向量. 在本节中，我们研究对每个 $x\in V$，如何将 $[x]_{\mathcal{C}}$ 与 $[x]_{\mathcal{B}}$ 联系起来.

为使问题直观化，考虑图 4-27 中的两个坐标系. 在图 4-27a 中，$x=3b_1+b_2$，而在图 4-27b

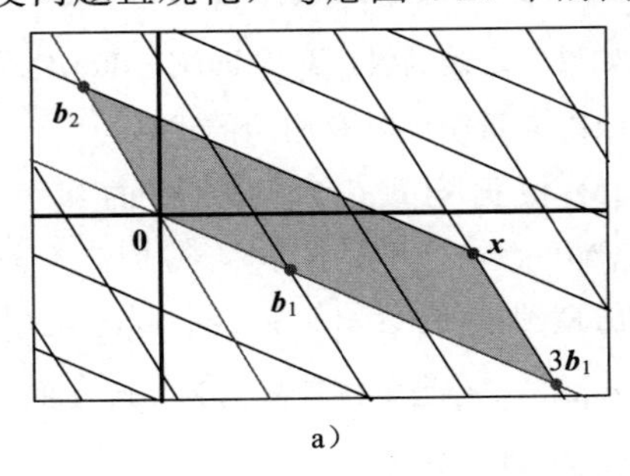

a）

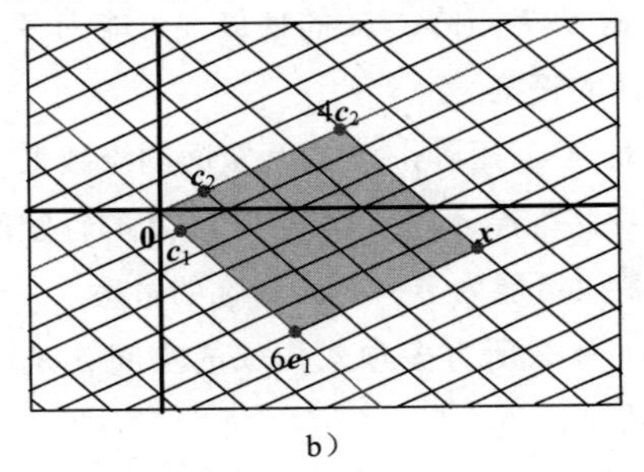

b）

图 4-27　同样向量空间的两个坐标系

㊀ 将 $[x]_{\mathcal{B}}$ 看作 x 的一个“名字”，它列出权将 x 表示为 $\mathcal{B}$ 中基向量的线性组合.

中，同样的 $\boldsymbol{x}$ 表示为 $\boldsymbol{x}=6\boldsymbol{c}_1+4\boldsymbol{c}_2$，即

$$[\boldsymbol{x}]_{\mathcal{B}}=\begin{bmatrix}3\\1\end{bmatrix},\ [\boldsymbol{x}]_{\mathcal{C}}=\begin{bmatrix}6\\4\end{bmatrix}$$

我们的问题是找到这两个坐标向量之间的联系. 例 1 表明如果我们知道如何由 $\boldsymbol{c}_1$ 和 $\boldsymbol{c}_2$ 得到 $\boldsymbol{b}_1$ 和 $\boldsymbol{b}_2$ 就可以做到这一点.

例 1 对一个向量空间 V，考虑两个基 $\mathcal{B}=\{\boldsymbol{b}_1,\boldsymbol{b}_2\}$ 和 $\mathcal{C}=\{\boldsymbol{c}_1,\boldsymbol{c}_2\}$，满足

$$\begin{aligned}\boldsymbol{b}_1&=4\boldsymbol{c}_1+\boldsymbol{c}_2,\\ \boldsymbol{b}_2&=-6\boldsymbol{c}_1+\boldsymbol{c}_2\end{aligned}\tag{1}$$

假设

$$\boldsymbol{x}=3\boldsymbol{b}_1+\boldsymbol{b}_2\tag{2}$$

即假设 $[\boldsymbol{x}]_{\mathcal{B}}=\begin{bmatrix}3\\1\end{bmatrix}$，求 $[\boldsymbol{x}]_{\mathcal{C}}$.

解 对（2）式中 $\boldsymbol{x}$ 应用由 $\mathcal{C}$ 确定的坐标映射. 因为坐标映射是一个线性变换，

$$\begin{aligned}[\boldsymbol{x}]_{\mathcal{C}}&=[3\boldsymbol{b}_1+\boldsymbol{b}_2]_{\mathcal{C}}\\ &=3[\boldsymbol{b}_1]_{\mathcal{C}}+[\boldsymbol{b}_2]_{\mathcal{C}}\end{aligned}$$

利用将线性组合中的向量作为矩阵的列，我们可以将这个向量方程写成一个矩阵方程：

$$[\boldsymbol{x}]_{\mathcal{C}}=\big[[\boldsymbol{b}_1]_{\mathcal{C}}\ \ [\boldsymbol{b}_2]_{\mathcal{C}}\big]\begin{bmatrix}3\\1\end{bmatrix}\tag{3}$$

只要知道该矩阵的列，这个公式就给出了 $[\boldsymbol{x}]_{\mathcal{C}}$. 由（1），

$$[\boldsymbol{b}_1]_{\mathcal{C}}=\begin{bmatrix}4\\1\end{bmatrix},$$

$$[\boldsymbol{b}_2]_{\mathcal{C}}=\begin{bmatrix}-6\\1\end{bmatrix}$$

于是（3）式给出了解：

$$[\boldsymbol{x}]_{\mathcal{C}}=\begin{bmatrix}4&-6\\1&1\end{bmatrix}\begin{bmatrix}3\\1\end{bmatrix}=\begin{bmatrix}6\\4\end{bmatrix}$$

即与图 4-27 中 $\boldsymbol{x}$ 相匹配的 $\boldsymbol{x}$ 的 $\mathcal{C}-$坐标. ■

可以将推导出公式（3）的论证推广从而产生下列结果.（见习题 17 和 18.）

定理 15 设 $\mathcal{B}=\{\boldsymbol{b}_1,\boldsymbol{b}_2,\cdots,\boldsymbol{b}_n\}$ 和 $\mathcal{C}=\{\boldsymbol{c}_1,\boldsymbol{c}_2,\cdots,\boldsymbol{c}_n\}$ 是向量空间 V 的基，则存在一个 $n\times n$ 矩阵 $\underset{\mathcal{C}\leftarrow\mathcal{B}}{P}$ 使得

$$[\boldsymbol{x}]_{\mathcal{C}}=\underset{\mathcal{C}\leftarrow\mathcal{B}}{P}[\boldsymbol{x}]_{\mathcal{B}}\tag{4}$$

$\underset{\mathcal{C}\leftarrow\mathcal{B}}{\boldsymbol{P}}$ 的列是基 $\mathcal{B}$ 中向量的 $\mathcal{C}-$坐标向量，即

$$\underset{\mathcal{C}\leftarrow\mathcal{B}}{\boldsymbol{P}}=\big[[\boldsymbol{b}_1]_{\mathcal{C}}\ \ [\boldsymbol{b}_2]_{\mathcal{C}}\ \ \cdots\ \ [\boldsymbol{b}_n]_{\mathcal{C}}\big]\tag{5}$$

定理 15 中矩阵 $\underset{\mathcal{C}\leftarrow\mathcal{B}}{P}$ 称为**由 $\mathcal{B}$ 到 $\mathcal{C}$ 的坐标变换矩阵**. 乘以 $\underset{\mathcal{C}\leftarrow\mathcal{B}}{P}$ 的运算将 $\mathcal{B}-$坐标变为 $\mathcal{C}-$坐标，[㊀] 图 4-28 给出坐标变换方程（4）的说明.

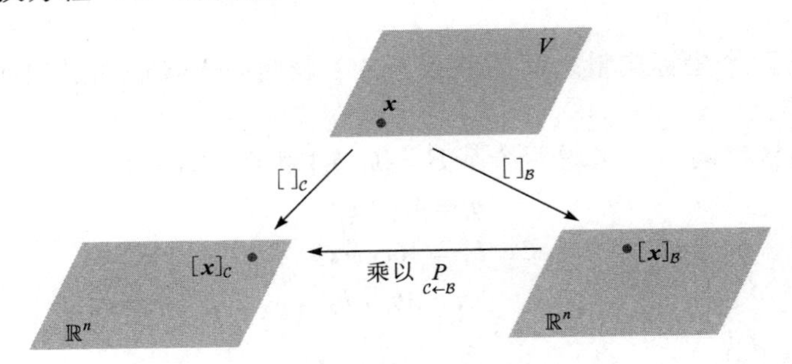

图 4-28　V 的两个坐标系

$\underset{\mathcal{C}\leftarrow\mathcal{B}}{P}$ 的列是线性无关的，这是因为它们是线性无关集 $\mathcal{B}$ 的坐标向量（见 4.4 节习题 29）. 因为 $\underset{\mathcal{C}\leftarrow\mathcal{B}}{P}$ 是方阵，所以由可逆矩阵定理，$\underset{\mathcal{C}\leftarrow\mathcal{B}}{P}$ 必是可逆的. 将（4）式两边左乘以 $\left(\underset{\mathcal{C}\leftarrow\mathcal{B}}{P}\right)^{-1}$，得

$$\left(\underset{\mathcal{C}\leftarrow\mathcal{B}}{P}\right)^{-1}[\boldsymbol{x}]_{\mathcal{C}}=[\boldsymbol{x}]_{\mathcal{B}}$$

于是 $\left(\underset{\mathcal{C}\leftarrow\mathcal{B}}{P}\right)^{-1}$ 是将 $\mathcal{C}-$坐标变为 $\mathcal{B}-$坐标的矩阵，即

$$\left(\underset{\mathcal{C}\leftarrow\mathcal{B}}{P}\right)^{-1}=\underset{\mathcal{B}\leftarrow\mathcal{C}}{P}\tag{6}$$

$\mathbb{R}^n$ 中基的变换

若 $\mathcal{B}=\{\boldsymbol{b}_1,\boldsymbol{b}_2,\cdots,\boldsymbol{b}_n\}$，$\mathcal{E}$ 是 $\mathbb{R}^n$ 中的标准基 $\{\boldsymbol{e}_1,\boldsymbol{e}_2,\cdots,\boldsymbol{e}_n\}$，则 $[\boldsymbol{b}_1]_{\mathcal{E}}=\boldsymbol{b}_1$，$\mathcal{B}$ 中其他向量也类似. 在此情形下，$\underset{\mathcal{E}\leftarrow\mathcal{B}}{P}$ 与 4.4 节中引入的坐标变换矩阵 $P_{\mathcal{B}}$ 相同，即

$$P_{\mathcal{B}}=[\boldsymbol{b}_1\quad \boldsymbol{b}_2\quad \cdots\quad \boldsymbol{b}_n]$$

为了在 $\mathbb{R}^n$ 中两个非标准基之间变换坐标，我们需要定理 15. 定理 15 表明为解决基变换问题，需要原来的基关于新的基的坐标向量.

例 2　设 $\boldsymbol{b}_1=\begin{bmatrix}-9\\1\end{bmatrix},\boldsymbol{b}_2=\begin{bmatrix}-5\\-1\end{bmatrix},\boldsymbol{c}_1=\begin{bmatrix}1\\-4\end{bmatrix},\boldsymbol{c}_2=\begin{bmatrix}3\\-5\end{bmatrix}$，考虑 $\mathbb{R}^2$ 中的基 $\mathcal{B}=\{\boldsymbol{b}_1,\boldsymbol{b}_2\}$，$\mathcal{C}=\{\boldsymbol{c}_1,\boldsymbol{c}_2\}$，求由 $\mathcal{B}$ 到 $\mathcal{C}$ 的坐标变换矩阵.

解　矩阵 $\underset{\mathcal{C}\leftarrow\mathcal{B}}{P}$ 涉及 $\boldsymbol{b}_1$ 和 $\boldsymbol{b}_2$ 的 $\mathcal{C}-$坐标向量. 设 $[\boldsymbol{b}_1]_{\mathcal{C}}=\begin{bmatrix}x_1\\x_2\end{bmatrix},[\boldsymbol{b}_2]_{\mathcal{C}}=\begin{bmatrix}y_1\\y_2\end{bmatrix}$，于是由定义，

$$[\boldsymbol{c}_1\quad \boldsymbol{c}_2]\begin{bmatrix}x_1\\x_2\end{bmatrix}=\boldsymbol{b}_1,\ [\boldsymbol{c}_1\quad \boldsymbol{c}_2]\begin{bmatrix}y_1\\y_2\end{bmatrix}=\boldsymbol{b}_2$$

㊀ 为了记住如何构造这个矩阵，将 $\underset{\mathcal{C}\leftarrow\mathcal{B}}{P}[\boldsymbol{x}]_{\mathcal{B}}$ 看作 $\underset{\mathcal{C}\leftarrow\mathcal{B}}{P}$ 的列的线性组合，这个矩阵-向量积是一个 $\mathcal{C}-$坐标向量，所以 $\underset{\mathcal{C}\leftarrow\mathcal{B}}{P}$ 的列也应该是 $\mathcal{C}-$坐标向量.

为了同步解出这两个方程组，将 $\boldsymbol{b}_1$ 和 $\boldsymbol{b}_2$ 增加到系数矩阵中并进行行化简：

$$[\boldsymbol{c}_1\ \ \boldsymbol{c}_2\ \vdots\ \boldsymbol{b}_1\ \ \boldsymbol{b}_2]=\begin{bmatrix}1 & 3 & \vdots & -9 & -5\\ -4 & -5 & \vdots & 1 & -1\end{bmatrix}\sim\begin{bmatrix}1 & 0 & \vdots & 6 & 4\\ 0 & 1 & \vdots & -5 & -3\end{bmatrix}\tag{7}$$

于是 $[\boldsymbol{b}_1]_{\mathcal{C}}=\begin{bmatrix}6\\-5\end{bmatrix}$, $[\boldsymbol{b}_2]_{\mathcal{C}}=\begin{bmatrix}4\\-3\end{bmatrix}$. 因此所要求的坐标变换矩阵是

$$\underset{\mathcal{C}\leftarrow\mathcal{B}}{\boldsymbol{P}}=[\,[\boldsymbol{b}_1]_{\mathcal{C}}\quad[\boldsymbol{b}_2]_{\mathcal{C}}]=\begin{bmatrix}6 & 4\\ -5 & -3\end{bmatrix}$$ ■

观察例 2 中的矩阵 $\underset{\mathcal{C}\leftarrow\mathcal{B}}{\boldsymbol{P}}$，它已经出现在（7）式中，这并不会令人感到意外，因为 $\underset{\mathcal{C}\leftarrow\mathcal{B}}{\boldsymbol{P}}$ 的第 1 列是行化简 $[\boldsymbol{c}_1\ \ \boldsymbol{c}_2\ \vdots\ \boldsymbol{b}_1]$ 到 $[\boldsymbol{I}\ \vdots\ \ [\boldsymbol{b}_1]_{\mathcal{C}}]$ 的结果，对 $\underset{\mathcal{C}\leftarrow\mathcal{B}}{\boldsymbol{P}}$ 的第 2 列也是类似的，于是

$$[\boldsymbol{c}_1\quad\boldsymbol{c}_2\ \vdots\ \boldsymbol{b}_1\quad\boldsymbol{b}_2]\sim\left[\boldsymbol{I}\ \vdots\ \underset{\mathcal{C}\leftarrow\mathcal{B}}{\boldsymbol{P}}\right]$$

求 $\mathbb{R}^n$ 中的任意两个基之间的坐标变换矩阵具有类似的步骤.

例 3 设 $\boldsymbol{b}_1=\begin{bmatrix}1\\-3\end{bmatrix},\boldsymbol{b}_2=\begin{bmatrix}-2\\4\end{bmatrix},\boldsymbol{c}_1=\begin{bmatrix}-7\\9\end{bmatrix},\boldsymbol{c}_2=\begin{bmatrix}-5\\7\end{bmatrix}$，考虑 $\mathbb{R}^2$ 中的基 $\mathcal{B}=\{\boldsymbol{b}_1,\boldsymbol{b}_2\},\mathcal{C}=\{\boldsymbol{c}_1,\boldsymbol{c}_2\}$.

a. 求由 $\mathcal{C}$ 到 $\mathcal{B}$ 的坐标变换矩阵.

b. 求由 $\mathcal{B}$ 到 $\mathcal{C}$ 的坐标变换矩阵.

解 a. 注意求 $\underset{\mathcal{B}\leftarrow\mathcal{C}}{\boldsymbol{P}}$ 比求 $\underset{\mathcal{C}\leftarrow\mathcal{B}}{\boldsymbol{P}}$ 更方便，计算

$$[\boldsymbol{b}_1\ \ \boldsymbol{b}_2\ \vdots\ \boldsymbol{c}_1\ \ \boldsymbol{c}_2]=\begin{bmatrix}1 & -2 & \vdots & -7 & -5\\ -3 & 4 & \vdots & 9 & 7\end{bmatrix}\sim\begin{bmatrix}1 & 0 & \vdots & 5 & 3\\ 0 & 1 & \vdots & 6 & 4\end{bmatrix}$$

所以

$$\underset{\mathcal{B}\leftarrow\mathcal{C}}{\boldsymbol{P}}=\begin{bmatrix}5 & 3\\ 6 & 4\end{bmatrix}$$

b. 由（a）和上面的性质（6）式（将 $\mathcal{B}$ 和 $\mathcal{C}$ 互换）

$$\underset{\mathcal{C}\leftarrow\mathcal{B}}{\boldsymbol{P}}=\left(\underset{\mathcal{B}\leftarrow\mathcal{C}}{\boldsymbol{P}}\right)^{-1}=\frac{1}{2}\begin{bmatrix}4 & -3\\ -6 & 5\end{bmatrix}=\begin{bmatrix}2 & -3/2\\ -3 & 5/2\end{bmatrix}$$ ■

另一个关于坐标变换矩阵 $\underset{\mathcal{C}\leftarrow\mathcal{B}}{\boldsymbol{P}}$ 的描述是使用坐标变换矩阵 $\boldsymbol{P}_{\mathcal{B}}$ 和 $\boldsymbol{P}_{\mathcal{C}}$ 分别将 $\mathcal{B}$－坐标和 $\mathcal{C}$－坐标转换成为标准坐标. 回忆对 $\mathbb{R}^n$ 中的每个 $\boldsymbol{x}$，有

$$\boldsymbol{P}_{\mathcal{B}}[\boldsymbol{x}]_{\mathcal{B}}=\boldsymbol{x},\ \boldsymbol{P}_{\mathcal{C}}[\boldsymbol{x}]_{\mathcal{C}}=\boldsymbol{x},\ [\boldsymbol{x}]_{\mathcal{C}}=\boldsymbol{P}_{\mathcal{C}}^{-1}\boldsymbol{x}$$

于是

$$[\boldsymbol{x}]_{\mathcal{C}}=\boldsymbol{P}_{\mathcal{C}}^{-1}\boldsymbol{x}=\boldsymbol{P}_{\mathcal{C}}^{-1}\boldsymbol{P}_{\mathcal{B}}[\boldsymbol{x}]_{\mathcal{B}}$$

在 $\mathbb{R}^n$ 中，坐标变换矩阵 $\underset{\mathcal{C}\leftarrow\mathcal{B}}{\boldsymbol{P}}$ 可以用 $\boldsymbol{P}_{\mathcal{C}}^{-1}\boldsymbol{P}_{\mathcal{B}}$ 来计算. 事实上，对于比 2×2 更大的矩阵，一个类似于例 3 的算法比先计算 $\boldsymbol{P}_{\mathcal{C}}^{-1}$ 再计算 $\boldsymbol{P}_{\mathcal{C}}^{-1}\boldsymbol{P}_{\mathcal{B}}$ 的方法更快，见 2.2 节习题 22.

练习题

1. 设 $\mathcal{F}=\{\boldsymbol{f}_1,\boldsymbol{f}_2\},\mathcal{G}=\{\boldsymbol{g}_1,\boldsymbol{g}_2\}$ 为向量空间 V 的两个基，$\boldsymbol{P}$ 为一个矩阵，它的列是 $[\boldsymbol{f}_1]_{\mathcal{G}}$ 和 $[\boldsymbol{f}_2]_{\mathcal{G}}$. 对所有 $\boldsymbol{v}\in V,\boldsymbol{P}$ 满足下列哪一个方程？

$$\text{(i)}\,[\boldsymbol{v}]_{\mathcal{F}}=\boldsymbol{P}[\boldsymbol{v}]_{\mathcal{G}}\qquad\text{(ii)}\,[\boldsymbol{v}]_{\mathcal{G}}=\boldsymbol{P}[\boldsymbol{v}]_{\mathcal{F}}$$

2. 设 $\mathcal{B}$ 和 $\mathcal{C}$ 如例 1 所示，利用例 1 的结果求由 $\mathcal{C}$ 到 $\mathcal{B}$ 的坐标变换矩阵.

习题 4.6

1. 设 $\mathcal{B}=\{\boldsymbol{b}_1,\boldsymbol{b}_2\}$ 和 $\mathcal{C}=\{\boldsymbol{c}_1,\boldsymbol{c}_2\}$ 是向量空间 V 的两个基，设

$$\boldsymbol{b}_1=6\boldsymbol{c}_1-2\boldsymbol{c}_2,\ \boldsymbol{b}_2=9\boldsymbol{c}_1-4\boldsymbol{c}_2$$

   a. 求由 $\mathcal{B}$ 到 $\mathcal{C}$ 的坐标变换矩阵.
   b. 利用（a），对 $\boldsymbol{x}=-3\boldsymbol{b}_1+2\boldsymbol{b}_2$，求 $[\boldsymbol{x}]_{\mathcal{C}}$.

2. 设 $\mathcal{B}=\{\boldsymbol{b}_1,\boldsymbol{b}_2\}$ 和 $\mathcal{C}=\{\boldsymbol{c}_1,\boldsymbol{c}_2\}$ 是向量空间 V 的两个基，设

$$\boldsymbol{b}_1=-\boldsymbol{c}_1+4\boldsymbol{c}_2,\ \boldsymbol{b}_2=5\boldsymbol{c}_1-3\boldsymbol{c}_2$$

   a. 求由 $\mathcal{B}$ 到 $\mathcal{C}$ 的坐标变换矩阵.
   b. 对 $\boldsymbol{x}=5\boldsymbol{b}_1+3\boldsymbol{b}_2$，求 $[\boldsymbol{x}]_{\mathcal{C}}$.

3. 设 $\mathcal{U}=\{\boldsymbol{u}_1,\boldsymbol{u}_2\}$ 和 $\mathcal{W}=\{\boldsymbol{w}_1,\boldsymbol{w}_2\}$ 是 V 的两个基，$\boldsymbol{P}$ 为一个矩阵，它的列为 $[\boldsymbol{u}_1]_{\mathcal{W}}$ 和 $[\boldsymbol{u}_2]_{\mathcal{W}}$. 对所有 $\boldsymbol{x}\in V$，$\boldsymbol{P}$ 满足以下哪一个方程？

   (i) $[\boldsymbol{x}]_{\mathcal{U}}=\boldsymbol{P}[\boldsymbol{x}]_{\mathcal{W}}$　(ii) $[\boldsymbol{x}]_{\mathcal{W}}=\boldsymbol{P}[\boldsymbol{x}]_{\mathcal{U}}$

4. 设 $\mathcal{A}=\{\boldsymbol{a}_1,\boldsymbol{a}_2,\boldsymbol{a}_3\}$ 和 $\mathcal{D}=\{\boldsymbol{d}_1,\boldsymbol{d}_2,\boldsymbol{d}_3\}$ 是 V 的两个基，$\boldsymbol{P}=[[\boldsymbol{d}_1]_{\mathcal{A}}\ [\boldsymbol{d}_2]_{\mathcal{A}}\ [\boldsymbol{d}_3]_{\mathcal{A}}]$. 对所有 $\boldsymbol{x}\in V$，$\boldsymbol{P}$ 满足以下哪一个方程？

   (i) $[\boldsymbol{x}]_{\mathcal{A}}=\boldsymbol{P}[\boldsymbol{x}]_{\mathcal{D}}$　(ii) $[\boldsymbol{x}]_{\mathcal{D}}=\boldsymbol{P}[\boldsymbol{x}]_{\mathcal{A}}$

5. 设 $\mathcal{A}=\{\boldsymbol{a}_1,\boldsymbol{a}_2,\boldsymbol{a}_3\}$ 和 $\mathcal{B}=\{\boldsymbol{b}_1,\boldsymbol{b}_2,\boldsymbol{b}_3\}$ 是向量空间 V 的两个基，设 $\boldsymbol{a}_1=4\boldsymbol{b}_1-\boldsymbol{b}_2$，$\boldsymbol{a}_2=-\boldsymbol{b}_1+\boldsymbol{b}_2+\boldsymbol{b}_3$，$\boldsymbol{a}_3=\boldsymbol{b}_2-2\boldsymbol{b}_3$.
   a. 求由 $\mathcal{A}$ 到 $\mathcal{B}$ 的坐标变换矩阵.
   b. 对 $\boldsymbol{x}=3\boldsymbol{a}_1+4\boldsymbol{a}_2+\boldsymbol{a}_3$，求 $[\boldsymbol{x}]_{\mathcal{B}}$.

6. 设 $\mathcal{D}=\{\boldsymbol{d}_1,\boldsymbol{d}_2,\boldsymbol{d}_3\}$ 和 $\mathcal{F}=\{\boldsymbol{f}_1,\boldsymbol{f}_2,\boldsymbol{f}_3\}$ 是向量空间 V 的两个基，设 $\boldsymbol{f}_1=2\boldsymbol{d}_1-\boldsymbol{d}_2+\boldsymbol{d}_3$，$\boldsymbol{f}_2=3\boldsymbol{d}_2+\boldsymbol{d}_3$，$\boldsymbol{f}_3=-3\boldsymbol{d}_1+2\boldsymbol{d}_3$.
   a. 求由 $\mathcal{F}$ 到 $\mathcal{D}$ 的坐标变换矩阵.
   b. 对 $\boldsymbol{x}=\boldsymbol{f}_1-2\boldsymbol{f}_2+2\boldsymbol{f}_3$，求 $[\boldsymbol{x}]_{\mathcal{D}}$.

在习题 7~10 中，设 $\mathcal{B}=\{\boldsymbol{b}_1,\boldsymbol{b}_2\}$ 和 $\mathcal{C}=\{\boldsymbol{c}_1,\boldsymbol{c}_2\}$ 是 $\mathbb{R}^2$ 的两个基，求由 $\mathcal{B}$ 到 $\mathcal{C}$ 的坐标变换矩阵和由 $\mathcal{C}$ 到 $\mathcal{B}$ 的坐标变换矩阵.

7. $\boldsymbol{b}_1=\begin{bmatrix}7\\5\end{bmatrix},\boldsymbol{b}_2=\begin{bmatrix}-3\\-1\end{bmatrix},\boldsymbol{c}_1=\begin{bmatrix}1\\-5\end{bmatrix},\boldsymbol{c}_2=\begin{bmatrix}-2\\2\end{bmatrix}$

8. $\boldsymbol{b}_1=\begin{bmatrix}-1\\8\end{bmatrix},\boldsymbol{b}_2=\begin{bmatrix}1\\-5\end{bmatrix},\boldsymbol{c}_1=\begin{bmatrix}1\\4\end{bmatrix},\boldsymbol{c}_2=\begin{bmatrix}1\\1\end{bmatrix}$

9. $\boldsymbol{b}_1=\begin{bmatrix}-6\\-1\end{bmatrix},\boldsymbol{b}_2=\begin{bmatrix}2\\0\end{bmatrix},\boldsymbol{c}_1=\begin{bmatrix}2\\-1\end{bmatrix},\boldsymbol{c}_2=\begin{bmatrix}6\\-2\end{bmatrix}$

10. $\boldsymbol{b}_1=\begin{bmatrix}7\\-2\end{bmatrix},\boldsymbol{b}_2=\begin{bmatrix}2\\-1\end{bmatrix},\boldsymbol{c}_1=\begin{bmatrix}4\\1\end{bmatrix},\boldsymbol{c}_2=\begin{bmatrix}5\\2\end{bmatrix}$

在习题 11~14 中，$\mathcal{B}$ 和 $\mathcal{C}$ 是向量空间 V 的两个基，标出每个命题的真假(T/F)，给出理由.

11. (T/F)坐标变换矩阵 $\underset{\mathcal{C}\leftarrow\mathcal{B}}{\boldsymbol{P}}$ 的列是 $\mathcal{C}$ 中向量的 $\mathcal{B}-$坐标向量.

12. (T/F) $\underset{\mathcal{C}\leftarrow\mathcal{B}}{\boldsymbol{P}}$ 的列是线性无关的.

13. (T/F)若 $V=\mathbb{R}^n$，$\mathcal{C}$ 为 V 的标准基，则 $\underset{\mathcal{C}\leftarrow\mathcal{B}}{\boldsymbol{P}}$ 与 4.4 节中引入的坐标变换矩阵 $\boldsymbol{P}_{\mathcal{B}}$ 相同.

14. (T/F)若 $V=\mathbb{R}^2$，$\mathcal{B}=\{\boldsymbol{b}_1,\boldsymbol{b}_2\}$，$\mathcal{C}=\{\boldsymbol{c}_1,\boldsymbol{c}_2\}$，则将 $[\boldsymbol{c}_1\ \boldsymbol{c}_2\ \boldsymbol{b}_1\ \boldsymbol{b}_2]$ 行化简为 $[\boldsymbol{I}\ \ \boldsymbol{P}]$ 时产生一矩阵 $\boldsymbol{P}$，满足对任意 $\boldsymbol{x}\in V$，均有 $[\boldsymbol{x}]_{\mathcal{B}}=\boldsymbol{P}[\boldsymbol{x}]_{\mathcal{C}}$.

15. 在 $\mathbb{P}_2$ 中，求由基 $\mathcal{B}=\{1-2t+t^2,3-5t+4t^2,2t+3t^2\}$ 到标准基 $\mathcal{C}=\{1,t,t^2\}$ 的坐标变换矩阵，再求 $-1+2t$ 的 $\mathcal{B}-$坐标向量.

16. 在 $\mathbb{P}_2$ 中，求由基 $\mathcal{B}=\{1-3t^2,2+t-5t^2,1+2t\}$ 到标准基的坐标变换矩阵，再将 t^2 写成 $\mathcal{B}$ 中多项式的线性组合.

在习题 17 和 18 中，通过填写正确的理由完成定理 15 的证明.

17. 给定 $\boldsymbol{v}\in V$，则对某些数 $x_1,x_2,\cdots,x_n$ 有

$$\boldsymbol{v}=x_1\boldsymbol{b}_1+x_2\boldsymbol{b}_2+\cdots+x_n\boldsymbol{b}_n$$

这是因为 ___(a)___. 应用由基 $\mathcal{C}$ 确定的坐标映射，有

$$[\boldsymbol{v}]_{\mathcal{C}}=x_1[\boldsymbol{b}_1]_{\mathcal{C}}+x_2[\boldsymbol{b}_2]_{\mathcal{C}}+\cdots+x_n[\boldsymbol{b}_n]_{\mathcal{C}}$$

这是因为 ___(b)___. 由定义 ___(c)___，我们可以将这个方程写成以下形式：

$$[\boldsymbol{v}]_{\mathcal{C}}=[[\boldsymbol{b}_1]_{\mathcal{C}}\quad[\boldsymbol{b}_2]_{\mathcal{C}}\quad\cdots\quad[\boldsymbol{b}_n]_{\mathcal{C}}]\begin{bmatrix}x_1\\x_2\\\vdots\\x_n\end{bmatrix}\qquad(8)$$

因为（8）式右边的向量是 __(d)__ ，这就证明了对于 $\boldsymbol{v}\in V$，（5）式中的矩阵 $\underset{\mathcal{C}\leftarrow\mathcal{B}}{\boldsymbol{P}}$ 满足 $[\boldsymbol{v}]_{\mathcal{C}}=\underset{\mathcal{C}\leftarrow\mathcal{B}}{\boldsymbol{P}}[\boldsymbol{v}]_{\mathcal{B}}$.

18. 设 $\boldsymbol{Q}$ 是任意矩阵，使得

$$[\boldsymbol{v}]_{\mathcal{C}}=Q[\boldsymbol{v}]_{\mathcal{B}},\quad \boldsymbol{v}\in V\qquad(9)$$

在（9）中，设 $\boldsymbol{v}=\boldsymbol{b}_1$，则（9）式表明 $[\boldsymbol{b}_1]_{\mathcal{C}}$ 是 $\boldsymbol{Q}$ 的第一列，这是因为 __(a)__ . 类似地，对 k=2，3，…，n，$\boldsymbol{Q}$ 的第 k 列是 __(b)__ 这是因为 __(c)__ . 这表明由定理 15 中的（5）定义的矩阵 $\underset{\mathcal{C}\leftarrow\mathcal{B}}{\boldsymbol{P}}$ 是满足条件（4）的唯一矩阵.

19. [M] 设 $\mathcal{B}=\{\boldsymbol{x}_0,\boldsymbol{x}_1,\cdots,\boldsymbol{x}_6\}$，$\mathcal{C}=\{\boldsymbol{y}_0,\boldsymbol{y}_1,\cdots,\boldsymbol{y}_6\}$，其中 $\boldsymbol{x}_k$ 是函数 $\cos^k t$，$\boldsymbol{y}_k$ 是函数 $\cos kt$，4.5 节习题 54 证明 $\mathcal{B}$ 和 $\mathcal{C}$ 都是向量空间 $H=\text{Span}\{\boldsymbol{x}_0,\boldsymbol{x}_2,\cdots,\boldsymbol{x}_6\}$ 的基.
   a. 设 $\boldsymbol{P}=[[\boldsymbol{y}_0]_{\mathcal{B}}[\boldsymbol{y}_1]_{\mathcal{B}}\cdots[\boldsymbol{y}_6]_{\mathcal{B}}]$，计算 $\boldsymbol{P}^{-1}$.
   b. 解释为什么 $\boldsymbol{P}^{-1}$ 的列是 $\boldsymbol{x}_0,\boldsymbol{x}_1,\cdots,\boldsymbol{x}_6$ 的 $\mathcal{C}$-坐标向量，然后利用这些坐标向量写出用 $\mathcal{C}$ 中函数表示 $\cos t$ 的幂的三角恒等式.

20. [M]（需要微积分的知识）㊀回顾微积分中如下积分：

$$\int(5\cos^3 t-6\cos^4 t+5\cos^5 t-12\cos^6 t)\mathrm{d}t\quad(10)$$

其计算过程是烦琐的.（通常的方法是重复利用分部积分法和半角公式.）使用习题 19 的矩阵 $\boldsymbol{P}$ 或 $\boldsymbol{P}^{-1}$ 变换（10）式，再计算这个积分.

21. [M] 设 $\boldsymbol{P}=\begin{bmatrix}1&2&-1\\-3&-5&0\\4&6&1\end{bmatrix}$，$\boldsymbol{v}_1=\begin{bmatrix}-2\\2\\3\end{bmatrix}$，$\boldsymbol{v}_2=\begin{bmatrix}-8\\5\\2\end{bmatrix}$，$\boldsymbol{v}_3=\begin{bmatrix}-7\\2\\6\end{bmatrix}$.
   a. 求 $\mathbb{R}^3$ 中的一个基 $\{\boldsymbol{u}_1,\boldsymbol{u}_2,\boldsymbol{u}_3\}$，使得 $\boldsymbol{P}$ 是由基 $\{\boldsymbol{u}_1,\boldsymbol{u}_2,\boldsymbol{u}_3\}$ 到基 $\{\boldsymbol{v}_1,\boldsymbol{v}_2,\boldsymbol{v}_3\}$ 的坐标变换矩阵.（提示：$\underset{\mathcal{C}\leftarrow\mathcal{B}}{P}$ 的列代表什么？）
   b. 求 $\mathbb{R}^3$ 的一个基 $\{\boldsymbol{w}_1,\boldsymbol{w}_2,\boldsymbol{w}_3\}$，使得 $\boldsymbol{P}$ 是由基 $\{\boldsymbol{v}_1,\boldsymbol{v}_2,\boldsymbol{v}_3\}$ 到基 $\{\boldsymbol{w}_1,\boldsymbol{w}_2,\boldsymbol{w}_3\}$ 的坐标变换矩阵.

22. [M] 设 $\mathcal{B}=\{\boldsymbol{b}_1,\boldsymbol{b}_2\}$，$\mathcal{C}=\{\boldsymbol{c}_1,\boldsymbol{c}_2\}$ 和 $\mathcal{D}=\{\boldsymbol{d}_1,\boldsymbol{d}_2\}$ 是一个二维向量空间的基.
   a. 写出一个将 $\underset{\mathcal{C}\leftarrow\mathcal{B}}{P}$，$\underset{\mathcal{D}\leftarrow\mathcal{C}}{P}$ 和 $\underset{\mathcal{D}\leftarrow\mathcal{B}}{P}$ 联系起来的方程，验证你的结果.
   b. 针对 $\mathbb{R}^2$ 中的 3 个基（见习题 7~10），利用一个矩阵程序帮你找到这个方程或者检验你写出的方程.

练习题答案

1. 由于 $\boldsymbol{P}$ 的列是 $\mathcal{G}$-坐标向量，因此形如 $\boldsymbol{Px}$ 的向量一定是 $\mathcal{G}$-坐标向量，从而 $\boldsymbol{P}$ 满足方程（ii）.
2. 例 1 中求得的坐标向量表明

$$\underset{\mathcal{C}\leftarrow\mathcal{B}}{\boldsymbol{P}}=[[\boldsymbol{b}_1]_{\mathcal{C}}\quad[\boldsymbol{b}_2]_{\mathcal{C}}]=\begin{bmatrix}4&-6\\1&1\end{bmatrix}$$

从而

$$\underset{\mathcal{B}\leftarrow\mathcal{C}}{\boldsymbol{P}}=\left(\underset{\mathcal{C}\leftarrow\mathcal{B}}{\boldsymbol{P}}\right)^{-1}=\frac{1}{10}\begin{bmatrix}1&6\\-1&4\end{bmatrix}=\begin{bmatrix}0.1&0.6\\-0.1&0.4\end{bmatrix}$$

㊀ 习题 19 和习题 20 以及前几节中的 5 个相关习题的思想来自 Auburn 大学 Jack W.Rogers，Jr.写的一篇文章，此文于 1995 年 8 月在国际线性代数协会的会议上宣读，见“Applications of Linear Algebra in Calculus”，*American Mathematical Monthly* 104(1), 1997.

4.7 数字信号处理

引言

仅仅几十年，数字信号处理（DSP）已经引起了数据的收集、处理和合成方式的巨大转变.DSP 模型统一了以前被认为是不相关的数据处理方法.从股票市场分析到电信和计算机科学，只要是按时间顺序收集的数据都可被视为离散时间信号，DSP用于存储和处理数据，以便更有效地使用.数字信号不仅来源于电子和控制系统工程，离散数据序列也来源于生物学、物理学、经济学、人口统计学以及其他任何需要在离散时间间隔进行测量或抽样的过程的领域.在本节中，我们将探讨离散时间信号空间$\mathbb{S}$及其子空间的一些性质，以及如何使用线性变换来处理、过滤和合成信号中包含的数据.

离散时间信号

在 4.1 节中介绍了离散时间信号的向量空间$\mathbb{S}$，$\mathbb{S}$中的一个信号是一个无限的序列$\{y_k\}$，下标 k取遍所有的整数. 表 4-2 列举了几个信号的例子.

表 4-2　信号的例子

信号名称	记号	向量	形式描述	
δ	$\boldsymbol{\delta}$	$(\cdots,\ 0,\ 0,\ 0,1,\ 0,0,\ 0,\ \cdots)$	$\{d_k\}$	$d_k=\begin{cases}1, k=0\\0, k\neq 0\end{cases}$
单位阶梯	$\boldsymbol{v}$	$(\cdots,\ 0,\ 0,\ 0,1,\ 1,1,\ 1,\ \cdots)$	$\{u_k\}$	$u_k=\begin{cases}1, k\geqslant 0\\0, k<0\end{cases}$
常数	$\boldsymbol{\chi}$	$(\cdots,\ 1,\ 1,\ 1,1,\ 1,1,\ 1,\ \cdots)$	$\{c_k\}$	$c_k=1$
交替	$\boldsymbol{\alpha}$	$(\cdots,-1,\ 1,-1,1,-1,1,-1,\ \cdots)$	$\{a_k\}$	$a_k=(-1)^k$
斐波纳契	$\boldsymbol{F}$	$(\cdots,\ 2,-1,\ 1,0,\ 1,1,\ 2,\cdots)$	$\{f_k\}$	$f_k=\begin{cases}0, & k=0\\1, & k=1\\f_{k-1}+f_{k-2}, & k>1\\f_{k+2}-f_{k+1}, & k<0\end{cases}$
指数	$\boldsymbol{\varepsilon}_c$	$(\cdots,c^{-2},c^{-1},c^0,c^1,c^2,\cdots)$，$\uparrow_{k=0}$（指向 c^0）	$\{e_k\}$	$e_k=c^k$

另一组常用的信号是周期信号——特别是信号$\{p_k\}$，存在一个正整数 q 使得 $p_k=p_{k+q}$ 对所有整数 k都成立.比较典型的是正弦信号，由周期函数$\sigma_{f,\theta}=\{\cos(fk\pi+\theta\pi)\}$刻画，其中 f和 θ是固定的有理数.(见图 4-29.)

线性时不变变换

采用**线性时不变**（LTI）变换来处理信号，一种处理方法是在需要时创建信号，而不是使用宝贵的存储空间来存储信号本身.

4.3 节的例 4 中给出的$\mathbb{R}^n$的标准基是 n 个向量$\boldsymbol{e}_1,\boldsymbol{e}_2,\cdots,\boldsymbol{e}_n$，其中$\boldsymbol{e}_j$ 在第j位的元素值为 1，其余元素都是 0.在例 1 中，对仅有的一个信号重复应用移位 LTI 变换，可以创建与每个$\boldsymbol{e}_j$类似

的信号，即表 4-1 中的 δ 信号.

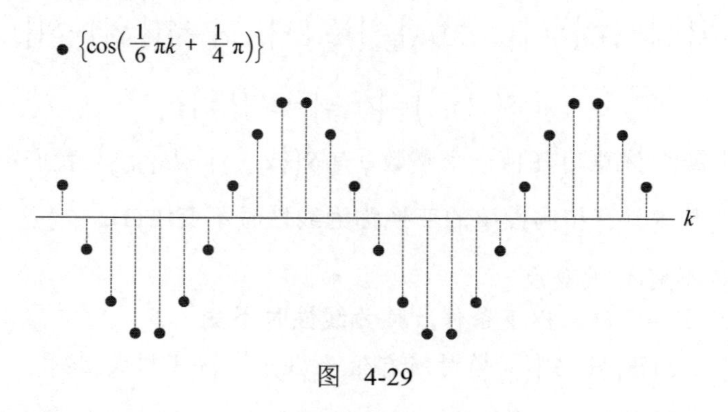

图　4-29

例 1　设 S 是将信号中的每个元素根据 $S(\{x_k\})=\{y_k\}$，$y_k=x_{k-1}$ 向右移动的变换.为了便于表示，记为 $S(\{x_k\})=\{x_{k-1}\}$. 要将一个信号向左移动，考虑 $S^{-1}(\{x_k\})=\{x_{k+1}\}$，注意 $S^{-1}S(\{x_k\})=S^{-1}(\{x_{k-1}\})=\{x_{(k-1)+1}\}=\{x_k\}$. 容易验证，$S^{-1}S=S^{-1}S=S^0=I$ 是一个恒等变换，因此 S 是一个可逆变换的例子. 表 4-3 说明了将 S 和 S^{-1} 重复应用于 $\boldsymbol{\delta}$ 的效果，所得到的信号在图 4-30 进行直观呈现. ■

表 4-3　应用移位信号

⋮	⋮	⋮	
$S^{-2}(\boldsymbol{\delta})$	$(\cdots,1,0,0,0,0,\cdots)$	$\{w_k\}$	$w_k=\begin{cases}1,k=-2\\0,k\neq-2\end{cases}$
$S^{-1}(\boldsymbol{\delta})$	$(\cdots,0,1,0,0,0,\cdots)$	$\{x_k\}$	$x_k=\begin{cases}1,k=-1\\0,k\neq-1\end{cases}$
$\boldsymbol{\delta}$	$(\cdots,0,0,1,0,0,\cdots)$	$\{d_k\}$	$d_k=\begin{cases}1,k=0\\0,k\neq0\end{cases}$
$S^{1}(\boldsymbol{\delta})$	$(\cdots,0,0,0,1,0,\cdots)$	$\{y_k\}$	$y_k=\begin{cases}1,k=1\\0,k\neq1\end{cases}$
$S^{2}(\boldsymbol{\delta})$	$(\cdots,0,0,0,0,1,\cdots)$ ↑ $k=0$	$\{z_k\}$	$z_k=\begin{cases}1,k=2\\0,k\neq2\end{cases}$

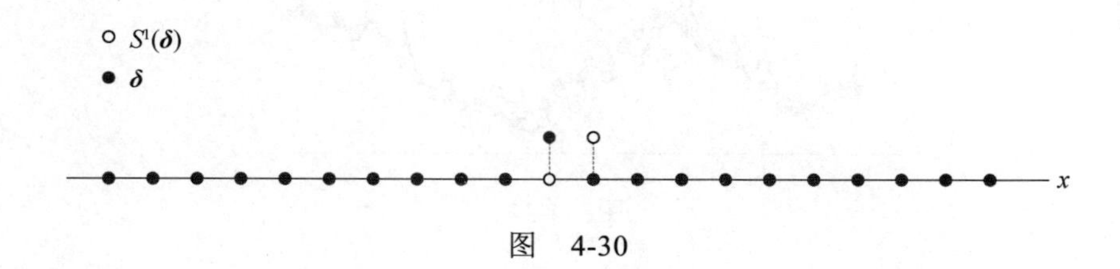

图　4-30

注意，S 满足线性变换的性质.特别地，对任意常数 c 和信号 $\{x_k\}$，$\{y_k\}$，应用 S 的结论：

$$S\left(\{x_k\}+\{y_k\}\right)=\{x_{k-1}+y_{k-1}\}=\{x_{k-1}\}+\{y_{k-1}\}=S\left(\{x_k\}\right)+S\left(\{y_k\}\right)$$

$$S\left(c\{x_k\}\right)=\{cx_{k-1}\}=cS\left(\{x_k\}\right)$$

映射 S 有一个附加的属性.注意对任何一个整数 q 有 $S\left(\{x_{k+q}\}\right)=\{x_{k-1+q}\}$.我们可以把这最后一个性质看作时不变性质，与 S 具有相同性质的变换称为线性时不变(LTI).

定义　（线性时不变(LTI)变换）
如果一个变换 $T:\mathbb{S}\to\mathbb{S}$ 满足以下条件，称为**线性时不变**

（i）$T\left(\{x_k+y_k\}\right)=T\left(\{x_k\}\right)+T\left(\{y_k\}\right)$ 对所有信号 $\{x_k\}$，$\{y_k\}$ 都成立；

（ii）$T\left(c\{x_k\}\right)=cT\left(\{x_k\}\right)$ 对任意常数 c 和信号 $\{x_k\}$ 成立；

（iii）如果 $T\left(\{x_k\}\right)=\{y_k\}$，则 $T\{x_{k+q}\}=\{y_{k+q}\}$ 对任意整数 q 和信号 $\{x_k\}$ 成立.

LTI变换定义中的前两个性质与线性变换定义中的性质相同，从而得到以下定理.

定理 16　（LTI变换为线性变换）
在信号空间 $\mathbb{S}$ 上的线性时不变变换是一种特殊类型的线性变换.

数字信号处理

LTI 变换，就像移位变换一样，可以用来从已经存储在系统中的信号来创建新的信号.另一种类型的 LTI变换用于平滑或过滤数据.在 4.2 节的例 11 中，使用二阶移动平均 LTI变换来平滑股票价格的波动.在例 2 中，此映射被扩展为包含更长的时间段.平滑一个信号可以更容易发现数据中的趋势.过滤问题将在 4.8 节中进行更详细的讨论.

例 2　对任何正整数 m，周期 m 的移动平均 LTI变换为

$$M_m\left(\{x_k\}\right)=\{y_k\},y_k=\frac{1}{m}\sum_{j=k-m+1}^{k}x_k$$

图 4-31 说明了 M_3 如何平滑一个信号.在 4.2 节中，图 4-14 说明了当 M_2 应用于相同数据时发生的平滑. 随着 m 的增加，应用 M_{m} 可以使信号更加平滑.

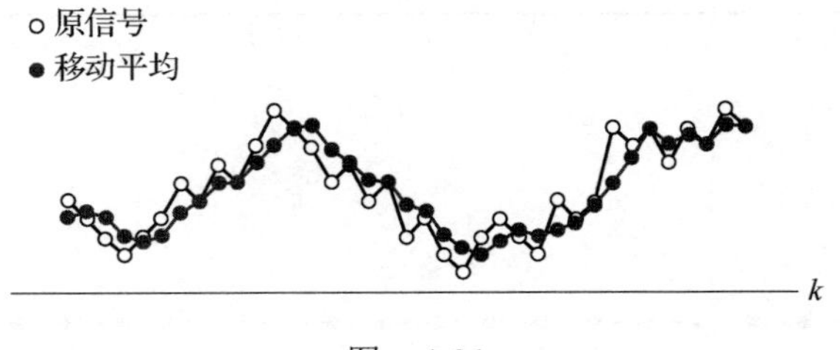

图　4-31

在 4.2 节的例 11 中我们计算出 M_2 的核.它是表 4-2 中列出的交替序列 α 的间距.LTI变换的核描述

了原始信号中平滑掉了什么. 习题 10、12 和 14 进一步探讨 M_3 的性质.

另一种类型的 DSP 与平滑或过滤相反——它通过组合信号来增加它们的复杂性.音频化是一种用于娱乐行业的处理过程，它可以使虚拟生成的声音具有更高的音质. 在例 3 中，我们将说明组合信号如何增强由信号 $\{\cos(440\pi k)\}$ 产生的声音. ■

例 3 组合多种信号可以产生更逼真的虚拟声音. 在图 4-32 中，注意原始余弦波包含很少的变化，而通过增强所使用的方程，引入回声或允许声音消失，产生的波包含更多的变化.

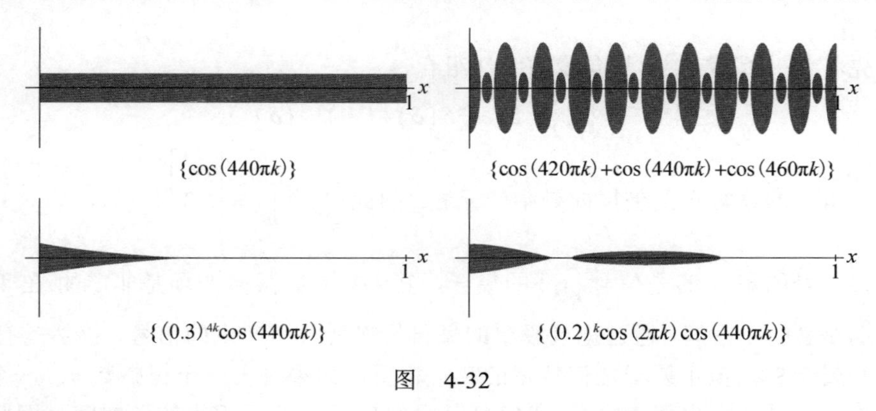

图 4-32 ■

生成 $\mathbb{S}$ 的子空间的基

如果在相同的 n 个时间段内采样了几组数据，将所产生的信号视为 $\mathbb{S}_n$ 的一部分是有利的. 长度为 n 的信号集 $\mathbb{S}_n$ 被定义为，当 $k<0$ 或者 $k>n$ 时，所有满足 $y_k=0$ 的信号集合 $\{y_k\}$. 定理 17 确定了 $\mathbb{S}_n$ 与 $\mathbb{R}^{n+1}$ 是同构的. $\mathbb{S}_n$ 的基可以用例 1 中的移位 LTI 变换 S 和表 4-3 中的信号 $\boldsymbol{\delta}$ 来生成.

定理 17 同构于 $\mathbb{R}^{n+1}$ 的集合 $\mathbb{S}_n$ 是 $\mathbb{S}$ 的子空间，且信号集合 $\mathcal{B}_n=\{\boldsymbol{\delta}, S(\boldsymbol{\delta}), \cdots, S^n(\boldsymbol{\delta})\}$ 形成了 $\mathbb{S}_n$ 的一个基.

证 由于零信号属于 $\mathbb{S}_n$，并且加上或缩放信号不能在必须包含零的位置产生非零信号，所以集合 $\mathbb{S}_n$ 是 $\mathbb{S}$ 的子空间.设 $\{y_k\}$ 是 $\mathbb{S}_n$ 中的任意一个信号.注意

$$\{y_k\}=\sum_{j=0}^{n} y_j S^j(\delta)$$

所以 $\mathcal{B}_n$ 是 $\mathbb{S}_n$ 的一个生成集.相反，如果 $c_0, c_1, \cdots, c_n$ 是标量，使得

$$c_0\boldsymbol{\delta}+c_1 S(\boldsymbol{\delta})+\cdots+c_n S^n(\boldsymbol{\delta})=\{0\}$$

特别地，

$$(\cdots, 0,0, c_0, c_1, \cdots, c_n, 0,0, \cdots)=(\cdots, 0,0,0,0, \cdots, 0,0,0, \cdots),$$

则 $c_0=c_1=\cdots=c_n=0$，因此，$\mathcal{B}_n$ 中的向量形成了一个线性无关集.这就证明了 $\mathcal{B}_n$ 是 $\mathbb{S}_n$ 的基，因此它是一个 $n+1$ 维的向量空间，与 $\mathbb{R}^{n+1}$ 同构.

由于$\mathbb{S}_n$有一个有限基，所以$\mathbb{S}_n$中的任何向量都可以表示成$\mathbb{R}^{n+1}$中的向量.

例 4 使用$\mathbb{S}_2$中的基$\mathcal{B}_2=\{\boldsymbol{\delta},S(\boldsymbol{\delta}),S^2(\boldsymbol{\delta})\}$表示信号$\{y_k\}$，其中

$$y_k=\begin{cases}0, & k<0\text{或}k>3\\ 2, & k=0\\ 3, & k=1\\ -1, & k=2\end{cases}$$

是$\mathbb{R}^3$中的向量.

解 首先将$\{y_k\}$写成$\mathcal{B}_2$中基向量的线性组合，

$$\{y_k\}=2\boldsymbol{\delta}+3S(\boldsymbol{\delta})+(-1)S^2(\boldsymbol{\delta})$$

这种线性组合的系数正是坐标向量中的元素. 因此$\left[\{y_k\}\right]_{\mathcal{B}_2}=\begin{bmatrix}2\\3\\-1\end{bmatrix}$. ■

有限支持信号的集合$\mathbb{S}_f$是信号$\{y_k\}$的集合，其中只有有限多的项是非零的.在4.1节的例8中，证明了$\mathbb{S}_f$是$\mathbb{S}$的子空间. 通过记录股票的每日价格增长而产生的信号，仍然是有限的支持，因此这些信号属于$\mathbb{S}_f$，但不属于任何特定的$\mathbb{S}_n$. 相反，如果对于一个正整数n，一个信号在$\mathbb{S}_n$中，那么它也在$\mathbb{S}_f$中. 在定理18中，我们可以看到$\mathbb{S}_f$是一个无限维的子空间，因此对任意n，它与$\mathbb{R}^n$不是同构的.

定理 18 集合$\mathcal{B}_f=\{S^j(\boldsymbol{\delta}),j\in\mathbb{Z}\}$是无限维向量空间$\mathbb{S}_f$的基.

证 令$\{y_k\}$是$\mathbb{S}_f$中的任一信号，因为在$\{y_k\}$中只有有限项的元素是非零的，所以存在整数p和q，使得当$k<p$或$k>q$时，所有$y_k=0$，于是$\{y_k\}=\sum_{j=p}^{q}y_jS^j(\boldsymbol{\delta})$.从而$\mathcal{B}_f$是$\mathbb{S}_f$的生成集.此外，如果由标量$c_p,c_{p+1},\cdots$，$c_q$组成的线性组合为0，即$\sum_{j=p}^{q}c_jS^j(\boldsymbol{\delta})=\{0\}$，则$c_p=c_{p+1}=\cdots=c_q=0$. 因此，$\mathcal{B}_f$中的向量形成了一个线性无关集.这就证明了$\mathcal{B}_f$是无限维向量空间$\mathbb{S}_f$的基.由于$\mathcal{B}_f$包含无限多个信号，所以$\mathbb{S}_f$是一个无限维的向量空间. ■

利用移位LTI变换的创造力不足以为$\mathbb{S}$本身创造一个基，线性组合的定义要求在一个和中只使用有限多的向量和标量.考虑表4-2中的单位阶梯信号v，尽管$v=\sum_{j=0}^{\infty}S^j(\boldsymbol{\delta})$，这是一个无限向量的和，因此在技术上不被认为是来自$\mathcal{B}_f$的基元素的线性组合.

在微积分中，详细地研究无穷多项的和. 虽然可以证明每个向量空间都有一个基（在每个线性组合中使用有限数量的项），但这个证明依赖于选择公理，因此确定$\mathbb{S}$有一个基是一个你可以在更高等的数学课程中看到的主题.在4.8节中将详细探讨具有无限支持的正弦信号和指数信号.

练习题

1. 计算表4-2中对应的$v+\chi$，将答案表示为一个向量，并给出它的正式描述.

2. 证明 $T\left(\{x_k\}\right)=\{3x_k-2x_{k-1}\}$ 是一个线性时不变变换.

3. 对于练习题 2 中给出的线性时不变变换 T，在 T 的核中找到一个非零向量.

习题 4.7

在习题 1~4 中，找出表 4-2 中对应的信号之和.

1. $\boldsymbol{\chi}+\boldsymbol{\alpha}$
2. $\boldsymbol{\chi}-\boldsymbol{\alpha}$
3. $\boldsymbol{v}+2\boldsymbol{\alpha}$
4. $\boldsymbol{v}-3\boldsymbol{\alpha}$

在习题 5~8 中，$I\left(\{x_k\}\right)=\{x_k\},S\left(\{x_k\}\right)=\{x_{k-1}\}$.

5. 表 4-2 中的哪些信号在 $I+S$ 的核中？
6. 表 4-2 中的哪些信号在 $I-S$ 的核中？
7. 对于一个固定的非零标量 $c\neq1$，表 4-2 中的哪些信号在 $I-cS$ 的核中?
8. 表 4-2 中的哪些信号在 $I-S-S^2$ 的核中？
9. 证明 $T\left(\{x_k\}\right)=\{x_k-x_{k-1}\}$ 是一个线性时不变变换.
10. 证明 $M_3\left(\{x_k\}\right)=\left\{\frac{1}{3}\left(x_{k-2}+x_{k-1}+x_k\right)\right\}$ 是一个线性时不变变换.
11. 找到习题 9 中的 T 的核中的一个非零信号.
12. 找到习题 10 中的 M_3 的核中的一个非零信号.
13. 从习题 9 中的 T 的值域中找到一个非零信号.
14. 从习题 10 中的 M_3 的值域中找到一个非零信号.

在习题 15~22 中，V 是一个向量空间，$\boldsymbol{A}$ 是一个 $m\times n$ 矩阵.标出每个命题的真假(T/F). 并给出理由.

15. (T/F) 长度为 n 的信号集 $\mathbb{S}_n$ 有一个由 $n+1$ 个信号组成的基.
16. (T/F) 信号集 $\mathbb{S}$ 有一个有限基.
17. (T/F) 信号集 $\mathbb{S}$ 的每个子空间都是无限维的.
18. (T/F) 向量空间 $\mathbb{R}^{n+1}$ 是 $\mathbb{S}$ 的一个子空间.
19. (T/F) 每个线性时不变变换都是一个线性变换.
20. (T/F) 移动平均函数是一个线性时不变变换.
21. (T/F) 如果用一个固定的常数缩放信号，结果不再是信号.
22. (T/F) 如果用一个固定常数缩放线性时不变变换，结果不再是线性变换.

对练习题 3 的答案进行猜测和检查或逆向推理是找到习题 23 和 24 的答案的两种好方法.

23. 构造一个其核中有信号 $\{x_k\}=\left\{\left(\frac{3}{4}\right)^k\right\}$ 的线性时不变变换.
24. 构造一个其核中有信号 $\{x_k\}=\left\{\left(\frac{-2}{3}\right)^k\right\}$ 的线性时不变变换.
25. 令 $W=\left\{\{x_k\}\mid x_k=\begin{cases}0, & k=2\text{的倍数}\\ r, & k\neq2\text{的倍数}\end{cases},\ r\in\mathbb{R}\right\}$，$W$ 中的一个典型信号是

$$(\cdots,r,0,r,\underset{\underset{k=0}{\uparrow}}{0},r,0,r,\cdots)$$

(中间的 0 对应 k=0)，证明 W 是 $\mathbb{S}$ 的一个子空间.

26. 令 $W=\left\{\{x_k\}\mid x_k=\begin{cases}0, & k<0\\ r, & k\geqslant0\end{cases},\ r\in\mathbb{R}\right\}$，$W$ 中的一个典型信号是

$$(\cdots,0,0,0,\underset{\underset{k=0}{\uparrow}}{r},r,r,r,\cdots)$$

(第一个 r 对应 k=0)，证明 W 是 $\mathbb{S}$ 的一个子空间.

27. 找到习题 25 中的子空间 W 的一个基. 这个子空间的维数是多少？
28. 找到习题 26 中的子空间 W 的一个基. 这个子空间的维数是多少？
29. 令 $W=\left\{\{x_k\}\mid x_k=\begin{cases}0, & k=2\text{的倍数}\\ r_k, & k\neq2\text{的倍数}\end{cases},\ r_k\in\mathbb{R}\right\}$，$W$ 中的一个典型信号是

$$(\cdots,r_{-3},0,r_{-1},\underset{\underset{k=0}{\uparrow}}{0},r_1,0,r_3,\cdots)$$

(中间的 0 对应 k=0)，证明 W 是 $\mathbb{S}$ 的一个子空间.

30. 令 $W=\left\{\{x_k\}\mid x_k=\begin{cases}0, & k<0\\ r_k, & k\geqslant0\end{cases},\ r_k\in\mathbb{R}\right\}$，$W$ 中的一

个典型信号是

$$(\cdots,0,0,0,r_0,r_1,r_2,r_3,\cdots)$$
$$\underset{k=0}{\uparrow}$$

（r_0对应 $k=0$），证明 W 是 $\mathbb{S}$ 的一个子空间.

31. 描述习题 29 中子空间 W 的一个无限线性无关的子集，这是否证明了 W 是无限维的？证明你的答案是正确的.

32. 描述习题 30 中子空间 W 的一个无限线性无关的子集，这是否证明了 W 是无限维的？证明你的答案是正确的.

练习题答案

1. 首先以向量的形式相加

$$\begin{aligned}\boldsymbol{v}+\boldsymbol{\chi}&=(\cdots,0,0,0,1,1,1,1,\cdots)\\&+(\cdots,1,1,1,1,1,1,1,\cdots)\\&=(\cdots,1,1,1,2,2,2,2,\cdots)\\&\qquad\qquad\underset{k=0}{\uparrow}\end{aligned}$$

然后在正式描述中添加术语，以得到一个新的正式描述：

$$v+\chi=\{z_k\},z_k=u_k+c_k=\begin{cases}1+1,k\geqslant 0\\0+1,k<0\end{cases}=\begin{cases}2,k\geqslant 0\\1,k<0\end{cases}$$

2. 证明 $T(\{x_k\})=\{3x_k-2x_{k-1}\}$ 是一个线性时不变变换.验证线性时不变变换的三个条件成立，具体来说，对于任意两个信号 $\{x_k\}$、$\{y_k\}$ 以及标量 c，满足

a. $T(\{x_k+y_k\})=\{3(x_k+y_k)-2(x_{k-1}+y_{k-1})\}=\{3x_k-2x_{k-1}\}+\{3y_k-2y_{k-1}\}=T(\{x_k\})+T(\{y_k\})$

b. $T(c\{x_k\})=\{3cx_k-2cx_{k-1}\}=c\{3x_k-2x_{k-1}\}=cT(\{x_k\})$

c. $T(\{x_k\})=\{3x_k-2x_{k-1}\},T(\{x_{k+q}\})=\{3x_{k+q}-2x_{k+q-1}\}=\{3x_{k+q}-2x_{k-1+q}\}(\forall q)$

因此，T 是一个线性时不变变换.

3. 在 T 的核中找到一个向量，设 $T(\{x_k\})=\{3x_k-2x_{k-1}\}=\{0\}$，则对每个 k，注意 $3x_k-2x_{k-1}=0$，从而 $x_k=\frac{2}{3}x_{k-1}$.为 x_0 选择一个非零值，如 $x_0=1$，则 $x_1=\frac{2}{3}$，$x_2=\left(\frac{2}{3}\right)^2$，一般来说 $x_k=\left(\frac{2}{3}\right)^k$.为了验证这个信号确实在 T 的核中，观察

$$T\left(\left\{\left(\frac{2}{3}\right)^k\right\}\right)=\left\{3\left(\frac{2}{3}\right)^k-2\left(\frac{2}{3}\right)^{k-1}\right\}=\left\{\left(\frac{2}{3}\right)^{k-1}\left(3\left(\frac{2}{3}\right)-2\right)\right\}=\{0\}.$$

注意，$\left\{\left(\frac{2}{3}\right)^k\right\}$ 是 $c=\frac{2}{3}$ 的指数信号.

4.8　在差分方程中的应用

继续我们对离散时间信号的研究，本节我们将探讨差分方程，这是一种用于过滤信号中数据的很有价值的工具.即使用一个微分方程来模拟一个连续过程，也经常会从一个相关的差分方程得到一个数值解.本节重点介绍线性差分方程的一些基本性质，这些性质将用线性代数来解释.

信号空间$\mathbb{S}$中的线性无关性

为了简化记号，我们考虑一个仅包含三个信号$\{u_k\},\{v_k\}$和$\{w_k\}$的集合$\mathbb{S}$，当方程

$$c_1u_k+c_2v_k+c_3w_k=0 \quad \text{对所有} k \text{成立} \tag{1}$$

蕴涵$c_1=c_2=c_3=0$时，$\{u_k\},\{v_k\},\{w_k\}$恰好是线性无关的. 这里说“对所有k成立”指对所有整数——正整数、负整数和0均成立. 我们也可考虑从$k=0$开始的信号，例如，这时“对所有k成立”将表示对所有$k\geqslant 0$的整数成立.

假设c_1,c_2,c_3满足（1）式，那么方程（1）式对任意三个相邻的值$k,k+1$和$k+2$成立，这样（1）式蕴涵

$$c_1u_{k+1}+c_2v_{k+1}+c_3w_{k+1}=0 \quad \text{对所有} k \text{成立}$$
$$c_1u_{k+2}+c_2v_{k+2}+c_3w_{k+2}=0 \quad \text{对所有} k \text{成立}$$

从而c_1,c_2,c_3满足

$$\begin{bmatrix} u_k & v_k & w_k \\ u_{k+1} & v_{k+1} & w_{k+1} \\ u_{k+2} & v_{k+2} & w_{k+2} \end{bmatrix}\begin{bmatrix} c_1 \\ c_2 \\ c_3 \end{bmatrix}=\begin{bmatrix} 0 \\ 0 \\ 0 \end{bmatrix} \quad \text{对所有} k \text{成立} \tag{2}$$

这个方程组的系数矩阵称为信号的 **Casorati 矩阵**，这个矩阵的行列式称为$\{u_k\},\{v_k\},\{w_k\}$的 **Casorati 行列式**. 如果对至少一个k值 Casorati 矩阵可逆，则（2）式将蕴涵$c_1=c_2=c_3=0$，这就证明这三个信号是线性无关的.

例 1 证明$\{1^k\},\{(-2)^k\}$和$\{3^k\}$是线性无关的信号. 见图 4-33.

解 Casorati 矩阵是

$$\begin{bmatrix} 1^k & (-2)^k & 3^k \\ 1^{k+1} & (-2)^{k+1} & 3^{k+1} \\ 1^{k+2} & (-2)^{k+2} & 3^{k+2} \end{bmatrix}$$

通过行变换可相当简单地证明这个矩阵总是可逆的. 然而，若用$k=0$代替k，则可更快地行化简这个数值矩阵：

$$\begin{bmatrix} 1 & 1 & 1 \\ 1 & -2 & 3 \\ 1 & 4 & 9 \end{bmatrix}\sim\begin{bmatrix} 1 & 1 & 1 \\ 0 & -3 & 2 \\ 0 & 3 & 8 \end{bmatrix}\sim\begin{bmatrix} 1 & 1 & 1 \\ 0 & -3 & 2 \\ 0 & 0 & 10 \end{bmatrix}$$

这个 Casorati 矩阵对$k=0$可逆，所以$\{1^k\},\{(-2)^k\}$和$\{3^k\}$是线性无关的.

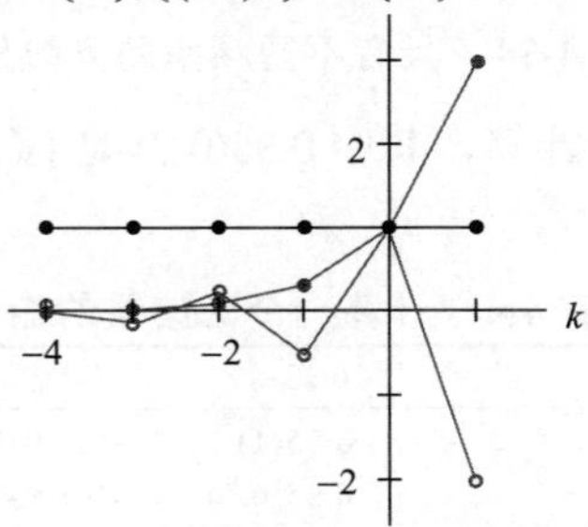

图 4-33 信号$\{1^k\}$，$\{(-2)^k\}$和$\{3^k\}$ ■

若 Casorati 矩阵不可逆，则相应的信号通过检测可能线性相关也可能不是线性相关（见习题 35）. 但是可以证明，如果这些信号是同一个齐次差分方程（将在下面描述）的所有解，则

Casorati 矩阵对所有 k 是可逆的且这些信号是线性无关的，否则 Casorati 矩阵对所有 k 都不可逆且这些信号是线性相关的. 一个用线性变换方法的较好的证明可在《学习指导》中找到.

线性差分方程

给定数 $a_0, a_1, \cdots, a_n$，a_0 和 a_n 不为零，给定一个信号 $\{z_k\}$，方程

$$a_0 y_{k+n} + a_1 y_{k+n-1} + \cdots + a_{n-1} y_{k+1} + a_n y_k = z_k \quad 对所有 k 成立 \tag{3}$$

称为一个 n **阶线性差分方程**（或**线性递归关系**）. 为了简化，a_0 通常取为 1. 若 $\{z_k\}$ 是零序列，则方程是**齐次的**；否则，方程为**非齐次的**.

在数字信号处理（DSP）中，像上面（3）式那样的差分方程用来描述一个**线性时不变**（LTI）**滤波器**，$a_0, a_1, \cdots, a_n$ 称为**滤波器系数**.在 4.7 节的例 1 中介绍了移位 LTI 变换 $S(\{y_k\}) = \{y_{k-1}\}, S^{-1}(\{y_k\}) = \{y_{k+1}\}$，这里用它们来描述与线性差分方程相关的 LTI 滤波器.定义

$$T = a_0 S^{-n} + a_1 S^{-n+1} + \cdots + a_{n-1} S^{-1} + a_n S^0$$

注意，如果 $\{z_k\} = T(\{y_k\}), \forall k$，则方程（3）描述了两个信号中各项之间的关系.

例 2　我们向如下滤波器输入两个不同的信号：

$$0.35 y_{k+2} + 0.5 y_{k+1} + 0.35 y_k = z_k$$

这里 0.35 是 $\sqrt{2}/4$ 的简写. 第一个信号是由连续信号 $y = \cos(\pi t/4)$ 在整数值 t 抽样而生成，如图 4-34a 所示. 离散信号是 $\{y_k\} = \{\cdots, \cos(0), \cos(\pi/4), \cos(2\pi/4), \cos(3\pi/4), \cdots\}$.

为了简单，用 ± 0.7 代替 $\pm\sqrt{2}/2$，从而

$$\{y_k\} = \{\cdots, \underset{\underset{k=0}{\uparrow}}{1}, 0.7, 0, -0.7, -1, -0.7, 0, 0.7, 1, 0.7, 0, \cdots\}$$

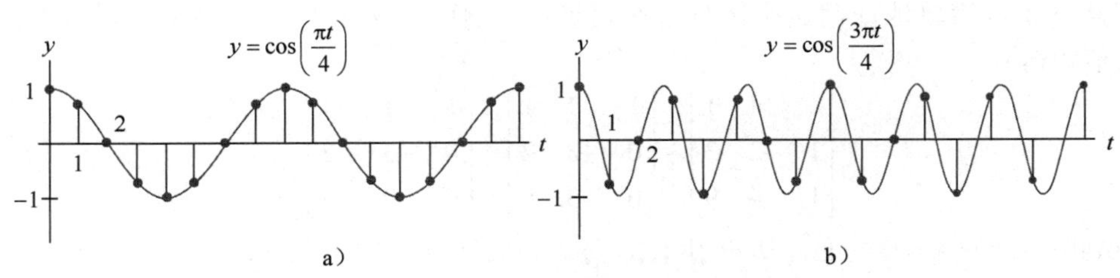

图 4-34　具有不同频率的离散信号

表 4-4 展示了输出序列 $\{z_k\}$ 的一个计算，其中 0.35(0.7) 是 $(\sqrt{2}/4)(\sqrt{2}/2) = 0.25$ 的简写. 将 $\{z_k\}$ 移动一项，输出就成为 $\{y_k\}$.

表 4-4　计算一个滤波器的输出

k	y_k	y_{k+1}	y_{k+2}	$0.35y_k$	$+0.5y_{k+1}$	$+0.35y_{k+2}$	=	z_k
0	1	0.7	0	0.35(1)	+0.5(0.7)	+0.35(0)	=	0.7
1	0.7	0	−0.7	0.35(0.7)	+0.5(0)	+0.35(−0.7)	=	0
2	0	−0.7	−1	0.35(0)	+0.5(−0.7)	+0.35(−1)	=	−0.7
3	−0.7	−1	−0.7	0.35(−0.7)	+0.5(−1)	+0.35(−0.7)	=	−1
4	−1	−0.7	0	0.35(−1)	+0.5(−0.7)	+0.35(0)	=	−0.7
5	−0.7	0	0.7	0.35(−0.7)	+0.5(0)	+0.35(0.7)	=	0
⋮	⋮							⋮

于是一个不同的输入信号由更高的频率信号 $y=\cos(3\pi t/4)$ 生成，见图 4-34b. 用与前面相同的抽样率抽样，我们得到一个新的输入序列：

$$\{w_k\}=(\cdots,\underset{\underset{k=0}{\uparrow}}{1},-0.7,0,0.7,-1,0.7,0,-0.7,1,-0.7,0,\cdots)$$

当将 $\{w_k\}$ 输入滤波器，则输出是零序列. 若一个滤波器使 $\{y_k\}$ 能够通过，但将高频的 $\{w_k\}$ 截掉，则称该滤波器为低通滤波器.

在许多应用中，序列 $\{z_k\}$ 由差分方程（3）的右端确定，满足（3）的一个 $\{y_k\}$ 称为这个方程的一个**解**. 下一个例子表明对一个齐次方程如何求解. ■

例 3 齐次差分方程的解通常具有形式 $\{y_k\}=\{r^k\}$ 对某 r 成立，求下列方程的解.

$$y_{k+3}-2y_{k+2}-5y_{k+1}+6y_k=0 \quad 对所有 k 成立 \tag{4}$$

解 用 r^k 代替方程中的 y_k，并将左边分解因子.

$$r^{k+3}-2r^{k+2}-5r^{k+1}+6r^k=0 \tag{5}$$

$$r^k(r^3-2r^2-5r+6)=0$$

$$r^k(r-1)(r+2)(r-3)=0 \tag{6}$$

由于（5）式等价于（6）式，故 $\{r^k\}$ 满足差分方程（4）式当且仅当 r 满足（6）式. 于是 $\{1^k\},\{(-2)^k\}$ 和 $\{3^k\}$ 都是（4）式的解. 比如，为验证 $\{3^k\}$ 是（4）式的一个解，计算

$$3^{k+3}-2\cdot 3^{k+2}-5\cdot 3^{k+1}+6\cdot 3^k=3^k(27-18-15+6)=0 \quad 对所有 k 成立$$ ■

一般而言，一个非零信号 $\{r^k\}$ 满足齐次差分方程

$$y_{k+n}+a_1y_{k+n-1}+\cdots+a_{n-1}y_{k+1}+a_ny_k=0 \quad 对所有 k 成立$$

当且仅当 r 是**辅助方程**

$$r^n+a_1r^{n-1}+\cdots+a_{n-1}r+a_n=0$$

的一个根，我们将不考虑当 r 是辅助方程的重根的情形. 当这个辅助方程有复根时，差分方程具有形如 $\{s^k\cos k\omega\}$ 和 $\{s^k\sin k\omega\}$ 的解，其中 s 和 ω 是常数，这在例 2 中已出现过.

线性差分方程的解集

给定 $a_1,a_2,\cdots,a_n$，回想一下，LTI 转换 T：$\mathbb{S}\to\mathbb{S}$

$$T=a_0S^{-n}+a_1S^{-n+1}+\cdots+a_{n-1}S^{-1}+a_nS^0$$

将信号 $\{y_k\}$ 变换为信号 $\{w_k\}$，由下式给出

$$w_k=y_{k+n}+a_1y_{k+n-1}+\cdots+a_{n-1}y_{k+1}+a_ny_k, \quad 对所有 k 成立$$

这意味着齐次方程

$$y_{k+n}+a_1y_{k+n-1}+\cdots+a_{n-1}y_{k+1}+a_ny_k=0 \quad 对所有 k 成立$$

的解集是 T 的核，且描述了被滤掉或转换为零信号的信号.由于任何具有定义域 $\mathbb{S}$ 的线性变换的核都是 $\mathbb{S}$ 的子空间，所以一个齐次方程的解集也是 $\mathbb{S}$ 的子空间.任何解的线性组合仍然是解.

下一个定理是一个简单但基本的结论，它将引导出关于差分方程组解集的更多信息.

定理 19 *若 $a_n\neq 0$ 且 $\{z_k\}$ 给定，只要 $y_0,y_1,\cdots,y_{n-1}$ 给定，方程*

$$y_{k+n}+a_1y_{k+n-1}+\cdots+a_{n-1}y_{k+1}+a_ny_k=z_k \quad 对所有 k 成立 \tag{7}$$

有唯一解.

证 若 $y_0,y_1,\cdots,y_{n-1}$ 给定，则利用（7）式定义

$$y_n=z_0-[a_1y_{n-1}+\cdots+a_{n-1}y_1+a_ny_0]$$

现在 $y_1,\cdots,y_n$ 明确了，再利用（7）式定义 y_{n+1}. 一般地，利用递归关系

$$y_{n+k}=z_k-[a_1y_{k+n-1}+\cdots+a_ny_k] \tag{8}$$

对 $k\geqslant 0$ 定义 y_{n+k}. 对 $k<0$，为了定义 y_k，利用递归关系

$$y_k=\frac{1}{a_n}z_k-\frac{1}{a_n}[y_{k+n}+a_1y_{k+n-1}+\cdots+a_{n-1}y_{k+1}] \tag{9}$$

这样生成了一个满足（7）式的信号. 反之，对任何 k，满足（7）式的任何信号一定满足（8）和（9）式，所以（7）式的解是唯一的. ■

定理 20 *n 阶齐次线性差分方程*

$$y_{k+n}+a_1y_{k+n-1}+\cdots+a_{n-1}y_{k+1}+a_ny_k=0 \qquad 对所有 k 成立 \tag{10}$$

的解集 H 是一个 n 维向量空间.

证 我们早已解释过，H 是 $\mathbb{S}$ 的一个子空间，这是因为 H 是一个线性变换的核. 对 H 中的 $\{y_k\}$，设 $F\{y_k\}$ 是 $\mathbb{R}^n$ 中的向量 $(y_0,y_1,\cdots,y_{n-1})$. 容易证明 $F:H\to\mathbb{R}^n$ 是一个线性变换. 任给 $\mathbb{R}^n$ 中向量 $(y_0,y_1,\cdots,y_{n-1})$，由定理 19 知存在 H 中唯一一个信号 $\{y_k\}$ 使得

$$F\{y_k\}=(y_0,y_1,\cdots,y_{n-1})$$

这说明 F 是由 H 到 $\mathbb{R}^n$ 上的一对一线性变换，即 F 是一个同构，从而 $\dim H=\dim\mathbb{R}^n=n$.（见 4.5 节习题 52）. ■

例 4 对差分方程

$$y_{k+3}-2y_{k+2}-5y_{k+1}+6y_k=0，对所有 k 成立$$

求其解集的一个基.

解 我们在线性代数中的工作现在真的要给我们回报了！从例 1 和例 3 知道 $\{1^k\},\{(-2)^k\}$ 和 $\{3^k\}$ 是线性无关解. 一般地，直接证明一个信号的集合生成差分方程的解空间可能是困难的，但在这里因为有两个关键定理——定理 20 和 4.5 节中的基定理，所以我们的工作很容易完成. 由定理 20 知，本例中方程的解空间恰好是三维的，再由 4.5 节中基定理知，n 维空间中含 n 个向量的线性无关集必然是一个基，所以 $\{1^k\},\{(-2)^k\}$ 和 $\{3^k\}$ 构成解空间的一个基. ■

描述（10）式的“通解”的标准方法是对所有解构成的子空间给出它的一个基，这样的基称为（10）式的**基础解系**. 实际上，如果我们能找到 n 个线性无关的信号满足（10）式，那么它们必然生成这个 n 维解空间，就像例 4 中那样.

非齐次方程

非齐次差分方程

$$y_{k+n}+a_1y_{k+n-1}+\cdots+a_{n-1}y_{k+1}+a_ny_k=z_k \quad 对所有 k 成立 \tag{11}$$

的通解能写成（11）式的一个特解加上对应的齐次差分方程（10）的一个基础解系的任意线性组合. 这个结果类似于 1.5 节中关于 $\boldsymbol{Ax}=\boldsymbol{b}$ 和 $\boldsymbol{Ax}=\boldsymbol{0}$ 的解集的关系，二者是类似的.这两个结果有相同的意义：映射 $\boldsymbol{x}\mapsto\boldsymbol{Ax}$ 是线性的，（11）式中将信号 $\{y_k\}$ 变换成信号 $\{z_k\}$ 的映射也是线性的.

例 5　证明：信号 $\{y_k\}=\{k^2\}$ 满足差分方程

$$y_{k+2}-4y_{k+1}+3y_k=-4k\text{，对所有 }k\text{ 成立} \tag{12}$$

然后给出这个方程所有解的一个刻画.

解　将（12）式左端中的 y_k 用 k^2 代替：

$$\begin{aligned}&(k+2)^2-4(k+1)^2+3k^2\\&=(k^2+4k+4)-4(k^2+2k+1)+3k^2\\&=-4k\end{aligned}$$

所以 k^2 的确是（12）式的一个解. 下一步是解齐次方程

$$y_{k+2}-4y_{k+1}+3y_k=0\quad\text{对所有 }k\text{ 成立} \tag{13}$$

辅助方程为

$$r^2-4r+3=(r-1)(r-3)=0$$

根为 $r=1, 3$. 所以齐次差分方程的两个解为 $\{1^k\}$ 和 $\{3^k\}$，显然它们彼此不是倍数关系，所以它们是线性无关信号. 由定理 20，此解空间是二维的，所以 $\{3^k\}$ 和 $\{1^k\}$ 构成（13）式的解集的一个基. 将该解集用非齐次差分方程（12）的特解形式写出来，得到（12）式的通解：

$$\{k^2\}+c_1\{1^k\}+c_2\{3^k\}\text{ 或 }\{k^2+c_1+c_2 3^k\}$$

图 4-35 给出两个解集的几何直观解释，图中每个点对应于 $\mathbb{S}$ 中的一个信号.

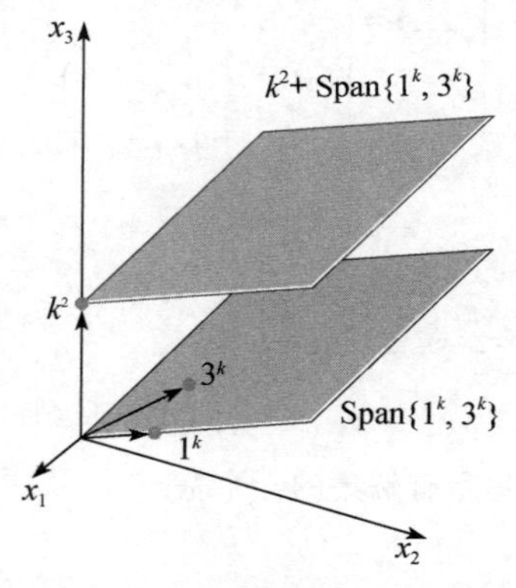

图 4-35　差分方程（12）式和（13）式的解集　■

化简成一阶方程组

研究 n 阶齐次线性差分方程的现代方法是用等价的一阶差分方程组代替它，其中一阶差分方程写成如下形式：

$$\boldsymbol{x}_{k+1}=\boldsymbol{A}\boldsymbol{x}_k\text{，对所有 }k\text{ 成立}$$

其中向量 $\boldsymbol{x}_k$ 在 $\mathbb{R}^n$ 中，$\boldsymbol{A}$ 是一个 $n\times n$ 矩阵.

这样的（向量值）差分方程的简单例子在 1.10 节中已经研究过. 进一步的例子将在 5.6 节

和 5.9 节中给出.

例 6　将下列差分方程写成一个一阶方程组：

$$y_{k+3}-2y_{k+2}-5y_{k+1}+6y_k=0，\text{对所有 } k \text{ 成立}$$

解　对每个 k，设

$$\boldsymbol{x}_k=\begin{bmatrix} y_k \\ y_{k+1} \\ y_{k+2} \end{bmatrix}$$

由差分方程得 $y_{k+3}=-6y_k+5y_{k+1}+2y_{k+2}$，所以

$$\boldsymbol{x}_{k+1}=\begin{bmatrix} y_{k+1} \\ y_{k+2} \\ y_{k+3} \end{bmatrix}=\begin{bmatrix} 0 & + & y_{k+1}+0 \\ 0 & +0 & +\ y_{k+2} \\ -6y_k & +5y_{k+1} & +2y_{k+2} \end{bmatrix}=\begin{bmatrix} 0 & 1 & 0 \\ 0 & 0 & 1 \\ -6 & 5 & 2 \end{bmatrix}\begin{bmatrix} y_k \\ y_{k+1} \\ y_{k+2} \end{bmatrix}$$

即 $\boldsymbol{x}_{k+1}=\boldsymbol{A}\boldsymbol{x}_k$ 对所有 k 成立，其中 $\boldsymbol{A}=\begin{bmatrix} 0 & 1 & 0 \\ 0 & 0 & 1 \\ -6 & 5 & 2 \end{bmatrix}$. ■

一般而言，方程

$$y_{k+n}+a_1y_{k+n-1}+\cdots+a_{n-1}y_{k+1}+a_ny_k=0，\text{对所有 } k \text{ 成立}$$

可重写成 $\boldsymbol{x}_{k+1}=\boldsymbol{A}\boldsymbol{x}_k$，对所有 k 成立，其中

$$\boldsymbol{x}_k=\begin{bmatrix} y_k \\ y_{k+1} \\ \vdots \\ y_{k+n-1} \end{bmatrix}，\boldsymbol{A}=\begin{bmatrix} 0 & 1 & 0 & \cdots & 0 \\ 0 & 0 & 1 & & 0 \\ \vdots & & & \ddots & \vdots \\ 0 & 0 & 0 & & 1 \\ -a_n & -a_{n-1} & -a_{n-2} & \cdots & -a_1 \end{bmatrix}$$

练习题

可以证明信号 $2^k, 3^k\sin\dfrac{k\pi}{2}$ 和 $3^k\cos\dfrac{k\pi}{2}$ 是

$$y_{k+3}-2y_{k+2}+9y_{k+1}-18y_k=0$$

的解，证明这些信号构成这个差分方程所有解集的一个基.

习题 4.8

验证习题 1 和 2 中的信号是相应差分方程的解.

1. $2^k,(-4)^k;y_{k+2}+2y_{k+1}-8y_k=0$
2. $3^k,(-3)^k;y_{k+2}-9y_k=0$

证明习题 3~6 中的信号分别构成相应差分方程解集的一个基.

3. 习题 1 中的信号和方程.
4. 习题 2 中的信号和方程.
5. $(-3)^k,k(-3)^k;y_{k+2}+6y_{k+1}+9y_k=0$
6. $5^k\cos\dfrac{k\pi}{2},5^k\sin\dfrac{k\pi}{2};y_{k+2}+25y_k=0$

在习题 7~12 中，假设列出的信号是给出的差分方程的解，确定这些信号是否构成相应方程解空间的基. 用适当定理验证你的结论.

7. $1^k,2^k,(-2)^k;y_{k+3}-y_{k+2}-4y_{k+1}+4y_k=0$

8. $2^k, 4^k, (-5)^k; y_{k+3} - y_{k+2} - 22y_{k+1} + 40y_k = 0$

9. $1^k, 3^k \cos\dfrac{k\pi}{2}, 3^k \sin\dfrac{k\pi}{2}; y_{k+3} - y_{k+2} + 9y_{k+1} - 9y_k = 0$

10. $(-1)^k, k(-1)^k, 5^k; y_{k+3} - 3y_{k+2} - 9y_{k+1} - 5y_k = 0$

11. $(-1)^k, 3^k; y_{k+3} + y_{k+2} - 9y_{k+1} - 9y_k = 0$

12. $1^k, (-1)^k; y_{k+4} - 2y_{k+2} + y_k = 0$

在习题13~16中，分别求差分方程解空间的一个基. 证明你求出的解生成解集.

13. $y_{k+2} - y_{k+1} + \dfrac{2}{9}y_k = 0$

14. $y_{k+2} - 7y_{k+1} + 12y_k = 0$

15. $y_{k+2} - 25y_k = 0$

16. $16y_{k+2} + 8y_{k+1} - 3y_k = 0$

17. 4.7节表4-2中的序列是斐波那契序列，可以看作每个数字是它前面两个数字之和的序列. 它可以被描述为齐次差分方程

$$y_{k+2} - y_{k+1} - y_k = 0$$

初始条件为 $y_0 = 0$，$y_1 = 1$. 求斐波那契序列的通解.

18. 如果将习题17中的斐波那契序列的初始条件更改为 $y_0 = 1$，$y_1 = 2$，列出 $k = 2,3,4,5$ 的序列项. 用这些新的初始条件求习题17的差分方程的解.

在习题19和习题20中，涉及国民经济的一个简单模型，用下列差分方程描述：

$$Y_{k+2} - a(1+b)Y_{k+1} + abY_k = 1 \qquad (14)$$

这里 Y_k 是第 k 年国民收入总和，a 为一个小于1的常数，称为边际消费倾向，b 是一个正的调节常数，用来刻画消费性开支对私人年投资率的影响如何变化.[⊖]

19. 当 $a = 0.9, b = \dfrac{4}{9}$ 时，求（14）的通解. 当 k 增加时，Y_k 如何变化？（提示：先求形如 $Y_k = T$ 的特解，其中 T 是一个常数，称为国民收入的平均水平.）

20. 当 $a = 0.9, b = 0.5$ 时，求（14）的通解.

一个轻的悬梁被间隔10英尺的 N 个支点支撑着，一个重500磅的砝码挂在悬梁的一端，它距第一个支点10英尺，如图4-36所示. 设 y_k 表示第 k 个支点的弯矩，则 $y_1 = 5000$ 英尺-磅. 假设这个悬梁刚性地连接在第 N 个支点上并且此处弯矩为零，则各弯矩满足以下3-弯矩方程：

$$y_{k+2} + 4y_{k+1} + y_k = 0 \text{ 对 } k = 1,2,\cdots,N-2 \text{ 成立} \qquad (15)$$

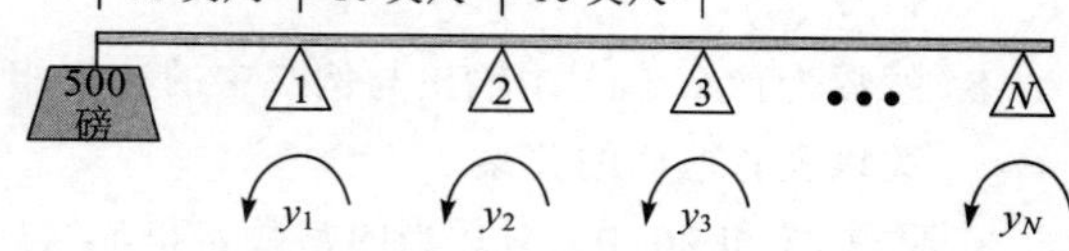

图4-36 悬梁上的弯矩

21. 求差分方程（15）的通解. 验证你的答案.

22. 求满足边界条件 $y_1 = 5000, y_N = 0$ 的（15）的特解（答案涉及 N）.

23. 当一个信号通过在一个过程中（化学反应、通过管子的热流、活动机械手等）的一系列测量生成时，这个信号通常包括由测量误差造成的随机噪声. 预处理这些数据以便减少噪声的标准方法是将这个数据平滑处理，或叫过滤. 一个简单的过滤法是用两个相邻值的平均数代替每个 y_k 的移动平均数：

$$\frac{1}{3}y_{k+1} + \frac{1}{3}y_k + \frac{1}{3}y_{k-1} = z_k \text{ 对 } k = 1,2,\cdots \text{均成立}$$

假设对 $k = 0,1,\cdots,14$，一个信号 y_k 是：

9,5,7,3,2,4,6,5,7,6,8,10,9,5,7

利用过滤法计算 $z_1, z_2, \cdots, z_{13}$. 作一个原始信号和平滑处理过的信号的双重折线图.

24. 设 $\{y_k\}$ 是由连续信号 $2\cos\dfrac{\pi t}{4} + \cos\dfrac{3\pi t}{4}$ 在 $t = 0, 1, 2, \cdots$ 处抽样生成的，如图4-37所示. 从 $k = 0$ 开始 y_k 值为3, 0.7, 0, −0.7, −3, −0.7, 0, 0.7, 3, 0.7, 0, ⋯，其中0.7是 $\sqrt{2}/2$ 的简写.

⊖ 例如，可参考 *Discrete Dynamical Systems*，James T. Sandefur (Oxford: Clarendon Press, 1990), pp.267-276，最原始的加速乘数模型由经济学家 P. A. Samuelson 提出.

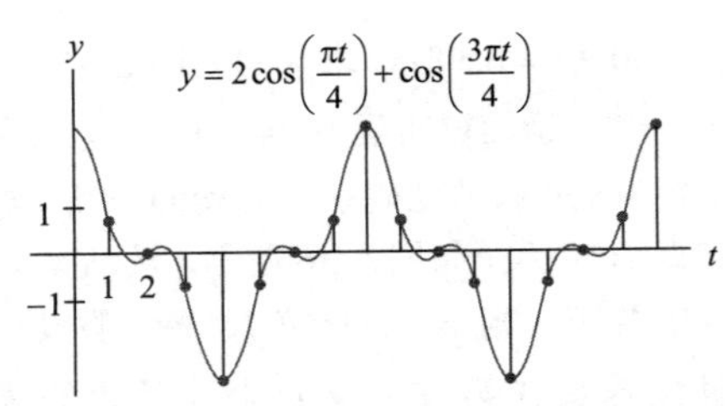

图 4-37　由 $2\cos\frac{\pi t}{4}+\cos\frac{3\pi t}{4}$ 得到的抽样数据

a. 当将 $\{y_k\}$ 输入 2 中的滤波器时，计算输出信号 $\{z_k\}$.

b. 解释为什么（a）中输出与例 2 中的计算相关以及有怎样的关系.

在习题 25 和 26 中，对适当的常数 a 和 b，涉及一个形如 $y_{k+1}-ay_k=b$ 的差分方程.

25. 10 000 美元的贷款每月有 1%的利息和 450 美元的月供. 在 $k=0$ 时办理贷款，一个月之后在 $k=1$ 时办理第一次付款. 对 $k=0,1,2,\cdots$，设 y_k 是第 k 次月度付款刚办理后贷款的未付余额，则

$$y_1=\underset{\text{新余额}}{}\ \underset{\text{还贷额}}{10\,000}+\underset{\text{附加利息}}{(0.01)10\,000}-\underset{\text{月供}}{450}$$

a. 写出 $\{y_k\}$ 满足的差分方程.

b. [M]做一张表展示月份 k 时 k 与余额 y_k，列出你做这张表的程序和按键.

c. [M]当完成最后的付款时，k 为多少？最后一次的付款额是多少？借款者共支付多少钱？

26. 在时间 $k=0$，办理了一个 1000 美元的最初存款的储蓄账户. 这个储蓄账户每年付 6%的利息（每月利率为 0.005），这个利息按每月复利计算. 在最初存款之后，每月将 200 美元存到账户里. 对 $k=0,1,2\cdots$，设 y_k 表示在时间 k 刚办理完存款后账户里的存款金额.

a. 写出 $\{y_k\}$ 满足的差分方程.

b. [M]做一张表，展示 k 与在月份 k 时账户里的总金额，k 取 $k=0$ 到 60. 列出你做这张表的程序和按键.

c. [M]两年（即 24 个月）之后，账户里有多少存款？4 年和 5 年之后呢？5 年的总利息是多少？

在习题 27~30 中，证明给出的信号是相应差分方程的解，然后求差分方程的通解.

27. $y_k=k^2;\ y_{k+2}+3y_{k+1}-4y_k=7+10k$

28. $y_k=1+k;\ y_{k+2}-8y_{k+1}+15y_k=2+8k$

29. $y_k=2-2k;\ y_{k+2}-\frac{9}{2}y_{k+1}+2y_k=2+3k$

30. $y_k=2k-4;\ y_{k+2}+\frac{3}{2}y_{k+1}-y_k=1+3k$

将习题 31 和习题 32 中的差分方程用一阶方程组 $\boldsymbol{x}_{k+1}=\boldsymbol{A}\boldsymbol{x}_k$（对任意 k 成立）的形式写出来.

31. $y_{k+4}-6y_{k+3}+8y_{k+2}+6y_{k+1}-9y_k=0$

32. $y_{k+3}-\frac{3}{4}y_{k+2}+\frac{1}{16}y_k=0$

33. 下列差分方程是 3 阶的吗？解释之.

$$y_{k+3}+5y_{k+2}+6y_{k+1}=0$$

34. 下列差分方程的阶是多少？解释你的答案.

$$y_{k+3}+a_1y_{k+2}+a_2y_{k+1}+a_3y_k=0$$

35. 设 $y_k=k^2, z_k=2k|k|$，信号 $\{y_k\}$ 和 $\{z_k\}$ 线性无关吗？对 $k=0, k=-1$ 和 $k=-2$，求相应的 Casorati 矩阵 $C(k)$，并讨论你的结果.

36. 设 f,g,h 是定义在全体实数上的线性无关函数，通过对整数上的函数值抽样构造 3 个信号：

$$u_k=f(k),\ v_k=g(k),\ w_k=h(k)$$

在 $\mathbb{S}$ 上这些信号一定是线性无关的吗？请讨论.

练习题答案

检查 Casorati 矩阵：

$$C(k)=\begin{bmatrix} 2^k & 3^k\sin\dfrac{k\pi}{2} & 3^k\cos\dfrac{k\pi}{2} \\ 2^{k+1} & 3^{k+1}\sin\dfrac{(k+1)\pi}{2} & 3^{k+1}\cos\dfrac{(k+1)\pi}{2} \\ 2^{k+2} & 3^{k+2}\sin\dfrac{(k+2)\pi}{2} & 3^{k+2}\cos\dfrac{(k+2)\pi}{2} \end{bmatrix}$$

设 $k=0$，将矩阵进行行化简，证明它有 3 个主元位置，从而矩阵可逆：

$$C(0)=\begin{bmatrix} 1 & 0 & 1 \\ 2 & 3 & 0 \\ 4 & 0 & -9 \end{bmatrix}\sim\begin{bmatrix} 1 & 0 & 1 \\ 0 & 3 & -2 \\ 0 & 0 & -13 \end{bmatrix}$$

当 $k=0$ 时，Casorati 矩阵是可逆的，所以这些信号是线性无关的. 因为有 3 个信号，故差分方程的解空间 H 是三维的（定理 20），由基定理知，这 3 个信号构成 H 的一个基.

课题研究

本章的课题研究可以在 bit.ly/30IM8gT 上找到.

A. 探索子空间：这个课题以更实际的方法探索子空间.

B. 希尔替换密码：这个课题展示了如何使用矩阵对消息进行编码和解码.

C. 错误检测与纠错：这个课题构建了一种检测和纠正编码消息传输过程中出现的错误的方法. 事实证明，这种构造需要抽象向量空间和零空间、秩和维数的概念.

D. 信号处理：这个课题更详细地研究信号处理.

E. 斐波那契序列：这个课题的目的是进一步研究斐波那契序列，它出现在数论、应用数学和生物学中.

补充习题

在习题 1~19 中，标出每个命题的对错(T/F)，并证明.（若是对的，给出恰当的事实或定理；若是错的，解释原因并给出反例，说明为什么该命题在每种情况下都是错的.）在习题 1~6 中，$\boldsymbol{v}_1,\boldsymbol{v}_2,\cdots,\boldsymbol{v}_p$ 是非零有限维向量空间 V 中的向量，而且 $S=\{\boldsymbol{v}_1,\boldsymbol{v}_2,\cdots,\boldsymbol{v}_p\}$.

1. (T/F) $\boldsymbol{v}_1,\boldsymbol{v}_2,\cdots,\boldsymbol{v}_p$ 的所有线性组合所成的集合是一个向量空间.
2. (T/F)若 $\{\boldsymbol{v}_1,\boldsymbol{v}_2,\cdots,\boldsymbol{v}_{p-1}\}$ 生成 V，则 S 生成 V.
3. (T/F)若 $\{\boldsymbol{v}_1,\boldsymbol{v}_2,\cdots,\boldsymbol{v}_{p-1}\}$ 是线性无关的，则 S 也是线性无关的.
4. (T/F)若 S 是线性无关的，则 S 是 V 的一组基.
5. (T/F)若 $\operatorname{Span} S=V$，则 S 的某一子集是 V 的一组基.
6. (T/F)若 $\dim V=p$ 且 $\operatorname{Span} S=V$，则 S 不能是线性相关的.
7. (T/F) $\mathbb{R}^3$ 中的一个平面是一个二维子空间.
8. (T/F)矩阵中的非主元列总是线性相关的.
9. (T/F)矩阵 $\boldsymbol{A}$ 中的行变换能够改变 $\boldsymbol{A}$ 的行之间的线性相关关系.
10. (T/F)矩阵中的行变换能够改变零空间.
11. (T/F)矩阵的秩等于非零行的个数.
12. (T/F)若 $m\times n$ 矩阵 $\boldsymbol{A}$ 行等价于阶梯形矩阵 $\boldsymbol{U}$，$\boldsymbol{U}$ 有 k 个非零行，则 $\boldsymbol{Ax}=\boldsymbol{0}$ 的解空间的维数是 $m-k$.
13. (T/F)若 $\boldsymbol{B}$ 是由 $\boldsymbol{A}$ 经过几次行初等变换得到，则

rank $\boldsymbol{B}=$ rank $\boldsymbol{A}$.

14. (T/F)矩阵 $\boldsymbol{A}$ 的非零行构成 Row $\boldsymbol{A}$ 的一组基.
15. (T/F)若矩阵 $\boldsymbol{A}$ 和 $\boldsymbol{B}$ 有相同的简化阶梯形，则 Row $\boldsymbol{A}=$ Row $\boldsymbol{B}$.
16. (T/F)若 H 是 $\mathbb{R}^3$ 的子空间，则存在一个 3×3 矩阵 $\boldsymbol{A}$ 使得 $H=\operatorname{Col}\boldsymbol{A}$.
17. (T/F)若 $\boldsymbol{A}$ 是 $m\times n$ 矩阵且 rank $\boldsymbol{A}=m$，则线性变换 $\boldsymbol{x}\mapsto\boldsymbol{Ax}$ 是一对一的.
18. (T/F)若 $\boldsymbol{A}$ 是 $m\times n$ 矩阵且线性变换 $\boldsymbol{x}\mapsto\boldsymbol{Ax}$ 是到上的，则 rank $\boldsymbol{A}=m$.
19. (T/F)坐标变换矩阵总是可逆的.
20. 求所有形如下列形式的向量构成的集合的一组基.（计算要仔细.）

$$\begin{bmatrix} a-2b+5c \\ 2a+5b-8c \\ -a-4b+7c \\ 3a+b+c \end{bmatrix}$$

21. 令 $\boldsymbol{u}_1=\begin{bmatrix} -2 \\ 4 \\ -6 \end{bmatrix}$, $\boldsymbol{u}_2=\begin{bmatrix} 1 \\ 2 \\ -5 \end{bmatrix}$, $\boldsymbol{b}=\begin{bmatrix} b_1 \\ b_2 \\ b_3 \end{bmatrix}$,$W=\operatorname{Span}\{\boldsymbol{u}_1, \boldsymbol{u}_2\}$，求 W 的一个隐式的表达；即求由一个或多个齐次方程组成的集合刻画 W 中的点.（提示：$\boldsymbol{b}$ 何时在 W 中？）
22. 说明下面的讨论哪里有错：设 $\boldsymbol{f}(t)=3+t$, $\boldsymbol{g}(t)=3t+t^2$，$\boldsymbol{g}(t)=t\boldsymbol{f}(t)$. 因为 $\boldsymbol{g}$ 是 $\boldsymbol{f}$ 的倍数，所以 $\{\boldsymbol{f},\boldsymbol{g}\}$ 是线性相关的.
23. 考虑多项式 $\boldsymbol{p}_1(t)=1+t$, $\boldsymbol{p}_2(t)=1-t$, $\boldsymbol{p}_3(t)=4$, $\boldsymbol{p}_4(t)=t+t^2$，$\boldsymbol{p}_5(t)=1+2t+t^2$，并设 H 是由集合 $S=\{\boldsymbol{p}_1,\boldsymbol{p}_2,\boldsymbol{p}_3,\boldsymbol{p}_4,\boldsymbol{p}_5\}$ 所生成的 $\mathbb{P}_5$ 的子空间. 使用（4.3 节）生成集定理证明中给出的方法求 H 的一组基.（说明如何从 S 中选取适当的向量.）
24. 假设 $\boldsymbol{p}_1$,$\boldsymbol{p}_2$,$\boldsymbol{p}_3$,$\boldsymbol{p}_4$ 是给定的多项式，它们生成 $\mathbb{P}_5$ 的一个二维子空间 H. 试叙述通过检查这 4 个多项式，你如何能几乎不用计算就求出 H 的一组基.
25. 关于一个具有 18 个线性方程 20 个变量的齐次方程组的解集，为了知道每一个相应的非齐次方程有解，你必须要知道什么？请讨论.
26. 令 H 是 n 维向量空间 V 的一个 n 维子空间，解释为什么 $H=V$.
27. 设 $T:\mathbb{R}^n\to\mathbb{R}^m$ 是线性变换，
    a. 如果 T 是一对一映射，那么 T 的值域的维数是多少？请解释.
    b. 如果 T 是从 $\mathbb{R}^n$ 映射到 $\mathbb{R}^m$ 上的，那么 T 的核（见 4.2 节）的维数是多少？请解释.
28. 令 S 是向量空间 V 中的一个最大线性无关子集，即 S 有这样的性质：若一个向量不在 S 中，添加到 S 后得到一个新的集合，则新的集合不再是线性无关的. 证明：S 一定是 V 的一组基.（提示：若 S 是线性无关的，但不是 V 的一组基，则 S 将如何？）
29. 令 S 是向量空间 V 的一个有限极小生成集，即 S 有这样的性质：若从 S 中去掉一个向量，则新的集合将不再生成 V. 证明：S 一定是 V 的一组基.

习题 30~35 给出了有时在应用中用到的秩的性质. 假设矩阵 $\boldsymbol{A}$ 是 $m\times n$ 矩阵.

30. 由（a）和（b）证明：rank $\boldsymbol{AB}$ 不能超过 $\boldsymbol{A}$ 的秩或 $\boldsymbol{B}$ 的秩.（一般而言，矩阵乘积的秩不能超过乘积中任何一个因子的秩.）
    a. 证明：若 $\boldsymbol{B}$ 是 $n\times p$ 矩阵，则 rank $\boldsymbol{AB}\leqslant$ rank $\boldsymbol{A}$.（提示：解释为什么 $\boldsymbol{AB}$ 的列空间中的每个向量属于 $\boldsymbol{A}$ 的列空间.）
    b. 证明：若 $\boldsymbol{B}$ 是 $n\times p$ 矩阵，则 rank $\boldsymbol{AB}\leqslant$ rank $\boldsymbol{B}$.（提示：利用（a）研究 rank$(\boldsymbol{AB})^{\mathrm{T}}$.）
31. 证明：若 $\boldsymbol{P}$ 是 $m\times m$ 可逆矩阵，则 rank $\boldsymbol{PA}=$ rank $\boldsymbol{A}$.（提示：对 $\boldsymbol{PA}$和$\boldsymbol{P}^{-1}(\boldsymbol{PA})$ 应用习题 30.）
32. 证明：若 $\boldsymbol{Q}$ 是可逆的，则 rank $\boldsymbol{AQ}=$ rank $\boldsymbol{A}$.（提示：用习题 31 来研究 rank$(\boldsymbol{AQ})^{\mathrm{T}}$.）
33. 设 $\boldsymbol{A}$ 是 $m\times n$ 矩阵，$\boldsymbol{B}$ 是 $n\times p$ 矩阵，且 $\boldsymbol{AB}=0$. 证明：rank $\boldsymbol{A}+$ rank $\boldsymbol{B}\leqslant n$.（提示：Nul $\boldsymbol{A}$，Col $\boldsymbol{A}$，Nul $\boldsymbol{B}$，Col $\boldsymbol{B}$ 四个子空间中有一个被包含在另外三个中的一个之中.）

34. 设 $\boldsymbol{A}$ 是秩为 r 的 $m\times n$ 矩阵，则 $\boldsymbol{A}$ 的秩分解是具有 $\boldsymbol{A}=\boldsymbol{CR}$ 形式的等式，其中 $\boldsymbol{C}$ 是秩为 r 的 $m\times r$ 矩阵，$\boldsymbol{R}$ 是秩为 r 的 $r\times n$ 矩阵. 证明这样的因式分解总是存在的.再证明任给两个 $m\times n$ 矩阵 $\boldsymbol{A}$ 和 $\boldsymbol{B}$，

$$\operatorname{rank}(\boldsymbol{A}+\boldsymbol{B})\leqslant\operatorname{rank}\boldsymbol{A}+\operatorname{rank}\boldsymbol{B}$$

（提示：把 $\boldsymbol{A}+\boldsymbol{B}$ 写成两个分块矩阵的积.）

35. 矩阵 $\boldsymbol{A}$ 的**子矩阵**是由去掉 $\boldsymbol{A}$ 中若干行若干列（或不去掉）得到的矩阵. 可以证明 $\boldsymbol{A}$ 的秩为 r 当且仅当 $\boldsymbol{A}$ 包含一个 $r\times r$ 可逆子矩阵同时没有更大的可逆子方阵. 通过解释下面的（a）和（b）证明这个命题的一部分:（a）为什么秩为 r 的 $m\times n$ 矩阵 $\boldsymbol{A}$ 有一个秩为 r 的 $m\times r$ 子矩阵 $\boldsymbol{A}_1$，（b）为什么 $\boldsymbol{A}_1$ 有一个可逆的 $r\times r$ 子矩阵 $\boldsymbol{A}_2$.

秩这个概念在工程控制系统的设计中起着重要的作用. 控制系统的状态空间模型包括一个形如

$$\boldsymbol{x}_{k+1}=\boldsymbol{A}\boldsymbol{x}_k+\boldsymbol{B}\boldsymbol{u}_k\quad k=0,1,\cdots\qquad(1)$$

的差分方程，其中 $\boldsymbol{A}$ 是 $n\times n$ 矩阵，$\boldsymbol{B}$ 是 $n\times m$ 矩阵，$\{\boldsymbol{x}_k\}$ 是 $\mathbb{R}^n$ 中的一个“状态向量”序列，它用来描述在离散时间上系统的状态，$\{\boldsymbol{u}_k\}$ 是一个控制或输入序列. $(\boldsymbol{A},\boldsymbol{B})$ 称为**可控制的**，如果

$$\operatorname{rank}[\boldsymbol{B}\quad\boldsymbol{AB}\quad\boldsymbol{A}^2\boldsymbol{B}\quad\cdots\boldsymbol{A}^{n-1}\boldsymbol{B}]=n\qquad(2)$$

（2）式中的矩阵称为系统的**可控制性矩阵**. 若 $(\boldsymbol{A},\boldsymbol{B})$ 是可控制的，则通过简单地选择一个适当的 $\mathbb{R}^m$ 中的控制序列，最多在 n 步内，该系统从状态 $\boldsymbol{0}$ 到任一指定的（$\mathbb{R}^n$ 中的）状态 $\boldsymbol{v}$ 可以被控制或被驱动. 对这一点，习题 36 给出了在 $n=4$，$m=2$ 时的示例.

36. 设 $\boldsymbol{A}$ 是 4×4 矩阵，$\boldsymbol{B}$ 是 4×2 矩阵，$\boldsymbol{u}_0,\boldsymbol{u}_1,\boldsymbol{u}_2,\boldsymbol{u}_3$ 是 $\mathbb{R}^2$ 中的输入向量序列.
    a. 设 $\boldsymbol{x}_0=\boldsymbol{0}$，用（1）式计算 $\boldsymbol{x}_1,\boldsymbol{x}_2,\boldsymbol{x}_3,\boldsymbol{x}_4$，用（2）式中的可控制性矩阵 $\boldsymbol{M}$ 写一个计算 $\boldsymbol{x}_4$ 的公式.（注意：矩阵 $\boldsymbol{M}$ 用分块矩阵来构造. 此处它的大小是 4×8.）
    b. 设 $(\boldsymbol{A},\boldsymbol{B})$ 是可控制的，$\boldsymbol{v}$ 是 $\mathbb{R}^4$ 中的任一向量，说明为何存在 $\mathbb{R}^2$ 中的一个控制序列 $\boldsymbol{u}_0,\boldsymbol{u}_1,\boldsymbol{u}_3,\boldsymbol{u}_3$，使得 $\boldsymbol{x}_4=\boldsymbol{v}$.

在习题 37~40 中，判定矩阵对是否是可控制的.

37. $\boldsymbol{A}=\begin{bmatrix}0.9&1&0\\0&-0.9&0\\0&0&0.5\end{bmatrix}$，$\boldsymbol{B}=\begin{bmatrix}0\\1\\1\end{bmatrix}$

38. $\boldsymbol{A}=\begin{bmatrix}0.8&-0.3&0\\0.2&0.5&1\\0&0&-0.5\end{bmatrix}$，$\boldsymbol{B}=\begin{bmatrix}1\\1\\0\end{bmatrix}$

39. [M] $\boldsymbol{A}=\begin{bmatrix}0&1&0&0\\0&0&1&0\\0&0&0&1\\-2&-4.2&-4.8&-3.6\end{bmatrix}$，$\boldsymbol{B}=\begin{bmatrix}1\\0\\0\\-1\end{bmatrix}$

40. [M] $\boldsymbol{A}=\begin{bmatrix}0&1&0&0\\0&0&1&0\\0&0&0&1\\-1&-13&-12.2&-1.5\end{bmatrix}$，$\boldsymbol{B}=\begin{bmatrix}1\\0\\0\\-1\end{bmatrix}$

第 5 章　特征值与特征向量

介绍性实例　动力系统与斑点猫头鹰

1990 年，在利用或滥用太平洋西北部大面积森林问题上，北方的斑点猫头鹰成为一个争论的焦点. 环境保护学家试图说服联邦政府，如果采伐原始森林（长有 200 年以上的树木）的行为得不到制止，猫头鹰将濒临灭绝，因为猫头鹰喜好在那里居住. 而木材行业却争辩说猫头鹰不应被划为“濒临灭绝动物”，并引用一些已发表的科学报告来支持其论点[㊀]. 对木材行业来说，如果政府出台新的伐木限制，预计将失去 30 000 至 100 000 个工作岗位.

斑点猫头鹰的数量持续下降，它仍然是一个处于经济机会和努力保护交叉火力中的物种. 数学生态学家帮助分析各种因素对斑点猫头鹰种群的影响，如伐木技术、野火以及与入侵的林鸮争夺栖息地的竞争. 猫头鹰的生命周期自然分为三个阶段：幼年期（1 岁以前）、半成年期（1~2 岁）、成年期（2 岁以后）. 猫头鹰在半成年和成年期交配，开始生育繁殖，可活到 20 岁左右. 每一对猫头鹰需要约 1000 公顷（4 平方英里）的土地作为自己的栖息地. 生命周期的关键期是当幼年猫头鹰离开巢的时候. 为生存和进入半成年期，一只幼年猫头鹰必须成功地找到一个新的栖息地安家（通常还带有一个配偶）.

研究种群动力学的第 1 步是建立以年为区间的种群模型，时间为 $k=0,1,2,\cdots$. 通常可以假设在每一个生命阶段雄性和雌性的比例为 1:1，而且只计算雌性猫头鹰，第 k 年的种群量可以用向量 $\boldsymbol{x}_k=(j_k,s_k,a_k)$ 表示，其中 j_k,s_k 和 a_k 分别代表雌性猫头鹰在幼年期、半成年期和成年期的数量.

利用人口统计研究的实际现场数据， R. Lamberson 及其同事设计了下面的“阶段矩阵模型” (stage - matrix model)[㊁]：

$$\begin{bmatrix} j_{k+1} \\ s_{k+1} \\ a_{k+1} \end{bmatrix} = \begin{bmatrix} 0 & 0 & 0.33 \\ 0.18 & 0 & 0 \\ 0 & 0.71 & 0.94 \end{bmatrix} \begin{bmatrix} j_k \\ s_k \\ a_k \end{bmatrix}$$

在这里新的幼年雌性猫头鹰在 $k+1$ 年中的数量是成年雌性猫头鹰在 k 年里数量的 0.33 倍（根据每一对猫

㊀ “The Great Spotted Owl War”，《读者文摘》，November 1992，pp. 91-95.

㊁ R.H.Lamberson, R.Mckelvey, B.R.Noon, and C.Voss, “A Dynamic Analysis of the Viability of the Northern Spotted Owl in a Fragmented Forest Environment”, *Conservation Biology* 6 (1992), 505-512，还可参见 Lamberson 教授的私人通信，1993.

头鹰的平均生殖率而定）. 此外，18%的幼年雌性猫头鹰得以生存进入半成年期，71%的半成年雌性猫头鹰和 94%的成年雌性猫头鹰生存下来被计为成年猫头鹰.

阶段矩阵模型是形式为 $\boldsymbol{x}_{k+1}=A\boldsymbol{x}_k$ 的差分方程，这种方程被称为**动力系统**（或**离散线性动力系统**），因为它描述的是系统随时间推移的变化.

在 Lamberson 阶段矩阵中，18%的幼年猫头鹰生存率是受可获得的原始森林数量影响最大的项. 事实上，60%的幼年猫头鹰通常生存下来后就会离开自己的巢，但是在 Lamberson 和他的同事们作研究的加州 Willow Creek 地区，只有 30%的幼年猫鹰在弃巢后能找到新的栖息地，其他的在寻找新家园过程中失踪了.

猫头鹰不能找到新栖息地的一个重要原因是对原始森林分散区域的砍伐加剧了原始森林的分割. 当猫头鹰离开森林保护区并穿过一块滥伐地时，被捕食动物袭击的危险大增. 5.6 节将会展示前面讨论的模型如何预测斑点猫头鹰的最终灭绝，但如果 50%的幼年猫头鹰弃巢后能找到新的栖息地，猫头鹰种群将会兴旺起来.

本章的目的是剖析线性变换 $\boldsymbol{x}\mapsto A\boldsymbol{x}$ 的作用，把它分解为容易理解的元素. 本章中出现的矩阵都是方阵. 虽然这里讨论的主要应用是离散动力系统、微分方程和马尔可夫链，但有关特征值和特征向量的基本概念对纯数学和应用数学都很有用，它们出现的背景要比我们这里考虑的广泛得多. 同样，特征值还被用来研究微分方程和连续动力系统，为工程设计提供关键知识，自然地，也出现在物理和化学等领域里.

5.1 特征向量与特征值

尽管变换 $\boldsymbol{x}\mapsto A\boldsymbol{x}$ 有可能使向量往各个方向移动，但通常会有某些特殊向量，A 对这些向量的作用是很简单的.

例 1 设 $A=\begin{bmatrix}3&-2\\1&0\end{bmatrix}, \boldsymbol{u}=\begin{bmatrix}-1\\1\end{bmatrix}, \boldsymbol{v}=\begin{bmatrix}2\\1\end{bmatrix}$. 图 5-1 显示 $\boldsymbol{u}$ 和 $\boldsymbol{v}$ 乘以 A 后的图像. 事实上，$A\boldsymbol{v}$ 正好是 $2\boldsymbol{v}$，因此，A 仅仅是“拉伸了”$\boldsymbol{v}$. ■

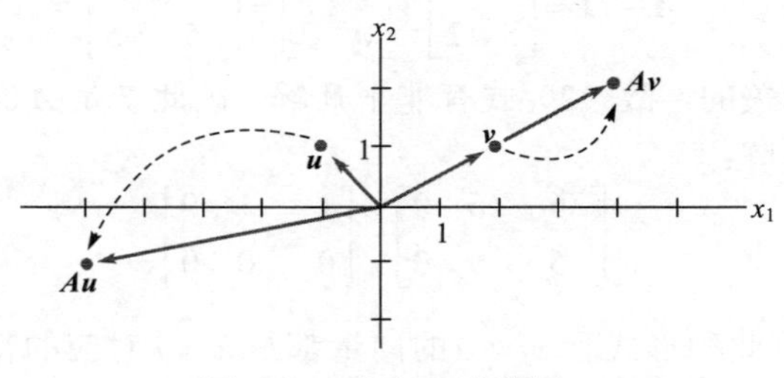

图 5-1 乘以 A 的作用

这一节，我们将研究形如 $A\boldsymbol{x}=2\boldsymbol{x}$ 或 $A\boldsymbol{x}=-4\boldsymbol{x}$ 的方程，并且寻找那些被 A 变换成自身的一个数量倍的向量.

定义 A 为 $n\times n$ 矩阵，$\boldsymbol{x}$ 为非零向量，若存在数 λ 使 $A\boldsymbol{x}=\lambda\boldsymbol{x}$ 有非平凡解 $\boldsymbol{x}$，则称 λ 为 A 的

特征值，$\boldsymbol{x}$ 称为对应于 λ 的特征向量.[㊀]

容易验证给定的向量是否是矩阵的特征向量，见例 2；也容易判断给出的数是否是特征值见例 3.

例 2 设 $\boldsymbol{A}=\begin{bmatrix}1 & 6\\5 & 2\end{bmatrix}$，$\boldsymbol{u}=\begin{bmatrix}6\\-5\end{bmatrix}$ 和 $\boldsymbol{v}=\begin{bmatrix}3\\-2\end{bmatrix}$，$\boldsymbol{u}$ 和 $\boldsymbol{v}$ 是否是 $\boldsymbol{A}$ 的特征向量？

解

$$\boldsymbol{Au}=\begin{bmatrix}1 & 6\\5 & 2\end{bmatrix}\begin{bmatrix}6\\-5\end{bmatrix}=\begin{bmatrix}-24\\20\end{bmatrix}=-4\begin{bmatrix}6\\-5\end{bmatrix}=-4\boldsymbol{u}$$

$$\boldsymbol{Av}=\begin{bmatrix}1 & 6\\5 & 2\end{bmatrix}\begin{bmatrix}3\\-2\end{bmatrix}=\begin{bmatrix}-9\\11\end{bmatrix}\neq\lambda\begin{bmatrix}3\\-2\end{bmatrix}$$

因此，$\boldsymbol{u}$ 是特征值–4 对应的特征向量，但 $\boldsymbol{Av}$ 不是 $\boldsymbol{v}$ 的倍数（见图 5-2），故 $\boldsymbol{v}$ 不是 $\boldsymbol{A}$ 的特征向量.

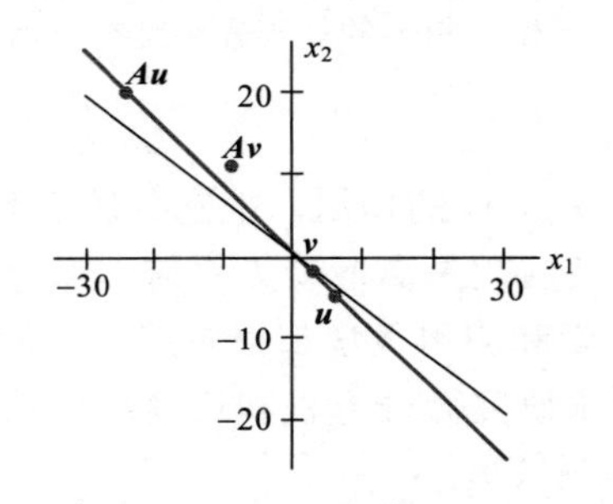

图 5-2　$\boldsymbol{Au}=-4\boldsymbol{u}$，但 $\boldsymbol{Av}\neq\lambda\boldsymbol{v}$ ■

例 3 证明 7 是例 2 中矩阵 $\boldsymbol{A}$ 的特征值，并求特征值 7 对应的特征向量.

解 数 7 是 $\boldsymbol{A}$ 的特征值当且仅当方程

$$\boldsymbol{Ax}=7\boldsymbol{x} \tag{1}$$

有非平凡解，（1）式等价于 $\boldsymbol{Ax}-7\boldsymbol{x}=\boldsymbol{0}$，或

$$(\boldsymbol{A}-7\boldsymbol{I})\boldsymbol{x}=\boldsymbol{0} \tag{2}$$

为解该齐次方程，计算

$$\boldsymbol{A}-7\boldsymbol{I}=\begin{bmatrix}1 & 6\\5 & 2\end{bmatrix}-\begin{bmatrix}7 & 0\\0 & 7\end{bmatrix}=\begin{bmatrix}-6 & 6\\5 & -5\end{bmatrix}$$

$\boldsymbol{A}-7\boldsymbol{I}$ 的列显然是线性相关的，故（2）式有非平凡解，因此 7 是 $\boldsymbol{A}$ 的特征值. 为求其对应的特征向量，用行变换化简矩阵：

$$\begin{bmatrix}-6 & 6 & 0\\5 & -5 & 0\end{bmatrix}\sim\begin{bmatrix}1 & -1 & 0\\0 & 0 & 0\end{bmatrix}$$

故通解为 $x_2\begin{bmatrix}1\\1\end{bmatrix}$. 凡是具有此种形式且 $x_2\neq 0$ 的向量都是 $\lambda=7$ 对应的特征向量. ■

警告 虽然在例 3 中使用了行化简来求特征向量，但不能用行化简求特征值.矩阵 $\boldsymbol{A}$ 的阶梯形通常不显示出 $\boldsymbol{A}$ 的特征值.

㊀ 注意，根据定义，特征向量必须是非零的，但特征值可以为零. 特征值为 0 的情况将在例 5 后面讨论.

方程（1）和（2）的等价性对任何 $\lambda=7$ 以外的 λ 显然都是成立的. 故 λ 是 $\boldsymbol{A}$ 的特征值当且仅当方程

$$(\boldsymbol{A}-\lambda\boldsymbol{I})\boldsymbol{x}=\boldsymbol{0} \tag{3}$$

有非平凡解. 方程(3)的所有解的集合就是矩阵 $\boldsymbol{A}-\lambda\boldsymbol{I}$ 的零空间. 因此，该集合是 $\mathbb{R}^n$ 的子空间，称为 $\boldsymbol{A}$ 的对应于 λ 的**特征空间**. 特征空间由零向量和所有对应于 λ 的特征向量组成.

从例 3 看出，例 2 中矩阵 $\boldsymbol{A}$ 对应 $\lambda=7$ 的特征空间由（1, 1）的所有倍数组成，因此，特征空间是过（1, 1）和原点的直线. 在例 2 中，也可以验证对应 $\lambda=-4$ 的特征空间是经过（6, −5）和原点的直线. 图 5-3 显示了这些特征空间、特征向量（1, 1）和（3/2, −5/4）及变换 $\boldsymbol{x}\mapsto\boldsymbol{A}\boldsymbol{x}$ 对每个特征空间的几何意义.

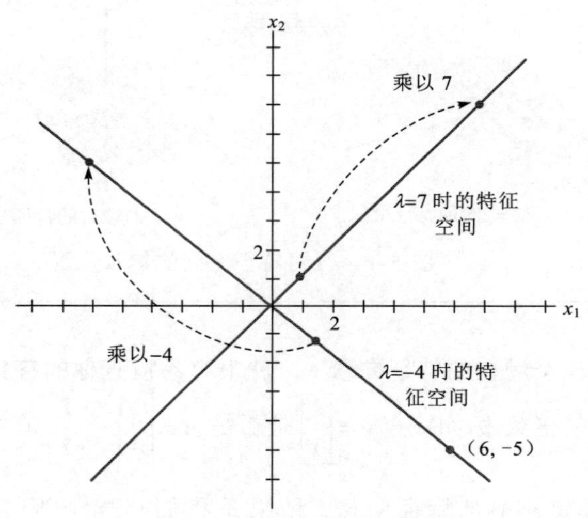

图 5-3　对应 $\lambda=-4$ 和 $\lambda=7$ 的特征空间

例 4　设 $\boldsymbol{A}=\begin{bmatrix}4&-1&6\\2&1&6\\2&-1&8\end{bmatrix}$，$\boldsymbol{A}$ 的一个特征值是 2，求对应的特征空间的一个基.

解　计算

$$\boldsymbol{A}-2\boldsymbol{I}=\begin{bmatrix}4&-1&6\\2&1&6\\2&-1&8\end{bmatrix}-\begin{bmatrix}2&0&0\\0&2&0\\0&0&2\end{bmatrix}=\begin{bmatrix}2&-1&6\\2&-1&6\\2&-1&6\end{bmatrix}$$

用行变换化简 $(\boldsymbol{A}-2\boldsymbol{I})\boldsymbol{x}=\boldsymbol{0}$ 的增广矩阵：

$$\begin{bmatrix}2&-1&6&0\\2&-1&6&0\\2&-1&6&0\end{bmatrix}\sim\begin{bmatrix}2&-1&6&0\\0&0&0&0\\0&0&0&0\end{bmatrix}$$

因为方程 $(\boldsymbol{A}-2\boldsymbol{I})\boldsymbol{x}=\boldsymbol{0}$ 有自由变量，故 2 是 $\boldsymbol{A}$ 的特征值. 通解是

$$\begin{bmatrix} x_1 \\ x_2 \\ x_3 \end{bmatrix} = x_2\begin{bmatrix} 1/2 \\ 1 \\ 0 \end{bmatrix} + x_3\begin{bmatrix} -3 \\ 0 \\ 1 \end{bmatrix},\ x_2和x_3为任意值$$

图 5-4 显示出特征空间是 $\mathbb{R}^3$ 的二维子空间，其中的一个基是

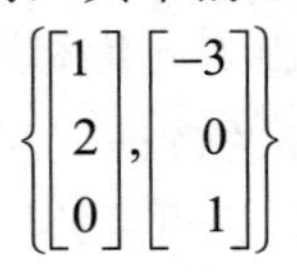

$$\left\{\begin{bmatrix} 1 \\ 2 \\ 0 \end{bmatrix}, \begin{bmatrix} -3 \\ 0 \\ 1 \end{bmatrix}\right\}$$

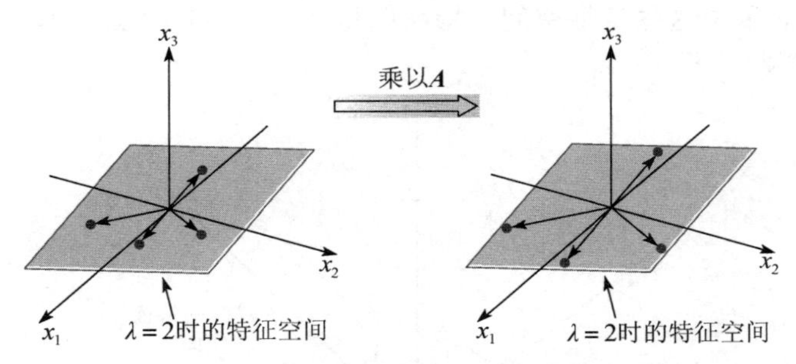

图 5-4　$\boldsymbol{A}$ 对特征空间的扩张作用　■

合理答案

记住，一旦你找到一个潜在的特征向量 $\boldsymbol{v}$，就很容易检查你的答案是否正确：只要计算出 $A\boldsymbol{v}$，然后看它是否是 $\boldsymbol{v}$ 的倍数.例如检查 $\boldsymbol{v}=\begin{bmatrix} 1 \\ 1 \end{bmatrix}$ 是否是 $A=\begin{bmatrix} 1 & 2 \\ -1 & -2 \end{bmatrix}$ 的特征向量，注意 $A\boldsymbol{v}=\begin{bmatrix} 3 \\ -3 \end{bmatrix}$ 不是 $\boldsymbol{v}=\begin{bmatrix} 1 \\ 1 \end{bmatrix}$ 的倍数，确定 $\boldsymbol{v}$ 不是特征向量. 结果是我们有一个符号错误.向量 $\boldsymbol{u}=\begin{bmatrix} 1 \\ -1 \end{bmatrix}$ 满足 $A\boldsymbol{u}=\begin{bmatrix} -1 \\ 1 \end{bmatrix}=-1\begin{bmatrix} 1 \\ -1 \end{bmatrix}=-1\boldsymbol{u}$ 是 A 的正确的特征向量.

数值计算的注解　在已知特征值的条件下，例 4 提供了手工计算特征向量的方法. 虽然也可以利用矩阵程序和行化简来找出特征空间，但这不完全可靠. 舍入误差有时会使简化的阶梯形矩阵出现错误的主元. 如果矩阵不是很大，最好的计算机程序可按要求的精度同时算出特征值和特征向量的近似值. 随着计算能力和软件的改善，能被分析的矩阵规模也逐年增大.

下列定理描述了特征值能被准确求出的几种特例之一. 有关特征值的计算将在 5.2 节讨论.

定理 1　三角形矩阵的主对角线的元素是其特征值.

证　为简单起见，考虑 3×3 的情形. 假设 A 是上三角形矩阵，那么 $A-\lambda I$ 是：

$$A-\lambda I=\begin{bmatrix} a_{11} & a_{12} & a_{13} \\ 0 & a_{22} & a_{23} \\ 0 & 0 & a_{33} \end{bmatrix}-\begin{bmatrix} \lambda & 0 & 0 \\ 0 & \lambda & 0 \\ 0 & 0 & \lambda \end{bmatrix}=\begin{bmatrix} a_{11}-\lambda & a_{12} & a_{13} \\ 0 & a_{22}-\lambda & a_{23} \\ 0 & 0 & a_{33}-\lambda \end{bmatrix}$$

数 λ 是 $\boldsymbol{A}$ 的特征值当且仅当方程 $(\boldsymbol{A}-\lambda\boldsymbol{I})\boldsymbol{x}=\boldsymbol{0}$ 有非平凡解，即方程有自由变量. 由 $\boldsymbol{A}-\lambda\boldsymbol{I}$ 容易看出，$(\boldsymbol{A}-\lambda\boldsymbol{I})\boldsymbol{x}=\boldsymbol{0}$ 有自由变量当且仅当 $\boldsymbol{A}-\lambda\boldsymbol{I}$ 的对角线上的元素至少有一个为零，而当λ取 a_{11}, a_{22}, a_{33} 之一的时候出现这种情况.故 $\boldsymbol{A}$ 的特征值是 a_{11},a_{22},a_{33}. 若 $\boldsymbol{A}$ 是下三角形矩阵，见习题 36. ■

例 5　设 $\boldsymbol{A}=\begin{bmatrix}3&6&-8\\0&0&6\\0&0&2\end{bmatrix}$, $\boldsymbol{B}=\begin{bmatrix}4&0&0\\-2&1&0\\5&3&4\end{bmatrix}$，$\boldsymbol{A}$ 的特征值是 3，0 和 2. $\boldsymbol{B}$ 的特征值是 4 和 1. ■

例 5 中的矩阵 $\boldsymbol{A}$ 有零特征值，因此方程

$$\boldsymbol{A}\boldsymbol{x}=0\boldsymbol{x} \tag{4}$$

有非平凡解. 但（4）式等价于 $\boldsymbol{A}\boldsymbol{x}=\boldsymbol{0}$，而 $\boldsymbol{A}\boldsymbol{x}=\boldsymbol{0}$ 有非平凡解的充要条件是 $\boldsymbol{A}$ 是不可逆的. 因此，$\boldsymbol{A}$ 有零特征值的充要条件是 $\boldsymbol{A}$ 不可逆. 由此，0 是 $\boldsymbol{A}$ 的特征值当且仅当 $\boldsymbol{A}$ 不可逆. 这一性质可以添加到 5.2 节的可逆矩阵定理中.

接下来的定理很重要，以后将会用到. 定理的证明展示了特征向量的典型计算. 证明命题“若P 成立则Q 成立”的一种方法是证明P 和Q 的否定导致矛盾，这一策略用在下面的定理证明中.

定理 2　$\lambda_1,\lambda_2,\cdots,\lambda_r$ 是 $n\times n$ 矩阵 $\boldsymbol{A}$ 相异的特征值，$\boldsymbol{v}_1,\boldsymbol{v}_2,\cdots,\boldsymbol{v}_r$ 是与 $\lambda_1,\lambda_2,\cdots,\lambda_r$ 对应的特征向量，那么向量集合 $\{\boldsymbol{v}_1,\boldsymbol{v}_2,\cdots,\boldsymbol{v}_r\}$ 线性无关.

证　用反证法. 假设 $\{\boldsymbol{v}_1,\boldsymbol{v}_2,\cdots,\boldsymbol{v}_r\}$ 线性相关. 由于 $\boldsymbol{v}_1$ 是非零的，1.7节的定理7说集合中的向量之一是前面向量的线性组合. 令 p 是最小的下标，使得 $\boldsymbol{v}_{p+1}$ 是前面向量（这些向量线性无关）的线性组合，即存在数 $c_1,c_2,\cdots,c_p$，使得

$$c_1\boldsymbol{v}_1+c_2\boldsymbol{v}_2+\cdots+c_p\boldsymbol{v}_p=\boldsymbol{v}_{p+1} \tag{5}$$

式（5）两边乘 $\boldsymbol{A}$，并将 $\boldsymbol{A}\boldsymbol{v}_k=\lambda_k\boldsymbol{v}_k(k=1,2,\cdots,p+1)$ 代入，得

$$c_1\boldsymbol{A}\boldsymbol{v}_1+c_2\boldsymbol{A}\boldsymbol{v}_2+\cdots+c_p\boldsymbol{A}\boldsymbol{v}_p=\boldsymbol{A}\boldsymbol{v}_{p+1}$$

$$c_1\lambda_1\boldsymbol{v}_1+c_2\lambda_2\boldsymbol{v}_2+\cdots+c_p\lambda_p\boldsymbol{v}_p=\lambda_{p+1}\boldsymbol{v}_{p+1} \tag{6}$$

式（5）两边乘 λ_{p+1}，并与式（6）相减，得

$$c_1(\lambda_1-\lambda_{p+1})\boldsymbol{v}_1+c_2(\lambda_2-\lambda_{p+1})\boldsymbol{v}_2+\cdots+c_p(\lambda_p-\lambda_{p+1})\boldsymbol{v}_p=\boldsymbol{0} \tag{7}$$

因为 $\{\boldsymbol{v}_1,\boldsymbol{v}_2,\cdots,\boldsymbol{v}_p\}$ 线性无关，所以式（7）的系数全为零. 但由于 $\lambda_1-\lambda_{p+1},\lambda_2-\lambda_{p+1},\cdots,\lambda_p-\lambda_{p+1}$ 全不为零，因此 $c_i=0,i=1,2,\cdots,p$. 由式(5)得 $\boldsymbol{v}_{p+1}=\boldsymbol{0}$，矛盾. 故 $\{\boldsymbol{v}_1,\boldsymbol{v}_2,\cdots,\boldsymbol{v}_r\}$ 必是线性无关的. ■

特征向量与差分方程

我们通过构造一阶差分方程

$$\boldsymbol{x}_{k+1}=\boldsymbol{A}\boldsymbol{x}_k\quad(k=0,1,2,\cdots) \tag{8}$$

的解来结束本节.

若 $\boldsymbol{A}$ 是 $n\times n$ 矩阵，那么方程（8）是 $\mathbb{R}^n$ 的序列 $\{\boldsymbol{x}_k\}$ 的递归表示. 方程（8）的**解**是描述序列 $\{\boldsymbol{x}_k\}$ 的每个 $\boldsymbol{x}_k$ 的显式公式，公式不直接依赖于 $\boldsymbol{A}$ 和序列前面的项，而是依赖于初始项 $\boldsymbol{x}_0$.

构造方程（8）的解的最简单方法是取 $\boldsymbol{A}$ 的一个特征向量 $\boldsymbol{x}_0$ 和它对应的特征值 λ，然后令

$$\boldsymbol{x}_k = \lambda^k \boldsymbol{x}_0 \quad (k=1,2,\cdots) \tag{9}$$

这就是方程（8）的解，因为

$$\boldsymbol{A}\boldsymbol{x}_k = \boldsymbol{A}(\lambda^k \boldsymbol{x}_0) = \lambda^k(\boldsymbol{A}\boldsymbol{x}_0) = \lambda^k(\lambda\boldsymbol{x}_0) = \lambda^{k+1}\boldsymbol{x}_0 = \boldsymbol{x}_{k+1}$$

此外，形如（9）式的解的线性组合仍然是（9）式的解，见习题 41.

练习题

1. $\boldsymbol{A}=\begin{bmatrix}6&-3&1\\3&0&5\\2&2&6\end{bmatrix}$,5 是 $\boldsymbol{A}$ 的特征值吗？
2. 若 $\boldsymbol{x}$ 是 $\boldsymbol{A}$ 对应于 λ 的特征向量，求 $\boldsymbol{A}^3\boldsymbol{x}$.
3. 假设 $\boldsymbol{b}_1$ 和 $\boldsymbol{b}_2$ 分别是对应于不同的特征值 λ_1 和 λ_2 的特征向量，$\boldsymbol{b}_3$ 和 $\boldsymbol{b}_4$ 是对应于第三个不同的特征值 λ_3 的线性无关特征向量. $\{\boldsymbol{b}_1, \boldsymbol{b}_2, \boldsymbol{b}_3, \boldsymbol{b}_4\}$ 一定是线性无关集吗？（提示：考虑方程 $c_1\boldsymbol{b}_1+c_2\boldsymbol{b}_2+(c_3\boldsymbol{b}_3+c_4\boldsymbol{b}_4)=\boldsymbol{0}$.）
4. 如果 $\boldsymbol{A}$ 是 $n\times n$ 矩阵，λ 是 $\boldsymbol{A}$ 的特征值，证明 2λ 是 $2\boldsymbol{A}$ 的特征值.

习题 5.1

1. $\lambda=2$ 是 $\begin{bmatrix}3&2\\3&8\end{bmatrix}$ 的特征值吗？为什么？
2. $\lambda=-2$ 是 $\begin{bmatrix}7&3\\3&-1\end{bmatrix}$ 的特征值吗？为什么？
3. $\begin{bmatrix}1\\4\end{bmatrix}$ 是 $\begin{bmatrix}-3&1\\-3&8\end{bmatrix}$ 的特征向量吗？如果是，求对应的特征值.
4. $\begin{bmatrix}-1\\1\end{bmatrix}$ 是 $\begin{bmatrix}4&2\\2&4\end{bmatrix}$ 的特征向量吗？如果是，求对应的特征值.
5. $\begin{bmatrix}4\\-3\\1\end{bmatrix}$ 是 $\begin{bmatrix}3&7&9\\-4&-5&1\\2&4&4\end{bmatrix}$ 的特征向量吗？如果是，求对应的特征值.
6. $\begin{bmatrix}1\\-2\\1\end{bmatrix}$ 是 $\begin{bmatrix}2&6&7\\3&2&7\\5&6&4\end{bmatrix}$ 的特征向量吗？如果是，求对应的特征值.
7. $\lambda=4$ 是 $\begin{bmatrix}3&0&-1\\2&3&1\\-3&4&5\end{bmatrix}$ 的特征值吗？如果是，求 λ 对应的一个特征向量.
8. $\lambda=3$ 是 $\begin{bmatrix}1&2&2\\3&-2&1\\0&1&1\end{bmatrix}$ 的特征值吗？如果是，求 λ 对应的一个特征向量.

在习题 9~16 中，求所给特征值对应的特征空间的一个基.

9. $\boldsymbol{A}=\begin{bmatrix}5&0\\2&1\end{bmatrix}, \lambda=1,5$
10. $\boldsymbol{A}=\begin{bmatrix}10&-9\\4&-2\end{bmatrix}, \lambda=4$
11. $\boldsymbol{A}=\begin{bmatrix}4&-2\\-3&9\end{bmatrix}, \lambda=10$
12. $\boldsymbol{A}=\begin{bmatrix}1&4\\3&2\end{bmatrix}, \lambda=-2,5$
13. $\boldsymbol{A}=\begin{bmatrix}4&0&1\\-2&1&0\\-2&0&1\end{bmatrix}, \lambda=1,2,3$
14. $\boldsymbol{A}=\begin{bmatrix}3&-1&3\\-1&3&3\\6&6&2\end{bmatrix}, \lambda=-4$
15. $\boldsymbol{A}=\begin{bmatrix}4&2&3\\-1&1&-3\\2&4&9\end{bmatrix}, \lambda=3$

16. $A=\begin{bmatrix}3 & 0 & 2 & 0\\1 & 3 & 1 & 0\\0 & 1 & 1 & 0\\0 & 0 & 0 & 4\end{bmatrix}, \lambda=4$

求习题 17 和 18 中矩阵的特征值.

17. $\begin{bmatrix}0 & 0 & 0\\0 & 2 & 5\\0 & 0 & -1\end{bmatrix}$

18. $\begin{bmatrix}4 & 0 & 0\\0 & 0 & 0\\1 & 0 & -3\end{bmatrix}$

19. 不用计算，求 $A=\begin{bmatrix}1 & 2 & 3\\1 & 2 & 3\\1 & 2 & 3\end{bmatrix}$ 的一个特征值，验证你的结果.

20. 不用计算，求 $A=\begin{bmatrix}5 & -5 & 5\\5 & -5 & 5\\5 & -5 & 5\end{bmatrix}$ 的一个特征值和两个线性无关的特征向量，验证你的结果.

在习题 21~30 中，A 是 $n\times n$ 矩阵. 标出每个命题的真假（T/F），给出理由.

21.（T/F）若对某个向量 x 有 $Ax=\lambda x$，则 λ 是 A 的特征值.

22.（T/F）若对某个数 λ 有 $Ax=\lambda x$，则 x 是 A 的特征向量.

23.（T/F）矩阵 A 不可逆的充要条件是 0 是 A 的特征值.

24.（T/F）数 c 是 A 的特征值的充要条件是 $(A-cI)x=0$ 有非平凡解.

25.（T/F）求 A 的特征向量可能是困难的，但验证一个给定的向量是否是特征向量却是容易的.

26.（T/F）为求 A 的特征值，可将 A 化简为阶梯形矩阵.

27.（T/F）若 v_1 和 v_2 是线性无关的特征向量，则它们是对应于不同特征值的特征向量.

28.（T/F）矩阵的特征值是在其主对角线上的元素.

29.（T/F）如果 v 是特征值 2 对应的特征向量，那么 $2v$ 是特征值 4 对应的特征向量.

30.（T/F）矩阵 A 的特征空间是某矩阵的零空间.

31. 为什么 2×2 矩阵最多只能有 2 个相异的特征值？为什么 $n\times n$ 矩阵最多只能有 n 个相异的特征值？

32. 举一个只有一个特征值的 2×2 矩阵的例子.

33. 设 λ 是可逆矩阵 A 的特征值，证明 λ^{-1} 是 A^{-1} 的特征值.（提示：假设非零向量 x 满足 $Ax=\lambda x$.）

34. 证明：若 A^2 是零矩阵，则 A 只有零特征值.

35. 证明：λ 是矩阵 A 的特征值当且仅当 λ 是 A^T 的特征值.（提示：找出 $A-\lambda I$ 和 $A^T-\lambda I$ 的关系.）

36. 若 A 是下三角矩阵，利用习题 35 来证明定理 1.

37. 设 $n\times n$ 矩阵 A 的每行元素之和都等于 s，证明 s 是 A 的特征值.（提示：找一个特征向量.）

38. 设 $n\times n$ 矩阵 A 的每列元素之和都等于 s，证明 s 是 A 的特征值.（提示：利用习题 35 和 37.）

在习题 39 和习题 40 中，设 A 是线性变换 T 的矩阵，不写出 A，求 A 的特征值和特征空间.

39. 设 T 是 $\mathbb{R}^2$ 的相对过原点的某条直线的反射变换.

40. 设 T 是 $\mathbb{R}^3$ 的相对过原点的某条直线的旋转变换.

41. 设 u 和 v 是矩阵 A 的特征值 λ 和 μ 对应的特征向量，c_1 和 c_2 是数，定义

$$x_k=c_1\lambda^k u+c_2\mu^k v \quad (k=0,1,2,\cdots)$$

a. 根据定义求 x_{k+1}.

b. 用 x_k 的公式计算 Ax_k，并验证 $Ax_k=x_{k+1}$. 这就证明了上面定义的序列 $\{x_k\}$ 满足差分方程 $x_{k+1}=Ax_k (k=0,1,2,\cdots)$.

42. 如果给出的初始向量 x_0 不是 A 的特征向量，你是否能找出解差分方程 $x_{k+1}=Ax_k (k=0,1,2,\cdots)$ 的方法？（提示：能否把 x_0 与 A 的特征向量相联系？）

43. 设 u 和 v 是下图中的向量，并设 u 和 v 是一个 2×2 矩阵 A 的分别对应于特征值 2 和 3 的特征向量. 设 $T:\mathbb{R}^2\to\mathbb{R}^2$ 是线性变换，对 $\mathbb{R}^2$ 中的每一 x 有 $T(x)=Ax$，记 $w=u+v$. 在下图中，仔细画出向量 $T(u)$，$T(v)$ 和 $T(w)$.

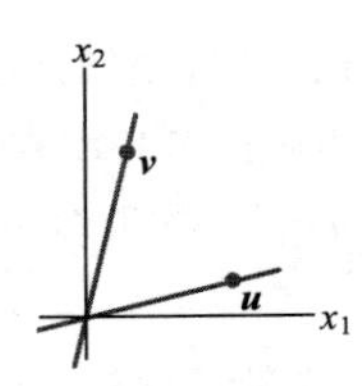

44. 设 $\boldsymbol{u}$ 和 $\boldsymbol{v}$ 是一个 2×2 矩阵 $\boldsymbol{A}$ 分别对应特征值为 -1 和 3 的特征向量，重做 43 题.

[M] 在习题 45~48 中，利用矩阵程序求矩阵的特征值. 然后用例 4 的行化简方法找出每一特征空间的基.

45. $\begin{bmatrix} 8 & -10 & -5 \\ 2 & 17 & 2 \\ -9 & -18 & 4 \end{bmatrix}$

46. $\begin{bmatrix} 9 & -4 & -2 & -4 \\ -56 & 32 & -28 & 44 \\ -14 & -14 & 6 & -14 \\ 42 & -33 & 21 & -45 \end{bmatrix}$

47. $\begin{bmatrix} 4 & -9 & -7 & 8 & 2 \\ -7 & -9 & 0 & 7 & 14 \\ 5 & 10 & 5 & -5 & -10 \\ -2 & 3 & 7 & 0 & 4 \\ -3 & -13 & -7 & 10 & 11 \end{bmatrix}$

48. $\begin{bmatrix} -4 & -4 & 20 & -8 & -1 \\ 14 & 12 & 46 & 18 & 2 \\ 6 & 4 & -18 & 8 & 1 \\ 11 & 7 & -37 & 17 & 2 \\ 18 & 12 & -60 & 24 & 5 \end{bmatrix}$

练习题答案

1. 5 是 $\boldsymbol{A}$ 的特征值的充要条件是方程 $(\boldsymbol{A}-5\boldsymbol{I})\boldsymbol{x}=\boldsymbol{0}$ 有非平凡解. 计算

$$\boldsymbol{A}-5\boldsymbol{I}=\begin{bmatrix} 6 & -3 & 1 \\ 3 & 0 & 5 \\ 2 & 2 & 6 \end{bmatrix}-\begin{bmatrix} 5 & 0 & 0 \\ 0 & 5 & 0 \\ 0 & 0 & 5 \end{bmatrix}=\begin{bmatrix} 1 & -3 & 1 \\ 3 & -5 & 5 \\ 2 & 2 & 1 \end{bmatrix}$$

将增广矩阵行化简：

$$\begin{bmatrix} 1 & -3 & 1 & 0 \\ 3 & -5 & 5 & 0 \\ 2 & 2 & 1 & 0 \end{bmatrix}\sim\begin{bmatrix} 1 & -3 & 1 & 0 \\ 0 & 4 & 2 & 0 \\ 0 & 8 & -1 & 0 \end{bmatrix}\sim\begin{bmatrix} 1 & -3 & 1 & 0 \\ 0 & 4 & 2 & 0 \\ 0 & 0 & -5 & 0 \end{bmatrix}$$

显然，齐次方程组无自由变量，故 $\boldsymbol{A}-5\boldsymbol{I}$ 是可逆矩阵，即 5 不是 $\boldsymbol{A}$ 的特征值.

2. 如果 $\boldsymbol{x}$ 是 $\boldsymbol{A}$ 对应于 λ 的特征向量，则有 $\boldsymbol{A}\boldsymbol{x}=\lambda\boldsymbol{x}$，故 $\boldsymbol{A}^2\boldsymbol{x}=\boldsymbol{A}(\lambda\boldsymbol{x})=\lambda\boldsymbol{A}\boldsymbol{x}=\lambda^2\boldsymbol{x}$.
同理，$\boldsymbol{A}^3\boldsymbol{x}=\boldsymbol{A}(\boldsymbol{A}^2\boldsymbol{x})=\boldsymbol{A}(\lambda^2\boldsymbol{x})=\lambda^2\boldsymbol{A}\boldsymbol{x}=\lambda^3\boldsymbol{x}$.对一般的 k，有 $\boldsymbol{A}^k\boldsymbol{x}=\lambda^k\boldsymbol{x}$.

3. 是. 假设 $c_1\boldsymbol{b}_1+c_2\boldsymbol{b}_2+(c_3\boldsymbol{b}_3+c_4\boldsymbol{b}_4)=\boldsymbol{0}$，因为对应于相同特征值的特征向量的任意线性组合仍是该特征值的一个特征向量，因此 $c_3\boldsymbol{b}_3+c_4\boldsymbol{b}_4$ 要么为 0，要么是 λ_3 的特征向量. 若 $c_3\boldsymbol{b}_3+c_4\boldsymbol{b}_4$ 是 λ_3 的特征向量，则根据定理 2，$\{\boldsymbol{b}_1，\boldsymbol{b}_2，c_3\boldsymbol{b}_3+c_4\boldsymbol{b}_4\}$ 将是一组线性无关向量集，所以 $c_1=c_2=0$，$c_3\boldsymbol{b}_3+c_4\boldsymbol{b}_4=\boldsymbol{0}$，这与 $c_3\boldsymbol{b}_3+c_4\boldsymbol{b}_4$ 是特征向量矛盾. 于是 $c_3\boldsymbol{b}_3+c_4\boldsymbol{b}_4$ 必为 $\boldsymbol{0}$，蕴涵着 $c_1\boldsymbol{b}_1+c_2\boldsymbol{b}_2=\boldsymbol{0}$. 根据定理 2，$\{\boldsymbol{b}_1，\boldsymbol{b}_2\}$ 是线性无关集，因此 $c_1=c_2=0$. 此外，$\{\boldsymbol{b}_3，\boldsymbol{b}_4\}$ 是线性无关集，因此 $c_3=c_4=0$. 由于所有系数 c_1，c_2，c_3 和 c_4 都必为 0，可以推出 $\{\boldsymbol{b}_1,\boldsymbol{b}_2,\boldsymbol{b}_3,\boldsymbol{b}_4\}$ 是一组线性无关向量集.

4. 由于 λ 是 $\boldsymbol{A}$ 的特征值，所以 $\mathbb{R}^n$ 中有一个非零向量 $\boldsymbol{x}$，使得 $\boldsymbol{A}\boldsymbol{x}=\lambda\boldsymbol{x}$. 方程的两边同乘以 2 得到 $2(\boldsymbol{A}\boldsymbol{x})=2(\lambda\boldsymbol{x})$. 于是 $(2\boldsymbol{A})\boldsymbol{x}=(2\lambda)\boldsymbol{x}$，从而 2λ 是 $2\boldsymbol{A}$ 的特征值.

5.2 特征方程

方阵 $\boldsymbol{A}$ 的特征方程是一个数量方程，其中包含了有关特征值的有用信息. 我们先从一个简单的例子开始，然后讨论一般情形.

例 1　求 $A=\begin{bmatrix}2 & 3\\ 3 & -6\end{bmatrix}$ 的特征值.

解　我们必须找出所有这样的数 λ，使得矩阵方程

$$(A-\lambda I)x=0$$

有非平凡解. 由可逆矩阵定理，这个问题等价于要求出所有的 λ，使得矩阵 $A-\lambda I$ 为不可逆矩阵，这里

$$A-\lambda I=\begin{bmatrix}2 & 3\\ 3 & -6\end{bmatrix}-\begin{bmatrix}\lambda & 0\\ 0 & \lambda\end{bmatrix}=\begin{bmatrix}2-\lambda & 3\\ 3 & -6-\lambda\end{bmatrix}$$

由 2.2 节的定理 4，该矩阵当它的行列式值为零时是不可逆的. 因此 A 的特征值是下列方程的解：

$$\det\left(A-\lambda I\right)=\det\begin{bmatrix}2-\lambda & 3\\ 3 & -6-\lambda\end{bmatrix}=0$$

我们知道

$$\det\begin{bmatrix}a & b\\ c & d\end{bmatrix}=ad-bc$$

故

$$\begin{aligned}\det(A-\lambda I)&=(2-\lambda)(-6-\lambda)-(3)(3)\\&=-12+6\lambda-2\lambda+\lambda^2-9\\&=\lambda^2+4\lambda-21=(\lambda-3)(\lambda+7)\end{aligned}$$

若 $\det(A-\lambda I)=0$，则 $\lambda=3$ 或 $\lambda=-7$，故 A 的特征值是 3 和−7. ■

行列式

例 1 的行列式把包含 2 个未知数（λ 和 x）的矩阵方程 $(A-\lambda I)x=0$ 转化为只含一个未知数的数值方程 $\lambda^2+4\lambda-21=0$，这种思想对 $n\times n$ 矩阵仍然适用. 但在讨论更大的矩阵之前，回想 3.1 节，通过删除第 i 行和第 j 列，从矩阵 A 中获得矩阵 A_{ij}，矩阵 A 可以通过行列展开来计算. 第 i 行的展开式如下：

$$\det A=(-1)^{i+1}a_{i1}\det A_{i1}+(-1)^{i+2}a_{i2}\det A_{i2}+\cdots+(-1)^{i+n}a_{in}\det A_{in}$$

沿第 j 列向下的展开式如下：

$$\det A=(-1)^{1+j}a_{1j}\det A_{1j}+(-1)^{2+j}a_{2j}\det A_{2j}+\cdots+(-1)^{n+j}a_{nj}\det A_{nj}$$

例 2　计算 $A=\begin{bmatrix}2 & 3 & 1\\ 4 & 0 & -1\\ 0 & 2 & 1\end{bmatrix}$ 的行列式 $\det A$.

解　可以选择任意行或列进行展开，例如，向下展开矩阵 A 的第一列得到：

$$\begin{aligned}\det A&=a_{11}\det A_{11}-a_{21}\det A_{21}+a_{31}\det A_{31}\\&=2\det\begin{bmatrix}0 & -1\\ 2 & 1\end{bmatrix}-4\det\begin{bmatrix}3 & 1\\ 2 & 1\end{bmatrix}+0\det\begin{bmatrix}3 & 1\\ 0 & -1\end{bmatrix}\\&=2(0-(-2))-4(3-2)+0(-3-0)=0\end{aligned}$$

定理3列出了由3.1节和3.2节导出的结论，这里将（a）部分也包含进来以便参考.

定理 3 （行列式的性质）

设 $\boldsymbol{A}$ 和 $\boldsymbol{B}$ 是 $n\times n$ 矩阵.

a. $\boldsymbol{A}$ 可逆的充要条件是 $\det\boldsymbol{A}\neq 0$.

b. $\det\boldsymbol{AB}=(\det\boldsymbol{A})(\det\boldsymbol{B})$.

c. $\det\boldsymbol{A}^{\mathrm{T}}=\det\boldsymbol{A}$.

d. 若 $\boldsymbol{A}$ 是三角形矩阵，那么 $\det\boldsymbol{A}$ 是 $\boldsymbol{A}$ 主对角线元素的乘积.

e. 对 $\boldsymbol{A}$ 作行替换不改变其行列式值. 作一次行交换，行列式值符号改变一次. 数乘一行后，行列式值等于用此数乘原来的行列式值.

回想一下，当且仅当方程 $\boldsymbol{Ax}=\boldsymbol{0}$ 只有平凡解时，$\boldsymbol{A}$ 是可逆的.注意，当且仅当存在一个非零向量 $\boldsymbol{x}$，使得 $\boldsymbol{Ax}=0\boldsymbol{x}=\boldsymbol{0}$ 时，数字 0 是 $\boldsymbol{A}$ 的特征值，当且仅当 $0=\det(\boldsymbol{A}-0\boldsymbol{I})=\det\boldsymbol{A}$.因此，当且仅当 0 不是特征值时，$\boldsymbol{A}$ 是可逆的.

定理 可逆矩阵定理（续）

$\boldsymbol{A}$ 是一个 $n\times n$ 的矩阵，那么 $\boldsymbol{A}$ 是可逆的当且仅当 0 不是 $\boldsymbol{A}$ 的特征值.

特征方程

利用定理3（a），我们可以通过行列式来判断矩阵 $\boldsymbol{A}-\lambda\boldsymbol{I}$ 是否可逆. 数值方程 $\det(\boldsymbol{A}-\lambda\boldsymbol{I})=0$ 称为 $\boldsymbol{A}$ 的**特征方程**，例1验证了以下结论.

> 数 λ 是 $n\times n$ 矩阵 $\boldsymbol{A}$ 的特征值的充要条件是 λ 是特征方程 $\det(\boldsymbol{A}-\lambda\boldsymbol{I})=0$ 的根.

例 3 求 $\boldsymbol{A}=\begin{bmatrix}5&-2&6&-1\\0&3&-8&0\\0&0&5&4\\0&0&0&1\end{bmatrix}$ 的特征方程.

解 写出 $\boldsymbol{A}-\lambda\boldsymbol{I}$ 并利用定理3（d）:

$$\det(\boldsymbol{A}-\lambda\boldsymbol{I})=\det\begin{bmatrix}5-\lambda&-2&6&-1\\0&3-\lambda&-8&0\\0&0&5-\lambda&4\\0&0&0&1-\lambda\end{bmatrix}$$

$$=(5-\lambda)(3-\lambda)(5-\lambda)(1-\lambda)$$

特征方程是

$$(5-\lambda)^2(3-\lambda)(1-\lambda)=0$$

或

$$(\lambda-5)^2(\lambda-3)(\lambda-1)=0$$

展开乘积，特征方程也可以写为

$$\lambda^4-14\lambda^3+68\lambda^2-130\lambda+75=0$$

■

合理答案

如果想证明 λ 是 $\boldsymbol{A}$ 的一个特征值，可以行化简 $\boldsymbol{A}-\lambda\boldsymbol{I}$.如果在每列得到一个主元，出问题了——λ 不是 $\boldsymbol{A}$ 的特征值.回头再看例 3，注意 $\boldsymbol{A}-5\boldsymbol{I}$，$\boldsymbol{A}-3\boldsymbol{I}$，$\boldsymbol{A}-\boldsymbol{I}$ 至少有一列没有主元；相反，如果选取 λ 为 5，3，1 之外的其他数，则 $\boldsymbol{A}-\lambda\boldsymbol{I}$ 每列至少有一个主元.

例 1 和例 3 的 $\det(\boldsymbol{A}-\lambda\boldsymbol{I})$ 是关于 λ 的多项式. 可以看出，如果 $\boldsymbol{A}$ 是 $n\times n$ 矩阵，那么 $\det(\boldsymbol{A}-\lambda\boldsymbol{I})$ 是 n 次多项式，称为 $\boldsymbol{A}$ 的**特征多项式**.

在例 3 中，由于因子 $(\lambda-5)$ 在特征多项式中出现了 2 次，故称特征值 5 有重数 2. 一般地，把特征值 λ 作为特征方程根的重数称为 λ 的（**代数**）**重数**.

例 4 某 6×6 矩阵的特征多项式是 $\lambda^6-4\lambda^5-12\lambda^4$，求特征值及重数.

解 把多项式分解因式

$$\lambda^6-4\lambda^5-12\lambda^4=\lambda^4(\lambda^2-4\lambda-12)=\lambda^4(\lambda-6)(\lambda+2)$$

特征值是 0（重数为 4），6（重数为 1）和−2（重数为 1）. ■

我们同样可以说例 4 所给矩阵的特征值是 0，0，0，0，6 和−2，特征值按其重数重复计数.

因为 $n\times n$ 矩阵的特征方程包含有一个 n 次多项式，所以如果算上重根，并允许有复根，则特征方程恰好有 n 个根. 复根称为复特征值，将在 5.5 节讨论它. 目前，我们只考虑实特征值.

特征方程具有十分重要的理论意义. 但在实际计算时，任何大于 2×2 的矩阵的特征值都应该用计算机去求，除非矩阵是三角形的或有其他特殊性质. 虽然 3×3 矩阵的特征多项式容易用手工算出，但对其进行因式分解却并不容易（除非是精心选择的矩阵）. 见本节末的数值计算注解.

相似性

下列定理说明了特征多项式的一个用途，并为某些近似计算特征值的迭代方法提供了理论基础. 假如 $\boldsymbol{A}$ 和 $\boldsymbol{B}$ 是 $n\times n$ 矩阵，如果存在可逆矩阵 $\boldsymbol{P}$，使得 $\boldsymbol{P}^{-1}\boldsymbol{AP}=\boldsymbol{B}$，或等价地 $\boldsymbol{A}=\boldsymbol{PBP}^{-1}$，则称 **$\boldsymbol{A}$ 相似于 $\boldsymbol{B}$**. 记 $\boldsymbol{Q}=\boldsymbol{P}^{-1}$，则有 $\boldsymbol{Q}^{-1}\boldsymbol{BQ}=\boldsymbol{A}$，即 $\boldsymbol{B}$ 也相似于 $\boldsymbol{A}$，故我们简单地说 $\boldsymbol{A}$ 和 $\boldsymbol{B}$ **是相似的**.把 $\boldsymbol{A}$ 变成 $\boldsymbol{P}^{-1}\boldsymbol{AP}$ 的变换称为**相似变换**.

定理 4 若 $n\times n$ 矩阵 $\boldsymbol{A}$ 和 $\boldsymbol{B}$ 是相似的，那么它们有相同的特征多项式，从而有相同的特征值（和相同的重数）.

证 由 $\boldsymbol{A}$ 与 $\boldsymbol{B}$ 相似，有 $\boldsymbol{B}=\boldsymbol{P}^{-1}\boldsymbol{AP}$，那么

$$\boldsymbol{B}-\lambda\boldsymbol{I}=\boldsymbol{P}^{-1}\boldsymbol{AP}-\lambda\boldsymbol{P}^{-1}\boldsymbol{P}=\boldsymbol{P}^{-1}(\boldsymbol{AP}-\lambda\boldsymbol{P})=\boldsymbol{P}^{-1}(\boldsymbol{A}-\lambda\boldsymbol{I})\boldsymbol{P}$$

利用定理 3 的性质（b），有

$$\begin{aligned}\det(\boldsymbol{B}-\lambda\boldsymbol{I})&=\det[\boldsymbol{P}^{-1}(\boldsymbol{A}-\lambda\boldsymbol{I})\boldsymbol{P}]\\&=\det(\boldsymbol{P}^{-1})\cdot\det(\boldsymbol{A}-\lambda\boldsymbol{I})\cdot\det(\boldsymbol{P})\end{aligned}\tag{1}$$

因为 $\det(\boldsymbol{P}^{-1})\cdot\det(\boldsymbol{P})=\det(\boldsymbol{P}^{-1}\boldsymbol{P})=\det\boldsymbol{I}=1$，由（1）得 $\det(\boldsymbol{B}-\lambda\boldsymbol{I})=\det(\boldsymbol{A}-\lambda\boldsymbol{I})$ ■

警告 1. 矩阵 $\begin{bmatrix}2&1\\0&2\end{bmatrix}$ 和 $\begin{bmatrix}2&0\\0&2\end{bmatrix}$ 即使有相同的特征值也不相似.

2. 相似性与行等价不是一回事.（假如 $\boldsymbol{A}$ 行等价于 $\boldsymbol{B}$，则存在可逆矩阵 $\boldsymbol{E}$，使得 $\boldsymbol{B}=\boldsymbol{EA}$.）对矩阵作行变换通常会改变矩阵的特征值.

应用到动力系统

如本章引例中提到的，特征值与特征向量是我们剖析动力系统的离散演变的关键点.

例5 设 $A=\begin{bmatrix}0.95 & 0.03\\0.05 & 0.97\end{bmatrix}$，分析由 $x_{k+1}=Ax_k(k=0,1,2,\cdots)$, $x_0=\begin{bmatrix}0.6\\0.4\end{bmatrix}$ 所确定的动力系统的长期发展趋势.

解 第1步求 A 的特征值，并找出每个特征空间的基. A 的特征方程是

$$0=\det\begin{bmatrix}0.95-\lambda & 0.03\\0.05 & 0.97-\lambda\end{bmatrix}=(0.95-\lambda)(0.97-\lambda)-(0.03)(0.05)$$
$$=\lambda^2-1.92\lambda+0.92$$

由二次方程的求根公式

$$\lambda=\frac{1.92\pm\sqrt{(-1.92)^2-4(0.92)}}{2}=\frac{1.92\pm\sqrt{0.0064}}{2}$$
$$=\frac{1.92\pm0.08}{2}=1 \text{ 或 } 0.92$$

容易验证对应于 $\lambda=1$ 和 $\lambda=0.92$ 的特征向量分别是 $v_1=\begin{bmatrix}3\\5\end{bmatrix}$ 和 $v_2=\begin{bmatrix}1\\-1\end{bmatrix}$ 的倍数.

下一步把给定的 x_0 表示为 v_1 和 v_2 的线性组合，显然 $\{v_1,v_2\}$ 是 $\mathbb{R}^2$ 的基，因此存在系数 c_1 和 c_2，使得

$$x_0=c_1v_1+c_2v_2=[v_1\ \ v_2]\begin{bmatrix}c_1\\c_2\end{bmatrix} \tag{2}$$

事实上

$$\begin{bmatrix}c_1\\c_2\end{bmatrix}=[v_1\ \ v_2]^{-1}x_0=\begin{bmatrix}3 & 1\\5 & -1\end{bmatrix}^{-1}\begin{bmatrix}0.60\\0.40\end{bmatrix}$$
$$=\frac{1}{-8}\begin{bmatrix}-1 & -1\\-5 & 3\end{bmatrix}\begin{bmatrix}0.60\\0.40\end{bmatrix}=\begin{bmatrix}0.125\\0.225\end{bmatrix} \tag{3}$$

因为式（2）的 v_1 和 v_2 是 A 的特征向量，且 $Av_1=v_1, Av_2=(0.92)v_2$，故容易算出每个 x_k：

$$\begin{aligned}x_1=Ax_0&=c_1Av_1+c_2Av_2 && \text{利用 } x\mapsto Ax \text{ 的线性性质}\\&=c_1v_1+c_2(0.92)v_2 && v_1 \text{ 和 } v_2 \text{ 是特征向量}\\x_2=Ax_1&=c_1Av_1+c_2(0.92)Av_2\\&=c_1v_1+c_2(0.92)^2v_2\end{aligned}$$

继续下去，有

$$x_k=c_1v_1+c_2(0.92)^kv_2\quad(k=0,1,2,\cdots)$$

把式（3）的 c_1 和 c_2 代入上式，得

$$x_k=0.125\begin{bmatrix}3\\5\end{bmatrix}+0.225(0.92)^k\begin{bmatrix}1\\-1\end{bmatrix}\quad(k=0,1,2,\cdots) \tag{4}$$

x_k 的显式公式（4）就是差分方程 $x_{k+1}=Ax_k$ 的解.

$$\text{当 } k \to \infty \text{ 时，}\quad (0.92)^k \to 0, \boldsymbol{x}_k \to \begin{bmatrix} 0.375 \\ 0.625 \end{bmatrix} = 0.125\boldsymbol{v}_1.$$ ■

把例 5 的计算结果应用于 5.9 节的马尔可夫链很有意思. 读过 5.9 节的读者可能注意到上面例 5 的矩阵 $\boldsymbol{A}$ 就是 5.9 节的迁移矩阵 $\boldsymbol{M}$，$\boldsymbol{x}_0$ 是城市和郊区的初始人口分布，$\boldsymbol{x}_k$ 表示 k 年后的人口分布.

数值计算的注解

1. 像 Mathematica 和 Maple 这样的计算机软件能利用符号计算求出一个中等规模矩阵的特征多项式. 但对于 $n \geqslant 5$ 的一般 $n \times n$ 矩阵，没有公式或有限算法来求解其特征方程.

2. 最佳的求特征值的数值方法完全避开特征多项式. 事实上，MATLAB 通过先求出矩阵 $\boldsymbol{A}$ 的特征值 $\lambda_1, \cdots, \lambda_n$，然后通过展开乘积 $(\lambda-\lambda_1)(\lambda-\lambda_2)\cdots(\lambda-\lambda_n)$ 来得到 $\boldsymbol{A}$ 的特征多项式.

3. 有几个基于定理 4 的估计矩阵 $\boldsymbol{A}$ 特征值的常用算法. 非常有效的 QR 算法将在习题中讨论. 当 $\boldsymbol{A}=\boldsymbol{A}^{\mathrm{T}}$ 时，可使用称为雅可比方法的另一种方法来计算形如

$$\boldsymbol{A}_1 = \boldsymbol{A} \text{ 和 } \boldsymbol{A}_{k+1} = \boldsymbol{P}_k^{-1}\boldsymbol{A}_k\boldsymbol{P}_k \quad (k=1,2,\cdots)$$

的矩阵序列. 序列中的每个矩阵都相似于 $\boldsymbol{A}$，因此有与 $\boldsymbol{A}$ 相同的特征值. 当 k 增大时，$\boldsymbol{A}_{k+1}$ 的非对角线元素趋于零，而主对角线上的元素近似于 $\boldsymbol{A}$ 的特征值.

4. 其他估计特征值的方法在 5.8 节讨论.

练习题

求 $\boldsymbol{A}=\begin{bmatrix} 1 & -4 \\ 4 & 2 \end{bmatrix}$ 的特征方程和特征值.

习题 5.2

求习题 1~8 中矩阵的特征多项式和特征值.

1. $\begin{bmatrix} 2 & 7 \\ 7 & 2 \end{bmatrix}$　2. $\begin{bmatrix} 5 & 3 \\ 3 & 5 \end{bmatrix}$

3. $\begin{bmatrix} 3 & -2 \\ 1 & -1 \end{bmatrix}$　4. $\begin{bmatrix} 4 & -3 \\ -4 & 2 \end{bmatrix}$

5. $\begin{bmatrix} 2 & 1 \\ -1 & 4 \end{bmatrix}$　6. $\begin{bmatrix} 1 & -4 \\ 4 & 6 \end{bmatrix}$

7. $\begin{bmatrix} 5 & 3 \\ -4 & 4 \end{bmatrix}$　8. $\begin{bmatrix} 7 & -2 \\ 2 & 3 \end{bmatrix}$

习题 9~14 要用到 3.1 节的方法. 利用代数余子式按行或按列展开.（提示：只用行变换求 3×3 矩阵的特征多项式不简便，因为涉及变量 λ.）

9. $\begin{bmatrix} 1 & 0 & -1 \\ 2 & 3 & -1 \\ 0 & 6 & 0 \end{bmatrix}$　10. $\begin{bmatrix} 0 & 3 & 1 \\ 3 & 0 & 2 \\ 1 & 2 & 0 \end{bmatrix}$

11. $\begin{bmatrix} 4 & 0 & 0 \\ 5 & 3 & 2 \\ -2 & 0 & 2 \end{bmatrix}$　12. $\begin{bmatrix} -1 & 0 & 1 \\ -3 & 6 & 1 \\ 0 & 0 & 4 \end{bmatrix}$

13. $\begin{bmatrix} 6 & -2 & 0 \\ -2 & 9 & 0 \\ 5 & 8 & 3 \end{bmatrix}$　14. $\begin{bmatrix} 3 & -2 & 3 \\ 0 & -1 & 0 \\ 6 & 7 & -4 \end{bmatrix}$

写出习题 15~17 中矩阵的特征值，特征值按其重数重复写出.

15. $\begin{bmatrix} 4 & -7 & 0 & 2 \\ 0 & 3 & -4 & 6 \\ 0 & 0 & 3 & -8 \\ 0 & 0 & 0 & 1 \end{bmatrix}$　16. $\begin{bmatrix} 5 & 0 & 0 & 0 \\ 8 & -4 & 0 & 0 \\ 0 & 7 & 1 & 0 \\ 1 & -5 & 2 & 1 \end{bmatrix}$

17. $\begin{bmatrix} 3 & 0 & 0 & 0 & 0 \\ -5 & 1 & 0 & 0 & 0 \\ 3 & 8 & 0 & 0 & 0 \\ 0 & -7 & 2 & 1 & 0 \\ -4 & 1 & 9 & -2 & 3 \end{bmatrix}$

18. 能够证明特征值 λ 的代数重数大于或等于其特征空间的维数. 求下面矩阵 $\boldsymbol{A}$ 中的 h，使 $\lambda=5$ 的特征空间是二维的.

$$A=\begin{bmatrix}5&-2&6&-1\\0&3&h&0\\0&0&5&4\\0&0&0&1\end{bmatrix}$$

19. 设 A 是 $n\times n$ 矩阵，并假设 A 有 n 个实特征值 $\lambda_1,\lambda_2,\cdots,\lambda_n$，特征值按其重数重复，因此

$$\det(A-\lambda I)=(\lambda_1-\lambda)(\lambda_2-\lambda)\cdots(\lambda_n-\lambda)$$

请解释为什么 $\det(A)=\lambda_1\cdot\lambda_2\cdots\lambda_n$（此结果对有复特征值的方阵仍然成立）.

20. 利用行列式的性质证明 A 和 A^{T} 有相同的特征多项式.

在习题 21~30 中，A 和 B 是 $n\times n$ 矩阵，判断每一命题的真假（T/F），并验证答案.

21. (T/F) 如果 0 是 A 的特征值，则 A 是可逆的.
22. (T/F) $\mathbf{0}$ 向量在 A 的与特征值 λ 相关的特征空间中.
23. (T/F) 矩阵 A 及其转置 A^{T} 具有不同的特征值集.
24. (T/F) 矩阵 A 和 $B^{-1}AB$ 对于每个可逆矩阵 B 具有相同的特征值集.
25. (T/F) 如果 2 是 A 的特征值，那么 $A-2I$ 不可逆.
26. (T/F) 如果两个矩阵有着相同的特征值集，则它们是相似的.
27. (T/F) 如果 $\lambda+5$ 是 A 的特征多项式的一个因子，则 5 是 A 的特征值.
28. (T/F) A 的特征方程的根 r 的重数称为 A 的特征值 r 的代数重数.
29. (T/F) $n\times n$ 单位矩阵的特征值为 1，代数重数为 n.
30. (T/F) 矩阵 A 可以有 n 个以上的特征值.

一个广泛用来估计一般矩阵 A 的特征值的方法是 QR 算法. 在适当的条件下，该算法产生一个矩阵序列，序列中的矩阵全部相似于 A，矩阵几乎是上三角的，并且主对角线上的元素近似于 A 的特征值. 主要思想是把 A（或另一个相似于 A 的矩阵）分解为 $A=Q_1R_1$，其中 $Q_1^{\mathrm{T}}=Q_1^{-1}$，而 R_1 是上三角矩阵. 将 Q_1 与 R_1 交换后形成 $A_1=R_1Q_1$，A_1 又被分解为 $A_1=Q_2R_2$，然后令 $A_2=R_2Q_2$，一直做下去. 由习题 31 的结论知，$A,A_1,\cdots$ 是相似的.

31. 证明：假如 $A=QR$，Q 可逆，则 A 相似于 $A_1=RQ$.
32. 证明：若 A 和 B 相似，则 $\det A=\det B$.
33. [M]构造一个随机的 4×4 整数值矩阵 A，并验证 A 和 A^{T} 有相同的特征多项式（相同的特征值和相同的特征值重数）. A 和 A^{T} 有相同的特征向量吗？对 5×5 矩阵作同样的分析，写出矩阵和计算结果.
34. [M]构造一个随机 4×4 整数值矩阵 A.
    a. 不用行倍乘将 A 化简为阶梯形矩阵 U，并计算 $\det A$.（假如 A 是奇异的，重新构造一个随机矩阵再做.）
    b. 计算 A 的特征值和特征值的乘积（尽可能精确）.
    c. 写出矩阵 A，精确到四位小数，写出 U 的主元和 A 的特征值，用矩阵程序计算 $\det A$，并将结果与（a）和（b）得到的乘积进行比较.
35. [M] 设 $A=\begin{bmatrix}-6&28&21\\4&-15&-12\\-8&a&25\end{bmatrix}$，对 a 取集合 {32, 31.9,31.8, 32.1, 32.2} 中的每一个值，计算 A 的特征多项式和特征值，并画出相应的特征多项式 $p(t)=\det(A-tI)$ 在 $0\leqslant t\leqslant 3$ 的图. 有可能的话，在同一个坐标系中画出所有的图形，能否从图中看出特征值怎样随 a 的变化而变化？

练习题答案

特征方程是

$$0=\det(\boldsymbol{A}-\lambda\boldsymbol{I})=\det\begin{bmatrix}1-\lambda & -4\\ 4 & 2-\lambda\end{bmatrix}$$
$$=(1-\lambda)\ (2-\lambda)-(-4)\ (4)=\lambda^2-3\lambda+18$$

解方程，求得

$$\lambda=\frac{3\pm\sqrt{(-3)^2-4(18)}}{2}=\frac{3\pm\sqrt{-63}}{2}$$

很明显，特征方程没有实数解，故 $\boldsymbol{A}$ 没有实的特征值. 这样 $\boldsymbol{A}$ 就不存在 $\mathbb{R}^2$ 中的非零向量 $\boldsymbol{v}$ 和实数 λ 使得 $\boldsymbol{A}\boldsymbol{v}=\lambda\boldsymbol{v}$ 成立.

5.3 对角化

在很多情况下，从分解式 $\boldsymbol{A}=\boldsymbol{P}\boldsymbol{D}\boldsymbol{P}^{-1}$（其中 $\boldsymbol{D}$ 是对角矩阵），我们能够了解到有关矩阵 $\boldsymbol{A}$ 的特征值和特征向量的信息. 在本节中，我们利用分解式在 k 较大时能快速计算 $\boldsymbol{A}^k$，这是线性代数中某些应用的基本思想. 稍后，在 5.6 节和 5.7 节，分解式被用来分析（解耦）动力系统.

下面的例题表明对角矩阵的幂很容易计算.

例 1　若 $\boldsymbol{D}=\begin{bmatrix}5 & 0\\ 0 & 3\end{bmatrix}$, 则 $\boldsymbol{D}^2=\begin{bmatrix}5 & 0\\ 0 & 3\end{bmatrix}\begin{bmatrix}5 & 0\\ 0 & 3\end{bmatrix}=\begin{bmatrix}5^2 & 0\\ 0 & 3^2\end{bmatrix}$

$$\boldsymbol{D}^3=\boldsymbol{D}\boldsymbol{D}^2=\begin{bmatrix}5 & 0\\ 0 & 3\end{bmatrix}\begin{bmatrix}5^2 & 0\\ 0 & 3^2\end{bmatrix}=\begin{bmatrix}5^3 & 0\\ 0 & 3^3\end{bmatrix}$$

一般有

$$\text{对 } k\geqslant 1,\quad \boldsymbol{D}^k=\begin{bmatrix}5^k & 0\\ 0 & 3^k\end{bmatrix}$$ ■

若 $\boldsymbol{A}=\boldsymbol{P}\boldsymbol{D}\boldsymbol{P}^{-1}$，其中 $\boldsymbol{P}$ 为可逆矩阵，$\boldsymbol{D}$ 为对角矩阵，那么 $\boldsymbol{A}^k$ 的计算也很简单，见下例.

例 2　设 $\boldsymbol{A}=\begin{bmatrix}7 & 2\\ -4 & 1\end{bmatrix}$，给定 $\boldsymbol{A}=\boldsymbol{P}\boldsymbol{D}\boldsymbol{P}^{-1}$，其中 $\boldsymbol{P}=\begin{bmatrix}1 & 1\\ -1 & -2\end{bmatrix}$, $\boldsymbol{D}=\begin{bmatrix}5 & 0\\ 0 & 3\end{bmatrix}$，计算 $\boldsymbol{A}^k$.

解　由 2×2 矩阵的逆矩阵的标准公式得

$$\boldsymbol{P}^{-1}=\begin{bmatrix}2 & 1\\ -1 & -1\end{bmatrix}$$

然后，结合矩阵乘法，得

$$\boldsymbol{A}^2=(\boldsymbol{P}\boldsymbol{D}\boldsymbol{P}^{-1})(\boldsymbol{P}\boldsymbol{D}\boldsymbol{P}^{-1})=\boldsymbol{P}\boldsymbol{D}\underbrace{(\boldsymbol{P}^{-1}\boldsymbol{P})}_{\boldsymbol{I}}\boldsymbol{D}\boldsymbol{P}^{-1}=\boldsymbol{P}\boldsymbol{D}\boldsymbol{D}\boldsymbol{P}^{-1}$$
$$=\boldsymbol{P}\boldsymbol{D}^2\boldsymbol{P}^{-1}=\begin{bmatrix}1 & 1\\ -1 & -2\end{bmatrix}\begin{bmatrix}5^2 & 0\\ 0 & 3^2\end{bmatrix}\begin{bmatrix}2 & 1\\ -1 & -1\end{bmatrix}$$

同理，

$$\boldsymbol{A}^3=(\boldsymbol{P}\boldsymbol{D}\boldsymbol{P}^{-1})\boldsymbol{A}^2=\underbrace{(\boldsymbol{P}\boldsymbol{D}\boldsymbol{P}^{-1})\boldsymbol{P}}_{\boldsymbol{I}}\boldsymbol{D}^2\boldsymbol{P}^{-1}=\boldsymbol{P}\boldsymbol{D}\boldsymbol{D}^2\boldsymbol{P}^{-1}=\boldsymbol{P}\boldsymbol{D}^3\boldsymbol{P}^{-1}$$

一般对 $k\geqslant 1$，有

$$A^k = PD^kP^{-1} = \begin{bmatrix} 1 & 1 \\ -1 & -2 \end{bmatrix} \begin{bmatrix} 5^k & 0 \\ 0 & 3^k \end{bmatrix} \begin{bmatrix} 2 & 1 \\ -1 & -1 \end{bmatrix}$$

$$= \begin{bmatrix} 2\cdot 5^k - 3^k & 5^k - 3^k \\ 2\cdot 3^k - 2\cdot 5^k & 2\cdot 3^k - 5^k \end{bmatrix}$$ ■

如果方阵 A 相似于对角矩阵，即存在可逆矩阵 P 和对角矩阵 D，有 $A = PDP^{-1}$，则称 A **可对角化**.下一个定理给出了可对角化矩阵的特征，并告诉我们如何建立合适的分解式.

定理 5　（对角化定理）

$n\times n$ 矩阵 A 可对角化的充分必要条件是 A 有 n 个线性无关的特征向量.

事实上，$A = PDP^{-1}$，D 为对角矩阵的充分必要条件是 P 的列向量是 A 的 n 个线性无关的特征向量. 此时，D 的主对角线上的元素分别是 A 的对应于 P 中特征向量的特征值.

换句话说，A 可对角化的充分必要条件是有足够的特征向量形成 $\mathbb{R}^n$ 的基，我们称这样的基为**特征向量基**.

证　首先看到，若 P 是列为 $v_1,\cdots,v_n$ 的任一 $n\times n$ 矩阵，D 是对角线元素为 $\lambda_1,\cdots,\lambda_n$ 的对角矩阵，那么

$$AP = A[v_1 \quad v_2 \quad \cdots \quad v_n] = [Av_1 \quad Av_2 \quad \cdots \quad Av_n] \tag{1}$$

而

$$PD = P\begin{bmatrix} \lambda_1 & 0 & \cdots & 0 \\ 0 & \lambda_2 & \cdots & 0 \\ \vdots & \vdots & & \vdots \\ 0 & 0 & \cdots & \lambda_n \end{bmatrix} = [\lambda_1 v_1 \quad \lambda_2 v_2 \quad \cdots \quad \lambda_n v_n] \tag{2}$$

现假设 A 可对角化且 $A = PDP^{-1}$，用 P 右乘等式两边，则有 $AP = PD$. 此时，由（1）和（2）得

$$[Av_1 \quad Av_2 \quad \cdots \quad Av_n] = [\lambda_1 v_1 \quad \lambda_2 v_2 \quad \cdots \quad \lambda_n v_n] \tag{3}$$

由列相等，有

$$Av_1 = \lambda_1 v_1, \quad Av_2 = \lambda_2 v_2, \cdots, Av_n = \lambda_n v_n \tag{4}$$

因为 P 可逆，故 P 的列 $v_1, v_2, \cdots, v_n$ 必定线性无关. 同样，因为这些 $v_1, v_2, \cdots, v_n$ 非零，故（4）表示 $\lambda_1,\cdots,\lambda_n$ 是特征值，$v_1, v_2, \cdots, v_n$ 是相应的特征向量. 这就证明了定理中第一、第二和随后的第三个命题的必要性.

最后，给定任意 n 个特征向量 $v_1, v_2, \cdots, v_n$，用它们作为矩阵 P 的列，并用相应的特征值来构造矩阵 D，由（1）～（3），等式 $AP = PD$ 成立而不需要特征向量有任何条件.若特征向量是线性无关的，则 P 是可逆的（由可逆矩阵定理），由 $AP = PD$ 可推出 $A = PDP^{-1}$. ■

矩阵的对角化

例 3　可能的话，将下面矩阵对角化：

$$A = \begin{bmatrix} 1 & 3 & 3 \\ -3 & -5 & -3 \\ 3 & 3 & 1 \end{bmatrix}$$

即求可逆矩阵 P 和对角矩阵 D，使得 $A = PDP^{-1}$.

解 对角化工作可分为 4 步来完成.

第 1 步 求出 A 的特征值. 在 5.2 节曾提到，在矩阵的规模大于 2×2 时，可借用计算机求特征值，为避免分心，本书将会提供这一步的内容. 现在的特征方程是一个 3 次多项式，可分解为:

$$0=\det(A-\lambda I)=-\lambda^3-3\lambda^2+4$$
$$=-(\lambda-1)(\lambda+2)^2$$

特征值是 $\lambda=1$ 和 $\lambda=-2$.

第 2 步 求 A 的 3 个线性无关的特征向量. 因为 A 是 3×3 矩阵，故需要 3 个向量. 这一步很关键，如果找不到这 3 个向量，那么由定理 5，A 就不能对角化. 用 5.1 节的方法可求出每一特征空间的基:

$$\text{对应于 } \lambda=1 \text{ 的基是：} \boldsymbol{v}_1=\begin{bmatrix}1\\-1\\1\end{bmatrix}$$

$$\text{对应于 } \lambda=-2 \text{ 的基是：} \boldsymbol{v}_2=\begin{bmatrix}-1\\1\\0\end{bmatrix} \text{ 和 } \boldsymbol{v}_3=\begin{bmatrix}-1\\0\\1\end{bmatrix}$$

可以验证 $\{\boldsymbol{v}_1,\boldsymbol{v}_2,\boldsymbol{v}_3\}$ 是线性无关的.

第 3 步 用第 2 步得到的向量构造矩阵 P. 向量的次序不重要，用第 2 步选择的次序，形成

$$P=[\boldsymbol{v}_1\ \ \boldsymbol{v}_2\ \ \boldsymbol{v}_3]=\begin{bmatrix}1&-1&-1\\-1&1&0\\1&0&1\end{bmatrix}$$

第 4 步 用对应的特征值构造矩阵 D. 构造 D 时，特征值的次序必须和矩阵 P 的列选择的特征向量的次序一致. 对应于 $\lambda=-2$ 的特征向量有 2 个，特征值 $\lambda=-2$ 要出现 2 次:

$$D=\begin{bmatrix}1&0&0\\0&-2&0\\0&0&-2\end{bmatrix}$$

验证所找的 P 和 D 是否正确是一个好的习惯，为避免计算 P^{-1}，可简单验证 $AP=PD$，这等价于当 P 可逆时 $A=PDP^{-1}$.（但必须确认 P 是可逆的!）计算

$$AP=\begin{bmatrix}1&3&3\\-3&-5&-3\\3&3&1\end{bmatrix}\begin{bmatrix}1&-1&-1\\-1&1&0\\1&0&1\end{bmatrix}=\begin{bmatrix}1&2&2\\-1&-2&0\\1&0&-2\end{bmatrix}$$

$$PD=\begin{bmatrix}1&-1&-1\\-1&1&0\\1&0&1\end{bmatrix}\begin{bmatrix}1&0&0\\0&-2&0\\0&0&-2\end{bmatrix}=\begin{bmatrix}1&2&2\\-1&-2&0\\1&0&-2\end{bmatrix}$$

■

例 4 试着将下面的矩阵 A 对角化:

$$A=\begin{bmatrix}2&4&3\\-4&-6&-3\\3&3&1\end{bmatrix}$$

解　$\boldsymbol{A}$的特征方程与例3的完全一样：

$$0=\det(\boldsymbol{A}-\lambda \boldsymbol{I})=-\lambda^3-3\lambda^2+4=-(\lambda-1)(\lambda+2)^2$$

特征值是$\lambda=1$和$\lambda=-2$．但当我们找特征向量时，发现每一特征空间仅是一维的：

$$\text{对应于}\ \lambda=1\ \text{的特征向量：}\ \boldsymbol{v}_1=\begin{bmatrix}1\\-1\\1\end{bmatrix}$$

$$\text{对应于}\ \lambda=-2\ \text{的特征向量：}\ \boldsymbol{v}_2=\begin{bmatrix}-1\\1\\0\end{bmatrix}$$

没有其他的特征向量了，$\boldsymbol{A}$的每个特征向量都是$\boldsymbol{v}_1$或$\boldsymbol{v}_2$的倍数．因此不可能利用$\boldsymbol{A}$的特征向量来构造出$\mathbb{R}^3$的基．由定理5，$\boldsymbol{A}$不能对角化．■

以下定理为矩阵可对角化提供了充分条件．

定理6　有n个相异特征值的$n\times n$矩阵可对角化．

证　设$\boldsymbol{v}_1,\boldsymbol{v}_2,\cdots,\boldsymbol{v}_n$是矩阵$\boldsymbol{A}$对应于$n$个相异特征值的特征向量，由5.1节定理2，$\{\boldsymbol{v}_1,\boldsymbol{v}_2,\cdots,\boldsymbol{v}_n\}$是线性无关的，因此，由定理5，$\boldsymbol{A}$可对角化．■

不过，$n\times n$矩阵并不是必须有n个相异特征值才可对角化．例3的3×3矩阵尽管只有2个相异的特征值，但它是可对角化的．

例5　确定下列矩阵能否对角化：

$$\boldsymbol{A}=\begin{bmatrix}5&-8&1\\0&0&7\\0&0&-2\end{bmatrix}$$

解　很容易判断矩阵$\boldsymbol{A}$可对角化．因为$\boldsymbol{A}$是3×3的三角形矩阵，其特征值显然是5，0和-2，有三个相异的特征值，故$\boldsymbol{A}$可对角化．■

特征值不都相异的矩阵

如果$n\times n$矩阵$\boldsymbol{A}$有n个相异的特征值及相应的特征向量$\boldsymbol{v}_1,\boldsymbol{v}_2,\cdots,\boldsymbol{v}_n$，若记$\boldsymbol{P}=[\boldsymbol{v}_1\ \boldsymbol{v}_2\ \cdots\ \boldsymbol{v}_n]$，那么由定理2，$\boldsymbol{P}$的列是线性无关的，自然$\boldsymbol{P}$是可逆的．当$\boldsymbol{A}$可对角化，但$\boldsymbol{A}$相异的特征值的个数少于$n$时，我们仍可以用以下定理给出的方法来构造可逆矩阵$\boldsymbol{P}$[⊖]．

定理7　设$\boldsymbol{A}$是$n\times n$矩阵，其相异的特征值是$\lambda_1,\lambda_2,\cdots,\lambda_p$．

a．对于$1\leqslant k\leqslant p$，λ_k的特征空间的维数小于或等于λ_k的代数重数．

b．矩阵$\boldsymbol{A}$可对角化的充分必要条件是所有不同特征空间的维数之和为n．即（i）特征多项式可完全分解为线性因子，（ii）每个λ_k的特征空间的维数等于λ_k的代数重数．

c．若$\boldsymbol{A}$可对角化，$\mathcal{B}_k$是对应于λ_k的特征空间的基，则集合$\mathcal{B}_1,\mathcal{B}_2,\cdots,\mathcal{B}_p$中所有向量的集合

⊖ 定理7的证明有点长但不难，可参见S.Friedberg, A. Insel, and L.Spence，*Linear Algebra*，4th ed.（Englewood Cliffs,NJ: Prentice-Hall, 2002），5.2节．

是 $\mathbb{R}^n$ 的特征向量基.

例 6　试着将下列矩阵对角化.

$$A=\begin{bmatrix}5&0&0&0\\0&5&0&0\\1&4&-3&0\\-1&-2&0&-3\end{bmatrix}$$

解　A 是三角形矩阵，特征值是 $\lambda=5$ 和 $\lambda=-3$，重数都是 2. 利用 5.1 节的方法，我们求出每个特征空间的基.

$$\text{对应 } \lambda=5 \text{ 的基：}\quad \boldsymbol{v}_1=\begin{bmatrix}-8\\4\\1\\0\end{bmatrix},\quad \boldsymbol{v}_2=\begin{bmatrix}-16\\4\\0\\1\end{bmatrix}$$

$$\text{对应 } \lambda=-3 \text{ 的基：}\quad \boldsymbol{v}_3=\begin{bmatrix}0\\0\\1\\0\end{bmatrix},\quad \boldsymbol{v}_4=\begin{bmatrix}0\\0\\0\\1\end{bmatrix}$$

由定理 7，向量集合 $\{\boldsymbol{v}_1,\boldsymbol{v}_2,\cdots,\boldsymbol{v}_4\}$ 是线性无关的，故 $P=[\boldsymbol{v}_1\boldsymbol{v}_2\ \cdots\ \boldsymbol{v}_4]$ 是可逆的，且有 $A=PDP^{-1}$，其中

$$P=\begin{bmatrix}-8&-16&0&0\\4&4&0&0\\1&0&1&0\\0&1&0&1\end{bmatrix},\quad D=\begin{bmatrix}5&0&0&0\\0&5&0&0\\0&0&-3&0\\0&0&0&-3\end{bmatrix}$$ ■

练习题

1. $A=\begin{bmatrix}4&-3\\2&-1\end{bmatrix}$，计算 A^8.

2. 设 $A=\begin{bmatrix}-3&12\\-2&7\end{bmatrix},\boldsymbol{v}_1=\begin{bmatrix}3\\1\end{bmatrix},\boldsymbol{v}_2=\begin{bmatrix}2\\1\end{bmatrix}$，若已知 $\boldsymbol{v}_1$ 和 $\boldsymbol{v}_2$ 是 A 的特征向量，将 A 对角化.

3. 设 4×4 矩阵 A 的特征值是 5，3 和−2，并且已知对应于 $\lambda=3$ 的特征空间是二维的，你能否判断 A 是可对角化的？

习题 5.3

在习题 1 和习题 2 中，设 $A=PDP^{-1}$，计算 A^4.

1. $P=\begin{bmatrix}5&7\\2&3\end{bmatrix}$，$D=\begin{bmatrix}2&0\\0&1\end{bmatrix}$

2. $P=\begin{bmatrix}2&-3\\-3&5\end{bmatrix}$，$D=\begin{bmatrix}1&0\\0&-1\end{bmatrix}$

在习题 3 和习题 4 中，利用分解式 $A=PDP^{-1}$，计算 A^k，k 为正整数.

3. $\begin{bmatrix}a&0\\3(a-b)&b\end{bmatrix}=\begin{bmatrix}1&0\\3&1\end{bmatrix}\begin{bmatrix}a&0\\0&b\end{bmatrix}\begin{bmatrix}1&0\\-3&1\end{bmatrix}$

4. $\begin{bmatrix}-6&8\\-4&6\end{bmatrix}=\begin{bmatrix}1&2\\1&1\end{bmatrix}\begin{bmatrix}2&0\\0&-2\end{bmatrix}\begin{bmatrix}-1&2\\1&-1\end{bmatrix}$

在习题 5 和习题 6 中，矩阵 A 被分解为 PDP^{-1}，利用对角化定理求 A 的特征值和每个特征空间的基.

5. $\begin{bmatrix} 2 & 2 & 1 \\ 1 & 3 & 1 \\ 1 & 2 & 2 \end{bmatrix}$

$$=\begin{bmatrix} 1 & 1 & 2 \\ 1 & 0 & -1 \\ 1 & -1 & 0 \end{bmatrix}\begin{bmatrix} 5 & 0 & 0 \\ 0 & 1 & 0 \\ 0 & 0 & 1 \end{bmatrix}\begin{bmatrix} \frac{1}{4} & \frac{1}{2} & \frac{1}{4} \\ \frac{1}{4} & \frac{1}{2} & -\frac{3}{4} \\ \frac{1}{4} & -\frac{1}{2} & \frac{1}{4} \end{bmatrix}$$

6. $A=\begin{bmatrix} 5 & -2 & -2 \\ 1 & 2 & -1 \\ 0 & 0 & 3 \end{bmatrix}=\begin{bmatrix} 2 & -1 & -2 \\ 1 & -1 & -1 \\ 1 & 0 & 0 \end{bmatrix}\begin{bmatrix} 3 & 0 & 0 \\ 0 & 3 & 0 \\ 0 & 0 & 4 \end{bmatrix}\begin{bmatrix} 0 & 0 & 1 \\ 1 & -2 & 0 \\ -1 & 1 & 1 \end{bmatrix}$

试着将习题 7~20 的矩阵对角化. 习题 11~16 的特征值如下所示：

（11）$\lambda=1,2,3$；（12）$\lambda=1,4$；（13）$\lambda=5,1$；（14）$\lambda=3,4$；（15）$\lambda=3,1$；（16）$\lambda=2,1$. 对于习题 18，一个特征值是 $\lambda=5$，对应的特征向量为 $(-2,1,2)$.

7. $\begin{bmatrix} 1 & 0 \\ 6 & -1 \end{bmatrix}$

8. $\begin{bmatrix} 5 & 1 \\ 0 & 5 \end{bmatrix}$

9. $\begin{bmatrix} 3 & -1 \\ 1 & 5 \end{bmatrix}$

10. $\begin{bmatrix} 2 & 3 \\ 4 & 1 \end{bmatrix}$

11. $\begin{bmatrix} -1 & 4 & -2 \\ -3 & 4 & 0 \\ -3 & 1 & 3 \end{bmatrix}$

12. $\begin{bmatrix} 3 & -1 & -1 \\ -1 & 3 & -1 \\ -1 & -1 & 3 \end{bmatrix}$

13. $\begin{bmatrix} 2 & 2 & -1 \\ 1 & 3 & -1 \\ -1 & -2 & 2 \end{bmatrix}$

14. $\begin{bmatrix} 4 & 0 & 2 \\ 2 & 3 & 4 \\ 0 & 0 & 3 \end{bmatrix}$

15. $\begin{bmatrix} 7 & 4 & 16 \\ 2 & 5 & 8 \\ -2 & -2 & -5 \end{bmatrix}$

16. $\begin{bmatrix} 0 & -4 & -6 \\ -1 & 0 & -3 \\ 1 & 2 & 5 \end{bmatrix}$

17. $\begin{bmatrix} 4 & 0 & 0 \\ 1 & 4 & 0 \\ 0 & 0 & 5 \end{bmatrix}$

18. $\begin{bmatrix} -7 & -16 & 4 \\ 6 & 13 & -2 \\ 12 & 16 & 1 \end{bmatrix}$

19. $\begin{bmatrix} 5 & -3 & 0 & 9 \\ 0 & 3 & 1 & -2 \\ 0 & 0 & 2 & 0 \\ 0 & 0 & 0 & 2 \end{bmatrix}$

20. $\begin{bmatrix} 2 & 0 & 0 & 0 \\ 0 & 2 & 0 & 0 \\ 0 & 0 & 2 & 0 \\ 1 & 0 & 0 & 2 \end{bmatrix}$

在习题 21~28 中，A,P 和 D 是 $n\times n$ 矩阵，标出每个命题的真假（T/F），证明你的答案（在做这些习题之前先仔细研读定理 5 和定理 6 及本节的例子）.

21.（T/F）若存在矩阵 D 和可逆矩阵 P 使得 $A=PDP^{-1}$ 成立，则 A 可对角化.

22.（T/F）若 $\mathbb{R}^n$ 有 A 的特征向量基，则 A 可对角化.

23.（T/F）A 可对角化的充分必要条件是 A 有 n 个特征值（算上重数）.

24.（T/F）若 A 可对角化，则 A 是可逆的.

25.（T/F）若 A 有 n 个特征向量，则 A 可对角化.

26.（T/F）若 A 可对角化，则 A 有 n 个相异的特征值.

27.（T/F）若 $AP=PD$，D 为对角矩阵，那么 P 的非零列必定是 A 的特征向量.

28.（T/F）若 A 可逆，则 A 可对角化.

29.（T/F）5×5 矩阵 A 有 2 个特征值，一个特征空间是三维的，另一个特征空间是二维的. A 可否对角化？为什么？

30. 3×3 矩阵 A 有 2 个特征值，每个特征空间是一维的，A 可否对角化？为什么？

31. 4×4 矩阵 A 有 3 个特征值，有一个特征空间为一维，其他特征空间之一是二维的. A 是否可对角化？说明理由.

32. 7×7 矩阵 A 有 3 个特征值，一个特征空间是二维的，其他特征空间之一是三维的，A 有没有可能不可对角化？说明理由.

33. 证明：若 A 可对角化且可逆，则 A^{-1} 亦如此.

34. 证明：若 A 有 n 个线性无关的特征向量，则 A^{T} 也有 n 个线性无关的特征向量.（提示：用对角化定理.）

35. 分解式 $A=PDP^{-1}$ 不是唯一的，用例 2 的矩阵 A 来证实这一事实. 若 $D_1=\begin{bmatrix} 3 & 0 \\ 0 & 5 \end{bmatrix}$，利用例 2 的结果求矩阵 P_1，使得 $A=P_1D_1P_1^{-1}$.

36. 对例 2 的 $\boldsymbol{A}$ 和 $\boldsymbol{D}$，求不等于 $\boldsymbol{P}$ 的可逆矩阵 $\boldsymbol{P}_2$，使得 $\boldsymbol{A}=\boldsymbol{P}_2\boldsymbol{D}\boldsymbol{P}_2^{-1}$.

37. 构造一个非零的 2×2 可逆但不可对角化的矩阵.

38. 构造一个不是对角阵的 2×2 可对角化但不可逆的矩阵.

[M]将习题 39~42 的矩阵对角化，先用矩阵程序的特征值命令求特征值，然后用 5.1 节的方法找出特征空间的基.

39. $\begin{bmatrix} -6 & 4 & 0 & 9 \\ -3 & 0 & 1 & 6 \\ -1 & -2 & 1 & 0 \\ -4 & 4 & 0 & 7 \end{bmatrix}$

40. $\begin{bmatrix} 0 & 13 & 8 & 4 \\ 4 & 9 & 8 & 4 \\ 8 & 6 & 12 & 8 \\ 0 & 5 & 0 & -4 \end{bmatrix}$

41. $\begin{bmatrix} 11 & -6 & 4 & -10 & -4 \\ -3 & 5 & -2 & 4 & 1 \\ -8 & 12 & -3 & 12 & 4 \\ 1 & 6 & -2 & 3 & -1 \\ 8 & -18 & 8 & -14 & -1 \end{bmatrix}$

42. $\begin{bmatrix} 4 & 4 & 2 & 3 & -2 \\ 0 & 1 & -2 & -2 & 2 \\ 6 & 12 & 11 & 2 & -4 \\ 9 & 20 & 10 & 10 & -6 \\ 15 & 28 & 14 & 5 & -3 \end{bmatrix}$

练习题答案

1. $\det(\boldsymbol{A}-\lambda\boldsymbol{I})=\lambda^2-3\lambda+2=(\lambda-2)(\lambda-1)$，特征值是 2 和 1，对应的特征向量是 $\boldsymbol{v}_1=\begin{bmatrix}3\\2\end{bmatrix}$ 和 $\boldsymbol{v}_2=\begin{bmatrix}1\\1\end{bmatrix}$，然后构造 $\boldsymbol{P}=\begin{bmatrix}3 & 1\\2 & 1\end{bmatrix}, \boldsymbol{D}=\begin{bmatrix}2 & 0\\0 & 1\end{bmatrix}, \boldsymbol{P}^{-1}=\begin{bmatrix}1 & -1\\-2 & 3\end{bmatrix}$. 由 $\boldsymbol{A}=\boldsymbol{P}\boldsymbol{D}\boldsymbol{P}^{-1}$，得

$$\boldsymbol{A}^8=\boldsymbol{P}\boldsymbol{D}^8\boldsymbol{P}^{-1}=\begin{bmatrix}3 & 1\\2 & 1\end{bmatrix}\begin{bmatrix}2^8 & 0\\0 & 1^8\end{bmatrix}\begin{bmatrix}1 & -1\\-2 & 3\end{bmatrix}=\begin{bmatrix}3 & 1\\2 & 1\end{bmatrix}\begin{bmatrix}256 & 0\\0 & 1\end{bmatrix}\begin{bmatrix}1 & -1\\-2 & 3\end{bmatrix}=\begin{bmatrix}766 & -765\\510 & -509\end{bmatrix}$$

2. 计算 $\boldsymbol{A}\boldsymbol{v}_1=\begin{bmatrix}-3 & 12\\-2 & 7\end{bmatrix}\begin{bmatrix}3\\1\end{bmatrix}=\begin{bmatrix}3\\1\end{bmatrix}=1\cdot\boldsymbol{v}_1$，$\boldsymbol{A}\boldsymbol{v}_2=\begin{bmatrix}-3 & 12\\-2 & 7\end{bmatrix}\begin{bmatrix}2\\1\end{bmatrix}=\begin{bmatrix}6\\3\end{bmatrix}=3\cdot\boldsymbol{v}_2$

显然，$\boldsymbol{v}_1$ 和 $\boldsymbol{v}_2$ 分别是特征值 1 和 3 对应的特征向量，因此 $\boldsymbol{A}=\boldsymbol{P}\boldsymbol{D}\boldsymbol{P}^{-1}$，其中

$$\boldsymbol{P}=\begin{bmatrix}3 & 2\\1 & 1\end{bmatrix} \text{和} \ \boldsymbol{D}=\begin{bmatrix}1 & 0\\0 & 3\end{bmatrix}$$

3. $\boldsymbol{A}$ 可对角化，对应于 $\lambda=3$ 的特征空间有一个基 $\{\boldsymbol{v}_1,\boldsymbol{v}_2\}$. 此外，对应于 $\lambda=5$ 和 $\lambda=-2$ 至少有一个特征向量，记为 $\boldsymbol{v}_3$ 和 $\boldsymbol{v}_4$，则由定理 2 和 5.1 节中的练习题 3，$\{\boldsymbol{v}_1,\boldsymbol{v}_2,\boldsymbol{v}_3,\boldsymbol{v}_4\}$ 是线性无关的. 由定理 7（b），$\boldsymbol{A}$ 可对角化. 因为向量全属于 $\mathbb{R}^4$，$\mathbb{R}^4$ 的基包含的线性无关向量的个数不超过 4，故对应于 $\lambda=5$ 和 $\lambda=-2$ 的特征空间都是一维的.

5.4　特征向量与线性变换

在本节中，我们将研究线性变换 $T:V\to V$ 的特征值和特征向量，其中 V 是任意的向量空间. 在 V 是一个有限维的向量空间且 V 有一个由 T 的特征向量组成的基的情况下，我们将看到如何将这种线性变换 T 表示为一个对角矩阵的左乘.

线性变换的特征向量

此前，我们研究了各种向量空间，包括离散-时间信号空间 $\mathbb{S}$ 和多项式集 $\mathbb{P}$. 特征值和特征

向量可以被定义为从任何向量空间到自身的线性变换.

定义　设 V 是向量空间.线性变换 $T:V\to V$ 的一个特征向量是非零向量 $\boldsymbol{x}\in V$，使得对于某个标量 λ，$T(\boldsymbol{x})=\lambda\boldsymbol{x}$. 如果 $T(\boldsymbol{x})=\lambda\boldsymbol{x}$ 有一个非平凡解 $\boldsymbol{x}$，则标量 λ 被称为线性变换 T 的特征值，$\boldsymbol{x}$ 称为对应于 λ 的特征向量.

例 1　在 4.7 节和 4.8 节中详细研究了正弦波信号.信号被定义为 $\{s_k\}=\left\{\cos\left(\frac{k\pi}{2}\right)\right\}$，其中 $k\in\mathbb{Z}$. 左双移位线性变换 D 由 $D(\{x_k\})=\{x_{k+2}\}$ 定义. 证明 $\{s_k\}$ 是 D 的一个特征向量，并确定相关的特征值.

解　利用三角函数公式 $\cos(\theta+\pi)=-\cos(\theta)$，令 $\{y_k\}=D\{s_k\}$，则有

$$y_k=s_{k+2}=\cos\left(\frac{(k+2)\pi}{2}\right)=\cos\left(\frac{k\pi}{2}+\pi\right)=-\cos\left(\frac{k\pi}{2}\right)=-s_k$$

同样，$D(\{s_k\})=\{-s_k\}=-\{s_k\}$. 这就证明了 $\{s_k\}$ 是 D 的特征向量，其特征值为−1.

在图 5-5 中，选择不同的频率值 f 来绘制一段正弦波信号 $\left\{\cos\left(\frac{fk\pi}{4}\right)\right\}$ 和 $D\left(\left\{\cos\left(\frac{fk\pi}{4}\right)\right\}\right)$. 令 $f=2$ 解释了例 1 中证明的 D 的特征向量.图案中的点什么样的关系标志着原始信号和变换后信号之间的特征向量关系？选择 f 的哪些其他频率会产生一个是 D 的特征向量的信号？相应的特征值是什么？图 5-5a 解释了 $f=1$ 时的正弦波信号，图 5-5b 解释了 $f=2$ 时的正弦波信号.

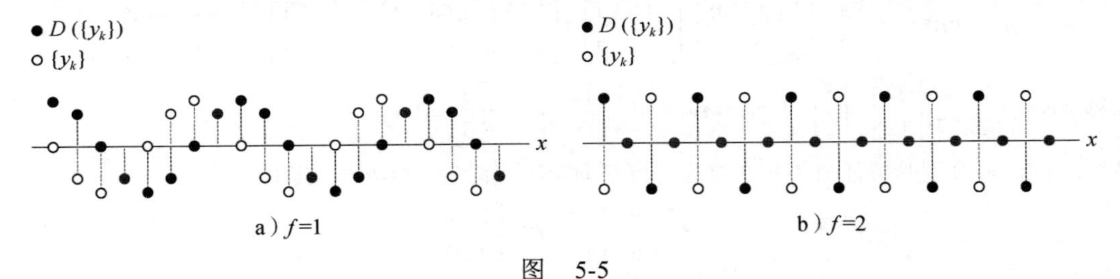

图　5-5

线性变换的矩阵

线性代数的一些分支用无限维矩阵来变换无限维的向量空间；然而，在本章的其余部分，我们的研究限制在与有限维向量空间相关的线性变换和矩阵上.

设 V 是 n 维向量空间，T 是 V 到 V 的线性变换. 为了将 T 与矩阵相联系，选择 V 的一组基 $\mathcal{B}$. 若 $\boldsymbol{x}\in V$，坐标向量 $[\boldsymbol{x}]_{\mathcal{B}}\in\mathbb{R}^n$，$\boldsymbol{x}$ 的像 $T(\boldsymbol{x})$ 的坐标向量 $[T(\boldsymbol{x})]_{\mathcal{B}}\in\mathbb{R}^n$.

容易找出 $[\boldsymbol{x}]_{\mathcal{B}}$ 和 $[T(\boldsymbol{x})]_{\mathcal{B}}$ 之间的关系. 设 V 的基 $\mathcal{B}$ 是 $\{\boldsymbol{b}_1,\boldsymbol{b}_2,\cdots,\boldsymbol{b}_n\}$. 若 $\boldsymbol{x}=r_1\boldsymbol{b}_1+r_2\boldsymbol{b}_2+\cdots+r_n\boldsymbol{b}_n$，则

$$[\boldsymbol{x}]_{\mathcal{B}}=\begin{bmatrix}r_1\\r_2\\\vdots\\r_n\end{bmatrix}$$

因为 T 是线性的，故

$$T(\boldsymbol{x})=T(r_1\boldsymbol{b}_1+r_2\boldsymbol{b}_2+\cdots+r_n\boldsymbol{b}_n)=r_1T(\boldsymbol{b}_1)+r_2T(\boldsymbol{b}_2)+\cdots+r_nT(\boldsymbol{b}_n) \tag{1}$$

因为从 V 到 $\mathbb{R}^n$ 的坐标映射是线性的（4.4 节定理 8），故等式（1）可推出

$$[T(\boldsymbol{x})]_{\mathcal{B}}=r_1[T(\boldsymbol{b}_1)]_{\mathcal{B}}+r_2[T(\boldsymbol{b}_2)]_{\mathcal{B}}+\cdots+r_n[T(\boldsymbol{b}_n)]_{\mathcal{B}} \tag{2}$$

因为这些$\mathcal{B}$-坐标向量都属于 $\mathbb{R}^n$，故向量等式（2）可以写为矩阵等式

$$[T(\boldsymbol{x})]_{\mathcal{B}}=\boldsymbol{M}[\boldsymbol{x}]_{\mathcal{B}} \tag{3}$$

其中

$$\boldsymbol{M}=[[T(\boldsymbol{b}_1)]_{\mathcal{B}}\quad[T(\boldsymbol{b}_2)]_{\mathcal{B}}\quad\cdots\quad[T(\boldsymbol{b}_n)]_{\mathcal{B}}] \tag{4}$$

矩阵 $\boldsymbol{M}$ 是 T 的矩阵表示，称为 T **相对于基$\mathcal{B}$的矩阵**. 见图 5-6.

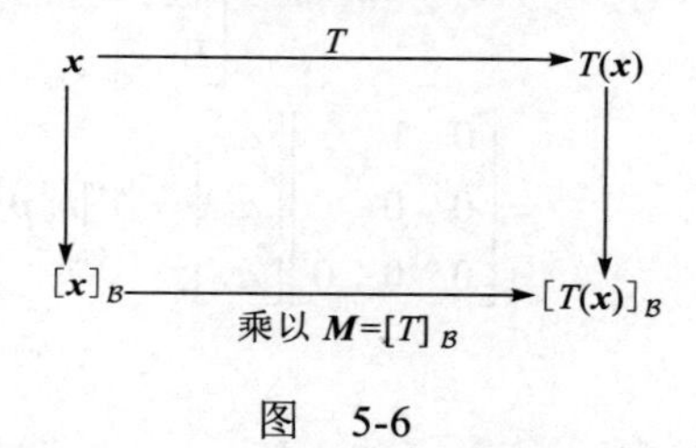

图 5-6

等式（3）表明，就坐标向量而言，T 对 $\boldsymbol{x}$ 的作用相当于用矩阵 $\boldsymbol{M}$ 左乘 x.

例 2 设 $\mathcal{B}=\{\boldsymbol{b}_1,\boldsymbol{b}_2\}$ 是 V 的基，T 是 $V\to V$ 的线性变换，满足性质：

$$T(\boldsymbol{b}_1)=3\boldsymbol{b}_1-2\boldsymbol{b}_2,\quad T(\boldsymbol{b}_2)=4\boldsymbol{b}_1+7\boldsymbol{b}_2$$

求 T 相对于基$\mathcal{B}$的矩阵 $\boldsymbol{M}$.

解 $\boldsymbol{b}_1$ 和 $\boldsymbol{b}_2$ 的像的$\mathcal{B}$-坐标向量是

$$[T(\boldsymbol{b}_1)]_{\mathcal{B}}=\begin{bmatrix}3\\-2\end{bmatrix},\qquad[T(\boldsymbol{b}_2)]_{\mathcal{B}}=\begin{bmatrix}4\\7\end{bmatrix}$$

因此

$$\boldsymbol{M}=\begin{bmatrix}3&4\\-2&7\end{bmatrix}$$

■

例 3 $\mathbb{P}_2\to\mathbb{P}_2$ 的映射 T ：$T(a_0+a_1t+a_2t^2)=a_1+2a_2t$ 是线性变换.（学过微积分的学生知道 T 是微分算子.）

a. 当基 $\mathcal{B}=\{1,t,t^2\}$ 时，求 T 的 $\mathcal{B}-$矩阵.

b. 对 $\mathbb{P}_2$ 中的每个 $\boldsymbol{p}$ ，验证 $[T(\boldsymbol{p})]_{\mathcal{B}}=[T]_{\mathcal{B}}[\boldsymbol{p}]_{\mathcal{B}}$.

解 a. 计算基向量的像：

$$T(1)=0 \qquad \text{零多项式}$$

$$T(t)=1 \qquad \text{值恒为 1 的多项式}$$

$$T(t^2)=2t$$

然后写出 $T(1),T(t),T(t^2)$ 的 $\mathcal{B}-$坐标（本例通过观察可以得到），把它们放在一起组成 T 的 $\mathcal{B}$ -矩阵：

$$[T(1)]_{\mathcal{B}}=\begin{bmatrix}0\\0\\0\end{bmatrix},\ [T(t)]_{\mathcal{B}}=\begin{bmatrix}1\\0\\0\end{bmatrix},\ [T(t^2)]_{\mathcal{B}}=\begin{bmatrix}0\\2\\0\end{bmatrix}$$

$$[T]_{\mathcal{B}}=\begin{bmatrix}0&1&0\\0&0&2\\0&0&0\end{bmatrix}$$

b. 对一般的多项式 $\boldsymbol{p}(t)=a_0+a_1t+a_2t^2$，我们有

$$[T(\boldsymbol{p})]_{\mathcal{B}}=[a_1+2a_2t]_{\mathcal{B}}=\begin{bmatrix}a_1\\2a_2\\0\end{bmatrix}$$

$$=\begin{bmatrix}0&1&0\\0&0&2\\0&0&0\end{bmatrix}\begin{bmatrix}a_0\\a_1\\a_2\end{bmatrix}=[T]_{\mathcal{B}}[\boldsymbol{p}]_{\mathcal{B}}$$

见图 5-7. ■

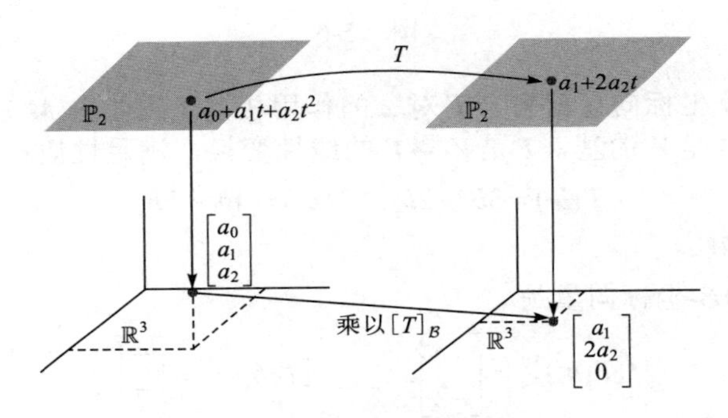

图 5-7　线性变换的矩阵表示

$\mathbb{R}^n$ 上的线性变换

在涉及$\mathbb{R}^n$ 的应用问题中，线性变换首先表现为一个矩阵变换 $\boldsymbol{x}\mapsto A\boldsymbol{x}$. 假设 A 是可对角化的，那么存在由 A 的特征向量组成的$\mathbb{R}^n$ 的基 $\mathcal{B}$. 此时，下面的定理 8 表明 T 的$\mathcal{B}$–矩阵是对角矩阵，这样，把 A 对角化相当于找到变换 $\boldsymbol{x}\mapsto A\boldsymbol{x}$ 的对角矩阵表示.

定理 8　（对角矩阵表示）

设 $A=PDP^{-1}$，其中 D 为 $n\times n$ 对角矩阵，若$\mathbb{R}^n$ 的基$\mathcal{B}$由 P 的列向量组成，那么 D 是变换 $\boldsymbol{x}\mapsto A\boldsymbol{x}$ 的$\mathcal{B}$–矩阵.

证　记 P 的列向量为 $\boldsymbol{b}_1,\boldsymbol{b}_2,\cdots,\boldsymbol{b}_n$，则有 $\mathcal{B}=\{\boldsymbol{b}_1,\boldsymbol{b}_2,\cdots,\boldsymbol{b}_n\},P=[\boldsymbol{b}_1\boldsymbol{b}_2\cdots\boldsymbol{b}_n]$. 此时，$P$ 是 4.4 节中讨论过的坐标变换矩阵 $P_{\mathcal{B}}$，其中

$$P[\boldsymbol{x}]_{\mathcal{B}}=\boldsymbol{x}，\ [\boldsymbol{x}]_{\mathcal{B}}=P^{-1}\boldsymbol{x}$$

若 $x\in\mathbb{R}^n$，$T(x)=Ax$，则

$$\begin{aligned}[T]_{\mathcal{B}} &= [[T(\boldsymbol{b}_1)]_{\mathcal{B}}[T(\boldsymbol{b}_2)]_{\mathcal{B}}\cdots[T(\boldsymbol{b}_n)]_{\mathcal{B}}] && \text{由 } [T]_{\mathcal{B}} \text{ 的定义}\\ &= [[A\boldsymbol{b}_1]_{\mathcal{B}}[A\boldsymbol{b}_2]_{\mathcal{B}}\cdots[A\boldsymbol{b}_n]_{\mathcal{B}}] && \text{由 } T(x)=Ax\\ &= [P^{-1}A\boldsymbol{b}_1\,P^{-1}A\boldsymbol{b}_2\cdots P^{-1}A\boldsymbol{b}_n] && \text{坐标变换} \qquad (6)\\ &= P^{-1}A[\boldsymbol{b}_1\boldsymbol{b}_2\cdots\boldsymbol{b}_n] && \text{矩阵乘法}\\ &= P^{-1}AP\end{aligned}$$

由于 $A=PDP^{-1}$，我们有 $[T]_{\mathcal{B}}=P^{-1}AP=D$. ■

例 4 设 $A=\begin{bmatrix}7&2\\-4&1\end{bmatrix}$,$\mathbb{R}^2\to\mathbb{R}^2$ 的变换 $T:T(x)=Ax$. 求 $\mathbb{R}^2$ 的一个基 $\mathcal{B}$，使得 T 的 $\mathcal{B}-$矩阵是对角矩阵.

解 由 5.3 节的例 2，我们知道 $A=PDP^{-1}$，其中

$$P=\begin{bmatrix}1&1\\-1&-2\end{bmatrix},\quad D=\begin{bmatrix}5&0\\0&3\end{bmatrix}$$

P 的列向量记为 $\boldsymbol{b}_1$ 和 $\boldsymbol{b}_2$，是 A 的特征向量，由定理 8，若取 $\mathcal{B}=\{\boldsymbol{b}_1,\boldsymbol{b}_2\}$，则 D 是 T 的 $\mathcal{B}-$矩阵. 映射 $x\mapsto Ax$ 和 $u\mapsto Du$ 描述的是相对于不同基的同一个线性变换. ■

矩阵表示的相似性

定理 8 的证明并没有用到 D 是对角矩阵这一事实. 因此，若 A 相似于 C，即有 $A=PCP^{-1}$，且 $\mathcal{B}$ 由 P 的列向量组成，则 C 是变换 $x\mapsto Ax$ 的 $\mathcal{B}-$矩阵. 分解 $A=PCP^{-1}$ 如图 5-8 所示.

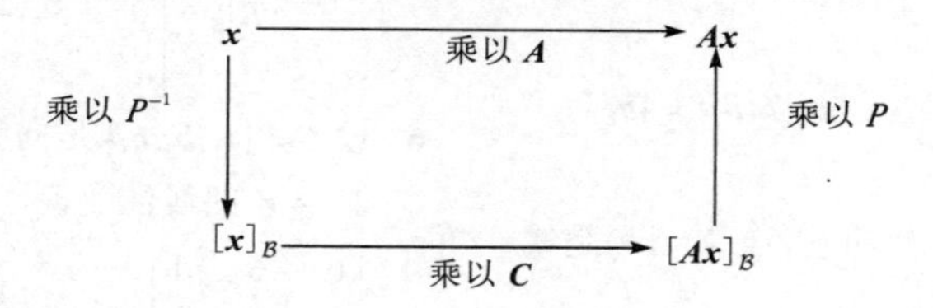

图 5-8 两个矩阵表示的相似性：$A=PCP^{-1}$

反之，若 $\mathbb{R}^n\to\mathbb{R}^n$ 的变换 $T:T(x)=Ax$，而 $\mathcal{B}$ 是 $\mathbb{R}^n$ 的任意一个基，那么 T 的 $\mathcal{B}-$矩阵相似于 A. 其实，在定理 8 的证明的计算中已经证明若 P 是以 $\mathcal{B}$ 的向量作为列构成的矩阵，那么 $[T]_{\mathcal{B}}=P^{-1}AP$. 这里强调了线性变换的矩阵与相似矩阵之间的重要联系. 因此，所有相似于 A 的矩阵的集合与变换 $x\mapsto Ax$ 的所有矩阵表示的集合是同一集合.

例 5 设 $A=\begin{bmatrix}4&-9\\4&-8\end{bmatrix}$，$\boldsymbol{b}_1=\begin{bmatrix}3\\2\end{bmatrix}$，$\boldsymbol{b}_2=\begin{bmatrix}2\\1\end{bmatrix}$，$A$ 的特征多项式是 $(\lambda+2)^2$，但特征值-2 的特征空间只是一维的，因此 A 是不可以对角化的. 但是，有一组基 $\mathcal{B}=\{\boldsymbol{b}_1,\boldsymbol{b}_2\}$ 能够使得变换 $x\to Ax$ 的 $\mathcal{B}-$矩阵是三角矩阵，称为 A 的若尔当型.[⊖] 求这个 $\mathcal{B}-$矩阵.

⊖ 每个方阵都与一个若尔当型矩阵相似. 用于导出若尔当型的基包含 A 的特征向量和所谓的“推广的特征向量”. 见 B.Noble 和 J.W.Daniel 合写的 *Applied Linear Algebra*,3rd ed. （Englewood Cliffs, NJ: Prentice-Hall,1988）第 9 章.

解　如果 $\boldsymbol{P}=[\boldsymbol{b}_1 \quad \boldsymbol{b}_2]$，则 $\mathcal{B}$－矩阵是 $\boldsymbol{P}^{-1}\boldsymbol{A}\boldsymbol{P}$，计算

$$\boldsymbol{AP}=\begin{bmatrix}4&-9\\4&-8\end{bmatrix}\begin{bmatrix}3&2\\2&1\end{bmatrix}=\begin{bmatrix}-6&-1\\-4&0\end{bmatrix}$$

$$\boldsymbol{P}^{-1}\boldsymbol{AP}=\begin{bmatrix}-1&2\\2&-3\end{bmatrix}\begin{bmatrix}-6&-1\\-4&0\end{bmatrix}=\begin{bmatrix}-2&1\\0&-2\end{bmatrix}$$

注意 $\boldsymbol{A}$ 的特征值在对角线上. ■

数值计算的注解　计算 $\mathcal{B}$－矩阵 $\boldsymbol{P}^{-1}\boldsymbol{AP}$ 的一种有效方法是先计算 $\boldsymbol{AP}$，然后用行变换将增广矩阵 $[\boldsymbol{P} \quad \boldsymbol{AP}]$ 化为 $[\boldsymbol{I} \quad \boldsymbol{P}^{-1}\boldsymbol{AP}]$，这样就不需要单独计算 $\boldsymbol{P}^{-1}$ 了，见2.2节的习题22.

练习题

1. 假设 T 是 $\mathbb{P}_2$ 到 $\mathbb{P}_2$ 的线性变换，相对于基 $\mathcal{B}=\{1,t,t^2\}$ 的矩阵是 $[T]_{\mathcal{B}}=\begin{bmatrix}3&4&0\\0&5&-1\\1&-2&7\end{bmatrix}$，求 $T(a_0+a_1t+a_2t^2)$.
2. 设 $\boldsymbol{A},\boldsymbol{B},\boldsymbol{C}$ 是 $n\times n$ 矩阵，我们已经知道若 $\boldsymbol{A}$ 相似于 $\boldsymbol{B}$，那么 $\boldsymbol{B}$ 亦相似于 $\boldsymbol{A}$.这个性质和下面的结论说明"相似"是等价关系.（行等价是等价关系的另一个例子.）证明（a）和（b）.
   a. $\boldsymbol{A}$ 相似于 $\boldsymbol{A}$.
   b. 若 $\boldsymbol{A}$ 相似于 $\boldsymbol{B}$，$\boldsymbol{B}$ 相似于 $\boldsymbol{C}$，那么 $\boldsymbol{A}$ 相似于 $\boldsymbol{C}$.

习题 5.4

1. 设 $\mathcal{B}=\{\boldsymbol{b}_1,\boldsymbol{b}_2,\boldsymbol{b}_3\}$ 是向量空间 V 的基，$T:V\to V$ 是线性变换，满足：
   $$T(\boldsymbol{b}_1)=3\boldsymbol{b}_1-5\boldsymbol{b}_2,T(\boldsymbol{b}_2)=-\boldsymbol{b}_1+6\boldsymbol{b}_2,T(\boldsymbol{b}_3)=4\boldsymbol{b}_2$$
   求 T 相对于 $\mathcal{B}$ 的矩阵.
2. 设 $\mathcal{B}=\{\boldsymbol{b}_1,\boldsymbol{b}_2\}$ 是向量空间 V 的基，$T:V\to V$ 是线性变换，满足：
   $$T(\boldsymbol{b}_1)=2\boldsymbol{b}_1-3\boldsymbol{b}_2,\quad T(\boldsymbol{b}_2)=-4\boldsymbol{b}_1+5\boldsymbol{b}_2$$
   求 T 相对于 $\mathcal{D}$ 和 $\mathcal{B}$ 的矩阵.
3. 假设映射 $T:\mathbb{P}_2\to\mathbb{P}_2$ 定义为
   $$T(a_0+a_1t+a_2t^2)=3a_0+(5a_0-2a_1)t+(4a_1+a_2)t^2$$
   并且是线性的，求 T 相对于基 $\mathcal{B}=\{1,t,t^2\}$ 的矩阵.
4. 定义 $T:\mathbb{P}_2\to\mathbb{P}_2$ 满足 $T(\boldsymbol{p})=\boldsymbol{p}(0)-\boldsymbol{p}(1)t+\boldsymbol{p}(2)t^2$
   a. 证明 T 是线性变换.
   b. 求当 $\boldsymbol{p}(t)=-2+t$ 时的 $T(\boldsymbol{p})$. $\boldsymbol{p}$ 是 T 的特征向量吗？
   c. 求 T 的关于 $\mathbb{P}_2$ 的基 $\{1,t,t^2\}$ 的矩阵.
5. 设 $\mathcal{B}=\{\boldsymbol{b}_1,\boldsymbol{b}_2,\boldsymbol{b}_3\}$ 是向量空间 V 的基，T 是 $V\to V$ 的线性变换，其相对于 $\mathcal{B}$ 的矩阵是
   $$[T]_{\mathcal{B}}=\begin{bmatrix}0&-6&1\\0&5&-1\\1&-2&7\end{bmatrix}$$，求 $T(3\boldsymbol{b}_1-4\boldsymbol{b}_2)$.
6. 设 $\mathcal{B}=\{\boldsymbol{b}_1,\boldsymbol{b}_2,\boldsymbol{b}_3\}$ 是向量空间 V 的一组基，T 是 $V\to V$ 的线性变换，其关于 $\mathcal{B}$ 的矩阵为 $[T]_{\mathcal{B}}=\begin{bmatrix}0&-6&1\\0&5&-1\\1&-2&7\end{bmatrix}$，计算 $T(2\boldsymbol{b}_1-\boldsymbol{b}_2+4\boldsymbol{b}_3)$.

在习题7和习题8中，$\mathcal{B}=\{\boldsymbol{b}_1,\boldsymbol{b}_2\}$，求变换 $\boldsymbol{x}\mapsto\boldsymbol{Ax}$ 的 $\mathcal{B}$－矩阵.

7. $\boldsymbol{A}=\begin{bmatrix}3&4\\-1&-1\end{bmatrix}$，$\boldsymbol{b}_1=\begin{bmatrix}2\\-1\end{bmatrix}$，$\boldsymbol{b}_2=\begin{bmatrix}1\\2\end{bmatrix}$
8. $\boldsymbol{A}=\begin{bmatrix}-1&4\\-2&3\end{bmatrix}$，$\boldsymbol{b}_1=\begin{bmatrix}3\\2\end{bmatrix}$，$\boldsymbol{b}_2=\begin{bmatrix}-1\\1\end{bmatrix}$

在习题9~12中，定义 $\mathbb{R}^2\to\mathbb{R}^2$ 的变换 T 为 $T(\boldsymbol{x})=\boldsymbol{Ax}$，求 $\mathbb{R}^2$ 的基 $\mathcal{B}$，使得 $[T]_{\mathcal{B}}$ 为对角矩阵.

9. $\boldsymbol{A}=\begin{bmatrix}0&1\\-3&4\end{bmatrix}$
10. $\boldsymbol{A}=\begin{bmatrix}5&-3\\-7&1\end{bmatrix}$
11. $\boldsymbol{A}=\begin{bmatrix}4&-2\\-1&3\end{bmatrix}$
12. $\boldsymbol{A}=\begin{bmatrix}2&-6\\-1&3\end{bmatrix}$

13. 设$A=\begin{bmatrix}1 & 1\\ -1 & 3\end{bmatrix}$和$\mathcal{B}=\{\boldsymbol{b}_1,\boldsymbol{b}_2\}$, $\boldsymbol{b}_1=\begin{bmatrix}1\\1\end{bmatrix}$, $\boldsymbol{b}_2=\begin{bmatrix}5\\4\end{bmatrix}$.

定义$T:\mathbb{R}^2\to\mathbb{R}^2$为$T(\boldsymbol{x})=A\boldsymbol{x}$.

a. 证明$\boldsymbol{b}_1$是A的特征向量，但A不可对角化.

b. 求T的$\mathcal{B}-$矩阵.

14. 定义$T:\mathbb{R}^3\to\mathbb{R}^3$为$T(\boldsymbol{x})=A\boldsymbol{x}$，其中$A$为$3\times3$矩阵，特征值是 5 和−2. 是否存在$\mathbb{R}^3$的基$\mathcal{B}$，使得$T$的$\mathcal{B}-$矩阵是对角矩阵？试做讨论.

15. 定义变换$T:\mathbb{P}_2\to\mathbb{P}_2$为$T(\boldsymbol{p})=\boldsymbol{p}(1)+\boldsymbol{p}(1)t+\boldsymbol{p}(1)t^2$.

a. 当$\boldsymbol{p}(t)=1+t+t^2$时，求出$T(\boldsymbol{p})$. $\boldsymbol{p}$是T的特征向量吗？如果$\boldsymbol{p}$是T的特征向量，求出对应的特征值.

b. 当$\boldsymbol{p}(t)=-2+t$时，求出$T(\boldsymbol{p})$. $\boldsymbol{p}$是T的特征向量吗？如果$\boldsymbol{p}$是T的特征向量，求出对应的特征值.

16. 定义变换$T:\mathbb{P}_3\to\mathbb{P}_3$为$T(\boldsymbol{p})=\boldsymbol{p}(0)-\boldsymbol{p}(1)t-\boldsymbol{p}(1)t^2+\boldsymbol{p}(0)t^3$.

a. 当$\boldsymbol{p}(t)=1+t+t^2+t^3$时，求出$T(\boldsymbol{p})$. $\boldsymbol{p}$是T的特征向量吗？如果$\boldsymbol{p}$是T的特征向量，求出对应的特征值.

b. 当$\boldsymbol{p}(t)=t+t^2$时，求出$T(\boldsymbol{p})$. $\boldsymbol{p}$是T的特征向量吗？如果$\boldsymbol{p}$是T的特征向量，求出对应的特征值.

在习题 17~20 中，判断命题的真假（T/F）. 并说出理由.

17.（T/F）相似矩阵有相同的特征值.

18.（T/F）相似矩阵有相同的特征向量.

19.（T/F）只有在有限维向量空间上的线性变换有特征向量.

20.（T/F）如果在线性变换T的核内有一个非零的向量，那么 0 就是T的一个特征值.

证明习题 21~28 的命题，题中矩阵为方阵.

21. 若A可逆且相似于B，则B可逆且A^{-1}相似于B^{-1}.（提示：存在可逆矩阵P，使得$P^{-1}AP=B$，解释B为什么可逆，然后找一个可逆矩阵Q，使得$Q^{-1}A^{-1}Q=B^{-1}$.）

22. 若A相似于B，则A^2相似于B^2.

23. 若B相似于A，C相似于A，则B相似于C.

24. 若A可对角化，B相似于A，则B亦可对角化.

25. 若$B=P^{-1}AP$, $\boldsymbol{x}$是A对应于特征值λ的特征向量，则$P^{-1}\boldsymbol{x}$是B对应于λ的特征向量.

26. 若A与B是相似的，则它们有相同的秩.（提示：参考第 4 章补充习题 31 和 32.）

27. 方阵A主对角线元素之和称为A的**迹**，记为$\operatorname{tr}A$. 可以证明对任意的两个$n\times n$矩阵F和G，有$\operatorname{tr}(FG)=\operatorname{tr}(GF)$. 证明：若$A$与$B$相似，则$\operatorname{tr}A=\operatorname{tr}B$.

28. 能够证明矩阵A的迹等于A的特征值之和，在A可对角化时验证这个结论.

习题 29~32 涉及 4.7 节中的信号的向量空间$\mathbb{S}$. 移位变换$S(\{y_k\})=\{y_{k-1}\}$，将信号中的每项向右移动一个位置. 移动平均变换$M_2(\{y_k\})=\left\{\dfrac{y_k+y_{k-1}}{2}\right\}$通过对给定信号中的两个连续项进行平均，创建一个新信号.所有恒定信号由$\boldsymbol{\chi}=\{1^k\}$给出，更新信号由$\boldsymbol{\alpha}=\{(-1)^k\}$给出.

29. 证明$\boldsymbol{\chi}$是移位变换S的特征向量，并求出相应的特征值.

30. 证明$\boldsymbol{\alpha}$是移位变换S的特征向量，并求出相应的特征值.

31. 证明$\boldsymbol{\alpha}$是移动平均变换M_2的特征向量，并求出相应的特征值.

32. 证明$\boldsymbol{\chi}$是移动平均变换M_2的特征向量，并求出相应的特征值.

[M]对习题 33 和习题 34，求变换$\boldsymbol{x}\mapsto A\boldsymbol{x}$相对于基$\mathcal{B}=\{\boldsymbol{b}_1,\boldsymbol{b}_2,\boldsymbol{b}_3\}$的$\mathcal{B}-$矩阵.

33. $A=\begin{bmatrix}-14 & 4 & -14\\ -33 & 9 & -31\\ 11 & -4 & 11\end{bmatrix}$, $\boldsymbol{b}_1=\begin{bmatrix}-1\\-2\\1\end{bmatrix}$, $\boldsymbol{b}_2=\begin{bmatrix}-1\\-1\\1\end{bmatrix}$,

$\boldsymbol{b}_3=\begin{bmatrix}-1\\-2\\0\end{bmatrix}$

34. $A=\begin{bmatrix}-7 & -48 & -16\\ 1 & 14 & 6\\ -3 & -45 & -19\end{bmatrix}, b_1=\begin{bmatrix}-3\\ 1\\ -3\end{bmatrix}, b_2=\begin{bmatrix}-2\\ 1\\ -3\end{bmatrix},$

$b_3=\begin{bmatrix}3\\ -1\\ 0\end{bmatrix}$

35. [M]变换 T 的标准矩阵为 A，求 $\mathbb{R}^4$ 的一个基 $\mathcal{B}$，使得 $[T]_{\mathcal{B}}$ 为对角矩阵.

$$A=\begin{bmatrix}15 & -66 & -44 & -33\\ 0 & 13 & 21 & -15\\ 1 & -15 & -21 & 12\\ 2 & -18 & -22 & 8\end{bmatrix}$$

练习题答案

1. 设 $p(t)=a_0+a_1t+a_2t^2$，计算得

$$[T(p)]_{\mathcal{B}}=[T]_{\mathcal{B}}[p]_{\mathcal{B}}=\begin{bmatrix}3 & 4 & 0\\ 0 & 5 & -1\\ 1 & -2 & 7\end{bmatrix}\begin{bmatrix}a_0\\ a_1\\ a_2\end{bmatrix}=\begin{bmatrix}3a_0+4a_1\\ 5a_1-a_2\\ a_0-2a_1+7a_2\end{bmatrix}$$

故 $T(p)=(3a_0+4a_1)+(5a_1-a_2)t+(a_0-2a_1+7a_2)t^2$.

2. a. $A=(I)^{-1}AI$，所以 A 相似于 A.

b. 由假设，存在可逆矩阵 P 和 Q，使得 $B=P^{-1}AP$ 和 $C=Q^{-1}BQ$，代入并利用逆运算性质，有 $C=Q^{-1}BQ=Q^{-1}(P^{-1}AP)Q=(PQ)^{-1}A(PQ)$，这一等式表明 A 相似于 C.

5.5　复特征值

$n\times n$ 矩阵的特征方程含有 n 次多项式，如果考虑复根，方程恰好有 n 个根（重根重复计算）. 本节将看到假如实矩阵 A 的特征方程有复根，那么这些复根将给我们提供有关 A 的关键信息. 关键的问题是让 A 作用于 n 元组复数的 n 维复空间 $\mathbb{C}^n$.㊀

我们对 $\mathbb{C}^n$ 感兴趣并不是为了把前几章的结果推广，尽管这可以开辟线性代数应用的新领域㊁. 然而，对复特征值的研究能使我们揭示各种实际生活问题中出现的某些实矩阵中“隐藏”的信息. 这些问题包括很多蕴涵周期运动的实动力系统、振动或空间的某种旋转.

建立在 $\mathbb{R}^n$ 基础上的矩阵特征值-特征向量理论同样可以很好地应用到 $\mathbb{C}^n$. 因此，一个复数 λ 满足 $\det(A-\lambda I)=0$ 当且仅当在 $\mathbb{C}^n$ 中存在一个非零向量 x，使得 $Ax=\lambda x$. 我们称这样的 λ 是**（复）特征值**，x 是对应于 λ 的**（复）特征向量**.

例 1　假设 $A=\begin{bmatrix}0 & -1\\ 1 & 0\end{bmatrix}$，那么 $\mathbb{R}^2$ 上的线性变换 $x\mapsto Ax$ 将平面逆时针旋转 1/4 圈. A 的作用是周期性的，因为在旋转 4 次 1/4 圈后，向量又回到了它的初始位置，很明显没有非零向量被映射成自身的数倍，所以 A 在 $\mathbb{R}^2$ 中没有特征向量，因此也没有实的特征值. 实际上，A 的特征方程是

$$\lambda^2+1=0$$

㊀ 参考附录 B 中对复数的简短讨论，有关实向量空间的矩阵代数和概念同样适用于复元素和复数的情形. 特别地，对于有复元素的 $m\times n$ 矩阵 A，$x,y\in\mathbb{C}^n$ 及 $c,d\in\mathbb{C}$，有 $A(cx+dy)=cAx+dAy$.

㊁ 线性代数的高级课程通常讨论这些主题，它们在电子工程中非常重要.

只有复根 $\lambda=\mathrm{i}$ 和 $\lambda=-\mathrm{i}$．但是，如果我们让 $\boldsymbol{A}$ 作用在 $\mathbb{C}^2$ 上，那么

$$\begin{bmatrix}0 & -1\\1 & 0\end{bmatrix}\begin{bmatrix}1\\-\mathrm{i}\end{bmatrix}=\begin{bmatrix}\mathrm{i}\\1\end{bmatrix}=\mathrm{i}\begin{bmatrix}1\\-\mathrm{i}\end{bmatrix}$$

$$\begin{bmatrix}0 & -1\\1 & 0\end{bmatrix}\begin{bmatrix}1\\\mathrm{i}\end{bmatrix}=\begin{bmatrix}-\mathrm{i}\\1\end{bmatrix}=-\mathrm{i}\begin{bmatrix}1\\\mathrm{i}\end{bmatrix}$$

因此 i 和 $-\mathrm{i}$ 是特征值，$\begin{bmatrix}1\\-\mathrm{i}\end{bmatrix}$ 和 $\begin{bmatrix}1\\\mathrm{i}\end{bmatrix}$ 是对应的特征向量（在例 2 中讨论求复特征向量的方法）．■

下一个例子中的矩阵是本节的主要焦点所在．

例 2 设 $\boldsymbol{A}=\begin{bmatrix}0.5 & -0.6\\0.75 & 1.1\end{bmatrix}$，求 $\boldsymbol{A}$ 的特征值及每个特征空间的基．

解 $\boldsymbol{A}$ 的特征方程是

$$0=\det\begin{bmatrix}0.5-\lambda & -0.6\\0.75 & 1.1-\lambda\end{bmatrix}=(0.5-\lambda)(1.1-\lambda)-(-0.6)(0.75)=\lambda^2-1.6\lambda+1$$

根据求根公式，得 $\lambda=\frac{1}{2}\left[1.6\pm\sqrt{(-1.6)^2-4}\right]=0.8\pm0.6\mathrm{i}$．对特征值 $\lambda=0.8-0.6\mathrm{i}$，构造

$$\begin{aligned}\boldsymbol{A}-(0.8-0.6\mathrm{i})\boldsymbol{I}&=\begin{bmatrix}0.5 & -0.6\\0.75 & 1.1\end{bmatrix}-\begin{bmatrix}0.8-0.6\mathrm{i} & 0\\0 & 0.8-0.6\mathrm{i}\end{bmatrix}\\&=\begin{bmatrix}-0.3+0.6\mathrm{i} & -0.6\\0.75 & 0.3+0.6\mathrm{i}\end{bmatrix}\end{aligned}\tag{1}$$

由于有复数运算，手工对增广矩阵做行化简是相当慢的．不过，细心观察就能找到简化问题的方法：因为 $0.8-0.6\mathrm{i}$ 是特征值，所以方程组

$$\begin{aligned}(-0.3+0.6\mathrm{i})x_1-\quad\quad 0.6x_2&=0\\0.75x_1+(0.3+0.6\mathrm{i})x_2&=0\end{aligned}\tag{2}$$

有非零解（这里的 x_1 和 x_2 可能是复数），因此，（2）式中的 2 个方程确定的 x_1 与 x_2 之间的关系是同一关系，这样就可以通过其中的一个方程将某个变量用另一个来表示．[㊀]

由（2）式的第 2 个方程得

$$\begin{aligned}0.75x_1&=(-0.3-0.6\mathrm{i})x_2\\x_1&=(-0.4-0.8\mathrm{i})x_2\end{aligned}$$

为去掉小数，取 $x_2=5$，有 $x_1=-2-4\mathrm{i}$．对应于 $\lambda=0.8-0.6\mathrm{i}$ 的特征空间的基是

$$\boldsymbol{v}_1=\begin{bmatrix}-2-4\mathrm{i}\\5\end{bmatrix}$$

对 $\lambda=0.8+0.6\mathrm{i}$ 做同样的计算，可求出特征向量

$$\boldsymbol{v}_2=\begin{bmatrix}-2+4\mathrm{i}\\5\end{bmatrix}$$

㊀ 另一种理解是（1）中的矩阵是不可逆的，因此，它的行向量线性相关（类似 $\mathbb{C}^2$ 中的向量），故其中的一行是另一行的（复）数倍．

为验证结果是否正确，可以计算

$$\boldsymbol{A}\boldsymbol{v}_2=\begin{bmatrix}0.5 & -0.6\\0.75 & 1.1\end{bmatrix}\begin{bmatrix}-2+4\mathrm{i}\\5\end{bmatrix}=\begin{bmatrix}-4+2\mathrm{i}\\4+3\mathrm{i}\end{bmatrix}=(0.8+0.6\mathrm{i})\boldsymbol{v}_2$$ ■

例 2 的矩阵 $\boldsymbol{A}$ 确定的变换 $\boldsymbol{x}\mapsto\boldsymbol{A}\boldsymbol{x}$ 实质上是一个旋转变换，当画出一些适当的点后，这一事实会变得更明显.

例 3　与例 2 中的矩阵 $\boldsymbol{A}$ 相乘会影响点，通过以下方法可以看到这种影响. 先画出一个随机的初始点（如 $\boldsymbol{x}_0=(2,0)$），然后画出重复乘 $\boldsymbol{A}$ 后该点的后续图像， 即画出

$$\boldsymbol{x}_1=\boldsymbol{A}\boldsymbol{x}_0=\begin{bmatrix}0.5 & -0.6\\0.75 & 1.1\end{bmatrix}\begin{bmatrix}2\\0\end{bmatrix}=\begin{bmatrix}1.0\\1.5\end{bmatrix}$$

$$\boldsymbol{x}_2=\boldsymbol{A}\boldsymbol{x}_1=\begin{bmatrix}0.5 & -0.6\\0.75 & 1.1\end{bmatrix}\begin{bmatrix}1.0\\1.5\end{bmatrix}=\begin{bmatrix}-0.4\\2.4\end{bmatrix}$$

$$\boldsymbol{x}_3=\boldsymbol{A}\boldsymbol{x}_2$$

$$\cdots$$

在图 5-9 中，用粗点表示 $\boldsymbol{x}_0,\boldsymbol{x}_1,\cdots,\boldsymbol{x}_8$，用细点表示 $\boldsymbol{x}_9,\boldsymbol{x}_{10},\cdots,\boldsymbol{x}_{100}$，序列分布在椭圆形的轨道上.

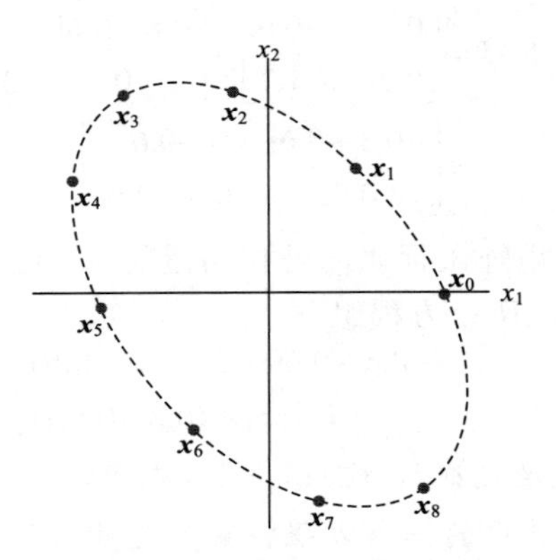

图 5-9　点 $\boldsymbol{x}_0$ 在有复特征值的矩阵的作用下的迭代 ■

当然，图 5-9 没有解释为什么会发生旋转，旋转的秘密隐藏在复特征向量的实部和虚部.

向量的实部和虚部

$\mathbb{C}^n$ 中复向量 $\boldsymbol{x}$ 的共轭向量 $\bar{\boldsymbol{x}}$ 也是 $\mathbb{C}^n$ 中的向量，它的分量是 $\boldsymbol{x}$ 中对应分量的共轭复数，向量 $\mathrm{Re}\,\boldsymbol{x}$ 和 $\mathrm{Im}\,\boldsymbol{x}$ 称为复向量 $\boldsymbol{x}$ 的**实部**和**虚部**，分别由 $\boldsymbol{x}$ 的分量的实部和虚部组成.因此，

$$\boldsymbol{x}=\mathrm{Re}\,\boldsymbol{x}+\mathrm{i}\,\mathrm{Im}\,\boldsymbol{x} \tag{3}$$

例 4　假如 $\boldsymbol{x}=\begin{bmatrix}3-\mathrm{i}\\\mathrm{i}\\2+5\mathrm{i}\end{bmatrix}=\begin{bmatrix}3\\0\\2\end{bmatrix}+\mathrm{i}\begin{bmatrix}-1\\1\\5\end{bmatrix}$，那么

$$\operatorname{Re}\boldsymbol{x}=\begin{bmatrix}3\\0\\2\end{bmatrix},\ \operatorname{Im}\boldsymbol{x}=\begin{bmatrix}-1\\1\\5\end{bmatrix},\ \overline{\boldsymbol{x}}=\begin{bmatrix}3\\0\\2\end{bmatrix}-\mathrm{i}\begin{bmatrix}-1\\1\\5\end{bmatrix}=\begin{bmatrix}3+\mathrm{i}\\-\mathrm{i}\\2-5\mathrm{i}\end{bmatrix}$$ ■

假设 $\boldsymbol{B}$ 是可能有复元素的 $m\times n$ 矩阵，那么，以 $\boldsymbol{B}$ 的元素的共轭复数为元素的矩阵记为 $\overline{\boldsymbol{B}}$. 令 r 为一复数，$\boldsymbol{x}$ 为任一向量.复数的共轭运算性质对复矩阵代数亦成立：

$$\overline{r\boldsymbol{x}}=\overline{r}\,\overline{\boldsymbol{x}},\ \overline{B\boldsymbol{x}}=\overline{B}\,\overline{\boldsymbol{x}},\ \overline{BC}=\overline{B}\,\overline{C},\ \overline{rB}=\overline{r}\,\overline{B}$$

作用于 $\mathbb{C}^n$ 上的实矩阵的特征值和特征向量

设 $\boldsymbol{A}$ 为 $n\times n$ 的实矩阵，那么 $\overline{\boldsymbol{Ax}}=\overline{\boldsymbol{A}}\,\overline{\boldsymbol{x}}=\boldsymbol{A}\overline{\boldsymbol{x}}$，假如 λ 是 $\boldsymbol{A}$ 的特征值，$\boldsymbol{x}$ 是对应于 λ 的特征向量，那么

$$\boldsymbol{A}\overline{\boldsymbol{x}}=\overline{\boldsymbol{Ax}}=\overline{\lambda\boldsymbol{x}}=\overline{\lambda}\,\overline{\boldsymbol{x}}$$

故 $\overline{\lambda}$ 同样是 $\boldsymbol{A}$ 的特征值，而 $\overline{\boldsymbol{x}}$ 是对应的特征向量. 这表明，当 $\boldsymbol{A}$ 是实矩阵时，它的复特征值以共轭复数对出现（在这里或别的地方，我们用术语复特征值来表示形如 $\lambda=a+b\mathrm{i}\,(b\neq 0)$ 的特征值）.

例 5 例 2 的实矩阵的特征值是共轭复数对 $0.8-0.6\mathrm{i}$ 和 $0.8+0.6\mathrm{i}$. 对应的特征向量同样是共轭复向量：

$$\boldsymbol{v}_1=\begin{bmatrix}-2-4\mathrm{i}\\5\end{bmatrix}\text{和 }\boldsymbol{v}_2=\begin{bmatrix}-2+4\mathrm{i}\\5\end{bmatrix}=\overline{\boldsymbol{v}}_1$$ ■

例 6 为计算有复特征值的 2×2 实矩阵提供了基本模式.

例 6 设 $\boldsymbol{C}=\begin{bmatrix}a & -b\\ b & a\end{bmatrix}$，其中 a,b 为实数且不都等于零. 那么 $\boldsymbol{C}$ 的特征值是 $\lambda=a\pm b\mathrm{i}$.（见本节末尾的练习题.）同样，假如 $r=|\lambda|=\sqrt{a^2+b^2}$，那么

$$\boldsymbol{C}=r\begin{bmatrix}a/r & -b/r\\ b/r & a/r\end{bmatrix}=\begin{bmatrix}r & 0\\ 0 & r\end{bmatrix}\begin{bmatrix}\cos\varphi & -\sin\varphi\\ \sin\varphi & \cos\varphi\end{bmatrix}$$

这里的 φ 是正 x 轴与 $(0,0)$ 到 (a,b) 射线的夹角. 参看图 5-10 和附录 B，角 φ 称为 $\lambda=a\pm b\mathrm{i}$ 的辐角. 因此变换 $\boldsymbol{x}\mapsto\boldsymbol{Cx}$ 可看作由旋转 φ 角度和倍乘 $|\lambda|$ 变换复合而成（见图 5-11）.

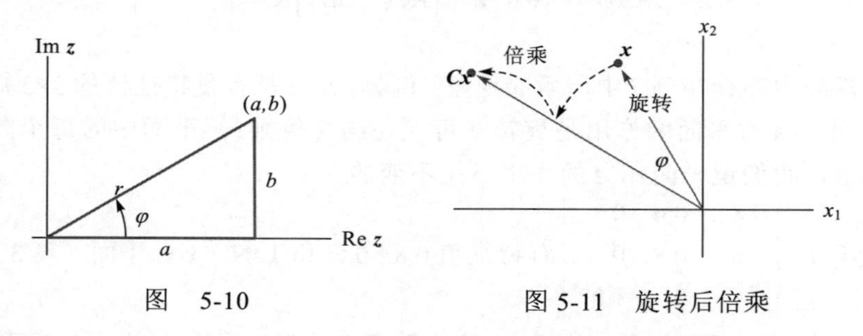

图 5-10　　图 5-11 旋转后倍乘 ■

最后，我们准备讨论有复特征值的实矩阵中隐含的旋转.

例 7　与例 2 一样，$A=\begin{bmatrix}0.5 & -0.6\\ 0.75 & 1.1\end{bmatrix}$，$\lambda=0.8-0.6\mathrm{i}$，$v_1=\begin{bmatrix}-2-4\mathrm{i}\\ 5\end{bmatrix}$. 同时，设 P 是 2×2 实矩阵，

$$P=[\mathrm{Re}\,v_1 \quad \mathrm{Im}\,v_1]=\begin{bmatrix}-2 & -4\\ 5 & 0\end{bmatrix}$$

并令

$$C=P^{-1}AP=\frac{1}{20}\begin{bmatrix}0 & 4\\ -5 & -2\end{bmatrix}\begin{bmatrix}0.5 & -0.6\\ 0.75 & 1.1\end{bmatrix}\begin{bmatrix}-2 & -4\\ 5 & 0\end{bmatrix}=\begin{bmatrix}0.8 & -0.6\\ 0.6 & 0.8\end{bmatrix}$$

由例 6，因为 $|\lambda|^2=(0.8)^2+(0.6)^2=1$，故 C 仅是旋转变换. 由 $C=P^{-1}AP$，得

$$A=PCP^{-1}=P\begin{bmatrix}0.8 & -0.6\\ 0.6 & 0.8\end{bmatrix}P^{-1}$$

A “含有”旋转！矩阵 P 提供变量代换，如 $x=Pu$. A 的作用相当于将 x 代换为 u，再经过旋转，然后又代换回初始变量，见图 5-12. 旋转产生一个椭圆，如图 5-9 所示，而不是圆，因为由 P 的列确定的坐标系不是长方形的，在两个轴上没有相等的单位长.

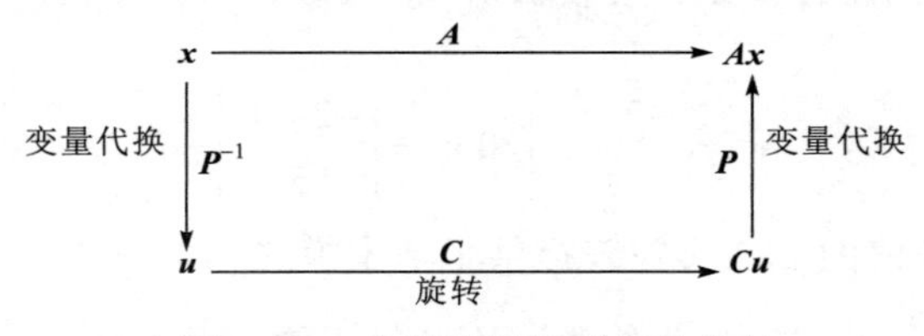

图 5-12　由复特征值引起的旋转　■

下列定理表明例 7 的计算适用于任意有复特征值 λ 的 2×2 实矩阵. 证明利用了如下结论：若 A 是实矩阵，则 $A(\mathrm{Re}\,x)=\mathrm{Re}\,Ax$ 和 $A(\mathrm{Im}\,x)=\mathrm{Im}\,Ax$，若 x 是对应于复特征值的特征向量，则 $\mathrm{Re}\,x$ 和 $\mathrm{Im}\,x$ 是线性无关的.（见习题 29 和 30.）这里省略细节.

定理 9　设 A 是 2×2 实矩阵，有复特征值 $\lambda=a-b\mathrm{i}(b\neq 0)$ 及对应的 $\mathbb{C}^2$ 中的复特征向量 v，那么

$$A=PCP^{-1}，其中\ P=[\mathrm{Re}\,v \quad \mathrm{Im}\,v], C=\begin{bmatrix}a & -b\\ b & a\end{bmatrix}$$

在更高维矩阵中亦存在例 7 中所示的现象. 例如，若 A 是有复特征值的 3×3 矩阵，那么在 $\mathbb{R}^3$ 中存在某个平面，A 对平面的作用是旋转（可能还结合倍乘），平面中的每个向量被旋转到该平面的另一点上，我们说平面在 A 的作用下是**不变**的.

例 8　矩阵 $A=\begin{bmatrix}0.8 & -0.6 & 0\\ 0.6 & 0.8 & 0\\ 0 & 0 & 1.07\end{bmatrix}$ 有特征值 $0.8\pm 0.6\mathrm{i}$ 和 1.07. x_1x_2 平面（第 3 坐标为 0）的任一向量 w_0 被 A 旋转到该平面的另一位置上. 不在该平面的任一向量 x_0 的 x_3 坐标乘 1.07，图 5-13 显示了点 $w_0=(2,0,0)$ 和 $x_0=(2,0,1)$ 乘 A 后的迭代结果.

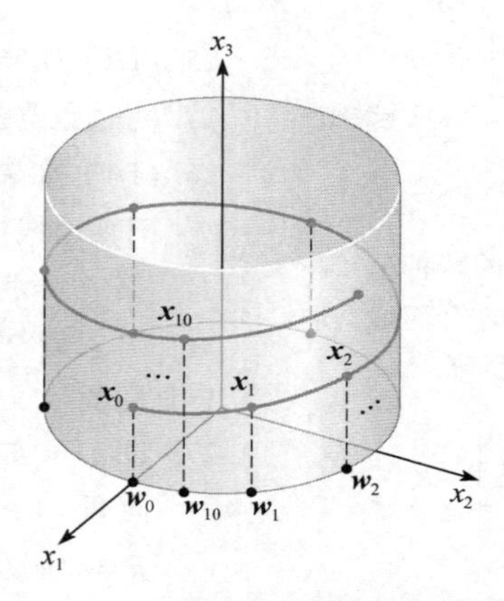

图 5-13　点 $\boldsymbol{w}_0$ 和 $\boldsymbol{x}_0$ 在有复特征值的 3×3 矩阵作用下的迭代 ■

例 9　许多机器人通过关节旋转来工作，就像具有复特征值的矩阵在空间中旋转点一样. 图 5-14 展示了一个使用线性变换的机器人手臂，每个都有一对复特征值. 在本章末尾的课题研究 C 中，需要在网上找到使用旋转作为其功能的关键要素的机器人视频.

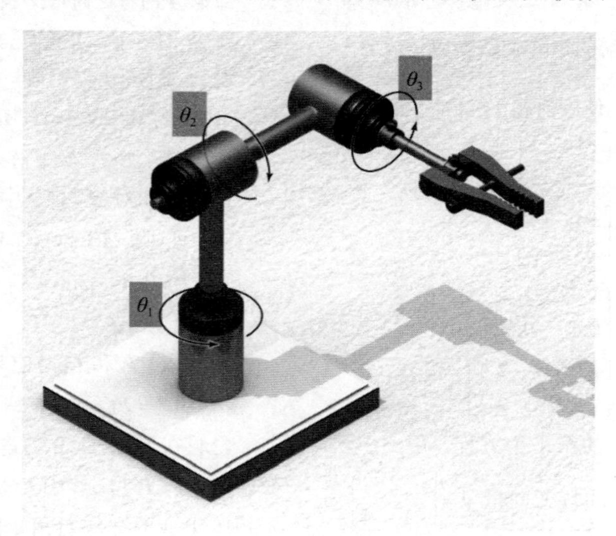

图 5-14

练习题

证明：若 a 和 b 是实数，则 $\boldsymbol{A}=\begin{bmatrix} a & -b \\ b & a \end{bmatrix}$ 的特征值是 $a\pm b\mathrm{i}$，对应的特征向量是 $\begin{bmatrix} 1 \\ -\mathrm{i} \end{bmatrix}$ 和 $\begin{bmatrix} 1 \\ \mathrm{i} \end{bmatrix}$.

习题 5.5

让习题 1~6 的每个矩阵作用于 $\mathbb{C}^2$，求矩阵的特征值及对应于 $\mathbb{C}^2$ 中特征空间的基.

1. $\begin{bmatrix} 1 & -2 \\ 1 & 3 \end{bmatrix}$

2. $\begin{bmatrix} -1 & -1 \\ 5 & -5 \end{bmatrix}$

3. $\begin{bmatrix} 1 & 5 \\ -2 & 3 \end{bmatrix}$　　4. $\begin{bmatrix} -3 & -1 \\ 2 & -5 \end{bmatrix}$

5. $\begin{bmatrix} 0 & 1 \\ -8 & 4 \end{bmatrix}$　　6. $\begin{bmatrix} 4 & 3 \\ -3 & 4 \end{bmatrix}$

在习题7~12中，用例6写出 $\boldsymbol{A}$ 的特征值. 在每题中，变换 $\boldsymbol{x} \mapsto \boldsymbol{A}\boldsymbol{x}$ 由旋转加倍乘复合而成. 求旋转的角度 φ（$-\pi < \varphi \leqslant \pi$）和倍乘因子 r.

7. $\begin{bmatrix} \sqrt{3} & -1 \\ 1 & \sqrt{3} \end{bmatrix}$　　8. $\begin{bmatrix} \sqrt{3} & 3 \\ -3 & \sqrt{3} \end{bmatrix}$

9. $\begin{bmatrix} -\sqrt{3}/2 & 1/2 \\ -1/2 & -\sqrt{3}/2 \end{bmatrix}$　　10. $\begin{bmatrix} 3 & 3 \\ -3 & 3 \end{bmatrix}$

11. $\begin{bmatrix} 0.1 & 0.1 \\ -0.1 & 0.1 \end{bmatrix}$　　12. $\begin{bmatrix} 0 & 4 \\ -4 & 0 \end{bmatrix}$

在习题13~20中，求可逆矩阵 $\boldsymbol{P}$ 和形如 $\begin{bmatrix} a & -b \\ b & a \end{bmatrix}$ 的矩阵 $\boldsymbol{C}$，把所给的矩阵表示为 $\boldsymbol{A} = \boldsymbol{P}\boldsymbol{C}\boldsymbol{P}^{-1}$ 的形式. 对于习题13~16，使用习题1～4中的信息.

13. $\begin{bmatrix} 1 & -2 \\ 1 & 3 \end{bmatrix}$　　14. $\begin{bmatrix} -1 & -1 \\ 5 & -5 \end{bmatrix}$

15. $\begin{bmatrix} 1 & 5 \\ -2 & 3 \end{bmatrix}$　　16. $\begin{bmatrix} -3 & -1 \\ 2 & -5 \end{bmatrix}$

17. $\begin{bmatrix} -1 & -0.8 \\ 4 & -2.2 \end{bmatrix}$　　18. $\begin{bmatrix} 1 & -1 \\ 0.4 & 0.6 \end{bmatrix}$

19. $\begin{bmatrix} 1.52 & -0.7 \\ 0.56 & 0.4 \end{bmatrix}$　　20. $\begin{bmatrix} -1.64 & -2.4 \\ 1.92 & 2.2 \end{bmatrix}$

21. 在例2中，解（2）中的第1个方程，用 x_1 表示 x_2，并由此求得 $\boldsymbol{A}$ 的特征向量 $\boldsymbol{y} = \begin{bmatrix} 2 \\ -1+2\mathrm{i} \end{bmatrix}$. 证明 $\boldsymbol{y}$ 是例2中 $\boldsymbol{v}_1$ 的（复）数倍.

22. 设 $\boldsymbol{A}$ 是 $n \times n$ 的复（或实）矩阵，$\boldsymbol{x}$ 是复特征值 λ 对应于 $\mathbb{C}^n$ 中的复特征向量. 证明：对任意非零的复数 μ，向量 $\mu\boldsymbol{x}$ 是 $\boldsymbol{A}$ 的特征向量.

在习题23~26中，$\boldsymbol{A}$ 是一个 2×2 的实矩阵，$\boldsymbol{x}$ 是 $\mathbb{R}^2$ 中的一个向量. 请判断每个命题的真假(T/F). 请说明理由.

23. (T/F) 矩阵 $\boldsymbol{A}$ 有一个实特征值和一个复特征值.

24. (T/F) 点 $\boldsymbol{A}\boldsymbol{x}$，$\boldsymbol{A}^2\boldsymbol{x}$，$\boldsymbol{A}^3\boldsymbol{x}, \cdots$ 总是位于同一个圆上.

25. (T/F) 矩阵 $\boldsymbol{A}$ 总是有两个特征值，但有时它们有代数重数2或都为复数.

26. (T/F) 如果矩阵 $\boldsymbol{A}$ 有两个复特征值，那么它也有两个线性独立的实特征向量.

第7章将把重点放在具有性质 $\boldsymbol{A}^{\mathrm{T}} = \boldsymbol{A}$ 的矩阵 $\boldsymbol{A}$ 上，习题27和28证明了这种矩阵的特征值必定是实数.

27. 设 $n \times n$ 实矩阵 $\boldsymbol{A}$ 有性质 $\boldsymbol{A}^{\mathrm{T}} = \boldsymbol{A}, \boldsymbol{x}$ 是 $\mathbb{C}^n$ 中的向量，令 $q = \overline{\boldsymbol{x}}^{\mathrm{T}}\boldsymbol{A}\boldsymbol{x}$. 下面的等式通过验证 $\overline{q} = q$ 证明了 q 是实数. 给出每一步的理由.

$$\overline{q} = \overline{\overline{\boldsymbol{x}}^{\mathrm{T}}\boldsymbol{A}\boldsymbol{x}} \underset{(a)}{=} \boldsymbol{x}^{\mathrm{T}}\overline{\boldsymbol{A}\boldsymbol{x}} \underset{(b)}{=} \boldsymbol{x}^{\mathrm{T}}\boldsymbol{A}\overline{\boldsymbol{x}} \underset{(c)}{=} (\boldsymbol{x}^{\mathrm{T}}\boldsymbol{A}\overline{\boldsymbol{x}})^{\mathrm{T}} \underset{(d)}{=} \overline{\boldsymbol{x}}^{\mathrm{T}}\boldsymbol{A}^{\mathrm{T}}\boldsymbol{x} \underset{(e)}{=} q$$

28. 设 $n \times n$ 实矩阵 $\boldsymbol{A}$ 有性质 $\boldsymbol{A}^{\mathrm{T}} = \boldsymbol{A}$. 证明，若对非零向量 $\boldsymbol{x} \in \mathbb{C}^n$ 有 $\boldsymbol{A}\boldsymbol{x} = \lambda\boldsymbol{x}$，则 λ 是实数，而 $\boldsymbol{x}$ 的实部是 $\boldsymbol{A}$ 的特征向量.（提示：计算 $\overline{\boldsymbol{x}}^{\mathrm{T}}\boldsymbol{A}\boldsymbol{x}$ 且利用习题27的结果，并检查 $\boldsymbol{A}\boldsymbol{x}$ 的实部和虚部.）

29. 设 $\boldsymbol{A}$ 是 $n \times n$ 实矩阵，$\boldsymbol{x} \in \mathbb{C}^n$，证明 $\mathrm{Re}(\boldsymbol{A}\boldsymbol{x}) = \boldsymbol{A}(\mathrm{Re}\,\boldsymbol{x})$ 和 $\mathrm{Im}(\boldsymbol{A}\boldsymbol{x}) = \boldsymbol{A}(\mathrm{Im}\,\boldsymbol{x})$.

30. 设 $\boldsymbol{A}$ 是 2×2 实矩阵，有复特征值 $\lambda = a - b\mathrm{i}$ $(b \neq 0)$ 和对应的 $\mathbb{C}^2$ 中的复特征向量 $\boldsymbol{v}$.
   a. 证明 $\boldsymbol{A}(\mathrm{Re}\,\boldsymbol{v}) = a\,\mathrm{Re}\,\boldsymbol{v} + b\,\mathrm{Im}\,\boldsymbol{v}$ 和 $\boldsymbol{A}(\mathrm{Im}\,\boldsymbol{v}) = -b\,\mathrm{Re}\,\boldsymbol{v} + a\,\mathrm{Im}\,\boldsymbol{v}$.（提示：记 $v = \mathrm{Re}\,\boldsymbol{v} + \mathrm{i}\,\mathrm{Im}\,\boldsymbol{v}$，计算 $\boldsymbol{A}\boldsymbol{v}$.）
   b. 假设 $\boldsymbol{P}$ 和 $\boldsymbol{C}$ 是定理9给出的矩阵，证明 $\boldsymbol{A}\boldsymbol{P} = \boldsymbol{P}\boldsymbol{C}$.

[M]在习题31和习题32中，求所给矩阵 $\boldsymbol{A}$ 的分解 $\boldsymbol{A} = \boldsymbol{P}\boldsymbol{C}\boldsymbol{P}^{-1}$，其中 $\boldsymbol{C}$ 是由形如例6矩阵的 2×2 子矩阵组成的分块对角矩阵.（对每一对共轭复特征值，利用属于 $\mathbb{C}^4$ 的特征向量的实部和虚部来产生 $\boldsymbol{P}$ 的两列.）

31. $\boldsymbol{A} = \begin{bmatrix} 0.7 & 1.1 & 2.0 & 1.7 \\ -2.0 & -4.0 & -8.6 & -7.4 \\ 0 & -0.5 & -1.0 & -1.0 \\ 1.0 & 2.8 & 6.0 & 5.3 \end{bmatrix}$

32. $\boldsymbol{A} = \begin{bmatrix} -1.4 & -2.0 & -2.0 & -2.0 \\ -1.3 & -0.8 & -0.1 & -0.6 \\ 0.3 & -1.9 & -1.6 & -1.4 \\ 2.0 & 3.3 & 2.3 & 2.6 \end{bmatrix}$

练习题答案

记住，要验证向量是否为特征向量是很容易的，并不需要检验特征方程. 计算

$$\boldsymbol{A}\boldsymbol{x}=\begin{bmatrix}a & -b\\ b & a\end{bmatrix}\begin{bmatrix}1\\ -\mathrm{i}\end{bmatrix}=\begin{bmatrix}a+b\mathrm{i}\\ b-a\mathrm{i}\end{bmatrix}=(a+b\mathrm{i})\begin{bmatrix}1\\ -\mathrm{i}\end{bmatrix}$$

因此，$\begin{bmatrix}1\\ -\mathrm{i}\end{bmatrix}$是对应于 $\lambda=a+b\mathrm{i}$ 的特征向量，从本节讨论的内容知道，$\begin{bmatrix}1\\ \mathrm{i}\end{bmatrix}$一定是对应于 $\bar{\lambda}=a-b\mathrm{i}$ 的特征向量.

5.6 离散动力系统

特征值和特征向量提供了理解由差分方程 $\boldsymbol{x}_{k+1}=\boldsymbol{A}\boldsymbol{x}_k$ 描述的动力系统的长期行为或演化的关键信息. 这种方程可用来建立人口动态变化的数学模型，如 1.10 节的人口变化模型、5.9 节的各种马尔可夫链及本章介绍性例子中的斑点猫头鹰群体数学模型. 向量 $\boldsymbol{x}_k$ 给出系统随时间推移（记为 k，k 为非负整数）的相关信息. 例如，在斑点猫头鹰例子里，$\boldsymbol{x}_k$ 表示在时间 k 三个年龄段的猫头鹰的数目.

由于生态问题要比物理或工程上的问题容易描述和解释，因此本节的应用焦点放在生态问题上.但很多的科学领域存在动力系统. 例如控制系统的标准大学课程对动力系统的某些方面进行了讨论.这些课程中的现代状态空间设计方法主要依赖于矩阵代数.[㊀] 控制系统中的稳态响应在工程上等价于我们在这里所说的动力系统 $\boldsymbol{x}_{k+1}=\boldsymbol{A}\boldsymbol{x}_k$ 的“长期行为”.

一直到例 6，我们都假设 $\boldsymbol{A}$ 可对角化，有 n 个线性无关的特征向量 $\boldsymbol{v}_1,\boldsymbol{v}_2,\cdots,\boldsymbol{v}_n$ 和对应的特征值 $\lambda_1,\lambda_2,\cdots,\lambda_n$. 为方便起见，假设特征向量已按 $|\lambda_1|\geqslant|\lambda_2|\geqslant\cdots\geqslant|\lambda_n|$ 的顺序排列好. 因为 $\{\boldsymbol{v}_1,\boldsymbol{v}_2,\cdots,\boldsymbol{v}_n\}$ 是 $\mathbb{R}^n$ 的基，故任一初始向量 $\boldsymbol{x}_0$ 可以唯一地表示为

$$\boldsymbol{x}_0=c_1\boldsymbol{v}_1+c_2\boldsymbol{v}_2+\cdots+c_n\boldsymbol{v}_n \tag{1}$$

$\boldsymbol{x}_0$ 的这种特征向量分解确定了序列 $\{\boldsymbol{x}_k\}$ 所发生的情况. 下一步的计算将 5.2 节例 5 的简单情况一般化. 因为 $\boldsymbol{v}_i$ 是特征向量，所以

$$\begin{aligned}\boldsymbol{x}_1=\boldsymbol{A}\boldsymbol{x}_0&=c_1\boldsymbol{A}\boldsymbol{v}_1+c_2\boldsymbol{A}\boldsymbol{v}_2+\cdots+c_n\boldsymbol{A}\boldsymbol{v}_n\\&=c_1\lambda_1\boldsymbol{v}_1+c_2\lambda_2\boldsymbol{v}_2+\cdots+c_n\lambda_n\boldsymbol{v}_n\end{aligned}$$

并且

$$\begin{aligned}\boldsymbol{x}_2=\boldsymbol{A}\boldsymbol{x}_1&=c_1\lambda_1\boldsymbol{A}\boldsymbol{v}_1+c_2\lambda_2\boldsymbol{A}\boldsymbol{v}_2+\cdots+c_n\lambda_n\boldsymbol{A}\boldsymbol{v}_n\\&=c_1(\lambda_1)^2\boldsymbol{v}_1+c_2(\lambda_2)^2\boldsymbol{v}_2+\cdots+c_n(\lambda_n)^2\boldsymbol{v}_n\end{aligned}$$

一般有

$$\boldsymbol{x}_k=c_1(\lambda_1)^k\boldsymbol{v}_1+c_2(\lambda_2)^k\boldsymbol{v}_2+\cdots+c_n(\lambda_n)^k\boldsymbol{v}_n\quad(k=0,1,2,\cdots) \tag{2}$$

下列例子说明当 $k\to\infty$ 时，（2）式会出现什么结果.

捕食者-食饵系统

在加利福尼亚州的红木森林深处，作为老鼠的主要捕食者，斑点猫头鹰的食物有 80%是老

㊀ 参见 G. F. Franklin, J. D. Powell, and A. Emami-Naeimi, *Feedback Control of Dynamic Systems*,5th ed.（Upper Saddle River,NJ: Prentice- Hall, 2006）. 这本大学教材对动力模型作了详细介绍（第 2 章）. 在第 7 章和第 8 章讨论状态空间设计.

鼠. 例1利用线性动力系统来建立猫头鹰和老鼠的自然系统模型.（实事求是地讲，这个模型在某些方面与现实不符，但它能够为环境科学家们研究更复杂的非线性模型提供一个起点.）

例 1　用 $\boldsymbol{x}_k=\begin{bmatrix}O_k\\R_k\end{bmatrix}$ 表示在时间 k（k 的单位是月）猫头鹰和老鼠的数量，O_k 是在研究区域猫头鹰的数量，R_k 是老鼠的数量（单位是千只）. 设

$$\begin{aligned}O_{k+1}&=0.5O_k+0.4R_k\\R_{k+1}&=-p\cdot O_k+1.1R_k\end{aligned}\tag{3}$$

其中 p 是被指定的正参数. 第 1 个方程中的 $0.5O_k$ 表示，如果没有老鼠为食物，每月仅有一半的猫头鹰存活下来，而第 2 个方程的 $1.1R_k$ 表明如果没有猫头鹰捕食老鼠，那么老鼠的数量每月增长 10%. 假如有足够多的老鼠，$0.4R_k$ 表示猫头鹰增长的数量，而负项 $-p\cdot O_k$ 表示由于猫头鹰的捕食所引起的老鼠的死亡数量.（事实上，一只猫头鹰每月平均吃掉 $1000p$ 只老鼠.）当 $p=0.104$ 时，预测该系统的发展趋势.

解　当 $p=0.104$ 时，方程组（3）的系数矩阵 $\boldsymbol{A}=\begin{bmatrix}0.5&0.4\\-p&1.1\end{bmatrix}$ 的特征值是 $\lambda_1=1.02$ 和 $\lambda_2=0.58$. 对应的特征向量是

$$\boldsymbol{v}_1=\begin{bmatrix}10\\13\end{bmatrix},\ \boldsymbol{v}_2=\begin{bmatrix}5\\1\end{bmatrix}$$

初始向量 $\boldsymbol{x}_0$ 可表示为 $\boldsymbol{x}_0=c_1\boldsymbol{v}_1+c_2\boldsymbol{v}_2$，那么对 $k\geqslant 0$，

$$\begin{aligned}\boldsymbol{x}_k&=c_1(1.02)^k\boldsymbol{v}_1+c_2(0.58)^k\boldsymbol{v}_2\\&=c_1(1.02)^k\begin{bmatrix}10\\13\end{bmatrix}+c_2(0.58)^k\begin{bmatrix}5\\1\end{bmatrix}\end{aligned}$$

当 $k\to\infty$ 时，$(0.58)^k$ 很快趋于零. 假设 $c_1>0$，那么对所有足够大的 k，$\boldsymbol{x}_k$ 近似等于 $c_1(1.02)^k\boldsymbol{v}_1$，我们记为

$$\boldsymbol{x}_k\approx c_1(1.02)^k\begin{bmatrix}10\\13\end{bmatrix}\tag{4}$$

随着 k 的增大，式（4）的近似程度会更好，故对足够大的 k，

$$\boldsymbol{x}_{k+1}\approx c_1(1.02)^{k+1}\begin{bmatrix}10\\13\end{bmatrix}=(1.02)c_1(1.02)^k\begin{bmatrix}10\\13\end{bmatrix}\approx 1.02\boldsymbol{x}_k\tag{5}$$

近似式（5）表明最终 $\boldsymbol{x}_k$ 的 2 个分量（猫头鹰的数量和老鼠的数量）每月以大约 1.02 的倍数增长，即月增长率为 2%. 由式（4），$\boldsymbol{x}_k$ 近似于（10,13）的倍数，因此，$\boldsymbol{x}_k$ 的 2 个分量之比率也近似于 10 与 13 的比率，也就是说，对应每 10 只猫头鹰，大致有 13 000 只老鼠. ■

例 1 说明了有关动力系统 $\boldsymbol{x}_{k+1}=\boldsymbol{A}\boldsymbol{x}_k$ 的两个基本事实，若 $\boldsymbol{A}$ 是 $n\times n$ 矩阵，它的特征值满足 $|\lambda_1|\geqslant 1$ 和 $1>|\lambda_j|,\ j=2,3,\cdots,n$，$\boldsymbol{v}_1$ 是 λ_1 对应的特征向量，假如 $\boldsymbol{x}_0$ 由式（1）给出且 $c_1\neq 0$，那么对足够大的 k，

$$\boldsymbol{x}_{k+1}\approx\lambda_1\boldsymbol{x}_k\tag{6}$$

和

$$\boldsymbol{x}_k \approx c_1(\lambda_1)^k \boldsymbol{v}_1 \tag{7}$$

式（6）和式（7）的近似精度可根据需要通过取足够大的 k 来得到. 由式（6），$\boldsymbol{x}_k$ 每时段最终以近似 λ_1 的倍数增长，因此，λ_1 确定了系统的最终增长率. 同样由式（7），对足够大的 k，$\boldsymbol{x}_k$ 的 2 个分量之比近似等于 $\boldsymbol{v}_1$ 对应分量之比. 5.2 节的例 5 是 $\lambda_1 = 1$ 的实例.

解的几何意义

当 $\boldsymbol{A}$ 为 2×2 矩阵时，可以通过系统发展趋势的几何描述来补充解释代数计算. 我们可以把方程 $\boldsymbol{x}_{k+1} = \boldsymbol{A}\boldsymbol{x}_k$ 看作 $\mathbb{R}^2$ 中的初始点 $\boldsymbol{x}_0$ 被映射 $\boldsymbol{x} \mapsto \boldsymbol{A}\boldsymbol{x}$ 重复变换的描述. 由 $\boldsymbol{x}_0, \boldsymbol{x}_1, \boldsymbol{x}_2, \cdots$ 组成的图形称为是动力系统的**轨迹**.

例 2　当 $\boldsymbol{A} = \begin{bmatrix} 0.80 & 0 \\ 0 & 0.64 \end{bmatrix}$ 时，画出动力系统 $\boldsymbol{x}_{k+1} = \boldsymbol{A}\boldsymbol{x}_k$ 的若干条轨迹.

解　$\boldsymbol{A}$ 的特征值是 0.8 和 0.64，对应的特征向量是 $\boldsymbol{v}_1 = \begin{bmatrix} 1 \\ 0 \end{bmatrix}$ 和 $\boldsymbol{v}_2 = \begin{bmatrix} 0 \\ 1 \end{bmatrix}$. 假如 $\boldsymbol{x}_0 = c_1\boldsymbol{v}_1 + c_2\boldsymbol{v}_2$，那么

$$\boldsymbol{x}_k = c_1(0.8)^k \begin{bmatrix} 1 \\ 0 \end{bmatrix} + c_2(0.64)^k \begin{bmatrix} 0 \\ 1 \end{bmatrix}$$

当 $k \to \infty$ 时，$(0.8)^k$ 和 $(0.64)^k$ 都趋于零，当然 $\boldsymbol{x}_k$ 也趋于零. 但 $\boldsymbol{x}_k$ 趋于零的方式是有趣的. 图 5-15 显示了几条轨迹的开头几项，这些轨迹的起点在四个角点的坐标为 $(\pm 3, \pm 3)$ 的矩形的边界上. 为使轨迹容易看清，用细线把轨迹上的点连接起来.

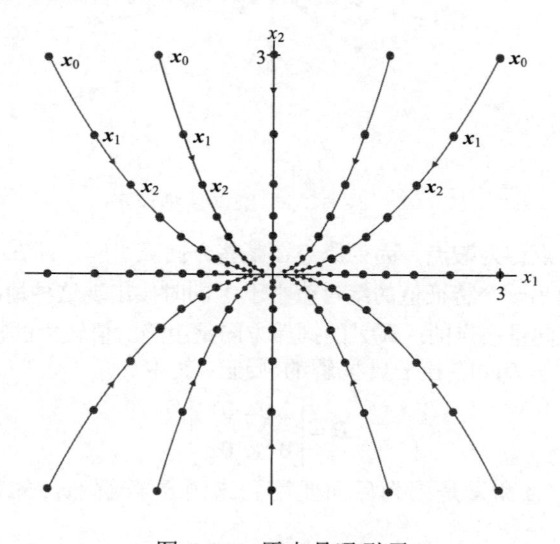

图 5-15　原点是吸引子　■

在例 2 中，因为所有的轨迹都趋于原点，所以原点被称作动力系统的**吸引子**. 当两个特征值的绝对值都小于 1 的时候出现这种情况. 过原点和有最小绝对值的特征值的特征向量 $\boldsymbol{v}_2$ 的直线的方向是最大吸引方向.

在下一个例子中，$\boldsymbol{A}$ 的两个特征值的绝对值都大于 1，此时的原点称为动力系统的**排斥子**. 除了（常数）零解，$\boldsymbol{x}_{k+1}=\boldsymbol{A}\boldsymbol{x}_k$ 的所有解是无界的，离原点而去.[⊖]

例 3　画出方程 $\boldsymbol{x}_{k+1}=\boldsymbol{A}\boldsymbol{x}_k$ 的解的若干条典型轨迹，其中

$$\boldsymbol{A}=\begin{bmatrix}1.44 & 0\\ 0 & 1.2\end{bmatrix}$$

解　$\boldsymbol{A}$ 的特征值是 1.44 和 1.2，若 $\boldsymbol{x}_0=\begin{bmatrix}c_1\\ c_2\end{bmatrix}$，则

$$\boldsymbol{x}_k=c_1(1.44)^k\begin{bmatrix}1\\ 0\end{bmatrix}+c_2(1.2)^k\begin{bmatrix}0\\ 1\end{bmatrix}$$

两项的值随 k 增大而增大，但第 1 项增大得快一些. 因此，过原点和较大特征值的特征向量的直线方向是最大排斥方向. 图 5-16 显示的是起点接近原点的几条轨迹.

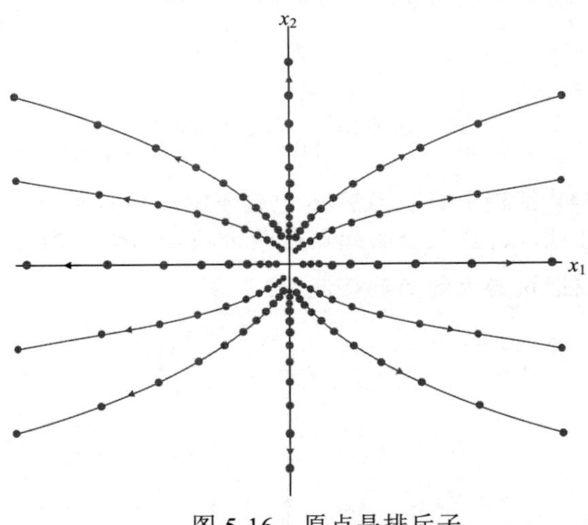

图 5-16　原点是排斥子　■

在下一个例子中，原点称为**鞍点**，因为原点在某些方向吸引解，而在其他方向又排斥解. 当一个特征值的绝对值大于 1 而另一个特征值的绝对值小于 1 的时候出现这种情况. 最大的吸引方向是由绝对值较小的特征值的特征向量决定的. 最大的排斥方向是由绝对值较大的特征值的特征向量决定的.

例 4　画出方程 $\boldsymbol{y}_{k+1}=\boldsymbol{D}\boldsymbol{y}_k$ 的若干典型解的轨迹，其中

$$\boldsymbol{D}=\begin{bmatrix}2.0 & 0\\ 0 & 0.5\end{bmatrix}$$

（我们这里用 $\boldsymbol{D}$ 和 $\boldsymbol{y}$ 代替 $\boldsymbol{A}$ 和 $\boldsymbol{x}$ 是因为后面要用到该例.）若解 $\{\boldsymbol{y}_k\}$ 的初始点不在 x_2 轴上，则解 $\{\boldsymbol{y}_k\}$ 无界.

[⊖] 在线性动力系统中，只有原点才可能是吸引子或排斥子，但在映射 $\boldsymbol{x}_k\mapsto\boldsymbol{x}_{k+1}$ 为非线性的更一般的动力系统中，可能存在多个吸引子和排斥子. 在这样的系统中，吸引子和排斥子用某个特殊矩阵（有变量元素）的特征值来定义，这个矩阵称为系统的雅可比矩阵.

解　$\boldsymbol{D}$ 的特征值是 2 和 0.5. 若 $\boldsymbol{y}_0=\begin{bmatrix}c_1\\c_2\end{bmatrix}$，那么

$$\boldsymbol{y}_k=c_1 2^k\begin{bmatrix}1\\0\end{bmatrix}+c_2(0.5)^k\begin{bmatrix}0\\1\end{bmatrix} \tag{8}$$

假如 $\boldsymbol{y}_0$ 在 x_2 轴上，那么 $c_1=0$，因此当 $k\to\infty$ 时，$\boldsymbol{y}_k\to\boldsymbol{0}$. 但当 $\boldsymbol{y}_0$ 不在 x_2 轴上时，计算 $\boldsymbol{y}_k$ 的和式中的第 1 项变得任意大，因此 $\{\boldsymbol{y}_k\}$ 是无界的. 图 5-17 显示起点靠近或在 x_2 轴上的 10 条轨迹.

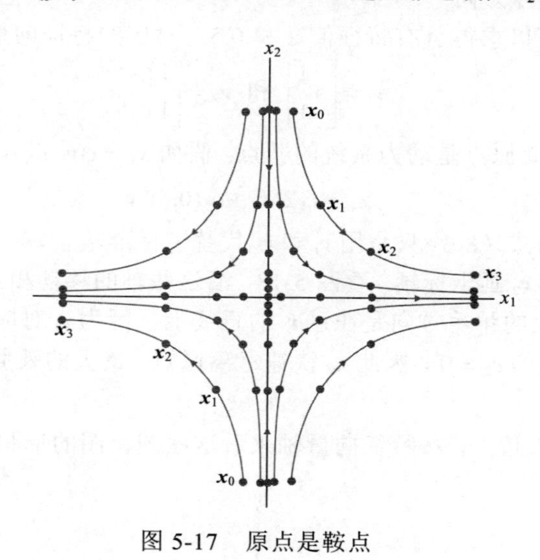

图 5-17　原点是鞍点

■

变量代换

前面 3 个例子讨论的矩阵是对角矩阵. 为处理非对角矩阵，我们先暂时回到 $\boldsymbol{A}$ 为 $n\times n$ 矩阵的情形，设 $\boldsymbol{A}$ 的特征向量 $\{\boldsymbol{v}_1,\boldsymbol{v}_2,\cdots,\boldsymbol{v}_n\}$ 是 $\mathbb{R}^n$ 的基. 令 $\boldsymbol{P}=[\boldsymbol{v}_1\ \boldsymbol{v}_2\cdots\boldsymbol{v}_n]$，$\boldsymbol{D}$ 是对角线上元素为对应特征值的对角矩阵. 由于序列 $\{\boldsymbol{x}_k\}$ 满足 $\boldsymbol{x}_{k+1}=\boldsymbol{A}\boldsymbol{x}_k$，通过

$$\boldsymbol{y}_k=\boldsymbol{P}^{-1}\boldsymbol{x}_k \text{ 或 } \boldsymbol{x}_k=\boldsymbol{P}\boldsymbol{y}_k$$

定义一个新的序列 $\{\boldsymbol{y}_k\}$，把这些关系代入方程 $\boldsymbol{x}_{k+1}=\boldsymbol{A}\boldsymbol{x}_k$，并利用 $\boldsymbol{A}=\boldsymbol{P}\boldsymbol{D}\boldsymbol{P}^{-1}$，我们求得

$$\boldsymbol{P}\boldsymbol{y}_{k+1}=\boldsymbol{A}\boldsymbol{P}\boldsymbol{y}_k=(\boldsymbol{P}\boldsymbol{D}\boldsymbol{P}^{-1})\boldsymbol{P}\boldsymbol{y}_k=\boldsymbol{P}\boldsymbol{D}\boldsymbol{y}_k$$

两边乘 $\boldsymbol{P}^{-1}$，得

$$\boldsymbol{y}_{k+1}=\boldsymbol{D}\boldsymbol{y}_k$$

假如我们记 $\boldsymbol{y}_k$ 为 $\boldsymbol{y}(k)$，用 $y_1(k),y_2(k),\cdots,y_n(k)$ 表示 $\boldsymbol{y}(k)$ 的分量，那么

$$\begin{bmatrix}y_1(k+1)\\y_2(k+1)\\\vdots\\y_n(k+1)\end{bmatrix}=\begin{bmatrix}\lambda_1&0&\cdots&0\\0&\lambda_2&&\vdots\\\vdots&&\ddots&0\\0&\cdots&0&\lambda_n\end{bmatrix}\begin{bmatrix}y_1(k)\\y_2(k)\\\vdots\\y_n(k)\end{bmatrix}$$

从 $\boldsymbol{x}_k$ 到 $\boldsymbol{y}_k$ 的变量代换解耦了差分方程系统. 例如，$y_1(k)$ 的变化不受 $y_2(k),\cdots,y_n(k)$ 的影响，因为对每一个 $k, y_1(k+1)=\lambda_1 y_1(k)$.

等式 $\boldsymbol{x}_k = \boldsymbol{P}\boldsymbol{y}_k$ 表明 $\boldsymbol{y}_k$ 是 $\boldsymbol{x}_k$ 在向量基 $\{\boldsymbol{v}_1, \boldsymbol{v}_2, \cdots, \boldsymbol{v}_n\}$ 下的坐标向量．这样我们就可以通过在新的特征向量坐标系中进行计算来解耦系统 $\boldsymbol{x}_{k+1} = \boldsymbol{A}\boldsymbol{x}_k$．当 $n = 2$ 时，相当于用两个特征向量作为坐标轴．

例 5　证明：原点是方程 $\boldsymbol{x}_{k+1} = \boldsymbol{A}\boldsymbol{x}_k$ 解的鞍点，其中

$$\boldsymbol{A} = \begin{bmatrix} 1.25 & -0.75 \\ -0.75 & 1.25 \end{bmatrix}$$

并求最大的吸引方向和排斥方向．

解　用通常方法，可以求得 $\boldsymbol{A}$ 有特征值 2 和 0.5，对应的特征向量分别是

$$\boldsymbol{v}_1 = \begin{bmatrix} 1 \\ -1 \end{bmatrix} \text{ 和 } \boldsymbol{v}_2 = \begin{bmatrix} 1 \\ 1 \end{bmatrix}$$

由于 $|2| > 1$ 和 $|0.5| < 1$，因此原点是动力系统的鞍点．假如 $\boldsymbol{x}_0 = c_1\boldsymbol{v}_1 + c_2\boldsymbol{v}_2$，那么

$$\boldsymbol{x}_k = c_1 2^k \boldsymbol{v}_1 + c_2 (0.5)^k \boldsymbol{v}_2 \tag{9}$$

这个等式看起来像例 4 的式（8），只是用 $\boldsymbol{v}_1$ 和 $\boldsymbol{v}_2$ 代替了标准基．

在方格纸上，过 $\boldsymbol{v}_1$ 和 $\boldsymbol{v}_2$ 画坐标轴．看图 5-18，沿这些轴的移动相当于图 5-17 的沿标准轴的移动．在图 5-18 中，最大的排斥方向是在过 $\boldsymbol{v}_1$ 的直线上，因为 $\boldsymbol{v}_1$ 对应的特征值大于 1．若 $\boldsymbol{x}_0$ 在这条直线上，则（9）式中的 $c_2 = 0$，因此 $\boldsymbol{x}_k$ 快速远离原点．最大的吸引方向由特征向量 $\boldsymbol{v}_2$ 确定，$\boldsymbol{v}_2$ 对应的特征值小于 1．

图 5-18 显示了一些轨迹．若按特征向量轴来看这些图，图的形状与图 5-17 中的一样．

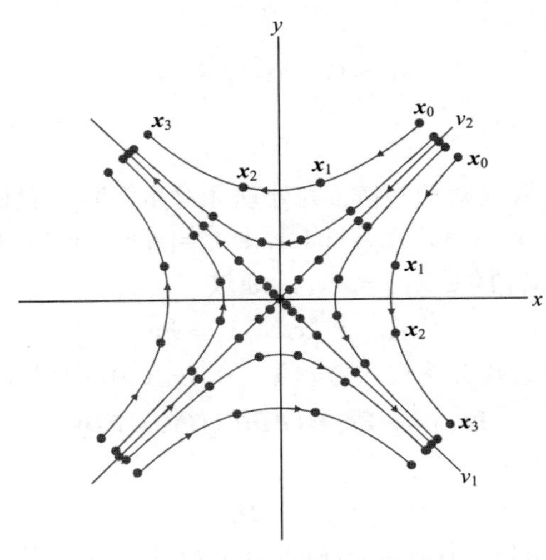

图 5-18　原点是鞍点　■

复特征值

若 $\boldsymbol{A}$ 为有复特征值的 2×2 矩阵，则 $\boldsymbol{A}$ 不可对角化（当 $\boldsymbol{A}$ 作用在 $\mathbb{R}^2$ 时），但动力系统 $\boldsymbol{x}_{k+1} = \boldsymbol{A}\boldsymbol{x}_k$ 还是容易描述的．5.5 节的例 3 给出了这样的例子，此时，特征值的绝对值为 1．点 $\boldsymbol{x}_0$ 的迭代绕原点沿椭圆形轨道作螺旋运动．

假如 $\boldsymbol{A}$ 有两个绝对值都大于 1 的复特征值，那么原点是排斥子，$\boldsymbol{x}_0$ 的迭代绕原点向外作螺

旋线旋转. 假如复特征值的绝对值都小于 1，则原点是吸引子，$\boldsymbol{x}_0$ 的迭代绕原点向内作螺旋线旋转. 见下例.

例 6 可以验证矩阵

$$\boldsymbol{A}=\begin{bmatrix}0.8 & 0.5\\ -0.1 & 1.0\end{bmatrix}$$

有特征值 $0.9\pm0.2\mathrm{i}$，对应的特征向量是 $\begin{bmatrix}1\mp2\mathrm{i}\\ 1\end{bmatrix}$. 图 5-19 显示了初始向量为 $\begin{bmatrix}0\\ 2.5\end{bmatrix}$, $\begin{bmatrix}3\\ 0\end{bmatrix}$ 和 $\begin{bmatrix}0\\ -2.5\end{bmatrix}$ 时动力系统 $\boldsymbol{x}_{k+1}=\boldsymbol{A}\boldsymbol{x}_k$ 的 3 条轨迹.

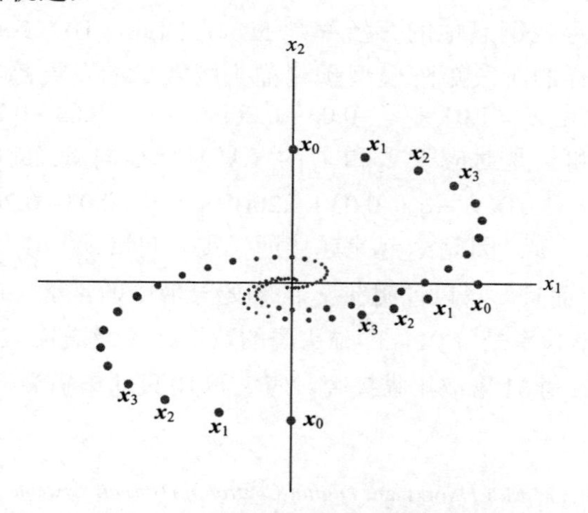

图 5-19 与复特征值相关的旋转 ■

斑点猫头鹰的生存

回顾本章介绍性实例，我们使用动力系统 $\boldsymbol{x}_{k+1}=\boldsymbol{A}\boldsymbol{x}_k$ 为 California Willow Creek 的猫头鹰建立种群模型. 在该模型中，$\boldsymbol{x}_k=(j_k,s_k,a_k)$ 的分量分别表示在时间 k 时幼年、半成年和成年雌性猫头鹰的数量，$\boldsymbol{A}$ 为阶段矩阵

$$\boldsymbol{A}=\begin{bmatrix}0 & 0 & 0.33\\ 0.18 & 0 & 0\\ 0 & 0.71 & 0.94\end{bmatrix} \tag{10}$$

由 MATLAB 算出 $\boldsymbol{A}$ 的特征值大约是 $\lambda_1=0.98, \lambda_2=-0.02+0.21\mathrm{i}$ 和 $\lambda_3=-0.02-0.21\mathrm{i}$. 因为 $|\lambda_2|^2=|\lambda_3|^2=(-0.02)^2+(0.21)^2=0.044\,5$，故三个特征值的绝对值都小于 1.

现在，让 $\boldsymbol{A}$ 作用在复向量空间 $\mathbb{C}^3$. 因为 $\boldsymbol{A}$ 有 3 个相异的特征值，故对应的 3 个特征向量是线性无关的，它们形成 $\mathbb{C}^3$ 的一个基. 记这些特征向量为 $\boldsymbol{v}_1,\boldsymbol{v}_2$ 和 $\boldsymbol{v}_3$. 那么 $\boldsymbol{x}_{k+1}=\boldsymbol{A}\boldsymbol{x}_k$ 的通解（用 $\mathbb{C}^3$ 的向量表示）的形式是

$$\boldsymbol{x}_k=c_1(\lambda_1)^k\boldsymbol{v}_1+c_2(\lambda_2)^k\boldsymbol{v}_2+c_3(\lambda_3)^k\boldsymbol{v}_3 \tag{11}$$

若初始向量 $\boldsymbol{x}_0$ 是实向量，由于 $\boldsymbol{A}$ 是实矩阵，故 $\boldsymbol{x}_1=\boldsymbol{A}\boldsymbol{x}_0$ 也是实向量. 同样，方程 $\boldsymbol{x}_{k+1}=\boldsymbol{A}\boldsymbol{x}_k$ 表明式（11）左边的 $\boldsymbol{x}_k$ 也是实向量，尽管它表示为复向量的和. 但由于所有特征值都小于 1，所以式（11）右边的每一项都趋于零向量. 因此，实序列 $\{\boldsymbol{x}_k\}$ 也趋于零向量. 很不幸，该模型预测

斑点猫头鹰最终会全部灭亡.

猫头鹰还有希望吗？回顾本章介绍性实例，在（10）式的矩阵 $\boldsymbol{A}$ 中的元素 18%源于如下事实：尽管有 60%的幼年猫头鹰能够活下来并离巢去寻找新的栖息地，但在这 60%的幼年猫头鹰中，仅有 30%的猫头鹰能活下来找到新的栖息地. 森林中裸露地域使得寻找栖息地变得更困难和更危险，这严重影响了寻找栖息地过程中的猫头鹰的存活率.

有些猫头鹰种群生活在没有或有很少裸露地域的地方，这使得这些地方有更大百分比的幼年猫头鹰能够找到新的栖息地存活下来. 当然，猫头鹰的问题比我们这里描述的还要复杂，但最后一个例子将会给你一个满意的结果.

例 7　设幼年猫头鹰寻找栖息地的存活率是 50%，因此（10）式中的矩阵 $\boldsymbol{A}$ 的（2,1）元素是 0.3 而不是 0.18，用这样的阶段矩阵模型预测猫头鹰数量的发展趋势.

解　现在 $\boldsymbol{A}$ 的特征值是 $\lambda_1 = 1.01, \lambda_2 = -0.03 + 0.26\mathrm{i}$ 和 $\lambda_3 = -0.03 - 0.26\mathrm{i}$，对应于 λ_1 的特征向量为 $\boldsymbol{v}_1 = (10,3,31)$，并设 $\boldsymbol{v}_2$ 和 $\boldsymbol{v}_3$ 是对应于 λ_2 和 λ_3 的（复）特征向量. 此时，等式（11）变为

$$\boldsymbol{x}_k = c_1(1.01)^k \boldsymbol{v}_1 + c_2(-0.03+0.26\mathrm{i})^k \boldsymbol{v}_2 + c_3(-0.03-0.26\mathrm{i})^k \boldsymbol{v}_3$$

当 $k \to \infty$ 时，向量 $\boldsymbol{v}_2, \boldsymbol{v}_3$ 趋于零，因此 $\boldsymbol{x}_k$ 越来越接近（实）向量 $c_1(1.01)^k \boldsymbol{v}_1$. 例 1 中式（6）和（7）中的近似值在这里仍适用. 而且，可以证明在 $\boldsymbol{x}_0$ 的初始分解中的常量 c_1 在 x_0 的元素非负时是正的，因此，猫头鹰数量的长期增长率是 1.01，即猫头鹰的数量会缓慢增长. 特征向量 $\boldsymbol{v}_1$ 描述了猫头鹰在 3 个年龄段数量的最终分布：每 31 只成年猫头鹰对应大约 10 只幼年猫头鹰和 3 只半成年猫头鹰. ■

进一步阅读

Franklin, G. F., J. D. Powell, and M. L. Workman. *Digital Control of Dynamic Systems*, 3rd ed. Reading, MA: Addison-Wesley, 1998.

Sandefur, James T. *Discrete Dynamical Systems—Theory and Applications*. Oxford: Oxford University Press, 1990.

Tuchinsky, Philip. *Management of a Buffalo Herd*, UMAP Module 207. Lexington, MA: COMAP, 1980.

练习题

1. 下面矩阵 $\boldsymbol{A}$ 的特征值是 1，2/3 和 1/3，对应的特征向量分别为 $\boldsymbol{v}_1, \boldsymbol{v}_2, \boldsymbol{v}_3$：

$$\boldsymbol{A} = \frac{1}{9}\begin{bmatrix} 7 & -2 & 0 \\ -2 & 6 & 2 \\ 0 & 2 & 5 \end{bmatrix}, \boldsymbol{v}_1 = \begin{bmatrix} -2 \\ 2 \\ 1 \end{bmatrix}, \boldsymbol{v}_2 = \begin{bmatrix} 2 \\ 1 \\ 2 \end{bmatrix}, \boldsymbol{v}_3 = \begin{bmatrix} 1 \\ 2 \\ -2 \end{bmatrix}$$

若 $\boldsymbol{x}_0 = \begin{bmatrix} 1 \\ 11 \\ -2 \end{bmatrix}$，求方程 $\boldsymbol{x}_{k+1} = \boldsymbol{A}\boldsymbol{x}_k$ 的通解.

2. 在练习题 1 中，当 $k \to \infty$ 时，序列 $\{\boldsymbol{x}_k\}$ 是什么？

习题 5.6

1. 设 2×2 矩阵 $\boldsymbol{A}$ 的特征值是 3 和 1/3，对应的特征向量为 $\boldsymbol{v}_1 = \begin{bmatrix} 1 \\ 1 \end{bmatrix}$ 和 $\boldsymbol{v}_2 = \begin{bmatrix} -1 \\ 1 \end{bmatrix}$. 令 $\{\boldsymbol{x}_k\}$ 是差分方程 $\boldsymbol{x}_{k+1} = \boldsymbol{A}\boldsymbol{x}_k$ 的解，$\boldsymbol{x}_0 = \begin{bmatrix} 9 \\ 1 \end{bmatrix}$.

   a. 计算 $\boldsymbol{x}_1 = \boldsymbol{A}\boldsymbol{x}_0$.（提示：你不需要知道 $\boldsymbol{A}$ 本身.）

b. 求 $\boldsymbol{x}_k$ 包含 k 和特征向量 $\boldsymbol{v}_1$ 及 $\boldsymbol{v}_2$ 的公式.

2. 假设 3×3 矩阵 $\boldsymbol{A}$ 的特征值是 3，4/5，3/5，对应的特征向量为 $\begin{bmatrix}1\\0\\-3\end{bmatrix},\begin{bmatrix}2\\1\\-5\end{bmatrix},\begin{bmatrix}-3\\-3\\7\end{bmatrix}$. 设 $\boldsymbol{x}_0=\begin{bmatrix}-2\\-5\\3\end{bmatrix}$，对给定的 $\boldsymbol{x}_0$ 求方程 $\boldsymbol{x}_{k+1}=\boldsymbol{A}\boldsymbol{x}_k$ 的解，并描述当 $k\to\infty$ 时有何结果.

在习题 3～6 中，假设任意初始向量 $\boldsymbol{x}_0$ 有一个满足本节式（1）中系数 c_1 为正的特征向量分解.㊀

3. 在例 1 的动力系统中，若方程组（3）的捕食参数 $p=0.2$，预测动力系统的发展趋势（给出 $\boldsymbol{x}_k$ 的公式）. 猫头鹰的数量是增长还是下降呢？老鼠的情况又怎样？

4. 在例 1 的动力系统中，若捕食参数 p=0.125，预测动力系统的发展趋势（给出 $\boldsymbol{x}_k$ 的公式）. 随着时间的推移，猫头鹰和老鼠的数量会发生什么变化？这种系统趋势有时称为不稳定平衡. 如果这个模型的某些方面（如出生率或捕食率）稍微发生改变，这个系统会怎样？

5. 在古老的 Douglas 冷杉森林中，斑点猫头鹰主要以鼯鼠为食. 设这两个种群的捕食者–食饵矩阵 $\boldsymbol{A}=\begin{bmatrix}0.4&0.3\\-p&1.2\end{bmatrix}$，证明：若捕食参数 p 为 0.325，则两个种群的数量都是增长的. 预测长期增长率及猫头鹰与鼯鼠的最终比率.

6. 若习题 5 的捕食参数 p 为 0.5，证明猫头鹰和鼯鼠最终都会灭亡. p 取何值时，两者的数量保持稳定？此时，两者的数量关系是什么？

7. 设 $\boldsymbol{A}$ 具有习题 1 描述的性质.
   a. 原点是动力系统 $\boldsymbol{x}_{k+1}=\boldsymbol{A}\boldsymbol{x}_k$ 的吸引子、排斥子还是鞍点？
   b. 求该动力系统的最大吸引方向或排斥方向.
   c. 作该系统的几何描述，显示最大吸引方向或排斥方向，包括若干典型轨迹的草图（不用计算具体的点）.

8. 若 $\boldsymbol{A}$ 具有习题 2 描述的性质，原点是该动力系统 $\boldsymbol{x}_{k+1}=\boldsymbol{A}\boldsymbol{x}_k$ 的吸引子、排斥子还是鞍点？求最大的吸引方向或排斥方向.

在习题 9~14 中，把原点归类为动力系统 $\boldsymbol{x}_{k+1}=\boldsymbol{A}\boldsymbol{x}_k$ 的吸引子、排斥子或鞍点，并求最大的吸引方向或排斥方向.

9. $\boldsymbol{A}=\begin{bmatrix}1.7&-0.3\\-1.2&0.8\end{bmatrix}$

10. $\boldsymbol{A}=\begin{bmatrix}0.3&0.4\\-0.3&1.1\end{bmatrix}$

11. $\boldsymbol{A}=\begin{bmatrix}0.4&0.5\\-0.4&1.3\end{bmatrix}$

12. $\boldsymbol{A}=\begin{bmatrix}0.5&0.6\\-0.3&1.4\end{bmatrix}$

13. $\boldsymbol{A}=\begin{bmatrix}0.8&0.3\\-0.4&1.5\end{bmatrix}$

14. $\boldsymbol{A}=\begin{bmatrix}1.7&0.6\\-0.4&0.7\end{bmatrix}$

15. 设 $\boldsymbol{A}=\begin{bmatrix}0.4&0&0.2\\0.3&0.8&0.3\\0.3&0.2&0.5\end{bmatrix}$，向量 $\boldsymbol{v}_1=\begin{bmatrix}0.1\\0.6\\0.3\end{bmatrix}$ 是 $\boldsymbol{A}$ 的特征向量，$\boldsymbol{A}$ 的两个特征值是 0.5 和 0.2，求动力系统 $\boldsymbol{x}_{k+1}=\boldsymbol{A}\boldsymbol{x}_k$ 满足 $\boldsymbol{x}_0=(0,0.3,0.7)$ 的解. 当 $k\to\infty$ 时，$\boldsymbol{x}_k$ 会如何？

16. [M]求动力系统 $\boldsymbol{x}_{k+1}=\boldsymbol{A}\boldsymbol{x}_k$ 的通解，其中
$$\boldsymbol{A}=\begin{bmatrix}0.90&0.01&0.09\\0.01&0.90&0.01\\0.09&0.09&0.90\end{bmatrix}.$$

17. 为某动物种类建立阶段矩阵模型. 该动物的生命周期分两个阶段：幼年期（1 岁以前）和成年期. 假设每只成年雌性一年平均生下 1.6 只幼年雌性. 每年有 30%的幼年存活下来进入成年和 80%的成年仍然存活. 对 $k\geqslant 0$，设 $\boldsymbol{x}_k=(j_k,a_k)$，其中 $\boldsymbol{x}_k$ 的分量表示在 k 年幼年和成年的数量.
   a. 构造阶段矩阵 $\boldsymbol{A}$，使得 $k\geqslant 0$ 时，有 $\boldsymbol{x}_{k+1}=\boldsymbol{A}\boldsymbol{x}_k$.
   b. 证明动物的数量是增长的，并计算最终增

㊀ 例 1 中模型的一种极限是总是存在初始向量 $\boldsymbol{x}_0$，其分量为正，使得系数 c_1 为负. 近似式（7）仍然成立，但 $\boldsymbol{x}_k$ 的分量为负.

长率和幼年与成年的最终比率.

c. [M]假设种群最初有15只幼年和10只成年. 画4个图显示在未来8年种群数量的变化情况：（a）幼年数量，（b）成年数量，（c）总数量，（d）幼年与成年的比率（每年）. 什么时候（d）中的比率会达到稳定？写出产生（c）图和（d）图的程序或命令.

18. 可以用类似斑点猫头鹰的阶段矩阵为美国野牛群建立模型. 雌性野牛被分为小牛（1岁以前）、半成年野牛（1~2岁）和成年野牛. 假设每100头成年雌性野牛每年平均生下42头雌性小牛（只有成年雌性野牛能够产崽）. 每年大约有60%的小牛、75%的半成年野牛和95%的成年野牛存活. 对 $k \geqslant 0$，令 $\boldsymbol{x}_k = (c_k, y_k, a_k)$，$\boldsymbol{x}_k$ 的分量表示在 k 年三个年龄段雌性野牛的数量.

a. 构造野牛群的阶段矩阵 $\boldsymbol{A}$，使得对 $k \geqslant 0$，$\boldsymbol{x}_{k+1} = \boldsymbol{A}\boldsymbol{x}_k$.

b. [M]证明野牛群的数量是增长的，预测若干年后的增长率和每100头成年野牛对应的小牛和半成年野牛的数量.

练习题答案

1. 第1步将 $\boldsymbol{x}_0$ 表示为 $\boldsymbol{v}_1, \boldsymbol{v}_2, \boldsymbol{v}_3$ 的线性组合. 把 $[\boldsymbol{v}_1\ \ \boldsymbol{v}_2\ \ \boldsymbol{v}_3\ \ \boldsymbol{x}_0]$ 进行行化简，求出系数 $c_1 = 2, c_2 = 1, c_3 = 3$，因此

$$\boldsymbol{x}_0 = 2\boldsymbol{v}_1 + 1\boldsymbol{v}_2 + 3\boldsymbol{v}_3$$

由于特征值是 $1, \frac{2}{3}$ 和 $\frac{1}{3}$，故通解是

$$\boldsymbol{x}_k = 2\cdot 1^k \boldsymbol{v}_1 + 1\cdot\left(\frac{2}{3}\right)^k \boldsymbol{v}_2 + 3\cdot\left(\frac{1}{3}\right)^k \boldsymbol{v}_3 = 2\begin{bmatrix} -2 \\ 2 \\ 1 \end{bmatrix} + \left(\frac{2}{3}\right)^k \begin{bmatrix} 2 \\ 1 \\ 2 \end{bmatrix} + 3\cdot\left(\frac{1}{3}\right)^k \begin{bmatrix} 1 \\ 2 \\ -2 \end{bmatrix} \tag{12}$$

2. 当 $k \to \infty$ 时，（12）中的第2项和第3项趋于零向量，故

$$\boldsymbol{x}_k = 2\boldsymbol{v}_1 + \left(\frac{2}{3}\right)^k \boldsymbol{v}_2 + 3\left(\frac{1}{3}\right)^k \boldsymbol{v}_3 \to 2\boldsymbol{v}_1 = \begin{bmatrix} -4 \\ 4 \\ 2 \end{bmatrix}$$

5.7 在微分方程中的应用

本节讲述在5.6节研究的差分方程的连续型类推. 在很多应用问题中，有些量随时间连续变化，它们与下面的微分方程组有关：

$$\begin{aligned} x_1' &= a_{11}x_1 + a_{12}x_2 + \cdots + a_{1n}x_n \\ x_2' &= a_{21}x_1 + a_{22}x_2 + \cdots + a_{2n}x_n \\ &\vdots \\ x_n' &= a_{n1}x_1 + a_{n2}x_2 + \cdots + a_{nn}x_n \end{aligned}$$

这里 $x_1, x_2, \cdots, x_n$ 是关于 t 的可导函数，导数分别是 $x_1', x_2', \cdots, x_n'$，a_{ij} 是常数. 该方程组最主要的特征是线性性质. 为了便于理解，我们把方程组写成矩阵微分方程

$$\boldsymbol{x}'(t) = \boldsymbol{A}\boldsymbol{x}(t) \tag{1}$$

其中

$$\boldsymbol{x}(t) = \begin{bmatrix} x_1(t) \\ x_2(t) \\ \vdots \\ x_n(t) \end{bmatrix},\quad \boldsymbol{x}'(t) = \begin{bmatrix} x_1'(t) \\ x_2'(t) \\ \vdots \\ x_n'(t) \end{bmatrix},\quad \boldsymbol{A} = \begin{bmatrix} a_{11}a_{12} & \cdots & a_{1n} \\ a_{21}a_{22} & & \\ \vdots & & \vdots \\ a_{n1}a_{n2} & \cdots & a_{nn} \end{bmatrix}$$

方程（1）的**解**是向量值函数，该函数定义在某实数区间，比如 $t \geqslant 0$，且满足方程（1）.

由于函数求导以及向量与矩阵相乘都是线性变换，故方程（1）是线性的. 因此，若 $\boldsymbol{u}$ 和 $\boldsymbol{v}$ 是 $\boldsymbol{x}'=A\boldsymbol{x}$ 的解，则 $c\boldsymbol{u}+d\boldsymbol{v}$ 同样也是 $\boldsymbol{x}'=A\boldsymbol{x}$ 的解，因为

$$(c\boldsymbol{u}+d\boldsymbol{v})'=c\boldsymbol{u}'+d\boldsymbol{v}'=cA\boldsymbol{u}+dA\boldsymbol{v}=A(c\boldsymbol{u}+d\boldsymbol{v})$$

（工程师们将这个性质称为解的*叠加*.）同样，恒等于零的函数也是方程（1）的（平凡）解. 用第 4 章的术语，方程（1）的所有解的集合是值属于 $\mathbb{R}^n$ 的所有连续函数组成的集合的子空间.

有关微分方程的标准教材证明了方程（1）一定存在**基础解系**. 假如 A 是 $n\times n$ 矩阵，那么在基础解系中存在 n 个线性无关的函数，使得方程（1）的每一个解可以唯一表示为这 n 个函数的线性组合. 即基础解系是方程（1）的所有解的集合的基，且解集是函数的 n 维向量空间. 若给定向量 $\boldsymbol{x}_0$，那么**初值问题**就是构造一个（唯一）函数 $\boldsymbol{x}$，满足 $\boldsymbol{x}'=A\boldsymbol{x}$ 和 $\boldsymbol{x}(0)=\boldsymbol{x}_0$.

当 A 是对角矩阵时，可以用初等微积分求出（1）的解. 例如考虑

$$\begin{bmatrix} x_1'(t) \\ x_2'(t) \end{bmatrix}=\begin{bmatrix} 3 & 0 \\ 0 & -5 \end{bmatrix}\begin{bmatrix} x_1(t) \\ x_2(t) \end{bmatrix} \tag{2}$$

即有

$$\begin{aligned} x_1'(t)&=3x_1(t) \\ x_2'(t)&=-5x_2(t) \end{aligned} \tag{3}$$

因为每个函数的导数仅依赖于函数自身，而不是 $x_1(t)$ 和 $x_2(t)$ 的组合或“结合”，所以称方程组（2）是*解耦的*. 由微积分，（3）式的解是 $x_1(t)=c_1\mathrm{e}^{3t}$ 和 $x_2(t)=c_2\mathrm{e}^{-5t}$，$c_1$ 和 c_2 为任意常数.（2）式的每一个解都可以写成下列形式：

$$\begin{bmatrix} x_1(t) \\ x_2(t) \end{bmatrix}=\begin{bmatrix} c_1\mathrm{e}^{3t} \\ c_2\mathrm{e}^{-5t} \end{bmatrix}=c_1\begin{bmatrix} 1 \\ 0 \end{bmatrix}\mathrm{e}^{3t}+c_2\begin{bmatrix} 0 \\ 1 \end{bmatrix}\mathrm{e}^{-5t}$$

这个例子提示我们，对于一般的方程 $\boldsymbol{x}'=A\boldsymbol{x}$，它的解可能是形如

$$\boldsymbol{x}(t)=\boldsymbol{v}\mathrm{e}^{\lambda t} \tag{4}$$

的函数的线性组合，其中 λ 为数，$\boldsymbol{v}$ 为非零向量.（若 $\boldsymbol{v}=\boldsymbol{0}$，则函数 $\boldsymbol{x}(t)$ 恒为零，且满足 $\boldsymbol{x}'=A\boldsymbol{x}$.）注意到

$\boldsymbol{x}'(t)=\lambda\boldsymbol{v}\mathrm{e}^{\lambda t}$　　对 $\boldsymbol{x}(t)$ 求导，其中 $\boldsymbol{v}$ 是常向量

$A\boldsymbol{x}(t)=A\boldsymbol{v}\mathrm{e}^{\lambda t}$　　式（4）两边同乘 A

因为 $\mathrm{e}^{\lambda t}$ 不可能为零，故 $\boldsymbol{x}'(t)$ 等于 $A\boldsymbol{x}(t)$ 当且仅当 $\lambda\boldsymbol{v}=A\boldsymbol{v}$，即当且仅当 λ 是 A 的特征值，而 $\boldsymbol{v}$ 是对应的特征向量. 因此，每一对特征值-特征向量提供了 $\boldsymbol{x}'=A\boldsymbol{x}$ 的一个解（4），这种解有时被称为微分方程的*特征函数*. 特征函数为求解微分方程提供了方法.

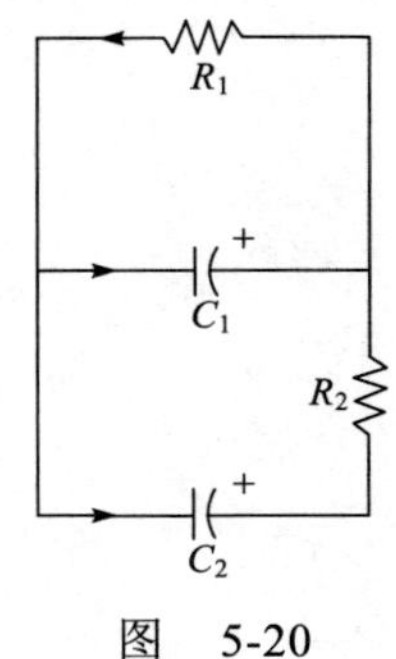

图 5-20

例 1 图 5-20 显示的电路可以用微分方程描述：

$$\begin{bmatrix} x_1'(t) \\ x_2'(t) \end{bmatrix}=\begin{bmatrix} -(1/R_1+1/R_2)/C_1 & 1/(R_2C_1) \\ 1/(R_2C_2) & -1/(R_2C_2) \end{bmatrix}\begin{bmatrix} x_1(t) \\ x_2(t) \end{bmatrix}$$

其中 $x_1(t)$ 和 $x_2(t)$ 是在时间 t 的两个电容器的电压. 设电阻 R_1 为 1 欧姆，R_2 为 2 欧姆，电容器 C_1 为 1 法拉，C_2 为 0.5 法拉，并假设电容器 C_1 的初始电压为 5 伏，C_2 为 4 伏. 求描述电压随时间变化的公式 $x_1(t)$ 和 $x_2(t)$.

解　由给出的数据，令 $\boldsymbol{A}=\begin{bmatrix}-1.5 & 0.5\\ 1 & -1\end{bmatrix}$，$\boldsymbol{x}(t)=\begin{bmatrix}x_1(t)\\ x_2(t)\end{bmatrix}$，$\boldsymbol{x}(0)=\begin{bmatrix}5\\ 4\end{bmatrix}$，我们可以求得 $\boldsymbol{A}$ 的特征值是 $\lambda_1=-0.5$ 和 $\lambda_2=-2$，对应的特征向量是

$$\boldsymbol{v}_1=\begin{bmatrix}1\\ 2\end{bmatrix},\quad \boldsymbol{v}_2=\begin{bmatrix}-1\\ 1\end{bmatrix}$$

特征函数 $\boldsymbol{x}_1(t)=\boldsymbol{v}_1\mathrm{e}^{\lambda_1 t}$ 和 $\boldsymbol{x}_2(t)=\boldsymbol{v}_2\mathrm{e}^{\lambda_2 t}$ 都满足 $\boldsymbol{x}'=\boldsymbol{A}\boldsymbol{x}$，$\boldsymbol{x}_1$ 和 $\boldsymbol{x}_2$ 的任意线性组合亦同样满足 $\boldsymbol{x}'=\boldsymbol{A}\boldsymbol{x}$．令

$$\boldsymbol{x}(t)=c_1\boldsymbol{v}_1\mathrm{e}^{\lambda_1 t}+c_2\boldsymbol{v}_2\mathrm{e}^{\lambda_2 t}=c_1\begin{bmatrix}1\\ 2\end{bmatrix}\mathrm{e}^{-0.5t}+c_2\begin{bmatrix}-1\\ 1\end{bmatrix}\mathrm{e}^{-2t}$$

记 $\boldsymbol{x}(0)=c_1\boldsymbol{v}_1+c_2\boldsymbol{v}_2$，显然 $\boldsymbol{v}_1$ 和 $\boldsymbol{v}_2$ 是线性无关的，故 $\boldsymbol{v}_1$ 和 $\boldsymbol{v}_2$ 可生成 $\mathbb{R}^2$，令 $\boldsymbol{x}(0)=\boldsymbol{x}_0$，可求出 c_1 和 c_2．事实上，由方程

$$c_1\underset{\substack{\uparrow\\ \boldsymbol{v}_1}}{\begin{bmatrix}1\\ 2\end{bmatrix}}+c_2\underset{\substack{\uparrow\\ \boldsymbol{v}_2}}{\begin{bmatrix}-1\\ 1\end{bmatrix}}=\underset{\substack{\uparrow\\ \boldsymbol{x}_0}}{\begin{bmatrix}5\\ 4\end{bmatrix}}$$

容易解出 $c_1=3$ 和 $c_2=-2$，因此，微分方程 $\boldsymbol{x}'=\boldsymbol{A}\boldsymbol{x}$ 的解是

$$\boldsymbol{x}(t)=3\begin{bmatrix}1\\ 2\end{bmatrix}\mathrm{e}^{-0.5t}-2\begin{bmatrix}-1\\ 1\end{bmatrix}\mathrm{e}^{-2t}$$

或

$$\begin{bmatrix}x_1(t)\\ x_2(t)\end{bmatrix}=\begin{bmatrix}3\mathrm{e}^{-0.5t}+2\mathrm{e}^{-2t}\\ 6\mathrm{e}^{-0.5t}-2\mathrm{e}^{-2t}\end{bmatrix}$$

图 5-21 显示了 $\boldsymbol{x}(t)$ 在 $t\geqslant 0$ 的图像或轨迹，一起显示的还有其他初始点的轨迹．两个特征函数 $\boldsymbol{x}_1$ 和 $\boldsymbol{x}_2$ 的轨迹包含在 $\boldsymbol{A}$ 的特征空间里．

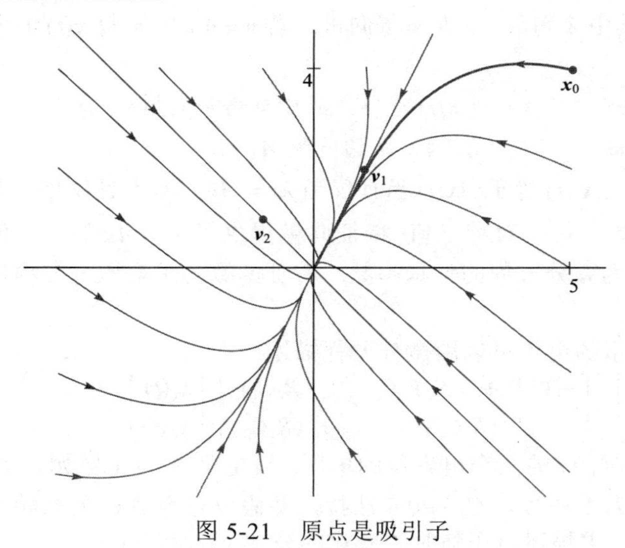

图 5-21　原点是吸引子　■

当 $t \to \infty$ 时，函数 $\boldsymbol{x}_1$ 和 $\boldsymbol{x}_2$ 都衰减为零，但 $\boldsymbol{x}_2$ 的值要衰减得更快一些，因为它的指数要小一些. 对应的特征向量 $\boldsymbol{v}_2$ 的分量表明，若两个初始电压大小相等但符号相反，则两个电容器的电压将会很快衰减为零.

在图 5-21 中，因为所有轨迹都趋近于原点，所以把原点称为动力系统的**吸引子**或**汇**. 最大的吸引方向是在较小的特征值 $\lambda = -2$ 对应的特征函数 $\boldsymbol{x}_2$ 的轨迹上（沿着过原点和 $\boldsymbol{v}_2$ 的直线）. 起点不在此直线上的轨迹渐渐逼近过原点和 $\boldsymbol{v}_1$ 的直线，因为它们在 $\boldsymbol{v}_2$ 方向的分量衰减得很快.

如果例 1 的特征值是正数，则相应的轨迹形状相同，但轨迹背离原点. 此时，称原点为动力系统的**排斥子**或**源**，最大的排斥方向是在包含较大特征值对应的特征函数的轨迹的直线上.

例 2　假设粒子在平面力场中运动，它的位置向量 $\boldsymbol{x}$ 满足 $\boldsymbol{x}' = A\boldsymbol{x}$ 和 $\boldsymbol{x}(0) = \boldsymbol{x}_0$，其中

$$A = \begin{bmatrix} 4 & -5 \\ -2 & 1 \end{bmatrix},\ \boldsymbol{x}_0 = \begin{bmatrix} 2.9 \\ 2.6 \end{bmatrix}$$

求解初值问题并画出在 $t \geqslant 0$ 时粒子的轨迹.

解　求出 A 的特征值为 $\lambda_1 = 6$ 和 $\lambda_2 = -1$，相应的特征向量是

$$\boldsymbol{v}_1 = (-5, 2) \quad 和 \quad \boldsymbol{v}_2 = (1, 1)$$

对任意的常数 c_1 和 c_2，函数

$$\boldsymbol{x}(t) = c_1\boldsymbol{v}_1 e^{\lambda_1 t} + c_2\boldsymbol{v}_2 e^{\lambda_2 t} = c_1\begin{bmatrix} -5 \\ 2 \end{bmatrix} e^{6t} + c_2\begin{bmatrix} 1 \\ 1 \end{bmatrix} e^{-t}$$

是 $\boldsymbol{x}' = A\boldsymbol{x}$ 的解，我们要求 c_1 和 c_2 满足 $\boldsymbol{x}(0) = \boldsymbol{x}_0$，即

$$c_1\begin{bmatrix} -5 \\ 2 \end{bmatrix} + c_2\begin{bmatrix} 1 \\ 1 \end{bmatrix} = \begin{bmatrix} 2.9 \\ 2.6 \end{bmatrix} \quad 或 \quad \begin{bmatrix} -5 & 1 \\ 2 & 1 \end{bmatrix}\begin{bmatrix} c_1 \\ c_2 \end{bmatrix} = \begin{bmatrix} 2.9 \\ 2.6 \end{bmatrix}$$

求得 $c_1 = -3/70$ 和 $c_2 = 188/70$，所求的函数是

$$\boldsymbol{x}(t) = \frac{-3}{70}\begin{bmatrix} -5 \\ 2 \end{bmatrix} e^{6t} + \frac{188}{70}\begin{bmatrix} 1 \\ 1 \end{bmatrix} e^{-t}$$

$\boldsymbol{x}$ 和其他解的轨迹如图 5-22 所示.

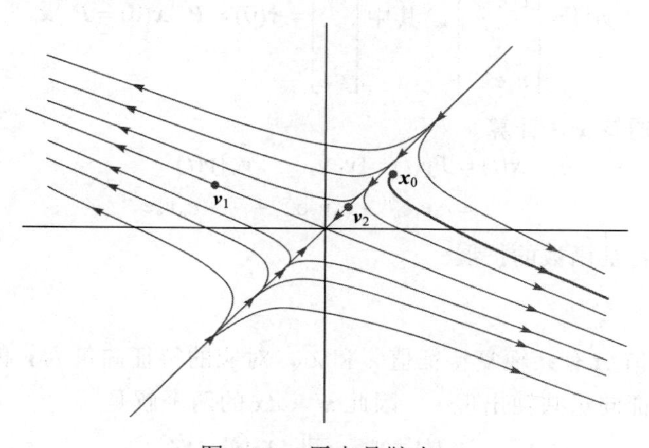

图 5-22　原点是鞍点

■

在图 5-22 中，原点称为动力系统的**鞍点**，因为有些轨迹开始时趋近原点，然后又改变方向远离原点而去. 当矩阵 $\boldsymbol{A}$ 既有正的特征值，又有负的特征值时，就会出现鞍点. 最大排斥方向在过原点和 $\boldsymbol{v}_1$ 的直线上，对应于正的特征值，最大的吸引方向在过原点和 $\boldsymbol{v}_2$ 的直线上，对应于负的特征值.

解耦动力系统

在下面的讨论中将看到，当 $n\times n$ 矩阵 $\boldsymbol{A}$ 有 n 个线性无关的特征向量，即 $\boldsymbol{A}$ 可对角化时，例 1 和例 2 所用的方法能够用来产生由 $\boldsymbol{x}'=\boldsymbol{A}\boldsymbol{x}$ 所描述的动力系统的基础解系.

设 $\boldsymbol{A}$ 的特征函数是

$$\boldsymbol{v}_1\mathrm{e}^{\lambda_1 t},\boldsymbol{v}_2\mathrm{e}^{\lambda_2 t},\cdots,\boldsymbol{v}_n\mathrm{e}^{\lambda_n t}$$

$\boldsymbol{v}_1,\boldsymbol{v}_2,\cdots,\boldsymbol{v}_n$ 是线性无关的特征向量. 令 $\boldsymbol{P}=[\boldsymbol{v}_1\ \boldsymbol{v}_2\ \cdots\ \boldsymbol{v}_n]$，$\boldsymbol{D}$ 是主对角线元素为 $\lambda_1,\lambda_2,\cdots,\lambda_n$ 的对角矩阵，因此有 $\boldsymbol{A}=\boldsymbol{P}\boldsymbol{D}\boldsymbol{P}^{-1}$. 现在做变量代换，由

$$\boldsymbol{y}(t)=\boldsymbol{P}^{-1}\boldsymbol{x}(t)\quad 或\quad \boldsymbol{x}(t)=\boldsymbol{P}\boldsymbol{y}(t)$$

定义一个新的函数 $\boldsymbol{y}$. 方程 $\boldsymbol{x}(t)=\boldsymbol{P}\boldsymbol{y}(t)$ 表明 $\boldsymbol{y}(t)$ 是 $\boldsymbol{x}(t)$ 关于特征向量基的坐标向量. 代入 $\boldsymbol{x}'=\boldsymbol{A}\boldsymbol{x}$，有

$$\frac{\mathrm{d}}{\mathrm{d}t}(\boldsymbol{P}\boldsymbol{y})=\boldsymbol{A}(\boldsymbol{P}\boldsymbol{y})=(\boldsymbol{P}\boldsymbol{D}\boldsymbol{P}^{-1})\boldsymbol{P}\boldsymbol{y}=\boldsymbol{P}\boldsymbol{D}\boldsymbol{y}\tag{5}$$

由于 $\boldsymbol{P}$ 是常数矩阵，式（5）的左边是 $\boldsymbol{P}\boldsymbol{y}'$. 在式（5）的两边左乘 $\boldsymbol{P}^{-1}$，得 $\boldsymbol{y}'=\boldsymbol{D}\boldsymbol{y}$ 或

$$\begin{bmatrix} y_1'(t)\\ y_2'(t)\\ \vdots\\ y_n'(t)\end{bmatrix}=\begin{bmatrix}\lambda_1 & 0 & \cdots & 0\\ 0 & \lambda_2 & \cdots & \vdots\\ \vdots & & \ddots & 0\\ 0 & \cdots & 0 & \lambda_n\end{bmatrix}\begin{bmatrix} y_1(t)\\ y_2(t)\\ \vdots\\ y_n(t)\end{bmatrix}$$

因为数值函数 y_k 的导数 $y_k'(t)$ 仅依赖于 y_k，故从 $\boldsymbol{x}$ 到 $\boldsymbol{y}$ 的变量代换**解耦**了微分方程组.（回忆 5.6 节类似的变量代换.）由 $y_1'=\lambda_1 y_1$，有 $y_1(t)=c_1\mathrm{e}^{\lambda_1 t}$，对 $y_2,\cdots,y_n$ 也有类似的公式. 因此

$$\boldsymbol{y}(t)=\begin{bmatrix} c_1\mathrm{e}^{\lambda_1 t}\\ c_2\mathrm{e}^{\lambda_2 t}\\ \vdots\\ c_n\mathrm{e}^{\lambda_n t}\end{bmatrix}，其中\begin{bmatrix} c_1\\ c_2\\ \vdots\\ c_n\end{bmatrix}=\boldsymbol{y}(0)=\boldsymbol{P}^{-1}\boldsymbol{x}(0)=\boldsymbol{P}^{-1}\boldsymbol{x}_0$$

为了得到原方程组的通解 $\boldsymbol{x}$，计算

$$\begin{aligned}\boldsymbol{x}(t)&=\boldsymbol{P}\boldsymbol{y}(t)=[\boldsymbol{v}_1\ \boldsymbol{v}_2\ \cdots\ \boldsymbol{v}_n]\boldsymbol{y}(t)\\ &=c_1\boldsymbol{v}_1\mathrm{e}^{\lambda_1 t}+c_2\boldsymbol{v}_2\mathrm{e}^{\lambda_2 t}+\cdots+c_n\boldsymbol{v}_n\mathrm{e}^{\lambda_n t}\end{aligned}$$

这就是在例 1 求得的特征函数的扩展.

复特征值

在例 3 中，实矩阵 $\boldsymbol{A}$ 有共轭复特征值 λ 和 $\bar{\lambda}$，对应的特征向量为 $\boldsymbol{v}$ 和 $\bar{\boldsymbol{v}}$（回顾 5.5 节，实矩阵的复特征值和特征向量共轭出现）. 因此 $\boldsymbol{x}'=\boldsymbol{A}\boldsymbol{x}$ 的两个解是

$$\boldsymbol{x}_1(t)=\boldsymbol{v}\mathrm{e}^{\lambda t}\quad 和\quad \boldsymbol{x}_2(t)=\bar{\boldsymbol{v}}\mathrm{e}^{\bar{\lambda} t}\tag{6}$$

通过用复指数函数的幂级数表示可以证明 $\boldsymbol{x}_2(t)=\overline{\boldsymbol{x}_1(t)}$. 虽然这些复特征函数对某些计算

(尤其是电子工程)是方便的,但对多数的实际应用而言,实函数要更合适一些.所幸的是,$\boldsymbol{x}_1$ 的实部和虚部是 $\boldsymbol{x}'=\boldsymbol{A}\boldsymbol{x}$ 的(实数)解,因为它们是形如(6)式的解的线性组合:

$$\mathrm{Re}(\boldsymbol{v}\mathrm{e}^{\lambda t})=\frac{1}{2}[\boldsymbol{x}_1(t)+\overline{\boldsymbol{x}_1(t)}],\quad \mathrm{Im}(\boldsymbol{v}\mathrm{e}^{\lambda t})=\frac{1}{2\mathrm{i}}[\boldsymbol{x}_1(t)-\overline{\boldsymbol{x}_1(t)}]$$

为理解 $\mathrm{Re}(\boldsymbol{v}\mathrm{e}^{\lambda t})$ 的本质,回忆在微积分中,对任意的数 x,指数函数 e^x 可以通过幂级数计算:

$$\mathrm{e}^x=1+x+\frac{1}{2!}x^2+\cdots+\frac{1}{n!}x^n+\cdots$$

当 λ 为复数时,可利用该级数定义 $\mathrm{e}^{\lambda t}$:

$$\mathrm{e}^{\lambda t}=1+(\lambda t)+\frac{1}{2!}(\lambda t)^2+\cdots+\frac{1}{n!}(\lambda t)^n+\cdots$$

记 $\lambda=a+b\mathrm{i}$(a 和 b 是实数),对余弦和正弦函数利用相似的幂级数,可以证明

$$\mathrm{e}^{(a+b\mathrm{i})t}=\mathrm{e}^{at}\cdot\mathrm{e}^{\mathrm{i}bt}=\mathrm{e}^{at}(\cos bt+\mathrm{i}\sin bt) \tag{7}$$

因此

$$\begin{aligned}\boldsymbol{v}\mathrm{e}^{\lambda t}&=(\mathrm{Re}\,\boldsymbol{v}+\mathrm{i}\,\mathrm{Im}\,\boldsymbol{v})\cdot\mathrm{e}^{at}(\cos bt+\mathrm{i}\sin bt)\\&=[(\mathrm{Re}\,\boldsymbol{v})\cos bt-(\mathrm{Im}\,\boldsymbol{v})\sin bt]\mathrm{e}^{at}+\\&\quad\ \mathrm{i}\,[(\mathrm{Re}\,\boldsymbol{v})\sin bt+(\mathrm{Im}\,\boldsymbol{v})\cos bt]\,\mathrm{e}^{at}\end{aligned}$$

故 $\boldsymbol{x}'=\boldsymbol{A}\boldsymbol{x}$ 的两个实解是

$$\begin{aligned}\boldsymbol{y}_1(t)&=\mathrm{Re}\,\boldsymbol{x}_1(t)=[(\mathrm{Re}\,\boldsymbol{v})\cos bt-(\mathrm{Im}\,\boldsymbol{v})\sin bt]\,\mathrm{e}^{at}\\\boldsymbol{y}_2(t)&=\mathrm{Im}\,\boldsymbol{x}_1(t)=[(\mathrm{Re}\,\boldsymbol{v})\sin bt+(\mathrm{Im}\,\boldsymbol{v})\cos bt]\,\mathrm{e}^{at}\end{aligned}$$

可以证明,函数 $\boldsymbol{y}_1$ 和 $\boldsymbol{y}_2$ 是线性无关的函数(当 $b\neq 0$ 时).[⊖]

例 3 图 5-23 的电路可以用下面的方程描述:

$$\begin{bmatrix}i_L'\\v_C'\end{bmatrix}=\begin{bmatrix}-R_2/L & -1/L\\1/C & -1/(R_1C)\end{bmatrix}\begin{bmatrix}i_L\\v_C\end{bmatrix}$$

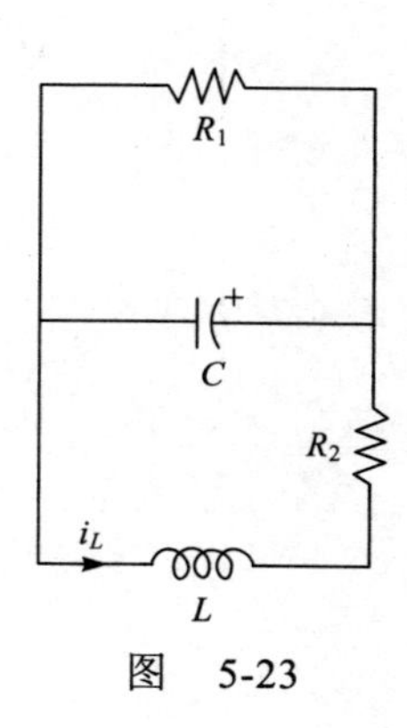

图 5-23

其中 i_L 是通过电感 L 的电流,v_C 是电容器 C 的电压. 设 R_1 为 5 欧姆,R_2 为 0.8 欧姆,C 为 0.1 法拉,L 为 0.4 亨利,若通过电感的初始电流为 3 安培,C 的初始电压为 3 伏,求计算 i_L 和 v_C 的公式.

解 由所给的数据,得 $\boldsymbol{A}=\begin{bmatrix}-2 & -2.5\\10 & -2\end{bmatrix}$ 和 $\boldsymbol{x}_0=\begin{bmatrix}3\\3\end{bmatrix}$. 用 5.5 节的方法求得特征值 $\lambda=-2+5\mathrm{i}$ 及对应的特征向量 $\boldsymbol{v}_1=\begin{bmatrix}\mathrm{i}\\2\end{bmatrix}$. $\boldsymbol{x}'=\boldsymbol{A}\boldsymbol{x}$ 的复数解是

$$\boldsymbol{x}_1(t)=\begin{bmatrix}\mathrm{i}\\2\end{bmatrix}\mathrm{e}^{(-2+5\mathrm{i})\,t}\ \text{和}\ \boldsymbol{x}_2(t)=\begin{bmatrix}-\mathrm{i}\\2\end{bmatrix}\mathrm{e}^{(-2-5\mathrm{i})\,t}$$

的复线性组合. 利用(7)式得

$$\boldsymbol{x}_1(t)=\begin{bmatrix}\mathrm{i}\\2\end{bmatrix}\mathrm{e}^{-2t}(\cos 5t+\mathrm{i}\sin 5t)$$

⊖ 由于 $\boldsymbol{x}_2(t)$ 是 $\boldsymbol{x}_1(t)$ 的复共轭,因此,它的实部和虚部分别是 $\boldsymbol{y}_1(t)$ 和 $-\boldsymbol{y}_2(t)$. 因此,可以利用 $\boldsymbol{x}_1(t)$ 或 $\boldsymbol{x}_2(t)$(但不是同时使用两者)来产生 $\boldsymbol{x}'=\boldsymbol{A}\boldsymbol{x}$ 的线性无关的实解.

取 $\boldsymbol{x}_1(t)$ 的实部和虚部，可以得到实数解：

$$\boldsymbol{y}_1(t)=\begin{bmatrix}-\sin 5t\\ 2\cos 5t\end{bmatrix}\mathrm{e}^{-2t},\quad \boldsymbol{y}_2(t)=\begin{bmatrix}\cos 5t\\ 2\sin 5t\end{bmatrix}\mathrm{e}^{-2t}$$

因为 $\boldsymbol{y}_1$ 和 $\boldsymbol{y}_2$ 是线性无关的函数，故它们形成 $\boldsymbol{x}'=\boldsymbol{A}\boldsymbol{x}$ 的二维实解向量空间的基. 因此，通解是

$$\boldsymbol{x}(t)=c_1\begin{bmatrix}-\sin 5t\\ 2\cos 5t\end{bmatrix}\mathrm{e}^{-2t}+c_2\begin{bmatrix}\cos 5t\\ 2\sin 5t\end{bmatrix}\mathrm{e}^{-2t}$$

为满足 $\boldsymbol{x}(0)=\begin{bmatrix}3\\ 3\end{bmatrix}$，要求 $c_1\begin{bmatrix}0\\ 2\end{bmatrix}+c_2\begin{bmatrix}1\\ 0\end{bmatrix}=\begin{bmatrix}3\\ 3\end{bmatrix}$，解得 $c_1=1.5$ 和 $c_2=3$. 因此

$$\boldsymbol{x}(t)=1.5\begin{bmatrix}-\sin 5t\\ 2\cos 5t\end{bmatrix}\mathrm{e}^{-2t}+3\begin{bmatrix}\cos 5t\\ 2\sin 5t\end{bmatrix}\mathrm{e}^{-2t}$$

或者

$$\begin{bmatrix}i_L(t)\\ v_C(t)\end{bmatrix}=\begin{bmatrix}-1.5\sin 5t+3\cos 5t\\ 3\cos 5t+6\sin 5t\end{bmatrix}\mathrm{e}^{-2t}$$

见图 5-24.

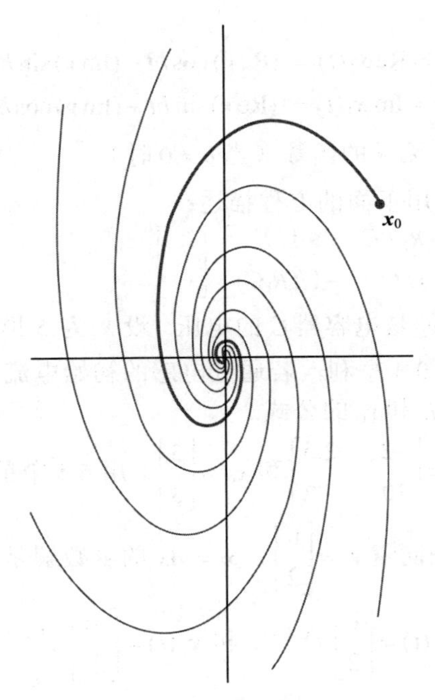

图 5-24　原点是螺线极点

■

在图 5-24 中，原点称为动力系统的**螺线极点**. 旋转是由复特征值产生的正弦和余弦函数产生的. 因为系数 e^{-2t} 趋于零，故轨迹往里螺旋. 注意，-2 是例 3 中的特征值的实部. 当 $\boldsymbol{A}$ 的复特征值的实部为正数时，轨迹往外螺旋. 当特征值的实部为零时，轨迹形成绕原点的椭圆.

练习题

3×3 实矩阵 $\boldsymbol{A}$ 有特征值 -0.5 ,$0.2+0.3\mathrm{i}$ 和 $0.2-0.3\mathrm{i}$ ，对应的特征向量为

$$\boldsymbol{v}_1=\begin{bmatrix}1\\-2\\1\end{bmatrix},\boldsymbol{v}_2=\begin{bmatrix}1+2\mathrm{i}\\4\mathrm{i}\\2\end{bmatrix},\boldsymbol{v}_3=\begin{bmatrix}1-2\mathrm{i}\\-4\mathrm{i}\\2\end{bmatrix}$$

1. 利用复矩阵， $\boldsymbol{A}$ 能否对角化为 $\boldsymbol{D}$ ，即 $\boldsymbol{A}=\boldsymbol{PDP}^{-1}$.
2. 用复特征函数写出 $\boldsymbol{x}'=\boldsymbol{A}\boldsymbol{x}$ 的通解，然后再求出实的通解.
3. 描述典型的轨迹形状.

习题 5.7

1. 在平面力场运动的粒子的位置向量 $\boldsymbol{x}$ 满足 $\boldsymbol{x}'=\boldsymbol{A}\boldsymbol{x}$. 2×2 矩阵 $\boldsymbol{A}$ 有特征值 4 和 2，对应的特征向量为 $\boldsymbol{v}_1=\begin{bmatrix}-3\\1\end{bmatrix},\boldsymbol{v}_2=\begin{bmatrix}-1\\1\end{bmatrix}$. 假设 $\boldsymbol{x}(0)=\begin{bmatrix}-6\\1\end{bmatrix}$，求粒子在时刻 t 的位置.
2. 设 2×2 矩阵 $\boldsymbol{A}$ 的特征值为-3 和-1，对应的特征向量为 $\boldsymbol{v}_1=\begin{bmatrix}-1\\1\end{bmatrix}$， $\boldsymbol{v}_2=\begin{bmatrix}1\\1\end{bmatrix}$ ，$\boldsymbol{x}(t)$ 是粒子在时刻 t 的位置. 求初值问题 $\boldsymbol{x}'=\boldsymbol{A}\boldsymbol{x}$ ， $\boldsymbol{x}(0)=\begin{bmatrix}2\\3\end{bmatrix}$.

在习题 3~6 中，对 $t\geqslant0,\boldsymbol{x}(0)=(3,2)$，求解初值问题 $\boldsymbol{x}'(t)=\boldsymbol{A}\boldsymbol{x}(t)$. 把原点分类为由 $\boldsymbol{x}'=\boldsymbol{A}\boldsymbol{x}$ 描述的动力系统的吸引子、排斥子或鞍点. 求最大的吸引方向或排斥方向.当原点是鞍点时，画出典型的轨迹.

3. $\boldsymbol{A}=\begin{bmatrix}2&3\\-1&-2\end{bmatrix}$
4. $\boldsymbol{A}=\begin{bmatrix}-2&-5\\1&4\end{bmatrix}$
5. $\boldsymbol{A}=\begin{bmatrix}7&-1\\3&3\end{bmatrix}$
6. $\boldsymbol{A}=\begin{bmatrix}1&-2\\3&-4\end{bmatrix}$

在习题 7 和习题 8 中，做变量代换解耦方程 $\boldsymbol{x}'=\boldsymbol{A}\boldsymbol{x}$. 求出 $\boldsymbol{P}$ 和 $\boldsymbol{D}$ ，写出方程 $\boldsymbol{x}(t)=\boldsymbol{P}\boldsymbol{y}(t)$ ，并写出得到分离系统 $\boldsymbol{y}'=\boldsymbol{D}\boldsymbol{y}$ 的计算过程.

7. 习题 5 的矩阵 $\boldsymbol{A}$.
8. 习题 6 的矩阵 $\boldsymbol{A}$.

在习题 9~18 中，求 $\boldsymbol{x}'=\boldsymbol{A}\boldsymbol{x}$ 的包含复特征函数的通解，然后求得实通解，并描述典型轨迹的形状.

9. $\boldsymbol{A}=\begin{bmatrix}-3&2\\-1&-1\end{bmatrix}$
10. $\boldsymbol{A}=\begin{bmatrix}3&1\\-2&1\end{bmatrix}$
11. $\boldsymbol{A}=\begin{bmatrix}-3&-9\\2&3\end{bmatrix}$
12. $\boldsymbol{A}=\begin{bmatrix}-7&10\\-4&5\end{bmatrix}$
13. $\boldsymbol{A}=\begin{bmatrix}4&-3\\6&-2\end{bmatrix}$
14. $\boldsymbol{A}=\begin{bmatrix}-2&1\\-8&2\end{bmatrix}$
15. [M] $\boldsymbol{A}=\begin{bmatrix}-8&-12&-6\\2&1&2\\7&12&5\end{bmatrix}$
16. [M] $\boldsymbol{A}=\begin{bmatrix}-6&-11&16\\2&5&-4\\-4&-5&10\end{bmatrix}$
17. [M] $\boldsymbol{A}=\begin{bmatrix}30&64&23\\-11&-23&-9\\6&15&4\end{bmatrix}$
18. [M] $\boldsymbol{A}=\begin{bmatrix}53&-30&-2\\90&-52&-3\\20&-10&2\end{bmatrix}$
19. [M]求例 1 中电路的电压 $\boldsymbol{v}_1$ 和 $\boldsymbol{v}_2$（作为时间 t 的函数）的公式，设 $R_1=1/5$ 欧姆， $R_2=1/3$ 欧姆，$C_1=4$ 法拉， $C_2=3$ 法拉，每个电容器的初始电压为 4 伏.
20. [M]求例 1 中电路的电压 v_1 和 v_2 的公式，设 $R_1=1/15$ 欧姆， $R_2=1/3$ 欧姆， $C_1=9$ 法拉， $C_2=2$ 法拉，每个电容器的初始电压为 3 伏.
21. [M]求例 3 中电路的电流 i_L 和电压 v_C 的公式，设 $R_1=1$ 欧姆， $R_2=0.125$ 欧姆， $C=0.2$ 法拉，$L=0.125$ 亨利，初始电流为 0 安培，初始电压

为 15 伏.

22. [M]下图的电路由下列方程描述：

$$\begin{bmatrix} i'_L \\ v'_C \end{bmatrix} = \begin{bmatrix} 0 & 1/L \\ -1/C & -1/(RC) \end{bmatrix} \begin{bmatrix} i_L \\ v_C \end{bmatrix}$$

其中，i_L 是通过电感 L 的电流，v_C 是电容器 C 的电压. 设 $R=0.5$ 欧姆，$C=2.5$ 法拉，$L=0.5$ 亨利，初始电流为 0 安培，初始电压为 12 伏，求计算 i_L 和 v_C 的公式.

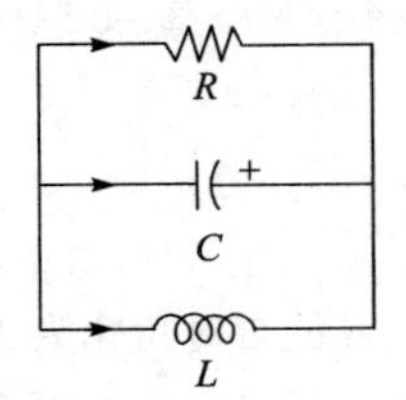

练习题答案

1. $\boldsymbol{A}$ 可对角化，因为 $\boldsymbol{A}$ 有三个不同的特征值. 当使用复数时，5.1 节的定理 2 以及 5.3 节的定理 6 仍然有效（证明基本上与实数相同）.

2. 通解具有以下形式：

$$\boldsymbol{x}(t) = c_1 \begin{bmatrix} 1 \\ -2 \\ 1 \end{bmatrix} \mathrm{e}^{-0.5t} + c_2 \begin{bmatrix} 1+2\mathrm{i} \\ 4\mathrm{i} \\ 2 \end{bmatrix} \mathrm{e}^{(0.2+0.3\mathrm{i})\,t} + c_3 \begin{bmatrix} 1-2\mathrm{i} \\ -4\mathrm{i} \\ 2 \end{bmatrix} \mathrm{e}^{(0.2-03\mathrm{i})\,t}$$

其中，c_1,c_2,c_3 为任意复数. $\boldsymbol{x}(t)$ 的第一项是实的，其他两个实解可以用 $\boldsymbol{x}(t)$ 的第二项

$$\begin{bmatrix} 1+2\mathrm{i} \\ 4\mathrm{i} \\ 2 \end{bmatrix} \mathrm{e}^{0.2t}(\cos 0.3t + \mathrm{i}\sin 0.3t)$$

的实部和虚部来产生. 实通解为

$$c_1 \begin{bmatrix} 1 \\ -2 \\ 1 \end{bmatrix} \mathrm{e}^{-0.5t} + c_2 \begin{bmatrix} \cos 0.3t - 2\sin 0.3t \\ -4\sin 0.3t \\ 2\cos 0.3t \end{bmatrix} \mathrm{e}^{0.2t} + c_3 \begin{bmatrix} \sin 0.3t + 2\cos 0.3t \\ 4\cos 0.3t \\ 2\sin 0.3t \end{bmatrix} \mathrm{e}^{0.2t}$$

其中，c_1,c_2,c_3 为实数.

3. 因为有负的指数因子，故当 $c_2=c_3=0$ 时的任一解逼近原点，其他的解有无界的分量，轨迹向外螺旋. 小心不要将这个问题错当成 5.6 节的问题. 在 5.6 节中，逼近原点的条件是特征值的绝对值小于 1，使得 $|\lambda|^k \to 0$. 这里的条件是特征值的实部必须是负的，使得 $\mathrm{e}^{\lambda t} \to 0$.

5.8　特征值的迭代估计

在线性代数的科学应用中，很少能精确知道特征值. 所幸的是，一个较精确的数值近似通常能达到令人满意的效果. 实际上，某些应用只需要粗略估计最大特征值. 下面介绍的第 1 个算法很适合这种情况. 同样，它为快速估计其他特征值的更有效的方法提供了基础.

幂算法

幂算法适用于 $n\times n$ 矩阵 $\boldsymbol{A}$ 有**严格占优特征值**（亦称主特征值）λ_1 的情况. λ_1 为主特征值的意思是 λ_1 的绝对值比其他特征值的绝对值都大. 此时，幂算法产生一个近似 λ_1 的数列和一个近似对应的主特征向量的向量序列. 此方法的背景来源于 5.6 节开头的特征向量分解.

为简单起见，假设 $\boldsymbol{A}$ 可对角化，特征向量 $\boldsymbol{v}_1,\boldsymbol{v}_2,\cdots,\boldsymbol{v}_n$ 是 $\mathbb{R}^n$ 的基，并且 $\boldsymbol{v}_1,\boldsymbol{v}_2,\cdots,\boldsymbol{v}_n$ 已经过排列，使对应的特征值 $\lambda_1,\lambda_2,\cdots,\lambda_n$ 的绝对值递减，λ_1 是主特征值，即有

$$|\lambda_1| > |\lambda_2| \geqslant |\lambda_3| \geqslant \cdots \geqslant |\lambda_n| \tag{1}$$

（$>$：严格大）

就像我们在 5.6 节式（2）中看到的，假设 $\boldsymbol{x}\in\mathbb{R}^n, \boldsymbol{x}=c_1\boldsymbol{v}_1+c_2\boldsymbol{v}_2+\cdots+c_n\boldsymbol{v}_n$，那么

$$\boldsymbol{A}^k\boldsymbol{x}=c_1(\lambda_1)^k\boldsymbol{v}_1+c_2(\lambda_2)^k\boldsymbol{v}_2+\cdots+c_n(\lambda_n)^k\boldsymbol{v}_n \quad (k=1,2,\cdots)$$

假设 $c_1\neq 0$，等式除以 $(\lambda_1)^k$，

$$\frac{1}{(\lambda_1)^k}\boldsymbol{A}^k\boldsymbol{x}=c_1\boldsymbol{v}_1+c_2\left(\frac{\lambda_2}{\lambda_1}\right)^k\boldsymbol{v}_2+\cdots+c_n\left(\frac{\lambda_n}{\lambda_1}\right)^k\boldsymbol{v}_n \quad (k=1,2,\cdots) \tag{2}$$

由式（1），所有分数 $\lambda_2/\lambda_1,\cdots,\lambda_n/\lambda_1$ 的绝对值都小于 1，因此，它们的幂趋于零. 故

$$\text{当 } k\to\infty \text{ 时，} (\lambda_1)^{-k}\boldsymbol{A}^k\boldsymbol{x}\to c_1\boldsymbol{v}_1 \tag{3}$$

因此对足够大的 k，$\boldsymbol{A}^k\boldsymbol{x}$ 的数量倍的方向几乎与特征向量 $c_1\boldsymbol{v}_1$ 的方向相同. 由于正的数量倍不会改变向量的方向，因此若给定 $c_1\neq 0$，则 $\boldsymbol{A}^k\boldsymbol{x}$ 的方向几乎与 $\boldsymbol{v}_1$ 或 $-\boldsymbol{v}_1$ 一致.

例 1　设 $\boldsymbol{A}=\begin{bmatrix}1.8 & 0.8\\ 0.2 & 1.2\end{bmatrix}, \boldsymbol{v}_1=\begin{bmatrix}4\\1\end{bmatrix}, \boldsymbol{x}=\begin{bmatrix}-0.5\\1\end{bmatrix}$，那么 $\boldsymbol{A}$ 的特征值是 2 和 1，$\lambda_1=2$ 的特征空间是过原点和 $\boldsymbol{v}_1$ 的直线. 对 $k=0,1,\cdots,8$，计算 $\boldsymbol{A}^k\boldsymbol{x}$ 并画出过原点和 $\boldsymbol{A}^k\boldsymbol{x}$ 的直线. 当 k 增大时会出现什么情况？

解　开头三项的计算是

$$\boldsymbol{A}\boldsymbol{x}=\begin{bmatrix}1.8 & 0.8\\ 0.2 & 1.2\end{bmatrix}\begin{bmatrix}-0.5\\1\end{bmatrix}=\begin{bmatrix}-0.1\\1.1\end{bmatrix}$$

$$\boldsymbol{A}^2\boldsymbol{x}=\boldsymbol{A}(\boldsymbol{A}\boldsymbol{x})=\begin{bmatrix}1.8 & 0.8\\ 0.2 & 1.2\end{bmatrix}\begin{bmatrix}-0.1\\1.1\end{bmatrix}=\begin{bmatrix}0.7\\1.3\end{bmatrix}$$

$$\boldsymbol{A}^3\boldsymbol{x}=\boldsymbol{A}(\boldsymbol{A}^2\boldsymbol{x})=\begin{bmatrix}1.8 & 0.8\\ 0.2 & 1.2\end{bmatrix}\begin{bmatrix}0.7\\1.3\end{bmatrix}=\begin{bmatrix}2.3\\1.7\end{bmatrix}$$

其他项的计算在表 5-1 中给出.

表 5-1　向量的迭代

k	0	1	2	3	4	5	6	7	8
$\boldsymbol{A}^k\boldsymbol{x}$	$\begin{bmatrix}-0.5\\1\end{bmatrix}$	$\begin{bmatrix}-0.1\\1.1\end{bmatrix}$	$\begin{bmatrix}0.7\\1.3\end{bmatrix}$	$\begin{bmatrix}2.3\\1.7\end{bmatrix}$	$\begin{bmatrix}5.5\\2.5\end{bmatrix}$	$\begin{bmatrix}11.9\\4.1\end{bmatrix}$	$\begin{bmatrix}24.7\\7.3\end{bmatrix}$	$\begin{bmatrix}50.3\\13.7\end{bmatrix}$	$\begin{bmatrix}101.5\\26.5\end{bmatrix}$

图 5-25 显示了向量 $\boldsymbol{x},\boldsymbol{A}\boldsymbol{x},\boldsymbol{A}^2\boldsymbol{x},\boldsymbol{A}^3\boldsymbol{x},\boldsymbol{A}^4\boldsymbol{x}$. 其余向量太长难以显示，但画出的线段显示出这些向量的方向. 事实上，我们真正想看到的是向量的方向而不是向量本身. 这些直线看起来是逼近表示 $\boldsymbol{v}_1$ 生成的特征空间的直线. 更确切地说，由 $\boldsymbol{A}^k\boldsymbol{x}$ 确定的直线（子空间）与由 $\boldsymbol{v}_1$ 确定的直线（特征空间）之间的夹角（当 $k\to\infty$ 时）趋于零.

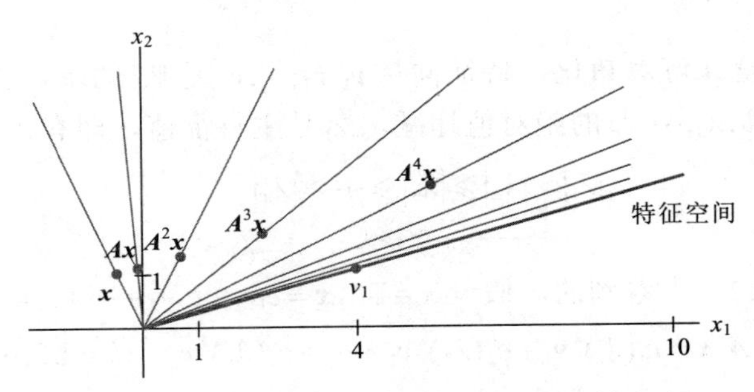

图 5-25　由 $\boldsymbol{x}, A\boldsymbol{x}, A^2\boldsymbol{x}, A^3\boldsymbol{x}, A^4\boldsymbol{x}$ 确定的方向 ■

当 $c_1 \neq 0$ 时，我们可以对（3）式中的向量 $(\lambda_1)^{-k} A^k \boldsymbol{x}$ 倍乘，使它们收敛于 $c_1\boldsymbol{v}_1$，但不能对 $A^k\boldsymbol{x}$ 做这种倍乘，因为我们并不知道 λ_1. 不过可以倍乘 $A^k\boldsymbol{x}$，使它的最大分量为 1. 这样，所得序列 $\{\boldsymbol{x}_k\}$ 将收敛于 $\boldsymbol{v}_1$ 的倍数，$\boldsymbol{v}_1$ 的倍数的最大分量也是 1. 图 5-26 显示了例 1 的倍乘序列. 我们还可以通过序列 $\{\boldsymbol{x}_k\}$ 来估计特征值 λ_1. 当 $\boldsymbol{x}_k$ 接近于 λ_1 的特征向量时，向量 $A\boldsymbol{x}_k$ 也接近于 $\lambda_1\boldsymbol{x}_k$，即 $A\boldsymbol{x}_k$ 的每一分量接近于 λ_1 与 $\boldsymbol{x}_k$ 相应分量的乘积.因为 $\boldsymbol{x}_k$ 的最大分量是 1，故 $A\boldsymbol{x}_k$ 的最大分量接近于 λ_1.（这些结论的证明省略了.）

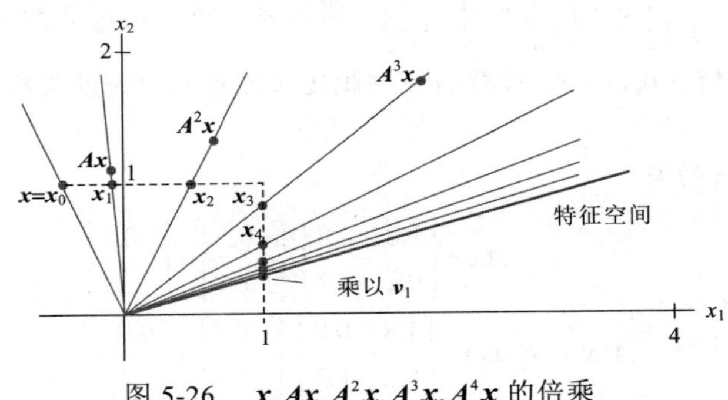

图 5-26　$\boldsymbol{x}, A\boldsymbol{x}, A^2\boldsymbol{x}, A^3\boldsymbol{x}, A^4\boldsymbol{x}$ 的倍乘

估计严格占优特征值的幂算法

1. 选择一个最大分量为 1 的初始向量 $\boldsymbol{x}_0$.
2. 对 $k = 0,1,2,\cdots$,
   a. 计算 $A\boldsymbol{x}_k$.
   b. 设 μ_k 是 $A\boldsymbol{x}_k$ 中绝对值最大的一个分量.
   c. 计算 $\boldsymbol{x}_{k+1} = (1/\mu_k)A\boldsymbol{x}_k$.
3. 几乎对所有选择的 $\boldsymbol{x}_0$，序列 $\{\mu_k\}$ 近似于主特征值，而序列 $\{\boldsymbol{x}_k\}$ 近似于对应的特征向量.

例 2　设 $A = \begin{bmatrix} 6 & 5 \\ 1 & 2 \end{bmatrix}, \boldsymbol{x}_0 = \begin{bmatrix} 0 \\ 1 \end{bmatrix}$. 应用幂算法求 A 的主特征值和对应的特征向量的近似值，计算到 $k = 5$.

解　本例及下一个例子的计算用 MATLAB 完成，虽然这里看到的有效数字较少，但计算精确到 16 位. 先计算 $\boldsymbol{Ax}_0$，然后将 $\boldsymbol{Ax}_0$ 的最大分量 μ_0 单位化：

$$\boldsymbol{Ax}_0=\begin{bmatrix}6&5\\1&2\end{bmatrix}\begin{bmatrix}0\\1\end{bmatrix}=\begin{bmatrix}5\\2\end{bmatrix},\quad \mu_0=5$$

用 $1/\mu_0$ 倍乘 $\boldsymbol{Ax}_0$ 得到 $\boldsymbol{x}_1$，计算 $\boldsymbol{Ax}_1$，并将 $\boldsymbol{Ax}_1$ 的最大分量单位化：

$$\boldsymbol{x}_1=\frac{1}{\mu_0}\boldsymbol{Ax}_0=\frac{1}{5}\begin{bmatrix}5\\2\end{bmatrix}=\begin{bmatrix}1\\0.4\end{bmatrix}$$

$$\boldsymbol{Ax}_1=\begin{bmatrix}6&5\\1&2\end{bmatrix}\begin{bmatrix}1\\0.4\end{bmatrix}=\begin{bmatrix}8\\1.8\end{bmatrix},\quad \mu_1=8$$

用 $1/\mu_1$ 倍乘 $\boldsymbol{Ax}_1$ 得到 $\boldsymbol{x}_2$，计算 $\boldsymbol{Ax}_2$，将 $\boldsymbol{Ax}_2$ 的最大分量单位化：

$$\boldsymbol{x}_2=\frac{1}{\mu_1}\boldsymbol{Ax}_1=\frac{1}{8}\begin{bmatrix}8\\1.8\end{bmatrix}=\begin{bmatrix}1\\0.225\end{bmatrix}$$

$$\boldsymbol{Ax}_2=\begin{bmatrix}6&5\\1&2\end{bmatrix}\begin{bmatrix}1\\0.225\end{bmatrix}=\begin{bmatrix}7.125\\1.450\end{bmatrix},\quad \mu_2=7.125$$

用 $1/\mu_2$ 倍乘 $\boldsymbol{Ax}_2$ 得到 $\boldsymbol{x}_3$，一直重复做下去，用 MATLAB 计算的前 5 次迭代结果列在表 5-2 中.

表 5-2 例 2 的幂算法

k	0	1	2	3	4	5
$\boldsymbol{x}_k$	$\begin{bmatrix}0\\1\end{bmatrix}$	$\begin{bmatrix}1\\0.4\end{bmatrix}$	$\begin{bmatrix}1\\0.225\end{bmatrix}$	$\begin{bmatrix}1\\0.2035\end{bmatrix}$	$\begin{bmatrix}1\\0.2005\end{bmatrix}$	$\begin{bmatrix}1\\0.20007\end{bmatrix}$
$\boldsymbol{Ax}_k$	$\begin{bmatrix}5\\2\end{bmatrix}$	$\begin{bmatrix}8\\1.8\end{bmatrix}$	$\begin{bmatrix}7.125\\1.450\end{bmatrix}$	$\begin{bmatrix}7.0175\\1.4070\end{bmatrix}$	$\begin{bmatrix}7.0025\\1.4010\end{bmatrix}$	$\begin{bmatrix}7.00036\\1.40014\end{bmatrix}$
μ_k	5	8	7.125	7.017 5	7.002 5	7.000 36

从表 5-2 的数据明显看出，$\{\boldsymbol{x}_k\}$ 接近于（1,0.2），$\{\mu_k\}$ 接近于 7. 这样，（1,0.2）就是特征向量，7 是主特征值. 容易通过计算来验证 $\boldsymbol{A}\begin{bmatrix}1\\0.2\end{bmatrix}=\begin{bmatrix}6&5\\1&2\end{bmatrix}\begin{bmatrix}1\\0.2\end{bmatrix}=\begin{bmatrix}7\\1.4\end{bmatrix}=7\begin{bmatrix}1\\0.2\end{bmatrix}$. ■

例 2 的序列 $\{\mu_k\}$ 很快收敛于 $\lambda_1=7$ 是因为 $\boldsymbol{A}$ 的第 2 个特征值 λ_2 要比 λ_1 小得多（事实上，$\lambda_2=1$）. 通常收敛的快慢取决于 $|\lambda_2/\lambda_1|$，因为用 $\boldsymbol{A}^k\boldsymbol{x}$ 的倍数来估值 $c_1\boldsymbol{v}_1$ 时，主要误差来源于（2）式中的向量 $c_2(\lambda_2/\lambda_1)^k\boldsymbol{v}_2$（其他的分数 λ_j/λ_1 可能更小）. 若 $|\lambda_2/\lambda_1|$ 接近于 1，则 $\{\mu_k\}$ 和 $\{\boldsymbol{x}_k\}$ 会收敛得很慢，此时，可能需要选择其他近似的方法.

不过幂算法还存在这样的很小可能性，即随机选择的初始向量 $\boldsymbol{x}$ 在 $\boldsymbol{v}_1$ 的方向上没有分量（当 $c_1=0$ 时），但计算机在计算 $\boldsymbol{x}_k$ 时所产生的舍入误差有可能产生一个向量，该向量在 $\boldsymbol{v}_1$ 的方向上至少有一个小分量. 如果这样的话，$\boldsymbol{x}_k$ 将收敛于 $\boldsymbol{v}_1$ 的倍数.

逆幂法

在知道特征值 λ 的一个较好的初始估值 α 后，逆幂法可用来对任一特征值做近似估值. 此时，我们令 $\boldsymbol{B}=(\boldsymbol{A}-\alpha\boldsymbol{I})^{-1}$，并对 $\boldsymbol{B}$ 应用幂算法. 可以证明，若 $\lambda_1,\lambda_2,\cdots,\lambda_n$ 是 $\boldsymbol{A}$ 的特征值，则 $\boldsymbol{B}$ 的特征值是

$$\frac{1}{\lambda_1-\alpha},\frac{1}{\lambda_2-\alpha},\cdots,\frac{1}{\lambda_n-\alpha}$$

而且 $\boldsymbol{A}$ 的对应于 $\lambda_1,\lambda_2,\cdots,\lambda_n$ 的特征向量是 $\boldsymbol{B}$ 的对应于上面这些特征值的特征向量.（见习题15和16.）

例如，假设 α 更接近 λ_2 而不是 $\boldsymbol{A}$ 的其他特征值，那么 $1/(\lambda_2-\alpha)$ 将是 $\boldsymbol{B}$ 的主特征值. 假如 α 确实接近于 λ_2，那么 $1/(\lambda_2-\alpha)$ 比 $\boldsymbol{B}$ 的其他特征值要大得多. 几乎对 $\boldsymbol{x}_0$ 的所有选择，逆幂法都会快速逼近 λ_2，下列算法给出了详细步骤.

估计 $\boldsymbol{A}$ 的特征值 λ 的逆幂法

1. 选择一个非常接近于 λ 的初始估值 α.
2. 选择一个最大分量为1的初始向量 $\boldsymbol{x}_0$.
3. 对 $k=0,1,2,\cdots$,
   a. 从 $(\boldsymbol{A}-\alpha\boldsymbol{I})\boldsymbol{y}_k=\boldsymbol{x}_k$ 解出 $\boldsymbol{y}_k$.
   b. 设 μ_k 是 $\boldsymbol{y}_k$ 中绝对值最大的分量.
   c. 计算 $\nu_k=\alpha+(1/\mu_k)$.
   d. 计算 $\boldsymbol{x}_{k+1}=(1/\mu_k)\boldsymbol{y}_k$.
4. 几乎对 $\boldsymbol{x}_0$ 的所有选择，序列 $\{\nu_k\}$ 趋向于 $\boldsymbol{A}$ 的特征值 λ，而序列 $\{\boldsymbol{x}_k\}$ 趋向于对应的特征向量.

注意，$\boldsymbol{B}$ 或者是 $(\boldsymbol{A}-\alpha\boldsymbol{I})^{-1}$ 并没有出现在算法中. 在求序列的下一个向量时并没有计算 $(\boldsymbol{A}-\alpha\boldsymbol{I})^{-1}\boldsymbol{x}_k$，而是通过解方程 $(\boldsymbol{A}-\alpha\boldsymbol{I})\boldsymbol{y}_k=\boldsymbol{x}_k$ 来得到 $\boldsymbol{y}_k$ 的（然后用倍乘 $\boldsymbol{y}_k$ 来产生 $\boldsymbol{x}_{k+1}$）. 因为对每个 k 一定可以从该方程解出 $\boldsymbol{y}_k$，故 $\boldsymbol{A}-\alpha\boldsymbol{I}$ 的LU分解将加快计算过程.

例3　在某些应用中，通常需要知道矩阵 $\boldsymbol{A}$ 的最小特征值，也需要对该特征值做粗略的估计. 设21，3.3和1.9是下列矩阵 $\boldsymbol{A}$ 的特征值的估值. 求最小特征值，小数位精确到6位.

$$\boldsymbol{A}=\begin{bmatrix}10&-8&-4\\-8&13&4\\-4&5&4\end{bmatrix}$$

解　两个最小特征值看起来很接近，因此我们对 $\boldsymbol{A}-1.9\boldsymbol{I}$ 应用逆幂法. MATLAB的计算结果列在表5-3中. 这里的 $\boldsymbol{x}_0$ 随机选取，$\boldsymbol{y}_k=(\boldsymbol{A}-1.9\boldsymbol{I})^{-1}\boldsymbol{x}_k,\mu_k$ 是 $\boldsymbol{y}_k$ 的最大分量，$\nu_k=1.9+1/\mu_k$，$\boldsymbol{x}_{k+1}=(1/\mu_k)\boldsymbol{y}_k$. 可以看到，初始的特征值估计得非常好，逆幂法产生的序列收敛很快. 最小的特征值正好是2. ■

表5-3　逆幂法

k	0	1	2	3	4
$\boldsymbol{x}_k$	$\begin{bmatrix}1\\1\\1\end{bmatrix}$	$\begin{bmatrix}0.573\,6\\0.064\,6\\1\end{bmatrix}$	$\begin{bmatrix}0.505\,4\\0.004\,5\\1\end{bmatrix}$	$\begin{bmatrix}0.500\,4\\0.000\,3\\1\end{bmatrix}$	$\begin{bmatrix}0.500\,03\\0.000\,02\\1\end{bmatrix}$
$\boldsymbol{y}_k$	$\begin{bmatrix}4.45\\0.50\\7.76\end{bmatrix}$	$\begin{bmatrix}5.013\,1\\0.044\,2\\9.919\,7\end{bmatrix}$	$\begin{bmatrix}5.001\,2\\0.003\,1\\9.994\,9\end{bmatrix}$	$\begin{bmatrix}5.000\,1\\0.000\,2\\9.999\,6\end{bmatrix}$	$\begin{bmatrix}5.000\,006\\0.000\,015\\9.999\,975\end{bmatrix}$
μ_k	7.76	9.919 7	9.994 9	9.999 6	9.999 975
ν_k	2.03	2.000 8	2.000 05	2.000 004	2.000 000 2

假如没有矩阵最小特征值的估值，则可以简单取 $\alpha=0$ 来使用逆幂法. 假如最小特征值更接近于零而不是其他的特征值，那么这种取值是合理的.

对很多简单的情况，本节给出的两个算法很实用，它们为特征值估值问题提供了入门知识. 另一个更全面和广泛使用的迭代算法是 QR 算法. 比如，MATLAB 的命令 eig(A)的核心是 QR 算法，这个命令能快速计算出 $\boldsymbol{A}$ 的特征值和特征向量. 在 5.2 节的习题中对 QR 算法有过简短的描述，进一步的细节参见有关现代数值分析的教材.

练习题

你怎样断定给出的向量 $\boldsymbol{x}$ 是矩阵 $\boldsymbol{A}$ 的某个特征向量的好的近似？如果是，又怎样估计相应的特征值？用下面给出的矩阵 $\boldsymbol{A}$ 和 $\boldsymbol{x}$ 做练习.

$$\boldsymbol{A}=\begin{bmatrix}5&8&4\\8&3&-1\\4&-1&2\end{bmatrix} \text{ 和 } \boldsymbol{x}=\begin{bmatrix}1.0\\-4.3\\8.1\end{bmatrix}$$

习题 5.8

在习题 1~4 中，给出矩阵 $\boldsymbol{A}$ 和由幂算法产生的序列 $\{\boldsymbol{x}_k\}$. 利用这些数据对 $\boldsymbol{A}$ 的最大特征值进行估计，并求出对应的特征向量.

1. $\boldsymbol{A}=\begin{bmatrix}4&3\\1&2\end{bmatrix};\begin{bmatrix}1\\0\end{bmatrix},\begin{bmatrix}1\\0.25\end{bmatrix},\begin{bmatrix}1\\0.3158\end{bmatrix},\begin{bmatrix}1\\0.3298\end{bmatrix},\begin{bmatrix}1\\0.3326\end{bmatrix}$

2. $\boldsymbol{A}=\begin{bmatrix}1.8&-0.8\\-3.2&4.2\end{bmatrix};\begin{bmatrix}1\\0\end{bmatrix},\begin{bmatrix}-0.5625\\1\end{bmatrix},\begin{bmatrix}-0.3021\\1\end{bmatrix},\begin{bmatrix}-0.2601\\1\end{bmatrix},\begin{bmatrix}-0.2520\\1\end{bmatrix}$

3. $\boldsymbol{A}=\begin{bmatrix}0.5&0.2\\0.4&0.7\end{bmatrix};\begin{bmatrix}1\\0\end{bmatrix},\begin{bmatrix}1\\0.8\end{bmatrix},\begin{bmatrix}0.6875\\1\end{bmatrix},\begin{bmatrix}0.5577\\1\end{bmatrix},\begin{bmatrix}0.5188\\1\end{bmatrix}$

4. $\boldsymbol{A}=\begin{bmatrix}4.1&-6\\3&-4.4\end{bmatrix};\begin{bmatrix}1\\1\end{bmatrix},\begin{bmatrix}1\\0.7368\end{bmatrix},\begin{bmatrix}1\\0.7541\end{bmatrix},\begin{bmatrix}1\\0.7490\end{bmatrix},\begin{bmatrix}1\\0.7502\end{bmatrix}$

5. 设 $\boldsymbol{A}=\begin{bmatrix}15&16\\-20&-21\end{bmatrix}$，向量 $\boldsymbol{x},\boldsymbol{Ax},\cdots,\boldsymbol{A}^5\boldsymbol{x}$ 分别是

$\begin{bmatrix}1\\1\end{bmatrix},\begin{bmatrix}31\\-41\end{bmatrix},\begin{bmatrix}-191\\241\end{bmatrix},\begin{bmatrix}991\\-1241\end{bmatrix},\begin{bmatrix}-4991\\6241\end{bmatrix},\begin{bmatrix}24991\\-31241\end{bmatrix}$

寻找一个第 2 个分量为 1 且接近于 $\boldsymbol{A}$ 的一个特征向量的向量，保留 4 位小数. 验证你的估值，并对 $\boldsymbol{A}$ 的主特征值进行估计.

6. 设 $\boldsymbol{A}=\begin{bmatrix}-2&-3\\6&7\end{bmatrix}$. 利用下列序列 $\boldsymbol{x},\boldsymbol{Ax},\cdots,\boldsymbol{A}^5\boldsymbol{x}$ 重做习题 5.

$\begin{bmatrix}1\\1\end{bmatrix},\begin{bmatrix}-5\\13\end{bmatrix},\begin{bmatrix}-29\\61\end{bmatrix},\begin{bmatrix}-125\\253\end{bmatrix},\begin{bmatrix}-509\\1021\end{bmatrix},\begin{bmatrix}-2045\\4093\end{bmatrix}$

[M]习题 7~12 需要用到 MATLAB 或其他辅助的计算工具. 在习题 7 和 8 中，利用幂算法及给出的 $\boldsymbol{x}_0$，对 $k=1,2,\cdots,5$，算出 $\{\boldsymbol{x}_k\}$ 和 $\{\mu_k\}$. 在习题 9 和 10 中，算出 μ_5 和 μ_6.

7. $\boldsymbol{A}=\begin{bmatrix}6&7\\8&5\end{bmatrix}$，$\boldsymbol{x}_0=\begin{bmatrix}1\\0\end{bmatrix}$

8. $\boldsymbol{A}=\begin{bmatrix}2&1\\4&5\end{bmatrix}$，$\boldsymbol{x}_0=\begin{bmatrix}1\\0\end{bmatrix}$

9. $\boldsymbol{A}=\begin{bmatrix}8&0&12\\1&-2&1\\0&3&0\end{bmatrix}$，$\boldsymbol{x}_0=\begin{bmatrix}1\\0\\0\end{bmatrix}$

10. $\boldsymbol{A}=\begin{bmatrix}1&2&-2\\1&1&9\\0&1&9\end{bmatrix}$，$\boldsymbol{x}_0=\begin{bmatrix}1\\0\\0\end{bmatrix}$

如果知道某个特征向量的近似值，就可以对特征值做另一估值. 若 $\boldsymbol{Ax}=\lambda\boldsymbol{x}$，则 $\boldsymbol{x}^{\mathrm{T}}\boldsymbol{Ax}=\boldsymbol{x}^{\mathrm{T}}(\lambda\boldsymbol{x})=$

$\lambda(\boldsymbol{x}^{\mathrm{T}}\boldsymbol{x})$，瑞利商 $R(\boldsymbol{x})=\dfrac{\boldsymbol{x}^{\mathrm{T}}\boldsymbol{A}\boldsymbol{x}}{\boldsymbol{x}^{\mathrm{T}}\boldsymbol{x}}$ 等于 λ. 假如 $\boldsymbol{x}$ 接近于 λ 对应的特征向量，那么瑞利商就接近于 λ. 当 $\boldsymbol{A}$ 为对称矩阵时（$\boldsymbol{A}^{\mathrm{T}}=\boldsymbol{A}$），瑞利商 $R(\boldsymbol{x}_k)=(\boldsymbol{x}_k^{\mathrm{T}}\boldsymbol{A}\boldsymbol{x}_k)/(\boldsymbol{x}_k^{\mathrm{T}}\boldsymbol{x}_k)$ 的精确度大致是幂算法产生的倍乘因子 μ_k 的 2 倍，在习题 11 和 12 中通过计算 μ_k 和 $R(\boldsymbol{x}_k)(k=1,2,3,4)$ 来验证增加的精确度.

11. $\boldsymbol{A}=\begin{bmatrix}5&2\\2&2\end{bmatrix}$，$\boldsymbol{x}_0=\begin{bmatrix}1\\0\end{bmatrix}$

12. $\boldsymbol{A}=\begin{bmatrix}-3&2\\2&0\end{bmatrix}$，$\boldsymbol{x}_0=\begin{bmatrix}1\\0\end{bmatrix}$

将习题 13 和 14 应用于一个 3×3 矩阵 $\boldsymbol{A}$，$\boldsymbol{A}$ 的特征值估计为 4，−4 和 3.

13. 对接近于 4 和−4 但绝对值不同的特征值，幂算法还有效吗？

14. 对接近于 4 和−4 但绝对值相同的特征值，描述怎样才能得到估计接近 4 的特征值的序列.

15. 假设 $\boldsymbol{A}\boldsymbol{x}=\lambda\boldsymbol{x}$，$\boldsymbol{x}\neq\boldsymbol{0}$，数 α 不是 $\boldsymbol{A}$ 的特征值，令 $\boldsymbol{B}=(\boldsymbol{A}-\alpha\boldsymbol{I})^{-1}$，在等式 $\boldsymbol{A}\boldsymbol{x}=\lambda\boldsymbol{x}$ 的两边减去 $\alpha\boldsymbol{x}$，用代数方法证明 $1/(\lambda-\alpha)$ 是 $\boldsymbol{B}$ 的特征值，$\boldsymbol{x}$ 是其对应的特征向量.

16. 设 μ 是习题 15 中矩阵 $\boldsymbol{B}$ 的特征值，$\boldsymbol{x}$ 是对应的特征向量，即有 $(\boldsymbol{A}-\alpha\boldsymbol{I})^{-1}\boldsymbol{x}=\mu\boldsymbol{x}$，利用这个等式求 $\boldsymbol{A}$ 的用 μ 和 α 表示的特征值.（注意：因为 $\boldsymbol{B}$ 可逆，故 $\mu\neq 0$.）

17. [M]设 $\boldsymbol{x}_0=(1,0,0)$，利用逆幂法对例 3 中的矩阵 $\boldsymbol{A}$ 的中间特征值进行估值，计算精确到 4 位小数.

18. [M]设 $\boldsymbol{A}$ 为习题 9 给出的矩阵，$\boldsymbol{x}_0=(1,0,0)$，利用逆幂法对 $\boldsymbol{A}$ 接近于 $\alpha=-1.4$ 的特征值进行估值，计算精确到 4 位小数.

[M]在习题 19 和习题 20 中，求（a）最大特征值，（b）接近于零的特征值. 设 $\boldsymbol{x}_0=(1,0,0,0)$，在求特征值时，要求近似序列的计算精确到 4 位小数，还包括近似特征向量的计算.

19. $\boldsymbol{A}=\begin{bmatrix}10&7&8&7\\7&5&6&5\\8&6&10&9\\7&5&9&10\end{bmatrix}$

20. $\boldsymbol{A}=\begin{bmatrix}1&2&3&2\\2&12&13&11\\-2&3&0&2\\4&5&7&2\end{bmatrix}$

21. 一个常见的误解是：假如 $\boldsymbol{A}$ 有主特征值，那么对足够大的 k 值，向量 $\boldsymbol{A}^k\boldsymbol{x}$ 近似于 $\boldsymbol{A}$ 的某个特征向量. 对下面给出的三个矩阵，当 $\boldsymbol{x}=(0.5,0.5)$ 时，计算并研究 $\boldsymbol{A}^k\boldsymbol{x}$，并试图得到一般结论（对 2×2 矩阵）.

a. $\boldsymbol{A}=\begin{bmatrix}0.8&0\\0&0.2\end{bmatrix}$

b. $\boldsymbol{A}=\begin{bmatrix}1&0\\0&0.8\end{bmatrix}$

c. $\boldsymbol{A}=\begin{bmatrix}8&0\\0&2\end{bmatrix}$

练习题答案

对给出的 $\boldsymbol{A}$ 和 $\boldsymbol{x}$，

$$\boldsymbol{A}\boldsymbol{x}=\begin{bmatrix}5&8&4\\8&3&-1\\4&-1&2\end{bmatrix}\begin{bmatrix}1.00\\-4.30\\8.10\end{bmatrix}=\begin{bmatrix}3.00\\-13.00\\24.50\end{bmatrix}$$

如果 $\boldsymbol{A}\boldsymbol{x}$ 近似于 $\boldsymbol{x}$ 的倍数，那么两个向量相应分量的比也应该近似于某个常量，故计算：

{$\boldsymbol{A}\boldsymbol{x}$ 的元素}	÷{$\boldsymbol{x}$ 的元素}	={比}
3.00	1.00	3.000
−13.00	−4.30	3.023
24.50	8.10	3.025

Ax 的每一个分量大约是 x 对应分量的 3 倍，故 x 接近于 A 的特征向量，上面比的任何一个都是特征值的近似值.（若精确到 5 位小数，特征值是 3.024 09.）

5.9　在马尔可夫链中的应用

本节描述的马尔可夫链在生物学、商业、化学、工程学及物理学等领域中用来做数学模型. 在每种情况中，该模型习惯上用来描述用同一种方法进行的多次实验或测量，实验中每次试验的结果是几个指定的可能结果之一，每次测试结果仅依赖于最近的前一次测试.

例如，若每年要统计一次一个城市及其郊区的人口，那么像

$$\boldsymbol{x}_0 = \begin{bmatrix} 0.60 \\ 0.40 \end{bmatrix} \tag{1}$$

这样的向量可以显示 60%的人口生活在城市，40%的人口在郊区. $\boldsymbol{x}_0$ 中的小数相加为 1，它们代表该地区的全部人口. 就目的而言，用百分数表示比用人口总数表示更方便.

定义　一个具有非负元素且各元素的数值相加等于 1 的向量称为**概率向量**. **随机矩阵**是各列向量均为概率向量的方阵.

马尔可夫链是一个概率向量序列 $\boldsymbol{x}_0, \boldsymbol{x}_1, \boldsymbol{x}_2, \cdots$ 和一个随机矩阵 $\boldsymbol{P}$，并满足

$$\boldsymbol{x}_1 = \boldsymbol{P}\boldsymbol{x}_0,\ \boldsymbol{x}_2 = \boldsymbol{P}\boldsymbol{x}_1,\ \boldsymbol{x}_3 = \boldsymbol{P}\boldsymbol{x}_2,\ \cdots$$

因此，马尔可夫链用一阶差分方程来刻画：

$$\boldsymbol{x}_{k+1} = \boldsymbol{P}\boldsymbol{x}_k,\ k = 0,1,2,\cdots$$

当 $\mathbb{R}^n$ 中向量的一个马尔可夫链描述一个系统或实验的序列时，$\boldsymbol{x}_k$ 中的元素分别列出系统在 n 个可能状态中的概率，或实验结果是 n 个可能结果之一的概率. 因此，$\boldsymbol{x}_k$ 通常称为**状态向量**.

例 1　在 1.10 节中我们研究过一个人口在城市与郊区之间的迁移模型. 如图 5-27 所示. 在大城市地区的这两个部分之间，每年移民由迁移矩阵 $\boldsymbol{M}$ 控制：

$$\begin{array}{c} \quad\quad\ \text{由：城市}\ \ \text{郊区}\quad \text{移到：} \\ \boldsymbol{M} = \begin{bmatrix} 0.95 & 0.03 \\ 0.05 & 0.97 \end{bmatrix} \begin{array}{l} \text{城市} \\ \text{郊区} \end{array} \end{array}$$

也就是说，每年有 5%的城市人口迁往郊区，3%的郊区人口迁往城市. $\boldsymbol{M}$ 的列是概率向量，所以 $\boldsymbol{M}$ 是一个随机矩阵. 假设 2020 年该地区的人口有 60 万在城市，40 万在郊区. 那么该地区原来的人口分布由(1)中的 $\boldsymbol{x}_0$ 给出. 2021 年的人口分布是什么样的？2022 年的人口分布如何？

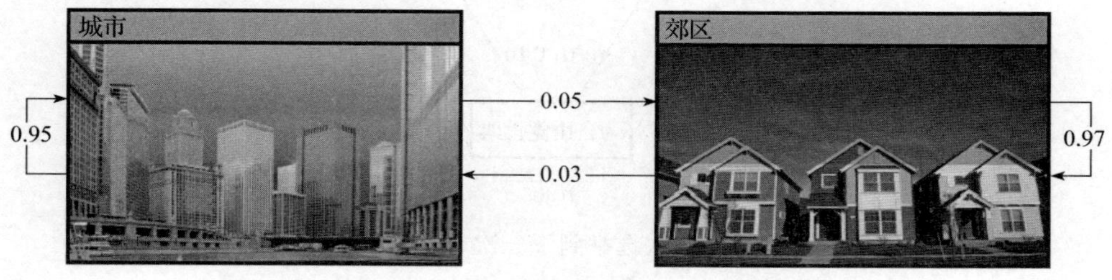

图 5-27　城市和郊区之间的年迁移百分比

解　在1.10节的例3中，我们可以看到一年后，人口向量$\begin{bmatrix}600\,000\\400\,000\end{bmatrix}$变成

$$\begin{bmatrix}0.95 & 0.03\\0.05 & 0.97\end{bmatrix}\begin{bmatrix}600\,000\\400\,000\end{bmatrix}=\begin{bmatrix}582\,000\\418\,000\end{bmatrix}$$

如果我们将方程两边同时除以100万的总人口数，并利用$k\boldsymbol{Mx}=\boldsymbol{M}k\boldsymbol{x}$，可得

$$\begin{bmatrix}0.95 & 0.03\\0.05 & 0.97\end{bmatrix}\begin{bmatrix}0.600\\0.400\end{bmatrix}=\begin{bmatrix}0.582\\0.418\end{bmatrix}$$

则向量$\boldsymbol{x}_1=\begin{bmatrix}0.582\\0.418\end{bmatrix}$给出了2021年的人口分布．也就是说，该地区58.2%的人口居住在城市，41.8%的人口居住在郊区．同理，2022年的人口分布由向量$\boldsymbol{x}_2$描述，即

$$\boldsymbol{x}_2=\boldsymbol{Mx}_1=\begin{bmatrix}0.95 & 0.03\\0.05 & 0.97\end{bmatrix}\begin{bmatrix}0.582\\0.418\end{bmatrix}=\begin{bmatrix}0.565\\0.435\end{bmatrix}$$

■

例2　假设在某一固定选区美国国会选举的投票结果由$\mathbb{R}^3$中的向量$\boldsymbol{x}$表示：

$$\boldsymbol{x}=\begin{bmatrix}\text{民主党得票率 (D)}\\\text{共和党得票率 (R)}\\\text{自由党得票率 (L)}\end{bmatrix}$$

假设我们用这种类型的向量每两年一次记录美国国会选举的结果，同时每次选举的结果仅依赖于前一次选举的结果．则刻画每两年选举的向量构成的序列是一个马尔可夫链．对此链，作为一个随机矩阵的例子，取

$$\begin{array}{c}\text{从：}\quad \text{D}\quad\ \ \text{R}\quad\ \ \text{L}\quad \text{到：}\\ \boldsymbol{P}=\begin{bmatrix}0.70 & 0.10 & 0.30\\0.20 & 0.80 & 0.30\\0.10 & 0.10 & 0.40\end{bmatrix}\begin{matrix}\text{D}\\\text{R}\\\text{L}\end{matrix}\end{array}$$

标记为D的第一列中的数值刻画在一次选举中为民主党投票的人在下一次选举中将如何投票的百分比．这里我们已经假设70%的人在下一次选举中会再次投票给D，20%的人会投票给R，10%的人会投票给L．对P的其他两列也有类似的解释．图5-28给出这个矩阵的一个图示．

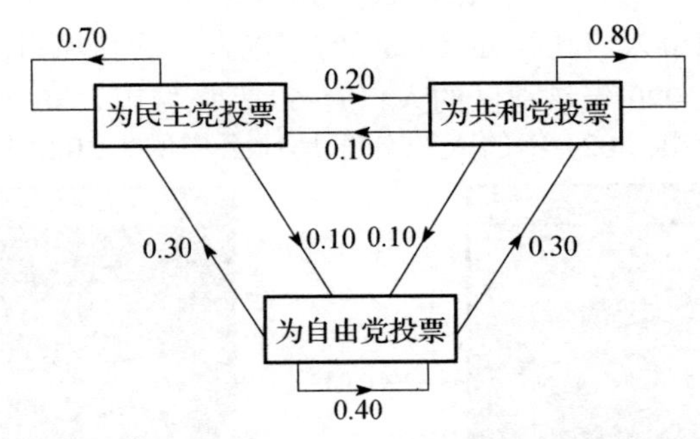

图5-28　从一次选举到下一次选举的投票变化

如果这些“转换”百分比从一次选举到下一次选举保持常数，那么投票结果的向量序列形成一个马尔可夫链. 假设在一次选举中，结果为

$$x_0 = \begin{bmatrix} 0.55 \\ 0.40 \\ 0.05 \end{bmatrix}$$

确定下一次可能的结果和再下一次可能的结果.

解　下一次选举的结果由状态向量 $\boldsymbol{x}_1$ 描述，再下一次选举的结果由状态向量 $\boldsymbol{x}_2$ 描述：

$$\boldsymbol{x}_1 = \boldsymbol{P}\boldsymbol{x}_0 = \begin{bmatrix} 0.70 & 0.10 & 0.30 \\ 0.20 & 0.80 & 0.30 \\ 0.10 & 0.10 & 0.40 \end{bmatrix}\begin{bmatrix} 0.55 \\ 0.40 \\ 0.05 \end{bmatrix} = \begin{bmatrix} 0.440 \\ 0.445 \\ 0.115 \end{bmatrix} \begin{matrix} 44\%\text{ 将投 D} \\ 44.5\%\text{ 将投 R} \\ 11.5\%\text{ 将投 L} \end{matrix}$$

$$\boldsymbol{x}_2 = \boldsymbol{P}\boldsymbol{x}_1 = \begin{bmatrix} 0.70 & 0.10 & 0.30 \\ 0.20 & 0.80 & 0.30 \\ 0.10 & 0.10 & 0.40 \end{bmatrix}\begin{bmatrix} 0.440 \\ 0.445 \\ 0.115 \end{bmatrix} = \begin{bmatrix} 0.3870 \\ 0.4785 \\ 0.1345 \end{bmatrix} \begin{matrix} 38.7\%\text{ 将投 D} \\ 47.85\%\text{ 将投 R} \\ 13.45\%\text{ 将投 L} \end{matrix}$$

为了理解为什么 $\boldsymbol{x}_1$ 事实上给出了下一次选举的结果，假设有 1000 人在“第一次”选举中投票，其中 550 人投 D，400 人投 R，50 人投 L. (见 $\boldsymbol{x}_0$ 中的百分比.) 在下一次选举中，550 人中的 70%会再次投 D，400 人中的 10%会从投 R 转投 D，50 人中的 30%会从投 L 转投 D. 因此，D 的总票数将是:

$$0.70(550) + 0.10(400) + 0.30(50) = 385 + 40 + 15 = 440 \tag{2}$$

因此，下一次 D 候选人将有 44%的选票.（2）式中的计算本质上与计算 $\boldsymbol{x}_1$ 中的第一个元素是相同的. 对于 $\boldsymbol{x}_1$ 中的其他元素及 $\boldsymbol{x}_2$ 中的元素，可以进行类似的计算，依此类推. ■

预言遥远的未来

马尔可夫链最有趣的方面是对该链长期行为的研究. 例如，在例 2 中，经过多次选举之后，关于投票的情况我们能说些什么？（假设给定的随机矩阵持续描述从一次选举到下一次选举的转换百分比）另外，从长远来看，例 1 中的人口分布将有什么样的结果？在这里，可以用特征值和特征向量来研究这些工作.

定理 10（随机矩阵）

如果 $\boldsymbol{P}$ 是一个随机矩阵，那么 1 是 $\boldsymbol{P}$ 的一个特征值.

证明　$\boldsymbol{P}$ 的各列之和为 1，$\boldsymbol{P}^{\mathrm{T}}$ 的各行之和也为 1. $\boldsymbol{e}$ 代表每个元素为 1 的向量. 注意，$\boldsymbol{P}^{\mathrm{T}}$ 乘以 $\boldsymbol{e}$ 的效果是将每一行的值相加，因此 $\boldsymbol{P}^{\mathrm{T}}\boldsymbol{e}=\boldsymbol{e}$，说明 $\boldsymbol{e}$ 是 $\boldsymbol{P}^{\mathrm{T}}$ 的一个特征向量，其特征值为 1. 因为 $\boldsymbol{P}$ 和 $\boldsymbol{P}^{\mathrm{T}}$ 有相同的特征值（5.2 节中的习题 20），所以 1 也是 $\boldsymbol{P}$ 的特征值.

在下一个例子中，我们将看到在马尔可夫链中生成的向量几乎与 5.8 节中概述的使用幂方法生成的向量相同，唯一的区别是，在马尔可夫链中的每一步向量没有做倍乘.根据 5.8 节的经验，随着 k 的增加，我们希望 $\boldsymbol{x}_k \to \boldsymbol{q}$，其中 $\boldsymbol{q}$ 是 $\boldsymbol{P}$ 的一个特征向量.

例 3　设 $\boldsymbol{P}=\begin{bmatrix}0.5&0.2&0.3\\0.3&0.8&0.3\\0.2&0&0.4\end{bmatrix}$, $\boldsymbol{x}_0=\begin{bmatrix}1\\0\\0\end{bmatrix}$. 考虑一个系统，其状态由马尔可夫链 $\boldsymbol{x}_{k+1}=\boldsymbol{P}\boldsymbol{x}_k$ $(k=0,1,2,\cdots)$ 描述. 随时间推移，这个系统会发生什么？为此计算状态向量 $\boldsymbol{x}_1,\boldsymbol{x}_2,\cdots,\boldsymbol{x}_{15}$ 来寻找结果.

解

$$\boldsymbol{x}_1=\boldsymbol{P}\boldsymbol{x}_0=\begin{bmatrix}0.5&0.2&0.3\\0.3&0.8&0.3\\0.2&0&0.4\end{bmatrix}\begin{bmatrix}1\\0\\0\end{bmatrix}=\begin{bmatrix}0.5\\0.3\\0.2\end{bmatrix}$$

$$\boldsymbol{x}_2=\boldsymbol{P}\boldsymbol{x}_1=\begin{bmatrix}0.5&0.2&0.3\\0.3&0.8&0.3\\0.2&0&0.4\end{bmatrix}\begin{bmatrix}0.5\\0.3\\0.2\end{bmatrix}=\begin{bmatrix}0.37\\0.45\\0.18\end{bmatrix}$$

$$\boldsymbol{x}_3=\boldsymbol{P}\boldsymbol{x}_2=\begin{bmatrix}0.5&0.2&0.3\\0.3&0.8&0.3\\0.2&0&0.4\end{bmatrix}\begin{bmatrix}0.37\\0.45\\0.18\end{bmatrix}=\begin{bmatrix}0.329\\0.525\\0.146\end{bmatrix}$$

后续的计算结果如下所示，向量中的元素保留 4 位或 5 位有效数字.

$$\boldsymbol{x}_4=\begin{bmatrix}0.3133\\0.5625\\0.1242\end{bmatrix},\quad \boldsymbol{x}_5=\begin{bmatrix}0.3064\\0.5813\\0.1123\end{bmatrix},\quad \boldsymbol{x}_6=\begin{bmatrix}0.3032\\0.5906\\0.1062\end{bmatrix},\quad \boldsymbol{x}_7=\begin{bmatrix}0.3016\\0.5953\\0.1031\end{bmatrix}$$

$$\boldsymbol{x}_8=\begin{bmatrix}0.3008\\0.5977\\0.1016\end{bmatrix},\quad \boldsymbol{x}_9=\begin{bmatrix}0.3004\\0.5988\\0.1008\end{bmatrix},\quad \boldsymbol{x}_{10}=\begin{bmatrix}0.3002\\0.5954\\0.1004\end{bmatrix},\quad \boldsymbol{x}_{11}=\begin{bmatrix}0.3001\\0.5997\\0.1002\end{bmatrix}$$

$$\boldsymbol{x}_{12}=\begin{bmatrix}0.300\,05\\0.599\,85\\0.100\,10\end{bmatrix},\ \boldsymbol{x}_{13}=\begin{bmatrix}0.300\,02\\0.599\,93\\0.100\,05\end{bmatrix},\ \boldsymbol{x}_{14}=\begin{bmatrix}0.300\,01\\0.599\,96\\0.100\,02\end{bmatrix},\ \boldsymbol{x}_{15}=\begin{bmatrix}0.300\,01\\0.599\,98\\0.100\,01\end{bmatrix}$$

这些向量似乎正在逼近 $\boldsymbol{q}=\begin{bmatrix}0.3\\0.6\\0.1\end{bmatrix}$. 这些概率由 k 的一个值到下一个值几乎不改变. 注意观察下面的计算是精确的（没有舍入误差）:

$$\boldsymbol{P}\boldsymbol{q}=\begin{bmatrix}0.5&0.2&0.3\\0.3&0.8&0.3\\0.2&0&0.4\end{bmatrix}\begin{bmatrix}0.3\\0.6\\0.1\end{bmatrix}=\begin{bmatrix}0.15+0.12+0.03\\0.09+0.48+0.03\\0.06+0+0.04\end{bmatrix}=\begin{bmatrix}0.30\\0.60\\0.10\end{bmatrix}=\boldsymbol{q}$$

当系统处于状态 $\boldsymbol{q}$，则从一次测量到下一次测量，该系统没有变化. ■

稳态向量

如果 $\boldsymbol{P}$ 是一个随机矩阵，则 $\boldsymbol{P}$ 的**稳态向量**（或**平衡向量**）是一个满足

$$\boldsymbol{P}\boldsymbol{q}=\boldsymbol{q}$$

的概率向量 $\boldsymbol{q}$.

在定理 10 中，可以确定，1 是任何随机矩阵的特征值. 可以证明，实际上 1 是随机矩阵的最大特征值，并且相应的特征向量可以作为稳态向量. 在例 3 中，$\boldsymbol{q}$ 是 $\boldsymbol{P}$ 的一个稳态向量.

例 4 在例 1 中概率向量 $\boldsymbol{q}=\begin{bmatrix}0.375\\0.625\end{bmatrix}$ 是人口迁移矩阵 $\boldsymbol{M}$ 的稳态向量，因为

$$\boldsymbol{Mq}=\begin{bmatrix}0.95 & 0.03\\0.05 & 0.97\end{bmatrix}\begin{bmatrix}0.375\\0.625\end{bmatrix}=\begin{bmatrix}0.356\,25+0.018\,75\\0.018\,75+0.606\,25\end{bmatrix}=\begin{bmatrix}0.375\\0.625\end{bmatrix}=\boldsymbol{q}$$ ■

在例 1 中，若大城市地区的总人口为 100 万，那么在例 4 中，$\boldsymbol{q}$ 将对应 375 000 人在城市，625 000 人在郊区. 在一年的年底，从城市迁出的人口是 (0.05)(375 000) = 18 750 人，从郊区迁入城市的人口是 (0.03)(625 000) = 18 750 人. 结果，城市的人口将保持不变.同样地，郊区人口也是稳定的.

下一个例子将展示如何求稳态向量. 请注意，我们只是找到一个特征值 1 相应的特征向量，然后将其倍乘以创建一个概率向量.

例 5 $\boldsymbol{P}=\begin{bmatrix}0.6 & 0.3\\0.4 & 0.7\end{bmatrix}$. 求 $\boldsymbol{P}$ 的稳态向量.

解 首先，解方程 $\boldsymbol{Px}=\boldsymbol{x}$.

$$\boldsymbol{Px}-\boldsymbol{x}=\boldsymbol{0}$$

$$\boldsymbol{Px}-\boldsymbol{Ix}=\boldsymbol{0} \quad \text{回忆1.4节中有 } \boldsymbol{Ix}=\boldsymbol{x}.$$

$$(\boldsymbol{P}-\boldsymbol{I})\boldsymbol{x}=\boldsymbol{0}$$

对于上述 $\boldsymbol{P}$，

$$\boldsymbol{P}-\boldsymbol{I}=\begin{bmatrix}0.6 & 0.3\\0.4 & 0.7\end{bmatrix}-\begin{bmatrix}1 & 0\\0 & 1\end{bmatrix}=\begin{bmatrix}-0.4 & 0.3\\0.4 & -0.3\end{bmatrix}$$

为求 $(\boldsymbol{P}-\boldsymbol{I})\boldsymbol{x}=\boldsymbol{0}$ 的解，将增广矩阵进行化简：

$$\begin{bmatrix}-0.4 & 0.3 & 0\\0.4 & -0.3 & 0\end{bmatrix}\sim\begin{bmatrix}-0.4 & 0.3 & 0\\0 & 0 & 0\end{bmatrix}\sim\begin{bmatrix}1 & -3/4 & 0\\0 & 0 & 0\end{bmatrix}$$

则 $x_1=\frac{3}{4}x_2$，x_2 是自由变量. 通解为 $x_2\begin{bmatrix}3/4\\1\end{bmatrix}$.

其次，对此解空间选择一个简单的基. 一个显然的选择是 $\begin{bmatrix}3/4\\1\end{bmatrix}$，但一个更好的没有分数的选择是 $\boldsymbol{w}=\begin{bmatrix}3\\4\end{bmatrix}$（对应 $x_2=4$）.

最后，在 $\boldsymbol{Px}=\boldsymbol{x}$ 的全体解中求一个概率向量. 这很简单，因为每个解均为上面 $\boldsymbol{w}$ 的一个倍数. 将 $\boldsymbol{w}$ 除以其元素之和得到 $\boldsymbol{q}=\begin{bmatrix}3/7\\4/7\end{bmatrix}$.

作为检验，计算

$$\boldsymbol{Pq}=\begin{bmatrix}6/10 & 3/10\\4/10 & 7/10\end{bmatrix}\begin{bmatrix}3/7\\4/7\end{bmatrix}=\begin{bmatrix}18/70+12/70\\12/70+28/70\end{bmatrix}=\begin{bmatrix}30/70\\40/70\end{bmatrix}=\boldsymbol{q}$$ ■

下一个定理将表明，例3中产生的结果是许多随机矩阵的一个典型代表. 我们称一个随机矩阵是**正则的**，如果矩阵的某次幂 P^k 仅包含严格正的元素. 对例3中的 $\boldsymbol{P}$ 有

$$\boldsymbol{P}^2=\begin{bmatrix}0.37 & 0.26 & 0.33\\ 0.45 & 0.70 & 0.45\\ 0.18 & 0.04 & 0.22\end{bmatrix}$$

因为 $\boldsymbol{P}^2$ 中的每个元素是严格正的，所以 $\boldsymbol{P}$ 是一个正则随机矩阵.

我们说一个向量序列 $\{x_k: k=1,2,\cdots\}$ 当 $k\to\infty$ 时**收敛**到一个向量 $\boldsymbol{q}$，如果当 k 充分大时，$\boldsymbol{x}_k$ 中的元素可无限接近 $\boldsymbol{q}$ 中的元素.

定理11 如果 $\boldsymbol{P}$ 是一个 $n\times n$ 的正则随机矩阵，则 $\boldsymbol{P}$ 具有唯一的稳态向量 $\boldsymbol{q}$. 此外，如果 $\boldsymbol{x}_0$ 是任一个初始状态，且 $\boldsymbol{x}_{k+1}=\boldsymbol{P}\boldsymbol{x}_k(k=0,1,2,\cdots)$，则当 $k\to\infty$ 时，马尔可夫链 $\{\boldsymbol{x}_k\}$ 收敛到 $\boldsymbol{q}$.

这个定理的证明可在关于马尔可夫链的标准教科书找到. 这个定理的奇妙之处在于初始状态对于马尔可夫链的长期行为没有影响.

例6 在例2中，假设选举结果构成一个马尔可夫链，问从现在开始经过多年若干次的选举之后，投票者为共和党候选人投票的百分比可能是多少？

解 如果手工计算稳态向量的精确值，最好能够识别特征1对应的特征向量，而不是选某初始向量 $\boldsymbol{x}_0$，再对充分大的 k 计算 $\boldsymbol{x}_1,\boldsymbol{x}_2,\cdots,\boldsymbol{x}_k$. 这样没办法知道要计算多少向量，并且你不能把握 $\boldsymbol{x}_k$ 中元素的极限值。

正确方法是先计算稳态向量，然后运用定理11. 给定例2中的矩阵 $\boldsymbol{P}$，通对角线上每个元素减去1得到 $\boldsymbol{P}-\boldsymbol{I}$. 再将增广矩阵进行化简：

$$[(\boldsymbol{P}-\boldsymbol{I})\quad \boldsymbol{0}]=\begin{bmatrix}-0.3 & 0.1 & 0.3 & 0\\ 0.2 & -0.2 & 0.3 & 0\\ 0.1 & 0.1 & -0.6 & 0\end{bmatrix}$$

回顾前面的工作，通过每一行都乘以10，可以使运算简化.[㊀]

$$\begin{bmatrix}-3 & 1 & 3 & 0\\ 2 & -2 & 3 & 0\\ 1 & 1 & -6 & 0\end{bmatrix}\sim\begin{bmatrix}1 & 0 & -9/4 & 0\\ 0 & 1 & -15/4 & 0\\ 0 & 0 & 0 & 0\end{bmatrix}$$

$(\boldsymbol{P}-\boldsymbol{I})\boldsymbol{x}=\boldsymbol{0}$ 的通解是 $x_1=\dfrac{9}{4}x_3$，$x_2=\dfrac{15}{4}x_3$，x_3 是自由变量. 令 $x_3=4$，我们可得解空间的一个基，它的每个元素为整数，由此容易求出稳态向量，所有元素之和为1：

$$\boldsymbol{w}=\begin{bmatrix}9\\ 15\\ 4\end{bmatrix}, \text{并且}\boldsymbol{q}=\begin{bmatrix}9/28\\ 15/28\\ 4/28\end{bmatrix}\approx\begin{bmatrix}0.32\\ 0.54\\ 0.14\end{bmatrix}$$

$\boldsymbol{q}$ 中的元素刻画多年后的选举中得票数的分布（假设这个随机矩阵连续描述从一次选举到下一次选举的变化情况）. 这样，最终大约54%的选票是共和党候选人的.

㊀ 注意：不要只将 $\boldsymbol{P}$ 乘以10. 相反，要将方程 $(\boldsymbol{P}-\boldsymbol{I})\boldsymbol{x}=\boldsymbol{0}$ 的增广矩阵乘以10.

数值计算的注解 你可能发现 $\boldsymbol{x}_{k+1} = \boldsymbol{P}\boldsymbol{x}_k (k = 0,1,2,\cdots)$，于是

$$\boldsymbol{x}_2 = \boldsymbol{P}\boldsymbol{x}_1 = \boldsymbol{P}(\boldsymbol{P}\boldsymbol{x}_0) = \boldsymbol{P}^2\boldsymbol{x}_0$$

而且，一般来说，

$$\boldsymbol{x}_k = \boldsymbol{P}^k\boldsymbol{x}_0 \quad k = 0,1,2,\cdots$$

为了计算一个向量，例如 $\boldsymbol{x}_3$，将 $\boldsymbol{x}_1$，$\boldsymbol{x}_2$ 先算出来再计算 $\boldsymbol{x}_3$ 也只需要很少的算数运算，而计算 $\boldsymbol{P}^3$ 和 $\boldsymbol{P}^3\boldsymbol{x}_0$ 则不然. 然而，如果 $\boldsymbol{P}$ 很小，比如 30×30 矩阵，则对于两种方法，机器计算 $\boldsymbol{x}_3$ 的时间没有什么区别，计算 $\boldsymbol{P}^3\boldsymbol{x}_0$ 的命令可以作为首选，因为它需要较少的人工击键次数.

练习题

1. 假设一个城市地区的居民按照例 1 中迁移矩阵 $\boldsymbol{M}$ 的概率进行迁移，并且某个居民随机选择去向. 则某一年的状态向量可以理解为一个人是城市居民还是郊区居民的概率.
   a. 假设现在这个人是城市居民，则 $\boldsymbol{x}_0 = \begin{bmatrix} 1 \\ 0 \end{bmatrix}$，这个人下一年住在郊区的可能性有多大？
   b. 这个人两年后住在郊区的可能性有多大？
2. $\boldsymbol{P} = \begin{bmatrix} 0.6 & 0.2 \\ 0.4 & 0.8 \end{bmatrix}$, $\boldsymbol{q} = \begin{bmatrix} 0.3 \\ 0.7 \end{bmatrix}$. 向量 $\boldsymbol{q}$ 是否为 $\boldsymbol{P}$ 的稳态向量？
3. 例 1 中多年之后居住在郊区的人口的百分比是多少？

习题 5.9

1. 一个偏僻的小村子从两个广播站接收无线电广播，一个是新闻广播站，另一个是音乐广播站. 在广播站每半小时一次的休息后，收听新闻广播的听众中，70%的人还将保持收听新闻，有30%的人在广播站休息时换成收听音乐广播.收听音乐广播的听众中，当广播站休息时，有 60%的人将换成收听新闻广播，有 40%的人将保持收听音乐. 假设上午 8:15 每个人都在收听新闻.
   a. 给出描述无线电听众在每个广播站休息时换台趋向的随机矩阵. 对行、列做标记.
   b. 给出初始状态向量.
   c. 上午 9:25，听众收听音乐广播的百分率是多少？（在 8:30 和 9:00 广播站休息之后.）
2. 一个实验室的动物每天可以吃三种食物中的任意一种. 实验室记录表明，在一次试验中，如果这个动物选择一种食物，那么在下一次试验中它选择同样食物的概率是 50%，选择其他两种食物的概率均为 25%.
   a. 这种情况的随机矩阵是什么？
   b. 如果这个动物在一次试验中选择了 1 号食物，那么在首次试验后的第二次试验中，它选择 2 号食物的概率是多少？

3. 在任意给定的一天，一个学生要么健康，要么生病. 在所有今天健康的学生中，95%的人明天仍然健康. 在所有今天生病的学生中，55%的人明天仍然会生病.
   a. 这种情况的随机矩阵是什么？
   b. 假设星期一有 20%的学生生病.星期二，可能生病的学生百分比是多少？星期三呢？

c. 如果一个学生今天是健康的，问该学生两天后健康的概率是多少？

4. 对任意给定的一天，哥伦布地区的天气要么好，要么中等，要么差. 如果今天天气好，明天天气有60%的可能性好，30%的可能性中等，10%的可能性差. 如果今天天气中等，明天天气有40%的可能性好，30%的可能性中等. 最后，如果今天天气差，则明天天气有40%的可能性好，有50%的可能性中等.

   a. 这种情况的随机矩阵是什么？

   b. 假设今天好天气的可能性为50%，中等天气的可能性为50%. 明天差天气的可能性是多少？

   c. 假设预报星期一天气40%为中等，60%为差. 星期三好天气的可能性是多少？

在习题5～8中，求稳态向量.

5. $\begin{bmatrix} 0.1 & 0.6 \\ 0.9 & 0.4 \end{bmatrix}$

6. $\begin{bmatrix} 0.8 & 0.5 \\ 0.2 & 0.5 \end{bmatrix}$

7. $\begin{bmatrix} 0.7 & 0.1 & 0.1 \\ 0.2 & 0.8 & 0.2 \\ 0.1 & 0.1 & 0.7 \end{bmatrix}$

8. $\begin{bmatrix} 0.7 & 0.2 & 0.2 \\ 0 & 0.2 & 0.2 \\ 0.3 & 0.6 & 0.4 \end{bmatrix}$

9. 确定 $\boldsymbol{P}=\begin{bmatrix} 0.2 & 1 \\ 0.8 & 0 \end{bmatrix}$ 是否是一个正则随机矩阵.

10. 确定 $\boldsymbol{P}=\begin{bmatrix} 1 & 0.2 \\ 0 & 0.8 \end{bmatrix}$ 是否是一个正则随机矩阵.

11. a. 对习题1中的马尔可夫链，求其稳态向量.

    b. 经过很长时间之后，听众中收听新闻的比例是多少？

12. 参考习题2. 多次试验后，这个动物更喜欢哪一种食物？

13. a. 对习题3中的马尔可夫链，求其稳态向量.

    b. 对某个确定的人，在许多天之后，生病的概率是多少？如果这个人今天正在生病，对这个结果有影响吗？

14. 参考习题4. 从长远看，对任给的一天，哥伦布地区好天气的可能性有多大？

在习题15～20中，$\boldsymbol{P}$ 是一个 $n\times n$ 随机矩阵. 判断每个命题的真假（T/F）. 并说明理由.

15.（T/F）稳态向量是 $\boldsymbol{P}$ 的一个特征向量.

16.（T/F）$\boldsymbol{P}$ 的每个特征向量是稳态向量.

17.（T/F）全为1的向量是 $\boldsymbol{P}^{\mathrm{T}}$ 的一个特征向量.

18.（T/F）数字2可以是随机矩阵的一个特征值.

19.（T/F）数字1/2可以是随机矩阵的一个特征值.

20.（T/F）所有随机矩阵都是正则的.

21. $\boldsymbol{q}=\begin{bmatrix} 0.6 \\ 0.8 \end{bmatrix}$ 是 $\boldsymbol{A}=\begin{bmatrix} 0.2 & 0.6 \\ 0.8 & 0.4 \end{bmatrix}$ 的稳态向量吗？并说明理由.

22. $\boldsymbol{q}=\begin{bmatrix} 0.4 \\ 0.4 \end{bmatrix}$ 是 $\boldsymbol{A}=\begin{bmatrix} 0.2 & 0.8 \\ 0.8 & 0.2 \end{bmatrix}$ 的稳态向量吗？并说明理由.

23. $\boldsymbol{q}=\begin{bmatrix} 0.6 \\ 0.4 \end{bmatrix}$ 是 $\boldsymbol{A}=\begin{bmatrix} 0.4 & 0.6 \\ 0.6 & 0.4 \end{bmatrix}$ 的稳态向量吗？并说明理由.

24. $\boldsymbol{q}=\begin{bmatrix} 3/7 \\ 4/7 \end{bmatrix}$ 是 $\boldsymbol{A}=\begin{bmatrix} 0.2 & 0.6 \\ 0.8 & 0.4 \end{bmatrix}$ 的稳态向量吗？并说明理由.

25. [M]假设以下矩阵描述了一个人在iOS和Android智能手机之间转换的可能性.

从：iOS Android 到：

$$\begin{bmatrix} 0.70 & 0.15 \\ 0.30 & 0.85 \end{bmatrix} \begin{matrix} \text{iOS} \\ \text{Android} \end{matrix}$$

从长远看，你希望有多大比例的智能手机用户使用Android操作系统？

26. [M]在底特律，Hertz Rent A Car公司大约有2000辆小汽车. 租车和还车位置的模式由下表中的分数给出. 在一天中，市中心大约有多少辆小汽车将被租出或准备租出？

租车位置：市机场 市中心 大都会机场 还车位置：

$$\begin{bmatrix} 0.90 & 0.01 & 0.09 \\ 0.01 & 0.90 & 0.01 \\ 0.09 & 0.09 & 0.90 \end{bmatrix} \begin{matrix} \text{市机场} \\ \text{市中心} \\ \text{大都会机场} \end{matrix}$$

27. 设 $\boldsymbol{P}$ 是一个 $n\times n$ 随机矩阵. 下面的论证表明方程 $\boldsymbol{Px}=\boldsymbol{x}$ 有一个非平凡解.（事实上，存在一个具有非负元素的稳态解，其证明在一些高等教材中给出.）证明下面的论断.（适当的时候引用定理.）

a. 若将 $P-I$ 的其余行都加到最下面一行，结果为零行.

b. $P-I$ 的行线性无关.

c. $P-I$ 的行空间的维数小于 n.

d. $P-I$ 有一个非平凡的零空间.

28. 证明：每一个 2×2 随机矩阵至少有一个稳态向量. 任意这样的矩阵均能写成形如 $P=\begin{bmatrix}1-\alpha & \beta\\ \alpha & 1-\beta\end{bmatrix}$ 的形式，其中 α 和 β 是 0 到 1 之间的常数.（如果 $\alpha=\beta=0$，则存在两个线性无关的稳态向量. 否则只有一个稳态向量.）

29. 令 S 是一个 $1\times n$ 行矩阵，每列中只有一个 1，$S=\begin{bmatrix}1 & 1 & \dots & 1\end{bmatrix}$.

a. 解释为什么 $\mathbb{R}^n$ 中向量 x 是概率向量，当且仅当它的元素非负且 $Sx=1$.（像 Sx 这样的 1×1 矩阵通常不写矩阵括号符号.）

b. P 是一个 $n\times n$ 随机矩阵. 解释为什么 $SP=S$.

c. P 为是一个 $n\times n$ 随机矩阵，x 是一个概率向量. 证明：Px 也是一个概率向量.

30. 利用习题 29 证明若 P 是一个 $n\times n$ 随机矩阵，则 P^2 也是 $n\times n$ 随机矩阵.

31. [M]检查正则随机矩阵的幂.

a. $P=\begin{bmatrix}0.3355 & 0.3682 & 0.3067 & 0.0389\\ 0.2663 & 0.2723 & 0.3277 & 0.5451\\ 0.1935 & 0.1502 & 0.1589 & 0.2395\\ 0.2047 & 0.2093 & 0.2067 & 0.1765\end{bmatrix}$，计算 $P^k(k=2,3,4,5)$.

计算结果保留 4 位小数. 当 k 增加时，P^k 的列将有什么变化？计算 P 的稳态向量.

b. $Q=\begin{bmatrix}0.97 & 0.05 & 0.10\\ 0 & 0.90 & 0.05\\ 0.03 & 0.05 & 0.85\end{bmatrix}$，计算 $Q^k(k=10,20,\cdots,80)$.

（Q^k 的稳定性达到小数点后四位可能需要 $k=116$ 或更大.）计算 Q 的稳态向量. 对于任意的正则随机矩阵，猜想什么结果可能是正确的.

c. 用定理 11 来解释在(a)和(b)中你所发现的结果.

32. [M]对比求正则随机矩阵 P 的稳态向量 q 的两种方法：（1）像例 5 中那样计算 q，或者（2）对某较大的数 k，计算 P^k，再利用 P^k 的一列当作 q 的近似.（“学习指导”中描述了一个程序 nulbasis，它几乎使方法（1）自动化.）

利用 $k=100$ 或更大的数，在你的矩阵程序允许范围内，对一个随意给定的最大的随机矩阵做实验. 对于每一种方法，给出你开始按键和运行程序所需要的时间.（MATLAB 的某些版本可用命令 flops 和 tic…toc 来记录浮点运算的次数和使用 MATLAB 计算总的消耗时间.）对比一下每种方法的优势，并说明你倾向于使用哪一种方法.

练习题答案

1. a. 因为在一年之内有 5%的城市居民将迁移到郊区，故每个人有 5%的可能性这样选择.没有关于这个人的更进一步说明，我们说这个人迁移到郊区的可能性是 5%. 这个事实包含在状态向量 x_1 的第二个元素中，其中

$$x_1=Mx_0=\begin{bmatrix}0.95 & 0.03\\ 0.05 & 0.97\end{bmatrix}\begin{bmatrix}1\\ 0\end{bmatrix}=\begin{bmatrix}0.95\\ 0.05\end{bmatrix}$$

b. 两年后这个人住在郊区的可能性是 9.6%，因为

$$x_2=Mx_1=\begin{bmatrix}0.95 & 0.03\\ 0.05 & 0.97\end{bmatrix}\begin{bmatrix}0.95\\ 0.05\end{bmatrix}=\begin{bmatrix}0.904\\ 0.096\end{bmatrix}$$

2. 稳态向量满足 $\boldsymbol{Px}=\boldsymbol{x}$. 当

$$\boldsymbol{Pq}=\begin{bmatrix}0.6 & 0.2\\0.4 & 0.8\end{bmatrix}\begin{bmatrix}0.3\\0.7\end{bmatrix}=\begin{bmatrix}0.32\\0.68\end{bmatrix}\neq\boldsymbol{q}\text{ 时，}$$

我们断定 $\boldsymbol{q}$ 不是 $\boldsymbol{P}$ 的稳态向量.

3. 例 1 中的 $\boldsymbol{M}$ 是一个正则随机矩阵，这是因为它的元素全是严格正的.因此我们可以使用定理 11.我们已经知道例 4 中的稳态向量.因此，人口分布向量 $\boldsymbol{x}_k$ 趋向

$$\boldsymbol{q}=\begin{bmatrix}0.375\\0.625\end{bmatrix}$$

最终 62.5%的人口将居住在郊区.

课题研究

本章课题研究可在 bit.ly/30IM8gT 处获取.

A. 寻找特征值的幂方法：该课题展示了如何找到与最大特征值对应的特征向量.

B. 分部积分：本课题的目的是展示如何使用相对于基 $\mathcal{B}$ 的线性变换矩阵来求通常使用分部积分求的积分.

C. 机器学习：在这个课题中，要求学生在网上找到使用 3D 旋转功能的机器人的例子.

D. 动力系统和马尔可夫链：该课题将离散动力系统技术应用于马尔可夫链.

补充习题

在下列所有补充习题中，$\boldsymbol{A}$ 和 $\boldsymbol{B}$ 均为适当大小的方阵.

在习题 1～23 中，判断命题的真假（T/F），并给出理由.

1. （T/F）设 $\boldsymbol{A}$ 可逆且 1 是其特征值，则 1 也是 $\boldsymbol{A}^{-1}$ 的特征值.
2. （T/F）若 $\boldsymbol{A}$ 可通过行变换化成单位阵 $\boldsymbol{I}$，那么 $\boldsymbol{A}$ 可对角化.
3. （T/F）若 $\boldsymbol{A}$ 的某一行或某一列上的元素全为 0，那么 0 是 $\boldsymbol{A}$ 的一个特征值.
4. （T/F）$\boldsymbol{A}$ 的每个特征值同样也是 $\boldsymbol{A}^2$ 的特征值.
5. （T/F）$\boldsymbol{A}$ 的每个特征向量同样也是 $\boldsymbol{A}^2$ 的特征向量.
6. （T/F）可逆矩阵 $\boldsymbol{A}$ 的每个特征向量同时也是 $\boldsymbol{A}^{-1}$ 的特征向量.
7. （T/F）特征值必为非零数.
8. （T/F）特征向量必为非零向量.
9. （T/F）对应于同一特征值的两个特征向量必为线性相关的.
10. （T/F）相似矩阵必有相同的特征值.
11. （T/F）相似矩阵必有相同的特征向量.
12. （T/F）矩阵 $\boldsymbol{A}$ 的两个特征向量之和仍是 $\boldsymbol{A}$ 的特征向量.
13. （T/F）上三角形矩阵 $\boldsymbol{A}$ 的特征值正好是对角矩阵 $\boldsymbol{A}$ 中的非零元素.
14. （T/F）将重数计算在内，矩阵 $\boldsymbol{A}$ 和 $\boldsymbol{A}^{\mathrm{T}}$ 具有相同的特征值.
15. （T/F）如果 5×5 矩阵 $\boldsymbol{A}$ 的不同特征值少于 5 个，那么 $\boldsymbol{A}$ 不可对角化.
16. （T/F）$\mathbb{R}^2$ 中存在没有特征向量的 2×2 矩阵.
17. （T/F）若 $\boldsymbol{A}$ 可对角化，那么 $\boldsymbol{A}$ 的各列线性无关.
18. （T/F）一个非零向量不能对应于 $\boldsymbol{A}$ 的两个不同特征值.
19. （T/F）矩（方）阵 $\boldsymbol{A}$ 可逆当且仅当存在一个坐标系使得变换 $\boldsymbol{x}\mapsto\boldsymbol{Ax}$ 可以用对角矩阵来表示.
20. （T/F）如果 $\mathbb{R}^n$ 的标准基中每一向量 $\boldsymbol{e}_j$ 都是 $\boldsymbol{A}$

的特征向量，那么 $\boldsymbol{A}$ 是一对角矩阵.

21. （T/F）如果 $\boldsymbol{A}$ 相似于一可对角化的矩阵 $\boldsymbol{B}$，那么 $\boldsymbol{A}$ 也可对角化.
22. （T/F）如果 $\boldsymbol{A}$ 和 $\boldsymbol{B}$ 均为 $n\times n$ 可逆矩阵，那么 $\boldsymbol{AB}$ 相似于 $\boldsymbol{BA}$.
23. （T/F）具有 n 个线性无关特征向量的 $n\times n$ 矩阵可逆.
24. 若 $\boldsymbol{x}$ 是矩阵乘积 $\boldsymbol{AB}$ 的一个特征向量，且 $\boldsymbol{Bx}\neq 0$，证明 $\boldsymbol{Bx}$ 是 $\boldsymbol{BA}$ 的一个特征向量.
25. 设 $\boldsymbol{x}$ 是 $\boldsymbol{A}$ 的对应于特征值 λ 的特征向量.
    a. 证明 $\boldsymbol{x}$ 是 $5\boldsymbol{I}-\boldsymbol{A}$ 的一个特征向量. 并求其对应的特征值.
    b. 证明 $\boldsymbol{x}$ 是 $5\boldsymbol{I}-3\boldsymbol{A}+\boldsymbol{A}^2$ 的一个特征向量. 并求其对应的特征值.
26. 用数学归纳法证明如果 λ 是 $n\times n$ 矩阵 $\boldsymbol{A}$ 的一个特征值，$\boldsymbol{x}$ 是其对应的特征向量，那么对任一正整数 m，λ^m 是 $\boldsymbol{A}^m$ 的一个特征值，$\boldsymbol{x}$ 是其对应的特征向量.
27. 设 $p(t)=c_0+c_1t+c_2t^2+\cdots+c_nt^n$，定义 $P(\boldsymbol{A})$ 为用对应的 $\boldsymbol{A}$ 的幂去取代 $p(t)$ 中的每一个 t 的幂所得的矩阵（其中 $\boldsymbol{A}^0=\boldsymbol{I}$）. 即
    $$p(\boldsymbol{A})=c_0\boldsymbol{I}+c_1\boldsymbol{A}+c_2\boldsymbol{A}^2+\cdots+c_n\boldsymbol{A}^n$$
    若 λ 是 $\boldsymbol{A}$ 的一个特征值，证明 $p(\boldsymbol{A})$ 的一个特征值是 $p(\lambda)$.
28. 设 $\boldsymbol{A}=\boldsymbol{PDP}^{-1}$，$\boldsymbol{P}$ 是 2×2 矩阵，$\boldsymbol{D}=\begin{bmatrix}2&0\\0&7\end{bmatrix}$.
    a. 设 $\boldsymbol{B}=5\boldsymbol{I}-3\boldsymbol{A}+\boldsymbol{A}^2$. 证明 $\boldsymbol{B}$ 可通过寻找 $\boldsymbol{B}$ 的一个合适的分解来化成对角矩阵.
    b. 已知 $p(t)$ 和 $p(\boldsymbol{A})$ 如习题 27 所述，证明 $p(\boldsymbol{A})$ 可对角化.
29. 设 $\boldsymbol{A}$ 可对角化且 $p(t)$ 是 $\boldsymbol{A}$ 的特征多项式. 定义 $p(\boldsymbol{A})$ 如习题 27 所述，证明 $p(\boldsymbol{A})$ 是零矩阵. 这一事实叫作 Cayley-Hamilton 定理，它对任一方阵均成立.
30. a. 设 $\boldsymbol{A}$ 是一 $n\times n$ 可对角化矩阵. 证明当特征值 λ 的重数是 n 时，有 $\boldsymbol{A}=\lambda\boldsymbol{I}$.
    b. 利用（a）来证明矩阵 $\boldsymbol{A}=\begin{bmatrix}3&1\\0&3\end{bmatrix}$ 不可对角化.
31. 证明：当 $\boldsymbol{A}$ 的所有特征值均小于 1 时，$\boldsymbol{I}-\boldsymbol{A}$ 可逆.（提示：如果 $\boldsymbol{I}-\boldsymbol{A}$ 不可逆情况会是怎样?）
32. 证明：若 $\boldsymbol{A}$ 可对角化，且 $\boldsymbol{A}$ 的所有特征值的绝对值均小于 1，那么当 $k\to\infty$ 时，$\boldsymbol{A}^k$ 趋于零矩阵.（提示：考虑 $\boldsymbol{A}^k\boldsymbol{x}$，其中 $\boldsymbol{x}$ 为 $\boldsymbol{I}$ 的任一列.）
33. 设 $\boldsymbol{u}$ 为 $\boldsymbol{A}$ 的对应于特征值 λ 的特征向量，H 为 $\mathbb{R}^n$ 上过 $\boldsymbol{u}$ 和原点的直线.
    a. 证明：对 H 上任一 $\boldsymbol{x}$，有 $\boldsymbol{Ax}$ 在 H 上，那么 H 在 $\boldsymbol{A}$ 内不变.
    b. 设 K 为 $\mathbb{R}^n$ 中在 $\boldsymbol{A}$ 作用下不变的一维子空间，证明：K 包含 $\boldsymbol{A}$ 的一个特征向量.
34. 设 $\boldsymbol{G}=\begin{bmatrix}\boldsymbol{A}&\boldsymbol{X}\\\boldsymbol{0}&\boldsymbol{B}\end{bmatrix}$. 利用 5.2 节中求行列式的公式（1）证明 $\det\boldsymbol{G}=(\det\boldsymbol{A})(\det\boldsymbol{B})$. 由此，推导出 $\boldsymbol{G}$ 的特征多项式为 $\boldsymbol{A}$ 与 $\boldsymbol{B}$ 的特征多项式的乘积.

利用习题 34 求习题 35 和 36 中矩阵的特征值.

35. $\boldsymbol{A}=\begin{bmatrix}3&-2&8\\0&5&-2\\0&-4&3\end{bmatrix}$
36. $\boldsymbol{A}=\begin{bmatrix}1&5&-6&-7\\2&4&5&2\\0&0&-7&-4\\0&0&3&1\end{bmatrix}$
37. 设 $\boldsymbol{J}$ 为元素全为 1 的 $n\times n$ 矩阵，并设 $\boldsymbol{A}=(a-b)\boldsymbol{I}+b\boldsymbol{J}$，即 $\boldsymbol{A}=\begin{bmatrix}a&b&b&\cdots&b\\b&a&b&\cdots&b\\b&b&a&\cdots&b\\\vdots&\vdots&\vdots&&\vdots\\b&b&b&\cdots&a\end{bmatrix}$，利用第 3 章补充习题 30 的结果证明 $\boldsymbol{A}$ 的特征值为 $a-b$ 和 $a+(n-1)b$. 并求这两个特征值的重数.
38. 应用习题 37 的结论求矩阵 $\begin{bmatrix}1&2&2\\2&1&2\\2&2&1\end{bmatrix}$ 和

$\begin{bmatrix} 7 & 3 & 3 & 3 & 3 \\ 3 & 7 & 3 & 3 & 3 \\ 3 & 3 & 7 & 3 & 3 \\ 3 & 3 & 3 & 7 & 3 \\ 3 & 3 & 3 & 3 & 7 \end{bmatrix}$的特征值.

39. 设 $\boldsymbol{A}=\begin{bmatrix} a_{11} & a_{12} \\ a_{21} & a_{22} \end{bmatrix}$. $\operatorname{tr}\boldsymbol{A}$（$\boldsymbol{A}$ 的迹）等于 $\boldsymbol{A}$ 的对角元素之和. 证明：$\boldsymbol{A}$ 的特征多项式为 $\lambda^2-(\operatorname{tr}\boldsymbol{A})\lambda+\det\boldsymbol{A}$. 然后证明 2×2 矩阵 $\boldsymbol{A}$ 的特征值全为实数当且仅当 $\det\boldsymbol{A}\leqslant\left(\dfrac{\operatorname{tr}\boldsymbol{A}}{2}\right)^2$.

40. 设 $\boldsymbol{A}=\begin{bmatrix} 0.4 & -0.3 \\ 0.4 & 1.2 \end{bmatrix}$. 说明当 $k\to\infty$ 时，

$$\boldsymbol{A}^k\to\begin{bmatrix} -0.5 & -0.75 \\ 1.0 & 1.50 \end{bmatrix}.$$

习题 41~45 是关于多项式 $p(t)=a_0+a_1t+\cdots+a_{n-1}t^{n-1}+t^n$ 和 $n\times n$ 矩阵 $\boldsymbol{C}_p$ 的，$\boldsymbol{C}_p$ 叫作 p 的**友矩阵**：

$$\boldsymbol{C}_p=\begin{bmatrix} 0 & 1 & 0 & \cdots & 0 \\ 0 & 0 & 1 & & 0 \\ \vdots & & & & \vdots \\ 0 & 0 & 0 & & 1 \\ -a_0 & -a_1 & -a_2 & \cdots & -a_{n-1} \end{bmatrix}.$$

41. $p(t)=6-5t+t^2$，写出它的友矩阵 $\boldsymbol{C}_p$，并求 $\boldsymbol{C}_p$ 的特征多项式.

42. 设 $p(t)=(t-2)(t-3)(t-4)=-24+26t-9t^2+t^3$，写出 $p(t)$ 的友矩阵，并用第 3 章的方法求它的特征多项式.

43. 利用数学归纳法证明：当 $n\geqslant 2$ 时，

$$\begin{aligned}\det(\boldsymbol{C}_p-\lambda\boldsymbol{I})&=(-1)^n(a_0+a_1\lambda+\cdots+a_{n-1}\lambda^{n-1}+\lambda^n)\\&=(-1)^n p(\lambda)\end{aligned}$$

（提示：求沿第一列展开的代数余子式，证明 $\det(\boldsymbol{C}_p-\lambda\boldsymbol{I})$ 具有 $(-\lambda)B+(-1)^n a_0$ 的形式，其中 B 为某一多项式（由归纳假设）.）

44. 设 $p(t)=a_0+a_1t+a_2t^2+t^3$，并设 λ 是 p 的一个零点.

a. 写出 p 的友矩阵.

b. 证明 $\lambda^3=-a_0-a_1\lambda-a_2\lambda^2$ 及 $(1,\lambda,\lambda^2)$ 是 p 的友矩阵的一个特征向量.

45. 设 p 为习题 44 中的多项式，并假设方程 $p(t)=0$ 有不同的根 $\lambda_1,\lambda_2,\lambda_3$. 设 $\boldsymbol{V}$ 为范德蒙德矩阵 $\boldsymbol{V}=\begin{bmatrix} 1 & 1 & 1 \\ \lambda_1 & \lambda_2 & \lambda_3 \\ \lambda_1^2 & \lambda_2^2 & \lambda_3^2 \end{bmatrix}$. 利用习题 44 和本章中的定理推导 $\boldsymbol{V}$ 是可逆的（不要计算 $\boldsymbol{V}^{-1}$）. 然后说明 $\boldsymbol{V}^{-1}\boldsymbol{C}_p\boldsymbol{V}$ 是一个对角矩阵.

46. [M]MATLAB 命令 roots(p)是用来计算多项式方程 $p(t)=0$ 的根的. 阅读 MATLAB 手册，阐述 roots 命令所用到的算法的基本思想.

47. [M]如果可能的话，利用矩阵程序对角化矩阵 $\boldsymbol{A}=\begin{bmatrix} -3 & -2 & 0 \\ 14 & 7 & -1 \\ -6 & -3 & 1 \end{bmatrix}$. 利用特征值命令创建对角矩阵 $\boldsymbol{D}$. 如果程序有产生特征向量的命令，利用此命令产生的向量来构造可逆矩阵 $\boldsymbol{P}$. 然后计算 $\boldsymbol{AP}-\boldsymbol{PD}$ 和 $\boldsymbol{PDP}^{-1}$. 并讨论结果.

48. [M]设 $\boldsymbol{A}=\begin{bmatrix} -8 & 5 & -2 & 0 \\ -5 & 2 & 1 & -2 \\ 10 & -8 & 6 & -3 \\ 3 & -2 & 1 & 0 \end{bmatrix}$，重做习题 47.

第6章 正交性和最小二乘法

介绍性实例 人工智能和机器学习

无论品种或颜色如何，你能分辨出小猫和小狗吗？当然！两者可能都毛茸茸充满欢乐，但在人类眼中，其中一个显然是猫科动物，另一个是犬科动物. 很简单. 在我们训练有素的眼睛看来，这似乎是显而易见的，因为它们能够解释图像像素中的含义，但对于机器来说这是一个重大挑战. 随着人工智能（AI）和机器学习的进步，计算机正在迅速提高其识别上图中左侧生物为小狗、右侧生物为猫的能力.

许多行业现在都在使用人工智能技术来加快曾经需要数小时无意识工作的进程，例如邮局扫描仪，它可以读取信封上的条形码和手写文字，从而准确快速地分拣邮件. 诺德斯特龙公司正在使用机器学习来设计、展示、组织和向客户推荐服装，例如，即使在创造性的美学领域，机器学习也可以用来解释像素中的颜色和形状模式，并将视觉可能性组织成我们的眼睛认为令人愉悦的东西.

当呼叫服务台时，我们经常碰到机器表示欢迎，然后询问一系列问题并且提供建议. 只有不断与这台机器交流，才能呼叫到人工台. 越来越多的服务电话由机器接听，使客户的简单问题更容易得到简洁的回答，从而避免排队时间和无休止的等待铃声. 谷歌设计了一个人工智能助手，还可以为你处理服务电话——代表你预订餐厅或预约理发.

人工智能和机器学习包括开发系统，系统正确解释外部数据，从这些数据中学习，并利用这些学习方法，通过灵活性和适应能力来实现特定的目标和任务. 通常，这些技术背后的驱动引擎是线性代数. 在6.2节和6.3节中，我们将看到一种设计矩阵的简单方法，使得矩阵乘法可以识别出不同颜色方块的正确图案. 在6.5节、6.6节和6.8节中，我们将探讨机器学习中使用的技术.

为了寻找一个没有真正解的不相容的方程组的近似解，需要给“接近”概念下一个良好的定义. 6.1节将介绍向量空间中的长度和正交性概念. 6.2节和6.3节说明正交性是如何用于判定子空间 W 中的某个点是最接近 W 之外的一个给定点 $\mathbf{y}$ 的. 通过把 W 设定为矩阵的列子空间，6.5节导出一个可以求不相容线性方程组的近似（“最小二乘”）解的方法，机器学习中的一种重要技巧，将在6.6节和6.8节中讨论.

6.4节让我们又一次看到正交投影的作用，导出了一个广泛应用于数值线性代数中的矩阵因式分解的方法. 本章其余节的内容检验实际应用中产生的一些最小二乘问题，有些涉及比 $\mathbb{R}^n$ 空间更一般的向量空间.

6.1　内积、长度和正交性

大家已经熟悉了二维和三维空间中的长度、距离和垂直等几何概念，本节引入$\mathbb{R}^n$空间中类似的定义，这些概念为解决许多实际问题（如上面提到的最小二乘问题）提供了有力的几何工具. 而$\mathbb{R}^n$中的三个新概念都建立在两个向量的内积基础之上.

内积

如果$\boldsymbol{u}$和$\boldsymbol{v}$是$\mathbb{R}^n$中的向量，则可以将$\boldsymbol{u}$和$\boldsymbol{v}$作为$n\times 1$矩阵. 转置矩阵$\boldsymbol{u}^{\mathrm{T}}$是$1\times n$矩阵，且矩阵乘积$\boldsymbol{u}^{\mathrm{T}}\boldsymbol{v}$是一个$1\times 1$矩阵，我们将其记为一个不加括号的实数（标量）. 数$\boldsymbol{u}^{\mathrm{T}}\boldsymbol{v}$称为$\boldsymbol{u}$和$\boldsymbol{v}$的**内积**，通常记作$\boldsymbol{u}\cdot\boldsymbol{v}$. 这里的内积曾在习题2.1中提到过，也称为**点积**. 如果

$$\boldsymbol{u}=\begin{bmatrix}u_1\\u_2\\\vdots\\u_n\end{bmatrix},\quad \boldsymbol{v}=\begin{bmatrix}v_1\\v_2\\\vdots\\v_n\end{bmatrix}$$

那么$\boldsymbol{u}$和$\boldsymbol{v}$的内积定义为

$$[u_1\quad u_2\quad\cdots\quad u_n]\begin{bmatrix}v_1\\v_2\\\vdots\\v_n\end{bmatrix}=u_1v_1+u_2v_2+\cdots+u_nv_n$$

例1　如果$\boldsymbol{u}=\begin{bmatrix}2\\-5\\-1\end{bmatrix}$，$\boldsymbol{v}=\begin{bmatrix}3\\2\\-3\end{bmatrix}$，计算$\boldsymbol{u}\cdot\boldsymbol{v}$和$\boldsymbol{v}\cdot\boldsymbol{u}$.

解

$$\boldsymbol{u}\cdot\boldsymbol{v}=\boldsymbol{u}^{\mathrm{T}}\boldsymbol{v}=[2\quad -5\quad -1]\begin{bmatrix}3\\2\\-3\end{bmatrix}=(2)(3)+(-5)(2)+(-1)(-3)=-1$$

$$\boldsymbol{v}\cdot\boldsymbol{u}=\boldsymbol{v}^{\mathrm{T}}\boldsymbol{u}=[3\quad 2\quad -3]\begin{bmatrix}2\\-5\\-1\end{bmatrix}=(3)(2)+(2)(-5)+(-3)(-1)=-1$$

■

从例1中的计算明显看出，$\boldsymbol{u}\cdot\boldsymbol{v}=\boldsymbol{v}\cdot\boldsymbol{u}$. 一般情形下，内积的交换律成立. 下面关于内积的性质可以很容易用2.1节中矩阵转置运算的性质来推导（见本节末习题29和习题30）.

定理1　设$\boldsymbol{v},\boldsymbol{u}$和$\boldsymbol{w}$是$\mathbb{R}^n$中的向量，$c$是一个数，那么

a. $\boldsymbol{u}\cdot\boldsymbol{v}=\boldsymbol{v}\cdot\boldsymbol{u}$.

b. $(\boldsymbol{u}+\boldsymbol{v})\cdot\boldsymbol{w}=\boldsymbol{u}\cdot\boldsymbol{w}+\boldsymbol{v}\cdot\boldsymbol{w}$.

c. $(c\boldsymbol{u})\cdot\boldsymbol{v}=c(\boldsymbol{u}\cdot\boldsymbol{v})=\boldsymbol{u}\cdot(c\boldsymbol{v})$.

d. $\boldsymbol{u}\cdot\boldsymbol{u}\geqslant 0$, 并且 $\boldsymbol{u}\cdot\boldsymbol{u}=0$ 成立的充分必要条件是 $\boldsymbol{u}=\boldsymbol{0}$.

性质 b 和 c 可以合并为以下法则：

$$(c_1\boldsymbol{u}_1+c_2\boldsymbol{u}_2+\cdots+c_p\boldsymbol{u}_p)\cdot\boldsymbol{w}=c_1(\boldsymbol{u}_1\cdot\boldsymbol{w})+c_2(\boldsymbol{u}_2\cdot\boldsymbol{w})+\cdots+c_p(\boldsymbol{u}_p\cdot\boldsymbol{w})$$

向量的长度

如果 $\boldsymbol{v}$ 是属于 $\mathbb{R}^n$ 的向量，其元素为 $v_1,v_2,\cdots,v_n$，则因为 $\boldsymbol{v}\cdot\boldsymbol{v}$ 是非负数，所以 $\boldsymbol{v}\cdot\boldsymbol{v}$ 的平方根有意义.

定义　向量 $\boldsymbol{v}$ 的**长度**（或**范数**）是非负数 $\|\boldsymbol{v}\|$，定义为

$$\|\boldsymbol{v}\|=\sqrt{\boldsymbol{v}\cdot\boldsymbol{v}}=\sqrt{v_1^2+v_2^2+\cdots+v_n^2}\quad \text{且}\ \|\boldsymbol{v}\|^2=\boldsymbol{v}\cdot\boldsymbol{v}$$

假若 $\boldsymbol{v}$ 是 $\mathbb{R}^2$ 中的向量，比如 $\boldsymbol{v}=\begin{bmatrix}a\\b\end{bmatrix}$. 如果我们将 $\boldsymbol{v}$ 与平面上的几何点 (a, b) 相对应，那么 $\|\boldsymbol{v}\|$ 和平面内原点到 $\boldsymbol{v}$ 的线段长度一致，这个结论可以从三角形的勾股定理得到，例如图 6-1 中的三角形.

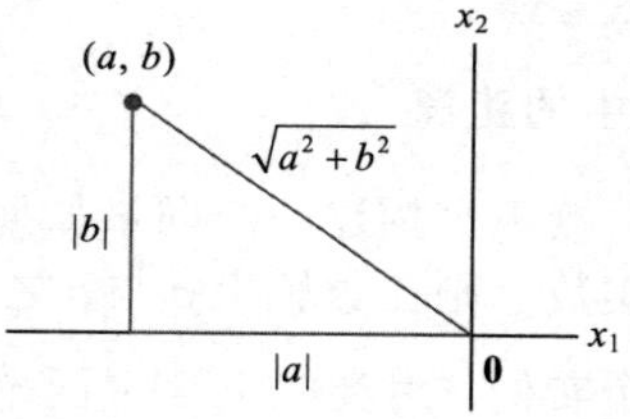

类似长方体的对角线计算，三维空间中向量 $\boldsymbol{v}$ 的长度和通常意义下的长度概念是一致的.

对任意数 c，向量 $c\boldsymbol{v}$ 的长度等于 $|c|$ 乘 $\boldsymbol{v}$ 的长度，即

$$\|c\boldsymbol{v}\|=|c|\ \|\boldsymbol{v}\|$$

（为验证上式，计算 $\|c\boldsymbol{v}\|^2=(c\boldsymbol{v})\cdot(c\boldsymbol{v})=c^2\boldsymbol{v}\cdot\boldsymbol{v}=c^2\|\boldsymbol{v}\|^2$，然后做开方运算就可以得到以上结论.）

图 6-1　$\|\boldsymbol{v}\|$ 作为长度的几何意义

长度为 1 的向量称为**单位向量**. 如果把一个非零向量除以其自身的长度，即乘 $\dfrac{1}{\|\boldsymbol{v}\|}$，就可以得到一个单位向量，即 $\boldsymbol{u}=\dfrac{\boldsymbol{v}}{\|\boldsymbol{v}\|}$，因为 $\boldsymbol{u}$ 的长度是 $\left(1/\|\boldsymbol{v}\|\right)\|\boldsymbol{v}\|$. 这种把向量 $\boldsymbol{v}$ 化成单位向量 $\boldsymbol{u}$ 的过程，称为向量 $\boldsymbol{v}$ 的**单位化**，此时 $\boldsymbol{u}$ 和 $\boldsymbol{v}$ 方向一致.

下面几个例子使用（列）向量的简约形式.

例 2　令 $\boldsymbol{v}=(1,-2,2,0)$，找出和 $\boldsymbol{v}$ 方向一致的单位向量 $\boldsymbol{u}$.

解　首先计算向量 $\boldsymbol{v}$ 的长度：

$$\|\boldsymbol{v}\|^2=\boldsymbol{v}\cdot\boldsymbol{v}=(1)^2+(-2)^2+(2)^2+(0)^2=9,\quad \|\boldsymbol{v}\|=\sqrt{9}=3$$

将 $\boldsymbol{v}$ 乘以 $\dfrac{1}{\|\boldsymbol{v}\|}$ 得到

$$\boldsymbol{u}=\frac{1}{\|\boldsymbol{v}\|}\boldsymbol{v}=\frac{1}{3}\boldsymbol{v}=\frac{1}{3}\begin{bmatrix}1\\-2\\2\\0\end{bmatrix}=\begin{bmatrix}1/3\\-2/3\\2/3\\0\end{bmatrix}$$

为验证 $\|\boldsymbol{u}\|=1$，只需验证 $\|\boldsymbol{u}\|^2=1$.

$$\|\boldsymbol{u}\|^2=\boldsymbol{u}\cdot\boldsymbol{u}=\left(\frac{1}{3}\right)^2+\left(-\frac{2}{3}\right)^2+\left(\frac{2}{3}\right)^2+(0)^2=\frac{1}{9}+\frac{4}{9}+\frac{4}{9}+0=1$$ ■

例 3　设 W 是 $\mathbb{R}^2$ 的子空间且由向量 $\boldsymbol{x}=\left(\frac{2}{3},1\right)$ 生成，求出一个单位向量 $\boldsymbol{z}$ 且 $\boldsymbol{z}$ 构成 W 的一个基.

解　空间 W 包含所有 $\boldsymbol{x}$ 倍数的向量，如图 6-2a 所示. W 中的任意非零向量都是 W 的基. 为简化计算，"缩放" $\boldsymbol{x}$ 以消去分数，即向量 $\boldsymbol{x}$ 乘 3 得到 $\boldsymbol{y}=\begin{bmatrix}2\\3\end{bmatrix}$. 现在计算 $\|\boldsymbol{y}\|^2=2^2+3^2=13$，$\|\boldsymbol{y}\|=\sqrt{13}$，把向量 $\boldsymbol{y}$ 单位化可得

$$\boldsymbol{z}=\frac{1}{\sqrt{13}}\begin{bmatrix}2\\3\end{bmatrix}=\begin{bmatrix}\frac{2}{\sqrt{13}}\\\frac{3}{\sqrt{13}}\end{bmatrix}$$

见图 6-2b. 另外一个单位向量是 $(-2/\sqrt{13},\ -3/\sqrt{13})$. ■

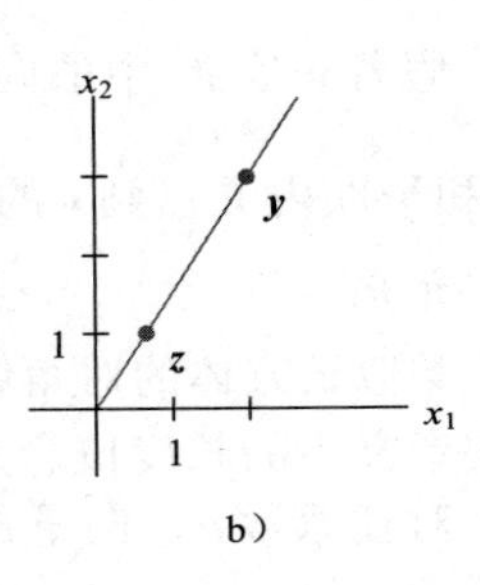

图 6-2　把一个向量单位化，得到一个单位向量

$\mathbb{R}^n$ 中的距离

接下来描述一个向量如何逼近另一个向量.注意，如果 a 和 b 是实数，则在数轴上 a 与 b 之间的距离是 $|a-b|$，图 6-3 给出了两个实例. 用类似于 $\mathbb{R}$ 中两个数之间的距离定义 $\mathbb{R}^n$ 空间中两个向量的距离.

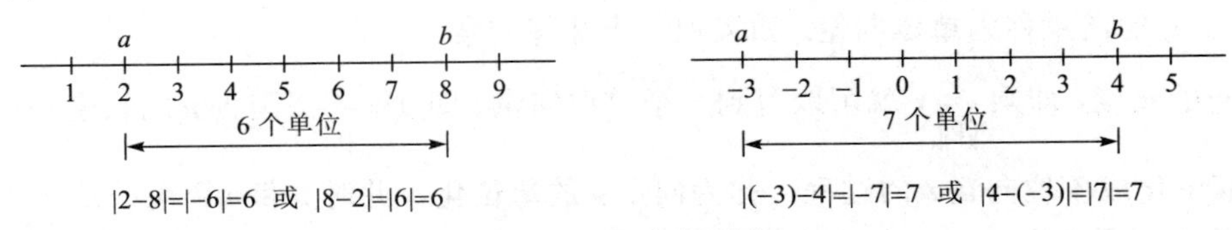

图 6-3　$\mathbb{R}$ 中的距离

定义　$\mathbb{R}^n$ 中向量 $\boldsymbol{u}$ 和 $\boldsymbol{v}$ 之间的距离记作 $\text{dist}(\boldsymbol{u},\boldsymbol{v})$，表示向量 $\boldsymbol{u}-\boldsymbol{v}$ 的长度，即

$$\text{dist}(\boldsymbol{u},\boldsymbol{v})=\|\boldsymbol{u}-\boldsymbol{v}\|$$

在 $\mathbb{R}^2$ 和 $\mathbb{R}^3$ 中，如例 4 和例 5 所示，距离的定义和欧几里得空间中两点的距离公式一致.

例 4　计算向量 $\boldsymbol{u}=(7,1)$ 和 $\boldsymbol{v}=(3,2)$ 之间的距离.

解　先计算 $\boldsymbol{u}-\boldsymbol{v}=\begin{bmatrix}7\\1\end{bmatrix}-\begin{bmatrix}3\\2\end{bmatrix}=\begin{bmatrix}4\\-1\end{bmatrix}$，则有 $\|\boldsymbol{u}-\boldsymbol{v}\|=\sqrt{4^2+(-1)^2}=\sqrt{17}$.

向量 $\boldsymbol{u}$，$\boldsymbol{v}$ 和 $\boldsymbol{u}-\boldsymbol{v}$ 如图 6-4 所示，向量 $\boldsymbol{u}-\boldsymbol{v}$ 加上向量 $\boldsymbol{v}$ 的结果是向量 $\boldsymbol{u}$. 注意图 6-4 中的平行四边形表明，从向量 $\boldsymbol{u}$ 到 $\boldsymbol{v}$ 的距离与从向量 $\boldsymbol{u}-\boldsymbol{v}$ 到 $\boldsymbol{0}$ 的距离相等.

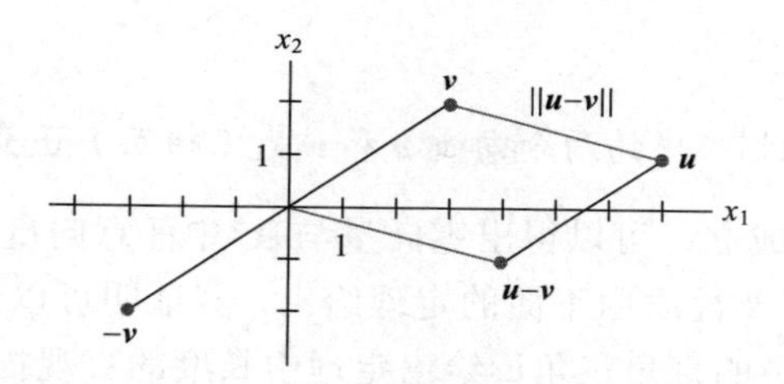

图 6-4 向量 $\boldsymbol{u}$ 和 $\boldsymbol{v}$ 的距离等于 $\boldsymbol{u}-\boldsymbol{v}$ 的长度 ■

例 5 如果 $\boldsymbol{u}=(u_1, u_2, u_3)$ 和 $\boldsymbol{v}=(v_1, v_2, v_3)$，那么

$$\text{dist}(\boldsymbol{u}, \boldsymbol{v})=\|\boldsymbol{u}-\boldsymbol{v}\|=\sqrt{(\boldsymbol{u}-\boldsymbol{v})\cdot(\boldsymbol{u}-\boldsymbol{v})}=\sqrt{(u_1-v_1)^2+(u_2-v_2)^2+(u_3-v_3)^2}$$ ■

正交向量

本章以下内容阐述这样的事实，即欧几里得空间中的直线垂直概念可以推广到 $\mathbb{R}^n$ 中.

考虑 $\mathbb{R}^2$ 或 $\mathbb{R}^3$ 中通过原点且由向量 $\boldsymbol{u}$ 和向量 $\boldsymbol{v}$ 确定的两条直线，两条直线（见图 6-5）几何上垂直当且仅当从 $\boldsymbol{u}$ 到 $\boldsymbol{v}$ 的距离与从 $\boldsymbol{u}$ 到 $-\boldsymbol{v}$ 的距离相等，这等同于要求它们距离的平方要相等.

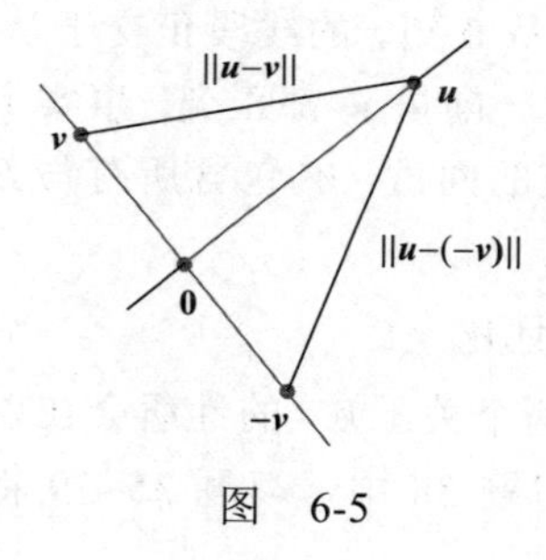

图 6-5

现在计算

$$\begin{aligned}
[\text{dist}(\boldsymbol{u}, -\boldsymbol{v})]^2 &= \|\boldsymbol{u}-(-\boldsymbol{v})\|^2 = \|\boldsymbol{u}+\boldsymbol{v}\|^2 \\
&= (\boldsymbol{u}+\boldsymbol{v})\cdot(\boldsymbol{u}+\boldsymbol{v}) \\
&= \boldsymbol{u}\cdot(\boldsymbol{u}+\boldsymbol{v})+\boldsymbol{v}\cdot(\boldsymbol{u}+\boldsymbol{v}) && \text{定理 1b} \\
&= \boldsymbol{u}\cdot\boldsymbol{u}+\boldsymbol{u}\cdot\boldsymbol{v}+\boldsymbol{v}\cdot\boldsymbol{u}+\boldsymbol{v}\cdot\boldsymbol{v} && \text{定理 1a、b} \\
&= \|\boldsymbol{u}\|^2+\|\boldsymbol{v}\|^2+2\boldsymbol{u}\cdot\boldsymbol{v} && \text{定理 1a}
\end{aligned} \tag{1}$$

同样将 $-\boldsymbol{v}$ 和 $\boldsymbol{v}$ 互换的计算如下：

$$\begin{aligned}
[\text{dist}(\boldsymbol{u}, \boldsymbol{v})]^2 &= \|\boldsymbol{u}\|^2+\|-\boldsymbol{v}\|^2+2\boldsymbol{u}\cdot(-\boldsymbol{v}) \\
&= \|\boldsymbol{u}\|^2+\|\boldsymbol{v}\|^2-2\boldsymbol{u}\cdot\boldsymbol{v}
\end{aligned}$$

两个距离平方相等的充分必要条件是：$2\boldsymbol{u}\cdot\boldsymbol{v}=-2\boldsymbol{u}\cdot\boldsymbol{v}$ 或 $\boldsymbol{u}\cdot\boldsymbol{v}=0$.

这里的计算表明，当向量 $\boldsymbol{u}$ 和向量 $\boldsymbol{v}$ 看作几何点时，通过这些点和原点的两条直线相互垂直的充分必要条件是 $\boldsymbol{u}\cdot\boldsymbol{v}=0$. 下面给出 $\mathbb{R}^n$ 中两个向量互相垂直（或正交，这是线性代数中的一个通用术语）的一般定义.

定义　如果 $\boldsymbol{u}\cdot\boldsymbol{v}=0$，则 $\mathbb{R}^n$ 中的两个向量 $\boldsymbol{u}$ 和 $\boldsymbol{v}$ 是（相互）**正交的**.

由 $\boldsymbol{0}^{\mathrm{T}}\cdot\boldsymbol{v}=0$ 对任意 $\boldsymbol{v}$ 都成立，可以得出零向量与 $\mathbb{R}^n$ 中任意向量正交.

关于向量正交的一个重要性质由下面的定理给出，其证明可以从上面正交性定义和（1）式中的计算立刻推出. 图6-6中的直角三角形给出定理中长度的直观描述.

定理 2　（毕达哥拉斯（勾股）定理）

两个向量 $\boldsymbol{u}$ 和 $\boldsymbol{v}$ 正交的充分必要条件是 $\|\boldsymbol{u}+\boldsymbol{v}\|^2=\|\boldsymbol{u}\|^2+\|\boldsymbol{v}\|^2$.

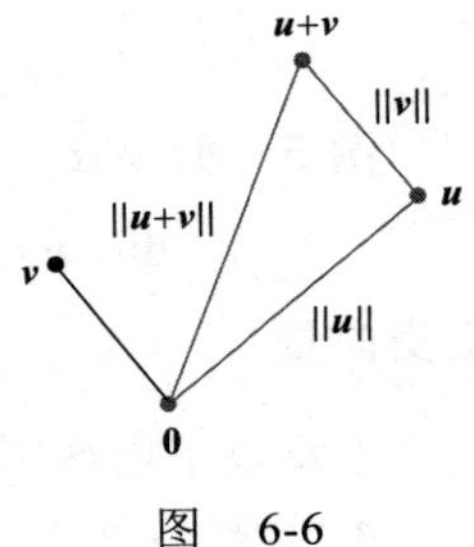

图　6-6

正交补

为了提供运用内积的相关练习，我们引入一个在6.3节和其余章节中都需要的概念. 如果向量 $\boldsymbol{z}$ 与 $\mathbb{R}^n$ 的子空间 W 中的任意向量都正交，则称 $\boldsymbol{z}$ **正交于** W. 与子空间 W 正交的向量 $\boldsymbol{z}$ 的全体组成的集合称为 W 的**正交补**，并记作 $W^{\perp}$（$W^{\perp}$ 读作 W 正交补）.

例 6　设 W 是 $\mathbb{R}^3$ 中通过原点的平面，L 是通过原点且与 W 正交的直线. 如果 $\boldsymbol{z}$ 和 $\boldsymbol{w}$ 都非零，$\boldsymbol{z}$ 在直线 L 上且 $\boldsymbol{w}$ 在 W 内，那么从 $\boldsymbol{0}$ 到 $\boldsymbol{z}$ 的线段正交于从 $\boldsymbol{0}$ 到 $\boldsymbol{w}$ 的线段，即 $\boldsymbol{z}\cdot\boldsymbol{w}=0$，见图6-7. 从而 L 上的每个向量与 W 中的任一向量 $\boldsymbol{w}$ 都正交. 事实上，L 包含所有与 W 中的向量 $\boldsymbol{w}$ 都正交的向量，W 包含所有与 L 中的向量 $\boldsymbol{z}$ 都正交的向量，也就是说，

$$L=W^{\perp} \text{ 且 } W=L^{\perp} \qquad \blacksquare$$

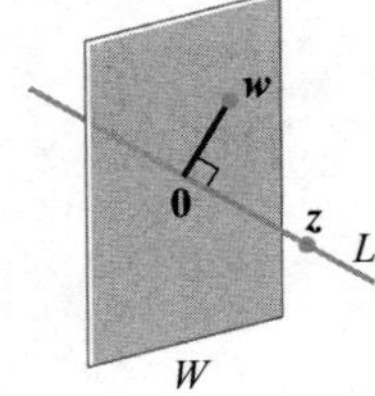

图 6-7　一个作为正交补空间的平面和通过原点的直线

若 W 是 $\mathbb{R}^n$ 的子空间，下面两个关于 $W^{\perp}$ 的性质会在以后的章节用到. 证明放在习题37和习题38中，习题35~39将给出几个运用内积性质的练习.

1. 向量 $\boldsymbol{x}$ 属于 $W^{\perp}$ 的充分必要条件是向量 $\boldsymbol{x}$ 与生成空间 W 的任一向量都正交.
2. $W^{\perp}$ 是 $\mathbb{R}^n$ 的一个子空间.

下面的定理和习题39验证了4.5节关于子空间的论断，见图6-8.

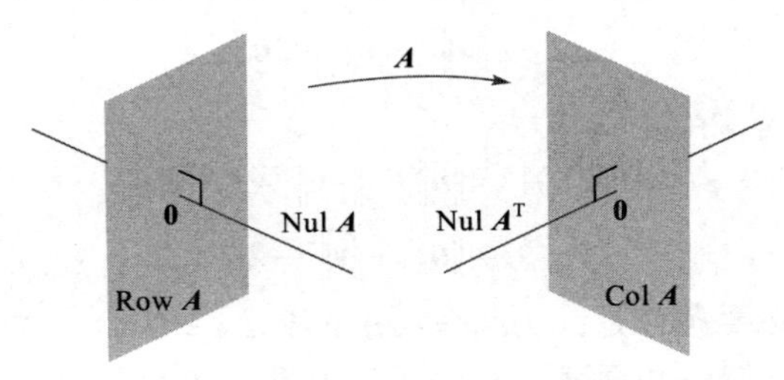

图 6-8　一个由 $m\times n$ 矩阵 $\boldsymbol{A}$ 确定的基本子空间

注： 证明两个集合（比如 S 和 T）相等的常用方法是证明 S 是 T 的子集且 T 是 S 的子集. 下个

定理的证明（即 Nul $\boldsymbol{A}$=(Row $\boldsymbol{A}$)$^{\perp}$）可通过证明 Nul $\boldsymbol{A}$ 是 (Row $\boldsymbol{A}$)$^{\perp}$ 的子集且 (Row $\boldsymbol{A}$)$^{\perp}$ 是 Nul $\boldsymbol{A}$ 的子集来完成，即证明 Nul $\boldsymbol{A}$ 中的任一元素 $\boldsymbol{x}$ 在 (Row $\boldsymbol{A}$)$^{\perp}$ 中，而 (Row $\boldsymbol{A}$)$^{\perp}$ 中的任一元素 $\boldsymbol{x}$ 也在 Nul $\boldsymbol{A}$ 中.

定理 3　*假设 $\boldsymbol{A}$ 是 $m\times n$ 矩阵，那么 $\boldsymbol{A}$ 的行空间的正交补是 $\boldsymbol{A}$ 的零空间，且 $\boldsymbol{A}$ 的列空间的正交补是 $\boldsymbol{A}^{\mathrm{T}}$ 的零空间：*

$$(\mathrm{Row}\,\boldsymbol{A})^{\perp}=\mathrm{Nul}\,\boldsymbol{A}\quad\text{且}\quad(\mathrm{Col}\,\boldsymbol{A})^{\perp}=\mathrm{Nul}\,\boldsymbol{A}^{\mathrm{T}}$$

证　计算 $\boldsymbol{Ax}$ 的行列法则表明，如果 $\boldsymbol{x}$ 是 Nul $\boldsymbol{A}$ 中的向量，那么向量 $\boldsymbol{x}$ 与 $\boldsymbol{A}$ 的每一行（将行作为 $\mathbb{R}^n$ 中的向量）正交. 由于 $\boldsymbol{A}$ 的行生成行空间，故向量 $\boldsymbol{x}$ 与 Row $\boldsymbol{A}$ 正交. 反之，如果 $\boldsymbol{x}$ 与 Row $\boldsymbol{A}$ 正交，那么 $\boldsymbol{x}$ 当然与 $\boldsymbol{A}$ 的每一行正交，因此 $\boldsymbol{Ax}=\boldsymbol{0}$，从而证明了定理的第一个结论. 因为该结论对任一矩阵成立，因此对 $\boldsymbol{A}^{\mathrm{T}}$ 成立，即 $\boldsymbol{A}^{\mathrm{T}}$ 的行空间的正交补是 $\boldsymbol{A}^{\mathrm{T}}$ 的零空间. 由于 $\mathrm{Row}\,\boldsymbol{A}^{\mathrm{T}}=\mathrm{Col}\,\boldsymbol{A}$，这就证明了第二个结论. ■

$\mathbb{R}^2$ 和 $\mathbb{R}^3$ 中的角度（可选内容）

如果 $\boldsymbol{u}$ 和 $\boldsymbol{v}$ 是 $\mathbb{R}^2$ 或 $\mathbb{R}^3$ 中的非零向量，那么可以将它们的内积与从原点到点 $\boldsymbol{u}$ 和从原点到点 $\boldsymbol{v}$ 的两个线段之间的夹角 ϑ 联系起来，对应的公式是：

$$\boldsymbol{u}\cdot\boldsymbol{v}=\|\boldsymbol{u}\|\ \|\boldsymbol{v}\|\cos\vartheta \tag{2}$$

为了验证 $\mathbb{R}^2$ 中的向量公式，考虑图 6-9 所示的三角形，其边长分别是 $\|\boldsymbol{u}\|$, $\|\boldsymbol{v}\|$ 和 $\|\boldsymbol{u}-\boldsymbol{v}\|$. 由余弦定理可知

$$\|\boldsymbol{u}-\boldsymbol{v}\|^2=\|\boldsymbol{u}\|^2+\|\boldsymbol{v}\|^2-2\|\boldsymbol{u}\|\ \|\boldsymbol{v}\|\cos\vartheta$$

可以重新组合上面的内积表达式：

$$\begin{aligned}\|\boldsymbol{u}\|\ \|\boldsymbol{v}\|\cos\vartheta&=\frac{1}{2}\left[\|\boldsymbol{u}\|^2+\|\boldsymbol{v}\|^2-\|\boldsymbol{u}-\boldsymbol{v}\|^2\right]\\&=\frac{1}{2}[u_1^2+u_2^2+v_1^2+v_2^2-(u_1-v_1)^2-(u_2-v_2)^2]\\&=u_1v_1+u_2v_2\\&=\boldsymbol{u}\cdot\boldsymbol{v}\end{aligned}$$

$\mathbb{R}^3$ 的情形可类似验证. 当 $n>3$ 时，公式（2）可用于定义 $\mathbb{R}^n$ 中两个向量之间的夹角. 例如，在统计学中，（2）式中对向量 $\boldsymbol{u}$ 和 $\boldsymbol{v}$ 定义的 $\cos\vartheta$ 的值就是统计学家所称的相关系数.

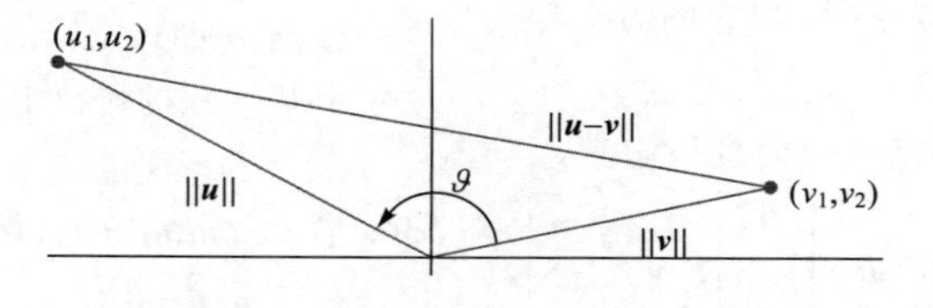

图 6-9　两个向量之间的夹角

练习题

1. 令 $\boldsymbol{a}=\begin{bmatrix}-2\\1\end{bmatrix}$, $\boldsymbol{b}=\begin{bmatrix}-3\\1\end{bmatrix}$, 计算 $\dfrac{\boldsymbol{a}\cdot\boldsymbol{b}}{\boldsymbol{a}\cdot\boldsymbol{a}}$ 和 $\left(\dfrac{\boldsymbol{a}\cdot\boldsymbol{b}}{\boldsymbol{a}\cdot\boldsymbol{a}}\right)\boldsymbol{a}$.

2. 令 $\boldsymbol{c}=\begin{bmatrix}\frac{4}{3}\\-1\\\frac{2}{3}\end{bmatrix}$，$\boldsymbol{d}=\begin{bmatrix}5\\6\\-1\end{bmatrix}$.

   a. 计算向量 $\boldsymbol{c}$ 方向的单位向量 $\boldsymbol{u}$.

   b. 证明向量 $\boldsymbol{d}$ 和向量 $\boldsymbol{c}$ 正交.

   c. 利用（a）和（b）的结果，解释为什么 $\boldsymbol{d}$ 一定正交于单位向量 $\boldsymbol{u}$.

3. 设 W 是 $\mathbb{R}^n$ 的子空间. 习题 38 证明了 $W^{\perp}$ 也是 $\mathbb{R}^n$ 的子空间，证明 $\dim W+\dim W^{\perp}=n$.

习题 6.1

在习题 1~8 中，利用下列向量计算：

$\boldsymbol{u}=\begin{bmatrix}-1\\2\end{bmatrix}$，$\boldsymbol{v}=\begin{bmatrix}2\\3\end{bmatrix}$，$\boldsymbol{w}=\begin{bmatrix}3\\-1\\-5\end{bmatrix}$，$\boldsymbol{x}=\begin{bmatrix}6\\-2\\3\end{bmatrix}$

1. $\boldsymbol{u}\cdot\boldsymbol{u}$，$\boldsymbol{v}\cdot\boldsymbol{u}$ 和 $\dfrac{\boldsymbol{v}\cdot\boldsymbol{u}}{\boldsymbol{u}\cdot\boldsymbol{u}}$

2. $\boldsymbol{w}\cdot\boldsymbol{w}$，$\boldsymbol{x}\cdot\boldsymbol{w}$ 和 $\dfrac{\boldsymbol{x}\cdot\boldsymbol{w}}{\boldsymbol{w}\cdot\boldsymbol{w}}$

3. $\dfrac{1}{\boldsymbol{w}\cdot\boldsymbol{w}}\boldsymbol{w}$

4. $\dfrac{1}{\boldsymbol{u}\cdot\boldsymbol{u}}\boldsymbol{u}$

5. $\left(\dfrac{\boldsymbol{u}\cdot\boldsymbol{v}}{\boldsymbol{v}\cdot\boldsymbol{v}}\right)\boldsymbol{v}$

6. $\left(\dfrac{\boldsymbol{x}\cdot\boldsymbol{w}}{\boldsymbol{x}\cdot\boldsymbol{x}}\right)\boldsymbol{x}$

7. $\|\boldsymbol{w}\|$

8. $\|\boldsymbol{x}\|$

在习题 9~12 中，计算给定向量方向的单位向量.

9. $\begin{bmatrix}-30\\40\end{bmatrix}$

10. $\begin{bmatrix}3\\6\\-3\end{bmatrix}$

11. $\begin{bmatrix}7/4\\1/2\\1\end{bmatrix}$

12. $\begin{bmatrix}8/3\\1\end{bmatrix}$

13. 计算向量 $\boldsymbol{x}=\begin{bmatrix}10\\-3\end{bmatrix}$ 与向量 $\boldsymbol{y}=\begin{bmatrix}-1\\-5\end{bmatrix}$ 之间的距离.

14. 计算向量 $\boldsymbol{u}=\begin{bmatrix}0\\-5\\2\end{bmatrix}$ 与向量 $\boldsymbol{z}=\begin{bmatrix}-4\\-1\\4\end{bmatrix}$ 之间的距离.

在习题 15~18 中，确定哪一对向量相互正交.

15. $\boldsymbol{a}=\begin{bmatrix}8\\-5\end{bmatrix}$，$\boldsymbol{b}=\begin{bmatrix}-2\\-3\end{bmatrix}$

16. $\boldsymbol{u}=\begin{bmatrix}12\\3\\-5\end{bmatrix}$，$\boldsymbol{v}=\begin{bmatrix}2\\-3\\3\end{bmatrix}$

17. $\boldsymbol{u}=\begin{bmatrix}3\\2\\-5\\0\end{bmatrix}$，$\boldsymbol{v}=\begin{bmatrix}-4\\1\\-2\\6\end{bmatrix}$

18. $\boldsymbol{y}=\begin{bmatrix}-3\\7\\4\\0\end{bmatrix}$，$\boldsymbol{z}=\begin{bmatrix}1\\-8\\15\\-7\end{bmatrix}$

在习题 19~28 中，所有向量在 $\mathbb{R}^n$ 中，判断每个命题的真假(T/F)，并验证你的答案.

19. (T/F) $\boldsymbol{v}\cdot\boldsymbol{v}=\|\boldsymbol{v}\|^2$.

20. (T/F) $\boldsymbol{u}\cdot\boldsymbol{v}-\boldsymbol{v}\cdot\boldsymbol{u}=0$.

21. (T/F)如果向量 $\boldsymbol{u}$ 到向量 $\boldsymbol{v}$ 的距离等于向量 $\boldsymbol{u}$ 到向量 $-\boldsymbol{v}$ 的距离，那么 $\boldsymbol{u}$ 和 $\boldsymbol{v}$ 是正交的.

22. (T/F)如果 $\|\boldsymbol{u}\|^2+\|\boldsymbol{v}\|^2=\|\boldsymbol{u}+\boldsymbol{v}\|^2$，那么 $\boldsymbol{u}$ 和 $\boldsymbol{v}$ 相互正交.

23. (T/F)如果向量 $\boldsymbol{v}_1$，$\boldsymbol{v}_2$，$\cdots\boldsymbol{v}_p$，生成子空间 W，且向量 $\boldsymbol{x}$ 与每一个 $\boldsymbol{v}_{i,}(i=1,2,\cdots,p)$ 正交，那么向量 $\boldsymbol{x}$ 属于 $W^{\perp}$.

24. (T/F)如果 $\boldsymbol{x}$ 与子空间 W 中的任一向量正交，那么 $\boldsymbol{x}$ 是 $W^{\perp}$ 中的向量.

25. (T/F)对任意数 c，$\|c\boldsymbol{v}\|=|c|\|\boldsymbol{v}\|$.

26. (T/F)对任意数 c，$\boldsymbol{u}\cdot(c\boldsymbol{v})=c(\boldsymbol{u}\cdot\boldsymbol{v})$.

27. (T/F)对于一个方阵 $\boldsymbol{A}$，$\mathrm{Col}\,\boldsymbol{A}$ 中的向量与 $\mathrm{Nul}\,\boldsymbol{A}$ 中的向量正交.

28. (T/F)对任意 $m\times n$ 矩阵 $\boldsymbol{A}$，$\boldsymbol{A}$ 的零空间中的向量与 $\boldsymbol{A}$ 的行空间的每个向量正交.

29. 利用内积的转置定义，验证定理 1 中的（b）和（c），注意第 2 章的一些内容.

30. 若 $\boldsymbol{u}=(u_1,u_2,u_3)$，解释为什么 $\boldsymbol{u}\cdot\boldsymbol{u}\geqslant 0$. 什么条件下 $\boldsymbol{u}\cdot\boldsymbol{u}=0$？

31. 若 $\boldsymbol{u}=\begin{bmatrix}2\\-5\\-1\end{bmatrix}$，$\boldsymbol{v}=\begin{bmatrix}-7\\-4\\6\end{bmatrix}$，计算和比较 $\boldsymbol{u}\cdot\boldsymbol{v}$，$\|\boldsymbol{u}\|^2$，$\|\boldsymbol{v}\|^2$ 和 $\|\boldsymbol{u}+\boldsymbol{v}\|^2$. 不能使用勾股定理.

32. 证明 $\mathbb{R}^n$ 中向量 $\boldsymbol{u}$ 和 $\boldsymbol{v}$ 的平行四边形法则:

$$\|\boldsymbol{u}+\boldsymbol{v}\|^2+\|\boldsymbol{u}-\boldsymbol{v}\|^2=2\|\boldsymbol{u}\|^2+2\|\boldsymbol{v}\|^2$$

33. 假设 $\boldsymbol{v}=\begin{bmatrix}a\\b\end{bmatrix}$，描述与 $\boldsymbol{v}$ 正交的向量 $\begin{bmatrix}x\\y\end{bmatrix}$ 的集合 H.（提示：考虑 $\boldsymbol{v}=\boldsymbol{0}$ 和 $\boldsymbol{v}\neq\boldsymbol{0}$ 两种情形.）

34. 假设 $\boldsymbol{u}=\begin{bmatrix}5\\-6\\7\end{bmatrix}$，且 W 是 $\mathbb{R}^3$ 中满足 $\boldsymbol{u}\cdot\boldsymbol{x}=0$ 的全体向量 $\boldsymbol{x}$ 的集合，第4章中的什么定理可以说明 W 是 $\mathbb{R}^3$ 的子空间？用几何语言描述空间 W.

35. 假若一个向量 $\boldsymbol{y}$ 与向量 $\boldsymbol{u}$ 和 $\boldsymbol{v}$ 都正交，证明 $\boldsymbol{y}$ 与向量 $\boldsymbol{u}+\boldsymbol{v}$ 正交.

36. 假若 $\boldsymbol{y}$ 与向量 $\boldsymbol{u}$ 和 $\boldsymbol{v}$ 都正交，证明 $\boldsymbol{y}$ 与 $\mathrm{Span}\{\boldsymbol{u},\boldsymbol{v}\}$ 中的任一向量 $\boldsymbol{w}$ 正交.（提示：$\mathrm{Span}\{\boldsymbol{u},\boldsymbol{v}\}$ 中的向量 $\boldsymbol{w}$ 具有形式 $\boldsymbol{w}=c_1\boldsymbol{u}+c_2\boldsymbol{v}$.证明 $\boldsymbol{y}$ 与向量 $\boldsymbol{w}$ 正交.）

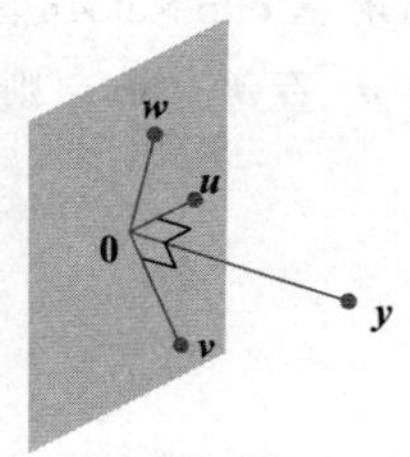

Span $\{\boldsymbol{u},\boldsymbol{v}\}$

37. 令 $W=\mathrm{Span}\{\boldsymbol{v}_1,\boldsymbol{v}_2,\cdots,\boldsymbol{v}_p\}$，证明：如果 $\boldsymbol{x}$ 和每个 $\boldsymbol{v}_j$（$1\leqslant j\leqslant p$）正交，那么 $\boldsymbol{x}$ 与 W 中任一向量正交.

38. 令 W 是 $\mathbb{R}^n$ 的子空间，且 $W^\perp$ 是所有与 W 正交的向量集合，利用下列步骤说明 $W^\perp$ 是 $\mathbb{R}^n$ 的子空间.

    a. 选取 $W^\perp$ 中的 $\boldsymbol{z}$，令 $\boldsymbol{u}$ 表示 W 中的任意元素，那么 $\boldsymbol{z}\cdot\boldsymbol{u}=0$. 取任意数 c，然后证明 $c\boldsymbol{z}$ 与向量 $\boldsymbol{u}$ 正交（由于 $\boldsymbol{u}$ 是 W 中的任意向量，这说明 $c\boldsymbol{z}$ 在 $W^\perp$ 中）.

    b. 选取 $W^\perp$ 中的 $\boldsymbol{z}_1$ 和 $\boldsymbol{z}_2$，令 $\boldsymbol{u}$ 是 W 中任意元素，证明向量 $\boldsymbol{z}_1+\boldsymbol{z}_2$ 与 $\boldsymbol{u}$ 正交. 可从 $\boldsymbol{z}_1+\boldsymbol{z}_2$ 中得出什么结论？为什么？

    c. 最后证明 $W^\perp$ 是 $\mathbb{R}^n$ 的子空间.

39. 证明：如果 $\boldsymbol{x}$ 是同时属于空间 W 和 $W^\perp$ 的向量，那么 $\boldsymbol{x}=\boldsymbol{0}$.

40. [M] 构造 $\mathbb{R}^4$ 中任意一对向量 $\boldsymbol{u}$ 和 $\boldsymbol{v}$，令

$$\boldsymbol{A}=\begin{bmatrix}0.5&0.5&0.5&0.5\\0.5&0.5&-0.5&-0.5\\0.5&-0.5&0.5&-0.5\\0.5&-0.5&-0.5&0.5\end{bmatrix}$$

    a. 记 $\boldsymbol{A}$ 的列向量为 $\boldsymbol{a}_1,\boldsymbol{a}_2,\boldsymbol{a}_3,\boldsymbol{a}_4$，计算每一列的长度和 $\boldsymbol{a}_1\cdot\boldsymbol{a}_2$，$\boldsymbol{a}_1\cdot\boldsymbol{a}_3$，$\boldsymbol{a}_1\cdot\boldsymbol{a}_4$，$\boldsymbol{a}_2\cdot\boldsymbol{a}_3$，$\boldsymbol{a}_2\cdot\boldsymbol{a}_4$，$\boldsymbol{a}_3\cdot\boldsymbol{a}_4$.

    b. 计算并比较 $\boldsymbol{u}$，$\boldsymbol{A}\boldsymbol{u}$，$\boldsymbol{v}$ 和 $\boldsymbol{A}\boldsymbol{v}$ 的长度.

    c. 利用本节中方程（2）计算向量 $\boldsymbol{u}$ 和 $\boldsymbol{v}$ 之间夹角的余弦值，并将此值和向量 $\boldsymbol{A}\boldsymbol{u}$ 和 $\boldsymbol{A}\boldsymbol{v}$ 之间夹角的余弦值相比较.

    d. 对任意两个向量，重复 b 和 c，从 $\boldsymbol{A}$ 对任意向量的作用可以得出什么猜想？

41. [M] 对 $\mathbb{R}^4$ 中元素是整数的任意向量 $\boldsymbol{x}$，$\boldsymbol{y}$ 和 $\boldsymbol{v}$（$\boldsymbol{v}\neq\boldsymbol{0}$），计算下列各量：

$$\left(\frac{\boldsymbol{x}\cdot\boldsymbol{v}}{\boldsymbol{v}\cdot\boldsymbol{v}}\right)\boldsymbol{v},\quad\left(\frac{\boldsymbol{y}\cdot\boldsymbol{v}}{\boldsymbol{v}\cdot\boldsymbol{v}}\right)\boldsymbol{v},\quad\frac{(\boldsymbol{x}+\boldsymbol{y})\cdot\boldsymbol{v}}{\boldsymbol{v}\cdot\boldsymbol{v}}\boldsymbol{v},\quad\frac{(10\boldsymbol{x})\cdot\boldsymbol{v}}{\boldsymbol{v}\cdot\boldsymbol{v}}\boldsymbol{v}$$

选取新的任意向量 $\boldsymbol{x}$ 和 $\boldsymbol{y}$，重复上面计算. 从映射 $\boldsymbol{x}\mapsto T(\boldsymbol{x})=\left(\frac{\boldsymbol{x}\cdot\boldsymbol{v}}{\boldsymbol{v}\cdot\boldsymbol{v}}\right)\boldsymbol{v}$（对 $\boldsymbol{v}\neq\boldsymbol{0}$）可得出什么猜想？用代数证明你的猜想.

42. [M] 设 $\boldsymbol{A}=\begin{bmatrix}-6&3&-27&-33&-13\\6&-5&25&28&14\\8&-6&34&38&18\\12&-10&50&41&23\\14&-21&49&29&33\end{bmatrix}$，构造矩阵 $\boldsymbol{N}$ 使其列是 $\mathrm{Nul}\,\boldsymbol{A}$ 的一组基，构造矩阵 $\boldsymbol{R}$ 使其行是 $\mathrm{Row}\,\boldsymbol{A}$ 的一组基（详见 4.6 节）. 用 $\boldsymbol{N}$ 和 $\boldsymbol{R}$ 执行矩阵计算来说明定理 3 的结论.

练习题答案

1. $\boldsymbol{a}\cdot\boldsymbol{b}=7$，$\boldsymbol{a}\cdot\boldsymbol{a}=5$，因此，$\dfrac{\boldsymbol{a}\cdot\boldsymbol{b}}{\boldsymbol{a}\cdot\boldsymbol{a}}=\dfrac{7}{5}$，且 $\left(\dfrac{\boldsymbol{a}\cdot\boldsymbol{b}}{\boldsymbol{a}\cdot\boldsymbol{a}}\right)\boldsymbol{a}=\dfrac{7}{5}\boldsymbol{a}=\begin{bmatrix}-14/5\\7/5\end{bmatrix}$.

2. a. 先倍乘 $\boldsymbol{c}$，乘 3 得到 $\boldsymbol{y}=\begin{bmatrix}4\\-3\\2\end{bmatrix}$，计算 $\|\boldsymbol{y}\|^2=29$ 和 $\|\boldsymbol{y}\|=\sqrt{29}$. 与向量 $\boldsymbol{c}$ 和 $\boldsymbol{y}$ 方向一致的单位向量是：

$$\boldsymbol{u}=\frac{1}{\|\boldsymbol{y}\|}\boldsymbol{y}=\begin{bmatrix}4/\sqrt{29}\\-3/\sqrt{29}\\2/\sqrt{29}\end{bmatrix}$$

b. $\boldsymbol{d}$ 与 $\boldsymbol{c}$ 正交，这是因为

$$\boldsymbol{d}\cdot\boldsymbol{c}=\begin{bmatrix}5\\6\\-1\end{bmatrix}\cdot\begin{bmatrix}4/3\\-1\\2/3\end{bmatrix}=\frac{20}{3}-6-\frac{2}{3}=0$$

c. $\boldsymbol{d}$ 与 $\boldsymbol{u}$ 正交，这是因为对任意 k，向量 $\boldsymbol{u}$ 具有形式 $k\boldsymbol{c}$，且

$$\boldsymbol{d}\cdot\boldsymbol{u}=\boldsymbol{d}\cdot(k\boldsymbol{c})=k(\boldsymbol{d}\cdot\boldsymbol{c})=k(0)=0$$

3. 若 $W\neq\{\boldsymbol{0}\}$，设 $\{\boldsymbol{b}_1,\boldsymbol{b}_2,\cdots,\boldsymbol{b}_p\}$ 是 W 的一个基，$1\leqslant p\leqslant n$. 设 $\boldsymbol{A}$ 是以 $\boldsymbol{b}_1^{\mathrm{T}},\boldsymbol{b}_2^{\mathrm{T}},\cdots,\boldsymbol{b}_p^{\mathrm{T}}$ 为行向量的 $p\times n$ 矩阵，从而 W 是 $\boldsymbol{A}$ 的行空间. 由定理 3 可知 $W^{\perp}=(\mathrm{Row}\,\boldsymbol{A})^{\perp}=\mathrm{Nul}\,\boldsymbol{A}$，从而 $\dim W^{\perp}=\dim\mathrm{Nul}\,\boldsymbol{A}$. 因此，由秩定理可得，$\dim W+\dim W^{\perp}=\dim\mathrm{Row}\,\boldsymbol{A}+\dim\mathrm{Nul}\,\boldsymbol{A}=\mathrm{rank}\,\boldsymbol{A}+\dim\mathrm{Nul}\,\boldsymbol{A}=n$. 若 $W=\{\boldsymbol{0}\}$，则 $W^{\perp}=\mathbb{R}^n$，结论成立.

6.2　正交集

$\mathbb{R}^n$ 中的向量集合 $\{\boldsymbol{u}_1,\boldsymbol{u}_2,\cdots,\boldsymbol{u}_p\}$ 称为**正交集**，如果集合中的任意两个不同向量都正交，即当 $i\neq j$ 时，$\boldsymbol{u}_i\cdot\boldsymbol{u}_j=0$.

例 1　证明 $\{\boldsymbol{u}_1,\boldsymbol{u}_2,\boldsymbol{u}_3\}$ 是一个正交集，其中

$$\boldsymbol{u}_1=\begin{bmatrix}3\\1\\1\end{bmatrix},\quad \boldsymbol{u}_2=\begin{bmatrix}-1\\2\\1\end{bmatrix},\quad \boldsymbol{u}_3=\begin{bmatrix}-1/2\\-2\\7/2\end{bmatrix}$$

解　考察三种可能的不同向量对，即 $\{\boldsymbol{u}_1,\boldsymbol{u}_2\},\{\boldsymbol{u}_1,\boldsymbol{u}_3\}$ 和 $\{\boldsymbol{u}_2,\boldsymbol{u}_3\}$.

$$\boldsymbol{u}_1\cdot\boldsymbol{u}_2=3(-1)+1(2)+1(1)=0$$
$$\boldsymbol{u}_1\cdot\boldsymbol{u}_3=3(-1/2)+1(-2)+1(7/2)=0$$
$$\boldsymbol{u}_2\cdot\boldsymbol{u}_3=-1(-1/2)+2(-2)+1(7/2)=0$$

每对不同的向量是垂直的，所以 $\{\boldsymbol{u}_1,\boldsymbol{u}_2,\boldsymbol{u}_3\}$ 是正交集. 如图 6-10 中的三条线段，它们之间相互垂直.

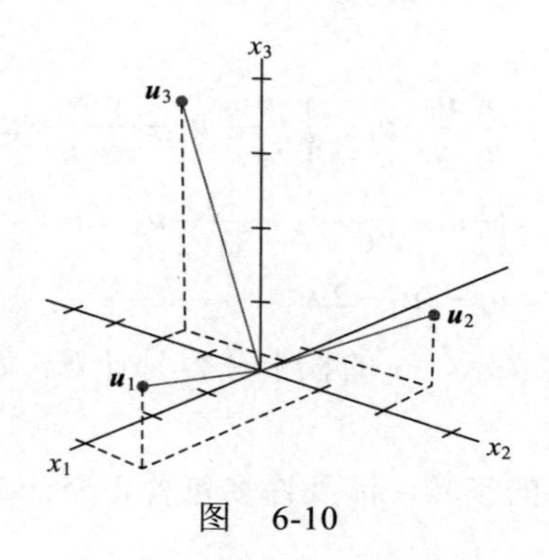

图　6-10

■

定理 4　如果 $S=\{\boldsymbol{u}_1,\boldsymbol{u}_2,\cdots,\boldsymbol{u}_p\}$ 是由 $\mathbb{R}^n$ 中非零向量构成的正交集，那么 S 是线性无关集，因此构成 S 所生成的子空间的一组基.

证　如果 $\boldsymbol{0}=c_1\boldsymbol{u}_1+c_2\boldsymbol{u}_2+\cdots+c_p\boldsymbol{u}_p$ 对任意数 $c_1,c_2,\cdots,c_p$ 成立，那么

$$\begin{aligned}0=\boldsymbol{0}\cdot\boldsymbol{u}_1&=(c_1\boldsymbol{u}_1+c_2\boldsymbol{u}_2+\cdots+c_p\boldsymbol{u}_p)\cdot\boldsymbol{u}_1\\&=(c_1\boldsymbol{u}_1)\cdot\boldsymbol{u}_1+(c_2\boldsymbol{u}_2)\cdot\boldsymbol{u}_1+\cdots+(c_p\boldsymbol{u}_p)\cdot\boldsymbol{u}_1\\&=c_1(\boldsymbol{u}_1\cdot\boldsymbol{u}_1)+c_2(\boldsymbol{u}_2\cdot\boldsymbol{u}_1)+\cdots+c_p(\boldsymbol{u}_p\cdot\boldsymbol{u}_1)\\&=c_1(\boldsymbol{u}_1\cdot\boldsymbol{u}_1)\end{aligned}$$

这是因为 $\boldsymbol{u}_1$ 与 $\boldsymbol{u}_2,\cdots,\boldsymbol{u}_p$ 正交. 由 $\boldsymbol{u}_1$ 非零，故 $\boldsymbol{u}_1\cdot\boldsymbol{u}_1$ 非零，从而 $c_1=0$. 类似可得 $c_2,\cdots,c_p$ 必为零，从而得到 S 是线性无关集. ■

定义　$\mathbb{R}^n$ 中子空间 W 的一个**正交基**是 W 的一个基，也是正交集.

下面的定理表明正交基比其他基优越，线性组合中的权较易计算.

定理 5　假设 $\{\boldsymbol{u}_1,\boldsymbol{u}_2,\cdots,\boldsymbol{u}_p\}$ 是 $\mathbb{R}^n$ 中子空间 W 的正交基，对 W 中的每个向量 $\boldsymbol{y}$，线性组合 $\boldsymbol{y}=c_1\boldsymbol{u}_1+c_2\boldsymbol{u}_2+\cdots+c_p\boldsymbol{u}_p$ 中的权可以由 $c_j=\dfrac{\boldsymbol{y}\cdot\boldsymbol{u}_j}{\boldsymbol{u}_j\cdot\boldsymbol{u}_j}\ (j=1,2,\cdots,p)$ 计算.

证　像前面的证明一样，正交集 $\{\boldsymbol{u}_1,\boldsymbol{u}_2,\cdots,\boldsymbol{u}_p\}$ 表明

$$\boldsymbol{y}\cdot\boldsymbol{u}_1=(c_1\boldsymbol{u}_1+c_2\boldsymbol{u}_2+\cdots+c_p\boldsymbol{u}_p)\cdot\boldsymbol{u}_1=c_1(\boldsymbol{u}_1\cdot\boldsymbol{u}_1)$$

由于 $\boldsymbol{u}_1\cdot\boldsymbol{u}_1$ 非零，从上面方程中可以解出系数 c_1. 为求出系数 c_j，可计算 $\boldsymbol{y}\cdot\boldsymbol{u}_j$（$j=2,\cdots,p$）. ■

例 2　例 1 中的集合 $S=\{\boldsymbol{u}_1,\boldsymbol{u}_2,\boldsymbol{u}_3\}$ 是 $\mathbb{R}^3$ 中的一个正交基，将向量 $\boldsymbol{y}=\begin{bmatrix}6\\1\\-8\end{bmatrix}$ 表示成 S 中向量的线性组合.

解　计算

$$\begin{array}{lll}\boldsymbol{y}\cdot\boldsymbol{u}_1=11 & \boldsymbol{y}\cdot\boldsymbol{u}_2=-12 & \boldsymbol{y}\cdot\boldsymbol{u}_3=-33\\ \boldsymbol{u}_1\cdot\boldsymbol{u}_1=11 & \boldsymbol{u}_2\cdot\boldsymbol{u}_2=6 & \boldsymbol{u}_3\cdot\boldsymbol{u}_3=33/2\end{array}$$

由定理5得

$$\begin{aligned}\boldsymbol{y} &= \frac{\boldsymbol{y}\cdot\boldsymbol{u}_1}{\boldsymbol{u}_1\cdot\boldsymbol{u}_1}\cdot\boldsymbol{u}_1+\frac{\boldsymbol{y}\cdot\boldsymbol{u}_2}{\boldsymbol{u}_2\cdot\boldsymbol{u}_2}\cdot\boldsymbol{u}_2+\frac{\boldsymbol{y}\cdot\boldsymbol{u}_3}{\boldsymbol{u}_3\cdot\boldsymbol{u}_3}\cdot\boldsymbol{u}_3\\ &=\frac{11}{11}\boldsymbol{u}_1+\frac{-12}{6}\boldsymbol{u}_2+\frac{-33}{33/2}\boldsymbol{u}_3\\ &=\boldsymbol{u}_1-2\boldsymbol{u}_2-2\boldsymbol{u}_3\end{aligned}$$

■

注意，由正交基构成的线性表示，$\boldsymbol{y}$的权十分容易计算. 如果基不是正交的，则必须类似于第1章解线性方程组才能得到.

下面我们构造一个非常重要的步骤，涉及许多包含正交计算的问题，而且它会对定理5给出一个几何解释.

正交投影

对$\mathbb{R}^n$中给出的非零向量$\boldsymbol{u}$，考虑$\mathbb{R}^n$中一个向量$\boldsymbol{y}$分解为两个向量之和的问题，一个向量是向量$\boldsymbol{u}$的倍数，另一个向量与$\boldsymbol{u}$正交. 我们期望写成

$$\boldsymbol{y}=\hat{\boldsymbol{y}}+\boldsymbol{z} \tag{1}$$

其中$\hat{\boldsymbol{y}}=\alpha\boldsymbol{u}$，$\alpha$是一个数，$\boldsymbol{z}$是一个垂直于$\boldsymbol{u}$的向量，见图6-11. 对给定数$\alpha$，记$\boldsymbol{z}=\boldsymbol{y}-\alpha\boldsymbol{u}$，则方程（1）可以满足. 那么$\boldsymbol{y}-\hat{\boldsymbol{y}}$和$\boldsymbol{u}$正交的充分必要条件是

$$0=(\boldsymbol{y}-\alpha\boldsymbol{u})\cdot\boldsymbol{u}=\boldsymbol{y}\cdot\boldsymbol{u}-(\alpha\boldsymbol{u})\cdot\boldsymbol{u}=\boldsymbol{y}\cdot\boldsymbol{u}-\alpha(\boldsymbol{u}\cdot\boldsymbol{u})$$

也就是满足方程(1)且$\boldsymbol{z}$与$\boldsymbol{u}$正交的充分必要条件是$\alpha=\dfrac{\boldsymbol{y}\cdot\boldsymbol{u}}{\boldsymbol{u}\cdot\boldsymbol{u}}$和$\hat{\boldsymbol{y}}=\dfrac{\boldsymbol{y}\cdot\boldsymbol{u}}{\boldsymbol{u}\cdot\boldsymbol{u}}\cdot\boldsymbol{u}$. 向量$\hat{\boldsymbol{y}}$称为**$\boldsymbol{y}$在$\boldsymbol{u}$上的正交投影**，向量$\boldsymbol{z}$称为**$\boldsymbol{y}$与$\boldsymbol{u}$正交的分量**.

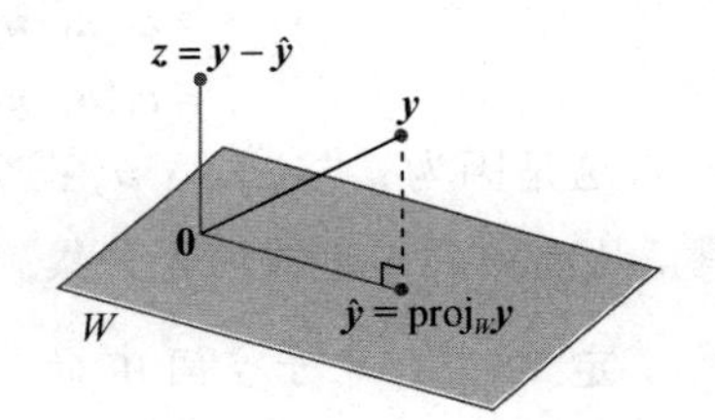

图6-11 求α使$\boldsymbol{y}-\hat{\boldsymbol{y}}$正交于$\boldsymbol{u}$

如果c是非零数，且在$\hat{\boldsymbol{y}}$的定义中用$c\boldsymbol{u}$代替$\boldsymbol{u}$，那么$\boldsymbol{y}$在$c\boldsymbol{u}$上的正交投影和$\boldsymbol{y}$在$\boldsymbol{u}$上的正交投影完全一致（习题39），因此这个投影可由$\boldsymbol{u}$向量生成的子空间L（经过$\boldsymbol{u}$和原点的直线）所确定. 有时用$\mathrm{proj}_L\,\boldsymbol{y}$来表示$\hat{\boldsymbol{y}}$，并称之为**$\boldsymbol{y}$在$\boldsymbol{u}$上的正交投影**，即

$$\hat{\boldsymbol{y}}=\mathrm{proj}_L\,\boldsymbol{y}=\frac{\boldsymbol{y}\cdot\boldsymbol{u}}{\boldsymbol{u}\cdot\boldsymbol{u}}\cdot\boldsymbol{u} \tag{2}$$

例3 假设$\boldsymbol{y}=\begin{bmatrix}7\\6\end{bmatrix}$和$\boldsymbol{u}=\begin{bmatrix}4\\2\end{bmatrix}$，找出$\boldsymbol{y}$在$\boldsymbol{u}$上的正交投影，然后将$\boldsymbol{y}$写成两个正交向量之和，一个在$\mathrm{Span}\{\boldsymbol{u}\}$中，另一个与$\boldsymbol{u}$正交.

解 计算

$$\boldsymbol{y}\cdot\boldsymbol{u}=\begin{bmatrix}7\\6\end{bmatrix}\cdot\begin{bmatrix}4\\2\end{bmatrix}=40$$

$$\boldsymbol{u}\cdot\boldsymbol{u}=\begin{bmatrix}4\\2\end{bmatrix}\cdot\begin{bmatrix}4\\2\end{bmatrix}=20$$

$\boldsymbol{y}$在$\boldsymbol{u}$上的正交投影是：

$$\hat{\boldsymbol{y}}=\frac{\boldsymbol{y}\cdot\boldsymbol{u}}{\boldsymbol{u}\cdot\boldsymbol{u}}\cdot\boldsymbol{u}=\frac{40}{20}\boldsymbol{u}=2\begin{bmatrix}4\\2\end{bmatrix}=\begin{bmatrix}8\\4\end{bmatrix}$$

$\boldsymbol{y}$ 与 $\boldsymbol{u}$ 正交的分量是：

$$\boldsymbol{y}-\hat{\boldsymbol{y}}=\begin{bmatrix}7\\6\end{bmatrix}-\begin{bmatrix}8\\4\end{bmatrix}=\begin{bmatrix}-1\\2\end{bmatrix}$$

两个向量之和为 $\boldsymbol{y}$，即

$$\begin{bmatrix}7\\6\end{bmatrix}=\begin{bmatrix}8\\4\end{bmatrix}+\begin{bmatrix}-1\\2\end{bmatrix}$$

$$\uparrow \qquad \uparrow \qquad \uparrow$$

$$\boldsymbol{y} \qquad \hat{\boldsymbol{y}} \qquad (\boldsymbol{y}-\hat{\boldsymbol{y}})$$

向量 $\boldsymbol{y}$ 的分解可表示为图 6-12. 注意：如果上面的计算正确，那么 $\{\hat{\boldsymbol{y}},\boldsymbol{y}-\hat{\boldsymbol{y}}\}$ 是正交集. 作为检验，计算

$$\hat{\boldsymbol{y}}\cdot(\boldsymbol{y}-\hat{\boldsymbol{y}})=\begin{bmatrix}8\\4\end{bmatrix}\cdot\begin{bmatrix}-1\\2\end{bmatrix}=-8+8=0$$

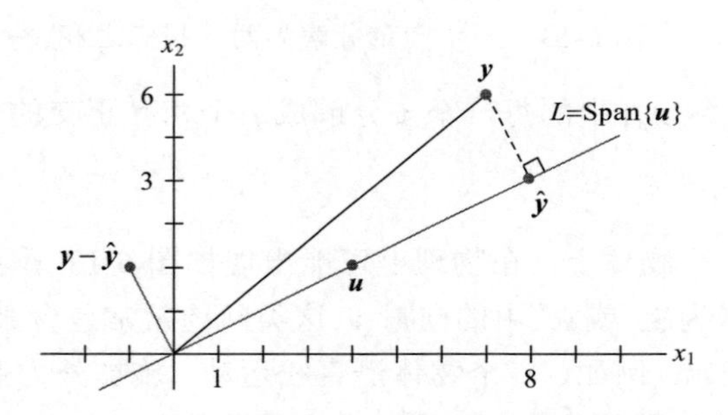

图 6-12　$\boldsymbol{y}$ 在通过原点的直线 L 上的正交投影 ■

由于图 6-12 中连接 $\boldsymbol{y}$ 与 $\hat{\boldsymbol{y}}$ 的线段垂直于 L，故由 $\hat{\boldsymbol{y}}$ 的构造可知，标记为 $\hat{\boldsymbol{y}}$ 的点是 L 上的距离 $\boldsymbol{y}$ 最近的点.（这可用几何方法证明，这里我们假设对 $\mathbb{R}^2$ 成立，在 6.3 节给出 $\mathbb{R}^n$ 情形的证明.）

例 4　计算图 6-12 中 $\boldsymbol{y}$ 到 L 的距离.

解　$\boldsymbol{y}$ 到 L 的距离是 $\boldsymbol{y}$ 到正交投影 $\hat{\boldsymbol{y}}$ 的垂直线段的长度，这个长度等于 $\boldsymbol{y}-\hat{\boldsymbol{y}}$ 的长度，从而距离为

$$\|\boldsymbol{y}-\hat{\boldsymbol{y}}\|=\sqrt{(-1)^2+2^2}=\sqrt{5}$$ ■

定理 5 的几何解释

（2）式中正交投影 $\hat{\boldsymbol{y}}$ 的公式和定理 5 中每一项的形式一致，这样，定理 5 将向量 $\boldsymbol{y}$ 分解为一维子空间上正交投影之和.

对于 $W=\mathbb{R}^2=\mathrm{Span}\{\boldsymbol{u}_1,\boldsymbol{u}_2\}$ 且 $\boldsymbol{u}_1$ 和 $\boldsymbol{u}_2$ 相互正交的情形，很容易看到分解式. 任意 $\mathbb{R}^2$ 中的向量 $\boldsymbol{y}$ 可以写成

$$y = \frac{y \cdot u_1}{u_1 \cdot u_1} u_1 + \frac{y \cdot u_2}{u_2 \cdot u_2} u_2 \qquad (3)$$

（3）式中的第一项是 $\boldsymbol{y}$ 在由 $\boldsymbol{u}_1$ 生成的子空间 Span$\{\boldsymbol{u}_1\}$ 上的投影（通过原点和 $\boldsymbol{u}_1$ 的直线），第二项是 $\boldsymbol{y}$ 在由 $\boldsymbol{u}_2$ 生成的子空间 Span$\{\boldsymbol{u}_2\}$ 上的投影，（3）式将 $\boldsymbol{y}$ 表示为由 $\boldsymbol{u}_1$ 和 $\boldsymbol{u}_2$ 确定的（正交）轴上的投影之和，见图 6-13．

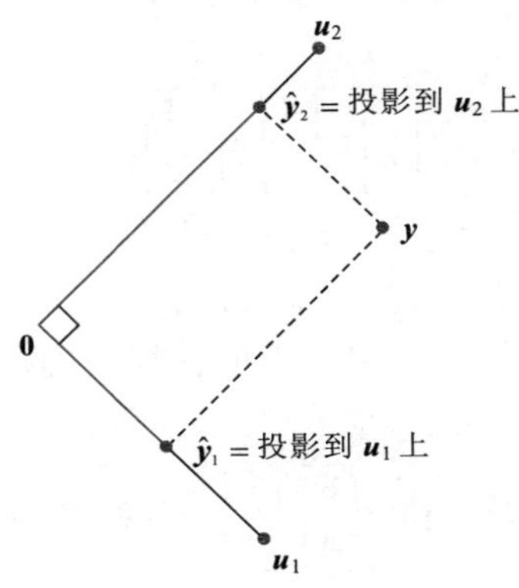

图 6-13　一个向量分解为两个投影之和

定理 5 将 Span$\{\boldsymbol{u}_1, \boldsymbol{u}_2, \cdots, \boldsymbol{u}_p\}$ 中的每一个 $\boldsymbol{y}$ 分解成 p 个相互正交的一维子空间上的投影之和.

一个力分解为力的分量

如果某一力施加到一个物体上，在物理上可能出现如图 6-13 所示的分解. 通过选取合适的坐标系，一个力可以表示为 $\mathbb{R}^2$ 或 $\mathbb{R}^3$ 中的向量 $\boldsymbol{y}$.这类问题常常包含某些特别感兴趣的方向，这个方向用另一个向量 $\boldsymbol{u}$ 表示. 例如，一个物体沿直线运动，施加外力后，用向量 $\boldsymbol{u}$ 表示移动的方向，见图 6-14. 一个关键问题是将力分解为 $\boldsymbol{u}$ 方向的分量和与 $\boldsymbol{u}$ 正交方向的分量，具体计算类似于前面的例 3.

图　6-14

单位正交集

集合 $\{\boldsymbol{u}_1, \boldsymbol{u}_2, \cdots, \boldsymbol{u}_p\}$ 是一个**单位正交集**，如果它是由单位向量构成的正交集. 如果 W 是一个由单位正交集的生成子空间，那么 $\{\boldsymbol{u}_1, \boldsymbol{u}_2, \cdots, \boldsymbol{u}_p\}$ 是 W 的**单位正交基**，这是因为这类集合自然线性无关，见定理 4.

最简单的单位正交集合是 $\mathbb{R}^n$ 中的标准基 $\{\boldsymbol{e}_1, \boldsymbol{e}_2, \cdots, \boldsymbol{e}_n\}$. 集合 $\{\boldsymbol{e}_1, \boldsymbol{e}_2, \cdots, \boldsymbol{e}_n\}$ 的任一非空子集也是单位正交的，下面是一个更复杂的例子.

例 5　证明 $\{\boldsymbol{v}_1,\boldsymbol{v}_2,\boldsymbol{v}_3\}$ 是 $\mathbb{R}^3$ 的一个单位正交基，其中

$$\boldsymbol{v}_1=\begin{bmatrix}3/\sqrt{11}\\1/\sqrt{11}\\1/\sqrt{11}\end{bmatrix}\qquad \boldsymbol{v}_2=\begin{bmatrix}-1/\sqrt{6}\\2/\sqrt{6}\\1/\sqrt{6}\end{bmatrix}\qquad \boldsymbol{v}_3=\begin{bmatrix}-1/\sqrt{66}\\-4/\sqrt{66}\\7/\sqrt{66}\end{bmatrix}$$

解　计算

$$\boldsymbol{v}_1\cdot\boldsymbol{v}_2=-3/\sqrt{66}+2/\sqrt{66}+1/\sqrt{66}=0$$
$$\boldsymbol{v}_1\cdot\boldsymbol{v}_3=-3/\sqrt{726}-4/\sqrt{726}+7/\sqrt{726}=0$$
$$\boldsymbol{v}_2\cdot\boldsymbol{v}_3=1/\sqrt{396}-8/\sqrt{396}+7/\sqrt{396}=0$$

从而 $\{\boldsymbol{v}_1,\boldsymbol{v}_2,\boldsymbol{v}_3\}$ 是一个正交基. 另外

$$\boldsymbol{v}_1\cdot\boldsymbol{v}_1=9/11+1/11+1/11=1$$
$$\boldsymbol{v}_2\cdot\boldsymbol{v}_2=1/6+4/6+1/6=1$$
$$\boldsymbol{v}_3\cdot\boldsymbol{v}_3=1/66+16/66+49/66=1$$

这表明 $\boldsymbol{v}_1,\boldsymbol{v}_2$ 和 $\boldsymbol{v}_3$ 是单位向量，即 $\{\boldsymbol{v}_1,\boldsymbol{v}_2,\boldsymbol{v}_3\}$ 是一个单位正交集. 由于集合线性无关，故它的三个向量构成 $\mathbb{R}^3$ 的一个基，见图 6-15.

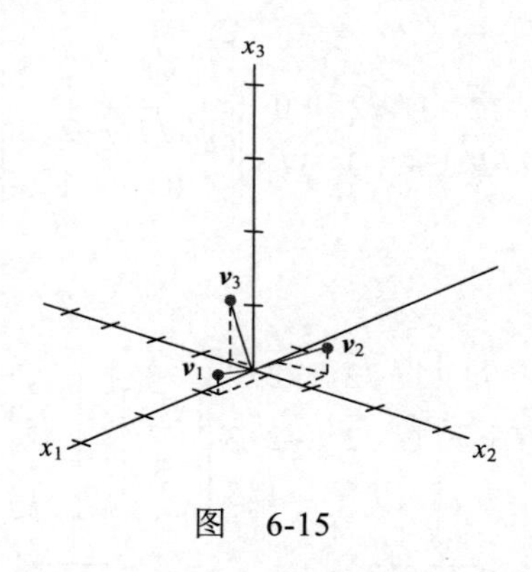

图　6-15　■

当一个正交集中的向量被“单位化”而具有单位长度后，这些新向量仍然保持正交性，因此新的集合成为单位正交集，见习题 40. 非常容易检查图 6-15 中的向量（例 5）是图 6-10（例 1）中向量各个方向的单位向量.

各列形成单位正交集的矩阵在应用和用矩阵计算的计算机算法中都非常重要，它们的主要性质由下面的定理 6 和定理 7 给出.

定理 6　一个 $m\times n$ 矩阵 $\boldsymbol{U}$ 具有单位正交列向量的充分必要条件是 $\boldsymbol{U}^{\mathrm{T}}\boldsymbol{U}=\boldsymbol{I}$.

证　为简化记号，我们假设 $\boldsymbol{U}$ 仅有三列，每列都是 $\mathbb{R}^m$ 中的一个向量，一般情形的证明本质上完全一致. 设 $\boldsymbol{U}=[\boldsymbol{u}_1\quad \boldsymbol{u}_2\quad \boldsymbol{u}_3]$，计算

$$\boldsymbol{U}^{\mathrm{T}}\boldsymbol{U}=\begin{bmatrix}\boldsymbol{u}_1^{\mathrm{T}}\\\boldsymbol{u}_2^{\mathrm{T}}\\\boldsymbol{u}_3^{\mathrm{T}}\end{bmatrix}[\boldsymbol{u}_1\quad \boldsymbol{u}_2\quad \boldsymbol{u}_3]=\begin{bmatrix}\boldsymbol{u}_1^{\mathrm{T}}\boldsymbol{u}_1 & \boldsymbol{u}_1^{\mathrm{T}}\boldsymbol{u}_2 & \boldsymbol{u}_1^{\mathrm{T}}\boldsymbol{u}_3\\\boldsymbol{u}_2^{\mathrm{T}}\boldsymbol{u}_1 & \boldsymbol{u}_2^{\mathrm{T}}\boldsymbol{u}_2 & \boldsymbol{u}_2^{\mathrm{T}}\boldsymbol{u}_3\\\boldsymbol{u}_3^{\mathrm{T}}\boldsymbol{u}_1 & \boldsymbol{u}_3^{\mathrm{T}}\boldsymbol{u}_2 & \boldsymbol{u}_3^{\mathrm{T}}\boldsymbol{u}_3\end{bmatrix}\tag{4}$$

右边矩阵中的元素是利用转置表示的内积，U 的列向量是正交的充分必要条件是

$$\boldsymbol{u}_1^{\mathrm{T}}\boldsymbol{u}_2=\boldsymbol{u}_2^{\mathrm{T}}\boldsymbol{u}_1=0,\quad \boldsymbol{u}_1^{\mathrm{T}}\boldsymbol{u}_3=\boldsymbol{u}_3^{\mathrm{T}}\boldsymbol{u}_1=0,\quad \boldsymbol{u}_2^{\mathrm{T}}\boldsymbol{u}_3=\boldsymbol{u}_3^{\mathrm{T}}\boldsymbol{u}_2=0 \tag{5}$$

U 的列向量是单位长度的充分必要条件是

$$\boldsymbol{u}_1^{\mathrm{T}}\boldsymbol{u}_1=1,\quad \boldsymbol{u}_2^{\mathrm{T}}\boldsymbol{u}_2=1,\quad \boldsymbol{u}_3^{\mathrm{T}}\boldsymbol{u}_3=1 \tag{6}$$

定理可以从式（4）~式（6）立刻得出. ■

定理 7　假设 U 是一个具有单位正交列的 $m\times n$ 矩阵，且 $\boldsymbol{x}$ 和 $\boldsymbol{y}$ 是 $\mathbb{R}^n$ 中的向量，那么

a. $\|U\boldsymbol{x}\|=\|\boldsymbol{x}\|$.

b. $(U\boldsymbol{x})\cdot(U\boldsymbol{y})=\boldsymbol{x}\cdot\boldsymbol{y}$.

c. $(U\boldsymbol{x})\cdot(U\boldsymbol{y})=0$ 的充分必要条件是 $\boldsymbol{x}\cdot\boldsymbol{y}=0$.

性质（a）和（c）表明，线性映射 $\boldsymbol{x}\mapsto U\boldsymbol{x}$ 保持长度和正交性，这个性质对很多计算机算法非常重要，定理 7 的具体证明见习题 33.

例 6　若 $U=\begin{bmatrix}1/\sqrt{2} & 2/3\\ 1/\sqrt{2} & -2/3\\ 0 & 1/3\end{bmatrix}$ 和 $\boldsymbol{x}=\begin{bmatrix}\sqrt{2}\\ 3\end{bmatrix}$，注意 U 具有单位正交列，并且

$$U^{\mathrm{T}}U=\begin{bmatrix}1/\sqrt{2} & 1/\sqrt{2} & 0\\ 2/3 & -2/3 & 1/3\end{bmatrix}\begin{bmatrix}1/\sqrt{2} & 2/3\\ 1/\sqrt{2} & -2/3\\ 0 & 1/3\end{bmatrix}=\begin{bmatrix}1 & 0\\ 0 & 1\end{bmatrix}$$

验证 $\|U\boldsymbol{x}\|=\|\boldsymbol{x}\|$.

解

$$U\boldsymbol{x}=\begin{bmatrix}1/\sqrt{2} & 2/3\\ 1/\sqrt{2} & -2/3\\ 0 & 1/3\end{bmatrix}\begin{bmatrix}\sqrt{2}\\ 3\end{bmatrix}=\begin{bmatrix}3\\ -1\\ 1\end{bmatrix}$$

$$\|U\boldsymbol{x}\|=\sqrt{9+1+1}=\sqrt{11},\quad \|\boldsymbol{x}\|=\sqrt{2+9}=\sqrt{11}$$ ■

当矩阵是方阵时，定理 6 和定理 7 非常有用. 一个**正交矩阵**就是一个可逆的方阵 U，且满足 $U^{-1}=U^{\mathrm{T}}$. 由定理 6，这样的矩阵具有单位正交列.[㊀] 很容易验证，任何具有单位正交列的方阵是正交矩阵，恰巧，这类矩阵同样具有单位正交行，见习题 35 和习题 36. 正交矩阵在第 7 章有广泛的应用.

例 7　矩阵

$$U=\begin{bmatrix}3/\sqrt{11} & -1/\sqrt{6} & -1/\sqrt{66}\\ 1/\sqrt{11} & 2/\sqrt{6} & -4/\sqrt{66}\\ 1/\sqrt{11} & 1/\sqrt{6} & 7/\sqrt{66}\end{bmatrix}$$

是单位正交矩阵，因为它是方阵且它的列是单位正交的，见例 5. 事实上，它的行也是单位正交的. ■

㊀　一个更好的术语应该是标准正交矩阵，这个术语可以在一些统计教材中找到. 但是，正交矩阵是线性代数中的标准术语.

练习题

1. 设 $\boldsymbol{u}_1=\begin{bmatrix}-1/\sqrt{5}\\2/\sqrt{5}\end{bmatrix}$，$\boldsymbol{u}_2=\begin{bmatrix}2/\sqrt{5}\\1/\sqrt{5}\end{bmatrix}$，说明 $\{\boldsymbol{u}_1,\boldsymbol{u}_2\}$ 是 $\mathbb{R}^2$ 的单位正交基.

2. 设 $\boldsymbol{y}$ 和 L 如例 3 和图 6-12，计算 $\boldsymbol{y}$ 在 L 上的正交投影 $\hat{\boldsymbol{y}}$，用 $\boldsymbol{u}=\begin{bmatrix}2\\1\end{bmatrix}$ 替换例 3 中的 $\boldsymbol{u}$.

3. 设 $\boldsymbol{U}$ 和 $\boldsymbol{x}$ 如例 6，令 $\boldsymbol{y}=\begin{bmatrix}-3\sqrt{2}\\6\end{bmatrix}$. 验证 $\boldsymbol{Ux}\cdot\boldsymbol{Uy}=\boldsymbol{x}\cdot\boldsymbol{y}$.

4. 设 $\boldsymbol{U}$ 是一个 $n\times n$ 的具有单位正交列的矩阵. 证明 $\det\boldsymbol{U}=\pm1$.

习题 6.2

在习题 1~6 中，判断哪一个向量的集合是正交的.

1. $\begin{bmatrix}-1\\4\\-3\end{bmatrix},\begin{bmatrix}5\\2\\1\end{bmatrix},\begin{bmatrix}3\\-4\\-7\end{bmatrix}$　2. $\begin{bmatrix}1\\-2\\1\end{bmatrix},\begin{bmatrix}0\\1\\2\end{bmatrix},\begin{bmatrix}-5\\-2\\1\end{bmatrix}$

3. $\begin{bmatrix}2\\-7\\-1\end{bmatrix},\begin{bmatrix}-6\\-3\\9\end{bmatrix},\begin{bmatrix}3\\1\\-1\end{bmatrix}$　4. $\begin{bmatrix}2\\-5\\-3\end{bmatrix},\begin{bmatrix}0\\0\\0\end{bmatrix},\begin{bmatrix}4\\2\\6\end{bmatrix}$

5. $\begin{bmatrix}3\\-2\\1\\3\end{bmatrix},\begin{bmatrix}-1\\3\\-3\\4\end{bmatrix},\begin{bmatrix}3\\8\\7\\0\end{bmatrix}$　6. $\begin{bmatrix}5\\-4\\0\\3\end{bmatrix},\begin{bmatrix}-4\\1\\-3\\8\end{bmatrix},\begin{bmatrix}3\\3\\5\\-1\end{bmatrix}$

在习题 7~10 中，证明 $\{\boldsymbol{u}_1,\boldsymbol{u}_2\}$ 或者 $\{\boldsymbol{u}_1,\boldsymbol{u}_2,\boldsymbol{u}_3\}$ 分别是 $\mathbb{R}^2$ 和 $\mathbb{R}^3$ 的正交基，并将 $\boldsymbol{x}$ 表示为这些 $\boldsymbol{u}$ 的线性组合.

7. $\boldsymbol{u}_1=\begin{bmatrix}2\\-3\end{bmatrix}$，$\boldsymbol{u}_2=\begin{bmatrix}6\\4\end{bmatrix}$，$\boldsymbol{x}=\begin{bmatrix}9\\-7\end{bmatrix}$

8. $\boldsymbol{u}_1=\begin{bmatrix}3\\1\end{bmatrix}$，$\boldsymbol{u}_2=\begin{bmatrix}-2\\6\end{bmatrix}$，$\boldsymbol{x}=\begin{bmatrix}-4\\3\end{bmatrix}$

9. $\boldsymbol{u}_1=\begin{bmatrix}1\\0\\1\end{bmatrix}$，$\boldsymbol{u}_2=\begin{bmatrix}-1\\4\\1\end{bmatrix}$，$\boldsymbol{u}_3=\begin{bmatrix}2\\1\\-2\end{bmatrix}$，$\boldsymbol{x}=\begin{bmatrix}8\\-4\\-3\end{bmatrix}$

10. $\boldsymbol{u}_1=\begin{bmatrix}3\\-3\\0\end{bmatrix}$，$\boldsymbol{u}_2=\begin{bmatrix}2\\2\\-1\end{bmatrix}$，$\boldsymbol{u}_3=\begin{bmatrix}1\\1\\4\end{bmatrix}$，$\boldsymbol{x}=\begin{bmatrix}5\\-3\\1\end{bmatrix}$

11. 计算向量 $\begin{bmatrix}1\\7\end{bmatrix}$ 在通过 $\begin{bmatrix}-4\\2\end{bmatrix}$ 和原点的直线上的正交投影.

12. 计算向量 $\begin{bmatrix}1\\-1\end{bmatrix}$ 在通过 $\begin{bmatrix}-1\\2\end{bmatrix}$ 和原点的直线上的正交投影.

13. 若 $\boldsymbol{y}=\begin{bmatrix}2\\3\end{bmatrix}$ 和 $\boldsymbol{u}=\begin{bmatrix}4\\-7\end{bmatrix}$，将 $\boldsymbol{y}$ 写成两个正交向量之和，一个属于 $\mathrm{Span}\{\boldsymbol{u}\}$，另一个与 $\boldsymbol{u}$ 正交.

14. 若 $\boldsymbol{y}=\begin{bmatrix}2\\6\end{bmatrix}$ 和 $\boldsymbol{u}=\begin{bmatrix}6\\1\end{bmatrix}$，将 $\boldsymbol{y}$ 写成两个正交向量之和，一个属于 $\mathrm{Span}\{\boldsymbol{u}\}$，另一个与 $\boldsymbol{u}$ 正交.

15. 若 $\boldsymbol{y}=\begin{bmatrix}3\\1\end{bmatrix}$ 和 $\boldsymbol{u}=\begin{bmatrix}8\\6\end{bmatrix}$，计算向量 $\boldsymbol{y}$ 与通过 $\boldsymbol{u}$ 和原点的直线之间的距离.

16. 若 $\boldsymbol{y}=\begin{bmatrix}-3\\9\end{bmatrix}$ 和 $\boldsymbol{u}=\begin{bmatrix}1\\2\end{bmatrix}$，计算向量 $\boldsymbol{y}$ 与通过 $\boldsymbol{u}$ 和原点的直线之间的距离.

在习题 17~22 中，确定哪一个向量集合是正交的. 如果集合只是正交的，将向量单位化产生一个单位正交集.

17. $\begin{bmatrix}1/3\\1/3\\1/3\end{bmatrix},\begin{bmatrix}-1/2\\0\\1/2\end{bmatrix}$　18. $\begin{bmatrix}0\\0\\1\end{bmatrix},\begin{bmatrix}0\\-1\\0\end{bmatrix}$

19. $\begin{bmatrix}-0.6\\0.8\end{bmatrix},\begin{bmatrix}0.8\\0.6\end{bmatrix}$　20. $\begin{bmatrix}-2/3\\1/3\\2/3\end{bmatrix},\begin{bmatrix}1/3\\2/3\\0\end{bmatrix}$

21. $\begin{bmatrix}1/\sqrt{10}\\3/\sqrt{20}\\3/\sqrt{20}\end{bmatrix},\begin{bmatrix}3/\sqrt{10}\\-1/\sqrt{20}\\-1/\sqrt{20}\end{bmatrix},\begin{bmatrix}0\\-1/\sqrt{2}\\1/\sqrt{2}\end{bmatrix}$

22. $\begin{bmatrix} 1/\sqrt{18} \\ 4/\sqrt{18} \\ 1/\sqrt{18} \end{bmatrix}$, $\begin{bmatrix} 1/\sqrt{2} \\ 0 \\ -1/\sqrt{2} \end{bmatrix}$, $\begin{bmatrix} -2/3 \\ 1/3 \\ -2/3 \end{bmatrix}$

在习题23~32中，所有向量属于$\mathbb{R}^n$. 判断下述命题的正误(T/F)，验证你的结论.

23. (T/F) $\mathbb{R}^n$中的每一个线性无关集并非都是正交集.
24. (T/F) $\mathbb{R}^n$中的正交向量组并非都是线性无关的.
25. (T/F)如果 y 是正交向量组中非零向量的线性组合，那么线性组合的权可以不用矩阵的行变换求得.
26. (T/F)如果集合 $S=\{\boldsymbol{u}_1, \boldsymbol{u}_2, \cdots, \boldsymbol{u}_p\}$ 满足当 $i \neq j$ 时，$\boldsymbol{u}_i \cdot \boldsymbol{u}_j=0$，那么 S 是标准正交向量组.
27. (T/F)如果非零向量构成的正交向量组中的向量被单位化，那么其中一些新向量可能不正交.
28. (T/F)如果 $m\times n$ 矩阵 A 的列标准正交，那么线性映射 $\boldsymbol{x} \mapsto A\boldsymbol{x}$ 保持长度.
29. (T/F)一个具有标准正交列的矩阵是正交矩阵.
30. (T/F)向量 $\boldsymbol{y}$ 在 $\boldsymbol{v}$ 上的正交投影和 $\boldsymbol{y}$ 在 $c\boldsymbol{v}$（$c \neq 0$）上的正交投影一致.
31. (T/F)如果 L 是通过原点的直线，并且 $\hat{\boldsymbol{y}}$ 是 $\boldsymbol{y}$ 在 L 上的正交投影，那么 $\|\hat{\boldsymbol{y}}\|$ 表示 $\boldsymbol{y}$ 到 L 的距离.
32. (T/F)一个正交矩阵是可逆的.
33. 证明定理7.（提示：对（a)，计算 $\|U\boldsymbol{x}\|^2$ 或首先证明（b）.）
34. 若 W 是 $\mathbb{R}^n$ 中由 n 个非零正交向量张成的子空间，试说明 $W=\mathbb{R}^n$.
35. 若 U 是具有单位正交列的方阵，说明 U 为什么可逆.（注意证明中的定理.）
36. 若 U 是 $n\times n$ 正交矩阵，证明 U 的行向量构成 $\mathbb{R}^n$ 的单位正交基.
37. 若 U 和 V 是 $n\times n$ 正交矩阵，说明为什么 UV 也是正交矩阵（即说明为什么 UV 可逆且它的逆为 $(UV)^{\mathrm{T}}$）.
38. 若 U 是正交矩阵且矩阵 V 是交换 U 中某些列得到的矩阵，说明为什么 V 是正交矩阵.
39. 证明：向量 $\boldsymbol{y}$ 在 $\mathbb{R}^2$ 中通过原点的直线 L 上的正交投影 $\hat{\boldsymbol{y}}$ 的公式，不依赖于 L 中非零向量 $\boldsymbol{u}$ 的选择. 为验证结论，可假设 $\boldsymbol{y}$ 和 $\boldsymbol{u}$ 是给定的，且 $\hat{\boldsymbol{y}}$ 用公式（2）计算. 将公式中的 $\boldsymbol{u}$ 用 $c\boldsymbol{u}$ 代替，其中 c 是任意非零数，证明新公式给出同样的 $\hat{\boldsymbol{y}}$.
40. 设 $\{\boldsymbol{v}_1,\boldsymbol{v}_2\}$ 是非零向量的正交集，c_1 和 c_2 是任意非零数，证明 $\{c_1\boldsymbol{v}_1,c_2\boldsymbol{v}_2\}$ 也是正交集. 由于集合的正交性可由成对向量确定，这说明如果正交集中的向量被单位化，则新的向量集合仍然是正交的.
41. 设 $\mathbb{R}^n$ 中 $\boldsymbol{u}\neq\boldsymbol{0}$，$L=\mathrm{Span}\{\boldsymbol{u}\}$. 证明映射 $\boldsymbol{x}\to\mathrm{proj}_L\boldsymbol{x}$ 是一个线性变换.
42. 设 $\mathbb{R}^n$ 中 $\boldsymbol{u}\neq\boldsymbol{0}$，$L=\mathrm{Span}\{\boldsymbol{u}\}$. 对 $\mathbb{R}^n$ 中的 $\boldsymbol{y}$，$\boldsymbol{y}$ **在 L 上的反射**是点 $\mathrm{refl}_L\boldsymbol{y}$，定义为 $\mathrm{refl}_L\boldsymbol{y}=2\cdot\mathrm{proj}_L\boldsymbol{y}-\boldsymbol{y}$. 见图6-16，其中 $\mathrm{refl}_L\boldsymbol{y}$ 是 $\hat{\boldsymbol{y}}=\mathrm{proj}_L\boldsymbol{y}$ 与 $\hat{\boldsymbol{y}}-\boldsymbol{y}$ 的和. 证明映射 $\boldsymbol{y}\mapsto\mathrm{refl}_L\boldsymbol{y}$ 是一个线性变换.

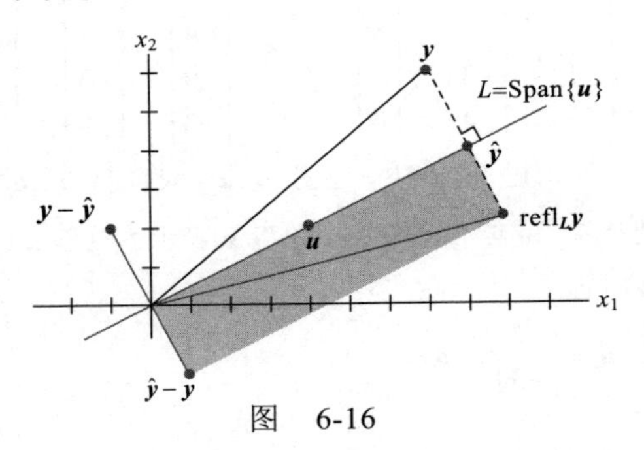

图 6-16

43. [M]证明矩阵 A 的列的正交性可由适当的矩阵运算来完成，说明你的计算过程，其中

$$A=\begin{bmatrix} -6 & -3 & 6 & 1 \\ -1 & 2 & 1 & -6 \\ 3 & 6 & 3 & -2 \\ 6 & -3 & 6 & -1 \\ 2 & -1 & 2 & 3 \\ -3 & 6 & 3 & 2 \\ -2 & -1 & 2 & -3 \\ 1 & 2 & 1 & 6 \end{bmatrix}$$

44. [M] 假若 $\boldsymbol{U}$ 是由习题 43 中矩阵 $\boldsymbol{A}$ 的每一列单位化得到：
    a. 计算 $\boldsymbol{U}^{\mathrm{T}}\boldsymbol{U}$ 和 $\boldsymbol{U}\boldsymbol{U}^{\mathrm{T}}$，它们的不同在哪里？
    b. 任意产生一个 $\mathbb{R}^8$ 中的向量 $\boldsymbol{y}$，并且计算 $\boldsymbol{p}=\boldsymbol{U}\boldsymbol{U}^{\mathrm{T}}\boldsymbol{y}$ 和 $\boldsymbol{z}=\boldsymbol{y}-\boldsymbol{p}$，解释为什么 $\boldsymbol{p}$ 属于 $\mathrm{Col}\,\boldsymbol{A}$，验证 $\boldsymbol{z}$ 和 $\boldsymbol{p}$ 正交.
    c. 验证 $\boldsymbol{z}$ 与 $\boldsymbol{U}$ 中每一列正交.
    d. 注意 $\boldsymbol{y}=\boldsymbol{p}+\boldsymbol{z}$，$\boldsymbol{p}$ 属于 $\mathrm{Col}\,\boldsymbol{A}$，解释为什么 $\boldsymbol{z}$ 属于 $(\mathrm{Col}\,\boldsymbol{A})^{\perp}$（$\boldsymbol{y}$ 的这个分解的特点将在下一节解释）.

练习题答案

1. 向量相互正交，因为 $\boldsymbol{u}_1\cdot\boldsymbol{u}_2=-2/5+2/5=0$.

   它们是单位向量，因为

$$\|\boldsymbol{u}_1\|^2=(-1/\sqrt{5})^2+(2/\sqrt{5})^2=1/5+4/5=1$$

$$\|\boldsymbol{u}_2\|^2=(2/\sqrt{5})^2+(1/\sqrt{5})^2=4/5+1/5=1$$

   特别地，集合 $\{\boldsymbol{u}_1,\boldsymbol{u}_2\}$ 线性无关，由于集合包含两个向量，因此构成 $\mathbb{R}^2$ 的一个基.

2. 当 $\boldsymbol{y}=\begin{bmatrix}7\\6\end{bmatrix}$ 和 $\boldsymbol{u}=\begin{bmatrix}2\\1\end{bmatrix}$ 时，有 $\hat{\boldsymbol{y}}=\dfrac{\boldsymbol{y}\cdot\boldsymbol{u}}{\boldsymbol{u}\cdot\boldsymbol{u}}\boldsymbol{u}=\dfrac{20}{5}\begin{bmatrix}2\\1\end{bmatrix}=4\begin{bmatrix}2\\1\end{bmatrix}=\begin{bmatrix}8\\4\end{bmatrix}$.

   这和例 3 中的 $\hat{\boldsymbol{y}}$ 一致，正交投影似乎不依赖于直线上向量 $\boldsymbol{u}$ 的选取，见习题 39.

3. $\boldsymbol{U}\boldsymbol{y}=\begin{bmatrix}1/\sqrt{2} & 2/3\\ 1/\sqrt{2} & -2/3\\ 0 & 1/3\end{bmatrix}\begin{bmatrix}-3\sqrt{2}\\6\end{bmatrix}=\begin{bmatrix}1\\-7\\2\end{bmatrix}$.

   同样，由例 6，$\boldsymbol{x}=\begin{bmatrix}\sqrt{2}\\3\end{bmatrix}$ 和 $\boldsymbol{U}\boldsymbol{x}=\begin{bmatrix}3\\-1\\1\end{bmatrix}$. 因此，$\boldsymbol{U}\boldsymbol{x}\cdot\boldsymbol{U}\boldsymbol{y}=3+7+2=12$ 且 $\boldsymbol{x}\cdot\boldsymbol{y}=-6+18=12$.

4. 由于 $\boldsymbol{U}$ 是一个 $n\times n$ 的具有单位正交列的矩阵. 由定理 6，有 $\boldsymbol{U}^{\mathrm{T}}\boldsymbol{U}=\boldsymbol{I}$. 取等式左边的行列式，运用 3.2 节的定理 5 和定理 6，可以得出 $\det\boldsymbol{U}^{\mathrm{T}}\boldsymbol{U}=(\det\boldsymbol{U}^{\mathrm{T}})(\det\boldsymbol{U})=(\det\boldsymbol{U})(\det\boldsymbol{U})=(\det\boldsymbol{U})^2$. 回顾 $\det\boldsymbol{I}=1$. 由等式两边的结果可得 $(\det\boldsymbol{U})^2=1$，因此 $\det\boldsymbol{U}=\pm1$.

6.3 正交投影

$\mathbb{R}^2$ 中点在通过原点的直线上的正交投影和 $\mathbb{R}^n$ 的情形非常类似. 对给定向量 $\boldsymbol{y}$ 和 $\mathbb{R}^n$ 中子空间 W，存在属于 W 的向量 $\hat{\boldsymbol{y}}$ 满足：(1) W 中有唯一向量 $\hat{\boldsymbol{y}}$，使得 $\boldsymbol{y}-\hat{\boldsymbol{y}}$ 与 W 正交，(2) $\hat{\boldsymbol{y}}$ 是 W 中唯一最接近 $\boldsymbol{y}$ 的向量，见图 6-17. $\hat{\boldsymbol{y}}$ 的这两个性质提供了本章介绍性实例中提到的求线性方程组的最小二乘解的方法.

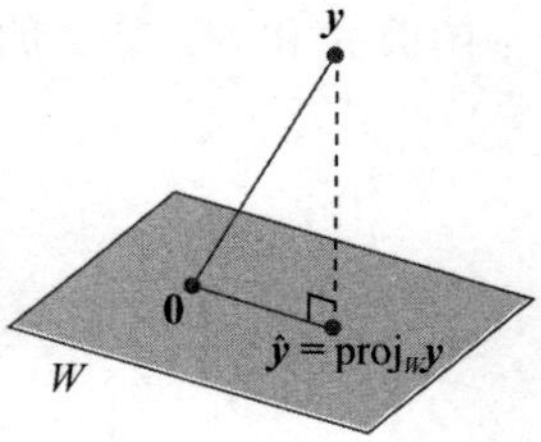

图 6-17

为准备第一个定理，我们注意到，当 $\boldsymbol{y}$ 表示成 $\mathbb{R}^n$ 空间中向量 $\boldsymbol{u}_1,\boldsymbol{u}_2,\cdots,\boldsymbol{u}_n$ 的线性组合时，$\boldsymbol{y}$ 的和式中的各项可分为两部分，使得 $\boldsymbol{y}$ 可写成

$$\boldsymbol{y}=\boldsymbol{z}_1+\boldsymbol{z}_2$$

其中，$\boldsymbol{z}_1$ 是其中一些 $\boldsymbol{u}_i$ 的线性组合，$\boldsymbol{z}_2$ 是其余 $\boldsymbol{u}_i$ 的线性组合. 当 $\{\boldsymbol{u}_1,\boldsymbol{u}_2,\cdots,\boldsymbol{u}_n\}$ 是正交基时，这个思路特别有用. 回忆在 6.1 节，$W^{\perp}$ 表示所有与 W 正交的向量集合.

例 1 假若 $\{\boldsymbol{u}_1,\boldsymbol{u}_2,\cdots,\boldsymbol{u}_5\}$ 是 $\mathbb{R}^5$ 中的正交基，且

$$\boldsymbol{y}=c_1\boldsymbol{u}_1+c_2\boldsymbol{u}_2+\cdots+c_5\boldsymbol{u}_5$$

考虑子空间 $W=\mathrm{Span}\{\boldsymbol{u}_1,\boldsymbol{u}_2\}$，并将 $\boldsymbol{y}$ 写成 W 中向量 $\boldsymbol{z}_1$ 与 $W^{\perp}$ 中向量 $\boldsymbol{z}_2$ 的和.

解

$$\boldsymbol{y}=\underbrace{c_1\boldsymbol{u}_1+c_2\boldsymbol{u}_2}_{\boldsymbol{z}_1}+\underbrace{c_3\boldsymbol{u}_3+c_4\boldsymbol{u}_4+c_5\boldsymbol{u}_5}_{\boldsymbol{z}_2}$$

其中

$$\boldsymbol{z}_1=c_1\boldsymbol{u}_1+c_2\boldsymbol{u}_2 \text{ 属于 } \mathrm{Span}\{\boldsymbol{u}_1,\boldsymbol{u}_2\}$$

$$\boldsymbol{z}_2=c_3\boldsymbol{u}_3+c_4\boldsymbol{u}_4+c_5\boldsymbol{u}_5 \text{ 属于 } \mathrm{Span}\{\boldsymbol{u}_3,\boldsymbol{u}_4,\boldsymbol{u}_5\}$$

为证明 $\boldsymbol{z}_2$ 属于 $W^{\perp}$，只需证明 $\boldsymbol{z}_2$ 与以 $\{\boldsymbol{u}_1,\boldsymbol{u}_2\}$ 为基的空间 W 中的向量正交（见 6.1 节）. 利用内积的性质计算

$$\begin{aligned}\boldsymbol{z}_2\cdot\boldsymbol{u}_1&=(c_3\boldsymbol{u}_3+c_4\boldsymbol{u}_4+c_5\boldsymbol{u}_5)\cdot\boldsymbol{u}_1\\&=c_3\boldsymbol{u}_3\cdot\boldsymbol{u}_1+c_4\boldsymbol{u}_4\cdot\boldsymbol{u}_1+c_5\boldsymbol{u}_5\cdot\boldsymbol{u}_1\\&=0\end{aligned}$$

上式中利用了 $\boldsymbol{u}_1$ 与 $\boldsymbol{u}_3$，$\boldsymbol{u}_4$ 和 $\boldsymbol{u}_5$ 的正交性. 同样的计算可以证明 $\boldsymbol{z}_2\cdot\boldsymbol{u}_2=0$，从而说明 $\boldsymbol{z}_2$ 属于 $W^{\perp}$. ■

下面的定理表明，在没有 $\mathbb{R}^n$ 中的正交基时，对例 1 中的分解 $\boldsymbol{y}=\boldsymbol{z}_1+\boldsymbol{z}_2$ 同样可以计算，只需有一个 W 中的正交基即可.

定理 8 （正交分解定理）

若 W 是 $\mathbb{R}^n$ 的一个子空间，那么 $\mathbb{R}^n$ 中每一个向量 $\boldsymbol{y}$ 可以唯一地表示为

$$\boldsymbol{y}=\hat{\boldsymbol{y}}+\boldsymbol{z} \tag{1}$$

其中 $\hat{\boldsymbol{y}}$ 属于 W 而 $\boldsymbol{z}$ 属于 $W^{\perp}$. 实际上，如果 $\{\boldsymbol{u}_1,\boldsymbol{u}_2,\cdots,\boldsymbol{u}_p\}$ 是 W 的任意正交基，那么

$$\hat{\boldsymbol{y}}=\frac{\boldsymbol{y}\cdot\boldsymbol{u}_1}{\boldsymbol{u}_1\cdot\boldsymbol{u}_1}\boldsymbol{u}_1+\frac{\boldsymbol{y}\cdot\boldsymbol{u}_2}{\boldsymbol{u}_2\cdot\boldsymbol{u}_2}\boldsymbol{u}_2+\cdots+\frac{\boldsymbol{y}\cdot\boldsymbol{u}_p}{\boldsymbol{u}_p\cdot\boldsymbol{u}_p}\boldsymbol{u}_p \tag{2}$$

且 $\boldsymbol{z}=\boldsymbol{y}-\hat{\boldsymbol{y}}$.

（2）式中的 $\hat{\boldsymbol{y}}$ 称为 **$\boldsymbol{y}$ 在 W 上的正交投影**，常记作 $\mathrm{proj}_W\boldsymbol{y}$. 见图 6-18. 当 W 是一维子空间时，$\hat{\boldsymbol{y}}$ 的公式和 6.2 节中的公式一致.

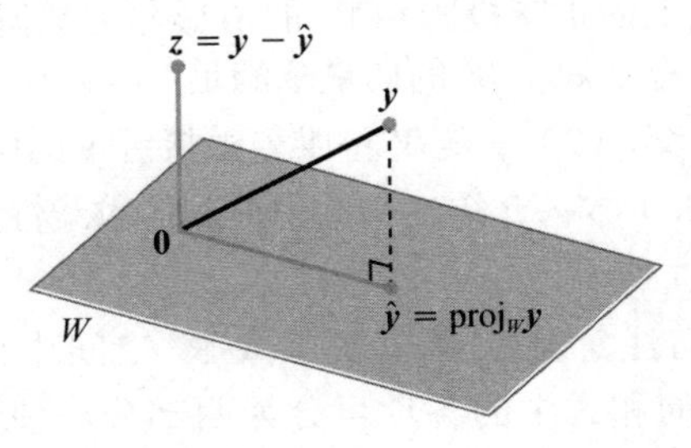

图 6-18 $\boldsymbol{y}$ 在 W 上的正交投影

证 若$\{\boldsymbol{u}_1,\boldsymbol{u}_2,\cdots,\boldsymbol{u}_p\}$是$W$的正交基，且$\hat{\boldsymbol{y}}$用（2）式定义.[㊀]由于$\hat{\boldsymbol{y}}$是基$\boldsymbol{u}_1,\boldsymbol{u}_2,\cdots,\boldsymbol{u}_p$的线性组合，所以$\hat{\boldsymbol{y}}$属于$W$．令$\boldsymbol{z}=\boldsymbol{y}-\hat{\boldsymbol{y}}$，由于$\boldsymbol{u}_1$正交于$\boldsymbol{u}_2,\boldsymbol{u}_2,\cdots,\boldsymbol{u}_p$，因此从（2）式可以得出

$$\boldsymbol{z}\cdot\boldsymbol{u}_1=(\boldsymbol{y}-\hat{\boldsymbol{y}})\cdot\boldsymbol{u}_1=\boldsymbol{y}\cdot\boldsymbol{u}_1-\left(\frac{\boldsymbol{y}\cdot\boldsymbol{u}_1}{\boldsymbol{u}_1\cdot\boldsymbol{u}_1}\right)\boldsymbol{u}_1\cdot\boldsymbol{u}_1-0-\cdots-0=\boldsymbol{y}\cdot\boldsymbol{u}_1-\boldsymbol{y}\cdot\boldsymbol{u}_1=0$$

从而$\boldsymbol{z}$与$\boldsymbol{u}_1$正交. 类似地，$\boldsymbol{z}$与空间W的每个基向量$\boldsymbol{u}_j$正交，因此$\boldsymbol{z}$与W中任何向量正交，即$\boldsymbol{z}$属于$W^{\perp}$.

为证明分解（1）式是唯一的，设$\boldsymbol{y}$也可以写成$\boldsymbol{y}=\hat{\boldsymbol{y}}_1+\boldsymbol{z}_1$，其中$\hat{\boldsymbol{y}}_1$属于$W$而$\boldsymbol{z}_1$属于$W^{\perp}$，那么$\hat{\boldsymbol{y}}+\boldsymbol{z}=\hat{\boldsymbol{y}}_1+\boldsymbol{z}_1$（由于两边的$\boldsymbol{y}$相同），从而得出

$$\hat{\boldsymbol{y}}-\hat{\boldsymbol{y}}_1=\boldsymbol{z}_1-\boldsymbol{z}$$

这个等式表明向量$\boldsymbol{v}=\hat{\boldsymbol{y}}-\hat{\boldsymbol{y}}_1$属于$W$，同时又属于$W^{\perp}$（由于$\boldsymbol{z}_1$和$\boldsymbol{z}$属于$W^{\perp}$且$W^{\perp}$是子空间）. 因此$\boldsymbol{v}\cdot\boldsymbol{v}=0$，这说明$\boldsymbol{v}=\boldsymbol{0}$，即证明$\hat{\boldsymbol{y}}=\hat{\boldsymbol{y}}_1$且$\boldsymbol{z}_1=\boldsymbol{z}$. ■

分解式（1）的唯一性表明，正交投影$\hat{\boldsymbol{y}}$仅依赖于W，而不依赖于（2）式中使用的特殊基.

例 2 假设$\boldsymbol{u}_1=\begin{bmatrix}2\\5\\-1\end{bmatrix},\boldsymbol{u}_2=\begin{bmatrix}-2\\1\\1\end{bmatrix}$和$\boldsymbol{y}=\begin{bmatrix}1\\2\\3\end{bmatrix}$. 注意到$\{\boldsymbol{u}_1,\boldsymbol{u}_2\}$是$W=\mathrm{Span}\{\boldsymbol{u}_1,\boldsymbol{u}_2\}$的正交基，将$\boldsymbol{y}$写成属于$W$的向量与正交于$W$的向量之和.

解 $\boldsymbol{y}$在W上的正交投影是

$$\begin{aligned}\hat{\boldsymbol{y}}&=\frac{\boldsymbol{y}\cdot\boldsymbol{u}_1}{\boldsymbol{u}_1\cdot\boldsymbol{u}_1}\boldsymbol{u}_1+\frac{\boldsymbol{y}\cdot\boldsymbol{u}_2}{\boldsymbol{u}_2\cdot\boldsymbol{u}_2}\boldsymbol{u}_2\\&=\frac{9}{30}\begin{bmatrix}2\\5\\-1\end{bmatrix}+\frac{3}{6}\begin{bmatrix}-2\\1\\1\end{bmatrix}=\frac{9}{30}\begin{bmatrix}2\\5\\-1\end{bmatrix}+\frac{15}{30}\begin{bmatrix}-2\\1\\1\end{bmatrix}=\begin{bmatrix}-2/5\\2\\1/5\end{bmatrix}\end{aligned}$$

且

$$\boldsymbol{y}-\hat{\boldsymbol{y}}=\begin{bmatrix}1\\2\\3\end{bmatrix}-\begin{bmatrix}-2/5\\2\\1/5\end{bmatrix}=\begin{bmatrix}7/5\\0\\14/5\end{bmatrix}$$

定理 8 保证$\boldsymbol{y}-\hat{\boldsymbol{y}}$属于$W^{\perp}$. 为检验计算，一个好的方法是验证$\boldsymbol{y}-\hat{\boldsymbol{y}}$正交于$\boldsymbol{u}_1$和$\boldsymbol{u}_2$，因而正交于$W$. 所期望的$\boldsymbol{y}$的分解式是

$$\boldsymbol{y}=\begin{bmatrix}1\\2\\3\end{bmatrix}=\begin{bmatrix}-2/5\\2\\1/5\end{bmatrix}+\begin{bmatrix}7/5\\0\\14/5\end{bmatrix}$$ ■

正交投影的几何解释

当W是一维子空间时，公式（2）的$\mathrm{proj}_W\boldsymbol{y}$仅包含一项. 这样，当$\dim W>1$时，（2）式中的每一项都是自身，即向量$\boldsymbol{y}$在由$W$的一个基$\boldsymbol{u}$所生成的一维子空间上的正交投影. 图 6-19 表

㊀ 我们可以假设W不是零子空间，否则$W^{\perp}=\mathbb{R}^n$，（1）即为$\boldsymbol{y}=\boldsymbol{0}+\boldsymbol{y}$. 下一节将说明$\mathbb{R}^n$中的任意非零子空间都有正交基.

示当 W 是 $\mathbb{R}^3$ 中由 $\boldsymbol{u}_1$ 和 $\boldsymbol{u}_2$ 所生成的子空间的情形. $\hat{\boldsymbol{y}}_1$ 和 $\hat{\boldsymbol{y}}_2$ 分别表示 $\boldsymbol{y}$ 在由 $\boldsymbol{u}_1$ 和 $\boldsymbol{u}_2$ 所生成的直线上的投影，向量 $\boldsymbol{y}$ 在 W 上的正交投影 $\hat{\boldsymbol{y}}$ 是 $\boldsymbol{y}$ 在两个相互正交的一维子空间上各自投影之和. 图 6-19 中的向量 $\hat{\boldsymbol{y}}$ 对应于 6.2 节图 6-13 中的向量 $\boldsymbol{y}$，其原因是现在 $\hat{\boldsymbol{y}}$ 属于 W.

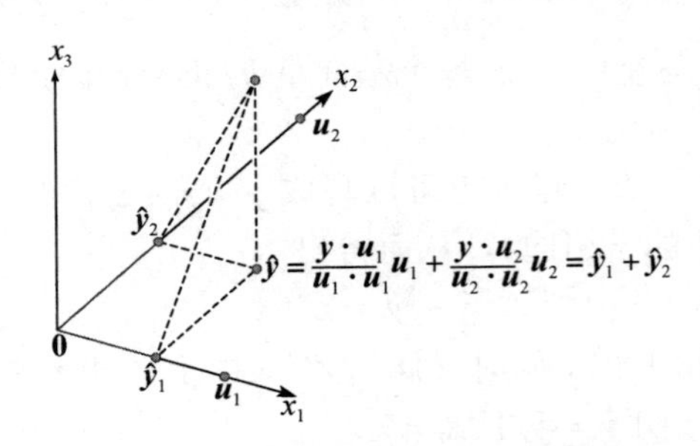

图 6-19　向量 $\boldsymbol{y}$ 的正交投影等于它在相互正交的一维子空间上的投影之和

正交投影的性质

如果 $\{\boldsymbol{u}_1, \boldsymbol{u}_2, \cdots, \boldsymbol{u}_p\}$ 是 W 的正交基，且若 $\boldsymbol{y}$ 正好属于 W，那么 $\text{proj}_W \boldsymbol{y}$ 的公式和 6.2 节中定理 5 里 $\boldsymbol{y}$ 的表达式完全一致. 这种情形下，$\text{proj}_W \boldsymbol{y} = \boldsymbol{y}$.

$$\text{如果 } \boldsymbol{y} \text{ 属于 } W = \text{Span}\{\boldsymbol{u}_1, \boldsymbol{u}_2, \cdots, \boldsymbol{u}_p\}\text{，那么 } \text{proj}_W \boldsymbol{y} = \boldsymbol{y}$$

这个结论可以从下列定理得出.

定理 9　（最佳逼近定理）

假设 W 是 $\mathbb{R}^n$ 的一个子空间，$\boldsymbol{y}$ 是 $\mathbb{R}^n$ 中的任意向量，$\hat{\boldsymbol{y}}$ 是 $\boldsymbol{y}$ 在 W 上的正交投影，那么 $\hat{\boldsymbol{y}}$ 是 W 中最接近 $\boldsymbol{y}$ 的点，也就是

$$\|\boldsymbol{y} - \hat{\boldsymbol{y}}\| < \|\boldsymbol{y} - \boldsymbol{v}\| \tag{3}$$

对所有属于 W 又异于 $\hat{\boldsymbol{y}}$ 的 $\boldsymbol{v}$ 成立.

定理 9 中的向量 $\hat{\boldsymbol{y}}$ 称为 **W 中元素对 $\boldsymbol{y}$ 的最佳逼近**. 在后面章节中，我们会研究这样的问题，即对给定的元素 $\boldsymbol{y}$，可以被某个给定子空间 W 中的向量 $\boldsymbol{v}$ 代替或"逼近". 用 $\|\boldsymbol{y} - \boldsymbol{v}\|$ 表示的从 $\boldsymbol{y}$ 到 $\boldsymbol{v}$ 的距离可以认为是用 $\boldsymbol{v}$ 代替 $\boldsymbol{y}$ 的"误差". 定理 9 说明误差在 $\boldsymbol{v} = \hat{\boldsymbol{y}}$ 处取得最小值.

方程（3）给出了一个新的证明，即 $\hat{\boldsymbol{y}}$ 的计算不依赖于特定正交基. 如果 W 的一个不同的正交基被用于构造 $\boldsymbol{y}$ 的正交投影，那么这个投影也是 W 中离 $\boldsymbol{y}$ 最近的点，即 $\hat{\boldsymbol{y}}$.

证　取 W 中的 $\boldsymbol{v}$（不同于 $\hat{\boldsymbol{y}}$），见图 6-20，则 $\hat{\boldsymbol{y}} - \boldsymbol{v}$ 是 W 中的向量. 由正交分解定理，$\boldsymbol{y} - \hat{\boldsymbol{y}}$ 正交于 W，特别地，$\boldsymbol{y} - \hat{\boldsymbol{y}}$ 正交于 $\hat{\boldsymbol{y}} - \boldsymbol{v}$. 由于

$$\boldsymbol{y} - \boldsymbol{v} = (\boldsymbol{y} - \hat{\boldsymbol{y}}) + (\hat{\boldsymbol{y}} - \boldsymbol{v})$$

故由勾股定理可知

$$\|\boldsymbol{y} - \boldsymbol{v}\|^2 = \|\boldsymbol{y} - \hat{\boldsymbol{y}}\|^2 + \|\hat{\boldsymbol{y}} - \boldsymbol{v}\|^2$$

（见图 6-20 中右边的直角三角形. 每个边的长度均已标出.）因为 $\hat{\boldsymbol{y}} - \boldsymbol{v} \neq \boldsymbol{0}$，所以 $\|\hat{\boldsymbol{y}} - \boldsymbol{v}\|^2 > 0$，从而不等式（3）立刻推出.

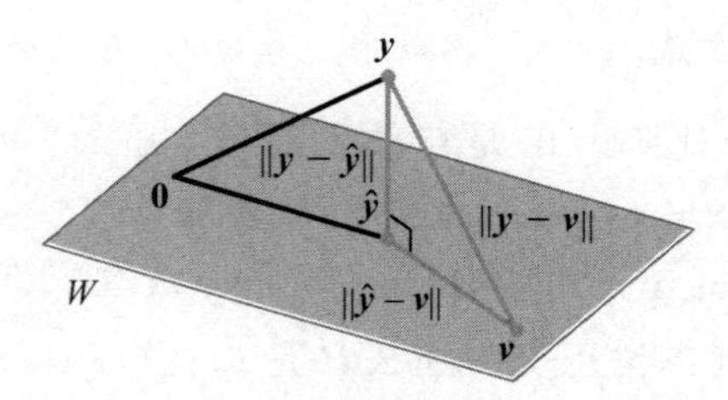

图 6-20　$\boldsymbol{y}$ 在 W 上的正交投影是 W 中离 $\boldsymbol{y}$ 最近的点 ■

例 3　如果 $\boldsymbol{u}_1=\begin{bmatrix}2\\5\\-1\end{bmatrix}, \boldsymbol{u}_2=\begin{bmatrix}-2\\1\\1\end{bmatrix}, \boldsymbol{y}=\begin{bmatrix}1\\2\\3\end{bmatrix}$ 和 $W=\operatorname{Span}\{\boldsymbol{u}_1,\boldsymbol{u}_2\}$，类似例 2，则 W 中离 $\boldsymbol{y}$ 最近的点是

$$\hat{\boldsymbol{y}}=\frac{\boldsymbol{y}\cdot\boldsymbol{u}_1}{\boldsymbol{u}_1\cdot\boldsymbol{u}_1}\boldsymbol{u}_1+\frac{\boldsymbol{y}\cdot\boldsymbol{u}_2}{\boldsymbol{u}_2\cdot\boldsymbol{u}_2}\boldsymbol{u}_2=\begin{bmatrix}-2/5\\2\\1/5\end{bmatrix}$$

■

例 4　$\mathbb{R}^n$ 中的一个点 $\boldsymbol{y}$ 到一个子空间 W 的距离定义为从 $\boldsymbol{y}$ 到空间 W 中最近点的距离，求出 $\boldsymbol{y}$ 到 $W=\operatorname{Span}\{\boldsymbol{u}_1,\boldsymbol{u}_2\}$ 的距离，其中

$$\boldsymbol{y}=\begin{bmatrix}-1\\-5\\10\end{bmatrix},\quad \boldsymbol{u}_1=\begin{bmatrix}5\\-2\\1\end{bmatrix},\quad \boldsymbol{u}_2=\begin{bmatrix}1\\2\\-1\end{bmatrix}$$

解　由最佳逼近定理，从 $\boldsymbol{y}$ 到 W 的距离是 $\|\boldsymbol{y}-\hat{\boldsymbol{y}}\|$，其中 $\hat{\boldsymbol{y}}=\operatorname{proj}_W\boldsymbol{y}$. 由于 $\{\boldsymbol{u}_1,\boldsymbol{u}_2\}$ 是 W 的正交基，我们得到

$$\hat{\boldsymbol{y}}=\frac{15}{30}\boldsymbol{u}_1+\frac{-21}{6}\boldsymbol{u}_2=\frac{1}{2}\begin{bmatrix}5\\-2\\1\end{bmatrix}-\frac{7}{2}\begin{bmatrix}1\\2\\-1\end{bmatrix}=\begin{bmatrix}-1\\-8\\4\end{bmatrix}$$

$$\boldsymbol{y}-\hat{\boldsymbol{y}}=\begin{bmatrix}-1\\-5\\10\end{bmatrix}-\begin{bmatrix}-1\\-8\\4\end{bmatrix}=\begin{bmatrix}0\\3\\6\end{bmatrix}$$

$$\|\boldsymbol{y}-\hat{\boldsymbol{y}}\|^2=3^2+6^2=45$$

从 $\boldsymbol{y}$ 到 W 的距离是 $\sqrt{45}=3\sqrt{5}$. ■

本节最后的定理说明，关于 $\operatorname{proj}_W\boldsymbol{y}$ 的公式（2）当 W 的基是单位正交集时如何被简化.

定理 10　如果 $\{\boldsymbol{u}_1,\boldsymbol{u}_2,\cdots,\boldsymbol{u}_p\}$ 是 $\mathbb{R}^n$ 中子空间 W 的单位正交基，那么

$$\operatorname{proj}_W\boldsymbol{y}=(\boldsymbol{y}\cdot\boldsymbol{u}_1)\boldsymbol{u}_1+(\boldsymbol{y}\cdot\boldsymbol{u}_2)\boldsymbol{u}_2+\cdots+(\boldsymbol{y}\cdot\boldsymbol{u}_p)\boldsymbol{u}_p \tag{4}$$

如果 $U=[\boldsymbol{u}_1\quad \boldsymbol{u}_2\quad \cdots\quad \boldsymbol{u}_p]$，则

$$\operatorname{proj}_W\boldsymbol{y}=UU^{\mathrm{T}}\boldsymbol{y}\text{，对所有 }\boldsymbol{y}\in\mathbb{R}^n\text{ 成立} \tag{5}$$

证　公式（4）可由定理 8 中（2）式立刻推出，而且，（4）式说明 $\operatorname{proj}_W\boldsymbol{y}$ 是 U 的列的线性组合，对应权分别为 $\boldsymbol{y}\cdot\boldsymbol{u}_1$，$\boldsymbol{y}\cdot\boldsymbol{u}_2$，…，$\boldsymbol{y}\cdot\boldsymbol{u}_p$. 这些权同样可写成 $\boldsymbol{u}_1^{\mathrm{T}}\boldsymbol{y}$，$\boldsymbol{u}_2^{\mathrm{T}}\boldsymbol{y}$，…，$\boldsymbol{u}_p^{\mathrm{T}}\boldsymbol{y}$. 表明它们是

$U^{\mathrm{T}}y$ 中的元素，从而证明了（5）式. ■

若 U 是列单位正交的 $n\times p$ 矩阵，W 是 U 的列空间，那么

$$U^{\mathrm{T}}Ux = I_px = x\text{，对所有属于 }\mathbb{R}^p\text{ 的 }x\text{ 成立} \qquad \text{定理 6}$$

$$UU^{\mathrm{T}}y = \mathrm{proj}_W y\text{，对所有属于 }\mathbb{R}^n\text{ 的 }y\text{ 成立} \qquad \text{定理 10}$$

如果 U 是 $n\times n$（方）阵，且列单位正交，那么 U 是正交矩阵，列空间 W 是整个 $\mathbb{R}^n$ 空间，且 $UU^{\mathrm{T}}y = Iy = y$，对所有 $y\in\mathbb{R}^n$ 成立.

尽管公式（4）在理论上十分重要，实际上，它常包含数字的平方根运算（在 u_i 的元素中），用手工运算时我们推荐使用公式（2）.

2.1 节的例 9 说明了如何使用矩阵乘法和转置来检测使用灰色正方形和白色正方形表示的特定图案.现在我们有了更多处理 W 和 W^{T} 的基的经验，同时已经准备好讨论如何设置图 6-22 中的矩阵 M.假设 w 是由灰色和白色正方形组成的图案生成的向量，通过将每个灰色正方形转换为 1，每个白色正方形转换为 0，然后将每一列排列到它前面的列下面.见图 6-21.

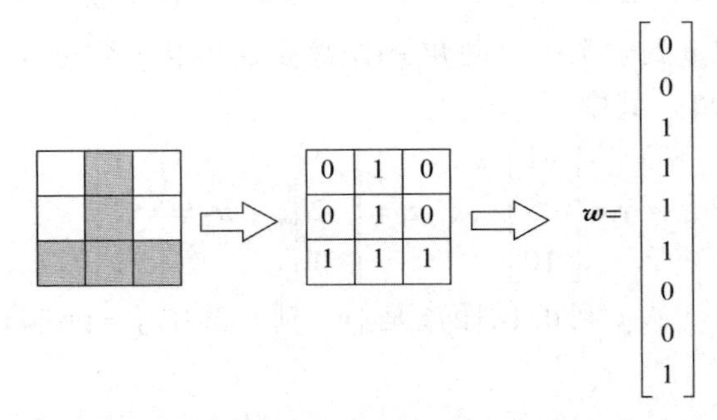

图 6-21 从不同颜色正方形图案中创建一个矢量

假设 $W=\mathrm{Span}\{w\}$.选择 W^{T} 的一组基 $\{v_1, v_2, \cdots, v_{n-1}\}$.矩阵 $B=\begin{bmatrix} v_1^{\mathrm{T}} \\ v_2^{\mathrm{T}} \\ \vdots \\ v_{n-1}^{\mathrm{T}} \end{bmatrix}$.注意 $Bu=0$ 当且仅当 u 与 $W^{\perp}$ 的一组基向量正交，且 u 在 W 中. 设 $M=B^{\mathrm{T}}B$，因此 $u^{\mathrm{T}}Mu=u^{\mathrm{T}}B^{\mathrm{T}}Bu=(Bu)^{\mathrm{T}}Bu$.由定理 1 得，$(Bu)^{\mathrm{T}}Bu=0$ 当且仅当 $Bu=0$，因此 $u^{\mathrm{T}}Mu=0$ 当且仅当 $u\in W$.但在 W 中只有由 0 和 1 组成的两个向量：$1w=w$ 和 $0w=0$.因此，可以得出结论：如果 $u^{\mathrm{T}}Mu=0$，但 $u^{\mathrm{T}}u\neq 0$，则 $u=w$.见图 6-22.

例 5 找到一个矩阵 M，该矩阵可以在图 6-22 中用于识别 perp 符号.

解 首先，将该符号转化为一个向量.设 $w=[0\,0\,1\,1\,1\,1\,0\,0\,1]^{\mathrm{T}}$.然后设 $W=\mathrm{Span}\{w\}$，并找到 $W^{\perp}$ 的一组基，求解 $x^{\mathrm{T}}w=0$ 得到齐次方程组：

$$x_3+x_4+x_5+x_6+x_9=0$$

将 x_3 作为基本变量，其余变量作为自由变量，我们得到了 $W^{\perp}$ 的一组基.在基中转置每个向量，

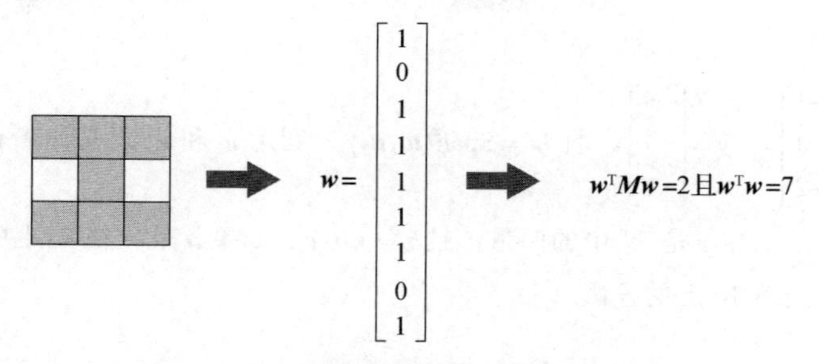

a）该图案不是垂直符号，因为$w^TMw\neq 0$

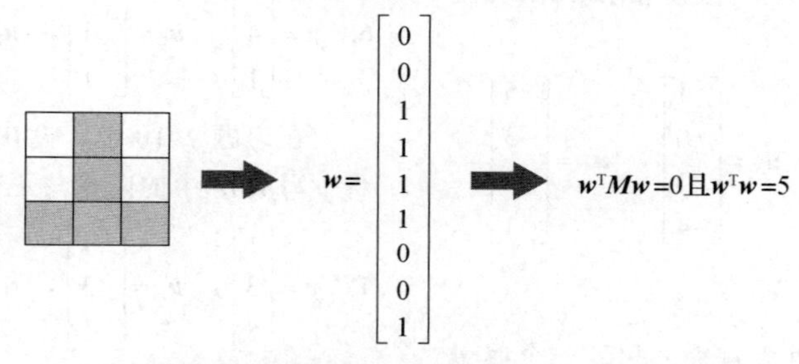

b）该图案是垂直符号，因为$w^TMw=0$，但$w^Tw\neq 0$

图 6-22　人工智能如何检测垂直符号

并将其作为 $\boldsymbol{B}$ 的一列插入，我们得到：

$$\boldsymbol{B}=\begin{bmatrix}1&0&0&0&0&0&0&0&0\\0&1&0&0&0&0&0&0&0\\0&0&-1&1&0&0&0&0&0\\0&0&-1&0&1&0&0&0&0\\0&0&-1&0&0&1&0&0&0\\0&0&0&0&0&0&1&0&0\\0&0&0&0&0&0&0&1&0\\0&0&-1&0&0&0&0&0&1\end{bmatrix}$$

$$\text{且 }\boldsymbol{M}=\boldsymbol{B}^{\mathrm{T}}\boldsymbol{B}=\begin{bmatrix}1&0&0&0&0&0&0&0&0\\0&1&0&0&0&0&0&0&0\\0&0&4&-1&-1&-1&0&0&-1\\0&0&-1&1&0&0&0&0&0\\0&0&-1&0&1&0&0&0&0\\0&0&-1&0&0&1&0&0&0\\0&0&0&0&0&0&1&0&0\\0&0&0&0&0&0&0&1&0\\0&0&-1&0&0&0&0&0&1\end{bmatrix}$$

注意 $\boldsymbol{w}^{\mathrm{T}}\boldsymbol{M}\boldsymbol{w}=0$，但是 $\boldsymbol{w}^{\mathrm{T}}\boldsymbol{w}\neq 0$. ■

练习题

1. 令 $\boldsymbol{u}_1=\begin{bmatrix}-7\\1\\4\end{bmatrix}$，$\boldsymbol{u}_2=\begin{bmatrix}-1\\1\\-2\end{bmatrix}$，$\boldsymbol{y}=\begin{bmatrix}-9\\1\\6\end{bmatrix}$，且 $W=\mathrm{Span}\{\boldsymbol{u}_1,\boldsymbol{u}_2\}$，利用 $\boldsymbol{u}_1$ 和 $\boldsymbol{u}_2$ 正交计算 $\mathrm{proj}_W\boldsymbol{y}$.

2. 设 W 是 $\mathbb{R}^n$ 的子空间，$\boldsymbol{x}$ 和 $\boldsymbol{y}$ 是 $\mathbb{R}^n$ 中的向量，且 $\boldsymbol{z}=\boldsymbol{x}+\boldsymbol{y}$. 如果 $\boldsymbol{u}$ 是 $\boldsymbol{x}$ 在 W 上的投影，$\boldsymbol{v}$ 是 $\boldsymbol{y}$ 在 W 上的投影. 证明 $\boldsymbol{u}+\boldsymbol{v}$ 是 $\boldsymbol{z}$ 在 W 上的投影.

习题 6.3

在习题1和习题2中，我们假设 $\{\boldsymbol{u}_1,\boldsymbol{u}_2,\boldsymbol{u}_3,\boldsymbol{u}_4\}$ 是 $\mathbb{R}^4$ 中的正交基.

1. $\boldsymbol{u}_1=\begin{bmatrix}0\\1\\-4\\-1\end{bmatrix}$，$\boldsymbol{u}_2=\begin{bmatrix}3\\5\\1\\1\end{bmatrix}$，$\boldsymbol{u}_3=\begin{bmatrix}1\\0\\1\\-4\end{bmatrix}$，$\boldsymbol{u}_4=\begin{bmatrix}5\\-3\\-1\\1\end{bmatrix}$，$\boldsymbol{x}=\begin{bmatrix}10\\-8\\2\\0\end{bmatrix}$. 将 $\boldsymbol{x}$ 写成两个向量之和，一个属于 $\mathrm{Span}\{\boldsymbol{u}_1,\boldsymbol{u}_2,\boldsymbol{u}_3\}$，另一个属于 $\mathrm{Span}\{\boldsymbol{u}_4\}$.

2. $\boldsymbol{u}_1=\begin{bmatrix}1\\2\\1\\1\end{bmatrix}$，$\boldsymbol{u}_2=\begin{bmatrix}-2\\1\\-1\\1\end{bmatrix}$，$\boldsymbol{u}_3=\begin{bmatrix}1\\1\\-2\\-1\end{bmatrix}$，$\boldsymbol{u}_4=\begin{bmatrix}-1\\1\\1\\-2\end{bmatrix}$，$\boldsymbol{v}=\begin{bmatrix}4\\5\\-2\\2\end{bmatrix}$. 将 $\boldsymbol{v}$ 写成两个向量之和，一个属于 $\mathrm{Span}\{\boldsymbol{u}_1\}$，另一个属于 $\mathrm{Span}\{\boldsymbol{u}_2,\boldsymbol{u}_3,\boldsymbol{u}_4\}$.

在习题 3~6 中，验证 $\{\boldsymbol{u}_1,\boldsymbol{u}_2\}$ 是一个正交集，并找出 $\boldsymbol{y}$ 在 $\mathrm{Span}\{\boldsymbol{u}_1,\boldsymbol{u}_2\}$ 上的正交投影.

3. $\boldsymbol{y}=\begin{bmatrix}-1\\4\\3\end{bmatrix}$，$\boldsymbol{u}_1=\begin{bmatrix}1\\1\\0\end{bmatrix}$，$\boldsymbol{u}_2=\begin{bmatrix}-1\\1\\0\end{bmatrix}$

4. $\boldsymbol{y}=\begin{bmatrix}4\\3\\-2\end{bmatrix}$，$\boldsymbol{u}_1=\begin{bmatrix}3\\4\\0\end{bmatrix}$，$\boldsymbol{u}_2=\begin{bmatrix}-4\\3\\0\end{bmatrix}$

5. $\boldsymbol{y}=\begin{bmatrix}-1\\2\\6\end{bmatrix}$，$\boldsymbol{u}_1=\begin{bmatrix}3\\-1\\2\end{bmatrix}$，$\boldsymbol{u}_2=\begin{bmatrix}1\\-1\\-2\end{bmatrix}$

6. $\boldsymbol{y}=\begin{bmatrix}4\\4\\1\end{bmatrix}$，$\boldsymbol{u}_1=\begin{bmatrix}-4\\-1\\1\end{bmatrix}$，$\boldsymbol{u}_2=\begin{bmatrix}0\\1\\1\end{bmatrix}$

在习题 7~10 中，设 W 是由 $\boldsymbol{u}$ 生成的子空间，将 $\boldsymbol{y}$ 写成 W 中的向量与正交于 W 的向量之和.

7. $\boldsymbol{y}=\begin{bmatrix}1\\3\\5\end{bmatrix}$，$\boldsymbol{u}_1=\begin{bmatrix}1\\3\\-2\end{bmatrix}$，$\boldsymbol{u}_2=\begin{bmatrix}5\\1\\4\end{bmatrix}$

8. $\boldsymbol{y}=\begin{bmatrix}-1\\4\\3\end{bmatrix}$，$\boldsymbol{u}_1=\begin{bmatrix}1\\1\\1\end{bmatrix}$，$\boldsymbol{u}_2=\begin{bmatrix}-1\\3\\-2\end{bmatrix}$

9. $\boldsymbol{y}=\begin{bmatrix}4\\3\\3\\-1\end{bmatrix}$，$\boldsymbol{u}_1=\begin{bmatrix}1\\1\\0\\1\end{bmatrix}$，$\boldsymbol{u}_2=\begin{bmatrix}-1\\3\\1\\-2\end{bmatrix}$，$\boldsymbol{u}_3=\begin{bmatrix}-1\\0\\1\\1\end{bmatrix}$

10. $\boldsymbol{y}=\begin{bmatrix}3\\4\\5\\4\end{bmatrix}$，$\boldsymbol{u}_1=\begin{bmatrix}1\\1\\0\\-1\end{bmatrix}$，$\boldsymbol{u}_2=\begin{bmatrix}1\\0\\1\\1\end{bmatrix}$，$\boldsymbol{u}_3=\begin{bmatrix}0\\-1\\1\\-1\end{bmatrix}$

在习题 11 和 12 中，在 $\boldsymbol{v}_1$ 和 $\boldsymbol{v}_2$ 所生成的子空间 W 中，找出距离 $\boldsymbol{y}$ 最近的点.

11. $\boldsymbol{y}=\begin{bmatrix}3\\1\\5\\1\end{bmatrix}$，$\boldsymbol{v}_1=\begin{bmatrix}3\\1\\-1\\1\end{bmatrix}$，$\boldsymbol{v}_2=\begin{bmatrix}1\\-1\\1\\-1\end{bmatrix}$

12. $\boldsymbol{y}=\begin{bmatrix}3\\-1\\1\\13\end{bmatrix}$，$\boldsymbol{v}_1=\begin{bmatrix}1\\-2\\-1\\2\end{bmatrix}$，$\boldsymbol{v}_2=\begin{bmatrix}-4\\1\\0\\3\end{bmatrix}$

在习题 13 和 14 中，在形如 $c_1\boldsymbol{v}_1+c_2\boldsymbol{v}_2$ 的向量中找出最接近 $\boldsymbol{z}$ 的向量.

13. $z=\begin{bmatrix}3\\-7\\2\\3\end{bmatrix}$，$v_1=\begin{bmatrix}2\\-1\\-3\\1\end{bmatrix}$，$v_2=\begin{bmatrix}1\\1\\0\\-1\end{bmatrix}$

14. $z=\begin{bmatrix}2\\4\\0\\-1\end{bmatrix}$，$v_1=\begin{bmatrix}2\\0\\-1\\-3\end{bmatrix}$，$v_2=\begin{bmatrix}5\\-2\\4\\2\end{bmatrix}$

15. 假设 $y=\begin{bmatrix}5\\-9\\5\end{bmatrix}$，$u_1=\begin{bmatrix}-3\\-5\\1\end{bmatrix}$，$u_2=\begin{bmatrix}-3\\2\\1\end{bmatrix}$，找出向量 y 与 $\mathbb{R}^3$ 中由 u_1 和 u_2 所生成的平面的距离.

16. 若 y，v_1 和 v_2 如习题 12 中所示，找出 y 到 $\mathbb{R}^4$ 中由 v_1 和 v_2 所生成的子空间的距离.

17. 设 $y=\begin{bmatrix}4\\8\\1\end{bmatrix}$，$u_1=\begin{bmatrix}2/3\\1/3\\2/3\end{bmatrix}$，$u_2=\begin{bmatrix}-2/3\\2/3\\1/3\end{bmatrix}$，且 $W=\text{Span}\{u_1,u_2\}$.
   a. 若 $U=[u_1\quad u_2]$，计算 U^TU 和 UU^T.
   b. 计算 $\text{proj}_W y$ 和 $(UU^T)y$.

18. 设 $y=\begin{bmatrix}7\\9\end{bmatrix}$，$u_1=\begin{bmatrix}1/\sqrt{10}\\-3/\sqrt{10}\end{bmatrix}$ 和 $W=\text{Span}\{u_1\}$.
   a. 若 U 是 2×1 矩阵，其列向量为 u_1，计算 U^TU 和 UU^T.
   b. 计算 $\text{proj}_W y$ 和 $(UU^T)y$.

19. 假设 $u_1=\begin{bmatrix}1\\1\\-2\end{bmatrix}$，$u_2=\begin{bmatrix}5\\-1\\2\end{bmatrix}$ 和 $u_3=\begin{bmatrix}0\\0\\1\end{bmatrix}$，注意 u_1 和 u_2 正交，但 u_3 和 u_1 或 u_2 不正交，可以证明 u_3 不属于 u_1 和 u_2 所生成的子空间. 利用这个事实，构造 $\mathbb{R}^3$ 中与 u_1 和 u_2 正交的非零向量 v.

20. 设 u_1 和 u_2 如习题 19 所示，且 $u_4=\begin{bmatrix}0\\1\\0\end{bmatrix}$，可以证明 u_4 不属于 u_1 和 u_2 所生成的子空间 W. 利用这个结论构造 $\mathbb{R}^3$ 中与 u_1 和 u_2 正交的非零向量 v.

在习题 21~30 中，所有向量和子空间均属于 $\mathbb{R}^n$，判断下列命题的真假(T/F)，并验证你的结论.

21. (T/F)如果 z 与 u_1 和 u_2 正交，且 $W=\text{Span}\{u_1,u_2\}$，那么 z 一定属于 $W^\perp$.

22. (T/F)对任一向量 y 和任一子空间 W，向量 $y-\text{proj}_W y$ 正交于 W.

23. (T/F) y 在子空间 W 上的正交投影 $\hat{y}$ 的计算有时可能依赖于 W 正交基的选取.

24. (T/F)如果 y 属于子空间 W，那么 y 在 W 上的正交投影是 y 本身.

25. (T/F) W 中元素到 y 的最佳逼近是 $y-\text{proj}_W y$.

26. (T/F)如果 W 是 $\mathbb{R}^n$ 的一子空间，并且 v 同时属于 W 和 $W^\perp$，则 v 必定是零向量.

27. (T/F)在正交分解定理中，公式（2）中 $\hat{y}$ 自身的每一项是 y 到 W 的子空间上的正交投影.

28. (T/F)如果 $y=Z_1+Z_2$，这里 Z_1 属于 W，Z_2 属于 $W^\perp$，则 Z_1 必定是 y 到 W 上的正交投影.

29. (T/F)如果 $n\times p$ 阶矩阵 U 的列是标准正交的，则 UU^Ty 是 y 到 U 的列向量空间上的正交映射.

30. (T/F)如果 $n\times p$ 阶矩阵 U 的列是标准正交的，则对于 $\mathbb{R}^n$ 中所有 x，有 $UU^Tx=x$.

31. 若 A 是 $m\times n$ 矩阵，证明 $\mathbb{R}^n$ 中任一向量 x 可以写成 $x=p+u$ 的形式，其中 p 属于 Row A 且 u 属于 Nul A. 同样可以证明：如果方程 $Ax=b$ 是相容的，那么存在唯一向量 p 属于 Row A，使得 $Ap=b$.

32. 假若 W 是 $\mathbb{R}^n$ 的一个子空间且 $\{w_1,w_2,\cdots,w_p\}$ 是 W 的一个正交基，$\{v_1,v_2,\cdots,v_q\}$ 是 $W^\perp$ 的正交基.
   a. 说明为什么 $\{w_1,w_2,\cdots,w_p,v_1,v_2,\cdots,v_q\}$ 是正交集.
   b. 说明为什么（a）中的集合可以生成 $\mathbb{R}^n$.
   c. 证明 $\dim W+\dim W^\perp=n$.

在练习 33~36 中，首先将给定的图案转换为一个 0 和 1 的向量 w，然后利用例 5 中的方法找到一个矩阵 M，使得 M 满足 $w^TMw=0$，但是对其他 0 和 1 的非量向量 u，$u^TMu\neq0$.

33. 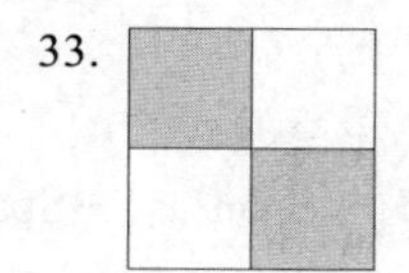

34. 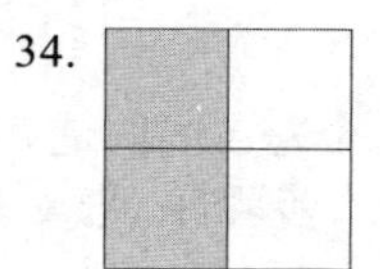

35. 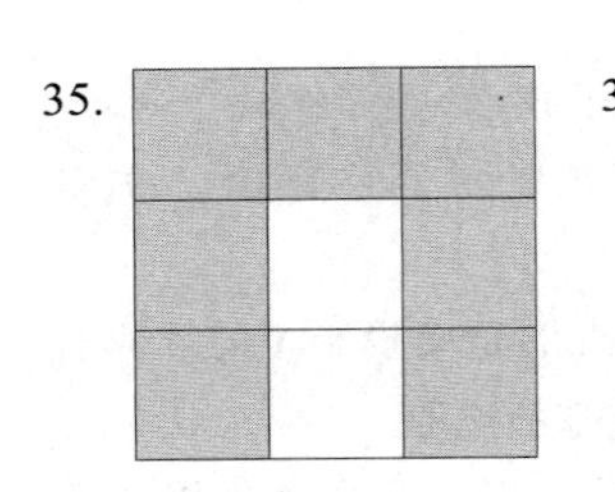

36. 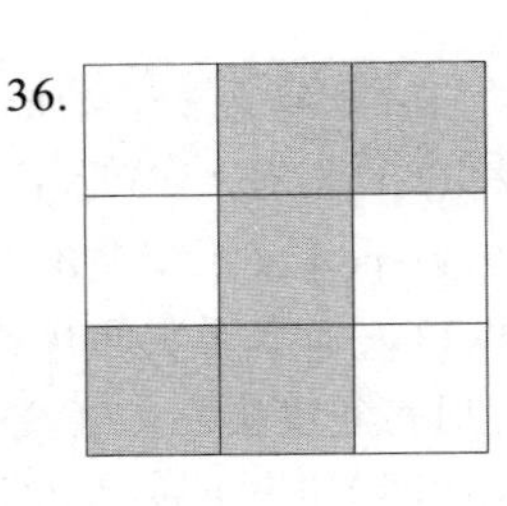

37. [M] 若 $\boldsymbol{U}$ 是 6.2 节中习题 43 中的 8×4 矩阵，在 Col $\boldsymbol{U}$ 中找出最接近 $\boldsymbol{y}=(1,1,1,1,1,1,1,1)$ 的点，写出你解决该问题所使用的按键或命令.

38. [M]假设 $\boldsymbol{U}$ 是习题 37 中的矩阵，求出从 $\boldsymbol{b}=(1,1,1,1,-1,-1,-1,-1)$ 到 Col $\boldsymbol{U}$ 的距离.

练习题答案

1. 计算

$$\text{proj}_W \boldsymbol{y}=\frac{\boldsymbol{y}\cdot\boldsymbol{u}_1}{\boldsymbol{u}_1\cdot\boldsymbol{u}_1}\boldsymbol{u}_1+\frac{\boldsymbol{y}\cdot\boldsymbol{u}_2}{\boldsymbol{u}_2\cdot\boldsymbol{u}_2}\boldsymbol{u}_2=\frac{88}{66}\boldsymbol{u}_1+\frac{-2}{6}\boldsymbol{u}_2=\frac{4}{3}\begin{bmatrix}-7\\1\\4\end{bmatrix}-\frac{1}{3}\begin{bmatrix}-1\\1\\-2\end{bmatrix}=\begin{bmatrix}-9\\1\\6\end{bmatrix}=\boldsymbol{y}$$

在这种情形下，$\boldsymbol{y}$ 恰好是 $\boldsymbol{u}_1$ 和 $\boldsymbol{u}_2$ 的线性组合，从而 $\boldsymbol{y}$ 属于 W，即 W 中最接近 $\boldsymbol{y}$ 的点是 $\boldsymbol{y}$ 本身.

2. 利用定理 10，设 $\boldsymbol{U}$ 是一个矩阵，它的列向量构成 W 的一组标准正交基. 则

$$\text{proj}_W \boldsymbol{z}=\boldsymbol{U}\boldsymbol{U}^{\mathrm{T}}\boldsymbol{z}=\boldsymbol{U}\boldsymbol{U}^{\mathrm{T}}(\boldsymbol{x}+\boldsymbol{y})=\boldsymbol{U}\boldsymbol{U}^{\mathrm{T}}\boldsymbol{x}+\boldsymbol{U}\boldsymbol{U}^{\mathrm{T}}\boldsymbol{y}=\text{proj}_W\boldsymbol{x}+\text{proj}_W\boldsymbol{y}=\boldsymbol{u}+\boldsymbol{v}$$

6.4　格拉姆-施密特方法

格拉姆-施密特方法是对 $\mathbb{R}^n$ 中任何非零子空间构造正交基或标准正交基的简单算法，本节前面两个例题顺便给出计算步骤.

例 1　假设 $W=\text{Span}\{\boldsymbol{x}_1,\boldsymbol{x}_2\}$，其中 $\boldsymbol{x}_1=\begin{bmatrix}3\\6\\0\end{bmatrix}$，$\boldsymbol{x}_2=\begin{bmatrix}1\\2\\2\end{bmatrix}$. 构造 $W=\text{Span}\{\boldsymbol{x}_1,\boldsymbol{x}_2\}$ 的一个正交基.

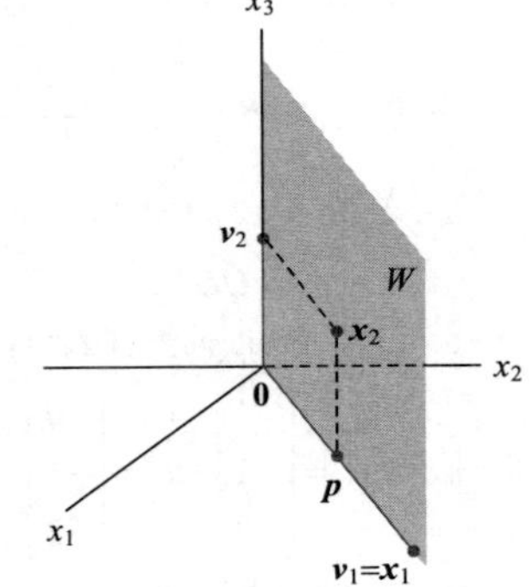

图 6-23　正交基 $\{\boldsymbol{v}_1,\boldsymbol{v}_2\}$ 的构造

解　子空间 W 如图 6-23 所示，沿着 $\boldsymbol{x}_1$，$\boldsymbol{x}_2$ 和 $\boldsymbol{x}_2$ 在 $\boldsymbol{x}_1$ 上的投影 $\boldsymbol{p}$. 与 $\boldsymbol{x}_1$ 正交的 $\boldsymbol{x}_2$ 的分量是 $\boldsymbol{x}_2-\boldsymbol{p}$，它属于 W，其原因是它由 $\boldsymbol{x}_2$ 和 $\boldsymbol{x}_1$ 的倍数相加得到. 取 $\boldsymbol{v}_1=\boldsymbol{x}_1$，可得

$$\boldsymbol{v}_2=\boldsymbol{x}_2-\boldsymbol{p}=\boldsymbol{x}_2-\frac{\boldsymbol{x}_2\cdot\boldsymbol{x}_1}{\boldsymbol{x}_1\cdot\boldsymbol{x}_1}\boldsymbol{x}_1=\begin{bmatrix}1\\2\\2\end{bmatrix}-\frac{15}{45}\begin{bmatrix}3\\6\\0\end{bmatrix}=\begin{bmatrix}0\\0\\2\end{bmatrix}$$

那么 $\{\boldsymbol{v}_1,\boldsymbol{v}_2\}$ 是空间 W 的非零向量构成的正交集. 由于 $\dim W=2$，可知集 $\{\boldsymbol{v}_1,\boldsymbol{v}_2\}$ 构成 W 的一个基.■

下面的例子详细说明了格拉姆-施密特方法，请仔细学习.

例 2　设 $\boldsymbol{x}_1=\begin{bmatrix}1\\1\\1\\1\end{bmatrix}$，$\boldsymbol{x}_2=\begin{bmatrix}0\\1\\1\\1\end{bmatrix}$，$\boldsymbol{x}_3=\begin{bmatrix}0\\0\\1\\1\end{bmatrix}$. 那么 $\{\boldsymbol{x}_1,\boldsymbol{x}_2,\boldsymbol{x}_3\}$ 显然线性无关，且构成 $\mathbb{R}^4$ 的子空间 W 的一个基. 试构造 W 的一个正交基.

解　步骤 1. 取 $\boldsymbol{v}_1=\boldsymbol{x}_1$ 和 $W_1=\text{Span}\{\boldsymbol{x}_1\}=\text{Span}\{\boldsymbol{v}_1\}$.

步骤 2. 取 $\boldsymbol{v}_2$ 是 $\boldsymbol{x}_2$ 减去它在子空间 W_1 上的投影所得到的向量，即

$$\begin{aligned}\boldsymbol{v}_2 &= \boldsymbol{x}_2 - \text{proj}_{W_1}\boldsymbol{x}_2 \\ &= \boldsymbol{x}_2 - \frac{\boldsymbol{x}_2\cdot\boldsymbol{v}_1}{\boldsymbol{v}_1\cdot\boldsymbol{v}_1}\boldsymbol{v}_1 \text{（因为 } \boldsymbol{v}_1 = \boldsymbol{x}_1\text{）} \\ &= \begin{bmatrix}0\\1\\1\\1\end{bmatrix} - \frac{3}{4}\begin{bmatrix}1\\1\\1\\1\end{bmatrix} = \begin{bmatrix}-3/4\\1/4\\1/4\\1/4\end{bmatrix}\end{aligned}$$

像例 1 一样，$\boldsymbol{v}_2$ 是 $\boldsymbol{x}_2$ 正交于 $\boldsymbol{x}_1$ 的分量，且 $\{\boldsymbol{v}_1,\boldsymbol{v}_2\}$ 是由 $\boldsymbol{x}_1$ 和 $\boldsymbol{x}_2$ 所生成的子空间 W_2 的一个正交基.

步骤 2′（可选的）. 如果合适，缩放 $\boldsymbol{v}_2$ 以简化后面的计算. 由于 $\boldsymbol{v}_2$ 具有分数元素，很方便用因子 4 缩放向量 $\boldsymbol{v}_2$，用下面两个正交基代替 $\{\boldsymbol{v}_1,\boldsymbol{v}_2\}$：

$$\boldsymbol{v}_1 = \begin{bmatrix}1\\1\\1\\1\end{bmatrix},\ \boldsymbol{v}_2' = \begin{bmatrix}-3\\1\\1\\1\end{bmatrix}$$

步骤 3. 取 $\boldsymbol{v}_3$ 是 $\boldsymbol{x}_3$ 减去它在子空间 W_2 上的投影所得到的向量. 先利用正交基 $\{\boldsymbol{v}_1,\boldsymbol{v}_2'\}$ 计算 $\boldsymbol{x}_3$ 在 W_2 上的投影：

$$\text{proj}_{W_2}\boldsymbol{x}_3 = \underbrace{\frac{\boldsymbol{x}_3\cdot\boldsymbol{v}_1}{\boldsymbol{v}_1\cdot\boldsymbol{v}_1}\boldsymbol{v}_1}_{\boldsymbol{x}_3 \text{ 在 } \boldsymbol{v}_1 \text{ 上的投影}} + \underbrace{\frac{\boldsymbol{x}_3\cdot\boldsymbol{v}_2'}{\boldsymbol{v}_2'\cdot\boldsymbol{v}_2'}\boldsymbol{v}_2'}_{\boldsymbol{x}_3 \text{ 在 } \boldsymbol{v}_2' \text{ 上的投影}} = \frac{2}{4}\begin{bmatrix}1\\1\\1\\1\end{bmatrix} + \frac{2}{12}\begin{bmatrix}-3\\1\\1\\1\end{bmatrix} = \begin{bmatrix}0\\2/3\\2/3\\2/3\end{bmatrix}$$

那么 $\boldsymbol{v}_3$ 是 $\boldsymbol{x}_3$ 正交于 W_2 的分量，具体为

$$\boldsymbol{v}_3 = \boldsymbol{x}_3 - \text{proj}_{W_2}\boldsymbol{x}_3 = \begin{bmatrix}0\\0\\1\\1\end{bmatrix} - \begin{bmatrix}0\\2/3\\2/3\\2/3\end{bmatrix} = \begin{bmatrix}0\\-2/3\\1/3\\1/3\end{bmatrix}$$

从图 6-24 可以看到构造的图解. 观察可得 $\boldsymbol{v}_3$ 属于 W，原因是 $\boldsymbol{x}_3$ 和 $\text{proj}_{W_2}\boldsymbol{x}_3$ 都属于 W. 从而 $\{\boldsymbol{v}_1,\boldsymbol{v}_2',\boldsymbol{v}_3\}$ 是 W 中非零向量构成的正交集（因而是线性无关集）. W 是三维空间，这是因为它的基包含三个向量，所以由 4.5 节的基定理可知，$\{\boldsymbol{v}_1,\boldsymbol{v}_2',\boldsymbol{v}_3\}$ 是 W 的正交基. ■

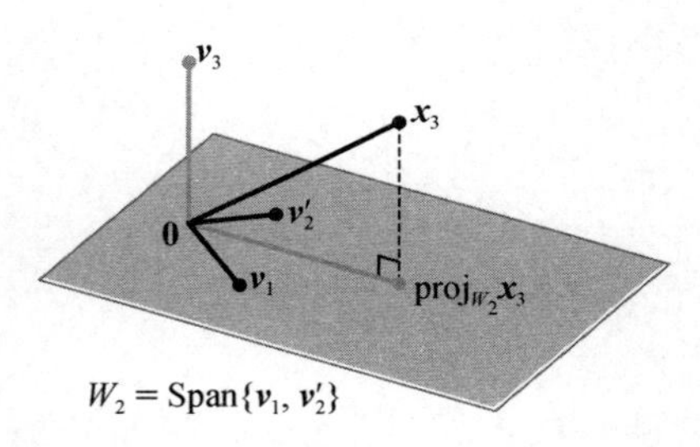

图 6-24　从 $\boldsymbol{x}_3$ 和 W_2 构造出 $\boldsymbol{v}_3$

下面定理的证明说明这种方法确实有效. 向量缩放的步骤没有涉及，原因是缩放只对手工计算作简化.

定理 11　（格拉姆-施密特方法）

对 $\mathbb{R}^n$ 的子空间 W 的一个基 $\{\boldsymbol{x}_1,\boldsymbol{x}_2,\cdots,\boldsymbol{x}_p\}$，定义

$$\begin{aligned}
\boldsymbol{v}_1 &= \boldsymbol{x}_1 \\
\boldsymbol{v}_2 &= \boldsymbol{x}_2 - \frac{\boldsymbol{x}_2\cdot\boldsymbol{v}_1}{\boldsymbol{v}_1\cdot\boldsymbol{v}_1}\boldsymbol{v}_1 \\
\boldsymbol{v}_3 &= \boldsymbol{x}_3 - \frac{\boldsymbol{x}_3\cdot\boldsymbol{v}_1}{\boldsymbol{v}_1\cdot\boldsymbol{v}_1}\boldsymbol{v}_1 - \frac{\boldsymbol{x}_3\cdot\boldsymbol{v}_2}{\boldsymbol{v}_2\cdot\boldsymbol{v}_2}\boldsymbol{v}_2 \\
&\vdots \\
\boldsymbol{v}_p &= \boldsymbol{x}_p - \frac{\boldsymbol{x}_p\cdot\boldsymbol{v}_1}{\boldsymbol{v}_1\cdot\boldsymbol{v}_1}\boldsymbol{v}_1 - \frac{\boldsymbol{x}_p\cdot\boldsymbol{v}_2}{\boldsymbol{v}_2\cdot\boldsymbol{v}_2}\boldsymbol{v}_2 - \cdots - \frac{\boldsymbol{x}_p\cdot\boldsymbol{v}_{p-1}}{\boldsymbol{v}_{p-1}\cdot\boldsymbol{v}_{p-1}}\boldsymbol{v}_{p-1}
\end{aligned}$$

那么 $\{\boldsymbol{v}_1,\boldsymbol{v}_2,\cdots,\boldsymbol{v}_p\}$ 是 W 的一个正交基．此外，

$$\operatorname{Span}\{\boldsymbol{v}_1,\boldsymbol{v}_2,\cdots,\boldsymbol{v}_k\} = \operatorname{Span}\{\boldsymbol{x}_1,\boldsymbol{x}_2,\cdots,\boldsymbol{x}_k\}\text{，其中 } 1\leqslant k\leqslant p \tag{1}$$

证　对 $1\leqslant k\leqslant p$，取 $W_k=\operatorname{Span}\{\boldsymbol{x}_1,\boldsymbol{x}_2,\cdots,\boldsymbol{x}_k\}$．令 $\boldsymbol{v}_1=\boldsymbol{x}_1$，则有 $\operatorname{Span}\{\boldsymbol{v}_1\}=\operatorname{Span}\{\boldsymbol{x}_1\}$．假若对 $k<p$，我们已经构造 $\boldsymbol{v}_1,\boldsymbol{v}_2,\cdots,\boldsymbol{v}_k$，使得 $\{\boldsymbol{v}_1,\boldsymbol{v}_2,\cdots,\boldsymbol{v}_k\}$ 是 W_k 的一个正交基．定义

$$\boldsymbol{v}_{k+1} = \boldsymbol{x}_{k+1} - \operatorname{proj}_{W_k}\boldsymbol{x}_{k+1} \tag{2}$$

由正交分解定理知，$\boldsymbol{v}_{k+1}$ 正交于 W_k．注意向量 $\operatorname{proj}_{W_k}\boldsymbol{x}_{k+1}$ 属于 W_k，因而也属于 W_{k+1}．由于 $\boldsymbol{x}_{k+1}$ 属于 W_{k+1}，从而 $\boldsymbol{v}_{k+1}$ 也属于 W_{k+1}（因为 W_{k+1} 是子空间，且减法封闭）．更进一步，由于 $\boldsymbol{x}_{k+1}$ 不属于 $W_k=\operatorname{Span}\{\boldsymbol{x}_1,\boldsymbol{x}_2,\cdots,\boldsymbol{x}_k\}$，故 $\boldsymbol{v}_{k+1}\neq\boldsymbol{0}$．因而 $\{\boldsymbol{v}_1,\boldsymbol{v}_2,\cdots,\boldsymbol{v}_{k+1}\}$ 是 $(k+1)$ 维空间 W_{k+1} 中非零向量形成的正交集．由 4.5 节的基定理可知，这个集合是 W_{k+1} 的正交基．从而 $W_{k+1}=\operatorname{Span}\{\boldsymbol{v}_1,\boldsymbol{v}_2,\cdots,\boldsymbol{v}_{k+1}\}$，当 $k+1=p$ 时成立，归纳证明过程结束．■

定理 11 说明任何 $\mathbb{R}^n$ 中的非零子空间 W 有一个正交基，这是因为普通的基 $\{\boldsymbol{x}_1,\boldsymbol{x}_2,\cdots,\boldsymbol{x}_p\}$ 总是存在的（由 4.5 节中定理 12），而格拉姆-施密特方法仅依赖于在有正交基的子空间 W 上的正交投影的存在性.

标准正交基

一个标准正交基很容易从一个正交基 $\{\boldsymbol{v}_1,\boldsymbol{v}_2,\cdots,\boldsymbol{v}_p\}$ 得到：只需单位化所有 $\boldsymbol{v}_k$．当问题用手工计算时，它比一开始找到 $\boldsymbol{v}_k$ 就将其单位化更容易（因为可避免不必要的平方根运算）.

例 3　在例 1 中，我们构造正交集

$$\boldsymbol{v}_1=\begin{bmatrix}3\\6\\0\end{bmatrix},\ \boldsymbol{v}_2=\begin{bmatrix}0\\0\\2\end{bmatrix}$$

一个单位正交基是

$$\boldsymbol{u}_1=\frac{1}{\|\boldsymbol{v}_1\|}\boldsymbol{v}_1=\frac{1}{\sqrt{45}}\begin{bmatrix}3\\6\\0\end{bmatrix}=\begin{bmatrix}1/\sqrt{5}\\2/\sqrt{5}\\0\end{bmatrix}$$

$$\boldsymbol{u}_2 = \frac{1}{\|\boldsymbol{v}_2\|}\boldsymbol{v}_2 = \begin{bmatrix} 0 \\ 0 \\ 1 \end{bmatrix}$$

■

矩阵的 QR 分解

如果 $m\times n$ 矩阵 $\boldsymbol{A}$ 的列 $\boldsymbol{x}_1,\boldsymbol{x}_2,\cdots,\boldsymbol{x}_n$ 线性无关，那么应用格拉姆-施密特方法（包含单位化）于 $\boldsymbol{x}_1,\boldsymbol{x}_2,\cdots,\boldsymbol{x}_n$ 等同于按下面定理描述的方法分解 $\boldsymbol{A}$. 这种分解方法广泛应用在各种计算机算法中，如解方程（6.5 节讨论的）和求特征值（5.2 节的习题中提到的）.

定理 12 （QR 分解）

如果 $m\times n$ 矩阵 $\boldsymbol{A}$ 的列线性无关，那么 $\boldsymbol{A}$ 可以分解为 $\boldsymbol{A}=\boldsymbol{QR}$，其中 $\boldsymbol{Q}$ 是一个 $m\times n$ 矩阵，其列形成 $\mathrm{Col}\,\boldsymbol{A}$ 的一个标准正交基，$\boldsymbol{R}$ 是一个 $n\times n$ 上三角可逆矩阵且在对角线上的元素为正.

证 $\boldsymbol{A}$ 的列向量形成 $\mathrm{Col}\,\boldsymbol{A}$ 的一个基 $\{\boldsymbol{x}_1,\boldsymbol{x}_2,\cdots,\boldsymbol{x}_n\}$. 构造 $W=\mathrm{Col}\,\boldsymbol{A}$ 的一个标准正交基 $\{\boldsymbol{u}_1,\boldsymbol{u}_2,\cdots,\boldsymbol{u}_n\}$，且具有定理 11 中的性质（1）. 这个基的构造可由格拉姆-施密特方法或其他方法完成. 取

$$\boldsymbol{Q}=[\boldsymbol{u}_1 \quad \boldsymbol{u}_2 \quad \cdots \quad \boldsymbol{u}_n]$$

对 $k=1,2,\cdots,n$，$\boldsymbol{x}_k$ 属于 $\mathrm{Span}\{\boldsymbol{x}_1,\boldsymbol{x}_2,\cdots,\boldsymbol{x}_k\}=\mathrm{Span}\{\boldsymbol{u}_1,\boldsymbol{u}_2,\cdots,\boldsymbol{u}_k\}$.所以存在常数 $r_{1k},r_{2k},\cdots,r_{kk}$，使得

$$\boldsymbol{x}_k = r_{1k}\boldsymbol{u}_1 + r_{2k}\boldsymbol{u}_2 + \cdots + r_{kk}\boldsymbol{u}_k + 0\cdot\boldsymbol{u}_{k+1} + \cdots + 0\cdot\boldsymbol{u}_n$$

我们可以假设 $r_{kk}\geqslant 0$（如果 $r_{kk}<0$，对 r_{kk} 和 $\boldsymbol{u}_k$ 都乘-1），这表明 $\boldsymbol{x}_k$ 是 $\boldsymbol{Q}$ 的列的线性组合，且权是下面向量中的元素：

$$\boldsymbol{r}_k = \begin{bmatrix} r_{1k} \\ \vdots \\ r_{kk} \\ 0 \\ \vdots \\ 0 \end{bmatrix}$$

即 $\boldsymbol{x}_k=\boldsymbol{Q}\boldsymbol{r}_k$，其中 $k=1,2,\cdots,n$. 取 $\boldsymbol{R}=[\boldsymbol{r}_1 \quad \boldsymbol{r}_2 \quad \cdots \quad \boldsymbol{r}_n]$. 那么

$$\boldsymbol{A}=[\boldsymbol{x}_1 \quad \boldsymbol{x}_2 \quad \cdots \quad \boldsymbol{x}_n]=[\boldsymbol{Q}\boldsymbol{r}_1 \quad \boldsymbol{Q}\boldsymbol{r}_2 \quad \cdots \quad \boldsymbol{Q}\boldsymbol{r}_n]=\boldsymbol{QR}$$

$\boldsymbol{R}$ 可逆的结论可从下面 $\mathrm{Col}\,\boldsymbol{A}$ 线性无关的事实立刻得到（习题 23）. 因为 $\boldsymbol{R}$ 是上三角矩阵，故它的非负对角元素必为正值. ■

例 4 求 $\boldsymbol{A}=\begin{bmatrix} 1 & 0 & 0 \\ 1 & 1 & 0 \\ 1 & 1 & 1 \\ 1 & 1 & 1 \end{bmatrix}$ 的一个 QR 分解.

解 $\boldsymbol{A}$ 的列向量为例 2 中的 $\boldsymbol{x}_1,\boldsymbol{x}_2,\boldsymbol{x}_3$，$\mathrm{Col}\,\boldsymbol{A}=\mathrm{Span}\{\boldsymbol{x}_1,\boldsymbol{x}_2,\boldsymbol{x}_3\}$ 的一个正交基在例 2 中得到：

$$v_1=\begin{bmatrix}1\\1\\1\\1\end{bmatrix},\quad v_2'=\begin{bmatrix}-3\\1\\1\\1\end{bmatrix},\quad v_3=\begin{bmatrix}0\\-2/3\\1/3\\1/3\end{bmatrix}$$

缩放 v_3，取 $v_3'=3v_3$，那么将 v_1,v_2,v_3 三个向量单位化得到 u_1,u_2,u_3，且用这些向量组成 Q 的列.

$$Q=\begin{bmatrix}1/2 & -3/\sqrt{12} & 0\\1/2 & 1/\sqrt{12} & -2/\sqrt{6}\\1/2 & 1/\sqrt{12} & 1/\sqrt{6}\\1/2 & 1/\sqrt{12} & 1/\sqrt{6}\end{bmatrix}$$

由 Q 的构造可知，Q 的前 k 列是 $\text{Span}\{x_1,x_2,\cdots,x_k\}$ 的一个标准正交基. 从定理 12 的证明可知，对某些 R 有 $A=QR$. 为找到 R，注意 $Q^{\mathrm{T}}Q=I$，这是因为 Q 的列是单位正交向量. 所以

$$Q^{\mathrm{T}}A=Q^{\mathrm{T}}(QR)=IR=R$$

且

$$R=\begin{bmatrix}1/2 & 1/2 & 1/2 & 1/2\\-3/\sqrt{12} & 1/\sqrt{12} & 1/\sqrt{12} & 1/\sqrt{12}\\0 & -2/\sqrt{6} & 1/\sqrt{6} & 1/\sqrt{6}\end{bmatrix}\begin{bmatrix}1 & 0 & 0\\1 & 1 & 0\\1 & 1 & 1\\1 & 1 & 1\end{bmatrix}=\begin{bmatrix}2 & 3/2 & 1\\0 & 3/\sqrt{12} & 2/\sqrt{12}\\0 & 0 & 2/\sqrt{6}\end{bmatrix}$$ ■

数值计算的注解

1. 当格拉姆-施密特方法用计算机实现时，在 u_k 的计算中，每个向量由四舍五入引起的误差逐渐增大. 对较大但不相等的 j 和 k，内积 $u_j^{\mathrm{T}}u_k$ 可能不充分接近于零. 通过重新安排计算的阶，这类正交性的损失可以大量减少.[㊀] 然而，基于计算机的 QR 分解常指这类标准化的格拉姆-施密特方法，这是因为它会产生更精确的标准正交基，即使分解需要双倍的算术计算.

2. 为了得到一个矩阵 A 的 QR 分解，计算机程序常常对 A 左乘一系列正交矩阵使结果变成一个上三角形矩阵. 这个构造过程类似于 A 左乘一系列初等矩阵，最后得到 A 的 LU 分解.

练习题

1. 设 $W=\text{Span}\{x_1,x_2\}$，其中 $x_1=\begin{bmatrix}1\\1\\1\end{bmatrix}$ 和 $x_2=\begin{bmatrix}1/3\\1/3\\-2/3\end{bmatrix}$，构造 W 的一个标准正交基.

2. 假定 $A=QR$，其中 Q 是一个具有正交列向量的 $m\times n$ 矩阵，R 是 $n\times n$ 矩阵. 证明：如果 A 的列向量是线性相关的，则 R 不是可逆矩阵.

㊀ 参见 *Fundamentals of Matrix Computations*, David S. Watkins (New York: John Wiley & Sons, 1991), pp. 167-180.

习题 6.4

在习题 1~6 中，给出的集合是子空间 W 的一个基，利用格拉姆-施密特方法构造 W 的正交基.

1. $\begin{bmatrix}3\\0\\-1\end{bmatrix},\begin{bmatrix}8\\5\\-6\end{bmatrix}$

2. $\begin{bmatrix}0\\4\\2\end{bmatrix},\begin{bmatrix}5\\6\\-7\end{bmatrix}$

3. $\begin{bmatrix}2\\-5\\1\end{bmatrix},\begin{bmatrix}4\\-1\\2\end{bmatrix}$

4. $\begin{bmatrix}3\\-4\\5\end{bmatrix},\begin{bmatrix}-3\\14\\-7\end{bmatrix}$

5. $\begin{bmatrix}1\\-4\\0\\1\end{bmatrix},\begin{bmatrix}7\\-7\\-4\\1\end{bmatrix}$

6. $\begin{bmatrix}3\\-1\\2\\-1\end{bmatrix},\begin{bmatrix}-5\\9\\-9\\3\end{bmatrix}$

7. 求习题 3 中向量所生成的子空间的一个标准正交基.

8. 求习题 4 中向量所生成的子空间的一个标准正交基.

在习题 9~12 中，求每个矩阵列空间的正交基.

9. $\begin{bmatrix}3&-5&1\\1&1&1\\-1&5&-2\\3&-7&8\end{bmatrix}$

10. $\begin{bmatrix}-1&6&6\\3&-8&3\\1&-2&6\\1&-4&-3\end{bmatrix}$

11. $\begin{bmatrix}1&2&5\\-1&1&-4\\-1&4&-3\\1&-4&7\\1&2&1\end{bmatrix}$

12. $\begin{bmatrix}1&3&5\\-1&-3&1\\0&2&3\\1&5&2\\1&5&8\end{bmatrix}$

在习题 13~14 中，矩阵 $\boldsymbol{Q}$ 的列是格拉姆-施密特方法应用于矩阵 $\boldsymbol{A}$ 的列而得到的，求上三角形矩阵 $\boldsymbol{R}$，使得 $\boldsymbol{A}=\boldsymbol{QR}$，并检查你的结果.

13. $\boldsymbol{A}=\begin{bmatrix}5&9\\1&7\\-3&-5\\1&5\end{bmatrix}$，$\boldsymbol{Q}=\begin{bmatrix}5/6&-1/6\\1/6&5/6\\-3/6&1/6\\1/6&3/6\end{bmatrix}$

14. $\boldsymbol{A}=\begin{bmatrix}-2&3\\5&7\\2&-2\\4&6\end{bmatrix}$，$\boldsymbol{Q}=\begin{bmatrix}-2/7&5/7\\5/7&2/7\\2/7&-4/7\\4/7&2/7\end{bmatrix}$

15. 求习题 11 中矩阵的 QR 分解.

16. 求习题 12 中矩阵的 QR 分解.

习题 17~22 中的所有向量和子空间都属于 $\mathbb{R}^n$，判断下列命题的真假(T/F)，并验证你的结论.

17. (T/F)如果 $\{\boldsymbol{v}_1,\boldsymbol{v}_2,\boldsymbol{v}_3\}$ 是 W 的正交基，那么用因子 c 去乘 $\boldsymbol{v}_3$ 可得一个新的正交基 $\{\boldsymbol{v}_1,\boldsymbol{v}_2,c\boldsymbol{v}_3\}$.

18. (T/F) 如果 $W=\mathrm{Span}\{\boldsymbol{x}_1,\ \boldsymbol{x}_2,\ \boldsymbol{x}_3\}$，并且 $\{\boldsymbol{x}_1,\ \boldsymbol{x}_2,\ \boldsymbol{x}_3\}$ 是线性无关的，如果 $\{\boldsymbol{v}_1,\ \boldsymbol{v}_2,\ \boldsymbol{v}_3\}$ 是 W 中的正交向量组，则 $\{\boldsymbol{v}_1,\ \boldsymbol{v}_2,\ \boldsymbol{v}_3\}$ 是 W 中的一个基.

19. (T/F)格拉姆-施密特方法将一个线性无关的集合 $\{\boldsymbol{x}_1,\boldsymbol{x}_2,\cdots,\boldsymbol{x}_p\}$ 转化为一个正交集 $\{\boldsymbol{v}_1,\boldsymbol{v}_2,\cdots,\boldsymbol{v}_p\}$，且具有如下性质：对每一个 k，向量 $\boldsymbol{v}_1,\boldsymbol{v}_2,\cdots,\boldsymbol{v}_k$ 生成的子空间与向量 $\boldsymbol{x}_1,\boldsymbol{x}_2,\cdots,\boldsymbol{x}_k$ 生成的子空间一致.

20. (T/F)如果 $\boldsymbol{x}$ 不属于子空间 W，那么 $\boldsymbol{x}-\mathrm{proj}_W\boldsymbol{x}$ 不是零向量.

21. (T/F)如果 $\boldsymbol{A}=\boldsymbol{QR}$，这里 $\boldsymbol{Q}$ 有标准正交列，则有 $\boldsymbol{R}=\boldsymbol{Q}^{\mathrm{T}}\boldsymbol{A}$.

22. (T/F)在一个 QR 分解中，例如 $\boldsymbol{A}=\boldsymbol{QR}$（$\boldsymbol{A}$ 有线性无关列），$\boldsymbol{Q}$ 的列构成 $\boldsymbol{A}$ 的列子空间的标准正交基.

23. 假设 $\boldsymbol{A}=\boldsymbol{QR}$，其中 $\boldsymbol{Q}$ 是 $m\times n$ 矩阵，$\boldsymbol{R}$ 是 $n\times n$ 矩阵. 证明：如果 $\boldsymbol{A}$ 的列线性无关，那么 $\boldsymbol{R}$ 一定可逆（提示：研究方程 $\boldsymbol{Rx}=\boldsymbol{0}$ 且利用 $\boldsymbol{A}=\boldsymbol{QR}$ 的事实）.

24. 假设 $\boldsymbol{A}=\boldsymbol{QR}$，其中 $\boldsymbol{R}$ 是一个可逆矩阵，证明 $\boldsymbol{A}$ 和 $\boldsymbol{Q}$ 具有相同的列空间.（提示：给定属于 $\mathrm{Col}\,\boldsymbol{A}$ 的 $\boldsymbol{y}$，存在 $\boldsymbol{x}$ 使得 $\boldsymbol{y}=\boldsymbol{Qx}$. 此外，对给定的 $\boldsymbol{y}\in\mathrm{Col}\,\boldsymbol{Q}$，存在 $\boldsymbol{x}$ 使得 $\boldsymbol{y}=\boldsymbol{Ax}$.）

25. 如定理 12 中 $\boldsymbol{A}=\boldsymbol{QR}$，描述如何找到一个正交 $m\times m$（方）矩阵 $\boldsymbol{Q}_1$ 和一个可逆 $n\times n$ 上三角形矩阵 $\boldsymbol{R}$，使得

$$\boldsymbol{A}=\boldsymbol{Q}_1\begin{bmatrix}\boldsymbol{R}\\0\end{bmatrix}$$

当 $\mathrm{rank}\,\boldsymbol{A}=n$ 时，MATLAB 中的 qr 命令给出一

个“完全”QR分解.

26. 设 $\boldsymbol{u}_1,\boldsymbol{u}_2,\cdots,\boldsymbol{u}_p$ 是 $\mathbb{R}^n$ 的子空间 W 的一个正交基，$T:\mathbb{R}^n\to\mathbb{R}^n$ 定义为 $T(\boldsymbol{x})=\text{proj}_W\boldsymbol{x}$，证明 T 是一个线性变换.
27. 设 $A=QR$ 是 $m\times n$ 矩阵 A（含有线性无关列）的一个QR分解. 把 A 划分成 $[A_1\ \ A_2]$，其中 A_1 有 p 列. 说明如何获得 A_1 的一个QR分解，并解释为什么这样的分解具有如此性质.
28. [M]像例2那样利用格拉姆-施密特方法构造下面矩阵 A 的列空间的正交基.

$$A=\begin{bmatrix}-10 & 13 & 7 & -11\\ 2 & 1 & -5 & 3\\ -6 & 3 & 13 & -3\\ 16 & -16 & -2 & 5\\ 2 & 1 & -5 & -7\end{bmatrix}$$

29. [M]利用本节中的方法给出习题28中矩阵 A 的一个QR分解.
30. [M]对矩阵程序，格拉姆-施密特方法比单位正交向量更有效. 从定理11中的 $\boldsymbol{x}_1,\boldsymbol{x}_2,\cdots,\boldsymbol{x}_p$ 开始，取 $A=[\boldsymbol{x}_1\ \ \boldsymbol{x}_2\cdots\ \boldsymbol{x}_p]$. 若 $n\times k$ 矩阵 Q 的列构成矩阵 A 的前 k 列所生成的子空间 W_k 的一个标准正交基，那么对于 $\mathbb{R}^n$ 中的向量 $\boldsymbol{x}$，$QQ^{\mathrm{T}}\boldsymbol{x}$ 是 $\boldsymbol{x}$ 在 W_k 上的正交投影（6.3节定理10）. 如果 $\boldsymbol{x}_{k+1}$ 是 A 的下一列，则定理11证明中的方程（2）变成

$$\boldsymbol{v}_{k+1}=\boldsymbol{x}_{k+1}-Q(Q^{\mathrm{T}}\boldsymbol{x}_{k+1})$$

（上面的括号可以减少算术运算.）取 $\boldsymbol{u}_{k+1}=\boldsymbol{v}_{k+1}/\|\boldsymbol{v}_{k+1}\|$，下一个步骤中的新 Q 是 $[Q\ \ \boldsymbol{u}_{k+1}]$. 利用这个步骤，计算习题28中矩阵的QR分解，写出你所用的按键或命令.

练习题答案

1. 设 $\boldsymbol{v}_1=\boldsymbol{x}_1=\begin{bmatrix}1\\1\\1\end{bmatrix}$ 和 $\boldsymbol{v}_2=\boldsymbol{x}_2-\dfrac{\boldsymbol{x}_2\cdot\boldsymbol{v}_1}{\boldsymbol{v}_1\cdot\boldsymbol{v}_1}\boldsymbol{v}_1=\boldsymbol{x}_2-0\cdot\boldsymbol{v}_1=\boldsymbol{x}_2$，这样 $\{\boldsymbol{x}_1,\boldsymbol{x}_2\}$ 是正交向量，接下来需要将向量单位化. 设

$$\boldsymbol{u}_1=\frac{1}{\|\boldsymbol{v}_1\|}\boldsymbol{v}_1=\frac{1}{\sqrt{3}}\begin{bmatrix}1\\1\\1\end{bmatrix}=\begin{bmatrix}1/\sqrt{3}\\1/\sqrt{3}\\1/\sqrt{3}\end{bmatrix}$$

单位化 $\boldsymbol{v}_2'=3\boldsymbol{v}_2$ 代替直接单位化 $\boldsymbol{v}_2$：

$$\boldsymbol{u}_2=\frac{1}{\|\boldsymbol{v}_2'\|}\boldsymbol{v}_2'=\frac{1}{\sqrt{1^2+1^2+(-2)^2}}\begin{bmatrix}1\\1\\-2\end{bmatrix}=\begin{bmatrix}1/\sqrt{6}\\1/\sqrt{6}\\-2/\sqrt{6}\end{bmatrix}$$

这样 $\{\boldsymbol{u}_1,\boldsymbol{u}_2\}$ 就是 W 的标准正交基.

2. 由于 A 的列向量是线性相关的，故存在一个非平凡向量 $\boldsymbol{x}$，使得 $A\boldsymbol{x}=\boldsymbol{0}$，从而 $QR\boldsymbol{x}=\boldsymbol{0}$. 运用6.2节的定理7，有 $\|R\boldsymbol{x}\|=\|QR\boldsymbol{x}\|=\|\boldsymbol{0}\|$. 但 $\|R\boldsymbol{x}\|=0$ 蕴涵 $R\boldsymbol{x}=\boldsymbol{0}$，这可由6.1节的定理1得到. 因此存在一个非平凡向量 $\boldsymbol{x}$，使得 $R\boldsymbol{x}=\boldsymbol{0}$，于是由可逆矩阵定理知 R 不是可逆的.

6.5 最小二乘问题

实际应用中常出现不相容问题. 当方程组的解不存在但又需要求解时，最好的方法是寻找 $\boldsymbol{x}$，使得 $A\boldsymbol{x}$ 尽可能接近 $\boldsymbol{b}$.

考虑 $A\boldsymbol{x}$ 作为 $\boldsymbol{b}$ 的一个近似. $\boldsymbol{b}$ 和 $A\boldsymbol{x}$ 之间的距离 $\|\boldsymbol{b}-A\boldsymbol{x}\|$ 越小，近似程度越好. **一般的最小二乘问题**就是找出使 $\|\boldsymbol{b}-A\boldsymbol{x}\|$ 尽量小的 $\boldsymbol{x}$，术语“最小二乘”来源于这样的事实，即 $\|\boldsymbol{b}-A\boldsymbol{x}\|$ 是平方和的平方根.

定义　如果 A 是 $m\times n$ 矩阵，向量 b 属于 $\mathbb{R}^m$，则 $Ax=b$ 的**最小二乘解**是 $\mathbb{R}^n$ 中的 $\hat{x}$，使得

$$\|b-A\hat{x}\|\leqslant\|b-Ax\|$$

对所有 $x\in\mathbb{R}^n$ 成立.

最小二乘问题最重要的特征是无论怎么选取 x，向量 Ax 必然属于列空间 $\mathrm{Col}\,A$. 因此我们寻求 x，使得 Ax 是 $\mathrm{Col}\,A$ 中最接近 b 的点，见图 6-25（当然，如果 b 恰好在 $\mathrm{Col}\,A$ 中，那么对于某个 x，b 等于 Ax，且这样的 x 是一个"最小二乘解"）.

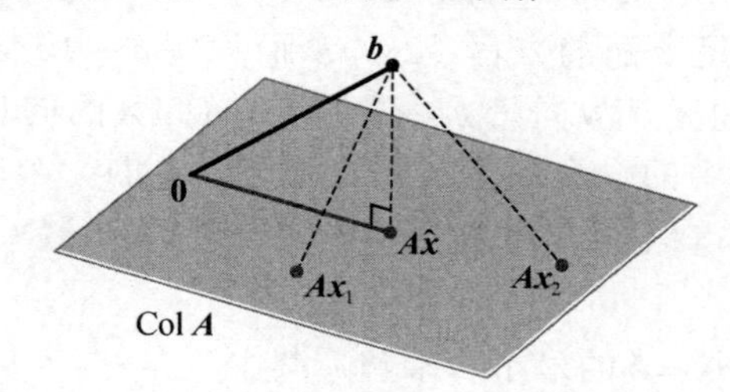

图 6-25　对 x，b 与 $A\hat{x}$ 的距离小于与 Ax 的距离

一般最小二乘问题的解

对上面给定的 A 和 b，应用 6.3 节的最佳逼近定理于子空间 $\mathrm{Col}\,A$. 取

$$\hat{b}=\mathrm{proj}_{\mathrm{Col}\,A}\,b$$

由于 $\hat{b}$ 属于 A 的列空间，故方程 $Ax=\hat{b}$ 是相容的且存在一个属于 $\mathbb{R}^n$ 的 $\hat{x}$ 使得

$$A\hat{x}=\hat{b} \tag{1}$$

由于 $\hat{b}$ 是 $\mathrm{Col}\,A$ 中最接近 b 的点，因此一个向量 $\hat{x}$ 是 $Ax=b$ 的一个最小二乘解的充分必要条件是 $\hat{x}$ 满足（1）式. 这个属于 $\mathbb{R}^n$ 的 $\hat{x}$ 是一系列由 A 的列构造的 $\hat{b}$ 的权，见图 6-26.（如果方程（1）有自由变量，则方程（1）会有多个解.）

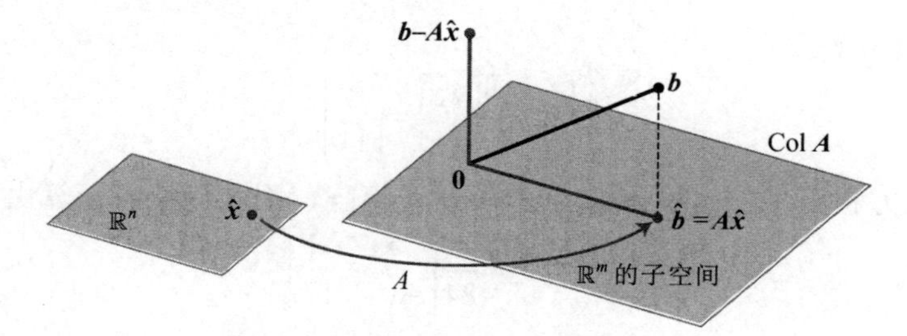

图 6-26　$\mathbb{R}^n$ 中的最小二乘解 $\hat{x}$

若 $\hat{x}$ 满足 $A\hat{x}=\hat{b}$，则由 6.3 节的正交分解定理，投影 $\hat{b}$ 具有性质 $b-\hat{b}$ 与 $\mathrm{Col}\,A$ 正交，即 $b-A\hat{x}$ 正交于 A 的每一列. 如果 a_j 是 A 的任意列，那么 $a_j\cdot(b-A\hat{x})=0$ 且 $a_j^{\mathrm{T}}(b-A\hat{x})=0$. 由于每一个 a_j^{T} 是 A^{T} 的行，因此

$$A^{\mathrm{T}}(b-A\hat{x})=\mathbf{0} \tag{2}$$

（方程（2）也可由 6.1 节中的定理 3 推出.）故有

$$A^{\mathrm{T}}b-A^{\mathrm{T}}A\hat{x}=\mathbf{0}$$

$$\boldsymbol{A}^{\mathrm{T}}\boldsymbol{A}\hat{\boldsymbol{x}}=\boldsymbol{A}^{\mathrm{T}}\boldsymbol{b}$$

此计算表明 $\boldsymbol{A}\boldsymbol{x}=\boldsymbol{b}$ 的每个最小二乘解满足方程

$$\boldsymbol{A}^{\mathrm{T}}\boldsymbol{A}\boldsymbol{x}=\boldsymbol{A}^{\mathrm{T}}\boldsymbol{b} \tag{3}$$

矩阵方程（3）表示的线性方程组常称为 $\boldsymbol{A}\boldsymbol{x}=\boldsymbol{b}$ 的**法方程**，（3）式的解通常用 $\hat{\boldsymbol{x}}$ 表示.

定理 13　*方程 $\boldsymbol{A}\boldsymbol{x}=\boldsymbol{b}$ 的最小二乘解集和法方程 $\boldsymbol{A}^{\mathrm{T}}\boldsymbol{A}\boldsymbol{x}=\boldsymbol{A}^{\mathrm{T}}\boldsymbol{b}$ 的非空解集一致.*

证　如上所述，最小二乘解集是非空的，且每个最小二乘解 $\hat{\boldsymbol{x}}$ 满足法方程. 相反，假若 $\hat{\boldsymbol{x}}$ 满足 $\boldsymbol{A}^{\mathrm{T}}\boldsymbol{A}\hat{\boldsymbol{x}}=\boldsymbol{A}^{\mathrm{T}}\boldsymbol{b}$，那么 $\hat{\boldsymbol{x}}$ 满足上面的方程（2），从而说明 $\boldsymbol{b}-\boldsymbol{A}\hat{\boldsymbol{x}}$ 与 $\boldsymbol{A}^{\mathrm{T}}$ 的行正交，因此与 $\boldsymbol{A}$ 的列正交. 因为 $\boldsymbol{A}$ 的列生成 $\mathrm{Col}\,\boldsymbol{A}$，故向量 $\boldsymbol{b}-\boldsymbol{A}\hat{\boldsymbol{x}}$ 与所有 $\mathrm{Col}\,\boldsymbol{A}$ 的向量正交，因此方程 $\boldsymbol{b}=\boldsymbol{A}\hat{\boldsymbol{x}}+(\boldsymbol{b}-\boldsymbol{A}\hat{\boldsymbol{x}})$ 是将 $\boldsymbol{b}$ 分解成 $\mathrm{Col}\,\boldsymbol{A}$ 中的一个向量与正交于 $\mathrm{Col}\,\boldsymbol{A}$ 的一个向量之和. 根据正交分解的唯一性，$\boldsymbol{A}\hat{\boldsymbol{x}}$ 必须是将 $\boldsymbol{b}$ 投影到 $\mathrm{Col}\,\boldsymbol{A}$ 上的正交投影. 所以，$\boldsymbol{A}\hat{\boldsymbol{x}}=\hat{\boldsymbol{b}}$ 成立，且 $\hat{\boldsymbol{x}}$ 是一个最小二乘解. ■

例 1　求不相容方程组 $\boldsymbol{A}\boldsymbol{x}=\boldsymbol{b}$ 的最小二乘解，其中

$$\boldsymbol{A}=\begin{bmatrix}4&0\\0&2\\1&1\end{bmatrix},\qquad \boldsymbol{b}=\begin{bmatrix}2\\0\\11\end{bmatrix}$$

解　利用法方程（3）计算

$$\boldsymbol{A}^{\mathrm{T}}\boldsymbol{A}=\begin{bmatrix}4&0&1\\0&2&1\end{bmatrix}\begin{bmatrix}4&0\\0&2\\1&1\end{bmatrix}=\begin{bmatrix}17&1\\1&5\end{bmatrix}$$

$$\boldsymbol{A}^{\mathrm{T}}\boldsymbol{b}=\begin{bmatrix}4&0&1\\0&2&1\end{bmatrix}\begin{bmatrix}2\\0\\11\end{bmatrix}=\begin{bmatrix}19\\11\end{bmatrix}$$

那么方程 $\boldsymbol{A}^{\mathrm{T}}\boldsymbol{A}\boldsymbol{x}=\boldsymbol{A}^{\mathrm{T}}\boldsymbol{b}$ 变成

$$\begin{bmatrix}17&1\\1&5\end{bmatrix}\begin{bmatrix}x_1\\x_2\end{bmatrix}=\begin{bmatrix}19\\11\end{bmatrix}$$

行变换可用于解此方程组，但由于 $\boldsymbol{A}^{\mathrm{T}}\boldsymbol{A}$ 是 2×2 可逆矩阵，因此很快可计算出

$$(\boldsymbol{A}^{\mathrm{T}}\boldsymbol{A})^{-1}=\frac{1}{84}\begin{bmatrix}5&-1\\-1&17\end{bmatrix}$$

那么可解 $\boldsymbol{A}^{\mathrm{T}}\boldsymbol{A}\boldsymbol{x}=\boldsymbol{A}^{\mathrm{T}}\boldsymbol{b}$ 如下：

$$\begin{aligned}\hat{\boldsymbol{x}}&=(\boldsymbol{A}^{\mathrm{T}}\boldsymbol{A})^{-1}\boldsymbol{A}^{\mathrm{T}}\boldsymbol{b}\\&=\frac{1}{84}\begin{bmatrix}5&-1\\-1&17\end{bmatrix}\begin{bmatrix}19\\11\end{bmatrix}=\frac{1}{84}\begin{bmatrix}84\\168\end{bmatrix}=\begin{bmatrix}1\\2\end{bmatrix}\end{aligned}$$ ■

在许多计算中，$\boldsymbol{A}^{\mathrm{T}}\boldsymbol{A}$ 是可逆的，但并不总是这样. 下面例子中的矩阵出现于统计学中的方差分析问题中.

例 2　求 $\boldsymbol{A}\boldsymbol{x}=\boldsymbol{b}$ 的最小二乘解，其中

$$A=\begin{bmatrix}1&1&0&0\\1&1&0&0\\1&0&1&0\\1&0&1&0\\1&0&0&1\\1&0&0&1\end{bmatrix},\quad b=\begin{bmatrix}-3\\-1\\0\\2\\5\\1\end{bmatrix}$$

解　计算

$$A^{\mathrm{T}}A=\begin{bmatrix}1&1&1&1&1&1\\1&1&0&0&0&0\\0&0&1&1&0&0\\0&0&0&0&1&1\end{bmatrix}\begin{bmatrix}1&1&0&0\\1&1&0&0\\1&0&1&0\\1&0&1&0\\1&0&0&1\\1&0&0&1\end{bmatrix}=\begin{bmatrix}6&2&2&2\\2&2&0&0\\2&0&2&0\\2&0&0&2\end{bmatrix}$$

$$A^{\mathrm{T}}b=\begin{bmatrix}1&1&1&1&1&1\\1&1&0&0&0&0\\0&0&1&1&0&0\\0&0&0&0&1&1\end{bmatrix}\begin{bmatrix}-3\\-1\\0\\2\\5\\1\end{bmatrix}=\begin{bmatrix}4\\-4\\2\\6\end{bmatrix}$$

矩阵方程 $A^{\mathrm{T}}Ax=A^{\mathrm{T}}b$ 的增广矩阵是

$$\begin{bmatrix}6&2&2&2&4\\2&2&0&0&-4\\2&0&2&0&2\\2&0&0&2&6\end{bmatrix}\sim\begin{bmatrix}1&0&0&1&3\\0&1&0&-1&-5\\0&0&1&-1&-2\\0&0&0&0&0\end{bmatrix}$$

通解是 $x_1=3-x_4$，$x_2=-5+x_4$，$x_3=-2+x_4$，x_4 是自由变量. 所以，$Ax=b$ 的最小二乘通解具有下面形式：

$$\hat{x}=\begin{bmatrix}3\\-5\\-2\\0\end{bmatrix}+x_4\begin{bmatrix}-1\\1\\1\\1\end{bmatrix}$$ ■

下面的定理给出判定准则：在什么条件下，方程 $Ax=b$ 的最小二乘解是唯一的.（当然，正交投影 $\hat{b}$ 总是唯一的.）

定理 14　设 A 是 $m\times n$ 矩阵. 下面的条件是逻辑等价的：

a）对于 $\mathbb{R}^m$ 中的每个 b，方程 $Ax=b$ 有唯一最小二乘解.

b）A 的列是线性无关的.

c）矩阵 $A^{\mathrm{T}}A$ 是可逆的.

当这些条件成立时，最小二乘解 $\hat{x}$ 有下面的表示：

$$\hat{\boldsymbol{x}} = (\boldsymbol{A}^{\mathrm{T}}\boldsymbol{A})^{-1}\boldsymbol{A}^{\mathrm{T}}\boldsymbol{b} \tag{4}$$

定理 14 证明的主要部分在习题 27~29 中给出，证明的同时也复习了第 4 章的概念. 用公式（4）计算 $\hat{\boldsymbol{x}}$ 的方法主要具有理论意义，当 $\boldsymbol{A}^{\mathrm{T}}\boldsymbol{A}$ 是 2×2 可逆矩阵时可用手工计算.

当最小二乘解 $\hat{\boldsymbol{x}}$ 用于产生 $\boldsymbol{b}$ 的近似 $\boldsymbol{A}\hat{\boldsymbol{x}}$ 时，从 $\boldsymbol{b}$ 到 $\boldsymbol{A}\hat{\boldsymbol{x}}$ 的距离称为这个近似的**最小二乘误差**.

例 3 如例 1 给出的 $\boldsymbol{A}$ 和 $\boldsymbol{b}$，确定 $\boldsymbol{A}\boldsymbol{x}=\boldsymbol{b}$ 最小二乘解的最小二乘误差.

解 从例 1 可知，

$$\boldsymbol{b} = \begin{bmatrix} 2 \\ 0 \\ 11 \end{bmatrix}, \quad \boldsymbol{A}\hat{\boldsymbol{x}} = \begin{bmatrix} 4 & 0 \\ 0 & 2 \\ 1 & 1 \end{bmatrix} \begin{bmatrix} 1 \\ 2 \end{bmatrix} = \begin{bmatrix} 4 \\ 4 \\ 3 \end{bmatrix}$$

因此

$$\boldsymbol{b} - \boldsymbol{A}\hat{\boldsymbol{x}} = \begin{bmatrix} 2 \\ 0 \\ 11 \end{bmatrix} - \begin{bmatrix} 4 \\ 4 \\ 3 \end{bmatrix} = \begin{bmatrix} -2 \\ -4 \\ 8 \end{bmatrix}$$

$$\|\boldsymbol{b} - \boldsymbol{A}\hat{\boldsymbol{x}}\| = \sqrt{(-2)^2 + (-4)^2 + 8^2} = \sqrt{84}$$

最小二乘误差是 $\sqrt{84}$. 对任意属于 $\mathbb{R}^2$ 的 $\boldsymbol{x}$，从 $\boldsymbol{b}$ 到向量 $\boldsymbol{A}\boldsymbol{x}$ 的最小距离是 $\sqrt{84}$，见图 6-27. 注意最小二乘解 $\hat{\boldsymbol{x}}$ 自身并没有在图中出现.

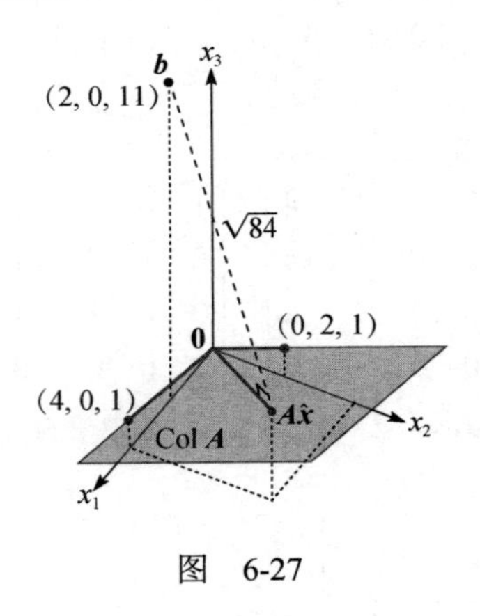

图 6-27 ■

最小二乘解的其他计算方法

下面的例子表明，当 $\boldsymbol{A}$ 的列向量正交时，如何求出 $\boldsymbol{A}\boldsymbol{x}=\boldsymbol{b}$ 的最小二乘解. 这类矩阵常出现在下节要讨论的线性回归问题中.

例 4 求出 $\boldsymbol{A}\boldsymbol{x}=\boldsymbol{b}$ 的最小二乘解，其中

$$\boldsymbol{A} = \begin{bmatrix} 1 & -6 \\ 1 & -2 \\ 1 & 1 \\ 1 & 7 \end{bmatrix}, \quad \boldsymbol{b} = \begin{bmatrix} -1 \\ 2 \\ 1 \\ 6 \end{bmatrix}$$

解 由于 $\boldsymbol{A}$ 的列 $\boldsymbol{a}_1$ 和 $\boldsymbol{a}_2$ 相互正交，因此 $\boldsymbol{b}$ 在 Col $\boldsymbol{A}$ 上的正交投影如下：

$$\hat{\boldsymbol{b}}=\frac{\boldsymbol{b}\cdot\boldsymbol{a}_1}{\boldsymbol{a}_1\cdot\boldsymbol{a}_1}\cdot\boldsymbol{a}_1+\frac{\boldsymbol{b}\cdot\boldsymbol{a}_2}{\boldsymbol{a}_2\cdot\boldsymbol{a}_2}\cdot\boldsymbol{a}_2=\frac{8}{4}\boldsymbol{a}_1+\frac{45}{90}\boldsymbol{a}_2 \tag{5}$$

$$=\begin{bmatrix}2\\2\\2\\2\end{bmatrix}+\begin{bmatrix}-3\\-1\\1/2\\7/2\end{bmatrix}=\begin{bmatrix}-1\\1\\5/2\\11/2\end{bmatrix}$$

既然 $\hat{\boldsymbol{b}}$ 已知，我们可以解 $A\hat{x}=\hat{\boldsymbol{b}}$. 这个很容易，因为我们已经知道 $\hat{\boldsymbol{b}}$ 用 A 的列线性表示时的权. 从（5）式立刻得到

$$\hat{\boldsymbol{x}}=\begin{bmatrix}8/4\\45/90\end{bmatrix}=\begin{bmatrix}2\\1/2\end{bmatrix}$$

■

某些时候，最小二乘解问题的法方程可能是病态的，也就是 $A^{\mathrm{T}}A$ 的元素在计算中出现的小误差有时可导致解 $\hat{\boldsymbol{x}}$ 中出现较大的误差. 如果 A 的列线性无关，则最小二乘解常常可通过 A 的 QR 分解更可靠地求出（见 6.4 节的描述）.[㊀]

定理 15　给定一个 $m\times n$ 矩阵 A，它具有线性无关的列，取 $A=QR$ 是 A 类似定理 12 的 QR 分解，那么对每一个属于 $\mathbb{R}^m$ 的 $\boldsymbol{b}$，方程 $A\boldsymbol{x}=\boldsymbol{b}$ 有唯一的最小二乘解，其解为

$$\hat{\boldsymbol{x}}=R^{-1}Q^{\mathrm{T}}\boldsymbol{b} \tag{6}$$

证　取 $\hat{\boldsymbol{x}}=R^{-1}Q^{\mathrm{T}}\boldsymbol{b}$，那么 $A\hat{\boldsymbol{x}}=QR\hat{\boldsymbol{x}}=QRR^{-1}Q^{\mathrm{T}}\boldsymbol{b}=QQ^{\mathrm{T}}\boldsymbol{b}$.

由定理 12，Q 的列形成 $\mathrm{Col}\,A$ 的标准正交基，因此，由定理 10，$QQ^{\mathrm{T}}\boldsymbol{b}$ 是 $\boldsymbol{b}$ 在 $\mathrm{Col}\,A$ 上的正交投影 $\hat{\boldsymbol{b}}$，那么 $A\hat{\boldsymbol{x}}=\hat{\boldsymbol{b}}$ 说明 $\hat{\boldsymbol{x}}$ 是 $A\boldsymbol{x}=\boldsymbol{b}$ 的最小二乘解. $\hat{\boldsymbol{x}}$ 的唯一性可从定理 14 得出. ■

数值计算的注解　由于定理 15 中的 R 是上三角形矩阵，故 $\hat{\boldsymbol{x}}$ 可从方程

$$R\boldsymbol{x}=Q^{\mathrm{T}}\boldsymbol{b} \tag{7}$$

计算得到. 求解方程（7）时，通过回代过程或行变换比利用（6）式计算 R^{-1} 更快.

例 5　求出 $A\boldsymbol{x}=\boldsymbol{b}$ 的最小二乘解，其中

$$A=\begin{bmatrix}1&3&5\\1&1&0\\1&1&2\\1&3&3\end{bmatrix},\quad \boldsymbol{b}=\begin{bmatrix}3\\5\\7\\-3\end{bmatrix}$$

解　利用 6.4 节可得 A 的 QR 分解.

$$A=QR=\begin{bmatrix}1/2&1/2&1/2\\1/2&-1/2&-1/2\\1/2&-1/2&1/2\\1/2&1/2&-1/2\end{bmatrix}\begin{bmatrix}2&4&5\\0&2&3\\0&0&2\end{bmatrix}$$

㊀ 在 G. Golub and C. Van Loan, *Matrix Computations*,3rd ed.(Baltimore: Johns Hopkins Press,1996), pp. 230-231 中给出 QR 分解方法和标准法方程方法的比较.

那么

$$Q^{T}b=\begin{bmatrix}1/2 & 1/2 & 1/2 & 1/2\\ 1/2 & -1/2 & -1/2 & 1/2\\ 1/2 & -1/2 & 1/2 & -1/2\end{bmatrix}\begin{bmatrix}3\\5\\7\\-3\end{bmatrix}=\begin{bmatrix}6\\-6\\4\end{bmatrix}$$

满足 $Rx=Q^{T}b$ 的最小二乘解是 $\hat{x}$，也就是说，

$$\begin{bmatrix}2 & 4 & 5\\ 0 & 2 & 3\\ 0 & 0 & 2\end{bmatrix}\begin{bmatrix}x_1\\x_2\\x_3\end{bmatrix}=\begin{bmatrix}6\\-6\\4\end{bmatrix}$$

这个方程很容易解出，得 $\hat{x}=\begin{bmatrix}10\\-6\\2\end{bmatrix}$. ■

练习题

1. 令 $A=\begin{bmatrix}1 & -3 & -3\\ 1 & 5 & 1\\ 1 & 7 & 2\end{bmatrix}$ 和 $b=\begin{bmatrix}5\\-3\\-5\end{bmatrix}$，求 $Ax=b$ 的一个最小二乘解，并且计算最小二乘解的误差.

2. 当 b 与 A 的列正交时，对 $Ax=b$ 的最小二乘解，你可得出什么结论？

习题 6.5

在习题 1~4 中，求 $Ax=b$ 的最小二乘解.（a）通过构造法方程求 $\hat{x}$，（b）直接解 $\hat{x}$.

1. $A=\begin{bmatrix}-1 & 2\\ 2 & -3\\ -1 & 3\end{bmatrix}$，$b=\begin{bmatrix}4\\1\\2\end{bmatrix}$

2. $A=\begin{bmatrix}2 & 1\\ -2 & 0\\ 2 & 3\end{bmatrix}$，$b=\begin{bmatrix}-5\\8\\1\end{bmatrix}$

3. $A=\begin{bmatrix}1 & -2\\ -1 & 2\\ 0 & 3\\ 2 & 5\end{bmatrix}$，$b=\begin{bmatrix}3\\1\\-4\\2\end{bmatrix}$

4. $A=\begin{bmatrix}1 & 3\\ 1 & -1\\ 1 & 1\end{bmatrix}$，$b=\begin{bmatrix}5\\1\\0\end{bmatrix}$

在习题 5 和 6 中，求方程 $Ax=b$ 的所有最小二乘解.

5. $A=\begin{bmatrix}1 & 1 & 0\\ 1 & 1 & 0\\ 1 & 0 & 1\\ 1 & 0 & 1\end{bmatrix}$，$b=\begin{bmatrix}1\\3\\8\\2\end{bmatrix}$

6. $A=\begin{bmatrix}1 & 1 & 0\\ 1 & 1 & 0\\ 1 & 1 & 0\\ 1 & 0 & 1\\ 1 & 0 & 1\\ 1 & 0 & 1\end{bmatrix}$，$b=\begin{bmatrix}7\\2\\3\\6\\5\\4\end{bmatrix}$

7. 计算习题 3 中与最小二乘解相关的最小二乘误差.

8. 计算习题 4 中与最小二乘解相关的最小二乘误差.

在习题 9~12 中，求：（a）b 在 Col A 上的正交投影，（b）$Ax=b$ 的最小二乘解.

9. $A=\begin{bmatrix}1&5\\3&1\\-2&4\end{bmatrix}$，$b=\begin{bmatrix}4\\-2\\-3\end{bmatrix}$

10. $A=\begin{bmatrix}1&2\\-1&4\\1&2\end{bmatrix}$，$b=\begin{bmatrix}3\\-1\\5\end{bmatrix}$

11. $A=\begin{bmatrix}4&0&1\\1&-5&1\\6&1&0\\1&-1&-5\end{bmatrix}$，$b=\begin{bmatrix}9\\0\\0\\0\end{bmatrix}$

12. $A=\begin{bmatrix}1&1&0\\1&0&-1\\0&1&1\\-1&1&-1\end{bmatrix}$，$b=\begin{bmatrix}2\\5\\6\\6\end{bmatrix}$

13. 令 $A=\begin{bmatrix}3&4\\-2&1\\3&4\end{bmatrix}$，$b=\begin{bmatrix}11\\-9\\5\end{bmatrix}$，$u=\begin{bmatrix}5\\-1\end{bmatrix}$ 和 $v=\begin{bmatrix}5\\-2\end{bmatrix}$，计算 Au 和 Av，并与 b 相比较. u 是否为 $Ax=b$ 的最小二乘解？（不用计算最小二乘解回答这个问题.）

14. 令 $A=\begin{bmatrix}2&1\\-3&-4\\3&2\end{bmatrix}$，$b=\begin{bmatrix}5\\4\\4\end{bmatrix}$，$u=\begin{bmatrix}4\\-5\end{bmatrix}$ 和 $v=\begin{bmatrix}6\\-5\end{bmatrix}$，计算 Au 和 Av，并与 b 相比较. 是否有可能 u 或 v 中至少有一个是 $Ax=b$ 的最小二乘解？（不用计算最小二乘解回答这个问题.）

在习题15和16中，利用分解 $A=QR$ 求 $Ax=b$ 的最小二乘解.

15. $A=\begin{bmatrix}2&3\\2&4\\1&1\end{bmatrix}=\begin{bmatrix}2/3&-1/3\\2/3&2/3\\1/3&-2/3\end{bmatrix}\begin{bmatrix}3&5\\0&1\end{bmatrix}$，$b=\begin{bmatrix}7\\3\\1\end{bmatrix}$

16. $A=\begin{bmatrix}1&-1\\1&4\\1&-1\\1&4\end{bmatrix}=\begin{bmatrix}1/2&-1/2\\1/2&1/2\\1/2&-1/2\\1/2&1/2\end{bmatrix}\begin{bmatrix}2&3\\0&5\end{bmatrix}$，$b=\begin{bmatrix}-1\\6\\5\\7\end{bmatrix}$

在习题 17~26 中，A 是 $m\times n$ 矩阵且 b 属于 $\mathbb{R}^m$，判断下列命题的真假(T/F)，并验证你的结论.

17. (T/F)一般最小二乘问题是求出 x 使得 Ax 尽可能接近 b.

18. (T/F)如果 b 在 A 的列空间中，则 $Ax=b$ 的每一个解都是最小二乘解.

19. (T/F)方程 $Ax=b$ 的最小二乘解是满足方程 $A\hat{x}=\hat{b}$ 的向量 $\hat{x}$，其中 $\hat{b}$ 是 b 在 Col A 上的正交投影.

20. (T/F)方程 $Ax=b$ 的最小二乘解是向量 $\hat{x}$，对所有属于 $\mathbb{R}^n$ 的 x 满足

$$\|b-Ax\|\leqslant\|b-A\hat{x}\|$$

21. (T/F)方程 $A^TAx=A^Tb$ 的任意解是方程 $Ax=b$ 的最小二乘解.

22. (T/F)如果 A 的列线性无关，那么方程 $Ax=b$ 只有一个最小二乘解.

23. (T/F)方程 $Ax=b$ 的最小二乘解是 A 的列空间中最接近 b 的点.

24. (T/F)方程 $Ax=b$ 的最小二乘解是一系列的权，当它们作用在 A 的列时，产生 b 在 Col A 上的正交投影.

25. (T/F)法方程计算最小二乘解的方法总是可靠的.

26. (T/F)如果 A 有一个 QR 分解，如 $A=QR$，那么求 $Ax=b$ 最小二乘解的最好方法是计算 $\hat{x}=R^{-1}Q^Tb$.

27. 设 A 是一个 $m\times n$ 矩阵，利用下面的步骤说明，向量 x 属于 $\mathbb{R}^n$ 且满足 $Ax=0$ 的充分必要条件是 $A^TAx=0$. 这将证明 Nul A = Nul A^TA.
   a. 证明：如果 $Ax=0$，那么 $A^TAx=0$.
   b. 假若 $A^TAx=0$，解释为什么 $x^TA^TAx=0$ 并利用此式证明 $Ax=0$.

28. 设 A 是一个 $m\times n$ 矩阵且 A^TA 是可逆的，证明 A 的列线性无关.（注意：不能假设 A 可逆，

且更不一定是方阵.）

29. 设 A 是 $m\times n$ 矩阵且列向量线性无关（注意：A 不一定是方阵）.
    a. 利用习题 27 证明 A^TA 是可逆矩阵.
    b. 解释为什么 A 具有至少与行一样多的列.
    c. 确定 A 的秩.
30. 利用习题 27 证明 $\operatorname{rank} A^TA=\operatorname{rank} A$.（提示：$A^TA$ 有多少列？如何与 A^TA 的秩联系起来？）
31. 假设 A 是 $m\times n$ 矩阵且有线性无关的列，b 属于 $\mathbb{R}^m$，利用法方程给出一个计算 $\hat{b}$ 的公式，$\hat{b}$ 是 b 在 $\operatorname{Col} A$ 上的投影.（提示：首先求出 $\hat{x}$，这个公式不需要 $\operatorname{Col} A$ 的正交基.）
32. 当 A 的列是单位正交时，找出方程 $Ax=b$ 最小二乘解的一个公式.
33. 列出下列方程组的所有最小二乘解：

$$x+y=2$$
$$x+y=4$$

34. [M] 4.8 节的例 2 显示了一个低通线性滤波器，将信号 $\{y_k\}$ 过滤为 $\{y_{k+1}\}$，并将高频信号 $\{w_k\}$ 过滤为零信号，其中 $y_k=\cos(\pi k/4)$，$w_k=\cos(3\pi k/4)$. 下面的计算将设计一个滤波器近似满足这些性质.滤波器方程为

$$a_0y_{k+2}+a_1y_{k+1}+a_2y_k=z_k\text{，对所有 }k\text{ 成立}\quad(8)$$

因为信号是周期性的，且周期为 8，故对方程（8）只需研究 $k=0,1,\cdots,7$ 即可. 滤波器的作用是将上面描述的两个信号转化为两个 8 个方程的集合.

$$\begin{array}{c} \\ k=0\\ k=1\\ \\ \\ \vdots\\ \\ \\ k=7\end{array}\quad \begin{array}{c}\begin{matrix} y_{k+2} & y_{k+1} & y_k\end{matrix}\\ \begin{bmatrix} 0 & 0.7 & 1\\ -0.7 & 0 & 0.7\\ -1 & -0.7 & 0\\ -0.7 & -1 & -0.7\\ 0 & -0.7 & -1\\ 0.7 & 0 & -0.7\\ 1 & 0.7 & 0\\ 0.7 & 1 & 0.7\end{bmatrix}\end{array}\begin{bmatrix}a_0\\a_1\\a_2\end{bmatrix}=\begin{array}{c} y_{k+1}\\ \begin{bmatrix}0.7\\0\\-0.7\\-1\\-0.7\\0\\0.7\\1\end{bmatrix}\end{array}$$

$$\begin{array}{c} \\ k=0\\ k=1\\ \\ \\ \vdots\\ \\ \\ k=7\end{array}\quad \begin{array}{c}\begin{matrix} w_{k+2} & w_{k+1} & w_k\end{matrix}\\ \begin{bmatrix} 0 & -0.7 & 1\\ 0.7 & 0 & -0.7\\ -1 & 0.7 & 0\\ 0.7 & -1 & 0.7\\ 0 & 0.7 & -1\\ -0.7 & 0 & 0.7\\ 1 & -0.7 & 0\\ -0.7 & 1 & -0.7\end{bmatrix}\end{array}\begin{bmatrix}a_0\\a_1\\a_2\end{bmatrix}=\begin{bmatrix}0\\0\\0\\0\\0\\0\\0\\0\end{bmatrix}$$

写出一个方程 $Ax=b$，其中 A 是一个 16×3 矩阵，由上面两个系数矩阵组成，b 属于 $\mathbb{R}^{16}$，由上面两个方程右边的向量组成. 求由 $Ax=b$ 的最小二乘解确定的 a_0,a_1,a_2（上面数据中的 0.7 是 $\sqrt{2}/2$ 的一个近似值，用以说明实际问题中典型的计算如何进行.如果用 0.707 代替，所得过滤系数与精确的算术计算结果 $\sqrt{2}/4$，$1/2$，$\sqrt{2}/4$ 相比至少有 7 位相同的十进制位数）.

练习题答案

1. 首先计算

$$A^TA=\begin{bmatrix}1&1&1\\-3&5&7\\-3&1&2\end{bmatrix}\begin{bmatrix}1&-3&-3\\1&5&1\\1&7&2\end{bmatrix}=\begin{bmatrix}3&9&0\\9&83&28\\0&28&14\end{bmatrix}$$

$$A^Tb=\begin{bmatrix}1&1&1\\-3&5&7\\-3&1&2\end{bmatrix}\begin{bmatrix}5\\-3\\-5\end{bmatrix}=\begin{bmatrix}-3\\-65\\-28\end{bmatrix}$$

下一步，行化简法方程 $A^TAx=A^Tb$ 的增广矩阵：

$$\begin{bmatrix}3&9&0&-3\\9&83&28&-65\\0&28&14&-28\end{bmatrix}\sim\begin{bmatrix}1&3&0&-1\\0&56&28&-56\\0&28&14&-28\end{bmatrix}\sim\cdots\sim\begin{bmatrix}1&0&-3/2&2\\0&1&1/2&-1\\0&0&0&0\end{bmatrix}$$

一般最小二乘解是 $x_1=2+\frac{3}{2}x_3$，$x_2=-1-\frac{1}{2}x_3$，x_3 是自由变量. 对一个特解，例如取 $x_3=0$，可得

$$\hat{\boldsymbol{x}}=\begin{bmatrix}2\\-1\\0\end{bmatrix}$$

为得到最小二乘误差，计算

$$\hat{\boldsymbol{b}}=A\hat{\boldsymbol{x}}=\begin{bmatrix}1&-3&-3\\1&5&1\\1&7&2\end{bmatrix}\begin{bmatrix}2\\-1\\0\end{bmatrix}=\begin{bmatrix}5\\-3\\-5\end{bmatrix}$$

结果出现 $\hat{\boldsymbol{b}}=\boldsymbol{b}$，所以 $\|\boldsymbol{b}-\hat{\boldsymbol{b}}\|=0$. 由于 $\boldsymbol{b}$ 恰好属于 Col A，因此最小二乘误差为零.

2. 如果 $\boldsymbol{b}$ 与 A 的列正交，那么 $\boldsymbol{b}$ 在 A 的列空间上的投影是 $\mathbf{0}$. 在这种情形下，$A\boldsymbol{x}=\boldsymbol{b}$ 的最小二乘解 $\hat{\boldsymbol{x}}$ 满足 $A\hat{\boldsymbol{x}}=\mathbf{0}$.

6.6　机器学习和线性模型

机器学习

机器学习使用线性模型来训练基于输入值（自变量）预测输出值（因变量）的机器.首先机器有一组训练数据，其中自变量和因变量的值已知.然后，机器学习自变量和因变量之间的关系.其中一种学习方法是从数据中拟合一条曲线（如最小二乘直线或抛物线）.一旦机器从训练数据中学习到这种模式，它就可以根据给定的输入值来预测输出值.

最小二乘直线

科学和工程中的一项任务就是分析或理解几个变量之间的关系.在本节我们将讨论各种各样的用数据来构造或验证一个公式的情形，这些公式可预测一个变量作为其他变量的函数的值.每种情形中的问题会等同于求解一个最小二乘问题.

为了将所讨论的更容易地应用到读者以后将碰到的实际问题中，我们选取科学和工程数据中常见的统计分析记号. 将 $A\boldsymbol{x}=\boldsymbol{b}$ 写成 $X\boldsymbol{\beta}=\boldsymbol{y}$，且称 X 为**设计矩阵**，$\boldsymbol{\beta}$ 为**参数向量**，$\boldsymbol{y}$ 为**观测向量**.

变量 x 和 y 之间最简单的关系是线性方程 $y=\beta_0+\beta_1 x$.[㊀] 实验数据常常给出点 $(x_1,y_1),(x_2,y_2),\cdots,(x_n,y_n)$，它们的图形似乎接近于直线. 我们希望确定参数 β_0 和 β_1，使得直线尽可能"接近"这些点.

㊀ 这个记号在最小二乘直线中代替 $y=mx+b$.

假设 β_0 和 β_1 固定，考虑图 6-28 中的直线 $y=\beta_0+\beta_1 x$. 对应每一个数据点 (x_j,y_j)，有一个在直线上的点 $(x_j,\beta_0+\beta_1 x_j)$ 具有同样的 x 坐标. 我们称 y_j 为 y 的观测值，而 $\beta_0+\beta_1 x_j$ 为 y 的预测值（由直线确定）. 观测 y 值和预测 y 值之间的差称为残差.

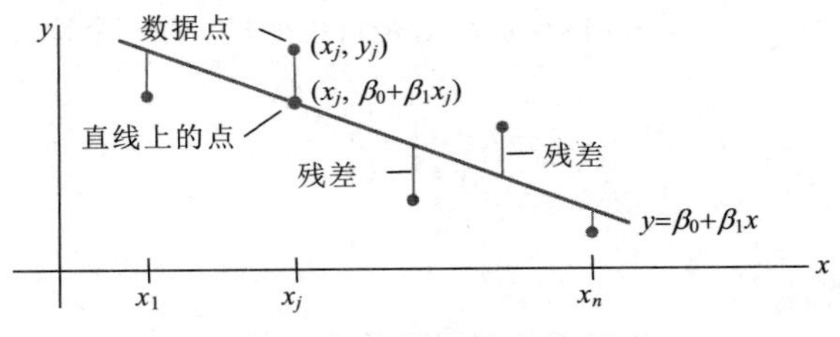

图 6-28　实验数据的直线拟合

有几种方法来度量直线如何“接近”数据，最常见的选择是残差平方之和（主要原因是数学计算简单）. **最小二乘直线** $y=\beta_0+\beta_1 x$ 是残差平方之和最小的，这条直线也称为 $\boldsymbol{y}$ **对** $\boldsymbol{x}$ **的回归直线**，这是因为假设数据中的任何误差只出现在 y 坐标. 直线的系数 β_0,β_1 被称为（线性）**回归系数**.[⊖]

如果数据点在直线上，则参数 β_0 和 β_1 满足方程

$$\begin{array}{ccc} \text{预测的} & & \text{观测的} \\ \boldsymbol{y}\text{ 值} & & \boldsymbol{y}\text{ 值} \\ \beta_0+\beta_1 x_1 & = & y_1 \\ \beta_0+\beta_1 x_2 & = & y_2 \\ \vdots & & \\ \beta_0+\beta_1 x_n & = & y_n \end{array}$$

我们可将这个方程组写成

$$\boldsymbol{X\beta}=\boldsymbol{y}\text{，其中 }\boldsymbol{X}=\begin{bmatrix}1 & x_1\\ 1 & x_2\\ \vdots & \vdots\\ 1 & x_n\end{bmatrix},\quad \boldsymbol{\beta}=\begin{bmatrix}\beta_0\\ \beta_1\end{bmatrix},\quad \boldsymbol{y}=\begin{bmatrix}y_1\\ y_2\\ \vdots\\ y_n\end{bmatrix} \tag{1}$$

当然，如果数据点不在直线上，就没有参数 β_0,β_1 使得 $\boldsymbol{X\beta}$ 中的预测 y 值与 $\boldsymbol{y}$ 中的观测 y 值相等，且 $\boldsymbol{X\beta}=\boldsymbol{y}$ 没有解. 这就是 $\boldsymbol{Ax}=\boldsymbol{b}$ 的最小二乘解问题，只是写法不同！

向量 $\boldsymbol{X\beta}$ 与 $\boldsymbol{y}$ 之间距离的平方精确表达为残差的平方之和，于是，使平方和最小的 $\boldsymbol{\beta}$ 同样使得 $\boldsymbol{X\beta}$ 与 $\boldsymbol{y}$ 之间的距离最小. 计算 $\boldsymbol{X\beta}=\boldsymbol{y}$ 的最小二乘问题等价于找出 $\boldsymbol{\beta}$，它确定图 6-28 中的最小二乘直线.

例 1　求最小二乘直线的方程 $y=\beta_0+\beta_1 x$，最佳拟合数据点为 (2,1), (5,2), (7,3), (8,3).

解　利用数据的 x 坐标构造式 (1) 中的矩阵 $\boldsymbol{X}$ 和 y 坐标构造向量 $\boldsymbol{y}$：

⊖ 如果测量的误差是 x，而不是 y，那么在描点和计算回归直线之前只需交换数据 (x_j,y_j) 的坐标. 如果两个坐标都有误差，那么你必须选择直线，使得数据点到直线的正交（垂直）距离的平方和最小.

$$X=\begin{bmatrix}1&2\\1&5\\1&7\\1&8\end{bmatrix},\quad y=\begin{bmatrix}1\\2\\3\\3\end{bmatrix}$$

对 $X\boldsymbol{\beta}=y$ 的最小二乘解，得到法方程（用新记号）：

$$X^{\mathrm{T}}X\boldsymbol{\beta}=X^{\mathrm{T}}y$$

也就是说，计算

$$X^{\mathrm{T}}X=\begin{bmatrix}1&1&1&1\\2&5&7&8\end{bmatrix}\begin{bmatrix}1&2\\1&5\\1&7\\1&8\end{bmatrix}=\begin{bmatrix}4&22\\22&142\end{bmatrix}$$

$$X^{\mathrm{T}}y=\begin{bmatrix}1&1&1&1\\2&5&7&8\end{bmatrix}\begin{bmatrix}1\\2\\3\\3\end{bmatrix}=\begin{bmatrix}9\\57\end{bmatrix}$$

法方程是

$$\begin{bmatrix}4&22\\22&142\end{bmatrix}\begin{bmatrix}\beta_0\\\beta_1\end{bmatrix}=\begin{bmatrix}9\\57\end{bmatrix}$$

因此

$$\begin{bmatrix}\beta_0\\\beta_1\end{bmatrix}=\begin{bmatrix}4&22\\22&142\end{bmatrix}^{-1}\begin{bmatrix}9\\57\end{bmatrix}=\frac{1}{84}\begin{bmatrix}142&-22\\-22&4\end{bmatrix}\begin{bmatrix}9\\57\end{bmatrix}=\frac{1}{84}\begin{bmatrix}24\\30\end{bmatrix}=\begin{bmatrix}2/7\\5/14\end{bmatrix}$$

这样，最小二乘直线的方程为 $y=\frac{2}{7}+\frac{5}{14}x$，见图 6-29.

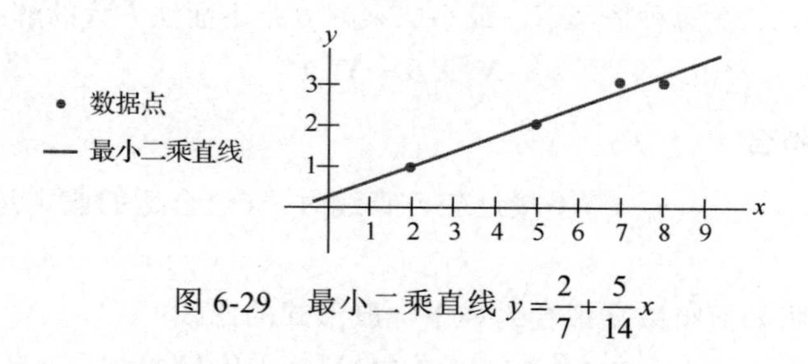

图 6-29　最小二乘直线 $y=\frac{2}{7}+\frac{5}{14}x$ ■

例 2　在例 1 中，如果机器通过拟合最小二乘直线来学习数据，那么对于输入 4 和 6，它的预测结果什么？

解　通过与例 1 中相同的计算，机器得到最小二乘直线

$$y=\frac{2}{7}+\frac{5}{14}x$$

作为预测结果的合理方案.

对于 $x=4$，机器将预测输出结果是 $y=\frac{2}{7}+\frac{5}{14}(4)=\frac{12}{7}$；对于 $x=6$，机器将预测输出结果是 $y=\frac{2}{7}+\frac{5}{14}(6)=\frac{17}{7}$，见图 6-30.

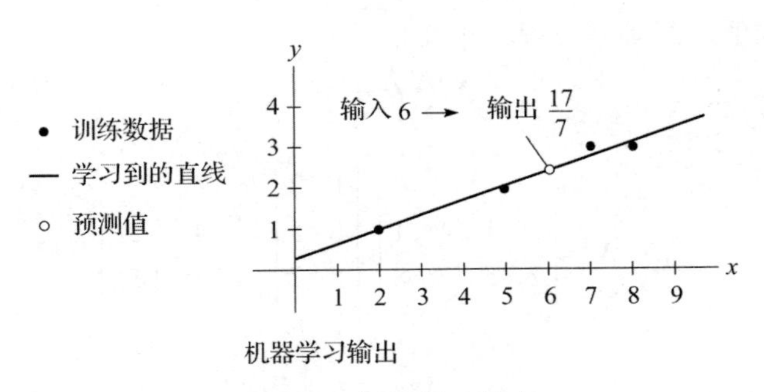

图 6-30　机器学习输出

在计算最小二乘直线之前，常见的做法是计算原来 x 值的平均 $\bar{x}$，并形成一个新变量 $x^*=x-\bar{x}$. 新的 x 数据被称为**平均偏差形式**. 在这种情形下，设计矩阵的两列是正交的. 像 6.5 节的例 4，法方程的解是简化的，见习题 23 和习题 24. ■

一般线性模型

在一些应用中，必须将数据点拟合为非直线形式. 在下面的例子中，矩阵方程仍然是 $\boldsymbol{X\beta}=\boldsymbol{y}$，但 $\boldsymbol{X}$ 的特定形式会随着问题而改变. 统计学家常引入**残差向量** $\boldsymbol{\varepsilon}$，定义为 $\boldsymbol{\varepsilon}=\boldsymbol{y}-\boldsymbol{X\beta}$，并且记作

$$\boldsymbol{y}=\boldsymbol{X\beta}+\boldsymbol{\varepsilon}$$

任何具有这种形式的方程称为**线性模型**. 一旦 $\boldsymbol{X}$ 和 $\boldsymbol{y}$ 给定，问题就变为最小化 $\boldsymbol{\varepsilon}$ 的长度，相当于找出 $\boldsymbol{X\beta}=\boldsymbol{y}$ 的最小二乘解. 在每种情形下，最小二乘解 $\hat{\boldsymbol{\beta}}$ 是下面法方程的解：

$$\boldsymbol{X}^{\mathrm{T}}\boldsymbol{X\beta}=\boldsymbol{X}^{\mathrm{T}}\boldsymbol{y}$$

其他曲线的最小二乘拟合

当散点 $(x_1,y_1),(x_2,y_2),\cdots,(x_n,y_n)$ 不接近任何直线时，一个合适的假定是 $\boldsymbol{x}$ 和 $\boldsymbol{y}$ 具有其他函数关系.

下面两个例子说明如何将数据拟合为如下一般形式的曲线：

$$y=\beta_0 f_0(x)+\beta_1 f_1(x)+\cdots+\beta_k f_k(x) \tag{2}$$

其中 $f_0,f_1,\cdots,f_k$ 是已知函数，β_0，$\beta_1,\cdots,\beta_k$ 是待定参数. 下面将看到，方程（2）描述了一个线性模型，因为它是未知参数的线性模型.

对特殊的 x 值，（2）式给出 y 的预测或“拟合”值. 观测值与预测值之间的差为残差，参数 β_0，$\beta_1,\cdots,\beta_k$ 的确定需满足残差平方之和最小.

例 3　若数据点 $(x_1,y_1),(x_2,y_2),\cdots,(x_n,y_n)$ 明显位于某条抛物线之上，而不是一条直线上. 例如，如果 x 坐标表示某公司的产量水平，而 y 坐标表示生产水平为每天 x 单位时的平均费用，那么一个典型的平均成本曲线看起来像开口向上的抛物线（见图 6-31）．在生态系统中，一个开口向下的抛物线常用于对一种植物中营养成分的净初始产量的建模，它是树叶表面面积的函数（见图 6-32）．假设我们用下列形式的方程逼近数据：

$$y = \beta_0 + \beta_1 x + \beta_2 x^2 \tag{3}$$

方程（3）给出产生数据的“最小二乘拟合”的线性模型．

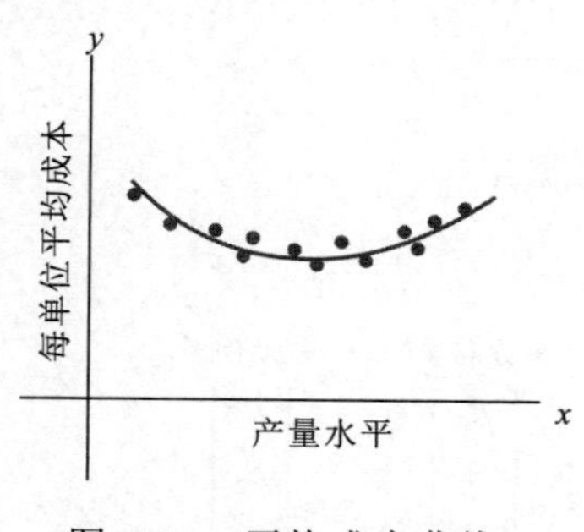

图 6-31　平均成本曲线

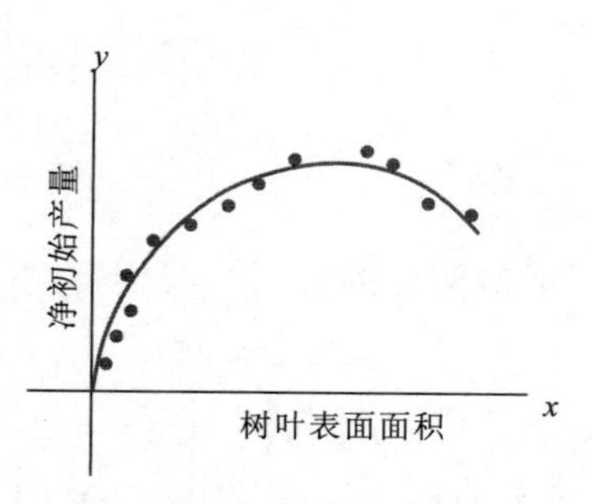

图 6-32　营养成分的产量

解　理想的关系用方程（3）描述．若实际的参数值为 β_0，β_1，β_2，那么第一个数据点的坐标 (x_1, y_1) 满足下列形式的方程：

$$y_1 = \beta_0 + \beta_1 x_1 + \beta_2 x_1^2 + \varepsilon_1$$

其中 ε_1 是观测值 y_1 和预测值 y 值 $\beta_0 + \beta_1 x_1 + \beta_2 x_1^2$ 间的残差．对每一个数据点，可写出类似的方程：

$$\begin{aligned} y_1 &= \beta_0 + \beta_1 x_1 + \beta_2 x_1^2 + \varepsilon_1 \\ y_2 &= \beta_0 + \beta_1 x_2 + \beta_2 x_2^2 + \varepsilon_2 \\ &\vdots \\ y_n &= \beta_0 + \beta_1 x_n + \beta_2 x_n^2 + \varepsilon_n \end{aligned}$$

可将上述方程组简单描述为 $\boldsymbol{y} = \boldsymbol{X\beta} + \boldsymbol{\varepsilon}$ 的形式．通过检查方程组的前面几行和观察数据模式，我们可以求出 $\boldsymbol{X}$．

$$\begin{bmatrix} y_1 \\ y_2 \\ \vdots \\ y_n \end{bmatrix} = \begin{bmatrix} 1 & x_1 & x_1^2 \\ 1 & x_2 & x_2^2 \\ \vdots & \vdots & \vdots \\ 1 & x_n & x_n^2 \end{bmatrix} \begin{bmatrix} \beta_0 \\ \beta_1 \\ \beta_2 \end{bmatrix} + \begin{bmatrix} \varepsilon_1 \\ \varepsilon_2 \\ \vdots \\ \varepsilon_n \end{bmatrix}$$

$$\boldsymbol{y} \quad = \quad \boldsymbol{X} \qquad \boldsymbol{\beta} \quad + \quad \boldsymbol{\varepsilon}$$

■

例 4　如果数据点具有如图 6-33 的模式，那么一个合适的模型是下面形式的方程：

$$y = \beta_0 + \beta_1 x + \beta_2 x^2 + \beta_3 x^3$$

这类数据可能来自公司的总成本，是一个关于产量水平的函数．求用这种类型的最小二乘拟合数据 $(x_1, y_1), (x_2, y_2), \cdots, (x_n, y_n)$ 的线性模型．

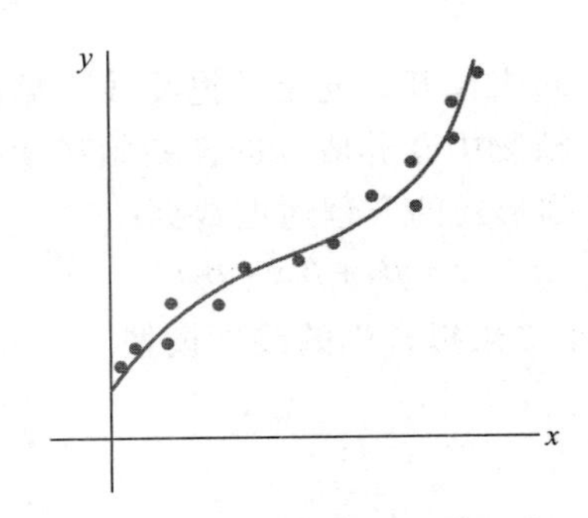

图 6-33　沿三次曲线的数据点

解　类似例 2 的分析，我们得到

$$\underset{\text{观测向量}}{\boldsymbol{y}=\begin{bmatrix} y_1 \\ y_2 \\ \vdots \\ y_n \end{bmatrix}},\quad \underset{\text{设计矩阵}}{\boldsymbol{X}=\begin{bmatrix} 1 & x_1 & x_1^2 & x_1^3 \\ 1 & x_2 & x_2^2 & x_2^3 \\ \vdots & \vdots & \vdots & \vdots \\ 1 & x_n & x_n^2 & x_n^3 \end{bmatrix}},\quad \underset{\text{参数向量}}{\boldsymbol{\beta}=\begin{bmatrix} \beta_0 \\ \beta_1 \\ \beta_2 \\ \beta_3 \end{bmatrix}},\quad \underset{\text{残差向量}}{\boldsymbol{\varepsilon}=\begin{bmatrix} \varepsilon_1 \\ \varepsilon_2 \\ \vdots \\ \varepsilon_n \end{bmatrix}}$$

■

多重回归

假定一个实验包含两个自变量（例如 u 和 v）和一个因变量（例如 y）. 一个简单的通过 u 和 v 来预测 y 的方程有如下形式：

$$y=\beta_0+\beta_1u+\beta_2v \tag{4}$$

更一般的预测方程具有下面的形式：

$$y=\beta_0+\beta_1u+\beta_2v+\beta_3u^2+\beta_4uv+\beta_5v^2 \tag{5}$$

这个方程常用于地质学，例如，模拟地面侵蚀、冰斗、土壤酸碱性以及其他量. 这种情形的最小二乘拟合称为趋势曲面.

方程（4）和方程（5）都可以推出一个线性模型，因为它们是未知参数的线性关系（尽管 u 和 v 是乘法）. 一般地，一个线性模型是指 y 可由下面方程来预测：

$$y=\beta_0f_0(u,v)+\beta_1f_1(u,v)+\cdots+\beta_kf_k(u,v)$$

其中，$f_0,f_1,\cdots,f_k$ 是某类已知函数，$\beta_0,\beta_1,\cdots,\beta_k$ 是需要确定的参数.

例 5　在地理学中，局部地形模型由数据 $(u_1,v_1,y_1),(u_2,v_2,y_2),\cdots,(u_n,v_n,y_n)$ 来构造，其中 u_j,v_j,y_j 分别是地形的纬度、经度和海拔高度. 描述基于方程（4）的拟合这些数据的最小二乘拟合的线性模型，该解称为最小二乘平面. 见图 6-34.

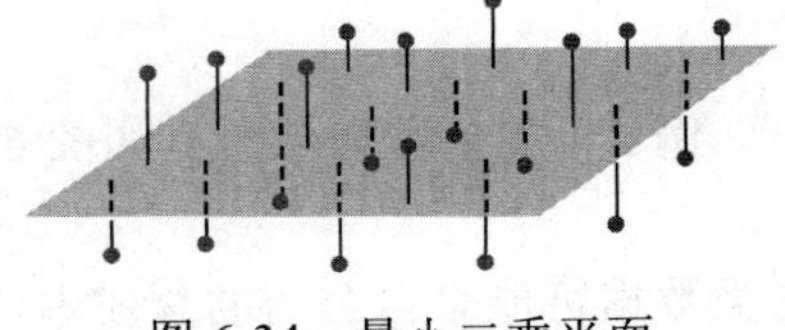

图 6-34　最小二乘平面

解　我们希望数据满足下列方程：

$$\begin{aligned} y_1&=\beta_0+\beta_1u_1+\beta_2v_1+\varepsilon_1 \\ y_2&=\beta_0+\beta_1u_2+\beta_2v_2+\varepsilon_2 \\ &\vdots \\ y_n&=\beta_0+\beta_1u_n+\beta_2v_n+\varepsilon_n \end{aligned}$$

这个方程组的矩阵形式是 $\boldsymbol{y}=\boldsymbol{X\beta}+\boldsymbol{\varepsilon}$，其中

$$\underset{\text{观测向量}}{\boldsymbol{y}=\begin{bmatrix} y_1 \\ y_2 \\ \vdots \\ y_n \end{bmatrix}},\quad \underset{\text{设计矩阵}}{\boldsymbol{X}=\begin{bmatrix} 1 & u_1 & v_1 \\ 1 & u_2 & v_2 \\ \vdots & \vdots & \vdots \\ 1 & u_n & v_n \end{bmatrix}},\quad \underset{\text{参数向量}}{\boldsymbol{\beta}=\begin{bmatrix} \beta_0 \\ \beta_1 \\ \beta_2 \end{bmatrix}},\quad \underset{\text{残差向量}}{\boldsymbol{\varepsilon}=\begin{bmatrix} \varepsilon_1 \\ \varepsilon_2 \\ \vdots \\ \varepsilon_n \end{bmatrix}}$$

■

例 5 表明，多重回归的线性模型和前面例题中的简单回归模型具有同样的抽象形式. 线性代数为我们理解所有线性模型内在的一般原理提供了帮助. 只要 $\boldsymbol{X}$ 的定义适当，关于 $\boldsymbol{\beta}$ 的法方程就具有相同的矩阵形式，不管包含多少变量. 这样，对 $\boldsymbol{X}^{\mathrm{T}}\boldsymbol{X}$ 可逆的任何线性模型，最小二乘 $\hat{\boldsymbol{\beta}}$ 总可由 $(\boldsymbol{X}^{\mathrm{T}}\boldsymbol{X})^{-1}\boldsymbol{X}^{\mathrm{T}}\boldsymbol{y}$ 计算得到.

练习题

某产品的月销售额受季节波动影响，近似销售数据的曲线具有以下形式：

$$y=\beta_0+\beta_1 x+\beta_2\sin(2\pi x/12)$$

其中 x 是以月为单位的时间. $\beta_0+\beta_1 x$ 给出基本销售趋势，其中的正弦项反映季节对销售的影响. 给出上面方程最小二乘拟合线性模型的设计矩阵和参数向量，假设数据是 $(x_1,y_1),(x_2,y_2),\cdots,(x_n,y_n)$.

习题 6.6

在习题 1~4 中，求出最小二乘直线方程 $y=\beta_0+\beta_1 x$，其为给定数据点的最佳拟合.

1. （0,1），（1,1），（2,2），（3,2）
2. （1,0），（2,1），（4,2），（5,3）
3. （−1,0），（0,1），（1,2），（2,4）
4. （2,3），（3,2），（5,1），（6,0）
5. 在习题 1 中，机器学习到最适合数据的最小二乘直线. 当 $x=4$ 时，机器输出的 y 值是多少？
6. 在习题 2 中，机器学习到最适合数据的最小二乘直线. 当 $x=3$ 时，机器输出的 y 值是多少？
7. 在习题 1 中，机器学习到最适合数据的最小二乘直线. 当 $x=3$ 时，机器输出的 y 值是多少？这与输入数据在 $x=3$ 处的数据点相差多少？
8. 在习题 2 中，机器学习到最适合数据的最小二乘直线. 当 $x=2$ 时，机器输出的 y 值是多少？这与输入数据在 $x=2$ 处的数据点相差多少？
9. 在习题 1 的结果中向机器输入数据，如果输入 $x=2.5$，机器返回的 y 值为 20，那么是否相信这个机器？请说明你的理由.
10. 在习题 2 的结果中向机器输入数据，如果输入 $x=2.5$，机器返回的 y 值为−4，那么是否相信这个机器？请说明你的理由.
11. 假设 $\boldsymbol{X}$ 是用最小二乘直线拟合数据 $(x_1,y_1),(x_2,y_2),\cdots,(x_n,y_n)$ 得到的设计矩阵，利用 6.5 节的定理证明，法方程具有唯一解的充分必要条件是：数据中至少有两个数据点具有不同的 x 坐标.
12. 若 $\boldsymbol{X}$ 是例 2 中用抛物线最小二乘拟合数据点 $(x_1,y_1),(x_2,y_2),\cdots,(x_n,y_n)$ 对应的一个设计矩阵，若 x_1,x_2,x_3 不同，解释在最小二乘意义下为什么只有一个最佳抛物线拟合数据（见习题 11）.
13. 一个实验产生的数据为（1,1.8），（2,2.7），（3,3.4），（4,3.8）和（5,3.9），描述用下列形式的函数生成的这些点的最小二乘拟合模型：

$$y=\beta_1 x+\beta_2 x^2$$

例如，当供应量影响产品的价格设定时，在计算销售 x 单位产品的收益中，这种函数会出现.

a. 给出设计矩阵、观测向量和未知参数向量.

b. [M]找出数据对应的最小二乘曲线.

c. 如果机器学习到了问题（b）中的曲线，那么对于输入值 $x=6$，输出值是多少？

14. 一个简单描述某公司花费变量的模型曲线，作为销售水平 x 的函数，有如下形式：

$$y=\beta_1 x+\beta_2 x^2+\beta_3 x^3$$

由于不包含固定花费，所以没有常数项.

a. 对于数据 $(x_1,y_1),(x_2,y_2),\cdots,(x_n,y_n)$，给出线性模型的最小二乘拟合方程对应的设计矩阵和参数向量.

b. [M]求出一个上述形式的最小二乘曲线拟合数据：（4,1.58），（6,2.08），（8,2.5），（10,2.8），（12,3.1），（14,3.4），（16,3.8），（18,4.32），有数千个数据. 如果可能，画图说明数据点和立方近似的图形.

c. 如果机器学习到了问题（b）中的曲线，那么对于输入值 $x=9$，输出值是多少？

15. 某一实验得到的数据为（1,7.9），（2,5.4）和（3,−0.9），描述由下列形式的函数拟合这些数据产生的最小二乘模型：

$$y=A\cos x+B\sin x$$

16. 若放射性物质 A 和 B 分别具有衰变常数 0.02 和 0.07，如果一个含这两种物质的混合物在时刻 $t=0$ 包含 A 物质 M_A 克和 B 物质 M_B 克，那么在时刻 t 混合物中总量 y 的模型是：

$$y=M_A e^{-0.02t}+M_B e^{-0.07t} \qquad (6)$$

若初始含量 M_A 和 M_B 未知，但在几个时刻，科学家可以测得总含量并记录下列点 (t_i,y_i)：（10, 21.34），（11, 20.68），（12, 20.05），（14, 18.87）和（15, 18.30）.

a. 描述可用于估计 M_A 和 M_B 的线性模型.

b. [M]找出基于方程（6）的最小二乘曲线.

17. [M]根据开普勒第一定律，一个彗星（见图 6-35）应该有椭圆、抛物和双曲轨道（当行星的引力可以忽略时）. 对合适的极坐标，一个彗星的位置 (r,θ) 满足下面形式的方程：

图 6-35　上一次出现于 1986 年的哈雷彗星，它将于 2061 年再次出现

$$r=\beta+e(r\cos\vartheta)$$

其中 β 是常数，e 是轨道的离心率，当 $0\leqslant e<1$ 时对应椭圆，$e=1$ 时对应抛物线，$e>1$ 时对应双曲线. 若新观测发现的彗星有下列数据，确定轨道的类型并预测当 $\vartheta=4.6$（弧度）时彗星的位置.[⊖]

ϑ	0 .88	1.10	1.42	1.77	2.14
r	3.00	2.30	1.65	1.25	1.01

18. [M]健康儿童的心脏收缩压 p（毫米水银柱）和体重 w（磅）之间的近似关系满足方程

$$\beta_0+\beta_1\ln w=p$$

利用下面的实验数据估计健康儿童体重为 100 磅时的心脏收缩压.

w	44	61	81	113	131
$\ln w$	3.78	4.11	4.39	4.73	4.88
p	91	98	103	110	112

19. [M]为测量飞机起飞性能，飞机的水平位置从 $t=0$ 到 $t=12$ 每秒测量一次，具体位置（英尺）是：0, 8.8, 29.9, 62.0, 104.7, 159.1, 222.0, 294.5, 380.4, 471.1, 571.7, 686.8, 809.2.

⊖ 用最小二乘拟合数据的基本思想来自 K. F. Gauss（同时还有 A. Legendre 的独立工作），最早是在 1801 年，他用这种方法确定星状的谷神星的轨迹.谷神星被发现 40 天后，它消失在太阳后面. Gauss 预测 10 个月之后它会重新出现并给出谷神星的具体位置，精确的预测震惊了欧洲的科学界.

a. 求出这些数据的最小二乘立方曲线 $y=\beta_0+\beta_1 t+\beta_2 t^2+\beta_3 t^3$.

b. 利用（a）的结果估计当 $t=4.5$ 秒时飞机的水平速度.

20. 令 $\overline{x}=\frac{1}{n}(x_1+x_2+\cdots+x_n)$ 和 $\overline{y}=\frac{1}{n}(y_1+y_2+\cdots+y_n)$，证明：数据 $(x_1,y_1),(x_2,y_2),\cdots,(x_n,y_n)$ 的最小二乘直线必通过 $(\overline{x},\overline{y})$，也就是证明 $\overline{x}$ 和 $\overline{y}$ 满足线性方程 $\overline{y}=\hat{\beta}_0+\hat{\beta}_1\overline{x}$.（提示：从向量方程 $\boldsymbol{y}=\boldsymbol{X}\hat{\boldsymbol{\beta}}+\boldsymbol{\varepsilon}$ 导出这个方程，将 $\boldsymbol{X}$ 的第一列表示为 $\mathbf{1}$，利用残差向量 $\boldsymbol{\varepsilon}$ 与 $\boldsymbol{X}$ 的列空间正交的事实得到它正交于 $\mathbf{1}$.）

给定数据的最小二乘问题，$(x_1,y_1),(x_2,y_2),\cdots,(x_n,y_n)$，下列缩写符号很有用：

$$\sum x=\sum_{i=1}^{n}x_i \qquad \sum x^2=\sum_{i=1}^{n}x_i^2$$
$$\sum y=\sum_{i=1}^{n}y_i \qquad \sum xy=\sum_{i=1}^{n}x_i y_i$$

最小二乘直线 $y=\hat{\beta}_0+\hat{\beta}_1 x$ 的法方程可以写成

$$n\hat{\beta}_0+\hat{\beta}_1\sum x=\sum y$$
$$\hat{\beta}_0\sum x+\hat{\beta}_1\sum x^2=\sum xy \tag{7}$$

21. 从本节给定的矩阵形式导出对应的法方程（7）.

22. 利用矩阵的逆求解方程组（7），然后确定许多统计课本中出现的计算 $\hat{\beta}_0$ 和 $\hat{\beta}_1$ 的公式.

23. a. 用新 x 坐标的平均偏差形式，重写例 1 中的数据. 设 $\boldsymbol{X}$ 是对应的设计矩阵，说明为什么 $\boldsymbol{X}$ 的列是正交的.

b. 写出（a）部分中数据的法方程，并求解得到最小二乘直线 $y=\beta_0+\beta_1 x^*$，其中 $x^*=x-5.5$.

24. 设数据 $(x_1,y_1),(x_2,y_2),\cdots,(x_n,y_n)$ 的 x 坐标是平均偏差形式，从而 $\sum x_i=0$，证明：如果 $\boldsymbol{X}$ 是这种情形下最小二乘直线的设计矩阵，那么 $\boldsymbol{X}^{\mathrm{T}}\boldsymbol{X}$ 是正交矩阵.

习题 25 和习题 26 有关的设计矩阵 $\boldsymbol{X}$ 具有 2 列或更多列，$\hat{\boldsymbol{\beta}}$ 是 $\boldsymbol{y}=\boldsymbol{X}\boldsymbol{\beta}$ 的最小二乘解，考虑下列数：

（i）$\|\boldsymbol{X}\hat{\boldsymbol{\beta}}\|^2$——“回归项”的平方和，记该数为 $SS(R)$.

（ii）$\|\boldsymbol{y}-\boldsymbol{X}\hat{\boldsymbol{\beta}}\|^2$——误差项的平方和，记该数为 $SS(E)$.

（iii）$\|\boldsymbol{y}\|^2$——坐标 y 平方之和的“总和”，记该数为 $SS(T)$.

讨论回归和线性模型 $\boldsymbol{y}=\boldsymbol{X}\boldsymbol{\beta}+\boldsymbol{\varepsilon}$ 的统计课本都引入这些数，尽管术语和记号会有变化. 为简单起见，假设 y 的平均值是零，在这种情形下，$SS(T)$ 与被称为 y 值集合的方差成正比.

25. 验证方程 $SS(T)=SS(R)+SS(E)$（提示：利用一个定理并解释为什么定理的假设成立）. 这个方程在统计学中的回归理论和方差分析中非常重要.

26. 证明：$\|\boldsymbol{X}\hat{\boldsymbol{\beta}}\|^2=\hat{\boldsymbol{\beta}}^{\mathrm{T}}\boldsymbol{X}^{\mathrm{T}}\boldsymbol{y}$.（提示：重写方程左边并且利用 $\hat{\boldsymbol{\beta}}$ 满足法方程的事实.）关于 $SS(R)$ 的这个公式被用在统计学上，从这个结论和习题 25 可得 $SS(E)$ 的标准公式：

$$SS(E)=\boldsymbol{y}^{\mathrm{T}}\boldsymbol{y}-\hat{\boldsymbol{\beta}}^{\mathrm{T}}\boldsymbol{X}^{\mathrm{T}}\boldsymbol{y}$$

练习题答案

构造 $\boldsymbol{X}$ 和 $\boldsymbol{\beta}$，使得 $\boldsymbol{X}\boldsymbol{\beta}$ 的第 k 行是对应于数据 (x_k,y_k) 的预测 y 值，记为

$$\beta_0+\beta_1 x_k+\beta_2\sin(2\pi x_k/12)$$

显然有

$$\boldsymbol{X}=\begin{bmatrix}1 & x_1 & \sin(2\pi x_1/12)\\ 1 & x_2 & \sin(2\pi x_2/12)\\ \vdots & \vdots & \vdots\\ 1 & x_n & \sin(2\pi x_n/12)\end{bmatrix},\quad \boldsymbol{\beta}=\begin{bmatrix}\beta_0\\ \beta_1\\ \beta_2\end{bmatrix}$$

见图 6-36.

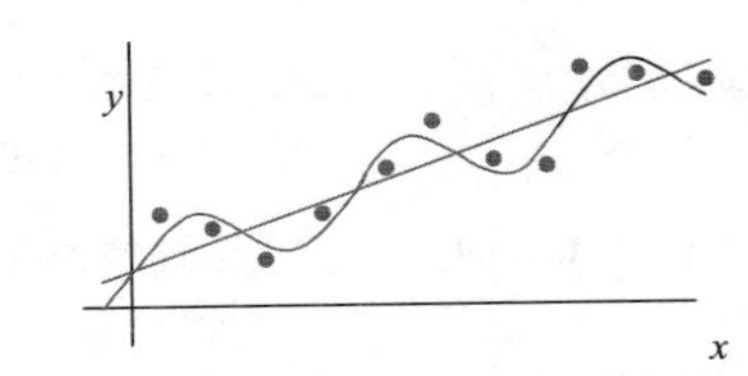

图 6-36　具有季节性波动的销售趋势

6.7　内积空间

长度、距离和正交性的概念在向量空间中有非常重要的应用，对 $\mathbb{R}^n$，这些概念基于 6.1 节定理 1 中列出的内积性质. 对其他空间，我们需要类似的内积和同样的性质. 定理 1 中的结论成为下面定义中的公理.

定义　向量空间 V 上的**内积**是一个函数，对每一对属于 V 的向量 $\boldsymbol{u}$ 和 $\boldsymbol{v}$，存在一个实数 $\langle \boldsymbol{u}, \boldsymbol{v} \rangle$ 满足下面公理，其中 $\boldsymbol{u}, \boldsymbol{v}, \boldsymbol{w}$ 属于 V，c 为所有数：

1. $\langle \boldsymbol{u}, \boldsymbol{v} \rangle = \langle \boldsymbol{v}, \boldsymbol{u} \rangle$
2. $\langle \boldsymbol{u}+\boldsymbol{v}, \boldsymbol{w} \rangle = \langle \boldsymbol{u}, \boldsymbol{w} \rangle + \langle \boldsymbol{v}, \boldsymbol{w} \rangle$
3. $\langle c\boldsymbol{u}, \boldsymbol{v} \rangle = c\langle \boldsymbol{u}, \boldsymbol{v} \rangle$
4. $\langle \boldsymbol{u}, \boldsymbol{u} \rangle \geqslant 0$ 且 $\langle \boldsymbol{u}, \boldsymbol{u} \rangle = 0$ 的充分必要条件是 $\boldsymbol{u} = \boldsymbol{0}$

一个赋予上面内积的向量空间称为**内积空间**.

具有标准内积的向量空间 $\mathbb{R}^n$ 是一个内积空间，而且本章几乎所有 $\mathbb{R}^n$ 空间上的讨论都在内积空间上. 本节和 6.8 节的例子给出许多基础应用实例，涉及工程、物理、数学和统计等课程.

例 1　给定两个正数（例如 4 和 5）及 $\mathbb{R}^2$ 中向量 $\boldsymbol{u} = (u_1, u_2)$ 和 $\boldsymbol{v} = (v_1, v_2)$，规定

$$\langle \boldsymbol{u}, \boldsymbol{v} \rangle = 4u_1v_1 + 5u_2v_2 \tag{1}$$

说明（1）式定义了一个内积.

解　公理 1 当然满足，这是因为

$$\langle \boldsymbol{u}, \boldsymbol{v} \rangle = 4u_1v_1 + 5u_2v_2 = 4v_1u_1 + 5v_2u_2 = \langle \boldsymbol{v}, \boldsymbol{u} \rangle$$

如果 $\boldsymbol{w} = (w_1, w_2)$，那么

$$\begin{aligned}\langle \boldsymbol{u}+\boldsymbol{v}, \boldsymbol{w} \rangle &= 4(u_1+v_1)w_1 + 5(u_2+v_2)w_2 \\ &= 4u_1w_1 + 5u_2w_2 + 4v_1w_1 + 5v_2w_2 \\ &= \langle \boldsymbol{u}, \boldsymbol{w} \rangle + \langle \boldsymbol{v}, \boldsymbol{w} \rangle\end{aligned}$$

这就验证了公理 2. 对公理 3，计算

$$\begin{aligned}\langle c\boldsymbol{u}, \boldsymbol{v} \rangle &= 4(cu_1)v_1 + 5(cu_2)v_2 \\ &= c(4u_1v_1 + 5u_2v_2) = c\langle \boldsymbol{u}, \boldsymbol{v} \rangle\end{aligned}$$

对公理 4，注意 $\langle \boldsymbol{u}, \boldsymbol{u} \rangle = 4u_1^2 + 5u_2^2 \geqslant 0$ 且 $4u_1^2 + 5u_2^2 = 0$ 当且仅当 $u_1 = u_2 = 0$，即 $\boldsymbol{u} = \boldsymbol{0}$. 此外，$\langle \boldsymbol{0}, \boldsymbol{0} \rangle = 0$. 所以(1)式定义了 $\mathbb{R}^2$ 上的内积. ■

类似（1）式可在 $\mathbb{R}^n$ 上定义内积，它们自然和“带权值的最小二乘”问题联系起来. 此时，权值被分配给内积中和式的各个元素，且这种方式对较重要的元素分配更大的权.

从现在起，当内积空间涉及多项式或其他函数时，我们可用熟悉的方式写出函数，而不用黑体表示向量. 然而，必须要记住，当它作为向量空间的一个元素时每个函数表示的是一个向量.

例 2　设 $t_0,t_1,\cdots,t_n$ 是不同的实数，对 $\mathbb{P}_n$ 中的 p 和 q，定义

$$\langle p,q\rangle = p(t_0)q(t_0)+p(t_1)q(t_1)+\cdots+p(t_n)q(t_n) \tag{2}$$

很容易验证内积公理的 1~3. 对公理 4，注意

$$\langle p,p\rangle = [p(t_0)]^2+[p(t_1)]^2+\cdots+[p(t_n)]^2 \geqslant 0$$

也有 $\langle \mathbf{0},\mathbf{0}\rangle = 0$.（我们仍用黑体 **0** 表示零多项式，它是 $\mathbb{P}_n$ 中的零向量.）如果 $\langle p,p\rangle = 0$，那么 p 一定在 $n+1$ 个点 $t_0,t_1,\cdots,t_n$ 处为零，这时 p 只能是零多项式，因为 p 的次数小于 $n+1$，从而（2）式定义了 $\mathbb{P}_n$ 上的一个内积. ■

例3　设 V 属于 $\mathbb{P}_2$，且 V 具有例 2 中的内积，其中 $t_0=0$，$t_1=\dfrac{1}{2}$ 和 $t_2=1$. 设 $p(t)=12t^2$ 和 $q(t)=2t-1$. 计算 $\langle p,q\rangle$ 和 $\langle q,q\rangle$.

解

$$\begin{aligned}\langle p\cdot q\rangle &= p(0)q(0)+p\left(\frac{1}{2}\right)q\left(\frac{1}{2}\right)+p(1)q(1)\\ &=(0)(-1)+(3)(0)+(12)(1)=12\\ \langle q\cdot q\rangle &= [q(0)]^2+\left[q\left(\frac{1}{2}\right)\right]^2+[q(1)]^2\\ &=(-1)^2+(0)^2+(1)^2=2\end{aligned}$$

■

长度、距离和正交性

设 V 是一个内积空间，其内积记作 $\langle \boldsymbol{u},\boldsymbol{v}\rangle$. 像 $\mathbb{R}^n$ 中一样，我们定义一个向量 $\boldsymbol{v}$ 的**长度**或**范数**是数

$$\|\boldsymbol{v}\| = \sqrt{\langle \boldsymbol{v},\boldsymbol{v}\rangle}$$

即 $\|\boldsymbol{v}\|^2 = \langle \boldsymbol{v},\boldsymbol{v}\rangle$（这个定义有意义，因为 $\langle \boldsymbol{v},\boldsymbol{v}\rangle \geqslant 0$，但这个定义并不是说 $\langle \boldsymbol{v},\boldsymbol{v}\rangle$ 是一个"平方之和"，因为 $\boldsymbol{v}$ 不必是 $\mathbb{R}^n$ 中的元素）.

一个**单位向量**是长度为 1 的向量，**向量 $\boldsymbol{u}$ 和 $\boldsymbol{v}$ 之间的距离**是 $\|\boldsymbol{u}-\boldsymbol{v}\|$. 向量 $\boldsymbol{u}$ 和向量 $\boldsymbol{v}$ **正交**，如果 $\langle \boldsymbol{u},\boldsymbol{v}\rangle = 0$ 成立.

例 4　若 $\mathbb{P}_2$ 具有例 2 中的式（2）的内积，计算向量 $p(t)=12t^2$ 和 $q(t)=2t-1$ 的长度.

解

$$\|p\|^2 = \langle p,p\rangle = [p(0)]^2+\left[p\left(\frac{1}{2}\right)\right]^2+[p(1)]^2 = 0+[3]^2+[12]^2=153$$

$$\|p\| = \sqrt{153}$$

在例 3 中，我们知道 $\langle q,q\rangle = 2$，因此 $\|q\| = \sqrt{2}$. ■

格拉姆-施密特方法

内积空间中有限维子空间的正交基的存在性可由格拉姆-施密特方法确定，像 $\mathbb{R}^n$ 空间一样.

应用中经常出现的一些正交基可用这个方法构造.

一个向量在一个具有正交基的子空间 W 上的正交投影可像平常一样构造. 投影不依赖于正交基的选取，并且它们有正交分解定理和最佳逼近定理中所描述的性质.

例 5　若 V 是具有例 2 中内积的 $\mathbb{P}_4$，包含多项式在−2，−1，0，1 和 2 处的值，且将 $\mathbb{P}_2$ 视为 V 的一个子空间. 应用格拉姆-施密特方法于多项式 1，t 和 t^2，构造 $\mathbb{P}_2$ 的一个正交基.

解　内积仅依赖于多项式在−2，−1，0，1 和 2 处的值，所以我们将每个多项式的值作为 $\mathbb{R}^5$ 中的向量，写在多项式的下面：[⊖]

$$\begin{array}{cccc} \text{多项式：} & 1 & t & t^2 \\ \text{向量值：} & \begin{bmatrix}1\\1\\1\\1\\1\end{bmatrix} & \begin{bmatrix}-2\\-1\\0\\1\\2\end{bmatrix} & \begin{bmatrix}4\\1\\0\\1\\4\end{bmatrix} \end{array}$$

V 中两个多项式的内积等于它们对应向量在 $\mathbb{R}^5$ 空间的（标准）内积. 注意 t 与常数函数 1 正交. 所以取 $p_0(t)=1$ 和 $p_1(t)=t$. 对 p_2，利用 $\mathbb{R}^5$ 中的向量，计算 t^2 在 $\text{Span}\{p_0,p_1\}$ 上的投影：

$$\begin{aligned} &\langle t^2,p_0\rangle=\langle t^2,1\rangle=4+1+0+1+4=10 \\ &\langle p_0,p_0\rangle=5 \\ &\langle t^2,p_1\rangle=\langle t^2,t\rangle=-8+(-1)+0+1+8=0 \end{aligned}$$

t^2 在 $\text{Span}\{1,t\}$ 上的正交投影是 $\dfrac{10}{5}p_0+0\cdot p_1$，这样

$$p_2(t)=t^2-2p_0(t)=t^2-2$$

V 的子空间 $\mathbb{P}_2$ 的一个正交基是：

$$\begin{array}{cccc} \text{多项式：} & \boldsymbol{p}_0 & \boldsymbol{p}_1 & \boldsymbol{p}_2 \\ \text{向量值：} & \begin{bmatrix}1\\1\\1\\1\\1\end{bmatrix} & \begin{bmatrix}-2\\-1\\0\\1\\2\end{bmatrix} & \begin{bmatrix}2\\-1\\-2\\-1\\2\end{bmatrix} \end{array} \tag{3}$$

■

内积空间的最佳逼近

应用数学中最常见的问题涉及元素是函数的向量空间，主要是在 V 的特定子空间 W 中选取函数 g 来逼近 V 中的函数 f. 对 f 的“逼近”程度依赖于 $\|f-g\|$ 定义的方式，我们仅考虑 f 和 g 的距离用内积定义的情形. 在此情形下，f 由 W 中函数的最佳逼近是指 f 在子空间 W 上的正交投影.

⊖　$\mathbb{P}_4$ 中的每个多项式被其在 5 个数−2，−1，0，1 和 2 处的取值唯一确定. 事实上，p 和它的向量值之间的对应关系是一种同构关系，即是保持线性组合关系的一对一映射到 $\mathbb{R}^5$ 上的映射.

例 6　设 V 是 $\mathbb{P}_4$，且具有例 5 中定义的内积，p_0, p_1 和 p_2 是例 5 中的子空间 $\mathbb{P}_2$ 的正交基，求出 $\mathbb{P}_2$ 中的多项式对 $p(t)=5-\frac{1}{2}t^4$ 的最佳逼近.

解　p_0, p_1 和 p_2 在 t 为−2，−1，0，1 和 2 的值以 $\mathbb{R}^5$ 中向量的形式在上面式（3）中已经给出，p 的相应值是−3，9/2，5, 9/2 和−3. 计算

$$\langle p, p_0\rangle = 8, \quad \langle p, p_1\rangle = 0, \quad \langle p, p_2\rangle = -31$$
$$\langle p_0, p_0\rangle = 5, \quad \langle p_2, p_2\rangle = 14$$

所以，$\mathbb{P}_2$ 中的多项式对 V 中 p 的最佳逼近是

$$\begin{aligned}\hat{p} = \mathrm{proj}_{\mathbb{P}_2} p &= \frac{\langle p, p_0\rangle}{\langle p_0, p_0\rangle}p_0 + \frac{\langle p, p_1\rangle}{\langle p_1, p_1\rangle}p_1 + \frac{\langle p, p_2\rangle}{\langle p_2, p_2\rangle}p_2 \\ &= \frac{8}{5}p_0 + \frac{-31}{14}p_2 = \frac{8}{5} - \frac{31}{14}(t^2-2)\end{aligned}$$

当多项式之间的距离仅用 t 为−2，−1，0，1 和 2 时的值来度量时，这是 $\mathbb{P}_2$ 的所有多项式中离 p 最近的多项式，见图 6-37.

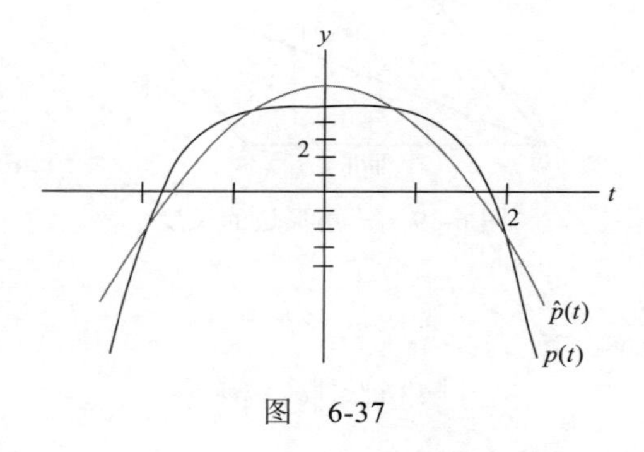

图　6-37

■

例 5 和例 6 中的多项式 p_0, p_1 和 p_2 属于一类多项式，在统计学上称为**正交多项式**.[⊖]正交性是指例 2 中描述的内积类型.

两个不等式

给定内积空间 V 中的向量 $\boldsymbol{v}$ 和有限维子空间 W，我们将勾股定理应用到 $\boldsymbol{v}$ 关于 W 的正交分解中，可以得到

$$\|\boldsymbol{v}\|^2 = \|\mathrm{proj}_W \boldsymbol{v}\|^2 + \|\boldsymbol{v} - \mathrm{proj}_W \boldsymbol{v}\|^2$$

见图 6-38. 特别地，这表明 $\boldsymbol{v}$ 到 W 上投影的范数不超过 $\boldsymbol{v}$ 自身的范数，这个简单事实可推出下面重要的不等式.

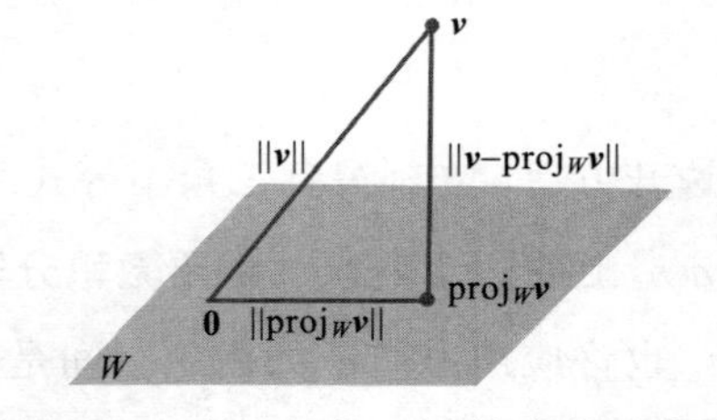

图 6-38　直角三角形的斜边是最长边

⊖ 见 *Statistics and Experimental Design in Engineering and the Physical Sciences*, 2nd ed, Norman L. Johnson and Fred C. Leone （New York: John Wiley & Sons, 1977），其中的表格列出的“正交多项式”是指多项式在−2，−1，0，1，2 处的值.

定理 16（柯西-施瓦茨不等式）

对V中任意向量$\boldsymbol{u}$和$\boldsymbol{v}$，有

$$|\langle \boldsymbol{u},\boldsymbol{v}\rangle| \leqslant \|\boldsymbol{u}\|\ \|\boldsymbol{v}\| \tag{4}$$

证　如果$\boldsymbol{u}=\boldsymbol{0}$，则方程（4）的两边都是零，因此这种情形下（4）式成立（见练习题1）. 如果$\boldsymbol{u}\neq\boldsymbol{0}$，则令$W$是$\boldsymbol{u}$生成的子空间，注意$\|c\boldsymbol{u}\|=|c|\ \|\boldsymbol{u}\|$对任何数$c$都成立. 因此

$$\|\text{proj}_W \boldsymbol{v}\| = \left\|\frac{\langle \boldsymbol{v},\boldsymbol{u}\rangle}{\langle \boldsymbol{u},\boldsymbol{u}\rangle}\boldsymbol{u}\right\| = \frac{|\langle \boldsymbol{v},\boldsymbol{u}\rangle|}{|\langle \boldsymbol{u},\boldsymbol{u}\rangle|}\|\boldsymbol{u}\| = \frac{|\langle \boldsymbol{v},\boldsymbol{u}\rangle|}{\|\boldsymbol{u}\|^2}\|\boldsymbol{u}\| = \frac{|\langle \boldsymbol{u},\boldsymbol{v}\rangle|}{\|\boldsymbol{u}\|}$$

由于$\|\text{proj}_W \boldsymbol{v}\| \leqslant \|\boldsymbol{v}\|$，我们得到$\dfrac{|\langle \boldsymbol{u},\boldsymbol{v}\rangle|}{\|\boldsymbol{u}\|} \leqslant \|\boldsymbol{v}\|$，即给出（4）式. ■

柯西-施瓦茨不等式在很多数学分支都很有用，习题中有几个简单应用. 这里我们主要利用它证明另一个涉及向量范数的基本不等式. 见图6-39.

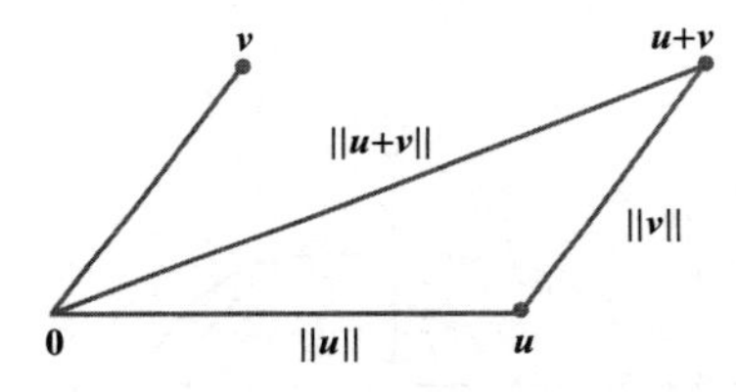

图 6-39　三角形边的长度

定理 17（三角不等式）

对属于V的所有向量$\boldsymbol{u},\boldsymbol{v}$，有

$$\|\boldsymbol{u}+\boldsymbol{v}\| \leqslant \|\boldsymbol{u}\|+\|\boldsymbol{v}\|$$

证

$$\begin{aligned}
\|\boldsymbol{u}+\boldsymbol{v}\|^2 &= \langle \boldsymbol{u}+\boldsymbol{v},\boldsymbol{u}+\boldsymbol{v}\rangle = \langle \boldsymbol{u},\boldsymbol{u}\rangle + 2\langle \boldsymbol{u},\boldsymbol{v}\rangle + \langle \boldsymbol{v},\boldsymbol{v}\rangle \\
&\leqslant \|\boldsymbol{u}\|^2 + 2|\langle \boldsymbol{u},\boldsymbol{v}\rangle| + \|\boldsymbol{v}\|^2 \\
&\leqslant \|\boldsymbol{u}\|^2 + 2\|\boldsymbol{u}\|\|\boldsymbol{v}\| + \|\boldsymbol{v}\|^2 \qquad \text{柯西-施瓦茨不等式} \\
&= (\|\boldsymbol{u}\|+\|\boldsymbol{v}\|)^2
\end{aligned}$$

两边开方后，立刻得到三角不等式. ■

$C[a,b]$上的一个内积（需要微积分知识）

也许应用最广泛的内积空间是区间$a\leqslant t\leqslant b$上所有连续函数构成的向量空间$C[a,b]$，具有下面定义的内积.

首先考虑多项式p及大于或等于p的阶数的任何整数n，则有p属于$\mathbb{P}_n$，我们可以利用例2中的内积计算p的“长度”，涉及计算p在$[a,b]$中$(n+1)$个点的值. 然而，p的这个长度仅保留这$(n+1)$个点的特性. 由于对所有大的n有p属于$\mathbb{P}_n$，故我们可以利用更大的n和更多的点“计算”对应的内积. 见图6-40.

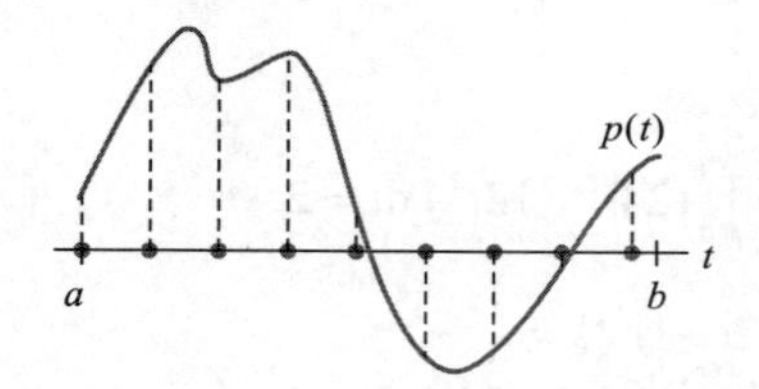

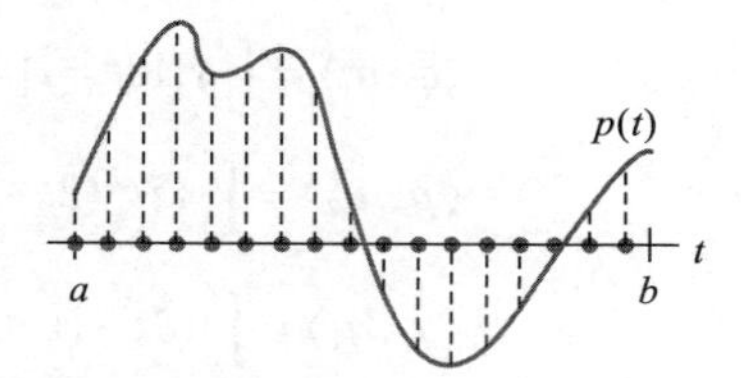

图 6-40　利用 $[a,b]$ 内不同数目的求值点计算 $\|p\|^2$

我们将 $[a,b]$ 分割为 $(n+1)$ 个长度为 $\Delta t=(b-a)/(n+1)$ 的子区间，并且使 $t_0,t_1,\cdots,t_n$ 是这些子区间中的任意点.

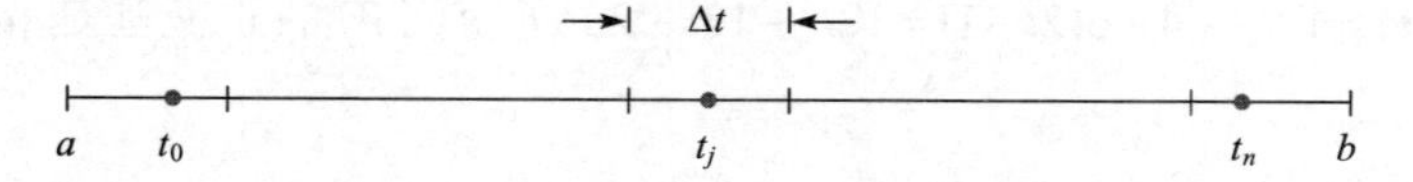

如果 n 很大，则由 $t_0,t_1,\cdots,t_n$ 确定的关于 $\mathbb{P}_n$ 的内积将趋向较大的值 $\langle p,p\rangle$，所以需要重新缩放，将内积除以 $(n+1)$. 注意 $1/(n+1)=\Delta t/(b-a)$，定义

$$\langle p,q\rangle=\frac{1}{n+1}\sum_{j=0}^{n}p(t_j)\,q(t_j)=\frac{1}{b-a}\left[\sum_{j=0}^{n}p(t_j)q(t_j)\Delta t\right]$$

现在，让 n 无限制增加. 由于多项式 p,q 是连续函数，故括号内的表达式是一个黎曼和且趋向一个定积分，考虑 $p(t)q(t)$ 在 $[a,b]$ 上的平均值：

$$\frac{1}{b-a}\int_a^b p(t)\,q(t)\mathrm{d}t$$

这个数值对任意阶多项式都有定义（事实上是对所有连续函数），且它具有像下面例题所说的全部内积性质. 前面的缩放因子 $1/(b-a)$ 不是必需的，为简化下面的计算常省略.

例 7　对 $C[a,b]$ 中的 f,g，取

$$\langle f,g\rangle=\int_a^b f(t)g(t)\mathrm{d}t \tag{5}$$

这表明式（5）定义了 $C[a,b]$ 上的内积.

解　内积公理 1~3 可由定积分的基本性质得出. 对公理 4，注意

$$\langle f,f\rangle=\int_a^b[f(t)]^2\,\mathrm{d}t\geqslant 0$$

函数 $[f(t)]^2$ 在 $[a,b]$ 上连续且非负. 如果 $[f(t)]^2$ 的定积分为零，那么由高等微积分的定理可知，$[f(t)]^2$ 在 $[a,b]$ 上必须恒等于零，从而 f 是一个零函数. $\langle f,f\rangle=0$ 意味着 f 是 $[a,b]$ 上的零函数. 因此式（5）定义了一个 $C[a,b]$ 上的内积. ■

例 8　设 V 表示具有例 7 中内积的空间 $C[0,1]$，W 是由多项式 $p_1(t)=1$，$p_2(t)=2t-1$ 和 $p_3(t)=12t^2$ 所生成的子空间，利用格拉姆-施密特方法，求 W 的一个正交基.

解　取 $q_1=p_1$，并且计算

$$\langle p_2,q_1\rangle=\int_0^1(2t-1)(1)\,\mathrm{d}t=(t^2-t)\Big|_0^1=0$$

因而 p_2 已经与 q_1 正交，所以可取 $q_2=p_2$. 对 p_3 在 $W_2=\mathrm{Span}\{q_1,q_2\}$ 上的投影，计算

$$\langle p_3,q_1\rangle=\int_0^1 12t^2\cdot 1\mathrm{d}t=4t^3\Big|_0^1=4$$

$$\langle q_1,q_1\rangle=\int_0^1 1.1\mathrm{d}t=t\big|_0^1=1$$

$$\langle p_3,q_2\rangle=\int_0^1 12t^2(2t-1)\mathrm{d}t=\int_0^1(24t^3-12t^2)\,\mathrm{d}t=2$$

$$\langle q_2,q_2\rangle=\int_0^1(2t-1)^2\mathrm{d}t=\frac{1}{6}(2t-1)^3\big|_0^1=\frac{1}{3}$$

那么

$$\mathrm{proj}_{W_2}p_3=\frac{\langle p_3,q_1\rangle}{\langle q_1,q_1\rangle}q_1+\frac{\langle p_3,q_2\rangle}{\langle q_2,q_2\rangle}q_2=\frac{4}{1}q_1+\frac{2}{1/3}q_2=4q_1+6q_2$$

且

$$q_3=p_3-\mathrm{proj}_{W_2}p_3=p_3-4q_1-6q_2$$

作为一个函数，$q_3(t)=12t^2-4-6(2t-1)=12t^2-12t+2$，子空间$W$的正交基是$\{q_1,q_2,q_3\}$. ■

练习题

利用内积公理验证下列论断.

1. $\langle \boldsymbol{v},\boldsymbol{0}\rangle=\langle \boldsymbol{0},\boldsymbol{v}\rangle=0$
2. $\langle \boldsymbol{u},\boldsymbol{v}+\boldsymbol{w}\rangle=\langle \boldsymbol{u},\boldsymbol{v}\rangle+\langle \boldsymbol{u},\boldsymbol{w}\rangle$

习题 6.7

1. 在$\mathbb{R}^2$中取例 1 定义的内积，令$\boldsymbol{x}=(1,1)$，$\boldsymbol{y}=(5,-1)$.
   a. 计算$\|\boldsymbol{x}\|$, $\|\boldsymbol{y}\|$和$|\langle \boldsymbol{x},\boldsymbol{y}\rangle|^2$.
   b. 描述所有与$\boldsymbol{y}$正交的向量(z_1,z_2).
2. 在$\mathbb{R}^2$中取例 1 定义的内积，证明柯西-施瓦茨不等式对$\boldsymbol{x}=(3,-2)$和$\boldsymbol{y}=(-2,1)$成立．（建议：研究$|\langle \boldsymbol{x},\boldsymbol{y}\rangle|^2$.）

习题 3~8 中的多项式属于$\mathbb{P}_2$且计算内积时t取值为−1，0 和 1．（见例 2.）

3. 计算$\langle p,q\rangle$，其中$p(t)=4+t,q(t)=5-4t^2$.
4. 计算$\langle p,q\rangle$，其中$p(t)=3t-t^2,q(t)=3+2t^2$.
5. 计算$\|p\|$和$\|q\|$，其中p,q如习题 3.
6. 计算$\|p\|$和$\|q\|$，其中p,q如习题 4.
7. 计算q在p所生成的子空间上的正交投影，其中p,q如习题 3.
8. 计算q在p所生成的子空间上的正交投影，其中p,q如习题 4.
9. 设$\mathbb{P}_3$计算内积时t取值为−3，−1，1 和 3，令$p_0(t)=1$, $p_1(t)=t$和$p_2(t)=t^2$.
   a. 计算p_2在p_0和p_1生成的子空间上的正交投影.
   b. 求一个与p_0和p_1都正交的多项式q,使得$\{p_0,p_1,q\}$是$\mathrm{Span}\{p_0,p_1,p_2\}$的一个正交基．缩放多项式$q$，使得它在$(-3,-1,1,3)$处的向量值是$(1,-1,-1,1)$.
10. 若$\mathbb{P}_3$具有习题 9 中定义的内积，且多项式p_0,p_1,q也如习题 9 所描述，求$\mathrm{Span}\{p_0,p_1,q\}$中由多项式对$p(t)=t^3$的最佳逼近.
11. 若p_0,p_1和p_2是例 5 中给出的正交多项式，且计算$\mathbb{P}_4$的内积时t取值为$-2,-1,0,1$和 2．求t^3在$\mathrm{Span}\{p_0,p_1,p_2\}$上的正交投影.
12. 求一个多项式p_3，使得$\{p_0,p_1,p_2,p_3\}$（见习题 11）是$\mathbb{P}_4$中子空间$\mathbb{P}_3$的正交基．缩放多项式p_3，使得它的向量值是$(-1,2,0,-2,1)$.
13. 设$\boldsymbol{A}$是任一$n\times n$可逆矩阵，证明对$\mathbb{R}^n$中$\boldsymbol{u}$和$\boldsymbol{v}$，公式$\langle \boldsymbol{u},\boldsymbol{v}\rangle=(\boldsymbol{Au})\cdot(\boldsymbol{Av})=(\boldsymbol{Au})^{\mathrm{T}}\cdot(\boldsymbol{Av})$定义了一个$\mathbb{R}^n$上的内积.
14. 若T是从向量空间V到$\mathbb{R}^n$的一对一线性变换，证明对V中的$\boldsymbol{u}$和$\boldsymbol{v}$，公式$\langle \boldsymbol{u},\boldsymbol{v}\rangle=T(\boldsymbol{u})\cdot T(\boldsymbol{v})$定义了$V$上的一个内积.

利用本节内积公理和其他结果验证习题 15~18 的命题.

15. $\langle \boldsymbol{u}, c\boldsymbol{v}\rangle = c\langle \boldsymbol{u}, \boldsymbol{v}\rangle$ 对所有数 c 都成立.

16. 如果 $\{\boldsymbol{u}, \boldsymbol{v}\}$ 是 V 中的单位正交集，那么 $\|\boldsymbol{u}-\boldsymbol{v}\| = \sqrt{2}$.

17. $\langle \boldsymbol{u}, \boldsymbol{v}\rangle = \frac{1}{4}\|\boldsymbol{u}+\boldsymbol{v}\|^2 - \frac{1}{4}\|\boldsymbol{u}-\boldsymbol{v}\|^2$.

18. $\|\boldsymbol{u}+\boldsymbol{v}\|^2 + \|\boldsymbol{u}-\boldsymbol{v}\|^2 = 2\|\boldsymbol{u}\|^2 + 2\|\boldsymbol{v}\|^2$.

在练习 19~24 中，$\boldsymbol{u}$，$\boldsymbol{v}$ 和 $\boldsymbol{w}$ 是向量，请判断下列命题的真假（T/F），并给出你的证明.

19. （T/F）若 $\langle \boldsymbol{u}, \boldsymbol{u}\rangle = 0$，则 $\boldsymbol{u} = \boldsymbol{0}$.

20. （T/F）若 $\langle \boldsymbol{u}, \boldsymbol{v}\rangle = 0$，则 $\boldsymbol{u} = \boldsymbol{0}$ 或 $\boldsymbol{v} = \boldsymbol{0}$.

21. （T/F）$\langle \boldsymbol{u}+\boldsymbol{v}, \boldsymbol{w}\rangle = \langle \boldsymbol{w}, \boldsymbol{u}\rangle + \langle \boldsymbol{w}, \boldsymbol{v}\rangle$.

22. （T/F）$\langle c\boldsymbol{u}, c\boldsymbol{v}\rangle = c\langle \boldsymbol{u}, \boldsymbol{v}\rangle$.

23. （T/F）$|\langle \boldsymbol{u}, \boldsymbol{u}\rangle| = \langle \boldsymbol{u}, \boldsymbol{u}\rangle$.

24. （T/F）$|\langle \boldsymbol{u}, \boldsymbol{v}\rangle| \leqslant \|\boldsymbol{u}\|\|\boldsymbol{v}\|$.

25. 给定 $a \geqslant 0$ 和 $b \geqslant 0$，设 $\boldsymbol{u} = \begin{bmatrix} \sqrt{a} \\ \sqrt{b} \end{bmatrix}$，$\boldsymbol{v} = \begin{bmatrix} \sqrt{b} \\ \sqrt{a} \end{bmatrix}$，利用柯西-施瓦茨不等式比较几何平均值 $\sqrt{ab}$ 和算术平均值 $(a+b)/2$.

26. 设 $\boldsymbol{u} = \begin{bmatrix} a \\ b \end{bmatrix}$ 和 $\boldsymbol{v} = \begin{bmatrix} 1 \\ 1 \end{bmatrix}$，利用柯西-施瓦茨不等式证明 $\left(\frac{a+b}{2}\right)^2 \leqslant \frac{a^2+b^2}{2}$.

习题 27~30 的空间指的是 $V = C[0,1]$，其内积如例 7 所示用一个积分给出.

27. 计算 $\langle f, g\rangle$，其中 $f(t) = 1-3t^2$，$g(t) = t-t^3$.

28. 计算 $\langle f, g\rangle$，其中 $f(t) = 5t-3$，$g(t) = t^3-t^2$.

29. 计算习题 27 中 f 的 $\|f\|$.

30. 计算习题 28 中 g 的 $\|g\|$.

31. 设 V 是具有例 7 中定义的内积的空间 $C[-1,1]$，求由多项式 1，t 和 t^2 所生成的子空间的正交基. 这个基中的多项式称为勒让德多项式.

32. 设 V 是具有例 7 中定义的内积的空间 $C[-2,2]$，求由多项式 1，t 和 t^2 所生成的子空间的一个正交基.

33. [M]设 $\mathbb{P}_4$ 具有例 5 中定义的内积，且 p_0, p_1, p_2 是该例中的正交多项式，利用矩阵程序，将格拉姆-施密特方法应用于集合 $\{p_0, p_1, p_2, t^3, t^4\}$，以构造 $\mathbb{P}_4$ 的一个正交基.

34. [M]设 V 是具有例 7 中定义的内积的空间 $C[0,2\pi]$，利用格拉姆-施密特方法构造由 $\{1, \cos t, \cos^2 t, \cos^3 t\}$ 所生成的子空间的一个正交基. 利用矩阵程序或计算程序来计算相应的定积分.

练习题答案

1. 由公理 1，$\langle \boldsymbol{v}, \boldsymbol{0}\rangle = \langle \boldsymbol{0}, \boldsymbol{v}\rangle$，那么 $\langle \boldsymbol{0}, \boldsymbol{v}\rangle = \langle 0\boldsymbol{v}, \boldsymbol{v}\rangle = 0\langle \boldsymbol{v}, \boldsymbol{v}\rangle$，由公理 3，得到 $\langle \boldsymbol{0}, \boldsymbol{v}\rangle = 0$.
2. 由公理 1 和 2，再由公理 1，得 $\langle \boldsymbol{u}, \boldsymbol{v}+\boldsymbol{w}\rangle = \langle \boldsymbol{v}+\boldsymbol{w}, \boldsymbol{u}\rangle = \langle \boldsymbol{v}, \boldsymbol{u}\rangle + \langle \boldsymbol{w}, \boldsymbol{u}\rangle = \langle \boldsymbol{u}, \boldsymbol{v}\rangle + \langle \boldsymbol{u}, \boldsymbol{w}\rangle$.

6.8　内积空间的应用

本节的例题说明 6.7 节定义的内积空间如何应用在实际问题中. 其中有关机器学习的重要内容已在 6.6 节讨论过.

加权最小二乘法

设 n 次观测 $y_1, y_2, \cdots, y_n$ 的向量为 $\boldsymbol{y}$，且假设我们希望用属于 $\mathbb{R}^n$ 的特定子空间的一个向量 $\hat{\boldsymbol{y}}$ 逼近 $\boldsymbol{y}$（在 6.5 节，$\hat{\boldsymbol{y}}$ 被写成 $A\boldsymbol{x}$，所以 $\hat{\boldsymbol{y}}$ 属于 A 的列空间）. 记 $\hat{\boldsymbol{y}}$ 的元素为 $\hat{y}_1, \hat{y}_2, \cdots, \hat{y}_n$，那么用 $\hat{\boldsymbol{y}}$ 逼近 $\boldsymbol{y}$ 的误差的平方和或 $SS(E)$ 为

$$SS(E) = (y_1-\hat{y}_1)^2 + (y_2-\hat{y}_2)^2 + \cdots + (y_n-\hat{y}_n)^2 \tag{1}$$

利用$\mathbb{R}^n$的标准长度的写法，上式可简记为$\|\boldsymbol{y}-\hat{\boldsymbol{y}}\|^2$.

现在，假设$\boldsymbol{y}$的各个元素测量可靠性不同. $\boldsymbol{y}$的元素是由各种样本的测量计算来的，样本大小不等.那么可靠性就变成(1)式中平方误差的适当权值，较可靠的测量应分配更多重要性. [㊀] 如果权值记为$w_1^2, w_2^2, \cdots, w_n^2$，那么加权误差平方和是

$$\text{加权 } SS(E) = w_1^2(y-\hat{y}_1)^2 + w_2^2(y-\hat{y}_2)^2 + \cdots + w_n^2(y_n-\hat{y}_n)^2 \quad (2)$$

这是$(\boldsymbol{y}-\hat{\boldsymbol{y}})$长度的平方，其中的长度类似6.7节例1中定义的内积，即

$$\langle \boldsymbol{x}, \boldsymbol{y} \rangle = w_1^2 x_1 y_1 + w_2^2 x_2 y_2 + \cdots + w_n^2 x_n y_n$$

有时，可以非常方便地将这种加权最小二乘问题变换为等价的普通最小二乘问题. 设W是对角线上是正数$w_1, w_2, \cdots, w_n$的对角矩阵，可得

$$\boldsymbol{W}\boldsymbol{y} = \begin{bmatrix} w_1 & 0 & \cdots & 0 \\ 0 & w_2 & \cdots & \\ \vdots & & \ddots & \vdots \\ 0 & & \cdots & w_n \end{bmatrix} \begin{bmatrix} y_1 \\ y_2 \\ \vdots \\ y_n \end{bmatrix} = \begin{bmatrix} w_1 y_1 \\ w_2 y_2 \\ \vdots \\ w_n y_n \end{bmatrix}$$

$\boldsymbol{W}\hat{\boldsymbol{y}}$有类似的表达式. 可以看到（2）式的第$j$项可写成

$$w_j^2(y_j-\hat{y}_j)^2 = (w_j y_j - w_j \hat{y}_j)^2$$

从而（2）式中加权$SS(E)$就是$\mathbb{R}^n$中$\boldsymbol{W}\boldsymbol{y}-\boldsymbol{W}\hat{\boldsymbol{y}}$的普通长度的平方，它可以写成$\|\boldsymbol{W}\boldsymbol{y}-\boldsymbol{W}\hat{\boldsymbol{y}}\|^2$.

现在假设向量$\hat{\boldsymbol{y}}$的逼近是由矩阵$\boldsymbol{A}$的列构成的，我们寻找一个$\hat{\boldsymbol{x}}$，使得$\boldsymbol{A}\hat{\boldsymbol{x}} = \hat{\boldsymbol{y}}$尽可能接近$\boldsymbol{y}$. 然而，逼近的度量是加权误差：

$$\|\boldsymbol{W}\boldsymbol{y}-\boldsymbol{W}\hat{\boldsymbol{y}}\|^2 = \|\boldsymbol{W}\boldsymbol{y}-\boldsymbol{W}\boldsymbol{A}\hat{\boldsymbol{x}}\|^2$$

这样$\hat{\boldsymbol{x}}$是方程

$$\boldsymbol{W}\boldsymbol{A}\boldsymbol{x} = \boldsymbol{W}\boldsymbol{y}$$

的（普通）最小二乘解，此最小二乘解的法方程是

$$(\boldsymbol{W}\boldsymbol{A})^{\mathrm{T}}\boldsymbol{W}\boldsymbol{A}\boldsymbol{x} = (\boldsymbol{W}\boldsymbol{A})^{\mathrm{T}}\boldsymbol{W}\boldsymbol{y}$$

例 1 求最小二乘直线$y = \beta_0 + \beta_1 x$，最佳拟合数据为$(-2,3),(-1,5),(0,5),(1,4),(2,3)$. 假设后面两组数据中，测量$y$值的误差比其余数据的误差大，权值只有其余数据权值的一半.

解 如6.6节所示，写出矩阵$\boldsymbol{A}$对应的$\boldsymbol{X}$和向量$\boldsymbol{x}$对应的$\boldsymbol{\beta}$，我们得到

$$\boldsymbol{X} = \begin{bmatrix} 1 & -2 \\ 1 & -1 \\ 1 & 0 \\ 1 & 1 \\ 1 & 2 \end{bmatrix}, \quad \boldsymbol{\beta} = \begin{bmatrix} \beta_0 \\ \beta_1 \end{bmatrix}, \quad \boldsymbol{y} = \begin{bmatrix} 3 \\ 5 \\ 5 \\ 4 \\ 3 \end{bmatrix}$$

㊀ 有统计学知识的读者注意：若y_i的测量误差是独立随机变量，且均值为零，方差分别为$\sigma_1^2, \sigma_2^2, \cdots, \sigma_n^2$，则（2）中适当的权值是$w_i^2 = 1/\sigma_i^2$. 较大的误差方差对应较小的权值.

对权矩阵，选取 W 的对角线元素为 2，2，2，1 和 1．对 X 的行和 y 分别左乘 W，得到

$$WX=\begin{bmatrix}2&-4\\2&-2\\2&0\\1&1\\1&2\end{bmatrix},\quad Wy=\begin{bmatrix}6\\10\\10\\4\\3\end{bmatrix}$$

对于法方程，计算

$$(WX)^{\mathrm{T}}WX=\begin{bmatrix}14&-9\\-9&25\end{bmatrix} \text{和} (WX)^{\mathrm{T}}Wy=\begin{bmatrix}59\\-34\end{bmatrix}$$

并且求解

$$\begin{bmatrix}14&-9\\-9&25\end{bmatrix}\begin{bmatrix}\beta_0\\\beta_1\end{bmatrix}=\begin{bmatrix}59\\-34\end{bmatrix}$$

法方程的解（精确到 2 位有效数字）是 $\beta_0=4.3$ 和 $\beta_1=0.20$，期望的直线是 $y=4.3+0.20x$．与之相比，这些数据的普通最小二乘直线是 $y=4.0-0.10x$．两条直线都显示在图 6-41 中．

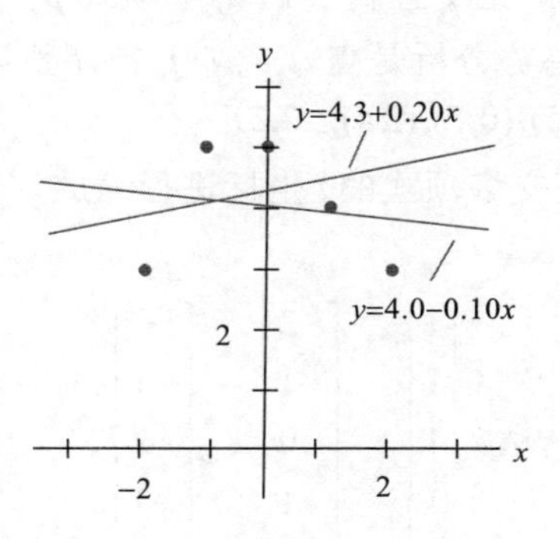

图 6-41　加权和普通最小二乘直线　■

数据趋势分析

设函数 f 未知，仅知道其在点 $t_0,t_1,\cdots,t_n$ 处的值（也许是近似值），如果数据 $f(t_0),f(t_1),\cdots,f(t_n)$ 中有一个“线性趋势”，那么我们期望用形如 $\beta_0+\beta_1t$ 的函数得到 f 的近似值．如果数据有一个“二次趋势”，那么我们会尝试用形如 $\beta_0+\beta_1t+\beta_2t^2$ 的函数．这就是从不同的视角在 6.6 节已讨论过的函数．

在某些统计问题中，将线性趋势从二次趋势（也许是三次或高阶趋势）中分离出来非常重要．例如，工程师正在分析新车的性能，而 $f(t)$ 表示 t 时刻汽车和一些参照点之间的距离．如果汽车匀速行驶，那么 $f(t)$ 的图像应该是直线且斜率表示速度．如果突然踩下油门，那么 $f(t)$ 的图像将改变为包含二次项和三次项（由于加速）．又例如，当分析一辆汽车超过另一辆汽车的

能力时，工程师就会希望将二次或三次项从一次项中分离出来.

如果一个函数由形如 $y=\beta_0+\beta_1 t+\beta_2 t^2$ 的函数来逼近，那么系数 β_2 也许不能给出数据中有关二次趋势的期望信息，原因是在统计学意义下，它可能和其他 β_i 相关. 为进行所谓的数据的**趋势分析**，类似6.7节的例2，我们引入空间 $\mathbb{P}_n$ 上的内积. 对属于 $\mathbb{P}_n$ 的 p,q，定义：

$$\langle p,q\rangle=p(t_0)q(t_0)+p(t_1)q(t_1)+\cdots+p(t_n)q(t_n)$$

实际上，统计学家很少需要考虑阶数高于三次或四次的趋势. 所以，假设 p_0,p_1,p_2,p_3 表示 $\mathbb{P}_n$ 的子空间 $\mathbb{P}_3$ 的正交基，它可以通过对多项式 $1,t,t^2$ 和 t^3 应用格拉姆-施密特方法得到.存在一个属于 $\mathbb{P}_n$ 的多项式 g，它在 $t_0,t_1,\cdots,t_n$ 的值与未知函数 f 的值一致. 令 $\hat{g}$ 是 g 在 $\mathbb{P}_3$ 上的正交投影（关于给定的内积），比如

$$\hat{g}=c_0p_0+c_1p_1+c_2p_2+c_3p_3$$

那么 $\hat{g}$ 称为数据的三次**趋势函数**，c_0,c_1,c_2,c_3 称为数据的**趋势系数**. 其中系数 c_1 表示线性趋势，c_2 表示二次趋势，c_3 表示三次趋势. 结果是如果数据具有某些性质，则这些系数统计上相互独立.

由于 p_0,p_1,p_2,p_3 是正交的（注意 $c_i=\langle g,p_i\rangle/\langle p_i,p_i\rangle$），故趋势系数可逐次计算且相互独立. 如果我们仅需要二次趋势，则可以忽略 p_3 和 c_3. 例如，如果我们需要确定四次趋势，则仅需要计算 $\langle g,p_4\rangle/\langle p_4,p_4\rangle$，找到一个与 $\mathbb{P}_3$ 正交且属于 $\mathbb{P}_4$ 的多项式 p_4（通过格拉姆-施密特方法）.

例 2　最简单且最重要的趋势分析是点 $t_0,t_1,\cdots,t_n$ 被调整后，它们等间隔且总和为零. 用二次趋势函数拟合数据 $(-2,3),(-1,5),(0,5),(1,4),(2,3)$.

解　对6.7节中例5中的正交多项式的 t 坐标进行缩放，可得

$$\begin{array}{lcccc} \text{多项式：} & p_0 & p_1 & p_2 & \text{数据：}\ g \\ \text{向量值：} & \begin{bmatrix}1\\1\\1\\1\\1\end{bmatrix}, & \begin{bmatrix}-2\\-1\\0\\1\\2\end{bmatrix}, & \begin{bmatrix}2\\-1\\-2\\-1\\2\end{bmatrix}, & \begin{bmatrix}3\\5\\5\\4\\3\end{bmatrix} \end{array}$$

计算仅包含这些向量，没有涉及特别的正交多项式公式. 在 $\mathbb{P}_2$ 中，用多项式对数据的最佳逼近是下面给出的正交投影：

$$\begin{aligned}\hat{p}&=\frac{\langle g,p_0\rangle}{\langle p_0,p_0\rangle}p_0+\frac{\langle g,p_1\rangle}{\langle p_1,p_1\rangle}p_1+\frac{\langle g,p_2\rangle}{\langle p_2,p_2\rangle}p_2\\&=\frac{20}{5}p_0-\frac{1}{10}p_1-\frac{7}{14}p_2\end{aligned}$$

且

$$\hat{p}(t)=4-0.1t-0.5(t^2-2) \tag{3}$$

由于 p_2 的系数不是足够小，因此一个合理的结果是趋势至少是二次. 这个结论可从图6-42得到验证.

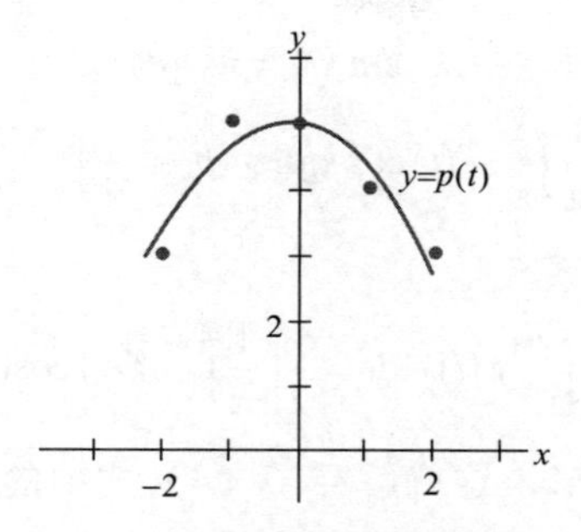

图 6-42　用二次趋势函数逼近 ■

傅里叶级数（需要微积分知识）

连续函数常用正弦和余弦函数的线性组合来逼近. 例如，一个连续函数可以表示一个声波、某类电信号或力学振动系统的运动等.

为简单起见，我们考虑 $0\leqslant t\leqslant 2\pi$ 上的函数，结果是任何 $C[0,2\pi]$ 上的函数可以由下列形式的函数任意逼近：

$$\frac{a_0}{2}+a_1\cos t+\cdots+a_n\cos nt+b_1\sin t+\cdots+b_n\sin nt \tag{4}$$

如果自然数 n 足够大.（4）式中的函数称为**三角多项式**. 如果 a_n 和 b_n 不同时为零，则多项式称为是 **n 阶**的. 三角多项式和 $C[0,2\pi]$ 上的其他函数之间的联系依赖于下列事实：对任何 $n\geqslant 1$，集合

$$\{1,\cos t,\cos 2t,\cdots,\cos nt,\sin t,\sin 2t,\cdots,\sin nt\} \tag{5}$$

关于如下定义的内积是正交的：

$$\langle f,g\rangle=\int_0^{2\pi}f(t)g(t)\mathrm{d}t \tag{6}$$

这个正交性可从下面的例题和习题 5 及习题 6 得到验证.

例 3　空间 $C[0,2\pi]$ 具有形如 (6) 式的内积，并且 m 和 n 是不相等的正整数. 证明 $\cos mt$ 和 $\cos nt$ 正交.

解　利用三角恒等式. 如果 $m\neq n$，则

$$\begin{aligned}\langle\cos mt,\cos nt\rangle&=\int_0^{2\pi}\cos mt\cos nt\mathrm{d}t\\&=\frac{1}{2}\int_0^{2\pi}[\cos(mt+nt)+\cos(mt-nt)]\,\mathrm{d}t\\&=\frac{1}{2}\left[\frac{\sin(mt+nt)}{m+n}+\frac{\sin(mt-nt)}{m-n}\right]\Bigg|_0^{2\pi}\\&=0\end{aligned}$$

■

设 W 是 $C[0,2\pi]$ 中的子空间且由（5）式中的函数所生成. 对 $C[0,2\pi]$ 中的函数 f,W 中用函数对 f 的最佳逼近称为 f 在 $[0,2\pi]$ 上的 **n 阶傅里叶逼近**. 由于（5）式中的函数是正交的，因此给出的最佳逼近是 W 上的正交投影. 在这种情形下，(4) 式中的系数 a_k 和 b_k 称为 f 的**傅里叶系数**. 标准的正交投影公式表明

$$a_k=\frac{\langle f,\cos kt\rangle}{\langle\cos kt,\cos kt\rangle},\quad b_k=\frac{\langle f,\sin kt\rangle}{\langle\sin kt,\sin kt\rangle},\qquad k\geqslant 1$$

习题 7 要求证明 $\langle \cos kt, \cos kt\rangle = \pi$ 和 $\langle \sin kt, \sin kt\rangle = \pi$．因此

$$a_k = \frac{1}{\pi}\int_0^{2\pi} f(t)\cos kt\mathrm{d}t,\quad b_k = \frac{1}{\pi}\int_0^{2\pi} f(t)\sin kt\mathrm{d}t \tag{7}$$

正交投影中的（常数）函数 1 的系数是

$$\frac{\langle f,1\rangle}{\langle 1,1\rangle} = \frac{1}{2\pi}\int_0^{2\pi} f(t)\cdot 1\mathrm{d}t = \frac{1}{2}\left[\frac{1}{\pi}\int_0^{2\pi} f(t)\cos(0\cdot t)\mathrm{d}t\right] = \frac{a_0}{2}$$

其中，a_0 是（7）式中 $k=0$ 的情形，这就解释了（4）式中的常数项为什么写成 $a_0/2$．

例 4　求函数 $f(t)=t$ 在区间 $[0,2\pi]$ 上的 n 阶傅里叶逼近．

解　计算

$$\frac{a_0}{2} = \frac{1}{2}\cdot\frac{1}{\pi}\int_0^{2\pi} t\mathrm{d}t = \frac{1}{2\pi}\left[\frac{1}{2}t^2\Big|_0^{2\pi}\right] = \pi$$

当 $k>0$ 时，利用分部积分，

$$a_k = \frac{1}{\pi}\int_0^{2\pi} t\cos kt\mathrm{d}t = \frac{1}{\pi}\left[\frac{1}{k^2}\cos kt + \frac{t}{k}\sin kt\right]_0^{2\pi} = 0$$

$$b_k = \frac{1}{\pi}\int_0^{2\pi} t\sin kt\mathrm{d}t = \frac{1}{\pi}\left[\frac{1}{k^2}\sin kt - \frac{t}{k}\cos kt\right]_0^{2\pi} = -\frac{2}{k}$$

这样，$f(t)=t$ 的 n 阶傅里叶逼近是

$$\pi - 2\sin t - \sin 2t - \frac{2}{3}\sin 3t - \cdots - \frac{2}{n}\sin nt$$

■

图 6-43 显示了 f 的 3 阶和 4 阶傅里叶逼近．

函数 f 与傅里叶逼近之差的范数称为逼近的**均方误差**．（术语“均”是相对于积分定义中的范数而言的.）可以证明，当傅里叶逼近的阶数增加时，均方误差趋于零．因此，它常常写成

$$f(t) = \frac{a_0}{2} + \sum_{m=1}^{\infty}(a_m\cos mt + b_m\sin mt)$$

$f(t)$ 的这个表达式称为 f 在 $[0,2\pi]$ 上的**傅里叶级数**．例如，项 $a_m\cos mt$ 是 f 在由 $\cos mt$ 生成的一维子空间上的投影．

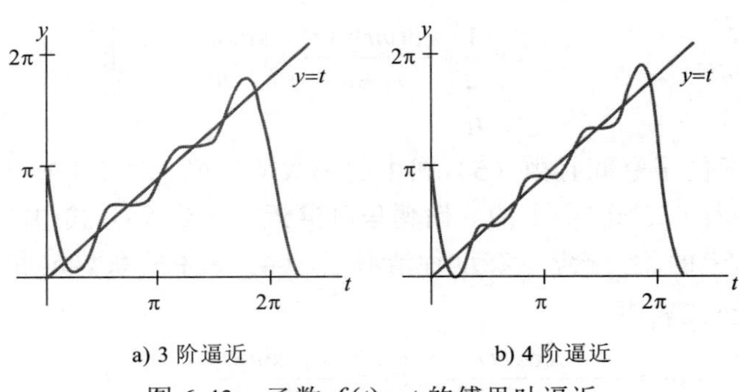

a) 3 阶逼近　　b) 4 阶逼近

图 6-43　函数 $f(t)=t$ 的傅里叶逼近

练习题

1. 设 $q_1(t)=1$，$q_2(t)=t$ 和 $q_3(t)=3t^2-4$，验证 $\{q_1,q_2,q_3\}$ 是 $C[-2,2]$ 上的正交集，内积具有 6.7 节例 7 的形式（从 -2 到 2 的积分）.
2. 求下列函数的 1 阶和 3 阶傅里叶逼近：

$$f(t)=3-2\sin t+5\sin 2t-6\cos 2t$$

习题 6.8

1. 求最小二乘直线 $y=\beta_0+\beta_1 x$，使其最佳拟合数据 $(-2,0),(-1,0),(0,2),(1,4)$ 和 $(2,4)$，假定第一个和最后一个数据具有较小的可靠性，权值取中间三个数据的一半.
2. 假设加权最小二乘问题中 25 个数据中有 5 个数据的 y 测量比其他数据的可靠性小，这些数据的权值被赋予其他 20 个数据权值的一半. 其中一个方法是 20 个数据的权值为 1，其余 5 个数据的权值为 $\frac{1}{2}$；另一个方法是 20 个数据权值为 2，其余 5 个数据的权值为 1. 这两种方法结果一致吗？试解释之.
3. 用三次趋势函数拟合例 2 中的数据. 三次正交多项式是 $p_3(t)=\frac{5}{6}t^3-\frac{17}{6}t$.
4. 为给出6个等间隔数据点的趋势分析，可以用在 $t=-5,-3,-1,1,3,5$ 点的观测值的正交多项式.
   a. 证明前三个正交多项式是

   $$p_0(t)=1,\ p_1(t)=t,\ p_2(t)=\frac{3}{8}t^2-\frac{35}{8}$$

   （多项式 p_2 已被缩放，使得它在观测点处的值是小整数.）
   b. 利用二次趋势函数拟合数据 $(-5,1),(-3,1),(-1,4),(1,4),(3,6),(5,8)$.

在习题 5~14 中，空间 $C[0,2\pi]$ 具有（6）式的内积.

5. 证明：当 $m\neq n$ 时，$\sin mt$ 和 $\sin nt$ 正交.
6. 证明：对所有正整数 m 和 n, $\sin mt$ 和 $\cos nt$ 正交.
7. 证明：对 $k>0, \|\cos kt\|^2=\pi$，$\|\sin kt\|^2=\pi$.
8. 求函数 $f(t)=t-1$ 的 3 阶傅里叶逼近.
9. 求函数 $f(t)=2\pi-t$ 的 3 阶傅里叶逼近.
10. 求方波函数 $f(t)=\begin{cases}1 & 0\leqslant t<\pi\\ -1 & \pi\leqslant t<2\pi\end{cases}$ 的 3 阶傅里叶逼近.
11. 求 $\sin^2 t$ 的 3 阶傅里叶逼近，不要使用任何积分运算.
12. 求 $\cos^3 t$ 的 3 阶傅里叶逼近，不要使用任何积分运算.
13. 解释为什么两个函数之和的傅里叶系数是两个函数的傅里叶系数之和.
14. 假设 $C[0,2\pi]$ 中一些函数 f 的前几个傅里叶系数是 a_0,a_1,a_2 和 b_1,b_2,b_3. 下面哪一个三角多项式更接近 f？解释你的答案.

$$g(t)=\frac{a_0}{2}+a_1\cos t+a_2\cos 2t+b_1\sin t$$

$$h(t)=\frac{a_0}{2}+a_1\cos t+a_2\cos 2t+b_1\sin t+b_2\sin 2t$$

15. [M] 6.6 节习题 19 中的数据涉及一个飞机的起飞性能. 假设随着飞机速度的增加，测量的可能误差变得更大，令 $\boldsymbol{W}$ 是加权对角矩阵且对角线的元素是 1, 1 ,1, 0.9, 0.9, 0.8, 0.7, 0.6, 0.5, 0.4, 0.3, 0.2 和 0.1，求一个三次曲线，使得拟合数据具有最小的加权最小二乘误差，并利用结论估计飞机在 t=4.5 秒时的速度.
16. [M] 对习题 10 中属于空间 $C[0,2\pi]$ 的方波函数，设 f_4 和 f_5 分别表示其 4 阶和 5 阶傅里叶逼近. 分别画出 f_4 和 f_5 在区间 $[0,2\pi]$ 上的图形和 f_5 在区间 $[-2\pi,2\pi]$ 上的图形.

练习题答案

1. 计算

$$\langle q_1, q_2\rangle = \int_{-2}^{2} 1\cdot t\mathrm{d}t = \frac{1}{2}t^2\Big|_{-2}^{2} = 0$$

$$\langle q_1, q_3\rangle = \int_{-2}^{2} 1\cdot(3t^2-4)\,\mathrm{d}t = (t^3-4t)\Big|_{-2}^{2} = 0$$

$$\langle q_2, q_3\rangle = \int_{-2}^{2} t\cdot(3t^2-4)\,\mathrm{d}t = \left(\frac{3}{4}t^4-2t^2\right)\Big|_{-2}^{2} = 0$$

2. f 的 3 阶傅里叶逼近是 $C[0,2\pi]$ 中 f 的最佳逼近，它是由 $1, \cos t, \cos 2t, \cos 3t, \sin t$, $\sin 2t$ 和 $\sin 3t$ 生成的子空间中的（向量）函数. 显然 f 属于这个子空间，所以 f 是自身的最佳逼近：

$$f(t) = 3-2\sin t+5\sin 2t-6\cos 2t$$

对 1 阶逼近，子空间 $W=\mathrm{Span}\{1,\cos t,\sin t\}$ 中最接近 f 的函数是 $3-2\sin t$，$f(t)$ 公式中的另外两项与 W 中的函数正交，所以，它们没有增加傅里叶系数中 1 阶逼近的积分计算. 见图 6-44.

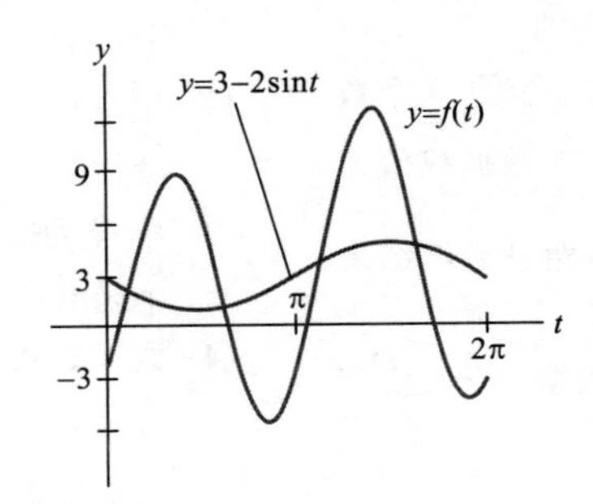

图 6-44　$f(t)$ 的 1 阶和 3 阶逼近

课题研究

本章的课题研究可以在线获取：bit.ly/30IM8gT.

A. 通过 QR 方法求特征值：这个课题展示了如何用 QR 分解来计算矩阵的特征值.

B. 通过特征值求多项式的根：这个课题展示了如何通过计算特殊矩阵的特征值来求多项式的实根.这些特征值可以通过 QR 方法获得.

补充习题

习题 1~19 中的命题是针对属于 $\mathbb{R}^n$（或 $\mathbb{R}^m$）的具有标准内积的向量，判断每个命题的真假（T/F）.并验证你的结论.

1. （T/F）每个向量的长度是一个正数.
2. （T/F）一个向量 $\boldsymbol{v}$ 与它的负向量 $-\boldsymbol{v}$ 具有同样长度.
3. （T/F）$\boldsymbol{u}$ 和 $\boldsymbol{v}$ 之间的距离是 $\|\boldsymbol{u}-\boldsymbol{v}\|$.
4. （T/F）如果 r 是任意数，那么 $\|r\boldsymbol{v}\| = r\|\boldsymbol{v}\|$.
5. （T/F）如果两个向量正交，则它们线性无关.
6. （T/F）如果 $\boldsymbol{x}$ 与 $\boldsymbol{u}$ 和 $\boldsymbol{v}$ 都正交，那么 $\boldsymbol{x}$ 一定与 $\boldsymbol{u}-\boldsymbol{v}$ 正交.
7. （T/F）如果 $\|\boldsymbol{u}+\boldsymbol{v}\|^2 = \|\boldsymbol{u}\|^2+\|\boldsymbol{v}\|^2$，那么 $\boldsymbol{u}$ 和 $\boldsymbol{v}$ 正交.
8. （T/F）如果 $\|\boldsymbol{u}-\boldsymbol{v}\|^2 = \|\boldsymbol{u}\|^2+\|\boldsymbol{v}\|^2$，那么 $\boldsymbol{u}$ 和 $\boldsymbol{v}$ 正交.

9. (T/F) $\boldsymbol{y}$ 在 $\boldsymbol{u}$ 上的正交投影是一个数和 $\boldsymbol{y}$ 的乘积.
10. (T/F) 如果向量 $\boldsymbol{y}$ 与它在子空间 W 上的正交投影一致，那么 $\boldsymbol{y}$ 属于 W.
11. (T/F) $\mathbb{R}^n$ 中所有正交于一个固定向量的集合是 $\mathbb{R}^n$ 的一个子空间.
12. (T/F) 如果 W 是 $\mathbb{R}^n$ 的子空间，那么 W 和 $W^{\perp}$ 没有共同的向量.
13. (T/F) 如果 $\{\boldsymbol{v}_1,\boldsymbol{v}_2,\boldsymbol{v}_3\}$ 是一个正交集，且如果 c_1,c_2,c_3 是数，那么 $\{c_1\boldsymbol{v}_1,c_2\boldsymbol{v}_2,c_3\boldsymbol{v}_3\}$ 也是一个正交集.
14. (T/F) 如果一个矩阵 $\boldsymbol{U}$ 具有单位正交列，那么 $\boldsymbol{U}\boldsymbol{U}^{\mathrm{T}}=\boldsymbol{I}$.
15. (T/F) 一个具有正交列的方阵是一个正交矩阵.
16. (T/F) 如果一个方阵具有单位正交列，那么它也有单位正交行.
17. (T/F) 如果 W 是子空间，那么 $\|\mathrm{proj}_W\boldsymbol{v}\|^2+\|\boldsymbol{v}-\mathrm{proj}_W\boldsymbol{v}\|^2=\|\boldsymbol{v}\|^2$.
18. (T/F) $\boldsymbol{Ax}=\boldsymbol{b}$ 的最小二乘解是 $\mathrm{Col}\,\boldsymbol{A}$ 中最接近 $\boldsymbol{b}$ 的向量 $\boldsymbol{A}\hat{\boldsymbol{x}}$，从而对所有的 $\boldsymbol{x}$ 有 $\|\boldsymbol{b}-\boldsymbol{A}\hat{\boldsymbol{x}}\|\leqslant\|\boldsymbol{b}-\boldsymbol{Ax}\|$.
19. (T/F) $\boldsymbol{Ax}=\boldsymbol{b}$ 的最小二乘解对应的法方程是 $\hat{\boldsymbol{x}}=(\boldsymbol{A}^{\mathrm{T}}\boldsymbol{A})^{-1}\boldsymbol{A}^{\mathrm{T}}\boldsymbol{b}$.
20. 设 $\{\boldsymbol{v}_1,\boldsymbol{v}_2,\cdots,\boldsymbol{v}_p\}$ 是一个单位正交集，用归纳法从 $p=2$ 开始验证. 如果 $\boldsymbol{x}=c_1\boldsymbol{v}_1+c_2\boldsymbol{v}_2+\cdots+c_p\boldsymbol{v}_p$，那么 $\|\boldsymbol{x}\|^2=|c_1|^2+|c_2|^2+\cdots+|c_p|^2$.
21. 设 $\{\boldsymbol{v}_1,\boldsymbol{v}_2,\cdots,\boldsymbol{v}_p\}$ 是 $\mathbb{R}^n$ 中单位正交集，验证下列贝塞尔不等式对所有属于 $\mathbb{R}^n$ 的向量 $\boldsymbol{x}$ 的正确性:
$$\|\boldsymbol{x}\|^2\geqslant|\boldsymbol{x}\cdot\boldsymbol{v}_1|^2+|\boldsymbol{x}\cdot\boldsymbol{v}_2|^2+\cdots+|\boldsymbol{x}\cdot\boldsymbol{v}_p|^2$$
22. 设 $\boldsymbol{U}$ 是 $n\times n$ 正交矩阵，证明：如果 $\{\boldsymbol{v}_1,\boldsymbol{v}_2,\cdots,\boldsymbol{v}_n\}$ 是 $\mathbb{R}^n$ 中的一个单位正交基，那么 $\{\boldsymbol{U}\boldsymbol{v}_1,\boldsymbol{U}\boldsymbol{v}_2,\cdots,\boldsymbol{U}\boldsymbol{v}_n\}$ 也是.
23. 证明：如果一个 $n\times n$ 矩阵 $\boldsymbol{U}$ 对所有属于 $\mathbb{R}^n$ 的向量 $\boldsymbol{x}$ 和 $\boldsymbol{y}$ 满足 $(\boldsymbol{Ux})\cdot(\boldsymbol{Uy})=\boldsymbol{x}\cdot\boldsymbol{y}$，那么 $\boldsymbol{U}$ 是一个正交矩阵.
24. 证明：如果 $\boldsymbol{U}$ 是一个正交矩阵，那么 $\boldsymbol{U}$ 的任何实特征值一定是 ±1.
25. 一个豪斯霍尔德矩阵或基本镜像具有形式 $\boldsymbol{Q}=\boldsymbol{I}-2\boldsymbol{u}\boldsymbol{u}^{\mathrm{T}}$，其中 $\boldsymbol{u}$ 是一个单位向量，证明 $\boldsymbol{Q}$ 是一个正交矩阵.（基本镜像经常用于在计算机程序中产生矩阵 $\boldsymbol{A}$ 的一个 QR 分解. 如果 $\boldsymbol{A}$ 具有线性无关的列，那么一系列基本镜像的左乘可产生一个上三角形矩阵.）
26. 设 $T:\mathbb{R}^n\to\mathbb{R}^n$ 为一保长的线性变换；即对 $\mathbb{R}^n$ 上所有 $\boldsymbol{x}$ 有 $\|T(\boldsymbol{x})\|=\|\boldsymbol{x}\|$.
    a. 证明：T 同时保持正交性，即只要 $\boldsymbol{x}\cdot\boldsymbol{y}=0$，就有 $T(\boldsymbol{x})\cdot T(\boldsymbol{y})=0$.
    b. 证明：T 的标准矩阵是一正交矩阵.
27. 设 $\boldsymbol{u}$ 和 $\boldsymbol{v}$ 是 $\mathbb{R}^n$ 中线性无关的非正交的向量，描述如何不首先构造 $\mathrm{Span}\{\boldsymbol{u},\boldsymbol{v}\}$ 的正交基便可找出 $\mathbb{R}^n$ 中向量 $\boldsymbol{z}$ 的形如 $x_1\boldsymbol{u}+x_2\boldsymbol{v}$ 的最佳逼近.
28. 假若 $\boldsymbol{A}$ 的列线性无关，确定当 $\boldsymbol{b}$ 用 $c\boldsymbol{b}$（c 是非零数）代替时，$\boldsymbol{Ax}=\boldsymbol{b}$ 的最小二乘解 $\hat{\boldsymbol{x}}$ 会发生什么变化？
29. 如果 a,b,c 是不同的数，则由于方程的图形是平行平面，故使得下面的方程组不相容. 证明：该方程组的所有最小二乘解就是方程 $x-2y+5z=(a+b+c)/3$ 所确定的平面.
$$\begin{aligned}x-2y+5z&=a\\x-2y+5z&=b\\x-2y+5z&=c\end{aligned}$$
30. 已知逼近特征向量 $\boldsymbol{v}$，考虑如何求 $n\times n$ 矩阵 $\boldsymbol{A}$ 的特征值. 由于 $\boldsymbol{v}$ 不是准确向量，故方程
$$\boldsymbol{Av}=\lambda\boldsymbol{v}\qquad(1)$$
可能没有解. 然而，可以通过适当观察（1）来求得最小二乘解来估计 λ. 把 $\boldsymbol{v}$ 看成 $n\times1$ 矩阵 $\boldsymbol{V}$，把 λ 看作 $\mathbb{R}^1$ 上的一个向量，并用符号 $\boldsymbol{b}$ 表示向量 $\boldsymbol{Av}$. 从而（1）变成 $\boldsymbol{b}=\lambda\boldsymbol{V}$，同样可写成 $\boldsymbol{V}\lambda=\boldsymbol{b}$. 求由含有未知数 λ 的这 n 个方程组成的方程组的最小二乘解，并用原来符号表示出来. 对 λ 的估计结果叫作瑞利商.
31. 利用下面步骤证明由 $m\times n$ 矩阵 $\boldsymbol{A}$ 确定的四个基本子空间之间的以下联系.
$$\mathrm{Row}\,\boldsymbol{A}=(\mathrm{Nul}\,\boldsymbol{A})^{\perp},\ \mathrm{Col}\,\boldsymbol{A}=(\mathrm{Nul}\,\boldsymbol{A}^{\mathrm{T}})^{\perp}$$
    a. 证明 $\mathrm{Row}\,\boldsymbol{A}$ 属于空间 $(\mathrm{Nul}\,\boldsymbol{A})^{\perp}$.（证明如果 $\boldsymbol{x}$ 属于 $\mathrm{Row}\,\boldsymbol{A}$，那么 $\boldsymbol{x}$ 与 $\mathrm{Nul}\,\boldsymbol{A}$ 中任意一个 $\boldsymbol{u}$ 正交.）
    b. 假设 $\mathrm{rank}\,\boldsymbol{A}=r$，求出 $\dim(\mathrm{Nul}\,\boldsymbol{A})$ 和 $\dim(\mathrm{Nul}\,\boldsymbol{A})^{\perp}$，然后从（a）推出 $\mathrm{Row}\,\boldsymbol{A}=(\mathrm{Nul}\,\boldsymbol{A})^{\perp}$.（提示：

研究6.3节的习题.）

c. 解释为什么 $\mathrm{Col}\,A=(\mathrm{Nul}\,A^{\mathrm{T}})^{\perp}$.

32. 解释为什么方程 $A\boldsymbol{x}=\boldsymbol{b}$ 有解的充分必要条件是 $\boldsymbol{b}$ 与方程 $A^{\mathrm{T}}\boldsymbol{x}=\boldsymbol{0}$ 的所有解正交.

习题33和习题34涉及一个 $n\times n$ 矩阵形如 $A=URU^{\mathrm{T}}$ 的（实）舒尔分解，其中 U 是一个正交矩阵，R 是一个 $n\times n$ 上三角形矩阵.[⊖]

33. 证明：如果 A 有一个（实）舒尔分解，$A=URU^{\mathrm{T}}$，那么 A 具有 n 个实特征值，计算包含重数.

34. 假若 A 是具有 n 个实特征值的 $n\times n$ 矩阵，包含重数，记为 $\lambda_1,\lambda_2,\cdots,\lambda_n$. 可以证明 A 有一个（实的）舒尔分解，(a）和（b）两部分给出了证明的关键思想，证明的其余部分等同于对小矩阵连续重复步骤（a）和（b），然后整合到一起得到最后结果.

a. 设 $\boldsymbol{u}_1$ 是对应于 λ_1 的单位特征向量，$\boldsymbol{u}_2,\cdots,\boldsymbol{u}_n$ 是其余向量且 $\{\boldsymbol{u}_1,\boldsymbol{u}_2,\cdots,\boldsymbol{u}_n\}$ 是 $\mathbb{R}^n$ 的单位正交基，取 $U=[\boldsymbol{u}_1\ \ \boldsymbol{u}_2\ \cdots\ \boldsymbol{u}_n]$，证明 $U^{\mathrm{T}}AU$ 的第一列是 $\lambda_1\boldsymbol{e}_1$，其中 $\boldsymbol{e}_1$ 是 $n\times n$ 单位矩阵的第一列.

b.（a）部分意味着 $U^{\mathrm{T}}AU$ 具有下列形式. 解释为什么 A_1 的特征值是 $\lambda_2,\cdots,\lambda_n$.（提示：参考第5章的补充习题.）

$$U^{\mathrm{T}}AU=\begin{bmatrix}\lambda_1 & * & * & * & *\\ 0 & & & & \\ \vdots & & A_1 & & \\ 0 & & & & \end{bmatrix}$$

[M]当方程 $A\boldsymbol{x}=\boldsymbol{b}$ 的右端有一点变化时，例如 $A\boldsymbol{x}=\boldsymbol{b}+\Delta\boldsymbol{b}$ ，$\Delta\boldsymbol{b}$ 为向量，方程的解会由 $\boldsymbol{x}$ 改变为 $\boldsymbol{x}+\Delta\boldsymbol{x}$ ，其中 $\Delta\boldsymbol{x}$ 满足 $A(\Delta\boldsymbol{x})=\Delta\boldsymbol{b}$. 商 $\|\Delta\boldsymbol{b}\|/\|\boldsymbol{b}\|$ 称为 **$\boldsymbol{b}$ 的相对改变**（或称 **$\boldsymbol{b}$ 的相对误差**，当 $\Delta\boldsymbol{b}$ 表示 $\boldsymbol{b}$ 的元素的可能误差时）. 解的相对改变是 $\|\Delta\boldsymbol{x}\|/\|\boldsymbol{x}\|$. 当 A 可逆时，A 的**条件数**（记为 $\mathrm{cond}(A)$）给出一个 $\boldsymbol{x}$ 相对改变多大的界：

$$\frac{\|\Delta\boldsymbol{x}\|}{\|\boldsymbol{x}\|}\leqslant \mathrm{cond}(A)\cdot\frac{\|\Delta\boldsymbol{b}\|}{\|\boldsymbol{b}\|} \tag{2}$$

在习题35~38中，求解 $A\boldsymbol{x}=\boldsymbol{b}$ 和 $A(\Delta\boldsymbol{x})=\Delta\boldsymbol{b}$ ，并证明（2）在每种情形下均成立（参考2.3节习题49~51中关于病态矩阵的讨论）.

35. $A=\begin{bmatrix}4.5 & 3.1\\ 1.6 & 1.1\end{bmatrix}$, $\boldsymbol{b}=\begin{bmatrix}19.249\\ 6.843\end{bmatrix}$, $\Delta\boldsymbol{b}=\begin{bmatrix}0.001\\ -0.003\end{bmatrix}$

36. $A=\begin{bmatrix}4.5 & 3.1\\ 1.6 & 1.1\end{bmatrix}$, $\boldsymbol{b}=\begin{bmatrix}0.500\\ -1.407\end{bmatrix}$, $\Delta\boldsymbol{b}=\begin{bmatrix}0.001\\ -0.003\end{bmatrix}$

37. $A=\begin{bmatrix}7 & -6 & -4 & 1\\ -5 & 1 & 0 & -2\\ 10 & 11 & 7 & -3\\ 19 & 9 & 7 & 1\end{bmatrix}$, $\boldsymbol{b}=\begin{bmatrix}0.100\\ 2.888\\ -1.404\\ 1.462\end{bmatrix}$,

$\Delta\boldsymbol{b}=10^{-4}\begin{bmatrix}0.49\\ -1.28\\ 5.78\\ 8.04\end{bmatrix}$

38. $A=\begin{bmatrix}7 & -6 & -4 & 1\\ -5 & 1 & 0 & -2\\ 10 & 11 & 7 & -3\\ 19 & 9 & 7 & 1\end{bmatrix}$, $\boldsymbol{b}=\begin{bmatrix}4.230\\ -11.043\\ 49.991\\ 69.536\end{bmatrix}$,

$\Delta\boldsymbol{b}=10^{-4}\begin{bmatrix}0.27\\ 7.76\\ -3.77\\ 3.93\end{bmatrix}$

⊖ 如果允许复数，则每一个 $n\times n$ 矩阵 A 有一个（复数）舒尔分解 $A=URU^{-1}$，其中 R 是上三角形矩阵，U^{-1} 是 U 的共轭转置. 这是 *Matrix Analysis*（Roger A. Horn and Charles R. Johnson, Cambridge: Cambridge University Press, 1985, pp. 79-100）中一个非常有用的事实.

第7章 对称矩阵和二次型

介绍性实例 多波段的图像处理

在 80 分钟稍微多一点的时间内，两颗地球资源探测卫星环绕地球一圈，静静地沿靠近极地的轨道飞越天空，以 185 公里的宽度记录地形和海岸线的图像. 每颗卫星每 16 天会扫遍地球的几乎每一平方公里，以致任何地方在 8 天内可被监测到.

地球资源探测卫星所拍摄到的图像有很多用途. 研究人员和城市规划人员利用它们研究城市发展速度和方向、工业发展以及土地使用的变化. 在乡村可用于分析土壤湿度，对偏远地区植被进行分类，确定内陆的湖泊和河流的位置. 政府部门可检测和评估自然灾害的破坏程度，如森林火灾、火山熔岩的流动、洪水和飓风等. 环保部门可以确定来自烟囱的污染，测量水力发电站附近的湖泊和河流的温度.

为了用于研究，卫星上的传感器可同步取得地球上任何地区的七种图像. 传感器通过不同的波段来记录能量，包括三种可见光谱和四种红外光谱. 每幅图像都被数字化且存储为矩阵，每一个数表示图像上对应点（或*像素*）的信号强度. 这七幅图像当中的每一幅都是*多波段*或*多光谱图像*的一个波段的影像.

一个固定区域的七幅地球资源探测卫星图像通常包含大量冗余的信息，原因是一些特性会表现在几幅图像中. 然而由于其他特性的颜色或温度，它们会反射出只被一个或两个传感器记录的光线. 多波段图像处理的一个目标是，用一种比研究每幅图像更好的提取信息方法去观察数据.

主成分分析是一种从原始数据中消除冗余信息从而只需要一幅或两幅合成图像就可以提供大部分信息的有效方法. 粗略地说，其目的是找出一个特殊的图像线性组合，即给七种像素中每一个赋予权值，然后再综合得到一个新的图像值. 权值选取的方式使得合成图像中的光线强度的变化幅度或*景象差异*（称为**第一主成分**）比任何原始图像的都要大. 更多成分图像也可用一定的准则来构造，7.5 节会给出准则的解释.

主成分分析也可用取自内华达州铁路峡谷的图像（见图 7-1）来解释. 地球资源探测卫星三个波段拍摄到的图像是图 a~c. 三个波段的所有信息被重新组合成三个主成分图像，如图 d~f 所示. 第一个成分 d 显示（或解释）93.5%的原始数据中的景象差异. 用这种方式，三个波段的原始数据被重新组合成一个波段的数据，在某种意义下的景象差异仅损失 6.5%.

马里兰州的罗克维尔地球卫星公司友好地提供了显示在这里的图片，他们正在对 224 种不同波段记录的图像进行合成图像的实验. 面对如此大量的数据，使用主成分分析一般可以将数据减少到约 15 个有用的主成分.

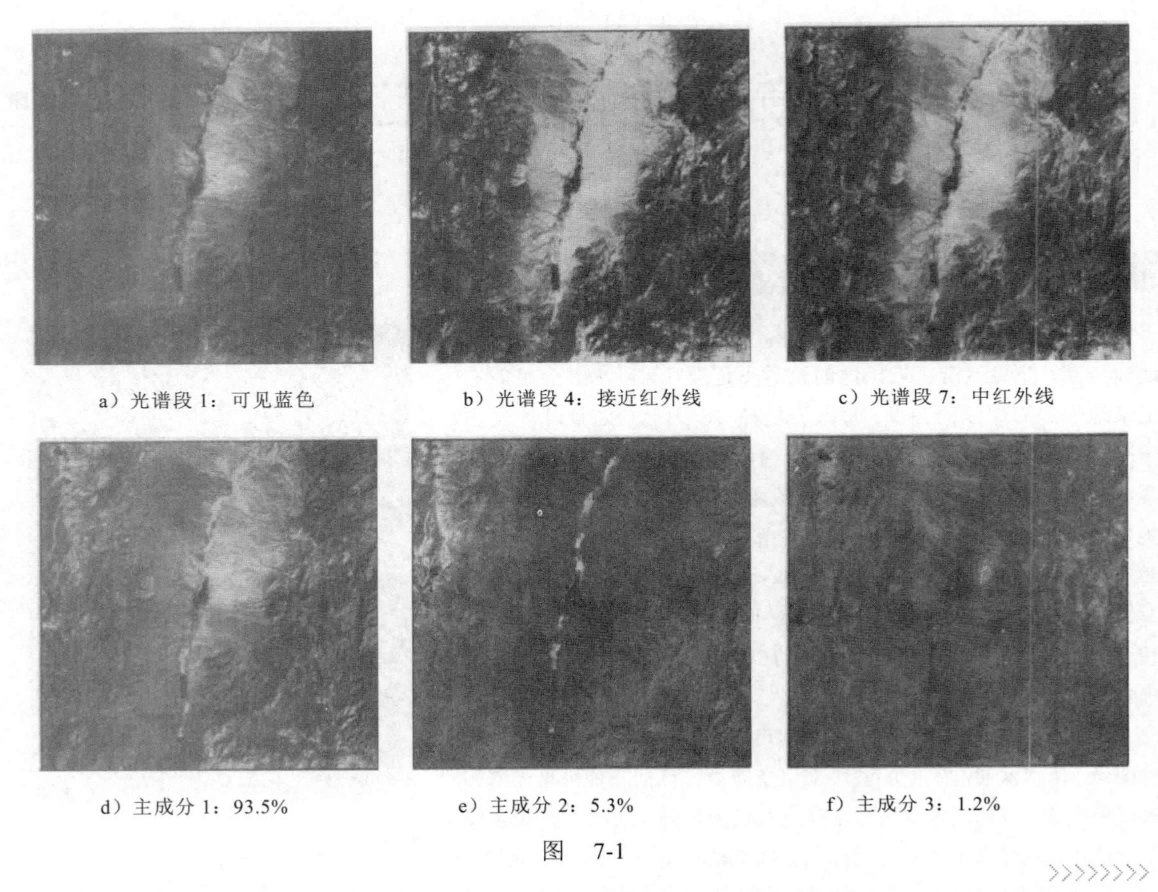

a）光谱段 1：可见蓝色　b）光谱段 4：接近红外线　c）光谱段 7：中红外线

d）主成分 1：93.5%　e）主成分 2：5.3%　f）主成分 3：1.2%

图　7-1

与其他主要类型的矩阵相比，对称矩阵更常出现在应用中，其理论完美，本质上依赖于第 5 章的对角化和第 6 章的正交性. 7.1 节叙述对称矩阵对角化，是 7.2 节和 7.3 节讨论二次型的基础，最后两节讨论的奇异值分解和介绍性实例中所描述的图像处理则需要 7.3 节的内容. 在整章中，所有向量和矩阵的元素均为实数.

7.1　对称矩阵的对角化

一个**对称**矩阵是一个满足 $A^{\mathrm{T}}=A$ 的矩阵 A，这种矩阵当然是方阵，它的主对角线元素是任意的，但其他元素在主对角线的两边成对出现.

例 1　下面的矩阵中，仅前面三个是对称矩阵.

$$\text{对称：}\begin{bmatrix}1&0\\0&-3\end{bmatrix},\quad\begin{bmatrix}0&-1&0\\-1&5&8\\0&8&-7\end{bmatrix},\quad\begin{bmatrix}a&b&c\\b&d&e\\c&e&f\end{bmatrix}$$

$$\text{非对称：}\begin{bmatrix}1 & -3\\3 & 0\end{bmatrix},\ \begin{bmatrix}1 & -4 & 0\\-6 & 1 & -4\\0 & -6 & 1\end{bmatrix},\ \begin{bmatrix}5 & 4 & 3 & 2\\4 & 3 & 2 & 1\\3 & 2 & 1 & 0\end{bmatrix}$$

■

为了开始学习对称矩阵，复习 5.3 节的对角化过程非常有用.

例 2 如果可能，对角化矩阵 $\boldsymbol{A}=\begin{bmatrix}6 & -2 & -1\\-2 & 6 & -1\\-1 & -1 & 5\end{bmatrix}$.

解 $\boldsymbol{A}$ 的特征方程是

$$0=-\lambda^3+17\lambda^2-90\lambda+144=-(\lambda-8)(\lambda-6)(\lambda-3)$$

通过标准计算可得到每个特征空间的一个基：

$$\lambda=8:\boldsymbol{v}_1=\begin{bmatrix}-1\\1\\0\end{bmatrix};\ \lambda=6:\boldsymbol{v}_2=\begin{bmatrix}-1\\-1\\2\end{bmatrix};\ \lambda=3:\boldsymbol{v}_3=\begin{bmatrix}1\\1\\1\end{bmatrix}$$

这三个向量形成 $\mathbb{R}^3$ 的一个基. 事实上，容易验证 $\{\boldsymbol{v}_1,\boldsymbol{v}_2,\boldsymbol{v}_3\}$ 是 $\mathbb{R}^3$ 的正交基. 根据第 6 章的经验，单位正交基对计算可能有用，因此可以单位化 $\boldsymbol{v}_1,\boldsymbol{v}_2$ 和 $\boldsymbol{v}_3$ 得到单位特征向量.

$$\boldsymbol{u}_1=\begin{bmatrix}-1/\sqrt{2}\\1/\sqrt{2}\\0\end{bmatrix},\ \boldsymbol{u}_2=\begin{bmatrix}-1/\sqrt{6}\\-1/\sqrt{6}\\2/\sqrt{6}\end{bmatrix},\ \boldsymbol{u}_3=\begin{bmatrix}1/\sqrt{3}\\1/\sqrt{3}\\1/\sqrt{3}\end{bmatrix}$$

令

$$\boldsymbol{P}=\begin{bmatrix}-1/\sqrt{2} & -1/\sqrt{6} & 1/\sqrt{3}\\1/\sqrt{2} & -1/\sqrt{6} & 1/\sqrt{3}\\0 & 2/\sqrt{6} & 1/\sqrt{3}\end{bmatrix},\ \boldsymbol{D}=\begin{bmatrix}8 & 0 & 0\\0 & 6 & 0\\0 & 0 & 3\end{bmatrix}$$

那么有 $\boldsymbol{A}=\boldsymbol{PDP}^{-1}$，和平常一样. 由于 $\boldsymbol{P}$ 是方阵且有单位正交列，所以 $\boldsymbol{P}$ 是一个正交矩阵，而 $\boldsymbol{P}^{-1}$ 就是 $\boldsymbol{P}^{\mathrm{T}}$.（见 6.2 节.） ■

定理 1 解释了为什么例 2 中的特征向量是正交的——它们对应不同的特征值.

定理 1 如果 $\boldsymbol{A}$ 是对称矩阵，那么不同特征空间的任意两个特征向量是正交的.

证 设 $\boldsymbol{v}_1$ 和 $\boldsymbol{v}_2$ 是对应于不同特征值 λ_1,λ_2 的特征向量. 为证明 $\boldsymbol{v}_1\cdot\boldsymbol{v}_2=0$，计算

$$\begin{aligned}\lambda_1\boldsymbol{v}_1\cdot\boldsymbol{v}_2&=(\lambda_1\boldsymbol{v}_1)^{\mathrm{T}}\boldsymbol{v}_2=(\boldsymbol{A}\boldsymbol{v}_1)^{\mathrm{T}}\boldsymbol{v}_2 && \text{由于 } \boldsymbol{v}_1 \text{ 是一个特征向量}\\&=(\boldsymbol{v}_1^{\mathrm{T}}\boldsymbol{A}^{\mathrm{T}})\boldsymbol{v}_2=\boldsymbol{v}_1^{\mathrm{T}}(\boldsymbol{A}\boldsymbol{v}_2) && \text{由于 } \boldsymbol{A}^{\mathrm{T}}=\boldsymbol{A}\\&=\boldsymbol{v}_1^{\mathrm{T}}(\lambda_2\boldsymbol{v}_2) && \text{由于 } \boldsymbol{v}_2 \text{ 是一个特征向量}\\&=\lambda_2\boldsymbol{v}_1^{\mathrm{T}}\boldsymbol{v}_2=\lambda_2\boldsymbol{v}_1\cdot\boldsymbol{v}_2\end{aligned}$$

因此 $(\lambda_1-\lambda_2)\boldsymbol{v}_1\cdot\boldsymbol{v}_2=0$，但是 $\lambda_1\neq\lambda_2$，所以 $\boldsymbol{v}_1\cdot\boldsymbol{v}_2=0$. ■

例 2 中特殊类型的对角化对于对称矩阵理论十分重要. 一个 $n\times n$ 矩阵 $\boldsymbol{A}$ 称为可**正交对角化**，

如果存在一个正交矩阵 $\boldsymbol{P}$（满足 $\boldsymbol{P}^{-1}=\boldsymbol{P}^{\mathrm{T}}$）和一个对角矩阵 $\boldsymbol{D}$ 使得

$$\boldsymbol{A}=\boldsymbol{P}\boldsymbol{D}\boldsymbol{P}^{\mathrm{T}}=\boldsymbol{P}\boldsymbol{D}\boldsymbol{P}^{-1} \tag{1}$$

为了正交对角化一个 $n\times n$ 矩阵，我们必须找到 n 个线性无关且单位正交的特征向量. 什么条件下可能做到？如果 $\boldsymbol{A}$ 是像（1）式一样可以正交对角化的，那么

$$\boldsymbol{A}^{\mathrm{T}}=(\boldsymbol{P}\boldsymbol{D}\boldsymbol{P}^{\mathrm{T}})^{\mathrm{T}}=\boldsymbol{P}^{\mathrm{TT}}\boldsymbol{D}^{\mathrm{T}}\boldsymbol{P}^{\mathrm{T}}=\boldsymbol{P}\boldsymbol{D}\boldsymbol{P}^{\mathrm{T}}=\boldsymbol{A}$$

这样 $\boldsymbol{A}$ 是对称的！另一方面，定理 2 表明每一个对称矩阵都是可正交对角化，结论的证明非常困难，这里将其省略，证明的主要思路将在定理 3 之后给出.

定理 2　*一个 $n\times n$ 矩阵 $\boldsymbol{A}$ 可正交对角化的充分必要条件是 $\boldsymbol{A}$ 是对称矩阵.*

这个定理相当奇妙，我们根据第 5 章的经验可以推测，要知道何时一个矩阵 $\boldsymbol{A}$ 可对角化通常是不可能的，但对称矩阵却例外.

下面的例子给出一个矩阵，它的特征值并非全部都不相同.

例 3　将 $\boldsymbol{A}=\begin{bmatrix}3&-2&4\\-2&6&2\\4&2&3\end{bmatrix}$ 正交对角化，其特征方程为

$$0=-\lambda^3+12\lambda^2-21\lambda-98=-(\lambda-7)^2(\lambda+2)$$

解　平常计算可得特征空间的基：

$$\lambda=7:\boldsymbol{v}_1=\begin{bmatrix}1\\0\\1\end{bmatrix},\ \boldsymbol{v}_2=\begin{bmatrix}-1/2\\1\\0\end{bmatrix},\ \lambda=-2:\boldsymbol{v}_3=\begin{bmatrix}-1\\-1/2\\1\end{bmatrix}$$

尽管 $\boldsymbol{v}_1$ 和 $\boldsymbol{v}_2$ 是线性无关的，但它们并不正交. 从 6.2 节可知，$\boldsymbol{v}_2$ 在 $\boldsymbol{v}_1$ 上的投影是 $\dfrac{\boldsymbol{v}_2\cdot\boldsymbol{v}_1}{\boldsymbol{v}_1\cdot\boldsymbol{v}_1}\cdot\boldsymbol{v}_1$，与 $\boldsymbol{v}_1$ 正交的 $\boldsymbol{v}_2$ 的分量是

$$\boldsymbol{z}_2=\boldsymbol{v}_2-\frac{\boldsymbol{v}_2\cdot\boldsymbol{v}_1}{\boldsymbol{v}_1\cdot\boldsymbol{v}_1}\boldsymbol{v}_1=\begin{bmatrix}-1/2\\1\\0\end{bmatrix}-\frac{-1/2}{2}\begin{bmatrix}1\\0\\1\end{bmatrix}=\begin{bmatrix}-1/4\\1\\1/4\end{bmatrix}$$

于是 $\{\boldsymbol{v}_1,\boldsymbol{z}_2\}$ 是关于 $\lambda=7$ 的特征空间的正交集.（注意 $\boldsymbol{z}_2$ 是特征向量 $\boldsymbol{v}_1$ 和 $\boldsymbol{v}_2$ 的线性组合，从而 $\boldsymbol{z}_2$ 属于特征空间. 构造 $\boldsymbol{z}_2$ 的过程就是 6.4 节的格拉姆-施密特方法.）由于特征空间是二维的（基是 $\boldsymbol{v}_1,\boldsymbol{v}_2$），故由基定理，正交集合 $\{\boldsymbol{v}_1,\boldsymbol{z}_2\}$ 是一个特征空间的正交基（见 2.9 节或 4.5 节）.

将 $\boldsymbol{v}_1$ 和 $\boldsymbol{z}_2$ 单位化，我们得到关于 $\lambda=7$ 的特征空间的单位正交基：

$$\boldsymbol{u}_1=\begin{bmatrix}1/\sqrt{2}\\0\\1/\sqrt{2}\end{bmatrix},\ \boldsymbol{u}_2=\begin{bmatrix}-1/\sqrt{18}\\4/\sqrt{18}\\1/\sqrt{18}\end{bmatrix}$$

关于 $\lambda=-2$ 的特征空间的单位正交基是

$$u_3=\frac{1}{\|2v_3\|}\cdot 2v_3=\frac{1}{3}\begin{bmatrix}-2\\-1\\2\end{bmatrix}=\begin{bmatrix}-2/3\\-1/3\\2/3\end{bmatrix}$$

由定理 1，u_3 与其他特征向量 u_1 和 u_2 正交，因此 $\{u_1,u_2,u_3\}$ 是一个单位正交集. 令

$$P=[u_1\ u_2\ u_3]=\begin{bmatrix}1/\sqrt{2} & -1/\sqrt{18} & -2/3\\ 0 & 4/\sqrt{18} & -1/3\\ 1/\sqrt{2} & 1/\sqrt{18} & 2/3\end{bmatrix},D=\begin{bmatrix}7&0&0\\0&7&0\\0&0&-2\end{bmatrix}$$

那么 P 将 A 正交对角化且 $A=PDP^{-1}$. ■

在例 3 中，特征值 7 是二重的，特征向量是二维的. 这个事实并不是偶然的，见下面定理.

谱定理

矩阵 A 的特征值的集合有时称为 A 的谱，下面关于特征值的描述称为谱定理.

定理 3　（对称矩阵的谱定理）

一个对称的 $n\times n$ 矩阵 A 具有下述性质：

a. A 有 n 个实特征值，包含重复的特征值.

b. 对每一个特征值 λ，对应的特征空间的维数等于 λ 作为特征方程的根的重数.

c. 特征空间相互正交，这种正交性是在特征向量对应于不同特征值的意义下成立的.

d. A 可正交对角化.

a 可从 5.5 节的习题 28 得出，b 很容易从 d 得到（见习题 37）. c 就是定理 1.由于 a，因此 d 的一个证明可用习题 38 和第 6 章补充习题 34 中已经讨论过的舒尔分解给出，证明的细节从略.

谱分解

假设 $A=PDP^{-1}$，其中 P 的列是 A 的单位正交特征向量 $u_1,u_2,\cdots,u_n$，且相应的特征值 $\lambda_1,\lambda_2,\cdots,\lambda_n$ 属于对角矩阵 D，那么由于 $P^{-1}=P^{\mathrm{T}}$，故

$$A=PDP^{\mathrm{T}}=[u_1u_2\cdots u_n]\begin{bmatrix}\lambda_1 & & 0\\ & \lambda_2 & \ddots \\ 0 & & \lambda_n\end{bmatrix}\begin{bmatrix}u_1^{\mathrm{T}}\\u_2^{\mathrm{T}}\\ \vdots \\ u_n^{\mathrm{T}}\end{bmatrix}$$

$$=[\lambda_1u_1\ \lambda_2u_2\cdots\lambda_nu_n]\begin{bmatrix}u_1^{\mathrm{T}}\\u_2^{\mathrm{T}}\\ \vdots \\ u_n^{\mathrm{T}}\end{bmatrix}$$

利用乘积的列行展开式（2.4 节定理 10），我们可以得到

$$A=\lambda_1u_1u_1^{\mathrm{T}}+\lambda_2u_2u_2^{\mathrm{T}}+\cdots+\lambda_nu_nu_n^{\mathrm{T}}\tag{2}$$

由于它将 A 分解为由 A 的谱（特征值）确定的小块，因此这个 A 的表示就称为 A 的**谱分**

解.（2）式中的每一项都是一个秩为 1 的 $n\times n$ 矩阵. 例如，$\lambda_1\boldsymbol{u}_1\boldsymbol{u}_1^{\mathrm{T}}$ 的每一列都是 $\boldsymbol{u}_1$ 的倍数. 更进一步，在 $\boldsymbol{x}$ 属于 $\mathbb{R}^n$ 的意义下，每个矩阵 $\boldsymbol{u}_j\boldsymbol{u}_j^{\mathrm{T}}$ 都是**投影矩阵**，向量 $(\boldsymbol{u}_j\boldsymbol{u}_j^{\mathrm{T}})\boldsymbol{x}$ 是 $\boldsymbol{x}$ 在由 $\boldsymbol{u}_j$ 生成的子空间上的正交投影.（见习题 41.）

例 4　构造矩阵 $\boldsymbol{A}$ 的一个谱分解，已知 $\boldsymbol{A}$ 有以下正交对角化分解：

$$\boldsymbol{A}=\begin{bmatrix}7 & 2\\ 2 & 4\end{bmatrix}=\begin{bmatrix}2/\sqrt{5} & -1/\sqrt{5}\\ 1/\sqrt{5} & 2/\sqrt{5}\end{bmatrix}\begin{bmatrix}8 & 0\\ 0 & 3\end{bmatrix}\begin{bmatrix}2/\sqrt{5} & 1/\sqrt{5}\\ -1/\sqrt{5} & 2/\sqrt{5}\end{bmatrix}$$

解　将 $\boldsymbol{P}$ 的列记为 $\boldsymbol{u}_1$ 和 $\boldsymbol{u}_2$，则有

$$\boldsymbol{A}=8\boldsymbol{u}_1\boldsymbol{u}_1^{\mathrm{T}}+3\boldsymbol{u}_2\boldsymbol{u}_2^{\mathrm{T}}$$

为验证 $\boldsymbol{A}$ 的谱分解，计算

$$\boldsymbol{u}_1\boldsymbol{u}_1^{\mathrm{T}}=\begin{bmatrix}2/\sqrt{5}\\ 1/\sqrt{5}\end{bmatrix}\begin{bmatrix}2/\sqrt{5} & 1/\sqrt{5}\end{bmatrix}=\begin{bmatrix}4/5 & 2/5\\ 2/5 & 1/5\end{bmatrix}$$

$$\boldsymbol{u}_2\boldsymbol{u}_2^{\mathrm{T}}=\begin{bmatrix}-1/\sqrt{5}\\ 2/\sqrt{5}\end{bmatrix}\begin{bmatrix}-1/\sqrt{5} & 2/\sqrt{5}\end{bmatrix}=\begin{bmatrix}1/5 & -2/5\\ -2/5 & 4/5\end{bmatrix}$$

且

$$8\boldsymbol{u}_1\boldsymbol{u}_1^{\mathrm{T}}+3\boldsymbol{u}_2\boldsymbol{u}_2^{\mathrm{T}}=\begin{bmatrix}32/5 & 16/5\\ 16/5 & 8/5\end{bmatrix}+\begin{bmatrix}3/5 & -6/5\\ -6/5 & 12/5\end{bmatrix}=\begin{bmatrix}7 & 2\\ 2 & 4\end{bmatrix}=\boldsymbol{A}$$ ■

数值计算的注解　当 $\boldsymbol{A}$ 是对称且不太大的矩阵时，现代高性能的计算机程序可以非常精确地计算特征值和特征向量. 它们对 $\boldsymbol{A}$ 使用一系列包含正交矩阵的相似变换，变换后矩阵的对角元素很快收敛于 $\boldsymbol{A}$ 的特征值.（见 5.2 节的数值计算的注解.）利用正交矩阵常常可避免计算过程的误差积累. 当 $\boldsymbol{A}$ 对称时，正交矩阵序列可形成列向量是 $\boldsymbol{A}$ 的特征向量的正交矩阵.

一个非对称矩阵没有完全的正交特征向量集，但此算法仍得到相当精确的特征值. 之后，就需要用非正交化方法计算特征向量.

练习题

1. 证明：如果 $\boldsymbol{A}$ 是对称矩阵，那么 $\boldsymbol{A}^2$ 也是对称的.
2. 证明：如果 $\boldsymbol{A}$ 是可正交对角化的，那么 $\boldsymbol{A}^2$ 也是可正交对角化的.

习题 7.1

判断习题 1~6 中哪一个矩阵是对称矩阵.

1. $\begin{bmatrix}3 & 5\\ 5 & -7\end{bmatrix}$

2. $\begin{bmatrix}3 & -5\\ -5 & -3\end{bmatrix}$

3. $\begin{bmatrix}2 & 3\\ 2 & 4\end{bmatrix}$

4. $\begin{bmatrix}0 & 8 & 3\\ 8 & 0 & -4\\ 3 & 2 & 0\end{bmatrix}$

5. $\begin{bmatrix}-6 & 2 & 0\\ 2 & -6 & 2\\ 0 & 2 & -6\end{bmatrix}$

6. $\begin{bmatrix}1 & 2 & 2 & 1\\ 2 & 2 & 2 & 1\\ 2 & 2 & 1 & 2\end{bmatrix}$

判断习题 7~12 中哪一个矩阵是正交的，如果正交，求出它的逆矩阵.

7. $\begin{bmatrix}0.6 & 0.8\\ 0.8 & -0.6\end{bmatrix}$

8. $\begin{bmatrix}1 & 1\\ 1 & -1\end{bmatrix}$

9. $\begin{bmatrix} -4/5 & 3/5 \\ 3/5 & 4/5 \end{bmatrix}$　　10. $\begin{bmatrix} 1/3 & 2/3 & 2/3 \\ 2/3 & 1/3 & -2/3 \\ 2/3 & -2/3 & 1/3 \end{bmatrix}$

11. $\begin{bmatrix} 2/3 & 2/3 & 1/3 \\ 0 & 1/3 & -2/3 \\ 5/3 & -4/3 & -2/3 \end{bmatrix}$

12. $\begin{bmatrix} 0.5 & 0.5 & -0.5 & -0.5 \\ 0.5 & 0.5 & 0.5 & 0.5 \\ 0.5 & -0.5 & -0.5 & 0.5 \\ 0.5 & -0.5 & 0.5 & -0.5 \end{bmatrix}$

将习题 13~22 中的矩阵正交对角化，并给出一个正交矩阵 $\boldsymbol{P}$ 和一个对角矩阵 $\boldsymbol{D}$. 为节约时间，给出习题 17~22 的特征值是：（17）−4，4，7；（18）−3，−6，9；（19）−2，7；（20）−3，15；（21）1，5，9；（22）3，5.

13. $\begin{bmatrix} 3 & 1 \\ 1 & 3 \end{bmatrix}$　　14. $\begin{bmatrix} 1 & -5 \\ -5 & 1 \end{bmatrix}$

15. $\begin{bmatrix} 3 & 4 \\ 4 & 9 \end{bmatrix}$　　16. $\begin{bmatrix} 6 & -2 \\ -2 & 9 \end{bmatrix}$

17. $\begin{bmatrix} 1 & 1 & 5 \\ 1 & 5 & 1 \\ 5 & 1 & 1 \end{bmatrix}$　　18. $\begin{bmatrix} 1 & -6 & 4 \\ -6 & 2 & -2 \\ 4 & -2 & -3 \end{bmatrix}$

19. $\begin{bmatrix} 3 & -2 & 4 \\ -2 & 6 & 2 \\ 4 & 2 & 3 \end{bmatrix}$　　20. $\begin{bmatrix} 5 & 8 & -4 \\ 8 & 5 & -4 \\ -4 & -4 & -1 \end{bmatrix}$

21. $\begin{bmatrix} 4 & 3 & 1 & 1 \\ 3 & 4 & 1 & 1 \\ 1 & 1 & 4 & 3 \\ 1 & 1 & 3 & 4 \end{bmatrix}$　　22. $\begin{bmatrix} 4 & 0 & 1 & 0 \\ 0 & 4 & 0 & 1 \\ 1 & 0 & 4 & 0 \\ 0 & 1 & 0 & 4 \end{bmatrix}$

23. 设 $\boldsymbol{A}=\begin{bmatrix} 4 & -1 & -1 \\ -1 & 4 & -1 \\ -1 & -1 & 4 \end{bmatrix}$ 和 $\boldsymbol{v}=\begin{bmatrix} 1 \\ 1 \\ 1 \end{bmatrix}$. 证明 5 是 $\boldsymbol{A}$ 的一个特征值且 $\boldsymbol{v}$ 是一个特征向量，然后将 $\boldsymbol{A}$ 正交对角化.

24. 设 $\boldsymbol{A}=\begin{bmatrix} 2 & -1 & 1 \\ -1 & 2 & -1 \\ 1 & -1 & 2 \end{bmatrix}$，$\boldsymbol{v}_1=\begin{bmatrix} -1 \\ 0 \\ 1 \end{bmatrix}$ 和 $\boldsymbol{v}_2=\begin{bmatrix} 1 \\ -1 \\ 1 \end{bmatrix}$.

验证 $\boldsymbol{v}_1$ 和 $\boldsymbol{v}_2$ 是 $\boldsymbol{A}$ 的特征向量，然后将 $\boldsymbol{A}$ 正交对角化.

对习题 25~32，判断每一个命题的真假(T/F)，并验证你的答案.

25. (T/F)可正交对角化的 $n\times n$ 矩阵 $\boldsymbol{A}$ 一定是对称的.

26. (T/F)有些对称矩阵不可正交对角化.

27. (T/F)正交矩阵是可正交对角化的.

28. (T/F)如果 $\boldsymbol{B}=\boldsymbol{PDP}^{\mathrm{T}}$，其中 $\boldsymbol{P}^{\mathrm{T}}=\boldsymbol{P}^{-1}$ 且 $\boldsymbol{D}$ 是对角矩阵，那么 $\boldsymbol{B}$ 是对称矩阵.

29. (T/F) 对属于 $\mathbb{R}^n$ 的非零向量 $\boldsymbol{v}$，矩阵 $\boldsymbol{v}\boldsymbol{v}^{\mathrm{T}}$ 称为投影矩阵.

30. (T/F)如果 $\boldsymbol{A}^{\mathrm{T}}=\boldsymbol{A}$ 且向量 $\boldsymbol{u}$ 和 $\boldsymbol{v}$ 满足 $\boldsymbol{Au}=3\boldsymbol{u}$ 和 $\boldsymbol{Av}=4\boldsymbol{v}$，那么 $\boldsymbol{u}\cdot\boldsymbol{v}=0$.

31. (T/F) 一个 $n\times n$ 对称矩阵 $\boldsymbol{A}$ 有 n 个不同的实特征值.

32. (T/F) 一个对称矩阵的特征空间的维数有时小于对应的特征值的重数.

33. 证明：如果 $\boldsymbol{A}$ 是一个 $n\times n$ 对称矩阵，那么对任意属于 $\mathbb{R}^n$ 的 $\boldsymbol{x},\boldsymbol{y}$ 有 $(\boldsymbol{Ax})\cdot\boldsymbol{y}=\boldsymbol{x}\cdot(\boldsymbol{Ay})$.

34. 若 $\boldsymbol{A}$ 是对称的 $n\times n$ 矩阵，$\boldsymbol{B}$ 是任意 $n\times m$ 矩阵，证明 $\boldsymbol{B}^{\mathrm{T}}\boldsymbol{AB}$,$\boldsymbol{B}^{\mathrm{T}}\boldsymbol{B}$和$\boldsymbol{BB}^{\mathrm{T}}$ 是对称矩阵.

35. 若 $\boldsymbol{A}$ 可逆且可正交对角化，解释为什么 $\boldsymbol{A}^{-1}$ 也是可正交对角化的.

36. 若 $\boldsymbol{A}$ 和 $\boldsymbol{B}$ 都可正交对角化且 $\boldsymbol{AB}=\boldsymbol{BA}$，解释为什么 $\boldsymbol{AB}$ 也是可正交对角化的.

37. 若 $\boldsymbol{A}=\boldsymbol{PDP}^{-1}$，其中 $\boldsymbol{P}$ 是正交矩阵，$\boldsymbol{D}$ 是对角矩阵，且 λ 是 $\boldsymbol{A}$ 的重数为 k 的特征值，那么 λ 在对角矩阵 $\boldsymbol{D}$ 中出现 k 次，解释为什么 λ 的特征空间的维数是 k.

38. 若 $\boldsymbol{A}=\boldsymbol{PRP}^{-1}$，其中 $\boldsymbol{P}$ 是正交的而 $\boldsymbol{R}$ 是上三角形矩阵，证明：如果 $\boldsymbol{A}$ 对称，那么 $\boldsymbol{R}$ 是对称的，因而实际上是一个对角矩阵.

39. 构造例 2 中矩阵 $\boldsymbol{A}$ 的一个谱分解.

40. 构造例 3 中矩阵 $\boldsymbol{A}$ 的一个谱分解.

41. 令 $\boldsymbol{u}$ 是 $\mathbb{R}^n$ 中的单位向量，$\boldsymbol{B}=\boldsymbol{uu}^{\mathrm{T}}$.

a. 对任意属于 $\mathbb{R}^n$ 的 $\boldsymbol{x}$，计算 $B\boldsymbol{x}$ 并证明 $B\boldsymbol{x}$ 是 $\boldsymbol{x}$ 在 $\boldsymbol{u}$ 上的正交投影，正如 6.2 节所描述的情况.

b. 证明 $\boldsymbol{B}$ 是对称矩阵且 $\boldsymbol{B}^2=\boldsymbol{B}$.

c. 证明 $\boldsymbol{u}$ 是 $\boldsymbol{B}$ 的特征向量，并求其对应的特征值.

42. 设 $\boldsymbol{B}$ 是 $n\times n$ 对称矩阵且 $\boldsymbol{B}^2=\boldsymbol{B}$，任何此类矩阵称为**投影矩阵**（或**正交投影矩阵**）. 对任意给定的 $\boldsymbol{y}\in\mathbb{R}^n$，取 $\hat{\boldsymbol{y}}=\boldsymbol{B}\boldsymbol{y}$ 和 $\boldsymbol{z}=\boldsymbol{y}-\hat{\boldsymbol{y}}$.

a. 证明 $\boldsymbol{z}$ 与 $\hat{\boldsymbol{y}}$ 正交.

b. 设 W 是 $\boldsymbol{B}$ 的列空间，证明 $\boldsymbol{y}$ 是空间 W 中一个向量与空间 $W^{\perp}$ 中一个向量之和. 证明 $\boldsymbol{B}\boldsymbol{y}$ 是 $\boldsymbol{y}$ 在 $\boldsymbol{B}$ 的列空间上的正交投影.

[M]正交对角化习题 43~46 中的矩阵. 为练习本节的方法，不要用矩阵程序中特征向量的常规解法，而是使用程序求出特征值，然后对每个特征值 λ 求出 $\mathrm{Nul}(\boldsymbol{A}-\lambda\boldsymbol{I})$ 的单位正交基，即类似例 2 和例 3 中的做法.

43. $\begin{bmatrix} 6 & 2 & 9 & -6 \\ 2 & 6 & -6 & 9 \\ 9 & -6 & 6 & 2 \\ -6 & 9 & 2 & 6 \end{bmatrix}$

44. $\begin{bmatrix} 0.63 & -0.18 & -0.06 & -0.04 \\ -0.18 & 0.84 & -0.04 & 0.12 \\ -0.06 & -0.04 & 0.72 & -0.12 \\ -0.04 & 0.12 & -0.12 & 0.66 \end{bmatrix}$

45. $\begin{bmatrix} 0.31 & 0.58 & 0.08 & 0.44 \\ 0.58 & -0.56 & 0.44 & -0.58 \\ 0.08 & 0.44 & 0.19 & -0.08 \\ 0.44 & -0.58 & -0.08 & 0.31 \end{bmatrix}$

46. $\begin{bmatrix} 8 & 2 & 2 & -6 & 9 \\ 2 & 8 & 2 & -6 & 9 \\ 2 & 2 & 8 & -6 & 9 \\ -6 & -6 & -6 & 24 & 9 \\ 9 & 9 & 9 & 9 & -21 \end{bmatrix}$

练习题答案

1. 由转置矩阵的性质得到 $(\boldsymbol{A}^2)^{\mathrm{T}}=(\boldsymbol{A}\boldsymbol{A})^{\mathrm{T}}=\boldsymbol{A}^{\mathrm{T}}\boldsymbol{A}^{\mathrm{T}}$. 由假设，$\boldsymbol{A}^{\mathrm{T}}=\boldsymbol{A}$，所以 $(\boldsymbol{A}^2)^{\mathrm{T}}=\boldsymbol{A}\boldsymbol{A}=\boldsymbol{A}^2$，从而证明了 $\boldsymbol{A}^2$ 是对称的.

2. 如果 $\boldsymbol{A}$ 可正交对角化，那么由定理 2 可知矩阵 $\boldsymbol{A}$ 对称. 由练习题 1，$\boldsymbol{A}^2$ 对称且可正交对角化（定理 2）.

7.2 二次型

到目前为止，本教材除了第 6 章计算 $\boldsymbol{x}^{\mathrm{T}}\boldsymbol{x}$ 时所遇到的平方和外，我们所关注的主要是线性方程. 这类平方和及更一般形式的表达式称为*二次型*，它常常出现在线性代数在工程（设计标准和优化）和信号处理（例如输出的噪声功率）的应用中. 它们也常常出现在物理学（例如势能和动能）、微分几何（例如曲面的法曲率）、经济学（例如效用函数）和统计学（例如置信椭圆体）中，某些这类应用实例的数学背景很容易转化为对对称矩阵的研究.

$\mathbb{R}^n$ 上的一个**二次型**是一个定义在 $\mathbb{R}^n$ 上的函数，它在向量 $\boldsymbol{x}$ 处的值可由表达式 $Q(\boldsymbol{x})=\boldsymbol{x}^{\mathrm{T}}\boldsymbol{A}\boldsymbol{x}$ 计算，其中 $\boldsymbol{A}$ 是一个 $n\times n$ 对称矩阵. 矩阵 $\boldsymbol{A}$ 称为**关于二次型的矩阵**.

最简单的非零二次型是 $Q(\boldsymbol{x})=\boldsymbol{x}^{\mathrm{T}}\boldsymbol{I}\boldsymbol{x}=\|\boldsymbol{x}\|^2$. 例 1 和例 2 说明了对称矩阵 $\boldsymbol{A}$ 和二次型 $\boldsymbol{x}^{\mathrm{T}}\boldsymbol{A}\boldsymbol{x}$ 之间的关系.

例 1 令 $\boldsymbol{x}=\begin{bmatrix} x_1 \\ x_2 \end{bmatrix}$，计算下列矩阵的 $\boldsymbol{x}^{\mathrm{T}}\boldsymbol{A}\boldsymbol{x}$.

a. $A=\begin{bmatrix}4&0\\0&3\end{bmatrix}$　　　　b. $A=\begin{bmatrix}3&-2\\-2&7\end{bmatrix}$

解

a. $x^{\mathrm T}Ax=[x_1\quad x_2]\begin{bmatrix}4&0\\0&3\end{bmatrix}\begin{bmatrix}x_1\\x_2\end{bmatrix}=[x_1\quad x_2]\begin{bmatrix}4x_1\\3x_2\end{bmatrix}=4x_1^2+3x_2^2$.

b. 在 A 中有两个值为-2 的元素，注意观察矩阵 A 中（1,2）元素如何出现在计算中，用粗体字给出.

$$\begin{aligned}x^{\mathrm T}Ax&=[x_1\quad x_2]\begin{bmatrix}3&\mathbf{-2}\\-2&7\end{bmatrix}\begin{bmatrix}x_1\\x_2\end{bmatrix}=[x_1\quad x_2]\begin{bmatrix}3x_1-\mathbf{2}x_2\\-2x_1+7x_2\end{bmatrix}\\&=x_1(3x_1-\mathbf{2}x_2)+x_2(-2x_1+7x_2)\\&=3x_1^2-\mathbf{2}x_1x_2-2x_2x_1+7x_2^2\\&=3x_1^2-4x_1x_2+7x_2^2\end{aligned}$$
■

例 1b 中二次型中出现了项 $-4x_1x_2$，这是因为矩阵 A 对角线两侧出现了元素-2. 相反，例 1a 中关于对角矩阵 A 的二次型中没有交叉乘积项 x_1x_2.

例 2 对属于 $\mathbb{R}^3$ 的 x，取 $Q(x)=5x_1^2+3x_2^2+2x_3^2-x_1x_2+8x_2x_3$，写出 $x^{\mathrm T}Ax$ 形式的二次型.

解 x_1^2,x_2^2,x_3^2 的系数仍在对角线上. 为使 A 对称，当 $i\neq j$ 时，x_ix_j 的系数必须平均分配给矩阵 A 中的 (i,j) 元素和 (j,i) 元素. x_1x_3 的系数是 0，容易验证

$$Q(x)=x^{\mathrm T}Ax=[x_1\quad x_2\quad x_3]\begin{bmatrix}5&-1/2&0\\-1/2&3&4\\0&4&2\end{bmatrix}\begin{bmatrix}x_1\\x_2\\x_3\end{bmatrix}$$
■

例 3 令 $Q(x)=x_1^2-8x_1x_2-5x_2^2$，计算 $Q(x)$ 在 $x=\begin{bmatrix}-3\\1\end{bmatrix},\begin{bmatrix}2\\-2\end{bmatrix}$ 和 $\begin{bmatrix}1\\-3\end{bmatrix}$ 处的值.

解

$$\begin{aligned}Q(-3,\ 1)&=(-3)^2-8(-3)(1)-5(1)^2=28\\Q(2,-2)&=(2)^2-8(2)(-2)-5(-2)^2=16\\Q(1,-3)&=(1)^2-8(1)(-3)-5(-3)^2=-20\end{aligned}$$
■

在某些情况下，没有交叉乘积项的二次型会显得更容易使用，也就是说，二次型对应的矩阵是对角矩阵. 幸运的是，交叉乘积项可以通过适当的变量代换消去.

二次型的变量代换

如果 x 表示 $\mathbb{R}^n$ 中的向量变量，那么**变量代换**是下面形式的等式：

$$x=Py\quad 或\quad y=P^{-1}x \tag{1}$$

其中 P 是可逆矩阵且 y 是 $\mathbb{R}^n$ 中的一个新的向量变量. 这里 P 的列可确定 $\mathbb{R}^n$ 的一个基，y 是相对于该基的向量 x 的坐标向量.（见 4.4 节.）

如果用变量代换（1）式处理二次型 $x^{\mathrm T}Ax$，那么

$$x^{\mathrm{T}}Ax=(Py)^{\mathrm{T}}A(Py)=y^{\mathrm{T}}P^{\mathrm{T}}APy=y^{\mathrm{T}}(P^{\mathrm{T}}AP)y \tag{2}$$

且新的二次型矩阵是 $\boldsymbol{P}^{\mathrm{T}}\boldsymbol{AP}$. 因为 $\boldsymbol{A}$ 是对称的，故由定理 2，存在正交矩阵 $\boldsymbol{P}$，使得 $\boldsymbol{P}^{\mathrm{T}}\boldsymbol{AP}$ 是对角矩阵 $\boldsymbol{D}$，（2）式中的二次型变为 $\boldsymbol{y}^{\mathrm{T}}\boldsymbol{D}\boldsymbol{y}$，这就是下面例题的解题思路.

例 4　求一个变量代换将例 3 中的二次型变为一个没有交叉乘积项的二次型.

解　例 3 中二次型对应的矩阵是

$$\boldsymbol{A}=\begin{bmatrix}1 & -4\\ -4 & -5\end{bmatrix}$$

第一步是将矩阵 $\boldsymbol{A}$ 正交对角化. $\boldsymbol{A}$ 的特征值是 $\lambda=3$ 和 $\lambda=-7$，相应的单位特征向量是

$$\lambda=3:\begin{bmatrix}2/\sqrt{5}\\ -1/\sqrt{5}\end{bmatrix};\qquad \lambda=-7:\begin{bmatrix}1/\sqrt{5}\\ 2/\sqrt{5}\end{bmatrix}$$

这些特征向量自动正交（因为它们属于不同的特征值）且构成 $\mathbb{R}^2$ 的一个单位正交基. 取

$$\boldsymbol{P}=\begin{bmatrix}2/\sqrt{5} & 1/\sqrt{5}\\ -1/\sqrt{5} & 2/\sqrt{5}\end{bmatrix},\quad \boldsymbol{D}=\begin{bmatrix}3 & 0\\ 0 & -7\end{bmatrix}$$

那么 $\boldsymbol{A}=\boldsymbol{PDP}^{-1}$，且 $\boldsymbol{D}=\boldsymbol{P}^{-1}\boldsymbol{AP}=\boldsymbol{P}^{\mathrm{T}}\boldsymbol{AP}$，像前面指出的那样. 一个适当的变量代换是

$$\boldsymbol{x}=\boldsymbol{Py}\text{，其中 }\boldsymbol{x}=\begin{bmatrix}x_1\\ x_2\end{bmatrix},\quad \boldsymbol{y}=\begin{bmatrix}y_1\\ y_2\end{bmatrix}$$

那么

$$\begin{aligned}x_1^2-8x_1x_2-5x_2^2&=\boldsymbol{x}^{\mathrm{T}}\boldsymbol{Ax}\\&=(\boldsymbol{Py})^{\mathrm{T}}\boldsymbol{A}(\boldsymbol{Py})\\&=\boldsymbol{y}^{\mathrm{T}}\boldsymbol{P}^{\mathrm{T}}\boldsymbol{APy}=\boldsymbol{y}^{\mathrm{T}}\boldsymbol{Dy}\\&=3y_1^2-7y_2^2\end{aligned}$$

■

为了说明例 4 中二次型相等的意义，我们可以利用新二次型计算 $Q(\boldsymbol{x})$ 在 $\boldsymbol{x}=(2,-2)$ 时的值. 首先，由于 $\boldsymbol{x}=\boldsymbol{Py}$，故

$$\boldsymbol{y}=\boldsymbol{P}^{-1}\boldsymbol{x}=\boldsymbol{P}^{\mathrm{T}}\boldsymbol{x}$$

从而

$$\boldsymbol{y}=\begin{bmatrix}2/\sqrt{5} & -1/\sqrt{5}\\ 1/\sqrt{5} & 2/\sqrt{5}\end{bmatrix}\begin{bmatrix}2\\ -2\end{bmatrix}=\begin{bmatrix}6/\sqrt{5}\\ -2/\sqrt{5}\end{bmatrix}$$

因此

$$\begin{aligned}3y_1^2-7y_2^2&=3(6/\sqrt{5})^2-7(-2/\sqrt{5})^2=3(36/5)-7(4/5)\\&=80/5=16\end{aligned}$$

这就是例 3 中 $Q(\boldsymbol{x})$ 在 $\boldsymbol{x}=(2,-2)$ 时的值，见图 7-2.

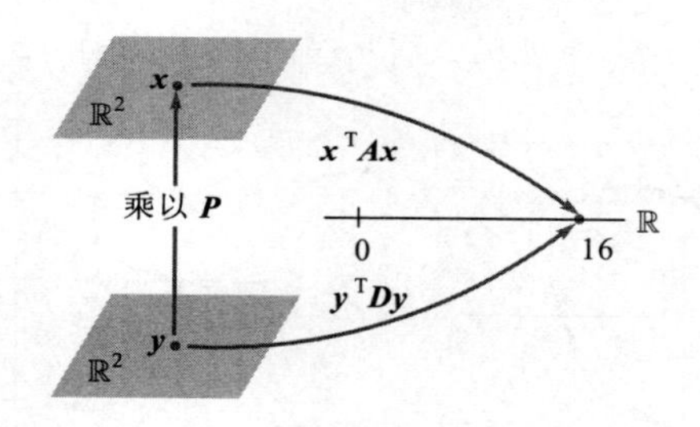

图 7-2 $x^{\mathrm{T}}Ax$ 中的变量代换

例 4 说明了以下定理，定理的证明在例 4 之前已基本上给出.

定理 4 （主轴定理）

设 A 是一个 $n\times n$ 对称矩阵，那么存在一个正交变量代换 $x=Py$，它将二次型 $x^{\mathrm{T}}Ax$ 变换为不含交叉乘积项的二次型 $y^{\mathrm{T}}Dy$.

定理中矩阵 P 的列称为二次型 $x^{\mathrm{T}}Ax$ 的**主轴**，向量 y 是向量 x 在由这些主轴构造的 $\mathbb{R}^n$ 空间的单位正交基下的坐标向量.

主轴的几何意义

设 $Q(x)=x^{\mathrm{T}}Ax$，其中 A 是一个 2×2 可逆对称矩阵，c 是一个常数. 可以证明 $\mathbb{R}^2$ 中所有满足

$$x^{\mathrm{T}}Ax=c \tag{3}$$

的 x 的集合对应于一个椭圆（或者圆）、双曲线、两条相交直线或单个点，或根本不含任意点. 如果 A 是一个对角矩阵，如图 7-3 所示，则如（3）式这样图像是在标准位置中. 如果 A 不是一个对角矩阵，如图 7-4 所示，则（3）式的图像是标准位置的旋转. 找到主轴（由 A 的特征向量确定）等同于找到一个新的坐标系统，在该坐标系统下图像是在标准位置中.

图 7-4b 中的双曲线是方程 $x^{\mathrm{T}}Ax=16$ 的图形表示，其中 A 是例 4 中的矩阵. 图 7-4b 中 y_1 轴的正向是例 4 中矩阵 P 第一列的方向，y_2 轴的正向是矩阵 P 第二列的方向.

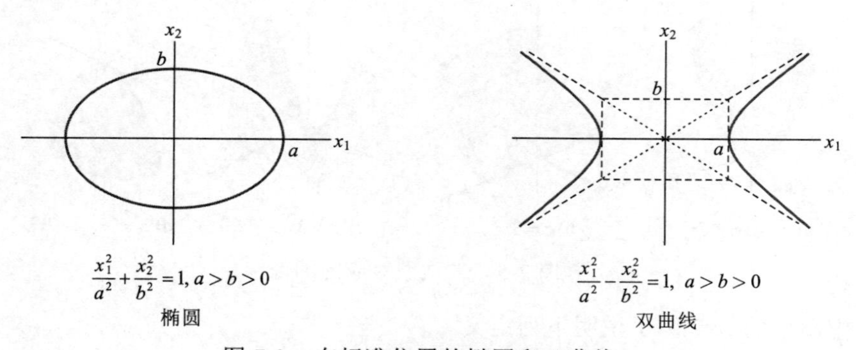

图 7-3 在标准位置的椭圆和双曲线

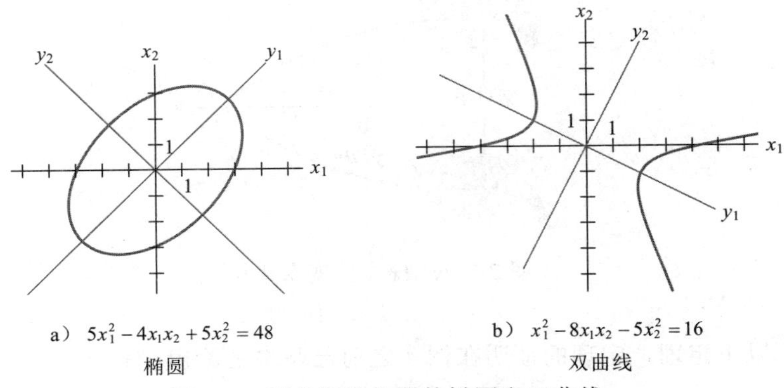

a）$5x_1^2-4x_1x_2+5x_2^2=48$
椭圆

b）$x_1^2-8x_1x_2-5x_2^2=16$
双曲线

图 7-4　不在标准位置的椭圆和双曲线

例 5　图 7-4a 中，椭圆的方程为 $5x_1^2-4x_1x_2+5x_2^2=48$，求一个变量代换，将方程中的交叉乘积项消去.

解　二次型对应的矩阵为 $\boldsymbol{A}=\begin{bmatrix}5 & -2\\ -2 & 5\end{bmatrix}$，$\boldsymbol{A}$ 的特征值是 3 和 7，对应的单位特征向量为

$$\boldsymbol{u}_1=\begin{bmatrix}1/\sqrt{2}\\ 1/\sqrt{2}\end{bmatrix},\ \boldsymbol{u}_2=\begin{bmatrix}-1/\sqrt{2}\\ 1/\sqrt{2}\end{bmatrix}$$

令 $\boldsymbol{P}=[\boldsymbol{u}_1\quad \boldsymbol{u}_2]=\begin{bmatrix}1/\sqrt{2} & -1/\sqrt{2}\\ 1/\sqrt{2} & 1/\sqrt{2}\end{bmatrix}$，那么 $\boldsymbol{P}$ 可将 $\boldsymbol{A}$ 正交对角化，所以变量代换 $\boldsymbol{x}=\boldsymbol{P}\boldsymbol{y}$ 得到的二次型为 $\boldsymbol{y}^{\mathrm{T}}\boldsymbol{D}\boldsymbol{y}=3y_1^2+7y_2^2$，变量代换的新坐标轴如图 7-4a 所示. ■

二次型的分类

当 $\boldsymbol{A}$ 是一个 $n\times n$ 矩阵时，二次型 $Q(\boldsymbol{x})=\boldsymbol{x}^{\mathrm{T}}\boldsymbol{A}\boldsymbol{x}$ 是一个定义域为 $\mathbb{R}^n$ 的实值函数. 图 7-5 显示了定义域为 $\mathbb{R}^2$ 的四个二次型的图像. 对二次型 $Q(\boldsymbol{x})$ 定义域中的每一个点 $\boldsymbol{x}=(x_1,x_2)$，可画出点 (x_1,x_2,z)，其中 $z=Q(\boldsymbol{x})$. 注意，除了 $\boldsymbol{x}=\boldsymbol{0}$ 外，图 7-5a 中所有 $Q(\boldsymbol{x})$ 的值都是正的，图 7-5d 中所有 $Q(\boldsymbol{x})$ 的值都是负的. 图 7-5a 和图 7-5d 中图像的水平截面是椭圆，而图 7-5c 的水平截面是双曲线.

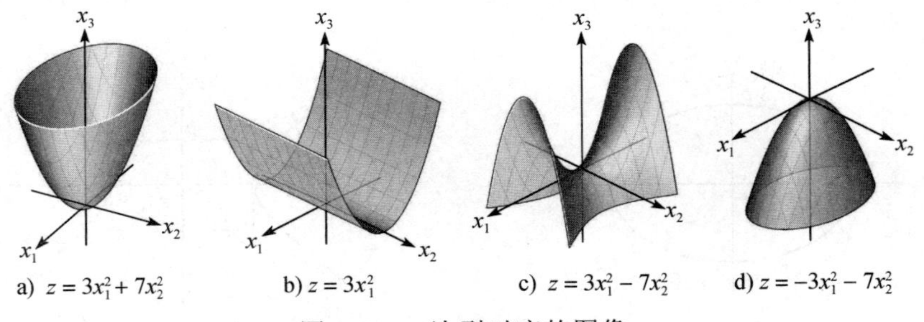

a) $z=3x_1^2+7x_2^2$　b) $z=3x_1^2$　c) $z=3x_1^2-7x_2^2$　d) $z=-3x_1^2-7x_2^2$

图 7-5　二次型对应的图像

图 7-5 中简单的 2×2 例子说明下列定义.

定义　一个二次型 Q 是：

a．**正定的**，如果对所有 $\boldsymbol{x}\neq\boldsymbol{0}$，有 $Q(\boldsymbol{x})>0$．

b．**负定的**，如果对所有 $\boldsymbol{x}\neq\boldsymbol{0}$，有 $Q(\boldsymbol{x})<0$．

c．**不定的**，如果 $Q(\boldsymbol{x})$ 既有正值又有负值．

此外，Q 被称为**半正定的**，如果对所有 $\boldsymbol{x}$，$Q(\boldsymbol{x})\geqslant 0$；$Q$ 被称为**半负定的**，如果对所有 $\boldsymbol{x}$，$Q(\boldsymbol{x})\leqslant 0$．图 7-5 中 a 和 b 的二次型都是半正定的．但 a 最好描述为正定的．

定理 5 根据特征值为二次型分类．见图 7-6.

定理 5　（二次型与特征值）

设 $\boldsymbol{A}$ 是 $n\times n$ 对称矩阵，那么一个二次型 $\boldsymbol{x}^{\mathrm{T}}\boldsymbol{A}\boldsymbol{x}$ 是：

a．正定的，当且仅当 $\boldsymbol{A}$ 的所有特征值是正数.

b．负定的，当且仅当 $\boldsymbol{A}$ 的所有特征值是负数.

c．不定的，当且仅当 $\boldsymbol{A}$ 既有正特征值，又有负特征值.

证　由主轴定理，存在一个正交的变量代换 $\boldsymbol{x}=\boldsymbol{P}\boldsymbol{y}$，使得

$$Q(\boldsymbol{x})=\boldsymbol{x}^{\mathrm{T}}\boldsymbol{A}\boldsymbol{x}=\boldsymbol{y}^{\mathrm{T}}\boldsymbol{D}\boldsymbol{y}=\lambda_1 y_1^2+\lambda_2 y_2^2+\cdots+\lambda_n y_n^2 \tag{4}$$

其中 $\lambda_1,\lambda_2,\cdots,\lambda_n$ 是 $\boldsymbol{A}$ 的特征值．由于 $\boldsymbol{P}$ 是可逆的，因此非零向量 $\boldsymbol{x}$ 和非零向量 $\boldsymbol{y}$ 之间存在一个一一对应，这样，$\boldsymbol{x}\neq\boldsymbol{0}$ 时，$Q(\boldsymbol{x})$ 的值与式（4）右边表达式的值完全一致．显然，像定理所描述的三类方式一样，它由特征值 $\lambda_1,\lambda_2,\cdots,\lambda_n$ 的符号确定.　■

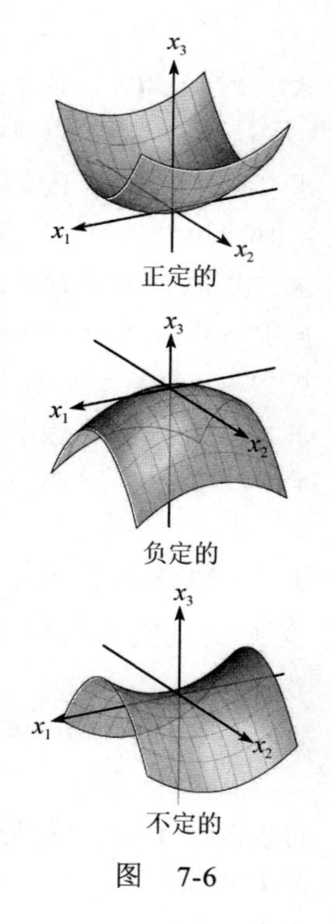

图　7-6

例 6　$Q(\boldsymbol{x})=3x_1^2+2x_2^2+x_3^2+4x_1x_2+4x_2x_3$ 是正定的吗？

解　由于所有项的系数是正数，因此二次型表面上看是正定的．但二次型对应的矩阵为

$$\boldsymbol{A}=\begin{bmatrix}3&2&0\\2&2&2\\0&2&1\end{bmatrix}$$

且 $\boldsymbol{A}$ 的特征值是 5，2 和−1，所以 $Q(\boldsymbol{x})$ 是不定二次型，而不是正定二次型.　■

利用二次型的分类，相应地得到矩阵的形式分类．一个**正定矩阵** $\boldsymbol{A}$ 是一个对称矩阵，二次型 $\boldsymbol{x}^{\mathrm{T}}\boldsymbol{A}\boldsymbol{x}$ 正定的．其他形式的矩阵（如**半正定矩阵**）的概念可类似定义.

数值计算的注解　确定对称矩阵 $\boldsymbol{A}$ 是正定的最快捷的方式是尝试将矩阵 $\boldsymbol{A}$ 分解为 $\boldsymbol{A}=\boldsymbol{R}^{\mathrm{T}}\boldsymbol{R}$，其中 $\boldsymbol{R}$ 是具有正对角线元素的上三角形矩阵（可以采用一个略作修改的 LU 分解算法）．这样的楚列斯基分解算法可行的充分必要条件是 $\boldsymbol{A}$ 是正定的．见第 7 章补充习题 23.

练习题

根据矩阵 $\boldsymbol{A}$ 的特征值，给出一个半正定矩阵 $\boldsymbol{A}$．

习题 7.2

1. 计算二次型 $\boldsymbol{x}^{\mathrm{T}}\boldsymbol{A}\boldsymbol{x}$，其中 $\boldsymbol{A}=\begin{bmatrix}5 & 1/3\\ 1/3 & 1\end{bmatrix}$.

   a. $\boldsymbol{x}=\begin{bmatrix}x_1\\ x_2\end{bmatrix}$　b. $\boldsymbol{x}=\begin{bmatrix}6\\ 1\end{bmatrix}$　c. $\boldsymbol{x}=\begin{bmatrix}1\\ 3\end{bmatrix}$

2. 计算二次型 $\boldsymbol{x}^{\mathrm{T}}\boldsymbol{A}\boldsymbol{x}$，其中 $\boldsymbol{A}=\begin{bmatrix}3 & 1 & 0\\ 1 & 1 & 2\\ 0 & 2 & 0\end{bmatrix}$.

   a. $\boldsymbol{x}=\begin{bmatrix}x_1\\ x_2\\ x_3\end{bmatrix}$　b. $\boldsymbol{x}=\begin{bmatrix}-2\\ -1\\ 5\end{bmatrix}$　c. $\boldsymbol{x}=\begin{bmatrix}1/\sqrt{3}\\ 1/\sqrt{3}\\ 1/\sqrt{3}\end{bmatrix}$

3. 求二次型的矩阵，假设 $\boldsymbol{x}$ 属于 $\mathbb{R}^2$.

   a. $3x_1^2-4x_1x_2+5x_2^2$　b. $3x_1^2+2x_1x_2$

4. 求二次型的矩阵，假设 $\boldsymbol{x}$ 属于 $\mathbb{R}^2$.

   a. $5x_1^2+16x_1x_2-5x_2^2$　b. $2x_1x_2$

5. 求二次型的矩阵，假设 $\boldsymbol{x}$ 属于 $\mathbb{R}^3$.

   a. $3x_1^2+2x_2^2-5x_3^2-6x_1x_2+8x_1x_3-4x_2x_3$

   b. $6x_1x_2+4x_1x_3-10x_2x_3$

6. 求二次型的矩阵，假设 $\boldsymbol{x}$ 属于 $\mathbb{R}^3$.

   a. $3x_1^2-2x_2^2+5x_3^2+4x_1x_2-6x_1x_3$

   b. $4x_3^2-2x_1x_2+4x_2x_3$

7. 求一个变量代换 $\boldsymbol{x}=P\boldsymbol{y}$，将二次型 $x_1^2+10x_1x_2+x_2^2$ 变换为没有交叉乘积项的形式，给出 $\boldsymbol{P}$ 和新的二次型.

8. 设 $\boldsymbol{A}$ 是下列二次型的矩阵：

$$9x_1^2+7x_2^2+11x_3^2-8x_1x_2+8x_1x_3$$

   可以证明 $\boldsymbol{A}$ 的特征值是 3，9 和 15，求正交矩阵 $\boldsymbol{P}$，使得变量代换 $\boldsymbol{x}=P\boldsymbol{y}$ 将 $\boldsymbol{x}^{\mathrm{T}}\boldsymbol{A}\boldsymbol{x}$ 变换为没有交叉乘积项的形式，给出 $\boldsymbol{P}$ 和新的二次型.

给出习题 9~18 的二次型分类，然后求一个变量代换 $\boldsymbol{x}=P\boldsymbol{y}$，将二次型变换成没有交叉乘积项的形式，写出新的二次型. 利用 7.1 节的方法构造 $\boldsymbol{P}$.

9. $4x_1^2-4x_1x_2+4x_2^2$
10. $2x_1^2+6x_1x_2-6x_2^2$
11. $2x_1^2-4x_1x_2-x_2^2$
12. $-x_1^2-2x_1x_2-x_2^2$
13. $x_1^2-6x_1x_2+9x_2^2$
14. $3x_1^2+4x_1x_2$
15. [M] $-3x_1^2-7x_2^2-10x_3^2-10x_4^2+4x_1x_2+4x_1x_3+4x_1x_4+6x_3x_4$
16. [M] $4x_1^2+4x_2^2+4x_3^2+4x_4^2+8x_1x_2+8x_3x_4-6x_1x_4+6x_2x_3$
17. [M] $11x_1^2+11x_2^2+11x_3^2+11x_4^2+16x_1x_2-12x_1x_4+12x_2x_3+16x_3x_4$
18. [M] $2x_1^2+2x_2^2-6x_1x_2-6x_1x_3-6x_1x_4-6x_2x_3-6x_2x_4-2x_3x_4$
19. 如果 $\boldsymbol{x}=(x_1,x_2)$ 和 $\boldsymbol{x}^{\mathrm{T}}\boldsymbol{x}=1$，即 $x_1^2+x_2^2=1$，那么二次型 $5x_1^2+8x_2^2$ 的最大值是什么？（用 $\boldsymbol{x}$ 的一些例子试试.）
20. 如果 $\boldsymbol{x}^{\mathrm{T}}\boldsymbol{x}=1$，那么二次型 $5x_1^2-3x_2^2$ 的最大值是什么？

习题 21~30 中，矩阵是 $n\times n$ 方阵且向量属于 $\mathbb{R}^n$，判断每个命题的真假(T/F)，并验证你的结论.

21. (T/F) 二次型的矩阵是一个对称矩阵.
22. (T/F) 表达式 $\|\boldsymbol{x}\|^2$ 不是一个二次型.
23. (T/F)一个二次型没有交叉乘积项的充分必要条件是二次型的矩阵是对角矩阵.
24. (T/F)如果 $\boldsymbol{A}$ 是对称矩阵且 $\boldsymbol{P}$ 是正交矩阵，那么变量代换 $\boldsymbol{x}=P\boldsymbol{y}$ 将 $\boldsymbol{x}^{\mathrm{T}}\boldsymbol{A}\boldsymbol{x}$ 变换为没有交叉乘积项的二次型.
25. (T/F) 二次型 $\boldsymbol{x}^{\mathrm{T}}\boldsymbol{A}\boldsymbol{x}$ 的主轴是 $\boldsymbol{A}$ 的特征向量.
26. (T/F)如果一个对称矩阵 $\boldsymbol{A}$ 的所有特征值是正的，那么二次型 $\boldsymbol{x}^{\mathrm{T}}\boldsymbol{A}\boldsymbol{x}$ 是正定的.
27. (T/F)一个正定二次型 Q 满足对所有 $\boldsymbol{x}\in\mathbb{R}^n$，$Q(\boldsymbol{x})>0$.
28. (T/F) 一个不定二次型既不是半正定形式也不是半负定形式.
29. (T/F)一个对称矩阵 $\boldsymbol{A}$ 的楚列斯基分解具有形式 $\boldsymbol{A}=\boldsymbol{R}^{\mathrm{T}}\boldsymbol{R}$，其中上三角形矩阵 $\boldsymbol{R}$ 具有正的对角线元素.
30. (T/F)如果 $\boldsymbol{A}$ 对称且当 $\boldsymbol{x}\neq\boldsymbol{0}$ 时，二次型 $\boldsymbol{x}^{\mathrm{T}}\boldsymbol{A}\boldsymbol{x}$ 仅有负值，那么 $\boldsymbol{A}$ 的所有特征值是正的.

习题 31 和 32 表明，当 $A=\begin{bmatrix} a & b \\ b & d \end{bmatrix}$ 且 $\det A \neq 0$ 时，不用求出 A 的特征值就可将二次型 $Q(x)=x^{\mathrm{T}}Ax$ 分类.

31. 如果 λ_1 和 λ_2 是 A 的特征值，那么 A 的特征多项式可以用两种方式写出：$\det(A-\lambda I)$ 和 $(\lambda-\lambda_1)(\lambda-\lambda_2)$. 利用这个结论说明 $\lambda_1+\lambda_2=a+d$（a,d 是 A 的对角线上的元素），且 $\lambda_1\lambda_2=\det A$.
32. 验证下列命题：
    a. 如果 $\det A>0$ 且 $a>0$，则 Q 是正定的.
    b. 如果 $\det A>0$ 且 $a<0$，则 Q 是负定的.
    c. 如果 $\det A<0$，则 Q 是不定的.
33. 证明：如果 B 是 $m\times n$ 矩阵，那么 $B^{\mathrm{T}}B$ 是半正定的；如果 B 是 $n\times n$ 可逆矩阵，那么 $B^{\mathrm{T}}B$ 是正定的.
34. 证明：如果 $n\times n$ 矩阵 A 是正定的，那么存在一个正定矩阵 B，使得 $A=B^{\mathrm{T}}B$.（提示：写出 $A=PDP^{\mathrm{T}}$ 且 $P^{\mathrm{T}}=P^{-1}$，构造一个对角矩阵 C，使得 $D=C^{\mathrm{T}}C$，且令 $B=PCP^{\mathrm{T}}$，说明 B 满足条件.）
35. 令 A 和 B 是 $n\times n$ 对称矩阵且所有特征值都为正，证明 $A+B$ 的特征值也是正的.（提示：考虑二次型.）
36. 令 A 是 $n\times n$ 可逆对称矩阵，证明：如果二次型 $x^{\mathrm{T}}Ax$ 是正定的，那么二次型 $x^{\mathrm{T}}A^{-1}x$ 也是正定的.（提示：考虑特征值.）

练习题答案

构造一个正交变量代换 $x=Py$，并且像（4）式一样写出

$$x^{\mathrm{T}}Ax=y^{\mathrm{T}}Dy=\lambda_1y_1^2+\lambda_2y_2^2+\cdots+\lambda_ny_n^2$$

如果一个特征值（例如 λ_i）是负数，那么对应于 $y=e_i$（I_n 的第 i 列）的 x 取值使得 $x^{\mathrm{T}}Ax$ 是负数，所以，一个半正定的二次型的所有特征值一定非负. 反之，如果所有特征值非负，那么上面的展开式说明 $x^{\mathrm{T}}Ax$ 一定是半正定的. 见图 7-7.

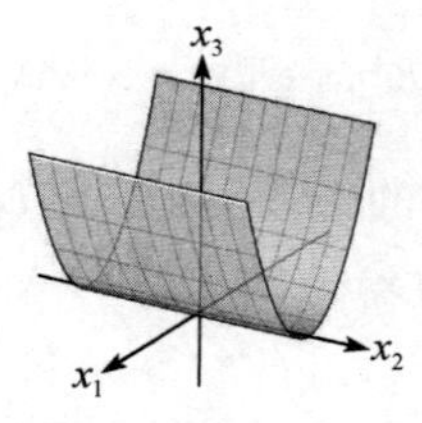

图 7-7　半正定

7.3　条件优化

工程师、经济学家、科学家和数学家常常要寻找一些特定集合内的 x 值，使得二次型 $Q(x)$ 取最大值或最小值. 具有代表性的是，这类问题可化为 x 是在一组单位向量中的变量的优化问题. 下面我们将看到，这类条件优化问题有一个有趣且精彩的解. 例 6 及后面的 7.5 节将讨论如何从实际中引出这类问题.

$\mathbb{R}^n$ 中的一个单位向量 x 可用以下几种等价形式来描述：

$$\|x\|=1\ ,\ \|x\|^2=1\ ,\ x^{\mathrm{T}}x=1$$

和

$$x_1^2+x_2^2+\cdots+x_n^2=1 \tag{1}$$

在应用中经常使用 $x^{\mathrm{T}}x=1$ 的展开式（1）.

当一个二次型没有交叉乘积项时，可以很容易得到在 $\boldsymbol{x}^{\mathrm{T}}\boldsymbol{x}=1$ 的条件下 $Q(\boldsymbol{x})$ 的最大值和最小值.

例 1　求 $Q(\boldsymbol{x})=9\boldsymbol{x}_1^2+4\boldsymbol{x}_2^2+3\boldsymbol{x}_3^2$ 在限制条件 $\boldsymbol{x}^{\mathrm{T}}\boldsymbol{x}=1$ 下的最大值和最小值.

解　由于 x_2^2 和 x_3^2 是非负的，因此

$$4x_2^2\leqslant 9x_2^2\,,\quad 3x_3^2\leqslant 9x_3^2$$

所以当 $x_1^2+x_2^2+x_3^2=1$ 时，

$$\begin{aligned}Q(\boldsymbol{x})&=9x_1^2+4x_2^2+3x_3^2\\&\leqslant 9x_1^2+9x_2^2+9x_3^2\\&=9(x_1^2+x_2^2+x_3^2)\\&=9\end{aligned}$$

因此当 $\boldsymbol{x}$ 为单位向量时，$Q(\boldsymbol{x})$ 的最大值不超过 9. 更进一步，当 $\boldsymbol{x}=(1,0,0)$ 时，$Q(\boldsymbol{x})=9$. 从而 9 是 $Q(\boldsymbol{x})$ 在 $\boldsymbol{x}^{\mathrm{T}}\boldsymbol{x}=1$ 条件下的最大值.

为求出 $Q(\boldsymbol{x})$ 的最小值，注意

$$9x_1^2\geqslant 3x_1^2\,,\ 4x_2^2\geqslant 3x_2^2$$

因此当 $x_1^2+x_2^2+x_3^2=1$ 时，

$$Q(\boldsymbol{x})\geqslant 3x_1^2+3x_2^2+3x_3^2=3(x_1^2+x_2^2+x_3^2)=3$$

当 $x_1=0,x_2=0,x_3=1$ 时，$Q(\boldsymbol{x})=3$，从而 3 是 $Q(\boldsymbol{x})$ 在 $\boldsymbol{x}^{\mathrm{T}}\boldsymbol{x}=1$ 条件下的最小值. ■

从例 1 可以看到，二次型的矩阵具有特征值 9，4 和 3，且最大和最小特征值分别等于在限制条件下的 $Q(\boldsymbol{x})$ 的最大值和最小值. 我们将会看到，此结论对任何二次型都是成立的.

例 2　令 $\boldsymbol{A}=\begin{bmatrix}3&0\\0&7\end{bmatrix}$，当 $\boldsymbol{x}$ 属于 $\mathbb{R}^2$ 时，$Q(\boldsymbol{x})=\boldsymbol{x}^{\mathrm{T}}\boldsymbol{A}\boldsymbol{x}$，图 7-8 是 Q 的图像表示. 图 7-9 表示圆柱体内部的一部分，圆柱与曲面的截面是点集 (x_1,x_2,z)，表示在 $x_1^2+x_2^2=1$ 情况下的 $z=Q(x_1,x_2)$. 这些点的“高度值”是 $Q(\boldsymbol{x})$ 的约束值，从几何意义上看，条件优化问题确定的是截面曲线上最高点和最低点的位置.

曲线上的两个最高点在 x_1x_2 平面之上 7 个单位，出现在点 $x_1=0$ 和 $x_2=\pm1$ 处，这些点对应于 $\boldsymbol{A}$ 的特征值 7 和特征向量 $\boldsymbol{x}=(0,1)$ 及 $-\boldsymbol{x}=(0,-1)$. 类似地，曲线上的两个最低点在 x_1x_2 平面之上 3 个单位，它们对应于特征值 3 和特征向量 $(1,0)$ 及 $(-1,0)$.

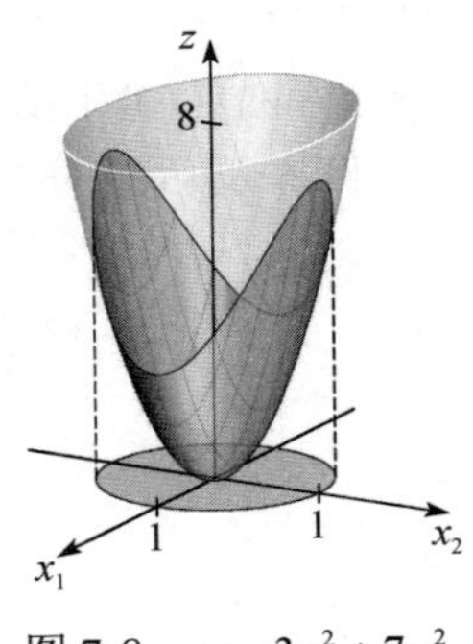

图 7-8　$z=3x_1^2+7x_2^2$

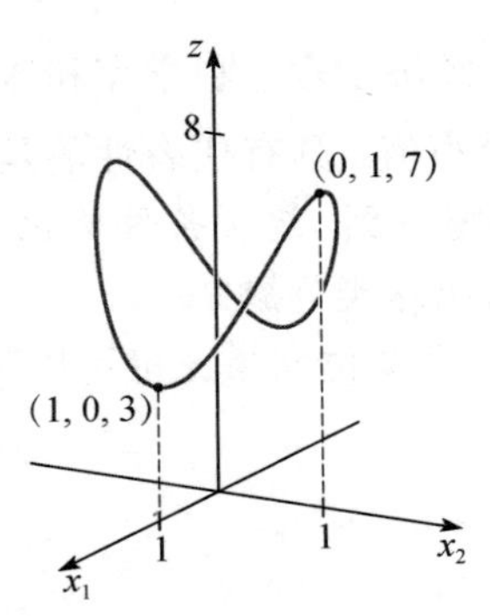

图 7-9　$z=3x_1^2+7x_2^2$ 和圆柱 $x_1^2+x_2^2=1$ 的交线 ■

图 7-9 中交线上的每一点对应的 z 坐标在 3 和 7 之间，且对任何 3 和 7 之间的数 t，存在一个单位向量 $\boldsymbol{x}$ 使得 $Q(\boldsymbol{x})=t$．换言之，所有 $\boldsymbol{x}^{\mathrm{T}}\boldsymbol{A}\boldsymbol{x}$ 的可能值在 $\|\boldsymbol{x}\|=1$ 条件下的集合是闭区间 $3\leqslant t\leqslant 7$．

可以证明，对任何对称矩阵 $\boldsymbol{A}$，在 $\|\boldsymbol{x}\|=1$ 条件下，$\boldsymbol{x}^{\mathrm{T}}\boldsymbol{A}\boldsymbol{x}$ 所有可能值的集合是实轴上的闭区间（见习题 13）．分别用 m 和 M 表示区间的左端点和右端点，即取

$$m=\min\{\boldsymbol{x}^{\mathrm{T}}\boldsymbol{A}\boldsymbol{x}:\|\boldsymbol{x}\|=1\},\quad M=\max\{\boldsymbol{x}^{\mathrm{T}}\boldsymbol{A}\boldsymbol{x}:\|\boldsymbol{x}\|=1\} \tag{2}$$

习题 12 要求证明，如果λ是 $\boldsymbol{A}$ 的一个特征值，那么 $m\leqslant\lambda\leqslant M$．正像例 2 一样，下面的定理说明 m 和 M 自身也是 $\boldsymbol{A}$ 的特征值.[⊖]

定理 6　设 $\boldsymbol{A}$ 是对称矩阵，且 m 和 M 的定义如式（2）所示，那么 M 是 $\boldsymbol{A}$ 的最大特征值 λ_1，m 是 $\boldsymbol{A}$ 的最小特征值．如果 $\boldsymbol{x}$ 是对应于 M 的单位特征向量 $\boldsymbol{u}_1$，那么 $\boldsymbol{x}^{\mathrm{T}}\boldsymbol{A}\boldsymbol{x}$ 的值等于 M．如果 $\boldsymbol{x}$ 是对应于 m 的单位特征向量，那么 $\boldsymbol{x}^{\mathrm{T}}\boldsymbol{A}\boldsymbol{x}$ 的值等于 m．

证　$\boldsymbol{A}$ 的正交对角化是 $\boldsymbol{PDP}^{-1}$，我们知道

$$\text{当 } \boldsymbol{x}=\boldsymbol{P}\boldsymbol{y} \text{ 时，}\quad \boldsymbol{x}^{\mathrm{T}}\boldsymbol{A}\boldsymbol{x}=\boldsymbol{y}^{\mathrm{T}}\boldsymbol{D}\boldsymbol{y} \tag{3}$$

同样

$$\text{对所有 } \boldsymbol{y}，\quad \|\boldsymbol{x}\|=\|\boldsymbol{P}\boldsymbol{y}\|=\|\boldsymbol{y}\|$$

这是因为 $\boldsymbol{P}^{\mathrm{T}}\boldsymbol{P}=\boldsymbol{I}$，且 $\|\boldsymbol{P}\boldsymbol{y}\|^2=(\boldsymbol{P}\boldsymbol{y})^{\mathrm{T}}\boldsymbol{P}\boldsymbol{y}=\boldsymbol{y}^{\mathrm{T}}\boldsymbol{P}^{\mathrm{T}}\boldsymbol{P}\boldsymbol{y}=\boldsymbol{y}^{\mathrm{T}}\boldsymbol{y}=\|\boldsymbol{y}\|^2$．特别地，$\|\boldsymbol{y}\|=1$的充分必要条件是 $\|\boldsymbol{x}\|=1$．这样，如果 $\boldsymbol{x}$ 和 $\boldsymbol{y}$ 是任意单位向量，那么 $\boldsymbol{x}^{\mathrm{T}}\boldsymbol{A}\boldsymbol{x}$ 和 $\boldsymbol{y}^{\mathrm{T}}\boldsymbol{D}\boldsymbol{y}$ 可以认为是具有同样值的集合.

为简化记号，假设 $\boldsymbol{A}$ 是以 $a\geqslant b\geqslant c$ 为特征值的 3×3 矩阵，重排 $\boldsymbol{P}$ 的列（特征向量），使得 $\boldsymbol{P}=[\boldsymbol{u}_1\quad \boldsymbol{u}_2\quad \boldsymbol{u}_3]$和

$$\boldsymbol{D}=\begin{bmatrix} a & 0 & 0 \\ 0 & b & 0 \\ 0 & 0 & c \end{bmatrix}$$

给定的 $\mathbb{R}^3$ 中的单位向量 $\boldsymbol{y}$，其坐标为 y_1,y_2,y_3，注意

$$\begin{aligned} ay_1^2 &= ay_1^2 \\ by_2^2 &\leqslant ay_2^2 \\ cy_3^2 &\leqslant ay_3^2 \end{aligned}$$

将不等式相加，我们有

$$\begin{aligned} \boldsymbol{y}^{\mathrm{T}}\boldsymbol{D}\boldsymbol{y} &= ay_1^2+by_2^2+cy_3^2 \\ &\leqslant ay_1^2+ay_2^2+ay_3^2 \\ &= a(y_1^2+y_2^2+y_3^2) \\ &= a\|\boldsymbol{y}\|^2=a \end{aligned}$$

这样由 M 的定义可知，$M\leqslant a$．然而，当 $\boldsymbol{y}=\boldsymbol{e}_1=(1,0,0)$ 时，$\boldsymbol{y}^{\mathrm{T}}\boldsymbol{D}\boldsymbol{y}=a$，所以，事实上 $M=a$．由（3）式可知，对应于 $\boldsymbol{y}=\boldsymbol{e}_1$ 的向量 $\boldsymbol{x}$ 是矩阵 $\boldsymbol{A}$ 的特征向量 $\boldsymbol{u}_1$，其原因是

⊖ （2）式中的 min 和 max 以及定理 6 中的最小和最大是指实数的自然顺序而不是指量级的最小和最大.

$$x = Pe_1 = [u_1\ u_2\ u_3]\begin{bmatrix}1\\0\\0\end{bmatrix} = u_1$$

这样 $M = a = e_1^T De_1 = u_1^T Au_1$，从而证明了关于 M 的论断. 同理可证明 m 是最小特征值即 c，且 $x^T Ax$ 的这个值当 $x = Pe_3 = u_3$ 时可以取到. ■

例 3 令 $A = \begin{bmatrix}3 & 2 & 1\\2 & 3 & 1\\1 & 1 & 4\end{bmatrix}$，求二次型 $x^T Ax$ 在限制条件 $x^T x = 1$ 下的最大值，并求一个可以取到该最大值的单位向量.

解 由定理 6，所求的最大值即为 A 的最大特征值，其特征多项式是

$$0 = -\lambda^3 + 10\lambda^2 - 27\lambda + 18 = -(\lambda - 6)(\lambda - 3)(\lambda - 1)$$

最大特征值为 6.

限制条件下 $x^T Ax$ 的最大值可以在特征值 $\lambda = 6$ 对应的单位特征向量 x 处获得. 解 $(A - 6I)x = 0$，可得特征向量 $\begin{bmatrix}1\\1\\1\end{bmatrix}$ 和 $u_1 = \begin{bmatrix}1/\sqrt{3}\\1/\sqrt{3}\\1/\sqrt{3}\end{bmatrix}$. ■

在定理 7 和稍后的应用实例中，要计算 $x^T Ax$ 的值，其中附加的限制条件是单位向量 x.

定理 7 设 A, λ_1 和 u_1 如定理 6 所示. 在如下条件限制下：

$$x^T x = 1,\ x^T u_1 = 0$$

$x^T Ax$ 的最大值是第二大特征值 λ_2，且这个最大值可以在 x 是对应于 λ_2 的特征向量 u_2 处达到.

定理 7 的证明和上面讨论的类似，即定理转化为二次型的矩阵是对角矩阵的情形，下面的例子给出对角矩阵情形下证明的思路.

例 4 求 $9x_1^2 + 4x_2^2 + 3x_3^2$ 的最大值，其限制条件是 $x^T x = 1$ 和 $x^T u_1 = 0$，其中 $u_1 = (1,0,0)$. 注意 u_1 是二次型的矩阵的最大特征值 $\lambda = 9$ 对应的单位特征向量.

解 如果 x 的坐标为 x_1, x_2, x_3，那么限制 $x^T u_1 = 0$ 仅仅意味着 $x_1 = 0$. 对这样的一个单位向量，$x_2^2 + x_3^2 = 1$ 且

$$\begin{aligned}9x_1^2 + 4x_2^2 + 3x_3^2 &= 4x_2^2 + 3x_3^2\\&\leqslant 4x_2^2 + 4x_3^2\\&= 4(x_2^2 + x_3^2)\\&= 4\end{aligned}$$

在这样的限制条件下，二次型的最大值不超过 4，且这个最大值可在 $x = (0,1,0)$ 处达到，而这就是二次型的矩阵的第二大特征值对应的特征向量. ■

例 5 令 A 表示例 3 中的矩阵，且 u_1 是对应于矩阵 A 的最大特征值的特征向量，求 $x^T Ax$ 的最大值，其限制条件是

$$x^T x = 1,\quad x^T u_1 = 0 \tag{4}$$

解　由例 3 可知，$\boldsymbol{A}$ 的第二大特征值是 $\lambda=3$．解方程 $(\boldsymbol{A}-3\boldsymbol{I})\boldsymbol{x}=\boldsymbol{0}$ 求出 $\lambda=3$ 对应的特征向量，且单位化得到

$$\boldsymbol{u}_2=\begin{bmatrix}1/\sqrt{6}\\1/\sqrt{6}\\-2/\sqrt{6}\end{bmatrix}$$

由于特征向量对应于不同的特征值，故向量 $\boldsymbol{u}_2$ 和 $\boldsymbol{u}_1$ 自然互相垂直. 这样，在条件（4）式的限制下，$\boldsymbol{x}^{\mathrm{T}}\boldsymbol{A}\boldsymbol{x}$ 的最大值是 3，且在 $\boldsymbol{x}=\boldsymbol{u}_2$ 处可以达到. ■

下面的定理是定理 7 的推广，它和定理 6 一起给出矩阵 $\boldsymbol{A}$ 所有特征值的有用特性. 具体证明从略.

定理 8　设 $\boldsymbol{A}$ 是一个 $n\times n$ 对称矩阵，其正交对角化为 $\boldsymbol{A}=\boldsymbol{P}\boldsymbol{D}\boldsymbol{P}^{-1}$，将对角矩阵 $\boldsymbol{D}$ 上的元素重新排列，使得 $\lambda_1\geqslant\lambda_2\geqslant\cdots\geqslant\lambda_n$，且 $\boldsymbol{P}$ 的列是其对应的单位特征向量 $u_1,u_2,\cdots,u_n$．那么对 $k=2,\cdots,n$，在以下限制条件下：

$$\boldsymbol{x}^{\mathrm{T}}\boldsymbol{x}=1,\ \boldsymbol{x}^{\mathrm{T}}\boldsymbol{u}_1=0,\ \cdots,\boldsymbol{x}^{\mathrm{T}}\boldsymbol{u}_{k-1}=0$$

$\boldsymbol{x}^{\mathrm{T}}\boldsymbol{A}\boldsymbol{x}$ 的最大值是特征值 λ_k，且这个最大值在 $\boldsymbol{x}=\boldsymbol{u}_k$ 处可以达到.

定理 8 在 7.4 节中和 7.5 节中非常有用，下面的应用仅仅需要定理 6.

例 6　一个县政府计划下一年度修 x 百英里的公路和桥梁，并且修整 y 百英亩的公园和娱乐场所. 政府部门必须确定在两个项目上如何分配它的资源（资金、设备和劳动等）. 如果同时开始两个项目比仅开始一个项目更划算的话，那么 x 和 y 必须满足下面的限制条件：

$$4x^2+9y^2\leqslant 36$$

见图 7-10. 每个阴影可行集中的点 (x,y) 表示一个可能的该年度的公共工作计划. 在限制曲线 $4x^2+9y^2=36$ 上的点使资源利用达到最大可能.

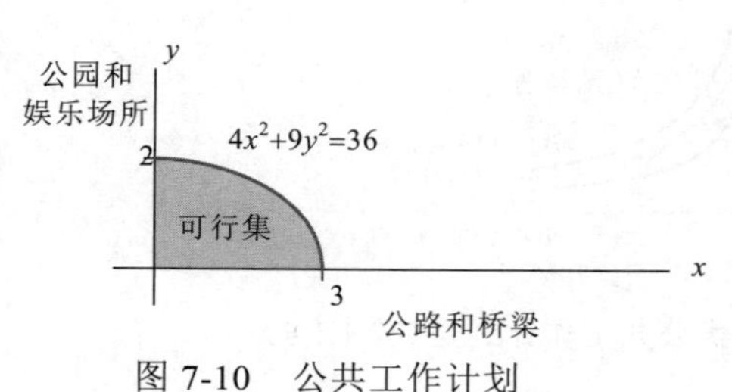

图 7-10　公共工作计划

为选择公共工作计划，县政府需要考虑居民的意见. 为度量居民分配各类工作计划 (x,y) 的值或效用，经济学家有时利用下面的函数：

$$q(x,y)=xy$$

其中使 $q(x,y)$ 为常数的 (x,y) 点的集合称为无差别曲线. 从图 7-11 中可以看到三条这样的曲线，沿着无差别曲线的点对应的选择表示

居民作为一个群体有相同的价值观[㊀]．求公共工作计划，使得效用函数 q 最大．

解　限制条件的方程 $4x^2+9y^2=36$ 并没有描述一个单位向量集，但变量代换可以解决这个问题．重写限制条件为如下形式：

$$\left(\frac{x}{3}\right)^2+\left(\frac{y}{2}\right)^2=1$$

定义

$$x_1=\frac{x}{3}, x_2=\frac{y}{2},\quad \text{即 } x=3x_1, y=2x_2$$

从而限制条件变成

$$x_1^2+x_2^2=1$$

效用函数变成 $q(3x_1,2x_2)=(3x_1)(2x_2)=6x_1x_2$．取 $\boldsymbol{x}=\begin{bmatrix}x_1\\x_2\end{bmatrix}$，那么原问题变为，在限制条件 $\boldsymbol{x}^{\mathrm{T}}\boldsymbol{x}=1$ 下求 $Q(\boldsymbol{x})=6x_1x_2$ 的最大值．注意 $Q(\boldsymbol{x})=\boldsymbol{x}^{\mathrm{T}}\boldsymbol{A}\boldsymbol{x}$，其中

$$\boldsymbol{A}=\begin{bmatrix}0&3\\3&0\end{bmatrix}$$

$\boldsymbol{A}$ 的特征值是 ±3，对应于 $\lambda=3$ 的特征向量是 $\begin{bmatrix}1/\sqrt{2}\\1/\sqrt{2}\end{bmatrix}$，对应于 $\lambda=-3$ 的特征向量是 $\begin{bmatrix}-1/\sqrt{2}\\1/\sqrt{2}\end{bmatrix}$，这样 $Q(\boldsymbol{x})=q(x_1,x_2)$ 的最大值是 3，在 $x_1=1/\sqrt{2}$ 和 $x_2=1/\sqrt{2}$ 处可以达到．

根据原来的变量，最优的公共工作计划是修建 $x=3x_1=3/\sqrt{2}\approx2.1$ 百英里的公路和桥梁以及 $y=2x_2=\sqrt{2}\approx1.4$ 百英亩的公园和娱乐场所．最优公共工作计划是限制曲线和无差别曲线 $q(x,y)=3$ 恰好相交的点，具有更大效用的点 (x,y) 位于和限制曲线不相交的无差别曲线上，见图 7-11．

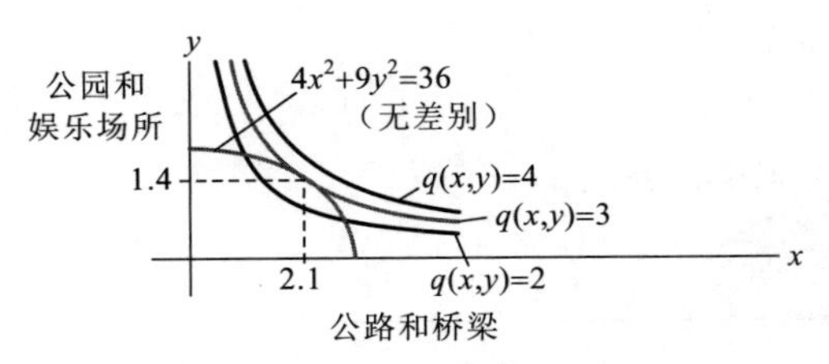

图 7-11　最优公共工作计划是（2.1,1.4）　■

练习题

1. 设 $Q(\boldsymbol{x})=3x_1^2+3x_2^2+2x_1x_2$，求一个变量代换，将 Q 变换成一个不含交叉乘积项的二次型，且给出新二次型．
2. 对练习题 1 中的 Q，求 $Q(\boldsymbol{x})$ 在限制条件 $\boldsymbol{x}^{\mathrm{T}}\boldsymbol{x}=1$ 下的最大值，并求出达到最大值的单位向量．

㊀ 关于无差别曲线的讨论，可参考 Michael D. Intriligator，Ronald G.Bodkin, and Cheng Hsiao, *Econometric Models, Techniques, and Applications* (Upper Saddle River, NJ: Prentice-Hall, 1996).

习题 7.3

在习题 1 和习题 2 中，求变量代换 $\boldsymbol{x}=\boldsymbol{P}\boldsymbol{y}$，将二次型 $\boldsymbol{x}^{\mathrm{T}}\boldsymbol{A}\boldsymbol{x}$ 变换为对应的 $\boldsymbol{y}^{\mathrm{T}}\boldsymbol{D}\boldsymbol{y}$.

1. $5x_1^2+6x_2^2+7x_3^2+4x_1x_2-4x_2x_3=9y_1^2+6y_2^2+3y_3^2$
2. $3x_1^2+3x_2^2+5x_3^2+6x_1x_2+2x_1x_3+2x_2x_3=7y_1^2+4y_2^2$
（提示：$\boldsymbol{x}$ 和 $\boldsymbol{y}$ 必须有同样数目的坐标，这样，这里显示的二次型关于 y_3^2 的系数一定为零.）

对习题 3~6，求（a）在条件 $\boldsymbol{x}^{\mathrm{T}}\boldsymbol{x}=1$ 限制下 $Q(\boldsymbol{x})$ 的最大值，（b）达到最大值的一个单位向量 $\boldsymbol{u}$,(c) 在条件 $\boldsymbol{x}^{\mathrm{T}}\boldsymbol{x}=1$ 和 $\boldsymbol{x}^{\mathrm{T}}\boldsymbol{u}=0$ 限制下 $Q(\boldsymbol{x})$ 的最大值.

3. $Q(\boldsymbol{x})=5x_1^2+6x_2^2+7x_3^2+4x_1x_2-4x_2x_3$（见习题 1）
4. $Q(\boldsymbol{x})=3x_1^2+3x_2^2+5x_3^2+6x_1x_2+2x_1x_3+2x_2x_3$（见习题 2）
5. $Q(\boldsymbol{x})=x_1^2+x_2^2-10x_1x_2$
6. $Q(\boldsymbol{x})=3x_1^2+9x_2^2+8x_1x_2$
7. 设 $Q(\boldsymbol{x})=-2x_1^2-x_2^2+4x_1x_2+4x_2x_3$，在条件 $\boldsymbol{x}^{\mathrm{T}}\boldsymbol{x}=1$ 的限制下，求出 $\mathbb{R}^3$ 中的单位向量 $\boldsymbol{x}$ 使 $Q(\boldsymbol{x})$ 取最大值.（提示：二次型 Q 的矩阵的特征值是 2，-1 和-4.）
8. 设 $Q(\boldsymbol{x})=7x_1^2+x_2^2+7x_3^2-8x_1x_2-4x_1x_3-8x_2x_3$，在条件 $\boldsymbol{x}^{\mathrm{T}}\boldsymbol{x}=1$ 的限制下，求出 $\mathbb{R}^3$ 中的单位向量 $\boldsymbol{x}$，使得 $Q(\boldsymbol{x})$ 最大.（提示：二次型 Q 的矩阵的特征值是 9 和−3.）
9. 在条件 $x_1^2+x_2^2=1$ 的限制下，求出 $Q(\boldsymbol{x})=7x_1^2+3x_2^2-2x_1x_2$ 的最大值.（不必求出达到最大值的向量.）
10. 在条件 $x_1^2+x_2^2=1$ 的限制下，求出 $Q(\boldsymbol{x})=-3x_1^2+5x_2^2-2x_1x_2$ 的最大值.（不必求出达到最大值的向量.）
11. 若 $\boldsymbol{x}$ 是矩阵 $\boldsymbol{A}$ 对应于特征值 3 的一个单位特征向量，$\boldsymbol{x}^{\mathrm{T}}\boldsymbol{A}\boldsymbol{x}$ 的值是什么？
12. 设 λ 是对称矩阵 $\boldsymbol{A}$ 的一个特征值，验证本节的一个结论，即 $m\leqslant\lambda\leqslant M$，其中 m 和 M 的定义在（2）式中给出.（提示：求出 $\boldsymbol{x}$ 使得 $\lambda=\boldsymbol{x}^{\mathrm{T}}\boldsymbol{A}\boldsymbol{x}$.）
13. 设 $\boldsymbol{A}$ 是 $n\times n$ 对称矩阵，M 和 m 表示二次型 $\boldsymbol{x}^{\mathrm{T}}\boldsymbol{A}\boldsymbol{x}$ 的最大值和最小值，其中 $\boldsymbol{x}^{\mathrm{T}}\boldsymbol{x}=1$，对应的单位特征向量是 $\boldsymbol{u}_1$ 和 $\boldsymbol{u}_n$. 下面的计算表明，对任意给定的介于 M 和 m 之间的数 t，有一个单位向量 $\boldsymbol{x}$，使得 $t=\boldsymbol{x}^{\mathrm{T}}\boldsymbol{A}\boldsymbol{x}$. 验证对 0 和 1 之间的数 α，有 $t=(1-\alpha)m+\alpha M$，然后令 $\boldsymbol{x}=\sqrt{1-\alpha}\boldsymbol{u}_n+\sqrt{\alpha}\boldsymbol{u}_1$，证明 $\boldsymbol{x}^{\mathrm{T}}\boldsymbol{x}=1$ 且 $\boldsymbol{x}^{\mathrm{T}}\boldsymbol{A}\boldsymbol{x}=t$.

[M]请依据习题 3~6 给出的说明做习题 14~17.

14. $3x_1x_2+5x_1x_3+7x_1x_4+7x_2x_3+5x_2x_4+3x_3x_4$
15. $4x_1^2-6x_1x_2-10x_1x_3-10x_1x_4-6x_2x_3-6x_2x_4-2x_3x_4$
16. $-6x_1^2-10x_2^2-13x_3^2-13x_4^2-4x_1x_2-4x_1x_3-4x_1x_4+6x_3x_4$
17. $x_1x_2+3x_1x_3+30x_1x_4+30x_2x_3+3x_2x_4+x_3x_4$

练习题答案

1. 二次型的矩阵是 $\boldsymbol{A}=\begin{bmatrix}3&1\\1&3\end{bmatrix}$，很容易求出特征值为 4 和 2，对应的单位特征向量为 $\begin{bmatrix}1/\sqrt{2}\\1/\sqrt{2}\end{bmatrix}$ 和 $\begin{bmatrix}-1/\sqrt{2}\\1/\sqrt{2}\end{bmatrix}$，所以期望的变量代换是 $\boldsymbol{x}=\boldsymbol{P}\boldsymbol{y}$，其中 $\boldsymbol{P}=\begin{bmatrix}1/\sqrt{2}&-1/\sqrt{2}\\1/\sqrt{2}&1/\sqrt{2}\end{bmatrix}$.（一个常见的错误是忘记将向量单位化.）新的二次型是 $\boldsymbol{y}^{\mathrm{T}}\boldsymbol{D}\boldsymbol{y}=4y_1^2+2y_2^2$.
2. 对单位向量 $\boldsymbol{x}$，$Q(\boldsymbol{x})$ 的最大值是 4，且取得最大值时的单位向量是 $\begin{bmatrix}1/\sqrt{2}\\1/\sqrt{2}\end{bmatrix}$（一个常见的错误答案是 $\begin{bmatrix}1\\0\end{bmatrix}$，这个向量使二次型 $\boldsymbol{y}^{\mathrm{T}}\boldsymbol{D}\boldsymbol{y}$ 而不是 $Q(\boldsymbol{x})$ 达到最大值）. 见图 7-12.

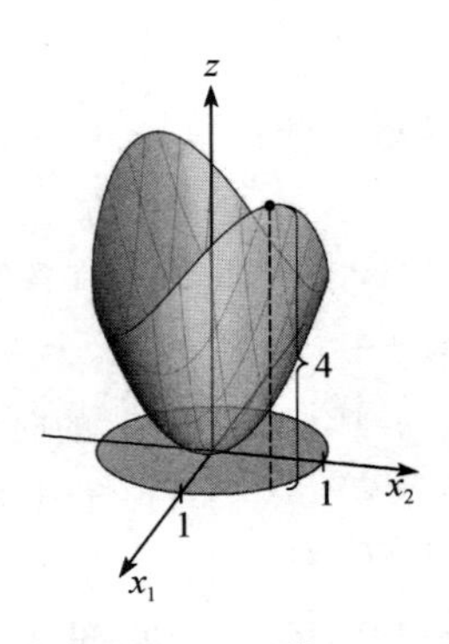

图 7-12　$Q(\boldsymbol{x})$在限制条件 $\boldsymbol{x}^{\mathrm{T}}\boldsymbol{x}=1$ 下的最大值是 4

7.4　奇异值分解

5.3 节和 7.1 节的对角化定理在许多应用中均很重要，然而，如我们所知，不是所有矩阵都有分解式 $\boldsymbol{A}=\boldsymbol{PDP}^{-1}$，且 $\boldsymbol{D}$ 是对角的. 但分解 $\boldsymbol{A}=\boldsymbol{QDP}^{-1}$ 对任意 $m\times n$ 矩阵 $\boldsymbol{A}$ 都有可能！这类特殊分解称为奇异值分解，是线性代数应用中最有用的矩阵分解之一.

奇异值分解基于一般的矩阵对角化性质，可以被长方形矩阵模仿：一个对称矩阵 $\boldsymbol{A}$ 的特征值的绝对值度量 $\boldsymbol{A}$ 拉长或压缩一个向量（特征向量）的程度. 如果 $\boldsymbol{Ax}=\lambda\boldsymbol{x}$，且 $\|\boldsymbol{x}\|=1$，那么

$$\|\boldsymbol{Ax}\|=\|\lambda\boldsymbol{x}\|=|\lambda|\|\boldsymbol{x}\|=|\lambda| \tag{1}$$

如果 λ_1 是具有最大绝对值的特征值，那么对应的单位特征向量 $\boldsymbol{v}_1$ 确定一个 $\boldsymbol{A}$ 的拉长影响最大的方向，也就是说，（1）式表示当 $\boldsymbol{x}=\boldsymbol{v}_1$ 时，$\boldsymbol{Ax}$ 的长度最大化，且 $\|\boldsymbol{Av}_1\|=|\lambda_1|$. 这个对 $\boldsymbol{v}_1$ 和 $|\lambda_1|$ 的描述对于长方形的矩阵来说也是类似的，这将导致奇异值分解.

例 1　如果 $\boldsymbol{A}=\begin{bmatrix}4 & 11 & 14\\ 8 & 7 & -2\end{bmatrix}$，那么线性变换 $\boldsymbol{x}\mapsto\boldsymbol{Ax}$ 将 $\mathbb{R}^3$ 中的单位球 $\{\boldsymbol{x}:\|\boldsymbol{x}\|=1\}$ 映射到 $\mathbb{R}^2$ 上的椭圆，见图 7-13. 找出使得长度 $\|\boldsymbol{Ax}\|$ 最大的一个单位向量 $\boldsymbol{x}$，且计算这个最大长度.

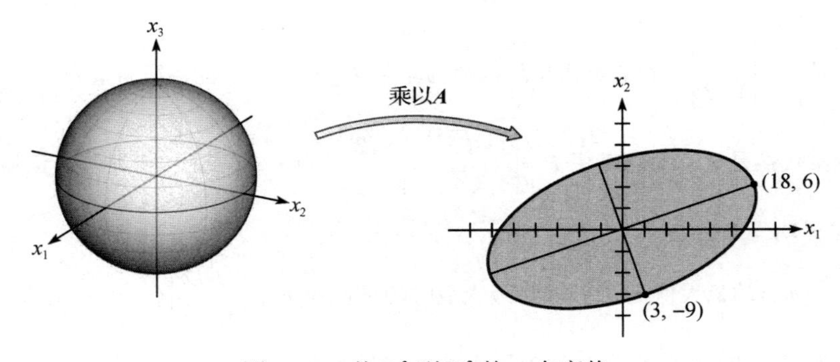

图 7-13　从 $\mathbb{R}^3$ 到 $\mathbb{R}^2$ 的一个变换

解　使 $\|\boldsymbol{Ax}\|^2$ 的值最大化的 $\boldsymbol{x}$ 同样使 $\|\boldsymbol{Ax}\|$ 的值最大化，但 $\|\boldsymbol{Ax}\|^2$ 更容易计算. 注意

$$\|A\boldsymbol{x}\|^2 = (A\boldsymbol{x})^{\mathrm{T}}(A\boldsymbol{x}) = \boldsymbol{x}^{\mathrm{T}}A^{\mathrm{T}}A\boldsymbol{x} = \boldsymbol{x}^{\mathrm{T}}(A^{\mathrm{T}}A)\boldsymbol{x}$$

由于 $(A^{\mathrm{T}}A)^{\mathrm{T}} = A^{\mathrm{T}}A^{\mathrm{TT}} = A^{\mathrm{T}}A$，故 $A^{\mathrm{T}}A$ 也是一个对称矩阵. 所以，现在的问题转化为在条件 $\|\boldsymbol{x}\| = 1$ 的限制下最大化二次型 $\boldsymbol{x}^{\mathrm{T}}(A^{\mathrm{T}}A)\boldsymbol{x}$. 利用 7.3 节的定理 6，最大值就是矩阵 $A^{\mathrm{T}}A$ 的最大特征值 λ_1，同样，最大值可以在 $A^{\mathrm{T}}A$ 的特征值 λ_1 对应的单位特征向量处获得.

对本例中的矩阵 A，

$$A^{\mathrm{T}}A = \begin{bmatrix} 4 & 8 \\ 11 & 7 \\ 14 & -2 \end{bmatrix}\begin{bmatrix} 4 & 11 & 14 \\ 8 & 7 & -2 \end{bmatrix} = \begin{bmatrix} 80 & 100 & 40 \\ 100 & 170 & 140 \\ 40 & 140 & 200 \end{bmatrix}$$

矩阵 $A^{\mathrm{T}}A$ 的特征值是 $\lambda_1 = 360$，$\lambda_2 = 90$ 和 $\lambda_3 = 0$，对应的单位特征向量分别是

$$\boldsymbol{v}_1 = \begin{bmatrix} 1/3 \\ 2/3 \\ 2/3 \end{bmatrix}, \boldsymbol{v}_2 = \begin{bmatrix} -2/3 \\ -1/3 \\ 2/3 \end{bmatrix}, \boldsymbol{v}_3 = \begin{bmatrix} 2/3 \\ -2/3 \\ 1/3 \end{bmatrix}$$

$\|A\boldsymbol{x}\|^2$ 的最大值是 360，且在 $\boldsymbol{x}$ 为单位向量 $\boldsymbol{v}_1$ 处获得. 向量 $A\boldsymbol{v}_1$ 是图 7-13 中椭圆上离原点最远的点，即

$$A\boldsymbol{v}_1 = \begin{bmatrix} 4 & 11 & 14 \\ 8 & 7 & -2 \end{bmatrix}\begin{bmatrix} 1/3 \\ 2/3 \\ 2/3 \end{bmatrix} = \begin{bmatrix} 18 \\ 6 \end{bmatrix}$$

对 $\|\boldsymbol{x}\| = 1$，$\|A\boldsymbol{x}\|$ 的最大值是 $\|A\boldsymbol{v}_1\| = \sqrt{360} = 6\sqrt{10}$. ■

例 1 说明，A 对 $\mathbb{R}^3$ 中单位球面的影响与二次型 $\boldsymbol{x}^{\mathrm{T}}(A^{\mathrm{T}}A)\boldsymbol{x}$ 有关. 事实上，变换 $\boldsymbol{x} \to A\boldsymbol{x}$ 的全部几何特性都可用二次型来说明，下面我们将说明这个问题.

一个 $m \times n$ 矩阵的奇异值

令 A 是 $m \times n$ 矩阵，那么 $A^{\mathrm{T}}A$ 是对称矩阵且可以正交对角化. 令 $\{\boldsymbol{v}_1, \boldsymbol{v}_2, \cdots, \boldsymbol{v}_n\}$ 是 $\mathbb{R}^n$ 的单位正交基且构成 $A^{\mathrm{T}}A$ 的特征向量，$\lambda_1, \lambda_2, \cdots, \lambda_n$ 是 $A^{\mathrm{T}}A$ 对应的特征值，那么对 $1 \leqslant i \leqslant n$，

$$\begin{aligned} \|A\boldsymbol{v}_i\|^2 &= (A\boldsymbol{v}_i)^{\mathrm{T}}A\boldsymbol{v}_i = \boldsymbol{v}_i^{\mathrm{T}}A^{\mathrm{T}}A\boldsymbol{v}_i \\ &= \boldsymbol{v}_i^{\mathrm{T}}\ (\lambda_i\boldsymbol{v}_i) && \text{由于 } \boldsymbol{v}_i \text{ 是 } A^{\mathrm{T}}A \text{ 的特征向量} \\ &= \lambda_i && \text{由于 } \boldsymbol{v}_i \text{ 是单位向量} \end{aligned} \tag{2}$$

所以，$A^{\mathrm{T}}A$ 的所有特征值都非负. 如果必要，通过重新编号，可以假设特征值的重新排列满足

$$\lambda_1 \geqslant \lambda_2 \geqslant \cdots \geqslant \lambda_n \geqslant 0$$

A 的**奇异值**是 $A^{\mathrm{T}}A$ 的特征值的平方根，记为 $\sigma_1, \sigma_2, \cdots, \sigma_n$，且它们用递减顺序排列，也就是对 $1 \leqslant i \leqslant n$，$\sigma_i = \sqrt{\lambda_i}$. 由（2）式可知，$A$ 的奇异值是向量 $A\boldsymbol{v}_1, A\boldsymbol{v}_2, \cdots, A\boldsymbol{v}_n$ 的长度.

例 2 令 A 是例 1 中的矩阵，由于 $A^{\mathrm{T}}A$ 的特征值是 360，90 和 0，故 A 的奇异值是

$$\sigma_1 = \sqrt{360} = 6\sqrt{10},\ \sigma_2 = \sqrt{90} = 3\sqrt{10},\ \sigma_3 = 0$$

从例 1 可知，A 的第一个奇异值是 $\|A\boldsymbol{x}\|$ 在所有单位向量处的最大值，且最大值可以在单位向量 $\boldsymbol{v}_1$ 处获得. 7.3 节的定理 7 表明，A 的第二个奇异值是 $\|A\boldsymbol{x}\|$ 在所有与 $\boldsymbol{v}_1$ 正交的单位向量上的最大

值，且这个最大值可以在第二个单位特征向量 $\boldsymbol{v}_2$ 处获得（习题 22）．对例 1 中的 $\boldsymbol{v}_2$，

$$\boldsymbol{A}\boldsymbol{v}_2=\begin{bmatrix}4&11&14\\8&7&-2\end{bmatrix}\begin{bmatrix}-2/3\\-1/3\\2/3\end{bmatrix}=\begin{bmatrix}3\\-9\end{bmatrix}$$

这个点在图 7-13 中椭圆的短轴上，像 $\boldsymbol{A}\boldsymbol{v}_1$ 在长轴上一样（见图 7-14）．矩阵 $\boldsymbol{A}$ 的前两个奇异值是椭圆长半轴和短半轴的长度.

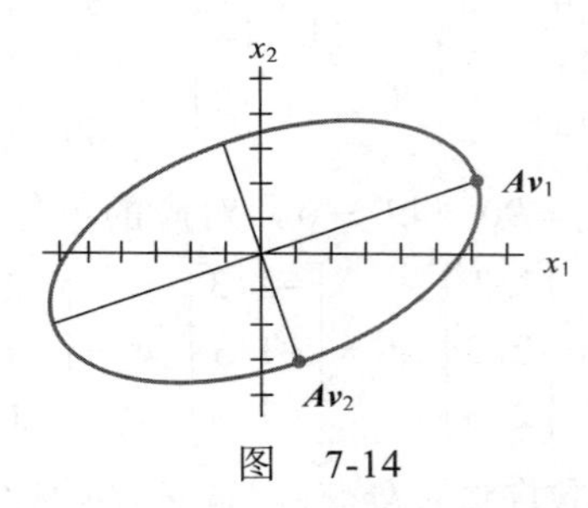

图　7-14　■

事实上，像下面定理所说，图 7-14 中的 $\boldsymbol{A}\boldsymbol{v}_1$ 和 $\boldsymbol{A}\boldsymbol{v}_2$ 正交不是偶然.

定理 9　假若 $\{\boldsymbol{v}_1,\boldsymbol{v}_2,\cdots,\boldsymbol{v}_n\}$ 是包含 $\boldsymbol{A}^{\mathrm{T}}\boldsymbol{A}$ 的特征向量的 $\mathbb{R}^n$ 上的单位正交基，重新整理使得对应的 $\boldsymbol{A}^{\mathrm{T}}\boldsymbol{A}$ 的特征值满足 $\lambda_1\geqslant\lambda_2\geqslant\cdots\geqslant\lambda_n$．假若 $\boldsymbol{A}$ 有 r 个非零奇异值，那么 $\{\boldsymbol{A}\boldsymbol{v}_1,\boldsymbol{A}\boldsymbol{v}_2,\cdots,\boldsymbol{A}\boldsymbol{v}_r\}$ 是 $\mathrm{Col}\boldsymbol{A}$ 的一个正交基，且 $\mathrm{rank}\,\boldsymbol{A}=r$．

证　由于当 $i\neq j$ 时，$\boldsymbol{v}_i$ 和 $\lambda_j\boldsymbol{v}_j$ 正交，所以

$$(\boldsymbol{A}\boldsymbol{v}_i)^{\mathrm{T}}(\boldsymbol{A}\boldsymbol{v}_j)=\boldsymbol{v}_i^{\mathrm{T}}\boldsymbol{A}^{\mathrm{T}}\boldsymbol{A}\boldsymbol{v}_j=\boldsymbol{v}_i^{\mathrm{T}}(\lambda_j\boldsymbol{v}_j)=0$$

从而 $\{\boldsymbol{A}\boldsymbol{v}_1,\boldsymbol{A}\boldsymbol{v}_2,\cdots,\boldsymbol{A}\boldsymbol{v}_n\}$ 是一个正交基. 更进一步，由于向量 $\boldsymbol{A}\boldsymbol{v}_1,\boldsymbol{A}\boldsymbol{v}_2,\cdots,\boldsymbol{A}\boldsymbol{v}_n$ 的长度是 $\boldsymbol{A}$ 的奇异值，且因为有 r 个非零奇异值，因此 $\boldsymbol{A}\boldsymbol{v}_i\neq\boldsymbol{0}$ 的充分必要条件是 $1\leqslant i\leqslant r$．所以 $\boldsymbol{A}\boldsymbol{v}_1,\boldsymbol{A}\boldsymbol{v}_2,\cdots,\boldsymbol{A}\boldsymbol{v}_r$ 是线性无关向量，且属于 $\mathrm{Col}\boldsymbol{A}$．最后，对任意属于 $\mathrm{Col}\,\boldsymbol{A}$ 的 $\boldsymbol{y}$，比如 $\boldsymbol{y}=\boldsymbol{A}\boldsymbol{x}$，我们可以写出 $\boldsymbol{x}=c_1\boldsymbol{v}_1+c_2\boldsymbol{v}_2+\cdots+c_n\boldsymbol{v}_n$，且

$$\begin{aligned}\boldsymbol{y}=\boldsymbol{A}\boldsymbol{x}&=c_1\boldsymbol{A}\boldsymbol{v}_1+\cdots+c_r\boldsymbol{A}\boldsymbol{v}_r+c_{r+1}\boldsymbol{A}\boldsymbol{v}_{r+1}+\cdots+c_n\boldsymbol{A}\boldsymbol{v}_n\\&=c_1\boldsymbol{A}\boldsymbol{v}_1+\cdots+c_r\boldsymbol{A}\boldsymbol{v}_r+0+\cdots+0\end{aligned}$$

这样，$\boldsymbol{y}$ 在 $\mathrm{Span}\{\boldsymbol{A}\boldsymbol{v}_1,\boldsymbol{A}\boldsymbol{v}_2,\cdots,\boldsymbol{A}\boldsymbol{v}_r\}$ 中，这说明 $\{\boldsymbol{A}\boldsymbol{v}_1,\boldsymbol{A}\boldsymbol{v}_2,\cdots,\boldsymbol{A}\boldsymbol{v}_r\}$ 是 $\mathrm{Col}\,\boldsymbol{A}$ 的一个（正交）基. 因此 $\mathrm{rank}\,\boldsymbol{A}=\dim\mathrm{Col}\,\boldsymbol{A}=r$．■

数值计算的注解　在一些情形下，$\boldsymbol{A}$ 的秩对 $\boldsymbol{A}$ 中元素的微小变化很敏感. 如果用计算机对矩阵 $\boldsymbol{A}$ 作行化简，那么很明显矩阵 $\boldsymbol{A}$ 的主元列数目的计算方法效果不好，舍入误差常导致满秩的阶梯矩阵.

实际上，估计大矩阵 $\boldsymbol{A}$ 的秩时，最可靠的方法是计算非零奇异值的个数. 在这种情形下，特别小的非零奇异值在实际计算中常假定为零，矩阵 $\boldsymbol{A}$ 的有效秩是剩余非零奇异值的数目.[1]

---

[1] 一般地，秩的估计问题并不简单，对这个问题的详细讨论见 Philip E. Gill, Walter Murray, and Margaret H. Wright, *Numerical Linear Algebra and Optimization*, vol.1 (Redwood City, CA: Addison-Wesley, 1991)，5.8 节.

奇异值分解

矩阵 $\boldsymbol{A}$ 的分解涉及一个 $m\times n$ "对角"矩阵 $\boldsymbol{\Sigma}$，其形式是

$$\boldsymbol{\Sigma}=\begin{bmatrix}\boldsymbol{D} & 0\\ 0 & 0\end{bmatrix} \begin{matrix}\\ \leftarrow m-r\text{ 行}\end{matrix} \quad \text{（}\uparrow n-r\text{ 列）} \tag{3}$$

其中，$\boldsymbol{D}$ 是一个 $r\times r$ 对角矩阵，且 r 不超过 m 和 n 中较小的那个（如果 r 等于 m 或 n，或都相等，则 $\boldsymbol{\Sigma}$ 中不会出现零矩阵）.

定理 10 （奇异值分解）

设 $\boldsymbol{A}$ 是秩为 r 的 $m\times n$ 矩阵，那么存在一个类似（3）式中的 $m\times n$ 矩阵 $\boldsymbol{\Sigma}$，其中 $\boldsymbol{D}$ 的对角线元素是 $\boldsymbol{A}$ 的前 r 个奇异值，$\sigma_1\geqslant\sigma_2\geqslant\cdots\geqslant\sigma_r>0$，并且存在一个 $m\times m$ 正交矩阵 $\boldsymbol{U}$ 和一个 $n\times n$ 正交矩阵 $\boldsymbol{V}$ 使得 $\boldsymbol{A}=\boldsymbol{U\Sigma V}^{\mathrm{T}}$.

任何分解 $\boldsymbol{A}=\boldsymbol{U\Sigma V}^{\mathrm{T}}$ 称为 $\boldsymbol{A}$ 的一个**奇异值分解**（或 SVD），其中 $\boldsymbol{U}$ 和 $\boldsymbol{V}$ 是正交矩阵，$\boldsymbol{\Sigma}$ 形如（3）式，$\boldsymbol{D}$ 具有正的对角线元素. 矩阵 $\boldsymbol{U}$ 和 $\boldsymbol{V}$ 不是由 $\boldsymbol{A}$ 唯一确定的，但 $\boldsymbol{\Sigma}$ 的对角线元素必须是 $\boldsymbol{A}$ 的奇异值，见习题 19. 这样的一个分解中 $\boldsymbol{U}$ 的列称为 $\boldsymbol{A}$ 的**左奇异向量**，而 $\boldsymbol{V}$ 的列称为 $\boldsymbol{A}$ 的**右奇异向量**.

证 假设 λ_i 和 $\boldsymbol{v}_i$ 如定理 9，使得 $\{\boldsymbol{Av}_1,\boldsymbol{Av}_2,\cdots,\boldsymbol{Av}_r\}$ 是 Col $\boldsymbol{A}$ 的正交基. 将每一个 $\boldsymbol{Av}_i$ 单位化得到一个单位正交基 $\{\boldsymbol{u}_1,\boldsymbol{u}_2,\cdots,\boldsymbol{u}_r\}$，其中

$$\boldsymbol{u}_i=\frac{1}{\|\boldsymbol{Av}_i\|}\boldsymbol{Av}_i=\frac{1}{\sigma_i}\boldsymbol{Av}_i$$

而且

$$\boldsymbol{Av}_i=\sigma_i\boldsymbol{u}_i\quad(1\leqslant i\leqslant r) \tag{4}$$

现在将 $\{\boldsymbol{u}_1,\boldsymbol{u}_2,\cdots,\boldsymbol{u}_r\}$ 扩充为 $\mathbb{R}^m$ 的单位正交基 $\{\boldsymbol{u}_1,\boldsymbol{u}_2,\cdots,\boldsymbol{u}_m\}$，并且取

$$\boldsymbol{U}=[\boldsymbol{u}_1\quad\boldsymbol{u}_2\quad\cdots\quad\boldsymbol{u}_m]\quad\text{和}\quad\boldsymbol{V}=[\boldsymbol{v}_1\quad\boldsymbol{v}_2\quad\cdots\quad\boldsymbol{v}_n]$$

由构造可知，$\boldsymbol{U}$ 和 $\boldsymbol{V}$ 是正交矩阵，同样由（4）式得

$$\boldsymbol{AV}=[\boldsymbol{Av}_1\ \ \boldsymbol{Av}_2\cdots\ \ \boldsymbol{Av}_r\quad\boldsymbol{0}\ \ \cdots\ \ \boldsymbol{0}]=[\sigma_1\boldsymbol{u}_1\quad\sigma_2\boldsymbol{u}_2\cdots\quad\sigma_r\boldsymbol{u}_r\quad\boldsymbol{0}\ \ \cdots\ \ \boldsymbol{0}]$$

设 $\boldsymbol{D}$ 是对角线元素为 $\sigma_1,\sigma_2,\cdots,\sigma_r$ 的对角矩阵，$\boldsymbol{\Sigma}$ 是上面（3）式中的形式，那么

$$\begin{aligned}\boldsymbol{U\Sigma}&=[\boldsymbol{u}_1\ \boldsymbol{u}_2\cdots\boldsymbol{u}_m]\left[\begin{array}{cccc|c}\sigma_1 & & & 0 & \\ & \sigma_2 & & & 0\\ & & \ddots & & \\ 0 & & & \sigma_r & \\ \hline & & 0 & & 0\end{array}\right]\\ &=[\sigma_1\boldsymbol{u}_1\sigma_2\boldsymbol{u}_2\cdots\sigma_r\boldsymbol{u}_r\ \boldsymbol{0}\cdots\boldsymbol{0}]\\ &=\boldsymbol{AV}\end{aligned}$$

由于 $\boldsymbol{V}$ 是一个正交矩阵，因此 $\boldsymbol{U\Sigma V}^{\mathrm{T}}=\boldsymbol{AVV}^{\mathrm{T}}=\boldsymbol{A}$. ■

下面的两个例子侧重于讨论奇异值分解的内部结构. 一个有效而数值稳定的分解算法会使用另外一种方法. 参见本节末尾处的"数值计算的注解".

例 3 使用例 1 和例 2 中的结果求 $\boldsymbol{A}=\begin{bmatrix}4 & 11 & 14\\ 8 & 7 & -2\end{bmatrix}$ 的一个奇异值分解.

解 一个奇异值分解可分三步进行.

第一步. 将矩阵 $\boldsymbol{A}^{\mathrm{T}}\boldsymbol{A}$ 正交对角化. 即求矩阵 $\boldsymbol{A}^{\mathrm{T}}\boldsymbol{A}$ 的特征值及其对应的特征向量的单位正交集. 如果 $\boldsymbol{A}$ 只有两列，则其计算可以手算完成. 对规模较大的矩阵通常需要使用矩阵程序.[㊀] 而对此处的矩阵 $\boldsymbol{A}$，在例 1 中已经给出了 $\boldsymbol{A}^{\mathrm{T}}\boldsymbol{A}$ 的特征值及其相应的特征向量.

第二步. 算出 $\boldsymbol{V}$ 和 $\boldsymbol{\Sigma}$. 将 $\boldsymbol{A}^{\mathrm{T}}\boldsymbol{A}$ 的特征值按降序排列. 在例 1 中，特征值已经按降序排列：360，90，0. 它们对应的单位特征向量 $\boldsymbol{v}_1,\boldsymbol{v}_2,\boldsymbol{v}_3$ 是 $\boldsymbol{A}$ 的右奇异向量. 使用例 1 的结果，构造

$$\boldsymbol{V}=[\boldsymbol{v}_1\quad \boldsymbol{v}_2\quad \boldsymbol{v}_3]=\begin{bmatrix}1/3 & -2/3 & 2/3\\ 2/3 & -1/3 & -2/3\\ 2/3 & 2/3 & 1/3\end{bmatrix}$$

特征值的平方根就是奇异值：$\sigma_1=\sqrt{360}=6\sqrt{10},\ \sigma_2=\sqrt{90}=3\sqrt{10},\ \sigma_3=0$. 其中的非零奇异值是矩阵 $\boldsymbol{D}$ 的对角线元素. 矩阵 $\boldsymbol{\Sigma}$ 与矩阵 $\boldsymbol{A}$ 的行列数相同，以矩阵 $\boldsymbol{D}$ 为其左上角，其他元素为 0.

$$\boldsymbol{D}=\begin{bmatrix}6\sqrt{10} & 0\\ 0 & 3\sqrt{10}\end{bmatrix},\quad \boldsymbol{\Sigma}=[\boldsymbol{D}\quad 0]=\begin{bmatrix}6\sqrt{10} & 0 & 0\\ 0 & 3\sqrt{10} & 0\end{bmatrix}$$

第三步. 构造 $\boldsymbol{U}$. 当矩阵 $\boldsymbol{A}$ 的秩为 r 时，矩阵 $\boldsymbol{U}$ 的前 r 列是从 $\boldsymbol{A}\boldsymbol{v}_1\boldsymbol{A}\boldsymbol{v}_2\cdots\boldsymbol{A}\boldsymbol{v}_r$ 计算得到的单位向量. 此例中，$\boldsymbol{A}$ 有两个非零奇异值，因此 $\operatorname{rank}\boldsymbol{A}=2$. 根据例 2 之前的内容和方程（2），有 $\|\boldsymbol{A}\boldsymbol{v}_1\|=\sigma_1$，$\|\boldsymbol{A}\boldsymbol{v}_2\|=\sigma_2$，于是

$$\boldsymbol{u}_1=\frac{1}{\sigma_1}\boldsymbol{A}\boldsymbol{v}_1=\frac{1}{6\sqrt{10}}\begin{bmatrix}18\\ 6\end{bmatrix}=\begin{bmatrix}3/\sqrt{10}\\ 1/\sqrt{10}\end{bmatrix}$$

$$\boldsymbol{u}_2=\frac{1}{\sigma_2}\boldsymbol{A}\boldsymbol{v}_2=\frac{1}{3\sqrt{10}}\begin{bmatrix}3\\ -9\end{bmatrix}=\begin{bmatrix}1/\sqrt{10}\\ -3/\sqrt{10}\end{bmatrix}$$

注意 $\{\boldsymbol{u}_1,\boldsymbol{u}_2\}$ 已是 $\mathbb{R}^2$ 的一个基，因此构造 $\boldsymbol{U}$ 不需另外的向量，$\boldsymbol{U}=[\boldsymbol{u}_1\quad \boldsymbol{u}_2]$. $\boldsymbol{A}$ 的奇异值分解是

$$\boldsymbol{A}=\underset{\boldsymbol{U}}{\underset{\uparrow}{\begin{bmatrix}3/\sqrt{10} & 1/\sqrt{10}\\ 1/\sqrt{10} & -3/\sqrt{10}\end{bmatrix}}}\underset{\boldsymbol{\Sigma}}{\underset{\uparrow}{\begin{bmatrix}6\sqrt{10} & 0 & 0\\ 0 & 3\sqrt{10} & 0\end{bmatrix}}}\underset{\boldsymbol{V}^{\mathrm{T}}}{\underset{\uparrow}{\begin{bmatrix}1/3 & 2/3 & 2/3\\ -2/3 & -1/3 & 2/3\\ 2/3 & -2/3 & 1/3\end{bmatrix}}}$$

■

例 4 求 $\boldsymbol{A}=\begin{bmatrix}1 & -1\\ -2 & 2\\ 2 & -2\end{bmatrix}$ 的一个奇异值分解.

解 首先，计算 $\boldsymbol{A}^{\mathrm{T}}\boldsymbol{A}=\begin{bmatrix}9 & -9\\ -9 & 9\end{bmatrix}$. $\boldsymbol{A}^{\mathrm{T}}\boldsymbol{A}$ 的特征值是 18 和 0，相应的单位特征向量是

㊀ 参阅软件和几何计算器命令的学习指南. 例如，MATLAB 用一个命令 eig 就可以求出特征值和特征向量.

$$\boldsymbol{v}_1=\begin{bmatrix}1/\sqrt{2}\\-1/\sqrt{2}\end{bmatrix},\ \boldsymbol{v}_2=\begin{bmatrix}1/\sqrt{2}\\1/\sqrt{2}\end{bmatrix}$$

这两个单位向量构成$\boldsymbol{V}$的列：

$$\boldsymbol{V}=[\boldsymbol{v}_1\quad \boldsymbol{v}_2]=\begin{bmatrix}1/\sqrt{2} & 1/\sqrt{2}\\-1/\sqrt{2} & 1/\sqrt{2}\end{bmatrix}$$

矩阵的奇异值为$\sigma_1=\sqrt{18}=3\sqrt{2}$, $\sigma_2=0$．因为只有一个非零的奇异值，所以“矩阵”$\boldsymbol{D}$可写成单个数值，即$\boldsymbol{D}=3\sqrt{2}$．矩阵$\boldsymbol{\Sigma}$与矩阵$\boldsymbol{A}$的行列数相同，以矩阵$\boldsymbol{D}$为其左上角：

$$\boldsymbol{\Sigma}=\begin{bmatrix}\boldsymbol{D} & 0\\0 & 0\\0 & 0\end{bmatrix}=\begin{bmatrix}3\sqrt{2} & 0\\0 & 0\\0 & 0\end{bmatrix}$$

为构造$\boldsymbol{U}$，首先构造$\boldsymbol{Av}_1$和$\boldsymbol{Av}_2$：

$$\boldsymbol{Av}_1=\begin{bmatrix}2/\sqrt{2}\\-4/\sqrt{2}\\4/\sqrt{2}\end{bmatrix},\quad \boldsymbol{Av}_2=\begin{bmatrix}0\\0\\0\end{bmatrix}$$

为检查计算，验证$\|\boldsymbol{Av}_1\|=\sigma_1=\sqrt{18}=3\sqrt{2}$．当然，$\boldsymbol{Av}_2=\boldsymbol{0}$，因为$\|\boldsymbol{Av}_2\|=\sigma_2=0$．目前只找到$\boldsymbol{U}$的一列是

$$\boldsymbol{u}_1=\frac{1}{3\sqrt{2}}\boldsymbol{Av}_1=\begin{bmatrix}1/3\\-2/3\\2/3\end{bmatrix}$$

$\boldsymbol{U}$的其他列是将集合$\{\boldsymbol{u}_1\}$扩充为$\mathbb{R}^3$的单位正交基而得到的．此时，我们需要两个单位正交向量$\boldsymbol{u}_2$和$\boldsymbol{u}_3$且都与$\boldsymbol{u}_1$正交．（见图 7-15.）每个向量必须满足$\boldsymbol{u}_1^{\mathrm{T}}\boldsymbol{x}=0$，这等价于方程$x_1-2x_2+2x_3=0$，该方程的解集构成的基是

$$\boldsymbol{w}_1=\begin{bmatrix}2\\1\\0\end{bmatrix},\ \boldsymbol{w}_2=\begin{bmatrix}-2\\0\\1\end{bmatrix}$$

（经检验$\boldsymbol{w}_1$和$\boldsymbol{w}_2$都与$\boldsymbol{u}_1$正交.）应用格拉姆-施密特方法（和标准化）于$\{\boldsymbol{w}_1,\ \boldsymbol{w}_2\}$，可以得到

$$\boldsymbol{u}_2=\begin{bmatrix}2/\sqrt{5}\\1/\sqrt{5}\\0\end{bmatrix},\ \boldsymbol{u}_3=\begin{bmatrix}-2/\sqrt{45}\\4/\sqrt{45}\\5/\sqrt{45}\end{bmatrix}$$

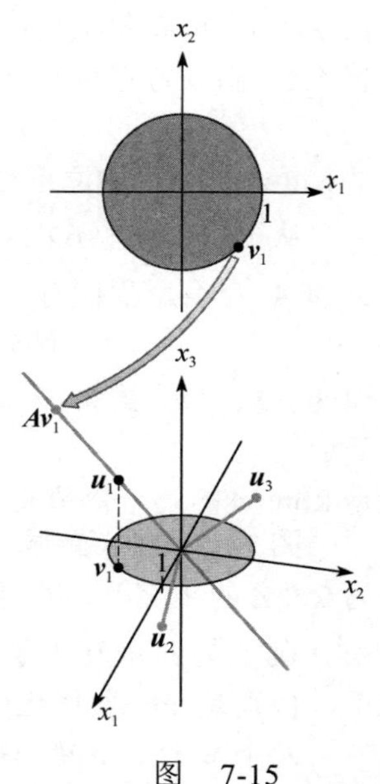

图　7-15

最后，令$\boldsymbol{U}=[\boldsymbol{u}_1\quad \boldsymbol{u}_2\quad \boldsymbol{u}_3]$，以及由上所得的$\boldsymbol{V}^{\mathrm{T}}$和$\boldsymbol{\Sigma}$，有

$$\boldsymbol{A}=\begin{bmatrix}1 & -1\\-2 & 2\\2 & -2\end{bmatrix}=\begin{bmatrix}1/3 & 2/\sqrt{5} & -2/\sqrt{45}\\-2/3 & 1/\sqrt{5} & 4/\sqrt{45}\\2/3 & 0 & 5/\sqrt{45}\end{bmatrix}\begin{bmatrix}3\sqrt{2} & 0\\0 & 0\\0 & 0\end{bmatrix}\begin{bmatrix}1/\sqrt{2} & -1/\sqrt{2}\\1/\sqrt{2} & 1/\sqrt{2}\end{bmatrix}$$

■

奇异值分解的应用

如上所述，奇异值分解常用于估计矩阵的秩. 下面简单叙述它在数值计算中的其他应用，7.5 节给出一个奇异值分解在图像处理中的应用.

例 5（条件数）　当应用矩阵 $\boldsymbol{A}$ 的奇异值分解时，多数涉及方程 $\boldsymbol{Ax}=\boldsymbol{b}$ 的数值计算要尽可能地可靠. 两个正交矩阵 $\boldsymbol{U}$ 和 $\boldsymbol{V}$ 不影响向量的长度和两个向量的夹角（6.2 节定理 7）. 数值计算中的任何不稳定因素都与 $\boldsymbol{\Sigma}$ 有关. 如果 $\boldsymbol{A}$ 的奇异值非常大或非常小，则舍入误差几乎不可避免，此时，知道 $\boldsymbol{\Sigma}$ 和 $\boldsymbol{V}$ 中的元素对分析误差特别有用.

如果 $\boldsymbol{A}$ 是一个 $n\times n$ 可逆矩阵，那么最大奇异值和最小奇异值的比 σ_1/σ_n 给出了矩阵 $\boldsymbol{A}$ 的**条件数**. 2.3 节的习题 50~52 表明条件数如何影响 $\boldsymbol{Ax}=\boldsymbol{b}$ 的解对 $\boldsymbol{A}$ 的元素变化（或误差）的敏感程度.（事实上，$\boldsymbol{A}$ 的“条件数”可用几种方式计算，但这里给出的定义可广泛用于 $\boldsymbol{Ax}=\boldsymbol{b}$ 的研究.） ■

例 6（基本子空间的基）　给定 $m\times n$ 矩阵 $\boldsymbol{A}$ 的一个奇异值分解，取 $\boldsymbol{u}_1,\boldsymbol{u}_2,\cdots,\boldsymbol{u}_m$ 是左奇异向量，$\boldsymbol{v}_1,\boldsymbol{v}_2,\cdots,\boldsymbol{v}_n$ 是右奇异向量，且 $\sigma_1,\sigma_2,\cdots,\sigma_n$ 是奇异值，r 为 $\boldsymbol{A}$ 的秩. 由定理 9，

$$\{\boldsymbol{u}_1,\boldsymbol{u}_2,\cdots,\boldsymbol{u}_r\} \tag{5}$$

是 Col $\boldsymbol{A}$ 的一个单位正交基. 见图 7-16.

回忆 6.1 节的定理 3，$(\text{Col}\,\boldsymbol{A})^{\perp}=\text{Nul}\,\boldsymbol{A}^{\mathrm{T}}$，因此

$$\{\boldsymbol{u}_{r+1},\boldsymbol{u}_{r+2},\cdots,\boldsymbol{u}_m\} \tag{6}$$

是 Nul $\boldsymbol{A}^{\mathrm{T}}$ 的一个单位正交基.

由于当 $1\leqslant i\leqslant n$ 时 $\|\boldsymbol{Av}_i\|=\sigma_i$，且 σ_i 是零的充分必要条件是 $i>r$，因此向量 $\boldsymbol{v}_{r+1},\boldsymbol{v}_{r+2},\cdots,\boldsymbol{v}_n$ 生成一个维数为 $n-r$ 的子空间 Nul $\boldsymbol{A}$. 由秩定理可知，$\dim \text{Nul}\,\boldsymbol{A}=n-\text{rank}\,\boldsymbol{A}$，从而说明

$$\{\boldsymbol{v}_{r+1},\boldsymbol{v}_{r+2},\cdots,\boldsymbol{v}_n\} \tag{7}$$

是 Nul $\boldsymbol{A}$ 的一个单位正交基，见 4.5 节的基定理.

从（5）式和（6）式可知，空间 Nul $\boldsymbol{A}^{\mathrm{T}}$ 的正交补是 Col $\boldsymbol{A}$. 将 $\boldsymbol{A}$ 和 $\boldsymbol{A}^{\mathrm{T}}$ 交换，我们有

$$(\text{Nul}\,\boldsymbol{A})^{\perp}=\text{Col}\,\boldsymbol{A}^{\mathrm{T}}=\text{Row}\,\boldsymbol{A}$$

因此，从（7）式得

$$\{\boldsymbol{v}_1,\boldsymbol{v}_2,\cdots,\boldsymbol{v}_r\} \tag{8}$$

是 Row $\boldsymbol{A}$ 的一个单位正交基.

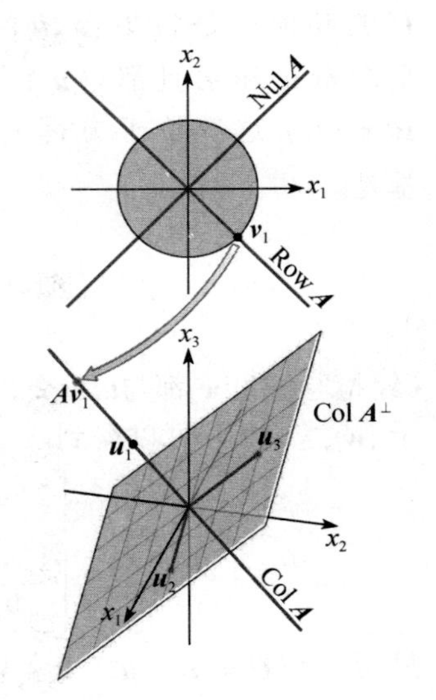

图 7-16　例 6 中的基本子空间

图 7-17 给出（5）式~（8）式的总结，但说明 $\{\sigma_1\boldsymbol{u}_1,\sigma_2\boldsymbol{u}_2,\cdots,\sigma_r\boldsymbol{u}_r\}$ 为 Col $\boldsymbol{A}$ 的正交基，而不是标准基. 注意对 $1\leqslant i\leqslant r$，$\boldsymbol{Av}_i=\sigma_i\boldsymbol{u}_i$. 由 $\boldsymbol{A}$ 确定的四个基本子空间的单位正交基在某些计算中非常有用，特别是在条件优化问题中更是如此.

四个基本子空间和奇异值的概念给可逆矩阵定理提供了最后的命题.（回忆为了避免几乎将可逆矩阵定理的命题数目翻倍，定理中已将与 $\boldsymbol{A}^{\mathrm{T}}$ 有关的命题删除了.）可逆矩阵定理的其他

命题在 2.3 节、2.9 节、3.2 节、4.5 节和 5.2 节中已经给出.

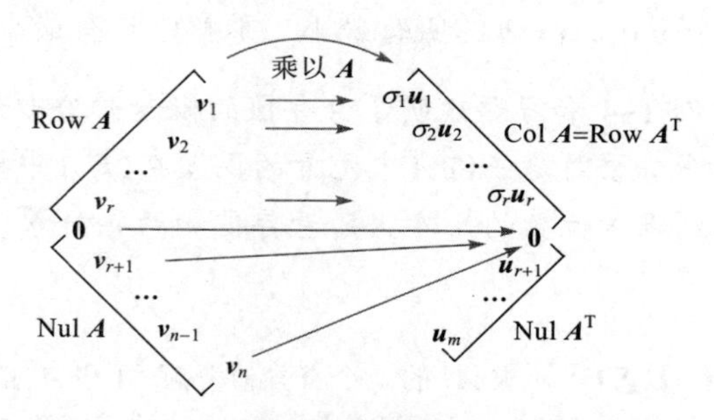

图 7-17　四个基本子空间和 $\boldsymbol{A}$ 的作用 ■

定理　（可逆矩阵定理（最后补充））

设 $\boldsymbol{A}$ 为 $n\times n$ 矩阵，那么下述命题中的每一个都与 $\boldsymbol{A}$ 是可逆矩阵的命题等价.

s. $(\mathrm{Col}\,\boldsymbol{A})^{\perp}=\{\boldsymbol{0}\}$.

t. $(\mathrm{Nul}\,\boldsymbol{A})^{\perp}=\mathbb{R}^n$.

u. $\mathrm{Row}\,\boldsymbol{A}=\mathbb{R}^n$.

v. $\boldsymbol{A}$ 有 n 个非零的奇异值.

例 7（奇异值分解的简化和 $\boldsymbol{A}$ 的伪逆）　当 $\boldsymbol{\Sigma}$ 包含零元素的行或列时，矩阵 $\boldsymbol{A}$ 具有更简洁的分解. 利用上面建立的符号，取 $r=\mathrm{rank}\,\boldsymbol{A}$，将 $\boldsymbol{U}$ 和 $\boldsymbol{V}$ 矩阵分块为第一块包含 r 列的子矩阵：

$$\boldsymbol{U}=[\boldsymbol{U}_r\quad \boldsymbol{U}_{m-r}],\quad 其中\,\boldsymbol{U}_r=[\boldsymbol{u}_1\quad \boldsymbol{u}_2\cdots\quad \boldsymbol{u}_r]$$
$$\boldsymbol{V}=[\boldsymbol{V}_r\quad \boldsymbol{V}_{n-r}],\quad 其中\,\boldsymbol{V}_r=[\boldsymbol{v}_1\quad \boldsymbol{v}_2\cdots\quad \boldsymbol{v}_r]$$

那么 $\boldsymbol{U}_r$ 是 $m\times r$，$\boldsymbol{V}_r$ 是 $n\times r$.（为简化符号，我们考虑 $\boldsymbol{U}_{m-r}$ 和 $\boldsymbol{V}_{n-r}$，即使其中一个没有任何列.）分块矩阵的乘法表明

$$\boldsymbol{A}=[\boldsymbol{U}_r\quad \boldsymbol{U}_{m-r}]\begin{bmatrix}\boldsymbol{D} & 0\\ 0 & 0\end{bmatrix}\begin{bmatrix}\boldsymbol{V}_r^{\mathrm{T}}\\ \boldsymbol{V}_{n-r}^{\mathrm{T}}\end{bmatrix}=\boldsymbol{U}_r\boldsymbol{D}\boldsymbol{V}_r^{\mathrm{T}} \tag{9}$$

矩阵 $\boldsymbol{A}$ 的这个分解称为 $\boldsymbol{A}$ 的**简化的奇异值分解**. 由于 $\boldsymbol{D}$ 的对角线元素非零，因此 D 是可逆矩阵. 下面的矩阵称为 $\boldsymbol{A}$ 的**伪逆**（也称**穆尔-彭罗斯逆**）：

$$\boldsymbol{A}^{+}=\boldsymbol{V}_r\boldsymbol{D}^{-1}\boldsymbol{U}_r^{\mathrm{T}} \tag{10}$$

本章最后的补充习题 28~30 研究了简化的奇异值分解和伪逆的一些性质. ■

例 8（最小二乘解）　给定方程 $\boldsymbol{Ax}=\boldsymbol{b}$，利用式（10）中给出的 $\boldsymbol{A}$ 的伪逆，定义

$$\hat{\boldsymbol{x}}=\boldsymbol{A}^{+}\boldsymbol{b}=\boldsymbol{V}_r\boldsymbol{D}^{-1}\boldsymbol{U}_r^{\mathrm{T}}\boldsymbol{b}$$

那么由（9）式中的奇异值分解得到

$$\begin{aligned}\boldsymbol{A}\hat{\boldsymbol{x}}&=(\boldsymbol{U}_r\boldsymbol{D}\boldsymbol{V}_r^{\mathrm{T}})(\boldsymbol{V}_r\boldsymbol{D}^{-1}\boldsymbol{U}_r^{\mathrm{T}}\boldsymbol{b})\\ &=\boldsymbol{U}_r\boldsymbol{D}\boldsymbol{D}^{-1}\boldsymbol{U}_r^{\mathrm{T}}\boldsymbol{b} && 由于\ \boldsymbol{V}_r^{\mathrm{T}}\boldsymbol{V}_r=\boldsymbol{I}_r\\ &=\boldsymbol{U}_r\boldsymbol{U}_r^{\mathrm{T}}\boldsymbol{b}\end{aligned}$$

从（5）式可知，$U_rU_r^{\mathrm{T}}b$ 是 b 在 Col A 上的正交投影 $\hat{b}$（见6.3节定理10），因此 $\hat{x}$ 是 $Ax=b$ 的最小二乘解. 实际上，这个 $\hat{x}$ 在 $Ax=b$ 的所有最小二乘解中具有最小长度，见补充习题30. ■

数值计算的注解　例1~4和习题说明了奇异值的概念并给出如何手工计算. 实际上，应该避免 $A^{\mathrm{T}}A$ 的计算，原因是任何 A 中元素的误差在 $A^{\mathrm{T}}A$ 中被平方. 存在快速的迭代方法，可计算精确到很多位数的矩阵 A 的奇异值和奇异向量.

练习题

1. 给定一个奇异值分解 $A=U\Sigma V^{\mathrm{T}}$，求 A^{T} 的一个奇异值分解. A 和 A^{T} 的奇异值之间有什么联系？
2. 对任意的 $n\times n$ 矩阵 A，利用奇异值分解证明存在一个 $n\times n$ 的正交阵 Q，使得 $A^{\mathrm{T}}A=Q^{\mathrm{T}}(A^{\mathrm{T}}A)Q$.

注：练习题2表明对任意的 $n\times n$ 矩阵 A，矩阵 AA^{T} 和 $A^{\mathrm{T}}A$ 的正交相似的.

习题 7.4

求习题1~4中矩阵的奇异值分解.

1. $\begin{bmatrix}1 & 0\\ 0 & -3\end{bmatrix}$
2. $\begin{bmatrix}-3 & 0\\ 0 & 0\end{bmatrix}$
3. $\begin{bmatrix}2 & 3\\ 0 & 2\end{bmatrix}$
4. $\begin{bmatrix}3 & 0\\ 8 & 3\end{bmatrix}$

求习题5~12中每个矩阵的奇异值分解.（提示：在习题11中，U 的一个选择可以是 $\begin{bmatrix}-1/3 & 2/3 & 2/3\\ 2/3 & -1/3 & 2/3\\ 2/3 & 2/3 & -1/3\end{bmatrix}$，习题12中 U 的一个列可以是 $\begin{bmatrix}1/\sqrt{6}\\ -2/\sqrt{6}\\ 1/\sqrt{6}\end{bmatrix}$.）

5. $\begin{bmatrix}-2 & 0\\ 0 & 0\end{bmatrix}$
6. $\begin{bmatrix}-3 & 0\\ 0 & -2\end{bmatrix}$
7. $\begin{bmatrix}2 & -1\\ 2 & 2\end{bmatrix}$
8. $\begin{bmatrix}4 & 6\\ 0 & 4\end{bmatrix}$
9. $\begin{bmatrix}3 & -3\\ 0 & 0\\ 1 & 1\end{bmatrix}$
10. $\begin{bmatrix}7 & 1\\ 5 & 5\\ 0 & 0\end{bmatrix}$
11. $\begin{bmatrix}-3 & 1\\ 6 & -2\\ 6 & -2\end{bmatrix}$
12. $\begin{bmatrix}1 & 1\\ 0 & 1\\ -1 & 1\end{bmatrix}$

13. 求 $A=\begin{bmatrix}3 & 2 & 2\\ 2 & 3 & -2\end{bmatrix}$ 的奇异值分解（提示：对 A^{T} 进行分解）.
14. 在习题7中，求一个单位向量 x，使得 Ax 具有最大长度.
15. 假设下面是矩阵 A 的奇异值分解，其中 U 和 V 的元素是四舍五入精确到小数点后两位数字.

$$A=\begin{bmatrix}0.40 & -0.78 & 0.47\\ 0.37 & -0.33 & -0.87\\ -0.84 & -0.52 & -0.16\end{bmatrix}\begin{bmatrix}7.10 & 0 & 0\\ 0 & 3.10 & 0\\ 0 & 0 & 0\end{bmatrix}\times\begin{bmatrix}0.30 & -0.51 & -0.81\\ 0.76 & 0.64 & -0.12\\ 0.58 & -0.58 & 0.58\end{bmatrix}$$

   a. A 的秩是多少？
   b. 利用 A 的这个分解，不用计算，写出 Col A 的一个基和 Nul A 的一个基.（提示：首先写出 V 的列.）
16. 对下列 3×4 矩阵 A 的奇异值分解，重做习题15.

$$A=\begin{bmatrix}-0.86 & -0.11 & -0.50\\ 0.31 & 0.68 & -0.67\\ 0.41 & -0.73 & -0.55\end{bmatrix}\begin{bmatrix}12.48 & 0 & 0 & 0\\ 0 & 6.34 & 0 & 0\\ 0 & 0 & 0 & 0\end{bmatrix}\times\begin{bmatrix}0.66 & -0.03 & -0.35 & 0.66\\ -0.13 & -0.90 & -0.39 & -0.13\\ 0.65 & 0.08 & -0.16 & -0.73\\ -0.34 & 0.42 & -0.84 & -0.08\end{bmatrix}$$

在习题 17~24 中，$\boldsymbol{A}$ 是一个 $m\times n$ 矩阵，具有奇异值分解 $\boldsymbol{A}=\boldsymbol{U\Sigma V}^{\mathrm{T}}$，其中 $\boldsymbol{U}$ 是一个 $m\times m$ 正交矩阵，$\boldsymbol{\Sigma}$ 是一个“对角”矩阵，有 r 个正元素，没有负元素，$\boldsymbol{V}$ 是一个 $n\times n$ 正交矩阵. 验证每一个答案.

17. 证明：如果 $\boldsymbol{A}$ 是方阵，那么 $|\det \boldsymbol{A}|$ 是 $\boldsymbol{A}$ 的奇异值的乘积.
18. 若 $\boldsymbol{A}$ 是可逆方阵，求 $\boldsymbol{A}^{-1}$ 的奇异值分解.
19. 证明：$\boldsymbol{V}$ 的列是 $\boldsymbol{A}^{\mathrm{T}}\boldsymbol{A}$ 的特征向量，$\boldsymbol{U}$ 的列是 $\boldsymbol{AA}^{\mathrm{T}}$ 的特征向量，而 $\boldsymbol{\Sigma}$ 对角线上的元素是 $\boldsymbol{A}$ 的奇异值.（提示：利用奇异值分解计算 $\boldsymbol{A}^{\mathrm{T}}\boldsymbol{A}$ 和 $\boldsymbol{AA}^{\mathrm{T}}$.）
20. 证明：如果 $\boldsymbol{P}$ 是一个 $m\times m$ 正交矩阵，那么 $\boldsymbol{PA}$与$\boldsymbol{A}$ 有同样的奇异值.
21. 验证例 2 中的论断，即当 $\boldsymbol{x}$ 变化范围属于所有正交于 $\boldsymbol{v}_1$ 的单位向量时，矩阵 $\boldsymbol{A}$ 的第二个奇异值是 $\|\boldsymbol{Ax}\|$ 的最大值，其中 $\boldsymbol{v}_1$ 是对应于 $\boldsymbol{A}$ 的第一个奇异值的右奇异向量.（提示：利用 7.3 节的定理 7.）
22. 证明：如果 $\boldsymbol{A}$ 是 $n\times n$ 且正定的矩阵，那么 $\boldsymbol{A}$ 的正交对角化 $\boldsymbol{A}=\boldsymbol{PDP}^{\mathrm{T}}$ 就是 $\boldsymbol{A}$ 的奇异值分解.
23. 设 $\boldsymbol{U}=[\boldsymbol{u}_1\quad \boldsymbol{u}_2\cdots\quad \boldsymbol{u}_m]$，$V=[\boldsymbol{v}_1\quad \boldsymbol{v}_2\cdots\quad \boldsymbol{v}_n]$，其中 $\boldsymbol{u}_i$ 和 $\boldsymbol{v}_i$ 如定理 10 中所示，证明：
$$\boldsymbol{A}=\sigma_1\boldsymbol{u}_1\boldsymbol{v}_1^{\mathrm{T}}+\sigma_2\boldsymbol{u}_2\boldsymbol{v}_2^{\mathrm{T}}+\cdots+\sigma_r\boldsymbol{u}_r\boldsymbol{v}_r^{\mathrm{T}}$$
24. 利用习题 23 的记号，说明对 $1\leqslant j\leqslant r=\operatorname{rank} \boldsymbol{A}$，$\boldsymbol{A}^{\mathrm{T}}\boldsymbol{u}_j=\sigma_j\boldsymbol{v}_j$ 成立.
25. 令 $T:\mathbb{R}^n\to\mathbb{R}^m$ 是线性变换，描述如何求 $\mathbb{R}^n$ 的基 $\mathcal{B}$ 和 $\mathbb{R}^m$ 中的基 $\mathcal{C}$，使得矩阵 $\boldsymbol{T}$ 相对于 $\mathcal{B}$ 和 $\mathcal{C}$ 是一个 $m\times n$ “对角”矩阵.

[M]计算习题 26 和 27 中每一个矩阵的奇异值分解，要求最后的矩阵元素精确到两位小数，利用例 3 和例 4 的方法.

26. $\boldsymbol{A}=\begin{bmatrix}-18&13&-4&4\\2&19&-4&12\\-14&11&-12&8\\-2&21&4&8\end{bmatrix}$
27. $\boldsymbol{A}=\begin{bmatrix}6&-8&-4&5&-4\\2&7&-5&-6&4\\0&-1&-8&2&2\\-1&-2&4&4&-8\end{bmatrix}$
28. [M]计算 2.3 节习题 9 中 4×4 矩阵的奇异值，并且计算条件数 σ_1/σ_4.
29. [M]计算 2.3 节习题 10 中 5×5 矩阵的奇异值，并且计算条件数 σ_1/σ_5.

练习题答案

1. 如果 $\boldsymbol{A}=\boldsymbol{U\Sigma V}^{\mathrm{T}}$，其中$\boldsymbol{\Sigma}$是 $m\times n$ 矩阵，那么 $\boldsymbol{A}^{\mathrm{T}}=(\boldsymbol{V}^{\mathrm{T}})^{\mathrm{T}}\boldsymbol{\Sigma}^{\mathrm{T}}\boldsymbol{U}^{\mathrm{T}}=\boldsymbol{V\Sigma}^{\mathrm{T}}\boldsymbol{U}^{\mathrm{T}}$. 这是 A^{T} 的一个奇异值分解，原因是$\boldsymbol{V}$和$\boldsymbol{U}$是正交矩阵，且$\boldsymbol{\Sigma}^{\mathrm{T}}$是一个 $n\times m$ “对角”矩阵. 由于$\boldsymbol{\Sigma}$和$\boldsymbol{\Sigma}^{\mathrm{T}}$具有同样的非零对角元素，因此 $\boldsymbol{A}$ 和 $\boldsymbol{A}^{\mathrm{T}}$ 具有同样的非零奇异值.（注意：如果 $\boldsymbol{A}$ 是 $2\times n$ 矩阵，那么 $\boldsymbol{AA}^{\mathrm{T}}$ 仅为 2×2 矩阵，且它的特征值比 $\boldsymbol{A}^{\mathrm{T}}\boldsymbol{A}$ 的特征值更容易（手工）计算.）
2. 利用奇异值分解写出 $\boldsymbol{A}=\boldsymbol{U\Sigma V}^{\mathrm{T}}$，其中$\boldsymbol{U}$和$\boldsymbol{V}$是 $n\times n$ 正交矩阵，$\boldsymbol{\Sigma}$ 是 $n\times n$ 对角矩阵，因此 $\boldsymbol{U}^{\mathrm{T}}\boldsymbol{U}=\boldsymbol{I}=\boldsymbol{V}^{\mathrm{T}}\boldsymbol{V}$，$\boldsymbol{\Sigma}^{\mathrm{T}}=\boldsymbol{\Sigma}$. 将 $\boldsymbol{A}$ 代入 $\boldsymbol{A}^{\mathrm{T}}\boldsymbol{A}$ 和 $\boldsymbol{AA}^{\mathrm{T}}$ 中，得到
$$\boldsymbol{AA}^{\mathrm{T}}=\boldsymbol{U\Sigma V}^{\mathrm{T}}(\boldsymbol{U\Sigma V}^{\mathrm{T}})^{\mathrm{T}}=\boldsymbol{U\Sigma V}^{\mathrm{T}}\boldsymbol{V\Sigma}^{\mathrm{T}}\boldsymbol{U}^{\mathrm{T}}=\boldsymbol{U\Sigma\Sigma}^{\mathrm{T}}\boldsymbol{U}^{\mathrm{T}}=\boldsymbol{U\Sigma}^2\boldsymbol{U}^{\mathrm{T}},$$
$$\boldsymbol{A}^{\mathrm{T}}\boldsymbol{A}=(\boldsymbol{U\Sigma V}^{\mathrm{T}})^{\mathrm{T}}\boldsymbol{U\Sigma V}^{\mathrm{T}}=\boldsymbol{V\Sigma}^{\mathrm{T}}\boldsymbol{U}^{\mathrm{T}}\boldsymbol{U\Sigma V}^{\mathrm{T}}=\boldsymbol{V\Sigma}^{\mathrm{T}}\boldsymbol{\Sigma V}^{\mathrm{T}}=\boldsymbol{V\Sigma}^2\boldsymbol{V}^{\mathrm{T}}$$
令 $\boldsymbol{Q}=\boldsymbol{VU}^{\mathrm{T}}$，则
$$\boldsymbol{Q}^{\mathrm{T}}(\boldsymbol{A}^{\mathrm{T}}\boldsymbol{A})\boldsymbol{Q}=(\boldsymbol{VU}^{\mathrm{T}})^{\mathrm{T}}(\boldsymbol{V\Sigma}^2\boldsymbol{V}^{\mathrm{T}})(\boldsymbol{VU}^{\mathrm{T}})=\boldsymbol{UV}^{\mathrm{T}}\boldsymbol{V\Sigma}^2\boldsymbol{V}^{\mathrm{T}}\boldsymbol{VU}^{\mathrm{T}}=\boldsymbol{U\Sigma}^2\boldsymbol{U}^{\mathrm{T}}=\boldsymbol{AA}^{\mathrm{T}}$$

7.5　在图像处理和统计学中的应用

本章介绍性实例中的卫星图像问题给出一个多维或多变量数据的例子，这种数据组织方式

使得数据集合中的每组数据可看成是 $\mathbb{R}^n$ 的点（向量）. 本节的主要目标是介绍主成分分析方法，用于分析这类多维数据. 计算将说明正交对角化和奇异值分解的应用方法.

主成分分析可用于任何数据，这些数据包括对一组对象或个体的测量结果清单. 例如，生产塑料材料的化学过程，为了监控生产过程，在材料生产过程中取 300 个样本，且每一个样本经过 8 个一组的测试，如熔点、密度、黏性、抗拉强度等. 实验室的每一个样本报告是一个属于 $\mathbb{R}^8$ 的向量，这类向量集合形成一个 8×300 的矩阵，称为**观测矩阵**.

粗略地讲，我们可以说控制过程的数据是八维的，下面两个例子中描述的数据可以用图形给出.

例 1　一个二维数据的例子是关于 N 个大学生体重和身高的一组数据. 令 X_j 表示 $\mathbb{R}^2$ 中的**观测向量**，它列出第 j 个学生的体重和身高. 如果用 w 表示体重，h 表示身高，那么观测矩阵的形式为

$$\begin{bmatrix} w_1 & w_2 & \cdots & w_N \\ h_1 & h_2 & \cdots & h_N \end{bmatrix}$$
$$\uparrow \quad \uparrow \qquad \uparrow$$
$$\boldsymbol{X}_1 \quad \boldsymbol{X}_2 \qquad \boldsymbol{X}_N$$

观测向量的集合可以形象地表示为一个二维散点图，见图 7-18. ■

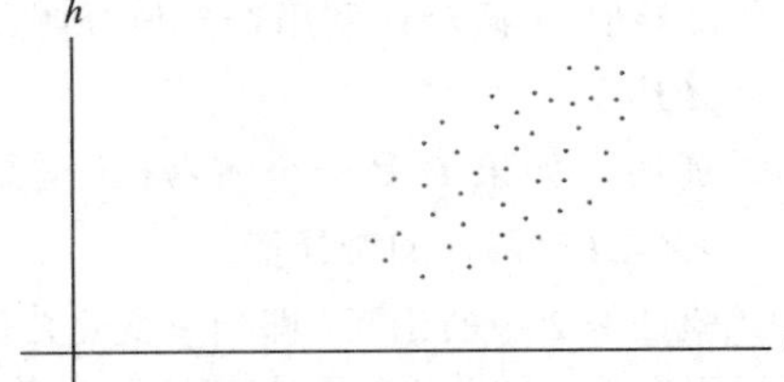

图 7-18　观测向量 $\boldsymbol{X}_1, \boldsymbol{X}_2, \cdots, \boldsymbol{X}_N$ 的散点图

例 2　在本章的介绍性实例中，关于美国内华达州铁路峡谷的前三幅图可以作为某区域的具有三个谱分量的一个图像，原因是它们在三个独立的波长同时给出该区域的度量，每幅图给出同一自然区域的不同信息. 例如，每幅图中位于左上角的第一像素对应地面的同一位置（大约 30 米×30 米）. 每一个像素对应着 $\mathbb{R}^3$ 中的一个观测向量，它列出了该像素在三个谱段中的信号强度.

典型的图像是 2000×2000 像素，使得图像有 400 万像素. 图像的数据形成一个 3 行和 400 万列的矩阵（列可以调整为方便的次序）. 在这种情形下，数据的"多维"特征是指 3 个谱维数，而不是自然属于任一图形的二维空间维数. 数据也许可以形象地表示为 $\mathbb{R}^3$ 中的 400 万个点，如图 7-19 所示.

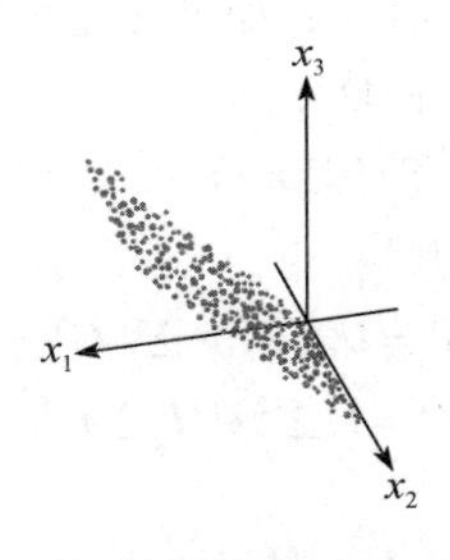

图 7-19　一幅卫星图像中光谱数据的散点图 ■

均值和协方差

为主成分分析做准备，令 $[\boldsymbol{X}_1 \quad \boldsymbol{X}_2 \cdots \quad \boldsymbol{X}_N]$ 是如上描述的一个 $p \times N$ 观测矩阵. 观测向量 $\boldsymbol{X}_1, \boldsymbol{X}_2, \cdots, \boldsymbol{X}_N$ 的**样本均值 $\boldsymbol{M}$** 由下式给出：

$$\boldsymbol{M}=\frac{1}{N}(\boldsymbol{X}_1+\boldsymbol{X}_2+\cdots+\boldsymbol{X}_N)$$

对图 7-18 中的数据，样本均值是散点图的“中心”. 对 $k=1,2,\cdots,N$，令

$$\hat{\boldsymbol{X}}_k=\boldsymbol{X}_k-\boldsymbol{M}$$

$p\times N$ 矩阵的列

$$\boldsymbol{B}=[\hat{\boldsymbol{X}}_1\ \ \hat{\boldsymbol{X}}_2\cdots\ \hat{\boldsymbol{X}}_N]$$

具有零样本均值，这样的 $\boldsymbol{B}$ 称为**平均偏差形式**. 当图 7-18 中的数据减去样本均值后，得到的散点图具有图 7-20 的形式.

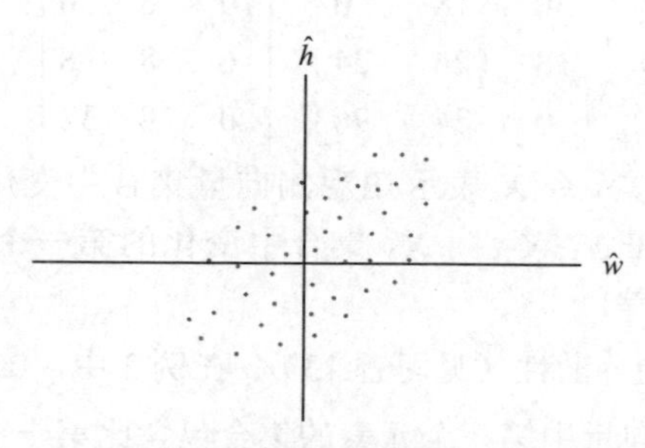

图 7-20　平均偏差形式的体重–身高数据

（样本）协方差矩阵是一个 $p\times p$ 矩阵 $\boldsymbol{S}$，其定义为

$$\boldsymbol{S}=\frac{1}{N-1}\boldsymbol{B}\boldsymbol{B}^{\mathrm{T}}$$

由于任何具有 $\boldsymbol{B}\boldsymbol{B}^{\mathrm{T}}$ 形式的矩阵是半正定的，所以 $\boldsymbol{S}$ 也是半正定的. （见 7.2 节的习题 33，互换 $\boldsymbol{B}$ 和 $\boldsymbol{B}^{\mathrm{T}}$.）

例 3　从一个总体中随机取出 4 个样本作三次测量，每一个样本的观测向量为:

$$\boldsymbol{X}_1=\begin{bmatrix}1\\2\\1\end{bmatrix},\ \boldsymbol{X}_2=\begin{bmatrix}4\\2\\13\end{bmatrix},\ \boldsymbol{X}_3=\begin{bmatrix}7\\8\\1\end{bmatrix},\ \boldsymbol{X}_4=\begin{bmatrix}8\\4\\5\end{bmatrix}$$

计算样本均值和协方差矩阵.

解　样本均值是

$$\boldsymbol{M}=\frac{1}{4}\left(\begin{bmatrix}1\\2\\1\end{bmatrix}+\begin{bmatrix}4\\2\\13\end{bmatrix}+\begin{bmatrix}7\\8\\1\end{bmatrix}+\begin{bmatrix}8\\4\\5\end{bmatrix}\right)=\frac{1}{4}\begin{bmatrix}20\\16\\20\end{bmatrix}=\begin{bmatrix}5\\4\\5\end{bmatrix}$$

从 $\boldsymbol{X}_1,\boldsymbol{X}_2,\cdots,\boldsymbol{X}_4$ 中减去样本均值，我们得到

$$\hat{\boldsymbol{X}}_1=\begin{bmatrix}-4\\-2\\-4\end{bmatrix},\ \hat{\boldsymbol{X}}_2=\begin{bmatrix}-1\\-2\\8\end{bmatrix},\ \hat{\boldsymbol{X}}_3=\begin{bmatrix}2\\4\\-4\end{bmatrix},\ \hat{\boldsymbol{X}}_4=\begin{bmatrix}3\\0\\0\end{bmatrix}$$

并且

$$B=\begin{bmatrix}-4 & -1 & 2 & 3\\ -2 & -2 & 4 & 0\\ -4 & 8 & -4 & 0\end{bmatrix}$$

样本协方差矩阵为

$$S=\frac{1}{3}\begin{bmatrix}-4 & -1 & 2 & 3\\ -2 & -2 & 4 & 0\\ -4 & 8 & -4 & 0\end{bmatrix}\begin{bmatrix}-4 & -2 & -4\\ -1 & -2 & 8\\ 2 & 4 & -4\\ 3 & 0 & 0\end{bmatrix}$$

$$=\frac{1}{3}\begin{bmatrix}30 & 18 & 0\\ 18 & 24 & -24\\ 0 & -24 & 96\end{bmatrix}=\begin{bmatrix}10 & 6 & 0\\ 6 & 8 & -8\\ 0 & -8 & 32\end{bmatrix}$$

■

为了讨论 $S=[s_{ij}]$ 中的元素，令 X 表示在观测向量集合中变化的向量，用 $x_1,x_2,\cdots,x_p$ 表示 X 的坐标，那么例如 x_1 是一个在 $X_1,X_2,\cdots,X_N$ 集合中变化的第一个坐标的数值. 对 $j=1,2,\cdots,p$, S 中的对角元素 s_{jj} 称为 x_j 的**方差**.

x_j 的方差用来度量 x_j 值的分散性（见习题 13）. 在例 3 中，x_1 的方差是 10，x_3 的方差是 32，32 大于 10 的事实说明，对应向量中第三个元素的集合包含比第一个元素的集合更大的取值范围.

数据的**总方差**是指 S 中对角线上方差的总和. 一般地，一个方阵 S 中对角线元素之和称为矩阵的**迹**，记作 $\mathrm{tr}(S)$. 这样

$$\text{总方差}=\mathrm{tr}(S)$$

S 中的元素 s_{ij}（$i\neq j$）称为 x_i 和 x_j 的**协方差**. 观察例 3 中 x_1 和 x_3 之间的协方差是零，这是因为 S 中的(1,3)元素是零. 统计学家称 x_1 和 x_3 是**无关**的. 如果大部分或所有变量 $x_1,x_2,\cdots,x_p$ 是无关的，即当 $X_1,X_2,\cdots,X_N$ 的协方差矩阵是对角阵或几乎是对角阵时，则 $X_1,X_2,\cdots,X_N$ 中多变量数据的分析可以简化.

主成分分析

为简单起见，假设矩阵 $[X_1\quad X_2,\quad\cdots\quad X_N]$ 已经是平均偏差形式. 主成分分析的目标是找到一个 $p\times p$ 正交矩阵 $P=[u_1\quad u_2\cdots\quad u_p]$，确定一个变量代换 $X=PY$，或

$$\begin{bmatrix}x_1\\ x_2\\ \vdots\\ x_p\end{bmatrix}=[u_1\ u_2\cdots u_p]\begin{bmatrix}y_1\\ y_2\\ \vdots\\ y_p\end{bmatrix}$$

并具有新的变量 $y_1,y_2,\cdots,y_p$ 两两无关的性质，且整理后的方差具有递减顺序.

变量的正交变换 $X=PY$ 说明，每一个观测向量 X_k 得到一个“新名称” Y_k，使得 $X_k=PY_k$. 注意 Y_k 是 X_k 关于 P 的列的坐标向量，且对 $k=1,2,\cdots,N$ 有 $Y_k=P^{-1}X_k=P^{\mathrm{T}}X_k$.

不难验证，对任何正交矩阵 P，$Y_1,Y_2,\cdots,Y_N$ 的协方差是 $P^{\mathrm{T}}SP$（习题 11）. 于是，所期望的正交矩阵 P 使得 $P^{\mathrm{T}}SP$ 为对角矩阵. 设 D 是对角矩阵且 S 的特征值 $\lambda_1,\lambda_2,\cdots,\lambda_p$ 位于对角线

上，重新整理使得 $\lambda_1 \geqslant \lambda_2 \geqslant \cdots \geqslant \lambda_p \geqslant 0$，并令 P 是正交矩阵，它的列是对应的单位特征向量 $\boldsymbol{u}_1, \boldsymbol{u}_2, \cdots, \boldsymbol{u}_p$，那么 $\boldsymbol{S} = \boldsymbol{PDP}^{\mathrm{T}}$ 且 $\boldsymbol{P}^{\mathrm{T}}\boldsymbol{SP} = \boldsymbol{D}$.

协方差矩阵 $\boldsymbol{S}$ 的单位特征向量 $\boldsymbol{u}_1, \boldsymbol{u}_2, \cdots, \boldsymbol{u}_p$ 称为（观测矩阵中的）数据的**主成分**. **第一主成分**是 $\boldsymbol{S}$ 中最大特征值对应的特征向量. **第二主成分**是 $\boldsymbol{S}$ 中第二大特征值对应的特征向量，以此类推.

第一主成分 $\boldsymbol{u}_1$ 可用下列方式确定新变量 y_1. 设 $c_1, c_2, \cdots, c_p$ 是 $\boldsymbol{u}_1$ 中的元素，由于 $\boldsymbol{u}_1^{\mathrm{T}}$ 是 $\boldsymbol{P}^{\mathrm{T}}$ 的行，故方程 $\boldsymbol{Y} = \boldsymbol{P}^{\mathrm{T}}\boldsymbol{X}$ 表明

$$y_1 = \boldsymbol{u}_1^{\mathrm{T}}\boldsymbol{X} = c_1x_1 + c_2x_2 + \cdots + c_px_p$$

于是 y_1 是原变量 $x_1, x_2, \cdots, x_p$ 的线性组合，并用特征向量 $\boldsymbol{u}_1$ 中的元素作为权值. 用同样的方式，$\boldsymbol{u}_2$ 确定变量 y_2，以此类推.

例 4 铁路峡谷（例 2）的多谱图像的初始数据包含 $\mathbb{R}^3$ 中 400 万个向量，其协方差矩阵是[⊖]

$$\boldsymbol{S} = \begin{bmatrix} 2\ 382.78 & 2\ 611.84 & 2\ 136.20 \\ 2\ 611.84 & 3\ 106.47 & 2\ 553.90 \\ 2\ 136.20 & 2\ 553.90 & 2\ 650.71 \end{bmatrix}$$

求数据的主成分，并列出由第一主成分确定的新变量.

解 $\boldsymbol{S}$ 的特征值和相关的主成分（单位特征向量）是

$$\lambda_1 = 7\ 614.23 \quad \lambda_2 = 427.63 \quad \lambda_3 = 98.10$$

$$\boldsymbol{u}_1 = \begin{bmatrix} 0.541\ 7 \\ 0.629\ 5 \\ 0.557\ 0 \end{bmatrix} \quad \boldsymbol{u}_2 = \begin{bmatrix} -0.489\ 4 \\ -0.302\ 6 \\ 0.817\ 9 \end{bmatrix} \quad \boldsymbol{u}_3 = \begin{bmatrix} 0.683\ 4 \\ -0.715\ 7 \\ 0.144\ 1 \end{bmatrix}$$

为简单起见取小数点后两位小数，第一主成分的变量是

$$y_1 = 0.54x_1 + 0.63x_2 + 0.56x_3$$

在本章介绍性实例中，这个方程用于生成图 7-1d. 变量 x_1, x_2, x_3 是三个谱段中的信号强度. 将 x_1 的值转化为介于黑色和白色之间的灰度，生成图 7-1a. 类似地，x_2和x_3 的值分别生成图 7-1b 和图 7-1c. 对图 7-1d 中的每一个像素，用 y_1 计算得到灰度值，即加权的 x_1, x_2, x_3 的线性组合. 在这个意义下，图 7-1d"显示"数据的第一主成分. ■

在例 4 中，变换后数据的协方差矩阵用变量 y_1, y_2, y_3 表示为

$$\boldsymbol{D} = \begin{bmatrix} 7\ 614.23 & 0 & 0 \\ 0 & 427.63 & 0 \\ 0 & 0 & 98.10 \end{bmatrix}$$

尽管 $\boldsymbol{D}$ 比原来的协方差矩阵 $\boldsymbol{S}$ 明显简单，但构造新变量的优点仍然不明显. 然而，变量 y_1, y_2, y_3 的方差出现在对角矩阵 $\boldsymbol{D}$ 的对角线上，并且明显看出 $\boldsymbol{D}$ 中第一个方差比其余两个大得多. 如我们将要看到的，这个事实允许将数据当作一维而不是三维的.

⊖ 例 4 和习题 5、习题 6 中的数据由马里兰州罗克维尔市地球卫星公司提供.

多变量数据的降维

当数据中的大多数变化或动态范围是由新变量 $y_1, y_2, \cdots, y_p$ 中的小部分变量的变化引起时，主成分分析有潜在的应用价值.

可以证明变量的正交变换 $\boldsymbol{X}=\boldsymbol{P}\boldsymbol{Y}$ 不改变数据的总方差.(粗略地讲，这个结论是真的，其原因是左乘 $\boldsymbol{P}$ 不改变向量的长度或它们之间的夹角，见习题 12.)这说明，如果 $\boldsymbol{S}=\boldsymbol{P}\boldsymbol{D}\boldsymbol{P}^{\mathrm{T}}$，那么

$$x_1, x_2, \cdots, x_p \text{的总方差} = y_1, y_2, \cdots, y_p \text{的总方差} = \operatorname{tr}(\boldsymbol{D}) = \lambda_1+\lambda_2+\cdots+\lambda_p$$

y_j 的方差是 λ_j，商 $\lambda_j/\operatorname{tr}(\boldsymbol{S})$ 度量总体方差成分中被 y_j"解释"或"捕获"的比例.

例 5 计算铁路峡谷例题的多谱数据中各种方差占总方差的百分比，这些数据显示在本章介绍性实例的主成分图 7-1d~f 中.

解 数据的总方差是

$$\operatorname{tr}(\boldsymbol{D}) = 7\,614.23+427.63+98.10 = 8\,139.96$$

(可验证这个数等于 $\operatorname{tr}(\boldsymbol{S})$.)主成分占总方差的百分比分别是

$$\underset{\text{第一成分}}{\frac{7\,614.23}{8\,139.96}=93.5\%} \qquad \underset{\text{第二成分}}{\frac{427.63}{8\,139.96}=5.3\%} \qquad \underset{\text{第三成分}}{\frac{98.10}{8\,139.96}=1.2\%}$$

其意义是，地球资源卫星收集的关于铁路峡谷地区的信息 93.5%显示在图 7-1d 上，5.3%显示在图 7-1e 上，而仅有剩余的 1.2%显示在图 7-1f 中. ■

例 5 的计算表明，数据在第三个坐标上实际上没有变化，y_3 的值几乎接近于零. 从几何意义上看，数据点几乎位于平面 $y_3=0$ 上，且它们的位置可由已知的 y_1，y_2 相当精确地确定. 实际上，y_2 的方差也相对很小，这说明点集几乎位于一条直线上，数据几乎是一维的. 见图 7-19，其数据像一个冰棒棍.

主成分变量的特征

如果 $y_1, y_2, \cdots, y_p$ 是来自一个 $p\times N$ 观测矩阵的主成分分析，那么 y_1 的方差在下列意义下可能尽量大：如果 $\boldsymbol{u}$ 是任意一个单位向量且 $y=\boldsymbol{u}^{\mathrm{T}}\boldsymbol{X}$，那么当 $\boldsymbol{X}$ 在原来数据 $\boldsymbol{X}_1, \boldsymbol{X}_2, \cdots, \boldsymbol{X}_N$ 范围变化时，y 的方差值为 $\boldsymbol{u}^{\mathrm{T}}\boldsymbol{S}\boldsymbol{u}$. 由 7.3 节的定理 8，对于所有单位向量 $\boldsymbol{u}$，$\boldsymbol{u}^{\mathrm{T}}\boldsymbol{S}\boldsymbol{u}$ 的最大值就是 $\boldsymbol{S}$ 的最大特征值 λ_1，且这个方差可以在 $\boldsymbol{u}$ 等于对应的特征向量 $\boldsymbol{u}_1$ 处达到. 同样的方式，定理 8 表明 y_2 的方差最大值可能出现在与 y_1 无关的所有变量 $y=\boldsymbol{u}^{\mathrm{T}}\boldsymbol{X}$ 中. 同样，y_3 的方差最大值可能出现在与 y_1 和 y_2 都无关的所有变量中，以此类推.

数值计算的注解 在实际应用中，奇异值分解是进行主成分分析的主要工具. 如果 $\boldsymbol{B}$ 是一个具有平均偏差形式的 $p\times N$ 观测矩阵，且 $\boldsymbol{A}=(1/\sqrt{N-1})\boldsymbol{B}^{\mathrm{T}}$，那么 $\boldsymbol{A}^{\mathrm{T}}\boldsymbol{A}$ 是协方差矩阵 $\boldsymbol{S}$. $\boldsymbol{A}$ 的奇异值的平方是 $\boldsymbol{S}$ 的 p 个特征值，且 $\boldsymbol{A}$ 的右奇异向量是数据的主成分.

像 7.4 节所提到的，$\boldsymbol{A}$ 的奇异值分解的迭代计算比 $\boldsymbol{S}$ 的特征值分解更快更准确. 在如本章介绍性实例中提到的超谱图像处理($p=224$)中更是正确. 在专业化的工作站上，主成分分析可在数秒内完成.

练习题

下表列出 5 个男孩子的体重和身高.

男　孩	#1	#2	#3	#4	#5
体重（lb[1]）	120	125	125	135	145
身高（in[2]）	61	60	64	68	72

① 1 lb=0.453 592 37 kg.——编辑注

② 1 in=0.025 4 m.——编辑注

1. 求数据的协方差矩阵.
2. 给出数据的主成分分析，求一个数量指标来解释大多数数据中的变化.

习题 7.5

对习题 1 和习题 2，将观测矩阵变为平均偏差形式，并构造样本的协方差矩阵.

1. $\begin{bmatrix} 19 & 22 & 6 & 3 & 2 & 20 \\ 12 & 6 & 9 & 15 & 13 & 5 \end{bmatrix}$

2. $\begin{bmatrix} 1 & 5 & 2 & 6 & 7 & 3 \\ 3 & 11 & 6 & 8 & 15 & 11 \end{bmatrix}$

3. 求习题 1 中数据的主成分.
4. 求习题 2 中数据的主成分.
5. [M]一个地球资源卫星有三个谱分量，由美国佛罗里达州 Homestead 空军基地（自从 1992 年该基地被安德鲁飓风袭击后）提供. 数据的协方差矩阵显示在下面，求数据的第一主成分分量，并且计算这个成分在总体方差中的百分比.

$$\boldsymbol{S} = \begin{bmatrix} 164.12 & 32.73 & 81.04 \\ 32.73 & 539.44 & 249.13 \\ 81.04 & 249.13 & 189.11 \end{bmatrix}$$

6. [M]下面的协方差矩阵来自美国华盛顿哥伦比亚河地球资源卫星的图像，采用数据的三个谱段. 令 x_1, x_2, x_3 表示图像中每个像素的谱成分，求新的变量形式 $y_1 = c_1x_1 + c_2x_2 + c_3x_3$，它具有最大可能的方差，限制条件是 $c_1^2 + c_2^2 + c_3^2 = 1$. y_1 中的数据占总方差的百分比是多少？

$$\boldsymbol{S} = \begin{bmatrix} 29.64 & 18.38 & 5.00 \\ 18.38 & 20.82 & 14.06 \\ 5.00 & 14.06 & 29.21 \end{bmatrix}$$

7. 令 x_1, x_2 表示习题 1 中二维数据变量，求一个形如 $y_1 = c_1x_1 + c_2x_2$ 的新变量 y_1，满足条件 $c_1^2 + c_2^2 = 1$，在给定数据下，使得 y_1 的方差尽可能具有最大值. y_1 中的数据占总方差的百分比是多少？
8. 对习题 2 的数据重复习题 7 的问题.
9. 假设三个实验中大学生的随机样本已经掌握，设 $\boldsymbol{X}_1, \boldsymbol{X}_2, \cdots, \boldsymbol{X}_N$ 是 $\mathbb{R}^3$ 中的观测向量，列出了每个学生的三个分数，且对 $j = 1,2,3$，令 x_j 表示第 j 次考试中学生的分数. 设数据的协方差矩阵是

$$\boldsymbol{S} = \begin{bmatrix} 5 & 2 & 0 \\ 2 & 6 & 2 \\ 0 & 2 & 7 \end{bmatrix}$$

设 y 表示学生表现的“指标”，且 $y = c_1x_1 + c_2x_2 + c_3x_3$ 和 $c_1^2 + c_2^2 + c_3^3 = 1$. 选取 c_1，c_2，c_3，使得 y 在数据集变化时，y 的方差尽可能大.（提示：协方差矩阵的特征值是 $\lambda = 3, 6$ 和 9.）

10. [M]对 $\boldsymbol{S} = \begin{bmatrix} 5 & 4 & 2 \\ 4 & 11 & 4 \\ 2 & 4 & 5 \end{bmatrix}$，重复习题 9 的问题.

11. 给定平均偏差形式的多变量数据 $\boldsymbol{X}_1, \boldsymbol{X}_2, \cdots, \boldsymbol{X}_N$（属于 $\mathbb{R}^p$），令 $\boldsymbol{P}$ 是 $p\times p$ 矩阵，且对 $k=1,2,\cdots,N$，定义 $\boldsymbol{Y}_k=\boldsymbol{P}^{\mathrm{T}}\boldsymbol{X}_k$.
   a. 证明：$\boldsymbol{Y}_1, \boldsymbol{Y}_2, \cdots, \boldsymbol{Y}_N$ 是平均偏差形式.（提示：令 $\boldsymbol{w}$ 是 $\mathbb{R}^N$ 中的向量且其每一个元素为 1，那么 $[\boldsymbol{X}_1\ \boldsymbol{X}_2 \cdots \boldsymbol{X}_N]\boldsymbol{w}=\boldsymbol{0}$ ($\mathbb{R}^p$中的零向量).）
   b. 证明：如果 $\boldsymbol{X}_1, \boldsymbol{X}_2, \cdots, \boldsymbol{X}_N$ 的协方差矩阵是 $\boldsymbol{S}$，那么 $\boldsymbol{Y}_1, \boldsymbol{Y}_2, \cdots, \boldsymbol{Y}_N$ 的协方差矩阵是 $\boldsymbol{P}^{\mathrm{T}}\boldsymbol{S}\boldsymbol{P}$.
12. 令 $\boldsymbol{X}$ 表示一个 $p\times N$ 观测矩阵的一个列向量，$\boldsymbol{P}$ 是一个 $p\times p$ 正交矩阵，证明：变量代换 $\boldsymbol{X}=\boldsymbol{P}\boldsymbol{Y}$ 不影响数据的总方差.（提示：由习题 11，只需证明 $\mathrm{tr}(\boldsymbol{P}^{\mathrm{T}}\boldsymbol{S}\boldsymbol{P})=\mathrm{tr}(\boldsymbol{S})$，利用 5.4 节习题 27 提到的轨迹的性质.）
13. 样本协方差矩阵是一个 N 个测量数值的样本方差公式的一般形式，如 $t_1,t_2,\cdots,t_N$. 如果 m 是 $t_1,t_2,\cdots,t_N$ 的平均值，那么样本方差由下式给出：
$$\frac{1}{N-1}\sum_{k=1}^{n}(t_k-m)^2 \tag{1}$$
证明前面例 3 中定义的样本协方差矩阵 $\boldsymbol{S}$ 可以写成类似（1）的形式.（提示：利用分块矩阵的乘法，将 $\boldsymbol{S}$ 写成 $1/(N-1)$ 乘 N 个 $p\times p$ 矩阵的和. 对 $1\leqslant k\leqslant N$，用 $\boldsymbol{X}_k-\boldsymbol{M}$ 代替 $\hat{\boldsymbol{X}}_k$.）

练习题答案

1. 首先将数据整理为平均偏差形式，容易看出样本的平均向量是 $\boldsymbol{M}=\begin{bmatrix}130\\65\end{bmatrix}$. 从观测向量（表中的列）中减去 $\boldsymbol{M}$ 可以得到
$$\boldsymbol{B}=\begin{bmatrix}-10 & -5 & -5 & 5 & 15\\ -4 & -5 & -1 & 3 & 7\end{bmatrix}$$
那么样本协方差矩阵是
$$\boldsymbol{S}=\frac{1}{5-1}\begin{bmatrix}-10 & -5 & -5 & 5 & 15\\ -4 & -5 & -1 & 3 & 7\end{bmatrix}\begin{bmatrix}-10 & -4\\ -5 & -5\\ -5 & -1\\ 5 & 3\\ 15 & 7\end{bmatrix}=\frac{1}{4}\begin{bmatrix}400 & 190\\ 190 & 100\end{bmatrix}=\begin{bmatrix}100.0 & 47.5\\ 47.5 & 25.0\end{bmatrix}$$

2. $\boldsymbol{S}$ 的特征值是（精确到两位小数）
$$\lambda_1=123.02 \text{ 和 } \lambda_2=1.98$$
对应于 λ_1 的单位特征向量是 $\boldsymbol{u}=\begin{bmatrix}0.900\\0.436\end{bmatrix}$.（由于 $\boldsymbol{S}$ 是 2×2 矩阵，因此如果没有矩阵程序，则可以手工计算.） 为计算数量指标，取
$$y=0.900\hat{w}+0.436\hat{h}$$
其中 $\hat{w}$ 和 $\hat{h}$ 分别表示平均偏差形式的体重和身高. 在数据集合中该指标的方差是 123.02. 由于总方差是 $\mathrm{tr}(\boldsymbol{S})=100+25=125$，因此数量指标解释了几乎所有（98.4%）的数据方差.

练习题 1 的原始数据和由第一主成分 $\boldsymbol{u}$ 确定的直线都显示在图 7-21 中（用参数向量形式表示，直线是 $\boldsymbol{x}=\boldsymbol{M}+t\boldsymbol{u}$）. 在到直线的垂直距离的平方和最小的意义下，可以证明直线是数据的最佳逼近. 事实上，主成分分析与术语正交回归是等同的，但正交回归属于另外的内容，以后我们会遇到.

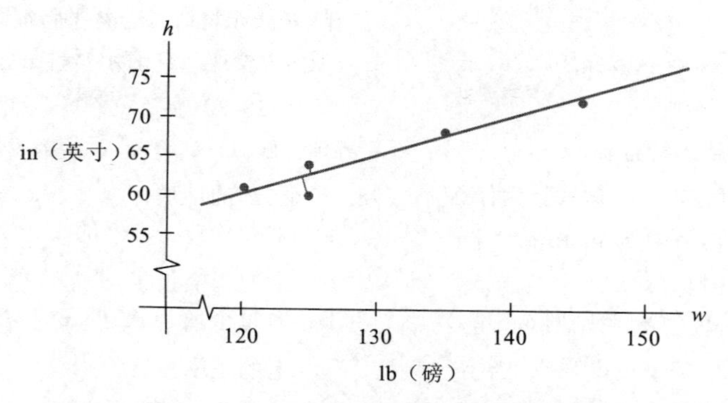

图 7-21 一个由数据的第一主成分确定的正交回归直线

课题研究

本章的课题研究可在线获取：bit.ly/30TM8gT.

A. 圆锥曲线和二次曲面：这个课题展示了二次型和主轴定理可以用来分类圆锥曲线和二次曲面.

B. 多元函数的极值：这个课题展示了如何使用二次型来研究多元函数的最大值和最小值.

补充习题

判断每一个论断的真假(T/F)，并验证你的答案. 在下面的表述中，A 表示一个 $n\times n$ 矩阵.

1. (T/F)如果 A 是正交可对角化矩阵，那么 A 是对称的.
2. (T/F)如果 A 是一个正交矩阵，那么 A 是对称的.
3. (T/F)如果 A 是一个正交矩阵，那么 $\|A\boldsymbol{x}\|=\|\boldsymbol{x}\|$ 对所有 $\mathbb{R}^n$ 的向量 $\boldsymbol{x}$ 均成立.
4. (T/F)二次型 $\boldsymbol{x}^{\mathrm{T}}A\boldsymbol{x}$ 的主轴可以是任意将 A 对角化的矩阵 P 的列.
5. (T/F)如果 P 是一个 $n\times n$ 具有正交列的矩阵，那么 $P^{\mathrm{T}}=P^{-1}$.
6. (T/F)如果二次型的每一个系数是正的，那么二次型是正定的.
7. (T/F)如果对某些 $\boldsymbol{x}$，有 $\boldsymbol{x}^{\mathrm{T}}A\boldsymbol{x}>0$，那么二次型 $\boldsymbol{x}^{\mathrm{T}}A\boldsymbol{x}$ 是正定的.
8. (T/F)通过适当的变量代换，任何二次型可以变成一个没有交叉乘积项的二次型.
9. (T/F)二次型 $\boldsymbol{x}^{\mathrm{T}}A\boldsymbol{x}$ 在 $\|\boldsymbol{x}\|=1$ 条件下的最大值是矩阵 A 对角线上的最大元素.
10. (T/F)一个正定二次型 $\boldsymbol{x}^{\mathrm{T}}A\boldsymbol{x}$ 的最大值是 A 的最大特征值.
11. (T/F)一个正定二次型可以通过一个合适的变量代换 $\boldsymbol{x}=P\boldsymbol{u}$ 变为负定二次型，其中 P 是正交矩阵.
12. (T/F)一个不定二次型是指特征值不定的二次型.
13. (T/F)如果 P 是 $n\times n$ 正交矩阵，那么变量代换 $\boldsymbol{x}=P\boldsymbol{u}$ 将 $\boldsymbol{x}^{\mathrm{T}}A\boldsymbol{x}$ 变换为矩阵为 $P^{-1}AP$ 的二次型.
14. (T/F)如果 U 是 $m\times n$ 且列正交的矩阵，那么 $UU^{\mathrm{T}}\boldsymbol{x}$ 是 $\boldsymbol{x}$ 在 $\mathrm{Col}\,U$ 上的正交投影.
15. (T/F)如果 B 是 $m\times n$ 矩阵且 $\boldsymbol{x}$ 是 $\mathbb{R}^n$ 中的一个单位向量，那么 $\|B\boldsymbol{x}\|\leqslant\sigma_1$，其中 σ_1 是 B 的第一个奇异值.
16. (T/F)一个 $m\times n$ 矩阵 B 的奇异值分解可以写成 $B=P\Sigma Q$，其中 P 是一个 $m\times m$ 正交矩阵，Q 是一个 $n\times n$ 正交矩阵，Σ 是一个 $m\times n$ “对角”矩阵.
17. (T/F)如果 A 是 $n\times n$ 矩阵，那么 A 和 $A^{\mathrm{T}}A$ 具有同样的奇异值.
18. 令 $\{\boldsymbol{u}_1,\boldsymbol{u}_2,\cdots,\boldsymbol{u}_n\}$ 是 $\mathbb{R}^n$ 的单位正交基，且 $\lambda_1,\lambda_2,\cdots,\lambda_n$

是任意实数，定义

$$A = \lambda_1 \boldsymbol{u}_1 \boldsymbol{u}_1^{\mathrm{T}} + \lambda_2 \boldsymbol{u}_2 \boldsymbol{u}_2^{\mathrm{T}} + \cdots + \lambda_n \boldsymbol{u}_n \boldsymbol{u}_n^{\mathrm{T}}$$

a．证明 A 是对称的.

b．证明 $\lambda_1, \lambda_2, \cdots, \lambda_n$ 是 A 的特征值.

19. 令 A 是秩为 r 的 $n \times n$ 对称矩阵，试解释为什么 A 的谱分解是将 A 表示为 r 个秩为 1 的矩阵之和.

20. 令 A 是一个 $n \times n$ 对称矩阵.

a. 证明 $(\mathrm{Col}\ A)^{\perp} = \mathrm{Nul}\ A$．（提示：见 6.1 节.）

b. 证明：每一个属于 $\mathbb{R}^n$ 的 $\boldsymbol{y}$ 可以写成 $\boldsymbol{y} = \hat{\boldsymbol{y}} + \boldsymbol{z}$ 的形式，其中 $\hat{\boldsymbol{y}}$ 属于 Col A，$\boldsymbol{z}$ 属于 Nul A.

21. 证明：如果 $\boldsymbol{v}$ 是 $n \times n$ 矩阵 A 的一个特征向量，且 λ 是对应的 A 的非零特征值，那么 $\boldsymbol{v}$ 属于 Col A．（提示：利用特征向量的定义.）

22. 设 A 是一个 $n \times n$ 对称矩阵，利用习题 21 和 $\mathbb{R}^n$ 的一个特征向量基给出习题 20 (b) 中分解的第二种证明.

23. 证明：一个 $n \times n$ 矩阵 A 是正定的充分必要条件是 A 有一个楚列斯基分解，即 $A = R^{\mathrm{T}}R$ 对一些可逆上三角形矩阵 R 成立，其中 R 的主对角元素都是正数.（提示：利用 QR 分解和 7.2 节习题 34.）

24. 利用习题 23 证明：如果 A 是正定的，那么 A 具有一个 LU 分解 $A = LU$，其中 U 的对角线上有正主元.（反之也真.）

如果 A 是 $m \times n$ 矩阵，那么矩阵 $G = A^{\mathrm{T}}A$ 称为 A 的格拉姆矩阵. 在这种情形中，G 的元素是 A 的列向量的内积.

25. 证明：任意矩阵 A 的格拉姆矩阵是半正定的，且与 A 有相同的秩.（见 6.5 节的习题.）

26. 证明：如果一个 $n \times n$ 矩阵 G 是半正定且有秩 r，那么 G 是某 $r \times n$ 矩阵 A 的格拉姆矩阵，这称为 G 的显秩矩阵的分解.（提示：考虑 G 的谱分解，首先将 G 写成一个 $n \times r$ 矩阵 B 的 BB^{T} 形式.）

27. 证明：任何 $n \times n$ 矩阵 A 有一个形如 $A = PQ$ 的极分解，其中 P 是 $n \times n$ 半正定矩阵且与 A 具有相同的秩，Q 是一个 $n \times n$ 正交矩阵.（提示：利用奇异值分解 $A = U\Sigma V^{\mathrm{T}}$，且 $A = (U\Sigma U^{\mathrm{T}})(UV^{\mathrm{T}})$）

这种分解可用于机械工程中给材料的变形建模. 矩阵 P 表示材料（沿 P 的特征向量的方向）的拉伸或压缩变换，Q 表示材料在空间的旋转变换.

习题 28~30 涉及一个 $m \times n$ 矩阵 A，具有简化的奇异值分解 $A = U_r D V_r^{\mathrm{T}}$，其伪逆是 $A^+ = V_r D^{-1} U_r^{\mathrm{T}}$.

28. 验证 A^+ 的性质：

a．对每个属于 $\mathbb{R}^m$ 的 $\boldsymbol{y}$，$AA^+\boldsymbol{y}$ 是 $\boldsymbol{y}$ 在 Col A 上的正交投影.

b．对每个属于 $\mathbb{R}^n$ 的 $\boldsymbol{x}$，$A^+A\boldsymbol{x}$ 是 $\boldsymbol{x}$ 在 Row A 上的正交投影.

c．$AA^+A = A$ 和 $A^+AA^+ = A^+$.

29. 若方程 $A\boldsymbol{x} = \boldsymbol{b}$ 是相容的，令 $\boldsymbol{x}^+ = A^+\boldsymbol{b}$. 由 6.3 节的习题 31，存在唯一一个属于 Row A 的向量 $\boldsymbol{p}$，使得 $A\boldsymbol{p} = \boldsymbol{b}$. 下面的步骤证明 $\boldsymbol{x}^+ = \boldsymbol{p}$ 且 $\boldsymbol{x}^+$ 是 $A\boldsymbol{x} = \boldsymbol{b}$ 的最小长度解.

a．证明：$\boldsymbol{x}^+$ 属于 Row A.（提示：将 $\boldsymbol{b}$ 写成关于 $\boldsymbol{x}$ 的 $A\boldsymbol{x}$ 形式，并且利用习题 28.）

b．证明：$\boldsymbol{x}^+$ 是 $A\boldsymbol{x} = \boldsymbol{b}$ 的一个解.

c．证明：如果 $\boldsymbol{u}$ 是 $A\boldsymbol{x} = \boldsymbol{b}$ 的任意一个解，那么 $\|\boldsymbol{x}^+\| \leqslant \|\boldsymbol{u}\|$. 且只有当 $\boldsymbol{u} = \boldsymbol{x}^+$ 时等号成立.

30. 给定 $\mathbb{R}^m$ 中的任何 $\boldsymbol{b}$，修改习题 13 的证明：$A^+\boldsymbol{b}$ 是最小长度的最小二乘解.（提示：考虑方程 $A\boldsymbol{x} = \hat{\boldsymbol{b}}$，其中 $\hat{\boldsymbol{b}}$ 是 $\boldsymbol{b}$ 在 Col A 上的正交投影.）

[M]对习题 31 和习题 32 构造 A 的伪逆. 开始时使用矩阵程序计算 A 的奇异值分解，或者，如果没有这个程序，首先对 $A^{\mathrm{T}}A$ 进行正交对角化. 使用伪逆求解 $A\boldsymbol{x} = \boldsymbol{b}$，其中 $\boldsymbol{b} = (6, -1, -4, 6)$，并记 $\hat{\boldsymbol{x}}$ 是所求的解. 用计算方法验证 $\hat{\boldsymbol{x}}$ 属于 Row A，求一个属于 Nul A 的非零向量 $\boldsymbol{u}$，并验证 $\|\hat{\boldsymbol{x}}\| < \|\hat{\boldsymbol{x}} + \boldsymbol{u}\|$，由习题 29（c）可知该式一定成立.

31. $A = \begin{bmatrix} -3 & -3 & -6 & 6 & 1 \\ -1 & -1 & -1 & 1 & -2 \\ 0 & 0 & -1 & 1 & -1 \\ 0 & 0 & -1 & 1 & -1 \end{bmatrix}$

32. $A = \begin{bmatrix} 4 & 0 & -1 & -2 & 0 \\ -5 & 0 & 3 & 5 & 0 \\ 2 & 0 & -1 & -2 & 0 \\ 6 & 0 & -3 & -6 & 0 \end{bmatrix}$

第 8 章　向量空间的几何学

介绍性实例　柏拉图多面体

在公元前 387 年的雅典城，希腊哲学家柏拉图创建了古希腊第一所“大学”．课程涉及天文学、生物学、政治学理论和哲学．这些学科中最受柏拉图重视的是几何学，这一事实可以从学园门上写的一句话得到验证，这句话是这样写的：“不懂几何者不得入内”

希腊人被几何形状深深地吸引了，如正多面体．如果一个多面体的面都是全等的正多边形，并且所有顶点处的角都是相等的，那么称这样的多面体为正多面体．在早于柏拉图的 100 年前，毕达哥拉斯知道至少三种正多面体：四面体（4 个三角面）、立方体（6 个方形面）和八面体（8 个三角面）（见图 8-1）．只有 5 种这样的多面体自然地出现在常见的矿物晶体中，另外两种多面体是十二面体（12 个五角面）和二十面体（20 个三角面）．

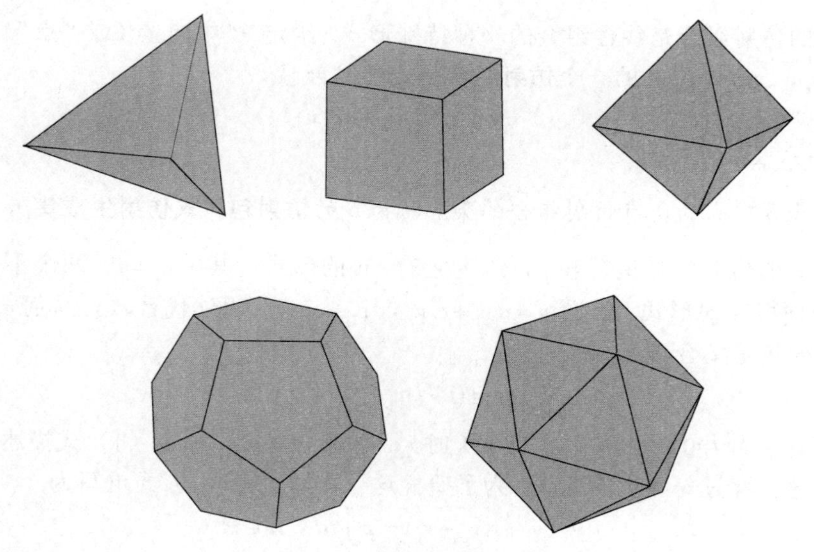

图 8-1　5 种柏拉图多面体

柏拉图在他的《蒂迈欧篇》（“Timaeus”）对话中讨论了这五种多面体的基础理论，从此，这些多面体就带有了他的名字：柏拉图多面体．

在那以后的几个世纪都无须想象超过三维的几何对象．但如今，数学家经常处理四维、五维甚至数百维向量空间中的对象．在高维空间中，我们对这些对象的几何性质却未必清楚．

例如，对于直线在二维空间中所具有的性质和平面在三维空间中所具有的性质，何种性质会在更高维的空间中有用？如何刻画这些对象？8.1 节和 8.4 节给出了一些回答．8.4 节中的超平面对理解线性规划问题在高维空间中的特性是十分重要的.

在高于三维的空间中，多面体看起来是什么样的？部分答案可以通过对四维对象做二维投影得到，这与三维对象在二维中的投影相似. 8.5 节给出了四维“立方体”和四维“单纯形”的概念.

高维几何理论的研究不仅提供了观察抽象的代数概念的新方法，而且提供了可应用于 $\mathbb{R}^3$ 的新工具. 比如，8.2 节和 8.6 节包含了在计算机图形方面的应用，8.5 节叙述了 $\mathbb{R}^3$ 中只存在 5 种正多面体的证明思路（习题 28）.

前几章中大多数的应用均涉及子空间的代数运算和向量的线性组合. 这一章研究的是那些被视为几何体的向量集合，如直线段、多边形和立体对象. 独立的向量被看作点. 这里介绍的概念在计算机图形学、线性规划（第 9 章）和其他数学领域都很有用[㊀].

纵观本章，向量的集合被描述为线性组合，但在组合权值上给了一些限制. 比如，在 8.1 节，权值的和是 1，而在 8.3 节，权值都是非负的，且和是 1. 概念的可视化当然是在 $\mathbb{R}^2$ 或 $\mathbb{R}^3$ 中实现，但这些概念也应用到 $\mathbb{R}^n$ 和其他向量空间中.

8.1　仿射组合

一个向量的仿射组合是线性组合的一种特殊形式. 给定 $\mathbb{R}^n$ 中向量（或“点”）$\boldsymbol{v}_1,\boldsymbol{v}_2,\cdots,\boldsymbol{v}_p$ 和标量 $c_1,c_2,\cdots,c_p$，$\boldsymbol{v}_1,\boldsymbol{v}_2,\cdots,\boldsymbol{v}_p$ 的一个**仿射组合**是线性组合

$$c_1\boldsymbol{v}_1+c_2\boldsymbol{v}_2+\cdots+c_p\boldsymbol{v}_p$$

其权值满足 $c_1+c_2+\cdots+c_p=1$.

定义　*集合 S 中点的所有仿射组合的集合称为 S 的*仿射包*（或*仿射生成集*），记为 $\text{aff}\,S$.*

一个单点 $\boldsymbol{v}_1$ 的仿射包是集合 $\{\boldsymbol{v}_1\}$，因为它有 $c_1\boldsymbol{v}_1$ 的形式，其中 $c_1=1$. 两个不同点的仿射包通常被写成一种特殊的形式. 假设 $\boldsymbol{y}=c_1\boldsymbol{v}_1+c_2\boldsymbol{v}_2$，$c_1+c_2=1$. 用 t 代替 c_2，从而 $c_1=1-c_2=1-t$. 则 $\{\boldsymbol{v}_1,\boldsymbol{v}_2\}$ 的仿射包是集合

$$\boldsymbol{y}=(1-t)\boldsymbol{v}_1+t\boldsymbol{v}_2,\quad t\in\mathbb{R} \tag{1}$$

这个点集包括 $\boldsymbol{v}_1$（当 t=0 时）和 $\boldsymbol{v}_2$（当 t=1 时）. 如果 $\boldsymbol{v}_2=\boldsymbol{v}_1$，那么（1）式描述了一个点；否则，（1）式描述了穿过 $\boldsymbol{v}_1$ 和 $\boldsymbol{v}_2$ 的直线. 为了研究这一内容，把（1）式重写为

$$\boldsymbol{y}=\boldsymbol{v}_1+t(\boldsymbol{v}_2-\boldsymbol{v}_1)=\boldsymbol{p}+t\boldsymbol{u},\quad t\in\mathbb{R}$$

其中 $\boldsymbol{p}$ 是 $\boldsymbol{v}_1$，$\boldsymbol{u}$ 是 $\boldsymbol{v}_2-\boldsymbol{v}_1$. $\boldsymbol{u}$ 的所有倍数的集合是 $\text{Span}\{\boldsymbol{u}\}$，是穿过 $\boldsymbol{u}$ 和原点的直线. 把 $\boldsymbol{p}$ 加到这条直线上的每个点，相当于把穿过 $\boldsymbol{u}$ 和原点的直线平移得到一条穿过 $\boldsymbol{p}$ 并与穿过 $\boldsymbol{u}$ 和原点的直线平行的直线，见图 8-2.（比较这个图与 1.5 节中的图 1-25.）

图 8-3 用了原始点 $\boldsymbol{v}_1$ 和 $\boldsymbol{v}_2$，并显示了 $\text{aff}\{\boldsymbol{v}_1,\boldsymbol{v}_2\}$ 是穿过 $\boldsymbol{v}_1$ 和 $\boldsymbol{v}_2$ 的直线.

㊀ 见 Foley，van Dam, Feiner, and Hughes，*Computer Graphics-Principles and Practice*, 2nd edition(Boston:Addison-Wesley,1996),pp.1083-1112. 其中还讨论了坐标无关的“仿射空间”.

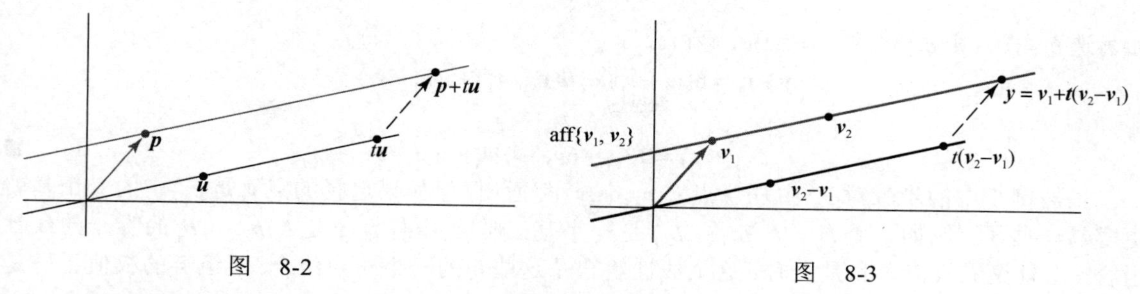

图 8-2 图 8-3

注意，图 8-3 中点 $\boldsymbol{y}$ 是 $\boldsymbol{v}_1$ 和 $\boldsymbol{v}_2$ 的一个仿射组合，而点 $\boldsymbol{y}-\boldsymbol{v}_1$ 等于 $t(\boldsymbol{v}_2-\boldsymbol{v}_1)$，它是 $\boldsymbol{v}_2-\boldsymbol{v}_1$ 的一个线性组合（事实上，是倍乘）. $\boldsymbol{y}$ 和 $\boldsymbol{y}-\boldsymbol{v}_1$ 的这种关系对点的任何仿射组合均成立，如下面定理所述.

定理 1 $\mathbb{R}^n$ 中一个点 $\boldsymbol{y}$ 是 $\mathbb{R}^n$ 中 $\boldsymbol{v}_1,\boldsymbol{v}_2,\cdots,\boldsymbol{v}_p$ 的一个仿射组合，当且仅当 $\boldsymbol{y}-\boldsymbol{v}_1$ 是平移点 $\boldsymbol{v}_2-\boldsymbol{v}_1,\cdots,\boldsymbol{v}_p-\boldsymbol{v}_1$ 的线性组合.

证 如果 $\boldsymbol{y}-\boldsymbol{v}_1$ 是 $\boldsymbol{v}_2-\boldsymbol{v}_1,\cdots,\boldsymbol{v}_p-\boldsymbol{v}_1$ 的一个线性组合，存在权值 $c_2,\cdots,c_p$ 使得

$$\boldsymbol{y}-\boldsymbol{v}_1=c_2(\boldsymbol{v}_2-\boldsymbol{v}_1)+\cdots+c_p(\boldsymbol{v}_p-\boldsymbol{v}_1) \tag{2}$$

那么

$$\boldsymbol{y}=(1-c_2-\cdots-c_p)\boldsymbol{v}_1+c_2\boldsymbol{v}_2+\cdots+c_p\boldsymbol{v}_p \tag{3}$$

并且这个线性组合中的权值之和是 1. 因此，$\boldsymbol{y}$ 是 $\boldsymbol{v}_1,\boldsymbol{v}_2,\cdots,\boldsymbol{v}_p$ 的一个仿射组合. 相反，假定

$$\boldsymbol{y}=c_1\boldsymbol{v}_1+c_2\boldsymbol{v}_2+\cdots+c_p\boldsymbol{v}_p \tag{4}$$

其中 $c_1+c_2+\cdots+c_p=1$. 由于 $c_1=1-c_2-\cdots-c_p$，因此方程（4）可写成（3）式的形式，并可导出（2）式，这就证明了 $\boldsymbol{y}-\boldsymbol{v}_1$ 是 $\boldsymbol{v}_2-\boldsymbol{v}_1,\cdots,\boldsymbol{v}_p-\boldsymbol{v}_1$ 的一个线性组合. ■

在定理 1 的叙述中，点 $\boldsymbol{v}_1$ 可以被 $\boldsymbol{v}_1,\boldsymbol{v}_2,\cdots,\boldsymbol{v}_p$ 中任何其他的点所取代. 只要改变证明中的记号就行了.

例 1 令 $\boldsymbol{v}_1=\begin{bmatrix}1\\2\end{bmatrix},\boldsymbol{v}_2=\begin{bmatrix}2\\5\end{bmatrix},\boldsymbol{v}_3=\begin{bmatrix}1\\3\end{bmatrix},\boldsymbol{v}_4=\begin{bmatrix}-2\\2\end{bmatrix},\boldsymbol{y}=\begin{bmatrix}4\\1\end{bmatrix}$. 如果可能，把 $\boldsymbol{y}$ 写成 $\boldsymbol{v}_1,\boldsymbol{v}_2,\boldsymbol{v}_3,\boldsymbol{v}_4$ 的仿射组合.

解 计算平移点

$$\boldsymbol{v}_2-\boldsymbol{v}_1=\begin{bmatrix}1\\3\end{bmatrix},\quad \boldsymbol{v}_3-\boldsymbol{v}_1=\begin{bmatrix}0\\1\end{bmatrix},\quad \boldsymbol{v}_4-\boldsymbol{v}_1=\begin{bmatrix}-3\\0\end{bmatrix},\quad \boldsymbol{y}-\boldsymbol{v}_1=\begin{bmatrix}3\\-1\end{bmatrix}$$

为求出标量 c_2,c_3,c_4，使得

$$c_2(\boldsymbol{v}_2-\boldsymbol{v}_1)+c_3(\boldsymbol{v}_3-\boldsymbol{v}_1)+c_4(\boldsymbol{v}_4-\boldsymbol{v}_1)=\boldsymbol{y}-\boldsymbol{v}_1 \tag{5}$$

行化简增广矩阵得

$$\begin{bmatrix}1&0&-3&3\\3&1&0&-1\end{bmatrix}\sim\begin{bmatrix}1&0&-3&3\\0&1&9&-10\end{bmatrix}$$

这表明（5）式是相容的，并且通解是 $c_2=3c_4+3,c_3=-9c_4-10$，c_4 是自由变量. 当 $c_4=0$ 时，

$$\boldsymbol{y}-\boldsymbol{v}_1=3(\boldsymbol{v}_2-\boldsymbol{v}_1)-10(\boldsymbol{v}_3-\boldsymbol{v}_1)+0(\boldsymbol{v}_4-\boldsymbol{v}_1)$$

即

$$\boldsymbol{y}=8\boldsymbol{v}_1+3\boldsymbol{v}_2-10\boldsymbol{v}_3$$

如另选 $c_4=1$，则 $c_2=6$ 和 $c_3=-19$，因此，

$$\boldsymbol{y}-\boldsymbol{v}_1=6(\boldsymbol{v}_2-\boldsymbol{v}_1)-19(\boldsymbol{v}_3-\boldsymbol{v}_1)+1(\boldsymbol{v}_4-\boldsymbol{v}_1)$$

即

$$\boldsymbol{y}=13\boldsymbol{v}_1+6\boldsymbol{v}_2-19\boldsymbol{v}_3+\boldsymbol{v}_4$$

■

虽然例 1 中的步骤对 $\mathbb{R}^n$ 中任意点 $\boldsymbol{v}_1,\boldsymbol{v}_2,\cdots,\boldsymbol{v}_p$ 都适用，但如果选择的点 $\boldsymbol{v}_i$ 是 $\mathbb{R}^n$ 中的一个基就更容易一些了．例如，令 $\mathcal{B}=\{\boldsymbol{b}_1,\boldsymbol{b}_2,\cdots,\boldsymbol{b}_n\}$ 是一个基．则 $\mathbb{R}^n$ 中任意 $\boldsymbol{y}$ 是 $\boldsymbol{b}_1,\boldsymbol{b}_2,\cdots,\boldsymbol{b}_n$ 的唯一的线性组合．当且仅当权值之和是 1 时，这个线性组合是这些 $\boldsymbol{b}_i$ 的一个仿射组合．（组合的权值正好是 $\boldsymbol{y}$ 在基 $\mathcal{B}$ 下的坐标，如 4.4 节．）

例 2　令 $\boldsymbol{b}_1=\begin{bmatrix}4\\0\\3\end{bmatrix},\boldsymbol{b}_2=\begin{bmatrix}0\\4\\2\end{bmatrix},\boldsymbol{b}_3=\begin{bmatrix}5\\2\\4\end{bmatrix},\boldsymbol{p}_1=\begin{bmatrix}2\\0\\0\end{bmatrix}$，$\boldsymbol{p}_2=\begin{bmatrix}1\\2\\2\end{bmatrix}$．集合 $\mathcal{B}=\{\boldsymbol{b}_1,\boldsymbol{b}_2,\boldsymbol{b}_3\}$ 是 $\mathbb{R}^3$ 的一个基．判断点 $\boldsymbol{p}_1$ 和 $\boldsymbol{p}_2$ 是不是 $\mathcal{B}$ 中点的仿射组合．

解　求 $\boldsymbol{p}_1$ 和 $\boldsymbol{p}_2$ 的 $\mathcal{B}$ 坐标．这两个计算可以通过对矩阵 $[\boldsymbol{b}_1\ \ \boldsymbol{b}_2\ \ \boldsymbol{b}_3\ \ \boldsymbol{p}_1\ \ \boldsymbol{p}_2]$ 进行行化简实现，带有两个增广列：

$$\begin{bmatrix}4&0&5&2&1\\0&4&2&0&2\\3&2&4&0&2\end{bmatrix}\sim\begin{bmatrix}1&0&0&-2&\frac{2}{3}\\0&1&0&-1&\frac{2}{3}\\0&0&1&2&-\frac{1}{3}\end{bmatrix}$$

取第 4 列得到 $\boldsymbol{p}_1$，取第 5 列得到 $\boldsymbol{p}_2$：

$$\boldsymbol{p}_1=-2\boldsymbol{b}_1-\boldsymbol{b}_2+2\boldsymbol{b}_3,\quad \boldsymbol{p}_2=\frac{2}{3}\boldsymbol{b}_1+\frac{2}{3}\boldsymbol{b}_2-\frac{1}{3}\boldsymbol{b}_3$$

$\boldsymbol{p}_1$ 中线性组合的权值之和是−1，不是 1．因此，$\boldsymbol{p}_1$ 不是各 $\boldsymbol{b}_i$ 的一个仿射组合．然而，由于 $\boldsymbol{p}_2$ 中权值之和是 1，所以 $\boldsymbol{p}_2$ 是各 $\boldsymbol{b}_i$ 的一个仿射组合．■

定义　如果对任意实数 t，由 $\boldsymbol{p},\boldsymbol{q}\in S$ 得出 $(1-t)\boldsymbol{p}+t\boldsymbol{q}\in S$，则集合 S 是**仿射**的．

在几何上，如果两个点在集合中，则过这些点的直线在集合中，从而集合是仿射的．（如果 S 只包含一个点 $\boldsymbol{p}$，则通过 $\boldsymbol{p}$ 的直线和 $\boldsymbol{p}$ 只是一个点，一条“退化”的直线．）在代数上，若一个集合 S 是仿射的，则需要 S 中两点的每个仿射组合都属于 S．显然，这个定义和 S 包含 S 中任意数量的点的仿射组合是等价的．

定理 2　当且仅当 S 中点的每一个仿射组合都属于 S，集合 S 是仿射的．即当且仅当 $S=\operatorname{aff} S$，S 是仿射的．

注：参见第 3 章定理 5 前面关于数学归纳法的注释．

证　假定 S 是仿射的，并对仿射组合中 S 的点的数目 m 使用归纳法．当 m 是 1 或 2 时，由仿射集合的定义，S 中 m 个点的仿射组合属于 S．现在，假设 S 中 k 个点或少于 k 个点的每一个仿射组合属于 S，考虑 $k+1$ 个点的组合．对 $i=1,2,\cdots,k+1$，取 S 中 $\boldsymbol{v}_i$，并令 $\boldsymbol{y}=c_1\boldsymbol{v}_1+c_2\boldsymbol{v}_2+\cdots+c_k\boldsymbol{v}_k+c_{k+1}\boldsymbol{v}_{k+1}$，其中 $c_1+c_2+\cdots+c_k+c_{k+1}=1$．由于所有 c_i 的和是 1，因此它们中至少有一个不等于 1．如果需要，对

$\boldsymbol{v}_i$ 和 c_i 重新标记，我们可以假定 $c_{k+1}\neq 1$．令 $t=c_1+c_2+\cdots+c_k$，则 $t=1-c_{k+1}\neq 0$，并且

$$\boldsymbol{y}=(1-c_{k+1})\left(\frac{c_1}{t}\boldsymbol{v}_1+\cdots+\frac{c_k}{t}\boldsymbol{v}_k\right)+c_{k+1}\boldsymbol{v}_{k+1} \tag{6}$$

由归纳假设，由于系数和是 1，故点 $\boldsymbol{z}=(c_1/t)\boldsymbol{v}_1+(c_2/t)\boldsymbol{v}_2+\cdots+(c_k/t)\boldsymbol{v}_k$ 属于 S．从而（6）式显示了 $\boldsymbol{y}$ 作为 S 中两点的一个仿射组合是属于 S 的．由数学归纳法，这些点的每一个仿射组合属于 S，即 $\text{aff } S\subseteq S$．但反过来，$S\subseteq \text{aff } S$ 总是成立的．因此，当 S 为仿射时，$S=\text{aff } S$．相反，如果 $S=\text{aff } S$，则 S 中两点（或更多点）的仿射组合属于 S，从而 S 是仿射的．■

下面的定义提供了仿射集合的术语，它强调了其与 $\mathbb{R}^n$ 子空间的密切关系．

定义　$\mathbb{R}^n$ 中一个集合 S 被向量 $\boldsymbol{p}$ 平移后得到集合 $S+\boldsymbol{p}=\{\boldsymbol{s}+\boldsymbol{p}:\boldsymbol{s}\in S\}$[㊀]．$\mathbb{R}^n$ 中一个**平面**是 $\mathbb{R}^n$ 子空间的一个平移．如果一个平面是另一个平面的平移，则两个平面是**平行的**．**一个平面的维数**是对应的平行子空间的维数．一个**集合 S 的维数**记为 $\dim S$，是包含 S 的最小平面的维数．$\mathbb{R}^n$ 中一条**直线**是维数为 1 的平面，$\mathbb{R}^n$ 中一个**超平面**是维数为 $n-1$ 的平面．

在 $\mathbb{R}^3$ 中，真子空间[㊁]包含了原点 $\boldsymbol{0}$、穿过原点 $\boldsymbol{0}$ 的所有直线的集合和穿过原点 $\boldsymbol{0}$ 的所有平面的集合．因此，$\mathbb{R}^3$ 中的真子平面是点（零维）、直线（一维）和平面（二维），它们可能穿过原点，也可能不穿过原点．

下一个定理表明 $\mathbb{R}^3$ 中这些直线和平面的几何描述正好与前面代数描述中两个或三个点的仿射组合集合是一致的．

定理 3　当且仅当 S 是一个平面时，一个非空集合 S 是仿射的．

注：注意本证明中的关键点．例如，第一部分假设 S 是仿射的，从而证明 S 是一个平面．由定义，一个平面是一个子空间的平移．通过选取 S 中的 $\boldsymbol{p}$ 和定义 $W=S+(-\boldsymbol{p})$，集合 S 被平移到原点且 $S=W+\boldsymbol{p}$．剩下的是证明 W 是一个子空间，为此 S 将是一个子空间的平移，因此是一个平面．

证　假定 S 是仿射的，令 $\boldsymbol{p}$ 是 S 中任意固定点，$W=S+(-\boldsymbol{p})$，从而 $S=W+\boldsymbol{p}$．为了证明 S 是一个平面，只需证明 W 是 $\mathbb{R}^n$ 的一个子空间．由于 $\boldsymbol{p}$ 在 S 中，因此零向量在 W 中．为了证明 W 对向量的加法和标量乘法运算封闭，只需证明如果 $\boldsymbol{u}_1$ 和 $\boldsymbol{u}_2$ 是 W 中的元素，那么对每一个实数 t，$\boldsymbol{u}_1+t\boldsymbol{u}_2$ 属于 W．也就是说，我们想证明 $\boldsymbol{u}_1+t\boldsymbol{u}_2$ 在 $S+(-\boldsymbol{p})$ 中．由于 $\boldsymbol{u}_1$ 和 $\boldsymbol{u}_2$ 属于 W，因此存在 S 中的 $\boldsymbol{s}_1$ 和 $\boldsymbol{s}_2$，使得 $\boldsymbol{u}_1=\boldsymbol{s}_1-\boldsymbol{p}$ 和 $\boldsymbol{u}_2=\boldsymbol{s}_2-\boldsymbol{p}$．因此，对每一个实数 t，

$$\boldsymbol{u}_1+t\boldsymbol{u}_2=(\boldsymbol{s}_1-\boldsymbol{p})+t(\boldsymbol{s}_2-\boldsymbol{p})=\boldsymbol{s}_1+t\boldsymbol{s}_2-t\boldsymbol{p}-\boldsymbol{p}$$

重新组合前三项，因为系数和为 1 并且 S 是仿射的，得到 $\boldsymbol{s}_1+t\boldsymbol{s}_2-t\boldsymbol{p}$ 在 S 中．（见定理 2.）因此 $\boldsymbol{u}_1+t\boldsymbol{u}_2$ 在 $-\boldsymbol{p}+S=W$ 中，这表明 W 是 $\mathbb{R}^n$ 的一个子空间.从而由 $S=W+\boldsymbol{p}$ 知 S 是一个平面．

相反，假定 S 是一个平面.即对某些 $\boldsymbol{p}\in\mathbb{R}^n$ 和子空间 W，有 $S=W+\boldsymbol{p}$.为了表明 S 是仿射的，就要证明，对 S 中每一对 $\boldsymbol{s}_1$ 和 $\boldsymbol{s}_2$，穿过 $\boldsymbol{s}_1$ 和 $\boldsymbol{s}_2$ 的直线属于 S.由 W 的定义，存在 W 中 $\boldsymbol{u}_1$ 和 $\boldsymbol{u}_2$ 使得 $\boldsymbol{s}_1=\boldsymbol{u}_1+\boldsymbol{p}$ 和 $\boldsymbol{s}_2=\boldsymbol{u}_2+\boldsymbol{p}$.所以，对每一个实数 t，有

㊀ 若 $\boldsymbol{p}=\boldsymbol{0}$，则 S 的平移是 S 本身．参见 1.5 节图 1-24.

㊁ A 是 B 的子集，若 $A\neq B$，则 A 称为 B 的真子集．同样的条件应用于 $\mathbb{R}^n$ 的真子空间和真子平面：它们都不等于 $\mathbb{R}^n$．

$$\begin{aligned}(1-t)\boldsymbol{s}_1+t\boldsymbol{s}_2&=(1-t)(\boldsymbol{u}_1+\boldsymbol{p})+t(\boldsymbol{u}_2+\boldsymbol{p})\\&=(1-t)\boldsymbol{u}_1+(1-t)\boldsymbol{p}+t\boldsymbol{u}_2+t\boldsymbol{p}\\&=(1-t)\boldsymbol{u}_1+t\boldsymbol{u}_2+\boldsymbol{p}\end{aligned}$$

由于 W 是一个子空间，$(1-t)\boldsymbol{u}_1+t\boldsymbol{u}_2\in W$，从而 $(1-t)\boldsymbol{s}_1+t\boldsymbol{s}_2\in W+\boldsymbol{p}=S$.因此，$S$ 是仿射的. ■

定理 3 给出了一个集合的仿射包的几何解释：由一个集合中的点的所有仿射组合构成的点集是平面. 比如，图 8-4 显示了例 2 中研究的点. 虽然 $\boldsymbol{b}_1,\boldsymbol{b}_2$ 和 $\boldsymbol{b}_3$ 的所有线性组合的集合是 $\mathbb{R}^3$，但所有仿射组合的集合只是穿过 $\boldsymbol{b}_1,\boldsymbol{b}_2$ 和 $\boldsymbol{b}_3$ 的平面. 注意 $\boldsymbol{p}_2$（由例 2）在穿过 $\boldsymbol{b}_1,\boldsymbol{b}_2$ 和 $\boldsymbol{b}_3$ 的平面中，而 $\boldsymbol{p}_1$ 不在这个平面中. 也可参见习题 22.

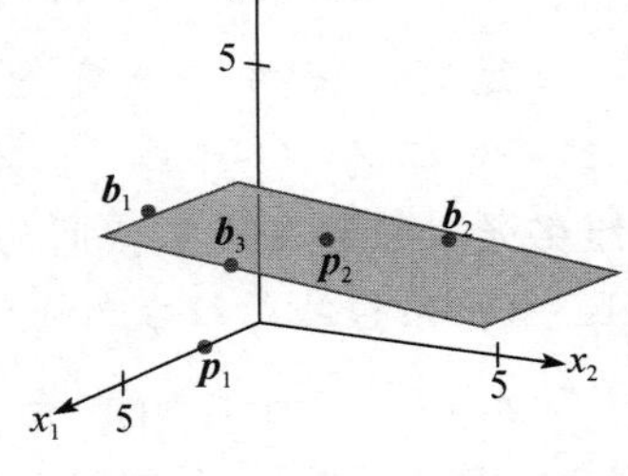

图　8-4

下一个例题从新颖的角度来观察一个熟悉的集合——方程组 $A\boldsymbol{x}=\boldsymbol{b}$ 的所有解的集合.

例 3　假定一个方程 $A\boldsymbol{x}=\boldsymbol{b}$ 的解都是 $\boldsymbol{x}=x_3\boldsymbol{u}+\boldsymbol{p}$ 的形式，其中 $\boldsymbol{u}=\begin{bmatrix}2\\-3\\1\end{bmatrix}$ 和 $\boldsymbol{p}=\begin{bmatrix}4\\0\\-3\end{bmatrix}$. 回忆 1.5 节，这个集合平行于 $A\boldsymbol{x}=\boldsymbol{0}$ 的解集，该解集由形如 $x_3\boldsymbol{u}$ 的点组成. 求点 $\boldsymbol{v}_1$ 和 $\boldsymbol{v}_2$ 使得 $A\boldsymbol{x}=\boldsymbol{b}$ 的解集是 $\text{aff}\{\boldsymbol{v}_1,\boldsymbol{v}_2\}$.

解　解集是沿着 $\boldsymbol{u}$ 的方向穿过 $\boldsymbol{p}$ 的直线，如图 8-2 所示. 由于 $\text{aff}\{\boldsymbol{v}_1,\boldsymbol{v}_2\}$ 是穿过 $\boldsymbol{v}_1$ 和 $\boldsymbol{v}_2$ 的直线，因此确定直线 $\boldsymbol{x}=x_3\boldsymbol{u}+\boldsymbol{p}$ 上的两个点. 当 $x_3=0$ 和 $x_3=1$ 时，可得两种简单的情况. 即选择 $\boldsymbol{v}_1=\boldsymbol{p}$ 和 $\boldsymbol{v}_2=\boldsymbol{u}+\boldsymbol{p}$，从而

$$\boldsymbol{v}_2=\boldsymbol{u}+\boldsymbol{p}=\begin{bmatrix}2\\-3\\1\end{bmatrix}+\begin{bmatrix}4\\0\\-3\end{bmatrix}=\begin{bmatrix}6\\-3\\-2\end{bmatrix}$$

在这种情况下，解集被描述为所有形如 $\boldsymbol{x}=(1-x_3)\begin{bmatrix}4\\0\\-3\end{bmatrix}+x_3\begin{bmatrix}6\\-3\\-2\end{bmatrix}$ 的仿射组合的集合.

前面的定理 1 描述了仿射组合和线性组合之间的重要关系. 下面的定理将提供另一个关于仿射组合的研究视角，其中 $\mathbb{R}^2$ 和 $\mathbb{R}^3$ 的情况与计算机图形学方面的应用密切相关，这将在下节中讨论（还有 2.7 节）.

定义　对 $\mathbb{R}^n$ 中的 $\boldsymbol{v}$，$\boldsymbol{v}$ 的**标准齐次形式**是 $\mathbb{R}^{n+1}$ 中的点 $\tilde{\boldsymbol{v}}=\begin{bmatrix}\boldsymbol{v}\\1\end{bmatrix}$.

定理 4　$\mathbb{R}^n$ 中的一个点 $\boldsymbol{y}$ 是 $\mathbb{R}^n$ 中 $\boldsymbol{v}_1,\boldsymbol{v}_2,\cdots,\boldsymbol{v}_p$ 的一个仿射组合当且仅当 $\boldsymbol{y}$ 的齐次形式在 $\text{Span}\{\tilde{\boldsymbol{v}}_1,\tilde{\boldsymbol{v}}_2,\cdots,\tilde{\boldsymbol{v}}_p\}$ 中，即 $\boldsymbol{y}=c_1\boldsymbol{v}_1+c_2\boldsymbol{v}_2+\cdots+c_p\boldsymbol{v}_p$ 且 $c_1+c_2+\cdots+c_p=1$，当且仅当 $\tilde{\boldsymbol{y}}=c_1\tilde{\boldsymbol{v}}_1+c_2\tilde{\boldsymbol{v}}_2+\cdots+c_p\tilde{\boldsymbol{v}}_p$.

证　点 $\boldsymbol{y}$ 在 $\text{aff}\{\boldsymbol{v}_1,\boldsymbol{v}_2,\cdots,\boldsymbol{v}_p\}$ 中当且仅当存在权值 $c_1,c_2,\cdots,c_p$，使得

$$\begin{bmatrix}\boldsymbol{y}\\1\end{bmatrix}=c_1\begin{bmatrix}\boldsymbol{v}_1\\1\end{bmatrix}+c_2\begin{bmatrix}\boldsymbol{v}_2\\1\end{bmatrix}+\cdots+c_p\begin{bmatrix}\boldsymbol{v}_p\\1\end{bmatrix}$$

这种情况发生当且仅当 $\tilde{\boldsymbol{y}}$ 在 $\text{Span}\{\tilde{\boldsymbol{v}}_1,\tilde{\boldsymbol{v}}_2,\cdots,\tilde{\boldsymbol{v}}_p\}$ 中. 定理得到了证明. ■

例 4　令 $\boldsymbol{v}_1=\begin{bmatrix}3\\1\\1\end{bmatrix},\boldsymbol{v}_2=\begin{bmatrix}1\\2\\2\end{bmatrix},\boldsymbol{v}_3=\begin{bmatrix}1\\7\\1\end{bmatrix},\boldsymbol{p}=\begin{bmatrix}4\\3\\0\end{bmatrix}$. 如果可能，用定理 4 把 $\boldsymbol{p}=\begin{bmatrix}4\\3\\0\end{bmatrix}$ 写成 $\boldsymbol{v}_1,\boldsymbol{v}_2,\boldsymbol{v}_3$ 的仿射组合.

解　对下面方程的增广矩阵进行行化简：

$$x_1\tilde{\boldsymbol{v}}_1+x_2\tilde{\boldsymbol{v}}_2+x_3\tilde{\boldsymbol{v}}_3=\tilde{\boldsymbol{p}}$$

为了简化算法，把由 1 组成的第四行移到第一行（等价于做三个行对换），然后把矩阵化为简化阶梯形：

$$\begin{bmatrix}\tilde{\boldsymbol{v}}_1 & \tilde{\boldsymbol{v}}_2 & \tilde{\boldsymbol{v}}_3 & \tilde{\boldsymbol{p}}\end{bmatrix}\sim\begin{bmatrix}1&1&1&1\\3&1&1&4\\1&2&7&3\\1&2&1&0\end{bmatrix}\sim\begin{bmatrix}1&1&1&1\\0&-2&-2&1\\0&1&6&2\\0&1&0&-1\end{bmatrix}$$

$$\sim\cdots\sim\begin{bmatrix}1&0&0&1.5\\0&1&0&-1\\0&0&1&0.5\\0&0&0&0\end{bmatrix}$$

由定理 4，$1.5\boldsymbol{v}_1-\boldsymbol{v}_2+0.5\boldsymbol{v}_3=\boldsymbol{p}$，见图 8-5，图中显示了含有 $\boldsymbol{v}_1,\boldsymbol{v}_2,\boldsymbol{v}_3$ 和 $\boldsymbol{p}$（以及坐标轴上的点）的平面.

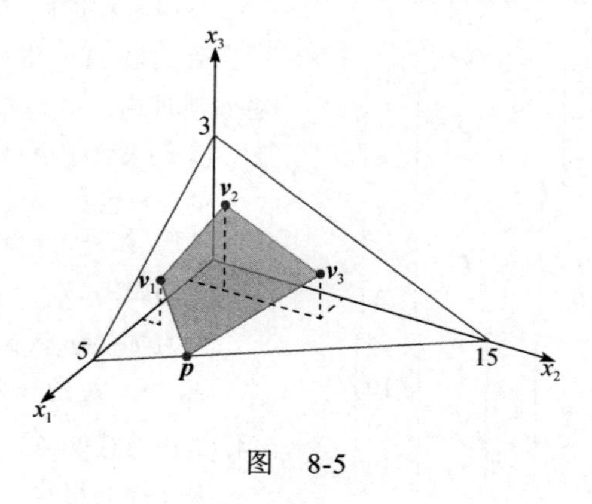

图　8-5

练习题

画出点 $\boldsymbol{v}_1=\begin{bmatrix}1\\0\end{bmatrix},\boldsymbol{v}_2=\begin{bmatrix}-1\\2\end{bmatrix},\boldsymbol{v}_3=\begin{bmatrix}3\\1\end{bmatrix},\boldsymbol{p}=\begin{bmatrix}4\\3\end{bmatrix}$ 的图形，并解释为什么 $\boldsymbol{p}$ 必是 $\boldsymbol{v}_1,\boldsymbol{v}_2,\boldsymbol{v}_3$ 的仿射组合. 然后求出 $\boldsymbol{p}$ 的仿射组合.（提示：$\text{aff}\{\boldsymbol{v}_1,\boldsymbol{v}_2,\boldsymbol{v}_3\}$ 的维数是什么？）

习题 8.1

在习题1~4中，如果可能，把 $\boldsymbol{y}$ 写成其他点的仿射组合.

1. $\boldsymbol{v}_1=\begin{bmatrix}1\\2\end{bmatrix},\boldsymbol{v}_2=\begin{bmatrix}-2\\2\end{bmatrix},\boldsymbol{v}_3=\begin{bmatrix}0\\4\end{bmatrix},\boldsymbol{v}_4=\begin{bmatrix}3\\7\end{bmatrix},\boldsymbol{y}=\begin{bmatrix}5\\3\end{bmatrix}$

2. $\boldsymbol{v}_1=\begin{bmatrix}1\\1\end{bmatrix},\boldsymbol{v}_2=\begin{bmatrix}-1\\2\end{bmatrix},\boldsymbol{v}_3=\begin{bmatrix}3\\2\end{bmatrix},\boldsymbol{y}=\begin{bmatrix}5\\7\end{bmatrix}$

3. $\boldsymbol{v}_1=\begin{bmatrix}-3\\1\\1\end{bmatrix},\boldsymbol{v}_2=\begin{bmatrix}0\\4\\-2\end{bmatrix},\boldsymbol{v}_3=\begin{bmatrix}4\\-2\\6\end{bmatrix},\boldsymbol{y}=\begin{bmatrix}17\\1\\5\end{bmatrix}$

4. $\boldsymbol{v}_1=\begin{bmatrix}1\\2\\0\end{bmatrix},\boldsymbol{v}_2=\begin{bmatrix}2\\-6\\7\end{bmatrix},\boldsymbol{v}_3=\begin{bmatrix}4\\3\\1\end{bmatrix},\boldsymbol{y}=\begin{bmatrix}-3\\4\\-4\end{bmatrix}$

在习题5和6中，令 $\boldsymbol{b}_1=\begin{bmatrix}2\\1\\1\end{bmatrix},\boldsymbol{b}_2=\begin{bmatrix}1\\0\\-2\end{bmatrix},$ $\boldsymbol{b}_3=\begin{bmatrix}2\\-5\\1\end{bmatrix}$，$S=\{\boldsymbol{b}_1,\boldsymbol{b}_2,\boldsymbol{b}_3\}$，注意 S 是 $\mathbb{R}^3$ 的一个正交基. 如果可能，把给定点写成集合 S 中点的仿射组合.（提示：使用6.2节的定理5而不是行化简来求权值.）

5. a. $\boldsymbol{p}_1=\begin{bmatrix}3\\8\\4\end{bmatrix}$ b. $\boldsymbol{p}_2=\begin{bmatrix}6\\-3\\3\end{bmatrix}$ c. $\boldsymbol{p}_3=\begin{bmatrix}0\\-1\\-5\end{bmatrix}$

6. a. $\boldsymbol{p}_1=\begin{bmatrix}0\\-19\\-5\end{bmatrix}$ b. $\boldsymbol{p}_2=\begin{bmatrix}1.5\\-1.3\\-0.5\end{bmatrix}$ c. $\boldsymbol{p}_3=\begin{bmatrix}5\\-4\\0\end{bmatrix}$

7. 令 $\boldsymbol{v}_1=\begin{bmatrix}1\\0\\3\\0\end{bmatrix},\boldsymbol{v}_2=\begin{bmatrix}2\\-1\\0\\4\end{bmatrix},\boldsymbol{v}_3=\begin{bmatrix}-1\\2\\1\\1\end{bmatrix}$，$\boldsymbol{p}_1=\begin{bmatrix}5\\-3\\5\\3\end{bmatrix}$，$\boldsymbol{p}_2=\begin{bmatrix}-9\\10\\9\\-13\end{bmatrix}$，$\boldsymbol{p}_3=\begin{bmatrix}4\\2\\8\\5\end{bmatrix}$，并且 $S=\{\boldsymbol{v}_1,\boldsymbol{v}_2,\boldsymbol{v}_3\}$. 可以证明 S 是线性无关的.
   a. $\boldsymbol{p}_1$ 属于 Span S 吗？$\boldsymbol{p}_1$ 属于 aff S 吗？
   b. $\boldsymbol{p}_2$ 属于 Span S 吗？$\boldsymbol{p}_2$ 属于 aff S 吗？
   c. $\boldsymbol{p}_3$ 属于 Span S 吗？$\boldsymbol{p}_3$ 属于 aff S 吗？

8. 根据下列向量重复习题7.
$\boldsymbol{v}_1=\begin{bmatrix}1\\0\\3\\-2\end{bmatrix},\boldsymbol{v}_2=\begin{bmatrix}2\\1\\6\\-5\end{bmatrix},\boldsymbol{v}_3=\begin{bmatrix}3\\0\\12\\-6\end{bmatrix}$，$\boldsymbol{p}_1=\begin{bmatrix}4\\-1\\15\\-7\end{bmatrix},\boldsymbol{p}_2=\begin{bmatrix}-5\\3\\-8\\6\end{bmatrix}$，$\boldsymbol{p}_3=\begin{bmatrix}1\\6\\-6\\-8\end{bmatrix}$

9. 假定一个方程 $A\boldsymbol{x}=\boldsymbol{b}$ 的解都是 $\boldsymbol{x}=x_3\boldsymbol{u}+\boldsymbol{p}$ 的形式，其中 $\boldsymbol{u}=\begin{bmatrix}4\\-2\end{bmatrix}$ 和 $\boldsymbol{p}=\begin{bmatrix}-3\\0\end{bmatrix}$. 求点 $\boldsymbol{v}_1$ 和 $\boldsymbol{v}_2$，使得 $A\boldsymbol{x}=\boldsymbol{b}$ 的解集是 aff$\{\boldsymbol{v}_1,\boldsymbol{v}_2\}$.

10. 假定一个方程 $A\boldsymbol{x}=\boldsymbol{b}$ 的解都是 $\boldsymbol{x}=x_3\boldsymbol{u}+\boldsymbol{p}$ 的形式，其中
$$\boldsymbol{u}=\begin{bmatrix}5\\1\\-2\end{bmatrix}\text{ 和 }\boldsymbol{p}=\begin{bmatrix}1\\-3\\4\end{bmatrix}$$
求出点 $\boldsymbol{v}_1$ 和 $\boldsymbol{v}_2$，使得 $A\boldsymbol{x}=\boldsymbol{b}$ 的解集是 aff$\{\boldsymbol{v}_1,\boldsymbol{v}_2\}$.

在习题11～20中，判断每个论断的真假(T/F)，并说明理由.

11. (T/F)集合 S 中点的所有仿射组合的集合称为 S 的仿射包.
12. (T/F) 如果 $S=\{\boldsymbol{x}\}$，则 aff S 是一个空集.
13. (T/F)如果 $\{\boldsymbol{b}_1,\cdots,\boldsymbol{b}_k\}$ 是 $\mathbb{R}^n$ 中线性无关子集，并且如果 $\boldsymbol{p}$ 是 $\boldsymbol{b}_1,\cdots,\boldsymbol{b}_k$ 的线性组合，则 $\boldsymbol{p}$ 是 $\boldsymbol{b}_1,\cdots,\boldsymbol{b}_k$ 的一个仿射组合.
14. (T/F)当且仅当一个集合包含它的仿射包时，它是一个仿射集.
15. (T/F) 两个不同点的仿射包称为一条直线.
16. (T/F) 一个一维的平面称为一条直线.
17. (T/F)一个平面是一个子空间.
18. (T/F)一个二维的平面称为一个超平面.
19. (T/F) $\mathbb{R}^3$ 中的一个平面是一个超平面.
20. (T/F)穿过原点的平面是子空间.

21. 假定 $\{v_1,v_2,v_3\}$ 是 $\mathbb{R}^3$ 的一个基. 证明：Span $\{v_2-v_1,v_3-v_1\}$ 是 $\mathbb{R}^3$ 中一个平面.（提示：当 Span$\{u,v\}$是一个平面时，关于 u 和 v，你能得出什么结论？）
22. 证明：如果 $\{v_1,v_2,v_3\}$ 是 $\mathbb{R}^3$ 的一个基，则 aff$\{v_1,v_2,v_3\}$ 是穿过 v_1,v_2 和 v_3 的平面.
23. 令 A 是一个 $m\times n$ 矩阵，给定 $\mathbb{R}^m$ 中 b，证明：$Ax=b$ 的所有解的集合 S 是 $\mathbb{R}^n$ 的一个仿射子集.
24. 令 $v\in\mathbb{R}^n$ 和 $k\in\mathbb{R}$. 证明：$S=\{x\in\mathbb{R}^n: x\cdot v=k\}$ 是 $\mathbb{R}^n$ 的一个仿射子集.
25. 选择三个点的集合 S，使得 aff S 是 $\mathbb{R}^3$ 中的平面，它的方程是 $x_3=5$. 给出证明.
26. 选择 $\mathbb{R}^3$ 中 4 个不同点的集合 S，使得 aff S 是平面 $2x_1+x_2-3x_3=12$. 给出证明.
27. 令 S 是 $\mathbb{R}^n$ 的一个仿射子集，假定 $f:\mathbb{R}^n\to\mathbb{R}^m$ 是一个线性变换，并令 $f(S)$ 表示图形 $\{f(x): x\in S\}$ 的集合，证明：$f(S)$ 是 $\mathbb{R}^m$ 的一个仿射子集.
28. 令 $f:\mathbb{R}^n\to\mathbb{R}^m$ 是一个线性变换，T 是 $\mathbb{R}^m$ 的一个仿射子集，$S=\{x\in\mathbb{R}^n: f(x)\in T\}$. 证明：$S$ 是 $\mathbb{R}^n$ 的一个仿射子集.

在习题 29~34 中，证明关于 $\mathbb{R}^n$ 中子集 A 和 B 的陈述，或者提供所要求的 $\mathbb{R}^2$ 中的例子. 证明可以用前面习题的结论（也可以用本书中已学过的定理）.

29. 如果 $A\subseteq B$ 且 B 是仿射的，那么 aff $A\subseteq B$.
30. 如果 $A\subseteq B$，那么 aff $A\subseteq$ aff B.
31. $[(\text{aff } A)\cup(\text{aff } B)]\subseteq \text{aff}(A\cup B)$.（提示：为了证明 $D\cup E\subseteq F$，可证明 $D\subseteq F$ 且 $E\subseteq F$.）
32. 在 $\mathbb{R}^2$ 中寻找一个例子来证明习题 31 中的等式不成立.（提示：考虑集合 A 和 B，其中每个集合仅包含一个或两个点.）
33. $\text{aff}(A\cap B)\subseteq(\text{aff } A\cap \text{aff } B)$.
34. 在 $\mathbb{R}^2$ 中寻找一个例子来证明习题 33 中的等式不成立.

练习题答案

由于点 v_1,v_2 和 v_3 不在同一条直线上，故 aff$\{v_1,v_2,v_3\}$ 不是一维的. 因此，aff$\{v_1,v_2,v_3\}$ 必等于 $\mathbb{R}^2$. 为了求出把 p 表示成 v_1,v_2 和 v_3 的一个仿射组合的权值，首先计算

$$v_2-v_1=\begin{bmatrix}-2\\2\end{bmatrix},\quad v_3-v_1=\begin{bmatrix}2\\1\end{bmatrix},\quad p-v_1=\begin{bmatrix}3\\3\end{bmatrix}$$

为把 $p-v_1$ 写成 v_2-v_1 和 v_3-v_1 的线性组合，对矩阵进行行化简得到

$$\begin{bmatrix}-2&2&3\\2&1&3\end{bmatrix}\sim\begin{bmatrix}1&0&\frac{1}{2}\\0&1&2\end{bmatrix}$$

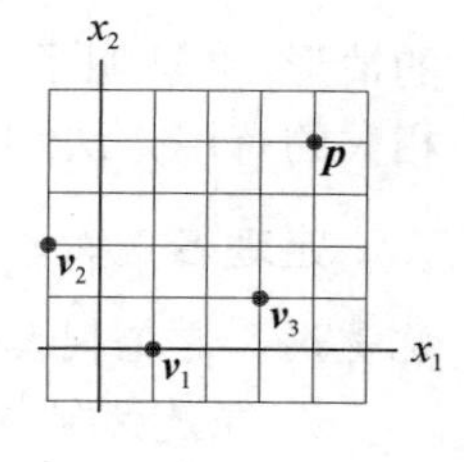

因此，$p-v_1=\frac{1}{2}(v_2-v_1)+2(v_3-v_1)$，这表明

$$p=(1-\frac{1}{2}-2)v_1+\frac{1}{2}v_2+2v_3=-\frac{3}{2}v_1+\frac{1}{2}v_2+2v_3$$

由于系数和为 1，故 p 可以表示成 v_1,v_2,v_3 的仿射组合.

也可以用例 4 中的方法和行化简：

$$\begin{bmatrix}v_1&v_2&v_3&p\\1&1&1&1\end{bmatrix}\sim\begin{bmatrix}1&1&1&1\\1&-1&3&4\\0&2&1&3\end{bmatrix}\sim\begin{bmatrix}1&0&0&-\frac{3}{2}\\0&1&0&\frac{1}{2}\\0&0&1&2\end{bmatrix}$$

这表明 $p=-\frac{3}{2}v_1+\frac{1}{2}v_2+2v_3$.

8.2 仿射无关性

本节继续探讨线性概念和仿射概念之间的关系. 考虑 $\mathbb{R}^3$ 中三个向量的集合，记为 $S=\{\boldsymbol{v}_1,\boldsymbol{v}_2,\boldsymbol{v}_3\}$. 如果 S 是线性相关的，那么其中一个向量是其他两个向量的线性组合. 当一个向量是其他两个向量的仿射组合时，又会怎么样呢？比如，假定对 $\mathbb{R}$ 中的某些 t，有

$$\boldsymbol{v}_3=(1-t)\boldsymbol{v}_1+t\boldsymbol{v}_2$$

则

$$(1-t)\boldsymbol{v}_1+t\boldsymbol{v}_2-\boldsymbol{v}_3=\boldsymbol{0}$$

由于不是所有的权值都等于 0，因此这是一个线性相关的关系. 而且，线性相关关系中的权值之和为 0：

$$(1-t)+t+(-1)=0$$

这也是定义仿射相关的附加特性.

定义　设 $\{\boldsymbol{v}_1,\boldsymbol{v}_2,\cdots,\boldsymbol{v}_p\}$ 是 $\mathbb{R}^n$ 中的一个指标点集（译者注：指标点集指的是集合中指标不同的元素可以表示同一点），如果存在不全为零的实数 $c_1,c_2,\cdots,c_p$，使得

$$c_1+c_2+\cdots+c_p=0,\quad c_1\boldsymbol{v}_1+c_2\boldsymbol{v}_2+\cdots+c_p\boldsymbol{v}_p=\boldsymbol{0} \tag{1}$$

则称指标点集 $\{\boldsymbol{v}_1,\boldsymbol{v}_2,\cdots,\boldsymbol{v}_p\}$ 是**仿射相关的**. 否则，称该集合是**仿射无关的**.

仿射组合是线性组合的一种特殊情形，并且仿射相关是附带有一个限制条件的线性相关. 因此，每一个仿射相关集都自动是线性相关的.

只有一个点（甚至是零向量）的集合 $\{\boldsymbol{v}_1\}$ 必是仿射无关的，这是因为当只有一个系数时，所需系数 c_i 的性质不能得到满足. 事实上，对 $\{\boldsymbol{v}_1\}$ 来说，（1）式中的第一个方程正是 $c_1=0$，另一方面又要求 c_1 不为零.

习题 21 要求证明当且仅当 $\boldsymbol{v}_1=\boldsymbol{v}_2$ 时，指标集合 $\{\boldsymbol{v}_1,\boldsymbol{v}_2\}$ 是仿射相关的. 下面的定理解决了一般的情形，并证明了仿射相关概念与线性相关概念的相似性. c 和 d 给出了确定一个集合是否是仿射相关的有用方法. 回忆 8.1 节，如果 $\boldsymbol{v}$ 在 $\mathbb{R}^n$ 中，那么 $\mathbb{R}^{n+1}$ 中的向量 $\tilde{\boldsymbol{v}}$ 表示 $\boldsymbol{v}$ 的齐次形式.

定理 5　给定 $\mathbb{R}^n$ 中的一个指标集合 $S=\{\boldsymbol{v}_1,\boldsymbol{v}_2,\cdots,\boldsymbol{v}_p\}$，$p\geqslant 2$，下面的叙述是逻辑等价的. 也就是说，它们同真，或者同假.

a. S 是仿射相关的.

b. S 中有一个点是 S 中其他点的一个仿射组合.

c. $\mathbb{R}^n$ 中集合 $\{\boldsymbol{v}_2-\boldsymbol{v}_1,\cdots,\boldsymbol{v}_p-\boldsymbol{v}_1\}$ 是线性相关的.

d. $\mathbb{R}^{n+1}$ 中集合 $\{\tilde{\boldsymbol{v}}_1,\tilde{\boldsymbol{v}}_2,\cdots,\tilde{\boldsymbol{v}}_p\}$（齐次形式）是线性相关的.

证　假定（a）为真，令 $c_1,c_2,\cdots,c_p$ 满足（1）式. 如果需要，可对这些点重新命名，我们可以认为 $c_1\neq 0$，并将（1）式中的方程都除以 c_1，从而，$1+(c_2/c_1)+\cdots+(c_p/c_1)=0$，并且

$$\boldsymbol{v}_1=(-c_2/c_1)\boldsymbol{v}_2+\cdots+(-c_p/c_1)\boldsymbol{v}_p \tag{2}$$

注意，（2）式中右边的系数和为 1. 因此由 a 得出 b. 现在，假定 b 为真，如果需要，对点重新

命名，可以认为 $\boldsymbol{v}_1 = c_2\boldsymbol{v}_2 + \cdots + c_p\boldsymbol{v}_p$，其中 $c_2 + \cdots + c_p = 1$．则

$$(c_2 + \cdots + c_p)\boldsymbol{v}_1 = c_2\boldsymbol{v}_2 + \cdots + c_p\boldsymbol{v}_p \tag{3}$$

从而

$$c_2(\boldsymbol{v}_2 - \boldsymbol{v}_1) + \cdots + c_p(\boldsymbol{v}_p - \boldsymbol{v}_1) = \boldsymbol{0} \tag{4}$$

并不是所有的 $c_2,\cdots,c_p$ 都是 0，这是因为它们的和为 1. 因此，由 b 可得出 c.

接下来，如果 c 为真，那么存在不全为零的权值 $c_2,\cdots,c_p$，使得（4）式成立. 把（4）式重写为（3）式的形式，并令 $c_1 = -(c_2 + \cdots + c_p)$．则 $c_1 + c_2 + \cdots + c_p = 0$．因此，由（3）式可证明（1）式成立. 所以由 c 得出 a，这就证明了 a、b 和 c 是逻辑等价的. 最后，由于（1）式中的两个方程等价于下面的包含 S 中点的齐次形式的方程，所以 d 等价于 a：

$$c_1\begin{bmatrix}\boldsymbol{v}_1\\1\end{bmatrix} + c_2\begin{bmatrix}\boldsymbol{v}_2\\1\end{bmatrix} + \cdots + c_p\begin{bmatrix}\boldsymbol{v}_p\\1\end{bmatrix} = \begin{bmatrix}\boldsymbol{0}\\0\end{bmatrix}$$

■

在定理 5c 中，$\boldsymbol{v}_1$ 可以被 $\boldsymbol{v}_1,\cdots,\boldsymbol{v}_p$ 中任何其他的点所取代. 只需要改变证明中的标记. 因此，为了检测一个集合是不是仿射相关的，可以从集合的其他点中减去一个点，并检验转化后的 $p-1$ 个点的集是否是线性相关的.

例 1 两个不同点 $\boldsymbol{p}$ 和 $\boldsymbol{q}$ 的仿射包是一条直线. 如果第三个点 $\boldsymbol{r}$ 在直线上，那么 $\{\boldsymbol{p},\boldsymbol{q},\boldsymbol{r}\}$ 是一个仿射相关集. 如果一个点 $\boldsymbol{s}$ 不在穿过 $\boldsymbol{p}$ 和 $\boldsymbol{q}$ 的直线上，那么这三点不在同一条直线上，从而 $\{\boldsymbol{p},\boldsymbol{q},\boldsymbol{s}\}$ 是仿射无关集，见图 8-6.

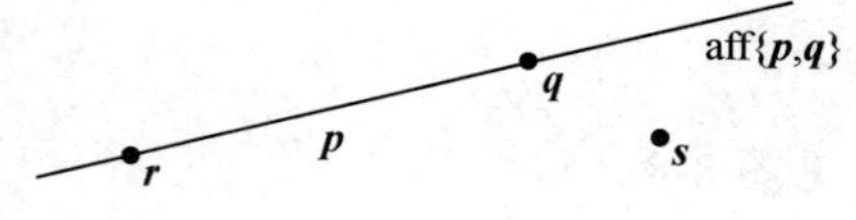

图 8-6 $\{\boldsymbol{p},\boldsymbol{q},\boldsymbol{r}\}$ 是仿射相关的

例 2 令 $\boldsymbol{v}_1 = \begin{bmatrix}1\\3\\7\end{bmatrix}, \boldsymbol{v}_2 = \begin{bmatrix}2\\7\\6.5\end{bmatrix}, \boldsymbol{v}_3 = \begin{bmatrix}0\\4\\7\end{bmatrix}$，$S = \{\boldsymbol{v}_1, \boldsymbol{v}_2, \boldsymbol{v}_3\}$，确定 S 是不是仿射无关的.

解 计算 $\boldsymbol{v}_2 - \boldsymbol{v}_1 = \begin{bmatrix}1\\4\\-0.5\end{bmatrix}$，$\boldsymbol{v}_3 - \boldsymbol{v}_1 = \begin{bmatrix}-1\\1\\0\end{bmatrix}$．这两个点不成倍数，因此，它们构成了一个线性无关集 S'．从而定理 5 中的所有陈述都是错误的，并且 S 是仿射无关的. 图 8-7 展示了 S 和平移集 S'．注意 Span S' 是穿过原点的一个平面，aff S 是与之平行并通过 $\boldsymbol{v}_1,\boldsymbol{v}_2,\boldsymbol{v}_3$ 的平面.（当然，这里仅显示了每个平面的一部分.）

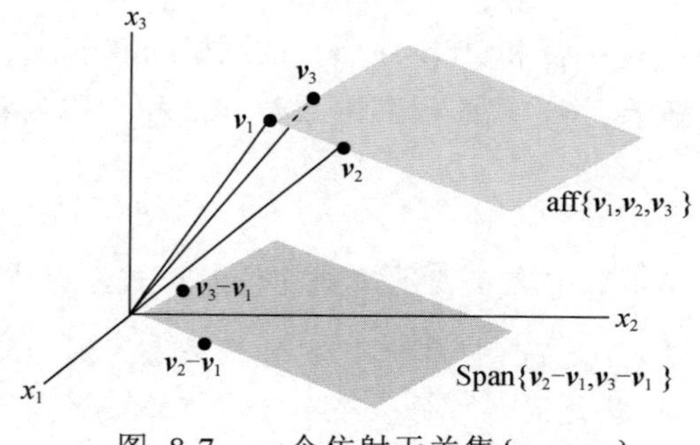

图 8-7 一个仿射无关集 $\{\boldsymbol{v}_1,\boldsymbol{v}_2,\boldsymbol{v}_3\}$

■

例 3　令 $\boldsymbol{v}_1=\begin{bmatrix}1\\3\\7\end{bmatrix},\boldsymbol{v}_2=\begin{bmatrix}2\\7\\6.5\end{bmatrix},\boldsymbol{v}_3=\begin{bmatrix}0\\4\\7\end{bmatrix}$，$\boldsymbol{v}_4=\begin{bmatrix}0\\14\\6\end{bmatrix}$，并令 $S=\{\boldsymbol{v}_1,\boldsymbol{v}_2,\cdots,\boldsymbol{v}_4\}$. S 是仿射相关的吗？

解　计算 $\boldsymbol{v}_2-\boldsymbol{v}_1=\begin{bmatrix}1\\4\\-0.5\end{bmatrix},\boldsymbol{v}_3-\boldsymbol{v}_1=\begin{bmatrix}-1\\1\\0\end{bmatrix}$，$\boldsymbol{v}_4-\boldsymbol{v}_1=\begin{bmatrix}-1\\11\\-1\end{bmatrix}$，并对矩阵进行行化简：

$$\begin{bmatrix}1&-1&-1\\4&1&11\\-0.5&0&-1\end{bmatrix}\sim\begin{bmatrix}1&-1&-1\\0&5&15\\0&-0.5&-1.5\end{bmatrix}\sim\begin{bmatrix}1&-1&-1\\0&5&15\\0&0&0\end{bmatrix}$$

回忆 4.5 节（或 2.8 节），由于并不是每一列都是一个主元列，因此这些列是线性相关的. 所以，$\boldsymbol{v}_2-\boldsymbol{v}_1,\boldsymbol{v}_3-\boldsymbol{v}_1$ 和 $\boldsymbol{v}_4-\boldsymbol{v}_1$ 是线性相关的. 由定理 5 中的 c，$\{\boldsymbol{v}_1,\boldsymbol{v}_2,\boldsymbol{v}_3,\boldsymbol{v}_4\}$ 是仿射相关的. 这个相关性也可以用定理 5 的 d 取代 c 而得到. ■

例 3 的计算表明 $\boldsymbol{v}_4-\boldsymbol{v}_1$ 是 $\boldsymbol{v}_2-\boldsymbol{v}_1$ 和 $\boldsymbol{v}_3-\boldsymbol{v}_1$ 的线性组合，这说明 $\boldsymbol{v}_4-\boldsymbol{v}_1$ 在 $\text{Span}\{\boldsymbol{v}_2-\boldsymbol{v}_1,\boldsymbol{v}_3-\boldsymbol{v}_1\}$ 中. 由 8.1 节定理 1，$\boldsymbol{v}_4$ 在 $\text{aff}\{\boldsymbol{v}_1,\boldsymbol{v}_2,\boldsymbol{v}_3\}$ 中. 实际上，例 3 中矩阵进一步的行化简将表明

$$\boldsymbol{v}_4-\boldsymbol{v}_1=2(\boldsymbol{v}_2-\boldsymbol{v}_1)+3(\boldsymbol{v}_3-\boldsymbol{v}_1)\tag{5}$$

$$\boldsymbol{v}_4=-4\boldsymbol{v}_1+2\boldsymbol{v}_2+3\boldsymbol{v}_3\tag{6}$$

见图 8-8.

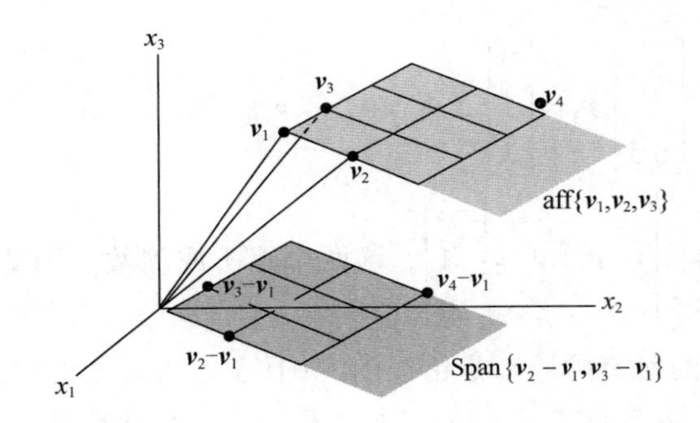

图 8-8　$\boldsymbol{v}_4$ 在平面 $\text{aff}\{\boldsymbol{v}_1,\boldsymbol{v}_2,\boldsymbol{v}_3\}$ 中

图 8-8 显示了 $\text{Span}\{\boldsymbol{v}_2-\boldsymbol{v}_1,\boldsymbol{v}_3-\boldsymbol{v}_1\}$ 和 $\text{aff}\{\boldsymbol{v}_1,\boldsymbol{v}_2,\boldsymbol{v}_3\}$ 的网格. $\text{off}\{\boldsymbol{v}_1,\boldsymbol{v}_2,\boldsymbol{v}_3\}$ 上的网格是基于（5）式的. 另一个“坐标系统”是基于（6）式的，其中系数-4,2 和 3 称为 $\boldsymbol{v}_4$ 的仿射或重心坐标.

重心坐标

重心坐标的定义是基于 4.4 节中唯一表示定理的仿射形式，见本节习题 25 中的证明.

定理 6　令 $S=\{\boldsymbol{v}_1,\boldsymbol{v}_2,\cdots,\boldsymbol{v}_k\}$ 是 $\mathbb{R}^n$ 中的一个仿射无关集. 则 aff S 中每一个 $\boldsymbol{p}$ 都有唯一的 $\boldsymbol{v}_1,\boldsymbol{v}_2,\cdots,\boldsymbol{v}_k$ 的仿射组合表示. 也就是说，对每一个 $\boldsymbol{p}$，存在唯一的标量集 $c_1,c_2,\cdots,c_k$，使得

$$\boldsymbol{p}=c_1\boldsymbol{v}_1+c_2\boldsymbol{v}_2+\cdots+c_k\boldsymbol{v}_k \text{ 且 } c_1+c_2+\cdots+c_k=1 \tag{7}$$

定义　令 $S=\{\boldsymbol{v}_1,\boldsymbol{v}_2,\cdots,\boldsymbol{v}_k\}$ 是一个仿射无关集. 则对 aff S 中每一个点 $\boldsymbol{p}$，$\boldsymbol{p}$ 的唯一表达式（7）中的系数 $c_1,c_2,\cdots,c_p$ 称为 $\boldsymbol{p}$ 的**重心坐标**（或者称为**仿射坐标**）.

观察发现（7）式等价于单个方程

$$\begin{bmatrix}\boldsymbol{p}\\1\end{bmatrix}=c_1\begin{bmatrix}\boldsymbol{v}_1\\1\end{bmatrix}+c_2\begin{bmatrix}\boldsymbol{v}_2\\1\end{bmatrix}+\cdots+c_k\begin{bmatrix}\boldsymbol{v}_k\\1\end{bmatrix} \tag{8}$$

它包含所有点的齐次形式. 对（8）式中的增广矩阵 $[\tilde{\boldsymbol{v}}_1\ \ \tilde{\boldsymbol{v}}_2\ \ \cdots\ \ \tilde{\boldsymbol{v}}_k\ \ \tilde{\boldsymbol{p}}]$ 做行化简可得到 $\boldsymbol{p}$ 的重心坐标.

例 4　令 $\boldsymbol{a}=\begin{bmatrix}1\\7\end{bmatrix},\boldsymbol{b}=\begin{bmatrix}3\\0\end{bmatrix},\boldsymbol{c}=\begin{bmatrix}9\\3\end{bmatrix},\ \boldsymbol{p}=\begin{bmatrix}5\\3\end{bmatrix}$. 求由一个仿射无关集 $\{\boldsymbol{a},\boldsymbol{b},\boldsymbol{c}\}$ 确定的 $\boldsymbol{p}$ 的重心坐标.

解　对点的齐次形式的增广矩阵做行化简运算，把最后一行移到第一行后简化运算：

$$[\tilde{\boldsymbol{a}}\ \ \tilde{\boldsymbol{b}}\ \ \tilde{\boldsymbol{c}}\ \ \tilde{\boldsymbol{p}}]=\begin{bmatrix}1&3&9&5\\7&0&3&3\\1&1&1&1\end{bmatrix}\sim\begin{bmatrix}1&1&1&1\\1&3&9&5\\7&0&3&3\end{bmatrix}\sim\begin{bmatrix}1&0&0&\frac{1}{4}\\0&1&0&\frac{1}{3}\\0&0&1&\frac{5}{12}\end{bmatrix}$$

坐标为 $\frac{1}{4},\frac{1}{3}$ 和 $\frac{5}{12}$，从而 $\boldsymbol{p}=\frac{1}{4}\boldsymbol{a}+\frac{1}{3}\boldsymbol{b}+\frac{5}{12}\boldsymbol{c}$.　■

重心坐标有物理和几何上的解释. 它最初由 A. F. Moebius 在 1827 年定义，当时这个定义是对三个顶点为 $\boldsymbol{a},\boldsymbol{b}$ 和 $\boldsymbol{c}$ 的三角形中的一个点 $\boldsymbol{p}$ 而言的. 他指出，$\boldsymbol{p}$ 的重心坐标是三个非负的数 m_a,m_b 和 m_c，使得 $\boldsymbol{p}$ 是由三角形（无质量）和三角形顶点处分别放置质量为 m_a,m_b 和 m_c 的质点所构成的质量体系的质心. 这些质点的质量可以通过要求它们的和为 1 来唯一确定. 这个观点在物理中至今仍然很有用. ㊀

图 8-9 给出了例 4 中重心坐标的几何解释，显示了三角形 $\triangle\boldsymbol{abc}$ 以及它的三个小三角形 $\triangle\boldsymbol{pbc},\triangle\boldsymbol{apc}$ 和 $\triangle\boldsymbol{abp}$. 三个小三角形的面积与 $\boldsymbol{p}$ 的重心坐标成正比. 实际上，

$$\begin{aligned}&\text{面积}(\triangle\boldsymbol{pbc})=\frac{1}{4}\cdot\text{面积}(\triangle\boldsymbol{abc})\\&\text{面积}(\triangle\boldsymbol{apc})=\frac{1}{3}\cdot\text{面积}(\triangle\boldsymbol{abc})\\&\text{面积}(\triangle\boldsymbol{abp})=\frac{5}{12}\cdot\text{面积}(\triangle\boldsymbol{abc})\end{aligned} \tag{9}$$

图 8-9 中的公式在习题 29~31 中会给出验证. 当 $\boldsymbol{p}$ 是 $\mathbb{R}^3$ 中一个四面体内的一点且对应的顶点是 $\boldsymbol{a},\boldsymbol{b},\boldsymbol{c}$ 和 $\boldsymbol{d}$ 时，类似的性质也成立.

㊀ 参见 1.3 节习题 37. 然而在天文学中，“重心坐标”通常指普通的 $\mathbb{R}^3$ 点坐标，现在称为国际天球参考系统，是外层空间的笛卡儿坐标系统，其原点位于太阳系的质量中心（重心）.

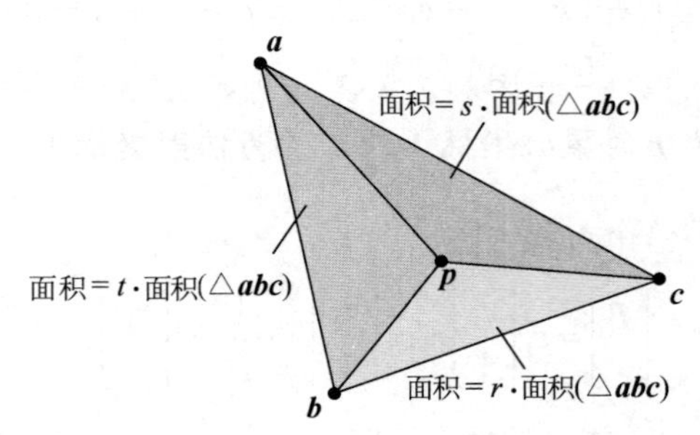

图 8-9　$\boldsymbol{p}=r\boldsymbol{a}+s\boldsymbol{b}+t\boldsymbol{c}$，其中 $r=\frac{1}{4}$，$s=\frac{1}{3}$，$t=\frac{5}{12}$

当一个点不在三角形（或四面体）中时，重心的某些坐标值将是负的. 对上述的顶点 $\boldsymbol{a},\boldsymbol{b},\boldsymbol{c}$ 和坐标值 r,s,t，图 8-10 显示了一个三角形的情形. 比如，穿过 $\boldsymbol{b}$ 和 $\boldsymbol{c}$ 的直线上的点有 $r=0$，因为它们仅是 $\boldsymbol{b}$ 和 $\boldsymbol{c}$ 的仿射组合. 穿过 $\boldsymbol{a}$ 且平行于上述直线的直线上的点有 $r=1$.

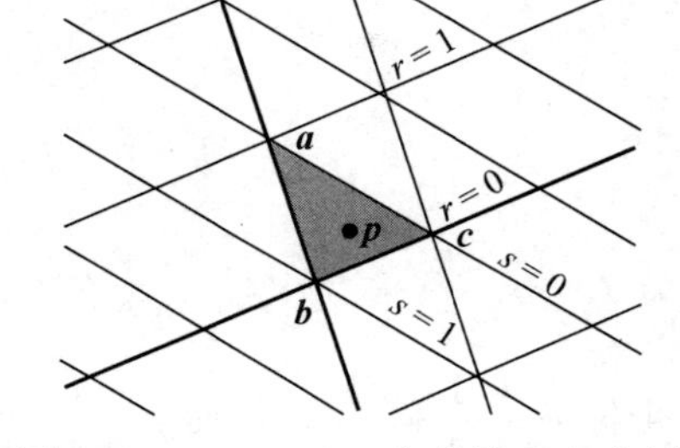

图 8-10　aff{$\boldsymbol{a},\boldsymbol{b},\boldsymbol{c}$}中点的重心坐标

计算机图形学中的重心坐标

当用计算机图形程序来处理几何对象时，设计者会用“线框”逼近对象中的一些关键点来生成和处理对象的图形. 比如，如果物体的一部分表面是由一些小三角平面组成的，那么在仅仅知道这些三角面的顶点处的信息的情况下，图形程序就可以很容易地对每一个小三角面进行加色、上光及着色. 重心坐标提供了一个将顶点信息平滑地插入三角面内部的工具. 内部点的插值是顶点处参数值的一个简单的线性组合，组合的权值为该点的重心坐标.

计算机屏幕上的颜色通常可以由 RGB 坐标给出. 一个三元组 (r,g,b) 表示各颜色（红、绿和蓝）的数量，参数变化范围从 0 到 1. 比如，纯红是 $(1,0,0)$，白色是 $(1,1,1)$，黑色是 $(0,0,0)$.

例 5　令 $\boldsymbol{v}_1=\begin{bmatrix}3\\1\\5\end{bmatrix},\boldsymbol{v}_2=\begin{bmatrix}4\\3\\4\end{bmatrix},\boldsymbol{v}_3=\begin{bmatrix}1\\5\\1\end{bmatrix}$，$\boldsymbol{p}=\begin{bmatrix}3\\3\\3.5\end{bmatrix}$. 在一个三角形的顶点 $\boldsymbol{v}_1,\boldsymbol{v}_2$ 和 $\boldsymbol{v}_3$ 处的颜色分别是品红 $(1,0,1)$、浅品红 $(1,0.4,1)$ 和紫色 $(0.6,0,1)$. 求出 $\boldsymbol{p}$ 点的插入颜色，见图 8-11.

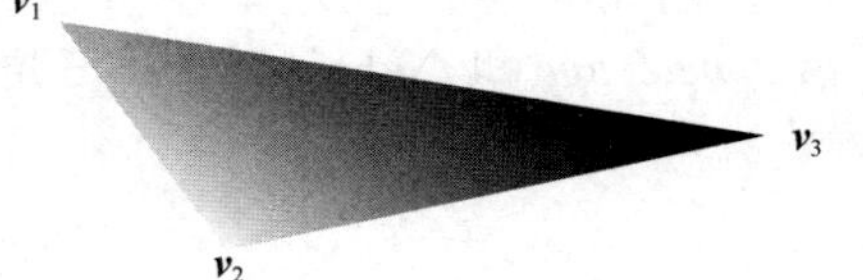

图 8-11　插入颜色

解　首先，求出 $\boldsymbol{p}$ 点的重心坐标，这里运用点的齐次形式，第一步先把第 4 行移到第 1 行：

$$\begin{bmatrix}\tilde{\boldsymbol{v}}_1 & \tilde{\boldsymbol{v}}_2 & \tilde{\boldsymbol{v}}_3 & \tilde{\boldsymbol{p}}\end{bmatrix}\sim\begin{bmatrix}1&1&1&1\\3&4&1&3\\1&3&5&3\\5&4&1&3.5\end{bmatrix}\sim\begin{bmatrix}1&0&0&0.25\\0&1&0&0.50\\0&0&1&0.25\\0&0&0&0\end{bmatrix}$$

从而 $\boldsymbol{p}=0.25\boldsymbol{v}_1+0.5\boldsymbol{v}_2+0.25\boldsymbol{v}_3$. 运用 $\boldsymbol{p}$ 的重心坐标对颜色数据进行线性组合. $\boldsymbol{p}$ 的 RGB 值是

$$0.25\begin{bmatrix}1\\0\\1\end{bmatrix}+0.50\begin{bmatrix}1\\0.4\\1\end{bmatrix}+0.25\begin{bmatrix}0.6\\0\\1\end{bmatrix}=\begin{bmatrix}0.9\\0.2\\1\end{bmatrix}\begin{matrix}\text{红}\\\text{绿}\\\text{蓝}\end{matrix}$$ ■

把图形显示在计算机屏幕上的最后一步是消除“隐藏面”，这些隐藏面都不会在屏幕上看到. 设想屏幕是由 100 万个像素的点组成，并考虑一条射线或“光线”是从一个观察者的眼睛通过一个像素点到达所要 3D 显示的物体上. 屏幕上该像素的颜色和其他信息可以从与射线第一次相交的物体上得到，见图 8-12. 当图像中的物体由线框和三角面逼近时，隐藏面问题可运用重心坐标来解决.

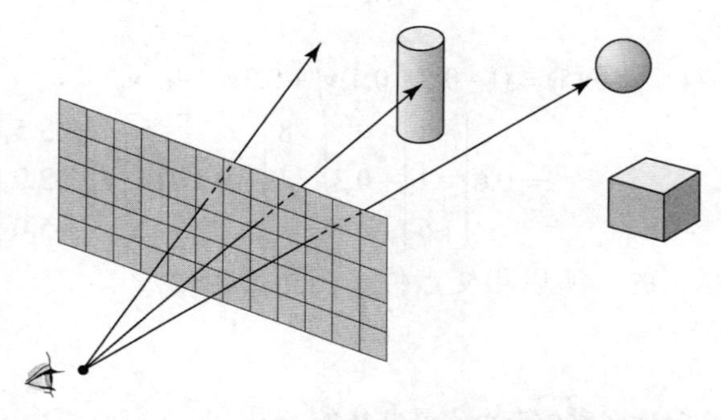

图 8-12 从眼睛通过屏幕到最近物体的射线

寻找射线–三角形相交的数学方法也可以很好地应用于对物体进行逼真的着色. 这种光线跟踪着色法对实时渲染太慢，但现在硬件的迅速发展将改善这一状况. [㊀]

例 6 令 $\boldsymbol{v}_1=\begin{bmatrix}1\\1\\-6\end{bmatrix},\boldsymbol{v}_2=\begin{bmatrix}8\\1\\-4\end{bmatrix},\boldsymbol{v}_3=\begin{bmatrix}5\\11\\-2\end{bmatrix},\boldsymbol{a}=\begin{bmatrix}0\\0\\10\end{bmatrix},\boldsymbol{b}=\begin{bmatrix}0.7\\0.4\\-3\end{bmatrix}$，并且对 $t\geqslant 0$ 有 $\boldsymbol{x}(t)=\boldsymbol{a}+t\boldsymbol{b}$，求射线 $\boldsymbol{x}(t)$ 与由三角形三个顶点 $\boldsymbol{v}_1,\boldsymbol{v}_2$ 和 $\boldsymbol{v}_3$ 构成的平面相交的点. 这个点在三角形中吗？

解 平面是 $\text{aff}\{\boldsymbol{v}_1,\boldsymbol{v}_2,\boldsymbol{v}_3\}$. 这个平面中的一个通用点可写为 $(1-c_2-c_3)\boldsymbol{v}_1+c_2\boldsymbol{v}_2+c_3\boldsymbol{v}_3$. （这个组合中的权值和为 1.）当 c_2,c_3 和 t 满足 $(1-c_2-c_3)\boldsymbol{v}_1+c_2\boldsymbol{v}_2+c_3\boldsymbol{v}_3=\boldsymbol{a}+t\boldsymbol{b}$ 时，射线 $\boldsymbol{x}(t)$ 与平面相交.

重排得到 $c_2(\boldsymbol{v}_2-\boldsymbol{v}_1)+c_3(\boldsymbol{v}_3-\boldsymbol{v}_1)+t(-\boldsymbol{b})=\boldsymbol{a}-\boldsymbol{v}_1$. 矩阵形式为

$$[\boldsymbol{v}_2-\boldsymbol{v}_1\quad \boldsymbol{v}_3-\boldsymbol{v}_1\quad -\boldsymbol{b}]\begin{bmatrix}c_2\\c_3\\t\end{bmatrix}=\boldsymbol{a}-\boldsymbol{v}_1$$

对这里给出的具体点，

$$\boldsymbol{v}_2-\boldsymbol{v}_1=\begin{bmatrix}7\\0\\2\end{bmatrix},\quad \boldsymbol{v}_3-\boldsymbol{v}_1=\begin{bmatrix}4\\10\\4\end{bmatrix},\quad \boldsymbol{a}-\boldsymbol{v}_1=\begin{bmatrix}-1\\-1\\16\end{bmatrix}$$

㊀ 参见 Joshua Fender and Jonathan Rose，“A High-Speed Ray Tracing Engine Built on a Field-Programmable System”，in *Proc. Int.Conf on Field-Programmable Technology*，IEEE（2003）.（一个单处理器每秒可以计算 6 亿次射线–三角形相交.）

做增广矩阵行化简运算得

$$\begin{bmatrix} 7 & 4 & -0.7 & -1 \\ 0 & 10 & -0.4 & -1 \\ 2 & 4 & 3 & 16 \end{bmatrix} \sim \begin{bmatrix} 1 & 0 & 0 & 0.3 \\ 0 & 1 & 0 & 0.1 \\ 0 & 0 & 1 & 0.5 \end{bmatrix}$$

因此，$c_2 = 0.3, c_3 = 0.1$ 和 $t = 5$. 从而，相交点是

$$\boldsymbol{x}(5) = \boldsymbol{a} + 5\boldsymbol{b} = \begin{bmatrix} 0 \\ 0 \\ 10 \end{bmatrix} + 5\begin{bmatrix} 0.7 \\ 0.4 \\ -3 \end{bmatrix} = \begin{bmatrix} 3.5 \\ 2.0 \\ -5.0 \end{bmatrix}$$

同样，

$$\begin{aligned} \boldsymbol{x}(5) &= (1 - 0.3 - 0.1)\boldsymbol{v}_1 + 0.3\boldsymbol{v}_2 + 0.1\boldsymbol{v}_3 \\ &= 0.6\begin{bmatrix} 1 \\ 1 \\ -6 \end{bmatrix} + 0.3\begin{bmatrix} 8 \\ 1 \\ -4 \end{bmatrix} + 0.1\begin{bmatrix} 5 \\ 11 \\ -2 \end{bmatrix} = \begin{bmatrix} 3.5 \\ 2.0 \\ -5.0 \end{bmatrix} \end{aligned}$$

由于 $\boldsymbol{x}(5)$ 的重心权值都是正的，所以相交点位于三角形内部. ■

练习题

1. 试用一种快速的方法来确定什么时候三个点是共线的.
2. 点 $\boldsymbol{v}_1 = \begin{bmatrix} 4 \\ 1 \end{bmatrix}, \boldsymbol{v}_2 = \begin{bmatrix} 1 \\ 0 \end{bmatrix}, \boldsymbol{v}_3 = \begin{bmatrix} 5 \\ 4 \end{bmatrix}$ 和 $\boldsymbol{v}_4 = \begin{bmatrix} 1 \\ 2 \end{bmatrix}$ 构成了一个仿射相关集，求出权值 c_1, c_2, c_3, c_4，它们构造出一个**仿射相关关系** $c_1\boldsymbol{v}_1 + c_2\boldsymbol{v}_2 + c_3\boldsymbol{v}_3 + c_4\boldsymbol{v}_4 = \boldsymbol{0}$，其中 $c_1 + c_2 + c_3 + c_4 = 0$，并且 c_i 不全为零.（提示：见定理 5 证明的结尾.）

习题 8.2

在习题 1~6 中，确定这些点的集合是否为仿射相关的（见练习题 2）. 如果是，构造关于这些点的一个仿射相关关系.

1. $\begin{bmatrix} 3 \\ -3 \end{bmatrix}, \begin{bmatrix} 0 \\ 6 \end{bmatrix}, \begin{bmatrix} 2 \\ 0 \end{bmatrix}$

2. $\begin{bmatrix} 2 \\ 1 \end{bmatrix}, \begin{bmatrix} 5 \\ 4 \end{bmatrix}, \begin{bmatrix} -3 \\ -2 \end{bmatrix}$

3. $\begin{bmatrix} 1 \\ 2 \\ -1 \end{bmatrix}, \begin{bmatrix} -2 \\ -4 \\ 8 \end{bmatrix}, \begin{bmatrix} 2 \\ -1 \\ 11 \end{bmatrix}, \begin{bmatrix} 0 \\ 15 \\ -9 \end{bmatrix}$

4. $\begin{bmatrix} -2 \\ 5 \\ 3 \end{bmatrix}, \begin{bmatrix} 0 \\ -3 \\ 7 \end{bmatrix}, \begin{bmatrix} 1 \\ -2 \\ -6 \end{bmatrix}, \begin{bmatrix} -2 \\ 7 \\ -3 \end{bmatrix}$

5. $\begin{bmatrix} 1 \\ 0 \\ -2 \end{bmatrix}, \begin{bmatrix} 0 \\ 1 \\ 1 \end{bmatrix}, \begin{bmatrix} -1 \\ 5 \\ 1 \end{bmatrix}, \begin{bmatrix} 0 \\ 5 \\ -3 \end{bmatrix}$

6. $\begin{bmatrix} 1 \\ 3 \\ 1 \end{bmatrix}, \begin{bmatrix} 0 \\ -1 \\ -2 \end{bmatrix}, \begin{bmatrix} 2 \\ 5 \\ 2 \end{bmatrix}, \begin{bmatrix} 3 \\ 5 \\ 0 \end{bmatrix}$

在习题 7 和 8 中，求出 $\boldsymbol{p}$ 的相对于前面点的仿射无关集的重心坐标.

7. $\begin{bmatrix} 1 \\ -1 \\ 2 \\ 1 \end{bmatrix}, \begin{bmatrix} 2 \\ 1 \\ 0 \\ 1 \end{bmatrix}, \begin{bmatrix} 1 \\ 2 \\ -2 \\ 0 \end{bmatrix}, \boldsymbol{p} = \begin{bmatrix} 5 \\ 4 \\ -2 \\ 2 \end{bmatrix}$

8. $\begin{bmatrix} 0 \\ 1 \\ -2 \\ 1 \end{bmatrix}, \begin{bmatrix} 1 \\ 1 \\ 0 \\ 2 \end{bmatrix}, \begin{bmatrix} 1 \\ 4 \\ -6 \\ 5 \end{bmatrix}, \boldsymbol{p} = \begin{bmatrix} -1 \\ 1 \\ -4 \\ 0 \end{bmatrix}$

在习题 9～18 中，判断每一个命题的真假 (T/F)，并说明理由.

9. (T/F)如果 $\boldsymbol{v}_1, \boldsymbol{v}_2, \cdots, \boldsymbol{v}_p$ 在 $\mathbb{R}^n$ 中，集合 $\{\boldsymbol{v}_1 - \boldsymbol{v}_2, \boldsymbol{v}_3 - \boldsymbol{v}_2, \cdots, \boldsymbol{v}_p - \boldsymbol{v}_2\}$ 是线性相关的，那么 $\{\boldsymbol{v}_1, \boldsymbol{v}_2, \cdots, \boldsymbol{v}_p\}$ 是仿射相关的.
10. (T/F)如果 $\{\boldsymbol{v}_1, \boldsymbol{v}_2, \cdots, \boldsymbol{v}_p\}$ 是 $\mathbb{R}^n$ 中的一个仿射

相关集，则其齐次形式 $\{\tilde{v}_1,\tilde{v}_2,\cdots,\tilde{v}_p\}$ 在 $\mathbb{R}^{n+1}$ 中可能是线性无关的.

11. (T/F)如果 $v_1,\cdots,v_p$ 在 $\mathbb{R}^n$ 中，集合的齐次形式 $\{\tilde{v}_1,\tilde{v}_2,\cdots,\tilde{v}_p\}$ 在 $\mathbb{R}^{n+1}$ 中是线性无关的，则 $\{v_1,v_2,\cdots,v_p\}$ 是仿射相关的.
12. (T/F)如果 v_1，v_2，v_3 和 v_4 在 $\mathbb{R}^3$ 中，集合 $\{v_2-v_1,v_3-v_1,v_4-v_1\}$ 是线性无关的，则 $\{v_1,v_2,\cdots,v_p\}$ 是仿射无关的.
13. (T/F)如果存在不全为零的实数 $c_1,c_2,\cdots,c_k$，使 $c_1+c_2+\cdots+c_k=1$ 且 $c_1v_1+\cdots+c_2v_k=0$，则有限点集 $\{v_1,\cdots,v_k\}$ 是仿射相关的.
14. (T/F)给定 $\mathbb{R}^n$ 中集合 $S=\{b_1,\cdots,b_k\}$，aff S 中每个点 p 都有一个 $b_1,\cdots,b_k$ 的仿射组合的唯一表示.
15. (T/F)如果 $S=\{v_1,\cdots,v_p\}$ 是 $\mathbb{R}^n$ 中的一个仿射无关集，$\mathbb{R}^n$ 中 p 有由 S 确定的负的重心坐标，那么 p 不在 aff S 中.
16. (T/F)如果 $\mathbb{R}^3$ 中一个三角形的顶点 v_1,v_2,v_3 都给出了详细的颜色信息，那么可以运用 p 的重心坐标给出 aff$\{v_1,v_2,v_3\}$ 中插入点 p 的颜色.
17. (T/F)如果 v_1,v_2,v_3,a 和 b 在 $\mathbb{R}^3$ 中，对 $t\geqslant 0$，$a+tb$ 与顶点为 v_1,v_2 和 v_3 的三角形相交，则交点的重心坐标全都是非负的.
18. (T/F)如果 $\mathbb{R}^2$ 中 T 是一个三角形，p 位于三角形的边缘，则 p 的重心坐标不全是正的.
19. 解释为什么 $\mathbb{R}^3$ 中 5 个或更多的点构成的集合必是仿射相关的.
20. 证明：当 $p\geqslant n+2$ 时，$\mathbb{R}^n$ 中一个集合 $\{v_1,v_2,\cdots,v_p\}$ 是仿射相关的.
21. 只用仿射相关的定义来证明：当且仅当 $v_1=v_2$ 时，$\mathbb{R}^n$ 中一个指标集 $\{v_1,v_2\}$ 是仿射相关的.
22. 仿射相关的条件比线性相关的条件更强，因此，一个仿射相关集自动是线性相关的. 同样，一个线性无关集一定不是仿射相关的，从而必是仿射无关的. 构造 $\mathbb{R}^2$ 中两个线性相关的指标集 S_1 和 S_2，使得 S_1 是仿射相关的，S_2 是仿射无关的. 在每一种情况下，集合包含 1 个、2 个或 3 个非零点.
23. 令 $v_1=\begin{bmatrix}-1\\2\end{bmatrix},v_2=\begin{bmatrix}0\\4\end{bmatrix},v_3=\begin{bmatrix}2\\0\end{bmatrix}$，$S=\{v_1,v_2,v_3\}$.
    a. 证明：集合 S 是仿射无关的.
    b. 求点 $p_1=\begin{bmatrix}2\\3\end{bmatrix},p_2=\begin{bmatrix}1\\2\end{bmatrix},p_3=\begin{bmatrix}-2\\1\end{bmatrix}$，$p_4=\begin{bmatrix}1\\-1\end{bmatrix}$ 和 $p_5=\begin{bmatrix}1\\1\end{bmatrix}$ 关于 S 的重心坐标.
    c. 令 T 是顶点为 v_1,v_2 和 v_3 的三角形.把 T 的边延长后的直线把 $\mathbb{R}^2$ 分成 7 个区域，见图 8-13. 注意每一个区域中点的重心坐标的符号. 例如，p_5 在三角形 T 中，它的所有重心坐标都是正的. 点 p_1 有坐标 $(-,+,+)$. 由于 p_1 在穿过 v_1 和 v_2 的直线的 v_3 侧，所以它的第三坐标是正的. 由于 p_1 在穿过 v_2 和 v_3 的直线的 v_1 对侧，因此它的第一坐标是负的. 点 p_2 在 T 的 v_2v_3 边上，它的坐标是 $(0,+,+)$. 不需要计算实际值，确定图 8-13 所示的点 p_6，p_7 和 p_8 的重心坐标的符号.

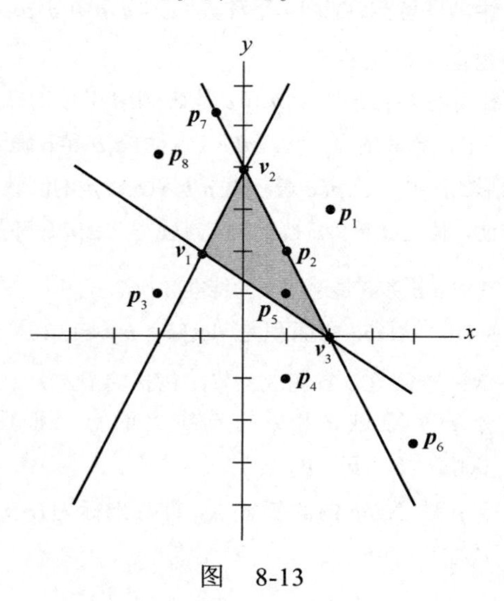

图　8-13

24. 令 $v_1=\begin{bmatrix}0\\1\end{bmatrix},v_2=\begin{bmatrix}1\\5\end{bmatrix},v_3=\begin{bmatrix}4\\3\end{bmatrix},p_1=\begin{bmatrix}3\\5\end{bmatrix}$，$p_2=\begin{bmatrix}5\\1\end{bmatrix}$，$p_3=\begin{bmatrix}2\\3\end{bmatrix},p_4=\begin{bmatrix}-1\\0\end{bmatrix},p_5=\begin{bmatrix}0\\4\end{bmatrix}$，$p_6=\begin{bmatrix}1\\2\end{bmatrix},p_7=\begin{bmatrix}6\\4\end{bmatrix}$，$S=\{v_1,v_2,v_3\}$.

a. 证明：集合 S 是仿射无关的.

b. 求 $\boldsymbol{p}_1,\boldsymbol{p}_2$ 和 $\boldsymbol{p}_3$ 关于 S 的重心坐标.

c. 画出顶点为 $\boldsymbol{v}_1,\boldsymbol{v}_2$ 和 $\boldsymbol{v}_3$ 的三角形 T，如图 8-10 一样延长它的边，并画出点 $\boldsymbol{p}_4,\boldsymbol{p}_5,\boldsymbol{p}_6$ 和 $\boldsymbol{p}_7$，不需要计算出实际的值，确定点 $\boldsymbol{p}_4,\boldsymbol{p}_5,\boldsymbol{p}_6$ 和 $\boldsymbol{p}_7$ 的重心坐标的符号.

25. 对 $\mathbb{R}^n$ 中的一个仿射无关集合 $S=\{\boldsymbol{v}_1,\boldsymbol{v}_2,\cdots,\boldsymbol{v}_k\}$，证明定理 6.（提示：一种方法是模仿 4.4 节中定理 8 的证明.）

26. 令 T 是位于"标准"位置的四面体，三条边沿着 $\mathbb{R}^3$ 中的三个正向坐标轴，并假定顶点是 $a\boldsymbol{e}_1,b\boldsymbol{e}_2,c\boldsymbol{e}_3$ 和 $\boldsymbol{0}$，其中 $[\boldsymbol{e}_1\quad \boldsymbol{e}_2\quad \boldsymbol{e}_3]=\boldsymbol{I}_3$. 求 $\mathbb{R}^3$ 中任意一点 $\boldsymbol{p}$ 的重心坐标的公式.

27. 令 $\{\boldsymbol{p}_1,\boldsymbol{p}_2,\boldsymbol{p}_3\}$ 是 $\mathbb{R}^n$ 中一仿射相关点集，并令 $f:\mathbb{R}^n\to\mathbb{R}^m$ 是一个线性变换. 证明：$\{f(\boldsymbol{p}_1), f(\boldsymbol{p}_2), f(\boldsymbol{p}_3)\}$ 是 $\mathbb{R}^m$ 中仿射相关的点集.

28. 假定 $\{\boldsymbol{p}_1,\boldsymbol{p}_2,\boldsymbol{p}_3\}$ 是 $\mathbb{R}^n$ 中一个仿射无关集，$\boldsymbol{q}$ 是 $\mathbb{R}^n$ 中的任意点. 证明：平移集 $\{\boldsymbol{p}_1+\boldsymbol{q},\boldsymbol{p}_2+\boldsymbol{q},\boldsymbol{p}_3+\boldsymbol{q}\}$ 也是仿射无关的.

在习题 29~32 中，$\boldsymbol{a},\boldsymbol{b}$ 和 $\boldsymbol{c}$ 是 $\mathbb{R}^2$ 中不共线的点，$\boldsymbol{p}$ 是 $\mathbb{R}^2$ 中任意其他点. 令 $\triangle\boldsymbol{abc}$ 表示由 $\boldsymbol{a},\boldsymbol{b}$ 和 $\boldsymbol{c}$ 确定的三角形的区域，$\triangle\boldsymbol{pbc}$ 表示由 $\boldsymbol{p},\boldsymbol{b}$ 和 $\boldsymbol{c}$ 确定的区域. 为了方便，假定 $\boldsymbol{a},\boldsymbol{b}$ 和 $\boldsymbol{c}$ 被重新安排使得 $\det[\tilde{\boldsymbol{a}}\ \tilde{\boldsymbol{b}}\ \tilde{\boldsymbol{c}}]$ 是正的，其中 $\tilde{\boldsymbol{a}},\tilde{\boldsymbol{b}}$ 和 $\tilde{\boldsymbol{c}}$ 是这些点的标准齐次形式.

29. 证明：$\triangle\boldsymbol{abc}$ 的面积是 $\det[\tilde{\boldsymbol{a}}\quad \tilde{\boldsymbol{b}}\quad \tilde{\boldsymbol{c}}]/2$.（提示：查阅 3.2 节和 3.3 节，包括习题.）

30. 令 $\boldsymbol{p}$ 是穿过 $\boldsymbol{a}$ 和 $\boldsymbol{b}$ 的直线上的点，证明：$\det[\tilde{\boldsymbol{a}}\quad \tilde{\boldsymbol{b}}\quad \tilde{\boldsymbol{p}}]=0$.

31. 令 $\boldsymbol{p}$ 是 $\triangle\boldsymbol{abc}$ 内的任意点，重心坐标为 (r,s,t)，从而

$$[\tilde{\boldsymbol{a}}\quad \tilde{\boldsymbol{b}}\quad \tilde{\boldsymbol{c}}]\begin{bmatrix} r \\ s \\ t \end{bmatrix}=\tilde{\boldsymbol{p}}$$

运用习题 29 和关于行列式的一个事实（第 3 章）来证明：

$$r=(\triangle\boldsymbol{pbc}\text{的面积})/(\triangle\boldsymbol{abc}\text{的面积})$$
$$s=(\triangle\boldsymbol{apc}\text{的面积})/(\triangle\boldsymbol{abc}\text{的面积})$$
$$t=(\triangle\boldsymbol{abp}\text{的面积})/(\triangle\boldsymbol{abc}\text{的面积})$$

32. 取 $\boldsymbol{q}$ 是从 $\boldsymbol{b}$ 到 $\boldsymbol{c}$ 的直线段上的点，并考虑穿过 $\boldsymbol{q}$ 和 $\boldsymbol{a}$ 的直线，它也可被写成 $\boldsymbol{p}=(1-x)\boldsymbol{q}+x\boldsymbol{a}$，$x$ 为实数. 证明：对每一个 x，$\det[\tilde{\boldsymbol{p}}\quad \tilde{\boldsymbol{b}}\quad \tilde{\boldsymbol{c}}]=x\cdot\det[\tilde{\boldsymbol{a}}\quad \tilde{\boldsymbol{b}}\quad \tilde{\boldsymbol{c}}]$. 从这个结论和已有的结论可得出，参数 x 是 $\boldsymbol{p}$ 的第一个重心坐标. 然而，由前面的构造可知，参数 x 也确定了 $\boldsymbol{p}$ 和 $\boldsymbol{q}$ 之间的沿着从 $\boldsymbol{q}$ 到 $\boldsymbol{a}$ 的直线段的相对距离.（当 x=1 时，$\boldsymbol{p}=\boldsymbol{a}$.）当把这个事实运用到例 5 时，表明顶点 $\boldsymbol{a}$ 和点 $\boldsymbol{q}$ 的颜色可以确定一个光滑地插入沿着从 $\boldsymbol{a}$ 到 $\boldsymbol{q}$ 的直线运动的 $\boldsymbol{p}$ 点的颜色.

33. 设 $\boldsymbol{v}_1=\begin{bmatrix} 1 \\ 3 \\ -6 \end{bmatrix},\boldsymbol{v}_2=\begin{bmatrix} 7 \\ 3 \\ -5 \end{bmatrix},\boldsymbol{v}_3=\begin{bmatrix} 3 \\ 9 \\ -2 \end{bmatrix},\boldsymbol{a}=\begin{bmatrix} 0 \\ 0 \\ 9 \end{bmatrix},\boldsymbol{b}=\begin{bmatrix} 1.4 \\ 1.5 \\ -3.1 \end{bmatrix}$，$\boldsymbol{x}(t)=\boldsymbol{a}+t\boldsymbol{b}$，其中 $t>0$. 求射线 $\boldsymbol{x}(t)$ 与包含顶点为 $\boldsymbol{v}_1$，$\boldsymbol{v}_2$ 和 $\boldsymbol{v}_3$ 的三角形的平面相交的点. 这个点在三角形中吗？

34. 重复习题 33，其中 $\boldsymbol{v}_1=\begin{bmatrix} 1 \\ 2 \\ -4 \end{bmatrix},\boldsymbol{v}_2=\begin{bmatrix} 8 \\ 2 \\ -5 \end{bmatrix},\boldsymbol{v}_3=\begin{bmatrix} 3 \\ 10 \\ -2 \end{bmatrix}$，$\boldsymbol{a}=\begin{bmatrix} 0 \\ 0 \\ 8 \end{bmatrix},\boldsymbol{b}=\begin{bmatrix} 0.9 \\ 2.0 \\ -3.7 \end{bmatrix}$.

练习题答案

1. 从例 1 可知，问题就是确定这些点是不是仿射相关. 运用例 2 中的方法，从两个点中减去另一点，如果所得到的两个新点中的一个是另一个的倍数，那么原来的三个点在同一条直线上.

2. 定理 5 的证明表明，点之间的仿射相关关系对应于这些点的齐次形式的线性相关关系，所用的权值相同. 因此，行化简得

$$\begin{bmatrix}\tilde{\boldsymbol{v}}_1 & \tilde{\boldsymbol{v}}_2 & \tilde{\boldsymbol{v}}_3 & \tilde{\boldsymbol{v}}_4\end{bmatrix}=\begin{bmatrix}4&1&5&1\\1&0&4&2\\1&1&1&1\end{bmatrix}\sim\begin{bmatrix}1&1&1&1\\4&1&5&1\\1&0&4&2\end{bmatrix}\sim\begin{bmatrix}1&0&0&-1\\0&1&0&1.25\\0&0&1&0.75\end{bmatrix}$$

把所得矩阵看作含有 4 个变量的 $\boldsymbol{A}\boldsymbol{x}=\boldsymbol{0}$ 的系数矩阵，则 x_4 是自由变量，$x_1=x_4, x_2=-1.25x_4$ 和 $x_3=-0.75x_4$. 一个解是 $x_1=x_4=4, x_2=-5$ 和 $x_3=-3$. 齐次形式之间的线性相关关系就是 $4\tilde{\boldsymbol{v}}_1-5\tilde{\boldsymbol{v}}_2-3\tilde{\boldsymbol{v}}_3+4\tilde{\boldsymbol{v}}_4=\boldsymbol{0}$. 从而 $4\boldsymbol{v}_1-5\boldsymbol{v}_2-3\boldsymbol{v}_3+4\boldsymbol{v}_4=\boldsymbol{0}$.

另一个求解方法是把问题平移到原点处来处理，为此从其他点中都减去 $\boldsymbol{v}_1$，求平移所得的这些新点之间的一个线性相关关系，然后重排表达式. 这种方法的运算量与上面所用的方法大致相同.

8.3 凸组合

8.1 节中考察了一个特殊的线性组合形式

$$c_1\boldsymbol{v}_1+c_2\boldsymbol{v}_2+\cdots+c_k\boldsymbol{v}_k\text{，其中 } c_1+c_2+\cdots+c_k=1$$

本节将限制这些权值为非负.

定义 $\mathbb{R}^n$ 中点 $\boldsymbol{v}_1,\boldsymbol{v}_2,\cdots,\boldsymbol{v}_k$ 的一个**凸组合**是如下形式的线性组合：

$$c_1\boldsymbol{v}_1+c_2\boldsymbol{v}_2+\cdots+c_k\boldsymbol{v}_k$$

对于所有的 i，有 $c_1+c_2+\cdots+c_k=1$ 和 $c_i\geqslant 0$. 一个集合 S 中所有凸组合的集称为 S 的**凸包**，记为 $\operatorname{conv} S$.

单点 $\boldsymbol{v}_1$ 的凸包就是集合 $\{\boldsymbol{v}_1\}$，与仿射包相同. 在其他的情形下，凸包真包含在仿射包中. 回忆不同点 $\boldsymbol{v}_1$ 和 $\boldsymbol{v}_2$ 的仿射包是直线

$$\boldsymbol{y}=(1-t)\boldsymbol{v}_1+t\boldsymbol{v}_2,\quad t\in\mathbb{R}$$

由于一个凸组合的权值是非负的，故 $\{\boldsymbol{v}_1,\boldsymbol{v}_2\}$ 中的点可写为

$$\boldsymbol{y}=(1-t)\boldsymbol{v}_1+t\boldsymbol{v}_2,\quad 0\leqslant t\leqslant 1$$

这是在点 $\boldsymbol{v}_1$ 和 $\boldsymbol{v}_2$ 之间的**线段**，记为 $\overline{\boldsymbol{v}_1\boldsymbol{v}_2}$.

如果一个集合 S 是仿射无关的，且 $\boldsymbol{p}\in\operatorname{aff} S$，那么当且仅当 $\boldsymbol{p}$ 的重心坐标是非负时，$\boldsymbol{p}\in\operatorname{conv} S$. 例 1 证明了一个特殊的情形，其中 S 不仅仅是仿射无关的.

例 1 令

$$\boldsymbol{v}_1=\begin{bmatrix}3\\0\\6\\-3\end{bmatrix},\quad \boldsymbol{v}_2=\begin{bmatrix}-6\\3\\3\\0\end{bmatrix},\quad \boldsymbol{v}_3=\begin{bmatrix}3\\6\\0\\3\end{bmatrix},\quad \boldsymbol{p}_1=\begin{bmatrix}0\\3\\3\\0\end{bmatrix},\quad \boldsymbol{p}_2=\begin{bmatrix}-10\\5\\11\\-4\end{bmatrix}$$

且 $S=\{\boldsymbol{v}_1,\boldsymbol{v}_2,\boldsymbol{v}_3\}$. 注意 S 是正交集. 确定 $\boldsymbol{p}_1$ 是否在 $\operatorname{Span} S$、$\operatorname{aff} S$ 及 $\operatorname{conv} S$ 中. 同样考虑 $\boldsymbol{p}_2$ 的情况.

解 若 $\boldsymbol{p}_1$ 至少是 S 中点的线性组合，则由于 S 是正交集合，很容易求出权值. 令 W 为 S 生成的子空间. 类似于 6.3 节的计算证明 $\boldsymbol{p}_1$ 在 W 上的正交投影 $\boldsymbol{p}_1$ 是其本身：

$$
\begin{aligned}
\operatorname{proj}_W \boldsymbol{p}_1 &= \frac{\boldsymbol{p}_1 \cdot \boldsymbol{v}_1}{\boldsymbol{v}_1 \cdot \boldsymbol{v}_1}\boldsymbol{v}_1 + \frac{\boldsymbol{p}_1 \cdot \boldsymbol{v}_2}{\boldsymbol{v}_2 \cdot \boldsymbol{v}_2}\boldsymbol{v}_2 + \frac{\boldsymbol{p}_3 \cdot \boldsymbol{v}_3}{\boldsymbol{v}_3 \cdot \boldsymbol{v}_3}\boldsymbol{v}_3 \\
&= \frac{18}{54}\boldsymbol{v}_1 + \frac{18}{54}\boldsymbol{v}_2 + \frac{18}{54}\boldsymbol{v}_3 \\
&= \frac{1}{3}\begin{bmatrix} 3 \\ 0 \\ 6 \\ -3 \end{bmatrix} + \frac{1}{3}\begin{bmatrix} -6 \\ 3 \\ 3 \\ 0 \end{bmatrix} + \frac{1}{3}\begin{bmatrix} 3 \\ 6 \\ 0 \\ 3 \end{bmatrix} = \begin{bmatrix} 0 \\ 3 \\ 3 \\ 0 \end{bmatrix} = \boldsymbol{p}_1
\end{aligned}
$$

由此证明 $\boldsymbol{p}_1$ 在 Span S 内. 同样由于系数和为 1，因此 $\boldsymbol{p}_1$ 在 aff S 内. 进一步，由于系数是非负的，故 $\boldsymbol{p}_1$ 在 conv S 内.

对于 $\boldsymbol{p}_2$，类似的计算证明 $\operatorname{proj}_W \boldsymbol{p}_2 \neq \boldsymbol{p}_2$. 由于 $\operatorname{proj}_W \boldsymbol{p}_2$ 是 Span S 中到 $\boldsymbol{p}_2$ 最近的点，所以，点 $\boldsymbol{p}_2$ 不在 Span S 中. 特别地，$\boldsymbol{p}_2$ 不可能在 aff S 内或 conv S 内. ■

回忆一下，集合 S 是仿射的，若 S 内任意两点确定的直线都在 S 中. 而在凸集中，要考虑的是线段而不是直线.

定义　集合 S 是**凸的**，若对于每个 $\boldsymbol{p},\boldsymbol{q} \in S$，线段 $\overline{\boldsymbol{pq}}$ 在 S 中.

直觉上，若集合 S 中的每两点都可以相互"看到"，且视线不越出该集合，那么集合 S 是凸的. 图 8-14 说明了这个思想.

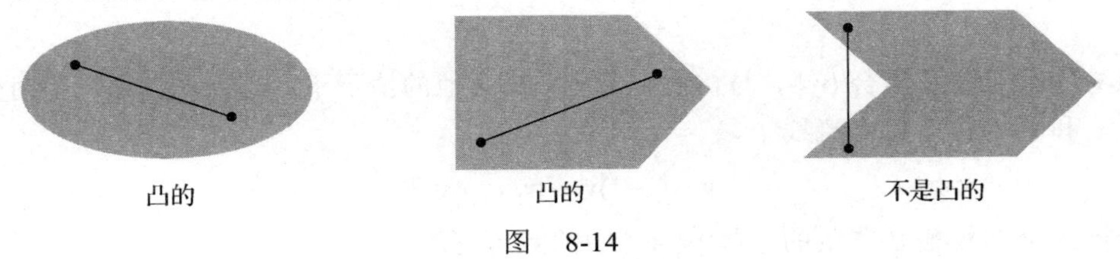

图　8-14

下面的结论类似于仿射集的定理 2.

定理 7　集合 S 是凸集当且仅当 S 中的点的凸组合在 S 中，即 S 是凸集当且仅当 $S = \operatorname{conv} S$.

证　论证类似于定理 2 的证明，这里只给出归纳步骤中不同的部分. 取 $k+1$ 个点的凸组合，考虑 $\boldsymbol{y} = c_1\boldsymbol{v}_1 + c_2\boldsymbol{v}_2 + \cdots + c_k\boldsymbol{v}_k + c_{k+1}\boldsymbol{v}_{k+1}$，其中 $c_1 + c_2 + \cdots + c_{k+1} = 1$，且对所有的 i，$0 \leqslant c_i \leqslant 1$. 若 $c_{k+1} = 1$，则 $\boldsymbol{y} = \boldsymbol{v}_{k+1}$ 属于 S，就不需要进一步证明了. 若 $c_{k+1} < 1$，令 $t = c_1 + c_2 + \cdots + c_k$，则 $t = 1 - c_{k+1} > 0$ 且

$$
\boldsymbol{y} = (1 - c_{k+1})\left(\frac{c_1}{t}\boldsymbol{v}_1 + \frac{c_2}{t}\boldsymbol{v}_2 + \cdots + \frac{c_k}{t}\boldsymbol{v}_k\right) + c_{k+1}\boldsymbol{v}_{k+1} \tag{1}
$$

由归纳假设，点 $\boldsymbol{z}=(c_1/t)\boldsymbol{v}_1+(c_2/t)\boldsymbol{v}_2+\cdots+(c_k/t)\boldsymbol{v}_k$ 在 S 内，这是由于非负系数和为 1. 于是，方程（1）表明 $\boldsymbol{y}$ 为 S 内两点的凸组合. 由归纳法原理，S 内的点的每个凸组合在 S 内. ■

下面的定理 9 提供了集合凸包的一个更几何化的特征. 它需要有关交集的初步结论. 回顾 4.1 节（习题 40）中的一个事实——两个子空间的交集本身仍是一个子空间. 事实上，任一组子空间的交集本身仍是一个子空间. 对于仿射集与凸集有相似的结论.

定理 8　设 $\{S_\alpha : \alpha \in \mathcal{A}\}$ 是任一组凸集，则 $\cap_{\alpha \in \mathcal{A}} S_\alpha$ 是凸集. 若 $\{T_\beta : \beta \in \mathcal{B}\}$ 是任一组仿射集，则 $\cap_{\beta \in \mathcal{B}} T_\beta$ 是仿射集.

证　若 $\boldsymbol{p},\boldsymbol{q} \in \cap S_\alpha$，则 $\boldsymbol{p},\boldsymbol{q}$ 在每个 S_α 中. 由于每个 S_α 是凸集，因此对所有 α，连接 $\boldsymbol{p},\boldsymbol{q}$ 的线段在 S_α 中，从而线段属于 $\cap S_\alpha$. 对于仿射集的证明与此类似.

定理 9　对任何集合 S，S 的凸包是所有包含 S 的凸集的交集.

证　令 T 为包含 S 的所有凸集的交集. 由于 $\operatorname{conv} S$ 是包含 S 的一个凸集，故 $T \subseteq \operatorname{conv} S$. 另一方面，令 C 是包含 S 的任意一个凸集，则 C 包含 C 中所有点构成的凸组合（定理 7），因此也包含子集 S 中所有点构成的凸组合，即 $\operatorname{conv} S \subseteq C$. 由于对包含 S 的每个凸集 C 都成立，故对所有包含 S 的凸集的交集同样成立，即 $\operatorname{conv} S \subseteq T$. ■

定理 9 证明了 S 的凸包是包含 S 的“最小”的凸集，这一点诠释了“凸包”的自然含义. 例如，考虑平面 $\mathbb{R}^2$ 中可被某个大长方形包含的点集 S，想象环绕 S 外边缘拉伸橡皮筋. 由于橡皮筋沿 S 外边缘收紧，因此它构架了 S 凸包的边界. 或者用另一个模拟，S 的凸包填满 S 内部所有的洞及 S 边界中所有的凹陷.

例 2

a. $\mathbb{R}^2$ 中集合 S，T 的凸包如下图所示.

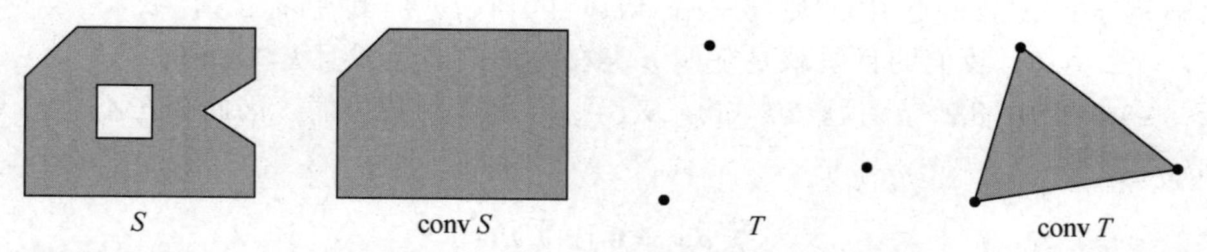

b. 令 S 是三维空间 $\mathbb{R}^3$ 的标准基构成的集合，$S=\{\boldsymbol{e}_1,\boldsymbol{e}_2,\boldsymbol{e}_3\}$. 则 $\operatorname{conv} S$ 是 $\mathbb{R}^2$ 中顶点为 $\boldsymbol{e}_1,\boldsymbol{e}_2,\boldsymbol{e}_3$ 的一个三角面. 见图 8-15.

例 3　令 $S=\left\{\begin{bmatrix} x \\ y \end{bmatrix} : x \geqslant 0, y = x^2\right\}$，证明 S 的凸包是原点和 $\left\{\begin{bmatrix} x \\ y \end{bmatrix} : x > 0, y \geqslant x^2\right\}$ 的并集. 如图 8-16 所示.

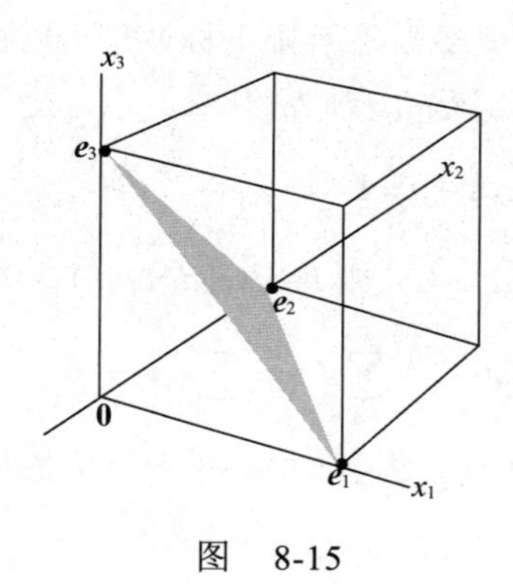

图　8-15

图　8-16

解 S 的凸包中每个点都在连接 S 中两点的线段上. 图 8-16 中的虚线表明，除了原点外，y 的正半轴不在 S 的凸包中，这是因为原点是 S 在 y 轴上唯一的点. 图 8-16 所示的 S 的凸包似乎是合理的，但是如何确定点 $(10^{-2},10^{4})$ 在连接原点与 S 中另一点的线段上？

考虑图 8-16 阴影部分的任意点 $\boldsymbol{p}$，令

$$\boldsymbol{p}=\begin{bmatrix}a\\b\end{bmatrix},\quad a>0 \text{ 且 } b\geqslant a^2$$

经过 $\mathbf{0}$ 与 $\boldsymbol{p}$ 的直线满足方程 $y=(b/a)t$，t 为实数. 直线与 S 的交点满足 $(b/a)t=t^2$，即 $t=b/a$. 因此 $\boldsymbol{p}$ 在连接 $\mathbf{0}$ 与 $\begin{bmatrix}b/a\\b^2/a^2\end{bmatrix}$ 的线段上. 由此证明图 8-16 正确. ■

下面的定理是凸集学习中的基本定理，于 1907 年首次由 Constantin Caratheodory 证明. 若 $\boldsymbol{p}$ 在 S 的凸包中，则按定义，$\boldsymbol{p}$ 必是 S 的点的一个凸组合. 但定义没有规定需要 S 中多少个点构成这个组合. Caratheodory 的著名定理表明在 n 维空间中，凸组合中 S 的点的个数不必多于 $n+1$.

定理 10（Caratheodory） *若 S 是 $\mathbb{R}^n$ 中一非空子集，则 S 的凸包中的每一点可以由 S 中 $n+1$ 个或更少的点的凸组合表示.*

证 假定 $\boldsymbol{p}$ 在 S 的凸包中，则 $\boldsymbol{p}=c_1\boldsymbol{v}_1+c_2\boldsymbol{v}_2+\cdots+c_k\boldsymbol{v}_k$，其中 $\boldsymbol{v}_i\in S$，$c_1+c_2+\cdots+c_k=1$，且 $c_i\geqslant 0,\ i=1,2,\cdots,k$. 我们的目的就是证明 $\boldsymbol{p}$ 存在这样的表达式且 $k\leqslant n+1$.

若 $k>n+1$，则由 8.2 节习题 20 知 $\{\boldsymbol{v}_1,\boldsymbol{v}_2,\cdots,\boldsymbol{v}_k\}$ 是仿射相关的，因此存在不全为 0 的标量 $d_1,d_2,\cdots,d_k$，使得

$$\sum_{i=1}^{k}d_i\boldsymbol{v}_i=\mathbf{0} \text{ 且 } \sum_{i=1}^{k}d_i=0$$

考虑如下两个方程：

$$c_1\boldsymbol{v}_1+c_2\boldsymbol{v}_2+\cdots+c_k\boldsymbol{v}_k=\boldsymbol{p}$$
$$d_1\boldsymbol{v}_1+d_2\boldsymbol{v}_2+\cdots+d_k\boldsymbol{v}_k=\mathbf{0}$$

第一个方程减去第二个方程的适当倍数，可以消去一个 $\boldsymbol{v}_i$，从而得到 S 的少于 k 个点构成的凸组合，该凸组合等于 $\boldsymbol{p}$.

由于并非所有的系数 d_i 都为 0，因此可以假定（若需要则重新排下标）$d_k>0$ 且对那些 $d_i>0$ 的所有 i 有 $c_k/d_k\leqslant c_i/d_i$. 对 $i=1, 2, \cdots, k$，令 $b_i=c_i-(c_k/d_k)d_i$. 则 $b_k=0$ 且

$$\sum_{i=1}^{k}b_i=\sum_{i=1}^{k}c_i-\frac{c_k}{d_k}\sum_{i=1}^{k}d_i=1-0=1$$

而且，每个 $b_i\geqslant 0$. 事实上，若 $d_i\leqslant 0$，则 $b_i\geqslant c_i\geqslant 0$. 若 $d_i>0$，则 $b_i=d_i(c_i/d_i-c_k/d_k)\geqslant 0$. 由构造得

$$\sum_{i=1}^{k-1}b_i\boldsymbol{v}_i=\sum_{i=1}^{k}b_i\boldsymbol{v}_i=\sum_{i=1}^{k}\left(c_i-\frac{c_k}{d_k}d_i\right)\boldsymbol{v}_i=\sum_{i=1}^{k}c_i\boldsymbol{v}_i-\frac{c_k}{d_k}\sum_{i=1}^{k}d_i\boldsymbol{v}_i=\sum_{i=1}^{k}c_i\boldsymbol{v}_i=\boldsymbol{p}$$

因此 $\boldsymbol{p}$ 是 $k-1$ 个点 $\boldsymbol{v}_1,\boldsymbol{v}_2,\cdots,\boldsymbol{v}_{k-1}$ 的凸组合. 重复上述步骤到 $\boldsymbol{p}$ 是由 S 中 $n+1$ 个点构成的凸组合. ■

下面的例子说明了上述证明中的计算.

例 4　令

$$v_1=\begin{bmatrix}1\\0\end{bmatrix}, v_2=\begin{bmatrix}2\\3\end{bmatrix}, v_3=\begin{bmatrix}5\\4\end{bmatrix}, v_4=\begin{bmatrix}3\\0\end{bmatrix}, p=\begin{bmatrix}\frac{10}{3}\\ \frac{5}{2}\end{bmatrix}$$

且 $S=\{v_1,v_2,v_3,v_4\}$. 则

$$\frac{1}{4}v_1+\frac{1}{6}v_2+\frac{1}{2}v_3+\frac{1}{12}v_4=p \tag{2}$$

使用 Caratheodory 定理的证明过程把 p 表示为 S 中三个点构成的凸组合.

解　集合 S 是仿射相关的. 使用 8.2 节中的方法得到一个仿射相关的关系式

$$-5v_1+4v_2-3v_3+4v_4=\mathbf{0} \tag{3}$$

接下来，选择（3）式中的点 v_2,v_4，它们的系数为正. 对上述每个点，计算方程（2）与（3）中系数的比例. v_2 的系数比为 $\frac{1}{6}\div 4=\frac{1}{24}$，而 v_4 的为 $\frac{1}{12}\div 4=\frac{1}{48}$. v_4 的比更小，因此从方程（2）减去方程（3）的 $\frac{1}{48}$ 来消去 v_4：

$$\left(\frac{1}{4}+\frac{5}{48}\right)v_1+\left(\frac{1}{6}-\frac{4}{48}\right)v_2+\left(\frac{1}{2}+\frac{3}{48}\right)v_3+\left(\frac{1}{12}-\frac{4}{48}\right)v_4=p$$

$$\frac{17}{48}v_1+\frac{4}{48}v_2+\frac{27}{48}v_3=p$$

■

一般而言，通过减少需要的点的个数并不能改善这个结果. 事实上，$\mathbb{R}^2$ 中任意三个非共线的点构成的三角形的质心在这三个点的凸包中，而不是在任意两点的凸包中.

练习题

1. 令 $v_1=\begin{bmatrix}6\\2\\2\end{bmatrix}, v_2=\begin{bmatrix}7\\1\\5\end{bmatrix}, v_3=\begin{bmatrix}-2\\4\\-1\end{bmatrix}, p_1=\begin{bmatrix}1\\3\\1\end{bmatrix}$, 及$p_2=\begin{bmatrix}3\\2\\1\end{bmatrix}$, 令$S=\{v_1,v_2,v_3\}$. 确定 p_1 和 p_2 是否在 conv S 中.

2. 令 S 为曲线 $y=1/x\,(x>0)$ 上的点集，从几何上解释为什么 S 的凸包由曲线 S 上及 S 上方的点构成.

习题 8.3

1. 在 $\mathbb{R}^2$ 中，令 $S=\left\{\begin{bmatrix}0\\y\end{bmatrix}: 0\leqslant y<1\right\}\cup\left\{\begin{bmatrix}2\\0\end{bmatrix}\right\}$. 描述 S 的凸包.

2. 描述 $\mathbb{R}^2$ 中点 $\begin{bmatrix}x\\y\end{bmatrix}$ 构成的集合 S 的满足如下给定条件的凸包. 证明你的结论.（证明 S 中任意一点 p 属于 S 的凸包.）

   a. $y=1/x$ 且 $x\geqslant 1/2$

   b. $y=\sin x$

   c. $y=x^{1/2}$ 且 $x\geqslant 0$

3. 考虑 8.1 节习题 5 中的点. p_1，p_2 和 p_3 哪个在 S 的凸包中？

4. 考虑 8.1 节习题 6 中的点. p_1，p_2 和 p_3 哪个在 S 的凸包中？

5. 令 $v_1=\begin{bmatrix}-1\\-3\\4\end{bmatrix}, v_2=\begin{bmatrix}0\\-3\\1\end{bmatrix}, v_3=\begin{bmatrix}1\\-1\\4\end{bmatrix}, v_4=\begin{bmatrix}1\\1\\-2\end{bmatrix}$,

   $p_1=\begin{bmatrix}1\\-1\\2\end{bmatrix}$, $p_2=\begin{bmatrix}0\\-2\\2\end{bmatrix}$, 且 $S=\{v_1,v_2,v_3,v_4\}$. 判断

$\boldsymbol{p}_1$，$\boldsymbol{p}_2$ 是否在 S 的凸包中.

6. 令 $\boldsymbol{v}_1=\begin{bmatrix}2\\0\\-1\\2\end{bmatrix},\boldsymbol{v}_2=\begin{bmatrix}0\\-2\\2\\1\end{bmatrix},\boldsymbol{v}_3=\begin{bmatrix}-2\\1\\0\\2\end{bmatrix},\boldsymbol{p}_1=\begin{bmatrix}-1\\2\\-\frac{3}{2}\\\frac{5}{2}\end{bmatrix}$，

$\boldsymbol{p}_2=\begin{bmatrix}-\frac{1}{2}\\0\\\frac{1}{4}\\\frac{7}{4}\end{bmatrix},\boldsymbol{p}_3=\begin{bmatrix}6\\-4\\1\\-1\end{bmatrix},\boldsymbol{p}_4=\begin{bmatrix}-1\\-2\\0\\4\end{bmatrix}$，且 $S=\{\boldsymbol{v}_1,\boldsymbol{v}_2,\boldsymbol{v}_3\}$

为正交集. 判断每个 $\boldsymbol{p}_i$ 是否属于 Span S，aff S 或 conv S.

a. $\boldsymbol{p}_1$　b. $\boldsymbol{p}_2$　c. $\boldsymbol{p}_3$　d. $\boldsymbol{p}_4$

习题 7~10 使用 8.2 节中的术语.

7. a. 令 $T=\left\{\begin{bmatrix}-1\\0\end{bmatrix},\begin{bmatrix}2\\3\end{bmatrix},\begin{bmatrix}4\\1\end{bmatrix}\right\}$，$\boldsymbol{p}_1=\begin{bmatrix}2\\1\end{bmatrix},\boldsymbol{p}_2=\begin{bmatrix}3\\2\end{bmatrix}$，$\boldsymbol{p}_3=\begin{bmatrix}2\\0\end{bmatrix}$，$\boldsymbol{p}_4=\begin{bmatrix}0\\2\end{bmatrix}$. 求出 $\boldsymbol{p}_1$，$\boldsymbol{p}_2$，$\boldsymbol{p}_3$，$\boldsymbol{p}_4$ 关于 T 的重心坐标.

b. 由（a）的答案确定 $\boldsymbol{p}_1$，$\boldsymbol{p}_2$，$\boldsymbol{p}_3$，$\boldsymbol{p}_4$ 在 T 的凸包（即三角形区域）的内部、外部还是边上.

8. 重复习题 7 的过程，其中 $T=\left\{\begin{bmatrix}2\\0\end{bmatrix},\begin{bmatrix}0\\5\end{bmatrix},\begin{bmatrix}-1\\1\end{bmatrix}\right\}$，$\boldsymbol{p}_1=\begin{bmatrix}2\\1\end{bmatrix},\boldsymbol{p}_2=\begin{bmatrix}1\\1\end{bmatrix},\boldsymbol{p}_3=\begin{bmatrix}1\\1\\\frac{1}{3}\end{bmatrix},\boldsymbol{p}_4=\begin{bmatrix}1\\0\end{bmatrix}$.

9. 令 $S=\{\boldsymbol{v}_1,\boldsymbol{v}_2,\boldsymbol{v}_3,\boldsymbol{v}_4\}$ 是仿射不相关集，考虑关于 S 的重心坐标分别为 $(2,0,0,-1)$，$\left(0,\frac{1}{2},\frac{1}{4},\frac{1}{4}\right)$，$\left(\frac{1}{2},0,\frac{3}{2},-1\right)$，$\left(\frac{1}{3},\frac{1}{4},\frac{1}{4},\frac{1}{6}\right)$ 和 $\left(\frac{1}{3},0,\frac{2}{3},0\right)$ 的点 $\boldsymbol{p}_1,\boldsymbol{p}_2,\cdots,\boldsymbol{p}_5$. 确定点 $\boldsymbol{p}_1,\boldsymbol{p}_2,\cdots,\boldsymbol{p}_5$ 是在凸包 S（一个四面体）内部、外部还是表面. 这 5 个点中有点在凸包 S 的边上吗？

10. 重复习题 9 的过程，其中 $\boldsymbol{q}_1,\boldsymbol{q}_2,\cdots,\boldsymbol{q}_5$ 关于 S 的重心坐标分别为 $\left(\frac{1}{8},\frac{1}{4},\frac{1}{8},\frac{1}{2}\right)$，$\left(\frac{3}{4},-\frac{1}{4},0,\frac{1}{2}\right)$，$\left(0,\frac{3}{4},\frac{1}{4},0\right)$，$(0,-2,0,3)$ 和 $\left(\frac{1}{3},\frac{1}{3},\frac{1}{3},0\right)$.

判断习题 11～16 中每个命题的真假(T/F)，并说明理由.

11. (T/F)若 $\boldsymbol{y}=c_1\boldsymbol{v}_1+c_2\boldsymbol{v}_2+c_3\boldsymbol{v}_3$，且 $c_1+c_2+c_3=1$，则 $\boldsymbol{y}$ 是 $\boldsymbol{v}_1,\boldsymbol{v}_2,\boldsymbol{v}_3$ 的凸组合.

12. (T/F)集合 S 是凸集，若 $\boldsymbol{x},\boldsymbol{y}\in S$，则 $\boldsymbol{x},\boldsymbol{y}$ 间的线段在 S 内.

13. (T/F)若 S 是非空集合，则 S 的凸包包含一些不属于 S 的点.

14. (T/F)若 S,T 都是凸集，则 $S\cap T$ 也是凸集.

15. (T/F)若 S 是 $\mathbb{R}^5$ 中的非空集合，且 $\boldsymbol{y}\in\operatorname{conv}S$，则存在 S 中不同的点 $\boldsymbol{v}_1,\boldsymbol{v}_2,\cdots,\boldsymbol{v}_6$ 使得 $\boldsymbol{y}$ 是 $\boldsymbol{v}_1,\boldsymbol{v}_2,\cdots,\boldsymbol{v}_6$ 的凸组合.

16. (T/F)若 S,T 都是凸集，则 $S\cup T$ 也是凸集.

17. 令 S 是 $\mathbb{R}^n$ 中的凸子集，假定 $f:\mathbb{R}^n\to\mathbb{R}^m$ 是一线性变换. 证明：集合 $f(S)=\{f(\boldsymbol{x}):\boldsymbol{x}\in S\}$ 是 $\mathbb{R}^m$ 的凸子集.

18. 令 $f:\mathbb{R}^n\to\mathbb{R}^m$ 是一线性变换，且 T 是 $\mathbb{R}^m$ 中的凸子集. 证明：集合 $S=\{\boldsymbol{x}\in\mathbb{R}^n:f(\boldsymbol{x})\in T\}$ 是 $\mathbb{R}^n$ 的凸子集.

19. 令 $\boldsymbol{v}_1=\begin{bmatrix}1\\0\end{bmatrix},\boldsymbol{v}_2=\begin{bmatrix}1\\2\end{bmatrix},\boldsymbol{v}_3=\begin{bmatrix}4\\2\end{bmatrix},\boldsymbol{v}_4=\begin{bmatrix}4\\0\end{bmatrix},\boldsymbol{p}=\begin{bmatrix}2\\1\end{bmatrix}$. 证实 $\boldsymbol{p}=\frac{1}{3}\boldsymbol{v}_1+\frac{1}{3}\boldsymbol{v}_2+\frac{1}{6}\boldsymbol{v}_3+\frac{1}{6}\boldsymbol{v}_4$ 且 $\boldsymbol{v}_1-\boldsymbol{v}_2+\boldsymbol{v}_3-\boldsymbol{v}_4=\boldsymbol{0}$. 使用 Caratheodory 定理的证明过程把 $\boldsymbol{p}$ 表示为 $\boldsymbol{v}_i$ 中三个点构成的凸组合. 使用两种方法.

20. 重复习题 19 的过程，其中点 $\boldsymbol{v}_1=\begin{bmatrix}-1\\0\end{bmatrix},\boldsymbol{v}_2=\begin{bmatrix}0\\3\end{bmatrix},\boldsymbol{v}_3=\begin{bmatrix}3\\1\end{bmatrix},\boldsymbol{v}_4=\begin{bmatrix}1\\-1\end{bmatrix},\boldsymbol{p}=\begin{bmatrix}1\\2\end{bmatrix}$，且

$$\boldsymbol{p}=\frac{1}{121}\boldsymbol{v}_1+\frac{72}{121}\boldsymbol{v}_2+\frac{37}{121}\boldsymbol{v}_3+\frac{1}{11}\boldsymbol{v}_4$$
$$10\boldsymbol{v}_1-6\boldsymbol{v}_2+7\boldsymbol{v}_3-11\boldsymbol{v}_4=\boldsymbol{0}$$

在习题 21~24 中，证明关于 $\mathbb{R}^n$ 中子集 A 与 B 的命题. 证明中可能会使用前面习题中的结论.

21. 若 $A \subseteq B$ 且 B 是凸集，则 $\operatorname{conv} A \subseteq B$.

22. 若 $A \subseteq B$，则 $\operatorname{conv} A \subseteq \operatorname{conv} B$.

23. a. $[(\operatorname{conv} A) \cup (\operatorname{conv} B)] \subseteq \operatorname{conv}(A \cup B)$.

    b. 在 $\mathbb{R}^2$ 中找一个例子，以证明（a）中等号未必成立.

24. a. $\operatorname{conv}(A \cap B) \subseteq [(\operatorname{conv} A) \cap (\operatorname{conv} B)]$.

    b. 在 $\mathbb{R}^2$ 中找一个例子，以证明（a）中等号未必成立.

25. 令 $\boldsymbol{p}_0, \boldsymbol{p}_1, \boldsymbol{p}_2$ 是 $\mathbb{R}^n$ 中的点，且定义 $\boldsymbol{f}_0(t) = (1-t)\boldsymbol{p}_0 + t\boldsymbol{p}_1$，$\boldsymbol{f}_1(t) = (1-t)\boldsymbol{p}_1 + t\boldsymbol{p}_2$，$\boldsymbol{g}(t) = (1-t)\boldsymbol{f}_0(t) + t\boldsymbol{f}_1(t)$，$0 \leqslant t \leqslant 1$. 各点如图所示，画图说明 $\boldsymbol{f}_0\left(\frac{1}{2}\right)$，$\boldsymbol{f}_1\left(\frac{1}{2}\right)$ 和 $\boldsymbol{g}\left(\frac{1}{2}\right)$.

$\boldsymbol{p}_1$　　$\boldsymbol{p}_2$

$\boldsymbol{p}_0$

26. 重复习题 25 的过程，画图说明 $\boldsymbol{f}_0\left(\frac{3}{4}\right)$，$\boldsymbol{f}_1\left(\frac{3}{4}\right)$ 和 $\boldsymbol{g}\left(\frac{3}{4}\right)$.

27. 令 $\boldsymbol{g}(t)$ 为习题 25 中所定义，它的图像称为二次贝塞尔曲线，常运用于某些计算机图形设计. $\boldsymbol{p}_0, \boldsymbol{p}_1, \boldsymbol{p}_2$ 称为曲线的控制点. 计算仅包含 $\boldsymbol{p}_0, \boldsymbol{p}_1, \boldsymbol{p}_2$ 的公式 $\boldsymbol{g}(t)$. 那么 $\boldsymbol{g}(t)$ 在 $\operatorname{conv}\{\boldsymbol{p}_0, \boldsymbol{p}_1, \boldsymbol{p}_2\}$ 中，$0 \leqslant t \leqslant 1$.

28. 给定 $\mathbb{R}^n$ 中的控制点 $\boldsymbol{p}_0, \boldsymbol{p}_1, \boldsymbol{p}_2, \boldsymbol{p}_3$，令 $\boldsymbol{g}_1(t)$ 为习题 27 中 $\boldsymbol{p}_0, \boldsymbol{p}_1, \boldsymbol{p}_2$ 确定的二次贝塞尔曲线，$0 \leqslant t \leqslant 1$，令 $\boldsymbol{g}_2(t)$ 为 $\boldsymbol{p}_1, \boldsymbol{p}_2, \boldsymbol{p}_3$ 确定的二次贝塞尔曲线. 定义 $\boldsymbol{h}(t) = (1-t)\boldsymbol{g}_1(t) + t\boldsymbol{g}_2(t)$，$0 \leqslant t \leqslant 1$. 证明 $\boldsymbol{h}(t)$ 的图像在这四个控制点的凸包中. 这条曲线称为**三次贝塞尔曲线**，它的定义基于构建贝塞尔曲线的算法.（在稍后 8.6 节讨论.）k 维的贝塞尔曲线由 $k+1$ 个控制点确定，它的图像位于这些控制点的凸包中.

练习题答案

1. 点 $\boldsymbol{v}_1, \boldsymbol{v}_2, \boldsymbol{v}_3$ 非正交，计算

$$\boldsymbol{v}_2 - \boldsymbol{v}_1 = \begin{bmatrix} 1 \\ -1 \\ 3 \end{bmatrix}, \boldsymbol{v}_3 - \boldsymbol{v}_1 = \begin{bmatrix} -8 \\ 2 \\ -3 \end{bmatrix}, \boldsymbol{p}_1 - \boldsymbol{v}_1 = \begin{bmatrix} -5 \\ 1 \\ -1 \end{bmatrix}, \boldsymbol{p}_2 - \boldsymbol{v}_1 = \begin{bmatrix} -3 \\ 0 \\ -1 \end{bmatrix}$$

把 $\boldsymbol{p}_1 - \boldsymbol{v}_1$ 和 $\boldsymbol{p}_2 - \boldsymbol{v}_1$ 加到矩阵 $[\boldsymbol{v}_2 - \boldsymbol{v}_1 \;\; \boldsymbol{v}_3 - \boldsymbol{v}_1]$ 中做行化简：

$$\begin{bmatrix} 1 & -8 & -5 & -3 \\ -1 & 2 & 1 & 0 \\ 3 & -3 & -1 & -1 \end{bmatrix} \sim \begin{bmatrix} 1 & 0 & \frac{1}{3} & 1 \\ 0 & 1 & \frac{2}{3} & \frac{1}{2} \\ 0 & 0 & 0 & -\frac{5}{2} \end{bmatrix}$$

第三列说明 $\boldsymbol{p}_1 - \boldsymbol{v}_1 = \frac{1}{3}(\boldsymbol{v}_2 - \boldsymbol{v}_1) + \frac{2}{3}(\boldsymbol{v}_3 - \boldsymbol{v}_1)$，由此推出 $\boldsymbol{p}_1 = 0\boldsymbol{v}_1 + \frac{1}{3}\boldsymbol{v}_2 + \frac{2}{3}\boldsymbol{v}_3$. 故 $\boldsymbol{p}_1$ 在 S 的凸包中. 事实上，$\boldsymbol{p}_1$ 在点集 $\{\boldsymbol{v}_2, \boldsymbol{v}_3\}$ 的凸包中.

矩阵的最后一列说明 $\boldsymbol{p}_2 - \boldsymbol{v}_1$ 不是 $\boldsymbol{v}_2 - \boldsymbol{v}_1$ 与 $\boldsymbol{v}_3 - \boldsymbol{v}_1$ 的线性组合，所以 $\boldsymbol{p}_2$ 不是 $\boldsymbol{v}_1, \boldsymbol{v}_2, \boldsymbol{v}_3$ 的仿射组合，故 $\boldsymbol{p}_2$ 不在 S 的凸包中.

另一解法是把齐次形式的增广矩阵行化简为阶梯形矩阵：

$$[\widetilde{v}_1\ \widetilde{v}_2\ \widetilde{v}_3\ \widetilde{p}_1\ \widetilde{p}_2]\sim\begin{bmatrix}1&0&0&0&0\\0&1&0&\frac{1}{3}&0\\0&0&1&\frac{2}{3}&0\\0&0&0&0&1\end{bmatrix}$$

2. 若 $\boldsymbol{p}$ 是曲线 S 上方一点，则经过点 $\boldsymbol{p}$ 斜率为-1 的直线在到达 x,y 的正半轴前与 S 交于两点.

8.4　超平面

超平面在 $\mathbb{R}^n$ 空间中有着特别的作用，这是由于它们把空间分成两个不相交的部分，正如一个平面把 $\mathbb{R}^3$ 分成两部分以及一条直线切开 $\mathbb{R}^2$. 探讨超平面的关键是对直线和平面用简单的隐式表达，而不是像之前讨论仿射集时所用的显式表达，即参数形式表达. ㊀

$\mathbb{R}^2$ 中直线的隐式方程为 $ax+by=d$，$\mathbb{R}^3$ 中平面的隐式方程为 $ax+by+cz=d$. 两方程把直线或平面都描述为一个线性表示式（也叫线性函数）取得固定值 d 时所有点的集合.

定义　$\mathbb{R}^n$ 上的一个**线性函数**是从 $\mathbb{R}^n$ 到 $\mathbb{R}$ 的一个线性变换 f. 对 $\mathbb{R}$ 中的每个标量 d，符号 $[f:d]$ 表示 $\mathbb{R}^n$ 中使得 f 的值为 d 的所有 $\boldsymbol{x}$ 的集合，即

$$[f:d]\text{是集合}\{\boldsymbol{x}\in\mathbb{R}^n : f(\boldsymbol{x})=d\}$$

零函数是对 $\mathbb{R}^n$ 中所有点 $\boldsymbol{x}$ 都有 $f(\boldsymbol{x})=0$ 的线性函数. $\mathbb{R}^n$ 上所有其他的线性函数都称为**非零函数**.

例 1　在 $\mathbb{R}^2$ 中，直线 $x-4y=13$ 是 $\mathbb{R}^2$ 中的超平面，它是所有使得线性函数 $f(x,y)=x-4y$ 的值等于 13 的点组成的集合，即直线是集合 $[f:13]$.

例 2　在 $\mathbb{R}^3$ 中，平面 $5x-2y+3z=21$ 是 $\mathbb{R}^3$ 中的一个超平面，它是所有使得线性函数 $g(x,y,z)=5x-2y+3z$ 的值等于 21 的点组成的集合，即超平面是集合 $[g:21]$.

若 f 是 $\mathbb{R}^n$ 上的线性函数，那么这个线性变换 f 的标准矩阵是一个 $1\times n$ 矩阵 $\boldsymbol{A}$. 令 $\boldsymbol{A}=[a_1\ a_2\cdots a_n]$，则

$$[f:0]\text{等同于}\{\boldsymbol{x}\in\mathbb{R}^n : \boldsymbol{Ax}=0\}=\text{Nul}\,\boldsymbol{A} \tag{1}$$

若 f 是非零函数，则由秩定理㊁，$\boldsymbol{A}$ 的秩为 1，$\dim \text{Nul}\,\boldsymbol{A}=n-1$，因此子空间 $[f:0]$ 是 $n-1$ 维的，从而是一个超平面. 同时，若 d 是 $\mathbb{R}$ 中任意数，则

$$[f:d]\text{等同于}\{\boldsymbol{x}\in\mathbb{R}^n : \boldsymbol{Ax}=d\} \tag{2}$$

回顾 1.5 节中的定理 6，$\boldsymbol{Ax}=\boldsymbol{b}$ 的解集是将 $\boldsymbol{Ax}=\boldsymbol{0}$ 的解集沿 $\boldsymbol{Ax}=\boldsymbol{b}$ 的一特解 $\boldsymbol{p}$ 平移得到的. 当 $\boldsymbol{A}$ 为变换 f 的标准矩阵时，定理表明

$$[f:d]=[f:0]+\boldsymbol{p}，\text{对}[f:d]\text{中任意的}\ \boldsymbol{p} \tag{3}$$

故集合 $[f:d]$ 是平行于 $[f:0]$ 的超平面. 见图 8-17.

㊀ 1.5 节介绍了参数形式表达.

㊁ 参见 2.9 节的定理 14 或 4.5 节的定理 14.

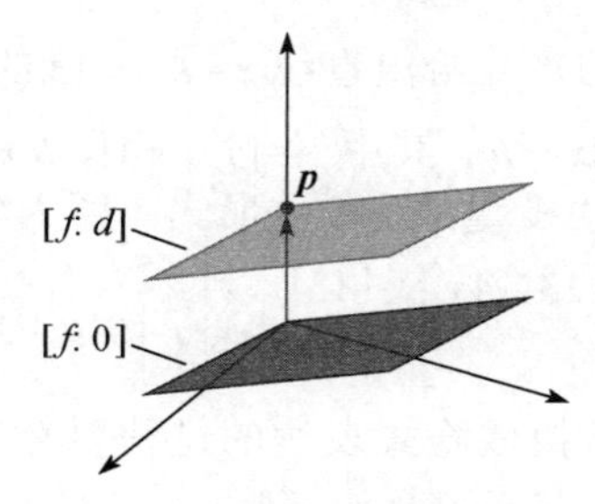

图 8-17 平行超平面，$f(\boldsymbol{p})=d$

当 $\boldsymbol{A}$ 为 $1\times n$ 矩阵时，方程 $\boldsymbol{A}\boldsymbol{x}=d$ 的左边可写成内积 $\boldsymbol{n}\cdot\boldsymbol{x}$，$\boldsymbol{n}\in\mathbb{R}^n$ 且它的元素与 $\boldsymbol{A}$ 的相同. 故由（2）式，

$$[f{:}d]\text{等同于}\ \{\boldsymbol{x}\in\mathbb{R}^n:\boldsymbol{n}\cdot\boldsymbol{x}=d\} \tag{4}$$

于是，$[f:0]=\{\boldsymbol{x}\in\mathbb{R}^n:\boldsymbol{n}\cdot\boldsymbol{x}=0\}$，此式表明 $[f:0]$ 是由 $\boldsymbol{n}$ 生成的子空间的正交补. 用 $\mathbb{R}^3$ 中微积分和几何术语，$\boldsymbol{n}$ 称为 $[f:0]$ 的**法向量**.（这里“法向量”的含义并不要求它是单位向量.）同时 $\boldsymbol{n}$ **正交于**每个平行的超平面 $[f:d]$，即使当 $d\neq 0$ 时 $\boldsymbol{n}\cdot\boldsymbol{x}$ 不为零.

$[f:d]$ 的另一个名称为 f 的水平集，当对所有的 $\boldsymbol{x}$ 有 $f(\boldsymbol{x})=\boldsymbol{n}\cdot\boldsymbol{x}$ 时，$\boldsymbol{n}$ 有时称为 f 的梯度.

例 3 令 $\boldsymbol{n}=\begin{bmatrix}3\\4\end{bmatrix},\boldsymbol{v}=\begin{bmatrix}1\\-6\end{bmatrix},H=\{\boldsymbol{x}:\boldsymbol{n}\cdot\boldsymbol{x}=12\}$，从而 $H=[f:12]$，其中 $f(x,y)=3x+4y$. 故 H 为直线 $3x+4y=12$. 求平行的超平面（直线）$H_1=H+\boldsymbol{v}$ 的隐式表达式.

解 首先，求出 H_1 中的一点 $\boldsymbol{p}$. 取 H 中一点，把它加上 $\boldsymbol{v}$. 例如 H 中点 $\begin{bmatrix}0\\3\end{bmatrix}$，故 $\boldsymbol{p}=\begin{bmatrix}1\\-6\end{bmatrix}+\begin{bmatrix}0\\3\end{bmatrix}=\begin{bmatrix}1\\-3\end{bmatrix}$ 在 H_1 中. 现在计算 $\boldsymbol{n}\cdot\boldsymbol{p}=-9$，这表明 $H_1=[f:-9]$，见图 8-18，该图也表明子空间 $H_0=\{\boldsymbol{x}:\boldsymbol{n}\cdot\boldsymbol{x}=0\}$.

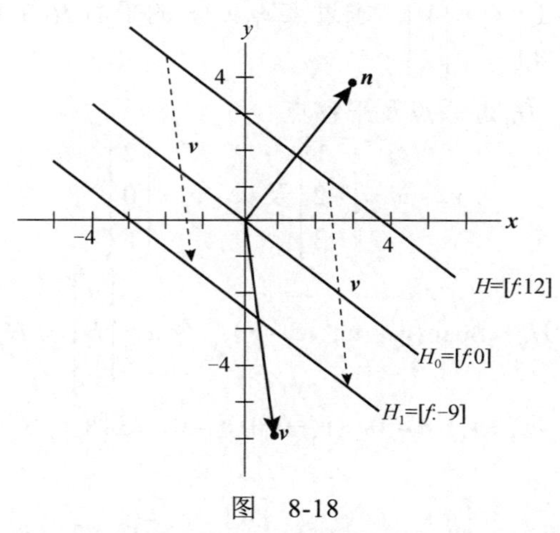

图 8-18

接下来三个例子说明了超平面的隐式与显式表达式的联系. 例 4 以一个隐式开始.

例 4　在 $\mathbb{R}^2$ 中，以参数向量的形式给出直线 $x-4y=13$ 的显式表达式.

解　这等价于解非齐次方程 $A\boldsymbol{x}=\boldsymbol{b}$，其中 $A=[1\quad -4]$，$\boldsymbol{b}$ 的值为 13，A 和 $\boldsymbol{b}$ 均属于 $\mathbb{R}$. 改写等式 $x=13+4y$，其中 y 是一个自由变量. 用参数形式，解为

$$\boldsymbol{x}=\begin{bmatrix}x\\y\end{bmatrix}=\begin{bmatrix}13+4y\\y\end{bmatrix}=\begin{bmatrix}13\\0\end{bmatrix}+y\begin{bmatrix}4\\1\end{bmatrix}=\boldsymbol{p}+y\boldsymbol{q},\ y\in\mathbb{R}.$$ ■

反过来，把直线的显式表达转换成隐式表达的过程要复杂一些. 其基本思想是构造$[f{:}0]$，然后求出$[f{:}d]$的 d.

例 5　令 $\boldsymbol{v}_1=\begin{bmatrix}1\\2\end{bmatrix},\boldsymbol{v}_2=\begin{bmatrix}6\\0\end{bmatrix}$，且令 L_1 是经过 $\boldsymbol{v}_1$，$\boldsymbol{v}_2$ 的直线. 求线性函数 f 及常数 d，使得 $L_1=[f:d]$.

解　直线 L_1 平行于经过点 $\boldsymbol{v}_2-\boldsymbol{v}_1$ 及原点的直线 L_0. 定义 L_0 的方程如下：

$$[a\ \ b]\begin{bmatrix}x\\y\end{bmatrix}=0\text{ 或 }\boldsymbol{n}\cdot\boldsymbol{x}=0,\text{ 其中 }\boldsymbol{n}=\begin{bmatrix}a\\b\end{bmatrix}\tag{5}$$

由于 $\boldsymbol{n}$ 与包含点 $\boldsymbol{v}_2-\boldsymbol{v}_1$ 的子空间 L_0 正交，所以计算

$$\boldsymbol{v}_2-\boldsymbol{v}_1=\begin{bmatrix}6\\0\end{bmatrix}-\begin{bmatrix}1\\2\end{bmatrix}=\begin{bmatrix}5\\-2\end{bmatrix}$$

并解

$$[a\ \ b]\begin{bmatrix}5\\-2\end{bmatrix}=0$$

通过观察，得一个解为$[a\quad b]=[2\quad 5]$. 令 $f(x,y)=2x+5y$. 由（5）式，$L_0=[f{:}0]$且对某个 d 有 $L_1=[f{:}d]$. 由于 $\boldsymbol{v}_1$ 在直线 L_1 上，故 $d=f(\boldsymbol{v}_1)=2(1)+5(2)=12$. 因此 L_1 的方程为 $2x+5y=12$. 作为检验，注意 $f(\boldsymbol{v}_2)=f(6,0)=2(6)+5(0)=12$，所以 $\boldsymbol{v}_2$ 也在直线 L_1 上. ■

例 6　令 $\boldsymbol{v}_1=\begin{bmatrix}1\\1\\1\end{bmatrix},\boldsymbol{v}_2=\begin{bmatrix}2\\-1\\4\end{bmatrix},\boldsymbol{v}_3=\begin{bmatrix}3\\1\\2\end{bmatrix}$，求过点 $\boldsymbol{v}_1,\boldsymbol{v}_2,\boldsymbol{v}_3$ 的平面 H_1 的隐式表达式$[f{:}d]$.

解　H_1 平行于平面 H_0，H_0 过原点及平移点

$$\boldsymbol{v}_2-\boldsymbol{v}_1=\begin{bmatrix}1\\-2\\3\end{bmatrix}\text{ 及 }\boldsymbol{v}_3-\boldsymbol{v}_1=\begin{bmatrix}2\\0\\1\end{bmatrix}$$

由于这两点线性无关，因此 $H_0=\text{Span}\{\boldsymbol{v}_2-\boldsymbol{v}_1,\ \boldsymbol{v}_3-\boldsymbol{v}_1\}$. 令 $\boldsymbol{n}=\begin{bmatrix}a\\b\\c\end{bmatrix}$与 H_0 正交. 那么 $\boldsymbol{v}_2-\boldsymbol{v}_1$ 和 $\boldsymbol{v}_3-\boldsymbol{v}_1$ 分别与 $\boldsymbol{n}$ 正交. 也就是说，$(\boldsymbol{v}_2-\boldsymbol{v}_1)\cdot\boldsymbol{n}=0$，$(\boldsymbol{v}_3-\boldsymbol{v}_1)\cdot\boldsymbol{n}=0$. 这两个方程构成的方程组的增广矩阵可进行行化简：

$$[1\ \ -2\ \ 3]\begin{bmatrix}a\\b\\c\end{bmatrix}=0,\ [2\ \ 0\ \ 1]\begin{bmatrix}a\\b\\c\end{bmatrix}=0,\ \begin{bmatrix}1&-2&3&0\\2&0&1&0\end{bmatrix}$$

进行行操作得到 $a=\left(-\frac{2}{4}\right)c$，$b=\left(\frac{5}{4}\right)c$，$c$是自由变量. 如取 $c=4$，那么 $\boldsymbol{n}=\begin{bmatrix}-2\\5\\4\end{bmatrix}$ 且 $H_0=[f:0]$，其中 $f(\boldsymbol{x})=-2x_1+5x_2+4x_3$.

平行超平面 H_1 就是 $[f:d]$. 为了求 d，由 $\boldsymbol{v}_1\in H_1$，计算 $d=f(\boldsymbol{v}_1)=f(1,1,1)=-2(1)+5(1)+4(1)=7$. 作为检验，计算

$$f(\boldsymbol{v}_2)=f(2,-1,4)=-2(2)+5(-1)+4(4)=7$$

也有 $f(\boldsymbol{v}_3)=7$. ■

例 6 的过程可推广到高维空间，然而对于特殊情形 $\mathbb{R}^3$，也可以使用**叉积**公式计算 $\boldsymbol{n}$，并使用行列式记号作为辅助记忆工具：

$$\begin{aligned}\boldsymbol{n}&=(\boldsymbol{v}_2-\boldsymbol{v}_1)\times(\boldsymbol{v}_3-\boldsymbol{v}_1)\\&=\begin{vmatrix}1&2&\boldsymbol{i}\\-2&0&\boldsymbol{j}\\3&1&\boldsymbol{k}\end{vmatrix}=\begin{vmatrix}-2&0\\3&1\end{vmatrix}\boldsymbol{i}-\begin{vmatrix}1&2\\3&1\end{vmatrix}\boldsymbol{j}+\begin{vmatrix}1&2\\-2&0\end{vmatrix}\boldsymbol{k}\\&=-2\boldsymbol{i}+5\boldsymbol{j}+4\boldsymbol{k}=\begin{bmatrix}-2\\5\\4\end{bmatrix}\end{aligned}$$

若只需要f的计算公式，则叉积的计算可写成一般的行列式形式：

$$f(x_1,x_2,x_3)=\begin{vmatrix}1&2&x_1\\-2&0&x_2\\3&1&x_3\end{vmatrix}=\begin{vmatrix}-2&0\\3&1\end{vmatrix}x_1-\begin{vmatrix}1&2\\3&1\end{vmatrix}x_2+\begin{vmatrix}1&2\\-2&0\end{vmatrix}x_3=-2x_1+5x_2+4x_3$$

目前为止，被考察的每个超平面可描述成 $[f:d]$，f 为某个线性函数，d 为 $\mathbb{R}$ 中某个数，或等价地描述为 $\{\boldsymbol{x}\in\mathbb{R}^n:\boldsymbol{n}\cdot\boldsymbol{x}=d\}$，$\boldsymbol{n}$ 属于 $\mathbb{R}^n$. 下面的定理说明了每个超平面都有这些等价描述.

定理 11　$\mathbb{R}^n$ 中的子集 H 是超平面当且仅当 $H=[f:d]$，f 为某个非零线性函数，d 为 $\mathbb{R}$ 中某个数. 因而若 H 是超平面，则存在非零向量 $\boldsymbol{n}$ 与实数 d，使得 $H=\{\boldsymbol{x}:\boldsymbol{n}\cdot\boldsymbol{x}=d\}$.

证　假定 H 是超平面，取 $\boldsymbol{p}\in H$，且令 $H_0=H-\boldsymbol{p}$. 则 H_0 是一个 $n-1$ 维的子空间. 接下来取 $\boldsymbol{y}\notin H_0$，由 6.3 节中的正交分解定理，

$$\boldsymbol{y}=\boldsymbol{y}_1+\boldsymbol{n}$$

其中 $\boldsymbol{y}_1$ 是 H_0 中一个向量，$\boldsymbol{n}$ 与 H_0 中每个向量正交. 函数 f 定义为

$$f(\boldsymbol{x})=\boldsymbol{n}\cdot\boldsymbol{x},\ \boldsymbol{x}\in\mathbb{R}^n$$

由内积性质可知，这是一个线性函数. 由 $\boldsymbol{n}$ 的含义可知，$[f:0]$是包含 H_0 的超平面. 从而

$$H_0=[f:0]$$

（讨论：H_0 包含一个由 $n-1$ 个向量构成的基 S，而由于 S 在 $n-1$ 维子空间$[f:0]$中，因此根据基定理可知，S 也是$[f:0]$的一个基.）最后，令 $d=f(\boldsymbol{p})=\boldsymbol{n}\cdot\boldsymbol{p}$，则如前面的式（3）所示，

$$[f:d]=[f:0]+\boldsymbol{p}=H_0+\boldsymbol{p}=H$$

反过来，若f是一线性函数，d是一实数，则由上面的（1）和（3）可知，$[f:d]$是一个超平面. ■

超平面的许多重要应用依赖于超平面能够“分割出”两个集合. 直观上，这意味着其中一个集合在超平面的一面，而另一集合在另一面. 下面的术语将更清晰地表达这一思想.

$\mathbb{R}^n$ 中的拓扑：术语与事实

对$\mathbb{R}^n$中任意点$\boldsymbol{p}$及任意实数$\delta>0$，以$\boldsymbol{p}$为中心、δ为半径的**开球**$B(\boldsymbol{p},\delta)$表示为

$$B(\boldsymbol{p},\delta)=\{\boldsymbol{x}:\|\boldsymbol{x}-\boldsymbol{p}\|<\delta\}$$

设S为$\mathbb{R}^n$中的集合，点$\boldsymbol{p}$为S的**内点**，若存在$\delta>0$，使得$B(\boldsymbol{p},\delta)\subseteq S$. 若以$\boldsymbol{p}$为中心的每个开球既与$S$相交又与$S$的补集相交，则$\boldsymbol{p}$称为$S$的**边界点**. 若集合不包含边界点，则集合称为**开集**.（这等价于说S中的所有点都为S的内点.）若集合包含所有边界点，则称它为**闭集**.（若S包含部分但不是所有边界点，则S既非开集也非闭集.）若存在$\delta>0$使得$S\subseteq B(\boldsymbol{0},\delta)$，则集合$S$称为**有界的**. 若$\mathbb{R}^n$中的集合既是闭的又是有界的，则称为**紧的**.

定理　开集的凸包是开集，紧集的凸包是紧的.（闭集的凸包不一定是闭的，见习题33.）

例7　令$S=\text{conv}\left\{\begin{bmatrix}-2\\2\end{bmatrix},\begin{bmatrix}-2\\-2\end{bmatrix},\begin{bmatrix}2\\-2\end{bmatrix},\begin{bmatrix}2\\2\end{bmatrix}\right\}$，$\boldsymbol{p}_1=\begin{bmatrix}-1\\0\end{bmatrix}$，及$\boldsymbol{p}_2=\begin{bmatrix}2\\1\end{bmatrix}$，如图8-19所示. 则$\boldsymbol{p}_1$是内点，这是由于$B\left(\boldsymbol{p}_1,\dfrac{3}{4}\right)\subseteq S$. 点$\boldsymbol{p}_2$是边界点，这是由于以$\boldsymbol{p}_2$为中心的每一开球与$S$和$S$的补集都相交. 由于$S$包含所有边界点，故$S$是闭集. 由于$S\subseteq B(\boldsymbol{0},3)$，所以集合$S$是有界的. 因此$S$也是紧的. ■

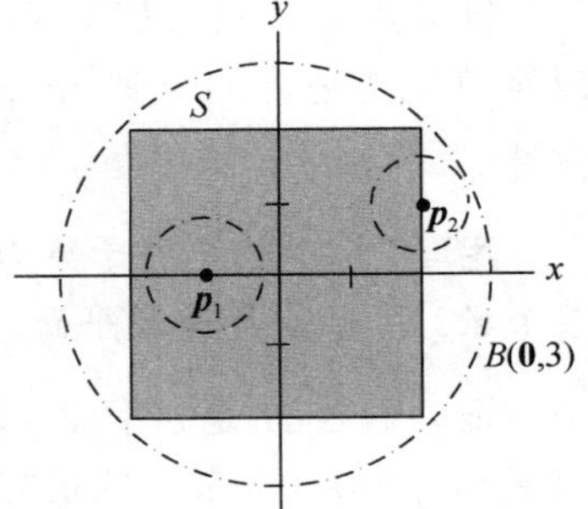

图 8-19　集合S是闭的和有界的

注：若f是线性函数，则$f(A)\leqslant d$指的是$f(\boldsymbol{x})\leqslant d,\boldsymbol{x}\in A$. 对于不等式是反向的或者严格的情况，也可以用相应的表示方法.

定义　超平面$H=[f:d]$若满足下列条件之一：

（i）$f(A)\leqslant d$且$f(B)\geqslant d$

（ii）$f(A)\geqslant d$且$f(B)\leqslant d$

则该超平面被**分割**成两个集合A与B. 若在以上条件中，所有的弱不等式变为严格不等式，则称H**严格分割**集合A与B.

注意，严格分割需要两集合不相交，而分割不需要这个条件. 事实上，若平面上的两圆是外切的，则它们共同的切线分割它们（但不是严格分割）.

为了严格分割两集合，需要两集合不相交，即使对于闭凸集，此条件也是不充分的. 例如，令

$$A=\left\{\begin{bmatrix}x\\y\end{bmatrix}:x\geqslant\frac{1}{2},\frac{1}{x}\leqslant y\leqslant 2\right\}\text{ 且 }B=\left\{\begin{bmatrix}x\\y\end{bmatrix}:x\geqslant 0,y=0\right\}$$

那么 A 与 B 是不相交的闭凸集，但它们不能由超平面（$\mathbb{R}^2$ 中直线）严格分割. 见图 8-20. 超平面分割（或严格分割）两集合的问题比乍一眼看上去要复杂.

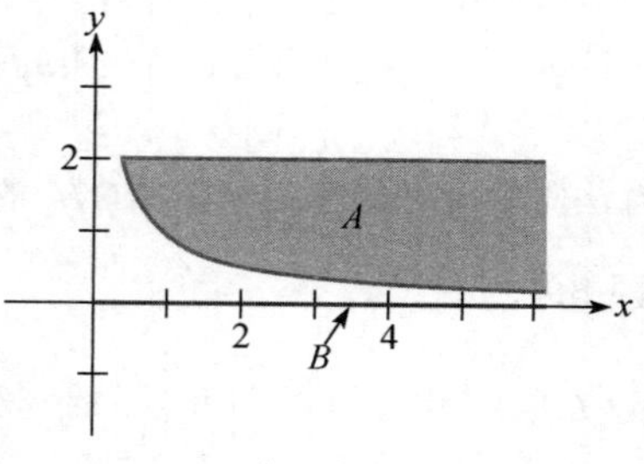

图 8-20 不相交闭凸集

集合 A 与 B 上有许多有趣的条件，蕴涵分割超平面的存在性，而如下两个定理对本节来说已足够. 第一个定理的证明需要相当多的基础知识[⊖]，而第二个定理可由第一个简单地推出.

定理 12 设 A 与 B 是非空凸集，且 A 是紧的，B 是闭的. 那么存在超平面 H 严格分割 A 与 B，当且仅当 $A \cap B = \varnothing$.

定理 13 设 A 与 B 是非空紧集. 那么存在超平面严格分割 A 与 B，当且仅当 $(\text{conv } A) \cap (\text{conv } B) = \varnothing$.

证 设 $(\text{conv } A) \cap (\text{conv } B) = \varnothing$. 由于紧集的凸包是紧的，故定理 12 保证了存在超平面 H 严格分割 $\text{conv } A$ 与 $\text{conv } B$. 显然，H 严格分割更小的集合 A 与 B.

反之，假定超平面 $H = [f : d]$ 严格分割 A 与 B. 不失一般性，设 $f(A) < d$ 且 $f(B) > d$，令 $\boldsymbol{x} = c_1\boldsymbol{x}_1 + c_2\boldsymbol{x}_2 + \cdots + c_k\boldsymbol{x}_k$ 是 A 元素的任一凸组合，则

$$f(\boldsymbol{x}) = c_1 f(\boldsymbol{x}_1) + c_2 f(\boldsymbol{x}_2) + \cdots + c_k f(\boldsymbol{x}_k) < c_1 d + c_2 d + \cdots + c_k d = d$$

这是由于 $c_1 + c_2 + \cdots + c_k = 1$. 从而 $f(\text{conv } A) < d$. 同样 $f(\text{conv } B) > d$，故 $H = [f : d]$ 严格分割 $\text{conv } A$ 与 $\text{conv } B$. 由定理 12，$\text{conv } A$ 与 $\text{conv } B$ 是不相交的. ■

例 8 设 $\boldsymbol{a}_1 = \begin{bmatrix} 2 \\ 1 \\ 1 \end{bmatrix}, \boldsymbol{a}_2 = \begin{bmatrix} -3 \\ 2 \\ 1 \end{bmatrix}, \boldsymbol{a}_3 = \begin{bmatrix} 3 \\ 4 \\ 0 \end{bmatrix}, \boldsymbol{b}_1 = \begin{bmatrix} 1 \\ 0 \\ 2 \end{bmatrix}, \boldsymbol{b}_2 = \begin{bmatrix} 2 \\ -1 \\ 5 \end{bmatrix}$，且设 $A = \{\boldsymbol{a}_1, \boldsymbol{a}_2, \boldsymbol{a}_3\}$，$B = \{\boldsymbol{b}_1, \boldsymbol{b}_2\}$. 证明超平面 $H = [f : 5]$ 不能分割 A 与 B，其中 $f(x_1, x_2, x_3) = 2x_1 - 3x_2 + x_3$. 存在平行于 H 的超平面分割 A 与 B 吗？A 与 B 的凸包相交吗？

解 计算线性函数 f 在集合 A 与 B 中每点的值：

$$f(\boldsymbol{a}_1) = 2, \quad f(\boldsymbol{a}_2) = -11, \quad f(\boldsymbol{a}_3) = -6, \quad f(\boldsymbol{b}_1) = 4, \quad f(\boldsymbol{b}_2) = 12$$

由于 $f(\boldsymbol{b}_1) = 4$ 比 5 小，$f(\boldsymbol{b}_2) = 12$ 比 5 大，故 B 中的点位于集合 $H = [f : 5]$ 的两侧，从而 H 不分割 A 与 B.

由于 $f(A) < 3$ 且 $f(B) > 3$，故平行超平面 $[f : 3]$ 严格分割 A 与 B. 由定理 13，$(\text{conv } A) \cap (\text{conv } B) = \varnothing$.

注： 若不存在平行于 H 的超平面严格分割 A 与 B，这并非蕴涵它们的凸包相交，可能存在不平行于 H 的超平面严格分割 A 与 B.

⊖ 定理12的证明见Steven R. Lay, *Convex Sets and Their Applications* (New York: JohnWiley & Sons, 1982; Mineola, NY: Dover Publications, 2007), pp. 34-39.

练习题

设 $\boldsymbol{p}_1=\begin{bmatrix}1\\0\\2\end{bmatrix},\boldsymbol{p}_2=\begin{bmatrix}-1\\2\\1\end{bmatrix},\boldsymbol{n}_1=\begin{bmatrix}1\\1\\-2\end{bmatrix},\boldsymbol{n}_2=\begin{bmatrix}-2\\1\\3\end{bmatrix}$，且设 H_1 是 $\mathbb{R}^3$ 中过点 $\boldsymbol{p}_1$ 且有法向量 $\boldsymbol{n}_1$ 的超平面，H_2 是过点 $\boldsymbol{p}_2$ 且有法向量 $\boldsymbol{n}_2$ 的超平面. 求 $H_1\cap H_2$ 的显式表达式以说明如何产生 $H_1\cap H_2$ 中的所有点.

习题 8.4

1. 设 L 是 $\mathbb{R}^2$ 中过点 $\begin{bmatrix}-1\\4\end{bmatrix}$ 和 $\begin{bmatrix}3\\1\end{bmatrix}$ 的一条直线. 求线性函数 f 及实数 d 满足 $L=[f:d]$.

2. 设 L 是 $\mathbb{R}^2$ 中过点 $\begin{bmatrix}1\\4\end{bmatrix}$ 和 $\begin{bmatrix}-2\\-1\end{bmatrix}$ 的一条直线. 求线性函数 f 及实数 d 满足 $L=[f:d]$.

在习题 3 和 4 中确定每个集合是开集还是闭集或既非开集也非闭集.

3. a. $\{(x,y):y>0\}$
   b. $\{(x,y):x=2,\ 1\leqslant y\leqslant 3\}$
   c. $\{(x,y):x=2,\ 1<y<3\}$
   d. $\{(x,y):xy=1,\ x>0\}$
   e. $\{(x,y):xy\geqslant 1,\ x>0\}$

4. a. $\{(x,y):x^2+y^2=1\}$
   b. $\{(x,y):x^2+y^2>1\}$
   c. $\{(x,y):x^2+y^2\leqslant 1,\ y>0\}$
   d. $\{(x,y):y\geqslant x^2\}$
   e. $\{(x,y):y<x^2\}$

在习题 5 和 6 中，确定每个集合是不是紧的，是否为凸集合.

5. 考虑习题 3 中的集合.

6. 考虑习题 4 中的集合.

在习题 7~10 中，设 H 是过下列点的超平面.（a）求与超平面正交的向量 $\boldsymbol{n}$.（b）求线性函数 f 及实数 d 满足 $H=[f:d]$.

7. $\begin{bmatrix}1\\1\\3\end{bmatrix},\begin{bmatrix}2\\4\\1\end{bmatrix},\begin{bmatrix}-1\\-2\\5\end{bmatrix}$

8. $\begin{bmatrix}1\\-2\\1\end{bmatrix},\begin{bmatrix}4\\-2\\3\end{bmatrix},\begin{bmatrix}7\\-4\\4\end{bmatrix}$

9. $\begin{bmatrix}1\\0\\1\\0\end{bmatrix},\begin{bmatrix}2\\3\\1\\0\end{bmatrix},\begin{bmatrix}1\\2\\2\\0\end{bmatrix},\begin{bmatrix}1\\1\\1\\1\end{bmatrix}$

10. $\begin{bmatrix}1\\2\\0\\0\end{bmatrix},\begin{bmatrix}2\\2\\-1\\-3\end{bmatrix},\begin{bmatrix}1\\3\\2\\7\end{bmatrix},\begin{bmatrix}3\\2\\-1\\-1\end{bmatrix}$

11. 设 $\boldsymbol{p}=\begin{bmatrix}1\\-3\\1\\2\end{bmatrix},\boldsymbol{n}=\begin{bmatrix}2\\1\\5\\-1\end{bmatrix},\boldsymbol{v}_1=\begin{bmatrix}0\\1\\1\\1\end{bmatrix},\boldsymbol{v}_2=\begin{bmatrix}-2\\0\\1\\3\end{bmatrix},\boldsymbol{v}_3=\begin{bmatrix}1\\4\\0\\4\end{bmatrix}$，且 H 是 $\mathbb{R}^4$ 中过点 $\boldsymbol{p}$ 且与向量 $\boldsymbol{n}$ 正交的超平面. $\boldsymbol{v}_1,\boldsymbol{v}_2,\boldsymbol{v}_3$ 中哪些点与原点在 H 的同一侧，哪些点不在？

12. $\boldsymbol{a}_1=\begin{bmatrix}2\\-1\\5\end{bmatrix},\boldsymbol{a}_2=\begin{bmatrix}3\\1\\3\end{bmatrix},\boldsymbol{a}_3=\begin{bmatrix}-1\\6\\0\end{bmatrix},\boldsymbol{b}_1=\begin{bmatrix}0\\5\\-1\end{bmatrix},\boldsymbol{b}_2=\begin{bmatrix}1\\-3\\-2\end{bmatrix},\boldsymbol{b}_3=\begin{bmatrix}2\\2\\1\end{bmatrix},\boldsymbol{n}=\begin{bmatrix}3\\1\\-2\end{bmatrix}$，且设 $A=\{\boldsymbol{a}_1,\boldsymbol{a}_2,\boldsymbol{a}_3\}$，$B=\{\boldsymbol{b}_1,\boldsymbol{b}_2,\boldsymbol{b}_3\}$. 求与 $\boldsymbol{n}$ 正交且分割 A 与 B 的超平面 H. 存在平行于 H 的超平面严格分割 A 与 B 吗？

13. 设 $\boldsymbol{p}_1=\begin{bmatrix}2\\-3\\1\\2\end{bmatrix}$，$\boldsymbol{p}_2=\begin{bmatrix}1\\2\\-1\\3\end{bmatrix}$，$\boldsymbol{n}_1=\begin{bmatrix}1\\2\\4\\2\end{bmatrix}$，$\boldsymbol{n}_2=\begin{bmatrix}2\\3\\1\\5\end{bmatrix}$，且设 H_1 是 $\mathbb{R}^4$ 中的超平面，过点 $\boldsymbol{p}_1$ 且与 $\boldsymbol{n}_2$ 正交，H_2 是过点 $\boldsymbol{p}_2$ 且与 $\boldsymbol{n}_2$ 正交的超平面. 求 $H_1\cap H_2$ 的显式表达式.（提示：求 $H_1\cap H_2$ 中一点 $\boldsymbol{p}$ 及两个线性无关向量 $\boldsymbol{v}_1,\boldsymbol{v}_2$ 生成的平行于二维平面 $H_1\cap H_2$ 的子空间.）

14. 设 F_1,F_2 是 $\mathbb{R}^6$ 中的四维平面，假定 $F_1\cap F_2\neq\varnothing$，$F_1\cap F_2$ 可能是多少维的？

在习题 15~20 中，求线性函数 f 及特定的数 d，使得$[f{:}d]$是习题中所描述的超平面 H.

15. 设 $\boldsymbol{A}$ 是 1×4 矩阵$[1 \quad -3 \quad 4 \quad -2]$且 $b=5$. 设 $H=\{\boldsymbol{x}\in\mathbb{R}^4:\boldsymbol{Ax}=b\}$.
16. 设 A 是 1×5 矩阵$[2 \quad 5 \quad -3 \quad 0 \quad 6]$，注意 Nul $\boldsymbol{A}\in\mathbb{R}^5$. 令 H=Nul $\boldsymbol{A}$.
17. 设 H 是 $\mathbb{R}^3$ 中的平面，由矩阵 $\boldsymbol{B}=\begin{bmatrix}1&3&5\\0&2&4\end{bmatrix}$的行生成. 也就是说，$H$=Row $\boldsymbol{B}$.（提示：H 与 Nul $\boldsymbol{B}$ 有何关系？见 6.1 节.）
18. 设 H 是 $\mathbb{R}^3$ 中的平面，由矩阵 $\boldsymbol{B}=\begin{bmatrix}1&4&-5\\0&-2&8\end{bmatrix}$的行生成，即 H=Row $\boldsymbol{B}$.
19. 设 H 是矩阵 $\boldsymbol{B}=\begin{bmatrix}1&0\\4&2\\-7&-6\end{bmatrix}$的列空间，即 H=Col $\boldsymbol{B}$.（提示: Col $\boldsymbol{B}$ 与 Nul $\boldsymbol{B}^{\mathrm{T}}$ 有何关系？见 6.1 节.）
20. 设 H 是矩阵 $\boldsymbol{B}=\begin{bmatrix}1&0\\5&2\\-4&-4\end{bmatrix}$的列空间，即 H=Col $\boldsymbol{B}$.

在习题 21～28 中判断每个命题的真假(T/F)，并说明理由.

21. (T/F)从 $\mathbb{R}$ 到 $\mathbb{R}^n$ 的线性变换称为线性函数.
22. (T/F)若 d 是实数且 f 是 $\mathbb{R}^n$ 上的非零线性函数，则$[f:d]$是 $\mathbb{R}^n$ 上的超平面.
23. (T/F)若 f 是定义在 $\mathbb{R}^n$ 上的线性函数，则存在实数 k，使得对 $\mathbb{R}^n$ 中所有的 $\boldsymbol{x}$ 满足 $f(\boldsymbol{x})=k\boldsymbol{x}$.
24. (T/F)给定任意向量 $\boldsymbol{n}$ 及任意实数 d，则集合$[\boldsymbol{x}\text{: } \boldsymbol{n}\cdot\boldsymbol{x}=d]$是超平面.
25. (T/F)若超平面严格分割 A 与 B，则 $A\cap B=\varnothing$.
26. (T/F)设 A 与 B 是非空的不相交集，且 A 是紧的，B 是闭的.则存在超平面严格分割 A 与 B.
27. (T/F)若 A 与 B 是闭凸集，且 $A\cap B=\varnothing$，则存在超平面严格分割 A 与 B.
28. (T/F)若存在超平面 H 不严格分割 A 与 B，则 $(\operatorname{conv}A)\cap(\operatorname{conv}B)\neq\varnothing$.
29. 设 $\boldsymbol{v}_1=\begin{bmatrix}1\\1\end{bmatrix}$，$\boldsymbol{v}_2=\begin{bmatrix}3\\0\end{bmatrix}$，$\boldsymbol{v}_3=\begin{bmatrix}5\\3\end{bmatrix}$，$\boldsymbol{p}=\begin{bmatrix}4\\1\end{bmatrix}$，求超平面$[f:d]$严格分割 $\boldsymbol{p}$ 与 $\operatorname{conv}\{\boldsymbol{v}_1,\boldsymbol{v}_2,\boldsymbol{v}_3\}$.
30. 重复习题 29，其中 $\boldsymbol{v}_1=\begin{bmatrix}1\\2\end{bmatrix},\boldsymbol{v}_2=\begin{bmatrix}5\\1\end{bmatrix},\boldsymbol{v}_3=\begin{bmatrix}4\\4\end{bmatrix}$，$\boldsymbol{p}=\begin{bmatrix}2\\3\end{bmatrix}$.
31. 设 $\boldsymbol{p}=\begin{bmatrix}4\\1\end{bmatrix}$，$A=\{\boldsymbol{x}:\|\boldsymbol{x}\|\leqslant 3\},B=\{\boldsymbol{x}:\|\boldsymbol{x}-\boldsymbol{p}\|\leqslant 1\}$，求一个超平面$[f:d]$严格分割 A 与 B.（提示：注意 $\boldsymbol{v}=0.75\boldsymbol{p}$ 既不在 A 中也不在 B 中.）
32. 设 $\boldsymbol{p}=\begin{bmatrix}6\\1\end{bmatrix},\boldsymbol{q}=\begin{bmatrix}2\\3\end{bmatrix}$，$A=\{\boldsymbol{x}:\|\boldsymbol{x}-\boldsymbol{p}\|\leqslant 1\},B=\{\boldsymbol{x}:\|\boldsymbol{x}-\boldsymbol{q}\|\leqslant 3\}$，求超平面$[f:d]$严格分割 A 与 B.
33. 给出 $\mathbb{R}^2$ 中一个闭子集 S 使得 conv S 不是闭的.
34. 给出 $\mathbb{R}^2$ 中一个例子，满足 A 是紧的，B 是闭的且 $(\operatorname{conv}A)\cap(\operatorname{conv}B)\neq\varnothing$，但 A 与 B 不能被超平面严格分割.
35. 证明：开球 $B(\boldsymbol{p},\delta)=\{\boldsymbol{x}:\|\boldsymbol{x}-\boldsymbol{p}\|<\delta\}$ 是凸集.（提示：使用三角不等式.）
36. 证明：有界集的凸包是有界的.

练习题答案

首先，计算 $\boldsymbol{n}_1\cdot\boldsymbol{p}_1=-3,\ \boldsymbol{n}_2\cdot\boldsymbol{p}_2=7$. 超平面 H_1 是方程 $x_1+x_2-2x_3=-3$ 的解集，H_2 是方程 $-2x_1+x_2+3x_3=7$ 的解集. 那么

$$H_1\cap H_2=\{\boldsymbol{x}:x_1+x_2-2x_3=-3,\ -2x_1+x_2+3x_3=7\}$$

这是 $H_1\cap H_2$ 的隐式表达式. 为了求显式表达式，通过行化简解方程组：

$$\begin{bmatrix}1&1&-2&-3\\-2&1&3&7\end{bmatrix}\sim\begin{bmatrix}1&0&-\frac{5}{3}&-\frac{10}{3}\\0&1&-\frac{1}{3}&\frac{1}{3}\end{bmatrix}$$

因此 $x_1=-\frac{10}{3}+\frac{5}{3}x_3$， $x_2=\frac{1}{3}+\frac{1}{3}x_3$，$x_3=x_3$．令 $\boldsymbol{p}=\begin{bmatrix}-\frac{10}{3}\\ \frac{1}{3}\\ 0\end{bmatrix}$，$\boldsymbol{v}=\begin{bmatrix}\frac{5}{3}\\ \frac{1}{3}\\ 1\end{bmatrix}$，通解可写成 $\boldsymbol{x}=\boldsymbol{p}+x_3\boldsymbol{v}$．因此，$H_1\cap H_2$ 是过点 $\boldsymbol{p}$ 以 $\boldsymbol{v}$ 为方向的直线．注意 $\boldsymbol{v}$ 与 $\boldsymbol{n}_1$ 和 $\boldsymbol{n}_2$ 正交．

8.5　多面体

本节学习一种重要的紧凸集（即多面体）的几何性质．这些集合产生于各类应用中，包括博弈论、线性规划及更一般的优化问题，如工程系统中反馈控制的设计．

$\mathbb{R}^n$ 中的**多面体**是一个有限点集的凸包．$\mathbb{R}^2$ 中的多面体就是平面上的多边形，而 $\mathbb{R}^3$ 中的多面体就是我们所知的多面体．$\mathbb{R}^3$ 中的多面体的重要特征是它的面、棱及顶点．例如，立方体有 6 个面、12 条棱、8 个顶点．下面的定义为高维空间提供一些术语，当然也适用于 $\mathbb{R}^2$ 和 $\mathbb{R}^3$ 空间．回顾 $\mathbb{R}^n$ 中集合的维数，它是包含该集合的最小平面的维数．注意：多面体是特殊的紧凸集，这是因为 $\mathbb{R}^n$ 中的有限集是紧的且它的凸包也是紧的，由 8.4 节中的拓扑知识可知．

定义　设 S 是 $\mathbb{R}^n$ 中的紧凸子集．S 的非空子集 F 称为 S 的（真）**面**，如果 $F\neq S$ 且存在超平面 $H=[f:d]$ 使得 $F=S\cap H$，以及要么 $f(s)\geqslant d$ 要么 $f(s)\leqslant d$．超平面 H 称为 S 的**支撑超平面**．若 F 的维数为 k，则 F 称为 S 的 **k 面**．

若 P 是 k 维的多面体，则 P 称为 **k 面体**．P 的 0 面称为**顶点**，1 面称为**棱**，而 k-1 维面称为 S 的**面**．

例 1　设 S 是 $\mathbb{R}^3$ 中的立方体，当平面 H 在 $\mathbb{R}^3$ 中平移只与立方体的表面接触而不穿过其内部时，基于 H 的方向，$H\cap S$ 存在三种可能（见图 8-21）：

$H\cap S$ 可能是立方体的二维正方形面．

$H\cap S$ 可能是立方体的一维棱．

$H\cap S$ 可能是立方体的零维顶点．

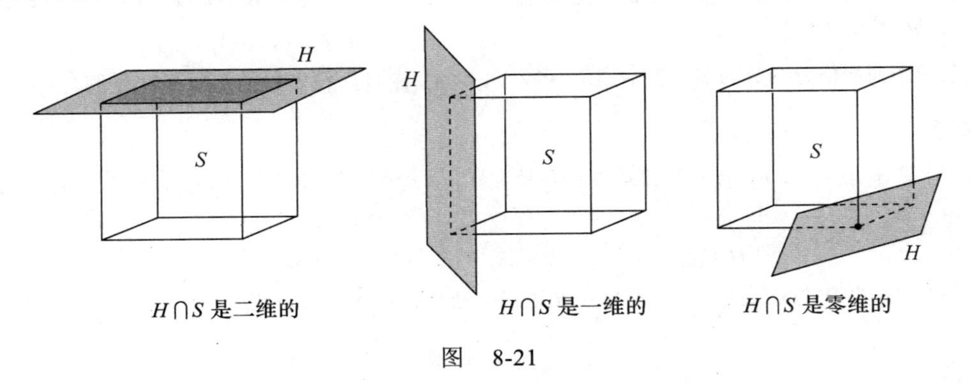

图　8-21

多面体的大部分应用与顶点有关，这是因为它们具有如下定义中所描述的特殊性质．

定义　设 S 是凸集，若点 $\boldsymbol{p}$ 不在 S 中任何线段的内部，则称点 $\boldsymbol{p}$ 为 S 的**极端点**. 更为准确地说，若 $\boldsymbol{x},\boldsymbol{y}\in S$，且 $\boldsymbol{p}\in\overline{\boldsymbol{x}\boldsymbol{y}}$，则 $\boldsymbol{p}=\boldsymbol{x}$ 或 $\boldsymbol{p}=\boldsymbol{y}$. S 中所有极端点的集合称为 S 的**轮廓**.

任何紧凸集 S 的顶点都必然是 S 的极端点. 此结论在如下定理 14 的证明中证实. 如果所考虑的多面体可表示为 $P=\operatorname{conv}\{\boldsymbol{v}_1,\boldsymbol{v}_2,\cdots,\boldsymbol{v}_k\},\boldsymbol{v}_1,\boldsymbol{v}_2,\cdots,\boldsymbol{v}_k\in\mathbb{R}^n$，则知道 $\boldsymbol{v}_1,\boldsymbol{v}_2,\cdots,\boldsymbol{v}_k$ 是 P 的极端点通常是有益的，然而它们可能包含多余的点. 例如，某些向量 $\boldsymbol{v}_i$ 可能是多面体的棱的中点. 当然，此时 $\boldsymbol{v}_i$ 在构造凸包时并不真正需要用到. 下面的定义描述了顶点的性质，使得它们成为极端点.

定义　集合 $\{\boldsymbol{v}_1,\boldsymbol{v}_2,\cdots,\boldsymbol{v}_k\}$ 是多面体 P 的**最小代表元**，若 $P=\operatorname{conv}\{\boldsymbol{v}_1,\boldsymbol{v}_2,\cdots,\boldsymbol{v}_k\}$，且对每个 $i=1,2,\cdots,k$，$\boldsymbol{v}_i\notin\operatorname{conv}\{\boldsymbol{v}_j:j\neq i\}$.

每个多面体都有一个最小代表元. 设 $P=\operatorname{conv}\{\boldsymbol{v}_1,\boldsymbol{v}_2,\cdots,\boldsymbol{v}_k\}$，若某个 $\boldsymbol{v}_i$ 是其他点的凸组合，则 $\boldsymbol{v}_i$ 可从点集中消去而不改变凸包. 重复这个过程，直到剩下最小代表元. 可以证明最小代表元是唯一的.

定理 14　$M=\{\boldsymbol{v}_1,\boldsymbol{v}_2,\cdots,\boldsymbol{v}_k\}$ 是多面体 P 的最小代表元，则下面三个命题是等价的：

a. $\boldsymbol{p}\in M$.

b. $\boldsymbol{p}$ 是 P 的顶点.

c. $\boldsymbol{p}$ 是 P 的极端点.

证　(a)⇒(b). 设 $\boldsymbol{p}\in M$ 且令 $Q=\operatorname{conv}\{\boldsymbol{v}:\boldsymbol{v}\in M,\boldsymbol{v}\neq\boldsymbol{p}\}$. 由 M 的定义知，$\boldsymbol{p}\notin Q$，又因为 Q 是紧的，故由定理 13 知，存在超平面 H' 严格分割 $\{\boldsymbol{p}\}$ 与 Q. 设 H 是过点 $\boldsymbol{p}$ 且平行于 H' 的超平面，见图 8-22.

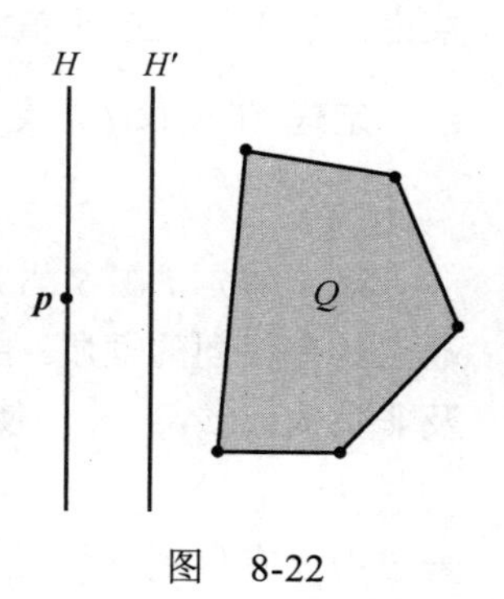

图　8-22

那么 Q 位于由 H 界定的闭的半空间 H^+ 的一侧，从而 $P\subseteq H^+$. 因而，H 在点 $\boldsymbol{p}$ 支撑 P. 而且，$\boldsymbol{p}$ 是 P 中位于 H 上的唯一点，故 $H\cap P=\{\boldsymbol{p}\}$，$\boldsymbol{p}$ 是 P 的顶点.

(b)⇒(c). 设 $\boldsymbol{p}$ 是 P 的顶点，则存在超平面 $H=[f:d]$，使得 $H\cap P=\{\boldsymbol{p}\}$ 且 $f(P)\geqslant d$. 若 $\boldsymbol{p}$ 不是极端点，则存在 P 上的点 $\boldsymbol{x}$ 和 $\boldsymbol{y}$，使得 $\boldsymbol{p}=(1-c)\boldsymbol{x}+c\boldsymbol{y}$，$0<c<1$，即

$$(1-c)\boldsymbol{x}=\boldsymbol{p}-c\boldsymbol{y}\text{ 且 }(1-c)f(\boldsymbol{x})=d-cf(\boldsymbol{y})\quad\text{因为 }f(\boldsymbol{p})=d$$

于是

$$f(\boldsymbol{x})=\frac{d-cf(\boldsymbol{y})}{1-c}\geqslant d\text{，因为 }f(\boldsymbol{x})\geqslant d$$

而 $d-cf(\boldsymbol{y})\geqslant d(1-c)$ 且 $cf(\boldsymbol{y})\leqslant d-d(1-c)=cd$，因此 $f(\boldsymbol{y})\leqslant d$.
另一方面，$\boldsymbol{y}\in P$，故 $f(\boldsymbol{y})\geqslant d$. 于是 $f(\boldsymbol{y})=d$，从而 $\boldsymbol{y}\in H\cap P$. 这与 $\boldsymbol{p}$ 是顶点矛盾，故 $\boldsymbol{p}$ 一定是极端点.（注意，这部分证明不需要 P 是多面体，它对任何紧凸集均成立.）

(c)⇒(a). 显然 P 的任何极端点属于 M. ■

例 2　回顾集合 S 的轮廓是 S 的极端点的集合. 定理 14 证明了 $\mathbb{R}^2$ 中多边形的轮廓是顶点集.（见图 8-23）. 闭球的轮廓是它的边界. 开集没有极端点，故它的轮廓是空集. 闭的半空间没有极端点，故它的轮廓是空集. ■

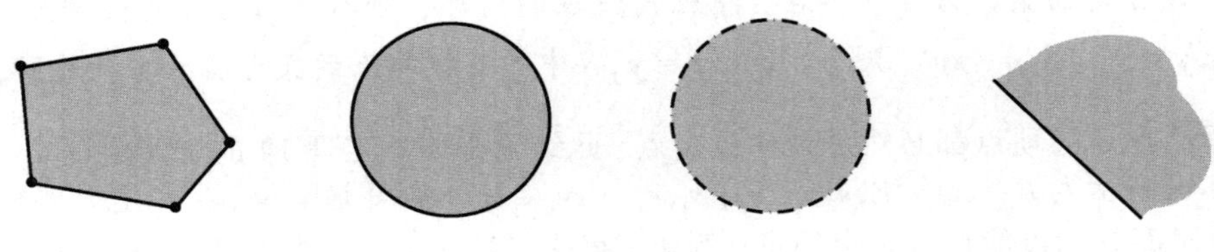

图 8-23

习题24要求证明凸集 S 中的点 $\boldsymbol{p}$ 是 S 的极端点当且仅当 $\boldsymbol{p}$ 从 S 中除去后剩下的点仍然构成一个凸集. 由此导出若 S^* 为 S 的任一子集且使得 conv S^* 与 S 相等，则 S^* 一定包含 S 的轮廓. 例2中的集合表明通常 S^* 可能要比 S 的轮廓大些. 然而，正如定理15要证明的，当 S 是紧凸集时，我们可以取 S^* 只是 S 的轮廓就够了. 因而，在满足其凸包等于 S 的条件下，每个非空紧凸集 S 有极端点，且所有极端点的集合就是 S 的最小子集.

定理 15 设 S 为非空紧凸集，则 S 是它的轮廓（S 的极端点的集合）的凸包.

证 对 S 的维数运用归纳法证明[㊀]. ■

定理15的一个重要应用是下面的定理，它是线性规划发展中关键的理论成果之一. 线性函数是连续的，而连续函数在紧集上总可以取得最大值和最小值. 定理16的意义在于，对紧凸集来说，最大值（最小值）实际上可以在 S 的极端点取得.

定理 16 设 f 是定义在非空的紧凸集 S 上的线性函数. 则存在 S 的极端点 $\hat{\boldsymbol{v}}$ 和 $\hat{\boldsymbol{w}}$，使得

$$f(\hat{\boldsymbol{v}})=\max_{\boldsymbol{v}\in S} f(\boldsymbol{v}) \text{ 且 } f(\hat{\boldsymbol{w}})=\min_{\boldsymbol{v}\in S} f(\boldsymbol{v})$$

证 假定 f 在 S 的某点 $\boldsymbol{v}'$ 达到 S 上的最大值 m，即 $f(\boldsymbol{v}')=m$. 我们希望证明 S 存在一个极端点具有相同的性质. 由定理15知，$\boldsymbol{v}'$ 是 S 的极端点的凸组合，即存在 S 中的极端点 $\boldsymbol{v}_1,\boldsymbol{v}_2,\cdots,\boldsymbol{v}_k$ 及非负数 $c_1,c_2,\cdots,c_k$，使得

$$\boldsymbol{v}'=c_1\boldsymbol{v}_1+c_2\boldsymbol{v}_2+\cdots+c_k\boldsymbol{v}_k \text{ 且 } c_1+c_2+\cdots+c_k=1$$

若 S 中没有极端点满足 $f(\boldsymbol{v})=m$，则

$$f(\boldsymbol{v}_i)<m,\quad i=1,2,\cdots,k$$

这是因为 m 是 f 在 S 上的最大值. 但由于 f 是线性的，故

$$\begin{aligned} m=f(\boldsymbol{v}')&=f(c_1\boldsymbol{v}_1+c_2\boldsymbol{v}_2+\cdots+c_k\boldsymbol{v}_k)=c_1f(\boldsymbol{v}_1)+c_2f(\boldsymbol{v}_2)+\cdots+c_kf(\boldsymbol{v}_k)\\ &<c_1m+c_2m+\cdots+c_km=m(c_1+c_2+\cdots+c_k)=m \end{aligned}$$

这个矛盾表明 S 的某个极端点 $\hat{\boldsymbol{v}}$ 必满足 $f(\hat{\boldsymbol{v}})=m$.

对于 $\hat{\boldsymbol{w}}$ 的证明类似. ■

例 3 设 $\mathbb{R}^2$ 中的点 $\boldsymbol{p}_1=\begin{bmatrix}-1\\0\end{bmatrix},\boldsymbol{p}_2=\begin{bmatrix}3\\1\end{bmatrix},\boldsymbol{p}_3=\begin{bmatrix}1\\2\end{bmatrix}$，且 $S=\operatorname{conv}\{\boldsymbol{p}_1,\boldsymbol{p}_2,\boldsymbol{p}_3\}$. 对下面的每个线性函

㊀ 详细证明可以参考 Steven R. Lay 的 *Convex Sets and Their Applications*(New York: John Wiley & Sons, 1982; Mineola, NY:Dover Publications, 2007), p.43.

数 f，求 f 在 S 上的最大值 m，并求 S 上所有满足 $f(\boldsymbol{x})=m$ 的点 $\boldsymbol{x}$.

a. $f_1(x_1,x_2)=x_1+x_2$　　b. $f_2(x_1,x_2)=-3x_1+x_2$　　c. $f_3(x_1,x_2)=x_1+2x_2$

解　由定理 16，最大值在 S 的某个极端点取得. 故为了求得 m，需算出 f 在每个极端点的值，并选出最大值.

a. $f_1(\boldsymbol{p}_1)=-1$，$f_1(\boldsymbol{p}_2)=4$，$f_1(\boldsymbol{p}_3)=3$，故 $m_1=4$. 画出直线 $f_1(x_1,x_2)=m_1$，即 $x_1+x_2=4$，并注意 $\boldsymbol{x}=\boldsymbol{p}_2$ 是 S 上唯一使得 $f_1(\boldsymbol{x})=4$ 的点. 见图 8-24a.

b. $f_2(\boldsymbol{p}_1)=3$，$f_2(\boldsymbol{p}_2)=-8$，$f_2(\boldsymbol{p}_3)=-1$，故 $m_2=3$. 画出直线 $f_2(x_1,x_2)=m_2$，即 $-3x_1+x_2=3$，并注意到 $\boldsymbol{x}=\boldsymbol{p}_1$ 是 S 上唯一使得 $f_2(\boldsymbol{x})=3$ 的点. 见图 8-24b.

c. $f_3(\boldsymbol{p}_1)=-1$，$f_3(\boldsymbol{p}_2)=5$，$f_3(\boldsymbol{p}_3)=5$，故 $m_3=5$. 画出直线 $f_3(x_1,x_2)=m_3$，即 $x_1+2x_2=5$. 这里 f_3 在 $\boldsymbol{p}_2,\boldsymbol{p}_3$ 取得最大值，从而在 $\boldsymbol{p}_2$ 和 $\boldsymbol{p}_3$ 的凸包上的每一点取得最大值. 见图 8-24c. ■

例 3 中说明的 $\mathbb{R}^2$ 空间的情况也适用于高维空间. 线性函数 f 在多面体 P 上的最大值在支撑超平面与 P 的交点处取得. 这个交点要么是 P 的单个极端点，要么是 P 的 2 个或更多极端点的凸包. 在每种情况下，交集都是一个多面体，且它的极端点构成了 P 的极端点的子集.

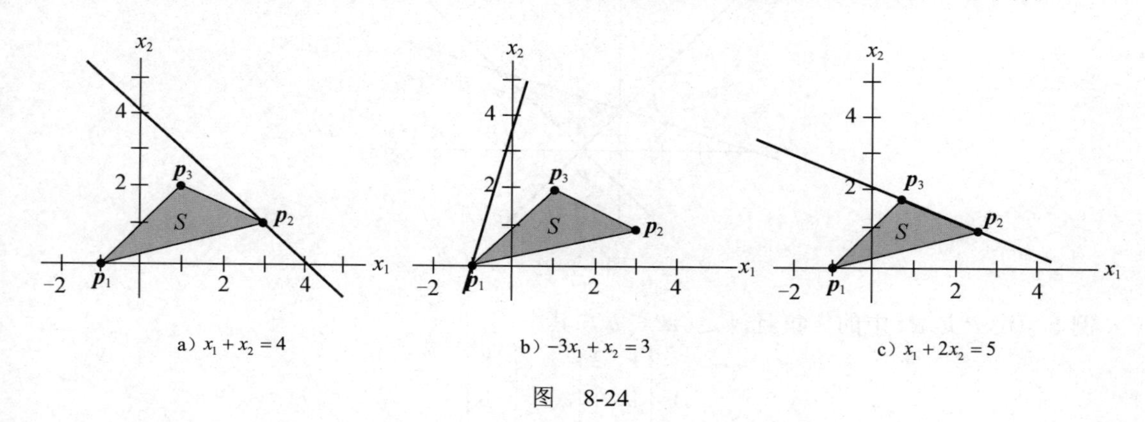

图　8-24

由定义，多面体是有限点集的凸包. 这是多面体的显式表达式，因为它指定了集合中的所有点. 多面体也可以隐式表示为有限个闭的半空间的交集. 例 4 说明了 $\mathbb{R}^2$ 空间中的这个情况.

例 4　设 $\mathbb{R}^2$ 中的点 $\boldsymbol{p}_1=\begin{bmatrix}0\\1\end{bmatrix},\boldsymbol{p}_2=\begin{bmatrix}1\\0\end{bmatrix},\boldsymbol{p}_3=\begin{bmatrix}3\\2\end{bmatrix}$，且 $S=\operatorname{conv}\{\boldsymbol{p}_1,\boldsymbol{p}_2,\boldsymbol{p}_3\}$. 由简单的代数可知，过点 $\boldsymbol{p}_1$ 和 $\boldsymbol{p}_2$ 的直线为 $x_1+x_2=1$，且 S 在满足下列条件的直线的一侧：

$$x_1+x_2\geqslant 1，\text{或等价地，}-x_1-x_2\leqslant -1$$

类似地，过点 $\boldsymbol{p}_2$ 和 $\boldsymbol{p}_3$ 的直线为 $x_1-x_2=1$，且 S 在满足下面条件的直线的一侧：

$$x_1-x_2\leqslant 1$$

同样，过点 $\boldsymbol{p}_3$ 和 $\boldsymbol{p}_1$ 的直线为 $-x_1+3x_2=3$，且 S 在满足下面条件的直线的一侧：

$$-x_1+3x_2\leqslant 3$$

见图 8-25. 于是 S 可视为下面线性不等式组的解集：

$$\begin{aligned} -x_1 - x_2 &\leqslant -1 \\ x_1 - x_2 &\leqslant 1 \\ -x_1 + 3x_2 &\leqslant 3 \end{aligned}$$

这个线性不等式组可以写成 $\boldsymbol{Ax} \leqslant \boldsymbol{b}$，其中

$$\boldsymbol{A}=\begin{bmatrix} -1 & -1 \\ 1 & -1 \\ -1 & 3 \end{bmatrix},\quad \boldsymbol{x}=\begin{bmatrix} x_1 \\ x_2 \end{bmatrix},\quad \boldsymbol{b}=\begin{bmatrix} -1 \\ 1 \\ 3 \end{bmatrix}$$

注意两个向量之间的不等号，例如 $\boldsymbol{Ax}$ 与 $\boldsymbol{b}$ 之间的不等号是用于两个向量每一个对应坐标之间的. ■

第 9 章中，有必要将多面体的隐式表达式用多面体的最小代表元代替，它列出了多面体的所有极端点. 在简单情况中，图形法求解是可行的. 下面的例子说明了当图形中的几个我们感兴趣的点靠得很近而无法确认时的处理方法.

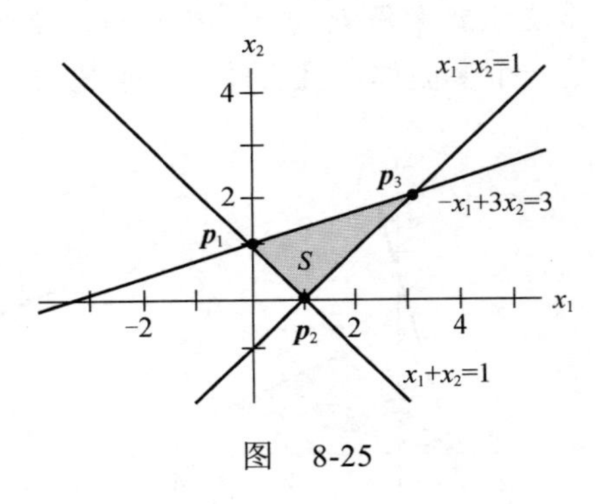

图 8-25

例 5 设 P 是 $\mathbb{R}^2$ 中的点集且满足 $\boldsymbol{Ax} \leqslant \boldsymbol{b}$，其中

$$\boldsymbol{A}=\begin{bmatrix} 1 & 3 \\ 1 & 1 \\ 3 & 2 \end{bmatrix},\quad \boldsymbol{b}=\begin{bmatrix} 18 \\ 8 \\ 21 \end{bmatrix}$$

且 $\boldsymbol{x} \geqslant \boldsymbol{0}$. 求 P 的最小代表元.

解 条件 $\boldsymbol{x} \geqslant \boldsymbol{0}$ 说明 P 在 $\mathbb{R}^2$ 中的第一象限，这是线性规划问题中的典型条件. $\boldsymbol{Ax} \leqslant \boldsymbol{b}$ 中的三个不等式涉及三条边界线：

$$（1）\ x_1 + 3x_2 = 18 \quad（2）\ x_1 + x_2 = 8 \quad（3）\ 3x_1 + 2x_2 = 21$$

三条直线的斜率都是负的，故 P 的大体形状是很容易想象的. 大体勾画出的三条直线将表明 (0,0),(7,0)(0,6)为多面体 P 的顶点.

直线（1）、直线（2）和直线（3）的交点情况如何？有时候从图形中明显地看出有哪些交点. 但如果不明显时，如下的代数过程会有作用：

当找到对应于两个不等式的交点时，在其他不等式中检验看此点是否在多面体中.

直线（1）和直线（2）的交点是 $\boldsymbol{p}_{12}$ =(3,5)，两个坐标都是非负的，故 $\boldsymbol{p}_{12}$ 满足除第三个不等

式的所有不等式. 检验得,

$$3(3)+2(5)=19<21$$

交点满足不等式(3),故 $\boldsymbol{p}_{12}$ 在多面体中.

直线(2)和直线(3)的交点是 $\boldsymbol{p}_{23}=(5,3)$. 故 $\boldsymbol{p}_{23}$ 满足除第一个不等式的所有不等式. 检验得,

$$1(5)+3(3)=14<18$$

说明 $\boldsymbol{p}_{23}$ 在多面体中.

最后直线(1)和直线(3)的交点是 $\boldsymbol{p}_{13}=\left(\frac{27}{7},\frac{33}{7}\right)$. 在第二个不等式中检验得

$$1\left(\frac{27}{7}\right)+1\left(\frac{33}{7}\right)=\frac{60}{7}\approx 8.6>8$$

因此 $\boldsymbol{p}_{13}$ 不满足第二个不等式,这表明 $\boldsymbol{p}_{13}$ 不在 P 中. 结论是多面体 P 的最小代表元是

$$\left\{\begin{bmatrix}0\\0\end{bmatrix},\begin{bmatrix}7\\0\end{bmatrix},\begin{bmatrix}3\\5\end{bmatrix},\begin{bmatrix}5\\3\end{bmatrix},\begin{bmatrix}0\\6\end{bmatrix}\right\}$$ ■

本节其余部分将讨论 $\mathbb{R}^3$(和高维空间)中两类基本多面体的构造. 第一类出现在线性规划问题中,这是第 9 章的主题. 两类多面体为可视化 $\mathbb{R}^4$ 空间提供了一种著名的方法.

单纯形

单纯形是仿射不相关的有限向量集的凸包. 为了构造一个 k 维单纯形(或 k-单纯形),过程如下:

0 维单纯形 S^0:单个点 $\{\boldsymbol{v}_1\}$

1 维单纯形 S^1:$\operatorname{conv}\left(S^0\cup\{\boldsymbol{v}_2\}\right)$,$\boldsymbol{v}_2$ 不在仿射集 S^0 中

2 维单纯形 S^2:$\operatorname{conv}\left(S^1\cup\{\boldsymbol{v}_3\}\right)$,$\boldsymbol{v}_3$ 不在仿射集 S^1 中

⋮

k 维单纯形 S^k:$\operatorname{conv}\left(S^{k-1}\cup\{\boldsymbol{v}_{k+1}\}\right)$,$\boldsymbol{v}_{k+1}$ 不在仿射集 S^{k-1} 中

单纯形 S^1 是一线段. 三角形 S^2 由 S^1 及在不包含 S^1 的直线上选取的一点 $\boldsymbol{v}_3$ 一起形成凸包而得. (见图 8-26.) 四面体 S^3 由 S^2 及在不包含 S^2 的平面上的一点 $\boldsymbol{v}_4$ 一起形成凸包而得.

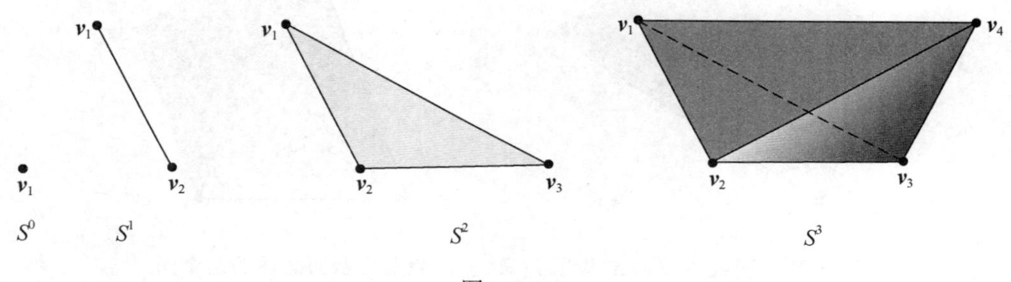

图 8-26

在继续讲述之前，我们考察一下将要出现的一些模式. 三角形 S^2 有三条边，每条边是一条线段，如 S^1. 这三条线段是从哪里来呢？其中一条是 S^1，另外两条中的一条是端点 $\boldsymbol{v}_2$ 与新点 $\boldsymbol{v}_3$ 的连线，第三条是另一端点 $\boldsymbol{v}_1$ 与新点 $\boldsymbol{v}_3$ 的连线. 你也可以把这个形成过程说成是把 S^1 的每个端点延伸（或拉伸）成为 S^2 中的一条线段.

图 8-26 中的四面体 S^3 有 4 个三角形面. 其中一个是原三角形面 S^2，而其他三个来自向外延伸 S^2 的三条边至新点 $\boldsymbol{v}_4$. 也要注意 S^2 的三个顶点同时被拉伸形成 S^3 的三条棱，而 S^3 的其他三条棱来自 S^2 的边. 这个观点启发我们如何去"可视化"四维单纯形 S^4.

四维单纯形 S^4 是由 S^3 与 S^3 所在的三维空间之外的一点 $\boldsymbol{v}_5$ 形成凸包而得的. 在三维空间中画出一个完整的图当然是不可能的，但图 8-27 是值得参考的：S^4 有 5 个顶点，其中任何 4 个顶点确定形如四面体的一个面. 例如，图中侧重显示了顶点分别为 $\boldsymbol{v}_1$，$\boldsymbol{v}_2$，$\boldsymbol{v}_4$，$\boldsymbol{v}_5$ 和 $\boldsymbol{v}_2$，$\boldsymbol{v}_3$，$\boldsymbol{v}_4$，$\boldsymbol{v}_5$ 的两个面. 单纯形 S^4 共有 5 个这样的面. 图 8-27 给定了 S^4 的 10 条棱，通过图中这些棱也"可视化"了 S^4 的 10 个三角形面.

图 8-28 展示了四维单纯形 S^4 的另一种表示，这次第 5 个顶点在四面体 S^3 的"里面"，阴影显示的四面体的面也在 S^3 的"里面".

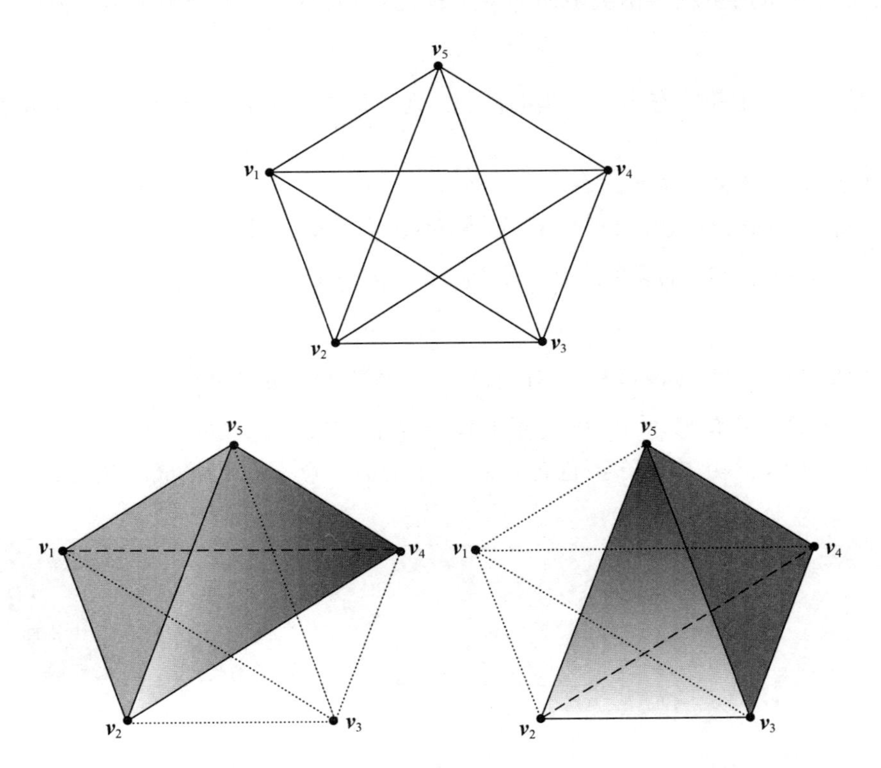

图 8-27　四维单纯形 S^4 投影到 $\mathbb{R}^2$ 上，侧重显示四面体的两个面

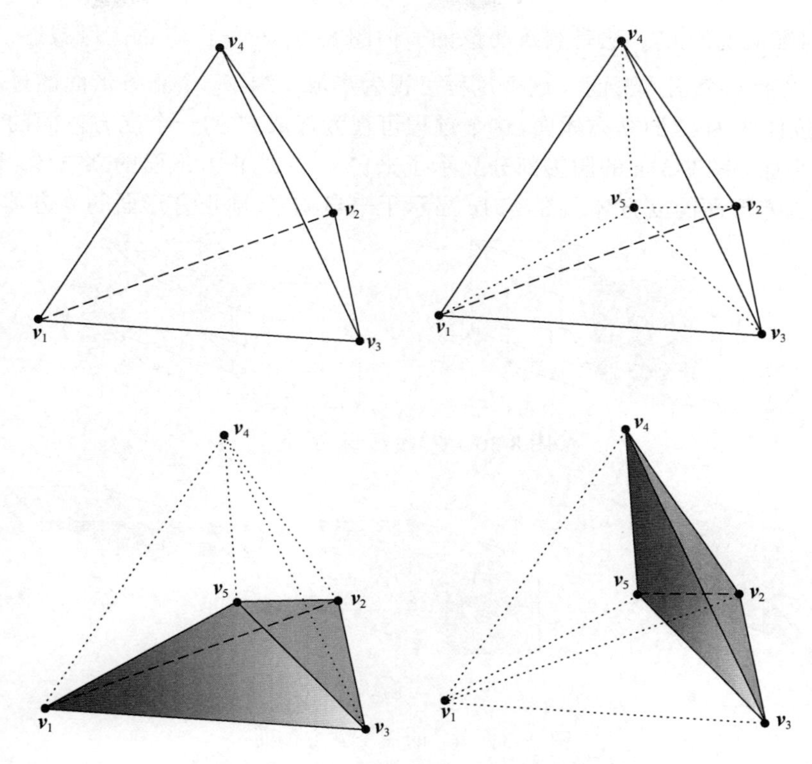

图 8-28　S^4 的第 5 个顶点在 S^3 “里面”

超立方体

设 $I_i=\overline{\mathbf{0}\boldsymbol{e}_i}$ 是从原点 $\mathbf{0}$ 到 $\mathbb{R}^n$ 中标准基向量 $\boldsymbol{e}_i$ 的线段. 那么对于 $k(1\leqslant k\leqslant n)$，向量和[㊀]

$$C^k=I_1+I_2+\cdots+I_k$$

称为 k 维**超立方体**.

为了可视化 C^k 的构造，我们从简单的例子开始. 超立方体 C^1 就是线段 I_1. 若 C^1 沿 $\boldsymbol{e}_2$ 平移，则起始位置与最终位置的凸包就描述了正方形 C^2（见图 8-29）. 将 C^2 沿 $\boldsymbol{e}_3$ 平移就构造出立方体 C^3. 类似地，将 C^3 沿向量 $\boldsymbol{e}_4$ 平移就构造出超立方体 C^4.

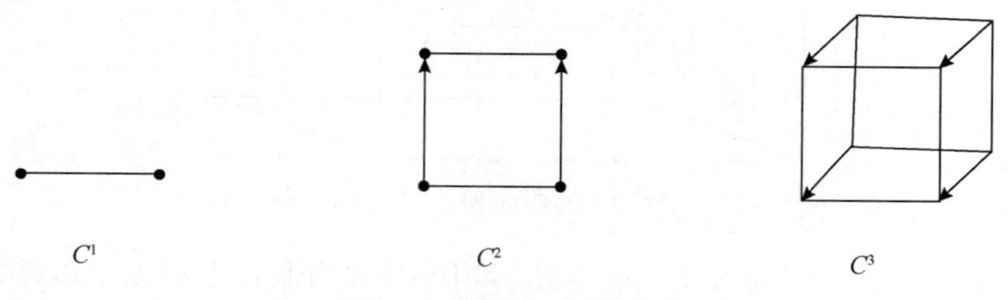

图 8-29　构造立方体 C^3

㊀ 集合 A 和 B 的向量和定义为 $A+B=\{\boldsymbol{c}:\boldsymbol{c}=\boldsymbol{a}+\boldsymbol{b},\boldsymbol{a}\in A,\boldsymbol{b}\in B\}$.

同样，对四维情况的 C^4，这是很难想象的，但图 8-30 显示了 C^4 的二维投影. 将 C^3 的每一条棱拉伸成为 C^4 的一个正方形面，这个过程可视为形成 C^4 的一个正方形面的过程. 类似地，将 C^3 的每个面拉伸成为 C^4 的立方体面，这个过程可视为形成 C^4 的一个立方体面的过程. 图 8-31 展示了 C^4 的三个面. 图 8-31a 的阴影部分显示了来自 C^3 左边正方形面的立方体. 图 8-31b 显示了来自 C^3 前面正方形面的立方体. 图 8-31c 显示了来自 C^3 顶部正方形面的立方体.

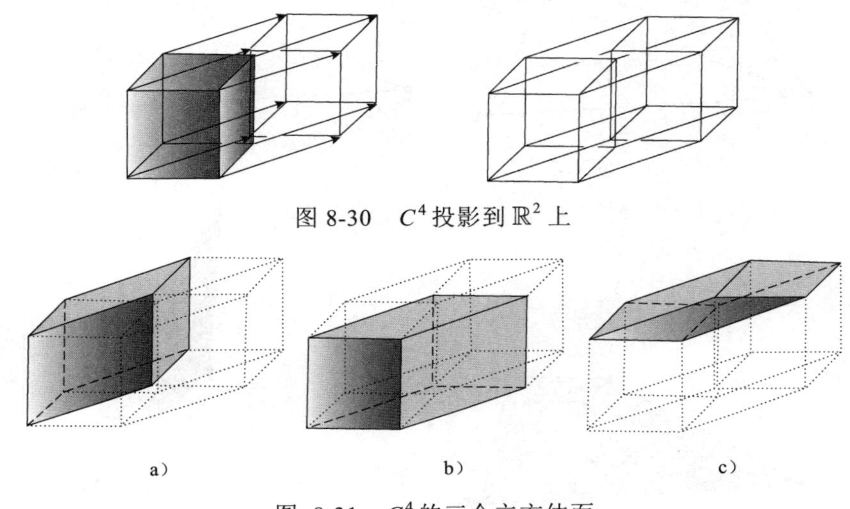

图 8-30　C^4 投影到 $\mathbb{R}^2$ 上

图 8-31　C^4 的三个立方体面

图 8-32 展示了 C^4 的另一种表示，在这里平移后的立方体位于 C^3 "里面". 通过这种方式比较容易"看到" C^4 的立方体面，因为没有干扰因素.

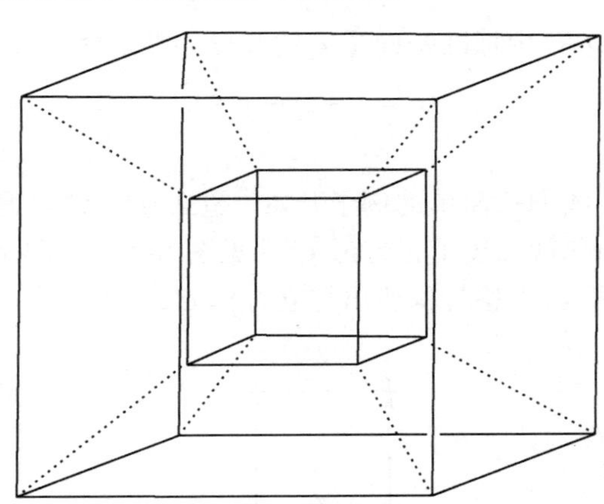

图 8-32　平移 C^3 的图像到 C^3 "里面"获得 C^4

总之，四维超立方体 C^4 有 8 个立方体面. 其中两个来自原始的 C^3 及平移后的 C^3，其他 6 个由 C^3 的 6 个正方形面拉伸（缩）成为 C^4 的立方体面形成. C^4 的二维正方形面来自原 C^3 的 6 个正方形面、平移后的 C^3 的 6 个正方形面，以及原始 C^3 的 12 条棱拉伸（缩）成为 C^4 的正方形面. 因而有 2×6+12=24 个正方形面. 为了计算棱数，把 C^3 的棱数乘以 2 再加上 C^3 的顶点数. 于是 C^4 的棱数为 2×12+8=32. C^4 中的顶点来自 C^3 及其平移后的 C^3 的顶点，故有 2×8=16 个顶点.

多面体研究中真正著名的结论之一是下面的公式，其首次证明由欧拉（Leonhard Euler，1707—1783）给出. 它为多面体中不同维数的面的个数建立了一个简单的关系. 为了简化公式，用 $f_k(P)$ 表示 n 维多面体 P 中 k 维面的个数. ㊀ 那么有

$$\text{欧拉公式：}\ \sum_{k=0}^{n-1}(-1)^k f_k(P)=1+(-1)^{n-1}$$

特别地，当 $n=3$ 时，$v-e+f=2$，其中 v，e 和 f 分别为 P 的顶点、棱和面的个数.

练习题

设多面体 P 满足不等式 $A\boldsymbol{x}\leqslant \boldsymbol{b}$，其中

$$\boldsymbol{A}=\begin{bmatrix}1&3\\1&2\\2&1\end{bmatrix},\ \boldsymbol{b}=\begin{bmatrix}12\\9\\12\end{bmatrix}$$

且 $\boldsymbol{x}\geqslant \boldsymbol{0}$. 求 P 的最小代表元.

习题 8.5

1. 给定 $\mathbb{R}^2$ 中的点 $\boldsymbol{p}_1=\begin{bmatrix}1\\0\end{bmatrix},\boldsymbol{p}_2=\begin{bmatrix}2\\3\end{bmatrix},\boldsymbol{p}_3=\begin{bmatrix}-1\\2\end{bmatrix}$，令 $S=\text{conv}\{\boldsymbol{p}_1,\boldsymbol{p}_2,\boldsymbol{p}_3\}$. 对下面的每个线性函数 f，求 f 在 S 上的最大值 m，并求 S 中所有满足 $f(\boldsymbol{x})=m$ 的点 $\boldsymbol{x}$.
   a. $f(x_1,x_2)=x_1-x_2$
   b. $f(x_1,x_2)=x_1+x_2$
   c. $f(x_1,x_2)=-3x_1+x_2$
2. 设 $\mathbb{R}^2$ 中的点 $\boldsymbol{p}_1=\begin{bmatrix}0\\-1\end{bmatrix},\boldsymbol{p}_2=\begin{bmatrix}2\\1\end{bmatrix},\boldsymbol{p}_3=\begin{bmatrix}1\\2\end{bmatrix}$ 且 $S=\text{conv}\{\boldsymbol{p}_1,\boldsymbol{p}_2,\boldsymbol{p}_3\}$. 对下面的每个线性函数 f，求 f 在 S 上的最大值 m，并求 S 中所有满足 $f(\boldsymbol{x})=m$ 的点 $\boldsymbol{x}$.
   a. $f(x_1,x_2)=x_1+x_2$
   b. $f(x_1,x_2)=x_1-x_2$
   c. $f(x_1,x_2)=-2x_1+x_2$
3. 重复习题 1，其中 m 是 f 在 S 上的最小值.
4. 重复习题 2，其中 m 是 f 在 S 上的最小值.

在习题 5~8 中，求由不等式 $A\boldsymbol{x}\leqslant \boldsymbol{b}$ 且 $\boldsymbol{x}\geqslant 0$ 定义的多面体的最小代表元.

5. $\boldsymbol{A}=\begin{bmatrix}1&2\\3&1\end{bmatrix}$，$\boldsymbol{b}=\begin{bmatrix}10\\15\end{bmatrix}$
6. $\boldsymbol{A}=\begin{bmatrix}2&3\\4&1\end{bmatrix}$，$\boldsymbol{b}=\begin{bmatrix}18\\16\end{bmatrix}$
7. $\boldsymbol{A}=\begin{bmatrix}1&3\\1&1\\4&1\end{bmatrix}$，$\boldsymbol{b}=\begin{bmatrix}18\\10\\28\end{bmatrix}$
8. $\boldsymbol{A}=\begin{bmatrix}2&1\\1&1\\1&2\end{bmatrix}$，$\boldsymbol{b}=\begin{bmatrix}8\\6\\7\end{bmatrix}$
9. 设 $S=\{(x,y):x^2+(y-1)^2\leqslant 1\}\cup\{(3,0)\}$. 原点是凸包 S 的极端点吗？原点是凸包 S 的顶点吗？
10. 求 $\mathbb{R}^2$ 中闭凸集 S，使得它的轮廓 P 是非空集但 $\text{conv}\,P\neq S$.

㊀ 证明参见 Steven R. Lay 的 *Convex Sets and Their Applications* (New York: John Wiley & Sons, 1982; Mineola, NY: Dover Publications, 2007), p.131.

11. 求 $\mathbb{R}^2$ 中有界凸集 S，使得它的轮廓 P 是非空集但 $\operatorname{conv} P \neq S$.

12. a. 确定五维单纯形 S^5 中 k 面的个数，其中 k=0,1, 2, 3, 4. 证明你的答案满足欧拉公式.

  b. 制作一张 $f_k(S^n)$ 值的图表，n=1, 2, 3, 4,5 且 k=0,1,2,3,4. 你能看出规律吗？猜测 $f_k(S^n)$ 的一个一般公式.

13. a. 确定五维超立方体 C^5 中 k 面的个数，k=0,1, 2, 3, 4. 证明你的答案满足欧拉公式.

  b. 制作一张 $f_k(C^n)$ 值的图表，其中 n=1,2,3,4,5 且 k=0,1,2,3,4. 你能看出规律吗？猜测 $f_k(C^n)$ 的一个一般公式.

14. 设 $\boldsymbol{v}_1, \boldsymbol{v}_2, \cdots, \boldsymbol{v}_k$ 是 $\mathbb{R}^n$ 中线性无关的向量($1 \leqslant k \leqslant n$). 那么集合 $X^k = \operatorname{conv}\{\pm\boldsymbol{v}_1, \pm\boldsymbol{v}_2, \cdots, \pm\boldsymbol{v}_k\}$ 称为 **k 维交叉多面体**.

  a. 画出 X^1，X^2.

  b. 确定三维交叉多面体 X^3 中 k 面的个数，k=0,1,2. X^3 另外的名称是什么？

  c. 确定四维交叉多面体 X^4 中 k 面的个数，k=0,1,2,3. 证明你的答案满足欧拉公式.

  d. 求 $f_k(X^n)$ 的公式—— X^n 中 k 面的个数，$0 \leqslant k \leqslant n-1$.

15. **k-金字塔** P^k 是 k-1 维多面体 Q 与点 $x \notin \operatorname{aff} Q$ 的凸包. 求下列公式，用 $f_j(Q)$（$j = 0,1,\cdots,n-1$）表达.

  a. P^n 的顶点个数：$f_0(P^n)$.

  b. P^n 中 k 面的个数：$f_k(P^n)$，$1 \leqslant k \leqslant n-2$.

  c. P^n 中 n-1 维面的个数：$f_{n-1}(P^n)$.

在习题 16～23 中判断正误(T/F)，并证明你的答案.

16. (T/F)多面体是有限点集的凸包.

17. (T/F) $\mathbb{R}^3$ 中的立方体有 5 个面.

18. (T/F)设 $\boldsymbol{p}$ 是凸集 S 的极端点.若 $\boldsymbol{u}, \boldsymbol{v} \in S$，$\boldsymbol{p} \in \overline{\boldsymbol{uv}}$，且 $\boldsymbol{p} \neq \boldsymbol{u}$，那么 $\boldsymbol{p} = \boldsymbol{v}$.

19. (T/F)点 $\boldsymbol{p}$ 是多面体 P 的极端点当且仅当它是 P 的顶点.

20. (T/F)若 S 是 $\mathbb{R}^n$ 上的非空凸子集，则 S 是其轮廓的凸包.

21.(T/F)若 S 是非空紧凸集，且有线性函数在点 $\boldsymbol{p}$ 达到最大值，则 $\boldsymbol{p}$ 是 S 的极端点.

22. (T/F)四维单纯形 S^4 有 5 个面，每个面是一个三维的四面体.

23. (T/F)二维多面体总是具有相同的顶点数及棱数.

24. 设 $\boldsymbol{v}$ 是凸集 S 中的一元素. 证明：$\boldsymbol{v}$ 是 S 的极端点当且仅当集合 $\{\boldsymbol{x} \in S : \boldsymbol{x} \neq \boldsymbol{v}\}$ 是凸集.

25. 若 $c \in \mathbb{R}$ 且 S 是一集合，定义 $cS = \{c\boldsymbol{x} : \boldsymbol{x} \in S\}$. 设 S 是凸集且 c>0，d>0. 证明：cS+dS=(c+d)S.

26. 举例证明习题 25 中 S 的凸性是必要的.

27. 若 A 和 B 是凸集，证明 A+B 是凸集.

28. 多面体（三维的）称为**正多面体**，若它所有的面是全等正多边形且在顶点处的所有角都是相等的. 利用以下细节证明仅有 5 种正多面体.

  a. 设正多面体有 r 个面，每个面是 k 边正多边形，且 s 条棱在每个顶点相交. 用 v 和 e 分别表示多面体的顶点数和棱数，证明 kr=2e，sv=2e.

  b. 使用欧拉公式证明 $\frac{1}{s} + \frac{1}{k} = \frac{1}{2} + \frac{1}{e}$.

  c. 求（b）中方程满足问题的几何约束的所有整数解.（k 与 s 可以有多小？）

下面的信息供参考：5 种正多面体是四面体（4，6，4），立方体（8，12，6），八面体（6，12，8），十二面体（20，30，12），二十面体（12，30，20）.（括号里的数字分别表示顶点数、棱数、面数.）

练习题答案

矩阵不等式 $A\boldsymbol{x} \leqslant \boldsymbol{b}$ 产生如下不等式组：

$$\text{(a)} \quad x_1 + 3x_2 \leqslant 12$$

（b）　$x_1+2x_2\leqslant\ 9$

（c）$2x_1+\ x_2\leqslant 12$

条件 $\boldsymbol{x}\geqslant\mathbf{0}$ 说明多面体在平面的第一象限，一个顶点是（0，0）. 当 x_2=0 时，三条直线在 x_1 上的截距是 12，9 和 6，故（6，0）是顶点. 当 x_1=0 时，三条直线在 x_2 上的截距是 4，4.5 和 12，故（0，4）是顶点.

三条直线如何相交于 x_1 和 x_2 的正值？（a）与（b）的交点是 $\boldsymbol{p}_{ab}=(3,3)$. 在（c）上检验 $\boldsymbol{p}_{ab}$ 得 $2(3)+1(3)=9<12$，故 $\boldsymbol{p}_{ab}$ 在 P 中.（b）与（c）的交点是 $\boldsymbol{p}_{bc}=(5,2)$. 在（a）上检验 $\boldsymbol{p}_{bc}$ 得 $1(5)+3(2)=11<12$，故 $\boldsymbol{p}_{bc}$ 在 P 中.（a）与（c）的交点是 $\boldsymbol{p}_{ac}=(4.8,2.4)$. 在（b）上检验 $\boldsymbol{p}_{ac}$ 得 $1(4.8)+2(2.4)=9.6>9$，故 $\boldsymbol{p}_{ac}$ 不在 P 中.

最后，多面体的五个顶点（极端点）是（0，0），（6，0），（5，2），（3，3）和（0，4），这些点构成 P 的最小代表元. 如图 8-33 所示.

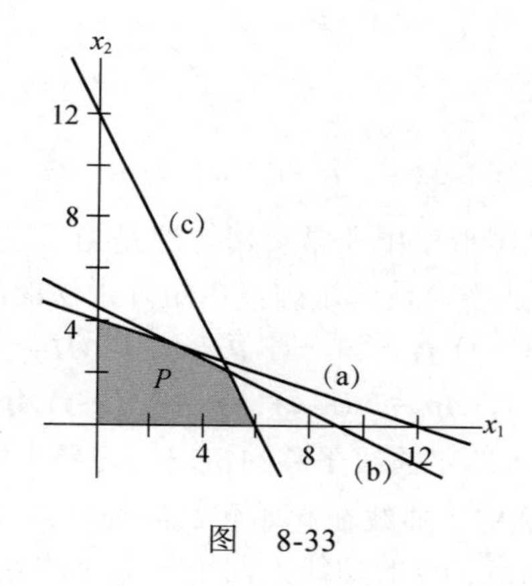

图　8-33

8.6　曲线与曲面

几千年以来，人们用细长木条建造船只. 近代，人们用长而柔韧的金属条架构出汽车和飞机外框架. 重物与钉子把条片塑造成称为*天然三次样条*的光滑曲线. 两个相邻控制点间（钉子或重物）的曲线有一个三次多项式的参数表达式. 遗憾的是，由于钉子与重物在条片上具有作用力，这种曲线在控制点稍有位移时会影响整条曲线的形状. 设计工程师们早就想局部地控制曲线——在这种控制中移动一个控制点仅影响曲线的一小部分. 1962 年，法国汽车工程师皮埃尔 · 贝塞尔通过增加额外的控制点与使用由他名字命名的一类曲线解决了这个问题.

贝塞尔曲线

本节所描述的曲线不仅在工程学而且在计算机图形学中都有着重要的应用. 例如，它们可应用于 Adobe Illustrator 与 Macromedia Freehand 中，也可应用于程序设计语言中，如 OpenGL. 这些曲线允许程序用相对少量的控制点来存储有关曲线段和表面的确切信息. 对曲线段和表面的所有图形命令的计算只需要计算控制点. 曲线的特殊结构使之能通过“图形管道”加速其他计算，并把计算的结果显示在屏幕上.

8.3 节的习题介绍了二次贝塞尔曲线，并且给出了构造高次贝塞尔曲线的一种方法. 本节讨论二次和三次贝塞尔曲线，它们由三个或四个控制点 $\boldsymbol{p}_0,\boldsymbol{p}_1,\boldsymbol{p}_2,\boldsymbol{p}_3$ 确定．这些点可以是 $\mathbb{R}^2$ 或 $\mathbb{R}^3$ 中的点，亦可用齐次形式表示为 $\mathbb{R}^3$，$\mathbb{R}^4$ 空间中的点．这些曲线的标准表达式为

$$\boldsymbol{w}(t)=(1-t)^2\boldsymbol{p}_0+2t(1-t)\boldsymbol{p}_1+t^2\boldsymbol{p}_2 \tag{1}$$

$$\boldsymbol{x}(t)=(1-t)^3\boldsymbol{p}_0+3t(1-t)^2\boldsymbol{p}_1+3t^2(1-t)\boldsymbol{p}_2+t^3\boldsymbol{p}_3 \tag{2}$$

其中 $0\leqslant t\leqslant 1$．

图 8-34 给出两类典型的曲线．通常，曲线仅过起始与最终的控制点，但贝塞尔曲线总是位于控制点的凸包里．（见 8.3 节的习题 25~28．）

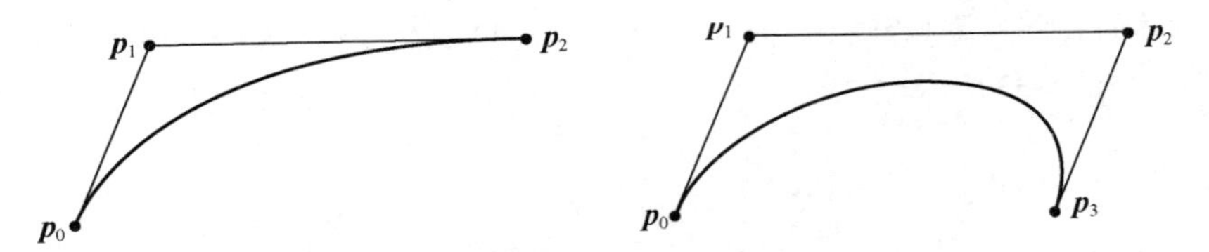

图 8-34　二次和三次贝塞尔曲线

贝塞尔曲线之所以在计算机图形学中非常有用，这是由于它们的基本性质在线性变换和平移下保持不变．例如，$\boldsymbol{A}$ 是一个适当阶数的矩阵，由矩阵乘法的线性性质，对 $0\leqslant t\leqslant 1$，有

$$\begin{aligned}\boldsymbol{A}\boldsymbol{x}(t)&=\boldsymbol{A}[(1-t)^3\boldsymbol{p}_0+3t(1-t)^2\boldsymbol{p}_1+3t^2(1-t)\boldsymbol{p}_2+t^3\boldsymbol{p}_3]\\&=(1-t)^3\boldsymbol{A}\boldsymbol{p}_0+3t(1-t)^2\boldsymbol{A}\boldsymbol{p}_1+3t^2(1-t)\boldsymbol{A}\boldsymbol{p}_2+t^3\boldsymbol{A}\boldsymbol{p}_3\end{aligned}$$

新的控制点为 $\boldsymbol{A}\boldsymbol{p}_0,\boldsymbol{A}\boldsymbol{p}_1,\cdots,\boldsymbol{A}\boldsymbol{p}_3$．贝塞尔曲线平移的情况在习题 1 中考虑．

图 8-34 的曲线表明控制点确定了曲线在起始和最终控制点处的切线．回顾微积分中任何参数形式的曲线，如 $\boldsymbol{y}(t)$，曲线在点 $\boldsymbol{y}(t)$ 的切线方向由导数 $\boldsymbol{y}'(t)$ 给出，称为曲线的**切向量**．（导数 $\boldsymbol{y}'(t)$ 的计算是对 $\boldsymbol{y}(t)$ 的各分量逐一求导．）

例 1　确定贝塞尔曲线 $\boldsymbol{w}(t)$在 $t=0$ 和 $t=1$ 处的切向量是如何与曲线的控制点相关联的．

解　把方程（1）展开为多项式形式：

$$\boldsymbol{w}(t)=(1-2t+t^2)\boldsymbol{p}_0+(2t-2t^2)\boldsymbol{p}_1+t^2\boldsymbol{p}_2$$

那么由导数是函数的线性变换得，

$$\boldsymbol{w}'(t)=(-2+2t)\boldsymbol{p}_0+(2-4t)\boldsymbol{p}_1+2t\boldsymbol{p}_2$$

故

$$\begin{aligned}\boldsymbol{w}'(0)&=-2\boldsymbol{p}_0+2\boldsymbol{p}_1=2(\boldsymbol{p}_1-\boldsymbol{p}_0)\\\boldsymbol{w}'(1)&=-2\boldsymbol{p}_1+2\boldsymbol{p}_2=2(\boldsymbol{p}_2-\boldsymbol{p}_1)\end{aligned}$$

例如，在 $\boldsymbol{p}_0$ 的切向量的方向是从点 $\boldsymbol{p}_0$ 指向 $\boldsymbol{p}_1$，大小为 $\boldsymbol{p}_0$ 到 $\boldsymbol{p}_1$ 线段长度的 2 倍．注意，当 $\boldsymbol{p}_1=\boldsymbol{p}_0$ 时，$\boldsymbol{w}'(0)=\boldsymbol{0}$．在这种情况下，$\boldsymbol{w}(t)=(1-t^2)\boldsymbol{p}_1+t^2\boldsymbol{p}_2$，而且 $\boldsymbol{w}(t)$ 的图形是从 $\boldsymbol{p}_1$ 到 $\boldsymbol{p}_2$ 的线段．　■

两条贝塞尔曲线的连接

两条基本贝塞尔曲线可以首尾相连，使得第一条曲线 $\boldsymbol{x}(t)$的终点是第二条曲线 $\boldsymbol{y}(t)$的起点 $\boldsymbol{p}_2$．这样组合成的连接曲线称为（在 $\boldsymbol{p}_2$ 点）具有 G^0 几何连续性的，这是由于这两段曲线在 $\boldsymbol{p}_2$ 相连．如果点 $\boldsymbol{p}_2$ 处曲线 1 的切线方向不同于曲线 2 的切线方向，那么一个“角”或方向的突然改变就

会出现在 $\boldsymbol{p}_2$ 点. 见图 8-35.

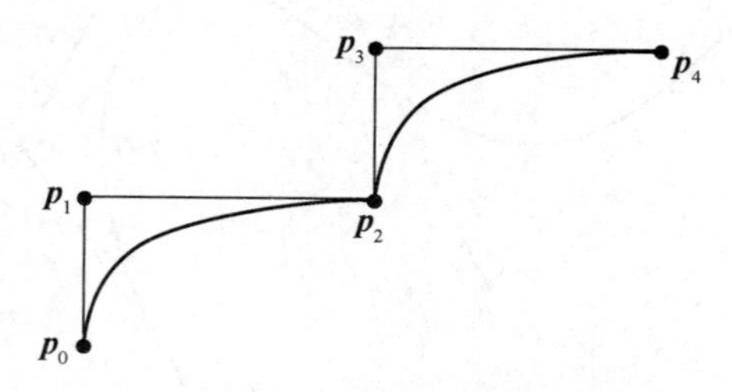

图 8-35　$\boldsymbol{p}_2$ 点处的 G^0 连续性

为了避免明显的弯曲，通常只需调整曲线，使其具有所谓的 G^1 几何连续性，其中在点 $\boldsymbol{p}_2$ 的两切向量方向相同. 即导数 $\boldsymbol{x}'(1)$ 与 $\boldsymbol{y}'(0)$ 指向同一个方向，即使它们的大小不同. 当切向量在 $\boldsymbol{p}_2$ 相等时，切向量便在 $\boldsymbol{p}_2$ 连续，这时称连接曲线具有 C^1 连续性或 C^1 参数连续性. 图 8-36a 给出了 G^1 连续性，图 8-36b 给出了 C^1 连续性.

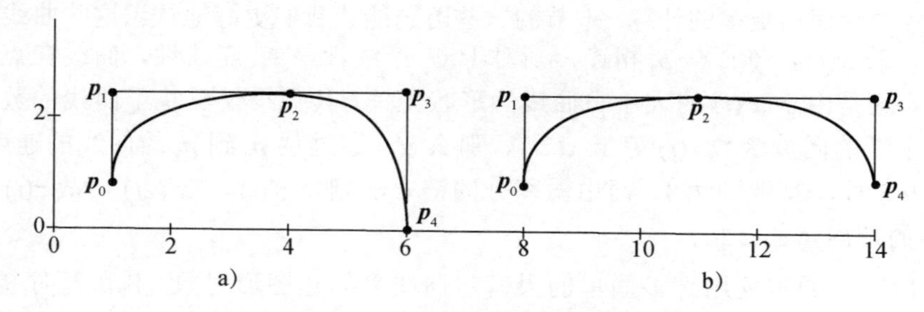

图 8-36　G^1 连续性和 C^1 连续性

例 2　设 $\boldsymbol{x}(t)$， $\boldsymbol{y}(t)$ 分别是控制点 $\{\boldsymbol{p}_0,\boldsymbol{p}_1,\boldsymbol{p}_2\}$ 与 $\{\boldsymbol{p}_2,\boldsymbol{p}_3,\boldsymbol{p}_4\}$ 所确定的两条二次贝塞尔曲线. 曲线在 $\boldsymbol{p}_2=\boldsymbol{x}(1)=\boldsymbol{y}(0)$ 相连接.

a. 设连接曲线在 $\boldsymbol{p}_2$ 具有 G^1 连续性. 此条件在控制点上产生什么代数限制？用几何语言表述此限制.

b. 若连续曲线在 $\boldsymbol{p}_2$ 具有 C^1 连续性又会怎么样？

解　a. 由例 1 知，$\boldsymbol{x}'(1)=2(\boldsymbol{p}_2-\boldsymbol{p}_1)$. 使用 $\boldsymbol{y}(t)$ 的控制点取代 $\boldsymbol{w}(t)$ 对应的控制点，由例 1 知，$\boldsymbol{y}'(0)=2(\boldsymbol{p}_3-\boldsymbol{p}_2)$. G^1 连续性意味着存在某个正常数 k，满足 $\boldsymbol{y}'(0)=k\boldsymbol{x}'(1)$. 等价地，

$$\boldsymbol{p}_3-\boldsymbol{p}_2=k(\boldsymbol{p}_2-\boldsymbol{p}_1),\quad k>0 \tag{3}$$

从几何上看，(3) 式表明 $\boldsymbol{p}_2$ 在从 $\boldsymbol{p}_1$ 到 $\boldsymbol{p}_3$ 的线段上. 为了证明此结论，设 $t=(k+1)^{-1}$，注意 $0<t<1$. 解得 $k=(1-t)/t$. 把它代入 (3) 得 $\boldsymbol{p}_2=(1-t)\boldsymbol{p}_1+t\boldsymbol{p}_3$，即证明结论.

b. C^1 连续性意味着 $\boldsymbol{y}'(0)=\boldsymbol{x}'(1)$. 因而 $2(\boldsymbol{p}_3-\boldsymbol{p}_2)=2(\boldsymbol{p}_2-\boldsymbol{p}_1)$，故 $\boldsymbol{p}_3-\boldsymbol{p}_2=\boldsymbol{p}_2-\boldsymbol{p}_1$ 且 $\boldsymbol{p}_2=(\boldsymbol{p}_1+\boldsymbol{p}_3)/2$. 从几何上看，$\boldsymbol{p}_2$ 是从 $\boldsymbol{p}_1$ 到 $\boldsymbol{p}_3$ 的线段中点. 见图 8-36. ■

图 8-37 给出了两条三次贝塞尔曲线的 C^1 连续性. 注意，连接两段曲线之间的点在相邻控制点之间的线段的中点上.

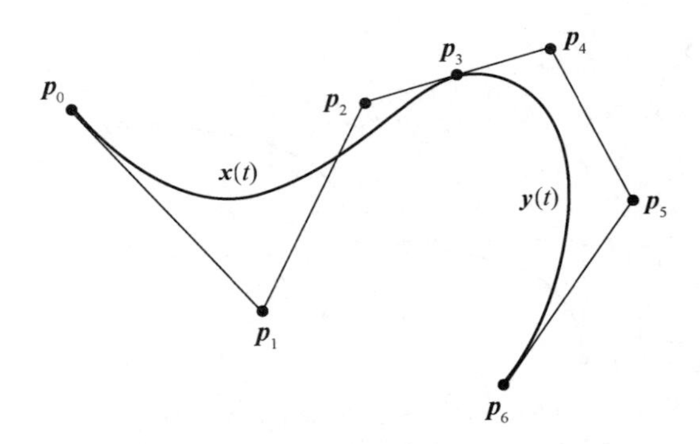

图 8-37　两条三次贝塞尔曲线

当两曲线具有 C^1 连续性且二阶导数 $\boldsymbol{x}''(1)$ 与 $\boldsymbol{y}''(0)$ 相等时，它们具有 C^2（参数）连续性. 对于三次贝塞尔曲线这是可能的，但它很苛刻地限制控制点的位置. 另一类曲线称为 **B-样条曲线**，总是具有 C^2 连续性，这是因为每对曲线共用三个控制点而不是一个. 使用 B-样条曲线绘制的图形具有更多的控制点，因而需更多的计算. 本节的一些习题能让我们更好地认识这些曲线.

奇怪的是，若 $\boldsymbol{x}(t)$， $\boldsymbol{y}(t)$ 在 $\boldsymbol{p}_3$ 相连，则对于 G^1 连续性与 C^1 连续性，曲线在点 $\boldsymbol{p}_3$ 的光滑性通常是相同的，这是由于 $\boldsymbol{x}'(t)$ 的大小与曲线的形状无关，其大小仅反映了曲线的数学参数特性. 例如，如果一个新的向量函数 $\boldsymbol{z}(t)$ 等于 $\boldsymbol{x}(2t)$，那么 $\boldsymbol{z}(t)$ 穿过从 $\boldsymbol{p}_0$ 到 $\boldsymbol{p}_3$ 的曲线的速度是原来的 2 倍，因为当 t=0.5 时，$2t$ 就到达 1. 而由微积分的链式法则，$\boldsymbol{z}'(t)=2\boldsymbol{x}'(2t)$，故 $\boldsymbol{z}(t)$ 在 $\boldsymbol{p}_3$ 的切向量是 $\boldsymbol{x}(t)$ 在 $\boldsymbol{p}_3$ 的切向量的 2 倍.

在实际应用中，通常使用许多简单的贝塞尔曲线来创建图形对象. 排版程序提供了一个重要应用的例子，因为许多字母的字体涉及弯曲线段. PostScript 字体库中的每个字母存储为一套控制点集，同时带有关于如何使用直线段与贝塞尔曲线构建字母“轮廓”的信息. 放大这样一个字母大体需要每个控制点的坐标乘以一个常数因子. 一旦算出字母的轮廓就需要填充字母适当的实体部分. 图 8-38 说明了 PostScript 字符中的一个字母的情形. 注意控制点.

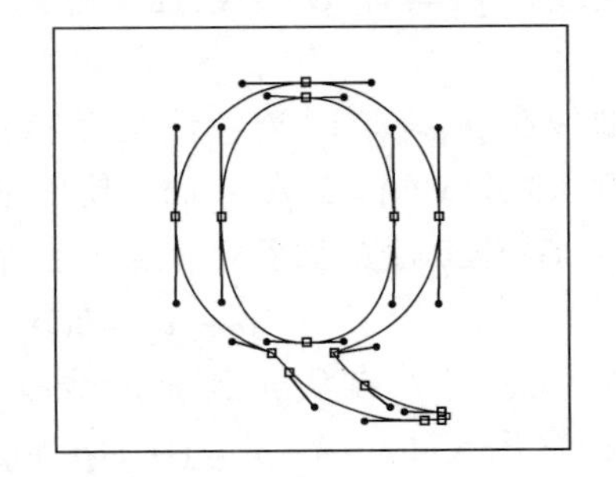

图 8-38　PostScript 字符

贝塞尔曲线的矩阵方程

由于贝塞尔曲线是控制点的线性组合，用多项式给出权，因此$\boldsymbol{x}(t)$ 的表达式可写为

$$x(t)=[\boldsymbol{p}_0\ \boldsymbol{p}_1\ \boldsymbol{p}_2\ \boldsymbol{p}_3]\begin{bmatrix}(1-t)^3\\3t(1-t)^2\\3t^2(1-t)\\t^3\end{bmatrix}$$

$$=[\boldsymbol{p}_0\ \boldsymbol{p}_1\ \boldsymbol{p}_2\ \boldsymbol{p}_3]\begin{bmatrix}1-3t+3t^2-t^3\\3t-6t^2+3t^3\\3t^2-3t^3\\t^3\end{bmatrix}$$

$$=[\boldsymbol{p}_0\ \boldsymbol{p}_1\ \boldsymbol{p}_2\ \boldsymbol{p}_3]\begin{bmatrix}1&-3&3&-1\\0&3&-6&3\\0&0&3&-3\\0&0&0&1\end{bmatrix}\begin{bmatrix}1\\t\\t^2\\t^3\end{bmatrix}$$

由 4 列控制点构成的矩阵称为**几何矩阵 $\boldsymbol{G}$**. 多项式系数构成的 4×4 矩阵为**贝塞尔基矩阵 $\boldsymbol{M}_B$**. 若 $\boldsymbol{u}(t)$ 为 t 的各次幂构成的列向量，则贝塞尔曲线可写成

$$x(t)=\boldsymbol{G}\boldsymbol{M}_B u(t) \tag{4}$$

在计算机图形学中，其他参数的三次曲线也用这种形式表示. 例如，若适当地改变矩阵 $\boldsymbol{M}_B$ 的元素，最后得到的曲线是 B-样条曲线. 它们比贝塞尔曲线“更光滑”，但不经过任何控制点. 当矩阵 $\boldsymbol{M}_B$ 由埃尔米特基矩阵给出时就产生**埃尔米特**三次曲线. 在此情形下，几何矩阵的列由曲线的起点与终点及曲线在这些点的切向量构成.[⊖]

方程（4）中的贝塞尔曲线也可以“分解”成另一种形式，以用于讨论贝塞尔曲面. 为了之后叙述的方便，参数 t 由参数 s 代替：

$$x(s)=u(s)^T\boldsymbol{M}_B{}^T\begin{bmatrix}p_0\\p_1\\p_2\\p_3\end{bmatrix}=\begin{bmatrix}1 & s & s^2 & s^3\end{bmatrix}\begin{bmatrix}1&0&0&0\\-3&3&0&0\\3&-6&3&0\\-1&3&-3&1\end{bmatrix}\begin{bmatrix}p_0\\p_1\\p_2\\p_3\end{bmatrix} \tag{5}$$

$$=\begin{bmatrix}(1-s^3) & 3s(1-s)^2 & 3s^2(1-s) & s^3\end{bmatrix}\begin{bmatrix}p_0\\p_1\\p_2\\p_3\end{bmatrix}$$

这个公式与（4）式右边乘积的转置并不相同，因为在（5）式中 $\boldsymbol{x}(s)$和控制点没有用转置

⊖ 基矩阵是由用于定义曲线的混合多项式系数组成的矩阵的行构成的. 对于三次贝塞尔曲线，4 个多项式为$(1-t)^3$，$3t(1-t)^2$，$3t^2(1-t)$和 t^3. 它们构成了 3 阶及 3 阶以下多项式空间 $\mathbb{P}_3$ 的基. 向量 $\boldsymbol{x}(t)$中每一元素都是这些多项式的线性组合. 权是（4）中几何矩阵 $\boldsymbol{G}$ 的行.

符号.（5）式中控制点构成的矩阵称为**几何向量**. 这个几何向量被视为4×1块（分块）矩阵，它们的元素是列向量.（5）式的第二部分中，几何向量左边的矩阵也视为分块矩阵，每块是一个标量. 分块矩阵乘法是有意义的，因为几何向量中的每个元素（向量）不仅可以左乘一个矩阵也可以乘以一个标量. 因而，列向量 $\boldsymbol{x}(s)$ 由（5）式给出了表示.

贝塞尔曲面

4条贝塞尔曲线的集合可构造一个三维双三次曲面片. 考虑4个几何矩阵

$$\begin{bmatrix}\boldsymbol{p}_{11} & \boldsymbol{p}_{12} & \boldsymbol{p}_{13} & \boldsymbol{p}_{14}\end{bmatrix}$$
$$\begin{bmatrix}\boldsymbol{p}_{21} & \boldsymbol{p}_{22} & \boldsymbol{p}_{23} & \boldsymbol{p}_{24}\end{bmatrix}$$
$$\begin{bmatrix}\boldsymbol{p}_{31} & \boldsymbol{p}_{32} & \boldsymbol{p}_{33} & \boldsymbol{p}_{34}\end{bmatrix}$$
$$\begin{bmatrix}\boldsymbol{p}_{41} & \boldsymbol{p}_{42} & \boldsymbol{p}_{43} & \boldsymbol{p}_{44}\end{bmatrix}$$

回顾方程（4），当这些矩阵右乘如下权值的向量就产生一条贝塞尔曲线：

$$\boldsymbol{M}_B\boldsymbol{u}(t)=\begin{bmatrix}(1-t)^3\\3t(1-t)^2\\3t^2(1-t)\\t^3\end{bmatrix}$$

设 $\boldsymbol{G}$ 是4×4分块矩阵，它们的元素是以上的控制点 $\boldsymbol{p}_{ij}$. 那么下面的积就是4×1分块矩阵，且每个元素是一条贝塞尔曲线：

$$\boldsymbol{G}\boldsymbol{M}_B\boldsymbol{u}(t)=\begin{bmatrix}\boldsymbol{p}_{11} & \boldsymbol{p}_{12} & \boldsymbol{p}_{13} & \boldsymbol{p}_{14}\\\boldsymbol{p}_{21} & \boldsymbol{p}_{22} & \boldsymbol{p}_{23} & \boldsymbol{p}_{24}\\\boldsymbol{p}_{31} & \boldsymbol{p}_{32} & \boldsymbol{p}_{33} & \boldsymbol{p}_{34}\\\boldsymbol{p}_{41} & \boldsymbol{p}_{42} & \boldsymbol{p}_{43} & \boldsymbol{p}_{44}\end{bmatrix}\begin{bmatrix}(1-t)^3\\3t(1-t)^2\\3t^2(1-t)\\t^3\end{bmatrix}$$

事实上，

$$\boldsymbol{G}\boldsymbol{M}_B\boldsymbol{u}(t)=\begin{bmatrix}(1-t)^3\boldsymbol{p}_{11}+3t(1-t)^2\boldsymbol{p}_{12}+3t^2(1-t)\boldsymbol{p}_{13}+t^3\boldsymbol{p}_{14}\\(1-t)^3\boldsymbol{p}_{21}+3t(1-t)^2\boldsymbol{p}_{22}+3t^2(1-t)\boldsymbol{p}_{23}+t^3\boldsymbol{p}_{24}\\(1-t)^3\boldsymbol{p}_{31}+3t(1-t)^2\boldsymbol{p}_{32}+3t^2(1-t)\boldsymbol{p}_{33}+t^3\boldsymbol{p}_{34}\\(1-t)^3\boldsymbol{p}_{41}+3t(1-t)^2\boldsymbol{p}_{42}+3t^2(1-t)\boldsymbol{p}_{43}+t^3\boldsymbol{p}_{44}\end{bmatrix}$$

现在固定 t，那么 $\boldsymbol{G}\boldsymbol{M}_B\boldsymbol{u}(t)$ 是列向量，它可以作为方程（5）（即以 s 为另一变量的贝塞尔曲线）中的几何向量. 这样就产生了**贝塞尔双三次曲面**：

$$\boldsymbol{x}(s,t)=\boldsymbol{u}(s)^{\mathrm{T}}\boldsymbol{M}_B^{\mathrm{T}}\boldsymbol{G}\boldsymbol{M}_B\boldsymbol{u}(t)\text{，其中 }0\leqslant s,t\leqslant 1 \tag{6}$$

$\boldsymbol{x}(s,t)$ 的公式是16个控制点的线性组合. 如果想象这些控制点被布置成了比较均匀的矩形排列，如图8-39所示，那么一个网状的8条贝塞尔曲线就控制并构造出了一个贝塞尔曲面，4条沿 s 方向，4条沿 t 方向. 这个曲面实际上经过“角”的4个控制点. 当这个“16点曲面”是更大的一个曲面的一部分时，它的12个边界控制点是与相邻“16点曲面”的边界控制点重合的.

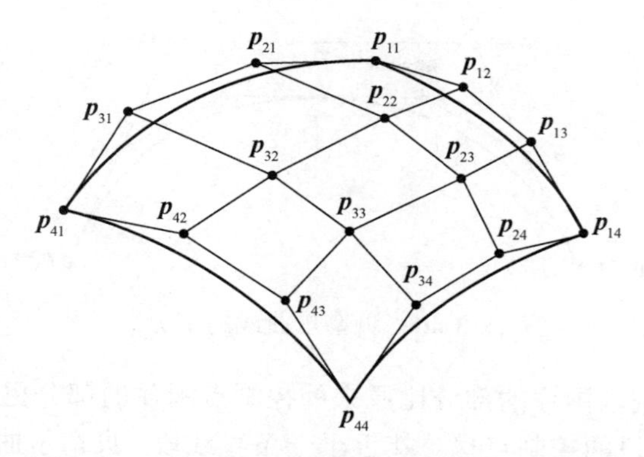

图 8-39　贝塞尔双三次曲面片的 16 个控制点

曲线与曲面的逼近

在 CAD 程序和创建虚拟现实的计算机游戏程序中，设计者通常在图形工作站中创建涉及各种几何结构的“场景”. 这一过程需要设计者与几何对象互动. 对象的每个小变动都需要图形程序进行新的数学计算. 贝塞尔曲线与曲面在这个过程中非常有用，这是因为它们比用较多的多边形进行逼近需要较少的控制点. 这奇迹般地减少了计算时间，从而提高了设计者的工作效率.

然而，在场景形体对象创造以后，最终图像的准备工作常出现难易不同的计算要求，比如遇到由平坦的面与笔直的棱构成的对象（如多面体）会容易计算得多. 设计者要渲染场景，这需要引入光源、给表面着色和添加纹理，以及模拟曲面的反射等.

例如，计算曲面在点 $\boldsymbol{p}$ 上反射光的方向，需要知道入射光与**曲面法向量**（即垂直于曲面 $\boldsymbol{p}$ 点切面的正交向量）的方向. 要计算这些法向量，在由细小平坦的多边形构成的表面上要比在法向量随点 $\boldsymbol{p}$ 移动而连续变化的曲面上容易得多. 如果 $\boldsymbol{p}_1,\boldsymbol{p}_2,\boldsymbol{p}_3$ 是一个平坦多边形的相邻顶点，那么曲面的法向量的算法很简单，是叉积 $(\boldsymbol{p}_2-\boldsymbol{p}_1)\times(\boldsymbol{p}_2-\boldsymbol{p}_3)$ 或其反向. 当多边形很小时，只需要一个法向量来渲染整个多边形. 同样，两种广泛使用的阴影程序——高氏阴影与冯氏着色，也需要由多边形来定义表面.

对平坦表面的这些需求导致那些在场景创建平台上构造出来的贝塞尔曲线和曲面常常要用直线段和多边形平面去逼近. 逼近贝塞尔曲线或曲面的基本思想是用越来越多的控制点把曲线或曲面分成更小的曲面片.

贝塞尔曲线与曲面的递归细分

图 8-40 给出了一条贝塞尔曲线的 4 个控制点 $\boldsymbol{p}_0,\boldsymbol{p}_1,\boldsymbol{p}_2,\boldsymbol{p}_3$ 以及两条新曲线的控制点，每条与原曲线的一半重叠. “左”边的一条曲线以 $\boldsymbol{q}_0=\boldsymbol{p}_0$ 为起点，以原曲线的中点 $\boldsymbol{q}_3$ 为终点. “右”边的一条以 $\boldsymbol{r}_0=\boldsymbol{q}_3$ 为起点，以 $\boldsymbol{r}_3=\boldsymbol{p}_3$ 为终点.

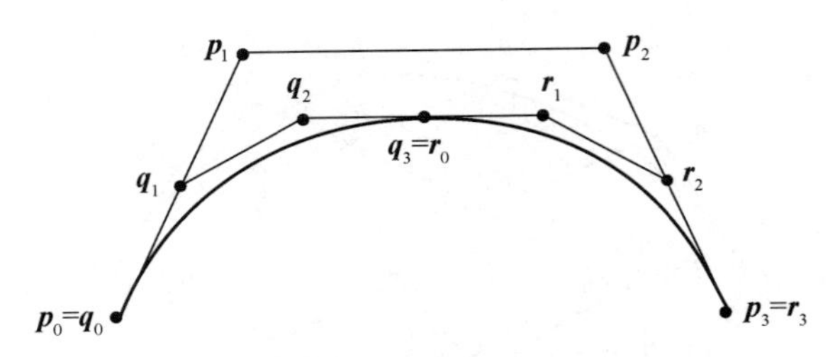

图 8-40 贝塞尔曲线的细分

图 8-41 表明新的控制点围住的部分比原来的控制点围住的部分更“瘦小”. 随着控制点间的距离的减小，每条曲线段的控制点也更接近于一条直线段. 贝塞尔曲线的这种变差-减小性质与贝塞尔曲线总是在控制点的凸包中的事实相关.

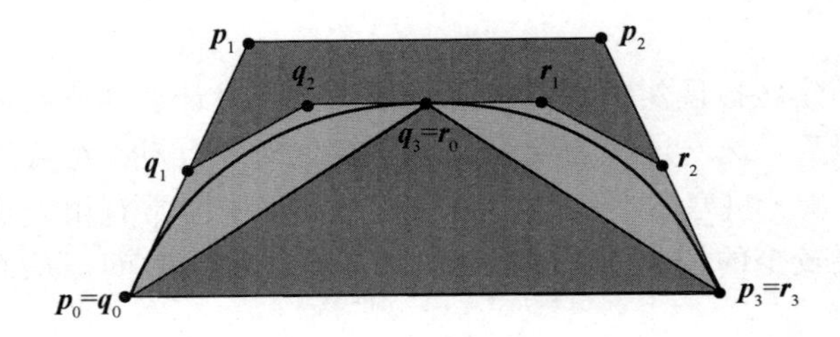

图 8-41 控制点的凸包

可以用简单的公式给出新控制点与原控制点的关系. 当然，$\boldsymbol{q}_0=\boldsymbol{p}_0$ 且 $\boldsymbol{r}_3=\boldsymbol{p}_3$. 当原曲线 $\boldsymbol{x}(t)$ 有标准参数表达式时，曲线 $\boldsymbol{x}(t)$ 的中点就是 $\boldsymbol{x}(0.5)$：

$$\boldsymbol{x}(t)=(1-3t+3t^2-t^3)\boldsymbol{p}_0+(3t-6t^2+3t^3)\boldsymbol{p}_1+(3t^2-3t^3)\boldsymbol{p}_2+t^3\boldsymbol{p}_3 \tag{7}$$

其中 $0\leqslant t\leqslant 1$. 因而，新的控制点 $\boldsymbol{r}_0$ 与 $\boldsymbol{q}_3$ 由下式给出：

$$\boldsymbol{q}_3=\boldsymbol{r}_0=\boldsymbol{x}(0.5)=\frac{1}{8}(\boldsymbol{p}_0+3\boldsymbol{p}_1+3\boldsymbol{p}_2+\boldsymbol{p}_3) \tag{8}$$

剩下的“内部”控制点的公式也是简单的，但是公式的推导需要一些有关曲线的切向量的工作. 由定义，参数表达形式的曲线 $\boldsymbol{x}(t)$ 的切向量为 $\boldsymbol{x}'(t)$. 这个向量给出了曲线在 $\boldsymbol{x}(t)$ 点的切线的方向. 对于（7）式的贝塞尔曲线，有

$$\boldsymbol{x}'(t)=(-3+6t-3t^2)\boldsymbol{p}_0+(3-12t+9t^2)\boldsymbol{p}_1+(6t-9t^2)\boldsymbol{p}_2+3t^2\boldsymbol{p}_3$$

其中 $0\leqslant t\leqslant 1$. 特别地，

$$\boldsymbol{x}'(0)=3(\boldsymbol{p}_1-\boldsymbol{p}_0)\text{ 且 }\boldsymbol{x}'(1)=3(\boldsymbol{p}_3-\boldsymbol{p}_2) \tag{9}$$

从几何上看，$\boldsymbol{p}_1$ 在曲线于点 $\boldsymbol{p}_0$ 的切线上，而 $\boldsymbol{p}_2$ 在曲线于点 $\boldsymbol{p}_3$ 的切线上，见图 8-41. 同时由 $\boldsymbol{x}'(t)$，计算

$$\boldsymbol{x}'(0.5)=\frac{3}{4}(-\boldsymbol{p}_0-\boldsymbol{p}_1+\boldsymbol{p}_2+\boldsymbol{p}_3) \tag{10}$$

设 $\boldsymbol{y}(t)$ 为由 $\boldsymbol{q}_0,\boldsymbol{q}_1,\boldsymbol{q}_2,\boldsymbol{q}_3$ 确定的贝塞尔曲线且 $\boldsymbol{z}(t)$ 是由 $\boldsymbol{r}_0,\boldsymbol{r}_1,\boldsymbol{r}_2,\boldsymbol{r}_3$ 确定的贝塞尔曲线. 由于 $\boldsymbol{y}(t)$ 与 $\boldsymbol{x}(t)$ 穿过同样的路径，但 t 从 0 到 1 变化时达到 $\boldsymbol{x}(0.5)$, $\boldsymbol{y}(t)=\boldsymbol{x}(0.5t)$，$0\leqslant t\leqslant 1$. 类似地，由于 $\boldsymbol{z}(t)$ 当 t=0 时以 $\boldsymbol{x}(0.5)$为起点，故 $\boldsymbol{z}(t)=\boldsymbol{x}(0.5+0.5t)$, $0\leqslant t\leqslant 1$. 由导数的链式法则得

$$y'(t)=0.5x'(0.5t)\,,\quad z'(t)=0.5x'(0.5+0.5t)\,,\quad 0\leqslant t\leqslant 1 \tag{11}$$

在（9）式中用 $y'(0)$ 替代 $x'(0)$，（11）式中令 $t=0$，由（9）式，$y(t)$ 的控制点满足

$$3(q_1-q_0)=y'(0)=0.5x'(0)=\frac{3}{2}(p_1-p_0) \tag{12}$$

在（9）式中用 $y'(1)$ 替代 $x'(1)$，（11）式中令 $t=1$，由（10）式，

$$3(q_3-q_2)=y'(1)=0.5x'(0.5)=\frac{3}{8}(-p_0-p_1+p_2+p_3) \tag{13}$$

由习题 17 所示，解方程式（8）、（9）、（10）、（12）和（13）可得到 q_0,q_1,q_2,q_3 的表达式. 图 8-42 给出了公式的几何意义. 内部控制点 q_1，r_2 分别是线段 p_0p_1 与线段 p_2p_3 的中点. 把线段 p_1p_2 的中点与 q_1 连接起来，得到的线段以 q_2 为中点！

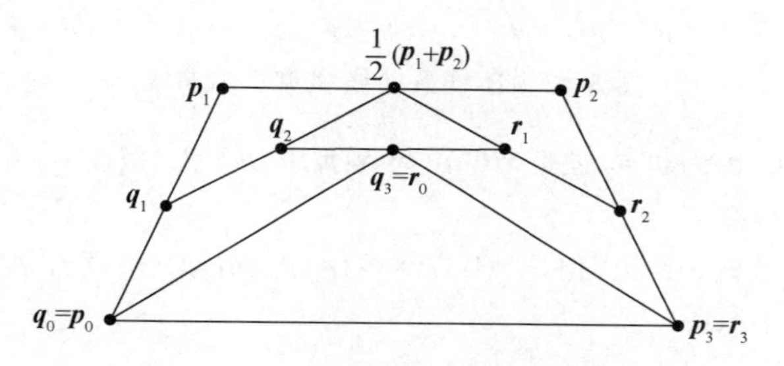

图 8-42　新控制点的几何结构

以上完成了细分过程的第一步. 现在开始“递归”，细分两条新的曲线. 递归进行到所有的曲线都充分直为止. 每步递归都是可以有选择地进行的，即若两条新曲线中的一条已经充分直，则可以不细分这一条，只需细分另一条. 一旦细分完全停止，每条曲线的两端点之间用直线段连接，如此继续下去，最终图像准备工作即完成.

贝塞尔双三次曲面也与贝塞尔曲线一样具有变差-减小性质，因此对于曲面上每一条交叉的贝塞尔曲线都可以使用上述过程. 略去细节，这里只提一下基本思路. 考虑 4 条“平行”贝塞尔曲线，其参数是 s，对它们进行一次细分. 每条上的控制点都增加到同一数量 8，每条上的 8 个控制点确定了参数 s 从 0 到 1 的曲线. 然而，当 t 变化时，便有了 8 条贝塞尔曲线，每条有 4 个控制点. 对它们进行一次递归细分，每条上的控制点也都增加到同一数量 8，于是，总共得到了 64 个控制点. 对曲面递归细分的每一步也与前面对贝塞尔曲线那样是可以有选择地进行的，但需要面对一些困难的细节问题.㊀

练习题

样条曲线通常是过特殊点的曲线. 然而 B-样条曲线通常不过它的控制点. 一条 B-样条曲线的参数形式为

$$x(t)=\frac{1}{6}\left[(1-t)^3p_0+(4-6t^2+3t^3)p_1+(1+3t+3t^2-3t^3)p_2+t^3p_3\right] \tag{14}$$

㊀ 参见 Foley，van Dam, Feiner, and Hughes, *Computer Graphics-Principles and Practice*, 2nd Ed. (Boston:Addison-Wesley，1996)，pp. 527-528.

其中 $0 \leqslant t \leqslant 1$，$\boldsymbol{p}_0, \boldsymbol{p}_1, \boldsymbol{p}_2$ 和 $\boldsymbol{p}_3$ 是控制点．当 t 从 0 到 1 变化时，$\boldsymbol{x}(t)$ 创建了一条简短的临近 $\overline{\boldsymbol{p}_1\boldsymbol{p}_2}$ 的曲线．基本的代数知识表明上述 B-样条曲线的公式也可以写为

$$\boldsymbol{x}(t)=\frac{1}{6}\Big[(1-t)^3\boldsymbol{p}_0+(4-3t+3t(1-t)^2)\boldsymbol{p}_1+(1+3t+3t^2(1-t))\boldsymbol{p}_2+t^3\boldsymbol{p}_3\Big] \tag{15}$$

这表明了它与贝塞尔曲线的相似性．除了前面的因子 1/6 外，$\boldsymbol{p}_0$ 与 $\boldsymbol{p}_3$ 的项相同．$\boldsymbol{p}_1$ 项增加了 $4-3t$，$\boldsymbol{p}_2$ 项增加了 $1+3t$．较之贝塞尔曲线，这些项使得曲线更加接近 $\overline{\boldsymbol{p}_1\boldsymbol{p}_2}$．为了保证系数和为 1，因子 1/6 是必要的．图 8-43 对比了具有相同控制点的 B-样条曲线与贝塞尔曲线．

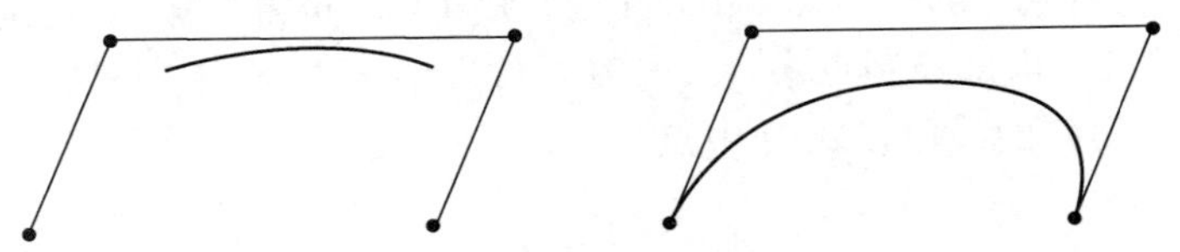

图 8-43　B-样条曲线和贝塞尔曲线

1. 证明：B-样条曲线不是以 $\boldsymbol{p}_0$ 为起点，但是 $\boldsymbol{x}(0)$ 在 $\text{conv}\{\boldsymbol{p}_0,\boldsymbol{p}_1,\boldsymbol{p}_2\}$ 里．假设 $\boldsymbol{p}_0,\boldsymbol{p}_1,\boldsymbol{p}_2$ 是仿射无关的，求 $\boldsymbol{x}(0)$ 关于 $\{\boldsymbol{p}_0,\boldsymbol{p}_1,\boldsymbol{p}_2\}$ 的仿射坐标．
2. 证明：B-样条曲线不是以 $\boldsymbol{p}_3$ 为终点，但是 $\boldsymbol{x}(1)$ 在 $\text{conv}\{\boldsymbol{p}_1,\boldsymbol{p}_2,\boldsymbol{p}_3\}$ 里．假设 $\boldsymbol{p}_0,\boldsymbol{p}_1,\boldsymbol{p}_2$ 是仿射无关的，求 $\boldsymbol{x}(1)$ 关于 $\{\boldsymbol{p}_1,\boldsymbol{p}_2,\boldsymbol{p}_3\}$ 的仿射坐标．

习题 8.6

1. 设将贝塞尔曲线平移为 $\boldsymbol{x}(t)+\boldsymbol{b}$．即对于 $0 \leqslant t \leqslant 1$，新曲线为
$$\boldsymbol{x}(t)=(1-t)^3\boldsymbol{p}_0+3t(1-t)^2\boldsymbol{p}_1+3t^2(1-t)\boldsymbol{p}_2+t^3\boldsymbol{p}_3+\boldsymbol{b}$$
证明：新曲线还是一条贝塞尔曲线．（提示：新的控制点在哪里？）
2. 练习题中所定义的 B-样条曲线的参数向量表达式为
$$\boldsymbol{x}(t)=\frac{1}{6}[(1-t)^3\boldsymbol{p}_0+(3t(1-t)^2-3t+4)\boldsymbol{p}_1+$$
$$(3t^2(1-t)+3t+1)\boldsymbol{p}_2+t^3\boldsymbol{p}_3],\quad 0 \leqslant t \leqslant 1$$
其中 $\boldsymbol{p}_0$，$\boldsymbol{p}_1$，$\boldsymbol{p}_2$，$\boldsymbol{p}_3$ 是控制点．
   a. 证明：对 $0 \leqslant t \leqslant 1$，$\boldsymbol{x}(t)$ 在控制点的凸包中．
   b. 假设 B-样条曲线 $\boldsymbol{x}(t)$ 平移为 $\boldsymbol{x}(t)+\boldsymbol{b}$（类似于习题 1）．证明：新的曲线也是 B-样条曲线．
3. 设 $\boldsymbol{x}(t)$ 是由点 $\boldsymbol{p}_0$，$\boldsymbol{p}_1$，$\boldsymbol{p}_2$ 和 $\boldsymbol{p}_3$ 确定的三次贝塞尔曲线．
   a. 计算切向量 $\boldsymbol{x}'(t)$．确定 $\boldsymbol{x}'(0)$ 与 $\boldsymbol{x}'(1)$ 同控制点的关系，并给出这些切向量方向的几何描述．$\boldsymbol{x}'(1)=\boldsymbol{0}$ 可能吗？
   b. 计算二次导数 $\boldsymbol{x}''(t)$ 并确定 $\boldsymbol{x}''(0)$ 与 $\boldsymbol{x}''(1)$ 同控制点的关系．画出基于图 8-43 的图形，并构造一段指向 $\boldsymbol{x}''(0)$ 方向的线段．（提示：把 $\boldsymbol{p}_1$ 视为坐标系的原点．）
4. 设 $\boldsymbol{x}(t)$ 是习题 2 中的 B-样条曲线，以 $\boldsymbol{p}_0$，$\boldsymbol{p}_1$，$\boldsymbol{p}_2$ 和 $\boldsymbol{p}_3$ 为控制点．
   a. 计算切向量 $\boldsymbol{x}'(t)$ 并确定 $\boldsymbol{x}'(0)$ 与 $\boldsymbol{x}'(1)$ 同控制点的关系．给出这些切向量方向的几何描述．思考当 $\boldsymbol{x}'(1)$ 与 $\boldsymbol{x}'(0)$ 都等于 $\boldsymbol{0}$ 时会怎样．证明你的结论．
   b. 计算二次导数 $\boldsymbol{x}''(t)$ 并确定 $\boldsymbol{x}''(0)$ 与 $\boldsymbol{x}''(1)$ 同控制点的关系．画出基于图 8-43 的图形，并构造一段指向 $\boldsymbol{x}''(1)$ 方向的线段．（提示：把 $\boldsymbol{p}_2$ 视为坐标系的原点．）
5. 设 $\boldsymbol{x}(t)$，$\boldsymbol{y}(t)$ 是分别由控制点 $\{\boldsymbol{p}_0,\boldsymbol{p}_1,\boldsymbol{p}_2,\boldsymbol{p}_3\}$ 与 $\{\boldsymbol{p}_3,\boldsymbol{p}_4,\boldsymbol{p}_5,\boldsymbol{p}_6\}$ 确定的三次贝塞尔曲线，且 $\boldsymbol{x}(t)$ 和 $\boldsymbol{y}(t)$ 在 $\boldsymbol{p}_3$ 相连接．下面的问题是关于由 $\boldsymbol{x}(t)$ 连接 $\boldsymbol{y}(t)$ 组成的曲线的．为简单起见，假定曲线是 $\mathbb{R}^2$ 空间的．

a. 控制点具有什么条件将保证曲线在 p_3 具有 C^1 连续性？证明你的答案.

b. $x'(1)$ 与 $y'(0)$ 都等于 $\mathbf{0}$ 向量会怎样？

6. 设B-样条曲线由习题 2 中所描述的B-样条线段构成. 设 p_0, p_1, p_2, p_3, p_4 是控制点，对 $0 \leqslant t \leqslant 1$，设 $x(t)$，$y(t)$ 分别由几何矩阵 $[p_0\ \ p_1\ \ p_2\ \ p_3]$ 与 $[p_1\ \ p_2\ \ p_3\ \ p_4]$ 确定. 注意两线段共享三个控制点. 两线段并不重叠，但它们在临近 p_2 的一个共同端点连接.

a. 证明：连接曲线具有 G^0 连续性，即 $x(1) = y(0)$.

b. 证明：曲线在连接点 $x(1)$ 具有 C^1 连续性，即证明 $x'(1) = y'(0)$.

7. 设 $x(t)$，$y(t)$ 是习题 5 中的贝塞尔曲线，假定连接曲线在 p_3 具有 C^2 连续性(包含 C^1 连续性). 令 $x''(1) = y''(0)$，证明：p_5 完全由 p_1，p_2 和 p_3 确定. 因而点 p_0, p_1, p_2, p_3 与 C^2 条件确定除了 $y(t)$ 的一个控制点外的所有控制点.

8. 设 $x(t)$，$y(t)$ 是习题 6 中的B-样条曲线的部分. 证明：曲线在点 $x(1)$ 具有 C^2 连续性（包含 C^1 连续性），即证明 $x''(1) = y''(0)$. 这种高阶连续性在CAD应用（如汽车车身设计）中是令人满意的，因为曲线与曲面表现得相当光滑. 然而，对于长度可比的曲线，B-样条曲线的计算量是贝塞尔曲线的 3 倍. 对于曲面，B-样条曲线的计算量是贝塞尔曲面的 9 倍. 程序设计者在需要实时表现的应用（如飞机座舱模拟）中会选择贝塞尔曲面.

9. 由5个控制点 p_0，p_1，p_2，p_3 和 p_4 确定的四次贝塞尔曲线如下：

$$x(t) = (1-t)^4 p_0 + 4t(1-t)^3 p_1 + 6t^2(1-t)^2 p_2 + 4t^3(1-t) p_3 + t^4 p_4,\quad 0 \leqslant t \leqslant 1$$

构造 $x(t)$ 的二次基矩阵 M_B.

10. B-样条曲线中的“B”是基于片段 $x(t)$ 可以写成基矩阵 M_s 的形式，类似于贝塞尔曲线的公式，即

$$x(t) = GM_s u(t),\quad 0 \leqslant t \leqslant 1$$

其中 G 是几何矩阵 $[p_0\ \ p_1\ \ p_2\ \ p_3]$，$u(t)$ 是列向量 $(1, t, t^2, t^3)$. 对于均匀的 B-样条曲线，每段使用相同的基矩阵，但几何矩阵是变化的. 构造 $x(t)$ 的基矩阵 M_s.

在习题 11~16 中，判断正误(T/F)，并给出证明.

11. (T/F)三次贝塞尔曲线基于 4 个控制点.

12. (T/F) 在线性变换下，贝塞尔曲线的基本性质保持不变.但在平移下不是如此.

13. (T/F)给定以 p_0，p_1，p_2，为控制点的二次贝塞尔曲线 $x(t)$，方向线段 $p_1 - p_0$（从 p_0 到 p_1）是曲线在 p_0 的切向量.

14. (T/F)当两条贝塞尔曲线 $x(t), y(t)$ 在点 $x(1) = y(0)$ 连接时，连接曲线在此点具有 G^0 连续性.

15. (T/F)两条以 $\{p_0, p_1, p_2\}$ 与 $\{p_2, p_3, p_4\}$ 为控制点的二次贝塞尔曲线在 p_2 相连接。若 p_2 是线段 p_1 到 p_2 的中点，则连接的贝塞尔曲线在 p_2 具有 C^1 连续性.

16. (T/F)贝塞尔基矩阵是一个以曲线的控制点为列的矩阵.

习题 17~19 是有关图 8-40 所示的贝塞尔曲线的细分问题. 设 $x(t)$ 以 p_0, p_1, p_2, p_3 为控制点且 $y(t)$ 与 $z(t)$ 是细分的贝塞尔曲线，分别以 q_0, q_1, q_2, q_3 与 r_0, r_1, r_2, r_3 为控制点.

17. a. 使用方程（12）证明：q_1 是从 p_0 到 p_1 的线段的中点.

b. 使用方程（13）证明：

$$8q_2 = 8q_3 + p_0 + p_1 - p_2 - p_3$$

c. 使用（b）、方程（8）及（a）证明：q_2 是从 q_1 到 p_1 与 p_2 的线段中点的线段的中点. 即

$$q_2 = \frac{1}{2}\left[q_1 + \frac{1}{2}(p_1 + p_2)\right]$$

18. a. 验证每个等号：

$$3(r_3 - r_2) = z'(1) = 0.5x'(1) = \frac{3}{2}(p_3 - p_2)$$

b. 证明 $\boldsymbol{r}_2$ 是 $\boldsymbol{p}_3$ 到 $\boldsymbol{p}_2$ 线段的中点.

c. 验证每个等号：$3(\boldsymbol{r}_1-\boldsymbol{r}_0)=\boldsymbol{z}'(0)=0.5\boldsymbol{x}'(0.5)$

d. 使用（c）证明：$8\boldsymbol{r}_1=-\boldsymbol{p}_0-\boldsymbol{p}_1+\boldsymbol{p}_2+\boldsymbol{p}_3+8\boldsymbol{r}_0$.

e. 使用（d）、（8）式及（a）证明：$\boldsymbol{r}_1$ 是 $\boldsymbol{r}_2$ 到 $\boldsymbol{p}_1$ 与 $\boldsymbol{p}_2$ 的线段中点的线段的中点，即 $\boldsymbol{r}_1=\frac{1}{2}[\boldsymbol{r}_2+\frac{1}{2}(\boldsymbol{p}_1+\boldsymbol{p}_2)]$.

19. 有时候一条贝塞尔曲线只有一半需要进一步细分，这种情况下，例如，要细分“左”边，用习题17中（a）和（c）及（8）式即可完成. 而当曲线的两半边都需要细分时，可以设计一个计算过程直接有效地协同确定左、右两半边的控制点，使之不用（8）式.

a. 证明：切向量 $\boldsymbol{y}'(1)$ 和 $\boldsymbol{z}'(0)$ 是相等的.

b. 用（a）证明：$\boldsymbol{q}_3$（它等于 $\boldsymbol{r}_0$）是从 $\boldsymbol{q}_2$ 到 $\boldsymbol{r}_1$ 的线段的中点.

c. 用（b）及习题17和18写一个计算 $\boldsymbol{y}(t)$ 和 $\boldsymbol{z}(t)$ 控制点的高效算法. 涉及的运算只有求和及除以2.

20. 解释为什么三次贝塞尔曲线完全由 $\boldsymbol{x}(0)$，$\boldsymbol{x}'(0)$，$\boldsymbol{x}(1)$ 和 $\boldsymbol{x}'(1)$ 确定.

21. 由苹果公司与微软系统创立的 TrueType 字体使用二次贝塞尔曲线，而由 Adobe 公司创立的 PostScript 字体使用三次贝塞尔曲线. 三次曲线为字体的设计提供了更大的灵活性，但把使用二次曲线的每个字体转化为使用三次曲线是重要的. 假定 $\boldsymbol{w}(t)$ 是以 $\boldsymbol{p}_0$，$\boldsymbol{p}_1$ 和 $\boldsymbol{p}_2$ 为控制点的二次曲线.

a. 求控制点 $\boldsymbol{r}_0,\boldsymbol{r}_1,\boldsymbol{r}_2$ 和 $\boldsymbol{r}_3$，使得以这些点为控制点的三次贝塞尔曲线 $\boldsymbol{x}(t)$ 与 $\boldsymbol{w}(t)$ 具有相同的起点与终点且在 $t=0$ 与 $t=1$ 有相同的切向量.（见习题20.）

b. 证明：若 $\boldsymbol{x}(t)$ 如(a)一样构造，则 $\boldsymbol{x}(t)=\boldsymbol{w}(t)$，$0\leqslant t\leqslant 1$.

22. 使用分块矩阵乘法计算下面的矩阵乘积，这在贝塞尔曲线的另一公式（5）中出现：

$$\begin{bmatrix}1&0&0&0\\-3&3&0&0\\3&-6&3&0\\-1&3&-3&1\end{bmatrix}\begin{bmatrix}\boldsymbol{p}_0\\\boldsymbol{p}_1\\\boldsymbol{p}_2\\\boldsymbol{p}_3\end{bmatrix}$$

练习题答案

1. 由方程（14）及 $t=0$，有 $\boldsymbol{x}(0)\neq\boldsymbol{p}_0$，这是因为

$$\boldsymbol{x}(0)=\frac{1}{6}[\boldsymbol{p}_0+4\boldsymbol{p}_1+\boldsymbol{p}_2]=\frac{1}{6}\boldsymbol{p}_0+\frac{2}{3}\boldsymbol{p}_1+\frac{1}{6}\boldsymbol{p}_2$$

系数是非负的且和为1，故 $\boldsymbol{x}(0)$ 在 $\mathrm{conv}\{\boldsymbol{p}_0,\boldsymbol{p}_1,\boldsymbol{p}_2\}$ 里，且关于 $\{\boldsymbol{p}_0,\boldsymbol{p}_1,\boldsymbol{p}_2\}$ 的仿射坐标是 $\left(\frac{1}{6},\frac{2}{3},\frac{1}{6}\right)$.

2. 由方程（14）及 $t=1$，有 $\boldsymbol{x}(1)\neq\boldsymbol{p}_3$，这是因为

$$\boldsymbol{x}(1)=\frac{1}{6}[\boldsymbol{p}_1+4\boldsymbol{p}_2+\boldsymbol{p}_3]=\frac{1}{6}\boldsymbol{p}_1+\frac{2}{3}\boldsymbol{p}_2+\frac{1}{6}\boldsymbol{p}_3$$

系数是非负的且和为1，故 $\boldsymbol{x}(1)$ 在 $\mathrm{conv}\{\boldsymbol{p}_1,\boldsymbol{p}_2,\boldsymbol{p}_3\}$ 里，且关于 $\{\boldsymbol{p}_1,\boldsymbol{p}_2,\boldsymbol{p}_3\}$ 的仿射坐标是 $\left(\frac{1}{6},\frac{2}{3},\frac{1}{6}\right)$.

课题研究

本章的课题研究可在线获得：bit.ly/30IM8gT.

仿射组合：本课题探讨给定一组点集的仿射组合.

补充习题

在习题 1~21 中，判断正误(T/F)，并验证你的结论.

1. (T/F) 给定 $\mathbb{R}^n$ 中的向量集合 $\boldsymbol{v}_1,\boldsymbol{v}_2,\cdots,\boldsymbol{v}_p$ 和标量 $c_1,c_2,\cdots,c_p$，$\boldsymbol{v}_1,\boldsymbol{v}_2,\cdots,\boldsymbol{v}_p$ 的一个仿射组合是线性组合 $c_1\boldsymbol{v}_1+c_2\boldsymbol{v}_2+\cdots+c_p\boldsymbol{v}_p$.其权值满足 $c_1+c_2+\cdots+c_p=1$.
2. (T/F) $\boldsymbol{v}_1,\boldsymbol{v}_2$ 两点的仿射包是包含点 $\boldsymbol{y}=t\boldsymbol{v}_1+(1-t)\boldsymbol{v}_2$，$t\in\mathbb{R}$ 的集合.
3. (T/F) 超平面是四维平面.
4. (T/F) 如果两个平面的交点为空集，则这两个平面平行.
5. (T/F) 每个子空间都是一个平面.
6. (T/F) 每个子空间都是仿射集.
7. (T/F) 每个仿射相关集都是线性相关的.
8. (T/F) 每个仿射无关集都是线性无关的.
9. (T/F) $\mathbb{R}^2$ 中点的重心坐标始终非负.
10. (T/F) 设集合 $S=\{\boldsymbol{v}_1,\boldsymbol{v}_2,\cdots,\boldsymbol{v}_k\}$ 是 $\mathbb{R}^n$ 中的一个仿射无关集，则 $\mathbb{R}^n$ 中的每个点 $\boldsymbol{p}$ 都有一个 $\boldsymbol{v}_1,\boldsymbol{v}_2,\cdots,\boldsymbol{v}_k$ 的仿射组合的唯一表示.
11. (T/F) $\mathbb{R}^n$ 中点 $\{\boldsymbol{v}_1,\boldsymbol{v}_2,\cdots,\boldsymbol{v}_k\}$ 的一个凸组合就是一个如下形式的线性组合：
$$c_1\boldsymbol{v}_1+c_2\boldsymbol{v}_2+\cdots+c_k\boldsymbol{v}_k$$
对于所有的 i，有 $c_1+c_2+\cdots+c_k=1$ 和 $c_i\geqslant 0$.
12. (T/F) 如果一个集合 S 是仿射无关的，且 $\boldsymbol{p}\in\text{aff }S$，那么 $\boldsymbol{p}\in\text{conv }S$ 当且仅当 $\boldsymbol{p}$ 相对于 S 的重心坐标是非负的.
13. (T/F) $\boldsymbol{x}$ 和 $\boldsymbol{y}$ 之间的线是所有形如 $(1-t)\boldsymbol{x}+t\boldsymbol{y},t\in\mathbb{R}$ 的点构成的集合.
14. (T/F) 每个仿射集都是凸集.
15. (T/F) 对于某些 $\mathbb{R}^n$，超平面的维数可以与直线的维数相同.
16. (T/F) 对于某些 $\mathbb{R}^n$，超平面的维数可以小于直线的维数.
17. (T/F)若 A 与 B 是非空紧凸集，则存在一个严格分割 A 和 B 的超平面当且仅当 $A\cap B=\varnothing$.
18. (T/F) 多面体可以是无限多个点的凸包.
19. (T/F) 每个非空紧凸集 S 都有一个极值点，所有极值点的集合是凸包等于 S 的 S 的最小子集.
20. (T/F)设 $\boldsymbol{w}(t)$ 是以 $\boldsymbol{p}_0,\boldsymbol{p}_1,\boldsymbol{p}_2$ 为控制点的二次贝塞尔曲线，那么 $\boldsymbol{w}'(0)$ 与 $\boldsymbol{p}_0$ 处曲线的切线方向相同，$\boldsymbol{w}'(1)$ 与 $\boldsymbol{p}_1$ 处曲线的切线方向相同.
21. (T/F) 当两条贝塞尔曲线以 G^1 几何连续性连接时，则两条曲线在公共控制点的切向量具有相同的方向.
22. 如果 $S=\{\boldsymbol{v}_2,\boldsymbol{v}_2,\cdots,\boldsymbol{v}_k\}$ 是 $\mathbb{R}^n$ 中的一个仿射无关集，证明 $k\leqslant n+1$.
23. 假设 F 与 G 是 $\mathbb{R}^n$ 上的 k 维平面（$0\leqslant k\leqslant n-1$），且 $F\subseteq G$.证明 $F=G$.
24. 证明或给出一个反例：集合 S 是凸的当且仅当对 S 中的每个 $\boldsymbol{p},\boldsymbol{q}$，形如 $(1-t)\boldsymbol{p}+t\boldsymbol{q},0<t<1$ 的点集包含在 S 中.
25. 设 V 是 $\mathbb{R}^n$ 中的 k 维子空间,其中 $0\leqslant k\leqslant n-1$.对 $\mathbb{R}^n$ 中的向量 $\boldsymbol{x}_1,\boldsymbol{x}_2$，令 $F_1=\boldsymbol{x}_1+V,F_2=\boldsymbol{x}_2+V$.证明 $F_1=F_2$ 或 $F_1\cap F_2=\varnothing$.因此，两个平行平面要么重合，要么不相交.
26. 令 f 是 $\mathbb{R}^n$ 中的一非线性函数，设 $H=[f:7]$.如果 $\boldsymbol{p}\in\mathbb{R}^n,f(\boldsymbol{p})=2$，且 $H_1=H+3\boldsymbol{p}$，求 d 使得 $H_1=[f:d]$.
27. 设 V 是 $\mathbb{R}^n$ 中的 $n-1$ 维子空间，假设 $\boldsymbol{p}\in\mathbb{R}^n$ 但 $\boldsymbol{p}\notin V$.证明 $\mathbb{R}^n$ 的每个向量 $\boldsymbol{x}$ 有一个形如 $\boldsymbol{x}=\boldsymbol{v}+c\boldsymbol{p}$ 的唯一表示.其中 $\boldsymbol{v}\in V,c\in\mathbb{R}$.
28. 若 m 是线性函数 f 在凸集 S 上的最大值，$\boldsymbol{p},\boldsymbol{q}$ 是 S 中满足 $f(\boldsymbol{p})=f(\boldsymbol{q})=m$ 的点，证明对 $\overline{\boldsymbol{pq}}$ 中的所有 $\boldsymbol{x}$ 都有 $f(\boldsymbol{x})=m$.
29. 如果 $B(\boldsymbol{p},\delta)$ 是 $\mathbb{R}^n$ 中以 $\boldsymbol{p}$ 为中心，δ 为半径的开球，其中 $\delta>0$ 且 $\lambda>0$，证明 $\lambda B(\boldsymbol{p},\delta)=B(\lambda\boldsymbol{p},\lambda\delta)$.这意味着拉伸和非零压缩将 $\mathbb{R}^2$ 中的圆映射到圆，将 $\mathbb{R}^n$ 中的球映射到球.

30. 在 $\mathbb{R}^4$ 中，令 $\boldsymbol{v}_1=(1,-1,2,-1),\boldsymbol{v}_2=(2,-1,2,0)$, $\boldsymbol{v}_3=(1,0,2,0)$, $\boldsymbol{v}_4=(1,0,3,1)$.
    a. 证明集合 $\{\boldsymbol{v}_1,\boldsymbol{v}_2,\boldsymbol{v}_3,\boldsymbol{v}_4\}$ 是仿射无关的.
    b. 令 $A=\text{aff}\{\boldsymbol{v}_1,\boldsymbol{v}_2,\boldsymbol{v}_3,\boldsymbol{v}_4\}$, $B=[f:3]$,其中 f 是定义为 $f\{x_1,x_2,x_3,x_4\}=x_1+x_2+x_3-x_4$ 的线性函数，证明 A=B.（提示：利用习题 23.）

习题 31~35 有如下概念：如果对所有 $c_i \geqslant 0$，有 $\boldsymbol{p}=c_1\boldsymbol{v}_1+c_2\boldsymbol{v}_2+\cdots+c_k\boldsymbol{v}_k$ ，则点 $\boldsymbol{p}$ 称为点 $\boldsymbol{v}_1,\boldsymbol{v}_2,\cdots,\boldsymbol{v}_k$ 的正组合. 集合 S 的所有正组合点的集合称为 S 的正包，并用 pos S 表示.

31. 设 $S=\{(-1,1),(1,1)\}$ 为 $\mathbb{R}^2$ 中的集合，几何描述集合 pos S.
32. 观察习题 31，我们得到 $\text{pos}\,S\cap\text{aff}\,S=\text{conv}\,S$. 通过验证以下示例，证明这通常不是真的：$T=\{\boldsymbol{v}_1,\boldsymbol{v}_2,\boldsymbol{v}_3\}$ ，其中 $\boldsymbol{v}_1=(0,1),\boldsymbol{v}_2=(1,1),\boldsymbol{v}_3=(1,0)$.且令 $\boldsymbol{p}=(3,2)$，证明 $\boldsymbol{p}\in\text{pos}\,T\cap\text{aff}\,T$ 但 $\boldsymbol{p}\notin\text{conv}\,T$.
33. 练习 31 中的集合 S 有什么特性使 $\text{pos}\,S\cap\text{aff}\,S=\text{conv}\,S$.
34. 令 S 为 $\mathbb{R}^n$ 的非空子集，验证 $\text{pos}\,S=\text{pos}(\text{conv}\,S)$.
35. 令 S 为 $\mathbb{R}^n$ 的非空凸集，证明 $\boldsymbol{x}\in\text{pos}\,S$ 的充要条件是对某些 $\lambda\geqslant 0,\boldsymbol{x}\in S$ ，有 $\boldsymbol{x}=\lambda\boldsymbol{s}$.

第9章 优 化

介绍性实例 柏林空运

第二次世界大战之后，柏林被围成了一个“孤岛”. 这座城市被四国瓜分，英国、法国以及控制西柏林的美国和控制东柏林的苏联. 但俄罗斯人渴望其他三个国家放弃柏林. 几个月动荡之后的1948年6月24日，他们切断了西柏林的所有陆路和铁路对外通道，使得拥有约250万人口的西柏林成了一个孤岛，生活依赖储存的物资和空运来维系.

四天后，第一批提供食物供应的美国飞机降落柏林，开启了美国的空运行动“Operation Vittles”. 由于俄罗斯人切断了城市所有的供电系统和煤炭运输，巨大的城市需求使得起初的空运注定要失败. 尽管如此，英、法、美仍然以空运的方式为城市提供数千吨食物、煤炭、药品以及其他日常用品. 1949年 5月，斯大林做出让步，封锁解除了. 然而空运又持续了四个月.

柏林空运在使用相对较少的飞机运送大量物资方面取得了难以置信的成功. 这项工程的设计和实施需要精心规划和准确计算，因此也推动了线性规划理论的发展，催生了乔治·丹齐格的单纯形法. 这种新工具的潜力很快得到了商业和工业界的认可，现在它被广泛应用于资源分配、生产计划、员工安排、组合投资、制定营销策略以及执行许多其他涉及优化的问题.

在商业、政治、经济、军事战略和其他领域的许多情况下，人们试图优化某一利益. 这有可能涉及利润和回报率的最大化，或成本和其他损失的最小化等问题. 本章将介绍两个处理优化问题的数学模型. 这两种情况下的基本结果基于凸集和超平面的性质. 9.1节介绍基于概率的策略的博弈理论. 9.2~9.4节探讨线性规划理论并使用它们解决各种实际问题，包括比9.1节的更大的矩阵博弈.

9.1 矩阵博弈

博弈论通过分析竞争现象，试图为理性决策提供依据. 1994年，它的重要性日益凸显，John Harsanyi、John Nash和 Reinhard Selten因在非合作博弈理论方面的开创性工作而被授予诺贝尔

经济学奖.[㊀]

本节中的博弈是**矩阵博弈**，其各种结果列在支付矩阵中. 博弈中的两个玩家按照一套固定的规则进行竞争. 玩家R（代表行）有 m 个可能的策略(或策略选择)，而玩家C（代表列）有 n 个策略（或策略选择）. 按照惯例，**支付矩阵** $A=\begin{bmatrix}a_{ij}\end{bmatrix}$ 根据R和C的选择，列出行玩家R从列玩家C赢得的金额. 元素 a_{ij} 显示了当R选择动作 i 和C选择动作 j 时R赢得的金额. 若 a_{ij} 为负值，则表示R的损失，即R必须支付给C的金额. 因为R和C获得的金额的代数和为零，所以这类博弈通常称为**两人零和博弈**.

例 1　假设每个玩家都有若干枚1分硬币、5分硬币和10分硬币. 当给出开始比赛的信号时，两个玩家都展示（或“玩”）各自的一枚硬币. 如果两枚硬币币值不相同，则币值较高的玩家获胜，并获得这两枚硬币；如果两枚硬币币值都是1分或5分，则玩家C获胜，并获得这两枚硬币；如果两枚硬币都是10分硬币，则玩家R获胜，并获得这两枚硬币. 用 p 表示1分硬币，n 表示5分硬币，d 表示10分硬币，构建一个支付矩阵.

解　每个玩家有 p,n 和 d 三个选择，所以支付矩阵是 3×3 矩阵

$$\begin{array}{cc} & \text{玩家C} \\ & \begin{array}{ccc} p & n & d \end{array} \\ \text{玩家R} \begin{array}{c} p \\ n \\ d \end{array} & \begin{bmatrix} \quad & \quad & \quad \\ & & \\ & & \end{bmatrix} \end{array}$$

考虑R的一行，根据C的选择填写R收到（或支付）的金额. 首先，假设R玩1分硬币，如果C也玩1分硬币，则R损失1分，因为硬币匹配，则支付矩阵的（1，1）元素是-1. 根据规则，此时如果C玩5分硬币或10分硬币，R也会损失1分，因为C展示的是币值更高的硬币. 该信息位于第1行

$$\begin{array}{cc} & \text{玩家C} \\ & \begin{array}{ccc} p & n & d \end{array} \\ \text{玩家R} \begin{array}{c} p \\ n \\ d \end{array} & \begin{bmatrix} -1 & -1 & -1 \\ & & \\ & & \end{bmatrix} \end{array}$$

其次，假设R展示的是一枚5分硬币. 如果C展示的是1分硬币，则R赢得1分硬币. 否则，R失去5分硬币，因为C要么展示的是与5分硬币相匹配的硬币，要么展示的是更高的币值——10分硬币. 最后，当R展示的是10分硬币时，则R会得到1分硬币或5分硬币，无论C展示什么，因为R的10分硬币币值更高. 此外，当两名玩家都展示10分硬币时，R从C中赢得10分硬币，因为在这种情况下有特殊规则.

㊀ 著名的电影《美丽心灵》(*A Beautiful Mind*) 讲述的就是 John Nash 的传奇故事.

$$
\begin{array}{cc}
 & \text{玩家C} \\
 & \begin{array}{ccc} p & n & d \end{array} \\
\text{玩家R} \begin{array}{c} p \\ n \\ d \end{array} & \begin{bmatrix} -1 & -1 & -1 \\ 1 & -5 & -5 \\ 1 & 5 & 10 \end{bmatrix}
\end{array}
$$

■

通过观察例 1 中的支付矩阵，玩家发现一些策略比其他策略更好. 两位玩家都知道，R 可能选择具有正元素的行，而 C 可能选择具有负元素（从 R 到 C 的付款）的列. 玩家 R 注意到第 3 行中的每个元素都是正的，因此会选择玩 10 分硬币. 无论 C 做什么，对 R 来说，最坏的情况就是赢得 1 分硬币. 玩家 C 注意到，每一列都包含一个正元素，因此 C 不能肯定会赢得任何东西. 所以玩家 C 选择 1 分硬币，这将最大限度地减少潜在的损失.

从数学的角度来看，每个玩家都做了什么？玩家 R 找到了每一行的最小值（该博弈可能发生的最坏情况），并选择了该最小值最大的行.（见图 9-1）也就是说，R 已计算

$$\max_i \left[\min_j a_{ij} \right]$$

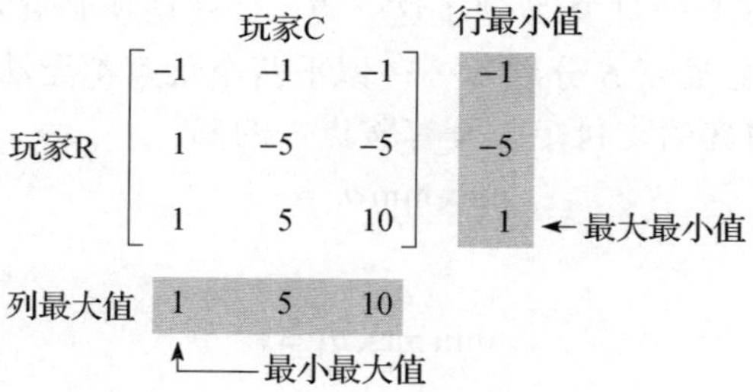

	玩家C			行最小值	
	−1	−1	−1	−1	
玩家R	1	−5	−5	−5	
	1	5	10	1	← 最大最小值
列最大值	1	5	10		
	↑ 最小最大值				

图 9-1

注意观察 C，向 R 支付的大额正支付比向 R 支付的小额正支付更糟糕. 因此，C 找到了每列的最大值（该博弈中 C 可能发生的最坏情况），并选择了该最大值最小的列. 玩家 C 已经找到

$$\min_j \left[\max_i a_{ij} \right]$$

对于支付矩阵 $[a_{ij}]$，

$$\max_i \min_j a_{ij} = \min_j \max_i a_{ij} = 1$$

定义 如果矩阵博弈的支付矩阵包含一个元素 a_{ij}，该元素 a_{ij} 既是第 i 行的最小值又是第 j 列的最大值，则 a_{ij} 称为鞍点.

在例 1 中，元素 a_{31} 是支付矩阵的鞍点. 只要两个玩家继续寻求他们的最佳策略，玩家 R 将始终展示 10 分硬币（第 3 行）且玩家 C 将始终展示 1 分硬币（第 1 列）. 有些博弈可能有多个鞍点.

在下例中，情况并非如此简单.

例 2 再次假设每个玩家都有 1 分硬币、5 分硬币和 10 分硬币，但这一次支付矩阵如下所示：

		玩家C			
		p	n	d	行最大
	p	10	−5	5	−5
玩家R	n	1	1	−1	−1 ← 最大最小值
	d	0	−10	−5	−10
列最大值		10	1	5	
			↑ 最小最大值		

如果玩家 R 如例 1 中那样进行推理并查看行最小值，则 R 将选择展示 5 分硬币，从而最大化最小收益（在这种情况下损失为 1）. 玩家 C 在查看列最大值（对 R 的最大付款）时，也会选择 5 分硬币，以最小化对 R 的损失.

因此，当博弈开始时，R 和 C 都继续展示 5 分硬币. 然而，过了一会儿，C 开始推理，“如果 R 要展示 5 分硬币，那么我就展示一枚 10 分硬币，这样我就可以赢 1 分硬币.” 然而，当 C 开始反复展示 10 分硬币时，R 开始思考，“若 C 要展示 10 分硬币，那么我就展示 1 分硬币，这样我可以赢一枚 5 分硬币.” 一旦 R 做到了这一点，C 就切换到展示一个 5 分硬币（为了赢得一枚 5 分硬币），然后 R 开始展示 5 分硬币……似乎两个玩家都无法制定获胜策略. ■

从数学上讲，例 2 中博弈的支付矩阵没有鞍点，的确，

$$\max_i \min_j a_{ij} = -1$$

而

$$\min_j \max_i a_{ij} = 1$$

这意味着两个玩家都不能重复展示同一枚硬币，并确保优化收益. 事实上，任何可预测的策略都可能遭到对手的反击. 但是，是否有可能制定出组合策略，使其在长期内产生最佳回报？答案是肯定的（如后面的定理 3 所示），此时每个策略都是随机的，但每个可能的选择都有一定的概率.

这里有一种方法来想象玩家 R 如何制定一种矩阵博弈的策略. 假设 R 有一个由水平金属箭头组成的装置，其重心支撑在平面圆形区域中间的垂直杆上. 该区域被切割成饼状扇区，每个扇区对应于支付矩阵中的每一行. 玩家 R 开始旋转箭头并等待其静止. 静止箭头的位置决定了 R 在矩阵博弈中的一种策略.

当博弈进行多次时，如果将圆的面积看作 1 个单位，则各个扇区的面积总和为 1，并且这些区域给出了在矩阵博弈中选择不同玩法的相对频率或概率. 例如，如果有五个面积相等的扇区并且箭头旋转多次，玩家 R 选择这五个玩法中的每一个的时间大约为 1/5. 该策略由 $\mathbb{R}^5$ 中的向量确定，其元素全部等于 1/5. 如果圆的五个扇区大小不相等，则从长远看，某些博弈的玩法将比其他博弈的玩法更频繁地被选择. R 的相应策略由 $\mathbb{R}^5$ 中的向量指定，该向量列出了五个扇区的面积.

定义　$\mathbb{R}^m$ 中的概率向量是 $\mathbb{R}^m$ 中的向量 $\boldsymbol{x}$，它的元素是非负的且总和为 1. 这样的 $\boldsymbol{x}$ 具有以下形式：

$$\boldsymbol{x}=\begin{bmatrix}x_1\\x_2\\\vdots\\x_m\end{bmatrix},\quad x_i\geqslant 0,\quad i=1,2,\ \cdots,m\ 且\ \sum_{i=1}^{m}x_i=1$$

令 A 为博弈的 $m\times n$ 支付矩阵，玩家 R 的**策略空间**是 $\mathbb{R}^m$ 中所有概率向量组成的集合，玩家 C 的策略空间是 $\mathbb{R}^n$ 中所有概率向量组成的集合，策略空间中的一个点叫作**策略**. 如果策略中的一个元素为 1(其他元素为 0)，则称该策略为**纯策略**.

$\mathbb{R}^m$ 中的纯策略是 $\mathbb{R}^m$ 的标准基向量 $\boldsymbol{e}_1,\boldsymbol{e}_2,\cdots,\boldsymbol{e}_m$. 一般来说，每个策略 $\boldsymbol{x}$ 都是形如 $x_1\boldsymbol{e}_1+x_2\boldsymbol{e}_2+\cdots+x_m\boldsymbol{e}_m$ 的一个线性组合，且这些纯策略的非负权值总和为 1.[㊀]

假设现在 R 和 C 在玩 $m\times n$ 矩阵博弈，$\boldsymbol{A}=\left[a_{ij}\right]$，其中 a_{ij} 是 $\boldsymbol{A}$ 的第 i 行和第 j 列的元素. 根据 R 的行和 C 的列的选择，博弈可能有 mn 种结果. 假设 R 使用策略 $\boldsymbol{x}$，C 使用策略 $\boldsymbol{y}$，其中

$$\boldsymbol{x}=\begin{bmatrix}x_1\\x_2\\\vdots\\x_m\end{bmatrix}\ 且\ \boldsymbol{y}=\begin{bmatrix}y_1\\y_2\\\vdots\\y_n\end{bmatrix}$$

由于 R 以概率 x_1 选择第一行，C 以概率 y_1 选择第一列，并且由于他们的选择是独立进行的，因此可以表明，R 选择第一行而 C 选择第一列的概率是 x_1y_1. 多次博弈之后，每场博弈 R 的预期收益为 $a_{11}x_1y_1$. 类似的计算适用于 R 和 C 可以做出的每一对选择. 对策略 $\boldsymbol{x}$ 和 $\boldsymbol{y}$，玩家 R 对所有可能的策略对的期望收益总和称为 R 博弈的期望收益 $E(\boldsymbol{x},\boldsymbol{y})$，即

$$E(\boldsymbol{x},\boldsymbol{y})=\sum_{i=1}^{m}\sum_{j=1}^{n}x_ia_{ij}y_j=\boldsymbol{x}^{\mathrm{T}}\boldsymbol{A}\boldsymbol{y}$$

粗略地说，数字 $E(\boldsymbol{x},\boldsymbol{y})$ 是当 R 和 C 分别使用策略 $\boldsymbol{x}$ 和 $\boldsymbol{y}$ 进行多次博弈时，每次博弈 C 支付给 R 的平均金额.

设 X 表示 R 的策略空间，Y 表示 C 的策略空间. 如果 R 选择一个特定的策略，比如 $\tilde{\boldsymbol{x}}$，若 C 发现这个策略，那么 C 肯定会选择 $\boldsymbol{y}$ 来最小化

$$E(\tilde{\boldsymbol{x}},\boldsymbol{y})=\tilde{\boldsymbol{x}}^{\mathrm{T}}\boldsymbol{A}\boldsymbol{y}$$

策略 $\tilde{\boldsymbol{x}}$ 的价值 $\boldsymbol{v}(\tilde{\boldsymbol{x}})$ 通过下式定义

$$\boldsymbol{v}(\tilde{\boldsymbol{x}})=\min_{\boldsymbol{y}\in Y}E(\tilde{\boldsymbol{x}},\boldsymbol{y})=\min_{\boldsymbol{y}\in Y}\tilde{\boldsymbol{x}}^{\mathrm{T}}\boldsymbol{A}\boldsymbol{y}\tag{1}$$

因为 $\tilde{\boldsymbol{x}}^{\mathrm{T}}\boldsymbol{A}$ 是一个 $1\times n$ 矩阵，映射 $\boldsymbol{y}\mapsto E(\boldsymbol{x},\boldsymbol{y})=\boldsymbol{x}^{\mathrm{T}}\boldsymbol{A}\boldsymbol{y}$ 是策略空间 Y 上的线性泛函. 由此可以看出，对

㊀ 更确切地说，每个策略是一组纯策略的凸组合，也就是说，是一组标准基向量的凸包中的一点. 这个事实将凸集合与矩阵博弈的研究联系起来. R 的策略空间是 $\mathbb{R}^m$ 中的一个 $m-1$ 维单纯形. C 的策略空间是 $\mathbb{R}^n$ 中的一个 $n-1$ 维单纯形.参见 8.3 节和 8.5 节中的定义.

于C，当 $\boldsymbol{y}$ 是 $\boldsymbol{e}_1,\boldsymbol{e}_2,\cdots,\boldsymbol{e}_n$ 的纯策略之一时，$E(\tilde{\boldsymbol{x}},\boldsymbol{y})$ 取到最小值.[㊀]

回顾一下，$\boldsymbol{Ae}_j$ 是矩阵 $\boldsymbol{A}$ 的第 j 列，通常用 $\boldsymbol{a}_j$ 来表示. 因为对某个 j，当 $\boldsymbol{y}=\boldsymbol{e}_j$ 时，(1) 式取得最小值，因此可以用 $\boldsymbol{x}$ 代替 $\tilde{\boldsymbol{x}}$，重写 (1) 式为

$$v(\boldsymbol{x})=\min_j E(\boldsymbol{x},\boldsymbol{e}_j)=\min_j \boldsymbol{x}^{\mathrm{T}}\boldsymbol{Ae}_j=\min_j \boldsymbol{x}^{\mathrm{T}}\boldsymbol{a}_j=\min_j \boldsymbol{x}\cdot\boldsymbol{a}_j \tag{2}$$

也就是说，$v(\boldsymbol{x})$ 是 $\boldsymbol{x}$ 与 $\boldsymbol{A}$ 的每一列的内积的最小值. R 的目标是选择 $\boldsymbol{x}$ 使 $v(\boldsymbol{x})$ 最大化.

定义　v_{R} 由下式定义.

$$v_{\mathrm{R}}=\max_{x\in X} v(\boldsymbol{x})=\max_{x\in X}\min_{y\in Y} E(\boldsymbol{x},\boldsymbol{y})=\max_{x\in X}\min_j \boldsymbol{x}\cdot\boldsymbol{a}_j$$

用如上所述的符号，v_{R} 称为**行玩家 R 的博弈收益**. 如果 $v(\hat{\boldsymbol{x}})=v_{\mathrm{R}}$，则 R 的策略 $\hat{\boldsymbol{x}}$ 称为**最优的**.

当然，如果 C 表现不佳，$E(\boldsymbol{x},\boldsymbol{y})$ 可能超过某些 $\boldsymbol{x}$ 和 $\boldsymbol{y}$ 的 v_{R}，因此，如果对所有的 $\boldsymbol{y}\in Y$，都有 $E(\hat{\boldsymbol{x}},\boldsymbol{y})\geqslant v_{\mathrm{R}}$，则对 R 来说，$\hat{\boldsymbol{x}}$ 是最优的. 这个 v_{R} 值可以认为是玩家 R 一定可以从 C 获得的最大值，与玩家 C 做什么无关.

对玩家 C 的类似分析，使用 $\boldsymbol{x}$ 的纯策略，表明特定策略 $\boldsymbol{y}$ 的价值 $v(\boldsymbol{y})$ 由下式给出：

$$v(\boldsymbol{y})=\max_{x\in X} E(\boldsymbol{x},\boldsymbol{y})=\max_i E(\boldsymbol{e}_i,\boldsymbol{y})=\max_i \operatorname{row}_i(\boldsymbol{A})\boldsymbol{y} \tag{3}$$

因为 $\boldsymbol{e}_i^{\mathrm{T}}\boldsymbol{A}=\operatorname{row}_i(\boldsymbol{A})$，于是对玩家 C，策略 $\boldsymbol{y}$ 的值是 $\boldsymbol{y}$ 与 $\boldsymbol{A}$ 的每行的内积的最大值. 由下式定义的 v_{C} 称为**列玩家 C 的博弈收益**. 不管 R 可能做什么，这是 C 必须损失的最小值：

$$v_{\mathrm{C}}=\min_{y\in Y} v(\boldsymbol{y})=\min_{y\in Y}\max_i \operatorname{row}_i(\boldsymbol{A})\boldsymbol{y}$$

如果 $v(\hat{\boldsymbol{y}})=v_{\mathrm{C}}$，则 C 的策略 $\hat{\boldsymbol{y}}$ 称为最优的. 相当于对所有的 $\boldsymbol{x}\in X$，都有 $E(\boldsymbol{x},\hat{\boldsymbol{y}})\leqslant v_{\mathrm{C}}$，则 $\hat{\boldsymbol{y}}$ 是最优的.

定理 1　在任何矩阵博弈中，$v_{\mathrm{R}}\leqslant v_{\mathrm{C}}$.

证明　对于 X 中的任意 $\boldsymbol{x}$，定义 $v(\boldsymbol{x})=\min_{y\in Y} E(\boldsymbol{x},\boldsymbol{y})$ 表示对于 Y 中的每一个 $\boldsymbol{y}$ 都有 $v(\boldsymbol{x})\leqslant E(\boldsymbol{x},\boldsymbol{y})$. 同理，因为对于 $E(\boldsymbol{x},\boldsymbol{y})$ 中所有的 $\boldsymbol{x}$ 来说，$v(\boldsymbol{y})$ 是最大的，所以对于每一个单独的 $\boldsymbol{x}$ 都有 $v(\boldsymbol{y})\geqslant E(\boldsymbol{x},\boldsymbol{y})$. 这两个不等式表明对于所有 $\boldsymbol{x}\in X$ 和 $\boldsymbol{y}\in Y$ 都有

$$v(\boldsymbol{x})\leqslant E(\boldsymbol{x},\boldsymbol{y})\leqslant v(\boldsymbol{y})$$

对于任一固定的 $\boldsymbol{y}$，不等式的左边表示 $\max_{x\in X} v(\boldsymbol{x})\leqslant E(\boldsymbol{x},\boldsymbol{y})$. 同理，对于任一个 $\boldsymbol{x}$，有 $E(\boldsymbol{x},\boldsymbol{y})\leqslant \min_{y\in Y} v(\boldsymbol{y})$. 因此

$$\max_{x\in X} v(\boldsymbol{x})\leqslant \max_{y\in Y} v(\boldsymbol{y})$$

定理得证. ■

㊀ Y 上的线性泛函是一个从 Y 到 $\mathbb{R}$ 的线性变换. 纯策略是一个玩家的策略空间的极值点. 我们所述的结果是从 8.5 节的定理 16 直接得到的.

例 3 设 $\boldsymbol{A}=\begin{bmatrix}10 & -5 & 5\\ 1 & 1 & -1\\ 0 & -10 & -5\end{bmatrix}, \boldsymbol{x}=\begin{bmatrix}\frac{1}{4}\\ \frac{1}{2}\\ \frac{1}{4}\end{bmatrix}, \boldsymbol{y}=\begin{bmatrix}\frac{1}{4}\\ \frac{1}{4}\\ \frac{1}{2}\end{bmatrix}$，其中 $\boldsymbol{A}$ 来源于例 2. 计算 $E(\boldsymbol{x},\boldsymbol{y})$并且验证这个数值介于$v(\boldsymbol{x})$和$v(\boldsymbol{y})$之间.

解 计算

$$E(\boldsymbol{x},\boldsymbol{y})=\boldsymbol{x}^{\mathrm{T}}\boldsymbol{A}\boldsymbol{y}=\begin{bmatrix}\frac{1}{4} & \frac{1}{2} & \frac{1}{4}\end{bmatrix}\begin{bmatrix}10 & -5 & 5\\ 1 & 1 & -1\\ 0 & -10 & -5\end{bmatrix}\begin{bmatrix}\frac{1}{4}\\ \frac{1}{4}\\ \frac{1}{2}\end{bmatrix}$$

$$=\begin{bmatrix}\frac{1}{4} & \frac{1}{2} & \frac{1}{4}\end{bmatrix}\begin{bmatrix}\frac{15}{4}\\ 0\\ -5\end{bmatrix}=-\frac{5}{16}$$

接下来，从公式（2）看出对于$1\leqslant j\leqslant 3$，$v(\boldsymbol{x})$是$E(\boldsymbol{x},\boldsymbol{e}_j)$中的最小值. 所以计算

$$E(\boldsymbol{x},\boldsymbol{e}_1)=\frac{10}{4}+\frac{1}{2}+0=3$$

$$E(\boldsymbol{x},\boldsymbol{e}_2)=-\frac{5}{4}+\frac{1}{2}-\frac{10}{4}=-\frac{13}{4}$$

$$E(\boldsymbol{x},\boldsymbol{e}_3)=\frac{5}{4}-\frac{1}{2}-\frac{5}{4}=-\frac{1}{2}$$

所以 $v(\boldsymbol{x})=\min\left\{3,-\frac{13}{4},-\frac{1}{2}\right\}=-\frac{13}{4}<-\frac{5}{16}=E(\boldsymbol{x},\boldsymbol{y})$. 同理，$E(\boldsymbol{e}_1,\boldsymbol{y})=\frac{15}{4}, E(\boldsymbol{e}_2,\boldsymbol{y})=0,\ E(\boldsymbol{e}_3,\boldsymbol{y})=-5$，所以 $v(\boldsymbol{y})=\max\left\{\frac{15}{4},0,-5\right\}=\frac{15}{4}$，因此结果如我们所料，$E(x,y)\leqslant v(y)$. ■

在定理 1 中，$v_{\mathrm{R}}\leqslant v_{\mathrm{C}}$ 的证明非常简单. 博弈论的一个基本结果是 $v_{\mathrm{R}}=v_{\mathrm{C}}$，但这并不容易证明. 1928 年由 John von Neumann 做的第一次证明在技术上很困难. 也许最著名的证明强烈地依赖于凸集和超平面的某些性质. 它出现在 1944 年 von Neumann 和 Oskar Morgenstern 出版的一本经典著作 *Theory of Games and Economic Behavior* 中.[㊀]

定理 2 （最小最大值定理）在任何矩阵博弈中，$v_{\mathrm{R}}=v_{\mathrm{C}}$，即

㊀ 更精确地说，证明涉及找到一个超平面严格地将原点 $\mathbf{0}$ 从 $\{\boldsymbol{a}_1,\boldsymbol{a}_2,\cdots,\boldsymbol{a}_n,\boldsymbol{e}_1,\boldsymbol{e}_2,\cdots,\boldsymbol{e}_m\}$ 的凸包中分离出来，其中 $\boldsymbol{a}_1,\boldsymbol{a}_2,\cdots,\boldsymbol{a}_n$ 是 $\boldsymbol{A}$ 的列，$\boldsymbol{e}_1,\boldsymbol{e}_2,\cdots,\boldsymbol{e}_m$ 是 $\mathbb{R}^m$ 中的标准基向量. 详情见 Steven R. Lay, *Convex Sets and Their Applications* (New York: John Wiley& Sons, 1982; Mineola, NY: Dover Publications, 2007), pp. 159-163.

$$\max_{x\in X}\min_{y\in Y}E(\boldsymbol{x},\boldsymbol{y})=\min_{y\in Y}\max_{x\in X}E(\boldsymbol{x},\boldsymbol{y})$$

定义 公共值$v=v_R=v_C$称为博弈的值. 任意一对最优策略$(\hat{\boldsymbol{x}},\hat{\boldsymbol{y}})$称为这个博弈的解.

当$(\hat{\boldsymbol{x}},\hat{\boldsymbol{y}})$是博弈的解时，$v_{\mathrm{R}}=v(\hat{\boldsymbol{x}})\leqslant E(\hat{\boldsymbol{x}},\hat{\boldsymbol{y}})\leqslant v(\hat{\boldsymbol{y}})=v_{\mathrm{C}}$,这表明$E(\hat{\boldsymbol{x}},\hat{\boldsymbol{y}})=v$.

下一个定理是本节的主要理论结果. 其证明可以基于最小最大值定理或线性规划理论（见9.4节）.[⊖]

定理3 （矩阵博弈基本定理）在任何矩阵博弈中，总存在最优策略. 也就是说，每个矩阵博弈都有一个解.

2×n 矩阵博弈

当博弈矩阵$\boldsymbol{A}$有2行n列时，最优行策略和v_{R}非常容易计算. 假设

$$\boldsymbol{A}=\begin{bmatrix}a_{11} & a_{12} & \cdots & a_{1n}\\ a_{21} & a_{22} & \cdots & a_{2n}\end{bmatrix}$$

玩家R的目标是在$\mathbb{R}^2$中选择$\boldsymbol{x}$使$v(\boldsymbol{x})$最大化. 由于$\boldsymbol{x}$只有两个元素，R的策略空间X可以由变量t参数化，其中X中的典型$\boldsymbol{x}$对于$0\leqslant t\leqslant 1$具有$\boldsymbol{x}(t)=\begin{bmatrix}1-t\\ t\end{bmatrix}$的形式. 根据公式(2)，$v(\boldsymbol{x}(t))$是$\boldsymbol{x}(t)$与$\boldsymbol{A}$的每一列的内积的最小值. 也就是说，

$$\begin{aligned}v(\boldsymbol{x}(t))&=\min\left\{\boldsymbol{x}(t)^{\mathrm{T}}\begin{bmatrix}a_{1j}\\ a_{2j}\end{bmatrix}:j=1,2,\cdots,n\right\}\\ &=\min\left\{a_{1j}(1-t)+a_{2j}t:j=1,2,\cdots,n\right\}\end{aligned}\tag{4}$$

因此$v(\boldsymbol{x}(t))$是n个关于t的线性函数的最小值. 当这些函数在$0\leqslant t\leqslant 1$的坐标系中表示时，$z=v(\boldsymbol{x}(t))$和t的函数关系曲线很明显，$v(\boldsymbol{x}(t))$的最大值很容易找到. 有一个例子很好地说明了这个过程.

例4 考虑一个支付矩阵为$\boldsymbol{A}=\begin{bmatrix}1 & 5 & 3 & 6\\ 4 & 0 & 1 & 2\end{bmatrix}$的博弈.

a.在一个t-z坐标系上，画四条线$z=a_{1j}(1-t)+a_{2j}t(0\leqslant t\leqslant 1)$，将与公式(4)中$z=v(\boldsymbol{x}(t))$相对应的线段变暗.

b.在$v(\boldsymbol{x}(t))$的图上确定最高点$M=(t,z)$. M的z坐标是R的博弈值v_R,t坐标确定了R的最优策略$\hat{\boldsymbol{x}}(t)$.

解 a. 这四列方程是：

$$z=1\cdot(1-t)+4\cdot t=3t+1$$
$$z=5\cdot(1-t)+0\cdot t=-5t+5$$

⊖ 基于最小最大定理的证明如下：函数$v(\boldsymbol{x})$在紧集X上连续,因此X中存在一个点$\hat{\boldsymbol{x}}$使得$v(\hat{\boldsymbol{x}})=\max_{x\in X}v(\boldsymbol{x})=v_{\mathrm{R}}$；同样,$Y$中存在一点$\boldsymbol{y}$使得$v(\hat{\boldsymbol{y}})=\min_{y\in Y}v(\boldsymbol{y})=v_{\mathrm{C}}$.根据最小最大值定理有$v_{\mathrm{R}}=v_{\mathrm{C}}=v$.

$$z = 3\cdot(1-t) + 1\cdot t = -2t + 3$$
$$z = 6\cdot(1-t) + 2\cdot t = -4t + 6$$

观察图 9-2，注意 $z = a_{1j}\cdot(1-t) + a_{2j}\cdot t$ 通过点 $(0, a_{1j}), (1, a_{2j})$. 例如，第 4 列方程 $z = 6\cdot(1-t) + 2\cdot t$ 的图像通过点(0,6)和(1,2). 图 9-2 中的粗线多边形路径表示 $v(\boldsymbol{x})$ 关于 t 的函数，因为在这条路径上点的 z 坐标是图 9-2 中四条直线上点 z 坐标的最小值.

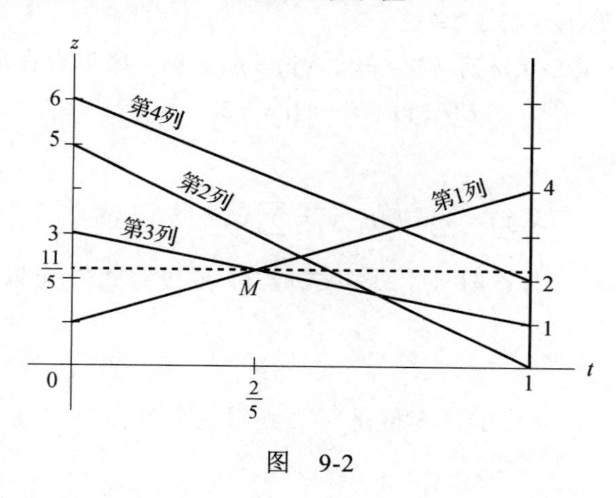

图 9-2

b. $v(\boldsymbol{x})$ 曲线上的最高点 M 是 $\boldsymbol{A}$ 的第 1 列和第 3 列对应的直线的交点. M 的坐标是 $\left(\frac{2}{5}, \frac{11}{5}\right)$.[㊀]

R 的博弈值是 $\frac{11}{5}$,由于这个值是在 $t = \frac{2}{5}$ 时得到的,所以 R 的最优策略是 $\hat{\boldsymbol{x}} = \begin{bmatrix} 1-\frac{2}{5} \\ \frac{2}{5} \end{bmatrix} = \begin{bmatrix} \frac{3}{5} \\ \frac{2}{5} \end{bmatrix}$. ■

对于任意 $2\times n$ 矩阵博弈，例 4 说明了为玩家 R 寻找最优解的方法. 定理 3 保证了玩家 C 也存在最优策略，并且 C 和 R 的博弈值是相同的. 有了这个值，对 R 的图形解的分析，如图 9-2 所示，将揭示如何为 C 生成最优策略 $\hat{\boldsymbol{y}}$，下一个定理提供了关于 $\hat{\boldsymbol{y}}$ 的关键信息.

定理 4 设 $\hat{\boldsymbol{x}}$ 和 $\hat{\boldsymbol{y}}$ 是 $m\times n$ 矩阵博弈的最优策略，其值为 v，假设

$$\hat{\boldsymbol{x}} = \hat{x}_1\boldsymbol{e}_1 + \hat{x}_2\boldsymbol{e}_2 + \cdots + \hat{x}_m\boldsymbol{e}_m \text{在} \mathbb{R}^m \text{中} \tag{5}$$

那么 $\hat{\boldsymbol{y}}$ 是 $\mathbb{R}^n$ 中 $E(\hat{\boldsymbol{x}}, \boldsymbol{e}_j) = v$ 的纯策略 $\boldsymbol{e}_j$ 的凸组合. 另外，$\hat{\boldsymbol{y}}$ 满足方程

$$E(\boldsymbol{e}_i, \hat{\boldsymbol{y}}) = v \tag{6}$$

对于每一个 i，使得 $\hat{x}_i \neq 0$.

证明 在 $\mathbb{R}^n$ 中记作 $\hat{\boldsymbol{y}} = \hat{y}_1\boldsymbol{e}_1 + \hat{y}_2\boldsymbol{e}_2 + \cdots + \hat{y}_n\boldsymbol{e}_n$，注意对于 $j = 1, 2, \cdots, n$ 有

㊀ 同时解第 1、3 列的方程:

$$\left.\begin{array}{l}(\text{第1列})\ z = 3t+1 \\ (\text{第3列})\ z = -2t+3\end{array}\right\} \Rightarrow t = \frac{2}{5},\ z = \frac{11}{5}$$

$$v = E(\hat{\boldsymbol{x}}, \hat{\boldsymbol{y}}) = v(\hat{\boldsymbol{x}}) \leqslant E(\hat{\boldsymbol{x}}, \boldsymbol{e}_j)$$

所以存在非负数 ε_j 使得 $E(\hat{\boldsymbol{x}}, \boldsymbol{e}_j) = v + \varepsilon_j (j = 1, 2, \cdots, n)$ 成立. 则

$$v = E(\hat{\boldsymbol{x}}, \hat{\boldsymbol{y}}) = E(\hat{\boldsymbol{x}}, \hat{y}_1\boldsymbol{e}_1 + \hat{y}_2\boldsymbol{e}_2 + \cdots + \hat{y}_n\boldsymbol{e}_n) = \sum_{j=1}^{n} \hat{y}_j E(\hat{\boldsymbol{x}}, \boldsymbol{e}_j) = \sum_{j=1}^{n} \hat{y}_j (v + \varepsilon_j) = v + \sum_{j=1}^{n} \hat{y}_j \varepsilon_j$$

因为 $\hat{y}_j$ 的和是 1，只有当 $\hat{y}_j = 0$ 且 $\varepsilon_j > 0$ 时，此等式才可能成立. 因此，当 $\varepsilon_j = 0$ 时，$\hat{\boldsymbol{y}}$ 是 $\boldsymbol{e}_j$ 的线性组合. 对于每一个 j 都有 $E(\hat{\boldsymbol{x}}, \boldsymbol{e}_j) = v$.

接下来，注意对于 $i = 1, 2, \cdots, m$ 有 $E(\boldsymbol{e}_j, \hat{\boldsymbol{y}}) \leqslant v(\hat{\boldsymbol{y}}) = E(\hat{\boldsymbol{x}}, \hat{\boldsymbol{y}})$. 所以存在非负数 δ_i 使得

$$E(\boldsymbol{e}_i, \hat{\boldsymbol{y}}) + \delta_i = v(i = 1, 2, \cdots, m) \tag{7}$$

成立. 然后用等式(5)给出

$$v = E(\hat{\boldsymbol{x}}, \hat{\boldsymbol{y}}) = \sum_{i=1}^{m} \hat{x}_i E(\boldsymbol{e}_i, \hat{\boldsymbol{y}}) = \sum_{i=1}^{m} \hat{x}_i (v - \delta_i) = v - \sum_{j=1}^{m} \hat{x}_i \delta_i$$

因为 $\hat{x}_i$ 的和是 1,只有当 $\delta_i = 0$且$\hat{x}_i \neq 0$ 时，此等式成立. 通过等式(7)可以得到 $E(\boldsymbol{e}_i，\hat{\boldsymbol{y}}) = v$ 对于每一个 i,使得 $\hat{x}_i \neq 0$. ■

例 5　当 $\hat{\boldsymbol{x}} = \begin{bmatrix} \frac{3}{5} \\ \frac{2}{5} \end{bmatrix}$ 时，例 4 中的博弈值是 $\frac{11}{5}$. 利用这个事实为 C 找到一个最优策略.

解　图 9-2 中最大值 M 的 z 坐标表示博弈值，t 坐标表示最优策略 $\boldsymbol{x}\left(\frac{2}{5}\right) = \hat{\boldsymbol{x}}$. 回想一下图 9-2 中直线的 z 坐标表示 $E(\boldsymbol{x}(t), \boldsymbol{e}_j)$，其中 $j = 1, 2, 3, 4$. 只有第 1 列和第 3 列的直线经过点 M，这意味着当 $E(\hat{\boldsymbol{x}}, \boldsymbol{e}_2)$ 和 $E(\hat{\boldsymbol{x}}, \boldsymbol{e}_4)$ 都比 $\frac{11}{5}$ 大时，

$$E(\hat{\boldsymbol{x}}, \boldsymbol{e}_1) = \frac{11}{5}, E(\hat{\boldsymbol{x}}, \boldsymbol{e}_3) = \frac{11}{5}$$

由定理 4, C的最优列策略 $\hat{\boldsymbol{y}}$ 是纯策略 $\boldsymbol{e}_1$ 和 $\boldsymbol{e}_3$ 在 $\mathbb{R}^2$ 中的线性组合. 因此 $\hat{\boldsymbol{y}}$ 有形式

$$\hat{\boldsymbol{y}} = c_1 \begin{bmatrix} 1 \\ 0 \\ 0 \\ 0 \end{bmatrix} + c_3 \begin{bmatrix} 0 \\ 0 \\ 1 \\ 0 \end{bmatrix} = \begin{bmatrix} c_1 \\ 0 \\ c_3 \\ 0 \end{bmatrix}$$

其中 $c_1 + c_3 = 1$. 由于最优策略 $\hat{\boldsymbol{x}}$ 的两个坐标都是非零的，定理 4 表明

$$E(\boldsymbol{e}_1, \hat{\boldsymbol{y}}) = \frac{11}{5}，\quad E(\boldsymbol{e}_2, \hat{\boldsymbol{y}}) = \frac{11}{5}$$

每个条件单独决定了 $\hat{\boldsymbol{y}}$.

例如，

$$E(\boldsymbol{e}_1, \hat{\boldsymbol{y}}) = \boldsymbol{e}_1^{\mathrm{T}} \boldsymbol{A} \hat{\boldsymbol{y}} = [1 \quad 0] \begin{bmatrix} 1 & 5 & 3 & 6 \\ 4 & 0 & 1 & 2 \end{bmatrix} \begin{bmatrix} c_1 \\ 0 \\ c_3 \\ 0 \end{bmatrix} = c_1 + 3c_3 = \frac{11}{5}$$

取 $c_3 = 1 - c_1$ 得到 $c_1 + 3(1-c_1) = \frac{11}{5}, c_1 = \frac{2}{5}, c_3 = \frac{3}{5}$. C的最优策略是

$$\hat{\boldsymbol{y}} = \begin{bmatrix} \frac{2}{5} \\ 0 \\ \frac{3}{5} \\ 0 \end{bmatrix}$$

■

减少博弈的规模

一般的 $m\times n$ 矩阵博弈可以用线性规划技术求解，9.4节将描述一种实现此目的的方法. 然而，在某些情况下，矩阵博弈可以简化为一个“更小”的博弈，其矩阵只有两行. 如果发生这种情况，可以使用例4和例5的图解法.

定义 给定 $\mathbb{R}^n$ 中的 $\boldsymbol{a}$ 和 $\boldsymbol{b}$ 分别具有元素 a_i 和 b_i，如果对于所有的 $i = 1,2,\cdots,n$ 有 $a_i \geqslant b_i$ 且至少有一个 i 使得 $a_i > b_i$，则向量 $\boldsymbol{a}$ 称为**优于向量** $\boldsymbol{b}$，如果 $\boldsymbol{a}$ 优于 $\boldsymbol{b}$，则 $\boldsymbol{b}$ 对 $\boldsymbol{a}$ 是**隐性的**.

假设在矩阵博弈 $\boldsymbol{A}$ 中，第 r 行优于第 s 行. 这意味着对于R来说选择 r 行的纯策略至少与选择 s 行的纯策略一样好，无论C选择什么，并且对于C的某些选择，r 比 s 好. 由此可见，R可以忽略隐性行 s(较小的行)而不会影响R的预期收益. 类似的分析也适用于 $\boldsymbol{A}$ 的列，在这种情况下，占优势地位的“较大”列被忽略. 这些观察结果总结在下面的定理中.

定理5 设 $\boldsymbol{A}$ 是一个 $m\times n$ 博弈矩阵. 如果矩阵 $\boldsymbol{A}$ 中的第 s 行对其他行是隐性的，则设 $\boldsymbol{A}_1$ 为从 $\boldsymbol{A}$ 中删除第 s 行得到的 $(m-1)\times n$ 矩阵. 同样，如果矩阵 $\boldsymbol{A}$ 的第 t 列优于另一列，则设 $\boldsymbol{A}_2$ 为从 $\boldsymbol{A}$ 中删除第 t 列得到的 $m\times(n-1)$ 矩阵. 在两种情况下，简化矩阵博弈 $\boldsymbol{A}_1$ 或 $\boldsymbol{A}_2$ 的任何最优策略都将决定 $\boldsymbol{A}$ 的最优策略.

例6 使用定理5中描述的过程将下面的矩阵博弈简化到更小的规模. 然后找出原博弈中双方的博弈值和最优策略.

$$\boldsymbol{A} = \begin{bmatrix} 7 & 1 & 6 & 7 \\ 8 & 3 & 1 & 0 \\ 4 & 5 & 3 & 3 \end{bmatrix}$$

解 因为第1列优于第3列，玩家C永远不会使用第一个纯策略. 删除第1列，得到

$$\begin{bmatrix} * & 1 & 6 & 7 \\ * & 3 & 1 & 0 \\ * & 5 & 3 & 3 \end{bmatrix}$$

在这个矩阵中，第2行对第3行是隐性的. 删除第2行，得到

$$\begin{bmatrix} * & 1 & 6 & 7 \\ * & * & * & * \\ * & 5 & 3 & 3 \end{bmatrix}$$

这个简化后的2×3矩阵可以通过删除最后一列进一步化简，因为它优于第2列. 因此，原来的矩

阵博弈 $\boldsymbol{A}$ 就简化为

$$\boldsymbol{B}=\begin{bmatrix}1 & 6\\ 5 & 3\end{bmatrix}\text{当}\boldsymbol{A}=\begin{bmatrix}7 & 1 & 6 & 7\\ 8 & 3 & 1 & 0\\ 4 & 5 & 3 & 3\end{bmatrix}\text{时} \tag{8}$$

$\boldsymbol{B}$ 的任何最优策略都会产生 $\boldsymbol{A}$ 的最优策略，删除的行或列对应的元素为 0.

快速检查矩阵 $\boldsymbol{B}$ 就会发现这个博弈没有鞍点（因为 3 是行最小值的最大值，5 是列最大值的最小值）. 因此需要用图解法求解，图 9-3 显示了 $\boldsymbol{B}$ 的两列对应的直线，方程是 $z=4t+1$，$z=-3t+6$. 它们相交于 $t=\dfrac{5}{7}$，博弈值是 $\dfrac{27}{7}$，矩阵 $\boldsymbol{B}$ 的最优行策略为

$$\hat{\boldsymbol{x}}=\boldsymbol{x}\left(\frac{5}{7}\right)=\begin{bmatrix}1-\dfrac{5}{7}\\ \dfrac{5}{7}\end{bmatrix}=\begin{bmatrix}\dfrac{2}{7}\\ \dfrac{5}{7}\end{bmatrix}$$

由于博弈没有鞍点，最优列策略必然是两种纯策略的线性组合. 设 $\hat{\boldsymbol{y}}=c_1\boldsymbol{e}_1+c_2\boldsymbol{e}_2$，并用定理 4 的第二部分得

$$\frac{27}{7}=E(\boldsymbol{e}_1,\hat{\boldsymbol{y}})=\begin{bmatrix}1 & 0\end{bmatrix}\begin{bmatrix}1 & 6\\ 5 & 3\end{bmatrix}\begin{bmatrix}c_1\\ c_2\end{bmatrix}=c_1+6c_2=(1-c_2)+6c_2$$

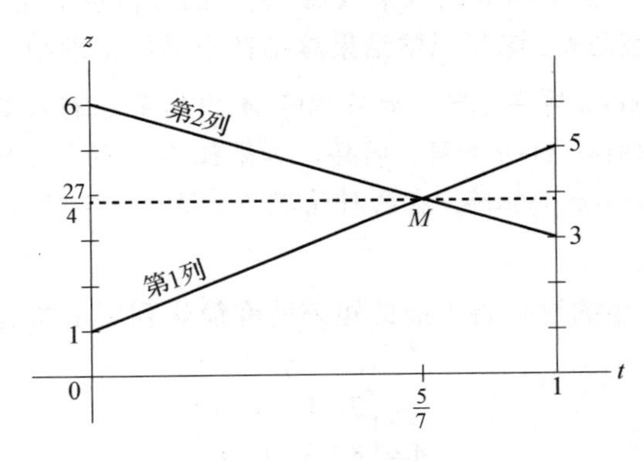

图　9-3

求解得 $5c_2=\dfrac{20}{7},c_2=\dfrac{4}{7}$，且 $c_1=1-c_2=\dfrac{3}{7}$. 于是 $\hat{\boldsymbol{y}}=\begin{bmatrix}\dfrac{3}{7}\\ \dfrac{4}{7}\end{bmatrix}$. 作为检查，计算 $E(\boldsymbol{e}_2,\hat{\boldsymbol{y}})=5\left(\dfrac{3}{7}\right)+3\left(\dfrac{4}{7}\right)=\dfrac{27}{7}=v$.

最后一步是从矩阵 $\boldsymbol{B}$ 的解（由上面的 $\hat{\boldsymbol{x}}$ 和 $\hat{\boldsymbol{y}}$ 给出）构造矩阵 $\boldsymbol{A}$ 的解. 看看（8）中的矩阵多余的零在哪里. $\boldsymbol{A}$ 的行和列策略分别为

$$\hat{\boldsymbol{x}}=\begin{bmatrix}\frac{2}{7}\\0\\\frac{5}{7}\end{bmatrix},\ \hat{\boldsymbol{y}}=\begin{bmatrix}0\\\frac{3}{7}\\\frac{4}{7}\\0\end{bmatrix}$$ ■

练习题

求以下矩阵博弈的最优策略和博弈值

$$\begin{bmatrix}-3 & 4 & 1 & 3\\2 & 2 & -1 & 0\\1 & 5 & 2 & 3\end{bmatrix}$$

习题 9.1

在习题 1~4 中，写出每对博弈的支付矩阵.

1. 玩家 R 拥有一些 10 分硬币和 25 分硬币. 玩家 R 从中任意选择一枚，玩家 C 猜测 R 选择了哪种硬币，如果猜测正确，C 获得该枚硬币. 如果猜测错误，C 给 R 一枚等于 R 所选硬币的金额.
2. 玩家 R 和 C 分别伸出一个、两个或三个手指. 如果伸出的手指总数 N 为偶数，则玩家 C 给玩家 R 支付 N 美元；如果 N 是奇数，则玩家 R 给玩家 C 支付 N 美元.
3. 一种儿童猜拳游戏（或"石头、剪刀、布"）中规定：两个玩家要么伸出拳头（石头），要么伸出两个手指（剪刀），要么五个手指全部伸出（布）. 取胜规则是：石头与剪刀，石头获胜；剪刀与布，剪刀获胜；布与石头，布获胜；其他为平局. 在平局情况下，双方都没有回报，在一方获胜的情况下，获胜者获得 5 元钱.
4. 玩家 R 有三张扑克牌，分别是一张红 3、一张红 6 和一张黑 7. 玩家 C 有两张扑克牌，分别是一张红 4 和一张黑 9. 他们每个人都拿出一张牌. 如果两张牌的颜色相同，则玩家 R 获得两个数字中较大的一个数字. 如果两张牌的颜色不同，则玩家 C 获得两个数字的和.

在习题 5~8 中，求所给博弈矩阵的鞍点.

5. $\begin{bmatrix}4 & 3\\1 & -1\end{bmatrix}$
6. $\begin{bmatrix}2 & 1 & 3\\4 & -2 & 1\end{bmatrix}$
7. $\begin{bmatrix}5 & 3 & 4 & 3\\-2 & 1 & -5 & 2\\4 & 3 & 7 & 3\end{bmatrix}$
8. $\begin{bmatrix}-2 & 4 & 1 & -1\\3 & 5 & 2 & 2\\1 & -3 & 0 & 2\end{bmatrix}$
9. 设 $\boldsymbol{M}$ 为博弈的支付矩阵 $\begin{bmatrix}1 & 2 & -2\\0 & 1 & 4\\3 & -1 & 1\end{bmatrix}$，当给定向量 $\boldsymbol{x}$ 和 $\boldsymbol{y}$ 的值时，求 $E(\boldsymbol{x},\boldsymbol{y})$，$v(\boldsymbol{x})$ 和 $v(\boldsymbol{y})$.

   a. $\boldsymbol{x}=\begin{bmatrix}\frac{1}{3}\\0\\\frac{2}{3}\end{bmatrix},\ \boldsymbol{y}=\begin{bmatrix}\frac{1}{4}\\\frac{1}{2}\\0\\\frac{1}{4}\end{bmatrix}$

   b. $\boldsymbol{x}=\begin{bmatrix}\frac{1}{4}\\\frac{1}{2}\\\frac{1}{4}\end{bmatrix},\ \boldsymbol{y}=\begin{bmatrix}\frac{1}{2}\\\frac{1}{4}\\\frac{1}{4}\end{bmatrix}$

10. 设 $\boldsymbol{M}$ 为博弈的支付矩阵 $\begin{bmatrix}2 & 0 & 1 & -1\\-1 & 1 & -2 & 0\\1 & -2 & 2 & 1\end{bmatrix}$，当给定向量 $\boldsymbol{x}$ 和 $\boldsymbol{y}$ 的值时，求 $E(\boldsymbol{x},\boldsymbol{y})$，$v(\boldsymbol{x})$ 和 $v(\boldsymbol{y})$.

在习题 11~18 中，找出最佳的行和列策略以及每个矩阵博弈的值.

11. $\begin{bmatrix} 3 & -2 \\ 0 & 1 \end{bmatrix}$.

12. $\begin{bmatrix} 2 & -2 \\ -3 & 6 \end{bmatrix}$

13. $\begin{bmatrix} 3 & 5 \\ 4 & 1 \end{bmatrix}$

14. $\begin{bmatrix} 3 & 5 & 3 & 2 \\ -1 & 9 & 1 & 8 \end{bmatrix}$

15. $\begin{bmatrix} 4 & 6 & 2 & 0 \\ 1 & 3 & 2 & 5 \end{bmatrix}$

16. $\begin{bmatrix} 5 & -1 & 1 \\ 4 & 2 & 3 \\ -2 & -3 & 1 \end{bmatrix}$

17. $\begin{bmatrix} 0 & 1 & -1 & 4 & 3 \\ 1 & -1 & 3 & -1 & -3 \\ 2 & -1 & 4 & 0 & -2 \\ -1 & 0 & -2 & 5 & 1 \end{bmatrix}$

18. $\begin{bmatrix} 6 & 4 & 5 & 5 \\ 0 & 4 & 2 & 7 \\ 6 & 3 & 5 & 2 \\ 2 & 5 & 3 & 7 \end{bmatrix}$

19. 某军队遇到游击队，有两种方式可以为该部队提供补给：一种方式是派遣一支车队沿河而上，另一种方式是派遣一支车队从陆路通过丛林. 在某一天内，游击队只能守住两条路中的一条. 如果车队沿河行驶发现游击队，车队将不得不掉头，并且将有 4 名陆军士兵丧生. 如果车队从陆路出发遇到游击队，只有一半的补给能够送到部队，但将会有 7 名士兵丧生. 每天都有一支补给车队在其中一条道路上行驶，如果游击队正在监视另一条道路，车队就会毫无损失地通过. 建立并求解以下矩阵博弈，设 R 为陆军.

    a. 如果军队想最大限度地增加其补给量，那么它的最佳策略是什么？如果游击队想阻止大部分补给通过，它们的最佳策略是什么？如果遵循这些策略，补给的哪一部分会通过？

    b. 如果军队想要最大限度地减少伤亡，那么它的最佳战略是什么？如果游击队想给军队造成最大损失，它们的最佳策略是什么？如果遵循这些策略，补给的哪一部分会通过？

20. 假设在习题 19 中，无论车队何时从陆路出发，无论是否受到攻击，都会有两名士兵死于地雷. 因此，如果军队遇到游击队，将有 9 人伤亡；如果没有遇到游击队，将有 2 人伤亡.

    a. 根据军队伤亡人数，找出军队和游击队的最佳策略.

    b. 在（a）部分，博弈的“价值”是什么？就部队而言，这代表了什么？

在习题 21~30 中，判定每个命题的真假(T/F)，并加以证明.

21. (T/F)矩阵博弈的支付矩阵表示 R 每一个动作组合的收益.

22. (T/F)如果 a_{ij} 是鞍点，则 a_{ij} 是第 i 行的最小元素和第 j 列的最大元素.

23. (T/F)对于一个纯策略，玩家每次博弈时都会做出相同的选择.

24. (T/F)每个纯策略都是最优策略.

25. (T/F)玩家 R 的特定策略 $\boldsymbol{x}$ 的值 $v(\boldsymbol{x})$ 等于 $\boldsymbol{x}$ 与支付矩阵的每一列的内积的最大值.

26. (T/F)玩家 R 的博弈值 v_{R} 是 R 的各种可能策略值的最大值.

27. (T/F)最大最小值定理表示每个博弈矩阵都有一个解.

28. (T/F)矩阵博弈基本定理说明了如何求解每个矩阵博弈.

29. (T/F)如果第 s 行对于支付矩阵 $\boldsymbol{A}$ 中的其他行是隐性的，那么在（行）玩家 R 的最优策略中，第 s 行将不被使用（即概率为零）.

30. (T/F)如果第 t 列优于支付矩阵 $\boldsymbol{A}$ 中的某个其他列，则在（列）玩家 C 的最优策略中，不会使用第 t 列（即概率为零）.

31. 在例 2 中找到最优策略和博弈值.

32. 比尔和韦恩正在玩一个游戏，他们都可以选择两种颜色：红色和蓝色.下面给出了比尔作为行玩家的支付矩阵.

	红色	蓝色
红色	−1	2
蓝色	3	−4

例如，这意味着如果两个人都选择红色，那么比尔将支付韦恩一个单位.

a. 如果比尔和韦恩的支付相同，写出矩阵表明韦恩作为行玩家的奖金.

b. 如果 $\boldsymbol{A}$ 是以比尔为行玩家的矩阵，则用 $\boldsymbol{A}$ 写出类似（a）的结果.

33. 设矩阵 $\boldsymbol{A}$ 是没有鞍点的矩阵博弈.

$$\boldsymbol{A}=\begin{bmatrix} a & b \\ c & d \end{bmatrix}$$

a. 写出 R 和 C 的最优策略 $\hat{\boldsymbol{x}}$和 $\hat{\boldsymbol{y}}$的表达式.博弈值是什么？

b. 设 $\boldsymbol{J}=\begin{bmatrix} 1 & 1 \\ 1 & 1 \end{bmatrix}$，$\alpha$ 和 β为实数且 $\alpha\neq 0$.使用（a）中的结论证明矩阵博弈 $\boldsymbol{B}=\alpha\boldsymbol{A}+\beta\boldsymbol{J}$ 的最优策略与 $\boldsymbol{A}$ 的最优策略相同. 特别注意，$\boldsymbol{A}$ 和 $\boldsymbol{A}+\beta\boldsymbol{J}$ 的最优策略是相同的.

34. 设 v 为矩阵博弈 $\boldsymbol{A}$ 的一个值. 举例说明 $E(\boldsymbol{x},\boldsymbol{y})=v$ 并不一定是 $\boldsymbol{x}$ 和 $\boldsymbol{y}$ 的最优策略.

练习题答案

第一行相对于第三行是隐性的，因此可以删除第一行. 第二列和第四列分别优于第一列和第三列. 删除第二列和第四列后得到矩阵 $\boldsymbol{B}$：

$$\text{当 } \boldsymbol{A}=\begin{bmatrix} -3 & 4 & 1 & 3 \\ 2 & 2 & -1 & 0 \\ 1 & 5 & 2 & 3 \end{bmatrix}\text{时，}\quad \boldsymbol{B}=\begin{bmatrix} 2 & -1 \\ 1 & 2 \end{bmatrix}$$

矩阵博弈 $\boldsymbol{B}$ 没有鞍点，但图形分析会起作用.

矩阵 $\boldsymbol{B}$ 的两列确定了下图所示的两条线，其方程为 $z=2\cdot(1-t)+1\cdot t,\ z=-1\cdot(1-t)+2\cdot t$.

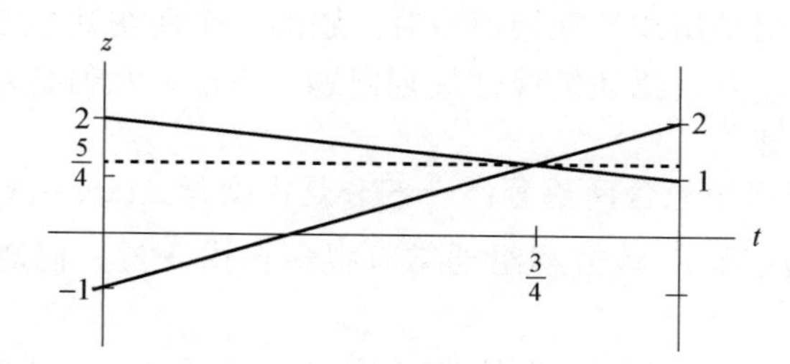

这些线相交于一点 $\left(\frac{3}{4},\frac{5}{4}\right)$. 博弈值是 $\frac{5}{4}$. 矩阵博弈 $\boldsymbol{B}$ 的最优行策略为：

$$\hat{\boldsymbol{x}}=\boldsymbol{x}\left(\frac{3}{4}\right)=\begin{bmatrix} 1-\frac{3}{4} \\ \frac{3}{4} \end{bmatrix}=\begin{bmatrix} \frac{1}{4} \\ \frac{3}{4} \end{bmatrix}$$

根据定理 4，最优列策略 $\hat{\boldsymbol{y}}=\begin{bmatrix} c_1 \\ c_2 \end{bmatrix}$ 满足两个方程 $E(\boldsymbol{e}_1,\hat{\boldsymbol{y}})=\frac{5}{4}$ 和 $E(\boldsymbol{e}_2,\hat{\boldsymbol{y}})=\frac{5}{4}$，因为$\hat{\boldsymbol{x}}$是$\boldsymbol{e}_1$和 $\boldsymbol{e}_2$ 的线性组合.

这些方程中的每一个都确定了策略 $\hat{\boldsymbol{y}}$. 例如，

$$\frac{5}{4}=E(\boldsymbol{e}_1,\hat{\boldsymbol{y}})=\begin{bmatrix}1 & 0\end{bmatrix}\begin{bmatrix}2 & -1\\1 & 2\end{bmatrix}\begin{bmatrix}c_1\\c_2\end{bmatrix}=2c_1-c_2=2c_1-(1-c_1)=3c_1-1$$

则 $c_1=\frac{3}{4}$， $c_2=\frac{1}{4}$， $\hat{\boldsymbol{y}}=\begin{bmatrix}\frac{3}{4}\\\frac{1}{4}\end{bmatrix}$. 检验计算结果，

$$E(\boldsymbol{e}_1,\hat{\boldsymbol{y}})=\begin{bmatrix}0 & 1\end{bmatrix}\begin{bmatrix}2 & -1\\1 & 2\end{bmatrix}\begin{bmatrix}\frac{3}{4}\\\frac{1}{4}\end{bmatrix}=\begin{bmatrix}1 & 2\end{bmatrix}\begin{bmatrix}\frac{3}{4}\\\frac{1}{4}\end{bmatrix}=\frac{5}{4}$$

到此解决了矩阵 $\boldsymbol{B}$ 的博弈. $\boldsymbol{A}$ 的最优行策略 $\hat{\boldsymbol{x}}$需要第一个元素为 0（对应于删除的第一行）；$\boldsymbol{A}$ 的最优列策略 $\hat{\boldsymbol{y}}$需要第二个和第四个元素为 0（对应于两个删除的列）. 因此

$$\hat{\boldsymbol{x}}=\begin{bmatrix}0\\\frac{1}{4}\\\frac{3}{4}\end{bmatrix},\quad \hat{\boldsymbol{y}}=\begin{bmatrix}\frac{3}{4}\\0\\\frac{1}{4}\\0\end{bmatrix}$$

9.2　线性规划——几何方法

自20世纪50年代以来，随着计算能力的急剧提高，工业规划问题的种类和规模不断增长. 不过，线性规划问题的核心仍是用线性规划模型对问题的一个简明数学描述. 本节将讨论此问题，并且最后一个例子展示了用几何描述解线性规划问题的方法，几何直观的解对理解用代数方法处理大规模数学问题很重要.

总的来说，线性规划问题包含两部分：一部分是由变量 $x_1,x_2,\cdots,x_n$ 构成的不等式组，另一部分是从 $\mathbb{R}^n$ 到 $\mathbb{R}$ 的线性泛函 f. 该方程组通常有很多自由变量，问题是找到一个解向量 $\boldsymbol{x}$ 使 $f(\boldsymbol{x})$ 有最大值或者最小值.

例 1　Shady-Lane 草种公司生产两种类型的混合种子：EverGreen 和 QuickGreen. 每袋 EverGreen 含有 3 磅羊茅种子、1 磅黑麦种子和 1 磅早熟禾种子. 每袋 QuickGreen 含有 2 磅羊茅种子、2 磅黑麦种子和 1 磅早熟禾种子. 这家公司共有 1 200 磅羊茅种子，800 磅黑麦种子和 450 磅早熟禾种子可用. 并且该公司生产的每袋 EverGreen 和每袋 QuickGreen 分别获利 2 美元和 3 美元.构造一个数学问题，确定每种类型混合种子的袋数，使 Shady-Lane 公司的利润最大化.

解　“利润最大化”确定了问题的目的或目标. 因此，第一步构造一个利润模型. 首先设定变量：令 x_1 为 EverGreen 的袋数，x_2 为 QuickGreen 袋数. 因为生产每袋 EverGreen 的利润是 2 美元，生产每袋 QuickGreen 的利润是 3 美元，总利润（以美元计）是：

$$2x_1+3x_2\ \text{（利润函数）}$$

第二步写出 x_1 和 x_2 必须满足的等式或不等式. 在本题中，每一种材料都是有限供应的. 注意每袋 EverGreen 需要 3 磅羊茅种子，每袋 QuickGreen 需要 2 磅羊茅种子，所以羊茅种子的总需求量是 $3x_1+2x_2$ 磅. 又因为共有 1 200 磅羊茅种子可用，因此 x_1 和 x_2 必须满足

$$3x_1+2x_2 \leqslant 1\,200 \text{（羊茅草）}$$

类似地，每袋 EverGreen 需要 1 磅黑麦种子，每袋 QuickGreen 需要 2 磅黑麦种子，然而公司提供的黑麦种子为 800 磅. 于是，黑麦种子的需求量为 x_1+2x_2，并且 x_1 和 x_2 必须满足

$$x_1+2x_2 \leqslant 800 \text{（黑麦）}$$

对于早熟禾种子，每袋 EverGreen 需要 1 磅，每袋 QuickGreen 需要 2 磅，公司提供的为 450 磅，所以

$$x_1+x_2 \leqslant 450 \text{（早熟禾）}$$

当然，x_1 和 x_2 不能是负的，所以 x_1 和 x_2 必须满足

$$x_1 \geqslant 0, \quad x_2 \geqslant 0$$

该问题可以总结成如下数学问题（s.t.：约束条件）：

$$\max \quad 2x_1+3x_2 \text{（利润函数）}$$

$$\text{s.t.}\begin{cases} 3x_1+2x_2 \leqslant 1\,200 \text{（羊茅草）} \\ x_1+2x_2 \leqslant 800 \text{（黑麦）} \\ x_1+\ \ x_2 \leqslant 450 \text{（早熟禾）} \\ x_1 \geqslant 0, \quad x_2 \geqslant 0 \end{cases}$$

例 2 一个炼油公司有两个精炼厂，生产三个等级的无铅汽油. A 炼油厂每天生产 12 000 加仑普通汽油、4 000 加仑优级汽油和 1 000 加仑特级汽油，成本为 3 500 美元. B 炼油厂每天生产 4 000 加仑普通汽油、4 000 加仑优级汽油和 5 000 加仑特级汽油，成本为 3 000 美元. 现收到一个 48 000 加仑普通汽油、32 000 加仑优级汽油和 20 000 加仑特级汽油的订单. 建立一个数学模型来确定为了以最低成本满足订单要求，每个炼油厂需要运行的天数.

解 设 A 炼油厂运行 x_1 天，B 炼油厂运行 x_2 天，则运行的总成本为 $3\,500x_1+3\,000x_2$ 美元. 该问题是找到一个生产调度 (x_1,x_2) 使得能以最小成本保证所需汽油的生产.

因为 A 炼油厂每天生产 12 000 加仑普通石油，而 B 炼油厂每天生产 4 000 加仑普通汽油，所以每天的总生产量是 $12\,000x_1+4000x_2$ 加仑. 所需的总数应该至少是 48 000 加仑. 于是

$$12\,000x_1+4\,000x_2 \geqslant 48\,000$$

类似地，对于优级汽油有如下的不等式：

$$4\,000x_1+4\,000x_2 \geqslant 32\,000$$

对于特级汽油有：

$$1\,000x_1+5\,000x_2 \geqslant 20\,000$$

与例 1 类似，x_1 和 x_2 不能是负的，所以 $x_1 \geqslant 0$，$x_2 \geqslant 0$.

该问题可以总结成如下的数学模型：

$$\min \quad 3\,500x_1+3\,000x_2 \text{（成本函数）}$$

$$\text{s.t.}\begin{cases}12\,000x_1+4\,000x_2\geqslant 48\,000（普通）\\ 4\,000x_1+4\,000x_2\geqslant 32\,000（优级）\\ 1\,000x_1+5\,000x_2\geqslant 20\,000（特级）\\ x_1\geqslant 0,\ x_2\geqslant 0\end{cases}$$

上述两个例子展示了线性规划问题，线性规划是研究线性约束条件下求解线性**目标函数**的极值问题的数学理论和方法.在许多情况下，约束条件采用线性不等式组的形式. 这里变量被限制为非负值.下面给出线性规划问题规范形式的一个精确的描述.

定义　给定向量 $\boldsymbol{b}=\begin{bmatrix}b_1\\b_2\\\vdots\\b_m\end{bmatrix}\in\mathbb{R}^m,\boldsymbol{c}=\begin{bmatrix}c_1\\c_2\\\vdots\\c_n\end{bmatrix}\in\mathbb{R}^n$ 和一个 $m\times n$ 的矩阵 $\boldsymbol{A}=\left[a_{ij}\right]$，**规范线性规划问题**如下所示：

找到一个 n 元数组 $\boldsymbol{x}=\begin{bmatrix}x_1\\x_2\\\vdots\\x_n\end{bmatrix}\in\mathbb{R}^n$ 使得函数

$$f(x_1,x_2,\cdots,x_n)=c_1x_1+c_2x_2+\cdots+c_nx_n$$

在

$$\text{s.t.}\begin{cases}a_{11}x_1+a_{12}x_2+\cdots+a_{1n}x_n\leqslant b_1\\ a_{21}x_1+a_{22}x_2+\cdots+a_{2n}x_n\leqslant b_2\\ \qquad\vdots\\ a_{m1}x_1+a_{m2}x_2+\cdots+a_{mn}x_n\leqslant b_m\\ x_j\geqslant 0, j=1,2,\cdots,n\end{cases}$$

下有最大值.

用向量-矩阵的形式[㊀]表示如下：

$$\max\quad f(\boldsymbol{x})=\boldsymbol{c}^{\mathrm{T}}\boldsymbol{x}\tag{1}$$

$$\text{s.t. }\boldsymbol{Ax}\leqslant\boldsymbol{b}\tag{2}$$

$$且\ \boldsymbol{x}\geqslant\boldsymbol{0}\tag{3}$$

这里，两个向量之间的不等式适用于它们对应的坐标.

满足条件（2）和（3）的任一向量 $\boldsymbol{x}$ 称为**可行解**，可行解组成的集合称为**可行集**，记作 $\mathcal{F}$. 若 $\mathcal{F}$ 中的向量 $\overline{\boldsymbol{x}}$ 满足 $f(\overline{\boldsymbol{x}})=\max_{\boldsymbol{x}\in\mathcal{F}}f(\boldsymbol{x})$，则称 $\overline{\boldsymbol{x}}$ 为一个最优解.

㊀ 有些作者将 $\boldsymbol{c}^{\mathrm{T}}\boldsymbol{x}$ 写作 $\boldsymbol{c}\cdot\boldsymbol{x}$，用点积表示.

这个问题的规范表述实际上并不像看起来那么严格. 为了得到函数 $h(\boldsymbol{x})$ 的最小值，可以将其替换为求函数 $-h(\boldsymbol{x})$ 的最大值问题，不等式约束条件

$$a_{i1}x_1 + a_{i2}x_2 + \cdots + a_{in}x_n \geqslant b_i$$

可替换为

$$-a_{i1}x_1 - a_{i2}x_2 - \cdots - a_{in}x_n \leqslant -b_i$$

等式约束条件

$$a_{i1}x_1 + a_{i2}x_2 + \cdots + a_{in}x_n = b_i$$

可替换为两个不等式

$$a_{i1}x_1 + a_{i2}x_2 + \cdots + a_{in}x_n \leqslant b_i$$
$$-a_{i1}x_1 - a_{i2}x_2 - \cdots - a_{in}x_n \leqslant -b_i$$

对于任意规范线性规划问题，有两种情况可能出错. 如果约束不等式不相容，那么 $\mathcal{F}$ 是空集；如果目标函数在 $\mathcal{F}$ 中取任意大的值，那么所期望的最大值不存在. 在前一种情况下，这个问题被认为是**不可行的**；在后一种情况下，问题被称为是**无界的**.

例 3

$$\max \quad 5x$$
$$\text{s.t.}\begin{cases} x \leqslant 3 \\ -x \leqslant -4 \\ x \geqslant 0 \end{cases}$$

是不可行的，因为不存在同时满足 $x \leqslant 3$ 且 $x \geqslant 4$ 的 x.

例 4

$$\max \quad 5x$$
$$\text{s.t.}\begin{cases} -x \leqslant 3 \\ x \geqslant 0 \end{cases}$$

是无界的. 因为当 x 满足 $x \geqslant 0$（$x \geqslant -3$）时，$5x$ 的值可以任意大.

幸运的是，只有这两种情况可能出错.

定理 6 如果可行集 $\mathcal{F}$ 非空且目标函数在 $\mathcal{F}$ 上有界，则规范线性规划问题至少有一个最优解. 而且，至少有一个最优解是 $\mathcal{F}$ 的极值点.[㊀]

定理 6 描述了何时存在最优解，并提出了一种寻找最优解的可能方法. 即在每一个 $\mathcal{F}$ 的极值点处评估目标函数，然后选择值最大的点. 下面两个例子体现了这个简单的方法.几何方法仅限于两维或三维空间，但它的特点是直观、易于理解，通过图解法求解可以理解线性规划的一些基本概念.

㊀ 可行集是线性不等式组的解. 几何上，这对应于有限数量(封闭)半空间的交点，有时称为多面体集. 直观地,极值点对应于这个多面体集合的“角点”或顶点.“极值点”的概念在 8.5 节中有更充分的讨论.

定理 6 的证明参见 Steven R. Lay, *Convex Sets and Their Applications* (New York: John Wiley & Sons, 1982; Mineola, NY: Dover Publications,2007),p.171.

例 5

$$\max \quad f(x_1,x_2)=2x_1+3x_2$$

$$\text{s.t.}\begin{cases} x_1 \leqslant 30 \\ x_2 \leqslant 20 \\ x_1+2x_2 \leqslant 54 \\ x_1 \geqslant 0, x_2 \geqslant 0 \end{cases}$$

解　图 9-4 中五边形的阴影区域为可行集，是通过画出每一个约束不等式得到的.（为简单起见，本节中的点显示为有序对或三元数组.）这里有五个极值点，分别对应这个可行集的五个顶点. 它们是通过解适当的两个方程的线性方程组得到的. 例如极值点 $(14,20)$ 可以通过解线性方程 $x_1+2x_2=54$ 和 $x_2=20$ 来得到. 下表显示了目标函数在每个极值点处的函数值. 显然最大值为 96，在 x_1=30 和 $x_2=12$ 处取得.

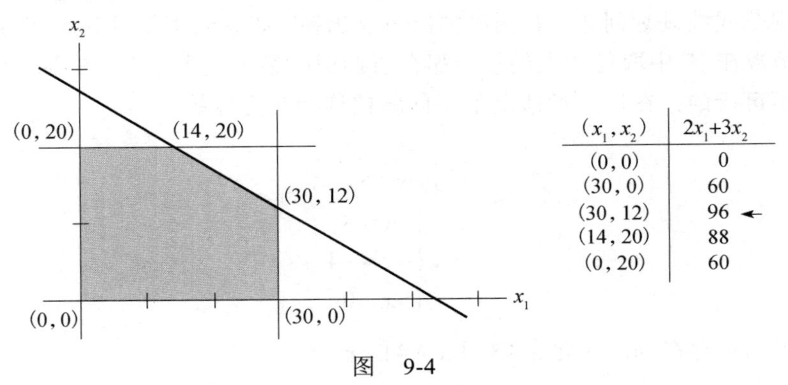

(x_1,x_2)	$2x_1+3x_2$
(0, 0)	0
(30, 0)	60
(30, 12)	96 ←
(14, 20)	88
(0, 20)	60

图　9-4

当所求问题只涉及两个变量时，还可以采用另一种几何技巧，即画出目标函数的一些等值线. 这些等值线互相平行，而且目标函数在每条线上是一个常数值. (见图 9-5.) 随着 (x_1,x_2) 从左向右移动，目标函数 $f(x_1,x_2)$ 的值在增加. 最右边的等值线与可行集的交点为顶点 $(30,12)$，因此在点 $(30,12)$ 处产生目标函数 $f(x_1,x_2)$ 在整个可行集上的最大值. ■

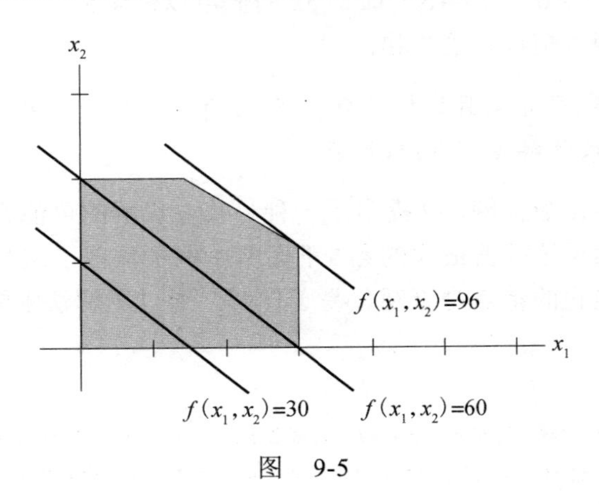

图　9-5

例 6

$$\max \quad f(x_1,x_2,x_3)=2x_1+3x_2+4x_3$$

$$\text{s.t.}\begin{cases} x_1+\ x_2+\ x_3\leqslant 50 \\ x_1+2x_2+4x_3\leqslant 80 \\ x_1\geqslant 0, x_2\geqslant 0, x_3\geqslant 0 \end{cases}$$

解 题目中的五个不等式中的每一个都决定了 $\mathbb{R}^3$ 中的一个“半空间”——平面连同平面一边所有的点.这个线性规划问题的可行集就是这些半空间的交集，为 $\mathbb{R}^3$ 的第一卦限中的凸集.

将第一个不等式变成等式，对应的图形为在各个坐标轴的截距均为 50 个单位长度的平面，即确定图 9-6 中的一个等边三角形区域. 因为 $(0,0,0)$ 满足不等式，所以此平面下方的其他点也满足该不等式. 用类似的方式，第二个（不）等式确定了一个平面上的三角形区域（见图 9-7），该区域更靠近原点. 这两个平面相交于包含线段 EB 的直线.

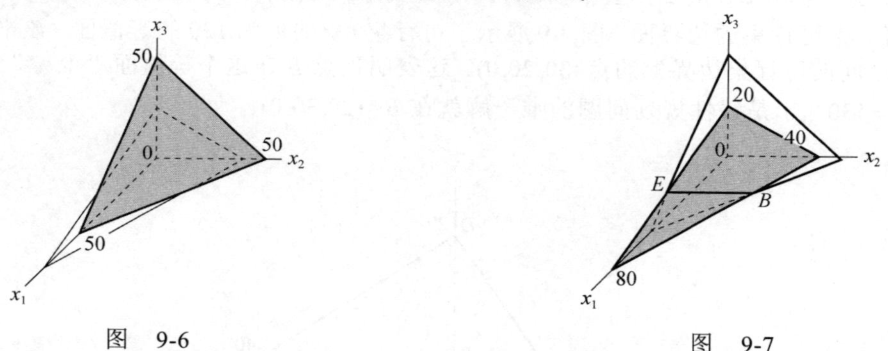

图 9-6　　图 9-7

四边形面 $BCDE$ 形成可行集的一个边界，因为它在等边三角形区域下方. 然而，在 EB 之外，两个平面相对于原点的位置发生了变化，所以平面区域 ABE 形成了可行集的另一个边界. 可行集的顶点是点 A, B, C, D, E 和原点. 如图 9-8 所示，除了“顶部”的面 $BCDE$，可行集的其他四个边界面都用渐变阴影标出，为了求 B 的坐标，解方程组

$$\begin{cases} x_1+\ x_2+\ \ x_3=50 \\ x_1+2x_2+4x_3=80 \\ \qquad\qquad\quad x_3=0 \end{cases} \Rightarrow \begin{cases} x_1+\ x_2=50 \\ x_1+2x_2=80 \end{cases}$$

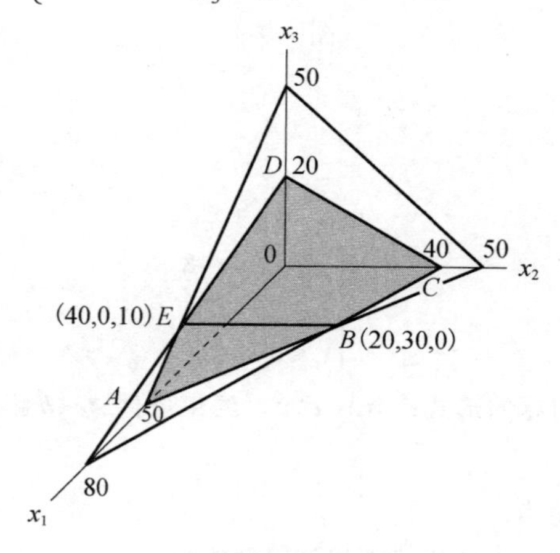

图 9-8

解得 $x_2 = 30$，并且得到 B 的坐标为 $(20,30,0)$. 对于 E，解方程

$$\begin{cases} x_1 + \ \ x_2 + \ \ x_3 = 50 \\ x_1 + 2x_2 + 4x_3 = 80 \\ \qquad x_2 \qquad\ \ = 0 \end{cases} \Rightarrow \begin{cases} x_1 + \ \ x_3 = 50 \\ x_1 + 4x_3 = 80 \end{cases}$$

解得 $x_3 = 10$，并且得到 E 的坐标为 $(40,0,10)$.

现在，可行集和它的极值点都清楚了，下一步是考察目标函数

$$f(x_1, x_2, x_3) = 2x_1 + 3x_2 + 4x_3$$

这里，f 值相等的点的集合是平面，而不是直线. 且这些平面的法向量均为(2, 2, 4). 这个法向量的方向与平面 $BCDE$ 的法向量(1, 1, 1)和 ABE 的法向量(1, 2, 4)均不同，所以 f 的等值面不平行于任何一个可行集的边界面. 图 9-9 展示了可行集和 f 的值为 120 的等值面. 该平面经过 C，E 和 A，B 之间的可行集边界上的点 $(30,20,0)$. 这表明顶点 B 在这个等值面"上方". 事实上，$f(20,30,0) = 130$. 于是线性规划问题的唯一解就在 $B = (20,30,0)$. ■

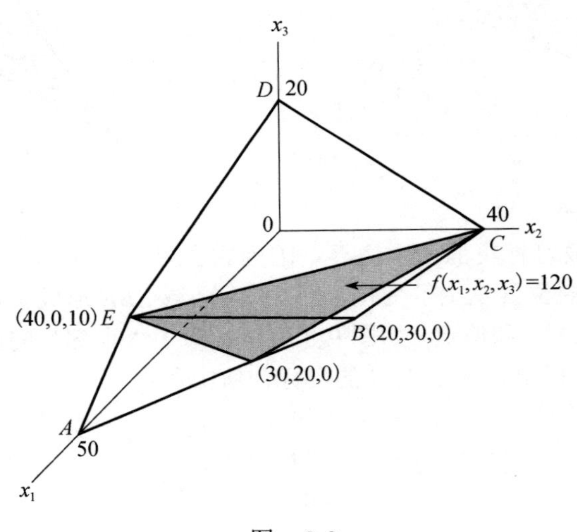

图　9-9

练习题

1. 考虑下面的问题：

$$\max \quad 2x_1 + x_2$$

$$\text{s.t.} \begin{cases} x_1 - 2x_2 \geqslant -8 \\ 3x_1 + 2x_2 \leqslant 24 \\ x_1 \leqslant 0, x_2 \leqslant 0 \end{cases}$$

将此问题写成规范线性规划问题的形式：$\max\ \boldsymbol{c}^{\mathrm{T}}\boldsymbol{x}$，约束条件 $A\boldsymbol{x} \leqslant \boldsymbol{b}$ 且 $\boldsymbol{x} \geqslant \boldsymbol{0}$. 并写出具体的 $A, \boldsymbol{b}$ 和 $\boldsymbol{c}$.

2. 画出练习题 1 的可行集.
3. 求出练习题 2 中可行集的极值点.
4. 利用练习题 3 的答案，求出练习题 1 中线性规划问题的解.

习题 9.2

1. Betty 计划在共同基金、大额存款和高收益储蓄账户上总共投资 12 000 美元. 考虑到共同基金的风险，她想使共同基金上的投资不超过活期存款和高收益储蓄的和. 同时她想使高收益储蓄的投资额至少是活期存款投资额的一半. 预期回报率分别为：共同基金 11%，大额存款 8%，高收益储蓄账户 6%. 请问 Betty 在各个项目上应该如何投资才能有最大的投资回报？将此问题写成具有如下形式的线性规划问题：max $\boldsymbol{c}^{\mathrm{T}}\boldsymbol{x}$，约束条件 $A\boldsymbol{x}\leqslant \boldsymbol{b}$ 且 $\boldsymbol{x}\geqslant \boldsymbol{0}$. 不用求解.

2. 某人决定给他的狗混合喂两种品牌的狗粮：Pixie Power 和 Misty Might. 他想要狗每月补充四种营养成分. 下表给出了 1 袋狗粮中这些营养成分(a，b，c，d)的含量和需要的总量.

	a	b	c	d
Pixie Power	3	2	1	2
Misty Might	2	4	3	1
需要的总量	28	30	20	25

每袋 Pixie Power 的价格是 50 美元，每袋 Misty Might 的价格是 40 美元，请问用多少袋每种狗粮来混合，才能以最低的成本满足狗的营养需求？将此问题写成具有如下形式线性规划问题：min $\boldsymbol{c}^{\mathrm{T}}\boldsymbol{x}$，约束条件 $A\boldsymbol{x}\geqslant \boldsymbol{b}$ 且 $\boldsymbol{x}\geqslant \boldsymbol{0}$. 不用求解.

在习题 3~6 中，找到向量 $\boldsymbol{b}$ 和 $\boldsymbol{c}$ 以及矩阵 A，将每一个问题写成如下形式的规范线性规划问题：max $\boldsymbol{c}^{\mathrm{T}}\boldsymbol{x}$，约束条件 $A\boldsymbol{x}\leqslant \boldsymbol{b}$ 且 $\boldsymbol{x}\geqslant \boldsymbol{0}$. 不用求解.

3. max $3x_1+4x_2-2x_3$

$$\text{s.t.}\begin{cases} x_1+2x_2 \leqslant 20 \\ 3x_2+5x_3\geqslant 10 \\ x_1\geqslant 0, x_2\geqslant 0, x_3\geqslant 0 \end{cases}$$

4. max $3x_1+x_2+5x_3$

$$\text{s.t.}\begin{cases} 5x_1+7x_2+x_3\leqslant 25 \\ 2x_1+3x_2+4x_3=40 \\ x_1\geqslant 0, x_2\geqslant 0, x_3\geqslant 0 \end{cases}$$

5. min $7x_1-3x_2+x_3$

$$\text{s.t.}\begin{cases} x_1-4x_2 \geqslant 35 \\ x_2-2x_3=20 \\ x_1\geqslant 0, x_2\geqslant 0, x_3\geqslant 0 \end{cases}$$

6. min $x_1+5x_2-2x_3$

$$\text{s.t.}\begin{cases} 2x_1+x_2+4x_3\leqslant 27 \\ x_1-6x_2+3x_3\geqslant 40 \\ x_1\geqslant 0, x_2\geqslant 0, x_3\geqslant 0 \end{cases}$$

求解习题 7~10 中的线性规划问题.

7. max $80x_1+65x_2$

$$\text{s.t.}\begin{cases} 2x_1+x_2\leqslant 32 \\ x_1+x_2\leqslant 18 \\ x_1+3x_2\leqslant 24 \\ x_1\leqslant 0, x_2\leqslant 0 \end{cases}$$

8. min $5x_1+3x_2$

$$\text{s.t.}\begin{cases} 2x_1+5x_2\geqslant 10 \\ 3x_1+x_2\geqslant 6 \\ x_1+7x_2\geqslant 7 \\ x_1\geqslant 0, x_2\geqslant 0 \end{cases}$$

9. max $2x_1+7x_2$

$$\text{s.t.}\begin{cases} -2x_1+x_2\leqslant -4 \\ x_1-2x_2\leqslant -4 \\ x_1\geqslant 0, x_2\geqslant 0 \end{cases}$$

10. max $5x_1+12x_2$

$$\text{s.t.}\begin{cases} x_1-x_2\leqslant 3 \\ -x_1+2x_2\leqslant -4 \\ x_1\geqslant 0, x_2\geqslant 0 \end{cases}$$

在习题 11~14 题中，判断每个命题的真假(T/F)，并说明理由.

11. (T/F)在规范线性规划问题中，如果一个非负的向量 $\boldsymbol{x}$ 满足 $A\boldsymbol{x}\leqslant \boldsymbol{b}$，则它是一个可行解.
12. (T/F)如果一个规范线性规划问题没有最优解，则目标函数在可行集 $\mathcal{F}$ 上无界，或 $\mathcal{F}$ 是空集.
13. (T/F)如果 $f(\overline{\boldsymbol{x}})$ 等于线性泛函 f 在可行集 $\mathcal{F}$ 上的最大值，向量 $\overline{\boldsymbol{x}}$ 是一个规范线性规划问题的最优解.
14. (T/F)若 $\overline{\boldsymbol{x}}$ 是一个规范线性规划规划问题的最优解，则 $\overline{\boldsymbol{x}}$ 是可行集的极值点.

15. 求解例 1 中的线性规划问题.

16. 求解例 2 中的线性规划问题.

17. Benri 公司生产两种厨房小器具:翻转工具和折叠工具. 生产过程分为三个部门:制造、包装和运输. 每个操作所需的工时和每个部门每天可用的工时如下图所示.

	翻转工具	折叠工具	可用工时
制造	5.0	2.0	200
包装	0.2	0.4	16
运输	0.2	0.2	10

假设每个翻转工具的利润是 20 美元，每个折叠工具的利润是 26 美元. 每天应该做多少件翻转工具和多少件折叠工具才能使公司的利润最大化?

在习题 18~21 中用到了 8.3 节中介绍的凸集的概念. $\mathbb{R}^n$ 中的集合 S 是凸的定义为：S 中的两元素 $\boldsymbol{p}$ 和 $\boldsymbol{q}$ 的连线仍包含于 S 中. （这里连线指的是形如 $(1-t)\boldsymbol{p}+t\boldsymbol{q}$，$0\leqslant t\leqslant 1$的点集. ）

18. 设 $\mathcal{F}$ 为线性规划问题 $A\boldsymbol{x}\leqslant\boldsymbol{b}$ 且 $\boldsymbol{x}\geqslant\boldsymbol{0}$的所有解 $\boldsymbol{x}$ 的可行集. 假设 $\mathcal{F}$ 非空，证明 $\mathcal{F}$ 是 $\mathbb{R}^n$ 中的凸集. （提示：考虑 $\mathcal{F}$ 中的点 $\boldsymbol{p},\boldsymbol{q}$ 和 t，$0\leqslant t\leqslant 1$，证明 $(1-t)\boldsymbol{p}+t\boldsymbol{q}\in\mathcal{F}$.）

19. 设 $\boldsymbol{v}=\begin{bmatrix}a\\b\end{bmatrix}$，$\boldsymbol{x}=\begin{bmatrix}x_1\\x_2\end{bmatrix}$. 对某些实数 c,不等式 $ax_1+bx_2\leqslant c$ 可以写作 $\boldsymbol{v}^{\mathrm{T}}\boldsymbol{x}\leqslant c$. 所有满足不等式的 $\boldsymbol{x}$ 构成的集合 S 称为 $\mathbb{R}^2$ 中的**半闭空间**. 证明 S 是凸的. （参考习题 18 的提示. ）

20. 例 5 中的可行集是 5 个半闭空间的交集，依据习题 19，这些半空间为凸集. 证明：$\mathbb{R}^n$ 中的任意 5 个凸集 $S_1,S_2,\cdots,S_5$ 的交集仍为凸集.

21. 若 $\boldsymbol{c}\in\mathbb{R}^n$，$f$ 定义在 $\mathbb{R}^n$ 上且满足 $f(\boldsymbol{x})=\boldsymbol{c}^{\mathrm{T}}\boldsymbol{x}$，则称 f 为线性函数，且对任意的实数 d，$\{\boldsymbol{x}:f(\boldsymbol{x})=d\}$ 称为 f 的等值集.（参考例 5 中图 9-2 的等值集. ）证明：任何一个等值集均为凸集.

练习题答案

1. 由于第一个不等式方向与后面的相反，所以乘以−1，问题描述如下：

$$\max\quad 2x_1+x_2$$

$$\text{s.t.}\begin{cases}-x_1+2x_2\leqslant 8\\3x_1+2x_2\leqslant 24\\x_1\geqslant 0,x_2\geqslant 0\end{cases}$$

对应的标准形式为

$$\max\quad \boldsymbol{c}^{\mathrm{T}}\boldsymbol{x}\text{，s.t.}\quad A\boldsymbol{x}\leqslant\boldsymbol{b}\text{，}\boldsymbol{x}\geqslant\boldsymbol{0}$$

其中

$$\boldsymbol{b}=\begin{bmatrix}8\\24\end{bmatrix},\quad\boldsymbol{x}=\begin{bmatrix}x_1\\x_2\end{bmatrix},\quad\boldsymbol{c}=\begin{bmatrix}2\\1\end{bmatrix}\text{且}\quad A=\begin{bmatrix}-1&2\\3&2\end{bmatrix}$$

2. 画出不等式 $-x_1+2x_2\leqslant 8$ 的图形，首先画出等式 $-x_1+2x_2=8$，直线的截距很容易找到，对应的点为 $(0,4)$ 和 $(-8,0)$，图 9-10 给出了过这两点的直线.

不等式的图形由这条直线和直线一侧的点组成. 为了确定在直线的哪一侧，只需选择不在直线上的点，观察其坐标是否满足不等式即可. 例如，选择原点 $(0,0)$，将其坐标代入不等式有

$$-(0)+2(0)\leqslant 8$$

不等式成立，说明原点及直线下方的点均满足不等式. 另选取点 $(0,8)$ 代入不等式有

$$-(0)+2(8)\leqslant 8$$

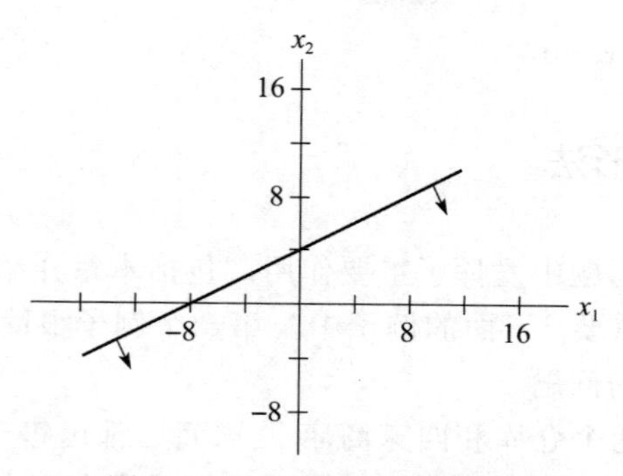

图 9-10 $-x_1+2x_2\leqslant 8$ 的图形

则不等式不成立. 说明点 (0,8) 连同直线上方的点均不满足不等式. 在图 9-10 中用 $-x_1+2x_2=8$ 图形下方的小箭头来表示应取哪一侧.

对于不等式 $3x_1+2x_2\leqslant 24$,利用截距 (0,12)和(8,0) 或其他方便的点画出 $3x_1+2x_2=24$ 的图形. 因为 (0,0) 满足不等式，所以可行集在直线下方包含原点的一侧. 不等式 $x_1\geqslant 0$ 对应右半平面， $x_2\geqslant 0$ 为上半平面. 这些图形画在图 9-11 中. 它们的共同部分为阴影部分的可行集.

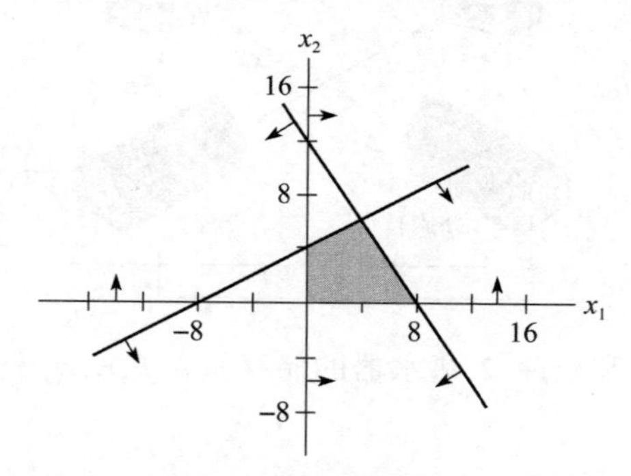

图 9-11 可行集的图形

3. 可行集有四个极值点：

（1）原点 (0,0) ；

（2）第一个等式的 x_2 截距 (0,4) ；

（3）第二个等式的 x_1 截距 (8,0) ；

（4）两个等式的交点.

对于第四个极值点，只需要解方程组 $-x_1+2x_2=8$ 和 $3x_1+2x_2=24$ ，便可得到 $x_1=4$ 和 $x_2=6$.

4. 为了找到目标函数 $2x_1+x_2$ 的极大值，计算它在可行集的四个极值点处的函数值

	$2x_1+x_2$	
（0，0）	2（0）+1（0）=0	
（0，4）	2（0）+1（4）=4	
（8，0）	2（8）+1（0）=16	← max
（4，6）	2（4）+1（6）=14	

得到最大值为16，此时 $x_1=8$，$x_2=0$.

9.3 线性规划——单纯形法

早期的线性规划在运输问题中发挥了重要作用，包括本章介绍性示例中描述的柏林空运问题. 当今线性规划显得更为重要. 下面的例子中，第一个例子很简单，但它代表了可能涉及数百个甚至数千个变量和方程的问题.

例 1 一家零售公司有两个仓库和四家商店.四家商店都出售一种特定型号的热水器，每家商店都向公司总部订购了一定数量的这种热水器. 总部确定仓库有足够的热水器，且可以立即运送. 从仓库到商店的距离各不相同，将热水器从仓库运输到商店的成本取决于距离. 需要解决的问题是确定一个使总运输成本最小化的运输计划. 设 x_{ij} 为从仓库 i 到商店 j 运输的热水器数量.

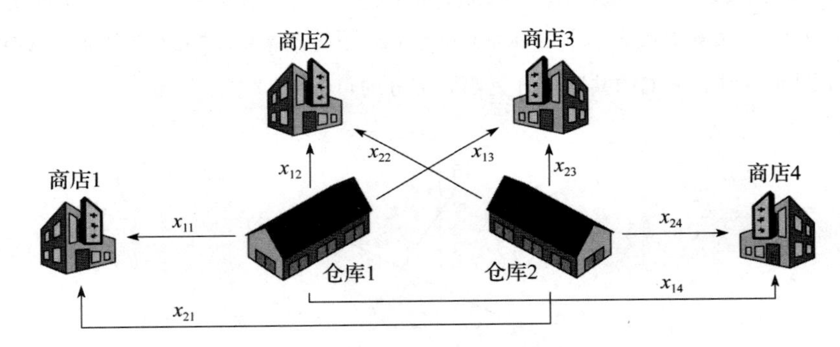

设 a_1 和 a_2 分别为仓库 1 和仓库 2 热水器的储存量，r_1,r_2,r_3,r_4 是不同商店分别需要的数量. 因此 x_{ij} 满足方程

$$\begin{aligned}
x_{11}+x_{12}+x_{13}+x_{14} &\leqslant a_1\\
x_{21}+x_{22}+x_{23}+x_{24} &\leqslant a_2\\
x_{11}+x_{21} &= r_1\\
x_{12}+x_{22} &= r_2\\
x_{13}+x_{23} &= r_3\\
x_{14}+x_{24} &= r_4
\end{aligned}$$

其中 $x_{ij}\geqslant 0$，$i=1,2$，$j=1,2,3,4$. 如果从仓库 i 到商店 j 运输一个热水器的费用为 c_{ij}，那么问题转化为在上述四个等式和两个不等式约束下函数

$$c_{11}x_{11}+c_{12}x_{12}+c_{13}x_{13}+c_{14}x_{14}+c_{21}x_{21}+c_{22}x_{22}+c_{23}x_{23}+c_{24}x_{24}$$

的最小化问题. ■

下面讨论的单纯形法可以很容易地处理例 1 的问题. 然而，为了介绍该方法，本节主要关注 9.2 节中的规范线性规划问题，其中目标函数必须求最大值. 下面给出单纯形法的步骤.

1. 选择可行集 $\mathcal{F}$ 一个极值点 $\boldsymbol{x}$.

2. 考虑在可行集 $\mathcal{F}$ 中连接点 $\boldsymbol{x}$ 的所有边界. 如果目标函数 f 不能通过沿这些边界中的任何一条移动而增加，则 $\boldsymbol{x}$ 是最优解.

3. 如果可以通过沿一条或多条边界移动来增加 f，则沿着增加最大的路径移动到另一端的 $\mathcal{F}$ 极值点.

4. 从步骤 2 开始重复该过程.

由于 f 的值在每一步都会增加，因此路径不会两次通过同一极值点. 由于只有有限数量的极值点，该过程将在有限步骤中以最优解（如果有）结束. 如果问题是无界的，那么最终路径将在步骤 3 到达无界边界，沿该边界无限增加.

接下来的五个例子涉及规范线性规划问题，其中 m 元组 $\boldsymbol{b}$ 中的元素都是正的：

$$\begin{aligned}&\max \quad f(\boldsymbol{x})=\boldsymbol{c}^{\mathrm{T}}\boldsymbol{x}\\&\text{s .t.} \quad A\boldsymbol{x}\leqslant \boldsymbol{b}, \boldsymbol{x}\geqslant \boldsymbol{0}\end{aligned}$$

这里 $\boldsymbol{c}\in\mathbb{R}^n$， $\boldsymbol{x}\in\mathbb{R}^n$， A 为 $m\times n$ 矩阵， $\boldsymbol{b}\in\mathbb{R}^m$.

单纯形法首先将每个约束不等式转化为等式. 这是通过在每个不等式中添加一个新变量来实现的. 这些新变量不是最终解的一部分，它们仅出现在中间计算中.

定义 松弛变量是一个非负变量，它被添加到不等式的较小一侧，将不等式转换为等式.

例 2 通过引入松弛变量 x_3 将不等式

$$5x_1+7x_2\leqslant 80$$

变为等式

$$5x_1+7x_2+x_3=80$$

这里 $x_3=80-(5x_1+7x_2)\geqslant 0$. ■

如果 A 为 $m\times n$ 矩阵，在 $A\boldsymbol{x}\leqslant\boldsymbol{b}$ 中添加 m 个松弛变量会产生一个包含 m 个方程和 $n+m$ 个变量的线性方程组. 如果此方程组的一个解不超过 m 个变量非零，则该解称为**基本解**. 如 9.2 节所述，如果每个变量均为非负，则该解称为**可行解**. 因此，在**基本可行解**中，每个变量必须是非负的，并且最多 m 个分量是正的. 在几何上，这些基本可行解对应于可行集的极值点.

例 3 求下列不等式组的基本可行解

$$\begin{aligned}2x_1+3x_2+4x_3&\leqslant 60\\3x_1+\ x_2+5x_3&\leqslant 46\\x_1+2x_2+\ x_3&\leqslant 50\end{aligned}\tag{1}$$

解 添加松弛变量得

$$\begin{aligned}2x_1+3x_2+4x_3+x_4\qquad\qquad&=60\\3x_1+\ x_2+5x_3\qquad+x_5\qquad&=46\\x_1+2x_2+\ x_3\qquad\qquad+x_6&=50\end{aligned}$$

原不等式组中包含三个不等式，因此（1）式的基本解最多含有 3 个变量. 下面的解称为（1）式相关的基本可行解

$$x_1=x_2=x_3=0,\quad x_4=60,\quad x_5=46,\quad x_6=50$$

该解对应于可行集合中的极值点 $\boldsymbol{0}$（在 $\mathbb{R}^3$ 中）. ■

通常将方程组（1）中的非零变量 x_4，x_5 和 x_6 称为基本变量，因为每个变量的系数为1，并且仅出现在一个方程中[㊀]. 该基本变量称为“在”（1）式的解中. 变量 x_1，x_2 和 x_3 称为“不在”（1）式的解中. 在线性规划问题中，该特定解可能不是最优解，因只有松弛变量非零.

单纯形法中的一个标准步骤是改变变量在解中的作用. 例如虽然 x_2 不在（1）式的解中，但是可以通过使用基本行操作将其引入解中. 目标是以（1）式的第三个方程中的 x_2 为**主元**，创建一个方程组，让 x_2 仅出现在第三个方程中.[㊁]

首先，将方程组（1）中的第三个方程除以 x_2 的系数，得到新的方程：

$$\frac{1}{2}x_1+x_2+\frac{1}{2}x_3+\frac{1}{2}x_6=25$$

其次，对于方程组（1）的第一个和第二个方程，通过加上上面方程的一个倍数分别消去 x_2，得出

$$\begin{aligned}\frac{1}{2}x_1+\frac{5}{2}x_3+x_4-\frac{3}{2}x_6&=-15\\ \frac{5}{2}x_1+\frac{9}{2}x_3+x_5-\frac{1}{2}x_6&=21\\ \frac{1}{2}x_1+x_2+\frac{1}{2}x_3+\frac{1}{2}x_6&=25\end{aligned}$$

此新方程组的基本解是：

$$x_1=x_3=x_6=0,\quad x_2=25,\quad x_4=-15,\quad x_5=21$$

变量 x_2 进入解中，变量 x_6 从解中出来了. 但是，因为 $x_4<0$，所以这个基本解不是可行解.缺乏可行解是由于主元方程选择不当造成的. 下一段将说明如何避免此问题.

一般地，考虑方程组

$$\begin{aligned}&a_{11}x_1+\cdots+a_{1k}x_k+\cdots+a_{1n}x_n=b_1\\ &\vdots\\ &a_{i1}x_1+\cdots+a_{ik}x_k+\cdots+a_{in}x_n=b_i\\ &\vdots\\ &a_{m1}x_1+\cdots+a_{mk}x_k+\cdots+a_{mn}x_n=b_n\end{aligned}$$

假设下一步是通过使用第 p 个方程将变量 x_k 引入解中，如果满足以下两个条件，则与所得方程组相对应的基本解是可行的：

1. 变量 x_k 的系数 a_{pk} 必须是正的. (当第 p 个方程除以 a_{pk} 时，新得到的 b_p 也是正的).
2. 比值 b_p/a_{pk} 必须是 b_i/a_{ik} 中最小的，$a_{ik}>0$. (这将保证当使用第 p 个方程来消除含 x_k 的项时，所得的 b_i 项将为正.)

例 4 在例 3 中为了将 x_2 引入解中，确定将哪一行作为主元方程.

㊀ 该术语概括了1.2节中使用的术语，在那里基本变量必须对应于矩阵阶梯形的主元位置. 这里的目标不是用自由变量表示基本变量，而是在非基本（自由）变量为零时获得系统的特定解.

㊁ 在这里，对某一特定项求“主元”意味着将其系数转换为1，然后使用它消去所有其他方程中的相应项，而不仅仅是它下面的方程，如1.2节所述.

解 计算 b_i / a_{i2}:

$$\frac{b_1}{a_{12}} = \frac{60}{3} = 20, \quad \frac{b_2}{a_{22}} = 46, \quad \frac{b_3}{a_{32}} = \frac{50}{2} = 25$$

由于第一个最小，因此以第一个方程中的 x_2 项为主元. 得出

$$\begin{aligned} \frac{2}{3}x_1 + x_2 + \frac{4}{3}x_3 + \frac{1}{3}x_4 &= 20 \\ \frac{7}{3}x_1 + \frac{11}{3}x_3 - \frac{1}{3}x_4 + x_5 &= 26 \\ -\frac{1}{3}x_1 - \frac{5}{3}x_3 - \frac{2}{3}x_4 + x_6 &= 10 \end{aligned}$$

所有基本可行解为

$$x_1 = x_3 = x_4 = 0, \quad x_2 = 20, \quad x_5 = 26, \quad x_6 = 10$$ ■

矩阵格式大大简化了这种类型的计算. 如例 3 中的方程组(1)由增广矩阵表示

$$\begin{array}{cccccc} x_1 & x_2 & x_3 & x_4 & x_5 & x_6 \end{array}$$
$$\left[\begin{array}{cccccc|c} 2 & ③ & 4 & 1 & 0 & 0 & 60 \\ 3 & 1 & 5 & 0 & 1 & 0 & 46 \\ 1 & 2 & 1 & 0 & 0 & 1 & 50 \end{array}\right]$$

变量用作列标签，松弛变量为 $x_4\ x_5\ x_6$. 注意与该矩阵相关的基本可行解是

$$x_1 = x_2 = x_3 = 0, \quad x_4 = 60, \quad x_5 = 46, \quad x_6 = 50$$

x_2 列中③表示将其作为主元将 x_2 引入解中.（例 4 中的比值的计算说明了这样做的合理性.）对第二列进行行化简得到例 4 中新方程组相关的新矩阵：

$$\left[\begin{array}{cccccc|c} x_1 & x_2 & x_3 & x_4 & x_5 & x_6 & \\ \frac{2}{3} & 1 & \frac{4}{3} & \frac{1}{3} & 0 & 0 & 20 \\ \frac{7}{3} & 0 & \frac{11}{3} & -\frac{1}{3} & 1 & 0 & 26 \\ -\frac{1}{3} & 0 & -\frac{5}{3} & -\frac{2}{3} & 0 & 1 & 10 \end{array}\right]$$

如例 4，新的基本可行解为

$$x_1 = x_3 = x_4 = 0, \quad x_2 = 20, \quad x_5 = 26, \quad x_6 = 10$$

前面的讨论是基于例 3 中约束条件的单纯形法的全面推导过程. 在每个步骤中，例 5 中的目标函数将驱动选择将哪个变量引入方程组的解.

例 5

$$\max \quad 25x_1 + 33x_2 + 18x_3$$
$$\text{s.t.}\begin{cases} 2x_1 + 3x_2 + 4x_3 \leqslant 60 \\ 3x_1 + x_2 + 5x_3 \leqslant 46 \\ x_1 + 2x_2 + x_3 \leqslant 50 \\ x_j \geqslant 0,\ j = 1,2,3 \end{cases}$$

解　如前所述，首先添加松弛变量. 通过引入一个新变量 $M = 25x_1 + 33x_2 + 18x_3$，将目标函数 $25x_1 + 33x_2 + 18x_3$ 转化为一个方程. 现在，我们的目标是将变量 M 最大化,其中 M 满足方程

$$-25x_1 - 33x_2 - 18x_3 + M = 0$$

原问题重述如下：在方程组

$$\begin{aligned} 2x_1 + 3x_2 + 4x_3 + x_4 \qquad\qquad &= 60 \\ 3x_1 + x_2 + 5x_3 \quad + x_5 \qquad &= 46 \\ x_1 + 2x_2 + x_3 \qquad + x_6 \quad &= 50 \\ -25x_1 - 33x_2 - 18x_3 \qquad\qquad + M &= 0 \end{aligned}$$

的所有解中寻找一组解 $x_j \geqslant 0\ (j = 1,2,\cdots,6)$ 使得 M 尽可能大. 这个新的方程组的增广矩阵称为**初始单纯形表**，用矩阵表示如下：

$$\begin{array}{c} \begin{matrix} x_1 & x_2 & x_3 & x_4 & x_5 & x_6 & M & \end{matrix} \\ \left[\begin{array}{ccccccc|c} 2 & 3 & 4 & 1 & 0 & 0 & 0 & 60 \\ 3 & 1 & 5 & 0 & 1 & 0 & 0 & 46 \\ 1 & 2 & 1 & 0 & 0 & 1 & 0 & 50 \\ \hline -25 & -33 & -18 & 0 & 0 & 0 & 1 & 0 \end{array}\right] \end{array}$$

底行上方的水平线隔离了与目标函数对应的方程. 最后一行将在下文中发挥特殊作用.（底行仅用于决定将哪个变量选进解. 主元位置不从底行选择.）松弛变量的列标为 x_4, x_5, x_6，记住，在计算结束时，只有原始变量是问题最终解的一部分.

观察上面单纯形表第一行到第三行可以得到基本可行解. 这三行中 3×3 单位矩阵所在的列标识了基本变量，即 x_4, x_5 和 x_6. 基本解为

$$x_1 = x_2 = x_3 = 0,\quad x_4 = 60,\quad x_5 = 46,\quad x_6 = 50,\quad M = 0$$

该解不是最优的，因为只有松弛变量是非零的. 然而，由底行可得出

$$M = 25x_1 + 33x_2 + 18x_3$$

当 x_1, x_2 和 x_3 中任何变量增大时，M 的值将增大. 由于 x_2 的系数是三个系数中最大的，因此将其作为入基变量将导致 M 增加的最大.

参考前面的方法将 x_2 引入基. 在上面的单纯形表中. 比较除了最后一行的比值 b_i / a_{i2}. 它们分别为 $60/3$，$46/1$，$50/2$. 最小为 $60/3$，因此第一行的 3 将作为主元.

$$\begin{array}{c} \begin{matrix} x_1 & x_2 & x_3 & x_4 & x_5 & x_6 & M & \end{matrix} \\ \left[\begin{array}{ccccccc|c} 2 & \textcircled{3} & 4 & 1 & 0 & 0 & 0 & 60 \\ 3 & 1 & 5 & 0 & 1 & 0 & 0 & 46 \\ 1 & 2 & 1 & 0 & 0 & 1 & 0 & 50 \\ \hline -25 & -33 & -18 & 0 & 0 & 0 & 1 & 0 \end{array}\right] \end{array}$$

进行主元变换得

$$
\begin{array}{ccccccc|c}
x_1 & x_2 & x_3 & x_4 & x_5 & x_6 & M & \\
\frac{2}{3} & 1 & \frac{4}{3} & \frac{1}{3} & 0 & 0 & 0 & 20 \\
\frac{7}{3} & 0 & \frac{11}{3} & -\frac{1}{3} & 1 & 0 & 0 & 26 \\
-\frac{1}{3} & 0 & -\frac{5}{3} & -\frac{2}{3} & 0 & 1 & 0 & 10 \\
\hline
-3 & 0 & 26 & 11 & 0 & 0 & 1 & 660
\end{array} \tag{2}
$$

现在3×3单位矩阵所在的列为单纯形表中的第二、五、六列，因此基本可行解为

$$x_1 = x_3 = x_4 = 0,\quad x_2 = 20,\quad x_5 = 26,\quad x_6 = 10,\quad M = 660$$

因此M从 0 增加到了 660. 为了得出M是否可以继续增加，观察单纯形表的底行得出关于M的方程:

$$M = 660 + 3x_1 - 26x_3 - 11x_4 \tag{3}$$

因为每个x_j均非负，所以如果x_1增大M的值将会增大.（因为x_3和x_4的系数均为负数，增大它们的值M的值将会减小.）因此需要将x_1作为入基变量. 比较（增广列与第一列的比值）

$$\frac{20}{\frac{2}{3}} = 30,\quad \frac{26}{\frac{7}{3}} = \frac{78}{7}$$

第二个比值小，因此以第二行的$\frac{7}{3}$作为主元

$$
\begin{array}{ccccccc|c}
x_1 & x_2 & x_3 & x_4 & x_5 & x_6 & M & \\
\frac{2}{3} & 1 & \frac{4}{3} & \frac{1}{3} & 0 & 0 & 0 & 20 \\
\textcircled{\frac{7}{3}} & 0 & \frac{11}{3} & -\frac{1}{3} & 1 & 0 & 0 & 26 \\
-\frac{1}{3} & 0 & -\frac{5}{3} & -\frac{2}{3} & 0 & 1 & 0 & 10 \\
\hline
-3 & 0 & 26 & 11 & 0 & 0 & 1 & 660
\end{array}
$$

进行主元变换得

$$
\begin{array}{ccccccc|c}
x_1 & x_2 & x_3 & x_4 & x_5 & x_6 & M & \\
0 & 1 & \frac{2}{7} & \frac{3}{7} & -\frac{2}{7} & 0 & 0 & \frac{88}{7} \\
1 & 0 & \frac{11}{7} & -\frac{1}{7} & \frac{3}{7} & 0 & 0 & \frac{78}{7} \\
0 & 0 & -\frac{8}{7} & -\frac{5}{7} & \frac{1}{7} & 1 & 0 & \frac{96}{7} \\
\hline
0 & 0 & \frac{215}{7} & \frac{74}{7} & \frac{9}{7} & 0 & 1 & \frac{4854}{7}
\end{array}
$$

相应的基本可行解为

$$x_3 = x_4 = x_5 = 0,\quad x_1 = \frac{78}{7},\quad x_2 = \frac{88}{7},\quad x_6 = \frac{96}{7},\quad M = \frac{4854}{7}$$

由此单纯形表的底行可得

$$M = \frac{4854}{7} - \frac{215}{7}x_3 - \frac{74}{7}x_4 - \frac{9}{7}x_5$$

因为这里的变量系数均为负数，所以 M 不会超过 $\frac{4854}{7}$（因为 x_3, x_4，x_5 均非负），故为最优解. 当 $x_1 = \frac{78}{7}, x_2 = \frac{88}{7}$，$x_3 = 0$ 时，$25x_1 + 33x_2 + 18x_3$ 达到最大值. 变量 x_3 为零是因为在最优解中 x_3 是自由变量，而不是基本变量. 请注意，x_6 的值不是原始问题解的一部分，因为它是一个松弛变量. 松弛变量 x_4 和 x_5 为零这一事实意味着本例前两个不等式在 x_1, x_2 和 x_3 的最优解处均为等式. ■

例 5 值得仔细阅读几遍. 特别注意，在求解该方程解出 M 时，任何列 x_j 的底行的负项将变为正系数，否则表明 M 尚未达到最大值. 见方程（3）.

总之，这就是当向量 $\boldsymbol{b}$ 中的每个元素都为正时求解规范最大化问题的单纯形法.

规范线性规划问题的单纯形算法

1.通过添加松弛变量将不等式约束转化为等式约束. 设 M 为等于目标函数的变量，在约束方程下面写出以下形式的方程

$$-(\text{目标函数}) + M = 0$$

2.建立初始单纯形表. 松弛变量（和 M）提供初始基本可行解.

3.检查表的最下面一行是否最优. 若垂直线左侧的所有元素都是非负的，则解是最优的.若有些为负，则选择变量 x_k，对于该变量，底部行中的元素的绝对值尽可能大.[1]

4. 将变量 x_k 带入解. 通过在非负比值 b_i / a_{ik} 最小的正元素 a_{pk} 上取主元来实现这一点. 新的基本可行解包括 M 的增加值.

5. 重复从步骤 3 开始的过程，直到底部行中的所有元素均为非负.

在单纯形算法中有两件事可能出错. 在步骤 4，x_k 列的底部行中可能有一个负元素，但其上方没有正元素 a_{ik}. 在这种情况下，不可能找到将 x_k 引入解中的主元. 这对应于目标函数无界且不存在最优解的情况.

第二个潜在问题也发生在步骤 4. 最小比值 b_i / a_{ik} 可能出现在多行中. 当这种情况发生时，下一个表将至少有一个基本变量等于零，并且在随后的表中，M 的值可能保持常数.从理论上讲，有可能出现无限多个主元，但无法得到最优解. 这种现象称为**循环**. 幸运的是，循环在实际应用中很少发生. 在大多数情况下，可以任意选择具有最小比值的任一行作为主元行.

[1] 步骤 3 的目标是使 M 的值尽可能大地增加. 当只有一个变量 x_k 满足条件时，就是这种情况. 然而，假设底部行中最负的元素同时出现在第 j 列和第 k 列.步骤 3 指出，应将 x_j 或 x_k 引入解中，这是正确的. 有时，通过首先使用步骤 4 计算第 j 列和第 k 列的“最小比值”，然后选择该“最小比值”较大的列，可以避免一些计算. 这种情况将在 9.4 节中出现.

例 6　一家食品店出售两种不同的坚果混合物. 一盒第一种混合物含有 1 磅腰果和 1 磅花生. 一盒第二种混合物含有 1 磅榛子和 2 磅花生. 这家商店有 30 磅腰果、20 磅榛子和 54 磅花生. 假设第一种混合物每盒的利润为 2 美元，第二种混合物每盒的利润为 3 美元. 如果商店可以出售所有的坚果，为了使利润最大化，每种混合物应该制作多少盒？

解　设 x_1 为第一种混合物的盒数，x_2 为第二种混合物的盒数. 这个问题可以用数学表示为：

$$\max\ 2x_1+3x_2$$
$$\text{s.t.}\begin{cases} x_1 \leqslant 30\ (\text{腰果}) \\ x_2 \leqslant 20\ (\text{榛子}) \\ x_1+2x_2 \leqslant 54\ (\text{花生}) \\ x_1 \geqslant 0, x_2 \geqslant 0 \end{cases}$$

这与 9.2 节例 5 中图形解决的问题相同. 当用单纯形法求解时，每个表中的基本可行解对应于可行区域的极值点. 见图 9-12.

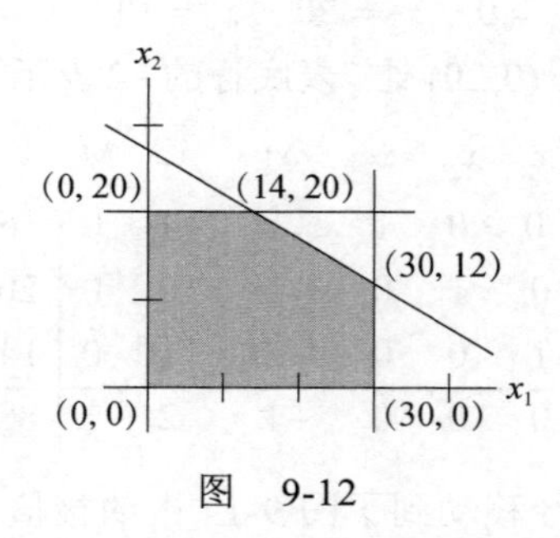

图　9-12

为了构造初始表，添加松弛变量并将目标函数重写为方程. 现在的问题是找到下面方程组的非负解：

$$\begin{aligned} x_1 \quad\quad + x_3 \quad\quad\quad\quad &= 30 \\ x_2 + \quad x_4 \quad\quad\quad &= 20 \\ x_1 + 2x_2 \quad\quad\quad + x_5 \quad &= 54 \\ -2x_1 - 3x_2 \quad\quad\quad\quad + M &= 0 \end{aligned}$$

为了求 M 的最大值. 初始单纯形表为：

$$\begin{array}{cccccc|c} x_1 & x_2 & x_3 & x_4 & x_5 & M & \\ \hline 1 & 0 & 1 & 0 & 0 & 0 & 30 \\ 0 & 1 & 0 & 1 & 0 & 0 & 20 \\ 1 & 2 & 0 & 0 & 1 & 0 & 54 \\ \hline -2 & -3 & 0 & 0 & 0 & 1 & 0 \end{array}$$

基本可行解对应于图 9-12 中可行区域的极值点 $(x_1,x_2)=(0,0)$，其中 x_1,x_2 和 M 为 0.在表的底部行中，绝对值最大的负元素为 -3，因此第一个主元应位于 x_2 列. 比值 $20/1$ 和 $54/2$ 表明主元应为 x_2 列中的 1：

$$\begin{array}{cccccc|c} x_1 & x_2 & x_3 & x_4 & x_5 & M & \\ \hline 1 & 0 & 1 & 0 & 0 & 0 & 30 \\ 0 & \textcircled{1} & 0 & 1 & 0 & 0 & 20 \\ 1 & 2 & 0 & 0 & 1 & 0 & 54 \\ \hline -2 & -3 & 0 & 0 & 0 & 1 & 0 \end{array}$$

行变换后，表变成

$$\begin{array}{cccccc|c} x_1 & x_2 & x_3 & x_4 & x_5 & M & \\ \hline 1 & 0 & 1 & 0 & 0 & 0 & 30 \\ 0 & 1 & 0 & 1 & 0 & 0 & 20 \\ \textcircled{1} & 0 & 0 & -2 & 1 & 0 & 14 \\ \hline -2 & 0 & 0 & 3 & 0 & 1 & 60 \end{array}$$

基本可行的解决方案是

$$x_1 = x_4 = 0,\quad x_2 = 20,\quad x_3 = 30,\quad x_5 = 14,\quad M = 60$$

新解在图 9-12 中的极值点 $(x_1, x_2) = (0,20)$ 处. 表底行的 -2 表示下一个主元在第一列，行变换后为

$$\begin{array}{cccccc|c} x_1 & x_2 & x_3 & x_4 & x_5 & M & \\ \hline 0 & 0 & 1 & \textcircled{2} & -1 & 0 & 16 \\ 0 & 1 & 0 & 1 & 0 & 0 & 20 \\ 1 & 0 & 0 & -2 & 1 & 0 & 14 \\ \hline 0 & 0 & 0 & -1 & 2 & 1 & 88 \end{array}$$

这次 $x_1 = 14$， $x_2 = 20$，因此解已经移动到了图 9-12 中的极值点 $(14,20)$，目标函数从 60 增加到 88. 最后，底部行中的-1 表示下一个主元在第四列. 选择第一行中的 2 作为主元产生最终表：

$$\begin{array}{cccccc|c} x_1 & x_2 & x_3 & x_4 & x_5 & M & \\ \hline 0 & 0 & \frac{1}{2} & 1 & -\frac{1}{2} & 0 & 8 \\ 0 & 1 & -\frac{1}{2} & 0 & \frac{1}{2} & 0 & 12 \\ 1 & 0 & 1 & 0 & 0 & 0 & 30 \\ \hline 0 & 0 & \frac{1}{2} & 0 & \frac{3}{2} & 1 & 96 \end{array}$$

由于底部行的所有元素都是非负的，因此现在的解是最优的， $x_1 = 30$ 和 $x_2 = 12$ 对应于极值点 $(30,12)$. 制作 30 盒第一种混合物和 12 盒第二种混合物可获得 96 美元的最大利润. 注意，尽管 x_4 是该表的基本可行解的一部分，但由于 x_4 是一个松弛变量，故其值不包括在原始问题的解中. ■

最小化问题

到目前为止，每个规范最大化问题都涉及一个坐标为正的向量 $\boldsymbol{b}$.但是当 $\boldsymbol{b}$ 的一些坐标为零或负时会发生什么？那么最小化问题呢？

如果 $\boldsymbol{b}$ 的某些坐标为零，则可能发生循环而单纯形法无法终止于最优解. 然而，如前所述，循环在实际应用中通常不会发生，因此右栏中出现零元素很少会导致单纯形法运算困难.

在实践中可能发生 $\boldsymbol{b}$ 的坐标之一为负的情况，需要特别考虑. 困难在于所有 b_i 项必须是非负的，以便松弛变量能提供初始基本可行解. 将负 b_i 项变为正项的一种方法是将不等式乘以-1（在引入松弛变量之前）. 但这将改变不等式的方向. 例如，

$$x_1 - 3x_2 + 2x_3 \leqslant -4$$

将成为

$$-x_1 + 3x_2 - 2x_3 \geqslant 4$$

因此，负 b_i 项的问题与反向不等式的问题相同. 由于最小化问题中经常出现反向不等式，下面的示例讨论了这种情况.

例 7

$$\min\ x_1 + 2x_2$$

$$\text{s.t.}\begin{cases} x_1 + x_2 \geqslant 4 \\ x_1 - x_2 \leqslant 2 \\ x_1 \geqslant 0,\ x_2 \geqslant 0 \end{cases}$$

解 $f(x_1, x_2)$ 的最小值出现在同一集合上 $-f(x_1, x_2)$ 的最大值的点上. 然而，为了使用单纯形算法，可行集的规范描述必须使用 $\leqslant$ 符号. 因此，必须重写上面的第一个不等式. 第二个不等式已经是规范形式. 因此，原始问题等价于

$$\max\ -x_1 - 2x_2$$

$$\text{s.t.}\begin{cases} -x_1 - x_2 \leqslant -14 \\ x_1 - x_2 \leqslant 2 \\ x_1 \geqslant 0, x_2 \geqslant 0 \end{cases}$$

为了解决这个问题，设 $M = -x_1 - 2x_2$，并将松弛变量添加到不等式中，如前所述. 这将创建线性方程组

$$\begin{aligned} -x_1 - x_2 + x_3 \qquad\qquad &= -14 \\ x_1 - x_2 \qquad + x_4 \qquad &= 2 \\ x_1 + 2x_2 \qquad\qquad + M &= 0 \end{aligned}$$

为了找到该方程组的非负解，其中 M 为最大值，构造初始单纯形表：

$$\begin{array}{c} \begin{matrix} x_1 & x_2 & x_3 & x_4 & M & \end{matrix} \\ \left[\begin{array}{rrrrr|r} -1 & -1 & 1 & 0 & 0 & -14 \\ 1 & -1 & 0 & 1 & 0 & 2 \\ \hline 1 & 2 & 0 & 0 & 1 & 0 \end{array}\right] \end{array}$$

相应的基本解是：

$$x_1 = x_2 = 0, \quad x_3 = -14, \quad x_4 = 2, \quad M = 0$$

然而，由于 x_3 为负，故该基本解不可行. 在标准单纯形法开始之前，水平线上方增广列中的每个项

必须是非负数. 这是通过将一个负元素设定为主元来实现的.要用正数替换负 b_i 元素，请在同一行中查找另一个负元素.（如果行中的所有其他元素都是非负的，则该问题没有可行解.）该负元素位于对应于现在应进入解的变量的列中. 在本例中，前两列都有负元素，因此应将 x_1 或 x_2 引入解中.

例如，要将 x_2 引入解中，请选择第二列中的元素 a_{i2} 作为主元，其中比值 b_i / a_{i2} 是最小的非负数.（当 b_i 和 a_{i2} 均为负时，该比值为正.）在这种情况下，只有比值 $(-14)/(-1)$ 非负，因此第一行中的 -1 必须是主元. 在对第二列进行主元操作后，得到的表为

$$\begin{array}{ccccc|c} x_1 & x_2 & x_3 & x_4 & M & \\ \hline 1 & 1 & -1 & 0 & 0 & 14 \\ 2 & 0 & -1 & 1 & 0 & 16 \\ \hline -1 & 0 & 2 & 0 & 1 & -28 \end{array}$$

现在，增广列中的每个元素（底部元素除外）都是正的，单纯形法可以开始了.（有时，为了使这些项中的每一项都非负，可能需要多次变换主元. 见习题 19.）下表的结果是最佳的：

$$\begin{array}{ccccc|c} x_1 & x_2 & x_3 & x_4 & M & \\ \hline 0 & 1 & -\frac{1}{2} & -\frac{1}{2} & 0 & 6 \\ 1 & 0 & -\frac{1}{2} & \frac{1}{2} & 0 & 8 \\ \hline 0 & 0 & \frac{3}{2} & \frac{1}{2} & 1 & -20 \end{array}$$

当 $x_1 = 8$，$x_2 = 6$ 时，$-x_1 - 2x_2$ 的最大可行值为 -20. 因此 $x_1 + 2x_2$ 的最小值为 20. ■

最后一个例子使用了例 7 的技术，但在标准最大化操作开始之前，单纯形表需要更多的预处理.

例 8

$$\min \quad 5x_1 + 3x_2$$

$$\text{s.t.}\begin{cases} 4x_1 + x_2 \geqslant 12 \\ x_1 + 2x_2 \geqslant 10 \\ x_1 + 4x_2 \geqslant 16 \\ x_1 \geqslant 0,\ x_2 \geqslant 0 \end{cases}$$

解　将问题转化为最大化问题，设 $M = -5x_1 - 3x_2$ 并反转三个主要约束不等式：

$$-4x_1 - x_2 \leqslant -12, \quad -x_1 - 2x_2 \leqslant -10, \quad -x_1 - 4x_2 \leqslant -16$$

添加非负松弛变量，并构造初始单纯形表：

$$\begin{aligned} -4x_1 - x_2 + x_3 \qquad\qquad &= -12 \\ -x_1 - 2x_2 + \qquad x_4 \qquad &= -10 \\ -x_1 - 4x_2 + \qquad\quad x_5 &= -16 \\ 5x_1 + 3x_2 \qquad\qquad + M &= 0 \end{aligned}
\qquad
\begin{array}{cccccc|c} x_1 & x_2 & x_3 & x_4 & x_5 & M & \\ \hline -4 & -1 & 1 & 0 & 0 & 0 & -12 \\ -1 & -2 & 0 & 1 & 0 & 0 & -10 \\ -1 & -4 & 0 & 0 & 1 & 0 & -16 \\ \hline 5 & 3 & 0 & 0 & 0 & 1 & 0 \end{array}$$

在单纯形最大化过程开始之前，增广列中的前三个元素必须非负（以使基本解可行）. 以负元素为主元将 x_1 或 x_2 引入解很有帮助. 试错可以. 然而，最快的方法是计算在第一列和第二列的第一行到第三行中所有负元素的通常比值 b_i / a_{ij}. 选择比值最大的元素作为主元. 这将使所有增广元素更改符号（因为主元操作将主元行的倍数加到其他行上）. 在本例中，主元应为 a_{31}，新表为

$$\begin{array}{c} \begin{matrix} x_1 & x_2 & x_3 & x_4 & x_5 & M & \end{matrix} \\ \left[\begin{array}{cccccc|c} 0 & 15 & 1 & 0 & -4 & 0 & 52 \\ 0 & 2 & 0 & 1 & -1 & 0 & 6 \\ 1 & 4 & 0 & 0 & -1 & 0 & 16 \\ \hline 0 & -17 & 0 & 0 & 5 & 1 & -80 \end{array}\right] \end{array}$$

现在单纯形最大化算法可用. 最后一行中的 -17 表示必须将 x_2 引入解中. 比值 $52/15, 6/2$ 和 $52/15$ 中的最小值为 $6/2$. 以第二列的 2 为主元有

$$\begin{array}{c} \begin{matrix} x_1 & x_2 & x_3 & x_4 & x_5 & M & \end{matrix} \\ \left[\begin{array}{cccccc|c} 0 & 0 & 1 & -\dfrac{15}{2} & \dfrac{7}{2} & 0 & 7 \\ 0 & 1 & 0 & \dfrac{1}{2} & -\dfrac{1}{2} & 0 & 3 \\ 1 & 0 & 0 & -2 & 1 & 0 & 4 \\ \hline 0 & 0 & 0 & \dfrac{17}{2} & -\dfrac{7}{2} & 1 & -29 \end{array}\right] \end{array}$$

最后一行的 $-\dfrac{7}{2}$ 表示必须将 x_5 引入解中. 第五列的主元为 $\dfrac{7}{2}$，新的（也是最终的）表为

$$\begin{array}{c} \begin{matrix} x_1 & x_2 & x_3 & x_4 & x_5 & M & \end{matrix} \\ \left[\begin{array}{cccccc|c} 0 & 0 & \dfrac{2}{7} & -\dfrac{15}{7} & 1 & 0 & 2 \\ 0 & 1 & \dfrac{1}{7} & -\dfrac{4}{7} & 0 & 0 & 4 \\ 1 & 0 & -\dfrac{2}{7} & \dfrac{1}{7} & 0 & 0 & 2 \\ \hline 0 & 0 & 1 & 1 & 0 & 1 & -22 \end{array}\right] \end{array}$$

当 $x_1 = 2$（来自第三行）， $x_2 = 4$ 和 $M = -22$ 时产生解，因此原始目标函数的最小值为 22. ■

单纯形算法中的“单纯形”

9.2 节中的几何方法侧重于 $m \times 2$ 矩阵 $\boldsymbol{A}$ 的行，将每个不等式绘制为 $\mathbb{R}^2$ 中的半空间，并将解集视为半空间的交集. 在高维问题中，解集同样是半空间的交集，但这种几何观点并不能引导我们找到最优解的有效算法.

单纯形算法关注 $\boldsymbol{A}$ 的是列而不是行. 设 $\boldsymbol{A}$ 是 $m \times n$ 矩阵，用 $\boldsymbol{a}_1, \boldsymbol{a}_2, \cdots, \boldsymbol{a}_n$ 表示其列. 添加 m 个松弛变量创建以下形式的 $m \times (n+m)$ 个方程的方程组

$$x_1\boldsymbol{a}_1 + x_2\boldsymbol{a}_2 + \cdots + x_n\boldsymbol{a}_n + x_{n+1}\boldsymbol{e}_1 + \cdots + x_{n+m}\boldsymbol{e}_m = \boldsymbol{b}$$

其中 $x_1, x_2, \cdots, x_{n+m}$ 是非负的，$\{\boldsymbol{e}_1, \boldsymbol{e}_2, \cdots, \boldsymbol{e}_m\}$ 为 $\mathbb{R}^m$ 的标准基. 当 $x_1, x_2, \cdots, x_{n+m}$ 为零且 $b_1\boldsymbol{e}_1 + b_2\boldsymbol{e}_2 + \cdots +$

$b_m\boldsymbol{e}_m=\boldsymbol{b}$时，可得初始基本可行解. 如果$s=b_1+b_2+\cdots+b_m$，那么方程

$$\mathbf{0}+\left(\frac{b_1}{s}\right)s\boldsymbol{e}_1+\cdots+\left(\frac{b_m}{s}\right)s\boldsymbol{e}_m=\boldsymbol{b}$$

表明$\boldsymbol{b}$是由$\mathbf{0},s\boldsymbol{e}_1,s\boldsymbol{e}_2,\cdots,s\boldsymbol{e}_m$生成的单纯形. 为了简单起见，我们说“$\boldsymbol{b}$在由$\boldsymbol{e}_1,\boldsymbol{e}_2,\cdots,\boldsymbol{e}_m$确定的$m$维单纯形中”. 这是单纯形算法中的第一个单纯形. [1]

通常，如果$\boldsymbol{v}_1,\boldsymbol{v}_2,\cdots,\boldsymbol{v}_m$是从矩阵$\boldsymbol{P}=[\boldsymbol{a}_1\cdots\boldsymbol{a}_n\quad \boldsymbol{e}_1\cdots\boldsymbol{e}_m]$的列中选出的$\mathbb{R}^m$的任何基，且如果$\boldsymbol{b}$是这些向量与非负权值的线性组合，则$\boldsymbol{b}$是由$\boldsymbol{v}_1,\boldsymbol{v}_2,\cdots,\boldsymbol{v}_m$确定的$m$维单纯形. 线性规划问题的基本可行解对应于$\boldsymbol{P}$列中的特定基. 单纯形算法改变该基，从而改变包含$\boldsymbol{b}$的对应单纯形，一次一列. 在算法执行期间计算的各种比值驱动列的选择. 由于行变换不改变列之间的线性相关性，故每个基本可行解都说明如何从$\boldsymbol{P}$的相应列构建$\boldsymbol{b}$.

练习题

用单纯形法解决以下线性规划问题：

$$\max\quad 2x_1+x_2$$
$$\text{s.t.}\begin{cases}-x_1+2x_2\leqslant 8\\3x_1+2x_2\leqslant 24\\x_1\geqslant 0,\ x_2\geqslant 0\end{cases}$$

习题 9.3

在习题1和习题2中，为给定的线性规划问题构造初始单纯形表.

1.

$$\max\quad 21x_1+25x_2+15x_3$$
$$\text{s.t.}\begin{cases}2x_1+7x_2+10x_3\leqslant 20\\3x_1+4x_2+18x_3\leqslant 25\\x_1\geqslant 0,\ x_2\geqslant 0,\ x_3\geqslant 0\end{cases}$$

2.

$$\max\quad 22x_1+14x_2$$
$$\text{s.t.}\begin{cases}3x_1+5x_2\leqslant 30\\2x_1+7x_2\leqslant 24\\6x_1+\ x_2\leqslant 42\\x_1\geqslant 0,x_2\geqslant 0\end{cases}$$

在习题3~6中，对每个单纯形表执行以下操作：

a. 确定应将哪个变量引入解.

b. 计算下一个表.

c. 确定与（b）中表相对应的基本可行解.

d. 确定（c）中的答案是否最优.

3.

$$\begin{array}{c} \begin{matrix} x_1 & x_2 & x_3 & x_4 & M & \end{matrix} \\ \left[\begin{array}{ccccc|c} 5 & 1 & 1 & 0 & 0 & 20 \\ 3 & 2 & 0 & 1 & 0 & 30 \\ \hline -4 & -10 & 0 & 0 & 1 & 0 \end{array}\right] \end{array}$$

---

[1] 如果$\boldsymbol{v}_1$，$\boldsymbol{v}_2$，…，$\boldsymbol{v}_m$是$\mathbb{R}^m$中的线性无关向量，则集合$\{\mathbf{0},\boldsymbol{v}_1,\boldsymbol{v}_2,\cdots,\boldsymbol{v}_m\}$的凸包是$m$维单纯形$S$.（见8.5节）. S中的典型向量具有$c_0\mathbf{0}+c_1\boldsymbol{v}_1+c_2\boldsymbol{v}_2+\cdots+c_m\boldsymbol{v}_m$的形式，其中权值非负且总和为1.（等价地，$S$中的向量具有$c_1\boldsymbol{v}_1+c_2\boldsymbol{v}_2+\cdots+c_m\boldsymbol{v}_m$的形式，其中权值非负且其和至多为1.）通过平移此类集合S形成的任何集合也称为m维单纯形，但此类集合不会出现在单纯形算法中.

4.

$$\begin{array}{ccccc|c} x_1 & x_2 & x_3 & x_4 & M & \\ \end{array}$$

$$\left[\begin{array}{ccccc|c} -1 & 1 & 2 & 0 & 0 & 4 \\ 1 & 0 & 5 & 1 & 0 & 6 \\ \hline -5 & 0 & 3 & 0 & 1 & 17 \end{array}\right]$$

5.

$$\begin{array}{ccccc|c} x_1 & x_2 & x_3 & x_4 & M & \\ \end{array}$$

$$\left[\begin{array}{ccccc|c} 2 & 3 & 1 & 0 & 0 & 20 \\ 2 & 1 & 0 & 1 & 0 & 16 \\ \hline -6 & -5 & 0 & 0 & 1 & 0 \end{array}\right]$$

6.

$$\begin{array}{ccccc|c} x_1 & x_2 & x_3 & x_4 & M & \\ \end{array}$$

$$\left[\begin{array}{ccccc|c} 5 & 8 & 1 & 0 & 0 & 80 \\ 12 & 6 & 0 & 1 & 0 & 30 \\ \hline 2 & -3 & 0 & 0 & 1 & 0 \end{array}\right]$$

习题 7~12 有关约束不等式 $\boldsymbol{Ax} \leqslant \boldsymbol{b}$ 的规范线性规划问题，其中 $\boldsymbol{A}$ 为 $m \times n$ 系数矩阵. 判断命题的真假(T/F)，给出理由.

7. (T/F)松弛变量用于将等式变为不等式.

8. (T/F)若 m 个或更少的变量非零，则解称为基本解.

9. (T/F)若每个变量都是非负的，则解是可行的.

10. (T/F)基本可行解对应于可行集的极值点.

11. (T/F)若向量 $\boldsymbol{b}$ 中的一个坐标为负，则该问题不可行.

12. (T/F)单纯形表右栏的底部元素给出了目标函数的最大值.

使用单纯形法解决习题 13~18.

13.

$$\max \quad 10x_1 + 12x_2$$
$$\text{s.t.}\begin{cases} 2x_1 + 3x_2 \leqslant 36 \\ 5x_1 + 4x_2 \leqslant 55 \\ x_1 \geqslant 0,\ x_2 \geqslant 0 \end{cases}$$

14.

$$\max \quad 5x_1 + 4x_2$$
$$\text{s.t.}\begin{cases} x_1 + 5x_2 \leqslant 70 \\ 3x_1 + 2x_2 \leqslant 54 \\ x_1 \geqslant 0,\ x_2 \geqslant 0 \end{cases}$$

15.

$$\max \quad 4x_1 + 5x_2$$
$$\text{s.t.}\begin{cases} x_1 + 2x_2 \leqslant 26 \\ 2x_1 + 3x_2 \leqslant 30 \\ x_1 + x_2 \leqslant 13 \\ x_1 \geqslant 0,\ x_2 \geqslant 0. \end{cases}$$

16.

$$\max \quad 2x_1 + 5x_2 + 3x_3$$
$$\text{s.t.}\begin{cases} x_1 + 2x_2 \leqslant 28 \\ 2x_1 + 4x_3 \leqslant 16 \\ x_2 + x_3 \leqslant 12 \\ x_1 \geqslant 0,\ x_2 \geqslant 0,\ x_3 \geqslant 0. \end{cases}$$

17.

$$\min \quad 12x_1 + 5x_2$$
$$\text{s.t.}\begin{cases} 2x_1 + x_2 \leqslant 32 \\ -3x_1 + 5x_2 \leqslant 30 \\ x_1 \geqslant 0,\ x_2 \geqslant 0. \end{cases}$$

18.

$$\min \quad 2x_1 + 3x_2 + 3x_3$$
$$\text{s.t.}\begin{cases} x_1 - 2x_2 \geqslant -8 \\ 2x_2 + x_3 \geqslant 15 \\ 2x_1 - x_2 + x_3 \leqslant 25 \\ x_1 \geqslant 0,\ x_2 \geqslant 0,\ x_3 \geqslant 0. \end{cases}$$

19. 通过将 x_1 引入初始表中的解（而不是 x_2）来求解例 7.

20. 使用单纯形法求解 9.2 节中习题 1 的线性规划问题.

21. 使用单纯形法求解 9.2 节中习题 17 的线性规划问题.

22. 使用单纯形法求解 9.2 节中例 1 的线性规划问题.

练习题答案

引入松弛变量 x_3 和 x_4 重写问题：

$$\max\ 2x_1 + x_2$$

$$\text{s.t.}\begin{cases} -x_1 + 2x_2 + x_3 \qquad = 8 \\ 3x_1 + 2x_2 \qquad + x_4 = 24 \\ x_1 \geqslant 0,\ x_2 \geqslant 0. \end{cases}$$

接着，设 $M = 2x_1 + x_2$ 以便 $-2x_1 - x_2 + M = 0$ 提供初始单纯形表中的底行.

$$\begin{array}{c} \begin{matrix} x_1 & x_2 & x_3 & x_4 & M & \end{matrix} \\ \left[\begin{array}{ccccc|c} -1 & 2 & 1 & 0 & 0 & 8 \\ \textcircled{3} & 2 & 0 & 1 & 0 & 24 \\ \hline -2 & -1 & 0 & 0 & 1 & 0 \end{array}\right] \end{array}$$

将 x_1 引入解（因为底行中有 -2），并以第二行为主元行（因为它是第一列中唯一具有正元素的行）. 第二个表是最优的，因为底行中的所有元素都是正的. 切记松弛变量 x_3，x_4 从来不是解的一部分.

$$\begin{array}{c} \begin{matrix} x_1 & x_2 & x_3 & x_4 & M & \end{matrix} \\ \left[\begin{array}{ccccc|c} 0 & \frac{8}{3} & 1 & \frac{1}{3} & 0 & 16 \\ 1 & \frac{2}{3} & 0 & \frac{1}{3} & 0 & 8 \\ \hline 0 & \frac{1}{3} & 0 & \frac{2}{3} & 1 & 16 \end{array}\right] \end{array}$$

当 $x_1 = 8$ 和 $x_2 = 0$ 时，最大值为 16. 注意，该问题已在 9.2 节的练习题中以几何方式解决.

9.4　对偶问题

与每个规范（最大化）线性规划问题相关联的是对应的最小化问题，称为对偶问题.在这种情况下，规范问题被称为原始问题. 本节将描述对偶问题及其求解方法，以及对对偶变量有趣的经济解释. 这一节最后将展示如何使用一个适当的线性规划问题的原始问题和对偶问题来求解任意一个矩阵博弈.

给定 $\mathbb{R}^n$ 中的向量 c 和 $\mathbb{R}^m$ 中的向量 $\boldsymbol{b}$，并给定一个 $m \times n$ 矩阵 $\boldsymbol{A}$，规范（原始）问题是在 $\mathbb{R}^n$ 中寻找 x，使得在满足约束条件 $\boldsymbol{Ax} \leqslant \boldsymbol{b}, \boldsymbol{x} \geqslant 0$ 的情况下最大化 $f(\boldsymbol{x}) = \boldsymbol{c}^{\mathrm{T}} x$. 对偶（最小化）问题是找到 $\mathbb{R}^m$ 中的 $\boldsymbol{y}$，使得在满足约束条件 $\boldsymbol{A}^{\mathrm{T}} \boldsymbol{y} \geqslant \boldsymbol{c}, \boldsymbol{y} \geqslant \boldsymbol{0}$ 的情况下最小化 $g(\boldsymbol{y}) = \boldsymbol{b}^{\mathrm{T}} \boldsymbol{y}$.

原始问题 $\boldsymbol{P}$		对偶问题 $\boldsymbol{P^*}$	
max	$f(x) = c^{\mathrm{T}} x$	min	$g(x) = \boldsymbol{b}^{\mathrm{T}} \boldsymbol{y}$
s.t.	$\boldsymbol{Ax} \leqslant \boldsymbol{b}$	s.t.	$\boldsymbol{A}^{\mathrm{T}} \boldsymbol{y} \geqslant \boldsymbol{c}$
	$\boldsymbol{x} \geqslant \boldsymbol{0}$		$\boldsymbol{y} \geqslant \boldsymbol{0}$

注意在形成对偶问题时，原问题目标函数中的 x_i 系数的 c_i，变成了对偶问题中约束不等式右边的常数. 同样，原始问题中约束不等式右边的数变成了对偶问题中目标函数中 y_j 的系数 b_j. 此外，注意约束不等式的方向从 $\boldsymbol{Ax} \leqslant \boldsymbol{b}$ 反转为 $\boldsymbol{A}^{\mathrm{T}}\boldsymbol{x} \geqslant \boldsymbol{c}$. 在这两种情况下，变量 $\boldsymbol{x}$ 和 $\boldsymbol{y}$ 都是非负的.

例 1 找到以下原始问题的对偶问题：

$$\max \quad 5x_1 + 7x_2$$

$$\text{s.t.}\begin{cases} 2x_1 + 3x_2 \leqslant 25 \\ 7x_1 + 4x_2 \leqslant 16 \\ x_1 + 9x_2 \leqslant 21 \\ x_1 \geqslant 0,\ x_2 \geqslant 0 \end{cases}$$

解 $\min \quad 25y_1 + 16y_2 + 21y_3$

$$\text{s.t.}\begin{cases} 2y_1 + 7y_2 + y_3 \geqslant 5 \\ 3y_1 + 4y_2 + 9y_3 \geqslant 7 \\ y_1 \geqslant 0,\ y_2 \geqslant 0, y_3 \geqslant 0 \end{cases}$$

■

假设上面的对偶问题改写为一个规范最大化问题：

$$\max \quad h(\boldsymbol{y}) = -\boldsymbol{b}^{\mathrm{T}}\boldsymbol{y}$$

$$\text{s.t.} \quad -\boldsymbol{A}^{\mathrm{T}}\boldsymbol{y} \leqslant -\boldsymbol{c}, \boldsymbol{y} \geqslant \boldsymbol{0}$$

那么这个问题的对偶问题是：

$$\min \quad F(\boldsymbol{w}) = -\boldsymbol{c}^{\mathrm{T}}\boldsymbol{w}$$

$$\text{s.t.} \quad (-\boldsymbol{A}^{\mathrm{T}})^{\mathrm{T}}\boldsymbol{w} \geqslant -\boldsymbol{b}, \boldsymbol{w} \geqslant \boldsymbol{0}$$

在规范形式中，这个最小化问题等价于

$$\min \quad G(\boldsymbol{w}) = \boldsymbol{c}^{\mathrm{T}}\boldsymbol{w}$$

$$\text{s.t.} \quad \boldsymbol{Aw} \leqslant \boldsymbol{b}, \boldsymbol{w} \geqslant \boldsymbol{0}$$

如果用 $\boldsymbol{x}$ 代替 $\boldsymbol{w}$，这个问题就是原始问题. 所以对偶问题的对偶就是原始问题.

下面的定理 7 是线性规划问题的一个基本结论. 与博弈论的极小极大定理一样，证明取决于凸集和超平面的某些性质.

定理 7（对偶定理）

设 P 是一个具有可行集 $\mathcal{F}$ 的（原始）线性规划问题，并设 P^* 是其对偶问题，具有可行集 $\mathcal{F}^*$.

a.如果 $\mathcal{F}$ 和 $\mathcal{F}^*$ 都是非空的，那么 P 和 P^* 都有最优解，记为 $\overline{\boldsymbol{x}}$ 和 $\overline{\boldsymbol{y}}$，且有 $f(\overline{\boldsymbol{x}}) = g(\overline{\boldsymbol{y}})$.

b.如果其中一个问题 P 或 P^* 有一个最优解 $\overline{\boldsymbol{x}}$ 或 $\overline{\boldsymbol{y}}$，那么另一个问题也有解，且 $f(\overline{\boldsymbol{x}}) = g(\overline{\boldsymbol{y}})$.

例 2 建立并求解 9.2 节例 5 中的对偶问题.

解 原始的问题是

$$\max \quad f(x_1, x_2) = 2x_1 + 3x_2$$

$$\text{s.t.}\begin{cases} x_1 \leqslant 30 \\ x_2 \leqslant 20 \\ x_1 + 2x_2 \leqslant 54 \\ x_1 \geqslant 0,\ x_2 \geqslant 0 \end{cases}$$

9.2 节例 5 的计算表明，该问题的最优解为 $\bar{\boldsymbol{x}}=\begin{bmatrix}30\\12\end{bmatrix}, f(\bar{\boldsymbol{x}})=96$．其对偶问题是

$$\min \quad g(y_1,y_2,y_3)=30y_1+20y_2+54y_3$$

$$\text{s.t.}\begin{cases}y_1+y_3 \geqslant 2\\ y_2+2y_3 \geqslant 3\\ y_1 \geqslant 0,\ y_2 \geqslant 0, y_3 \geqslant 0\end{cases}$$

这里可以使用单纯形法求解，但 9.2 节的几何方法也不难．约束不等式图（图 9-13）显示 $\mathcal{F}$ * 有三个极值点，故 $\bar{\boldsymbol{y}}=\begin{bmatrix}\frac{1}{2}\\0\\\frac{3}{2}\end{bmatrix}$ 是最优解.事实上 $g(\bar{\boldsymbol{y}})=30\left(\frac{1}{2}\right)+20(0)+54\left(\frac{3}{2}\right)=96$ 与预期的一样.

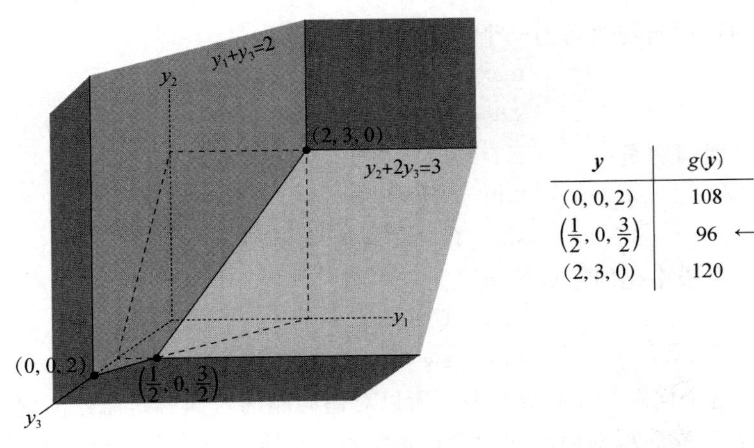

$\boldsymbol{y}$	$g(\boldsymbol{y})$
(0, 0, 2)	108
$\left(\frac{1}{2}, 0, \frac{3}{2}\right)$	96 ←
(2, 3, 0)	120

图 9-13　$g(y_1,y_2,y_3)=30y_1+20y_2+54y_3$ 的最小值

例 2 说明了对偶性和单纯形法的另一个重要性质．回顾一下 9.3 节的例 6，使用单纯形方法解决了同样的最大化问题．下面是最后一个表：

$$\begin{array}{cccccc|c} x_1 & x_2 & x_3 & x_4 & x_5 & M & \\ 0 & 0 & \frac{1}{2} & 1 & -\frac{1}{2} & 0 & 8 \\ 0 & 1 & -\frac{1}{2} & 0 & \frac{1}{2} & 0 & 12 \\ 1 & 0 & 1 & 0 & 0 & 0 & 30 \\ \hline 0 & 0 & \frac{1}{2} & 0 & \frac{3}{2} & 1 & 96 \end{array}$$

注意该对偶问题的最优解出现在最下面一行．变量 x_3、x_4 和 x_5 分别是第一、第二和第三个方程

的松弛变量. 这三列的最下面一个元素给出了对偶问题的最优解 $\bar{\boldsymbol{y}}=\begin{bmatrix}\frac{1}{2}\\0\\\frac{3}{2}\end{bmatrix}$. 这并不是一个巧合，正如下面的定理所示.

定理 7（对偶定理（续））

设 P 是一个（原始）线性规划问题，P^*是其对偶问题.设 P(或 P^*)有一个最优解.

c.如果 P(或 P^*)是用单纯形法求解的，那么它的对偶问题的解将显示在最终表的与松弛变量相关的列的最后一行.

例 3 建立并求解 9.3 节例 5 中的对偶问题.

解 原始问题是

$$\max \quad f(x_1,x_2,x_3)=25x_1+33x_2+18x_3$$
$$\text{s.t.}\begin{cases}2x_1+3x_2+4x_3\leqslant 60\\3x_1+\ \ x_2+5x_3\leqslant 46\\\ \ x_1+2x_2+\ \ x_3\leqslant 50\\\ \ \ x_1\geqslant 0,\ x_2\geqslant 0,x_3\geqslant 0\end{cases}$$

其对偶问题 P^*是

$$\min \quad g(y_1,y_2,y_3)=60y_1+46y_2+50y_3$$
$$\text{s.t.}\begin{cases}2y_1+3y_2+\ \ y_3\geqslant 25\\3y_1+\ \ y_2+2y_3\geqslant 33\\4y_1+5y_2+\ \ y_3\geqslant 18\\y_1\geqslant 0,\ y_2\geqslant 0,y_3\geqslant 0\end{cases}$$

发现求解原始问题的最终表为

$$\begin{array}{ccccccc|c} x_1 & x_2 & x_3 & x_4 & x_5 & x_6 & M & \\ 0 & 1 & \frac{2}{7} & \frac{3}{7} & -\frac{2}{7} & 0 & 0 & \frac{88}{7}\\ 1 & 0 & \frac{11}{7} & -\frac{1}{7} & \frac{3}{7} & 0 & 0 & \frac{78}{7}\\ 0 & 0 & -\frac{8}{7} & -\frac{5}{7} & \frac{1}{7} & 1 & 0 & \frac{96}{7}\\ \hline 0 & 0 & \frac{215}{7} & \frac{74}{7} & \frac{9}{7} & 0 & 1 & \frac{4854}{7}\end{array}$$

松弛变量是 x_4、x_5 和 x_6.它们给出了对偶问题 P^*的最优解，即

$$y_1=\frac{74}{7},y_2=\frac{9}{7},y_3=0$$

注意，在对偶问题中，目标函数的最优值为

$$g\left(\frac{74}{7},\frac{9}{7},0\right)=60\left(\frac{74}{7}\right)+46\left(\frac{9}{7}\right)+50(0)=\frac{4854}{7}$$

这与原问题中目标函数的最优值一致. ■

对偶问题中的变量具有有意义的经济解释. 例如，9.2 节例 5 和 9.3 节例 6 中研究的混合坚果问题：

$$\max \quad f(x_1,x_2)=2x_1+3x_2$$

$$\text{s.t.}\begin{cases} x_1 \leqslant 30\text{（腰果）} \\ x_2 \leqslant 20\text{（榛子）} \\ x_1+2x_2 \leqslant 54\text{（花生）} \\ x_1 \geqslant 0,\ x_2 \geqslant 0 \end{cases}$$

回想一下，x_1是第一种混合物的盒数，x_2是第二种混合物的盒数. 例 2 展示了以下对偶问题：

$$\min \quad g(y_1,\ y_2,\ y_3)=30y_1+20y_2+54y_3$$

$$\text{s.t.}\begin{cases} y_1+\ y_3 \geqslant 2 \\ y_2+2y_3 \geqslant 3 \\ y_1 \geqslant 0,\ y_2 \geqslant 0, y_3 \geqslant 0 \end{cases}$$

如果 $\overline{\boldsymbol{x}}$ 和 $\overline{\boldsymbol{y}}$ 是这些问题的最优解，则通过对偶定理，最大利润 $f(\overline{\boldsymbol{x}})$ 满足等式

$$f(\overline{\boldsymbol{x}})=g(\overline{\boldsymbol{y}})=30\overline{y}_1+20\overline{y}_2+54\overline{y}_3$$

例如，假设可用的腰果数量从 30 磅增加到 30+h 磅，那么利润就会增加 $h\overline{y}_1$；如果腰果的数量减少了 h 磅，那么利润就会减少 $h\overline{y}_1$. 所以 $\overline{y}_1$ 表示增加或减少一磅腰果引起的最优值的改变量. 这通常称为腰果的**边际值**. 类似地，$\overline{y}_2$ 和 $\overline{y}_3$ 分别为榛子和花生的边际值. 这些数值表明公司可能愿意为额外供应的各种坚果支付多少费用.[⊖]

例 4　混合坚果问题的最终表为（在 9.3 节的例 6 中）

$$\begin{array}{cccccc|c} x_1 & x_2 & x_3 & x_4 & x_5 & M & \\ \hline 0 & 0 & \frac{1}{2} & 1 & -\frac{1}{2} & 0 & 8 \\ 0 & 1 & -\frac{1}{2} & 0 & \frac{1}{2} & 0 & 12 \\ 1 & 0 & 1 & 0 & 0 & 0 & 30 \\ \hline 0 & 0 & \frac{1}{2} & 0 & \frac{3}{2} & 1 & 96 \end{array}$$

所以对偶问题的最优解是 $\overline{\boldsymbol{y}}=\begin{bmatrix}\frac{1}{2}\\0\\\frac{3}{2}\end{bmatrix}$.于是，腰果的边际值为$\frac{1}{2}$，榛子的边际值为 0，花生的边际值为$\frac{3}{2}$.

⊖　最终表中的其他元素也可以给出经济解释. 参见Saul I. Gass, *Linear Programming Methods and Applications*, 5th Ed. (Danvers, MA: Boyd & Fraser Publishing, 1985), pp.173-177. 也可参见Goldstein, Schneider, and Siegel, *Finite Mathematics and Its Applications*, 6th Ed. (Upper Saddle River, NJ: Prentice Hall, 1998), pp. 166–185.

注意，最优生产计划 $\bar{x}=\begin{bmatrix}30\\12\end{bmatrix}$ 中只使用20磅榛子中的12磅.（这对应于最终表中榛子约束不等式中，松弛变量 x_4 的值是8.）这意味着并不是所有可用榛子都被使用了，因此增加可用榛子的数量并不会增加利润.也就是说，它的边际值是零. ■

线性规划和矩阵博弈

设 $\boldsymbol{A}$ 是9.1节所述矩阵博弈中的一个 $m\times n$ 支付矩阵，首先假设 $\boldsymbol{A}$ 中的每个元素都是正的.设 $\mathbb{R}^m$ 中的 $\boldsymbol{u}$ 和 $\mathbb{R}^n$ 中的 $\boldsymbol{v}$ 是坐标都等于1的向量,并考虑以下线性规划问题 P 及其对偶问题 P^*.（注意，$\boldsymbol{x}$ 和 $\boldsymbol{y}$ 的角色是相反的，$\boldsymbol{x}$ 在 $\mathbb{R}^m$ 中，$\boldsymbol{y}$ 在 $\mathbb{R}^n$ 中.）

$$P:\ \max\quad \boldsymbol{v}^{\mathrm{T}}\boldsymbol{y}\qquad P^*:\ 最小化\quad \boldsymbol{u}^{\mathrm{T}}\boldsymbol{x}$$
$$\text{s.t.}\quad \boldsymbol{Ay}\leqslant\boldsymbol{u},\boldsymbol{y}\geqslant\boldsymbol{0}\quad \text{s.t.}\quad \boldsymbol{A}^{\mathrm{T}}\boldsymbol{x}\geqslant\boldsymbol{v},\boldsymbol{x}\geqslant\boldsymbol{0}$$

原始问题 P 是可行的，因为 $\boldsymbol{y}=\boldsymbol{0}$ 满足约束条件.对偶问题 P^* 是可行的，因为 $\boldsymbol{A}^{\mathrm{T}}$ 中的所有项都是正的，而 $\boldsymbol{v}$ 是坐标都等于1的向量.根据对偶定理，存在最优解 $\bar{\boldsymbol{y}}$ 和 $\bar{\boldsymbol{x}}$，使得 $\boldsymbol{v}^{\mathrm{T}}\bar{\boldsymbol{y}}=\boldsymbol{u}^{\mathrm{T}}\bar{\boldsymbol{x}}$.令

$$\lambda=\boldsymbol{v}^{\mathrm{T}}\bar{\boldsymbol{y}}=\boldsymbol{u}^{\mathrm{T}}\bar{\boldsymbol{x}}$$

由于 $\boldsymbol{A}$ 和 $\boldsymbol{u}$ 中的元素都是正的，所以不等式 $\boldsymbol{Ay}\leqslant\boldsymbol{u}$ 有一个满足 $\boldsymbol{y}\geqslant\boldsymbol{0}$ 的非零解 $\boldsymbol{y}$. 因此，原始问题的 λ 是正的.令

$$\hat{\boldsymbol{y}}=\bar{\boldsymbol{y}}/\lambda,\hat{\boldsymbol{x}}=\bar{\boldsymbol{x}}/\lambda$$

可以证明（习题29），$\hat{\boldsymbol{y}}$ 是列玩家C的最优混合策略，而 $\hat{\boldsymbol{x}}$ 是行玩家R的最优混合策略. 此外，博弈的值等于 $1/\lambda$.

最后，如果支付矩阵 $\boldsymbol{A}$ 有一些元素不是正的，则给每个元素加上同一个固定数，比如 k,使得所有元素均为正数. 这不会改变两个玩家的最优混合策略，会为博弈值增加一个数 k.（见9.1节习题33（b）.）

例5 求解支付矩阵为 $\boldsymbol{A}=\begin{bmatrix}-2&1&2\\3&2&0\end{bmatrix}$ 的博弈问题.

解 要生成元素全为正的矩阵 $\boldsymbol{B}$，给 $\boldsymbol{A}$ 的每个元素加3：

$$\boldsymbol{B}=\begin{bmatrix}1&4&5\\6&5&3\end{bmatrix}$$

通过求解下面线性规划问题，找到列玩家C的最优策略，

$$\max\quad y_1+y_2+y_3$$
$$\text{s.t.}\begin{cases}y_1+4y_2+5y_3\leqslant 1\\6y_1+5y_2+3y_3\leqslant 1\\y_1\geqslant 0,\ y_2\geqslant 0,y_3\geqslant 0\end{cases}$$

引入松弛变量 y_4 和 y_5，设 M 为目标函数，构造初始单纯形表：

$$\begin{array}{cccccc|c}y_1&y_2&y_3&y_4&y_5&M&\\ \hline 1&4&5&1&0&0&1\\6&5&3&0&1&0&1\\ \hline -1&-1&-1&0&0&1&0\end{array}$$

最下面一行的三个−1 元素相等，因此第一列到第三列中的任何一列都可以是第一个主元列. 选择第一列并检查 b_i / a_{i1} 的比值. 要将变量 y_1 引入解中，选择第二行的 6 为主元.

$$\begin{array}{cccccc|c} y_1 & y_2 & y_3 & y_4 & y_5 & M & \\ 0 & \frac{19}{6} & \frac{9}{2} & 1 & -\frac{1}{6} & 0 & \frac{5}{6} \\ 1 & \frac{5}{6} & \frac{1}{2} & 0 & \frac{1}{6} & 0 & \frac{1}{6} \\ \hline 0 & -\frac{1}{6} & -\frac{1}{2} & 0 & \frac{1}{6} & 1 & \frac{1}{6} \end{array}$$

在最下面一行，第三个元素是绝对值最大的负数，所以将 y_3 引入解中. 比值 b_i / a_{i3} 分别是 $\frac{5}{6}\Big/\frac{9}{2}=\frac{5}{27}, \frac{1}{6}\Big/\frac{1}{2}=\frac{1}{3}=\frac{9}{27}$. 第一个比值更小，所以以第一行的 9/2 为主元.

$$\begin{array}{cccccc|c} y_1 & y_2 & y_3 & y_4 & y_5 & M & \\ 0 & \frac{19}{27} & 1 & \frac{2}{9} & -\frac{1}{27} & 0 & \frac{5}{27} \\ 1 & \frac{13}{27} & 0 & -\frac{1}{9} & \frac{5}{27} & 0 & \frac{2}{27} \\ \hline 0 & \frac{5}{27} & 0 & \frac{1}{9} & \frac{4}{27} & 1 & \frac{7}{27} \end{array}$$

原始问题的最优解是

$$\overline{y}_1=\frac{2}{27},\ \overline{y}_2=0,\ \overline{y}_3=\frac{5}{27}，\text{其中 } \lambda=\overline{y}_1+\overline{y}_2+\overline{y}_3=\frac{7}{27}$$

C 对应的最优混合策略为

$$\hat{\boldsymbol{y}}=\overline{\boldsymbol{y}}/\lambda=\begin{bmatrix} \frac{2}{7} \\ 0 \\ \frac{5}{7} \end{bmatrix}$$

对偶问题的最优解来自松弛变量的最后一个元素

$$\overline{x}_1=\frac{1}{9}=\frac{3}{27} \text{ 和 } \overline{x}_2=\frac{4}{27}，\text{其中 } \lambda=\overline{x}_1+\overline{x}_2=\frac{7}{27}$$

这表明 R 的最优混合策略是

$$\hat{\boldsymbol{x}}=\overline{\boldsymbol{x}}/\lambda=\begin{bmatrix} \frac{3}{7} \\ \frac{4}{7} \end{bmatrix}$$

支付矩阵 $\boldsymbol{B}$ 的博弈值为 $v=\dfrac{1}{\lambda}=\dfrac{27}{7}$，所以原始矩阵 $\boldsymbol{A}$ 的博弈值是 $\dfrac{27}{7}-3=\dfrac{6}{7}$. ■

虽然矩阵博弈通常是通过线性规划来解决的，但有趣的是，线性规划问题可以简化为矩阵博弈. 如果规划问题有一个最优解，那么这个解就反映在矩阵博弈的解中. 假设问题是在满足约束 $\boldsymbol{Ax}\leqslant\boldsymbol{b},\boldsymbol{x}\geqslant\boldsymbol{0}$ 的情况下最大化 $\boldsymbol{c}^{\mathrm{T}}\boldsymbol{x}$，这里 $\boldsymbol{A}$ 是一个 $m\times n$ 矩阵且 $m\leqslant n$.令

$$\boldsymbol{M}=\begin{bmatrix}0 & \boldsymbol{A} & -\boldsymbol{b}\\ -\boldsymbol{A}^{\mathrm{T}} & 0 & \boldsymbol{c}\\ \boldsymbol{b}^{\mathrm{T}} & -\boldsymbol{c}^{\mathrm{T}} & 0\end{bmatrix},\quad \boldsymbol{s}=\begin{bmatrix}\overline{\boldsymbol{y}}\\ \overline{\boldsymbol{x}}\\ z\end{bmatrix}$$

假设 $\boldsymbol{M}$ 表示一个矩阵博弈，以及 $\boldsymbol{s}$ 是一个最优列策略. $(n+m+1)\times(n+m+1)$ 矩阵 $\boldsymbol{M}$ 是反对称的，即 $\boldsymbol{M}^{\mathrm{T}}=-\boldsymbol{M}$. 可以证明，在这种情况下，最优行策略等于最优列策略，博弈值为 0，向量 $\boldsymbol{Ms}$ 中各项的最大值为 0.注意

$$\boldsymbol{Ms}=\begin{bmatrix}0 & \boldsymbol{A} & -\boldsymbol{b}\\ -\boldsymbol{A}^{\mathrm{T}} & 0 & \boldsymbol{c}\\ \boldsymbol{b}^{\mathrm{T}} & -\boldsymbol{c}^{\mathrm{T}} & 0\end{bmatrix}\begin{bmatrix}\overline{\boldsymbol{y}}\\ \overline{\boldsymbol{x}}\\ z\end{bmatrix}=\begin{bmatrix}\boldsymbol{A}\overline{\boldsymbol{x}}-z\boldsymbol{b}\\ -\boldsymbol{A}^{\mathrm{T}}\overline{\boldsymbol{y}}+z\boldsymbol{c}\\ \boldsymbol{b}^{\mathrm{T}}\overline{\boldsymbol{y}}-\boldsymbol{c}^{\mathrm{T}}\overline{\boldsymbol{x}}\end{bmatrix}\leqslant\begin{bmatrix}\boldsymbol{0}\\ \boldsymbol{0}\\ 0\end{bmatrix}$$

因此 $\boldsymbol{A}\overline{\boldsymbol{x}}\leqslant z\boldsymbol{b},\boldsymbol{A}^{\mathrm{T}}\boldsymbol{y}\geqslant z\boldsymbol{c}$ 且 $\boldsymbol{b}^{\mathrm{T}}\overline{\boldsymbol{y}}\leqslant c^{\mathrm{T}}\overline{\boldsymbol{x}}$.因为列策略 $\boldsymbol{s}$ 是一个概率向量，$z\geqslant 0$，可以证明，如果 $z>0$，那么 $\overline{\boldsymbol{x}}/z$ 是原始（最大化）问题 $\boldsymbol{Ax}\leqslant\boldsymbol{b}$ 的最优解，而 $\overline{\boldsymbol{y}}/z$ 是对偶问题 $\boldsymbol{A}^{\mathrm{T}}\boldsymbol{y}\geqslant\boldsymbol{c}$ 的最优解.而且，如果 $z=0$，则原始问题和对偶问题就没有最优解了.

总之，单纯形法是解决线性规划问题的有力工具. 因为其解法是一个固定的程序，所以很适合用计算机进行烦琐的计算. 这里给出的算法对计算机来说不是最优的，但是许多计算机程序实现了单纯形法的变体，一些程序甚至可以寻求整数解. 近年来开发出通过可行区域内部走捷径的新方法，而不是从一个极值点到另一个极值点. 在某些情况下（通常涉及数以千计的变量和约束），它们会更快一些，但是单纯形法仍然是最广泛使用的方法.

练习题

以下问题与 9.2 节例 1 中的 Shady-Lane 草种公司有关.规范线性规划问题可以表述如下：

$$\max\quad 2x_1+3x_2$$

$$\text{s.t.}\begin{cases}3x_1+2x_2\leqslant 1200(\text{羊茅草})\\ x_1+2x_2\leqslant 800(\text{黑麦})\\ x_1+\ x_2\leqslant 450(\text{蓝草})\\ x_1\geqslant 0,\ x_2\geqslant 0\end{cases}$$

1. 陈述其对偶问题.
2. 在求解原问题的最终结果为下表的情况下，求出对偶问题的最优解.

$$\begin{array}{cccccc} x_1 & x_2 & x_3 & x_4 & x_5 & M & \\ \end{array}$$
$$\left[\begin{array}{cccccc|c}0 & 0 & 1 & 1 & -4 & 0 & 200\\ 0 & 1 & 0 & 1 & -1 & 0 & 350\\ 1 & 0 & 0 & -1 & 1 & 0 & 100\\ \hline 0 & 0 & 0 & 1 & 1 & 1 & 1250\end{array}\right]$$

3. 羊茅草、黑麦和蓝草在最优解下的边际值是多少？

习题 9.4

在习题 1~4 中，陈述给定线性规划问题的对偶问题.

1. 9.3 节中的习题 13.
2. 9.3 节中的习题 14.
3. 9.3 节中的习题 15.
4. 9.3 节中的习题 16.

在习题 5~8 中，使用给定习题的求解过程中的最终表来求解其对偶问题.

5. 9.3 节中的习题 13.
6. 9.3 节中的习题 14.
7. 9.3 节中的习题 15.
8. 9.3 节中的习题 16.

习题 9~16 涉及一个原始线性规划问题，即在 $\mathbb{R}^n$ 中寻找 $\boldsymbol{x}$，使得在满足约束 $A\boldsymbol{x} \leqslant \boldsymbol{b}, \boldsymbol{x} \geqslant \boldsymbol{0}$ 的情况下最大化 $f(\boldsymbol{x}) = \boldsymbol{c}^{\mathrm{T}}\boldsymbol{x}$．判断下面命题的真假(T/F). 证明你的答案.

9. (T/F)对偶问题是求最小的 $\boldsymbol{y}$，其中 $\boldsymbol{y}$ 在 $\mathbb{R}^m$ 中，满足约束 $A^{\mathrm{T}}\boldsymbol{y} \geqslant \boldsymbol{c}, \boldsymbol{y} \geqslant \boldsymbol{0}$.
10. (T/F)对偶问题的对偶问题是原来的原始问题.
11. (T/F)如果原始问题和对偶问题都是可行的，那么它们都有最优解.
12. (T/F)如果原始问题或对偶问题中有一个最优解，那么它们都有最优解.
13. (T/F)如果 $\bar{\boldsymbol{x}}$ 是原始问题的最优解，而 $\hat{\boldsymbol{y}}$ 是对偶问题的可行解，则 $g(\hat{\boldsymbol{y}}) = f(\bar{\boldsymbol{x}})$，此时 $g(\hat{\boldsymbol{y}})$ 是对偶问题的最优解.
14. (T/F)如果原始问题有一个最优解，则单纯形法中的最终表也给出了对偶问题的最优解.
15. (T/F)如果松弛变量在最优解中，则其方程对应的项的边际值为正.
16. (T/F)当用线性规划问题及其对偶问题求解矩阵博弈时，向量 $\boldsymbol{u}$ 和 $\boldsymbol{v}$ 为单位向量.

有时，最小化问题只有“$\geqslant$”型的不等式.在这种情况下，用它的对偶来代替这个问题.（将原始的不等式乘以 −1 来改变不等式的方向是行不通的，因为在这种情况下，初始的单纯形表的基本解是不可行的.）在习题 17~20 中，使用单纯形法求解对偶问题，并由此求解原始问题（对偶的对偶）.

17.
$$\min \quad 16x_1 + 10x_2 + 20x_3$$
$$\text{s.t.}\begin{cases} x_1 + x_2 + 3x_3 \geqslant 4 \\ 2x_1 + x_2 + 2x_3 \geqslant 5 \\ x_1 \geqslant 0,\ x_2 \geqslant 0, x_3 \geqslant 0 \end{cases}$$

18.
$$\min \quad 10x_1 + 14x_2$$
$$\begin{cases} x_1 + 2x_2 \geqslant 3 \\ 2x_1 + x_2 \geqslant 4 \\ 3x_1 + x_2 \geqslant 2 \\ x_1 \geqslant 0,\ x_2 \geqslant 0 \end{cases}$$

19. 求解 9.2 节中的习题 2.
20. 求解 9.2 节中的例 2.

习题 21 和习题 22 参见 9.2 节中的习题 17.该习题采用 9.3 节习题 21 中的单纯形法来求解.使用最终的单纯形表来回答以下问题.

21. 对制造部门而言，额外劳动力的边际价值是多少？给答案一个经济解释.
22. 如果有额外一小时的劳动力，应该分配到哪个部门？为什么？

利用线性规划求解习题 23 和 24 中的矩阵博弈.

23. $\begin{bmatrix} 2 & 0 \\ -4 & 5 \\ -1 & 3 \end{bmatrix}$　　24. $\begin{bmatrix} 1 & -2 \\ 0 & 1 \\ -3 & 2 \end{bmatrix}$

25. 用线性规划求解 9.1 节习题 9 中的矩阵博弈.这个博弈和习题 10 中的都不能用 9.1 节的方法来解决.
26. 用线性规划求解 9.1 节习题 10 中的矩阵博弈.
27. 鲍勃希望在股票、债券和金币上投资 35 000 美元．他知道他的回报率将取决于国家的经济环境，当然，这是很难预测的．在仔细分析之后，他根据经济是强劲、稳定还是疲软，确定每种投资类型每 100 美元的年利润如下：

	强劲	稳定	疲软
股票	4	1	−2
债券	1	3	0
金币	−1	0	4

无论经济状况如何，鲍勃应该如何投资他的资金以使他的利润最大化？也就是说，把这个问题看作一个矩阵博弈，在这个博弈中，行玩家鲍勃是在和“经济”对抗.他的投资组合在年底的预期价值是多少？

28. 设 P 是一个具有可行集 $\mathcal{F}$ 的（原始）线性规划问题，并设 P^*是一个具有可行集 $\mathcal{F}^*$的对偶问题.证明以下内容：
   a. 如果 $\boldsymbol{x}$ 在 $\mathcal{F}$ 中，$\boldsymbol{y}$ 在 $\mathcal{F}^*$中，则 $f(\boldsymbol{x}) \leqslant g(\boldsymbol{y})$.（提示：将 $f(\boldsymbol{x})$ 写成 $\boldsymbol{x}^{\mathrm{T}}\boldsymbol{c}$，将 $g(\boldsymbol{y})$ 写成 $\boldsymbol{y}^{\mathrm{T}}\boldsymbol{b}$. 然后从不等式 $\boldsymbol{c} \leqslant \boldsymbol{A}^{\mathrm{T}}\boldsymbol{y}$ 开始.）
   b. 如果 $f(\hat{\boldsymbol{x}}) = g(\hat{\boldsymbol{y}})$ 对 $\mathcal{F}$ 中的一些 $\boldsymbol{x}$ 和 $\mathcal{F}^*$中的一些 $\boldsymbol{y}$ 成立，则 $\hat{\boldsymbol{x}}$ 是 P 的最优解，而 $\hat{\boldsymbol{y}}$ 是 P^*的最优解.

29. 设 $\boldsymbol{A}$ 是一个 $m \times n$ 矩阵博弈. 设 $\overline{\boldsymbol{y}}$ 和 $\overline{\boldsymbol{x}}$ 分别为相关的原始线性规划问题和对偶问题的最优解，如例 5 之前的讨论中所述. 设 $\lambda = \boldsymbol{u}^{\mathrm{T}}\overline{\boldsymbol{x}} = \boldsymbol{v}^{\mathrm{T}}\overline{\boldsymbol{y}}$，定义 $\hat{\boldsymbol{x}} = \overline{\boldsymbol{x}}/\lambda$, $\hat{\boldsymbol{y}} = \overline{\boldsymbol{y}}/\lambda$.设 R 和 C 分别表示行玩家和列玩家.
   a. 证明 $\hat{\boldsymbol{x}}$, $\hat{\boldsymbol{y}}$ 分别是 R 和 C 的混合策略.
   b. 如果 $\boldsymbol{y}$ 是 C 的任一混合策略，证明 $E(\hat{\boldsymbol{x}}, \boldsymbol{y}) \geqslant 1/\lambda$.
   c. 如果 $\boldsymbol{x}$ 是 R 的任一混合策略，证明 $E(\boldsymbol{x}, \hat{\boldsymbol{y}}) \leqslant 1/\lambda$.
   d. 推断 $\hat{\boldsymbol{x}}$, $\hat{\boldsymbol{y}}$ 分别是 R 和 C 的最优混合策略，博弈值是 $1/\lambda$.

练习题答案

1.
$$\begin{aligned} &\min \quad 1200y_1 + 800y_2 + 450y_3 \\ &\text{s.t.}\begin{cases} 3y_1 + \ \ y_2 + y_3 \geqslant 2 \\ 2y_1 + 2y_2 + y_3 \geqslant 3 \\ y_1 \geqslant 0,\ y_2 \geqslant 0, y_3 \geqslant 0 \end{cases} \end{aligned}$$

2. 松弛变量是 x_3，x_4 和 x_5.最终单纯形表的这些列的最后一行的元素给出了对偶问题的最优解.所以
$$\overline{\boldsymbol{y}} = \begin{bmatrix} 0 \\ 1 \\ 1 \end{bmatrix}.$$

3. 松弛变量 x_3 来自羊茅草的约束不等式.这对应于对偶问题中的变量 y_1，所以羊茅草的边际值为 0.同样，x_4 和 x_5 分别来自黑麦和蓝草，所以它们的边际值都等于 1.

课题研究

本章的课题研究可以在 bit.ly/30IM8gT 上找到.

A. 循环：这个课题研究单纯形法中的循环方法.

补充习题

在习题 1~24 中，判定每个命题的真假(T/F)，并证明.

1. (T/F) 支付矩阵中的负值 a_{ij} 表示当玩家 R 选择行为 i，玩家 C 选择行为 j 时，R 必须支付给 C

的金额.

2. (T/F) 每个支付矩阵都至少有一个鞍点.

3. (T/F) 如果 $\boldsymbol{x}$ 是一个向量，其元素之和为1，那么 $\boldsymbol{x}$ 是一个概率向量.

4. (T/F) 如果 $\boldsymbol{x}$ 是矩阵博弈中的纯策略，那么 $\boldsymbol{x}$ 中的所有坐标都有相同的值.

5. (T/F) 矩阵博弈中玩家R的每个策略都是R的纯策略集的凸组合.

6. (T/F) 如果 $\boldsymbol{A}$ 是一个支付矩阵，那么R的策略空间是 $\mathbb{R}^n$ 中所有概率向量的集合.

7. (T/F) 如果 $\hat{\boldsymbol{x}}$ 的值等于R的博弈值，那么对于行玩家R来说，策略 $\hat{\boldsymbol{x}}$ 是最优的.

8. (T/F) 如果 $\boldsymbol{A}$ 是矩阵博弈的支付矩阵，那么策略 $\boldsymbol{x}$ 对玩家R的价值，记为 $v(x)$，是 x 与 $\boldsymbol{A}$ 的每一列的内积的最小值.

9. (T/F) 如果 $\hat{\boldsymbol{x}}$ 和 $\hat{\boldsymbol{y}}$ 是值为 v 的 $m\times n$ 矩阵博弈的最优策略，那么 $\hat{\boldsymbol{y}}$ 是 $\mathbb{R}^n$ 中纯策略 $\boldsymbol{e}_j$ 的凸组合，其中 $E(\hat{\boldsymbol{x}}, \boldsymbol{e}_j)=v$.

10. (T/F) 如果 A 是一个 $2\times n$ 矩阵博弈的支付矩阵，那么策略 $\boldsymbol{x}(t)$ 对玩家R的值，记为 $v(\boldsymbol{x}(t))$，是 n 个 t 的线性函数的最大值.

11. (T/F) 如果一个规范线性规划问题有一个可行解，但没有最优解，则该目标函数在该可行集上必是无界的.

12. (T/F) 如果 x 是规范线性规划问题可行集的极点，则 x 是最优解.

13. (T/F) 如果一个规范线性规划问题中的目标函数在可行集中具有任意大的值，则该问题没有可行解.

14. (T/F) 如果一个规范线性规划问题是无界的，那么它必须是有可行解的.

15. (T/F) 如果一个规范线性规划问题的可行集是无界的，则该问题没有最优解.

16. (T/F) 求解一个规范线性规划问题的单纯形法首先将每个约束不等式变为一个等式.

17. (T/F) 如果 $\boldsymbol{A}$ 是 $m\times n$ 矩阵，那么需要 n 个松弛变量把 $\boldsymbol{Ax}\leqslant\boldsymbol{b}$ 变成一个线性方程组.

18. (T/F) 在单纯形法中，当一个变量“出”一个基本可行解时，它就留在外面.

19. (T/F) 为了开始标准单纯形法，水平线上方增广列中的每一项必须是一个非负数.

20. (T/F) 当为一个规范线性规划问题设置初始单纯形表时，目标函数的系数在最下面一行.

21. (T/F)在建立对偶线性规划问题时，将原问题中的矩阵 $\boldsymbol{A}$ 替换为对偶问题中的矩阵 $\boldsymbol{A}^{-1}$.

22. (T/F) 如果一个原始线性规划问题有一个最优解，则其对偶规划是有界的.

23. (T/F) 设 P 是一个最大化线性规划问题，P^* 是它的对偶问题.如果 P 有一个最优解，则 P 在其可行集上的最大值等于 P^* 在其可行集上的目标函数的最小值.

24. (T/F) 设 $\boldsymbol{A}$ 是一个 $m\times n$ 矩阵博弈，其中 $\boldsymbol{A}$ 中的所有元素都是正的. 设 $\bar{\boldsymbol{y}}$ 和 $\bar{\boldsymbol{x}}$ 分别为9.4节中所定义的相关的原始线性规划问题和对偶线性规划问题的最优解. 如果 λ 等于 $\bar{\boldsymbol{x}}$ 坐标的和，则矩阵博弈的值等于 λ.

25. 考虑以下问题：

$$\max \quad -x_1+2x_2$$

$$\text{s.t.}\begin{cases}-x_1+x_2\leqslant 1\\ x_2\leqslant 2\\ x_1\geqslant 0,\ x_2\geqslant 0\end{cases}$$

a. 用图表示可行集 $\mathcal{F}$.

b. 找出 $\mathcal{F}$ 的极值点.

c. 画目标函数的一些等值线来证明目标函数在 $\mathcal{F}$ 上是有界的，即使 $\mathcal{F}$ 不是有界的.

d. 求这个问题的最优解.

26. 使用单纯形法找出习题25中问题的最优解.

27. 考虑以下问题：

$$\max \quad x_1+x_2$$

$$\text{s.t.}\begin{cases}-x_1+x_2\leqslant 1\\ x_2\leqslant 2\\ x_1\geqslant 0,\ x_2\geqslant 0\end{cases}$$

注意，这与习题25具有相同的约束不等式（因此也具有相同的可行集)，但目标函数是不同的.

a. 为这个新的目标函数绘制可行集和一些等值线，以证明它在 $\mathcal{F}$ 上不是有界的.

b. 在每个极值点上计算目标函数.

28. 在习题 27 中，尝试使用单纯形法来解决这个问题.解释为什么行不通.

29. 考虑以下问题：

$$\max \quad 3x_1 + 4x_2$$
$$\text{s.t.}\begin{cases} x_1 - \ \ x_2 \leqslant 4 \\ -2x_1 + 5x_2 \leqslant -10 \\ x_1 \geqslant 0,\ x_2 \geqslant 0 \end{cases}$$

a. 建立初始单纯形表.

b. 试着应用单纯形法，并解释为什么行不通.

c. 绘制约束不等式图，并解释它们与你给出的（b）中的答案之间的关系.

30. 线性规划问题的最终表格的最后一行可能会有零作为对应于“入”解的基本变量的列中的元素.在最后一行的一些其他列中也可能有零.当这种情况发生时，最优解将不是唯一的，因为这些其他变量可以被引入解中而不改变目标函数值.

a. 找到以下问题的所有最优解

$$\max \quad 4x_1 + 5x_2 - x_3$$
$$\text{s.t.}\begin{cases} x_1 + 2x_2 - x_3 \leqslant 16 \\ x_1 + \ \ x_2 \qquad \leqslant 12 \\ 2x_1 + 2x_2 + x_3 \leqslant 36 \\ x_1 \geqslant 0,\ x_2 \geqslant 0, x_3 \geqslant 0. \end{cases}$$

b. 用几何学描述解集.

31. 考虑支付矩阵为 $\boldsymbol{A} = \begin{bmatrix} -1 & 2 & 3 \\ 4 & 3 & -2 \end{bmatrix}$ 的矩阵博弈.利用 9.1 节中例 4 的方法求出最优混合策略和博弈值.

32. 通过使用 9.4 节中例 5 所示的线性规划，找到习题 31 中的最优混合策略和博弈值.

附　　录

附录 A　简化阶梯形矩阵的唯一性

定理（简化阶梯形矩阵的唯一性）

每一个 $m \times n$ 矩阵 $\boldsymbol{A}$ 行等价于唯一简化阶梯形矩阵 $\boldsymbol{U}$.

证　利用 4.3 节的思想，即行等价矩阵的列具有完全一样的线性相关关系.

行化简算法说明至少存在一个这样的矩阵 $\boldsymbol{U}$. 假设 $\boldsymbol{A}$ 行等价于简化阶梯形矩阵 $\boldsymbol{U}$ 和 $\boldsymbol{V}$，$\boldsymbol{U}$ 的行中最左边非零元素是“主元”1，称这类主元 1 的位置是一个主元位置，并且称包含它的列为主元列（这个定义仅用于阶梯特征的 $\boldsymbol{U}$ 和 $\boldsymbol{V}$，并且没有假设简化阶梯形的唯一性）.

$\boldsymbol{U}$ 和 $\boldsymbol{V}$ 的主元列恰恰是与它们左边的列线性无关的非零列（这个条件自动满足第一列是非零的）. 由于 $\boldsymbol{U}$ 和 $\boldsymbol{V}$ 行等价（两个矩阵都行等价于 $\boldsymbol{A}$），故它们的列有相同的线性相关关系，因此，$\boldsymbol{U}$ 和 $\boldsymbol{V}$ 的主元列出现在同样位置. 如果有 r 个这样的列，则因为 $\boldsymbol{U}$ 和 $\boldsymbol{V}$ 是简化阶梯形，所以它们的主元列是 $m \times m$ 单位矩阵的前 r 列，这样对应的 $\boldsymbol{U}$ 和 $\boldsymbol{V}$ 的主元列是相等的.

最后，考虑 $\boldsymbol{U}$ 的任意非主元列，例如列 j，这个列或者是零或者是左边主元列的线性组合（因为这些主元列是第 j 列左边的列生成的空间的一个基）. 在两种情况下，对第 j 个元素为 1 的 $\boldsymbol{x}$ 都可写成 $\boldsymbol{U}\boldsymbol{x} = \boldsymbol{0}$. 那么 $\boldsymbol{V}\boldsymbol{x} = \boldsymbol{0}$，这说明 $\boldsymbol{V}$ 的第 j 列或者是零或者是与它左边 $\boldsymbol{V}$ 的主元列相同的线性组合. 由于 $\boldsymbol{U}$ 和 $\boldsymbol{V}$ 对应的主元列是相等的，因此 $\boldsymbol{U}$ 和 $\boldsymbol{V}$ 的第 j 列也相等，这个结果对 $\boldsymbol{U}$ 和 $\boldsymbol{V}$ 所有非主元列也成立，因而 $\boldsymbol{V}$=$\boldsymbol{U}$，这就证明了 $\boldsymbol{U}$ 是唯一的. ■

附录 B　复数

复数是可以写成如下形式的数：

$$z = a + b\mathrm{i}$$

其中 a 和 b 是实数，i 是满足关系 $\mathrm{i}^2 = -1$ 的常用符号. 数 a 是 z 的**实部**，记作 $\mathrm{Re}\, z$，数 b 是 z 的**虚部**，记作 $\mathrm{Im}\, z$. 两个复数相等当且仅当它们的实部和虚部分别相等. 例如，如果 $z = 5 + (-2)\mathrm{i}$，那么 $\mathrm{Re}\, z = 5$，$\mathrm{Im}\, z = -2$，可以简记为 $z = 5 - 2\mathrm{i}$.

一个实数 a 可以认为是一个特殊类型的复数，即将 a 和 $a + 0\mathrm{i}$ 作为一个数. 更进一步，实数上的算术运算可以扩展到复数集合上.

复数系是所有复数的集合，记作 $\mathbb{C}$，具有下面的加法和乘法运算：

$$(a + b\mathrm{i}) + (c + d\mathrm{i}) = (a + c) + (b + d)\mathrm{i} \tag{1}$$

$$(a + b\mathrm{i})(c + d\mathrm{i}) = (ac - bd) + (ad + bc)\mathrm{i} \tag{2}$$

这些法则当（1）式和（2）式中 b 和 d 为零时，是普通实数的加法和乘法. 容易验证，在 $\mathbb{R}$ 上的常见法则在 $\mathbb{C}$ 上同样成立. 因此，乘法常用扩展的代数法则来计算.

例 1

$$\begin{aligned}(5-2\mathrm{i})(3+4\mathrm{i})&=15+20\mathrm{i}-6\mathrm{i}-8\mathrm{i}^2\\&=15+14\mathrm{i}-8(-1)\\&=23+14\mathrm{i}\end{aligned}$$

也就是说，用项 $(3+4\mathrm{i})$ 乘 $5-2\mathrm{i}$ 的每一项，利用 $\mathrm{i}^2=-1$，并将结果写成 $a+b\mathrm{i}$ 的形式. ■

复数 z_1 和 z_2 的减法定义为

$$z_1-z_2=z_1+(-1)z_2$$

特别地，我们用 $-z$ 代替 $(-1)z$.

复数 $z=a+b\mathrm{i}$ 的**共轭**复数是复数 $\bar{z}$（读作“z 杠”），定义为

$$\bar{z}=a-b\mathrm{i}$$

$\bar{z}$ 可通过将 z 的虚部符号取反来得到.

例 2　$-3+4\mathrm{i}$ 的共轭复数是 $-3-4\mathrm{i}$，记作 $\overline{-3+4\mathrm{i}}=-3-4\mathrm{i}$. ■

注意如果 $z=a+b\mathrm{i}$，那么

$$z\bar{z}=(a+b\mathrm{i})(a-b\mathrm{i})=a^2-ab\mathrm{i}+ba\mathrm{i}-b^2\mathrm{i}^2=a^2+b^2 \tag{3}$$

由于 $z\bar{z}$ 是实数且非负，故它有一个平方根. z 的**绝对值**（或**模**）是实数 $|z|$ 且定义为

$$|z|=\sqrt{z\bar{z}}=\sqrt{a^2+b^2}$$

如果 z 是实数，那么 $z=a+0\mathrm{i}$ 且 $|z|=\sqrt{a^2}$，它等于平常意义下的 a 的绝对值.

下面列出一些关于共轭复数和绝对值的有用性质，设 w 和 z 表示复数.

1. $\bar{z}=z$ 的充分必要条件是 z 是实数.
2. $\overline{w+z}=\bar{w}+\bar{z}$.
3. $\overline{wz}=\bar{w}\,\bar{z}$；特别地，如果 r 是实数，则 $\overline{rz}=r\bar{z}$.
4. $z\bar{z}=|z|^2\geqslant 0$.
5. $|wz|=|w||z|$.
6. $|w+z|\leqslant|w|+|z|$.

如果 $z\neq 0$，那么 $|z|>0$ 且 z 有一个乘法的倒数，记作 $1/z$ 或 z^{-1} 且有

$$\frac{1}{z}=z^{-1}=\frac{\bar{z}}{|z|^2}$$

当然，商 w/z 简单表示为 $w\cdot(1/z)$.

例 3　令 $w=3+4\mathrm{i}$ 和 $z=5-2\mathrm{i}$，计算 $z\bar{z},|z|$ 和 w/z.

解　由（3）式，

$$z\bar{z}=5^2+(-2)^2=25+4=29$$

对绝对值，$|z|=\sqrt{z\bar{z}}=\sqrt{29}$. 为计算 w/z，首先分子和分母同乘以 $\bar{z}$，即分母的共轭复数. 由（3）式，这个运算可消去分母中的 i:

$$\frac{w}{z}=\frac{3+4\mathrm{i}}{5-2\mathrm{i}}=\frac{3+4\mathrm{i}}{5-2\mathrm{i}}\cdot\frac{5+2\mathrm{i}}{5+2\mathrm{i}}=\frac{15+6\mathrm{i}+20\mathrm{i}-8}{5^2+(-2)^2}$$
$$=\frac{7+26\mathrm{i}}{29}=\frac{7}{29}+\frac{26}{29}\mathrm{i}$$ ■

几何解释

每一个复数 $z=a+b\mathrm{i}$ 对应于平面 $\mathbb{R}^2$ 上的一个点 (a,b)，如图 B-1 所示. 水平轴称为**实轴**，因为它上面的点 $(a,0)$ 对应实数，垂直的轴称为**虚轴**，因为它上面的点 $(0,b)$ 对应形如 $0+b\mathrm{i}$（简记为 $b\mathrm{i}$）的**纯虚数**. z 的共轭复数是 z 关于实轴的镜像，z 的绝对值是从原点到 (a,b) 的距离.

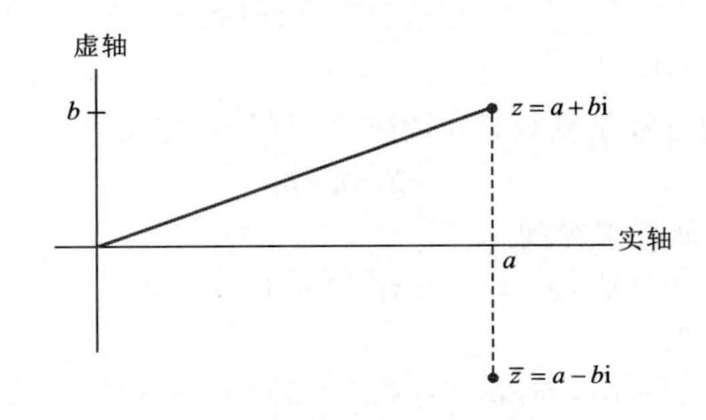

图 B-1　共轭复数是一个镜像

复数 $z=a+b\mathrm{i}$ 和 $w=c+b\mathrm{i}$ 的加法对应于 $\mathbb{R}^2$ 中 (a,b) 和 (c,b) 的向量加法，如图 B-2 所示.

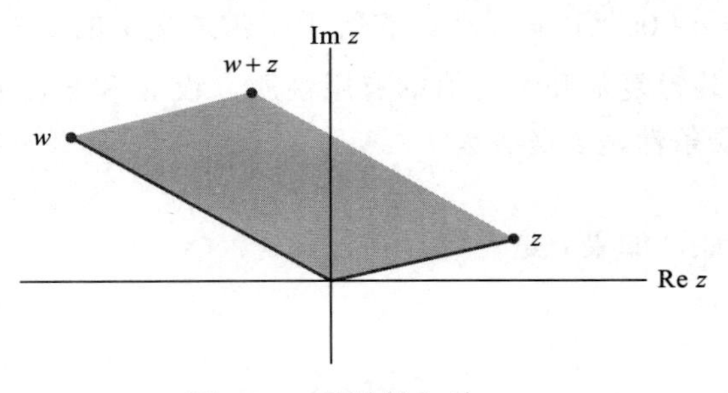

图 B-2　复数的加法

为给出复数乘法的图形表示，我们使用 $\mathbb{R}^2$ 中的**极坐标**. 给定一个非零复数

$$z=a+b\mathrm{i}$$

设 φ 是正实轴和点 (a,b) 间的夹角，如图 B-3 所示，其中 $-\pi<\varphi\leqslant\pi$. 角 φ 称为 z 的**辐角**，记为 $\varphi=\arg z$. 从三角函数得

$$a=|z|\cos\varphi \qquad b=|z|\sin\varphi$$

因而

$$z=a+b\mathrm{i}=|z|(\cos\varphi+\mathrm{i}\sin\varphi)$$

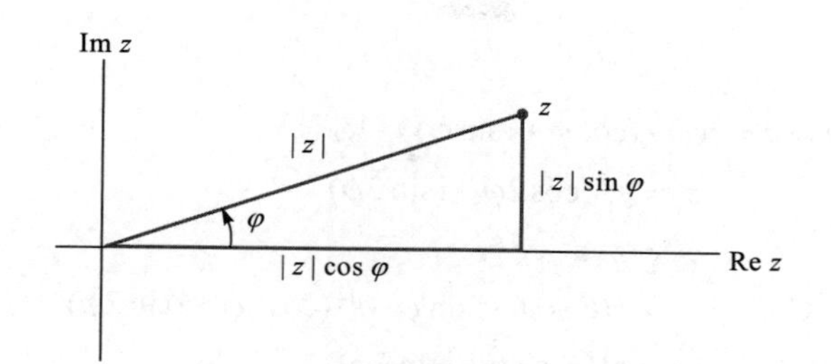

图 B-3 z 的极坐标

如果 w 是另一个非零复数，如

$$w=|w|(\cos\vartheta+\mathrm{i}\sin\vartheta)$$

则利用关于正弦和余弦两角和的标准三角函数公式，可以验证

$$wz=|w||z|[\cos(\vartheta+\varphi)+\mathrm{i}\sin(\vartheta+\varphi)] \tag{4}$$

见图 B-4. 类似可以写出极坐标形式的复数除法公式. 乘法和除法公式可用文字描述如下.

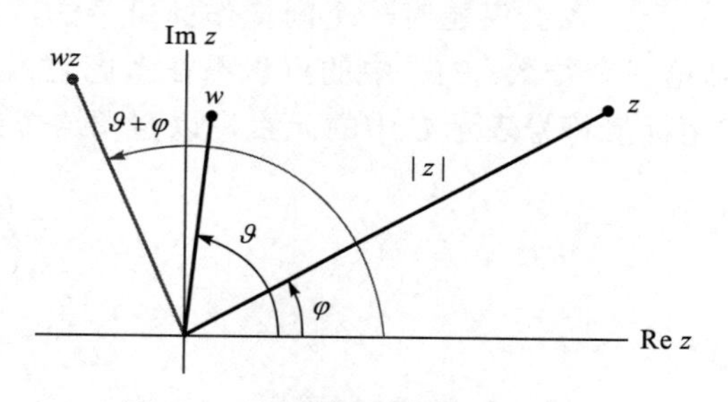

图 B-4 极坐标系中的乘法

> 极坐标系下，两个非零复数的乘法表示为它们绝对值的相乘和辐角相加. 极坐标系下，两个非零复数的除法表示为它们绝对值的相除和辐角之差.

例 4 a. 如果 w 的绝对值为 1，那么 $w=\cos\vartheta+\mathrm{i}\sin\vartheta$，其中 ϑ 是 w 的辐角. 对任意非零复数 z 乘复数 w，简单表示为复数 z 旋转 ϑ 角度.

b. i 本身的辐角为 $\frac{\pi}{2}$，所以，用 i 来乘复数 z 是将 z 旋转 $\frac{\pi}{2}$ 弧度. 例如，$3+\mathrm{i}$ 旋转为 $(3+\mathrm{i})\mathrm{i}=-1+3\mathrm{i}$. 见图 B-5.

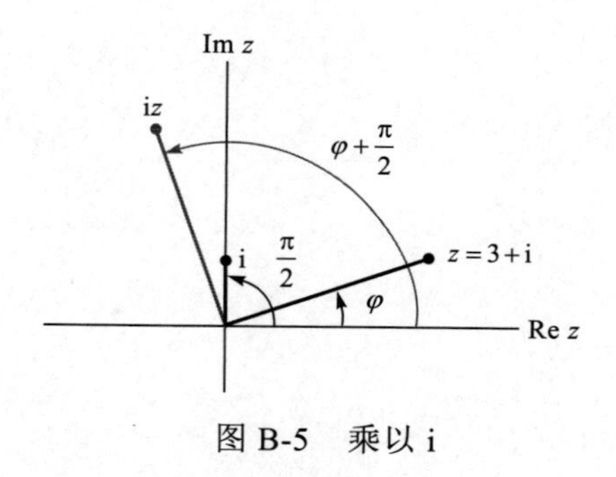

图 B-5 乘以 i

■

复数的幂

公式（4）中，如果 $z=w=r(\cos\varphi+\mathrm{i}\sin\varphi)$，则有

$$\begin{aligned}z^2&=r^2(\cos 2\varphi+\mathrm{i}\sin 2\varphi)\\z^3&=z\cdot z^2\\&=r(\cos\varphi+\mathrm{i}\sin\varphi)\cdot r^2(\cos 2\varphi+\mathrm{i}\sin 2\varphi)\\&=r^3(\cos 3\varphi+\mathrm{i}\sin 3\varphi)\end{aligned}$$

一般地，对任意正整数 k，

$$z^k=r^k(\cos k\varphi+\mathrm{i}\sin k\varphi)$$

这个结论被称为*棣莫弗定理*.

复数和 $\mathbb{R}^2$

尽管 $\mathbb{R}^2$ 中的元素和复平面 $\mathbb{C}$ 是一一对应的（见图 B-6 和图 B-7），并且加法实质上一致，但逻辑上 $\mathbb{R}^2$ 和 $\mathbb{C}$ 不同. 在 $\mathbb{R}^2$ 上，我们仅能对一个向量作标量乘法，然而在 $\mathbb{C}$ 上，我们可以将任意两个复数相乘，并得到第三个复数.（$\mathbb{R}^2$ 中的点积不在考虑之内，原因是它产生一个数，此数不是 $\mathbb{R}^2$ 的元素.）我们用标量符号表示 $\mathbb{C}$ 中的元素，以强调这个区别.

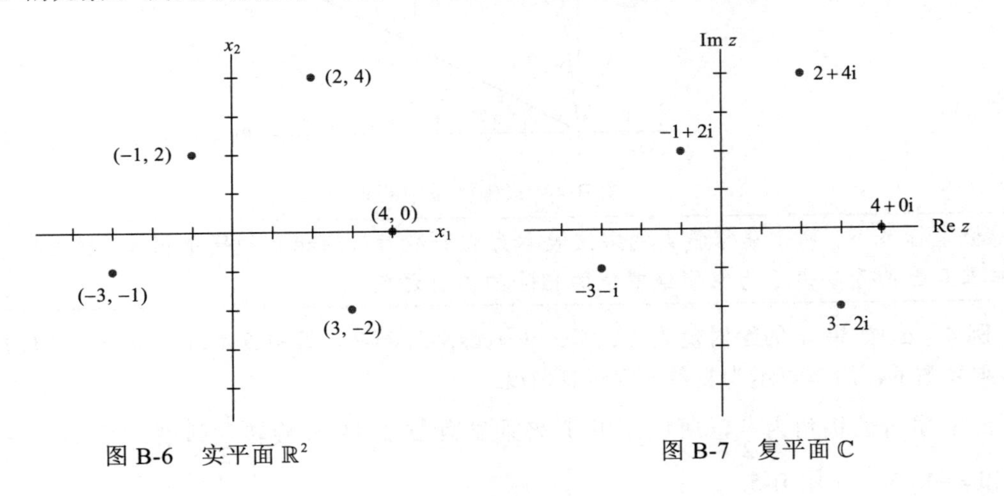

图 B-6　实平面 $\mathbb{R}^2$　　　图 B-7　复平面 $\mathbb{C}$

术 语 表

A

adjugate（or classical adjoint）**[伴随矩阵]** 矩阵 adj $\boldsymbol{A}$ 是方阵 $\boldsymbol{A}$ 中 (i,j) 位置的元素用 $\boldsymbol{A}$ 中 (i,j) 元素的代数余子式代替后，再通过转置得到的矩阵.

affine combination [仿射组合] 向量（$\mathbb{R}^n$ 中的点）的线性组合，且有关权值的和为 1.

affine dependence relation [仿射相关关系] 方程 $c_1\boldsymbol{v}_1 + c_2\boldsymbol{v}_2 + \cdots + c_p\boldsymbol{v}_p = \boldsymbol{0}$，其中权值 c_1，c_2，…，c_p 不全为 0，且 $c_1 + c_2 + \cdots + c_p = 0$.

affine hull（or affine span）**of a set S [集合 S 的仿射凸包（或仿射空间）]** S 中的点的所有仿射组合的集合，记为 aff S.

affine dependent set [仿射相关集合] $\mathbb{R}^n$ 中集合 $\{\boldsymbol{v}_1, \boldsymbol{v}_2, \cdots, \boldsymbol{v}_p\}$ 存在实数 c_1，c_2，…，c_p 不全为 0，使得 $c_1 + c_2 + \cdots + c_p = 0$ 且 $c_1\boldsymbol{v}_1 + c_2\boldsymbol{v}_2 + \cdots + c_p\boldsymbol{v}_p = \boldsymbol{0}$.

affine independent set [仿射无关集合] $\mathbb{R}^n$ 中集合 $\{\boldsymbol{v}_1, \boldsymbol{v}_2, \cdots, \boldsymbol{v}_p\}$ 仿射不相关.

affine set（or affine subset）**[仿射集（或仿射子集）]** 若 $\boldsymbol{p},\boldsymbol{q}$ 是 S 中的点，那么对于每个实数 t，有 $(1-t)\boldsymbol{p}+t\boldsymbol{q} \in S$. 满足上述条件的集合 S 就是仿射集.

affine transformation [仿射变换] 一个形如 $T(\boldsymbol{x}) = \boldsymbol{A}\boldsymbol{x} + \boldsymbol{b}$ 的映射 $T:\mathbb{R}^n \to \mathbb{R}^m$，其中 $\boldsymbol{A}$ 是 $m \times n$ 矩阵且 $\boldsymbol{b}$ 属于 $\mathbb{R}^m$.

algebraic multiplicity [代数重数] 一个特征值的重数是作为特征方程的根的重数.

angle（between nonzero vectors $\boldsymbol{u}$ and $\boldsymbol{v}$ in $\mathbb{R}^2$ or $\mathbb{R}^3$）**[（$\mathbb{R}^2$ 或 $\mathbb{R}^3$ 中非零向量 $\boldsymbol{u}$ 和 $\boldsymbol{v}$ 之间的）角度]** 夹角 ϑ 是指从原点到点 $\boldsymbol{u}$ 和 $\boldsymbol{v}$ 的两个有向线段之间的角度，通过点积联系起来：

$$\boldsymbol{u} \cdot \boldsymbol{v} = \|\boldsymbol{u}\|\|\boldsymbol{v}\|\cos\vartheta$$

associative law of multiplication [乘法的结合律] $\boldsymbol{A}(\boldsymbol{B}\boldsymbol{C}) = (\boldsymbol{A}\boldsymbol{B})\boldsymbol{C}$，对所有 $\boldsymbol{A},\boldsymbol{B},\boldsymbol{C}$ 均成立.

attractor（of a dynamical system in $\mathbb{R}^2$）**[（$\mathbb{R}^2$ 中一个动力系统的）吸引子]** 当所有轨迹都趋于 $\boldsymbol{0}$ 时的原点.

augmented matrix [增广矩阵] 一个由线性方程组的系数矩阵和右边增加的一列或多列构成的矩阵，每一个增加的列包含给定系数矩阵对应的方程组右边的常数项.

auxiliary equation [辅助方程] 一个关于变量 r 的多项式方程，来源于齐次差分方程的系数.

B

back-substitution（with matrix notation）**[（用矩阵记号的）回代变换]** 将阶梯形增广矩阵变换为简化阶梯形矩阵时后一阶段的行变换，常用于求线性方程组的解.

backward phase（of row reduction）**[（行化简的）向后阶段]** 化简阶梯形矩阵为简化阶梯形矩阵算法的最后步骤.

band matrix [带形矩阵] 一个矩阵，它的非零元素位于主对角线的上下两侧的带形以内.

barycentric coordinates（of a point $\boldsymbol{p}$ with respect to an affinely independent set $S = \{\boldsymbol{v}_1, \boldsymbol{v}_2, \cdots, \boldsymbol{v}_k\}$）**[（仿射无关集合 $S = \{\boldsymbol{v}_1, \boldsymbol{v}_2, \cdots, \boldsymbol{v}_k\}$ 中点 $\boldsymbol{p}$ 的）重心坐标]** （唯一）权值集 c_1, c_2，…，c_k，使得 $\boldsymbol{p} = c_1\boldsymbol{v}_1 + c_2\boldsymbol{v}_2 + \cdots + c_k\boldsymbol{v}_k$ 且 $c_1 + c_2 + \cdots + c_k = 1$.（有时称为关于 S 的点 $\boldsymbol{p}$ 的**仿射坐标**.）

basic variable [基本变量] 线性方程组中对应于

系数矩阵主元列的变量.

basis（for a nontrivial subspace H of a vector space V）[（向量空间 V 中的一个非平凡子空间 H 的）基] 一个 V 中的指标集 $\mathcal{B}=\{\boldsymbol{v}_1,\boldsymbol{v}_2,\cdots,\boldsymbol{v}_p\}$，使得（i）$\mathcal{B}$是线性无关集，（ii）由$\mathcal{B}$生成的子空间和 H 一致，即 $H=\text{Span}\{\boldsymbol{v}_1,\boldsymbol{v}_2,\cdots,\boldsymbol{v}_p\}$.

$\mathcal{B}$-coordinates of $\boldsymbol{x}$ [$\boldsymbol{x}$ 的$\mathcal{B}$坐标] 见 **$\boldsymbol{x}$ 相对于基$\mathcal{B}$的坐标**.

best approximation [最佳逼近] 给定子空间中离给定向量的最近点.

bidiagonal matrix [两对角线矩阵] 一个非零元素位于主对角线和与主对角线相邻的一斜对角线上的矩阵.

block diagonal（matrix）[分块对角（矩阵）] 一个分块矩阵 $\boldsymbol{A}=[\boldsymbol{A}_{ij}]$，使得 $i\neq j$ 时，每一块 $\boldsymbol{A}_{ij}$ 是零矩阵.

block matrix [分块矩阵] 见**矩阵分划**.

block matrix multiplication [分块矩阵乘法] 分块后矩阵的行列乘法，将块作为数来对待.

block upper triangular（matrix）[上三角形分块（矩阵）] 分块矩阵 $\boldsymbol{A}=[\boldsymbol{A}_{ij}]$，使得每一个块 $\boldsymbol{A}_{ij}$ 对 $i>j$ 是零矩阵.

boundary point of a set S in $\mathbb{R}^n$ [$\mathbb{R}^n$ 中集合 S 的边界点] $\mathbb{R}^n$ 中以点 $\boldsymbol{p}$ 为心的开球与 S 的内外都有交点的点 $\boldsymbol{p}$.

bounded set in $\mathbb{R}^n$ [$\mathbb{R}^n$ 中的有界集] 对某个 $\delta>0$，包含在开球 $B(\boldsymbol{0},\delta)$ 中的一个集合.

$\mathcal{B}$-matrix（for T）[（关于 T 的）$\mathcal{B}$-矩阵] 关于 V 中基$\mathcal{B}$的一个线性变换：$T:V\to V$ 对应的矩阵 $[\boldsymbol{T}]_{\mathcal{B}}$. 它具有如下的性质：对 V 中所有的 $\boldsymbol{x}$，$[T(\boldsymbol{x})]_{\mathcal{B}}=[\boldsymbol{T}]_{\mathcal{B}}[\boldsymbol{x}]_{\mathcal{B}}$.

C

Cauchy-Schwarz inequality [柯西-施瓦茨不等式] 对所有 $\boldsymbol{u},\boldsymbol{v}$ 有 $|\langle \boldsymbol{u},\boldsymbol{v}\rangle|\leqslant\|\boldsymbol{u}\|\cdot\|\boldsymbol{v}\|$.

change of basis [基的变换] 见**矩阵坐标变换**.

change-of-coordinates matrix（from a basis $\mathcal{B}$ to a basis $\mathcal{C}$）[（从一个基$\mathcal{B}$到一个基$\mathcal{C}$ 的）矩阵坐标变换] 一个矩阵 $\underset{\mathcal{C}\leftarrow\mathcal{B}}{P}$ 将$\mathcal{B}$坐标向量变换为$\mathcal{C}$ 坐标向量：$[\boldsymbol{x}]_{\mathcal{C}}=\underset{\mathcal{C}\leftarrow\mathcal{B}}{P}[\boldsymbol{x}]_{\mathcal{B}}$. 如果$\mathcal{C}$是 $\mathbb{R}^n$ 中的标准基，那么有时也将 $\underset{\mathcal{C}\leftarrow\mathcal{B}}{P}$ 记作 $P_{\mathcal{B}}$.

characteristic equation（of A）[（A 的）特征方程] $\det(\boldsymbol{A}-\lambda\boldsymbol{I})=0$.

characteristic polynomial（of A）[（A 的）特征多项式] $\det(\boldsymbol{A}-\lambda\boldsymbol{I})$，或在有些教材中，$\det(\lambda\boldsymbol{I}-\boldsymbol{A})$.

Cholesky factorization [楚列斯基分解] 一个分解 $\boldsymbol{A}=\boldsymbol{R}^{\mathrm{T}}\boldsymbol{R}$，其中 $\boldsymbol{R}$ 是一个可逆上三角形矩阵，它的所有对角元素为正的.

closed ball（in $\mathbb{R}^n$）[（$\mathbb{R}^n$ 中的）闭球] $\mathbb{R}^n$ 中集合 $\{\boldsymbol{x}:\|\boldsymbol{x}-\boldsymbol{p}\|<\delta\}$，其中 $\boldsymbol{p}$ 在 $\mathbb{R}^n$ 中且 $\delta>0$.

closed set（in $\mathbb{R}^n$）[（$\mathbb{R}^n$ 中的）闭集] 包含所有边界点的集合.

codomain（of a transformation $T:\mathbb{R}^n\to\mathbb{R}^m$）[（变换 $T:\mathbb{R}^n\to\mathbb{R}^m$ 的）上域] 集合 $\mathbb{R}^m$ 包含变换 T 的值域，通常，如果 T 映射一个向量空间 V 到另一个向量空间 W，那么 W 被称为 T 的上域.

coefficient matrix [系数矩阵] 一个矩阵，它的元素是一个线性方程组的系数.

cofactor [代数余子式] 一个数 $C_{ij}=(-1)^{i+j}\det\boldsymbol{A}_{ij}$，称为矩阵 $\boldsymbol{A}$ (i,j) 元素的余子式，其中 $\boldsymbol{A}_{ij}$ 是划去 $\boldsymbol{A}$ 中 i 行和 j 列后构成的子矩阵.

cofactor expansion [代数余子式展开] 一个计算 $\det\boldsymbol{A}$ 的公式，利用 $\boldsymbol{A}$ 的一行或一列及其对应的余子式来展开，如按第一行展开：

$$\det\boldsymbol{A}=a_{11}\boldsymbol{C}_{11}+a_{12}\boldsymbol{C}_{12}+\cdots+a_{1n}\boldsymbol{C}_{1n}$$

column-row expansion [列-行展开] $\boldsymbol{AB}$ 乘积的表达式作为外积之和：

$$\text{col}_1(\boldsymbol{A})\text{row}_1(\boldsymbol{B})+\text{col}_2(\boldsymbol{A})\text{row}_2(\boldsymbol{B})+\cdots+\text{col}_n(\boldsymbol{A})\text{row}_n(\boldsymbol{B})$$

其中 n 是 $\boldsymbol{A}$ 的列数.

column space（of an $m\times n$ matrix A）[（$m\times n$ 矩阵 A 的）列空间] $\boldsymbol{A}$ 的所有列的线性组合的集合 $\text{Col}\,\boldsymbol{A}$. 如果 $\boldsymbol{A}=[\boldsymbol{a}_1\ \boldsymbol{a}_2\cdots\boldsymbol{a}_n]$，那么 $\text{Col}\ \boldsymbol{A}=\text{Span}\{\boldsymbol{a}_1,\boldsymbol{a}_2,\cdots,\boldsymbol{a}_n\}$. 等价地有 $\text{Col}\ \boldsymbol{A}=\{\boldsymbol{y}:\boldsymbol{y}=\boldsymbol{A}\boldsymbol{x}$, 对$\mathbb{R}^n$ 中的一些 $\boldsymbol{x}\}$.

column sum [列和] 一个矩阵中一列元素之和.

column vector [列向量] 只有一列的矩阵或具有几列的矩阵中的某一列.

commuting matrices [矩阵交换] 两个矩阵满足 $AB = BA$.

compact set (in $\mathbb{R}^n$) [($\mathbb{R}^n$ 中的)紧集] $\mathbb{R}^n$ 中的集合既是闭的又是有界的.

companion matrix [友矩阵] 一类特殊形式的矩阵，其特征多项式是 $(-1)^n p(\lambda)$ 且 $p(\lambda)$ 是首项为 λ^n 的特殊多项式.

complex eigenvalue [复特征值] 一个 $n\times n$ 矩阵的特征多项式的非实根.

complex eigenvector [复特征向量] $\mathbb{C}^n$ 中的非零向量 $\boldsymbol{x}$，满足 $A\boldsymbol{x} = \lambda\boldsymbol{x}$，其中 A 是一个 $n\times n$ 矩阵，λ是一个复特征值.

component of $\boldsymbol{y}$ orthogonal to $\boldsymbol{u}$ (for $\boldsymbol{u} \neq \boldsymbol{0}$) [$\boldsymbol{y}$ 正交于 $\boldsymbol{u}(\boldsymbol{u}\neq\boldsymbol{0})$ 的分量] 向量 $\boldsymbol{y} - \dfrac{\boldsymbol{y}\cdot\boldsymbol{u}}{\boldsymbol{u}\cdot\boldsymbol{u}}\boldsymbol{u}$.

composition of linear transformations [线性变换的复合] 由连续应用两个或更多的线性变换产生的映射. 如果这些变换是矩阵变换，例如，左乘 B 之后接着左乘 A，那么复合结果是映射 $\boldsymbol{x}\mapsto A(B\boldsymbol{x})$.

condition number (of A) [(A 的)条件数] 商 σ_1/σ_n，其中 σ_1 是 A 的最大特征值且 σ_n 是最小的特征值. 如果 σ_n 是零，则条件数是 $+\infty$.

conformable for block multiplication [与分块乘法相一致] 两个分块矩阵 A 和 B，其分块使得乘积 AB 有定义，即 A 的列分块等于 B 的行分块.

consistent linear system [相容的线性方程组] 至少具有一个解的一个线性方程组.

constrained optimization [条件优化] 当给出 $\boldsymbol{x}$ 的一个或更多限制时，一个量的最大化问题，例如满足条件 $\boldsymbol{x}^{\mathrm{T}}\boldsymbol{x}=1$ 或 $\boldsymbol{x}^{\mathrm{T}}\boldsymbol{v}=0$ 时量 $\boldsymbol{x}^{\mathrm{T}}A\boldsymbol{x}$ 或 $\|A\boldsymbol{x}\|$ 的最大化问题.

consumption matrix [消耗矩阵] 列昂惕夫投入产出模型中的一个矩阵，它的列是经济体系中各个部门的单位消耗向量.

contraction [收缩] 对某个数 r 的映射 $\boldsymbol{x}\mapsto r\boldsymbol{x}$，此处 $0\leqslant r\leqslant 1$.

controllable (pair of matrices) [可控制(矩阵对)] 一个矩阵对 (A,B)，其中 A 是 $n\times n$ 矩阵，B 有 n 行并且满足

$$\operatorname{rank}[B \quad AB \quad A^2B\cdots \quad A^{n-1}B]=n$$

相关的是控制系统中的状态空间模型和差分方程 $\boldsymbol{x}_{k+1} = A\boldsymbol{x}_k + B\boldsymbol{u}_k (k=0,1,\cdots)$.

convergent (sequence of vectors) [收敛(向量序列)] 一个序列 $\{\boldsymbol{x}_k\}$，k 足够大时，使得 $\boldsymbol{x}_k$ 中的元素可以接近某些固定向量中的元素.

convex combination (of points $\boldsymbol{v}_1$, $\boldsymbol{v}_2$, $\cdots$, $\boldsymbol{v}_k$ in $\mathbb{R}^n$) [($\mathbb{R}^n$ 中点 $\boldsymbol{v}_1$, $\boldsymbol{v}_2$, $\cdots$, $\boldsymbol{v}_k$ 的)凸组合] 向量(点)的线性组合，组合中的权值是非负的且权值和为 1.

convex hull (of a set S) [(集合 S 的)凸包] 在 S 中的点的所有凸组合的集合，记为 conv S.

convex set [凸集] 集合 S 具有如下性质：对于 S 中的点 $\boldsymbol{p},\boldsymbol{q}$，线段 $\overline{\boldsymbol{pq}}$ 包含在 S 中.

coordinate mapping (determined by an ordered basis $\mathcal{B}$ in a vector space V) [(一个向量空间 V 中的有序基所确定的)坐标映射] 一个将 V 中每一个 $\boldsymbol{x}$ 与它的坐标向量$[\boldsymbol{x}]_{\mathcal{B}}$联系起来的映射.

coordinates of $\boldsymbol{x}$ relative to the basis $\mathcal{B}=\{\boldsymbol{b}_1,\boldsymbol{b}_2,\cdots,\boldsymbol{b}_n\}$ [$\boldsymbol{x}$ 相对于基 $\mathcal{B}=\{\boldsymbol{b}_1,\boldsymbol{b}_2,\cdots,\boldsymbol{b}_n\}$ 的坐标] 方程 $\boldsymbol{x}= c_1\boldsymbol{b}_1 + c_2\boldsymbol{b}_2+\cdots+c_n\boldsymbol{b}_n$ 的权值 $c_1,c_2,\cdots,c_n$.

coordinate vector of $\boldsymbol{x}$ relative to $\mathcal{B}$ [$\boldsymbol{x}$ 相对于基$\mathcal{B}$的坐标向量] 向量$[\boldsymbol{x}]_{\mathcal{B}}$，其元素是 $\boldsymbol{x}$ 在基$\mathcal{B}$下的坐标.

covariance (of variables $\boldsymbol{x}_i$ and $\boldsymbol{x}_j$, for $i\neq j$) [(变量 $\boldsymbol{x}_i$ 和变量 $\boldsymbol{x}_j$ 的)协方差 $(i\neq j)$] 对一个观测矩阵的协方差矩阵 S 中的元素 s_{ij}，其中 $\boldsymbol{x}_i$ 和 $\boldsymbol{x}_j$ 分别遍历观测向量中所有 i 和 j 坐标.

covariance matrix (or sample covariance matrix) [协方差矩阵(或样本协方差矩阵)] $p\times p$ 矩阵 S，定义为 $S=(N-1)^{-1}BB^{\mathrm{T}}$，其中 B 是一个 $p\times N$ 平均偏差形式的观测矩阵.

Cramer's Rule [克拉默法则] 当 A 是可逆矩阵时，公式给出方程组 $A\boldsymbol{x}=\boldsymbol{b}$ 的一个解 $\boldsymbol{x}$ 中的每个元

素的取值.

cross-product term［交叉乘积项］ 二次型中的项 cx_ix_j，其中 $i \neq j$.

cube［立方体］ 由6个正方形平面界定的三维立体，且三个面共用一个顶点.

D

decoupled system［解耦系统］ 一个差分方程 $\boldsymbol{y}_{k+1} = A\boldsymbol{y}_k$，或微分方程 $\boldsymbol{y}'(t) = A\boldsymbol{y}(t)$，其中 A 是对角矩阵. 离散演化方程中 $\boldsymbol{y}_k$（作为一个关于 k 的函数）的每个元素或连续变化方程中向量值函数 $\boldsymbol{y}(t)$ 的每个元素当 $k \to \infty$ 或 $t \to \infty$ 时不受其他元素变化的影响.

design matrix［设计矩阵］ 在线性模型 $\boldsymbol{y} = X\boldsymbol{\beta} + \boldsymbol{\varepsilon}$ 中的矩阵 X，其中 X 的列以某种方式由一些独立变量的观测值所确定.

determinant（of a square matrix A）［（一个方阵 A 的）行列式］ 数 $\det A$，归纳定义为 A 的第一行的代数余子式展开. 也等于 $(-1)^r$ 乘以由 A 作行变换而得到的任何阶梯形矩阵 U 中对角元素的乘积，该阶梯形矩阵是通过行替换和 r 次行交换得到（但没有行的倍乘变换）.

diagonal entries（in a matrix）［（一个矩阵的）对角元素］ 元素具有相同的行下标和列下标.

diagonalizable（matrix）［可对角化（矩阵）］ 一个矩阵可以写成分解形式 PDP^{-1}，其中 D 是一个对角矩阵，P 是一个可逆矩阵.

diagonal matrix［对角矩阵］ 一个方阵，不在主对角线上的所有元素为零.

difference equation（or linear recurrence relation）［差分方程（或线性递推关系）］ 一个形如 $\boldsymbol{x}_{k+1} = A\boldsymbol{x}_k (k = 0,1,2,\cdots)$ 的方程，它的解是一个向量序列 $\boldsymbol{x}_0, \boldsymbol{x}_1, \cdots$.

dilation［拉伸变换］ 对标量 r，变换 $\boldsymbol{x} \mapsto r\boldsymbol{x}$，其中 $r > 1$.

dimension

of a flat S［平面 S 的维数］对应的平行子空间的维数.

of a set S［集合 S 的维数］包含 S 的最小平面的维数.

of a subspace S［子空间 S 的维数］S 的基中的向量个数，写作 $\dim S$.

of a vector space V［向量空间 V 的维数］V 的一个基中向量的个数，写作 $\dim V$. 零空间的维数是0.

discrete linear dynamical system［离散线性动力系统］ 一个形如 $\boldsymbol{x}_{k+1} = A\boldsymbol{x}_k$ 的差分方程，描述了随时间演变的系统变化（常指物理系统）. 物理系统用离散时刻来度量，当 $k = 0,1,2,\cdots$，且系统在时刻 k 时的**状态**是一个向量 $\boldsymbol{x}_k$，其元素给出关于系统的感兴趣的事实.

distance between $\boldsymbol{u}$ and $\boldsymbol{v}$［$\boldsymbol{u}$ 和 $\boldsymbol{v}$ 之间的距离］ 向量 $\boldsymbol{u} - \boldsymbol{v}$ 的长度，记作 $\text{dist}(\boldsymbol{u}, \boldsymbol{v})$.

distance to a subspace［到一个子空间的距离］ 从一个给定点（向量）$\boldsymbol{v}$ 到一个子空间的最近点的距离.

distributive laws［分配律］ 对所有 A,B,C，

（左） $A(B + C) = AB + AC$

（右） $(B + C)A = BA + CA$

domain（of a transformation T）［（变换 T 的）定义域］ $T(\boldsymbol{x})$ 有定义的向量 $\boldsymbol{x}$ 的集合.

dot product［点积］ 见内积.

dynamical system［动力系统］ 见离散线性动力系统.

E

echelon form（or row echelon form, of a matrix）［（矩阵的）阶梯形（或行阶梯形）］ 一个阶梯形矩阵行等价于给定矩阵.

echelon matrix（or row echelon matrix）［阶梯形矩阵（或行阶梯形矩阵）］ 一个长方形的矩阵，具有三个特性：（1）所有非零行位于所有零行的上方，（2）每一行中的主元素所在列处于上行主元素所在列的右边.（3）在主元素之下的所有同一列的元素是零.

eigenfunctions（of a differential equation $\boldsymbol{x}'(t) = A\boldsymbol{x}(t)$）

[（一个微分方程 $x'(t)=Ax(t)$ 的）特征函数] 一个函数 $x(t)=ve^{\lambda t}$，其中 v 是 A 的特征向量且λ是对应的特征值.

eigenspace（of A corresponding to λ）[（矩阵 A 对应于λ的）特征空间] $Ax=\lambda x$ 所有解的集合，它包含零向量和所有对应于λ的特征向量，其中λ是 A 的一个特征值.

eigenvalue（of A）[（A 的）特征值] 一个数λ，使得方程 $Ax=\lambda x$ 有一个非零向量解 x.

eigenvector（of A）[（A 的）特征向量] 一个非零向量 x，使得 $Ax=\lambda x$ 对某个数λ成立.

eigenvector basis [特征向量基] 包含给定矩阵的全部特征向量的基.

eigenvector decomposition（of x）[（x 的）特征向量分解] 一个方程 $x=c_1v_1+c_2v_2+\cdots+c_nv_n$，将 x 表示为矩阵特征向量的线性组合.

elementary matrix [初等矩阵] 一个可逆矩阵，它是对单位矩阵做一次初等行变换得到的矩阵.

elementary row operations [初等行变换] (1)(替换)用自己所在行与其他行的倍数之和替换一行. (2) 交换两行. (3)(倍乘) 用非零数乘某行的所有元素.

equal vectors [相等向量] $\mathbb{R}^n$ 中对应的元素相同的向量.

equilibrium prices [平衡价格] 经济体系中各个部门总支出的价格集合，使得每个部门的总收入与总支出正好均衡.

equilibrium vector [平衡向量] 见稳态向量.

equivalent（linear）systems [等价的（线性）系统] 具有同样解集的线性系统.

exchange model [交换模型] 见列昂惕夫交换模型.

existence question [存在性问题] “一个系统的解是否存在？”，即“系统是否相容？”，也是“对所有 b，$Ax=b$ 的一个解是否存在？”

expansion by cofactors [用代数余子式展开] 见代数余子式展开.

explicit description（of a subspace W of $\mathbb{R}^n$）[显式描述（$\mathbb{R}^n$ 中一个子空间 W）] 用参数表示 W，它是一个特殊向量集合的所有线性组合的集合.

extreme point（of a convex set S）[（凸集 S 的）极端点] 存在 S 中的点 p，使得 p 不在位于 S 中的任何线段内部.（即若 x 与 y 属于 S，且 p 在线段 $\overline{xy}$ 上，则 $p=x$ 或 $p=y$.）

F

factorization（of A）[（A 的）分解] 将 A 表示为两个或更多个矩阵乘积的一个方程.

final demand vector（or bill of final demands）[最终需求向量（或最终需求清单）] 列昂惕夫投入-产出模型中的向量 d，列出了部分经济体系中非生产性的各部门货物和服务的价值. 向量 d 可以表示消费者需求、政府消费、生产者剩余、出口或外部需求.

finite-dimensional（vector space）[有限维（向量空间）] 一个由有限个向量的集合所生成的向量空间.

flat（in $\mathbb{R}^n$）[$\mathbb{R}^n$ 中的平面] $\mathbb{R}^n$ 的子空间的一个平移.

flexibility matrix [弹性矩阵] 一个矩阵，当单位大小的力作用在梁的第 j 个点时，它的第 j 列给出该弹性梁在特定点处的弯曲.

floating point arithmetic [浮点算术运算] 数字用十进制 $\pm 0.d_1\cdots d_p\times 10^r$ 表示，其中 r 是一个整数且表示小数点右边的位数，数 p 常常位于 8 和 16 之间.

flop [浮运算] 两个实浮点数的一次算术运算(+，−，*，/).

forward phase（of row reduction）[（行化简的）向前阶段] 化简一个矩阵为阶梯形矩阵的第一部分算法.

Fourier approximation（of order n）[（n 阶）傅里叶逼近] 在 n 阶三角多项式子空间中，与空间 $C[0,2\pi]$ 中给定函数的距离最近的点.

Fourier coefficients [傅里叶系数] 在傅里叶逼近一个函数时三角多项式的权值.

Fourier series [傅里叶级数] 一个无穷级数，在内积空间 $C[0,2\pi]$ 内收敛于一个函数，其内积由一个定积分确定.

free variable［自由变量］ 一个线性方程组中不是基本变量的任意变量.

full rank（matrix）［满秩（矩阵）］ 一个 $m \times n$ 矩阵，它的秩等于 m 和 n 的最小值.

fundamental set of solutions［基础解系］ 齐次线性方程或齐次微分方程所有解构成的集合的一个基.

fundamental subspaces（determined by A）［（A 的）基础子空间］ A 的零空间和 A 的列空间以及 A^T 的零空间和 A^T 的列空间，Col A^T 常称为 A 的行空间.

G

Gaussian elimination［高斯消元］ 见行化简算法.

general least-squares problem［一般的最小二乘问题］ 给定一个 $m \times n$ 矩阵 A 和一个属于 $\mathbb{R}^m$ 的向量 b，求属于 $\mathbb{R}^n$ 的 $\hat{x}$，使得 $\|b - A\hat{x}\| \leqslant \|b - Ax\|$ 对所有 $\mathbb{R}^n$ 中的 x 成立.

general solution（of a linear system）［（一个线性方程组的）通解］ 参数表示的解集合，它用任意参数形式的自由变量表示基本变量. 在 1.5 节之后，参数表示被写成向量形式.

Givens rotation［吉温斯旋转］ 计算机中使用的从 $\mathbb{R}^n$ 到 $\mathbb{R}^n$ 的线性变换，其作用是产生一个向量（常指矩阵的一列）中的零元素.

Gram matrix（of A）［（矩阵 A 的）格拉姆矩阵］ 矩阵 A^TA.

Gram-Schmidt process［格拉姆-施密特方法］ 对由给定向量集合生成的子空间，生成正交或单位正交基的一个算法.

H

homogeneous coordinates［齐次坐标］ 在 $\mathbb{R}^3$ 中，对任何 $H \neq 0$，将 (x,y,z) 表示为 (X,Y,Z,H)，其中 $x = X/H, y = Y/H$ 和 $z = Z/H$. 在 $\mathbb{R}^2$ 中，H 常取作 1，(x,y) 的齐次坐标常写成 $(x,y,1)$.

homogeneous equation［齐次方程］ 一个形如 $Ax = 0$ 的方程，可能写为一个向量方程或一个线性方程组.

homogeneous form of (a vector) v in $\mathbb{R}^n$［$\mathbb{R}^n$ 中（向量）v 的齐次形式］ $\mathbb{R}^{n+1}$ 中的点 $\tilde{v} = \begin{bmatrix} v \\ 1 \end{bmatrix}$.

Householder reflection［豪斯霍尔德反射］ 一个变换 $x \mapsto Qx$，其中 $Q = I - 2uu^T$ 且 u 是一个单位向量 $(u^Tu = 1)$.

hyperplane（in $\mathbb{R}^n$）［（$\mathbb{R}^n$ 中的）超平面］ $\mathbb{R}^n$ 中维数为 $n-1$ 的一个平面. 也是一个 $n-1$ 维子空间的平移.

I

identity matrix（denoted by I or I_n）［单位矩阵（记作 I 或 I_n）］ 一个对角线元素为 1、其他元素为 0 的方阵.

ill-conditioned matrix［病态矩阵］ 一个具有大的（或者无穷大）条件数的方阵；如果矩阵中的一些元素改变一点，则矩阵是奇异矩阵或会变成奇异矩阵.

image（of a vector x under a transformation T）［（一个向量 x 在一个变换 T 下的）像］ 用 T 指定给 x 的向量 $T(x)$.

implicit description（of a subspace W of $\mathbb{R}^n$）［（$\mathbb{R}^n$ 的一个子空间 W 的）隐式描述］ 一个或多个齐次方程的解组成的集合描述 W 中点的特性.

Im x［x 的虚部］ 由 $\mathbb{C}^n$ 中向量 x 的虚部元素所形成的 $\mathbb{R}^n$ 中的向量.

inconsistent linear system［不相容线性方程组］ 一个没有解的线性方程组.

indefinite matrix［不定矩阵］ 一个对称矩阵 A，使得 x^TAx 的值既有正值又有负值.

indefinite quadratic form［不定二次型］ 一个二次型 Q，使得 $Q(x)$既有正值又有负值.

infinite-dimensional（vector space）［无限维（向量空间）］ 一个非零向量空间 V 没有有限基.

inner product［内积］ 数 u^Tv，常写成 $u \cdot v$，其中

$\boldsymbol{u}$ 和 $\boldsymbol{v}$ 是 $\mathbb{R}^n$ 中的向量，作为 $n\times1$ 矩阵，也称为 $\boldsymbol{u}$ 和 $\boldsymbol{v}$ 的点积. 一般地，一个向量空间中的函数给出每一对向量 $\boldsymbol{u}$ 和 $\boldsymbol{v}$ 对应的一个数 $<\boldsymbol{u}, \boldsymbol{v}>$，它满足一些公理，见 6.7 节.

inner product space [内积空间] 一个已定义了内积的向量空间.

input-output matrix [投入-产出矩阵] 见消耗矩阵.

input-output model [投入-产出模型] 见列昂惕夫投入-产出模型.

interior point（of a set S in $\mathbb{R}^n$）[（$\mathbb{R}^n$ 中集合 S 的）内点] S 中的一个点 $\boldsymbol{p}$，使得对某个 $\delta>0$，中心为 $\boldsymbol{p}$ 的开球 $B(\boldsymbol{p},\delta)$ 包含于 S 中.

intermediate demands [中间需求] 对货物或服务的需求会被消耗在其他货物生产过程中或顾客的服务中. 如果 $\boldsymbol{x}$ 是生产水平且 $\boldsymbol{C}$ 是消费矩阵，那么 $\boldsymbol{Cx}$ 列出中间需求.

interpolating polynomial [插值多项式] 一个多项式，其图形通过 $\mathbb{R}^2$ 中的一个点集的每一个点.

invariant subspace（for $\boldsymbol{A}$）[（$\boldsymbol{A}$ 的）不变子空间] 一个子空间 H，使得当 $\boldsymbol{x}\in H$ 时，$\boldsymbol{Ax}$ 仍然属于 H.

inverse（of an $n\times n$ matrix $\boldsymbol{A}$）[（一个 $n\times n$ 矩阵 $\boldsymbol{A}$ 的）逆] 一个 $n\times n$ 矩阵 $\boldsymbol{A}^{-1}$ 使得 $\boldsymbol{AA}^{-1}=\boldsymbol{A}^{-1}\boldsymbol{A}=\boldsymbol{I}_n$.

inverse power method [逆幂法] 当具有 λ 的一个好的初始估计时，一个估计方阵特征值 λ 的算法.

invertible linear transformation [可逆线性变换] 一个线性变换 $T:\mathbb{R}^n\to\mathbb{R}^n$，使得存在一个函数 $S:\mathbb{R}^n\to\mathbb{R}^n$ 对所有 $\boldsymbol{x}\in\mathbb{R}^n$，满足 $T(S(\boldsymbol{x}))=\boldsymbol{x}$ 和 $S(T(\boldsymbol{x}))=\boldsymbol{x}$.

invertible matrix [可逆矩阵] 一个具有逆矩阵的方阵.

isomorphic vector spaces [同构向量空间] 两个向量空间 V 和 W，且存在一个一对一线性变换 T，将 V 映射到 W 上.

isomorphism [同构] 从一个向量空间映射到另一个向量空间上的一个一对一线性映射.

K

kernel（of a linear transformation $T:V\to W$）[（一个线性变换 $T:V\to W$ 的）核] V 中满足 $T(\boldsymbol{x})=\boldsymbol{0}$ 的所有 $\boldsymbol{x}$ 的集合.

Kirchhoff's Laws [基尔霍夫定律] （1）（电压定律）环路中一个方向上的电压降 RI 的代数和等于环路中同一方向电源电压的代数之和. （2）（电流定律）一个分支中的电流是通过该分支环路电流的代数和.

L

ladder network [梯形网络] 一个由两个或更多个电路串联而成的电路网络.

leading entry [首项元素] 一个矩阵一行中最左边的非零元素.

least-squares error [最小二乘误差] 从 $\boldsymbol{b}$ 到 $\boldsymbol{A}\hat{\boldsymbol{x}}$ 的距离 $\|\boldsymbol{b}-\boldsymbol{A}\hat{\boldsymbol{x}}\|$，其中 $\hat{\boldsymbol{x}}$ 是 $\boldsymbol{Ax}=\boldsymbol{b}$ 的一个最小二乘解.

least-squares line [最小二乘直线] 直线 $y=\hat{\beta}_0+\hat{\beta}_1x$，使得方程 $\boldsymbol{y}=\boldsymbol{X\beta}+\boldsymbol{\varepsilon}$ 的最小二乘误差达到最小.

least-squares solution（of $\boldsymbol{Ax}=\boldsymbol{b}$）[（方程 $\boldsymbol{Ax}=\boldsymbol{b}$ 的）最小二乘解] 一个向量 $\hat{\boldsymbol{x}}$ 使得对所有属于 $\mathbb{R}^n$ 的 $\boldsymbol{x}$ 有

$$\|\boldsymbol{b}-\boldsymbol{A}\hat{\boldsymbol{x}}\|\leqslant\|\boldsymbol{b}-\boldsymbol{Ax}\|$$

left inverse（of $\boldsymbol{A}$）[（$\boldsymbol{A}$ 的）左逆] 任何矩形矩阵 $\boldsymbol{C}$ 使得 $\boldsymbol{CA}=\boldsymbol{I}$.

left-multiplication（by $\boldsymbol{A}$）[（用 $\boldsymbol{A}$）左乘] 用 $\boldsymbol{A}$ 左乘一个向量或一个矩阵.

left singular vectors（of $\boldsymbol{A}$）[（$\boldsymbol{A}$ 的）左奇异向量] 在奇异值分解 $\boldsymbol{A}=\boldsymbol{U\Sigma V}^{\mathrm{T}}$ 中的 $\boldsymbol{U}$ 的列.

length（or norm of $\boldsymbol{v}$）[（$\boldsymbol{v}$ 的）长度（或范数）] 数 $\|\boldsymbol{v}\|=\sqrt{\boldsymbol{v}\cdot\boldsymbol{v}}=\sqrt{\langle\boldsymbol{v},\boldsymbol{v}\rangle}$.

Leontief exchange（or closed）model [列昂惕夫交换（或封闭）模型] 经济体系中的一个投入和产出都固定的模型，其中部门产出的一组价格要求满足每个部门的收入等于该部门的支出. 这个“平衡”条件表示为一个价格未知的线性方程组.

Leontief input-output model（or Leontief production equation）**[列昂惕夫投入-产出模型（或列昂惕夫产量方程）]** 方程 $\boldsymbol{x}=\boldsymbol{C}\boldsymbol{x}+\boldsymbol{d}$，其中 $\boldsymbol{x}$ 是产量，$\boldsymbol{d}$ 是最终需求，$\boldsymbol{C}$ 是消费（或投入产出）矩阵. $\boldsymbol{C}$ 的第 j 列给出该部门第 j 个顾客每单位产出的投入.

level set（or gradient）of a linear functional f on $\mathbb{R}^n$ **[$\mathbb{R}^n$ 上线性函数 f 的水平集（或梯度）]** 集合 $[f:d]=\left\{\boldsymbol{x}\in\mathbb{R}^n: f(\boldsymbol{x})=d\right\}$.

linear combination **[线性组合]** 向量标量乘法之和，其中标量称为权值.

linear dependence relation **[线性相关关系]** 一个齐次向量方程具有特殊的权值系数，且至少一个权值不为零.

linear equation（in the variables $x_1,x_2,\cdots,x_n$）**[（变量 $x_1,\cdots,x_n$ 的）线性方程]** 一个可以写成形如 $a_1x_1+a_2x_2+\cdots+a_nx_n=b$ 的方程，其中 b 和系数 $a_1,a_2,\cdots,a_n$ 是实数或复数.

linear filter **[线性滤波]** 一个线性差分方程用于变换离散时间信号.

linear functional（on $\mathbb{R}^n$）**[（$\mathbb{R}^n$ 上的）线性函数]** 从 $\mathbb{R}^n$ 到 $\mathbb{R}$ 的线性变换 f.

linearly dependent（vectors）**[线性相关（向量）]** 带指标向量的集合 $\{\boldsymbol{v}_1,\boldsymbol{v}_2,\cdots,\boldsymbol{v}_p\}$ 具有如下性质：存在不全为零的权值 $c_1,c_2,\cdots,c_p$，使得 $c_1\boldsymbol{v}_1+c_2\boldsymbol{v}_2+\cdots+c_p\boldsymbol{v}_p=\boldsymbol{0}$. 即向量方程 $c_1\boldsymbol{v}_1+c_2\boldsymbol{v}_2+\cdots+c_p\boldsymbol{v}_p=\boldsymbol{0}$ 有一组非平凡解.

linearly independent（vectors）**[线性无关（向量）]** 带指标向量的集合 $\{\boldsymbol{v}_1,\boldsymbol{v}_2,\cdots,\boldsymbol{v}_p\}$ 具有如下性质：向量方程 $c_1\boldsymbol{v}_1+c_2\boldsymbol{v}_2+\cdots+c_p\boldsymbol{v}_p=\boldsymbol{0}$ 只有平凡解 $c_1=c_2\cdots=c_p=0$.

linear model（in statistics）**[（统计中的）线性模型]** 任何形如 $\boldsymbol{y}=\boldsymbol{X}\boldsymbol{\beta}+\boldsymbol{\varepsilon}$ 的方程，其中 $\boldsymbol{X}$ 和 $\boldsymbol{y}$ 是已知的，$\boldsymbol{\beta}$ 的选取使得**剩余向量** $\boldsymbol{\varepsilon}$ 的长度最小.

linear system **[线性系统]** 一个或多个包含同样变量（如 $x_1,x_2,\cdots,x_n$）的线性方程集合.

linear transformation T（from a vector space V into a vector space W）**[（从向量空间 V 到向量空间 W 的）线性变换 T]** 一个法则 T 指定 V 中任一向量 $\boldsymbol{x}$ 对应 W 中唯一向量 $T(\boldsymbol{x})$，使得：（i）对任意 V 中的向量 $\boldsymbol{u},\boldsymbol{v}$，有 $T(\boldsymbol{u}+\boldsymbol{v})=T(\boldsymbol{u})+T(\boldsymbol{v})$；（ii）对 V 中所有向量 $\boldsymbol{u}$ 和所有数 c，有 $T(c\boldsymbol{u})=cT(\boldsymbol{u})$. 记号：$T:V\to W$；当 $T:\mathbb{R}^n\to\mathbb{R}^m$ 且 $\boldsymbol{A}$ 是 T 的标准矩阵时，也可表示为 $\boldsymbol{x}\mapsto\boldsymbol{A}\boldsymbol{x}$.

line through $\boldsymbol{p}$ parallel to $\boldsymbol{v}$ **[通过 $\boldsymbol{p}$ 且平行于 $\boldsymbol{v}$ 的直线]** 集合 $\{\boldsymbol{p}+t\boldsymbol{v}:t\in\mathbb{R}\}$.

loop current **[回路电流]** 流过一个回路的电流的总和，使得回路中 RI 电压降的代数和等于回路中电源电压的代数和.

lower triangular matrix **[下三角形矩阵]** 一个主对角线以上的元素全为零的矩阵.

lower triangular part（of $\boldsymbol{A}$）**[（$\boldsymbol{A}$ 的）下三角形部分]** 一个下三角形矩阵，其位于主对角线和对角线以下的元素与 $\boldsymbol{A}$ 中同样位置的元素相同.

LU factorization **[LU 分解]** 一个矩阵 $\boldsymbol{A}$ 的形如 $\boldsymbol{A}=\boldsymbol{L}\boldsymbol{U}$ 的表示，其中 $\boldsymbol{L}$ 是对角线上元素为 1 的下三角形方阵（一个单位下三角形矩阵），$\boldsymbol{U}$ 是 $\boldsymbol{A}$ 的一个阶梯形.

M

magnitude（of a vector）**[（一个向量的）长度]** 见范数.

main diagonal（of a matrix）**[（一个矩阵的）主对角线]** 具有相同行下标和列下标的元素.

mapping **[映射]** 见变换.

Markov chain **[马尔可夫链]** 一个概率向量序列 $\boldsymbol{x}_0,\boldsymbol{x}_1,\boldsymbol{x}_2,\cdots$ 连同随机矩阵 $\boldsymbol{P}$，使得 $\boldsymbol{x}_{k+1}=\boldsymbol{P}\boldsymbol{x}_k$，$k=0,1,2,\cdots$.

matrix **[矩阵]** 一个矩形数组.

matrix equation **[矩阵方程]** 一个至少包含一个矩阵的方程，例如，$\boldsymbol{A}\boldsymbol{x}=\boldsymbol{b}$.

matrix for T relative to bases $\mathcal{B}$ and $\mathcal{C}$ **[T 的相对**

于基$\mathcal{B}$和基$\mathcal{C}$的矩阵] 对一个线性变换 $T:V\to W$ 的矩阵 $\boldsymbol{M}$，具有性质：对任何属于 V 的 $\boldsymbol{x}$，有$[T(\boldsymbol{x})]_{\mathcal{C}}=\boldsymbol{M}[\boldsymbol{x}]_{\mathcal{B}}$，其中$\mathcal{B}$是 V 的基，$\mathcal{C}$是 W 的基. 当$W=V$和$\mathcal{C}=\mathcal{B}$时，矩阵 $\boldsymbol{M}$ 称为 T 的$\mathcal{B}$矩阵，且记为$[T]_{\mathcal{B}}$.

matrix of observations [观测矩阵] 一个 $p\times N$ 矩阵，它的列是观测向量，每一列给出一个特定总体或集合中的个体或对象的 p 个测量值.

matrix transformation [矩阵变换] 一个映射 $\boldsymbol{x}\mapsto A\boldsymbol{x}$，其中 A 是一个 $m\times n$ 矩阵，$\boldsymbol{x}$ 表示$\mathbb{R}^n$中的任意向量.

maximal linearly independent set (in V) [(V中)最大的线性无关集] V 中一个线性无关集合$\mathcal{B}$，若属于 V 但不属于$\mathcal{B}$的一个向量 $\boldsymbol{V}$ 添加到$\mathcal{B}$中，则新集合是线性相关的.

mean-deviation form (of a matrix of observations) [(一个观测矩阵的)平均偏差形式] 一个矩阵，它的行向量是平均偏差形式，任一行元素之和为零.

mean-deviation form (of a vector) [(一个向量的)平均偏差形式] 一个元素之和为零的向量.

mean square error [均方误差] 内积空间中一个逼近的误差，其中内积由定积分来定义.

migration matrix [迁移矩阵] 一个矩阵给出不同位置间从一个阶段到下一阶段移动的百分比.

minimal spanning set (for a subspace H) [(一个子空间 H 的)最小生成集] 集合$\mathcal{B}$生成 H 并且具有性质：如果$\mathcal{B}$中的任一元素从$\mathcal{B}$中去掉，则新的集合不能生成 H.

$m\times n$ matrix [$m\times n$ 矩阵] 一个具有 m 行和 n 列的矩阵.

Moore-Penrose inverse [穆尔-彭罗斯逆] 见伪逆.

multiple regression [多元回归] 一个线性模型包含多个无关变量和一个相关变量.

N

nearly singular matrix [近似奇异矩阵] 一个病态矩阵.

negative definite matrix [负定矩阵] 一个对称矩阵 A，使得对所有 $\boldsymbol{x}\neq\boldsymbol{0}$，有 $\boldsymbol{x}^{\mathrm{T}}A\boldsymbol{x}<0$.

negative definite quadratic form [负定二次型] 一个二次型 Q，使得对所有 $\boldsymbol{x}\neq\boldsymbol{0}$，有 $Q(\boldsymbol{x})<0$.

negative semidefinite matrix [半负定矩阵] 一个对称矩阵 A，使得对所有 $\boldsymbol{x}$，有 $\boldsymbol{x}^{\mathrm{T}}A\boldsymbol{x}\leqslant 0$.

negative semidefinite quadratic form [半负定二次型] 一个二次型 Q，使得对所有 $\boldsymbol{x}$，$Q(\boldsymbol{x})\leqslant 0$.

nonhomogeneous equation [非齐次方程] 一个形如 $A\boldsymbol{x}=\boldsymbol{b}$ 且 $\boldsymbol{b}\neq\boldsymbol{0}$ 的方程，也可以表示为一个向量方程或一个线性方程组.

nonsingular (matrix) [非奇异(矩阵)] 一个可逆矩阵.

nontrivial solution [非平凡解] 齐次方程或齐次线性方程组的一个非零解.

nonzero (matrix or vector) [非零(矩阵或向量)] 一个矩阵(可能仅有一行或仅有一列)包含至少一个非零元素.

norm (or length of $\boldsymbol{v}$) [($\boldsymbol{v}$的)范数(或长度)] 标量 $\|\boldsymbol{v}\|=\sqrt{\boldsymbol{v}\cdot\boldsymbol{v}}=\sqrt{\langle\boldsymbol{v}\cdot\boldsymbol{v}\rangle}$.

normal equations [法方程] 表示为 $A^{\mathrm{T}}A\boldsymbol{x}=A^{\mathrm{T}}\boldsymbol{b}$ 的方程，它的解给出 $A\boldsymbol{x}=\boldsymbol{b}$ 的所有最小二乘解. 在统计学中，常见的记号是 $X^{\mathrm{T}}X\boldsymbol{\beta}=X^{\mathrm{T}}\boldsymbol{y}$.

normalizing (a nonzero vector $\boldsymbol{v}$) [(一个非零向量的)单位化] 用 $\boldsymbol{v}$ 的正倍数得到一个单位向量 $\boldsymbol{u}$ 的过程.

normal vector (to a subspace V of $\mathbb{R}^n$) [($\mathbb{R}^n$的子空间 V 的)法向量] $\mathbb{R}^n$ 中一个向量 $\boldsymbol{n}$ 满足对所有 $\boldsymbol{x}\in V$，有 $\boldsymbol{n}\cdot\boldsymbol{x}=0$.

null space (of an $m\times n$ matrix A) [(一个 $m\times n$ 矩阵 A 的)零空间] 齐次方程 $A\boldsymbol{x}=\boldsymbol{0}$ 的所有解的集合 Nul A. Nul $A=\{\boldsymbol{x}:\boldsymbol{x}$ 属于$\mathbb{R}^n$且$A\boldsymbol{x}=\boldsymbol{0}\}$.

O

observation vector [观测向量] 线性模型 $\boldsymbol{y}=X\boldsymbol{\beta}+\boldsymbol{\varepsilon}$ 中的向量 $\boldsymbol{y}$，其中 $\boldsymbol{y}$ 的元素是相关变量的观测值.

one-to-one（mapping）[一对一（映射）]　一个映射 $T:\mathbb{R}^n \to \mathbb{R}^m$，使得 $\mathbb{R}^m$ 中的每一个 $\boldsymbol{b}$ 是 $\mathbb{R}^n$ 中至多一个元素 $\boldsymbol{x}$ 的像.

onto（mapping）[到上（映射）]　一个映射 $T:\mathbb{R}^n \to \mathbb{R}^m$，使得 $\mathbb{R}^m$ 中的每一个元素 $\boldsymbol{b}$ 是 $\mathbb{R}^n$ 中至少一个元素 $\boldsymbol{x}$ 的像.

open ball $B(\boldsymbol{p},\delta)$ in $\mathbb{R}^n$ [$\mathbb{R}^n$ 中的开球 $B(\boldsymbol{p},\delta)$]　$\mathbb{R}^n$ 中的集合 $\{\boldsymbol{x}:\|\boldsymbol{x}-\boldsymbol{p}\|<\delta\}$，其中 $\delta>0$.

open set S in $\mathbb{R}^n$ [$\mathbb{R}^n$ 中的开集 S]　不包含边界点的集合.（等价地，若 S 中的每个点都是内点，则 S 是开的.）

origin [原点]　零向量.

orthogonal basis [正交基]　一个基，它也是一个正交集合.

orthogonal complement（of W）[（W 的）正交补]　与 W 中所有向量都正交的集合 $W^{\perp}$.

orthogonal decomposition [正交分解]　一个向量 $\boldsymbol{y}$ 表示为两向量之和，一个向量在特定的子空间 W 中，另一向量在空间 $W^{\perp}$ 中. 一般地，一个分解 $\boldsymbol{y}=c_1\boldsymbol{u}_1+c_2\boldsymbol{u}_2+\cdots+c_p\boldsymbol{u}_p$，其中 $\{\boldsymbol{u}_1,\boldsymbol{u}_2,\cdots,\boldsymbol{u}_p\}$ 是包含 $\boldsymbol{y}$ 的子空间的一个正交基.

orthogonally diagonalizable（matrix）[可正交对角化（矩阵）]　矩阵 $\boldsymbol{A}$ 有一个分解 $\boldsymbol{A}=\boldsymbol{PDP}^{-1}$，其中 $\boldsymbol{P}$ 是正交矩阵 $(\boldsymbol{P}^{-1}=\boldsymbol{P}^{\mathrm{T}})$ 且 $\boldsymbol{D}$ 是对角矩阵.

orthogonal matrix [正交矩阵]　一个可逆方阵 $\boldsymbol{U}$，使得 $\boldsymbol{U}^{-1}=\boldsymbol{U}^{\mathrm{T}}$.

orthogonal projection of $\boldsymbol{y}$ onto $\boldsymbol{u}$（or onto the line through $\boldsymbol{u}$ and the origin, for $\boldsymbol{u}\neq\boldsymbol{0}$）[$\boldsymbol{y}$ 在 $\boldsymbol{u}$ 上的正交投影（或在通过 $\boldsymbol{u}$ 和原点的直线上的投影，其中 $\boldsymbol{u}\neq\boldsymbol{0}$）]　向量 $\hat{\boldsymbol{y}}$ 定义为 $\hat{\boldsymbol{y}}=\dfrac{\boldsymbol{y}\cdot\boldsymbol{u}}{\boldsymbol{u}\cdot\boldsymbol{u}}\boldsymbol{u}$.

orthogonal projection of $\boldsymbol{y}$ onto W [$\boldsymbol{y}$ 在 W 上的正交投影]　W 中的唯一向量 $\hat{\boldsymbol{y}}$，使得 $\boldsymbol{y}-\hat{\boldsymbol{y}}$ 与 W 正交. 记号：$\hat{\boldsymbol{y}}=\mathrm{proj}_W\boldsymbol{y}$.

orthogonal set [正交集]　向量 S 的集合，使得对 S 中的不同向量 $\boldsymbol{u},\boldsymbol{v}$，有 $\boldsymbol{u}\cdot\boldsymbol{v}=0$.

orthogonal to W [与 W 正交]　与 W 中任一向量正交.

orthonormal basis [单位正交基]　一个由单位正交向量集合构成的基.

orthonormal set [单位正交集]　一个由单位向量构成的正交集合.

outer product [外积]　一个矩阵乘积 $\boldsymbol{uv}^{\mathrm{T}}$，其中 $\boldsymbol{u}$ 和 $\boldsymbol{v}$ 是 $\mathbb{R}^n$ 中作为 $n\times1$ 矩阵的向量.（转置符号在符号 $\boldsymbol{u}$ 和 $\boldsymbol{v}$ 的“外侧”）.

overdetermined system [超定方程组]　一个线性方程组中方程的个数多于未知变量的个数.

P

parallel flats [平行平面]　两个或更多的平面，满足每个平面是其他平面的平移.

parallelogram rule for addition [加法的平行四边形法则]　两个向量 $\boldsymbol{u}$ 和 $\boldsymbol{v}$ 之和的几何解释是 $\boldsymbol{u},\boldsymbol{v}$ 和 $\boldsymbol{0}$ 确定的平行四边形的对角线.

parameter vector [参数向量]　线性模型 $\boldsymbol{y}=\boldsymbol{X\beta}+\boldsymbol{\varepsilon}$ 中的未知向量 $\boldsymbol{\beta}$.

parametric equation of a line [一条直线的参数方程]　一个形如 $\boldsymbol{x}=\boldsymbol{p}+t\boldsymbol{v}$（$t$ 属于 $\mathbb{R}$）的方程.

parametric equation of a plane [一个平面的参数方程]　一个形如 $\boldsymbol{x}=\boldsymbol{p}+s\boldsymbol{u}+t\boldsymbol{v}$（$s,t$ 属于 $\mathbb{R}$）的方程，其中 $\boldsymbol{u}$ 和 $\boldsymbol{v}$ 是线性无关的向量.

partitioned matrix（of block matrix）[矩阵分划（或分块矩阵）]　一个矩阵，它的元素本身是适当大小的矩阵.

permuted lower triangular matrix [置换下三角形矩阵]　一个矩阵,通过行置换后构成一个下三角形矩阵.

permuted LU factorization [置换 LU 分解]　一个形如 $\boldsymbol{A}=\boldsymbol{LU}$ 的矩阵分解表示，其中 $\boldsymbol{L}$ 是一个行置换后形成的单位下三角形方阵，$\boldsymbol{U}$ 是 $\boldsymbol{A}$ 的一个阶梯形矩阵.

pivot [主元]　一个非零数，或者在主元位置通过行变换用于生成零，或者变成主项为 1，再用于生成零.

pivot column [主元列]　一个包含主元位置的列.

pivot position [主元位置]　矩阵 $\boldsymbol{A}$ 的阶梯形矩阵的主元元素所在的位置.

plane through $\boldsymbol{u},\boldsymbol{v}$ and the origin [过 $\boldsymbol{u}$，$\boldsymbol{v}$ 和原

点的平面] 一个参数方程是 $\boldsymbol{x}=s\boldsymbol{u}+t\boldsymbol{v}$ （s,t 属于 $\mathbb{R}$）的集合，其中 $\boldsymbol{u}$ 和 $\boldsymbol{v}$ 线性无关.

polar decomposition（of A）[（矩阵 A 的）极分解] 一个分解 $A=PQ$，其中 P 是一个 $n\times n$ 半正定矩阵且与 A 的秩相同，Q 是一个 $n\times n$ 正交矩阵.

polygon [多边形] $\mathbb{R}^2$ 中的多面体.

polyhedron [四面体] $\mathbb{R}^3$ 中的多面体.

polytope [多面体] $\mathbb{R}^n$ 中有限点集的凸包（特殊的紧凸集）.

positive combination（of points $\boldsymbol{v}_1, \boldsymbol{v}_2,\cdots,\boldsymbol{v}_m$ in $\mathbb{R}^n$）[（$\mathbb{R}^n$ 中的点 $\boldsymbol{v}_1, \boldsymbol{v}_2,\cdots,\boldsymbol{v}_m$ 的）正组合] 线性组合 $c_1\boldsymbol{v}_1+c_2\boldsymbol{v}_2+\cdots+c_m\boldsymbol{v}_m$，其中所有的 $c_i>0$.

positive definite matrix [正定矩阵] 一个对称矩阵 A，使得对所有 $\boldsymbol{x}\neq\boldsymbol{0}$，$\boldsymbol{x}^{\mathrm{T}}A\boldsymbol{x}>0$ 成立.

positive definite quadratic form [正定二次型] 一个二次型 Q，使得对所有 $\boldsymbol{x}\neq\boldsymbol{0}$，$Q(\boldsymbol{x})>0$.

positive hull（of a set S）[（集合 S 的）正包] S 中的点的所有正组合的集合，记为 pos S.

positive semidefinite matrix [半正定矩阵] 一个对称矩阵 A，使得对所有 $\boldsymbol{x}$，$\boldsymbol{x}^{\mathrm{T}}A\boldsymbol{x}\geqslant 0$ 成立.

positive semidefinite quadratic form [半正定二次型] 一个二次型 Q，使得对所有 $\boldsymbol{x}\neq\boldsymbol{0}$，$Q(\boldsymbol{x})\geqslant 0$.

power method [幂算法] 估计一个方阵严格占优特征值的一个算法.

principal axes（of a quadratic form $\boldsymbol{x}^{\mathrm{T}}A\boldsymbol{x}$）[（一个二次型 $\boldsymbol{x}^{\mathrm{T}}A\boldsymbol{x}$ 的）主轴] 正交矩阵 P 的单位正交列（这些列是 A 的单位特征向量），使得 $P^{-1}AP$ 是对角阵. 通常 P 的列按 A 的对应特征值大小的递减顺序来排序.

principal components（of the data in a matrix B of observations）[（观测矩阵 B 中数据的）主成分] B 的样本协方差矩阵 S 的单位特征向量，其特征向量以对应的 S 的特征值的递减顺序来排列. 如果 B 是平均偏差形式，那么主成分分量是 B^{T} 奇异值分解中的右奇异向量.

probability vector [概率向量] 一个 $\mathbb{R}^n$ 中的向量，它的元素非负且和为 1.

product $A\boldsymbol{x}$ [乘积 $A\boldsymbol{x}$] A 的列的线性组合，利用 $\boldsymbol{x}$ 的对应元素作为权值.

production vector [生产向量] 列昂惕夫投入-产出模型中的向量，它列出了一个经济体系中各部门将要生产的数量.

profile（of a set S in $\mathbb{R}^n$）[（$\mathbb{R}^n$ 中集合 S 的）轮廓] S 的极端点的集合.

projection matrix（or orthogonal projection matrix）[投影矩阵（或正交投影矩阵）] 一个对称矩阵 B，使得 $B^2=B$. 一个简单例子是 $B=\boldsymbol{v}\boldsymbol{v}^{\mathrm{T}}$，其中 $\boldsymbol{v}$ 是一个单位向量.

proper subset of a set S [集合 S 的真子集] S 的不等于 S 本身的子集.

proper subspace [真子空间] 向量空间 V 中，任何一个不是自己本身的子空间.

pseudoinverse（of A）[（A 的）伪逆] UDV^{T} 是 A 的一个简化奇异值分解的矩阵 $VD^{-1}U^{\mathrm{T}}$.

Q

QR factorization [QR 分解] 一个 $m\times n$ 矩阵 A 的分解，A 具有线性无关的列，$A=QR$，其中 Q 是一个 $m\times n$ 矩阵，它的列构成 Col A 的一个单位正交基，R 是一个 $n\times n$ 上三角形可逆矩阵，它的对角线上是正元素.

quadratice Bézier curve [二次贝塞尔曲线] 一个被描述为如下形式的曲线：$\boldsymbol{g}(t)=(1-t)\boldsymbol{f}_0(t)+t\boldsymbol{f}_1(t)$，其中 $0\leqslant t\leqslant 1$，$\boldsymbol{f}_0(t)=(1-t)\boldsymbol{p}_0+t\boldsymbol{p}_1$，$\boldsymbol{f}_1(t)=(1-t)\boldsymbol{p}_1+t\boldsymbol{p}_2$. 点 $\boldsymbol{p}_0,\boldsymbol{p}_1,\boldsymbol{p}_2$ 称为曲线的控制点.

quadratic form [二次型] 一个定义在 $\mathbb{R}^n$ 上的函数 $Q(\boldsymbol{x})=\boldsymbol{x}^{\mathrm{T}}A\boldsymbol{x}$，其中 A 是一个 $n\times n$ 对称矩阵（称为**二次型的矩阵**）.

R

range（of a linear transformation T）[（一个线性变换 T 的）值域] 对于变换 T 定义域中所有 $\boldsymbol{x}$，构成形如 $T(\boldsymbol{x})$ 的所有向量的集合.

rank（of a matrix A）[（矩阵 A 的）秩]　A 的列空间的维数，记为 rank A.

Rayleigh quotient [瑞利商]　$R(\boldsymbol{x})=(\boldsymbol{x}^{\mathrm{T}}A\boldsymbol{x})/(\boldsymbol{x}^{\mathrm{T}}\boldsymbol{x})$，矩阵 A 的一个特征值估计（A 常为对称矩阵）.

recurrence relation [递推关系]　见差分方程.

reduced echelon form（or reduced row echelon form）[简化阶梯形（或简化行阶梯形）]　一个行等价于给定矩阵的简化阶梯形矩阵.

reduced echelon matrix [简化阶梯形矩阵]　一个阶梯形式的矩形矩阵具有下列附加性质：每一非零行的主元素为1，每一主元素1是它所在列的唯一非零元素.

reduced singular value decomposition [简化奇异值分解]　对秩为 r 的 $m\times n$ 矩阵 A 的一个分解 $A=UDV^{\mathrm{T}}$，其中 U 是具有单位正交列的 $m\times r$ 矩阵，D 是一个 $r\times r$ 对角矩阵，且 D 的对角线上有 A 的 r 个非零奇异值，V 是一个具有单位正交列的 $n\times r$ 矩阵.

regression coefficients [回归系数]　最小二乘直线 $y=\beta_0+\beta_1x$ 中的系数 β_0 和 β_1.

regular solid [正多面体]　$\mathbb{R}^3$ 中5个可能的多面体：四面体（4个等三角面）、立方体（6个平方面）、八面体（8个等三角面）、十二面体（12个相同的5角面）、二十面体（20个相同的三角面）.

regular stochastic matrix [正则随机矩阵]　一个随机矩阵 P，使得一些矩阵幂 P^k 仅包含严格正元素.

relative change or relative error（in b）[（b 中的）相对改变或相对误差]　数量 $\|\Delta b\|/\|b\|$，其中 b 改变为 $b+\Delta b$.

repellor（of a dynamical system in $\mathbb{R}^2$）[（$\mathbb{R}^2$ 中动力系统的）排斥子]　当所有轨迹（除常零序列或常零函数外）都远离 $\mathbf{0}$ 时的原点.

residual vector [残差向量]　一般线性模型 $\boldsymbol{y}=X\boldsymbol{\beta}+\boldsymbol{\varepsilon}$ 中出现的量 $\boldsymbol{\varepsilon}$，即 $\boldsymbol{\varepsilon}=\boldsymbol{y}-X\boldsymbol{\beta}$，它是关于 y 的观测值和预测值之间的差.

Re $\boldsymbol{x}$ [实部]　$\mathbb{R}^n$ 中的向量，它由 $\mathbb{C}^n$ 中的一个向量 $\boldsymbol{x}$ 的元素的实部所构成.

right inverse（of A）[（A 的）右逆]　任何矩形矩阵 C，使得 $AC=I$.

right-multiplication（by A）[（用 A）右乘]　用 A 右乘一个矩阵.

right singular vectors（of A）[（A 的）右奇异向量]　在奇异值分解 $A=U\Sigma V^{\mathrm{T}}$ 中 V 的列.

roundoff error [舍入误差]　计算结果被舍入（或截断）到数字的浮点数字存储位数所引起的浮点算术误差.也就是说，一个数（如1/3）用十进制小数表示为具有有限位数字的浮点数近似结果所产生的误差.

row-column rule [行列法则]　计算乘积 AB 的法则，AB 中的 (i,j) 元素是 A 的第 i 行与 B 的第 j 列对应元素乘积之和.

row equivalent（matrices）[行等价（矩阵）]　两个矩阵通过（有限）行变换，使得一个矩阵变为另一个矩阵.

row reduction algorithm [行化简算法]　一个系统方法，它利用初等行变换将一个矩阵化简为阶梯形或简化阶梯形.

row replacement [行替换]　一个初等行变换，它将矩阵的一行替换为本行与另一行标量乘法后的和.

row space（of a matrix A）[（一个矩阵 A 的）行空间]　由 A 的行向量的所有线性组合形成的集合 Row A，同样记作 Col A^{T}.

row sum [行和]　一个矩阵中一行元素的和.

row vector [行向量]　只有一行的矩阵，或具有几个行的矩阵中的某一行.

row-vector rule for computing $A\boldsymbol{x}$ [计算乘积 $A\boldsymbol{x}$ 的行向量法则]　计算乘积 $A\boldsymbol{x}$ 时使得 $A\boldsymbol{x}$ 的第 i 个分量是 A 的第 i 行和向量 $\boldsymbol{x}$ 的对应元素乘积之和的法则.

S

saddle point（of a dynamical system in $\mathbb{R}^2$）[（$\mathbb{R}^2$ 中动力系统的）鞍点]　当一些轨迹被吸引到 $\mathbf{0}$ 而另外一些轨迹被排斥出 $\mathbf{0}$ 时的原点.

same direction (as a vector $\boldsymbol{v}$) [(与向量 $\boldsymbol{v}$) 同一方向] 用正数乘向量 $\boldsymbol{v}$ 得到的向量.

sample mean [样本均值] 一个向量集合 $\boldsymbol{X}_1,\boldsymbol{X}_2,\cdots,\boldsymbol{X}_N$ 的平均 $\boldsymbol{M}$ 表示为

$$\boldsymbol{M}=(1/N)(\boldsymbol{X}_1+\boldsymbol{X}_2+\cdots+\boldsymbol{X}_N)$$

scalar [标量或数] 一个(实)数,常用于乘一个向量或者一个矩阵.

scalar multiple of $\boldsymbol{u}$ by c [用标量 c 乘 $\boldsymbol{u}$] 向量 $c\boldsymbol{u}$ 是用标量 c 乘 $\boldsymbol{u}$ 的每一个元素来确定的.

scale (a vector) [(一个向量的) 倍乘] 用一个非零数乘一个向量(或一个矩阵的一行或者一列).

Schur complement [舒尔补] 一些由一个 2×2 分块矩阵 $A=[A_{ij}]$ 所形成的矩阵.如果 A_{11} 可逆,则它的舒尔补是 $A_{22}-A_{21}A_{11}^{-1}A_{12}$.如果 A_{22} 可逆,则它的舒尔补是 $A_{11}-A_{12}A_{22}^{-1}A_{21}$.

Schur factorization (of A, for real scalars) [(实数矩阵 A 的) 舒尔分解] 具有 n 个实特征值的 $n\times n$ 矩阵 A 的一个分解 $A=URU^{\mathrm{T}}$,其中 U 是一个 $n\times n$ 正交矩阵, R 是一个上三角形矩阵.

set spanned by $\{\boldsymbol{v}_1,\boldsymbol{v}_2,\cdots,\boldsymbol{v}_p\}$ [由 $\{\boldsymbol{v}_1,\boldsymbol{v}_2,\cdots,\boldsymbol{v}_p\}$ 所生成的集合] 集合 $\mathrm{Span}\{\boldsymbol{v}_1,\boldsymbol{v}_2,\cdots,\boldsymbol{v}_p\}$.

signal (or discrete-time signal) [信号(或离散时间信号)] 一个两边无穷的数列 $\{y_k\}$;一个定义在整数范围内的函数;它属于向量空间 $\mathbb{S}$.

similar (matrices) [相似(矩阵)] 矩阵 A 和 B,存在可逆矩阵 P,使得 $P^{-1}AP=B$ 或 $A=PBP^{-1}$.

similarity transformation [相似变换] 一个将 A 变为 $P^{-1}AP$ 的变换.

simplex [单纯形] $\mathbb{R}^n$ 中一个仿射上无关有限向量集的凸包.

singular (matrix) [奇异(矩阵)] 没有逆的一个方阵.

singular value decomposition (of an $m\times n$ matrix A) [(一个 $m\times n$ 矩阵 A 的) 奇异值分解] $A=U\Sigma V^{\mathrm{T}}$,其中 U 是一个 $m\times m$ 正交矩阵, V 是一个 $n\times n$ 正交矩阵, Σ 是一个 $m\times n$ 矩阵且非零元素位于主对角线上(大小以递减顺序排列),零位于其他位置. 如果 $\mathrm{rank}\ A=r$,那么 Σ 恰好具有 r 个正元素(A 的非零奇异值)在其对角线上.

singular values (of A) [(A 的) 奇异值] 矩阵 $A^{\mathrm{T}}A$ 特征值的(正的)平方根,其大小按递减顺序排列.

size (of a matrix) [(矩阵的) 大小] 写成 $m\times n$ 形式的两个数,给出一个矩阵中行的数目 m 和列的数目 n.

solution (of a linear system involving variables $(x_1,x_2,\cdots,x_n)$) [(关于变量 $x_1,x_2,\cdots,x_n$ 的线性方程组的) 解] 一列数 $(s_1,s_2,\cdots,s_n)$ 使得当值 $s_1,s_2,\cdots,s_n$ 分别代替 $x_1,x_2,\cdots,x_n$ 后,线性方程组中每一个方程都成立.

solution set [解集] 线性方程所有解的集合.

Span $\{\boldsymbol{v}_1,\boldsymbol{v}_2,\cdots,\boldsymbol{v}_p\}$ [$\boldsymbol{v}_1,\boldsymbol{v}_2,\cdots,\boldsymbol{v}_p$ 所生成的子空间] $\boldsymbol{v}_1,\boldsymbol{v}_2,\cdots,\boldsymbol{v}_p$ 的所有线性组合的集合,也是由 $\boldsymbol{v}_1,\boldsymbol{v}_2,\cdots,\boldsymbol{v}_p$ 所生成(或张成)的子空间.

spanning set (for a subspace H) [(一个子空间 H 的) 生成集] H 中的任何集合 $\{\boldsymbol{v}_1,\boldsymbol{v}_2,\cdots,\boldsymbol{v}_p\}$ 使得 $H=\mathrm{Span}\{\boldsymbol{v}_1,\boldsymbol{v}_2,\cdots,\boldsymbol{v}_p\}$.

spectral decomposition (of A) [(A 的) 谱分解] 表达式 $A=\lambda_1\boldsymbol{u}_1\boldsymbol{u}_1^{\mathrm{T}}+\lambda_2\boldsymbol{u}_2\boldsymbol{u}_2^{\mathrm{T}}+\cdots+\lambda_n\boldsymbol{u}_n\boldsymbol{u}_n^{\mathrm{T}}$. 其中 $\{\boldsymbol{u}_1,\boldsymbol{u}_2,\cdots,\boldsymbol{u}_n\}$ 是 A 的特征向量的一个单位正交基, $\lambda_1,\lambda_2,\cdots,\lambda_n$ 是 A 的对应特征值.

spiral point (of a dynamical system in $\mathbb{R}^2$) [($\mathbb{R}^2$ 中动力系统的) 螺线极点] 当轨迹绕 0 螺旋时的原点.

stage-matrix model [阶段矩阵模型] 一个差分方程 $\boldsymbol{x}_{k+1}=A\boldsymbol{x}_k$,其中 $\boldsymbol{x}_k$ 列出时间 k 时全体人口中女性的数目,女性根据不同年龄段来分类(如青少年、接近成年、成年).

standard basis [标准基] 由 $n\times n$ 单位矩阵的列所构成的 $\mathbb{R}^n$ 的基 $\mathcal{E}=\{\boldsymbol{e}_1,\boldsymbol{e}_2,\cdots,\boldsymbol{e}_n\}$,或 $\mathbb{P}_n$ 的基 $\{1,t,\cdots,t^n\}$.

standard matrix (for a linear transformation T) [(一个线性变换 T 的) 标准矩阵] 矩阵 A 使得 $T(\boldsymbol{x})=A\boldsymbol{x}$ 对 T 的定义域中所有 $\boldsymbol{x}$ 成立.

standard position [标准位置] 当 A 是一个对角矩阵时,方程 $\boldsymbol{x}^{\mathrm{T}}A\boldsymbol{x}=c$ 的图形所处的位置.

state vector [状态向量]　一个概率向量. 一般地，一个向量表示一个物理系统的“状态”，常常与一个差分方程 $\boldsymbol{x}_{k+1}=A\boldsymbol{x}_k$ 联系在一起.

steady-state vector（for a stochastic matrix P）[（一个随机矩阵 P 的）稳态向量]　一个概率向量 $\boldsymbol{q}$ 使得 $P\boldsymbol{q}=\boldsymbol{q}$.

stiffness matrix [刚性矩阵]　一个弹性矩阵的逆. 刚性矩阵的第 j 列给出相应的负载施加于一个弹性梁的特定点，使得在梁的第 j 点产生一个单位弯曲.

stochastic matrix [随机矩阵]　一个方阵，其列是概率向量.

strictly dominant eigenvalue [严格占优特征值（主特征值）]　矩阵 A 的一个特征值 λ_1，对所有 A 的其他特征值 λ_k 具有性质 $|\lambda_1|>|\lambda_k|$.

submatrix（of A）[（A 的）子矩阵]　任何由划去 A 的一些行和 A 的一些列所得到的矩阵，A 自身也是.

subspace [子空间]　由 V 中一些向量构成的子集 H，使得 H 具有性质：（1）V 中的零向量在 H 中；（2）H 对向量加法封闭；（3）H 对标量乘法封闭.

supporting hyperplane（to a compact convex set S in $\mathbb{R}^n$）[支撑超平面（$\mathbb{R}^n$ 的紧凸集 S）]　一个超平面 $H=[f{:}d]$，使得 $H\cap S\neq\varnothing$，并且对 S 中所有的 x，有 $f(x)\leqslant d$ 或 $f(x)\geqslant d$.

symmetric matrix [对称矩阵]　一个矩阵 A 使得 $A^{\mathrm{T}}=A$.

system of linear equations（or a linear system）[线性方程组或一个线性系统]　一个或多个与相同变量集（如 $x_1,x_2,\cdots,x_n$）有关的线性方程的集合.

T

tetrahedron [四面体]　由 4 个相等三角平面界定的三维立方体，其中每三个平面共一个顶点.

total variance [方差总和]　一个观测矩阵的协方差矩阵 S 的迹.

trace（of a square matrix A）[（一个方阵 A 的迹）]　A 中对角线元素之和，记为 $\operatorname{tr}A$.

trajectory [轨迹]　一个动力系统 $\boldsymbol{x}_{k+1}=A\boldsymbol{x}_k$ 解的图形 $\{\boldsymbol{x}_0,\boldsymbol{x}_1,\boldsymbol{x}_2,\cdots\}$，常与一条曲线联系起来，使得轨迹容易观察. 当 $t\geqslant 0$ 时，也是 $\boldsymbol{x}(t)$ 的图形，其中 $\boldsymbol{x}(t)$ 是微分方程 $\boldsymbol{x}'(t)=A\boldsymbol{x}(t)$ 的解.

transfer matrix [转换矩阵]　与一个电路有关的矩阵，具有输入端和输出端，使得输出向量是 A 与输入向量的乘积.

transformation（or function or mapping）T from $\mathbb{R}^n$ to $\mathbb{R}^m$ [从 $\mathbb{R}^n$ 到 $\mathbb{R}^m$ 的变换 T（或函数、映射）]　一个法则，它指定 $\mathbb{R}^n$ 中每一个向量 $\boldsymbol{x}$ 对应 $\mathbb{R}^m$ 中唯一的向量 $T(\boldsymbol{x})$. 记号：$T:\mathbb{R}^n\to\mathbb{R}^m$. $T:V\to W$ 也表示一个法则，它指定 V 中一个 $\boldsymbol{x}$ 对应 W 中唯一的向量 $T(\boldsymbol{x})$.

translation（by a vector $\boldsymbol{p}$）[平移（一个向量 $\boldsymbol{p}$）]　一个向量加 $\boldsymbol{p}$ 后的变换，或对给定集合中任一向量加 $\boldsymbol{p}$ 的变换.

transpose（of A）[（A 的）转置]　一个 $n\times m$ 矩阵 A^{T}，它的列对应于 $m\times n$ 矩阵 A 的行.

trend analysis [趋势分析]　通过计算在有限点集处的内积，用正交多项式拟合数据.

triangle inequality [三角不等式]　对所有 $\boldsymbol{u}$ 和 $\boldsymbol{v}$，有 $\|\boldsymbol{u}+\boldsymbol{v}\|\leqslant\|\boldsymbol{u}\|+\|\boldsymbol{v}\|$.

triangular matrix [三角形矩阵]　一个矩阵 A，或者对角线上方的元素为 0，或者对角线下方的元素为 0.

trigonometric polynomial [三角多项式]　由常数函数 1、正弦函数和余弦函数（例如 $\cos nt$ 和 $\sin nt$）的线性组合所构成.

trivial solution [平凡解]　齐次方程组 $A\boldsymbol{x}=\boldsymbol{0}$ 的解 $\boldsymbol{x}=\boldsymbol{0}$.

U

uncorrelated variables [不相关变量]　任意两个变量 x_i 和 $x_j(i\neq j)$，它们取遍一个观测矩阵中观测向量的 i 坐标和 j 坐标，使得协方差 s_{ij} 是零.

underdetermined system [欠定系统] 方程个数少于未知数个数的方程组.

uniqueness question [唯一性问题] “方程组是否有解？它的解是否唯一？即只有一个解吗？”

unit consumption vector [单位消耗向量] 列昂惕夫投入-产出模型中的列向量，它给出每一单位的输出所需的每一个部门的输入；是消耗矩阵的一个列.

unit lower triangular matrix [单位下三角形矩阵] 一个下三角形方阵，其主对角线上的元素是 1.

unit vector [单位向量] 一个满足 $\|\boldsymbol{v}\|=1$ 的向量 $\boldsymbol{v}$.

upper triangular matrix [上三角形矩阵] 一个矩阵 $\boldsymbol{U}$（不一定是方阵），其零元素位于对角线元素 $u_{11},u_{22},\cdots$ 之下方.

V

Vandermonde matrix [范德蒙德矩阵] 一个 $n\times n$ 矩阵 $\boldsymbol{V}$ 或它的转置，$\boldsymbol{V}$ 的形式是

$$\boldsymbol{V}=\begin{bmatrix}1 & x_1 & x_1^2 & \cdots & x_1^{n-1}\\1 & x_2 & x_2^2 & \cdots & x_2^{n-1}\\ \vdots & \vdots & \vdots & & \vdots\\1 & x_n & x_n^2 & \cdots & x_n^{n-1}\end{bmatrix}$$

variance（of a variable x_j）[（一个变量 x_j 的）方差] 一个观测矩阵的协方差矩阵 $\boldsymbol{S}$ 的对角线元素 s_{jj}，其中 x_j 取遍观测向量的 j 个坐标.

vector [向量] 一列数；只有一列的矩阵. 一般指一个向量空间中的任一元素.

vector addition [向量加法] 通过对应元素相加将向量相加.

vector equation [向量方程] 含未知权值的向量的线性组合所得到的方程.

vector space [向量空间] 以向量为对象所形成的集合，且定义被称为加法和标量乘法的两种运算，必须满足十个公理，见 4.1 节的第一个定义.

vector subtraction [向量减法] 计算 $\boldsymbol{u}+(-1)\boldsymbol{v}$ 且将其写成 $\boldsymbol{u}-\boldsymbol{v}$.

W

weighted least squares [加权最小二乘] 带有权值内积的最小二乘问题，例如

$$<\boldsymbol{x},\boldsymbol{y}>=w_1^2x_1y_1+w_2^2x_2y_2+\cdots+w_n^2x_ny_n$$

weights [权，权值] 一个线性组合中所用的数.

Z

zero subspace [零子空间] 仅包含一个零向量的子空间 $\{\boldsymbol{0}\}$.

zero vector [零向量] 唯一的向量，记为 $\boldsymbol{0}$，使得 $\boldsymbol{u}+\boldsymbol{0}=\boldsymbol{u}$ 对所有 $\boldsymbol{u}$ 成立. 在 $\mathbb{R}^n$ 中，$\boldsymbol{0}$ 是一个所有元素为零的向量.

奇数习题答案

第 1 章

1.1

1. 解是$(x_1, x_2)=(-8,3)$，或简单写成$(-8,3)$.

3. $(4/7, 9/7)$

5. 替换第 2 行为第 2 行加 3 乘以第 3 行，然后替换第 1 行为第 1 行加–5 乘以第 3 行.

7. 解集为空集.

9. 无解

11. $(19,-8,1)$　　13. $(5,3,-1)$

15. $$\begin{aligned} -8\quad +4(1) &= -4 \\ 19+3(-8)+3(1) &= -2 \\ 3(19)+7(-8)+5(1) &= 6 \\ (5)-\quad 3(-1) &= 8 \end{aligned}$$

17. $$\begin{aligned} 2(5)+2(3)+9(-1) &= 7 \\ (3)+5(-1) &= -2 \end{aligned}$$

19. 相容

21. 计算表明方程组不相容，因此这三条线没有交点.

23. $h \neq 2$　　25. 所有 h

27~33. 标记一个命题为真当且仅当这个命题总是真的. 只给出答案会达不到判断题的意义，即帮助你学会仔细阅读教材是重要的.《学习指导》告诉你在哪里可以找到答案，但你不应该在没有尝试自己寻找答案之前就去查看《学习指导》.

35. $k+2g+h=0$

37. 行化简$\begin{bmatrix}1 & 3 & f \\ c & d & g\end{bmatrix}$为$\begin{bmatrix}1 & 3 & f \\ 0 & d-3c & g-cf\end{bmatrix}$后显示 $d-3c$ 必定不为零，因为 f 和 g 是任意值. 否则，对 f 和 g 的某种取值，第 2 行对应于形如 $0=b$ 的方程，其中 b 不为零. 因此 $d \neq 3c$.

39. 交换第 1 行和第 2 行；交换第 1 行和第 2 行.

41. 用第 3 行加–4 乘第 1 行替换第 3 行；用第 3 行加 4 乘第 1 行替换第 3 行.

43. $$\begin{aligned} 4T_1 - T_2 \qquad\quad - T_4 &= 30 \\ -T_1 + 4T_2 - T_3 \qquad\quad &= 60 \\ -T_2 + 4T_3 - T_4 &= 70 \\ -T_1 \qquad\quad - T_3 + 4T_4 &= 40 \end{aligned}$$

1.2

1. 简化阶梯形：a 和 c；阶梯形：b 和 d

3. $\begin{bmatrix}1 & 0 & -1 & -2 \\ 0 & 1 & 2 & 3 \\ 0 & 0 & 0 & 0\end{bmatrix}$，主元列是第 1 列和第 2 列：$\begin{bmatrix}1 & 2 & 3 & 4 \\ 4 & 5 & 6 & 7 \\ 6 & 7 & 8 & 9\end{bmatrix}$.

5. $\begin{bmatrix}\blacksquare & * \\ 0 & \blacksquare\end{bmatrix}, \begin{bmatrix}\blacksquare & * \\ 0 & 0\end{bmatrix}, \begin{bmatrix}0 & \blacksquare \\ 0 & 0\end{bmatrix}$

7. $\begin{cases} x_1 = -5-3x_2 \\ x_2\text{是自由变量} \\ x_3 = 3 \end{cases}$　　9. $\begin{cases} x_1 = 6+5x_3 \\ x_2 = 5+6x_3 \\ x_3\text{是自由变量} \end{cases}$

11. $\begin{cases} x_1 = \dfrac{4}{3}x_2 - \dfrac{2}{3}x_3 \\ x_2\text{是自由变量} \\ x_3\text{是自由变量} \end{cases}$　　13. $\begin{cases} x_1 = -3+3x_5 \\ x_2 = 1+4x_5 \\ x_3\text{是自由变量} \\ x_4 = -4-9x_5 \\ x_5\text{是自由变量} \end{cases}$

注:《学习指导》讨论了通常的错误 $x_3=0$.

15. $\begin{aligned} x_2 - 6x_3 &= 5 \\ x_1 - 2x_2 + 7x_3 &= -4 \end{aligned}$，证明

$$\begin{aligned} 5+6x_3 \ -6x_3 &= 5 \\ (6+5x_3)-2(5+6x_3)+7x_3 &= -4 \end{aligned}$$

17. $\begin{aligned} 3x_1 - 4x_2 + 2x_3 &= 0 \\ -9x_1 + 12x_2 - 6x_3 &= 0 \\ -6x_1 + 8x_2 - 4x_3 &= 0 \end{aligned}$，证明

$$\begin{aligned} 3\left(\frac{4}{3}x_2 - \frac{2}{3}x_3\right) - 4x_2 + 2x_3 &= 0 \\ -9\left(\frac{4}{3}x_2 - \frac{2}{3}x_3\right) + 12x_2 - 6x_3 &= 0 \\ -6\left(\frac{4}{3}x_2 - \frac{2}{3}x_3\right) + 8x_2 - 4x_3 &= 0 \end{aligned}$$

19. a. 相容，只有一个解　b. 不相容.

21. $h=\dfrac{7}{2}$

23. 当 $h=2,k\neq 8$ 时不相容

当 $h\neq 2$ 时有唯一解

当 $h=2,k=8$ 时有多解

25~33. 仔细阅读课本，查阅《学习指导》之前写出你的答案. 记住，一个论断是正确的当且仅当所有情形下论断都正确.

35. 是. 方程组是相容的，这是因为它有三个主元，一定有一个主元在系数矩阵的第三行. 化简后的阶梯形矩阵不包含 $[0\ 0\ 0\ 0\ 0\ 1]$

37. 如果系数矩阵中的每一行都有一个主元位置，那么在底行有一个主元位置，从而在增广列没有主元位置，所以，根据定理 2，方程组是相容的.

39. 如果线性方程组是相容的，则解是唯一的当且仅当系数矩阵的每一列都是主元列，否则，方程组有无穷多解.

41. 在一个不定方程组中，未知变量的个数总多于方程的个数. 基本变量的个数不多于方程的个数，所以，至少有一个自由变量，这个变量可以被指定无穷多个值. 如果方程组是相容的，则自由变量的每一个不同值会产生一个不同解.

43. 是的，一个线性方程组的方程个数多于未知变量的个数，它可以是相容的. 下面的方程组有一个解 $(x_1=x_2=1)$：

$$\begin{aligned} x_1+\ x_2&=2\\ x_1-\ x_2&=0\\ 3x_1+2x_2&=5 \end{aligned}$$

45. $p(t)=7+6t-t^2$

1.3

1. $\begin{bmatrix}-4\\5\end{bmatrix}$, $\begin{bmatrix}5\\-4\end{bmatrix}$

3.

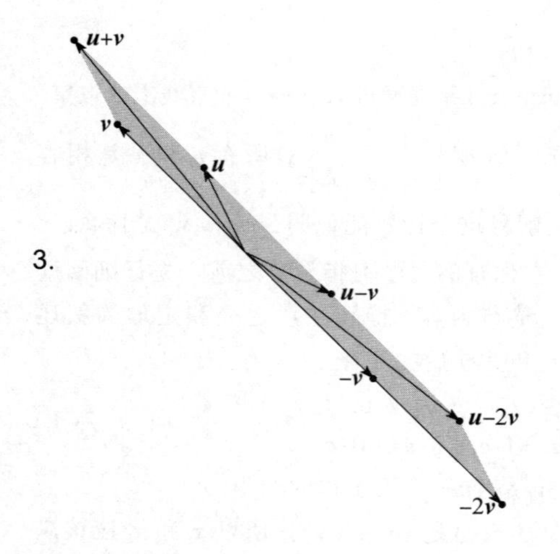

5. $x_1\begin{bmatrix}6\\-1\\5\end{bmatrix}+x_2\begin{bmatrix}-3\\4\\0\end{bmatrix}=\begin{bmatrix}1\\-7\\-5\end{bmatrix}$,

$$\begin{bmatrix}6x_1\\-x_1\\5x_1\end{bmatrix}+\begin{bmatrix}-3x_2\\4x_2\\0\end{bmatrix}=\begin{bmatrix}1\\-7\\-5\end{bmatrix},\quad \begin{bmatrix}6x_1-3x_2\\-x_1+4x_2\\5x_1\end{bmatrix}=\begin{bmatrix}1\\-7\\-5\end{bmatrix}$$

$$\begin{aligned} 6x_1-3x_2&=1\\ -x_1+4x_2&=-7\\ 5x_1\qquad&=-5 \end{aligned}$$

通常不写中间过程.

7. $\boldsymbol{a}=\boldsymbol{u}-2\boldsymbol{v}$, $\boldsymbol{b}=2\boldsymbol{u}-2\boldsymbol{v}$, $\boldsymbol{c}=2\boldsymbol{u}-3.5\boldsymbol{v}$, $\boldsymbol{d}=3\boldsymbol{u}-4\boldsymbol{v}$

9. $x_1\begin{bmatrix}0\\4\\-1\end{bmatrix}+x_2\begin{bmatrix}1\\6\\3\end{bmatrix}+x_3\begin{bmatrix}5\\-1\\-8\end{bmatrix}=\begin{bmatrix}0\\0\\0\end{bmatrix}$

11. 是，$\boldsymbol{b}$ 是 $\boldsymbol{a}_1,\boldsymbol{a}_2,\boldsymbol{a}_3$ 的线性组合.

13. 否，$\boldsymbol{b}$ 不是 $\boldsymbol{A}$ 的列的线性组合.

15. 当然，非整数权值也可以接受，但一些简单选择是 $0\cdot\boldsymbol{v}_1+0\cdot\boldsymbol{v}_2=\boldsymbol{0}$，且

$$1\cdot\boldsymbol{v}_1+0\cdot\boldsymbol{v}_2=\begin{bmatrix}7\\1\\-6\end{bmatrix},\ 0\cdot\boldsymbol{v}_1+1\cdot\boldsymbol{v}_2=\begin{bmatrix}-5\\3\\0\end{bmatrix}$$

$$1\cdot\boldsymbol{v}_1+1\cdot\boldsymbol{v}_2=\begin{bmatrix}2\\4\\-6\end{bmatrix},\ 1\cdot\boldsymbol{v}_1-1\cdot\boldsymbol{v}_2=\begin{bmatrix}12\\-2\\-6\end{bmatrix}$$

17. $h=-17$

19. $\mathrm{Span}\{\boldsymbol{v}_1,\boldsymbol{v}_2\}$ 是在通过 $\boldsymbol{v}_1$ 和原点的直线上的点集.

21. 提示：证明 $\begin{bmatrix} 2 & 2 & h \\ -1 & 1 & k \end{bmatrix}$ 对所有 h 和 k 是相容的，解释这个计算能说明 $\mathrm{Span}\{\boldsymbol{u},\boldsymbol{v}\}$ 是什么.

23~31. 在你查阅《学习指导》之前，先仔细阅读整节内容. 特别注意定义和定理的叙述和其前后的注释.

33. a. 否，3　　b. 是，无穷多

c. $\boldsymbol{a}_1=1\cdot\boldsymbol{a}_1+0\cdot\boldsymbol{a}_2+0\cdot\boldsymbol{a}_3$

35. a. $5\boldsymbol{v}_1$ 是 1#矿 5 天工作的产出.

b. 总的产出是 $x_1\boldsymbol{v}_1+x_2\boldsymbol{v}_2$，所以 x_1 和 x_2 应该满足 $x_1\boldsymbol{v}_1+x_2\boldsymbol{v}_2=\begin{bmatrix} 150 \\ 2\,825 \end{bmatrix}$.

c. 1#矿 1.5 天的生产和 2#矿 4 天的生产.

37. （1.3，0.9，0）

39. a. $\begin{bmatrix} 10/3 \\ 2 \end{bmatrix}$

b. 在（0,1）点加 3.5 克，在（8,1）点加 0.5 克，在（2,4）点加 2 克.

41. 复习练习题 1 再写出解答，《学习指导》有参考解答.

1.4

1. 乘积无定义，因为 3×2 矩阵的列数为 2，而向量的元素个数是 3，两者不匹配.

3. a. $$\boldsymbol{Ax}=\begin{bmatrix} 6 & 5 \\ -4 & -3 \\ 7 & 6 \end{bmatrix}\begin{bmatrix} 1 \\ -3 \end{bmatrix}=1\begin{bmatrix} 6 \\ -4 \\ 7 \end{bmatrix}-3\begin{bmatrix} 5 \\ -3 \\ 6 \end{bmatrix}$$
$$=\begin{bmatrix} 6 \\ -4 \\ 7 \end{bmatrix}+\begin{bmatrix} -15 \\ 9 \\ -18 \end{bmatrix}=\begin{bmatrix} -9 \\ 5 \\ -11 \end{bmatrix}$$

b. $$\boldsymbol{Ax}=\begin{bmatrix} 6 & 5 \\ -4 & -3 \\ 7 & 6 \end{bmatrix}\begin{bmatrix} 1 \\ -3 \end{bmatrix}=\begin{bmatrix} 6(1)+5(-3) \\ (-4)(1)+(-3)(-3) \\ 7(1)+6(-3) \end{bmatrix}=\begin{bmatrix} -9 \\ 5 \\ -11 \end{bmatrix}$$

在这里以及习题 4~6 展示你的工作，以后的习题计算过程用心算.

5. $$5\cdot\begin{bmatrix} 5 \\ -2 \end{bmatrix}-1\cdot\begin{bmatrix} 1 \\ -7 \end{bmatrix}+3\cdot\begin{bmatrix} -8 \\ 3 \end{bmatrix}-2\cdot\begin{bmatrix} 4 \\ -5 \end{bmatrix}=\begin{bmatrix} -8 \\ 16 \end{bmatrix}$$

7. $$\begin{bmatrix} 4 & -5 & 7 \\ -1 & 3 & -8 \\ 7 & -5 & 0 \\ -4 & 1 & 2 \end{bmatrix}\begin{bmatrix} x_1 \\ x_2 \\ x_3 \end{bmatrix}=\begin{bmatrix} 6 \\ -8 \\ 0 \\ -7 \end{bmatrix}$$

9. $$x_1\begin{bmatrix} 3 \\ 0 \end{bmatrix}+x_2\begin{bmatrix} 1 \\ 1 \end{bmatrix}+x_3\begin{bmatrix} -5 \\ 4 \end{bmatrix}=\begin{bmatrix} 9 \\ 0 \end{bmatrix},\quad \begin{bmatrix} 3 & 1 & -5 \\ 0 & 1 & 4 \end{bmatrix}\begin{bmatrix} x_1 \\ x_2 \\ x_3 \end{bmatrix}=\begin{bmatrix} 9 \\ 0 \end{bmatrix}$$

11. $$\begin{bmatrix} 1 & 2 & 4 & -2 \\ 0 & 1 & 5 & 2 \\ -2 & -4 & -3 & 9 \end{bmatrix},\quad \boldsymbol{x}=\begin{bmatrix} x_1 \\ x_2 \\ x_3 \end{bmatrix}=\begin{bmatrix} 0 \\ -3 \\ 1 \end{bmatrix}$$

13. 是（验证你的答案）.

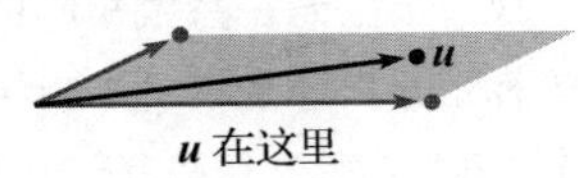

$\boldsymbol{u}$ 在这里

15. 当 $3b_1+b_2$ 非零时，方程 $\boldsymbol{Ax}=\boldsymbol{b}$ 不相容.（给出理由.）所有使方程 $\boldsymbol{Ax}=\boldsymbol{b}$ 相容的 $\boldsymbol{b}$ 组成的集合是一条通过原点的直线 $b_2=-3b_1$.

17. 只有 3 行含有主元位置. 由定理 4，方程 $\boldsymbol{Ax}=\boldsymbol{b}$ 不是对 $\mathbb{R}^4$ 中的每个 $\boldsymbol{b}$ 都有解.

19. 习题 17 说明定理 4 命题（d）不真，因此定理 4 的四个命题都不真，所以不是 $\mathbb{R}^4$ 中的所有向量都可以写成 $\boldsymbol{A}$ 的列的线性组合的形式，且 $\boldsymbol{A}$ 的列不能生成 $\mathbb{R}^4$.

21. 矩阵 $[\boldsymbol{v}_1\ \ \boldsymbol{v}_2\ \ \boldsymbol{v}_3]$ 不是每一行都有主元，因此由定理 4，矩阵的列不能生成 $\mathbb{R}^4$，即 $\{\boldsymbol{v}_1,\boldsymbol{v}_2,\boldsymbol{v}_3\}$ 不能生成 $\mathbb{R}^4$.

23~33 仔细阅读教材，在查阅《学习指导》之前先判断习题中每个命题的真假. 习题 23 和 24 中的许多命题是这种形式的蕴涵式：“如果<命题 1>，则<命题 2>.”或等价地，“有<命题 2>，如果<命题 1>.”当<命题 1>为真时，如果在任何情况下<命题 2>都为真，则将这样的蕴涵式标记为真.

35. $c_1=-3, c_2=-1, c_3=2$

37. $\boldsymbol{Qx}=\boldsymbol{v}$，其中 $\boldsymbol{Q}=[\boldsymbol{q}_1,\boldsymbol{q}_2,\boldsymbol{q}_3]$ 及 $\boldsymbol{x}=\begin{bmatrix} x_1 \\ x_2 \\ x_3 \end{bmatrix}$.

注：如果答案是 $\boldsymbol{Ax}=\boldsymbol{b}$，必须明确 $\boldsymbol{A}$ 和 $\boldsymbol{b}$ 是什么.

39. 提示：从有 3 个主元位置的 3×3 阶梯形矩阵 $\boldsymbol{B}$ 开始寻找.

41. 查阅《学习指导》之前写出你的解答.

43. 提示：$\boldsymbol{A}$ 有多少主元列？为什么？

45. 给定 $\boldsymbol{Ax}_1=\boldsymbol{y}_1, \boldsymbol{Ax}_2=\boldsymbol{y}_2$，要证明 $\boldsymbol{Ax}=\boldsymbol{w}$ 有一个解，其中 $\boldsymbol{w}=\boldsymbol{y}_1+\boldsymbol{y}_2$. 注意 $\boldsymbol{w}=\boldsymbol{Ax}_1+\boldsymbol{Ax}_2$. 由定理 5(a)，分别用 $\boldsymbol{x}_1,\boldsymbol{x}_2$ 代替 $\boldsymbol{u}$，$\boldsymbol{v}$，则有 $\boldsymbol{w}=\boldsymbol{Ax}_1+\boldsymbol{Ax}_2=\boldsymbol{A}(\boldsymbol{x}_1+\boldsymbol{x}_2)$. 因此向量 $\boldsymbol{x}=\boldsymbol{x}_1+\boldsymbol{x}_2$ 是 $\boldsymbol{w}=\boldsymbol{Ax}$ 的一个解.

47. [M] 列不生成 $\mathbb{R}^4$.

49. [M] 列生成 $\mathbb{R}^4$.

51. [M] 在习题 49 中划掉矩阵的第 4 列. 也可以不划掉矩阵的第 4 列，而是划掉矩阵的第 3 列.

1.5

1. 方程组有非平凡解，因为有自由变量 x_3.

3. 方程组有非平凡解，因为有自由变量 x_3.

5. $\boldsymbol{x}=\begin{bmatrix}x_1\\x_2\\x_3\end{bmatrix}=x_3\begin{bmatrix}5\\-2\\1\end{bmatrix}$

7. $\boldsymbol{x}=\begin{bmatrix}x_1\\x_2\\x_3\\x_4\end{bmatrix}=x_3\begin{bmatrix}-9\\4\\1\\0\end{bmatrix}+x_4\begin{bmatrix}8\\-5\\0\\1\end{bmatrix}$

9. $\boldsymbol{x}=x_2\begin{bmatrix}3\\1\\0\end{bmatrix}+x_3\begin{bmatrix}-2\\0\\1\end{bmatrix}$

11. 提示：由阶梯形推出的方程组是

$$\begin{aligned}x_1-4x_2\qquad\qquad+5x_6&=0\\x_3\qquad-x_6&=0\\x_5-4x_6&=0\\0&=0\end{aligned}$$

基本变量是 x_1,x_3,x_5，其他变量是自由变量.《学习指导》讨论了两种这类型题目常犯的错误.

13.

$$\begin{bmatrix}3&-9&6\\-1&3&-2\end{bmatrix}\left(x_2\begin{bmatrix}3\\1\\0\end{bmatrix}+x_3\begin{bmatrix}-2\\0\\1\end{bmatrix}\right)=$$

$$x_2\begin{bmatrix}3&-9&6\\-1&3&-2\end{bmatrix}\begin{bmatrix}3\\1\\0\end{bmatrix}+x_3\begin{bmatrix}3&-9&6\\-1&3&-2\end{bmatrix}\begin{bmatrix}-2\\0\\1\end{bmatrix}$$

$$=x_2\begin{bmatrix}0\\0\end{bmatrix}+x_3\begin{bmatrix}0\\0\end{bmatrix}=\begin{bmatrix}0\\0\end{bmatrix}$$

15. $$\begin{bmatrix}1&-4&-2&0&3&-5\\0&0&1&0&0&-1\\0&0&0&0&1&-4\\0&0&0&0&0&0\end{bmatrix}\left(x_2\begin{bmatrix}4\\1\\0\\0\\0\\0\end{bmatrix}+x_4\begin{bmatrix}0\\0\\0\\1\\0\\0\end{bmatrix}+x_6\begin{bmatrix}-5\\0\\1\\0\\4\\1\end{bmatrix}\right)$$

$$=x_2\begin{bmatrix}1&-4&-2&0&3&-5\\0&0&1&0&0&-1\\0&0&0&0&1&-4\\0&0&0&0&0&0\end{bmatrix}\begin{bmatrix}4\\1\\0\\0\\0\\0\end{bmatrix}+$$

$$x_4\begin{bmatrix}1&-4&-2&0&3&-5\\0&0&1&0&0&-1\\0&0&0&0&1&-4\\0&0&0&0&0&0\end{bmatrix}\begin{bmatrix}0\\0\\0\\1\\0\\0\end{bmatrix}+$$

$$x_6\begin{bmatrix}1&-4&-2&0&3&-5\\0&0&1&0&0&-1\\0&0&0&0&1&-4\\0&0&0&0&0&0\end{bmatrix}\begin{bmatrix}-5\\0\\1\\0\\4\\1\end{bmatrix}=x_2\begin{bmatrix}0\\0\\0\\0\end{bmatrix}+x_4\begin{bmatrix}0\\0\\0\\0\end{bmatrix}+x_6\begin{bmatrix}0\\0\\0\\0\end{bmatrix}=\begin{bmatrix}0\\0\\0\\0\end{bmatrix}$$

17. $\boldsymbol{x}=\begin{bmatrix}5\\-2\\0\end{bmatrix}+x_3\begin{bmatrix}4\\-7\\1\end{bmatrix}=\boldsymbol{p}+x_3\boldsymbol{q}$. 在几何上，解集是通过 $\begin{bmatrix}5\\-2\\0\end{bmatrix}$ 且平行于 $\begin{bmatrix}4\\-7\\1\end{bmatrix}$ 的直线.

19. $\boldsymbol{x}=\begin{bmatrix}x_1\\x_2\\x_3\end{bmatrix}=\begin{bmatrix}-2\\1\\0\end{bmatrix}+x_3\begin{bmatrix}5\\-2\\1\end{bmatrix}$. 解集是通过 $\begin{bmatrix}-2\\1\\0\end{bmatrix}$ 的直线，平行于习题 5 中齐次线性方程组解集的直线.

21. 令 $u=\begin{bmatrix}-9\\1\\0\end{bmatrix},v=\begin{bmatrix}4\\0\\1\end{bmatrix},p=\begin{bmatrix}-2\\0\\0\end{bmatrix}$，齐次方程的解是 $x=x_2u+x_3v$，这是由 u 和 v 所生成的通过原点的平面. 非齐次方程组的解集是 $x=p+x_2u+x_3v$，此平面通过 p，平行于齐次方程解集的平面.

23. $x=a+tb$，其中 t 为参数，或者
$x=\begin{bmatrix}x_1\\x_2\end{bmatrix}=\begin{bmatrix}-2\\0\end{bmatrix}+t\begin{bmatrix}-5\\3\end{bmatrix}$ 或 $\begin{cases}x_1=-2-5t\\x_2=\quad\ \ 3t\end{cases}$

25. $x=p+t(q-p)=\begin{bmatrix}2\\-5\end{bmatrix}+t\begin{bmatrix}-5\\6\end{bmatrix}$

27~35. 仔细阅读课本非常重要，然后写出你的答案. 完成之后，如果需要，用《学习指导》校对答案.

37. $Av_h=A(w-p)=Aw-Ap=b-b=0$

39. 当 A 是 3×3 零矩阵时 $\mathbb{R}^3$ 中的每一个 x 满足 $Ax=0$，因此解集是 $\mathbb{R}^3$ 中的所有向量.

41. a. 当 A 是 3×3 矩阵且有 3 个主元位置时，方程 $Ax=0$ 没有自由变量，因此没有非平凡解.

b. 有 3 个主元位置时，A 在每一行都有一个主元位置，由 1.4 节定理 4，方程 $Ax=b$ 对每个可能的 b 都有一个解. “可能”的意思是此处考虑的向量是 $\mathbb{R}^3$ 中的向量，因为 A 有 3 行.

43. a. 当 A 是 3×2 矩阵且有 2 个主元位置时，每一列是主元列，于是方程 $Ax=0$ 没有自由变量，因此没有非平凡解.

b. 有 2 个主元位置和三行时，A 不可能在每一行有一个主元，由 1.4 节定理 4，方程 $Ax=b$ 不可能对 $\mathbb{R}^3$ 中每个可能的 b 都有一个解.

45. 一个答案是 $x=\begin{bmatrix}3\\-1\end{bmatrix}$.

47. 你的例子中应该有每行的元素之和等于零. 为什么?

49. 一个答案是 $A=\begin{bmatrix}1&-4\\1&-4\end{bmatrix}$. 《学习指导》给出如何分析问题以构造 A. 如果 b 不是 A 的第一列的倍数，则 $Ax=b$ 的解集为空，因此不可能通过平移 $Ax=0$ 的解集来得到 $Ax=b$ 的解. 这与定理 6 并不矛盾，因为定理 6 仅当方程 $Ax=b$ 有非空的解集时才成立.

51. 如果 c 是一个数，则由 1.4 节定理 5（b），$A(cu)=cAu$. 如果 u 满足 $Ax=0$，则 $Au=0$，$cAu=c\cdot 0=0$，从而 $A(cu)=0$.

1.6

1. 一通解是 $p_{商品}=0.875p_{服务}$，其中 $p_{服务}$ 是自由变量. 一个平衡的解是 $p_{服务}=1000$ 和 $p_{商品}=875$. 使用分数，一般解可写成 $p_{商品}=(7/8)p_{服务}$，一个自然的价格取值是 $p_{服务}=80$，$p_{商品}=70$. 只有价格的比是重要的，经济平衡不会受一个价格变化的影响.

3. a.

产出分配：

	化学金属	燃料动力	机器		
产出	↓	↓	↓	投入	购买部门：
	0.2	0.8	0.4	→	化学金属
	0.3	0.1	0.4	→	燃料动力
	0.5	0.1	0.2	→	机器

b. $\begin{bmatrix}0.8&-0.8&-0.4&0\\-0.3&0.9&-0.4&0\\-0.5&-0.1&0.8&0\end{bmatrix}$

c. $p_{化学金属}=141.7$，$p_{燃料动力}=91.7$，$p_{机器}=100$. 取两位有效数字 $p_{化学金属}=140$，$p_{燃料动力}=92$，$p_{机器}=100$.

5. $B_2S_3+6H_2O\to 2H_3BO_3+3H_2S$

7. $3NaHCO_3+H_3C_6H_5O_7\to Na_3C_6H_5O_7+3H_2O+3CO_2$

9. $15PbN_6+44CrMn_2O_8\to 5Pb_3O_4+22Cr_2O_3+88MnO_2+90NO$

11. $\begin{cases}x_1=20-x_3\\x_2=60+x_3\\x_3\text{是自由变量}\\x_4=60\end{cases}$

x_3 的最大值是20.

13. a. $\begin{cases} x_1 = x_3 - 40 \\ x_2 = x_3 + 10 \\ x_3\text{是自由变量} \\ x_4 = x_6 + 50 \\ x_5 = x_6 + 60 \\ x_6\text{是自由变量} \end{cases}$ b. $\begin{cases} x_2=50 \\ x_3=40 \\ x_4=50 \\ x_5=60 \end{cases}$

1.7

对习题 1~22 验证你的答案.

1. 线性无关 3. 线性相关

5. 线性无关 7. 线性相关

9. a. $h=4$ b. $h=4$

11. $h=6$ 13. 所有 h

15. 线性相关 17. 线性相关

19. 线性无关

21~27 如果在思考判断题之前查阅《学习指导》，会失去做这类题目的意义.

29. $\begin{bmatrix} \blacksquare & * & * \\ 0 & \blacksquare & * \\ 0 & 0 & \blacksquare \end{bmatrix}$

31. $\begin{bmatrix} \blacksquare & * \\ 0 & \blacksquare \\ 0 & 0 \\ 0 & 0 \end{bmatrix}$ 和 $\begin{bmatrix} 0 & \blacksquare \\ 0 & 0 \\ 0 & 0 \\ 0 & 0 \end{bmatrix}$

33. 7×5 矩阵 $\boldsymbol{A}$ 的所有 5 列一定是主元列. 否则方程 $\boldsymbol{Ax}=\boldsymbol{0}$ 有自由变量，此时，$\boldsymbol{A}$ 的列线性相关.

35. $\boldsymbol{A}$：任何有两个非零列的 3×2 矩阵，但两列相互没有倍数关系，此时，这两列线性无关，因此方程 $\boldsymbol{Ax}=\boldsymbol{0}$ 只有平凡解.

$\boldsymbol{B}$：任何一列是另外一列倍数的 3×2 矩阵.

37. $\boldsymbol{x}=\begin{bmatrix} 1 \\ 1 \\ -1 \end{bmatrix}$

39. 由定理 7 可知，真.（《学习指导》补充了另外的验证.）

41. 假. 向量 $\boldsymbol{v}_1$ 可能是零向量.

43. 真. $\boldsymbol{v}_1,\boldsymbol{v}_2,\boldsymbol{v}_3$ 之间的线性相关关系通过选取 $\boldsymbol{v}_4$ 的权值为零可以扩展为 $\boldsymbol{v}_1,\boldsymbol{v}_2,\boldsymbol{v}_3,\boldsymbol{v}_4$ 之间的线性相关关系.

45. 你有能力在没有帮助的条件下做这个重要的题目. 在查阅《学习指导》之前写出你的解答.

47. 利用 $\boldsymbol{A}$ 的主元列，$\boldsymbol{B}=\begin{bmatrix} 8 & -3 & 2 \\ -9 & 4 & -7 \\ 6 & -2 & 4 \\ 5 & -1 & 10 \end{bmatrix}$，可能有其他选择.

49. $\boldsymbol{A}$ 中不属于 $\boldsymbol{B}$ 的每一个列属于 $\boldsymbol{B}$ 的列所生成的集合.

1.8

1. $\begin{bmatrix} 2 \\ -6 \end{bmatrix}, \begin{bmatrix} 2a \\ 2b \end{bmatrix}$ 3. $\boldsymbol{x}=\begin{bmatrix} 3 \\ 1 \\ 2 \end{bmatrix}$，唯一解

5. $\boldsymbol{x}=\begin{bmatrix} 3 \\ 1 \\ 0 \end{bmatrix}$，不唯一 7. $a=5,\ b=6$

9. $\boldsymbol{x}=x_3\begin{bmatrix} 9 \\ 4 \\ 1 \\ 0 \end{bmatrix}+x_4\begin{bmatrix} -7 \\ -3 \\ 0 \\ 1 \end{bmatrix}$

11. 是，因为 $[\boldsymbol{A}\ \ \boldsymbol{b}]$ 所表示的方程组是相容的.

13.

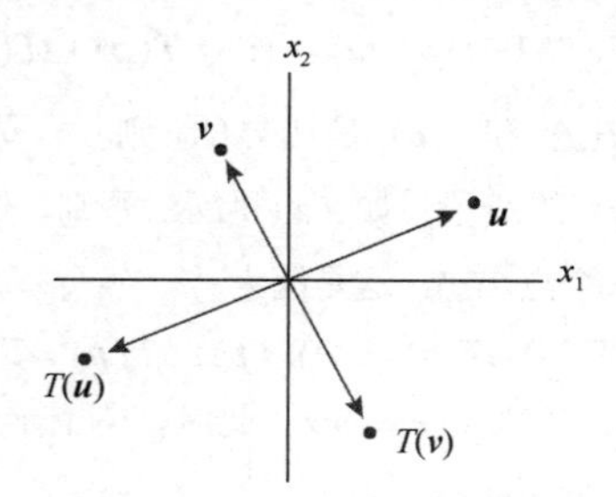

关于原点的对称

15.

x_2, $\boldsymbol{v}$, $T(\boldsymbol{v})$, $T(\boldsymbol{u})$, $\boldsymbol{u}$, x_1

到 x_2 轴上的投影

17. $\begin{bmatrix}6\\3\end{bmatrix},\begin{bmatrix}-2\\6\end{bmatrix},\begin{bmatrix}4\\9\end{bmatrix}$　19. $\begin{bmatrix}13\\7\end{bmatrix},\begin{bmatrix}2x_1-x_2\\5x_1+6x_2\end{bmatrix}$

21~29. 仔细阅读课本，在查阅《学习指导》之前写出你的答案.

31.

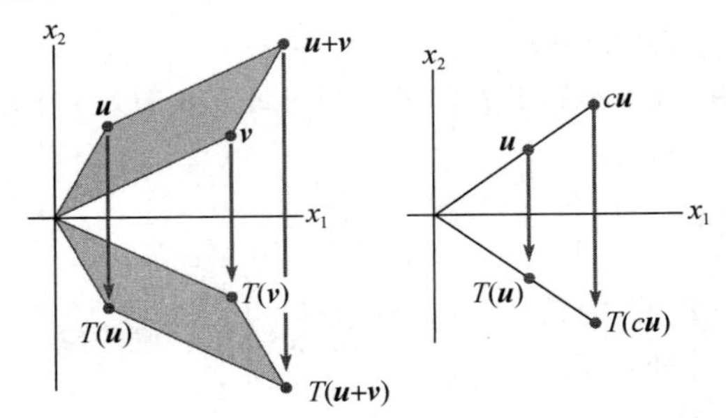

33. 提示：利用直线的参数方程表示直线的图像（即直线上所有点的图像组成的集合）.

35. a. 经过 $\boldsymbol{p}$ 和 $\boldsymbol{q}$ 的直线平行于 $\boldsymbol{q}-\boldsymbol{p}$（见 1.5 节的习题 25 和 26）. 由于 $\boldsymbol{p}$ 在直线上，故 $\boldsymbol{x}=\boldsymbol{p}+t(\boldsymbol{q}-\boldsymbol{p})$，从而 $\boldsymbol{x}=\boldsymbol{p}-t\boldsymbol{p}+t\boldsymbol{q}$，即 $\boldsymbol{x}=(1-t)\boldsymbol{p}+t\boldsymbol{q}$.

b. 考虑 $\boldsymbol{x}=(1-t)\boldsymbol{p}+t\boldsymbol{q}$，$0\leqslant t\leqslant 1$. 由变换 T 的线性性质，

$$T(\boldsymbol{x})=T((1-t)\boldsymbol{p}+t\boldsymbol{q})=(1-t)T(\boldsymbol{p})+tT(\boldsymbol{q})\quad (*)$$

如果 $T(\boldsymbol{p})$ 和 $T(\boldsymbol{q})$ 是相异的，则 (*) 是过 $T(\boldsymbol{p})$ 和 $T(\boldsymbol{q})$ 的线段，如（a）所示. 否则，图像的集合是一个点 $T(\boldsymbol{p})$，这是因为

$$(1-t)T(\boldsymbol{p})+tT(\boldsymbol{q})=(1-t)T(\boldsymbol{p})+tT(\boldsymbol{p})=T(\boldsymbol{p})$$

37. a. 当 $b=0$ 时, $f(x)=mx$. 此时，对任何 $\mathbb{R}$ 中的 x,y 和任何数 c,d，

$$\begin{aligned}f(cx+dy)&=m(cx+dy)=mcx+mdy\\&=c(mx)+d(my)=c\cdot f(x)+d\cdot f(y)\end{aligned}$$

这说明 f 是线性的.

b. 当 $f(x)=mx+b$ 时，其中 b 非零，$f(0)=m(0)+b=b\neq 0$.

c. 在微积分中，f 称为线性函数，因为 f 的图像是一直线.

39. 提示：由于 $\{\boldsymbol{v}_1,\boldsymbol{v}_2,\boldsymbol{v}_3\}$ 线性相关，你可写出一些方程且解出它.

41. 一种可能性是验证 T 不将零向量映射为零向量，但是，每个线性变换必须将零向量映射为零向量：$T(0,0)=(0,4,0)$.

43. 取 $\mathbb{R}^3$ 中的 $\boldsymbol{u}$ 和 $\boldsymbol{v}$，令 c,d 为数，则 $c\boldsymbol{u}+d\boldsymbol{v}=(cu_1+dv_1,cu_2+dv_2,cu_3+dv_3)$，线性变换 T 是线性的，因为

$$\begin{aligned}T(c\boldsymbol{u}+d\boldsymbol{v})&=(cu_1+dv_1,cu_2+dv_2,-(cu_3+dv_3))\\&=(cu_1+dv_1,cu_2+dv_2,-cu_3-dv_3)\\&=(cu_1,cu_2,-cu_3)+(dv_1,dv_2,-dv_3)\\&=c(u_1,u_2,-u_3)+d(v_1,v_2,-v_3)\\&=cT(\boldsymbol{u})+dT(\boldsymbol{v})\end{aligned}$$

45.所有（7，9，0，2）的倍数.

47.是，对 $\boldsymbol{x}$ 的一个选择是（4，7，1，0）

1.9

1. $\begin{bmatrix}2&-5\\1&2\\2&0\\1&0\end{bmatrix}$　3. $\begin{bmatrix}0&1\\-1&0\end{bmatrix}$　5. $\begin{bmatrix}1&0\\-2&1\end{bmatrix}$

7. $\begin{bmatrix}-1/\sqrt{2}&1/\sqrt{2}\\1/\sqrt{2}&1/\sqrt{2}\end{bmatrix}$　9. $\begin{bmatrix}0&-1\\-1&3\end{bmatrix}$

11. 所描述的变换 T 将 $\boldsymbol{e}_1$ 映射为 $-\boldsymbol{e}_1$，将 $\boldsymbol{e}_2$ 映射为 $-\boldsymbol{e}_2$. 旋转 π 弧度也可以将 $\boldsymbol{e}_1$ 映射为 $-\boldsymbol{e}_1$，将 $\boldsymbol{e}_2$ 映射为 $-\boldsymbol{e}_2$. 因为一个线性变换完全由它对单位矩阵的列的映射而确定，这样的旋转变换对 $\mathbb{R}^2$ 中的每个向量的作用跟 T 是一样的.

13.

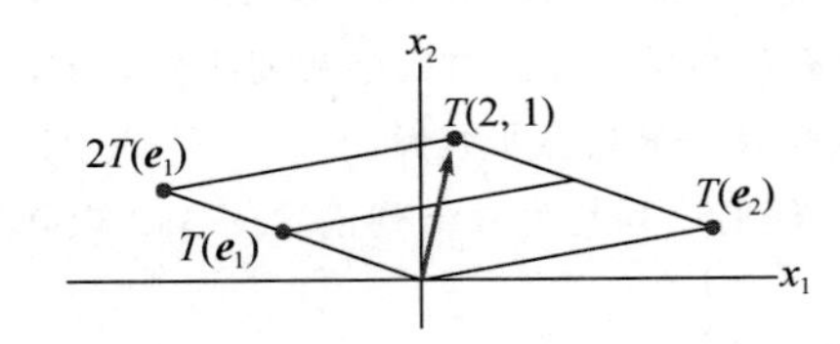

15. $\begin{bmatrix}2&0&-3\\4&0&0\\1&-1&1\end{bmatrix}$　17. $\begin{bmatrix}0&0&0&0\\1&1&0&0\\0&1&1&0\\0&0&1&1\end{bmatrix}$

19. $\begin{bmatrix}1&-5&4\\0&1&-6\end{bmatrix}$　21. $\boldsymbol{x}=\begin{bmatrix}7\\-4\end{bmatrix}$

23~31. 查阅《学习指导》之前先回答问题.记住，一个命题为真，当且仅当在所有情况下它都为真.

对习题 33~35 验证你的答案.

33. 不是一对一的也不是将 $\mathbb{R}^4$ 映射到 $\mathbb{R}^4$ 上的映射.

35. 不是一对一的，但是将 $\mathbb{R}^3$ 映射到 $\mathbb{R}^2$ 上的映射

37. $\begin{bmatrix} \blacksquare & * & * \\ 0 & \blacksquare & * \\ 0 & 0 & \blacksquare \\ 0 & 0 & 0 \end{bmatrix}$

39. n.（解释为什么，然后查阅《学习指导》.）

41. 提示：如果 $\boldsymbol{e}_j$ 是单位矩阵 $\boldsymbol{I}_n$ 的第 j 列，那么 $\boldsymbol{Be}_j$ 是 $\boldsymbol{B}$ 的第 j 列.

43. 提示：$m>n$ 可能吗？对 $m<n$ 怎么样？

45. [M] 否（解释为什么）.

47. [M] 否（解释为什么）.

1.10

1. a. $x_1\begin{bmatrix}110\\4\\20\\2\end{bmatrix}+x_2\begin{bmatrix}130\\3\\18\\5\end{bmatrix}=\begin{bmatrix}295\\9\\48\\8\end{bmatrix}$，其中 x_1 是 Cheerios 的份数，x_2 是 100%天然麦片的份数.

   b. $\begin{bmatrix}110 & 130\\4 & 3\\20 & 18\\2 & 5\end{bmatrix}\begin{bmatrix}x_1\\x_2\end{bmatrix}=\begin{bmatrix}295\\9\\48\\8\end{bmatrix}$. 混合 1.5 份的 Cheerios 和 1 份 100%的天然麦片.

3. a. 0.99 份芝士通心粉、1.54 份西兰花和 0.79 份鸡肉罐头.

   b. 1.09 份全麦面和白芝士，0.88 份西兰花和 1.03 份鸡肉罐头.

5. $\boldsymbol{Ri}=\boldsymbol{v}$, $\begin{bmatrix}11 & -5 & 0 & 0\\-5 & 10 & -1 & 0\\0 & -1 & 9 & -2\\0 & 0 & -2 & 10\end{bmatrix}\begin{bmatrix}I_1\\I_2\\I_3\\I_4\end{bmatrix}=\begin{bmatrix}50\\-40\\30\\-30\end{bmatrix}$

   [M]: $\boldsymbol{i}=\begin{bmatrix}I_1\\I_2\\I_3\\I_4\end{bmatrix}=\begin{bmatrix}3.68\\-1.90\\2.57\\-2.49\end{bmatrix}$

7. $\boldsymbol{Ri}=\boldsymbol{v}$, $\begin{bmatrix}12 & -7 & -0 & -4\\-7 & 15 & -6 & 0\\0 & -6 & 14 & -5\\-4 & 0 & -5 & 13\end{bmatrix}\begin{bmatrix}I_1\\I_2\\I_3\\I_4\end{bmatrix}=\begin{bmatrix}40\\30\\20\\10\end{bmatrix}$

   $\boldsymbol{i}=\begin{bmatrix}I_1\\I_2\\I_3\\I_4\end{bmatrix}=\begin{bmatrix}11.43\\10.55\\8.04\\5.84\end{bmatrix}$

9. $\boldsymbol{x}_{k+1}=\boldsymbol{M}\boldsymbol{x}_k$, $k=0,1,2,\cdots$, 其中

   $\boldsymbol{M}=\begin{bmatrix}0.93 & 0.05\\0.07 & 0.95\end{bmatrix}$, $\boldsymbol{x}_0=\begin{bmatrix}800\,000\\500\,000\end{bmatrix}$

   2022 年的人口数量（$k=2$）是 $\boldsymbol{x}_2=\begin{bmatrix}741\,720\\558\,280\end{bmatrix}$.

11. 铂尔曼 32 家，斯波坎 76 家，西雅图 212 家.

13. a. 城市的人口减少，7 年后，人口会相等，但城市人口数量继续减少. 20 年后，城市人口仅为 417 000.（注意：417 456 在千位上四舍五入.）但每年的人口变化数量会越来越小.

    b. 城市人口缓慢增长，郊区人口减少. 20 年后，城市人口将从 350 000 增长到 370 000.

第 1 章补充习题

1. F	3. T	5. T	7. F
9. T	11. T	13. T	15. T
17. F	19. F	21. F	23. F
25. T			

27. a. 任一相容的线性方程组，其阶梯形为

    $\begin{bmatrix}\square & * & * & *\\0 & \square & * & *\\0 & 0 & 0 & 0\end{bmatrix}$或$\begin{bmatrix}\square & * & * & *\\0 & 0 & \square & *\\0 & 0 & 0 & 0\end{bmatrix}$或$\begin{bmatrix}0 & \square & * & *\\0 & 0 & \square & *\\0 & 0 & 0 & 0\end{bmatrix}$

    b. 任一相容的线性方程组，其阶梯形为 $\boldsymbol{I}_3$.

    c. 任一具有 3 个变量和 3 个方程的不相容的线性方程组.

29. a. 解集：(i) 如果 $h=12$ 且 $k\neq 2$，是空集；(ii) 如果 $h\neq 12$，则包含一个唯一解；(iii)如果 $h=12$ 且 $k=2$，则包含无穷多解.

    b. 解集为空，如果 $k+3h=0$；否则，解集包

含一个唯一解.

31. a. 令 $v_1=\begin{bmatrix}2\\-5\\7\end{bmatrix}$，$v_2=\begin{bmatrix}-4\\1\\-5\end{bmatrix}$，$v_3=\begin{bmatrix}-2\\1\\-3\end{bmatrix}$，$b=\begin{bmatrix}b_1\\b_2\\b_3\end{bmatrix}$.

“判断 v_1,v_2,v_3 是否可以生成 $\mathbb{R}^3$”，答案：否.

b. 令 $A=\begin{bmatrix}2&-4&-2\\-5&1&1\\7&-5&-3\end{bmatrix}$，“判断 A 的列是否可以生成 $\mathbb{R}^3$.”

c. 定义 $T(x)=Ax$，“判断 T 是否将 $\mathbb{R}^3$ 映上到 $\mathbb{R}^3$.”

33. $\begin{bmatrix}5\\6\end{bmatrix}=\frac{4}{3}\begin{bmatrix}2\\1\end{bmatrix}+\frac{7}{3}\begin{bmatrix}1\\2\end{bmatrix}$ 或 $\begin{bmatrix}5\\6\end{bmatrix}=\begin{bmatrix}8/3\\4/3\end{bmatrix}+\begin{bmatrix}7/3\\14/3\end{bmatrix}$.

34. 提示：在 x_1x_2 平面画出由 a_1 和 a_2 确定的格线.

35. 当方程组有一个自由变量时，解集是一条直线. 如果系数矩阵是 2×3，则三列中有两列是主元列. 例如，取系数矩阵 $\begin{bmatrix}1&2&*\\0&3&*\end{bmatrix}$，在第 3 列随便填入元素，所得矩阵是阶梯形. 对第 2 行做一次行变换以产生不是阶梯形的矩阵，例如 $\begin{bmatrix}1&2&1\\0&3&1\end{bmatrix}\sim\begin{bmatrix}1&2&1\\1&5&2\end{bmatrix}$.

36. 提示：方程 $Ax=0$ 中有多少个自由变量？

37. $E=\begin{bmatrix}1&0&-3\\0&1&2\\0&0&0\end{bmatrix}$

39. a. 如果三个向量线性无关，则 a,c,f 必定全不为零.

b. 数 $a,\cdots,f$ 可取任意值.

40. 提示：从右向左将列写为 $v_1,v_2,\cdots,v_4$.

41. 提示：使用定理 7.

43. 设 M 为通过原点的直线且平行于 v_1,v_2,v_3 三点所连成的直线，则 v_2-v_1 和 v_3-v_1 都在 M 上. 因此两个向量互成倍数关系，比如 $v_2-v_1=k(v_3-v_1)$. 这个方程给出了线性相关关系：$(k-1)\ v_1+v_2-kv_3=0$.

第二种解法：直线的参数方程是 $x=v_1+t(v_2-v_1)$. 由于 v_3 在直线上，故存在一 t_0 使得 $v_3=v_1+t_0(v_2-v_1)=(1-t_0)v_1+t_0v_2$. 因此 v_3 是 v_1 和 v_2 的线性组合，并且 $\{v_1,v_2,v_3\}$ 线性相关.

45. $\begin{bmatrix}1&0&0\\0&-1&0\\0&0&1\end{bmatrix}$

47. $a=4/5$，$b=-3/5$

49. a. 当建造 x_1 层的 A 设计时，向量列出有 3，2 和 1 个卧室的公寓数目.

b. $x_1\begin{bmatrix}3\\7\\8\end{bmatrix}+x_2\begin{bmatrix}4\\4\\8\end{bmatrix}+x_3\begin{bmatrix}5\\3\\9\end{bmatrix}$

c. 利用 A 设计的 2 层和 B 设计的 15 层，或 A 设计的 6 层、B 设计的 2 层和 C 设计的 8 层. 这些是仅有的可行解. 也存在其他数值解，但它们需要一个或两个设计的负数的楼层，这没有实际意义.

第 2 章

2.1

1. $\begin{bmatrix}-4&0&2\\-8&6&-4\end{bmatrix}$，$\begin{bmatrix}3&-5&3\\-7&2&-7\end{bmatrix}$，没有定义，$\begin{bmatrix}1&13\\-7&-6\end{bmatrix}$

3. $\begin{bmatrix}-1&1\\-5&5\end{bmatrix}$，$\begin{bmatrix}12&-3\\15&-6\end{bmatrix}$

5. a. $Ab_1=\begin{bmatrix}-7\\7\\12\end{bmatrix}$，$Ab_2=\begin{bmatrix}6\\-16\\-11\end{bmatrix}$，$AB=\begin{bmatrix}-7&6\\7&-16\\12&-11\end{bmatrix}$

b. $AB=\begin{bmatrix}-1\cdot3+2(-2)&-1(-4)+2\cdot1\\5\cdot3+4(-2)&5(-4)+4\cdot1\\2\cdot3-3(-2)&2(-4)-3\cdot1\end{bmatrix}=\begin{bmatrix}-7&6\\7&-16\\12&-11\end{bmatrix}$

7. 3×7

9. $k=5$

11. $AD=\begin{bmatrix}2&3&5\\2&6&15\\2&12&25\end{bmatrix}$，$DA=\begin{bmatrix}2&2&2\\3&6&9\\5&20&25\end{bmatrix}$

被 D 右乘（即在右边乘）是用 D 相应的对角元素乘以 A 的每一列. 被 D 左乘是用 D 相应的对角元素乘以 A 的每一行. 《学习指导》告诉你如

何使 $\boldsymbol{AB}=\boldsymbol{BA}$，但你应该在查阅之前先自己试一试.

13. 提示：两个矩阵中的一个是 $\boldsymbol{Q}$.

15~23. 在查阅《学习指导》之前回答这个问题.

25. $\boldsymbol{b}_1=\begin{bmatrix}7\\4\end{bmatrix}, \boldsymbol{b}_2=\begin{bmatrix}-8\\-5\end{bmatrix}$

27. $\boldsymbol{AB}$ 的第 3 列是 $\boldsymbol{AB}$ 前两列之和，以下是原因. 记 $\boldsymbol{B}=[\boldsymbol{b}_1\quad \boldsymbol{b}_2\quad \boldsymbol{b}_3]$，根据定义，$\boldsymbol{AB}$ 的第 3 列是 $\boldsymbol{Ab}_3$. 如果 $\boldsymbol{b}_3=\boldsymbol{b}_1+\boldsymbol{b}_2$，那么由矩阵向量乘法的性质可知 $\boldsymbol{AB}$ 的第 3 列是 $\boldsymbol{Ab}_3=\boldsymbol{A}(\boldsymbol{b}_1+\boldsymbol{b}_2)=\boldsymbol{Ab}_1+\boldsymbol{Ab}_2$.

29. $\boldsymbol{A}$ 的列是线性相关的. 为什么？

31. 提示：假设 $\boldsymbol{x}$ 满足 $\boldsymbol{Ax}=\boldsymbol{0}$，并证明 $\boldsymbol{x}$ 必须是 $\boldsymbol{0}$.

33. 提示：使用习题 31 和 32 的结果，并对乘积 $\boldsymbol{CAD}$ 使用乘法结合律.

35. $\boldsymbol{u}^{\mathrm{T}}\boldsymbol{v}=\boldsymbol{v}\boldsymbol{u}^{\mathrm{T}}=-2a+3b-4c$

$$\boldsymbol{u}\boldsymbol{v}^{\mathrm{T}}=\begin{bmatrix}-2a & -2b & -2c\\ 3a & 3b & 3c\\ -4a & -4b & -4c\end{bmatrix}, \boldsymbol{v}\boldsymbol{u}^{\mathrm{T}}=\begin{bmatrix}-2a & 3a & -4a\\ -2b & 3b & -4b\\ -2c & 3c & -4c\end{bmatrix}$$

37. 提示：对定理 2（b），证明 $\boldsymbol{A}(\boldsymbol{B}+\boldsymbol{C})$ 中 (i,j) 元素和 $\boldsymbol{AB}+\boldsymbol{AC}$ 中的 (i,j) 元素相等.

39. 提示：利用乘积 $\boldsymbol{I}_m\boldsymbol{A}$ 的定义和对 $\mathbb{R}^m$ 中的 $\boldsymbol{x}$ 有 $\boldsymbol{I}_m\boldsymbol{x}=\boldsymbol{x}$ 的事实.

41. 提示：首先写出 $(\boldsymbol{AB})^{\mathrm{T}}$ 的 (i,j) 元素，它是 $\boldsymbol{AB}$ 的 (j,i) 元素，然后利用如下事实来计算 $\boldsymbol{B}^{\mathrm{T}}\boldsymbol{A}^{\mathrm{T}}$ 的 (i,j) 元素：$\boldsymbol{B}^{\mathrm{T}}$ 中第 i 行的元素是 $b_{1i},b_{2i},\cdots,b_{ni}$，这是因为它们来自 $\boldsymbol{B}$ 的第 i 列；$\boldsymbol{A}^{\mathrm{T}}$ 中第 j 列的元素是 $a_{j1},a_{j2},\cdots,a_{jn}$，这是因为它们来自 $\boldsymbol{A}$ 的第 j 行.

43. 这里的答案依赖于你选取的矩阵程序，对 MATLAB，利用 `help` 命令查询 `zeros`，`ones`，`eye` 和 `diag`.

45. 展示结果，并报告你的结论.

47. 矩阵 $\boldsymbol{S}$ 移动向量（a，b，c，d，e）中的元素生成（b，c，d，e，o）. $\boldsymbol{S}^5$ 是 5×5 零矩阵，从而 $\boldsymbol{S}^6$ 是零矩阵.

49. $\boldsymbol{x}=\begin{bmatrix}1\\0\\1\\0\end{bmatrix}$

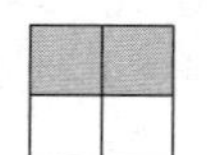

51. $\begin{bmatrix}1 & 1 & 1 & 1 & 1 & 1 & 2 & 2 & 2 & 2\\ 2 & 3 & 16 & 24 & 25 & 26 & 6 & 7 & 19 & 26\end{bmatrix}$

2.2

1. $\begin{bmatrix}2 & -3\\ -5 & 8\end{bmatrix}$

3. $\frac{1}{3}\begin{bmatrix}3 & 3\\ -7 & -8\end{bmatrix}$ 或 $\begin{bmatrix}1 & 1\\ -7/3 & -8/3\end{bmatrix}$

5. $\begin{bmatrix}8 & 3\\ 5 & 2\end{bmatrix}\begin{bmatrix}2 & -3\\ -5 & 8\end{bmatrix}=\begin{bmatrix}1 & 0\\ 0 & 1\end{bmatrix}$

7. $x_1=7,\ x_2=-18$

9. 对 $\boldsymbol{a}$ 和 $\boldsymbol{b}$，解为 $\begin{bmatrix}-9\\4\end{bmatrix}, \begin{bmatrix}11\\-5\end{bmatrix}, \begin{bmatrix}6\\-2\end{bmatrix}, \begin{bmatrix}13\\-5\end{bmatrix}$.

11~19. 在查阅《学习指导》之前写出你的答案.

21. 可以类似定理 5 的证明那样完成证明.

23. $\boldsymbol{AB}=\boldsymbol{AC}\Rightarrow \boldsymbol{A}^{-1}\boldsymbol{AB}=\boldsymbol{A}^{-1}\boldsymbol{AC}\Rightarrow \boldsymbol{IB}=\boldsymbol{IC}\Rightarrow \boldsymbol{B}=\boldsymbol{C}$. 否. 一般地，如果 $\boldsymbol{A}$ 不可逆，则 $\boldsymbol{B}$ 和 $\boldsymbol{C}$ 可能不同. 见 2.1 节习题 10.

25. $\boldsymbol{D}=\boldsymbol{C}^{-1}\boldsymbol{B}^{-1}\boldsymbol{A}^{-1}$，验证 $\boldsymbol{D}$ 满足要求.

27. $\boldsymbol{A}=\boldsymbol{BCB}^{-1}$

29. 当找到 $\boldsymbol{X}=\boldsymbol{CB}-\boldsymbol{A}$ 后，验证 $\boldsymbol{X}$ 是一个解.

31. 提示：考虑方程 $\boldsymbol{Ax}=\boldsymbol{0}$.

33. 提示：如果 $\boldsymbol{Ax}=\boldsymbol{0}$ 仅有平凡解，那么方程 $\boldsymbol{Ax}=\boldsymbol{0}$ 没有自由变量，且 $\boldsymbol{A}$ 的每个列是一主元列.

35. 提示：考虑当 $a=b=0$ 的情形，然后考虑向量 $\begin{bmatrix}-b\\a\end{bmatrix}$ 且利用事实 $ad-bc=0$.

37. 提示：对（a），将 2.1 节例 6 后方框的公式中的 $\boldsymbol{A}$ 和 $\boldsymbol{B}$ 互换位置，然后用单位矩阵代替 $\boldsymbol{B}$. 对（b）和（c），先将 $\boldsymbol{A}$ 写为 $\boldsymbol{A}=\begin{bmatrix}\mathrm{row}_1(\boldsymbol{A})\\ \mathrm{row}_2(\boldsymbol{A})\\ \mathrm{row}_3(\boldsymbol{A})\end{bmatrix}$.

39. $\begin{bmatrix} -7 & 2 \\ 4 & -1 \end{bmatrix}$ 41. $\begin{bmatrix} 8 & 3 & 1 \\ 10 & 4 & 1 \\ 7/2 & 3/2 & 1/2 \end{bmatrix}$

43. $A^{-1}=B=\begin{bmatrix} 1 & 0 & 0 & \cdots & 0 \\ -1 & 1 & 0 & & 0 \\ 0 & -1 & 1 & & \\ \vdots & & & & \vdots \\ 0 & 0 & \cdots & -1 & 1 \end{bmatrix}$.

提示：对 $j=1,2,\cdots,n$，设 $\boldsymbol{a}_j,\boldsymbol{b}_j,\boldsymbol{e}_j$ 分别表示 $\boldsymbol{A},\boldsymbol{B},\boldsymbol{I}$ 的第 j 列，利用 $j=1,2,\cdots,n-1$ 时有 $\boldsymbol{a}_j-\boldsymbol{a}_{j+1}=\boldsymbol{e}_j$ 和 $\boldsymbol{b}_j=\boldsymbol{e}_j-\boldsymbol{e}_{j+1}$，并且 $\boldsymbol{a}_n=\boldsymbol{b}_n=\boldsymbol{e}_n$.

45. $\begin{bmatrix} 3 \\ -6 \\ 4 \end{bmatrix}$，通过行化简 $[\boldsymbol{A}\quad \boldsymbol{e}_3]$ 求得.

47. $\boldsymbol{C}=\begin{bmatrix} 1 & 1 & -1 \\ -1 & 1 & 0 \end{bmatrix}$

49. 分别是 0.27，0.30 和 0.23 英寸.

51. 分别为 12，1.5，21.5 和 12 牛顿.

2.3

为节约答案的篇幅，我们用 IMT 表示可逆矩阵定理（定理 8）.

1. 可逆，由 IMT. 列线性无关，因为矩阵的任一列不是其他列的倍数. 并且，由 2.2 节定理 4，行列式不等于零，因此矩阵是可逆的.

3. 可逆，由 IMT. 矩阵行化简为 $\begin{bmatrix} 5 & 0 & 0 \\ 0 & -7 & 0 \\ 0 & 0 & -1 \end{bmatrix}$，有 3 个主元位置.

5. 不可逆，由 IMT. 矩阵行化简为 $\begin{bmatrix} 1 & 0 & 2 \\ 0 & 3 & -5 \\ 0 & 0 & 0 \end{bmatrix}$，不行等价于 $\boldsymbol{I}_3$.

7. 可逆，由 IMT. 矩阵行化简为 $\begin{bmatrix} -1 & -3 & 0 & 1 \\ 0 & -4 & 8 & 0 \\ 0 & 0 & 3 & 0 \\ 0 & 0 & 0 & 1 \end{bmatrix}$ 且有 4 个主元位置.

9. 4×4 矩阵有 4 个主元位置，由 IMT，矩阵可逆.

11~19.《学习指导》会帮助你，但首先要建立在仔细阅读课本的基础上来尝试回答问题.

21. 一个上三角形方阵是可逆的充分必要条件是所有在对角线上的元素非零. 为什么？

注意：习题 15~29 的答案与 IMT 有关. 在许多时候，部分或全部的答案可以基于用来建立 IMT 的结论.

23. 如果 $\boldsymbol{A}$ 有两个相同的列，则它的列是线性相关的. IMT 的命题（e）说明 $\boldsymbol{A}$ 不可能是可逆的.

25. 如果 $\boldsymbol{A}$ 是可逆的，由 2.2 节的定理 6，$\boldsymbol{A}^{-1}$ 也是可逆的. 运用 IMT 中的命题（e）于 $\boldsymbol{A}^{-1}$，则 $\boldsymbol{A}^{-1}$ 的列是线性无关的.

27. 根据 IMT 的命题（e），$\boldsymbol{D}$ 是可逆的. 于是由 IMT 的命题（g），方程 $\boldsymbol{D}\boldsymbol{x}=\boldsymbol{b}$ 对所有属于 $\mathbb{R}^7$ 的 $\boldsymbol{b}$ 有一个解. 你有更多结论吗？

29. 由 2.2 节定理 5 或 IMT 下面的段落，矩阵 $\boldsymbol{G}$ 不可能是可逆的. 因此 IMT 的命题（g）是假的，同样（h）也是假的. $\boldsymbol{G}$ 的列不能生成 $\mathbb{R}^n$.

31. 对 $\boldsymbol{K}$，IMT 的命题（b）是假的，因此命题（e）和（h）也是假的. 即 $\boldsymbol{K}$ 的列是线性相关的，从而 $\boldsymbol{K}$ 的列不能生成 $\mathbb{R}^n$.

33. 提示：首先利用 IMT.

35. 设 $\boldsymbol{W}$ 是 $\boldsymbol{AB}$ 的逆，则 $\boldsymbol{ABW}=\boldsymbol{I}$ 且 $\boldsymbol{A}(\boldsymbol{BW})=\boldsymbol{I}$. 但是，由这个计算本身不能证明 $\boldsymbol{A}$ 是可逆的，为什么不能？在查阅《学习指导》之前完成证明.

37. 因为变换 $\boldsymbol{x}\mapsto\boldsymbol{Ax}$ 不是一对一的，故 IMT 的命题（f）是假的. 命题（i）也是假的，变换 $\boldsymbol{x}\mapsto\boldsymbol{Ax}$ 不能将 $\mathbb{R}^n$ 映射到 $\mathbb{R}^n$ 上，并且 $\boldsymbol{A}$ 不是可逆的，由此根据定理 9 推出变换 $\boldsymbol{x}\mapsto\boldsymbol{Ax}$ 不是可逆的.

39. 提示：如果对任一 $\boldsymbol{b}$，方程 $\boldsymbol{Ax}=\boldsymbol{b}$ 有一个解，那么 $\boldsymbol{A}$ 的每一行有一个主元（根据 1.4 节定理 4）. 方程 $\boldsymbol{Ax}=\boldsymbol{b}$ 是否有自由变量？

41. 提示：首先证明 T 的标准矩阵是可逆的，然后使用定理证明 $T^{-1}(\boldsymbol{x})=\boldsymbol{B}\boldsymbol{x}$，其中 $\boldsymbol{B}=\begin{bmatrix}7&9\\4&5\end{bmatrix}$.

43. 提示：为了证明 T 是一对一的，假设对 $\mathbb{R}^n$ 中的向量 $\boldsymbol{u}$ 和 $\boldsymbol{v}$，有 $T(\boldsymbol{u})=T(\boldsymbol{v})$，证明 $\boldsymbol{u}=\boldsymbol{v}$. 为了证明 T 是到上的，假设 $\boldsymbol{y}$ 表示 $\mathbb{R}^n$ 中的任一向量，利用 $\boldsymbol{S}$ 的逆来产生一个向量 $\boldsymbol{x}$ 使得 $T(\boldsymbol{x})=\boldsymbol{y}$. 第二个证明可以使用定理 9 及 1.9 节中的一个定理.

45. 提示：考虑 T 和 U 的标准矩阵.

47. 对任意给定的 $\boldsymbol{v}\in\mathbb{R}^n$，对某些 $\boldsymbol{x}$，可将 $\boldsymbol{v}$ 记为 $\boldsymbol{v}=T(\boldsymbol{x})$，这是因为 T 是一个到上映射. S 和 U 的性质表明 $S(\boldsymbol{v})=S(T(\boldsymbol{x}))=\boldsymbol{x}$，$U(\boldsymbol{v})=U(T(\boldsymbol{x}))=\boldsymbol{x}$. 因此，对每一个 $\boldsymbol{v}$，$S(\boldsymbol{v})$ 和 $U(\boldsymbol{v})$ 是相等的. 即 S 和 U 是 $\mathbb{R}^n$ 到 $\mathbb{R}^n$ 的相等函数.

49. [M] a.（3）的精确解是 $x_1=3.94$ 和 $x_2=0.49$.（4）的精确解是 $x_1=2.90$ 和 $x_2=2.00$.
   b. 当用（4）的解作为（3）的一个近似解时，近似解 x_1 取 2.90 时误差为 26%，近似解 x_2 取 2.0 时误差为 308%.
   c. 系数矩阵的条件数是 3363. 从（3）和（4）的解改变的百分比大约是 7700 倍方程右端改变的百分比. 这与条件数是同样大小的阶. 条件数大约给出方程 $\boldsymbol{Ax}=\boldsymbol{b}$ 的解随 $\boldsymbol{b}$ 改变的敏感性的粗略度量.关于条件数更进一步的信息在第 6 章的最后和第 7 章中给出.

51. $\text{cond}(A)\approx 69\,000$，位于 10^4 和 10^5 之间，所以大约 4 或 5 位数字的精度可能丢失. 一些用 MATLAB 的实验可以验证，$\boldsymbol{x}$ 和 $\boldsymbol{x}_1$ 有大约 11 或 12 位数字相一致.

53. 当要求对一个阶数为 12 或更大的使用浮点数的希尔伯特矩阵求逆时，MATLAB 给出一个警告. 乘积 $\boldsymbol{AA}^{-1}$ 的非对角元素会有非零值. 如果没有出现这种情况，尝试一个更大的矩阵.

2.4

1. $\begin{bmatrix}\boldsymbol{A}&\boldsymbol{B}\\\boldsymbol{EA}+\boldsymbol{C}&\boldsymbol{EB}+\boldsymbol{D}\end{bmatrix}$　　3. $\begin{bmatrix}\boldsymbol{Y}&\boldsymbol{Z}\\\boldsymbol{W}&\boldsymbol{X}\end{bmatrix}$

5. $\boldsymbol{Y}=\boldsymbol{B}^{-1}$（解释为什么），$\boldsymbol{X}=-\boldsymbol{B}^{-1}\boldsymbol{A}$, $\boldsymbol{Z}=\boldsymbol{C}$.

7. $\boldsymbol{X}=\boldsymbol{A}^{-1}$（为什么？），$\boldsymbol{Y}=-\boldsymbol{BA}^{-1}$, $\boldsymbol{Z}=\boldsymbol{0}$（为什么？）.

9. $\boldsymbol{X}=-\boldsymbol{A}_{21}\boldsymbol{A}_{11}^{-1}$, $\boldsymbol{Y}=-\boldsymbol{A}_{31}\boldsymbol{A}_{11}^{-1}$, $\boldsymbol{B}_{22}=\boldsymbol{A}_{22}-\boldsymbol{A}_{21}\boldsymbol{A}_{11}^{-1}\boldsymbol{A}_{12}$

11~13. 你可查阅《学习指导》中的参考.

15. 提示：假设 $\boldsymbol{A}$ 是可逆的，取 $\boldsymbol{A}^{-1}=\begin{bmatrix}\boldsymbol{D}&\boldsymbol{E}\\\boldsymbol{F}&\boldsymbol{G}\end{bmatrix}$，证明 $\boldsymbol{BD}=\boldsymbol{I}$ 和 $\boldsymbol{CG}=\boldsymbol{I}$，这说明 $\boldsymbol{B}$ 和 $\boldsymbol{C}$ 可逆.（解释为什么！）相反，若 $\boldsymbol{B}$ 和 $\boldsymbol{C}$ 可逆，为证明 $\boldsymbol{A}$ 可逆，猜测 $\boldsymbol{A}^{-1}$ 是什么并验证.

17. $\begin{bmatrix}\boldsymbol{A}_{11}&\boldsymbol{A}_{12}\\\boldsymbol{A}_{21}&\boldsymbol{A}_{22}\end{bmatrix}=\begin{bmatrix}\boldsymbol{I}&0\\\boldsymbol{A}_{22}\boldsymbol{A}_{11}^{-1}&\boldsymbol{I}\end{bmatrix}\begin{bmatrix}\boldsymbol{A}_{11}&0\\0&\boldsymbol{S}\end{bmatrix}\begin{bmatrix}\boldsymbol{I}&\boldsymbol{A}_{11}^{-1}\boldsymbol{A}_{12}\\0&\boldsymbol{I}\end{bmatrix}$

   $\boldsymbol{S}=\boldsymbol{A}_{22}-\boldsymbol{A}_{21}\boldsymbol{A}_{11}^{-1}\boldsymbol{A}_{12}$

19. $\boldsymbol{G}_{k+1}=[\boldsymbol{X}_k\quad \boldsymbol{x}_{k+1}]\begin{bmatrix}\boldsymbol{X}_k^{\mathrm{T}}\\\boldsymbol{x}_{k+1}^{\mathrm{T}}\end{bmatrix}=\boldsymbol{X}_k\boldsymbol{X}_k^{\mathrm{T}}+\boldsymbol{x}_{k+1}\boldsymbol{x}_{k+1}^{\mathrm{T}}$

   $=\boldsymbol{G}_k+\boldsymbol{x}_{k+1}\boldsymbol{x}_{k+1}^{\mathrm{T}}$

   只有外积矩阵 $\boldsymbol{x}_{k+1}\boldsymbol{x}_{k+1}^{\mathrm{T}}$ 需要计算（然后加到 $\boldsymbol{G}_k$ 上）.

21. $\boldsymbol{W}(s)=\boldsymbol{I}_m-\boldsymbol{C}(\boldsymbol{A}-s\boldsymbol{I}_n)^{-1}\boldsymbol{B}$. 这是系统矩阵中 $\boldsymbol{A}-s\boldsymbol{I}_n$ 的舒尔补.

23 a. $\boldsymbol{A}^2=\begin{bmatrix}1&0\\3&-1\end{bmatrix}\begin{bmatrix}1&0\\3&-1\end{bmatrix}=\begin{bmatrix}1+0&0+0\\3-3&0+(-1)^2\end{bmatrix}$

   $=\begin{bmatrix}1&0\\0&1\end{bmatrix}$

   b. $\boldsymbol{M}^2=\begin{bmatrix}\boldsymbol{A}&0\\\boldsymbol{I}&-\boldsymbol{A}\end{bmatrix}\begin{bmatrix}\boldsymbol{A}&0\\\boldsymbol{I}&-\boldsymbol{A}\end{bmatrix}$

   $=\begin{bmatrix}\boldsymbol{A}^2+0&0+0\\\boldsymbol{A}-\boldsymbol{A}&0+(-\boldsymbol{A})^2\end{bmatrix}=\begin{bmatrix}\boldsymbol{I}&0\\0&\boldsymbol{I}\end{bmatrix}$

25 如果 $\boldsymbol{A}_1$ 和 $\boldsymbol{B}_1$ 是 $(k+1)\times(k+1)$ 矩阵且为下三角形，那么我们可以写出 $\boldsymbol{A}_1=\begin{bmatrix}a&\boldsymbol{0}^{\mathrm{T}}\\\boldsymbol{v}&\boldsymbol{A}\end{bmatrix}$ 和 $\boldsymbol{B}_1=\begin{bmatrix}b&\boldsymbol{0}^{\mathrm{T}}\\\boldsymbol{w}&\boldsymbol{B}\end{bmatrix}$，其中 $\boldsymbol{A}$ 和 $\boldsymbol{B}$ 是 $k\times k$ 矩阵且为下三角形，$\boldsymbol{v}$ 和 $\boldsymbol{w}$ 属于 $\mathbb{R}^k$，且 a 和 b 是适合的数. 若任意 $k\times k$ 下三角形矩阵的乘积是下三角形矩阵，然后计算乘积 $\boldsymbol{A}_1\boldsymbol{B}_1$，你能得出什么结论？

27. 利用习题 5 求形如 $B=\begin{bmatrix} B_{11} & 0 \\ 0 & B_{22} \end{bmatrix}$ 的矩阵的逆，其中 B_{11} 是 $p\times p$，B_{22} 是 $q\times q$，B 可逆. 将矩阵 A 分块，用两遍你的结果求得

$$A^{-1}=\begin{bmatrix} -5 & 2 & 0 & 0 & 0 \\ 3 & -1 & 0 & 0 & 0 \\ 0 & 0 & 1/2 & 0 & 0 \\ 0 & 0 & 0 & 3 & -4 \\ 0 & 0 & 0 & -5/2 & 7/2 \end{bmatrix}.$$

29. a, b.习题中要使用的命令依赖于所使用的矩阵程序.

c. 从分块矩阵方程 $\begin{bmatrix} A_{11} & 0 \\ A_{21} & A_{22} \end{bmatrix}\begin{bmatrix} x_1 \\ x_2 \end{bmatrix}=\begin{bmatrix} b_1 \\ b_2 \end{bmatrix}$（其中 x_1, b_1 属于 $\mathbb{R}^{20}$，x_2, b_2 属于 $\mathbb{R}^{30}$）可以得到 $A_{11}x_1=b_1$，从而可以求出 x_1. 从方程 $A_{21}x_1+A_{22}x_2=b_2$ 得到 $A_{22}x_2=b_2-A_{21}x_1$，再通过行化简矩阵 $[A_{22}\quad c]$ 求出 x_2，其中 $c=b_2-A_{21}x_1$.

2.5

1. $Ly=b\Rightarrow y=\begin{bmatrix} -7 \\ -2 \\ 6 \end{bmatrix}$, $Ux=y\Rightarrow x=\begin{bmatrix} 3 \\ 4 \\ -6 \end{bmatrix}$

3. $y=\begin{bmatrix} 1 \\ 3 \\ 3 \end{bmatrix}$, $x=\begin{bmatrix} -1 \\ 3 \\ 3 \end{bmatrix}$　5. $y=\begin{bmatrix} 1 \\ 5 \\ 1 \\ -3 \end{bmatrix}$, $x=\begin{bmatrix} -2 \\ -1 \\ 2 \\ -3 \end{bmatrix}$

7. $LU=\begin{bmatrix} 1 & 0 \\ -3/2 & 1 \end{bmatrix}\begin{bmatrix} 2 & 5 \\ 0 & 7/2 \end{bmatrix}$

9. $\begin{bmatrix} 1 & 0 & 0 \\ -1 & 1 & 0 \\ 3 & 2/3 & 1 \end{bmatrix}\begin{bmatrix} 3 & -1 & 2 \\ 0 & -3 & 12 \\ 0 & 0 & -8 \end{bmatrix}$

11. $\begin{bmatrix} 1 & 0 & 0 \\ 2 & 1 & 0 \\ -1/3 & 1 & 1 \end{bmatrix}\begin{bmatrix} 3 & -6 & 3 \\ 0 & 5 & -4 \\ 0 & 0 & 5 \end{bmatrix}$

13. $\begin{bmatrix} 1 & 0 & 0 & 0 \\ -1 & 1 & 0 & 0 \\ 4 & 5 & 1 & 0 \\ -2 & -1 & 0 & 1 \end{bmatrix}\begin{bmatrix} 1 & 3 & -5 & -3 \\ 0 & -2 & 3 & 1 \\ 0 & 0 & 0 & 0 \\ 0 & 0 & 0 & 0 \end{bmatrix}$

15. $\begin{bmatrix} 1 & 0 & 0 \\ 3 & 1 & 0 \\ -1/2 & -2 & 1 \end{bmatrix}\begin{bmatrix} 2 & -4 & 4 & -2 \\ 0 & 3 & -5 & 3 \\ 0 & 0 & 0 & 5 \end{bmatrix}$

17. $U^{-1}=\begin{bmatrix} 1/4 & 3/8 & 1/4 \\ 0 & -1/2 & 1/2 \\ 0 & 0 & 1/2 \end{bmatrix}$,

$L^{-1}=\begin{bmatrix} 1 & 0 & 0 \\ 1 & 1 & 0 \\ -2 & 0 & 1 \end{bmatrix}$,

$A^{-1}=\begin{bmatrix} 1/8 & 3/8 & 1/4 \\ -3/2 & -1/2 & 1/2 \\ -1 & 0 & 1/2 \end{bmatrix}$

19. 提示：考虑行化简 $[A\quad I]$.

21. 提示：将行变换表示为一系列初等矩阵.

23. a. 将 D 的行表示为列向量的转置. 那么从分块矩阵的乘法得到

$$A=CD=\begin{bmatrix} c_1 & c_2 & c_3 & c_4 \end{bmatrix}\begin{bmatrix} d_1^T \\ d_2^T \\ d_3^T \\ d_4^T \end{bmatrix}=c_1d_1^T+c_2d_2^T+c_3d_3^T+c_4d_4^T$$

b. A 有 40 000 个元素，由于 C 有 1600 个元素且 D 有 400 个元素，故两者合在一起只占存储 A 所需的 5%.

25. 解释为什么 U, D 和 V^T 是可逆的，然后对可逆矩阵的乘积的逆运用一个定理.

27. a.

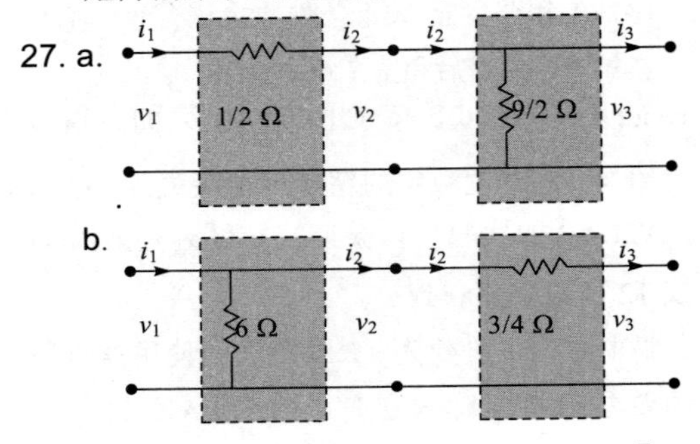

29. a. $\begin{bmatrix} 1+R_2/R_1 & -R_2 \\ -1/R_1-R_2/(R_1R_3)-1/R_3 & 1+R_2/R_3 \end{bmatrix}$

b. $A=\begin{bmatrix} 1 & 0 \\ -1/6 & 1 \end{bmatrix}=\begin{bmatrix} 1 & -12 \\ 0 & 1 \end{bmatrix}\begin{bmatrix} 1 & 0 \\ -1/36 & 1 \end{bmatrix}$

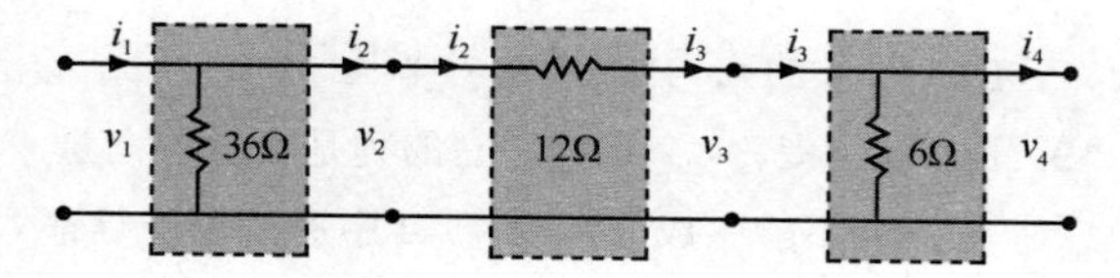

31.

a.

$$L=\begin{bmatrix}1&0&0&0&0&0&0&0\\-0.25&1&0&0&0&0&0&0\\-0.25&-0.0667&1&0&0&0&0&0\\0&-0.2667&-0.2857&1&0&0&0&0\\0&0&-0.2679&-0.0833&1&0&0&0\\0&0&0&-0.2917&-0.2921&1&0&0\\0&0&0&0&-0.2697&-0.0861&1&0\\0&0&0&0&0&-0.2948&-0.2931&1\end{bmatrix}$$

$$U=\begin{bmatrix}4&-1&-1&0&0&0&0&0\\0&3.75&-0.25&-1&0&0&0&0\\0&0&3.7333&-1.0667&-1&0&0&0\\0&0&0&3.4286&-0.2857&-1&0&0\\0&0&0&0&3.7083&-1.0833&-1&0\\0&0&0&0&0&3.3919&-0.2921&-1\\0&0&0&0&0&0&3.7052&-1.0861\\0&0&0&0&0&0&0&3.3868\end{bmatrix}$$

b.

$x=(3.9569,\ 6.5885,\ 4.2392,\ 7.3971,\ 5.6029,\ 8.7608,\ 9.4115,\ 12.0431)$

c.

$$A^{-1}=\begin{bmatrix}0.2953&0.0866&0.0945&0.0509&0.0318&0.0227&0.0100&0.0082\\0.0866&0.2953&0.0509&0.0945&0.0227&0.0318&0.0082&0.0100\\0.0945&0.0509&0.3271&0.1093&0.1045&0.0591&0.0318&0.0227\\0.0509&0.0945&0.1093&0.3271&0.0591&0.1045&0.0227&0.0318\\0.0318&0.0227&0.1045&0.0591&0.3271&0.1093&0.0945&0.0509\\0.0227&0.0318&0.0591&0.1045&0.1093&0.3271&0.0509&0.0945\\0.0100&0.0082&0.0318&0.0227&0.0945&0.0509&0.2953&0.0866\\0.0082&0.0100&0.0227&0.0318&0.0509&0.0945&0.0866&0.2953\end{bmatrix}$$

可直接得到 A^{-1}，然后计算 $A^{-1}-U^{-1}L^{-1}$ 来比较两种计算矩阵逆的方法.

2.6

1. $C=\begin{bmatrix}0.10&0.60&0.60\\0.30&0.20&0\\0.30&0.10&0.10\end{bmatrix}$, {中间需求} $=\begin{bmatrix}60\\20\\10\end{bmatrix}$

3. $x=\begin{bmatrix}40\\15\\15\end{bmatrix}$　　5. $x=\begin{bmatrix}110\\120\end{bmatrix}$

7. a. $\begin{bmatrix}1.6\\1.2\end{bmatrix}$　　b. $\begin{bmatrix}111.6\\121.2\end{bmatrix}$

9. $x=\begin{bmatrix}82.8\\131.0\\110.3\end{bmatrix}$

11. 提示：利用转置的性质得到 $p^{\mathrm T}=p^{\mathrm T}C+v^{\mathrm T}$，从而 $p^{\mathrm T}x=(p^{\mathrm T}C+v^{\mathrm T})x=p^{\mathrm T}Cx+v^{\mathrm T}x$. 现在用乘积方程计算 $p^{\mathrm T}x$.

13. $x=(99\,576, 97\,703, 51\,231, 131\,570, 49\,488, 329\,554, 13\,835)$. 答案 x 中的元素比在 d 中只四舍五入精确到千位的元素更准确，所以，更实际的 x 的答案是 $x=1000\times(100,\ 98,\ 51,\ 132,\ 49,\ 330,\ 14)$.

15. $x^{(12)}$ 是其元素四舍五入精确到千位的第一个向量. $x^{(12)}$ 的计算需要 1260 次浮算，而 $[(I-C)\quad d]$ 的行化简仅需要 550 次浮算. 如果 C 大于 20×20，那么用迭代计算 $x^{(12)}$ 比用行化简计算平衡向量 x 需要更少的浮算. 随着 C 的阶数的增加，迭代方法的优势会更加明显. 而且，在经济学的较大模型中 C 变得更稀疏，较少的迭代就能得到所需要的精度.

2.7

1. $\begin{bmatrix}1&0.25&0\\0&1&0\\0&0&1\end{bmatrix}$　　3. $\begin{bmatrix}\sqrt2/2&-\sqrt2/2&\sqrt2\\\sqrt2/2&\sqrt2/2&2\sqrt2\\0&0&1\end{bmatrix}$

5. $\begin{bmatrix}\sqrt3/2&1/2&0\\1/2&-\sqrt3/2&0\\0&0&1\end{bmatrix}$

7. $\begin{bmatrix}1/2&-\sqrt3/2&3+4\sqrt3\\\sqrt3/2&1/2&4-3\sqrt3\\0&0&1\end{bmatrix}$

见练习题.

9. 计算 $A(BD)$ 需要 1600 次乘法，计算 $(AB)D$ 需要 808 次乘法，第一种方法乘法次数大约是第二种方法的 2 倍. 如果 D 有 20 000 列，那么两种计算次数分别为 160 000 和 80 008 次.

11. 利用以下事实：

$$\sec\varphi-\tan\varphi\sin\varphi=\frac{1}{\cos\varphi}-\frac{\sin^2\varphi}{\cos\varphi}=\cos\varphi$$

13. $\begin{bmatrix} A & p \\ 0^T & 1 \end{bmatrix} = \begin{bmatrix} I & p \\ 0^T & 1 \end{bmatrix} \begin{bmatrix} A & 0 \\ 0^T & 1 \end{bmatrix}$，首先施加线性变换 A，然后将其平移 p.

15. （12,−6,−3）

17. $\begin{bmatrix} 1 & 0 & 0 & 0 \\ 0 & 1/2 & -\sqrt{3}/2 & 0 \\ 0 & \sqrt{3}/2 & 1/2 & 0 \\ 0 & 0 & 0 & 1 \end{bmatrix}$

19. 三角形顶点在（7,2,0），（7.5,5,0），（5,5,0）.

21. $\begin{bmatrix} 2.2586 & -1.0395 & -0.3473 \\ -1.3495 & 2.3441 & 0.0696 \\ 0.0910 & -0.3046 & 1.2777 \end{bmatrix} \begin{bmatrix} X \\ Y \\ Z \end{bmatrix} = \begin{bmatrix} R \\ G \\ B \end{bmatrix}$

2.8

1. 集合对加法封闭，但对一个负数的标量乘法不封闭.（给出一个简单例子.）

3. 集合对加法及数乘不封闭. 直线 $x_2 = x_1$ 上的点构成一个子集，因此，任意的一个“反例”必定至少使用一个不在直线上的点.

5. 否. 对应于 $[v_1 \quad v_2 \quad w]$ 的方程组不相容.

7. a. 3 个向量 v_1, v_2, v_3.

 b. 无穷多向量.

 c. 是，因为方程 $Ax = p$ 有一个解.

9. 否，因为 $Ap \neq 0$.

11. $p = 4$, $q = 3$. Nul A 是 $\mathbb{R}^4$ 的一个子空间，这是因为 $Ax = 0$ 的解必然有四个元素，以便与 A 的列相匹配. Col A 是 $\mathbb{R}^3$ 的一个子空间，因为每个列向量有三个元素.

13. 对 Nul A，例如，选（1,−2,1,0）或（−1,4,0,1）. 对 Col A，选 A 的任意一列.

15. 是. 设 A 是用所给向量作为列的矩阵，由于行列式不等于零，因此 A 是可逆的，根据 IMT（或例 5)，其列构成 $\mathbb{R}^2$ 的一组基.（也可给出 A 可逆的其他理由.）

17. 是，设 A 是列为给定向量的矩阵，A 的行变换表明有 3 个主元. 所以 A 是可逆的. 根据 IMT，A 的列构成 $\mathbb{R}^3$ 的一个基.

19. 否. 设 A 是 3×2 矩阵，它的列是给定的向量. A 的列不能生成 $\mathbb{R}^3$，因为 A 中不是每一行都有一个主元，所以列不能构成 $\mathbb{R}^3$ 的一个基.（它们是 $\mathbb{R}^3$ 中的平面的一个基.）

21~29. 仔细阅读这一节，然后在查阅《学习指导》之前写出你的答案. 这一节的内容和关键概念你必须现在学习，然后才能继续学习下面的内容.

31. Col A 的基：$\begin{bmatrix} 4 \\ 6 \\ 3 \end{bmatrix}, \begin{bmatrix} 5 \\ 5 \\ 4 \end{bmatrix}$；Nul A 的基：$\begin{bmatrix} 4 \\ -5 \\ 1 \\ 0 \end{bmatrix}, \begin{bmatrix} -7 \\ 6 \\ 0 \\ 1 \end{bmatrix}$

33. Col A 的基：$\begin{bmatrix} 1 \\ -1 \\ -2 \\ 3 \end{bmatrix}, \begin{bmatrix} 4 \\ 2 \\ 2 \\ 6 \end{bmatrix}, \begin{bmatrix} -3 \\ 3 \\ 5 \\ -5 \end{bmatrix}$；

 Nul A 的基：$\begin{bmatrix} 2 \\ -2.5 \\ 1 \\ 0 \\ 0 \end{bmatrix}, \begin{bmatrix} 7 \\ 0.5 \\ 0 \\ -4 \\ 1 \end{bmatrix}$

35. 构造一个非零的 3×3 矩阵 A，用 A 的列的任意方便的线性组合作为 b.

37. 提示：你需要一个非零的矩阵，其列是线性相关的.

39. 如果 Col $F \neq \mathbb{R}^5$，则 F 的列不能生成 $\mathbb{R}^5$. 由于 F 是方阵，因此 IMT 说明 F 是不可逆的，且方程 $Fx = 0$ 有非平凡解，即 Nul F 包含非零向量. 另外的描述方式是 Nul $F \neq \{0\}$.

41. 如果 Col $Q = \mathbb{R}^4$，则 Q 的列生成 $\mathbb{R}^4$. 由于 Q 是方阵，故 IMT 说明 Q 是可逆的，且方程 $Qx = b$ 对 $\mathbb{R}^4$ 中的每个 b 都有一个解，而且由 2.2 节定理 5，每个解是唯一的.

43. 如果 B 的列是线性无关的，则方程 $Bx=0$ 只有平凡解（零解），即 Nul $B = \{0\}$.

45. 写出 A 的简化阶梯形，将 A 的主元列作为 Col A 的一个基. 对于 Nul A，写出 $Ax = 0$ 的解的参数向量形式.

Col $\boldsymbol{A}$ 的基：$\begin{bmatrix}3\\-7\\-5\\3\end{bmatrix},\begin{bmatrix}-5\\9\\7\\-7\end{bmatrix}$；

Nul $\boldsymbol{A}$ 的基：$\begin{bmatrix}-2.5\\-1.5\\1\\0\\0\end{bmatrix},\begin{bmatrix}4.5\\2.5\\0\\1\\0\end{bmatrix},\begin{bmatrix}-3.5\\-1.5\\0\\0\\1\end{bmatrix}$

2.9

1. $\boldsymbol{x}=3\boldsymbol{b}_1+2\boldsymbol{b}_2=3\begin{bmatrix}1\\1\end{bmatrix}+2\begin{bmatrix}2\\-1\end{bmatrix}=\begin{bmatrix}7\\1\end{bmatrix}$

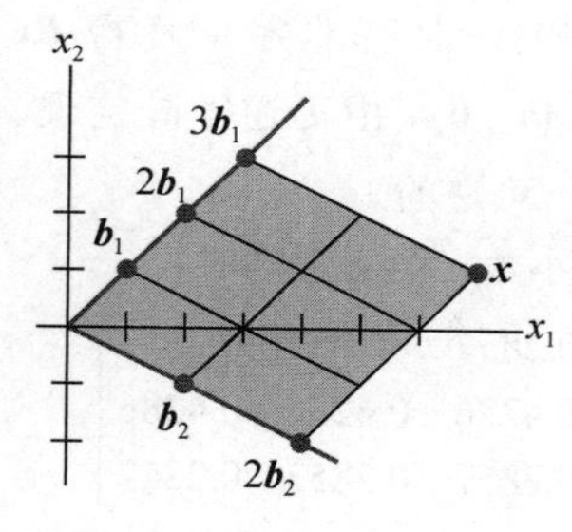

3. $\begin{bmatrix}7\\5\end{bmatrix}$ 5. $\begin{bmatrix}1/4\\-5/4\end{bmatrix}$

7. $[\boldsymbol{w}]_{\mathcal{B}}=\begin{bmatrix}2\\-1\end{bmatrix}$，$[\boldsymbol{x}]_{\mathcal{B}}=\begin{bmatrix}1.5\\0.5\end{bmatrix}$

9. Col $\boldsymbol{A}$ 的基：$\begin{bmatrix}1\\-3\\2\\-4\end{bmatrix},\begin{bmatrix}2\\-1\\4\\2\end{bmatrix},\begin{bmatrix}-4\\5\\-3\\7\end{bmatrix}$; $\dim \mathrm{Col}\,\boldsymbol{A}=3$

Nul $\boldsymbol{A}$ 的基：$\begin{bmatrix}3\\1\\0\\0\end{bmatrix}$; $\dim \mathrm{Nul}\,\boldsymbol{A}=1$

11. Col $\boldsymbol{A}$ 的基：$\begin{bmatrix}1\\2\\-3\\3\end{bmatrix},\begin{bmatrix}2\\5\\-9\\10\end{bmatrix},\begin{bmatrix}0\\4\\-7\\11\end{bmatrix}$; $\dim \mathrm{Col}\,\boldsymbol{A}=3$

Nul $\boldsymbol{A}$ 的基：$\begin{bmatrix}9\\-2\\1\\0\\0\end{bmatrix},\begin{bmatrix}-5\\3\\0\\-2\\1\end{bmatrix}$; $\dim \mathrm{Nul}\,\boldsymbol{A}=2$

13. 初始矩阵的第 1，3 和 4 列构成子空间 H 的一个基，因此 $\dim H=3$.

15. $\mathrm{Col}\,\boldsymbol{A}=\mathbb{R}^3$，因为 $\boldsymbol{A}$ 的每一行有一个主元，从而 $\boldsymbol{A}$ 的列生成 $\mathbb{R}^3$. Nul $\boldsymbol{A}$ 不等于 $\mathbb{R}^2$，因为 Nul $\boldsymbol{A}$ 是 $\mathbb{R}^5$ 的子空间. 但 Nul $\boldsymbol{A}$ 是二维的，理由：方程 $\boldsymbol{Ax}=\boldsymbol{0}$ 有两个自由变量，因为 $\boldsymbol{A}$ 有 5 列，其中只有 3 列是主元列.

17~25. 在给出你的理由后再查看《学习指导》.

27. $\boldsymbol{Ax}=\boldsymbol{0}$ 的解空间有一组三个向量组成的基，意味着 $\dim \mathrm{Nul}\,\boldsymbol{A}=3$. 因为 5×7 矩阵 $\boldsymbol{A}$ 有 7 列，秩定理说明 $\mathrm{rank}\,\boldsymbol{A}=7-\dim \mathrm{Nul}\,\boldsymbol{A}=4$. 见《学习指导》中不用秩定理的论证.

29. 一个 7×6 矩阵有 6 列，根据秩定理，$\dim \mathrm{Nul}\,\boldsymbol{A}=6-\mathrm{rank}\,\boldsymbol{A}$. 因为其秩是 4，故 $\dim \mathrm{Nul}\,\boldsymbol{A}=2$，即 $\boldsymbol{Ax}=\boldsymbol{0}$ 的解空间的维数是 2.

31. 一个 3×4 矩阵 $\boldsymbol{A}$ 有一个二维列空间，且具有两个主元列. 剩下的两列对应于方程 $\boldsymbol{Ax}=\boldsymbol{0}$ 中的自由变量. 因此，期望的构造是可能的. 对两个主元列，有 6 个可能的位置，其中一个是 $\begin{bmatrix}\blacksquare & * & * & *\\0 & \blacksquare & * & *\\0 & 0 & 0 & 0\end{bmatrix}$. 一个简单的构造方法是在 $\mathbb{R}^3$ 中取两个非线性相关的向量，把它们连同每个向量的拷贝一起以任意的顺序放在矩阵中. 所得矩阵显然有一个二维列空间. 不需要考虑 Nul $\boldsymbol{A}$ 的维数是否正确，因为由秩定理可得到保证：$\dim \mathrm{Nul}\,\boldsymbol{A}=4-\mathrm{rank}\,\boldsymbol{A}$.

33. 由定义，$\boldsymbol{A}$ 的 p 列生成 Col $\boldsymbol{A}$. 如果 $\dim \mathrm{Col}\,\boldsymbol{A}=p$，则根据基定理，$p$ 列生成集自然成为 Col $\boldsymbol{A}$ 的一组基，特别地，这些列是线性无关的.

35. a. 提示：$\boldsymbol{B}$ 的列生成 W，每个向量 $\mathbf{a}_j$ 属于 W．向量 $\boldsymbol{c}_j$ 属于 $\mathbb{R}^p$ 是因为 $\boldsymbol{B}$ 有 p 列.

b. 提示：$\boldsymbol{C}$ 的维数是多少？

c. 提示：$\boldsymbol{B}$ 和 $\boldsymbol{C}$ 与 $\boldsymbol{A}$ 关系如何？

37. 你的计算应该说明 $[\boldsymbol{v}_1 \ \ \boldsymbol{v}_2 \ \ \boldsymbol{x}]$ 对应于一个相容的方程组. $\boldsymbol{x}$ 的 $\mathcal{B}-$坐标向量是 $(-5/3,8/3)$.

第2章补充习题

1. T　　3. T

5. F　　7. T

9. T　　11. T

13. F　　15. F

17. $\boldsymbol{I}$

19. $\boldsymbol{A}^2=2\boldsymbol{A}-\boldsymbol{I}$，乘以 $\boldsymbol{A}$ 得到：$\boldsymbol{A}^3=2\boldsymbol{A}^2-\boldsymbol{A}$. 将 $\boldsymbol{A}^2=2\boldsymbol{A}-\boldsymbol{I}$ 代入：$\boldsymbol{A}^3=2(2\boldsymbol{A}-\boldsymbol{I})-\boldsymbol{A}=3\boldsymbol{A}-2\boldsymbol{I}$.

再乘以 $\boldsymbol{A}$：$\boldsymbol{A}^4=\boldsymbol{A}(3\boldsymbol{A}-2\boldsymbol{I})=3\boldsymbol{A}^2-2\boldsymbol{A}$.

再将 $\boldsymbol{A}^2=2\boldsymbol{A}-\boldsymbol{I}$ 代入一次：

$$\boldsymbol{A}^4=3(2\boldsymbol{A}-\boldsymbol{I})-2\boldsymbol{A}=4\boldsymbol{A}-3\boldsymbol{I}.$$

21. $\begin{bmatrix} 10 & -1 \\ 9 & 10 \\ -5 & -3 \end{bmatrix}$.

23. $\begin{bmatrix} -3 & 13 \\ -8 & 27 \end{bmatrix}$

25. a. $p(x_i)=c_0+c_1x_i+\cdots+c_{n-1}x_i^{n-1}$

$$=\mathrm{row}_i(\boldsymbol{V})\cdot\begin{bmatrix} c_0 \\ c_1 \\ \vdots \\ c_{n-1} \end{bmatrix}=\mathrm{row}_i(\boldsymbol{Vc})=y_i$$

b. 假设 $x_1,x_2,\cdots,x_n$ 是不同的，并设对某向量 $\boldsymbol{c}$ 有 $\boldsymbol{Vc}=\boldsymbol{0}$，那么 $\boldsymbol{c}$ 中的元素是一个在 $x_1,x_2,\cdots,x_n$ 处值为零的多项式的系数. 但是，一个 $n-1$ 次非零多项式不可能有 n 个零点，因此这个多项式必然恒等于零，也就是 $\boldsymbol{c}$ 中的元素必须都是零，这表明 $\boldsymbol{V}$ 中的列是线性无关的.

c. 提示：当 $x_1,x_2,\cdots,x_n$ 不同时，存在一个向量 $\boldsymbol{c}$ 使得 $\boldsymbol{Vc}=\boldsymbol{y}$. 为什么？

27. a. $\boldsymbol{P}^2=(\boldsymbol{uu}^{\mathrm{T}})(\boldsymbol{uu}^{\mathrm{T}})=\boldsymbol{u}(\boldsymbol{u}^{\mathrm{T}}\boldsymbol{u})\boldsymbol{u}^{\mathrm{T}}=\boldsymbol{u}(1)\boldsymbol{u}^{\mathrm{T}}=\boldsymbol{P}$

b. $\boldsymbol{P}^{\mathrm{T}}=(\boldsymbol{uu}^{\mathrm{T}})^{\mathrm{T}}=\boldsymbol{u}^{\mathrm{TT}}\boldsymbol{u}^{\mathrm{T}}=\boldsymbol{uu}^{\mathrm{T}}=\boldsymbol{P}$

c. $\boldsymbol{Q}^2=(\boldsymbol{I}-2\boldsymbol{P})(\boldsymbol{I}-2\boldsymbol{P})$
$=\boldsymbol{I}-\boldsymbol{I}(2\boldsymbol{P})-2\boldsymbol{PI}+2\boldsymbol{P}(2\boldsymbol{P})$
$=\boldsymbol{I}-4\boldsymbol{P}+4\boldsymbol{P}^2=\boldsymbol{I}$　因为（a）

29. 用初等矩阵左乘产生一个初等行变换：$\boldsymbol{B}\sim\boldsymbol{E}_1\boldsymbol{B}\sim\boldsymbol{E}_2\boldsymbol{E}_1\boldsymbol{B}\sim\boldsymbol{E}_3\boldsymbol{E}_2\boldsymbol{E}_1\boldsymbol{B}=\boldsymbol{C}$，所以 $\boldsymbol{B}$ 行等价于 $\boldsymbol{C}$. 因为行变换是可逆的，所以 $\boldsymbol{C}$ 行等价于 $\boldsymbol{B}$（换言之，利用 $\boldsymbol{E}_i$ 的逆作行变换可证明 $\boldsymbol{C}$ 被变为 $\boldsymbol{B}$.）

31. 由于 $\boldsymbol{B}$ 是 4×6（列数多于行数），故它的 6 列线性相关，且有非零 $\boldsymbol{x}$ 使得 $\boldsymbol{Bx}=\boldsymbol{0}$. 于是 $\boldsymbol{ABx}=\boldsymbol{A0}=\boldsymbol{0}$，由可逆矩阵定理，说明矩阵 $\boldsymbol{AB}$ 是不可逆的.

33. 对 4 位小数，当 k 增加时，

$$\boldsymbol{A}^k\to\begin{bmatrix} 0.2857 & 0.2857 & 0.2857 \\ 0.4286 & 0.4286 & 0.4286 \\ 0.2857 & 0.2857 & 0.2857 \end{bmatrix}$$

$$\boldsymbol{B}^k\to\begin{bmatrix} 0.2022 & 0.2022 & 0.2022 \\ 0.3708 & 0.3708 & 0.3708 \\ 0.4270 & 0.4270 & 0.4270 \end{bmatrix}$$

或用有理数形式：

$$\boldsymbol{A}^k\to\begin{bmatrix} 2/7 & 2/7 & 2/7 \\ 3/7 & 3/7 & 3/7 \\ 2/7 & 2/7 & 2/7 \end{bmatrix}$$

$$\boldsymbol{B}^k\to\begin{bmatrix} 18/89 & 18/89 & 18/89 \\ 33/89 & 33/89 & 33/89 \\ 38/89 & 38/89 & 38/89 \end{bmatrix}$$

第3章

3.1

1. 1　　3. 0　　5. −24　　7. 4

9. 15，从第 3 行开始.

11. −18，从第 1 列或第 4 行开始.

13. 6，从第 2 行或第 2 列开始.

15. 24　　17. −10

19. $ad-bc,\ cb-da$，交换两行改变行列式的符号.

21. $2;3(4+2k)-2(5+3k)=12+6k-10-6k$. 行倍加变换不改变行列式的值.

23. $7a-14b+7c.\ -7a+14b-7c$. 交换两行改变行列式的符号.

25. 1　　27. 1　　29. k

31. 1，矩阵是上三角形或下三角形形式，在对角线上只有 1. 行列式等于 1，是对角线元素的乘积.

33. $$\det \boldsymbol{EA}=\det\begin{bmatrix} a+kc & b+kd \\ c & d \end{bmatrix} \\ =(a+kc)d-(b+kd)c \\ =ad+kcd-bc-kdc=(+1)\ (ad-bc) \\ =(\det \boldsymbol{E})\ (\det \boldsymbol{A})$$

35. $$\det \boldsymbol{EA}=\det\begin{bmatrix} c & d \\ a & b \end{bmatrix}=cb-ad=(-1)\ (ad-bc) \\ =(\det \boldsymbol{E})(\det \boldsymbol{A})$$

37. $5\boldsymbol{A}=\begin{bmatrix} 15 & 5 \\ 20 & 10 \end{bmatrix}$；否

39~41. 在《学习指导》中有提示.

43. 平行四边形的面积和 $[\boldsymbol{u}\ \ \boldsymbol{v}]$ 的行列式都等于 6. 如果对任何 x，$\boldsymbol{v}=\begin{bmatrix} x \\ 2 \end{bmatrix}$，则面积仍为 6. 在每种情况中，平行四边形的底边没有改变，且高度保持为 2，因为 $\boldsymbol{v}$ 的第二个坐标总是 2.

45. **a**.是　**b**.否　**c**.是　**d**.否

47. 一般地，$\det \boldsymbol{A}^{-1}=1/\det \boldsymbol{A}$，只要 $\det \boldsymbol{A}$ 非零.

49. 在学到 3.2 节时，你可以检查你的猜测.

51. b.左左左左；右左左右；左右左右；左左右右

3.2

1. 交换两行改变行列式的符号.

3. 行替换操作不改变行列式的值.

5. −3　　7. 0　　9. −28　　11. −48

13. 6　　15. 21　　17. 7　　19. 14

21. 不可逆　　23. 可逆

25. 线性无关　　27~33. 见《学习指导》

35. 16

37. 提示：证明 $(\det \boldsymbol{A})\ (\det \boldsymbol{A}^{-1})=1$.

39. 提示：用定理 6.

41. 提示：用定理 6 和另一个定理.

43. $\det \boldsymbol{AB}=\det\begin{bmatrix} 6 & 0 \\ 17 & 4 \end{bmatrix}=24$

$(\det \boldsymbol{A})\ (\det \boldsymbol{B})=3\cdot 8=24$

45. a. −6　b. −250　c. 3　d. $-\frac{1}{2}$　e. −8

47. $$\det \boldsymbol{A}=(a+e)d-(b+f)c=ad+ed-bc-fc \\ =(ad-bc)+(ed-fc)=\det \boldsymbol{B}+\det \boldsymbol{C}$$

49. 提示：用第 3 列的代数余子式展开计算 $\det \boldsymbol{A}$.

51. 否. $\det\boldsymbol{A}\cdot\det\boldsymbol{A}^{-1}$ 应该为 1.

53. 在你做出关于 $\boldsymbol{A}^{\mathrm{T}}\boldsymbol{A}$ 和 $\boldsymbol{A}\boldsymbol{A}^{\mathrm{T}}$ 的猜测后参见《学习指导》.

3.3

1. $\begin{bmatrix} 5/6 \\ -1/6 \end{bmatrix}$　　3. $\begin{bmatrix} 4/5 \\ -3/10 \end{bmatrix}$　　5. $\begin{bmatrix} 1/4 \\ 11/4 \\ 3/8 \end{bmatrix}$

7. $s\neq\pm\sqrt{3}$；$x_1=\dfrac{5s+4}{6(s^2-3)}$，$x_2=\dfrac{-4s-15}{4(s^2-3)}$

9. $s\neq 0,1$；$x_1=\dfrac{-7}{3(s-1)}$，$x_2=\dfrac{4s+3}{6s(s-1)}$

11. $\operatorname{adj}\boldsymbol{A}=\begin{bmatrix} 0 & 1 & 0 \\ -5 & -1 & -5 \\ 5 & 2 & 10 \end{bmatrix}$，$\boldsymbol{A}^{-1}=\dfrac{1}{5}\begin{bmatrix} 0 & 1 & 0 \\ -5 & -1 & -5 \\ 5 & 2 & 10 \end{bmatrix}$

13. $\operatorname{adj}\boldsymbol{A}=\begin{bmatrix} -1 & -1 & 5 \\ 1 & -5 & 1 \\ 1 & 7 & -5 \end{bmatrix}$，$\boldsymbol{A}^{-1}=\dfrac{1}{6}\begin{bmatrix} -1 & -1 & 5 \\ 1 & -5 & 1 \\ 1 & 7 & -5 \end{bmatrix}$

15. $\operatorname{adj}\boldsymbol{A}=\begin{bmatrix} -1 & 0 & 0 \\ -1 & -5 & 0 \\ -1 & -15 & 5 \end{bmatrix}$，$\boldsymbol{A}^{-1}=\dfrac{-1}{5}\begin{bmatrix} -1 & 0 & 0 \\ -1 & -5 & 0 \\ -1 & -15 & 5 \end{bmatrix}$

17. 如果 $A=\begin{bmatrix} a & b \\ c & d \end{bmatrix}$，那么 $C_{11}=d$, $C_{12}=-c$, $C_{21}=-b$, $C_{22}=a$. 伴随矩阵是代数余子式的转置：$\operatorname{adj} A=\begin{bmatrix} d & -b \\ -c & a \end{bmatrix}$.
根据定理 8，我们用 $\det A$ 来除，得到与 2.2 节中一样的公式.

19. 8　　21. 3　　23. 23

25. 一个 3×3 矩阵 A 不可逆的充分必要条件是它的列是线性相关的（由可逆矩阵定理）. 这种情况出现的充分必要条件是其中一个列是在其他两列所生成的平面内，这等价于由这些列所确定的平行六面体具有零体积，也就是等价于条件 $\det A=0$.

27. 12　　29. $\frac{1}{2}\left|\det[\boldsymbol{v}_1\ \ \boldsymbol{v}_2]\right|$

31. a. 见例 5　　b. $4\pi abc/3$

33. I.

35~37. 在查看《学习指导》之前先尝试做这些题.

39. 在 MATLAB 中，$B-\operatorname{inv}(A)$ 中的元素近似为 10^{-15} 或更小，见《学习指导》的建议，它也许会节省你工作中的键盘输入.

41. MATLAB 学生版 4.0 用 57 771 次浮点运算来计算 inv(A) 和 14 269 045 次浮点运算来计算求逆公式. `inv(A)` 命令仅需要求逆公式中 0.4%的运算量. 《学习指导》给出如何使用 `flops` 命令.

第 3 章补充习题

1. T　　3. F
5. F　　7. T
9. F　　11. T
13. F　　15. F

习题 17 的解基于这样的事实：如果一个矩阵包含的两行（或两列）相互为倍数，那么由定理，因为矩阵不可逆，故矩阵的行列式为零.

17. 做两次行替换变换且提出第 2 行的公共因子和第 3 行的公共因子：

$$\begin{vmatrix} 1 & a & b+c \\ 1 & b & a+c \\ 1 & c & a+b \end{vmatrix}=\begin{vmatrix} 1 & a & b+c \\ 0 & b-a & a-b \\ 0 & c-a & a-c \end{vmatrix}=(b-a)\ (c-a)\begin{vmatrix} 1 & a & b+c \\ 0 & 1 & -1 \\ 0 & 1 & -1 \end{vmatrix}=0$$

19. −12

21. 当行列式用第一行的代数余子式展开时，方程具有形式 $ax+by+c=0$，其中 b 和 c 至少有一个非零. 这是一条直线的方程，很明显 (x_1,y_1) 和 (x_2,y_2) 在直线上，这是因为当其中一个点的坐标替换为 x 和 y 时，矩阵的两行相等，于是它的行列式为零.

23. $T\sim\begin{bmatrix} 1 & a & a^2 \\ 0 & b-a & b^2-a^2 \\ 0 & c-a & c^2-a^2 \end{bmatrix}$. 因此，由定理 3，

$$\det T=(b-a)\ (c-a)\det\begin{bmatrix} 1 & a & a^2 \\ 0 & 1 & b+a \\ 0 & 1 & c+a \end{bmatrix}=(b-a)\ (c-a)\det\begin{bmatrix} 1 & a & a^2 \\ 0 & 1 & b+a \\ 0 & 0 & c-b \end{bmatrix}=(b-a)\ (c-a)\ (c-b)$$

25. 面积＝12. 如果从四个顶点减去一个顶点，并记新顶点是 $\mathbf{0}$, $\boldsymbol{v}_1$, $\boldsymbol{v}_2$ 和 $\boldsymbol{v}_3$，那么平移后的图形（因此原来的图形）是平行四边形的充分必要条件是在 $\boldsymbol{v}_1, \boldsymbol{v}_2, \boldsymbol{v}_3$ 中，某一个是另外两个向量之和.

27. 由求逆公式，$(\operatorname{adj} A)\cdot\frac{1}{\det A}A=A^{-1}A=I$. 由可逆矩阵定理，$\operatorname{adj} A$ 是可逆的，且 $(\operatorname{adj} A)^{-1}=\frac{1}{\det A}A$.

29. a. $X=CA^{-1}, Y=D-CA^{-1}B$. 现在利用习题 28(c).

b. 从（a）部分和行列式的乘积性质，

$$\det\begin{bmatrix} A & B \\ C & D \end{bmatrix} = \det[A(D - CA^{-1}B)]$$
$$= \det[AD - ACA^{-1}B]$$
$$= \det(AD - CAA^{-1}B)$$
$$= \det(AD - CB)$$

其中等式 $AC = CA$ 在第三步中用到.

31. 首先考虑 $n = 2$ 的情况，通过直接计算 B 和 C 的行列式来证明公式成立. 现假设该公式对所有 $(k-1)\times(k-1)$ 矩阵成立，设 A, B 和 C 是 $k \times k$ 矩阵. 使用按第一列的代数余子式展开和归纳假设来求 $\det B$. 对 C 做行替换变换得到第一个主元下面为零元素的三角形矩阵. 求该矩阵的行列式，然后加到 $\det B$ 中得到最后结果.

33. 计算：

$$\begin{vmatrix} 1 & 1 & 1 \\ 1 & 2 & 2 \\ 1 & 2 & 3 \end{vmatrix} = 1, \begin{vmatrix} 1 & 1 & 1 & 1 \\ 1 & 2 & 2 & 2 \\ 1 & 2 & 3 & 3 \\ 1 & 2 & 3 & 4 \end{vmatrix} = 1, \begin{vmatrix} 1 & 1 & 1 & 1 & 1 \\ 1 & 2 & 2 & 2 & 2 \\ 1 & 2 & 3 & 3 & 3 \\ 1 & 2 & 3 & 4 & 4 \\ 1 & 2 & 3 & 4 & 5 \end{vmatrix} = 1$$

猜想：
$$\begin{vmatrix} 1 & 1 & 1 & \cdots & 1 \\ 1 & 2 & 2 & & 2 \\ 1 & 2 & 3 & & 3 \\ \vdots & & & & \vdots \\ 1 & 2 & 3 & \cdots & n \end{vmatrix} = 1$$

为证实这个猜想，使用行替换变换产生第一个主元下面的零元素，然后是第二个主元，以此类推，最终矩阵是
$$\begin{bmatrix} 1 & 1 & 1 & \cdots & 1 \\ 0 & 1 & 1 & & 1 \\ 0 & 0 & 1 & & 1 \\ \vdots & & & & \vdots \\ 0 & 0 & 0 & \cdots & 1 \end{bmatrix}$$
，是行列式为 1 的上三角形矩阵.

第 4 章

4.1

1. a. $u + v$ 在 V 中，因为它的元素都是非负的.

b. 例子:如果 $u = \begin{bmatrix} 2 \\ 2 \end{bmatrix}$ 和 $c = -1$，那么 u 在 V 中，但 cu 不在 V 中.

3. 例子：如果 $u = \begin{bmatrix} 0.5 \\ 0.5 \end{bmatrix}$ 和 $c = 4$，那么 u 在 H 中，但 cu 不在 H 中.

5. 是，由定理 1，因为集合是 $\text{Span}\{t^2\}$.

7. 否，该集合对不是整数的标量乘法不封闭.

9. $H = \text{Span}\{v\}$，其中 $v = \begin{bmatrix} 1 \\ 3 \\ 2 \end{bmatrix}$. 由定理 1，$H$ 是 $\mathbb{R}^3$ 的一个子空间.

11. $W = \text{Span}\{u, v\}$，其中 $u = \begin{bmatrix} 5 \\ 1 \\ 0 \end{bmatrix}$, $v = \begin{bmatrix} 2 \\ 0 \\ 1 \end{bmatrix}$，由定理 1，$W$ 是 $\mathbb{R}^3$ 的一个子空间.

13. a. $\{v_1, v_2, v_3\}$ 中仅包含三个向量，且 w 不在其中.

b. 在 $\text{Span}\{v_1, v_2, v_3\}$ 中有无穷多向量.

c. w 在 $\text{Span}\{v_1, v_2, v_3\}$ 中.

15. W 不是向量空间，因为零向量不在 W 中.

17. $S = \left\{\begin{bmatrix} 1 \\ 0 \\ -1 \\ 0 \end{bmatrix}, \begin{bmatrix} -1 \\ 1 \\ 0 \\ 1 \end{bmatrix}, \begin{bmatrix} 0 \\ -1 \\ 1 \\ 0 \end{bmatrix}\right\}$

19. 提示：利用定理 1.

注意 尽管《学习指导》仅对这里含“提示”的习题有完整解答，但你必须自己真正去求这些问题的解. 否则，你不能从习题中受益.

21. 是. 对一个子空间的条件是明显满足的：零矩阵在 H 中，两个上三角形矩阵的和是上三角形矩阵，且任何一个上三角形矩阵的标量乘法仍然是上三角形矩阵.

23 ~ 31. 写出答案后，参考《学习指导》 .

33. 4 35. a. 8 b. 3 c. 5 d. 4

37. $u + (-1)u = 1u + (-1)u$ 公理 10
$= [1 + (-1)]u$ 公理 8
$= 0u = 0$ 习题 35

从习题34得出 $(-1)\boldsymbol{u}=-\boldsymbol{u}$.

39. 任何包含 $\boldsymbol{u}$ 和 $\boldsymbol{v}$ 的子空间 H 也必包含 $\boldsymbol{u}$ 和 $\boldsymbol{v}$ 的所有标量乘法，因而包含 $\boldsymbol{u}$ 和 $\boldsymbol{v}$ 所有标量乘法之和，于是 H 必包含 $\mathrm{Span}\{\boldsymbol{u},\boldsymbol{v}\}$.

41. 提示：对部分解，考虑 $H+K$ 中的 $\boldsymbol{w}_1$ 和 $\boldsymbol{w}_2$，并把 $\boldsymbol{w}_1$ 和 $\boldsymbol{w}_2$ 分别写成 $\boldsymbol{w}_1=\boldsymbol{u}_1+\boldsymbol{v}_1$ 和 $\boldsymbol{w}_2=\boldsymbol{u}_2+\boldsymbol{v}_2$ 的形式，其中 $\boldsymbol{u}_1$ 和 $\boldsymbol{u}_2$ 属于 H，而 $\boldsymbol{v}_1$ 和 $\boldsymbol{v}_2$ 属于 K.

43. $[\boldsymbol{v}_1\ \ \boldsymbol{v}_2\ \ \boldsymbol{v}_3\ \ \boldsymbol{w}]$ 的简化阶梯形表明 $\boldsymbol{w}=\boldsymbol{v}_1-2\boldsymbol{v}_2+\boldsymbol{v}_3$.

45. 函数是 $\cos 4t$ 和 $\cos 6t$，见4.5节习题54.

4.2

1. $\begin{bmatrix}3&-5&-3\\6&-2&0\\-8&4&1\end{bmatrix}\begin{bmatrix}1\\3\\-4\end{bmatrix}=\begin{bmatrix}0\\0\\0\end{bmatrix}$，所以 $\boldsymbol{w}$ 在 $\mathrm{Nul}\,\boldsymbol{A}$ 中.

3. $\begin{bmatrix}7\\-4\\1\\0\end{bmatrix},\begin{bmatrix}-6\\2\\0\\1\end{bmatrix}$

5. $\begin{bmatrix}2\\1\\0\\0\\0\end{bmatrix},\begin{bmatrix}-4\\0\\9\\1\\0\end{bmatrix}$

7. W 不是 $\mathbb{R}^3$ 的一个子空间，因为零向量 $(0,0,0)$ 不属于 W.

9. W 是 $\mathbb{R}^4$ 的一个子空间，由定理2，因为 W 是下列齐次方程组的解集：

$$\begin{aligned}a-2b-4c\qquad&=0\\2a\qquad-c-3d&=0\end{aligned}$$

11. W 不是子空间，因为 $\boldsymbol{0}$ 不在 W 中. 验证：如果一个元素 $(b-2d,5+d,b+3d,d)$ 是零，那么 $5+d=0$ 和 $d=0$，这是不可能的.

13. $W=\mathrm{Col}\,\boldsymbol{A}$，其中 $\boldsymbol{A}=\begin{bmatrix}1&-6\\0&1\\1&0\end{bmatrix}$，所以由定理3，$W$ 是一个向量空间.

15. $\begin{bmatrix}0&2&3\\1&1&-2\\4&1&0\\3&-1&-1\end{bmatrix}$

17. a. 2　b. 4

19. a. 5　b. 2

21. 向量 $\begin{bmatrix}3\\1\end{bmatrix}$ 在 $\mathrm{Nul}\,\boldsymbol{A}$ 中，向量 $\begin{bmatrix}2\\-1\\-4\\3\end{bmatrix}$ 在 $\mathrm{Col}\,\boldsymbol{A}$ 中，以及 $[2-6]$ 在 $\mathrm{Row}\boldsymbol{A}$ 中. 其余答案也有可能.

23. $\boldsymbol{w}$ 属于 $\mathrm{Nul}\,\boldsymbol{A}$ 和 $\mathrm{Col}\,\boldsymbol{A}$.

25～37. 见“学习指导”，现在你应知道如何合理使用它.

39. 令 $\boldsymbol{x}=\begin{bmatrix}3\\2\\-1\end{bmatrix}$ 和 $\boldsymbol{A}=\begin{bmatrix}1&-3&-3\\-2&4&2\\-1&5&7\end{bmatrix}$，那么 $\boldsymbol{x}$ 属于 $\mathrm{Nul}\,\boldsymbol{A}$. 由于 $\mathrm{Nul}\,\boldsymbol{A}$ 是 $\mathbb{R}^3$ 的一个子空间，故 $10\boldsymbol{x}$ 属于 $\mathrm{Nul}\,\boldsymbol{A}$.

41. a. $\boldsymbol{A0}=\boldsymbol{0}$，所以零向量在 $\mathrm{Col}\,\boldsymbol{A}$ 中.

b. 由矩阵乘法的性质，$\boldsymbol{Ax}+\boldsymbol{Aw}=\boldsymbol{A}(\boldsymbol{x}+\boldsymbol{w})$，这表明 $\boldsymbol{Ax}+\boldsymbol{Aw}$ 是 $\boldsymbol{A}$ 的列的线性组合，因此属于 $\mathrm{Col}\,\boldsymbol{A}$.

c. $c(\boldsymbol{Ax})=\boldsymbol{A}(c\boldsymbol{x})$，这表明对所有数 c，$c(\boldsymbol{Ax})$ 在 $\mathrm{Col}\,\boldsymbol{A}$ 中.

43. a. 对任何在 $\mathbb{P}_2$ 中的多项式 $\boldsymbol{p},\boldsymbol{q}$ 和任何数 c，

$$T(\boldsymbol{p}+\boldsymbol{q})=\begin{bmatrix}(\boldsymbol{p}+\boldsymbol{q})\ (0)\\(\boldsymbol{p}+\boldsymbol{q})\ (1)\end{bmatrix}=\begin{bmatrix}\boldsymbol{p}(0)+\boldsymbol{q}(0)\\\boldsymbol{p}(1)+\boldsymbol{q}(1)\end{bmatrix}$$
$$=\begin{bmatrix}\boldsymbol{p}(0)\\\boldsymbol{p}(1)\end{bmatrix}+\begin{bmatrix}\boldsymbol{q}(0)\\\boldsymbol{q}(1)\end{bmatrix}=T(\boldsymbol{p})+T(\boldsymbol{q})$$
$$T(c\boldsymbol{p})=\begin{bmatrix}c\boldsymbol{p}(0)\\c\boldsymbol{p}(1)\end{bmatrix}=c\begin{bmatrix}\boldsymbol{p}(0)\\\boldsymbol{p}(1)\end{bmatrix}=cT(\boldsymbol{p})$$

所以 T 是一个从 $\mathbb{P}_2$ 到 $\mathbb{P}_2$ 的线性变换.

b. 任何在0和1点为零的二次多项式必须是 $\boldsymbol{p}(t)=t(t-1)$ 的倍数，T 的值域为 $\mathbb{R}^2$.

45. a. 对属于 $M_{2\times2}$ 中的 $\boldsymbol{A},\boldsymbol{B}$ 和任何标量 c，

$$\begin{aligned}T(\boldsymbol{A}+\boldsymbol{B})&=(\boldsymbol{A}+\boldsymbol{B})+(\boldsymbol{A}+\boldsymbol{B})^{\mathrm{T}}\\&=\boldsymbol{A}+\boldsymbol{B}+\boldsymbol{A}^{\mathrm{T}}+\boldsymbol{B}^{\mathrm{T}}\qquad\text{转置性质}\\&=(\boldsymbol{A}+\boldsymbol{A}^{\mathrm{T}})+(\boldsymbol{B}+\boldsymbol{B}^{\mathrm{T}})=T(\boldsymbol{A})+T(\boldsymbol{B})\\T(c\boldsymbol{A})&=(c\boldsymbol{A})+(c\boldsymbol{A})^{\mathrm{T}}=c\boldsymbol{A}+c\boldsymbol{A}^{\mathrm{T}}\\&=c(\boldsymbol{A}+\boldsymbol{A}^{\mathrm{T}})=cT(\boldsymbol{A})\end{aligned}$$

所以 T 是一个从 $M_{2\times2}$ 到 $M_{2\times2}$ 的线性变换.

b. 如果 $\boldsymbol{B}$ 是 $M_{2\times2}$ 中任一元素且具有性质 $\boldsymbol{B}^{\mathrm{T}}=\boldsymbol{B}$，且若 $\boldsymbol{A}=\frac{1}{2}\boldsymbol{B}$，那么

$$T(\boldsymbol{A})=\frac{1}{2}\boldsymbol{B}+\left(\frac{1}{2}\boldsymbol{B}\right)^{\mathrm{T}}=\frac{1}{2}\boldsymbol{B}+\frac{1}{2}\boldsymbol{B}=\boldsymbol{B}$$

c. (b)部分说明 T 的值域包含所有满足 $\boldsymbol{B}^{\mathrm{T}}=\boldsymbol{B}$ 的 $\boldsymbol{B}$，所以，它充分说明任何在 T 值域中的 $\boldsymbol{B}$ 有这个性质. 如果 $\boldsymbol{B}=T(\boldsymbol{A})$，那么由转置性质，$\boldsymbol{B}^{\mathrm{T}}=(\boldsymbol{A}+\boldsymbol{A}^{\mathrm{T}})^{\mathrm{T}}=\boldsymbol{A}^{\mathrm{T}}+\boldsymbol{A}^{\mathrm{TT}}=\boldsymbol{A}^{\mathrm{T}}+\boldsymbol{A}=\boldsymbol{B}$

d. T 的核是 $\left\{\begin{bmatrix}0 & b\\ -b & 0\end{bmatrix}: b\text{是实数}\right\}$.

47. 提示：验证子空间的三个条件. $T(U)$ 中的典型元素具有形式 $T(\boldsymbol{u}_1)$ 和 $T(\boldsymbol{u}_2)$，其中 $\boldsymbol{u}_1,\boldsymbol{u}_2$ 属于 U.

49. $\boldsymbol{w}$ 属于 $\mathrm{Col}\,\boldsymbol{A}$，但不属于 $\mathrm{Nul}\,\boldsymbol{A}$.（解释为什么.）

51. $\boldsymbol{A}$ 的简化阶梯形是

$$\begin{bmatrix}1 & 0 & 1/3 & 0 & 10/3\\ 0 & 1 & 1/3 & 0 & -26/3\\ 0 & 0 & 0 & 1 & -4\\ 0 & 0 & 0 & 0 & 0\end{bmatrix}$$

4.3

1. 是，3×3 矩阵 $\boldsymbol{A}=\begin{bmatrix}1 & 1 & 1\\ 0 & 1 & 1\\ 0 & 0 & 1\end{bmatrix}$ 具有 3 个主元位置，由可逆矩阵定理，$\boldsymbol{A}$ 是可逆的且它的列构成 $\mathbb{R}^3$ 的一个基.（见例 3.）

3. 否，向量是线性相关的且不能生成 $\mathbb{R}^3$.

5. 否，集合是线性相关的，因为零向量在集合中. 然而，

$$\begin{bmatrix}1 & -2 & 0 & 0\\ -3 & 9 & 0 & -3\\ 0 & 0 & 0 & 5\end{bmatrix}\sim\begin{bmatrix}1 & -2 & 0 & 0\\ 0 & 3 & 0 & -3\\ 0 & 0 & 0 & 5\end{bmatrix}$$

矩阵的每一行有主元，因而它的列生成 $\mathbb{R}^3$.

7. 否，向量是线性无关的，因为它们不是倍数关系（更精确地讲，没有一个向量是其余向量的倍数）. 然而，向量不能生成 $\mathbb{R}^3$. 矩阵 $\begin{bmatrix}-2 & 6\\ 3 & -1\\ 0 & 5\end{bmatrix}$ 最多有 2 个主元，因为它仅有 2 列. 所以，并不是每一行有一个主元.

9. $\begin{bmatrix}3\\5\\1\\0\end{bmatrix},\begin{bmatrix}-2\\-4\\0\\1\end{bmatrix}$

11. $\begin{bmatrix}-2\\1\\0\end{bmatrix},\begin{bmatrix}-1\\0\\1\end{bmatrix}$

13. $\mathrm{Nul}\,\boldsymbol{A}$ 的基：$\begin{bmatrix}-6\\-5/2\\1\\0\end{bmatrix},\begin{bmatrix}-5\\-3/2\\0\\1\end{bmatrix}$

$\mathrm{Col}\,\boldsymbol{A}$ 的基：$\begin{bmatrix}-2\\2\\-3\end{bmatrix},\begin{bmatrix}4\\-6\\8\end{bmatrix}$

$\mathrm{Row}\,\boldsymbol{A}$ 的基：

$[1\,0\,6\,5]$,

$[0\,2\,5\,3]$

15. $\{\boldsymbol{v}_1,\boldsymbol{v}_2,\boldsymbol{v}_4\}$

17. [M] $\{\boldsymbol{v}_1,\boldsymbol{v}_2,\boldsymbol{v}_3\}$

19. 3 个最简单的答案是 $\{\boldsymbol{v}_1,\boldsymbol{v}_2\}$ 或 $\{\boldsymbol{v}_1,\boldsymbol{v}_3\}$ 或 $\{\boldsymbol{v}_2,\boldsymbol{v}_3\}$. 其他答案也可能.

21～31. 见《学习指导》的提示.

33. 提示：利用可逆矩阵定理.

35. 否.（为什么集合不是 H 的基？）

37. $\{\cos\omega t,\sin\omega t\}$.

39. 设 $\boldsymbol{A}$ 是 $n\times k$ 矩阵 $[\boldsymbol{v}_1\boldsymbol{v}_2\ \cdots\ \boldsymbol{v}_k]$，由于 $\boldsymbol{A}$ 的列少于行，因此 $\boldsymbol{A}$ 的每一行不可能都有一个主元位置. 由 1.4 节的定理 4，$\boldsymbol{A}$ 的列不能生成 $\mathbb{R}^n$，因此不是 $\mathbb{R}^n$ 的基.

41. 提示：如果 $\{\boldsymbol{v}_1,\boldsymbol{v}_2,\cdots,\boldsymbol{v}_p\}$ 是线性相关的，那么存在不全为零的 $c_1,c_2,\cdots,c_p$，使得 $c_1\boldsymbol{v}_1+c_2\boldsymbol{v}_2+\cdots+c_p\boldsymbol{v}_p=\boldsymbol{0}$. 利用这个方程.

43. 任一多项式都不是其他多项式的倍数，因此 $\{\boldsymbol{p}_1,\boldsymbol{p}_2\}$ 是 $\mathbb{P}_3$ 中的线性无关集.

45. 设 $\{\boldsymbol{v}_1,\boldsymbol{v}_3\}$ 是向量空间 V 中的任一线性无关集，并设 $\boldsymbol{v}_2,\boldsymbol{v}_4$ 是 $\boldsymbol{v}_1$ 和 $\boldsymbol{v}_3$ 的线性组合，则 $\{\boldsymbol{v}_1,\boldsymbol{v}_3\}$ 是

$\mathrm{Span}\{\boldsymbol{v}_1,\boldsymbol{v}_2,\boldsymbol{v}_3,\boldsymbol{v}_4\}$ 的一组基.

47. 你可能很聪明且找出特殊 t 值使得(5)中的方程产生几个零，从而得到可以很容易用手工求解的线性方程组. 或者，你可利用 t 值（如 $t=0, 0.1, 0.2, \cdots$）来产生一个能用矩阵程序来解的线性方程组.

4.4

1. $\begin{bmatrix}3\\-7\end{bmatrix}$ 3. $\begin{bmatrix}-1\\-5\\9\end{bmatrix}$ 5. $\begin{bmatrix}8\\-5\end{bmatrix}$ 7. $\begin{bmatrix}-1\\-1\\3\end{bmatrix}$

9. $\begin{bmatrix}2&1\\-9&8\end{bmatrix}$ 11. $\begin{bmatrix}6\\4\end{bmatrix}$ 13. $\begin{bmatrix}2\\6\\-1\end{bmatrix}$

15～19. 《学习指导》有提示.

21. $\begin{bmatrix}1\\1\end{bmatrix}=5\boldsymbol{v}_1-2\boldsymbol{v}_2=10\boldsymbol{v}_1-3\boldsymbol{v}_2+\boldsymbol{v}_3$（无穷多解答）.

23. 提示：由假设，零向量可唯一表示成 S 中元素的线性组合.

25. $\begin{bmatrix}9&2\\4&1\end{bmatrix}$

27. 提示：假设 $[\boldsymbol{u}]_B=[\boldsymbol{w}]_B$ 对 V 中一些 $\boldsymbol{u}$ 和 $\boldsymbol{w}$ 成立，且记 $[\boldsymbol{u}]_B$ 中的元素为 $c_1,c_2,\cdots,c_n$. 利用 $[\boldsymbol{u}]_B$ 的定义.

29. 一个可能的方法：首先，说明如果 $\boldsymbol{u}_1,\boldsymbol{u}_2,\cdots,\boldsymbol{u}_p$ 是线性相关的，那么 $[\boldsymbol{u}_1]_B,[\boldsymbol{u}_2]_B,\cdots,[\boldsymbol{u}_p]_B$ 是线性相关的. 其次，说明如果 $[\boldsymbol{u}_1]_B,[\boldsymbol{u}_2]_B,\cdots,[\boldsymbol{u}_p]_B$ 是线性相关的，那么 $\boldsymbol{u}_1,\boldsymbol{u}_2,\cdots,\boldsymbol{u}_p$ 是线性相关的. 利用习题中显示的两个方程. 一个稍微不同的证明在《学习指导》中给出.

31. 线性无关（验证习题 31~38 中的答案）.

33. 线性相关

35. a. 坐标向量 $\begin{bmatrix}1\\-3\\5\end{bmatrix},\begin{bmatrix}-3\\5\\-7\end{bmatrix},\begin{bmatrix}-4\\5\\-6\end{bmatrix},\begin{bmatrix}1\\0\\-1\end{bmatrix}$ 不能生成 $\mathbb{R}^3$. 因为 $\mathbb{R}^3$ 和 $\mathbb{P}_2$ 同构，所以对应的多项式不能生成 $\mathbb{P}_2$.

b. 坐标向量 $\begin{bmatrix}0\\5\\1\end{bmatrix},\begin{bmatrix}1\\-8\\-2\end{bmatrix},\begin{bmatrix}-3\\4\\2\end{bmatrix},\begin{bmatrix}2\\-3\\0\end{bmatrix}$ 生成 $\mathbb{R}^3$. 因为 $\mathbb{R}^3$ 和 $\mathbb{P}_2$ 同构，所以对应的多项式生成 $\mathbb{P}_2$.

37. 坐标向量 $\begin{bmatrix}3\\7\\0\\0\end{bmatrix},\begin{bmatrix}5\\1\\0\\-2\end{bmatrix},\begin{bmatrix}0\\1\\-2\\0\end{bmatrix},\begin{bmatrix}1\\16\\-6\\2\end{bmatrix}$ 是 $\mathbb{R}^4$ 中的线性相关子集. 因为 $\mathbb{R}^4$ 和 $\mathbb{P}_3$ 同构，所以对应的多项式构成 $\mathbb{P}_3$ 的线性相关子集，因此不能构成 $\mathbb{P}_3$ 的基.

39. $[\boldsymbol{x}]_B=\begin{bmatrix}-5/3\\8/3\end{bmatrix}$ 41. $\begin{bmatrix}1.3\\0\\0.8\end{bmatrix}$

4.5

1. $\begin{bmatrix}1\\1\\0\end{bmatrix},\begin{bmatrix}-2\\1\\3\end{bmatrix}$；维数是 2.

3. $\begin{bmatrix}0\\1\\0\\1\end{bmatrix},\begin{bmatrix}0\\-1\\1\\2\end{bmatrix},\begin{bmatrix}2\\0\\-3\\0\end{bmatrix}$；维数是 3.

5. $\begin{bmatrix}1\\2\\-1\\-3\end{bmatrix},\begin{bmatrix}-4\\5\\0\\7\end{bmatrix}$；维数是 2.

7. 没有基；维数为零. 9. 2 11. 2，3，3

13. 2，2，2 15. 0，3，3 17～25. 见《学习指导》.

27. 提示：你只需证明前 4 个埃尔米特多项式是线性无关的. 为什么？

29. $[\boldsymbol{p}]_B=\left(3, 3, -2, \dfrac{3}{2}\right)$

31. 提示：假设 S 确实生成 V，且用生成集定理. 这会导致一个矛盾，从而证明生成假设是错的.

33. 5,3,3

35. 是；否. 因为 $\mathrm{Col}\,\boldsymbol{A}$ 是 $\mathbb{R}^4$ 的四维子空间，它与 $\mathbb{R}^4$ 一致. 零空间不能是 $\mathbb{R}^3$，因为 $\mathrm{Nul}\,\boldsymbol{A}$ 中的向量有 7 个元素. 根据秩定理，$\mathrm{Nul}\,\boldsymbol{A}$ 是 $\mathbb{R}^7$ 的三维子空间.

37. 2

39. 5,5.在这两种情况下，主元的数量不能超过列数或行数.

41. 函数$\{1,x,x^2,\cdots\}$是具有无穷多个向量的线性无关集.

43~47. 请参阅《学习指导》.

49. dim Row $\boldsymbol{A}$=dim Col $\boldsymbol{A}$=rank $\boldsymbol{A}$，因此结果遵循秩定理.

51. 提示：由于H是有限维空间的一个非零子空间，故H是有限维的且有基，如$\boldsymbol{v}_1,\boldsymbol{v}_2,\cdots,\boldsymbol{v}_p$. 首先证明$\{T(\boldsymbol{v}_1),T(\boldsymbol{v}_2),\cdots,T(\boldsymbol{v}_p)\}$生成$T(H)$.

53. a.一个基是$\{\boldsymbol{v}_1,\boldsymbol{v}_2,\boldsymbol{v}_3,\boldsymbol{e}_2,\boldsymbol{e}_3\}$. 事实上，$\boldsymbol{e}_2,\boldsymbol{e}_3,\boldsymbol{e}_4,\boldsymbol{e}_5$中的任何两个向量都可将$\{\boldsymbol{v}_1,\boldsymbol{v}_2,\boldsymbol{v}_3\}$扩展成为$\mathbb{R}^5$的一个基.

4.6

1. a. $\begin{bmatrix}6&9\\-2&-4\end{bmatrix}$ b. $\begin{bmatrix}0\\-2\end{bmatrix}$ 3. (ii)

5. a. $\begin{bmatrix}4&-1&0\\-1&1&1\\0&1&-2\end{bmatrix}$ b. $\begin{bmatrix}8\\2\\2\end{bmatrix}$

7. $\underset{C\leftarrow B}{\boldsymbol{P}}=\begin{bmatrix}-3&1\\-5&2\end{bmatrix}$，$\underset{B\leftarrow C}{\boldsymbol{P}}=\begin{bmatrix}-2&1\\-5&3\end{bmatrix}$

9. $\underset{C\leftarrow B}{\boldsymbol{P}}=\begin{bmatrix}9&-2\\-4&1\end{bmatrix}$，$\underset{B\leftarrow C}{\boldsymbol{P}}=\begin{bmatrix}1&2\\4&9\end{bmatrix}$

11～13. 见《学习指导》.

15. $\underset{C\leftarrow B}{\boldsymbol{P}}=\begin{bmatrix}1&3&0\\-2&-5&2\\1&4&3\end{bmatrix}$，$[-1+2t]_B=\begin{bmatrix}5\\-2\\1\end{bmatrix}$

17. a. $\mathcal{B}$是V的一个基.
   b. 坐标映射是一个线性变换.
   c. 一个矩阵和一个向量的乘积.
   d. $\boldsymbol{v}$关于$\mathcal{B}$的坐标向量.

19. a.

$$\boldsymbol{P}^{-1}=\frac{1}{32}\begin{bmatrix}32&0&16&0&12&0&10\\0&32&0&24&0&20&0\\0&0&16&0&16&0&15\\0&0&0&8&0&10&0\\0&0&0&0&4&0&6\\0&0&0&0&0&2&0\\0&0&0&0&0&0&1\end{bmatrix}$$

b. $\boldsymbol{P}$是从$\mathcal{C}$到$\mathcal{B}$的坐标变换矩阵. 所以由（5）式，$\boldsymbol{P}^{-1}$是从$\mathcal{B}$到$\mathcal{C}$的坐标变换矩阵，且由定理15，矩阵的列是$\mathcal{B}$中基向量的$\mathcal{C}$-坐标向量.

21. 提示：设$\mathcal{C}$是基$\{\boldsymbol{v}_1,\boldsymbol{v}_2,\boldsymbol{v}_3\}$，那么$\boldsymbol{P}$的列是$[\boldsymbol{u}_1]_{\mathcal{C}},[\boldsymbol{u}_2]_{\mathcal{C}}$和$[\boldsymbol{u}_3]_{\mathcal{C}}$.利用$\mathcal{C}$-坐标向量的定义和矩阵代数计算$\boldsymbol{u}_1,\boldsymbol{u}_2,\boldsymbol{u}_3$. 解法在“学习指导”中有讨论. 这里有数值解答：

a. $\boldsymbol{u}_1=\begin{bmatrix}-6\\-5\\21\end{bmatrix}$，$\boldsymbol{u}_2=\begin{bmatrix}-6\\-9\\32\end{bmatrix}$，$\boldsymbol{u}_3=\begin{bmatrix}-5\\0\\3\end{bmatrix}$

b. $\boldsymbol{w}_1=\begin{bmatrix}28\\-9\\-3\end{bmatrix}$，$\boldsymbol{w}_2=\begin{bmatrix}38\\-13\\2\end{bmatrix}$，$\boldsymbol{w}_3=\begin{bmatrix}21\\-7\\3\end{bmatrix}$

4.7

1. $(\cdots,0,2,0,2,0,2,0,\cdots)$

3. $(\cdots,-2,2,-2,3,-1,3,-1,\cdots)$

5. α

7. $\boldsymbol{\varepsilon}_c$

9. 验证是否满足LTI变换定义中的三个性质.

11. χ

13. 将T应用于任何信号以获得T值域内的信号.

15~21. 参见“学习指导”.

23. $\boldsymbol{I}-\frac{3}{4}\boldsymbol{S}$

25. 证明W满足子空间的三个性质.

27. $\{\chi-\alpha\},1$

29. 证明W满足子空间的三个性质.

31. $\{S^{2m-1}(\delta)|\text{其中}m\text{是任意整数}\}$. 是，$W$是无限维子空间. 证明你的答案.

4.8

1. 如果$y_k=2^k$，那么$y_{k+1}=2^{k+1}$且$y_{k+2}=2^{k+2}$，将这些公式代入方程左边得到：

$$\begin{aligned}y_{k+2}+2y_{k+1}-8y_k&=2^{k+2}+2\cdot2^{k+1}-8\cdot2^k\\&=2^k(2^2+2\cdot2-8)\\&=2^k(0)=0\ \text{（对所有}\ k\text{）}\end{aligned}$$

由于对所有k差分方程成立，故2^k是一个解，

同样的计算对 $y_k=(-4)^k$ 成立.

3. 信号 2^k 和 $(-4)^k$ 线性无关，这是因为没有一个是另外一个的倍数. 例如，不存在数 c 使得 $2^k=c(-4)^k$ 对所有 k 成立. 由定理 17，习题 1 中差分方程的解集 H 是二维的. 由 4.5 节的基定理，两个线性无关的信号 2^k 和 $(-4)^k$ 形成 H 的一个基.

5. 如果 $y_k=(-3)^k$，那么对所有 k，有

$$\begin{aligned}y_{k+2}+6y_{k+1}+9y_k&=(-3)^{k+2}+6(-3)^{k+1}+9(-3)^k\\&=(-3)^k[(-3)^2+6(-3)+9]\\&=(-3)^k(0)=0\end{aligned}$$

类似地，如果 $y_k=k(-3)^k$，那么对所有 k，有

$$\begin{aligned}&y_{k+2}+6y_{k+1}+9y_k\\&=(k+2)(-3)^{k+2}+6(k+1)(-3)^{k+1}+9k(-3)^k\\&=(-3)^k[(k+2)(-3)^2+6(k+1)(-3)+9k]\\&=(-3)^k[9k+18-18k-18+9k]\\&=(-3)^k(0)\end{aligned}$$

这样，$(-3)^k$ 和 $k(-3)^k$ 都是在差分方程的解空间 H 中. 而且，不存在数 c 使得 $k(-3)^k=c(-3)^k$ 对所有 k 成立，这是因为 c 的选取必须与 k 无关.同样，不存在数 c 使得 $(-3)^k=ck(-3)^k$ 对所有 k 成立，所以两个信号线性无关. 由于 $\dim H=2$，故由基定理，信号形成 H 的一个基.

7. 是 9. 是

11. 否，两个信号不能生成三维解空间.

13. $\left(\frac{1}{3}\right)^k$，$\left(\frac{2}{3}\right)^k$ 15. $(5)^k$，$(-5)^k$

17. $y_k=\frac{1}{\sqrt{5}}\left(\frac{1+\sqrt{5}}{2}\right)^k-\frac{1}{\sqrt{5}}\left(\frac{1-\sqrt{5}}{2}\right)^k$

19. $Y_k=c_1(0.8)^k+c_2(0.5)^k+10\to10$，当 $k\to\infty$ 时

21. $y_k=c_1(-2+\sqrt{3})^k+c_2(-2-\sqrt{3})^k$

23. 7,5,4,3,4,5,6,6,7,8,9,8,7,见下图.

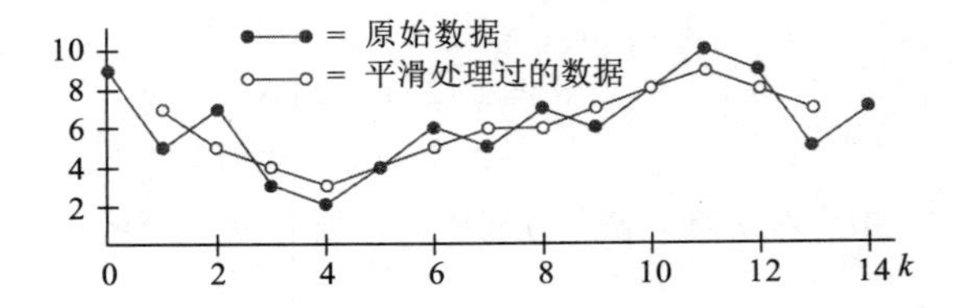

25. a. $y_{k+1}-1.01y_k=-450$，$y_0=10\,000$

b. MATLAB 代码：

```
pay = 450, y = 10000, m=0
table = [0 ; Y]
while y > 450
      y = 1.01*y - pay
      m = m + 1
      table = [table [m ; y] ]
               %append new column
end
m, y
```

c. 在第 26 个月时，最后一次付款为 114.88 美元，借款者总共支付 11 364.88 美元.

27. $k^2+c_1\cdot(-4)^k+c_2$

29. $2-2k+c_1\cdot4^k+c_2\cdot2^{-k}$

31. $\boldsymbol{x}_{k+1}=\boldsymbol{A}\boldsymbol{x}_k$，其中

$$\boldsymbol{A}=\begin{bmatrix}0&1&0&0\\0&0&1&0\\0&0&0&1\\9&-6&-8&6\end{bmatrix},\ \boldsymbol{x}=\begin{bmatrix}y_k\\y_{k+1}\\y_{k+2}\\y_{k+3}\end{bmatrix}$$

33. 方程对所有 k 成立，所以当 k 用 $(k-1)$ 替换时，可将原方程变为

$$y_{k+2}+5y_{k+1}+6y_k=0,\ \text{对所有 } k$$

方程是 2 阶的.

35. 对所有 k，Casorati 矩阵 $\boldsymbol{C}(k)$ 不可逆，在这种情形，Casorati 矩阵没有给出信号集合线性无关或线性相关的信息. 事实上，没有一个信号是其他信号的倍数，所以它们线性无关.

第 4 章补充习题

1. T 3. F 5. T 7. F

9. T 11. F 13. T 15. T

17. F 19. T

21. 所有 (b_1,b_2,b_3) 的集合，满足 $b_1+2b_2+3b_3=0$.

23. 向量 $\boldsymbol{p}_1$ 不是零，$\boldsymbol{p}_2$ 不是 $\boldsymbol{p}_1$ 的倍数，因此保留这两个向量. 由于 $\boldsymbol{p}_3=2\boldsymbol{p}_1+2\boldsymbol{p}_2$，故排除 $\boldsymbol{p}_3$. 由于 $\boldsymbol{p}_4$ 有 t^2 项，因此它不可能是 $\boldsymbol{p}_1,\boldsymbol{p}_2$ 的线性组合，故保留 $\boldsymbol{p}_4$. 最后 $\boldsymbol{p}_5=\boldsymbol{p}_1+\boldsymbol{p}_4$，故排除 $\boldsymbol{p}_5$. 所得的基是 $\{\boldsymbol{p}_1,\boldsymbol{p}_2,\boldsymbol{p}_4\}$.

25. 齐次方程组的解集是由两个解生成的，在这种情形下，18×20 的系数矩阵 $\boldsymbol{A}$ 的零空间最多是二维. 由秩定理，$\dim \operatorname{Col} \boldsymbol{A} \geqslant 20-2=18$，这说明 $\operatorname{Col} \boldsymbol{A}=\mathbb{R}^{18}$，因为 $\boldsymbol{A}$ 有 18 行且每一个方程 $\boldsymbol{Ax}=\boldsymbol{b}$ 是相容的.

27. 设 $\boldsymbol{A}$ 是线性变换 T 的标准 $m \times n$ 矩阵.
    a. 如果 T 是一对一映射，则 $\boldsymbol{A}$ 的列线性无关（1.9 节定理 12），因此 $\dim \operatorname{Nul} \boldsymbol{A}=0$.由秩定理，$\dim \operatorname{Col} \boldsymbol{A}=\operatorname{rank} \boldsymbol{A}=n$.因为 T 的值域是 $\operatorname{Col} \boldsymbol{A}$，故 T 的值域的维数是 n .
    b. 如果 T 是到上的，则 $\boldsymbol{A}$ 的列生成 $\mathbb{R}^m$（1.9 节定理 12)，所以 $\dim \operatorname{Col} \boldsymbol{A}=m$. 由秩定理，$\dim \operatorname{Nul} \boldsymbol{A}=n-\dim \operatorname{Col} \boldsymbol{A}=n-m$. 因为 T 的核是 $\operatorname{Nul} \boldsymbol{A}$，故 T 的核的维数是 $n-m$.

29. 如果 S 是 V 中有限的生成集，那么 S 的一个子集（如 S'）是 V 的一个基. 由于 S' 一定生成 V，故 S' 不能是 S 的一个真子集，这是因为 S 是最小的. 这样，$S'=S$，从而证明 S 是 V 的一个基.

30. a. 提示：对某个 $\boldsymbol{x}$，$\operatorname{Col} \boldsymbol{AB}$ 中的任意 $\boldsymbol{y}$ 有形式 $\boldsymbol{y}=\boldsymbol{ABx}$.

31. 由习题 12，$\operatorname{rank} \boldsymbol{PA} \leqslant \operatorname{rank} \boldsymbol{A}$，且 $\operatorname{rank} \boldsymbol{A}=\operatorname{rank} \boldsymbol{P}^{-1}(\boldsymbol{PA}) \leqslant \operatorname{rank} \boldsymbol{PA}$，于是 $\operatorname{rank} \boldsymbol{PA}=\operatorname{rank} \boldsymbol{A}$.

33. 方程 $\boldsymbol{AB}=\boldsymbol{0}$ 说明 $\boldsymbol{B}$ 的每一列属于 $\operatorname{Nul} \boldsymbol{A}$. 由于 $\operatorname{Nul} \boldsymbol{A}$ 是子空间，故 $\boldsymbol{B}$ 的列的所有线性组合都属于 $\operatorname{Nul} \boldsymbol{A}$，因此 $\operatorname{Col} \boldsymbol{B}$ 是 $\operatorname{Nul} \boldsymbol{A}$ 的子空间. 由 4.5 节定理 12，$\dim \operatorname{Col} \boldsymbol{B} \leqslant \dim \operatorname{Nul} \boldsymbol{A}$. 应用秩定理，得到

$$n=\operatorname{rank} \boldsymbol{A}+\dim \operatorname{Nul} \boldsymbol{A} \geqslant \operatorname{rank} \boldsymbol{A}+\operatorname{rank} \boldsymbol{B}$$

35. a. 设 $\boldsymbol{A}_1$ 由 $\boldsymbol{A}$ 的 r 个主元列组成，$\boldsymbol{A}_1$ 的列是线性无关的，所以，$\boldsymbol{A}_1$ 是秩为 r 的 $m \times r$ 阵.
    b. 将秩定理应用于 $\boldsymbol{A}_1$，$\operatorname{Row} \boldsymbol{A}_1$ 的维数是 r，所以 $\boldsymbol{A}_1$ 有 r 个线性无关的行. 利用这些行构造 $\boldsymbol{A}_2$，那么 $\boldsymbol{A}_2$ 是 $r \times r$ 的，且有线性无关的行. 由可逆矩阵定理，$\boldsymbol{A}_2$ 是可逆的.

37. $$[\boldsymbol{B} \quad \boldsymbol{AB} \quad \boldsymbol{A}^2\boldsymbol{B}]=\begin{bmatrix} 0 & 1 & 0 \\ 1 & -0.9 & 0.81 \\ 1 & 0.5 & 0.25 \end{bmatrix} \sim \begin{bmatrix} 1 & -0.9 & 0.81 \\ 0 & 1 & 0 \\ 0 & 0 & -0.56 \end{bmatrix}$$

这个矩阵的秩为 3，所以 $(\boldsymbol{A},\boldsymbol{B})$ 是可控制的.

39. $\operatorname{rank}(\boldsymbol{B} \quad \boldsymbol{AB} \quad \boldsymbol{A}^2\boldsymbol{B} \quad \boldsymbol{A}^3\boldsymbol{B})=3$, $(\boldsymbol{A},\boldsymbol{B})$ 不可控制.

第 5 章

5.1

1. 是　3. 否　5. 是，$\lambda=0$　7. 是，$\begin{bmatrix} 1 \\ 1 \\ -1 \end{bmatrix}$

9. $\lambda=1: \begin{bmatrix} 0 \\ 1 \end{bmatrix}$; $\lambda=5: \begin{bmatrix} 2 \\ 1 \end{bmatrix}$　11. $\lambda=\begin{bmatrix} -1 \\ 3 \end{bmatrix}$

13. $\lambda=1: \begin{bmatrix} 0 \\ 1 \\ 0 \end{bmatrix}$; $\lambda=2: \begin{bmatrix} -1 \\ 2 \\ 2 \end{bmatrix}$; $\lambda=3: \begin{bmatrix} -1 \\ 1 \\ 1 \end{bmatrix}$

15. $\begin{bmatrix} -2 \\ 1 \\ 0 \end{bmatrix}, \begin{bmatrix} -3 \\ 0 \\ 1 \end{bmatrix}$　17. 0，2，−1

19. 0. 验证你的答案.

21 ~ 29. 写出答案之后，参考《学习指导》.

31. 提示：用定理 2.

33. 提示：利用方程 $\boldsymbol{Ax}=\lambda\boldsymbol{x}$ 找出包含 $\boldsymbol{A}^{-1}$ 的方程.

35. 提示：对任何 λ，$(\boldsymbol{A}-\lambda\boldsymbol{I})^{\mathrm{T}}=\boldsymbol{A}^{\mathrm{T}}-\lambda\boldsymbol{I}$. 由定理（哪一个？）可知，$\boldsymbol{A}^{\mathrm{T}}-\lambda\boldsymbol{I}$ 可逆的充分必要条件是 $\boldsymbol{A}-\lambda\boldsymbol{I}$ 可逆.

37. 设 $\boldsymbol{v}$ 是 $\mathbb{R}^n$ 中向量，其元素全是 1，那么 $\boldsymbol{Av}=s\boldsymbol{v}$.

39. 提示：如果 $\boldsymbol{A}$ 是 T 的标准矩阵，找一个非零向量 $\boldsymbol{v}$（平面上一点）使得 $\boldsymbol{Av}=\boldsymbol{v}$.

41. a. $\boldsymbol{x}_{k+1}=c_1\lambda^{k+1}\boldsymbol{u}+c_2\mu^{k+1}\boldsymbol{v}$
    b. $$\begin{aligned} \boldsymbol{Ax}_k &= \boldsymbol{A}(c_1\lambda^k\boldsymbol{u}+c_2\mu^k\boldsymbol{v}) \\ &= c_1\lambda^k\boldsymbol{Au}+c_2\mu^k\boldsymbol{Av} && \text{线性性质} \\ &= c_1\lambda^k\lambda\boldsymbol{u}+c_2\mu^k\mu\boldsymbol{v} && u \text{ 和 } v \text{ 是特征向量} \\ &= \boldsymbol{x}_{k+1} \end{aligned}$$

43.

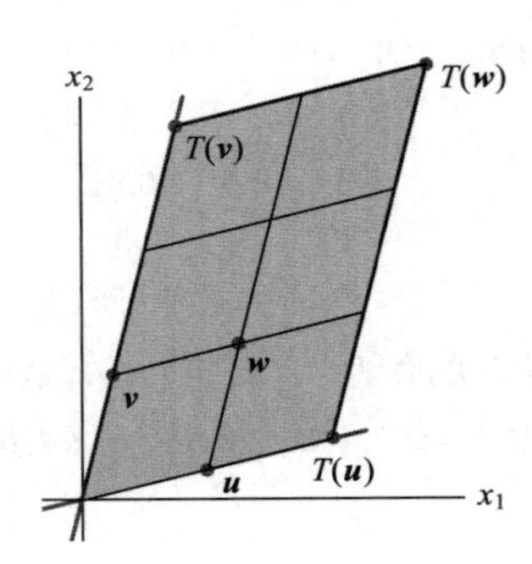

45. $\lambda=3:\begin{bmatrix}5\\-2\\9\end{bmatrix}$；$\lambda=13:\begin{bmatrix}-2\\1\\0\end{bmatrix},\begin{bmatrix}-1\\0\\1\end{bmatrix}$.你可以用《学习指导》中的程序 nulbasis. 加速你的计算.

47. $\lambda=-2:\begin{bmatrix}-2\\7\\-5\\5\\0\end{bmatrix},\begin{bmatrix}3\\7\\-5\\0\\5\end{bmatrix}$;

$\lambda=5:\begin{bmatrix}2\\-1\\1\\0\\0\end{bmatrix},\begin{bmatrix}-1\\1\\0\\1\\0\end{bmatrix},\begin{bmatrix}2\\0\\0\\0\\1\end{bmatrix}$;

5.2

1. $\lambda^2-4\lambda-45$；9, −5　　3. $\lambda^2-2\lambda-1$；$1\pm\sqrt{2}$
5. $\lambda^2-6\lambda+9$；3
7. $\lambda^2-9\lambda+32$；无实特征值
9. $-\lambda^3+4\lambda^2-9\lambda-6$　　11. $-\lambda^3+9\lambda^2-26\lambda+24$
13. $-\lambda^3+18\lambda^2-95\lambda+150$　　15. 4，3，3，1
17. 3，3，1，1，0
19. 提示：方程对所有 λ 成立.
21~29. 见《学习指导》的提示.
31. 提示：求一个可逆矩阵 $\boldsymbol{P}$，使得 $\boldsymbol{RQ}=\boldsymbol{P}^{-1}\boldsymbol{AP}$.
33. 一般来说，$\boldsymbol{A}$ 的特征向量与 $\boldsymbol{A}^{\mathrm{T}}$ 的特征向量不同，当然，除非 $\boldsymbol{A}^{\mathrm{T}}=\boldsymbol{A}$.

35.
$a=32:\lambda=1,1,2$
$a=31.9:\lambda=0.2958,1,2.7042$
$a=31.8:\lambda=-0.1279,1,3.1279$
$a=32.1:\lambda=1,1.5\pm0.9747\mathrm{i}$
$a=32.2:\lambda=1,1.5\pm1.4663\mathrm{i}$

5.3

1. $\begin{bmatrix}226&-525\\90&-209\end{bmatrix}$　　3. $\begin{bmatrix}a^k&0\\3(a^k-b^k)&b^k\end{bmatrix}$

5. $\lambda=5:\begin{bmatrix}1\\1\\1\end{bmatrix}$；$\lambda=1:\begin{bmatrix}1\\0\\-1\end{bmatrix},\begin{bmatrix}2\\-1\\0\end{bmatrix}$

当一个答案包含一个对角化时，$\boldsymbol{A}=\boldsymbol{PDP}^{-1}$，因子 $\boldsymbol{P}$ 和 $\boldsymbol{D}$ 不唯一，所以你的答案也许与这里给出的不同.

7. $\boldsymbol{P}=\begin{bmatrix}1&0\\3&1\end{bmatrix}$，$\boldsymbol{D}=\begin{bmatrix}1&0\\0&-1\end{bmatrix}$

9. 不能对角化

11. $\boldsymbol{P}=\begin{bmatrix}1&2&1\\3&3&1\\4&3&1\end{bmatrix}$，$\boldsymbol{D}=\begin{bmatrix}3&0&0\\0&2&0\\0&0&1\end{bmatrix}$

13. $\boldsymbol{P}=\begin{bmatrix}-1&2&1\\-1&-1&0\\1&0&1\end{bmatrix}$，$\boldsymbol{D}=\begin{bmatrix}5&0&0\\0&1&0\\0&0&1\end{bmatrix}$

15. $\boldsymbol{P}=\begin{bmatrix}-1&-4&-2\\0&0&-1\\0&1&1\end{bmatrix}$，$\boldsymbol{D}=\begin{bmatrix}3&0&0\\0&3&0\\0&0&1\end{bmatrix}$

17. 不能对角化.

19. $\boldsymbol{P}=\begin{bmatrix}1&3&-1&-1\\0&2&-1&2\\0&0&1&0\\0&0&0&1\end{bmatrix}$，$\boldsymbol{D}=\begin{bmatrix}5&0&0&0\\0&3&0&0\\0&0&2&0\\0&0&0&2\end{bmatrix}$

21~27. 参见《学习指导》.
29. 是.（解释为什么.）
31. 否，$\boldsymbol{A}$ 一定可以对角化.（解释为什么.）
33. 提示：写 $\boldsymbol{A}=\boldsymbol{PDP}^{-1}$，由于 $\boldsymbol{A}$ 是可逆的，故 0 不是 $\boldsymbol{A}$ 的特征值，所以，$\boldsymbol{D}$ 在对角线上有非零

元素.

35. 一个答案是 $P_1=\begin{bmatrix}1 & 1\\ -2 & -1\end{bmatrix}$，它的列是对应于 D_1 特征值的特征向量.

37. 提示：构造一个合适的 2×2 三角形矩阵.

39.

$$P=\begin{bmatrix}2 & 2 & 1 & 6\\ 1 & -1 & 1 & -3\\ -1 & -7 & 1 & 0\\ 2 & 2 & 0 & 4\end{bmatrix},\ D=\begin{bmatrix}5 & 0 & 0 & 0\\ 0 & 1 & 0 & 0\\ 0 & 0 & -2 & 0\\ 0 & 0 & 0 & -2\end{bmatrix}$$

41.

$$P=\begin{bmatrix}6 & 3 & 2 & 4 & 3\\ -1 & -1 & -1 & -3 & -1\\ -3 & -3 & -4 & -2 & -4\\ 3 & 0 & -1 & 5 & 0\\ 0 & 3 & 4 & 0 & 5\end{bmatrix},$$

$$D=\begin{bmatrix}5 & 0 & 0 & 0 & 0\\ 0 & 5 & 0 & 0 & 0\\ 0 & 0 & 3 & 0 & 0\\ 0 & 0 & 0 & 1 & 0\\ 0 & 0 & 0 & 0 & 1\end{bmatrix}$$

5.4

1. $\begin{bmatrix}3 & -1 & 0\\ -5 & 6 & 4\\ 0 & 0 & 0\end{bmatrix}$

3. $\begin{bmatrix}3 & 0 & 0\\ 5 & -2 & 0\\ 0 & 4 & 1\end{bmatrix}$

5. $24b_1-20b_2+11b_3$

7. $\begin{bmatrix}1 & 5\\ 0 & 1\end{bmatrix}$

9. $b_1=\begin{bmatrix}1\\ 1\end{bmatrix}, b_2=\begin{bmatrix}1\\ 3\end{bmatrix}$

11. $b_1=\begin{bmatrix}-2\\ 1\end{bmatrix}, b_2=\begin{bmatrix}1\\ 1\end{bmatrix}$

13. a. $Ab_1=2b_1$，故 b_1 是 A 的特征向量. 然而，A 仅有一个特征值 $\lambda=2$，且特征空间仅是一维的，故 A 不可对角化.

b. $\begin{bmatrix}2 & -1\\ 0 & 2\end{bmatrix}$

15. a. $T(p)=3+3t+3t^2=3p$，所以 p 是 T 特征值 3 对应的特征向量.

b. $T(p)=-1-t-t^2$，所以 p 不是特征向量.

习题 17~19. 参见《学习指导》.

21. 由定义，如果 A 与 B 相似，则存在一个可逆矩阵 P，使得 $P^{-1}AP=B$.（见 5.2 节.）那么 B 是可逆的，因为它是可逆矩阵的乘积. 为证明 A^{-1} 与 B^{-1} 相似，利用方程 $P^{-1}AP=B$. 参见《学习指导》.

23. 提示：复习练习题 2.

25. 提示：计算 $B(P^{-1}x)$.

27. 提示：写出 $A=PBP^{-1}=(PB)P^{-1}$，且利用迹的性质.

29. $S(\chi)=\chi$，所以 χ 是 S 的特征值 1 对应的特征向量.

31. $M_2(\alpha)=0$，所以 α 是 M_2 的特征值 0 对应的特征向量.

33. $P^{-1}AP=\begin{bmatrix}8 & 3 & -6\\ 0 & 1 & 3\\ 0 & 0 & -3\end{bmatrix}$

35. $\lambda=2: b_1=\begin{bmatrix}0\\ -3\\ 3\\ 2\end{bmatrix}$; $\lambda=4: b_2=\begin{bmatrix}-30\\ -7\\ 3\\ 0\end{bmatrix}, b_2=\begin{bmatrix}39\\ 5\\ 0\\ 3\end{bmatrix}$;

$\lambda=5: b_4=\begin{bmatrix}11\\ -3\\ 4\\ 4\end{bmatrix}$;

基：$\mathcal{B}=\{b_1,b_2,b_3,b_4\}$

5.5

1. $\lambda=2+i$, $\begin{bmatrix}-1+i\\ 1\end{bmatrix}$; $\lambda=2-i$, $\begin{bmatrix}-1-i\\ 1\end{bmatrix}$

3. $\lambda=2+3i$, $\begin{bmatrix}1-3i\\ 2\end{bmatrix}$; $\lambda=2-3i$, $\begin{bmatrix}1+3i\\ 2\end{bmatrix}$

5. $\lambda=2+2i$, $\begin{bmatrix}1\\ 2+2i\end{bmatrix}$; $\lambda=2-2i$, $\begin{bmatrix}1\\ 2-2i\end{bmatrix}$

7. $\lambda=\sqrt{3}\pm i, \varphi=\pi/6$ 弧度，$r=2$

9. $\lambda=-\sqrt{3}/2\pm(1/2)\mathrm{i}, \varphi=-5\pi/6$ 弧度，$r=1$

11. $\lambda=0.1\pm0.1\mathrm{i}$，$\varphi=-\pi/4$ 弧度，$r=\sqrt{2}/10$

在习题 13~20 中，其他答案也有可能. 使得 $\boldsymbol{P}^{-1}\boldsymbol{AP}$ 等于给定的 $\boldsymbol{C}$ 或 $\boldsymbol{C}^{\mathrm{T}}$ 的任何 $\boldsymbol{P}$ 都是满意的答案.首先求 $\boldsymbol{P}$；然后计算 $\boldsymbol{P}^{-1}\boldsymbol{AP}$.

13. $\boldsymbol{P}=\begin{bmatrix}-1&-1\\1&0\end{bmatrix}$，$\boldsymbol{C}=\begin{bmatrix}2&-1\\1&2\end{bmatrix}$

15. $\boldsymbol{P}=\begin{bmatrix}1&3\\2&0\end{bmatrix}$，$\boldsymbol{C}=\begin{bmatrix}2&-3\\3&2\end{bmatrix}$

17. $\boldsymbol{P}=\begin{bmatrix}2&-1\\5&0\end{bmatrix}$，$\boldsymbol{C}=\begin{bmatrix}-0.6&-0.8\\0.8&-0.6\end{bmatrix}$

19. $\boldsymbol{P}=\begin{bmatrix}2&-1\\2&0\end{bmatrix}$，$\boldsymbol{C}=\begin{bmatrix}0.96&-0.28\\0.28&0.96\end{bmatrix}$

21. $\boldsymbol{y}=\begin{bmatrix}2\\-1+2\mathrm{i}\end{bmatrix}=\dfrac{-1+2\mathrm{i}}{5}\begin{bmatrix}-2-4\mathrm{i}\\5\end{bmatrix}$

23~25. 参见《学习指导》.

27. (a) 共轭的性质和等式 $\overline{\boldsymbol{x}}^{\mathrm{T}}=\overline{\boldsymbol{x}^{\mathrm{T}}}$.

(b) $\overline{\boldsymbol{Ax}}=\boldsymbol{A}\overline{\boldsymbol{x}}$ 且 $\boldsymbol{A}$ 是实的；

(c) 由于 $\boldsymbol{x}^{\mathrm{T}}\boldsymbol{A}\overline{\boldsymbol{x}}$ 是一个数，因而可看作一个 1×1 矩阵.

(d) 转置的性质.

(e) $\boldsymbol{A}^{\mathrm{T}}=\boldsymbol{A}$，$q$ 的定义.

29. 提示：首先写出 $\boldsymbol{x}=\mathrm{Re}\,\boldsymbol{x}+\mathrm{i}(\mathrm{Im}\,\boldsymbol{x})$.

31. $\boldsymbol{P}=\begin{bmatrix}1&-1&-2&0\\-4&0&0&2\\0&0&-3&-1\\2&0&4&0\end{bmatrix}$，

$$\boldsymbol{C}=\begin{bmatrix}0.2&-0.5&0&0\\0.5&0.2&0&0\\0&0&0.3&-0.1\\0&0&0.1&0.3\end{bmatrix}$$

其他选择也是可能的，但 $\boldsymbol{C}$ 必须等于 $\boldsymbol{P}^{-1}\boldsymbol{AP}$.

5.6

1. a. 提示：求 c_1,c_2，使得 $\boldsymbol{x}_0=c_1\boldsymbol{v}_1+c_2\boldsymbol{v}_2$，利用这个表达式以及 $\boldsymbol{v}_1$ 和 $\boldsymbol{v}_2$ 是 $\boldsymbol{A}$ 的特征向量的事实，计算 $\boldsymbol{x}_1=\begin{bmatrix}49/3\\41/3\end{bmatrix}$.

b. 一般地，$\boldsymbol{x}_k=5(3)^k\boldsymbol{v}_1-4\left(\dfrac{1}{3}\right)^k\boldsymbol{v}_2$，$k\geqslant0$.

3. 当 $p=0.2$，$\boldsymbol{A}$ 的特征值为 0.9 和 0.7，且

$$\boldsymbol{x}_k=c_1(0.9)^k\begin{bmatrix}1\\1\end{bmatrix}+c_2(0.7)^k\begin{bmatrix}2\\1\end{bmatrix}\to\boldsymbol{0}\text{，当 }k\to\infty\text{ 时}$$

捕食者的出生率越高，猫头鹰的食物供应就越少，最后捕食者和被捕食者种群都会消失.

5. 如果 $p=0.325$，则特征值是 1.05 和 0.55. 由于 1.05>1，故两种数量每年会增加 5%. 对应 1.05 的特征向量为(6,13)，所以，最后每 13 000 只松鼠大约有 6 只斑点猫头鹰.

7. a. 原点是鞍点，因为 $\boldsymbol{A}$ 的特征值的绝对值一个大于 1，另一个小于 1.

b. 最大的吸引方向是特征值 1/3 对应的特征向量 $\boldsymbol{v}_2$. 所有是 $\boldsymbol{v}_2$ 倍数的向量都被吸引到原点，最大的排斥方向由特征向量 $\boldsymbol{v}_1$ 给出，所有 $\boldsymbol{v}_1$ 的倍数都被排斥.

c. 参见《学习指导》.

9. 鞍点；特征值：2，0.5；最大的排斥方向：通过(0,0)和(−1,1)的直线；最大吸引方向：通过(0,0)和(1,4)的直线.

11. 吸引子；特征值：0.9，0.8；最大吸引方向：通过(0,0)和(5,4)的直线.

13. 排斥子；特征值：1.2，1.1；最大排斥方向：通过(0,0)和(3,4)的直线.

15. $\boldsymbol{x}_k=\boldsymbol{v}_1+(0.1)(0.5)^k\begin{bmatrix}2\\-3\\1\end{bmatrix}+(0.3)(0.2)^k\begin{bmatrix}-1\\0\\1\end{bmatrix}\to\boldsymbol{v}_1$ 当 $k\to\infty$.

17. a. $\boldsymbol{A}=\begin{bmatrix}0&1.6\\0.3&0.8\end{bmatrix}$

b. 人口数会增加，因为 $\boldsymbol{A}$ 的最大特征值是 1.2，此值大于 1. 最后的出生增长速度为 1.2，即每年增加 20%. 对应于特征值 $\lambda_1=1.2$ 的特征向量是(4,3)，说明每 3 个成人将有 4 个儿童.

c. 5 或 6 年以后，儿童-成人的比率会变得稳定.《学习指导》描述如何构造一个矩阵程序去生成一个数据矩阵，它的列给出每年儿童和成人的数量，数据的图像也有讨论.

5.7

1. $\boldsymbol{x}(t)=\frac{5}{2}\begin{bmatrix}-3\\1\end{bmatrix}\mathrm{e}^{4t}-\frac{3}{2}\begin{bmatrix}-1\\1\end{bmatrix}\mathrm{e}^{2t}$

3. $-\frac{5}{2}\begin{bmatrix}-3\\1\end{bmatrix}\mathrm{e}^{t}+\frac{9}{2}\begin{bmatrix}-1\\1\end{bmatrix}\mathrm{e}^{-t}$. 原点是鞍点. 最大吸引方向是通过(-1,1)和原点的直线. 最大排斥方向是通过(-3,1)和原点的直线.

5. $-\frac{1}{2}\begin{bmatrix}1\\3\end{bmatrix}\mathrm{e}^{4t}+\frac{7}{2}\begin{bmatrix}1\\1\end{bmatrix}\mathrm{e}^{6t}$，原点是一个排斥子，最大排斥方向是通过(1,1)和原点的直线.

7. 令 $\boldsymbol{P}=\begin{bmatrix}1&1\\3&1\end{bmatrix}$ 和 $\boldsymbol{D}=\begin{bmatrix}4&0\\0&6\end{bmatrix}$，那么 $\boldsymbol{A}=\boldsymbol{PDP}^{-1}$.

将 $\boldsymbol{x}=\boldsymbol{Py}$ 代入 $\boldsymbol{x}'=\boldsymbol{Ax}$，我们有

$$\frac{\mathrm{d}}{\mathrm{d}t}(\boldsymbol{Py})=\boldsymbol{A}(\boldsymbol{Py})$$

$$\boldsymbol{Py}'=\boldsymbol{PDP}^{-1}(\boldsymbol{Py})=\boldsymbol{PDy}$$

用 $\boldsymbol{P}^{-1}$ 左乘，得到 $\boldsymbol{y}'=\boldsymbol{Dy}$ 或

$$\begin{bmatrix}y_1'(t)\\y_2'(t)\end{bmatrix}=\begin{bmatrix}4&0\\0&6\end{bmatrix}\begin{bmatrix}y_1(t)\\y_2(t)\end{bmatrix}$$

9. 复数解：

$$c_1\begin{bmatrix}1-\mathrm{i}\\1\end{bmatrix}\mathrm{e}^{(-2+\mathrm{i})t}+c_2\begin{bmatrix}1+\mathrm{i}\\1\end{bmatrix}\mathrm{e}^{(-2-\mathrm{i})t}$$

实数解：

$$c_1\begin{bmatrix}\cos t+\sin t\\\cos t\end{bmatrix}\mathrm{e}^{-2t}+c_2\begin{bmatrix}\sin t-\cos t\\\sin t\end{bmatrix}\mathrm{e}^{-2t}$$

轨迹是螺旋趋于原点.

11. 复数解：$c_1\begin{bmatrix}-3+3\mathrm{i}\\2\end{bmatrix}\mathrm{e}^{3\mathrm{i}t}+c_2\begin{bmatrix}-3-3\mathrm{i}\\2\end{bmatrix}\mathrm{e}^{-3\mathrm{i}t}$

实数解：

$$c_1\begin{bmatrix}-3\cos 3t-3\sin 3t\\2\cos 3t\end{bmatrix}+c_2\begin{bmatrix}-3\sin 3t+3\cos 3t\\2\sin 3t\end{bmatrix}$$

轨迹是绕原点的椭圆.

13. 复数解：$c_1\begin{bmatrix}1+\mathrm{i}\\2\end{bmatrix}\mathrm{e}^{(1+3\mathrm{i})t}+c_2\begin{bmatrix}1-\mathrm{i}\\2\end{bmatrix}\mathrm{e}^{(1-3\mathrm{i})t}$

实数解：

$$c_1\begin{bmatrix}\cos 3t-\sin 3t\\2\cos 3t\end{bmatrix}\mathrm{e}^{t}+c_2\begin{bmatrix}\sin 3t+\cos 3t\\2\sin 3t\end{bmatrix}\mathrm{e}^{t}$$

轨迹是螺旋远离原点.

15. $\boldsymbol{x}(t)=c_1\begin{bmatrix}-1\\0\\1\end{bmatrix}\mathrm{e}^{-2t}+c_2\begin{bmatrix}-6\\1\\5\end{bmatrix}\mathrm{e}^{-t}+c_3\begin{bmatrix}-4\\1\\4\end{bmatrix}\mathrm{e}^{t}$

原点是鞍点，$c_3=0$ 的解被吸引到原点，$c_1=c_2=0$ 的解被排斥.

17. 复数解：

$$c_1\begin{bmatrix}-3\\1\\1\end{bmatrix}\mathrm{e}^{t}+c_2\begin{bmatrix}23-34\mathrm{i}\\-9+14\mathrm{i}\\3\end{bmatrix}\mathrm{e}^{(5+2\mathrm{i})t}+c_3\begin{bmatrix}23+34\mathrm{i}\\-9-14\mathrm{i}\\3\end{bmatrix}\mathrm{e}^{(5-2\mathrm{i})t}$$

实数解：

$$c_1\begin{bmatrix}-3\\1\\1\end{bmatrix}\mathrm{e}^{t}+c_2\begin{bmatrix}23\cos 2t+34\sin 2t\\-9\cos 2t-14\sin 2t\\3\cos 2t\end{bmatrix}\mathrm{e}^{5t}+$$

$$c_3\begin{bmatrix}23\sin 2t-34\cos 2t\\-9\sin 2t+14\cos 2t\\3\sin 2t\end{bmatrix}\mathrm{e}^{5t}$$

原点是排斥子，轨迹是螺旋向外远离原点.

19. $\boldsymbol{A}=\begin{bmatrix}-2&3/4\\1&-1\end{bmatrix}$,

$$\begin{bmatrix}v_1(t)\\v_2(t)\end{bmatrix}=\frac{5}{2}\begin{bmatrix}1\\2\end{bmatrix}\mathrm{e}^{-0.5t}-\frac{1}{2}\begin{bmatrix}-3\\2\end{bmatrix}\mathrm{e}^{-2.5t}$$

21. $\boldsymbol{A}=\begin{bmatrix}-1&-8\\5&-5\end{bmatrix}$，$\begin{bmatrix}i_L(t)\\v_C(t)\end{bmatrix}=\begin{bmatrix}-20\sin 6t\\15\cos 6t-5\sin 6t\end{bmatrix}\mathrm{e}^{-3t}$

5.8

1. 特征向量：$\boldsymbol{x}_4=\begin{bmatrix}1\\0.3326\end{bmatrix}$，或 $\boldsymbol{Ax}_4=\begin{bmatrix}4.9978\\1.6652\end{bmatrix}$；$\lambda\approx 4.9978$

3. 特征向量：$\boldsymbol{x}_4=\begin{bmatrix}0.5188\\1\end{bmatrix}$，或 $\boldsymbol{Ax}_4=\begin{bmatrix}0.4594\\0.9075\end{bmatrix}$；$\lambda\approx 0.9075$

5. $x=\begin{bmatrix}-0.7999\\1\end{bmatrix}, Ax=\begin{bmatrix}4.0015\\-5.0020\end{bmatrix}$;估计的 $\lambda=-5.0020$

7. $x_k:\begin{bmatrix}0.75\\1\end{bmatrix},\begin{bmatrix}1\\0.9565\end{bmatrix},\begin{bmatrix}0.9932\\1\end{bmatrix},\begin{bmatrix}1\\0.9990\end{bmatrix},\begin{bmatrix}0.9998\\1\end{bmatrix}$

μ_k : 11.5,　12.78,　12.96,　12.9948,　12.9990

9. $\mu_5=8.4233, \mu_6=8.4246$; 实际值：8.424 43(精确到小数点后 5 位).

11. μ_k : 5.8000, 5.9655, 5.9942, 5.9990 ($k=1, 2, 3, 4$); $R(x_k)$: 5.9655, 5.9990, 5.999 97, 5.999 999 3

13. 是，但序列也许收敛非常慢.

15. 提示：$Ax-\alpha x=(A-\alpha I)x$，且用以下事实：当 α 不是 A 的特征值时，$(A-\alpha I)$ 是可逆的.

17. $v_0=3.3384, v_1=3.321\ 19$（用四舍五入精确到 4 位有效数字），$v_2=3.321\ 220\ 9$，实际值：3.321 220 1（精确到小数点后 7 位）.

19. a. $\mu_6=30.2887=\mu_7$ 精确到四位小数，若到 6 位，最大特征值是 30.288 685，特征向量为 (0.957 629，0.688 937，1，0.943 782).

b. 逆幂法（取 $\alpha=0$）得到 $\mu_1^{-1}=0.010141$, $\mu_2^{-1}=0.010150$. 若精确到 7 位数字，最小特征值是 0.010 150 0，特征向量是(−0.603 972，1，−0.251 135，0.148 953). 收敛速度很快的原因是第二小的特征值接近 0.85.

21. a. 如果 A 的特征值在数量上都小于 1 且 $x\neq 0$，那么 A^kx 对充分大的 k 趋于一个特征向量.

b. 如果主特征值是 1，且 x 具有与对应特征向量方向一致的分量，那么 $\{A^kx\}$ 将收敛于那个特征向量的倍数.

c. 如果 A 的特征值在数量上都大于 1，且 x 不是一个特征向量，那么从 A^kx 到最近特征向量的距离在 $k\to\infty$ 时会增大.

5.9

1. a. 从 新闻 音乐 到

$$\begin{bmatrix}0.7 & 0.6\\0.3 & 0.4\end{bmatrix}\begin{matrix}\text{新闻}\\\text{音乐}\end{matrix}$$

b. $\begin{bmatrix}1\\0\end{bmatrix}$　　c. 33%

3. a. 从 健康 生病 到

$$\begin{bmatrix}0.95 & 0.45\\0.05 & 0.55\end{bmatrix}\begin{matrix}\text{健康}\\\text{生病}\end{matrix}$$

b. 15%，12.5%

c. 0.925；使用 $x_0=\begin{bmatrix}1\\0\end{bmatrix}$.

5. $\begin{bmatrix}0.4\\0.6\end{bmatrix}$　　7. $\begin{bmatrix}1/4\\1/2\\1/4\end{bmatrix}$

9. 是，因为 P^2 所有的元素为正.

11. a. $\begin{bmatrix}2/3\\1/3\end{bmatrix}$　　b. 2/3

13. a. $\begin{bmatrix}0.9\\0.1\end{bmatrix}$　　b. 0.10，否

15~19. 参见《学习指导》.

21. 否，q 不是概率向量，因为它的元素之和加起来不等于 1.

23. 否，Aq 不等于 q.

25. 67%

27. a. P 的每列的元素之和为 1. $P-I$ 的列的元素除了某个元素减少了 1，与 P 中的相同. 因此，每个列的总和为 0.

b. 由（a）可知，$P-I$ 的最后一行是其他行和的相反数.

c. 由（b）和生成集定理，或者，利用（a）和行变换不改变行空间的事实可知：$P-I$ 的最后一行可以删除，剩下的 $n-1$ 行仍能生成行空间. 设 A 是通过将 $P-I$ 的最后一行加到其他行所得到的矩阵，由（a）可知，行空间可以由矩阵 A 的前 $n-1$ 行来生成.

d. 通过秩定理和（c），$P-I$ 的列空间的维数小于 n，因此，零空间是非平凡的，因为 $P-I$ 是一个方阵，所以你也可以使用可逆矩阵定理来代替秩定理.

29. a. 积 Sx 等于 x 中各项的和. 对概率向量这

个和一定等于 1 .

b. $P=\begin{bmatrix}p_1 & p_2 & \cdots p_n\end{bmatrix}$ 这里 p_i 是概率向量. 由矩阵乘法和（a），$SP=\begin{bmatrix}Sp_1 & Sp_2 & \cdots Sp_n\end{bmatrix}=\begin{bmatrix}1 1 \cdots 1\end{bmatrix}=S$

c. 由（b）可知，$S(Px)=(SP)x=Sx=1$.同样，Px 中的元素是非负的（由于 P和x 具有非负元素），因此，由（a），Px 是概率向量.

31. a. 精确到小数点后四位，

$$P^4=P^5=\begin{bmatrix}0.2816 & 0.2816 & 0.2816 & 0.2816\\0.3355 & 0.3355 & 0.3355 & 0.3355\\0.1819 & 0.1819 & 0.1819 & 0.1819\\0.2009 & 0.2009 & 0.2009 & 0.2009\end{bmatrix},$$

$$q=\begin{bmatrix}0.2816\\0.3355\\0.1819\\0.2009\end{bmatrix}$$

注意，由于四舍五入，列中元素之和不是 1.

b. 精确到小数点后四位，

$$Q^{80}=\begin{bmatrix}0.7354 & 0.7348 & 0.7351\\0.0881 & 0.0887 & 0.0884\\0.1764 & 0.1766 & 0.1765\end{bmatrix},$$

$$Q^{116}=Q^{117}=\begin{bmatrix}0.7353 & 0.7353 & 0.7353\\0.0882 & 0.0882 & 0.0882\\0.1765 & 0.1765 & 0.1765\end{bmatrix},\ q=\begin{bmatrix}0.7353\\0.0882\\0.1765\end{bmatrix}$$

c. 设 P 为$n\times n$ 正则随机矩阵，q 为 P 的稳态向量，e_1 为单位矩阵的第一列. 则 $P^k e_1$ 是 P^k 的第一列. 根据定理 11，当$k\to\infty$时，$P^k e_1\to q$. 用单位矩阵的其他列替换 e_1，我们得出结论，当 $k\to\infty$ 时，P^k 的每一列收敛到 q. 因此 $P^k\to[q \quad q \quad \dots \quad q]$.

第 5 章补充习题

1. T	3. T	5. T	7. F	9. F
11. F	13. F	15. F	17. F	19. F
21. T	23. F			

25. a. 假设 $Ax=\lambda x$，其中 $x\neq 0$，则 $(5I-A)x=5x-Ax=5x-\lambda x=(5-\lambda)x$，特征值是 $5-\lambda$.

b. $(5I-3A+A^2)x=5x-3Ax+A(Ax)=5x-3\lambda x+\lambda^2 x=(5-3\lambda+\lambda^2)x$，特征值为 $5-3\lambda+\lambda^2$.

27. 假设 $Ax=\lambda x$，$x\neq 0$，那么

$$\begin{aligned}p(A)x&=(c_0I+c_1A+c_2A^2+\cdots+c_nA^n)x\\&=c_0x+c_1(Ax)+c_2A^2x+\cdots+c_nA^nx\\&=c_0x+c_1\lambda x+c_2\lambda^2x+\cdots+c_n\lambda^nx=p(\lambda)x\end{aligned}$$

所以，$p(\lambda)$ 是矩阵 $p(A)$ 的一个特征值.

29. 如果 $A=PDP^{-1}$，那么 $p(A)=Pp(D)P^{-1}$，像习题 28 中所证明的那样. 如果 D 中 (j,j) 元素为 λ，那么 D^k 中 (j,j) 元素为 λ^k. 所以，$p(D)$ 中 (j,j) 元素为 $p(\lambda)$. 如果 p 是矩阵 A 的特征多项式，那么对 D 的对角线上的每一个元素有 $p(\lambda)=0$，这是因为 D 中的这些元素是 A 的特征值. 于是 $p(D)$ 是零矩阵，从而 $p(A)=P0P^{-1}=0$.

31. 如果 $I-A$ 不可逆，那么方程 $(I-A)x=0$ 将会有一个非平凡解 x，从而 $x-Ax=0$ 且 $Ax=1\cdot x$，这表明 A 具有特征值 1. 如果所有特征值绝对值小于 1，这是不可能出现的，所以 $I-A$ 一定可逆.

33. a. 取 H 中的 x，那么对一些数 c 有 $x=cu$，所以 $Ax=A(cu)=c(Au)=c(\lambda u)=(c\lambda)u$，这说明 Ax 在 H 中.

b. 令 x 是 K 中的非零向量，由于 K 是一维的，故 K 是 x 的所有倍数形成的集合. 如果 K 在 A 之下不变，那么 Ax 属于 K，因此 Ax 是 x 的倍数，从而 x 是 A 的一个特征向量.

35. 1，3，7

37. 将第 3 章补充习题 30 的行列式公式中的 a 用 $a-\lambda$ 替换：

$$\det(A-\lambda I)=(a-b-\lambda)^{n-1}[a-\lambda+(n-1)b]$$

这个行列式为零当且仅当 $a-b-\lambda=0$ 或 $a-\lambda+(n-1)b=0$.于是 λ 是 A 的特征值当且仅当 $\lambda=a-b$ 或 $\lambda=a+(n-1)b$.从上面计算 $\det(A-\lambda I)$ 的公式得到特征值 $a-b$ 的重数是 $n-1$，特征值 $a+(n-1)b$ 的重数是 1.

39. $\det(\boldsymbol{A}-\lambda\boldsymbol{I})=(a_{11}-\lambda)(a_{22}-\lambda)-a_{12}a_{21}=$
$\lambda^2-(a_{11}+a_{22})\lambda+(a_{11}a_{22}-a_{12}a_{21})$
$=\lambda^2-(\operatorname{tr}\boldsymbol{A})\lambda+\det\boldsymbol{A}$
利用二次求根公式求得特征方程的解为：
$$\lambda=\frac{\operatorname{tr}\boldsymbol{A}\pm\sqrt{(\operatorname{tr}\boldsymbol{A})^2-4\det\boldsymbol{A}}}{2}$$
特征值都是实数当且仅当判别式是非负的，即 $(\operatorname{tr}\boldsymbol{A})^2-4\det\boldsymbol{A}\geqslant 0$.这个不等式简化为$(\operatorname{tr}\boldsymbol{A})^2\geqslant 4\det\boldsymbol{A}$ 和 $\left(\frac{\operatorname{tr}\boldsymbol{A}}{2}\right)^2\geqslant\det\boldsymbol{A}$.

41. $\boldsymbol{C}_p=\begin{bmatrix}0&1\\-6&5\end{bmatrix}$; $\det(\boldsymbol{C}_p-\lambda\boldsymbol{I})=6-5\lambda+\lambda^2=p(\lambda)$

43. 如果 p 是 2 阶多项式，那么类似习题 41 中的一个计算表明：$\boldsymbol{C}_p$ 的特征多项式是 $p(\lambda)=(-1)^2p(\lambda)$，所以，对 $n=2$ 结果是真的. 假若结果对 $n=k, k\geqslant 2$ 是真的，且考虑一个次数为 $(k+1)$ 的多项式 p. $\det(\boldsymbol{C}_p-\lambda\boldsymbol{I})$ 按第一列的代数余子式展开，$\boldsymbol{C}_p-\lambda\boldsymbol{I}$ 的行列式等于
$$(-\lambda)\det\begin{bmatrix}-\lambda&1&\cdots&0\\\vdots&&&\vdots\\0&&&1\\-a_1&-a_2&\cdots&-a_k-\lambda\end{bmatrix}+(-1)^{k+1}a_0$$
这个 $k\times k$ 矩阵是 $\boldsymbol{C}_q-\lambda\boldsymbol{I}$，其中 $q(t)=a_1+a_2t+\cdots+a_kt^{k-1}+t^k$. 由归纳假设，$\boldsymbol{C}_p-\lambda\boldsymbol{I}$ 的行列式是 $(-1)^kq(\lambda)$，因此
$$\begin{aligned}\det(\boldsymbol{C}_p-\lambda\boldsymbol{I})&=(-1)^{k+1}a_0+(-\lambda)(-1)^kq(\lambda)\\&=(-1)^{k+1}[a_0+\lambda(a_1+a_2\lambda+\cdots+a_k\lambda^{k-1}+\lambda^k)]\\&=(-1)^{k+1}p(\lambda)\end{aligned}$$
所以，当 $n=k$ 结论成立时，公式对 $n=k+1$ 成立. 由归纳法原理，关于 $\det(\boldsymbol{C}_p-\lambda\boldsymbol{I})$ 的公式对所有 $n\geqslant 2$ 成立.

45. 由习题 44，范德蒙德矩阵 $\boldsymbol{V}$ 的列是 $\boldsymbol{C}_p$ 的特征向量，对应的特征值分别是 $\lambda_1,\lambda_2,\lambda_3$（特征多项式 p 的根）. 由于这些特征值是不同的，故由 5.1 节定理 2，对应的特征向量形成一个线性无关集. 于是 $\boldsymbol{V}$ 有线性无关的列，且由可逆矩阵定理可知 $\boldsymbol{V}$ 是可逆的. 最后，由于 $\boldsymbol{V}$ 的列是 $\boldsymbol{C}_p$ 的特征向量，故对角化定理（5.3 节定理 5）表明 $\boldsymbol{V}^{-1}\boldsymbol{C}_p\boldsymbol{V}$ 是对角形.

47. 如果你的矩阵程序用迭代方法而不是符号计算法计算特征值和特征向量，你可能会遇到一些困难. 你会发现 $\boldsymbol{AP}-\boldsymbol{PD}$ 有非常小的元素且 $\boldsymbol{PDP}^{-1}$ 接近于 $\boldsymbol{A}$.（这在几年前是真的，但情况会随矩阵程序不断改进而改变.）如果你从程序的特征向量构造 $\boldsymbol{P}$，注意检查 $\boldsymbol{P}$ 的条件数.这也许告诉你不可以真正求得 3 个线性无关的特征向量.

第 6 章

6.1

1. 5，4，$\frac{4}{5}$　　3. $\begin{bmatrix}3/35\\-1/35\\-5/7\end{bmatrix}$　　5. $\begin{bmatrix}8/13\\12/13\end{bmatrix}$

7. $\sqrt{35}$　　9. $\begin{bmatrix}-0.6\\0.8\end{bmatrix}$　　11. $\begin{bmatrix}7/\sqrt{69}\\2/\sqrt{69}\\4/\sqrt{69}\end{bmatrix}$

13. $5\sqrt{5}$　　15. 不正交

17. 正交

19~27. 写出答案之后参考《学习指导》.

29. 提示：用 2.1 节的定理 3 和 2.

31. $\boldsymbol{u}\cdot\boldsymbol{v}=0$, $\|\boldsymbol{u}\|^2=30$, $\|\boldsymbol{v}\|^2=101$, $\|\boldsymbol{u}+\boldsymbol{v}\|^2=(-5)^2+(-9)^2+5^2=131=30+101$.

33. 所有$\begin{bmatrix}-b\\a\end{bmatrix}$的倍数的集合(当 $\boldsymbol{v}\neq\boldsymbol{0}$).

35. 提示：用正交性的定义.

37. 提示：考虑一个属于 W 的典型向量 $\boldsymbol{w}=c_1\boldsymbol{v}_1+c_2\boldsymbol{v}_2+\cdots+c_p\boldsymbol{v}_p$.

39. 提示：如果 $\boldsymbol{x}$ 属于 $W^{\perp}$，那么 $\boldsymbol{x}$ 与 W 中任一向量正交.

41. 说明你的猜测并给出代数验证.

6.2

1. 不正交　　3. 不正交　　5. 正交

7. 证明 $\boldsymbol{u}_1\cdot\boldsymbol{u}_2=0$，注意定理 4 且观察到 $\mathbb{R}^2$ 中两个线性无关向量构成一个基，那么得到

$$x = \frac{39}{13}\begin{bmatrix} 2 \\ -3 \end{bmatrix} + \frac{26}{52}\begin{bmatrix} 6 \\ 4 \end{bmatrix} = 3\begin{bmatrix} 2 \\ -3 \end{bmatrix} + \frac{1}{2}\begin{bmatrix} 6 \\ 4 \end{bmatrix}$$

9. 证明 $\boldsymbol{u}_1 \cdot \boldsymbol{u}_2 = 0$, $\boldsymbol{u}_1 \cdot \boldsymbol{u}_3 = 0$ 且 $\boldsymbol{u}_2 \cdot \boldsymbol{u}_3 = 0$. 注意定理 4 且观察到 $\mathbb{R}^3$ 中线性无关向量构成一个基，那么得到 $\boldsymbol{x} = \frac{5}{2}\boldsymbol{u}_1 - \frac{27}{18}\boldsymbol{u}_2 + \frac{18}{9}\boldsymbol{u}_3 = \frac{5}{2}\boldsymbol{u}_1 - \frac{3}{2}\boldsymbol{u}_2 + 2\boldsymbol{u}_3$.

11. $\begin{bmatrix} -2 \\ 1 \end{bmatrix}$ 13. $\boldsymbol{y} = \begin{bmatrix} -4/5 \\ 7/5 \end{bmatrix} + \begin{bmatrix} 14/5 \\ 8/5 \end{bmatrix}$

15. $\boldsymbol{y} - \hat{\boldsymbol{y}} = \begin{bmatrix} 0.6 \\ -0.8 \end{bmatrix}$，距离是 1.

17. $\begin{bmatrix} 1/\sqrt{3} \\ 1/\sqrt{3} \\ 1/\sqrt{3} \end{bmatrix}, \begin{bmatrix} -1/\sqrt{2} \\ 0 \\ 1/\sqrt{2} \end{bmatrix}$

19. 单位正交 21. 单位正交

23~31. 参见《学习指导》.

33. 提示：$\|U\boldsymbol{x}\|^2 = (U\boldsymbol{x})^{\mathrm{T}}(U\boldsymbol{x})$，同样，(a) 和 (c) 可从 (b) 得到.

35. 提示：你需要两个定理，其中一个仅应用于方阵.

37. 提示：如果你有一个候补逆，则可以检查这个候补是否可行.

39. 假设 $\hat{\boldsymbol{y}} = \frac{\boldsymbol{y} \cdot \boldsymbol{u}}{\boldsymbol{u} \cdot \boldsymbol{u}}\boldsymbol{u}$. 对 $c \neq 0$ 用 $c\boldsymbol{u}$ 代替 $\boldsymbol{u}$；那么

$$\frac{\boldsymbol{y} \cdot (c\boldsymbol{u})}{(c\boldsymbol{u}) \cdot (c\boldsymbol{u})}(c\boldsymbol{u}) = \frac{c(\boldsymbol{y} \cdot \boldsymbol{u})}{c^2 \boldsymbol{u} \cdot \boldsymbol{u}}(c)\boldsymbol{u} = \hat{\boldsymbol{y}}$$

41. 设 $L = \mathrm{Span}\{\boldsymbol{u}\}$，其中 $\boldsymbol{u}$ 非零，记 $T(\boldsymbol{x}) = \mathrm{proj}_L \boldsymbol{x}$，根据定义，

$$T(\boldsymbol{x}) = \frac{\boldsymbol{x} \cdot \boldsymbol{u}}{\boldsymbol{u} \cdot \boldsymbol{u}}\boldsymbol{u} = (\boldsymbol{x} \cdot \boldsymbol{u})(\boldsymbol{u} \cdot \boldsymbol{u})^{-1}\boldsymbol{u}$$

对 $\mathbb{R}^n$ 中的 $\boldsymbol{x}$ 和 $\boldsymbol{y}$ 以及任意数 c 和 d，内积的性质（定理 1）说明

$$\begin{aligned} T(c\boldsymbol{x} + d\boldsymbol{y}) &= [(c\boldsymbol{x} + d\boldsymbol{y}) \cdot \boldsymbol{u}](\boldsymbol{u} \cdot \boldsymbol{u})^{-1}\boldsymbol{u} \\ &= [c(\boldsymbol{x} \cdot \boldsymbol{u}) + d(\boldsymbol{y} \cdot \boldsymbol{u})](\boldsymbol{u} \cdot \boldsymbol{u})^{-1}\boldsymbol{u} \\ &= c(\boldsymbol{x} \cdot \boldsymbol{u})(\boldsymbol{u} \cdot \boldsymbol{u})^{-1}\boldsymbol{u} + d(\boldsymbol{y} \cdot \boldsymbol{u})(\boldsymbol{u} \cdot \boldsymbol{u})^{-1}\boldsymbol{u} \\ &= cT(\boldsymbol{x}) + dT(\boldsymbol{y}) \end{aligned}$$

因此 T 是线性的.

43. 定理 6 的证明表明，要检查的内积实际上是矩阵乘积 $A^{\mathrm{T}}A$ 中的元素. 计算表明 $A^{\mathrm{T}}A = 100I_4$. 由于 $A^{\mathrm{T}}A$ 中的非对角线元素为零，因此 A 的列是正交的.

6.3

1. $\boldsymbol{x} = -\frac{8}{9}\boldsymbol{u}_1 - \frac{2}{9}\boldsymbol{u}_2 + \frac{2}{3}\boldsymbol{u}_3 + 2\boldsymbol{u}_4$；$\boldsymbol{x} = \begin{bmatrix} 0 \\ -2 \\ 4 \\ -2 \end{bmatrix} + \begin{bmatrix} 10 \\ -6 \\ -2 \\ 2 \end{bmatrix}$

3. $\begin{bmatrix} -1 \\ 4 \\ 0 \end{bmatrix}$ 5. $\begin{bmatrix} -1 \\ 2 \\ 6 \end{bmatrix} = \boldsymbol{y}$

7. $\boldsymbol{y} = \begin{bmatrix} 10/3 \\ 2/3 \\ 8/3 \end{bmatrix} + \begin{bmatrix} -7/3 \\ 7/3 \\ 7/3 \end{bmatrix}$ 9. $\boldsymbol{y} = \begin{bmatrix} 2 \\ 4 \\ 0 \\ 0 \end{bmatrix} + \begin{bmatrix} 2 \\ -1 \\ 3 \\ -1 \end{bmatrix}$

11. $\begin{bmatrix} 3 \\ -1 \\ 1 \\ -1 \end{bmatrix}$ 13. $\begin{bmatrix} -1 \\ -3 \\ -2 \\ 3 \end{bmatrix}$ 15. $\sqrt{40}$

17. a. $U^{\mathrm{T}}U = \begin{bmatrix} 1 & 0 \\ 0 & 1 \end{bmatrix}$, $UU^{\mathrm{T}} = \begin{bmatrix} 8/9 & -2/9 & 2/9 \\ -2/9 & 5/9 & 4/9 \\ 2/9 & 4/9 & 5/9 \end{bmatrix}$

b. $\mathrm{proj}_W \boldsymbol{y} = 6\boldsymbol{u}_1 + 3\boldsymbol{u}_2 = \begin{bmatrix} 2 \\ 4 \\ 5 \end{bmatrix}$，且 $(UU^{\mathrm{T}})\boldsymbol{y} = \begin{bmatrix} 2 \\ 4 \\ 5 \end{bmatrix}$

19. $\begin{bmatrix} 0 \\ 2/5 \\ 1/5 \end{bmatrix}$ 的任何倍数，如 $\begin{bmatrix} 0 \\ 2 \\ 1 \end{bmatrix}$.

21~29. 在参考《学习指导》之前，写出答案.

31. 提示：用定理 3 和正交分解定理. 对唯一性，假设 $A\boldsymbol{p} = \boldsymbol{b}$ 和 $A\boldsymbol{p}_1 = \boldsymbol{b}$，考虑方程 $\boldsymbol{p} = \boldsymbol{p}_1 + (\boldsymbol{p} - \boldsymbol{p}_1)$ 和 $\boldsymbol{p} = \boldsymbol{p} + \boldsymbol{0}$.

33. $\boldsymbol{w} = \begin{bmatrix} 1 \\ 0 \\ 0 \\ 1 \end{bmatrix}$ $M = \begin{bmatrix} 1 & 0 & 0 & -1 \\ 0 & 1 & 0 & 0 \\ 0 & 0 & 1 & 0 \\ -1 & 0 & 0 & 1 \end{bmatrix}$

35. $w=\begin{bmatrix}1\\1\\1\\1\\0\\0\\1\\1\\1\end{bmatrix}$; $M=\begin{bmatrix}6&-1&-1&-1&0&0&-1&-1&-1\\-1&1&0&0&0&0&0&0&0\\-1&0&1&0&0&0&0&0&0\\-1&0&0&1&0&0&0&0&0\\0&0&0&0&1&0&0&0&0\\0&0&0&0&0&1&0&0&0\\-1&0&0&0&0&0&1&0&0\\-1&0&0&0&0&0&0&1&0\\-1&0&0&0&0&0&0&0&1\end{bmatrix}$

37. 由6.2节定理6，因为 $U^TU=I_4$，所以 U 有单位正交列. Col U 中离 y 最近的点是 y 在 Col U 上的正交投影 $\hat{y}$. 由定理10，

$$\hat{y}=UU^Ty=(1.2,0.4,1.2,1.2,0.4,1.2,0.4,0.4)$$

6.4

1. $\begin{bmatrix}3\\0\\-1\end{bmatrix},\begin{bmatrix}-1\\5\\-3\end{bmatrix}$

3. $\begin{bmatrix}2\\-5\\1\end{bmatrix},\begin{bmatrix}3\\3/2\\3/2\end{bmatrix}$

5. $\begin{bmatrix}1\\-4\\0\\1\end{bmatrix},\begin{bmatrix}5\\1\\-4\\-1\end{bmatrix}$

7. $\begin{bmatrix}2/\sqrt{30}\\-5/\sqrt{30}\\1/\sqrt{30}\end{bmatrix},\begin{bmatrix}2/\sqrt{6}\\1/\sqrt{6}\\1/\sqrt{6}\end{bmatrix}$

9. $\begin{bmatrix}3\\1\\-1\\3\end{bmatrix},\begin{bmatrix}1\\3\\3\\-1\end{bmatrix},\begin{bmatrix}-3\\1\\1\\3\end{bmatrix}$

11. $\begin{bmatrix}1\\-1\\-1\\1\\1\end{bmatrix},\begin{bmatrix}3\\0\\3\\-3\\3\end{bmatrix},\begin{bmatrix}2\\0\\2\\2\\-2\end{bmatrix}$

13. $R=\begin{bmatrix}6&12\\0&6\end{bmatrix}$

15.

$$Q=\begin{bmatrix}1/\sqrt{5}&1/2&1/2\\-1/\sqrt{5}&0&0\\-1/\sqrt{5}&1/2&1/2\\1/\sqrt{5}&-1/2&1/2\\1/\sqrt{5}&1/2&-1/2\end{bmatrix},R=\begin{bmatrix}\sqrt{5}&-\sqrt{5}&4\sqrt{5}\\0&6&-2\\0&0&4\end{bmatrix}$$

17~21. 参见《学习指导》.

23. 若 x 满足 $Rx=0$，那么 $QRx=Q0=0$，且 $Ax=0$. 由于 A 的列是线性无关的，因此 x 必为零. 这个事实反过来说明 R 的列是线性无关的. 因为 R 是方阵，由可逆矩阵定理可知它是可逆的.

25. 记 Q 的列为 $q_1,q_2,\cdots,q_n$，注意 $n\leqslant m$，因为 A 是 $m\times n$ 且有线性无关的列. 利用以下事实：Q 的列可以扩充为 $\mathbb{R}^m$ 的一个标准正交基，如 $\{q_1,q_2,\cdots,q_m\}$（《学习指导》描述了一种方法）. 取 $Q_0=[q_{n+1}\ \cdots\ q_m]$ 那么 $Q_1=[Q\ \ Q_0]$. 利用分块矩阵乘积，$Q_1\begin{bmatrix}R\\0\end{bmatrix}=QR=A$.

27. 提示：将 R 作为 2×2 分块矩阵.

29. R 的对角元素是20，6，10.3923和7.0711，精确到4位小数.

6.5

1. a. $\begin{bmatrix}6&-11\\-11&22\end{bmatrix}\begin{bmatrix}x_1\\x_2\end{bmatrix}=\begin{bmatrix}-4\\11\end{bmatrix}$　b. $\hat{x}=\begin{bmatrix}3\\2\end{bmatrix}$

3. a. $\begin{bmatrix}6&6\\6&42\end{bmatrix}\begin{bmatrix}x_1\\x_2\end{bmatrix}=\begin{bmatrix}6\\-6\end{bmatrix}$　b. $\hat{x}=\begin{bmatrix}4/3\\-1/3\end{bmatrix}$

5. $\hat{x}=\begin{bmatrix}5\\-3\\0\end{bmatrix}+x_3\begin{bmatrix}-1\\1\\1\end{bmatrix}$

7. $2\sqrt{5}$

9. a. $\hat{b}=\begin{bmatrix}1\\1\\0\end{bmatrix}$　b. $\hat{x}=\begin{bmatrix}2/7\\1/7\end{bmatrix}$

11. a. $\hat{b}=\begin{bmatrix}3\\1\\4\\-1\end{bmatrix}$　b. $\hat{x}=\begin{bmatrix}2/3\\0\\1/3\end{bmatrix}$

13.

$Au=\begin{bmatrix}11\\-11\\11\end{bmatrix}$，$Av=\begin{bmatrix}7\\-12\\7\end{bmatrix}$，$b-Au=\begin{bmatrix}0\\2\\-6\end{bmatrix}$，

$b-Av=\begin{bmatrix}4\\3\\-2\end{bmatrix}$. 否，$u$ 不可能是 $Ax=b$ 的一个最小二乘解. 为什么？

15. $\hat{x}=\begin{bmatrix}4\\-1\end{bmatrix}$

17~25. 参见“学习指导”.

27. a. 如果 $\boldsymbol{Ax}=\mathbf{0}$，那么 $\boldsymbol{A}^{\mathrm{T}}\boldsymbol{Ax}=\boldsymbol{A}^{\mathrm{T}}\mathbf{0}=\mathbf{0}$，这说明 Nul $\boldsymbol{A}$ 包含在 Nul $\boldsymbol{A}^{\mathrm{T}}\boldsymbol{A}$ 中.

   b. 如果 $\boldsymbol{A}^{\mathrm{T}}\boldsymbol{Ax}=\mathbf{0}$，那么 $\boldsymbol{x}^{\mathrm{T}}\boldsymbol{A}^{\mathrm{T}}\boldsymbol{Ax}=\boldsymbol{x}^{\mathrm{T}}\mathbf{0}=0$，所以 $(\boldsymbol{Ax})^{\mathrm{T}}(\boldsymbol{Ax})=0$（这说明 $\|\boldsymbol{Ax}\|^2=0$），因此 $\boldsymbol{Ax}=\mathbf{0}$. 这说明 Nul $\boldsymbol{A}^{\mathrm{T}}\boldsymbol{A}$ 包含在 Nul $\boldsymbol{A}$ 中.

29. 提示：对（a），利用第 2 章的一个重要定理.

31. 由定理 14，$\hat{\boldsymbol{b}}=\boldsymbol{A}\hat{\boldsymbol{x}}=\boldsymbol{A}(\boldsymbol{A}^{\mathrm{T}}\boldsymbol{A})^{-1}\boldsymbol{A}^{\mathrm{T}}\boldsymbol{b}$. 矩阵 $\boldsymbol{A}(\boldsymbol{A}^{\mathrm{T}}\boldsymbol{A})^{-1}\boldsymbol{A}^{\mathrm{T}}$ 在统计中经常出现，通常称为帽子矩阵.

33. 法方程是 $\begin{bmatrix}2&2\\2&2\end{bmatrix}\begin{bmatrix}x\\y\end{bmatrix}=\begin{bmatrix}6\\6\end{bmatrix}$，它的解是使得 $x+y=3$ 的 (x,y) 的集合. 解对应于位于直线 $x+y=2$ 和 $x+y=4$ 中间的直线点集.

6.6

1. $y=0.9+0.4x$　　3. $y=1.1+1.3x$

5. 2.5

7. 2.1,0.1 的误差是合理的.

9. 否. 20 的 $\boldsymbol{y}$ 值与其他 $\boldsymbol{y}$ 值相差甚远.

11. 如果两个点集有不同的 x 坐标，那么设计矩阵 $\boldsymbol{X}$ 的两列不可能互为倍数，因而它们线性无关.由 6.5 节的定理 14，法方程有唯一解.

13. a. $\boldsymbol{y}=\boldsymbol{X\beta}+\boldsymbol{\varepsilon}$，其中 $\boldsymbol{y}=\begin{bmatrix}1.8\\2.7\\3.4\\3.8\\3.9\end{bmatrix}$，$\boldsymbol{X}=\begin{bmatrix}1&1\\2&4\\3&9\\4&16\\5&25\end{bmatrix}$，

$$\boldsymbol{\beta}=\begin{bmatrix}\beta_1\\\beta_2\end{bmatrix},\ \boldsymbol{\varepsilon}=\begin{bmatrix}\varepsilon_1\\\varepsilon_2\\\varepsilon_3\\\varepsilon_4\\\varepsilon_5\end{bmatrix}$$

   b. $y=1.76x-0.20x^2$

   c. $\boldsymbol{y}=3.36$

15. $\boldsymbol{y}=\boldsymbol{X\beta}+\boldsymbol{\varepsilon}$，其中 $\boldsymbol{y}=\begin{bmatrix}7.9\\5.4\\-0.9\end{bmatrix}$，

$$\boldsymbol{X}=\begin{bmatrix}\cos 1&\sin 1\\\cos 2&\sin 2\\\cos 3&\sin 3\end{bmatrix},\boldsymbol{\beta}=\begin{bmatrix}A\\B\end{bmatrix},\ \boldsymbol{\varepsilon}=\begin{bmatrix}\varepsilon_1\\\varepsilon_2\\\varepsilon_3\end{bmatrix}$$

17. $\beta=1.45$ 和 $e=0.811$；轨迹一个椭圆. 对于方程 $r=\beta/(1-e\cdot\cos\ \vartheta)$，当 $\vartheta=4.6$ 时，$r=1.33$.

19. a. $y=-0.8558+4.7025t+5.5554t^2-0.0274t^3$

   b. 速度函数是

   $v(t)=4.7025+11.1108t-0.0822t^2$

   $v(4.5)=53.0$ 英尺/秒

21. 提示：写出在方程(1)中的 $\boldsymbol{X}$ 和 $\boldsymbol{y}$，且计算 $\boldsymbol{X}^{\mathrm{T}}\boldsymbol{X}$ 和 $\boldsymbol{X}^{\mathrm{T}}\boldsymbol{y}$.

23. a. $\boldsymbol{x}$ 数据的平均是 $\bar{x}=5.5$. 数据的平均偏差形式是 $(-3.5,1),(-0.5,2),(1.5,3),(2.5,3)$. $\boldsymbol{X}$ 的列是正交的,因为第 2 列中元素之和为零.

   b. $\begin{bmatrix}4&0\\0&21\end{bmatrix}\begin{bmatrix}\beta_0\\\beta_1\end{bmatrix}=\begin{bmatrix}9\\7.5\end{bmatrix}$，$y=\frac{9}{4}+\frac{5}{14}x^*=\frac{9}{4}+\frac{5}{14}(x-5.5)$

25. 提示：方程有一个好的几何解释.

6.7

1. a. 3，$\sqrt{105}$，225　　b. 所有 $\begin{bmatrix}1\\4\end{bmatrix}$ 的倍数

3. 28　　5. $5\sqrt{2}$，$3\sqrt{3}$　　7. $\frac{56}{25}+\frac{14}{25}t$

9. a. 常数多项式，$p(t)=5$

   b. t^2-5 正交于 p_0 和 p_1；值：(4, −4, −4, 4)；答案：$q(t)=\frac{1}{4}(t^2-5)$

11. $\frac{17}{5}t$

13. 验证 4 个公理中的每一个，例如

1.	$\langle \boldsymbol{u},\boldsymbol{v}\rangle=(\boldsymbol{Au})\cdot(\boldsymbol{Av})$	定义
	$=(\boldsymbol{Av})\cdot(\boldsymbol{Au})$	点积的性质
	$=\langle \boldsymbol{v},\boldsymbol{u}\rangle$	定义

15. $\langle \boldsymbol{u},c\boldsymbol{v}\rangle=\langle c\boldsymbol{v},\boldsymbol{u}\rangle$ 公理1

    $=c\langle \boldsymbol{v},\boldsymbol{u}\rangle$ 公理3

    $=c\langle \boldsymbol{u},\boldsymbol{v}\rangle$ 公理1

17. 提示：计算 4 乘右边.

19~23. 参见“学习指导”.

25. $\langle \boldsymbol{u},\boldsymbol{v}\rangle = \sqrt{a}\sqrt{b}+\sqrt{b}\sqrt{a}=2\sqrt{ab}$，$\|\boldsymbol{u}\|^2=(\sqrt{a})^2+(\sqrt{b})^2=a+b$. 因为 a,b 非负，所以 $\|\boldsymbol{u}\|=\sqrt{a+b}$. 类似地，$\|\boldsymbol{v}\|=\sqrt{b+a}$. 由柯西－施瓦茨不等式，$2\sqrt{ab}\leqslant\sqrt{a+b}\sqrt{b+a}=a+b$，因而 $\sqrt{ab}\leqslant\dfrac{a+b}{2}$.

27. 0　　29. $2/\sqrt{5}$　　31. 1，t，$3t^2-1$

33. 新的正交多项式是 $-17t+5t^3$ 和 $72-155t^2+35t^4$ 的倍数. 缩放这些多项式使得它们在−2，−1，0，1 和 2 的值是小整数.

6.8

1. $y=2+\dfrac{3}{2}t$

3. $p(t)=4p_0-0.1p_1-0.5p_2+0.2p_3$
$$=4-0.1t-0.5(t^2-2)+0.2\left(\frac{5}{6}t^3-\frac{17}{6}t\right)$$
（这个多项式精确地拟合了数据.）

5. 利用等式
$$\sin mt\ \ \sin nt=\frac{1}{2}[\cos(mt-nt)-\cos(mt+nt)]$$

7. 利用等式 $\cos^2 kt=\dfrac{1+\cos 2kt}{2}$.

9. $\pi+2\sin t+\sin 2t+\dfrac{2}{3}\sin 3t$.（提示：利用例 4 的结果可节约时间.）

11. $\dfrac{1}{2}-\dfrac{1}{2}\cos 2t$（为什么？）

13. 提示：选取 $C[0,2\pi]$ 中的函数 f 和 g，且固定一个整数 $m\geqslant 0$.写出 $f+g$ 的包含 $\cos\ mt$ 的傅里叶系数且写出包含 $\sin\ mt$ 的傅里叶系数 $(m>0)$.

15. 立方曲线是下列函数的图形：$g(t)=-0.2685+3.6095t+5.8576t^2-0.0477t^3$.在 $t=4.5$ 秒的速度是 $g'(4.5)=53.4$ 英尺/秒.这比 6.6 节习题 19 中估计得到的结果快 0.7%.

第 6 章补充习题

1. F　2. T　3. T　4. F　5. F
6. T　7. T　8. T　9. F　10. T
11. T　12. F　13. T　14. F　15. F
16. T　17. T　18. F　19. F

20. 提示：若 $\{\boldsymbol{v}_1,\ \boldsymbol{v}_2\}$ 是单位正交集合且 $\boldsymbol{x}=c_1\boldsymbol{v}_1+c_2\boldsymbol{v}_2$，则向量 $c_1\boldsymbol{v}_1, c_2\boldsymbol{v}_2$ 是正交的且
$$\|\boldsymbol{x}\|^2=\|c_1\boldsymbol{v}_1+c_2\boldsymbol{v}_2\|^2=\|c_1\boldsymbol{v}_1\|^2+\|c_2\boldsymbol{v}_2\|^2$$
$$=(|c_1|\|\boldsymbol{v}_1\|)^2+(|c_2|\|\boldsymbol{v}_2\|)^2=|c_1|^2+|c_2|^2$$
（解释为什么）. 故对于 $p=2$ 状态方程成立. 假设等式对 $p=k$（$k\geqslant 2$）成立，令 $\{\boldsymbol{v}_1,\boldsymbol{v}_2,\cdots,\boldsymbol{v}_{k+1}\}$ 是单位正交集，考虑 $\boldsymbol{x}=c_1\boldsymbol{v}_1+c_2\boldsymbol{v}_2+\cdots+c_k\boldsymbol{v}_k+c_{k+1}\boldsymbol{v}_{k+1}=\boldsymbol{u}_k+c_{k+1}\boldsymbol{v}_{k+1}$，其中 $\boldsymbol{u}_k=c_1\boldsymbol{v}_1+c_2\boldsymbol{v}_2+\cdots+c_k\boldsymbol{v}_k$.

21. 给定 $\boldsymbol{x}$ 和 $\mathbb{R}^n$ 中一个单位正交集 $\{\boldsymbol{v}_1,\boldsymbol{v}_2,\cdots,\boldsymbol{v}_p\}$，设 $\hat{\boldsymbol{x}}$ 是 $\boldsymbol{x}$ 在由 $\boldsymbol{v}_1,\boldsymbol{v}_2,\cdots,\boldsymbol{v}_p$ 生成的子空间上的正交投影.由 6.3 节的定理 10，$\hat{\boldsymbol{x}}=(\boldsymbol{x}\cdot\boldsymbol{v}_1)\boldsymbol{v}_1+(\boldsymbol{x}\cdot\boldsymbol{v}_2)\boldsymbol{v}_2+\cdots+(\boldsymbol{x}\cdot\boldsymbol{v}_p)\boldsymbol{v}_p$.
由习题 20，$\|\hat{\boldsymbol{x}}\|^2=|\boldsymbol{x}\cdot\boldsymbol{v}_1|^2+|\boldsymbol{x}\cdot\boldsymbol{v}_2|^2+\cdots+|\boldsymbol{x}\cdot\boldsymbol{v}_p|^2$. 贝塞尔不等式可从 $\|\hat{\boldsymbol{x}}\|^2\leqslant\|\boldsymbol{x}\|^2$ 得到，该不等式在 6.7 节柯西－施瓦茨不等式的证明前面给出.

23. 假设对任意 $\boldsymbol{x},\boldsymbol{y}$ 属于 $\mathbb{R}^n$ 有 $(\boldsymbol{U}\boldsymbol{x})\cdot(\boldsymbol{U}\boldsymbol{y})=\boldsymbol{x}\cdot\boldsymbol{y}$，且设 $\boldsymbol{e}_1,\boldsymbol{e}_2,\cdots,\boldsymbol{e}_n$ 是 $\mathbb{R}^n$ 的标准基. 对 $j=1,2,\cdots,n$，$\boldsymbol{U}\boldsymbol{e}_j$ 是 $\boldsymbol{U}$ 的第 j 列. 由于 $\|\boldsymbol{U}\boldsymbol{e}_j\|^2=(\boldsymbol{U}\boldsymbol{e}_j)\cdot(\boldsymbol{U}\boldsymbol{e}_j)=\boldsymbol{e}_j\cdot\boldsymbol{e}_j=1$，故 $\boldsymbol{U}$ 的列是单位向量; 由于对 $j\neq k$，$(\boldsymbol{U}\boldsymbol{e}_j)\cdot(\boldsymbol{U}\boldsymbol{e}_k)=\boldsymbol{e}_j\cdot\boldsymbol{e}_k=0$，故列是两两正交的.

25. 提示：计算 $\boldsymbol{Q}^{\mathrm{T}}\boldsymbol{Q}$，利用 $(\boldsymbol{u}\boldsymbol{u}^{\mathrm{T}})^{\mathrm{T}}=\boldsymbol{u}^{\mathrm{TT}}\boldsymbol{u}^{\mathrm{T}}=\boldsymbol{u}\boldsymbol{u}^{\mathrm{T}}$.

27. 设 $W=\mathrm{Span}\{\boldsymbol{u},\boldsymbol{v}\}$.给定 $\mathbb{R}^n$ 中的 $\boldsymbol{z}$，设 $\hat{\boldsymbol{z}}=\mathrm{proj}_W\ \boldsymbol{z}$，那么 $\hat{\boldsymbol{z}}$ 属于 Col $\boldsymbol{A}$，其中 $\boldsymbol{A}=[\boldsymbol{u}\quad \boldsymbol{v}]$，例如，对 $\mathbb{R}^2$ 中的一些 $\hat{\boldsymbol{x}}$，有 $\hat{\boldsymbol{z}}=\boldsymbol{A}\hat{\boldsymbol{x}}$. 所以 $\hat{\boldsymbol{x}}$ 是 $\boldsymbol{A}\boldsymbol{x}=\boldsymbol{z}$ 的一个最小二乘解，由法方程可以解出 $\hat{\boldsymbol{x}}$，那么 $\hat{\boldsymbol{z}}$ 可通过计算 $\boldsymbol{A}\hat{\boldsymbol{x}}$ 得到.

29. 提示：设 $\boldsymbol{x}=\begin{bmatrix}x\\y\\z\end{bmatrix}$，$\boldsymbol{b}=\begin{bmatrix}a\\b\\c\end{bmatrix}$，$\boldsymbol{v}=\begin{bmatrix}1\\-2\\5\end{bmatrix}$ 和 $\boldsymbol{A}=\begin{bmatrix}\boldsymbol{v}^{\mathrm{T}}\\\boldsymbol{v}^{\mathrm{T}}\\\boldsymbol{v}^{\mathrm{T}}\end{bmatrix}=\begin{bmatrix}1&-2&5\\1&-2&5\\1&-2&5\end{bmatrix}$. 给定的方程组是 $\boldsymbol{A}\boldsymbol{x}=\boldsymbol{b}$，且所有最小二乘解的集合真好与 $\boldsymbol{A}^{\mathrm{T}}\boldsymbol{A}\boldsymbol{x}=\boldsymbol{A}^{\mathrm{T}}\boldsymbol{b}$ 的解集

相一致（6.5 节定理 13）．这可利用事实 $(\boldsymbol{v}\boldsymbol{v}^{\mathrm{T}})\boldsymbol{x}=\boldsymbol{v}(\boldsymbol{v}^{\mathrm{T}}\boldsymbol{x})=(\boldsymbol{v}^{\mathrm{T}}\boldsymbol{x})\boldsymbol{v}$，其中 $\boldsymbol{v}^{\mathrm{T}}\boldsymbol{x}$ 是数.

31. a. $\boldsymbol{A}\boldsymbol{u}$ 的行-列计算表明 $\boldsymbol{A}$ 的每一行是与 Nul $\boldsymbol{A}$ 中的每一个 $\boldsymbol{u}$ 正交的. 所以 $\boldsymbol{A}$ 的每一行属于 $(\mathrm{Nul}\ \boldsymbol{A})^{\perp}$. 由于 $(\mathrm{Nul}\ \boldsymbol{A})^{\perp}$ 是一个子空间，故它必须包含 $\boldsymbol{A}$ 的行的所有线性组合；因此 $(\mathrm{Nul}\ \boldsymbol{A})^{\perp}$ 包含 Row $\boldsymbol{A}$.

    b. 如果 $\mathrm{rank}\ \boldsymbol{A}=r$，那么由秩定理，$\dim\ \mathrm{Nul}\ \boldsymbol{A}=n-r$. 由 6.3 节的习题 32（c），有
    $$\dim\ \mathrm{Nul}\ \boldsymbol{A}+\dim(\mathrm{Nul}\ \boldsymbol{A})^{\perp}=n$$
    所以 $\dim(\mathrm{Nul}\ \boldsymbol{A})^{\perp}$ 一定是 r. 但由秩定理和（a）可知 Row $\boldsymbol{A}$ 是一个 $(\mathrm{Nul}\ \boldsymbol{A})^{\perp}$ 的 r 维子空间，所以 Row $\boldsymbol{A}$ 必和 $(\mathrm{Nul}\ \boldsymbol{A})^{\perp}$ 一致.

    c. 在（b）中用 $\boldsymbol{A}^{\mathrm{T}}$ 代替 $\boldsymbol{A}$ 且可得 Row $\boldsymbol{A}^{\mathrm{T}}$ 和 $(\mathrm{Nul}\ \boldsymbol{A}^{\mathrm{T}})^{\perp}$ 一致. 又由于 Row $\boldsymbol{A}^{\mathrm{T}}=\mathrm{Col}\ \boldsymbol{A}$，这就证明了（c）.

33. 如果 $\boldsymbol{A}=\boldsymbol{U}\boldsymbol{R}\boldsymbol{U}^{\mathrm{T}}$ 且 $\boldsymbol{U}$ 是正交的，那么 $\boldsymbol{A}$ 与 $\boldsymbol{R}$ 相似(因为 $\boldsymbol{U}$ 是可逆的且 $\boldsymbol{U}^{\mathrm{T}}=\boldsymbol{U}^{-1}$)，且 $\boldsymbol{A}$ 与 $\boldsymbol{R}$ 具有相同特征值（5.2 节定理 4)，即 n 个在 $\boldsymbol{R}$ 对角线上的实数.

35. $\dfrac{\|\Delta\boldsymbol{x}\|}{\|\boldsymbol{x}\|}=0.4618$, $\mathrm{cond}(\boldsymbol{A})\times\dfrac{\|\Delta\boldsymbol{b}\|}{\|\boldsymbol{b}\|}=3363\times(1.548\times10^{-4})=0.5206$.
    注意 $\|\Delta\boldsymbol{x}\|/\|\boldsymbol{x}\|$ 约等于 $\mathrm{cond}(\boldsymbol{A})$ 乘 $\|\Delta\boldsymbol{b}\|/\|\boldsymbol{b}\|$.

37. $\dfrac{\|\Delta\boldsymbol{x}\|}{\|\boldsymbol{x}\|}=7.178\times10^{-8}$, $\dfrac{\|\Delta\boldsymbol{b}\|}{\|\boldsymbol{b}\|}=2.832\times10^{-4}$，注意 $\boldsymbol{x}$ 的相对改变比 $\boldsymbol{b}$ 的相对改变小很多. 事实上，由于
    $$\mathrm{cond}(\boldsymbol{A})\times\frac{\|\Delta\boldsymbol{b}\|}{\|\boldsymbol{b}\|}=23683\times(2.832\times10^{-4})=6.707$$
    故 $\boldsymbol{x}$ 相对改变的理论上界是 6.707(4 位有效数字).这个习题表明，即使条件数很大，解的相对误差也并不像你想象的那么大.

第 7 章

7.1

1. 对称　　3. 不对称　　5.对称

7. 正交，$\begin{bmatrix}0.6 & 0.8\\0.8 & -0.6\end{bmatrix}$

9. 正交，$\begin{bmatrix}-4/5 & 3/5\\3/5 & 4/5\end{bmatrix}$

11. 不正交

13. $\boldsymbol{P}=\begin{bmatrix}1/\sqrt{2} & -1/\sqrt{2}\\1/\sqrt{2} & 1/\sqrt{2}\end{bmatrix}$, $\boldsymbol{D}=\begin{bmatrix}4 & 0\\0 & 2\end{bmatrix}$

15. $\boldsymbol{P}=\begin{bmatrix}-2/\sqrt{5} & 1/\sqrt{5}\\1/\sqrt{5} & 2/\sqrt{5}\end{bmatrix}$, $\boldsymbol{D}=\begin{bmatrix}1 & 0\\0 & 11\end{bmatrix}$

17. $\boldsymbol{P}=\begin{bmatrix}-1/\sqrt{2} & 1/\sqrt{6} & 1/\sqrt{3}\\0 & -2/\sqrt{6} & 1/\sqrt{3}\\1/\sqrt{2} & 1/\sqrt{6} & 1/\sqrt{3}\end{bmatrix}$, $\boldsymbol{D}=\begin{bmatrix}-4 & 0 & 0\\0 & 4 & 0\\0 & 0 & 7\end{bmatrix}$

19. $\boldsymbol{P}=\begin{bmatrix}-1/\sqrt{5} & 4/\sqrt{45} & -2/3\\2/\sqrt{5} & 2/\sqrt{45} & -1/3\\0 & 5/\sqrt{45} & 2/3\end{bmatrix}$, $\boldsymbol{D}=\begin{bmatrix}7 & 0 & 0\\0 & 7 & 0\\0 & 0 & -2\end{bmatrix}$

21. $\boldsymbol{P}=\begin{bmatrix}0 & 1/\sqrt{2} & 1/2 & 1/2\\0 & -1/\sqrt{2} & 1/2 & 1/2\\1/\sqrt{2} & 0 & -1/2 & 1/2\\-1/\sqrt{2} & 0 & -1/2 & 1/2\end{bmatrix}$,
    $\boldsymbol{D}=\begin{bmatrix}1 & 0 & 0 & 0\\0 & 1 & 0 & 0\\0 & 0 & 5 & 0\\0 & 0 & 0 & 9\end{bmatrix}$

23. $\boldsymbol{P}=\begin{bmatrix}1/\sqrt{3} & 1/\sqrt{2} & -1/\sqrt{6}\\1/\sqrt{3} & -1/\sqrt{2} & -1/\sqrt{6}\\1/\sqrt{3} & 0 & 2/\sqrt{6}\end{bmatrix}$, $\boldsymbol{D}=\begin{bmatrix}2 & 0 & 0\\0 & 5 & 0\\0 & 0 & 5\end{bmatrix}$

25~31. 参见《学习指导》.

33. $(\boldsymbol{A}\boldsymbol{x})\cdot\boldsymbol{y}=(\boldsymbol{A}\boldsymbol{x})^{\mathrm{T}}\boldsymbol{y}=\boldsymbol{x}^{\mathrm{T}}\boldsymbol{A}^{\mathrm{T}}\boldsymbol{y}=\boldsymbol{x}^{\mathrm{T}}\boldsymbol{A}\boldsymbol{y}=\boldsymbol{x}\cdot(\boldsymbol{A}\boldsymbol{y})$，这是因为 $\boldsymbol{A}^{\mathrm{T}}=\boldsymbol{A}$.

35. 提示：用 $\boldsymbol{A}$ 的一个正交对角化，或用定理 2.

37. 5.3 节的对角化定理说明 $\boldsymbol{P}$ 的列是 $\boldsymbol{D}$ 中对角形列出的 $\boldsymbol{A}$ 的特征值对应的（线性无关的）特征向量，所以 $\boldsymbol{P}$ 正好有 k 列特征向量对应于 λ，

这 k 列形成特征空间的一个基.

39. $\boldsymbol{A}=8\boldsymbol{u}_1\boldsymbol{u}_1^{\mathrm{T}}+6\boldsymbol{u}_2\boldsymbol{u}_2^{\mathrm{T}}+3\boldsymbol{u}_3\boldsymbol{u}_3^{\mathrm{T}}$

$$=8\begin{bmatrix}1/2 & -1/2 & 0\\ -1/2 & 1/2 & 0\\ 0 & 0 & 0\end{bmatrix}+6\begin{bmatrix}1/6 & 1/6 & -2/6\\ 1/6 & 1/6 & -2/6\\ -2/6 & -2/6 & 4/6\end{bmatrix}+3\begin{bmatrix}1/3 & 1/3 & 1/3\\ 1/3 & 1/3 & 1/3\\ 1/3 & 1/3 & 1/3\end{bmatrix}$$

41. 提示：$(\boldsymbol{u}\boldsymbol{u}^{\mathrm{T}})\boldsymbol{x}=\boldsymbol{u}(\boldsymbol{u}^{\mathrm{T}}\boldsymbol{x})=(\boldsymbol{u}^{\mathrm{T}}\boldsymbol{x})\boldsymbol{u}$，由于 $\boldsymbol{u}^{\mathrm{T}}\boldsymbol{x}$ 是一个数.

43.

$$\boldsymbol{P}=\frac{1}{2}\begin{bmatrix}-1 & 1 & 1 & 1\\ 1 & 1 & 1 & -1\\ -1 & 1 & -1 & -1\\ 1 & 1 & -1 & 1\end{bmatrix},\ \boldsymbol{D}=\begin{bmatrix}19 & 0 & 0 & 0\\ 0 & 11 & 0 & 0\\ 0 & 0 & 5 & 0\\ 0 & 0 & 0 & -11\end{bmatrix}$$

45.

$$\boldsymbol{P}=\begin{bmatrix}1/\sqrt{2} & 3/\sqrt{50} & -2/5 & -2/5\\ 0 & 4/\sqrt{50} & -1/5 & 4/5\\ 0 & 4/\sqrt{50} & 4/5 & -1/5\\ 1/\sqrt{2} & -3/\sqrt{50} & 2/5 & 2/5\end{bmatrix},$$

$$\boldsymbol{D}=\begin{bmatrix}0.75 & 0 & 0 & 0\\ 0 & 0.75 & 0 & 0\\ 0 & 0 & 0 & 0\\ 0 & 0 & 0 & -1.25\end{bmatrix}$$

7.2

1. a. $5x_1^2+\frac{2}{3}x_1x_2+x_2^2$ b. 185 c. 16

3. a. $\begin{bmatrix}3 & -2\\ -2 & 5\end{bmatrix}$ b. $\begin{bmatrix}3 & 1\\ 1 & 0\end{bmatrix}$

5. a. $\begin{bmatrix}3 & -3 & 4\\ -3 & 2 & -2\\ 4 & -2 & -5\end{bmatrix}$ b. $\begin{bmatrix}0 & 3 & 2\\ 3 & 0 & -5\\ 2 & -5 & 0\end{bmatrix}$

7. $\boldsymbol{x}=\boldsymbol{P}\boldsymbol{y}$，其中 $\boldsymbol{P}=\frac{1}{\sqrt{2}}\begin{bmatrix}1 & -1\\ 1 & 1\end{bmatrix}$，$\boldsymbol{y}^{\mathrm{T}}\boldsymbol{D}\boldsymbol{y}=6y_1^2-4y_2^2$

在习题 9~14 中，其他答案（变量代换和新的二次型）也有可能.

9. 正定；特征值是 6 和 2

变量代换：$\boldsymbol{x}=\boldsymbol{P}\boldsymbol{y}$，其中 $\boldsymbol{P}=\frac{1}{\sqrt{2}}\begin{bmatrix}-1 & 1\\ 1 & 1\end{bmatrix}$

新的二次型：$6y_1^2+2y_2^2$

11. 不定；特征值是 3 和−2

变量代换：$\boldsymbol{x}=\boldsymbol{P}\boldsymbol{y}$，其中 $\boldsymbol{P}=\frac{1}{\sqrt{5}}\begin{bmatrix}-2 & 1\\ 1 & 2\end{bmatrix}$

新的二次型：$3y_1^2-2y_2^2$

13. 半正定；特征值是 10 和 0

变量代换：$\boldsymbol{x}=\boldsymbol{P}\boldsymbol{y}$，其中 $\boldsymbol{P}=\frac{1}{\sqrt{10}}\begin{bmatrix}1 & 3\\ -3 & 1\end{bmatrix}$

新的二次型：$10y_1^2$

15. 负定；特征值是−13，−9，−7，−1

变量代换：$\boldsymbol{x}=\boldsymbol{P}\boldsymbol{y}$

$$\boldsymbol{P}=\begin{bmatrix}0 & -1/2 & 0 & 3/\sqrt{12}\\ 0 & 1/2 & -2/\sqrt{6} & 1/\sqrt{12}\\ -1/\sqrt{2} & 1/2 & 1/\sqrt{6} & 1/\sqrt{12}\\ 1/\sqrt{2} & 1/2 & 1/\sqrt{6} & 1/\sqrt{12}\end{bmatrix}$$

新的二次型：$-13y_1^2-9y_2^2-7y_3^2-y_4^2$

17. 正定；特征值是 1，21

变量代换：$\boldsymbol{x}=\boldsymbol{P}\boldsymbol{y}$

$$\boldsymbol{P}=\frac{1}{\sqrt{50}}\begin{bmatrix}4 & 3 & 4 & -3\\ -5 & 0 & 5 & 0\\ 3 & -4 & 3 & 4\\ 0 & 5 & 0 & 5\end{bmatrix}$$

新的二次型：$y_1^2+y_2^2+21y_3^2+21y_4^2$

19. 8

21~29. 参见《学习指导》.

31. 用两种方式写出特征多项式：

$$\det(\boldsymbol{A}-\lambda\boldsymbol{I})=\det\begin{bmatrix}a-\lambda & b\\ b & d-\lambda\end{bmatrix}=\lambda^2-(a+d)\lambda+ad-b^2$$

或

$$(\lambda-\lambda_1)(\lambda-\lambda_2)=\lambda^2-(\lambda_1+\lambda_2)\lambda+\lambda_1\lambda_2$$

系数相等得到 $\lambda_1+\lambda_2=a+d$ 和 $\lambda_1\lambda_2=ad-b^2=\det\boldsymbol{A}$.

33. 7.1 节的习题 34 表明 $\boldsymbol{B}^{\mathrm{T}}\boldsymbol{B}$ 是对称的，并且，$\boldsymbol{x}^{\mathrm{T}}\boldsymbol{B}^{\mathrm{T}}\boldsymbol{B}\boldsymbol{x}=(\boldsymbol{B}\boldsymbol{x})^{\mathrm{T}}\boldsymbol{B}\boldsymbol{x}=\|\boldsymbol{B}\boldsymbol{x}\|^2\geqslant 0$，所以二次型是半正定的，并且我们说矩阵 $\boldsymbol{B}^{\mathrm{T}}\boldsymbol{B}$ 是半正定的. 提示：为证明当 $\boldsymbol{B}$ 是方阵且可逆时 $\boldsymbol{B}^{\mathrm{T}}\boldsymbol{B}$ 是正定的，假设 $\boldsymbol{x}^{\mathrm{T}}\boldsymbol{B}^{\mathrm{T}}\boldsymbol{B}\boldsymbol{x}=0$ 然后推出 $\boldsymbol{x}=\boldsymbol{0}$.

35. 提示：证明 $\boldsymbol{A}+\boldsymbol{B}$ 是对称的且二次型 $\boldsymbol{x}^{\mathrm{T}}(\boldsymbol{A}+\boldsymbol{B})\boldsymbol{x}$ 是正定的.

7.3

1. $\boldsymbol{x}=\boldsymbol{P}\boldsymbol{y}$，其中 $\boldsymbol{P}=\begin{bmatrix}1/3 & 2/3 & -2/3\\ 2/3 & 1/3 & 2/3\\ -2/3 & 2/3 & 1/3\end{bmatrix}$

3. a. 9　b. $\pm\begin{bmatrix}1/3\\ 2/3\\ -2/3\end{bmatrix}$　c. 6

5. a. 6　b. $\pm\begin{bmatrix}-1/\sqrt{2}\\ 1/\sqrt{2}\end{bmatrix}$　c. −4

7. $\pm\begin{bmatrix}1/3\\ 2/3\\ 2/3\end{bmatrix}$　9. $5+\sqrt{5}$　11. 3

13. 提示：如果 $m=M$，对 $\boldsymbol{x}$ 取公式中的 $\alpha=0$，也就是说，取 $\boldsymbol{x}=\boldsymbol{u}_n$ 且验证 $\boldsymbol{x}^{\mathrm{T}}\boldsymbol{A}\boldsymbol{x}=m$. 如果 $m<M$ 且 t 是介于 m 和 M 之间的数，那么 $0\leqslant t-m\leqslant M-m$ 且 $0\leqslant(t-m)/(M-m)\leqslant 1$. 所以，设 $\alpha=(t-m)/(M-m)$，解这个 α 的表达式得到 $t=(1-\alpha)m+\alpha M$. 当 α 从 0 到 1 变化时，t 从 m 变化到 M. 像习题中所陈述的那样构造 $\boldsymbol{x}$ 且验证它的性质.

15. a. 9　b. $\begin{bmatrix}-2/\sqrt{6}\\ 0\\ 1/\sqrt{6}\\ 1/\sqrt{6}\end{bmatrix}$　c. 3

17. a. 17　b. $\begin{bmatrix}1/2\\ 1/2\\ 1/2\\ 1/2\end{bmatrix}$　c. 13

7.4

1. 3，1　3. 4，1

习题 5~13 中的答案不是唯一的.

5. $\begin{bmatrix}-1 & 0\\ 0 & 1\end{bmatrix}\begin{bmatrix}2 & 0\\ 0 & 0\end{bmatrix}\begin{bmatrix}1 & 0\\ 0 & 1\end{bmatrix}$

7. $\begin{bmatrix}1/\sqrt{5} & -2/\sqrt{5}\\ 2/\sqrt{5} & 1/\sqrt{5}\end{bmatrix}\begin{bmatrix}3 & 0\\ 0 & 2\end{bmatrix}\times\begin{bmatrix}2/\sqrt{5} & 1/\sqrt{5}\\ -1/\sqrt{5} & 2/\sqrt{5}\end{bmatrix}$

9. $\begin{bmatrix}-1 & 0 & 0\\ 0 & 0 & 1\\ 0 & 1 & 0\end{bmatrix}\begin{bmatrix}3/\sqrt{2} & 0\\ 0 & \sqrt{2}\\ 0 & 0\end{bmatrix}\times\begin{bmatrix}-1/\sqrt{2} & 1/\sqrt{2}\\ 1/\sqrt{2} & 1/\sqrt{2}\end{bmatrix}$

11. $\begin{bmatrix}-1/3 & 2/3 & 2/3\\ 2/3 & -1/3 & 2/3\\ 2/3 & 2/3 & -1/3\end{bmatrix}\begin{bmatrix}\sqrt{90} & 0\\ 0 & 0\\ 0 & 0\end{bmatrix}\times$
$\begin{bmatrix}3/\sqrt{10} & -1/\sqrt{10}\\ 1/\sqrt{10} & 3/\sqrt{10}\end{bmatrix}$

13. $\begin{bmatrix}1/\sqrt{2} & -1/\sqrt{2}\\ 1/\sqrt{2} & 1/\sqrt{2}\end{bmatrix}\begin{bmatrix}5 & 0 & 0\\ 0 & 3 & 0\end{bmatrix}\times$
$\begin{bmatrix}1/\sqrt{2} & 1/\sqrt{2} & 0\\ -1/\sqrt{18} & 1/\sqrt{18} & -4/\sqrt{18}\\ -2/3 & 2/3 & 1/3\end{bmatrix}$

15. a. rank $\boldsymbol{A}=2$

b. Col $\boldsymbol{A}$ 的基：$\begin{bmatrix}0.40\\ 0.37\\ -0.84\end{bmatrix}, \begin{bmatrix}-0.78\\ -0.33\\ -0.52\end{bmatrix}$

Nul $\boldsymbol{A}$ 的基：$\begin{bmatrix}0.58\\ -0.58\\ 0.58\end{bmatrix}$（记住 $\boldsymbol{V}^{\mathrm{T}}$ 出现在 SVD 中.）

17. 如果 $\boldsymbol{U}$ 是正交矩阵，则 det $\boldsymbol{U}=\pm1$. 如果 $\boldsymbol{A}=\boldsymbol{U}\boldsymbol{\Sigma}\boldsymbol{V}^{\mathrm{T}}$ 且 $\boldsymbol{A}$ 是方阵，则 $\boldsymbol{U}$, $\boldsymbol{\Sigma}$ 和 $\boldsymbol{V}$ 也是方阵. 因此 $\det\boldsymbol{A}=\det\boldsymbol{U}\det\boldsymbol{\Sigma}\det\boldsymbol{V}^{\mathrm{T}}=\pm1\det\boldsymbol{\Sigma}=\pm\sigma_1\sigma_2\cdots\sigma_n$.

19. 提示：由于 $\boldsymbol{U}$ 和 $\boldsymbol{V}$ 是正交的，故

$$\boldsymbol{A}^{\mathrm{T}}\boldsymbol{A}=(\boldsymbol{U}\boldsymbol{\Sigma}\boldsymbol{V}^{\mathrm{T}})^{\mathrm{T}}\boldsymbol{U}\boldsymbol{\Sigma}\boldsymbol{V}^{\mathrm{T}}=\boldsymbol{V}\boldsymbol{\Sigma}^{\mathrm{T}}\boldsymbol{U}^{\mathrm{T}}\boldsymbol{U}\boldsymbol{\Sigma}\boldsymbol{V}^{\mathrm{T}}=\boldsymbol{V}(\boldsymbol{\Sigma}^{\mathrm{T}}\boldsymbol{\Sigma})\boldsymbol{V}^{-1}$$

这样 $\boldsymbol{V}$ 将 $\boldsymbol{A}^{\mathrm{T}}\boldsymbol{A}$ 对角化. 这里 $\boldsymbol{V}$ 告诉你些什么呢?

21. 对于 $\boldsymbol{A}^{\mathrm{T}}\boldsymbol{A}$ 的最大特征值 λ_1，右奇异向量 $\boldsymbol{v}_1$ 是特征向量，由 7.3 节定理 7，最大特征值 λ_2 是所有正交于 $\boldsymbol{v}_1$ 的单位向量中 $\boldsymbol{x}^{\mathrm{T}}(\boldsymbol{A}^{\mathrm{T}}\boldsymbol{A})\boldsymbol{x}$ 的最大值. 因为 $\boldsymbol{x}^{\mathrm{T}}(\boldsymbol{A}^{\mathrm{T}}\boldsymbol{A})\boldsymbol{x}=\|\boldsymbol{A}\boldsymbol{x}\|^2$，故 λ_2 的平方根（第二大特征值）是所有正交于 $\boldsymbol{v}_1$ 的单位向量中 $\|\boldsymbol{A}\boldsymbol{x}\|$ 的最大值.

23. 提示：利用 $(\boldsymbol{U}\boldsymbol{\Sigma})\boldsymbol{V}^{\mathrm{T}}$ 的列行展开.

25. 提示：考虑 T 的标准矩阵的 SVD，如 $\boldsymbol{A}=\boldsymbol{U}\boldsymbol{\Sigma}\boldsymbol{V}^{\mathrm{T}}=\boldsymbol{U}\boldsymbol{\Sigma}\boldsymbol{V}^{-1}$. 设 $\mathcal{B}=\{\boldsymbol{v}_1,\boldsymbol{v}_2,\cdots,\boldsymbol{v}_n\}$ 和 $\mathcal{C}=\{\boldsymbol{u}_1,$

$\boldsymbol{u}_2,\cdots,\boldsymbol{u}_m\}$分别是$\boldsymbol{V}$和$\boldsymbol{U}$的列构成的基.像5.4节那样计算$T$相对于$\mathcal{B}$和$\mathcal{C}$的矩阵. 为此，你必须证明$\boldsymbol{V}^{-1}\boldsymbol{v}_j=\boldsymbol{e}_j$，$\boldsymbol{e}_j$是$\boldsymbol{I}_n$的第$j$列.

27. $\begin{bmatrix} -0.57 & -0.65 & -0.42 & 0.27 \\ 0.63 & -0.24 & -0.68 & -0.29 \\ 0.07 & -0.63 & 0.53 & -0.56 \\ -0.51 & -0.34 & -0.29 & -0.73 \end{bmatrix}\times$

$\begin{bmatrix} 16.46 & 0 & 0 & 0 & 0 \\ 0 & 12.16 & 0 & 0 & 0 \\ 0 & 0 & 4.87 & 0 & 0 \\ 0 & 0 & 0 & 4.31 & 0 \end{bmatrix}\times$

$\begin{bmatrix} -0.10 & 0.61 & -0.21 & -0.52 & 0.55 \\ -0.39 & 0.29 & 0.84 & -0.14 & -0.19 \\ -0.74 & -0.27 & -0.07 & 0.38 & 0.49 \\ 0.41 & -0.50 & 0.45 & -0.23 & 0.58 \\ -0.36 & -0.48 & -0.19 & -0.72 & -0.29 \end{bmatrix}$

29. 25.934 3, 16.755 4, 11.291 7, 1.078 5, 0.003 779 3；$\sigma_1/\sigma_5=68\,622$.

7.5

1. $\boldsymbol{M}=\begin{bmatrix}12\\10\end{bmatrix}$；$\boldsymbol{B}=\begin{bmatrix} 7 & 10 & -6 & -9 & -10 & 8 \\ 2 & -4 & -1 & 5 & 3 & -5 \end{bmatrix}$；

$\boldsymbol{S}=\begin{bmatrix} 86 & -27 \\ -27 & 16 \end{bmatrix}$

3. $\begin{bmatrix}0.95\\-0.32\end{bmatrix}$对应于$\lambda=95.2$，$\begin{bmatrix}0.32\\0.95\end{bmatrix}$对应于$\lambda=6.8$

5. (0.130，0.874，0.468)，方差的75.9%.

7. $y_1=0.95x_1-0.32x_2$；y_1解释方差的93.3%.

9. $c_1=1/3$，$c_2=2/3$，$c_3=2/3$，y的方差是9.

11. a. 如果$\boldsymbol{w}$是$\mathbb{R}^N$中的向量，其中每个位置都是1，则因为$\boldsymbol{X}_k$是平均偏差形式，所以

$[\boldsymbol{X}_1\quad \boldsymbol{X}_2\quad \cdots\quad \boldsymbol{X}_N]\,\boldsymbol{w}=\boldsymbol{X}_1+\boldsymbol{X}_2+\cdots+\boldsymbol{X}_N=\boldsymbol{0}$

于是

$[\boldsymbol{Y}_1\quad \boldsymbol{Y}_2\quad \cdots\quad \boldsymbol{Y}_N]\boldsymbol{w}=[\boldsymbol{P}^{\mathrm{T}}\boldsymbol{X}_1\quad \boldsymbol{P}^{\mathrm{T}}\boldsymbol{X}_2\quad \cdots\quad \boldsymbol{P}^{\mathrm{T}}\boldsymbol{X}_N]\boldsymbol{w}$

（根据定义）$=\boldsymbol{P}^{\mathrm{T}}[\boldsymbol{X}_1\quad \cdots\quad \boldsymbol{X}_N]\boldsymbol{w}=\boldsymbol{P}^{\mathrm{T}}\boldsymbol{0}=\boldsymbol{0}$

也就是说，$\boldsymbol{Y}_1+\boldsymbol{Y}_2+\cdots+\boldsymbol{Y}_N=\boldsymbol{0}$，所以$\boldsymbol{Y}_k$是平均偏差形式.

b. 提示：由于$\boldsymbol{X}_j$是平均偏差形式，故$\boldsymbol{X}_j$的协方差矩阵是$1/(N-1)[\boldsymbol{X}_1\boldsymbol{X}_2\cdots\boldsymbol{X}_N][\boldsymbol{X}_1\boldsymbol{X}_2\cdots\boldsymbol{X}_N]^{\mathrm{T}}$.利用（a）计算$\boldsymbol{Y}_j$的协方差矩阵.

13. 如果$\boldsymbol{B}=[\hat{\boldsymbol{X}}_1\hat{\boldsymbol{X}}_2\cdots\hat{\boldsymbol{X}}_N]$，那么

$$\boldsymbol{S}=\frac{1}{N-1}\boldsymbol{B}\boldsymbol{B}^{\mathrm{T}}=\frac{1}{N-1}\left[\hat{\boldsymbol{X}}_1\hat{\boldsymbol{X}}_2\cdots\hat{\boldsymbol{X}}_n\right]\begin{bmatrix}\hat{\boldsymbol{X}}_1^{\mathrm{T}}\\ \hat{\boldsymbol{X}}_2^{\mathrm{T}}\\ \vdots\\ \hat{\boldsymbol{X}}_N^{\mathrm{T}}\end{bmatrix}$$

$$=\frac{1}{N-1}\sum_{k=1}^{N}\hat{\boldsymbol{X}}_k\hat{\boldsymbol{X}}_k^{\mathrm{T}}=\frac{1}{N-1}\sum_{k=1}^{N}(\boldsymbol{X}_k-\boldsymbol{M})(\boldsymbol{X}_k-\boldsymbol{M})^{\mathrm{T}}$$

第7章补充习题

1.T　　3. T　　5. F　　7. F　　9. F

11. F　　13. T　　15. T　　17. F

19. 如果rank $\boldsymbol{A}=r$，那么由秩定理，dim Nul $\boldsymbol{A}=n-r$. 所以，0是重数为$n-r$的特征值，因此，$\boldsymbol{A}$的谱分解中的n项正好有$(n-r)$个为零. 其余的r项（对应于非零特征值）都是秩为1的矩阵，像谱分解中讨论的一样.

21. 如果对一些非零λ有$\boldsymbol{A}\boldsymbol{v}=\lambda\boldsymbol{v}$，那么$\boldsymbol{v}=\lambda^{-1}\boldsymbol{A}\boldsymbol{v}=\boldsymbol{A}(\lambda^{-1}\boldsymbol{v})$，它证明$\boldsymbol{v}$是$\boldsymbol{A}$的列的一个线性组合.

23. 提示：如果$\boldsymbol{A}=\boldsymbol{R}^{\mathrm{T}}\boldsymbol{R}$，其中$\boldsymbol{R}$是可逆的，则由7.2节的习题33，$\boldsymbol{A}$是正定的. 相反，假设$\boldsymbol{A}$是正定的，那么由7.2节的习题34，对一些正定矩阵$\boldsymbol{B}$有$\boldsymbol{A}=\boldsymbol{B}^{\mathrm{T}}\boldsymbol{B}$.解释为什么$\boldsymbol{B}$有一个QR分解，且利用它产生$\boldsymbol{A}$的一个楚列斯基分解.

25. 如果$\boldsymbol{A}$是一个$m\times n$矩阵且$\boldsymbol{x}$属于$\mathbb{R}^n$，那么$\boldsymbol{x}^{\mathrm{T}}\boldsymbol{A}^{\mathrm{T}}\boldsymbol{A}\boldsymbol{x}=(\boldsymbol{A}\boldsymbol{x})^{\mathrm{T}}(\boldsymbol{A}\boldsymbol{x})=\|\boldsymbol{A}\boldsymbol{x}\|^2\geqslant 0$，因此$\boldsymbol{A}^{\mathrm{T}}\boldsymbol{A}$是半正定的. 由6.5节习题30，rank $\boldsymbol{A}^{\mathrm{T}}\boldsymbol{A}=$rank $\boldsymbol{A}$.

27. 提示：将$\boldsymbol{A}$的一个SVD写成形式$\boldsymbol{A}=\boldsymbol{U}\boldsymbol{\Sigma}\boldsymbol{V}^{\mathrm{T}}=\boldsymbol{P}\boldsymbol{Q}$，其中$\boldsymbol{P}=\boldsymbol{U}\boldsymbol{\Sigma}\boldsymbol{U}^{\mathrm{T}}$，$\boldsymbol{Q}=\boldsymbol{U}\boldsymbol{V}^{\mathrm{T}}$.

证明$\boldsymbol{P}$是对称的且有与$\boldsymbol{\Sigma}$同样的特征值. 解释为什么$\boldsymbol{Q}$是正交矩阵.

29. a. 如果$\boldsymbol{b}=\boldsymbol{A}\boldsymbol{x}$，那么$\boldsymbol{x}^{+}=\boldsymbol{A}^{+}\boldsymbol{b}=\boldsymbol{A}^{+}\boldsymbol{A}\boldsymbol{x}$. 由习题28（b），$\boldsymbol{x}^{+}$是$\boldsymbol{x}$在Row $\boldsymbol{A}$上的正交投影.

b. 由（a）和习题 28（c），

$$Ax^+ = A(A^+Ax) = (AA^+A)x = Ax = b$$

c. 由于 x^+ 是 x 在 Row A 上的正交投影，因此由勾股定理，

$$\|u\|^2 = \|x^+\|^2 + \|u - x^+\|^2$$

（c）立即得证.

31. $A^+ = \frac{1}{40}\begin{bmatrix} -2 & -14 & 13 & 13 \\ -2 & -14 & 13 & 13 \\ -2 & 6 & -7 & -7 \\ 2 & -6 & 7 & 7 \\ 4 & -12 & -6 & -6 \end{bmatrix}$，$\hat{x} = \begin{bmatrix} 0.7 \\ 0.7 \\ -0.8 \\ 0.8 \\ 0.6 \end{bmatrix}$

$\begin{bmatrix} A \\ x^{\mathrm{T}} \end{bmatrix}$ 的简化阶梯形除零以外的其他行与 A 的简化阶梯形一致. 所以，将 A 中的行乘上一个数加到 x^{T} 可产生零向量，这说明 x^{T} 属于 Row A.

Nul A 的基：$\begin{bmatrix} -1 \\ 1 \\ 0 \\ 0 \\ 0 \end{bmatrix}, \begin{bmatrix} 0 \\ 0 \\ 1 \\ 1 \\ 0 \end{bmatrix}$.

第 8 章

8.1

1. 参考答案：$y = 2v_1 - 1.5v_2 + 0.5v_3$，$y = 2v_1 - 2v_3 + v_4$，$y = 2v_1 + 3v_2 - 7v_3 + 3v_4$

3. $y = -3v_1 + 2v_2 + 2v_3$，权值之和为 1，故是一个仿射和.

5. a. 由于系数和为 1，故 $p_1 = 3b_1 - b_2 - b_3 \in \operatorname{aff} S$

b. 由于系数和不为 1，故 $p_2 = 2b_1 + 0b_2 + b_3 \notin \operatorname{aff} S$

c. 由于系数和为 1，故 $p_3 = -b_1 + 2b_2 + 0b_3 \in \operatorname{aff} S$

7. a. $p_1 \in \operatorname{Span} S$，但 $p_1 \notin \operatorname{aff} S$.

b. $p_2 \in \operatorname{Span} S$，且 $p_2 \in \operatorname{aff} S$.

c. $p_3 \notin \operatorname{Span} S$，所以 $p_3 \notin \operatorname{aff} S$.

9. $v_1 = \begin{bmatrix} -3 \\ 0 \end{bmatrix}$ 且 $v_2 = \begin{bmatrix} 1 \\ -2 \end{bmatrix}$，可能有其他答案.

11~19. 参见《学习指导》.

21. $\operatorname{Span}\{v_2 - v_1, v_3 - v_1\}$ 是平面当且仅当 $\{v_2 - v_1, v_3 - v_1\}$ 线性无关. 设 c_2, c_3 满足 $c_2(v_2 - v_1) + c_3(v_3 - v_1) = \mathbf{0}$. 证明 $c_2 = c_3 = 0$.

23. 令 $S = \{x : Ax = b\}$，为证明 S 是仿射的，根据定理 3，只需证明 S 是一个平面. 令 $W = \{x : Ax = \mathbf{0}\}$，根据 4.2 节的定理 2（或 2.8 节的定理 12），W 是 $\mathbb{R}^n$ 的一个子空间. 因为 $S = W + p$，其中 p 满足 $Ap = b$，故根据 1.5 节的定理 6，S 是 W 的平移，因此 S 是一个平面.

25. 一个恰当的集合包含任何三个向量，这三个向量不是共线的且 5 为它们的第三个元素. 若 5 是它们的第三个元素，则它们位于平面 $z = 5$. 若向量不是共线的，则它们的仿射包不可能是直线，故它一定是一个平面.

27. 若 $p, q \in f(S)$，则存在 $r, s \in S$ 使得 $f(r) = p$，$f(s) = q$. 对任意的 $t \in \mathbb{R}$，我们一定可以证明 $z = (1-t)p + tq$ 在 $f(S)$ 中. 现在利用 p 和 q 的定义及 f 是线性的这一事实. 完整的证明可参见《学习指导》.

29. 由于 B 是仿射的，故定理 2 表明 B 包含 B 中的点的所有仿射组合，因此 B 包含 A 中的点的所有仿射组合，即 $\operatorname{aff} A \subseteq B$.

31. 由于 $A \subseteq (A \cup B)$，故由习题 30 知，$\operatorname{aff} A \subseteq \operatorname{aff}(A \cup B)$. 类似地，$\operatorname{aff} B \subseteq \operatorname{aff}(A \cup B)$，故 $[\operatorname{aff} A \cup \operatorname{aff} B] \subseteq \operatorname{aff}(A \cup B)$.

33. 为证明 $D \subseteq E \cap F$，只需证明 $D \subseteq E$ 与 $D \subseteq F$. 完整的证明可参见《学习指导》.

8.2

1. 仿射相关且 $2v_1 + v_2 - 3v_3 = \mathbf{0}$.

3. 集合是仿射无关的. 若点记为 v_1，v_2，v_3，v_4，则 $\{v_1, v_2, v_3\}$ 是 $\mathbb{R}^3$ 的基且 $v_4 = 16v_1 + 5v_2 - 3v_3$，但是线性组合中的权值和不为 1.

5. $-4v_1 + 5v_2 - 4v_3 + 3v_4 = \mathbf{0}$

7. 重心坐标是 $(-2, 4, -1)$.

9~17. 参见《学习指导》.

19. 当 5 个点的集合由减法平移，如减去第一个

点，则由 1.7 节定理 8，4 个点的新集合一定是线性相关的，这是因为这 4 个点在 $\mathbb{R}^3$ 中. 由定理 5，5 个点的原集合一定是仿射相关的.

21. 若 $\{\boldsymbol{v}_1,\boldsymbol{v}_2\}$ 是仿射相关的，则存在不为零的 c_1,c_2，使得 $c_1+c_2=0$ 且 $c_1\boldsymbol{v}_1+c_2\boldsymbol{v}_2=\boldsymbol{0}$. 证明 $\boldsymbol{v}_1=\boldsymbol{v}_2$. 相反地，假定 $\boldsymbol{v}_1=\boldsymbol{v}_2$ 且选择特殊的 c_1,c_2 证明它们仿射相关. 细节参见《学习指导》.

23. a. 向量 $\boldsymbol{v}_2-\boldsymbol{v}_1=\begin{bmatrix}1\\2\end{bmatrix}$ 且 $\boldsymbol{v}_3-\boldsymbol{v}_1=\begin{bmatrix}3\\-2\end{bmatrix}$ 不是倍数关系，因此线性无关. 由定理 5，S 是仿射无关的.

b. $\boldsymbol{p}_1\leftrightarrow\left(-\frac{6}{8},\frac{9}{8},\frac{5}{8}\right)$，$\boldsymbol{p}_2\leftrightarrow\left(0,\frac{1}{2},\frac{1}{2}\right)$，

$\boldsymbol{p}_3\leftrightarrow\left(\frac{14}{8},-\frac{5}{8},-\frac{1}{8}\right)$，$\boldsymbol{p}_4\leftrightarrow\left(\frac{6}{8},-\frac{5}{8},\frac{7}{8}\right)$，

$\boldsymbol{p}_5\leftrightarrow\left(\frac{1}{4},\frac{1}{8},\frac{5}{8}\right)$

c. $\boldsymbol{p}_6$是$(-,-,+)$，$\boldsymbol{p}_7$是$(0,+,-)$，$\boldsymbol{p}_8$是$(+,+,-)$.

25. 假定 $S=\{\boldsymbol{b}_1,\boldsymbol{b}_2,\cdots,\boldsymbol{b}_k\}$ 是仿射无关集合. 方程（7）有一个解，因为 $\boldsymbol{p}$ 在 aff S 中. 因此方程（8）有一个解. 由定理 5，S 中点的齐次式是线性无关的，因此（8）有唯一解. 那么（7）也有唯一解，因为（8）包含两个方程，它们也在（7）中出现.

下面的讨论仿照 4.4 节定理 8 的证明. 如果 $S=\{\boldsymbol{b}_1,\boldsymbol{b}_2,\cdots,\boldsymbol{b}_k\}$ 是仿射无关集合，那么由 aff S 的定义，存在 $c_1,c_2,\cdots,c_k$ 满足（7）. 假设对于标量 $d_1,d_2,\cdots,d_k$，$\boldsymbol{x}$ 也可以表示为

$$\boldsymbol{x}=d_1\boldsymbol{b}_1+d_2\boldsymbol{b}_2+\cdots+d_k\boldsymbol{b}_k,\ d_1+d_2+\cdots+d_k=1 \qquad (7\text{a})$$

那么相减得到

$$\boldsymbol{0}=\boldsymbol{x}-\boldsymbol{x}=(c_1-d_1)\boldsymbol{b}_1+(c_2-d_2)\boldsymbol{b}_2+\cdots+(c_k-d_k)\boldsymbol{b}_k \quad (7\text{b})$$

（7b）的权值和为 0，因为 c 和 d 的和分别为 1. 这是不可能的，除非（8）的每个权值都为 0，因为 S 是仿射无关集合. 这就证明对于 $i=1,2,\cdots,k$，$c_i=d_i$.

27. 若 $\{\boldsymbol{p}_1, \boldsymbol{p}_2, \boldsymbol{p}_3\}$ 是仿射相关集合，则存在不全为零的标量 c_1,c_2,c_3，满足 $c_1\boldsymbol{p}_1+c_2\boldsymbol{p}_2+c_3\boldsymbol{p}_3=\boldsymbol{0}$ 且 $c_1+c_2+c_3=0$. 再使用 f 的线性性质.

29. 设 $\boldsymbol{a}=\begin{bmatrix}a_1\\a_2\end{bmatrix}$，$\boldsymbol{b}=\begin{bmatrix}b_1\\b_2\end{bmatrix}$，$\boldsymbol{c}=\begin{bmatrix}c_1\\c_2\end{bmatrix}$，则由行列式的转置性质（3.2 节定理 5）得

$$\det\begin{bmatrix}\tilde{\boldsymbol{a}} & \tilde{\boldsymbol{b}} & \tilde{\boldsymbol{c}}\end{bmatrix}=\det\begin{bmatrix}a_1 & b_1 & c_1\\a_2 & b_2 & c_2\\1 & 1 & 1\end{bmatrix}=\det\begin{bmatrix}a_1 & a_2 & 1\\b_1 & b_2 & 1\\c_1 & c_2 & 1\end{bmatrix}$$

由 3.3 节习题 30，行列式等于以 $\boldsymbol{a}$，$\boldsymbol{b}$，$\boldsymbol{c}$ 为顶点的三角形面积的 2 倍.

31. 若 $\begin{bmatrix}\tilde{\boldsymbol{a}} & \tilde{\boldsymbol{b}} & \tilde{\boldsymbol{c}}\end{bmatrix}\begin{bmatrix}r\\s\\t\end{bmatrix}=\tilde{\boldsymbol{p}}$，则由克拉默法则，$r=\det\begin{bmatrix}\tilde{\boldsymbol{p}} & \tilde{\boldsymbol{b}} & \tilde{\boldsymbol{c}}\end{bmatrix}/\det\begin{bmatrix}\tilde{\boldsymbol{a}} & \tilde{\boldsymbol{b}} & \tilde{\boldsymbol{c}}\end{bmatrix}$. 由习题 21，这个商的分子是 $\triangle\boldsymbol{pbc}$ 面积的 2 倍，分母是 $\triangle\boldsymbol{abc}$ 面积的 2 倍. 由此证明了 r 的等式. 对于 s，t 的等式，也可使用克拉默法则证明.

33. 交点是

$$\boldsymbol{x}(4)=-0.1\begin{bmatrix}1\\3\\-6\end{bmatrix}+0.6\begin{bmatrix}7\\3\\-5\end{bmatrix}+0.5\begin{bmatrix}3\\9\\-2\end{bmatrix}=\begin{bmatrix}5.6\\6.0\\-3.4\end{bmatrix}$$

它不在三角形内.

8.3

1. 参见《学习指导》.

3. conv S 为空集.

5. $\boldsymbol{p}_1=-\frac{1}{6}\boldsymbol{v}_1+\frac{1}{3}\boldsymbol{v}_2+\frac{2}{3}\boldsymbol{v}_3+\frac{1}{6}\boldsymbol{v}_4$, 故 $\boldsymbol{p}_1\notin\text{conv}\,S$.

$\boldsymbol{p}_2=\frac{1}{3}\boldsymbol{v}_1+\frac{1}{3}\boldsymbol{v}_2+\frac{1}{6}\boldsymbol{v}_3+\frac{1}{6}\boldsymbol{v}_4$, 故 $\boldsymbol{p}_2\in\text{conv}\,S$.

7. a. $\boldsymbol{p}_1$，$\boldsymbol{p}_2$，$\boldsymbol{p}_3$，$\boldsymbol{p}_4$ 的重心坐标分别为 $\left(\frac{1}{3},\frac{1}{6},\frac{1}{2}\right)$，$\left(0,\frac{1}{2},\frac{1}{2}\right)$，$\left(\frac{1}{2},-\frac{1}{4},\frac{3}{4}\right)$，$\left(\frac{1}{2},\frac{3}{4},-\frac{1}{4}\right)$.

b. $\boldsymbol{p}_3$ 和 $\boldsymbol{p}_4$ 在 conv T 的外面. $\boldsymbol{p}_1$ 在 conv T 的内部. $\boldsymbol{p}_2$ 在 conv T 的边 $\overline{\boldsymbol{v}_2\boldsymbol{v}_3}$ 上.

9. $\boldsymbol{p}_1$ 和 $\boldsymbol{p}_3$ 在四面体 conv S 的外部. $\boldsymbol{p}_2$ 在包含顶点 $\boldsymbol{v}_2$，$\boldsymbol{v}_3$ 和 $\boldsymbol{v}_4$ 的面上. $\boldsymbol{p}_4$ 在 conv S 的内部. $\boldsymbol{p}_5$ 在 $\boldsymbol{v}_1$ 与 $\boldsymbol{v}_3$ 间的边上.

11~15. 参见《学习指导》.

17. 若 $\boldsymbol{p},\boldsymbol{q}\in f(S)$，则存在 $\boldsymbol{r},\boldsymbol{s}\in S$，使得 $f(\boldsymbol{r})=\boldsymbol{p}$, $f(\boldsymbol{s})=\boldsymbol{q}$. 对 $0\leqslant t\leqslant 1$，证明线段 $\boldsymbol{y}=(1-t)\boldsymbol{p}+t\boldsymbol{q}$ 在 $f(S)$ 中. 现在利用 f 的线性及 S 的凸性来证明对某个 $\boldsymbol{w}\in S$ 有 $\boldsymbol{y}=f(\boldsymbol{w})$. 这也证明了 $\boldsymbol{y}\in f(S)$，即 $f(S)$ 是凸的.

19. $\boldsymbol{p}=\frac{1}{6}\boldsymbol{v}_1+\frac{1}{2}\boldsymbol{v}_2+\frac{1}{3}\boldsymbol{v}_4$ 且 $\boldsymbol{p}=\frac{1}{2}\boldsymbol{v}_1+\frac{1}{6}\boldsymbol{v}_2+\frac{1}{3}\boldsymbol{v}_3$.

21. 假定 $A\subseteq B$，其中 B 是凸的，则由于 B 是凸的，故定理 7 表明 B 包含了 B 中所有点的凸组合. 因此，B 包含 A 中所有点的凸组合，即 $\operatorname{conv}A\subseteq B$.

23. a. 利用习题 22 证明 $\operatorname{conv}A$ 与 $\operatorname{conv}B$ 都是 conv $(A\cup B)$ 子集. 这将表明它们的并集也是 $\operatorname{conv}(A\cup B)$ 的子集.

b. 一种可能性是设 A 是正方形的两个相邻的角且 B 是另外两个角. 那么 $(\operatorname{conv}A)\cup(\operatorname{conv}B)$ 是什么，而 $\operatorname{conv}(A\cup B)$ 又是什么呢？

25.

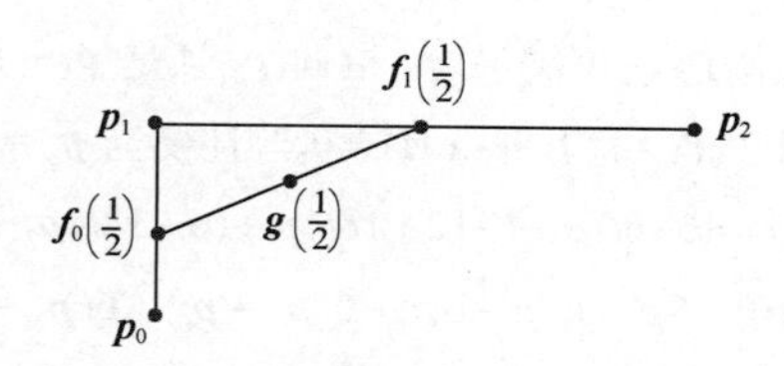

27. $$\begin{aligned}\boldsymbol{g}(t)&=(1-t)\boldsymbol{f}_0(t)+t\boldsymbol{f}_1(t)\\&=(1-t)\left[(1-t)\boldsymbol{p}_0+t\boldsymbol{p}_1\right]+t\left[(1-t)\boldsymbol{p}_1+t\boldsymbol{p}_2\right]\\&=(1-t)^2\boldsymbol{p}_0+2t(1-t)\boldsymbol{p}_1+t^2\boldsymbol{p}_2\end{aligned}$$

$\boldsymbol{g}$ 的线性组合中权值之和为 $(1-t)^2+2t(1-t)+t^2$，它等于 $(1-2t+t^2)+(2t-2t^2)+t^2=1$. 当 $0\leqslant t\leqslant 1$ 时，权值在 0 与 1 之间，故 $\boldsymbol{g}(t)$ 在 $\operatorname{conv}\{\boldsymbol{p}_0, \boldsymbol{p}_1, \boldsymbol{p}_2\}$ 的内部.

8.4

1. $f(x_1,x_2)=3x_1+4x_2$ 且 $d=13$

3. a. 开的 b. 闭的 c. 两者都不是
d. 闭的 e. 闭的

5. a. 不是紧的凸集
b. 紧凸集
c. 不是紧的凸集
d. 不是紧的，也不是凸集
e. 不是紧的凸集

7. a. $\boldsymbol{n}=\begin{bmatrix}0\\2\\3\end{bmatrix}$ 或是其倍数

b. $f(\boldsymbol{x})=2x_2+3x_3, d=11$

9. a. $\boldsymbol{n}=\begin{bmatrix}3\\-1\\2\\1\end{bmatrix}$ 或是其倍数

b. $f(\boldsymbol{x})=3x_1-x_2+2x_3+x_4, d=5$

11. $\boldsymbol{v}_2$ 与 $\boldsymbol{0}$ 在同一边，$\boldsymbol{v}_1$ 在另一边，$\boldsymbol{v}_3$ 在 H 中.

13. $\boldsymbol{p}=\begin{bmatrix}32\\-14\\0\\0\end{bmatrix}$，$\boldsymbol{v}_1=\begin{bmatrix}10\\-7\\1\\0\end{bmatrix}$，$\boldsymbol{v}_2=\begin{bmatrix}-4\\1\\0\\1\end{bmatrix}$.

15. $f(\boldsymbol{x})=x_1-3x_2+4x_3-2x_4, d=5$

17. $f(\boldsymbol{x})=x_1-2x_2+x_3$, $d=0$

19. $f(\boldsymbol{x})=-5x_1+3x_2+x_3$, $d=0$

21~27. 参见《学习指导》.

29. $f(\boldsymbol{x})=3x_1-2x_2$, $9<d<10$

31. $f(x,y)=4x+y$, $d=12.75$, 即 $f(3,0.75)$. 点 $(3,0.75)$ 是 A 的中心到 B 的中心距离的 $\frac{3}{4}$.

33. 8.3 节习题 2（a）给出一种可能性. 或令 $S=\{(x,y):x^2y^2=1且y>0\}$，则 conv S 是上（开）半平面.

35. 令 $\boldsymbol{x},\boldsymbol{y}\in B(\boldsymbol{p},\delta)$，假设 $\boldsymbol{z}=(1-t)\boldsymbol{x}+t\boldsymbol{y}$，其中 $0\leqslant t\leqslant 1$，则
$$\begin{aligned}\|\boldsymbol{z}-\boldsymbol{p}\|&=\|[(1-t)\boldsymbol{x}+t\boldsymbol{y}]-\boldsymbol{p}\|\\&=\|(1-t)(\boldsymbol{x}-\boldsymbol{p})+t(\boldsymbol{y}-\boldsymbol{p})\|<\delta\end{aligned}$$

8.5

1. a. 在点 $\boldsymbol{p}_1$，$m=1$ b. 在点 $\boldsymbol{p}_2$，$m=5$
c. 在点 $\boldsymbol{p}_3$，$m=5$

3. a. 在点 $\boldsymbol{p}_3$，$m=-3$

b. 在集合$\text{conv}\{\boldsymbol{p}_1,\boldsymbol{p}_3\}$上，$m=1$

c. 在集合 $\text{conv}\{\boldsymbol{p}_1,\boldsymbol{p}_2\}$上，$m=-3$

5. $\left\{\begin{bmatrix}0\\0\end{bmatrix},\begin{bmatrix}5\\0\end{bmatrix},\begin{bmatrix}4\\3\end{bmatrix},\begin{bmatrix}0\\5\end{bmatrix}\right\}$

7. $\left\{\begin{bmatrix}0\\0\end{bmatrix},\begin{bmatrix}7\\0\end{bmatrix},\begin{bmatrix}6\\4\end{bmatrix},\begin{bmatrix}0\\6\end{bmatrix}\right\}$

9. 原点是极端点，但不是顶点. 解释原因.

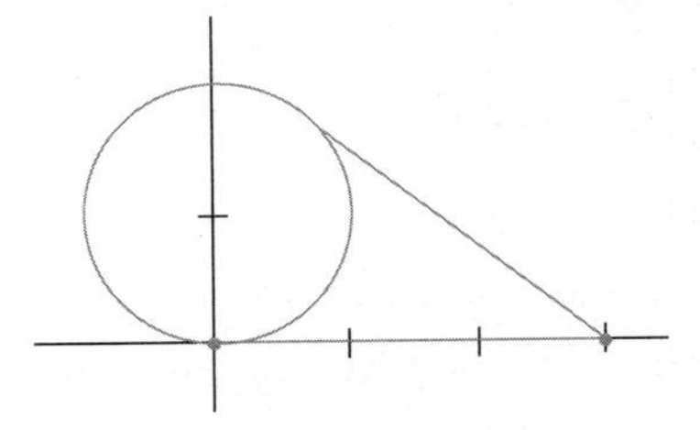

11. 一种可能是令 S 是一个正方形，包括部分边界但不包含所有的边界. 例如，只包括两条相邻边.轮廓 P 的凸包是一个三角形区域.

13. a. $f_0(C^5)=32, f_1(C^5)=80, f_2(C^5)=80, f_3(C^5)=40,$ $f_4(C^5)=10$, 且$32-80+80-40+10=2$.

b.

	f_0	f_1	f_2	f_3	f_4
C^1	2				
C^2	4	4			
C^3	8	12	6		
C^4	16	32	24	8	
C^5	32	80	80	40	10

对于一般的公式，参见《学习指导》.

15. a. $f_0(P^n)=f_0(Q)+1$

b. $f_k(P^n)=f_k(Q)+f_{k-1}(Q)$

c. $f_{n-1}(P^n)=f_{n-2}(Q)+1$

17~23. 参见《学习指导》.

25. 设 S 是凸集且令 $\boldsymbol{x}\in cS+dS$，其中 $c>0, d>0$，则存在 S 中的 $\boldsymbol{s}_1,\boldsymbol{s}_2$,满足 $\boldsymbol{x}=c\boldsymbol{s}_1+d\boldsymbol{s}_2$. 但是

$$\boldsymbol{x}=c\boldsymbol{s}_1+d\boldsymbol{s}_2=(c+d)(\frac{c}{c+d}\boldsymbol{s}_1+\frac{d}{c+d}\boldsymbol{s}_2)$$

然后证明等式右边的表达式是$(c+d)S$ 中的元素. 相反，在（$c+d$）S中取一点，证明该点在$cS+dS$中.

27. 提示：假定 A,B 是凸集. 设 $\boldsymbol{x},\boldsymbol{y}\in A+B$，则存在 $\boldsymbol{a},\boldsymbol{c}\in A$ 和 $\boldsymbol{b},\boldsymbol{d}\in B$，满足 $\boldsymbol{x}=\boldsymbol{a}+\boldsymbol{b}$ 且 $\boldsymbol{y}=\boldsymbol{c}+\boldsymbol{d}$. 对任意 t 满足 $0\leqslant t\leqslant 1$，证明

$$\boldsymbol{w}=(1-t)\boldsymbol{x}+t\boldsymbol{y}=(1-t)(\boldsymbol{a}+\boldsymbol{b})+t(\boldsymbol{c}+\boldsymbol{d})$$

代表 $A+B$ 中的一点.

8.6

1. $\boldsymbol{x}(t)+\boldsymbol{b}$ 的控制点为 $\boldsymbol{p}_0+\boldsymbol{b}$，$\boldsymbol{p}_1+\boldsymbol{b}$，$\boldsymbol{p}_3+\boldsymbol{b}$. 写出过这些点的贝塞尔曲线，且用代数法证明曲线是 $\boldsymbol{x}(t)+\boldsymbol{b}$. 参见《学习指导》.

3. a. $\boldsymbol{x}'(t)=(-3+6t-3t^2)\boldsymbol{p}_0+(3-12t+9t^2)\boldsymbol{p}_1+(6t-9t^2)\boldsymbol{p}_2+3t^2\boldsymbol{p}_2$，故 $\boldsymbol{x}'(0)=-3\boldsymbol{p}_0+3\boldsymbol{p}_1=3(\boldsymbol{p}_1-\boldsymbol{p}_0)$ 且 $\boldsymbol{x}'(1)=-3\boldsymbol{p}_2+3\boldsymbol{p}_3=3(\boldsymbol{p}_3-\boldsymbol{p}_2)$. 这证明切向量 $\boldsymbol{x}'(0)$ 由 $\boldsymbol{p}_0$ 指向 $\boldsymbol{p}_1$ 且是 $\boldsymbol{p}_1-\boldsymbol{p}_0$ 长度的 3 倍. 类似地，$\boldsymbol{x}'(1)$ 由 $\boldsymbol{p}_2$ 指向 $\boldsymbol{p}_3$ 且是 $\boldsymbol{p}_3-\boldsymbol{p}_2$ 长度的 3 倍. 尤其是 $\boldsymbol{x}'(1)=0$ 当且仅当 $\boldsymbol{p}_3=\boldsymbol{p}_2$.

b. $\boldsymbol{x}''(t)=(6-6t)\boldsymbol{p}_0+(-12+18t)\boldsymbol{p}_1+(6-18t)\boldsymbol{p}_2+6t\boldsymbol{p}_3$，$\boldsymbol{x}''(0)=6\boldsymbol{p}_0-12\boldsymbol{p}_1+6\boldsymbol{p}_2=6(\boldsymbol{p}_0-\boldsymbol{p}_1)+6(\boldsymbol{p}_2-\boldsymbol{p}_1)$ 且 $\boldsymbol{x}''(1)=6\boldsymbol{p}_1-12\boldsymbol{p}_2+6\boldsymbol{p}_3=6(\boldsymbol{p}_1-\boldsymbol{p}_2)+6(\boldsymbol{p}_3-\boldsymbol{p}_2)$. 对 $\boldsymbol{x}''(0)$ 的图像，构造以 $\boldsymbol{p}_1$ 为原点的坐标系，暂且把 $\boldsymbol{p}_0$ 记为 $\boldsymbol{p}_0-\boldsymbol{p}_1$，把 $\boldsymbol{p}_2$ 记为 $\boldsymbol{p}_2-\boldsymbol{p}_1$. 最终，构造由新的原点到 $\boldsymbol{p}_0-\boldsymbol{p}_1$ 与 $\boldsymbol{p}_2-\boldsymbol{p}_1$ 的和的点的直线. 此直线指向 $\boldsymbol{x}''(0)$.

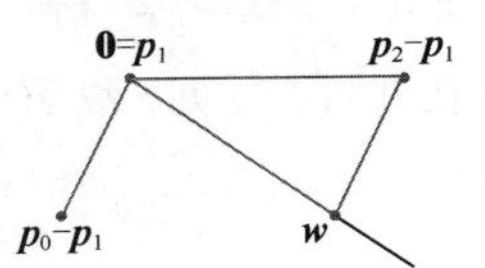

$$\boldsymbol{w}=(\boldsymbol{p}_0-\boldsymbol{p}_1)+(\boldsymbol{p}_2-\boldsymbol{p}_1)=\frac{1}{6}\boldsymbol{x}''(0)$$

5. a. 由习题 3（a）或方程（9）

$$\boldsymbol{x}'(1)=3(\boldsymbol{p}_3-\boldsymbol{p}_2)$$

使用 $\boldsymbol{x}'(0)$ 的公式和来自 $\boldsymbol{y}(t)$ 的控制点，得

$$y'(0)=-3p_3+3p_4=3(p_4-p_3)$$

由 C^1 的连续性，$3(p_3-p_2)=3(p_4-p_3)$，故 $p_3=(p_4+p_2)/2$ 且 p_3 是从 p_2 到 p_4 的线段的中点.

b. 若 $x'(1)=y'(0)=\mathbf{0}$，则 $p_2=p_3$ 且 $p_3=p_4$. 因此，从 p_2 到 p_4 的“线段”就是点 p_3.（注意：在此情形下，由定义知，组合曲线仍是 C^1 连续的，然而其他控制点 p_0，p_1，p_5，p_6 的选取也可以产生在 p_3 具有可视角的曲线，此情形下曲线在 p_3 不是 G^1 连续的.）

7. 提示：使用习题 3 的 $x''(t)$ 且把第二条曲线视为

$$y''(t)=6(1-t)p_3+6(-2+3t)p_4+6(1-3t)p_5+6tp_6$$

则设 $x''(1)=y''(0)$. 由于曲线在 p_3 是 C^1 连续的，故习题 5（a）证明了 p_3 是从 p_2 到 p_4 的线段的中点. 这表明 $p_4-p_3=p_3-p_2$. 使用此替换来证明 p_4 与 p_5 由 p_1，p_2，p_3 唯一确定. 只有 p_6 是可任意选取的.

9. 写出多项式 $x(t)$ 的权值的向量形式，扩展此多项式的权值，且把向量记为 $M_B u(t)$：

$$\begin{bmatrix}1-4t+6t^2-4t^3+t^4\\4t-12t^2+12t^3-4t^4\\6t^2-12t^3+6t^4\\4t^3-4t^4\\t^4\end{bmatrix}=\begin{bmatrix}1&-4&6&-4&1\\0&4&-12&12&-4\\0&0&6&-12&6\\0&0&0&4&-4\\0&0&0&0&1\end{bmatrix}\begin{bmatrix}1\\t\\t^2\\t^3\\t^4\end{bmatrix},$$

$$M_B=\begin{bmatrix}1&-4&6&-4&1\\0&4&-12&12&-4\\0&0&6&-12&6\\0&0&0&4&-4\\0&0&0&0&1\end{bmatrix}$$

11~15. 参见《学习指导》.

17. a. 提示：利用 $q_0=p_0$.

b. 把方程（13）的第一部分与最后一部分乘以 $\frac{8}{3}$ 以求解 $8q_2$.

c. 使用方程（8）来替换 $8q_3$ 并应用（a）.

19. a. 由方程（11），$y'(1)=0.5x'(0.5)=z'(0)$.

b. 观察 $y'(1)=3(q_3-q_2)$. 由方程（9），用 $y(t)$ 及它的控制点替代 $x(t)$ 及它的控制点.类似地，对于 $z(t)$ 及它的控制点，$z'(0)=3(r_1-r_0)$. 由（a），$3(q_3-q_2)=3(r_1-r_0)$. 用 q_3 代替 r_0，则得 $q_3-q_2=r_1-q_3$，因此 $q_3=(q_2+r_1)/2$.

c. 设 $q_0=p_0$ 且 $r_3=p_3$. 计算 $q_1=(p_0+p_1)/2$. 计算 $r_2=(p_2+p_3)/2$. 计算 $m=(p_1+p_2)/2$. 计算 $q_2=(q_1+m)/2$，$r_1=(m+r_2)/2$.计算 $q_3=(q_2+r_1)/2$ 且设 $r_0=q_3$.

21. a. $r_0=p_0$，$r_1=\dfrac{p_0+2p_1}{3}$，$r_2=\dfrac{2p_1+p_2}{3}$，$r_3=p_2$.

b. 提示：写出本节的标准公式（7），且对于 $i=0,1,2,3$，用 r_i 替代 p_i，然后分别用 p_0，p_2 替代 r_0，r_3：

$$x(t)=(1-3t+3t^2-t^3)p_0+(3t-6t^2+3t^3)r_1+(3t^2-3t^3)r_2+t^3p_2$$

使用（a）中 r_1，r_2 的公式以检验 $x(t)$ 的表达式中的第二项与第三项.

第 8 章补充习题

1.T	3.F	5.T	7.T
9.F	11.T	13.F	15.T
17.T	19.T	21.T	

23. 设 $y\in F$. 则 $U=F-y$ 和 $V=G-y$ 是 k 维子空间，满足 $U\subseteq V$. 设 $B=\{x_1,x_2,\dots,x_k\}$ 为 U 的一组基. 因为 $\dim V=k,B$ 也是 V 的一组基. 因此 $U=V$，$F=U+y=V+y=G$.

25. 提示：假设 $F_1\cap F_2\neq\varnothing$. 则在 V 中存在 v_1 和 v_2 满足 $x_1+v_1=x_2+v_2$. 由此及子空间的性质可得对于所有 $v\in V$，有 $x_1+v\in x_2+V$ 和 $x_2+v\in x_1+V$.

27. 提示：通过加入 p 从 V 的一组基开始扩展得到 $\mathbb{R}^n$ 的一组基.

29. 提示：假设 $x\in\lambda B(p,\delta)$. 这意味着存在 $y\in B(p,\delta)$ 满足 $x=\lambda y$. 利用 $B(p,\delta)$ 的定义可得 $x\in B(\lambda p,\lambda\delta)$. 反之亦然.

31. S 的正包是一个以 $(0,0)$ 为顶点的圆锥，且包含正 y 轴，边在直线 $y=\pm x$ 上.

33. 提示：习题 31 中的集合正好由两个非共线点

组成很重要. 解释为什么这很重要.

35. 提示：假设 $\boldsymbol{x} \in \operatorname{pos} S$. 则 $\boldsymbol{x}=c_1\boldsymbol{v}_1+c_2\boldsymbol{v}_2+\cdots+c_k\boldsymbol{v}_k$，其中 $\boldsymbol{v}_i \in S$ 且 $c_i \geqslant 0$. 令 $d=\sum_{i=1}^{k} c_i$. 分别考虑 $d=0$ 和 $d \neq 0$.

第 9 章

9.1

1. $\begin{array}{c|cc} & \text{d} & \text{q} \\ \hline \text{d} & -10 & 10 \\ \text{q} & 25 & -25 \end{array}$

3. $\begin{array}{c|ccc} & \text{r} & \text{s} & \text{p} \\ \hline \text{r} & 0 & 5 & -5 \\ \text{s} & -5 & 0 & 5 \\ \text{p} & 5 & -5 & 0 \end{array}$

5. $\begin{bmatrix} 4 & ③ \\ 1 & -1 \end{bmatrix}$

7. $\begin{bmatrix} 5 & ③ & 4 & ③ \\ -2 & 1 & -5 & 2 \\ 4 & ③ & 7 & ③ \end{bmatrix}$

9. a. $E(\boldsymbol{x},\boldsymbol{y})=\frac{13}{12}, v(\boldsymbol{x})=\min\left\{\frac{5}{6},1,\frac{9}{6}\right\}=\frac{5}{6}$,

$v(\boldsymbol{y})=\max\left\{\frac{3}{4},\frac{3}{2},\frac{1}{2}\right\}=\frac{3}{2}$

b. $E(\boldsymbol{x},\boldsymbol{y})=\frac{9}{8}, v(\boldsymbol{x})=\min\left\{1,\frac{3}{4},\frac{7}{4}\right\}=\frac{3}{4}$,

$v(\boldsymbol{y})=\max\left\{\frac{1}{2},\frac{5}{4},\frac{3}{2}\right\}=\frac{3}{2}$

11. $\hat{\boldsymbol{x}}=\begin{bmatrix} \frac{1}{6} \\ \frac{5}{6} \end{bmatrix}, \hat{\boldsymbol{y}}=\begin{bmatrix} \frac{1}{2} \\ \frac{1}{2} \end{bmatrix}, v=\frac{1}{2}$

13. $\hat{\boldsymbol{x}}=\begin{bmatrix} \frac{3}{5} \\ \frac{2}{5} \end{bmatrix}, \hat{\boldsymbol{y}}=\begin{bmatrix} \frac{4}{5} \\ \frac{1}{5} \end{bmatrix}, v=\frac{17}{5}$

15. $\hat{\boldsymbol{x}}=\begin{bmatrix} \frac{1}{3} \\ \frac{2}{3} \end{bmatrix}$ 或 $\begin{bmatrix} \frac{3}{5} \\ \frac{2}{5} \end{bmatrix}$ 或这些行的任意凸组合

$\hat{\boldsymbol{y}}=\begin{bmatrix} 0 \\ 0 \\ 1 \\ 0 \end{bmatrix}, v=2$

17. $\hat{\boldsymbol{x}}=\begin{bmatrix} \frac{5}{7} \\ 0 \\ \frac{2}{7} \\ 0 \end{bmatrix}, \hat{\boldsymbol{y}}=\begin{bmatrix} 0 \\ \frac{5}{7} \\ \frac{2}{7} \\ 0 \\ 0 \end{bmatrix}, v=\frac{3}{7}$

19. a. 军队：1/3 河流，2/3 陆地；游击队：1/3 河流，2/3 陆地；2/3 的物资通过了.

b. 军队：7/11 河流，4/11 陆地；游击队：7/11 河流， 4/11 陆地; 64/121 的物资通过了.

21~29. 参见《学习指导》.

31. $\hat{\boldsymbol{x}}=\begin{bmatrix} \frac{1}{6} \\ \frac{5}{6} \\ 0 \end{bmatrix}, \hat{\boldsymbol{y}}=\begin{bmatrix} 0 \\ \frac{1}{2} \\ \frac{1}{2} \end{bmatrix}, v=0$

33. $\hat{\boldsymbol{x}}=\left(\frac{d-c}{a-b+d-c},\frac{a-b}{a-b+d-c}\right)$,

$\hat{\boldsymbol{y}}=\left(\frac{d-b}{a-b+d-c},\frac{a-c}{a-b+d-c}\right)$,

$v=\frac{ad-bc}{a-b+d-c}$

9.2

1. 设 x_1 为投资共同基金额，x_2 为投资大额存款额，x_3 是高收益储蓄额.则

$\boldsymbol{b}=\begin{bmatrix} 12\,000 \\ 0 \\ 0 \end{bmatrix}, \boldsymbol{x}=\begin{bmatrix} x_1 \\ x_2 \\ x_3 \end{bmatrix}, \boldsymbol{c}=\begin{bmatrix} 0.11 \\ 0.08 \\ 0.06 \end{bmatrix}, \quad \boldsymbol{A}=\begin{bmatrix} 1 & 1 & 1 \\ 1 & -1 & -1 \\ 0 & 1 & -2 \end{bmatrix}$

3. $\boldsymbol{b}=\begin{bmatrix}20\\-10\end{bmatrix}, \boldsymbol{c}=\begin{bmatrix}3\\4\\-2\end{bmatrix}, \boldsymbol{A}=\begin{bmatrix}1&2&0\\0&-3&-5\end{bmatrix}$

5. $\boldsymbol{b}=\begin{bmatrix}-35\\20\\-20\end{bmatrix}, \boldsymbol{c}=\begin{bmatrix}-7\\3\\-1\end{bmatrix}, \boldsymbol{A}=\begin{bmatrix}-1&4&0\\0&1&-2\\0&-1&2\end{bmatrix}$

7. $\max=1360$，当 $x_1=\dfrac{72}{5}$， $x_2=\dfrac{16}{5}$

9. 无界的

11~13. 参见《学习指导》.

15. 最大收益 $=1250$ 美元，当 $x_1=100$，$x_2=350$ 时.

17. 最大收益 $=1180$ 美元，当 20 个翻转工具和 30 个折叠工具时.

19. 在 S 中任取 $\boldsymbol{p}$ 和 $\boldsymbol{q}$ 满足 $\boldsymbol{p}=\begin{bmatrix}x_1\\x_2\end{bmatrix}$ 和 $\boldsymbol{q}=\begin{bmatrix}y_1\\y_2\end{bmatrix}$.
则 $\boldsymbol{v}^{\mathrm{T}}\boldsymbol{p}\leqslant c$ 且 $\boldsymbol{v}^{\mathrm{T}}\boldsymbol{q}\leqslant c$. 选取 t 满足 $0\leqslant t\leqslant 1$. 利用矩阵乘法(如果 $\boldsymbol{v}^{\mathrm{T}}\boldsymbol{p}$ 写成 $\boldsymbol{v}\cdot\boldsymbol{p}$ 用点乘),可得

$$\begin{aligned}\boldsymbol{v}^{\mathrm{T}}[(1-t)\boldsymbol{p}+t\boldsymbol{q}]&=(1-t)\boldsymbol{v}^{\mathrm{T}}\boldsymbol{p}+t\boldsymbol{v}^{\mathrm{T}}\boldsymbol{q}\\&\leqslant(1-t)c+tc=c\end{aligned}$$

这是因为 $(1-t)$ 和 t 同时为正及 $\boldsymbol{p}$ 和 $\boldsymbol{q}$ 属于 S. 因此 $\boldsymbol{p}$ 和 $\boldsymbol{q}$ 的连线也在 S 中. 由 $\boldsymbol{p}$ 和 $\boldsymbol{q}$ 为 S 中任意点,可得 S 为凸的.

21. 令 $S=\{\boldsymbol{x}:f(\boldsymbol{x})=d\}$，在 S 中取 $\boldsymbol{p}$ 和 $\boldsymbol{q}$. 此外选取 t 满足 $0\leqslant t\leqslant 1$. 令 $\boldsymbol{x}=(1-t)\boldsymbol{p}+t\boldsymbol{q}$. 则

$$\begin{aligned}f(\boldsymbol{x})&=\boldsymbol{c}^{\mathrm{T}}\boldsymbol{x}=\boldsymbol{c}^{\mathrm{T}}[(1-t)\boldsymbol{p}+t\boldsymbol{q}]\\&=(1-t)\boldsymbol{c}^{\mathrm{T}}\boldsymbol{p}+t\boldsymbol{c}^{\mathrm{T}}\boldsymbol{q}=(1-t)d+td=d\end{aligned}$$

因此，$\boldsymbol{x}$ 在 S 中. 这表明 S 是凸的.

9.3

1.
$$\begin{array}{cccccc|c}x_1&x_2&x_3&x_4&x_5&M&\\ \hline 2&7&10&1&0&0&20\\3&4&18&0&1&0&25\\ \hline -21&-25&-15&0&0&1&0\end{array}$$

3. a. x_2

b.
$$\begin{array}{ccccc|c}x_1&x_2&x_3&x_4&M&\\ \hline \frac{7}{2}&0&1&-\frac{1}{2}&0&5\\ \frac{3}{2}&1&0&\frac{1}{2}&0&15\\ \hline 11&0&0&5&1&150\end{array}$$

c. $x_1=0, x_2=15, x_3=5, x_4=0, M=150$

d. 最优的

5. a. x_1

b.
$$\begin{array}{ccccc|c}x_1&x_2&x_3&x_4&M&\\ \hline 0&2&1&-1&0&4\\ 1&\frac{1}{2}&0&\frac{1}{2}&0&8\\ \hline 0&-2&0&3&1&48\end{array}$$

c. $x_1=8, x_2=0, x_3=4, x_4=0, M=48$

d. 非最优

7~11. 参见《学习指导》.

13. 最大值为 150,当 $x_1=3$， $x_2=10$ 时.

15. 最大值为 56，当 $x_1=9$， $x_2=4$ 时.

17. 最大值为 180，当 $x_1=10$， $x_2=12$ 时.

19. 答案与例 7 相符. 最小值为 20，当 $x_1=8$，$x_2=6$.

21. 最大收益为 1180 美元，通过每天制作 20 个翻转工具和 30 个折叠工具来实现.

9.4

1. Min $36y_1+55y_2$

$$\text{s.t.}\begin{cases}2y_1+5y_2\geqslant 10\\3y_1+4y_2\geqslant 12\\y_1\geqslant 0, y_2\geqslant 0\end{cases}$$

3. Min $26y_1+30y_2+13y_3$

$$\text{s.t.}\begin{cases}y_1+2y_2+y_3\geqslant 4\\2y_1+3y_2+y_3\geqslant 5\\y_1\geqslant 0, y_2\geqslant 0, y_3\geqslant 0\end{cases}$$

5. 最小值为 $M=150$，当 $y_1=\dfrac{20}{7}, y_2=\dfrac{6}{7}$ 时.

7. 最小值为 $M=56$，当 $y_1=0, y_2=1, y_3=2$ 时.

9~15. 参见《学习指导》.

17. 最小值为 43，当 $x_1=\dfrac{7}{4}, x_2=0, x_3=\dfrac{3}{4}$ 时.

19. 用 11 袋 Pixie Power 和 3 袋 Misty Might 时达到最小成本 670 美元，

21. 边际值为零. 这相当于制造部门的劳动力利用不足. 也就是说，当 $x_1=20$ 和 $x_2=30$ 时的最

优生产计划，在制造部门的可用的 200 小时中，只有 160 小时是必需的. 额外的劳动力被浪费了，因此其价值为零.

23. $\hat{\boldsymbol{x}}=\begin{bmatrix}\frac{2}{3}\\0\\\frac{1}{3}\end{bmatrix}, \hat{\boldsymbol{y}}=\begin{bmatrix}\frac{1}{2}\\\frac{1}{2}\end{bmatrix}, v=1$

25. $\hat{\boldsymbol{x}}=\begin{bmatrix}\frac{2}{5}\\\frac{2}{5}\\\frac{1}{5}\end{bmatrix}, \hat{\boldsymbol{y}}=\begin{bmatrix}\frac{3}{7}\\\frac{3}{7}\\\frac{1}{7}\end{bmatrix}, v=1$

27. 将此“游戏”转化为线性规划问题，然后使用单纯形法分析游戏. 基于支付矩阵投资 100 美元,预期的游戏价值是 38/35. 投资 35 000 美元，鲍勃“玩”这场游戏 350 次. 因此，他预期将获得 380 美元，而其投资组合在年底的预期价值为 35 380 美元. 使用最佳游戏策略，鲍勃应该将 11 000 美元投资于股票，9000 美元投资于债券，15 000 美元投资于黄金.

29. $\overline{\boldsymbol{x}}$ 所有坐标非负. 由 $\boldsymbol{u}$ 的定义，λ 为这些坐标的和. 可得 $\hat{\boldsymbol{x}}$ 坐标和非负且为 1. 因此 $\hat{\boldsymbol{x}}$ 是 R 的混合策略. 类似地可以对 $\hat{\boldsymbol{y}}$ 和 C 进行讨论.

b. 如果 $\boldsymbol{y}$ 是 C 的混合策略，则

$$E(\hat{\boldsymbol{x}},\boldsymbol{y})=\hat{\boldsymbol{x}}^{\mathrm{T}}A\boldsymbol{y}=\frac{1}{\lambda}(\overline{\boldsymbol{x}}^{\mathrm{T}}A\boldsymbol{y})$$
$$=\frac{1}{\lambda}[(A^{\mathrm{T}}\overline{\boldsymbol{x}})\cdot\boldsymbol{y}]\geqslant\frac{1}{\lambda}(\boldsymbol{v}\cdot\boldsymbol{y})=\frac{1}{\lambda}$$

c. 如果 $\boldsymbol{x}$ 是 R 任意混合策略，则

$$E(\boldsymbol{x},\hat{\boldsymbol{y}})=\boldsymbol{x}^{\mathrm{T}}A\hat{\boldsymbol{y}}=\frac{1}{\lambda}(\boldsymbol{x}^{\mathrm{T}}A\overline{\boldsymbol{y}})$$
$$=\frac{1}{\lambda}[\boldsymbol{x}\cdot A\overline{\boldsymbol{y}}]\leqslant\frac{1}{\lambda}(\boldsymbol{x}\cdot\boldsymbol{u})=\frac{1}{\lambda}$$

d. 由(b)可得 $v(\hat{\boldsymbol{x}})\geqslant 1/\lambda$，因此 $v_R\geqslant 1/\lambda$. 由(c)可得 $v(\hat{\boldsymbol{y}})\leqslant 1/\lambda$，因此 $v_C\leqslant 1/\lambda$. 由 9.1 节的最大最小值定理可得 $\hat{\boldsymbol{x}}$ 和 $\hat{\boldsymbol{y}}$ 分别为 R 和 C 的最优混合策略，游戏的价值为 $1/\lambda$.

第 9 章补充习题

1. T	3. F	5. T
7. T	9. T	11. T
13. F	15. F	17. F
19. T	21. F	23. T

25. b. 极值点为（0，0），（0，1）和（1，2）.

27. $f(x_1,x_2)=x_1+x_2, f(0,0)=0, f(0,1)=1, f(1,2)=3$

29. 提示：没有可行的解决方案.

31. $\hat{\boldsymbol{x}}=\begin{bmatrix}\frac{3}{5}\\\frac{2}{5}\end{bmatrix}, \hat{\boldsymbol{y}}=\begin{bmatrix}\frac{1}{2}\\0\\\frac{1}{2}\end{bmatrix}, v=1.$

推荐阅读

线性代数（原书第10版）

ISBN：978-7-111-71729-4

数学分析原理 面向计算机专业（原书第2版）

ISBN：978-7-111-71242-8

数学分析（原书第2版·典藏版）

ISBN：978-7-111-70616-8

复分析（英文版，原书第3版·典藏版）

ISBN：978-7-111-70102-6

实分析（英文版原书第4版）

ISBN：978-7-111-64665-5

泛函分析（原书第2版·典藏版）

ISBN：978-7-111-65107-9

推荐阅读

计算贝叶斯统计导论

ISBN：978-7-111-72106-2

高维统计学：非渐近视角

ISBN：978-7-111-71676-1

最优化模型:线性代数模型、凸优化模型及应用

ISBN：978-7-111-70405-8

统计推断：面向工程和数据科学

ISBN：978-7-111-71320-3

概率与统计：面向计算机专业

ISBN：978-7-111-71635-8

概率论基础教程（原书第10版）

ISBN：978-7-111-69856-2